# 现代物理实验原理与分析仪器

敬　超　编著

科学出版社
北　京

## 内 容 简 介

本书系统地介绍了物理和材料研究领域常用的单晶生长和薄膜制备方法，以及用来表征晶体或薄膜结构、显微组织、形貌、成分、价态等方面的分析技术；涵盖了X射线衍射技术、各种电子显微技术、扫描探针技术、能谱技术、表面物理分析技术、核物理方法测试技术和光谱分析技术。并对这些分析技术的基本原理、仪器结构和应用等进行了系统的阐述。具体涉及的分析仪器包括X射线衍射仪、透射电子显微镜、扫描电子显微镜、能谱仪、波谱仪、低能电子衍射、高能电子衍射、俄歇电子能谱、X射线光电子能谱、扫描隧道显微镜、原子力显微镜、正电子湮没技术、穆斯堡尔谱学、红外光谱和激光拉曼光谱等内容。

本书可作为物理、材料科学、化学、生物、医学等专业的本科生、研究生、教师以及科研工作者系统地掌握和了解这些常用分析测试技术原理和方法的学习教材或参考书。

**图书在版编目（CIP）数据**

现代物理实验原理与分析仪器 / 敬超编著. —北京：科学出版社，2023.3
ISBN 978-7-03-075032-7

Ⅰ.①现… Ⅱ.①敬… Ⅲ.①物理学-实验 Ⅳ.①O4-33

中国国家版本馆CIP数据核字（2023）第036328号

责任编辑：刘凤娟　杨　探 / 责任校对：彭珍珍
责任印制：吴兆东 / 封面设计：无极书装

科学出版社出版
北京东黄城根北街16号
邮政编码：100717
http:// www.sciencep.com
北京虎彩文化传播有限公司 印刷
科学出版社发行　各地新华书店经销
*
2023年3月第　一　版　开本：720×1000　1/16
2023年3月第一次印刷　印张：37
字数：725 000

**定价：199.00元**

（如有印装质量问题，我社负责调换）

# 前　言

自20世纪20年代量子力学建立以来，进入20世纪40～50年代以后，半导体工业快速发展起来，极大地推动了科学技术的进步，当今社会已全面进入以计算机、网络和通信等光技术为代表的信息时代。真空技术、激光技术、计算机技术、信息技术、图像处理技术等在科学仪器上的综合应用，也使得样品制备方法和测量技术得到了飞速发展。

在实验上，材料制备是研究材料结构和物性的基础，是开展实验研究的载体。因此，首先需要考虑的是材料制备，然后是对其结构和物性进行研究，阐明其物理本质规律。材料制备的方法种类繁多，包括块体材料的制备和单晶薄膜的生长方法。而材料的分析技术是表征材料的晶体结构、化学成分、形貌及其物性的重要手段。实验方法纷繁多样，可采用的分析手段包括晶体衍射技术、能谱分析技术、核物理技术和光谱分析技术等。通过各种实验技术手段的应用，可阐明材料的结构特性、物理性质及其本质规律。结构分析方面可采用X射线衍射、电子衍射、扫描隧道显微镜等；显微分析方面包括扫描电子显微镜、透射电子显微镜、原子力显微镜等；成分分析方面包括俄歇电子能谱、波谱仪和能谱仪等；核技术应用方面包括正电子湮没技术和穆斯堡尔谱技术等；固体光谱分析技术方面包括傅里叶红外光谱和激光拉曼光谱等。

作者于1996年9月至1999年7月，在复旦大学应用表面物理国家重点实验室凝聚态物理专业攻读博士学位期间，在系统学习表面物理基础理论知识的同时，接触使用了一系列先进的表面物理实验仪器设备，包括分子束外延技术、X射线光电子能谱、俄歇电子能谱、低能电子和高能电子衍射等薄膜制备和分析测试手段；工作之后，2001年9月至2002年8月期间在德国马克斯-普朗克微结构物理研究所应用到脉冲激光沉积设备、扫描隧道显微镜等，从此奠定了撰写此书部分章节的理论和实验基础。作者在博士毕业之后20余年来一直在上海大学物理系从事本科生固体物理学、研究生和本科生在实验技术方面的教学工作，以及凝聚态物理专业金属与合金材料的晶体结构和磁性方面的实验研究工作，在国内外学术期刊上发表科研论文200余篇，并编著有《固体物理学》出版教材（北京：科学出版社，2021年6月第一版。2022年2月此书被科学出版社遴选为近两年出版的重点图书），而固体物理学方面的知识与此书内容密切相关，因此可以说作者从课程教学和实验两方面为撰写此书积累了丰富经验。另外，作者作为商务部（2003 年至今）以及财政部和上海市财政局（近几年）进口科研仪器设备的评审专家，评审了上海市各高等院校（本单位上海大学除外）和科研院所大量的进口科研仪器设备。时至今日，作者接触评审与本书相关的仪器设备在百台以上，这为长期跟踪和了解当代科研仪器设备的各种技术参数、功能改进、技术进步及新的发展动向提供了得天独厚的条件，对于本书的撰写大有裨益。

本书以样品制备、结构分析、成分分析、形貌分析、缺陷分析、价态分析等方面为主线，对这些方面常用的仪器设备逐一进行了介绍。样品制备方面主要介绍了块体单晶生长和薄膜的制备方法。块体单晶生长方面介绍了提拉法、布里奇曼法、光学浮区法、固相反应法等；薄膜生长方面介绍了热蒸发镀膜方法、电子束蒸发方法、溅射镀膜方法、脉冲激光沉积方法和分子束外延方法等。分析测试技术方面介绍了最常见分析测试技术的基本原理、仪器结构组成、性能参数及其应用等基础知识，包括X射线衍射技术、透射电子显微镜、扫描电子显微镜、低能电子衍射、高能电子衍射、俄歇电子能谱、X射线光电子能谱、扫描隧道显微镜、原子力显微镜、正电子湮没技术、穆斯堡尔谱、傅里叶变换红外光谱和拉曼光谱等。虽然科学技术的进步极大地推动了实验技术的快速发展，但就各种实验方法的基本原理来说，一些经典理论仍不过时，因此本书仍是把重点放在对基本理论的描述上，在仪器结构性能上，力争能够跟上科学技术发展的步伐。

本书的特点是对常用实验技术的发展背景、基本原理，以及仪器结构给予系统的介绍，对这些实验方法共同的原理进行了深入分析，内容相互连贯，自成体系。必要时还对某些重要知识点在数学上给予系统的描述，使读者了解并掌握这些重要结论的出处和推导过程，从而系统地掌握和理解这些实验原理的物理本质。通过本书的参考学习，读者能够快速掌握这些实验技术的发展背景、基本原理、仪器结构及其当今的应用，为科研实践应用，以及进一步深入学习和掌握某一技术的专门著作，打下良好的基础，也为读者提供了有规可循的学习方向。本书可作为物理、材料科学、化学、冶金、电子、生物等专业实验技术方面的本科生和研究生的教材或参考书，也可为相关专业的教师和技术人员学习现代分析实验技术方面的知识提供有益的参考。

撰写此书实属不易，需要花费大量的时间、精力和心血，但凡从事过类似工作的人，必有同感。作者能够心无旁骛、持之以恒地形成终稿，除了自身的辛勤付出外，也离不开家人的竭力支持，内心特别感激！本书出版还得到了上海大学研究生核心课程建设项目的资助；在编写过程中也得到了上海大学理学院同事徐甲强教授、任伟教授、葛先辉教授、戴晔教授、冯振杰副教授的大力支持和帮助，以及其他同事们的热情关心和鼓励；博士研究生颜谋回为本书提供了一些相关实验仪器技术资料；硕士研究生孙浩东、曾辉和苏媛等在文献检索、习题整理等方面也给予了积极协助。在此一并表示最真挚的感谢！

由于作者水平所限，不妥之处在所难免，恳请读者批评指正！

敬　超

2022 年 4 月 13 日于上海大学

# 目 录

# 第 1 章　晶体和薄膜常见制备方法

样品制备是研究固体材料结构及其物性的基础，是进行科学研究的载体。样品制备的方法种类繁多，不能一一概述。另外，在晶体生长过程中蕴含着复杂的物理机理。本章从热力学的观点出发，对晶体生长过程进行生长机理分析，在此基础上，介绍几种比较常见的样品制备方法：熔融法制备单晶样品，包括提拉法、光学浮区法、布里奇曼法等；几种常用的薄膜制备方法，包括热蒸发镀膜方法、电子束蒸发方法、溅射镀膜方法、脉冲激光沉积方法和分子束外延方法等。

## 1.1　晶体生长基本原理

### 1.1.1　自由能和晶体生长驱动力

晶体生长过程就是晶核形成并长大的过程，是材料从气态、液态或固态向特定晶态转变的动态过程，这一动态过程不可能在平衡态下进行，属于热力学非平衡相变过程。但是，当考虑相变驱动力时，就必须从平衡状态出发。根据热力学规律，若一个系统处于平衡状态，则该系统的吉布斯自由能（Gibbs free energy）为最小。由此可见，根据热力学基础知识可以预测晶相形成和稳定存在的基本条件，并可预测晶体生长随着温度、压力、气氛等不同实验条件的变化规律。

晶体生长过程是一个典型的一级相变过程，因此，结晶的过程需要满足热力学条件和结晶的结构条件。这一热力学条件就是满足热力学第二定律，即熵增原理或者自由能降低的原理。在等温等压条件下，任何一个物质系统总是自发地从自由能较高的状态向自由能较低的状态方向转变，即形成晶体的新相应比原来的母相自由能低。

在晶体的生长过程中，设晶体和流体之间的界面面积为 $A$，在驱动力 $f$ 作用下，晶体界面向流体垂直移动的距离为 $\Delta x$，在这个过程中引起的自由能降低为 $\Delta G$，根据能量守恒，则有

$$fA\Delta x = -\Delta G \tag{1.1}$$

$$f = -\frac{\Delta G}{A\Delta x} = -\Delta G_v \tag{1.2}$$

式中，$\Delta G_v$ 为单位体积晶体的自由能变化量。

当自由能减小时，驱动力 $f>0$，$f$ 指向流体，晶体保持生长状态；当自由能增加时，驱动力 $f<0$，$f$ 指向晶体，晶体开始溶解、熔化或升华；当自由能变化为零时，驱动力 $f=0$，晶体保持现有状态，不生长也不熔化。

根据结晶的热力学条件，当温度低于熔点温度 $T_m$ 时，固相自由能 $G_S$ 低于液相自由能 $G_L$，则液相会自发地向着固相结晶方向进行。

根据吉布斯自由能函数

$$G = H - TS \tag{1.3}$$

式中，$H$ 为热焓，$T$ 为热力学温度，$S$ 为熵。由（1.3）式可得固相自由能 $G_S$ 和液相自由能 $G_L$ 之差为

$$\Delta G = (H^S - H^L) - T(S^S - S^L) \tag{1.4}$$

式中，上标 S 和 L 分别代表固相和液相。

在恒温、恒压条件下，当体系温度处于熔点温度 $T_m$ 时，$\Delta G=G_S-G_L=0$。设系统的熔化潜热为 $L_m$，并假定在熔点温度以下，液相和固相的自由能随温度的变化不大，近似认为系统过冷到某一温度进行相转变时，有

$$\Delta H_m = (H^S - H^L) = T_m(S^S - S^L) = T_m\Delta S = -L_m \tag{1.5}$$

将（1.5）式代入（1.4）式，可得

$$\Delta G = \Delta H_m \frac{T_m - T}{T_m} = \Delta H_m \frac{\Delta T}{T_m} = -L_m \frac{\Delta T}{T_m} \tag{1.6}$$

由（1.6）式可知，如果保证自由能变化小于零，即保证结晶能够自发地进行，须要求 $\Delta T>0$，即液相只有在过冷状态下才能驱动晶体的生长。这说明过冷是驱动结晶的热力学条件。

前面叙述只是针对熔体生长的情况。对于气相生长或液相生长来说，从气体析出晶体的驱动力是体系蒸气压的过饱和度：当气体的压力大于晶体的蒸气压时，气相自发地转化为晶体。从溶液中析出晶体的驱动力是溶液的过饱和度：当溶液处于过饱和状态时才能从液相中析出晶体。

结晶过程中首先形成晶核，晶核是由溶质分子、原子或离子组成的。在液态下这些原子的排列长程上是无规则的，短程上可认为是规则排列的原子基

团。在接近熔点温度的液态中，由于能量的起伏和结构的起伏，形成晶核的基元团在较短时间内时聚时散，这种规则排列的基元团即为结晶过程的晶胚，结构的起伏是液体结构的重要特征，是产生晶核的物质基础，即为结晶的结构条件。

## 1.1.2　晶核的形成

气相、液相（包括溶液和熔体）和固相物质通过相变可以形成晶体。当相变发生时，液相首先形成晶核，晶核逐步长大形成晶体。根据晶格理论，在接近熔点的温度下，由于粒子在空间的位置、运动速度都在不停地变化，这种变化波动引起能量的变化和结构的起伏，形成一种粒子基团结合体汇聚和解体的动态变化过程，在过冷温度下，这种具有短程有序的粒子基团结晶成为晶胚，为下一步晶核生长提供了基础。

在晶体的生长过程中，自发形成晶核的过程称为均匀成核。而由于外界不均匀因素，如容器壁、外来杂质以及其他外界条件将会影响晶体的形成、晶核的临界尺寸和成核率，就会造成晶核成核的不均匀性。均匀成核只是一种理想的状态。在实际中，由于上述因素不可避免，所以不均匀成核才是常态出现的情况。

*1. 均匀成核*

在某一介质体系中，当体系处于过饱和或过冷状态时，由于热起伏和浓度起伏，在某一微小区域就会造成很高的过饱和度或较大的过冷度，形成晶粒。刚开始这种晶粒并不稳定，呈现集聚和分解的动态变化，随着这一晶粒逐渐长大，达到一定的临界尺寸后，就稳定下来，成为晶核。设形成晶核前的基团表面自由能为 $\gamma$，则形成一个半径为 $r$ 的球状基团引起自由能的变化可表示为

$$\Delta G(r)=\frac{4\pi r^3/3}{\Omega_s}\Delta G_m+4\pi r^2\gamma \tag{1.7}$$

式中，$\Omega_s$ 为基团中单个分子或原子（离子）的体积，$\Delta G_m$ 是单位分子（原子、离子）的相变自由能。

由此可见，当 $\Delta G_m>0$ 时，等式右端都为正数，因此 $\Delta G(r)$始终大于零。随着基团的长大，半径增大，自由能的变化增大，这时的驱动力迫使晶体转变为流体相，这时即使出现晶体也很快会消失，即晶体生长是难以维持的。$\Delta G(r)$和 $r$ 的关系如图 1.1 所示。只有当液相处于过冷状态时，$\Delta G_m<0$，才有可能使自由能变化 $\Delta G(r)<0$。事实上，体积自由能的减小随 $r$ 的三次方下降，而表面能的减小随 $r$ 的平方增加。当 $r$ 很小时，界面自由能起主导作用。随着 $r$ 的增加，

$\Delta G(r)$增加；当 $r$ 达到某一临界尺寸 $r_c$ 后，体积自由能项起主导作用：$\Delta G(r)$不再增加，随着 $r$ 的继续增大，$\Delta G(r)$逐渐减小，（1.7）式右侧的第一项最终会大于第二项，使得 $\Delta G(r)<0$，这时驱动力迫使液相转变为晶体相。

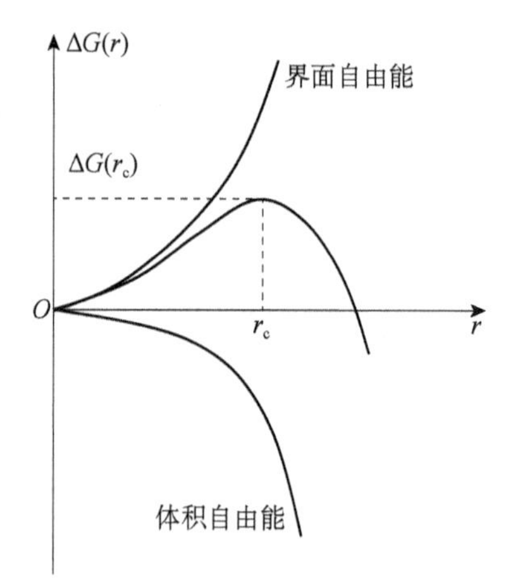


**图 1.1　自由能变化与基团半径 $r$ 之间的关系**

根据（1.7）式，由极值条件 $\partial\Delta G(r)/\partial r=0$，可求得晶核的临界半径

$$r_c=-\frac{2\gamma\Omega_s}{\Delta G_m} \tag{1.8}$$

将（1.8）式代入（1.7）式，可得晶核临界形成能

$$\Delta G(r_c)=\frac{4}{3}\pi\gamma r_c^2=\frac{16\pi\Omega_s^2\gamma^3}{3(\Delta G_m)^2} \tag{1.9}$$

若（1.6）式 $\Delta G$ 以单位体积的自由能为单位，即 $\Delta G_m/\Omega_s=\Delta G_v$，利用（1.6）式，（1.8）式和（1.9）式可改写为

$$r_c=-\frac{2\gamma T_m}{\Delta H_m\Delta T} \tag{1.10}$$

$$\Delta G(r_c)=\frac{4}{3}\pi\gamma r_c^2=\frac{16\pi\gamma^3T_m^2}{3(\Delta H_m\Delta T)^2} \tag{1.11}$$

体系的形核速率是指单位时间、单位体积母相中形成晶核的数目，可表示为

$$I_m=\frac{Nk_BT}{h}\exp\left(-\frac{\Delta G^*}{RT}\right)\exp\left(-\frac{\Delta G_n}{RT}\right) \tag{1.12}$$

式中，$N$ 为单位体积母相中的原子数目，$k_B$ 为玻尔兹曼常量，$h$ 为普朗克常量，$R$ 为普适气体常量，$\Delta G^*$为原子通过界面由母相跃迁到晶核中需要越过的势垒，$\Delta G_n$ 为形成一个晶核引起的体系自由能变化。

将（1.11）式代入（1.12）式，可得出单质液相中均质形核速率

$$I_{\mathrm{m}}=\frac{Nk_{\mathrm{B}}T}{h}\exp\left(-\frac{\Delta G^{*}}{RT}\right)\exp\left(-\frac{16\pi\gamma^{3}T_{\mathrm{m}}^{2}}{3RT(\Delta H_{\mathrm{m}}\Delta T)^{2}}\right) \tag{1.13}$$

在接近熔点附近，（1.13）式中第二个指数项起决定性作用。在（1.13）式中其他参数不变的情况下，过冷度 $\Delta T$ 和实际温度 $T$ 是影响形核速率的可控参数。过冷度随着温度的降低而快速增大，对指数项的影响幅度要比实际温度大得多。因此，形核速率主要是由过冷度决定的。

2. 不均匀成核

生长系统不均匀部位的存在，使得表面能势垒有所降低，晶核首先在这些不均匀处形成，以液态在衬底上凝固为例，假设冠状晶体基团曲率半径为 $r$，基团同衬底平面的接触角为 $\theta$，如图 1.2 所示。根据热力学知识，计算得到

$$\Delta G^{\mathrm{S}}=\Delta G_{\mathrm{H}}\frac{2-3\cos\theta+\cos^{3}\theta}{4}=\Delta G_{\mathrm{H}}f(\theta) \tag{1.14}$$

式中，$\Delta G^{\mathrm{S}}$ 为形成基团 S 后的自由能改变；$\Delta G_{\mathrm{H}}$ 为均匀成核时，半径为 $r$ 的基团自由能改变量；$f(\theta)=\frac{2-3\cos\theta+\cos^{3}\theta}{4}$。由于 $0\leqslant\theta\leqslant\pi$，可得 $0\leqslant f(\theta)\leqslant 1$。很显然有 $\Delta G^{\mathrm{S}}\leqslant\Delta G_{\mathrm{H}}$，这表明衬底使临界晶核自由能降低，因此容易形成晶核。

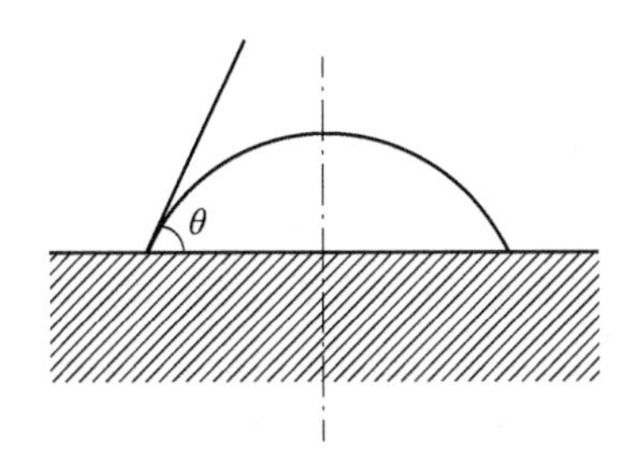


**图 1.2　非均匀成核示意图**

## 1.1.3　晶体的生长过程

晶体在液相过饱和状态或熔体过冷状态成核时，由于晶面能量对整体表面的影响不大，所以晶核趋于形成球状。各个晶面按照自己的特定生长速度和生长方式向外推移，形成凸面体，但对于能量比较高的晶面会逐渐消失，露出的晶面为表面能量比较低的晶面，这样可以保证晶体表面具有最小的能量。

当液态过饱和状态形成晶体时，母相液体与生长晶体的密度相比，差异很大，这时把浓度低的母相称为稀薄环境相。在熔体过冷状态形成晶体时，熔体母相与生长晶体的密度差别不大，这种情况下，把母相称为浓厚环境相。在稀薄环境相中生长的界面是原子级别的光滑面，而且表面能比较低，生长基团沿

切线方向依次沉积，这样的生长方式称为切向生长或层状生长。在浓厚环境相中生长的界面是原子级别的粗糙面，具有较高的表面能，生长基团可沿表面的任何地方发生，其结果是晶体生长沿晶体表面法线方向进行，这样的生长方式称为法线生长。

晶体生长过程实质上是生长的基团从环境中不断地通过界面向液相推移，进入晶格，为了解释晶核生长形成晶体的过程，人们提出了完整晶面生长机制、不完整晶面生长机制等。

1. 完整晶面生长机制

完整晶面生长机制由柯塞尔（Kossel）提出，认为质点先坐落于一行，待排满后再排相邻的另一行，依此类推。长满一层后，再铺排另一层。不断重复上述过程，最终形成完整的晶体。

完整晶面生长机制说明，在晶体生长过程中，质点总是在尚未完全形成的界面上寻找最佳的生长位置，在此位置处生长晶体有利于表面能的降低。一般情况下，一个处于生长中的界面，不是一个简单的平面，其上分布有台阶、平台、台阶拐角和孤立生长单元等，这些位置的能量比完整表面处的能量高。当生长单元附着于这些位置时，可以释放能量，使得表面能有所降低。因此，这些位置成了有利于晶体生长的位置。晶面上的孤立生长单元也会向台阶处或台阶拐角处迁移，通过填补台阶或台阶拐角处的位置，平台沿晶面生长，并能释放出更多的表面能。当完成这一层的生长后，如果晶体继续生长，就需要在晶面上形成二维晶核，由此来提供最佳生长位置。所谓二维晶核是指其尺度在高度上具有一个原子层的尺寸，而其平面上的尺寸应该满足热力学稳定条件临界尺寸大小，平面上的尺寸只有在大于临界尺寸的情况下，二维晶核才能稳定存在，并不断地长大形成晶体。

2. 不完整晶面生长机制

当结晶界面存在与界面垂直的螺型位错时，将会形成生长台阶。也就是说，生长不需要晶核，位错提供低饱和度下生长晶体的阶梯表面。台阶在生长晶面上沿着与台阶垂直的方向移动。假定台阶的移动速率是均匀的，则越靠近位错线处的台阶，绕位错中心线转动的角速度就越大，从而形成螺旋线的生长台阶。这一生长机制成功地解释了晶体在低饱和度下仍能生长晶体的实验现象。

对于完全平行于密排面而并无位错的生长界面，也可以通过二维晶核的形核过程形成台阶。另外，当结晶界面出现孪晶时，孪晶也可以提供台阶表面，使晶体沿着台阶方向生长。

3. 晶体的快速生长[1]

人们对晶体在生长过程中形成的晶面、晶面的形成能和晶面在原子尺度上的平整结晶表面的慢速生长方面进行了系统的研究。对于快速生长过程，考虑分子在界面处的结合能很弱，控制生长的主要因素仅由邻近凝固前沿的扩散场决定，在这种情况下，固-液界面在分子尺度上是比较粗糙的，只是在宏观尺度上认为是平整的。这一模型适合于金属、合金以及一些无机晶体的生长。

1）等温生长

晶体生长主要由热传输和化学效应决定，由于热传输的速度远快于原子扩散形成晶体过程中重新排布的速度，即温度有足够的弛豫时间，所以，凝固过程可以近似看作等温过程。为了说明温度和化学效应，以二元合金的相图为例，如图 1.3 所示。图中 $C$ 为溶质浓度，$T_0$ 为样品的局域温度，在较大范围内可以认为是一个常数。在两相平衡状态下，液态溶质浓度 $C_{eq}$ 高于固态溶质浓度 $C'_{eq}$，因此，固体前沿在纯热的情况下排斥溶质分子释放潜热形成固体，过量的溶质分子以一定的速率从界面传输出去，通过这种方式控制固-液面的移动速度。

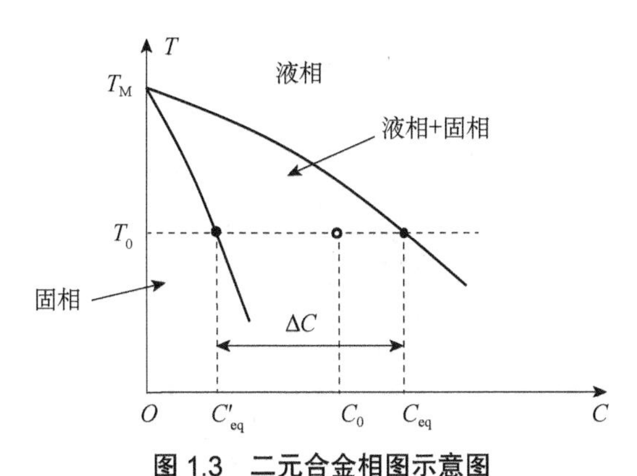


图 1.3　二元合金相图示意图

利用化学势可以很清楚地描述分子的运动方程，设 $\mu$ 代表溶质分子的化学势，那么，与平衡态的化学势能之差为

$$\tilde{\mu}=\mu-\mu_{eq}(T_0) \tag{1.15}$$

式中，$\mu_{eq}(T_0)$ 为平衡时的化学势。如果偏离平衡位置不远，可以对化学势进行泰勒级数展开，即得

$$\tilde{\mu}_{liquid}=\left.\frac{\partial\mu}{\partial C}\right|_{C=C_{eq}}\delta C,\quad \tilde{\mu}_{solid}=\left.\frac{\partial\mu}{\partial C}\right|_{C=C'_{eq}}\delta C' \tag{1.16}$$

式中，$\delta C$ 和 $\delta C'$ 分别代表溶质在液态和固态的浓度变化量。

液相的扩散方程可写为

$$D_C \nabla^2 \tilde{\mu} = \frac{\partial \tilde{\mu}}{\partial t} \tag{1.17}$$

式中，$D_C$ 代表液相化学扩散系数。对于固相来说具有类似的扩散方程，用 $D_{C'}$ 表示固相的化学扩散系数。

2）定向凝固（directional solidification）

对于定向凝固来说，凝固起主导作用的是化学扩散的动力学效应，这里附加一个由温度梯度而带来的凝固前沿晶体取向和速度的控制，利用后面将要介绍的布里奇曼法制备晶体技术就可以实现晶体的定向凝固生长。图 1.4 是晶体生长定向凝固示意图，样品为长棒状或长条带状，在样品移动速度 $v$ 和固定温度梯度下，热端 $A$ 和冷端 $B$ 接触。假设热导率在固相和液相时是相等的，温度在液–固两相界面处为

$$T = T_0 + Gz \tag{1.18}$$

式中，$z$ 为垂直坐标，$T_0$ 为液体和固体两相平衡态时的温度，$G$ 为温度梯度。

在这种情况下，液相和固相的扩散方程可分别写为

$$D_C \nabla^2 \tilde{\mu} + v\frac{\partial \tilde{\mu}}{\partial z} = \frac{\partial \tilde{\mu}}{\partial t},\quad D_{C'} \nabla^2 \tilde{\mu} + v\frac{\partial \tilde{\mu}}{\partial z} = \frac{\partial \tilde{\mu}}{\partial t} \tag{1.19}$$

式中，$D_C$ 和 $D_{C'}$ 分别代表液相和固相的化学扩散系数，$v$ 为样品移动速度。

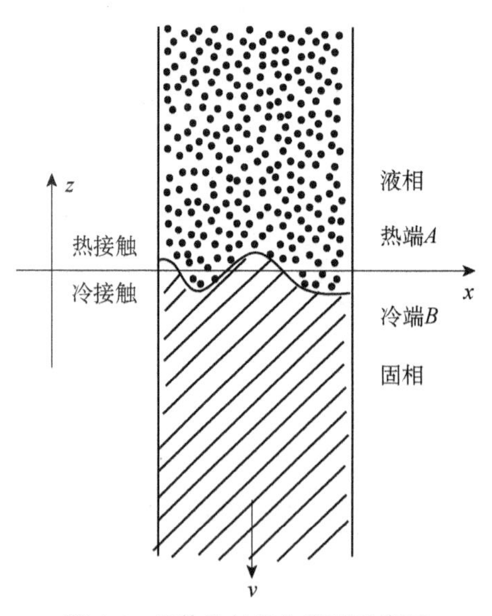


图 1.4　晶体生长定向凝固示意图

## 1.2　晶体生长方法

晶体生长方法的种类很多，根据晶体生长时原料的状态，可分为熔融法、溶液法、气相法和固相反应法等。各种方法中又包含具体的不同方式，每一种单晶生长方法都有其适用性和特点，需要根据生长单晶的具体物质选择合适的生长方法，究竟采用哪一种生长方式主要取决于生长单晶物质自身的物理和化学性质，如化学活性、熔点、沸点等。本节主要对熔融法和固相反应法进行介绍。

利用适当的加热手段对一定成分配比的原料进行加热熔化，然后按照特定方式进行不均匀的冷却，控制冷却速度，使熔体以有序方式析出晶体。这种从熔体生长单晶的方法就称为熔融法。熔融法生长晶体的方式已经有十余种，每一种方法可根据控制晶体生长方式进行分类。下面就对应用最为广泛的几种熔融法生长单晶的方法给予介绍，包括提拉法、光学浮区法、布里奇曼法等。

### 1.2.1　提拉法

提拉法是在 1918 年由波兰化学家丘克拉斯基（Jan Czochralski）发明的一种熔融法合成晶体的方法[2-4]，所以也称为“丘克拉斯基法”。丘克拉斯基当年为了测定纯金属的结晶速率而搭建了一种实验装置，利用这一装置，提拉出了直径为 1mm、长度约为 150mm 的单晶金属线。后来丘克拉斯基对这一装置进一步加以改进，不仅对提拉速度进行改变，并测定了 Sn，Pb，Zn 等单质金属的凝固速率。这一开创性的工作成为目前最常用的一种从熔融状态原料生长晶体的方法[5]。这种方法要求生长材料适合于利用坩埚进行加热熔化、原料的热导率比较高以及形成的晶体没有显著的解理面[6]。

1. 基本原理

提拉法是将构成晶体的原料放在坩埚中加热熔化，在熔体表面接触籽晶提拉熔体，在受控条件下，使籽晶和熔体在交界面上不断地进行原子或分子的重新排列，随着温度的降低逐渐凝固而生长出单晶体。图 1.5 是提拉法单晶生长示意图。

2. 装置组成

提拉法实验装置主要由加热系统、坩埚和籽晶夹、传动系统、气氛控制系统和后加热系统等组成，各部分的构成及其作用如下所述。

1）加热系统

加热系统由加热器、保温装置、控温装置等构成。最常用的加热装置有电

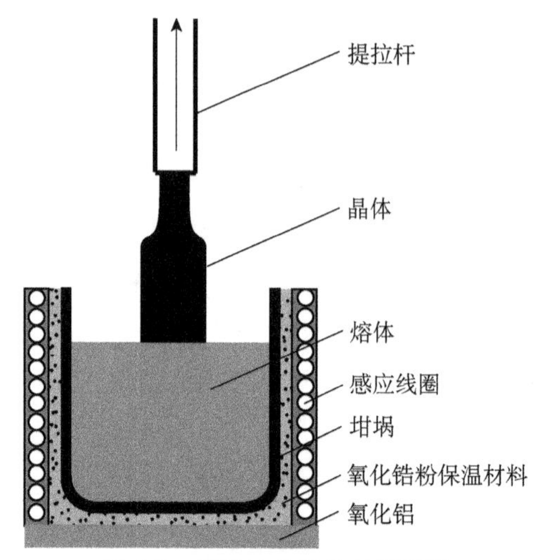


**图 1.5 提拉法单晶生长示意图**

阻加热和高频线圈加热两大类。电阻加热方法简单，温度容易控制。保温装置通常为采用金属材料以及耐高温材料等做成的热屏蔽罩和保温隔热层，例如，用电阻炉生长钇铝石榴石（YAG）、刚玉时就采用该类保温装置。控温装置主要由传感器、控制器等精密仪器进行操作和控制。

2）坩埚和籽晶夹

用于坩埚的材料要求化学性质稳定、纯度高，高温下机械强度强，熔点需高于原料的熔点 200℃左右。常用的坩埚材料为铂、铱、钼、石墨、二氧化硅或其他高熔点氧化物。其中铂、铱和钼主要用于氧化物类晶体的生长。

籽晶要求选用无位错或位错密度低的相应单晶体，用籽晶夹来装夹。

3）传动系统

为了获得稳定的旋转和升降速度，传动系统由提拉杆、坩埚轴和升降系统组成。

4）气氛控制系统

不同晶体常需要在各种不同的气氛里进行生长。例如，钇铝石榴石和刚玉晶体需要在氩气气氛中进行生长。该系统由真空装置和充气装置组成。

5）后加热系统

后加热器可用高熔点氧化物（如氧化铝、陶瓷）或多层金属反射器（如钼片、铂片等）制成，通常放在坩埚的上部，生长的晶体逐渐进入后加热器，生长完毕后就在后加热器中冷却至室温。后加热器的主要作用是调节晶体和熔体之间的温度梯度，控制晶体的直径，避免由组分过冷现象引起的晶体破裂。

3. 生长工艺

首先将原料放在耐高温的坩埚中进行加热熔化，通过调整炉内温度，使熔体上部处于过冷状态；然后在提拉杆上安置一粒籽晶，让籽晶接触熔体表面，待籽晶表面稍微熔化后，提拉并转动提拉杆，使熔体处于过冷状态而结晶于籽晶上，在不断提拉和旋转过程中，生长出圆柱状晶体。

1）温度控制

在利用提拉法生长晶体的过程中，熔体的温度控制是关键。要求熔体中温度的分布在固-液界面处保持熔点温度，并保证籽晶周围的熔体有一定的过冷度，熔体的其余部分保持过热。这样，才可保证熔体中不产生其他晶核，在固-液界面处原子或分子按籽晶的结构排列成单晶。为了保持一定的过冷度，生长界面必须不断地向远离凝固点等温面的低温方向移动，晶体才能不断长大。另外，熔体的温度通常远高于室温，为使熔体保持适当的温度，还必须用加热器不断提供热能。

2）提拉速率

提拉的速率决定晶体生长速度和质量。适当的转速对熔体产生良好的搅拌作用，可达到减少径向温度梯度、阻止组分过冷的目的。一般提拉速率为6～15mm/h。在提拉法晶体生长过程中，常采用“缩颈”技术以减少晶体的位错，即在保证籽晶和熔体充分浸润后，旋转并提拉籽晶，这时界面上原子或分子开始按籽晶的结构排列，然后暂停提拉，当籽晶直径扩大至一定宽度（扩肩）后，再旋转提拉出等径生长的棒状晶体。这种扩肩前的旋转提拉使籽晶直径缩小，称为“缩颈”技术。

4. 提拉法晶体生长方法的优缺点

提拉法晶体生长方法优点包括以下几个方面：在晶体生长过程中可以直接进行测试与观察，有利于控制生长条件；晶体不与坩埚接触，不受机械应力；可用一定取向的籽晶体进行定向生长。但有其缺点：其一是坩埚材料对晶体可能产生污染；其二是熔体的液流作用、传动装置的振动和温度的波动都会对晶体的质量产生一定的影响。

5. 提拉法在晶体生长中的应用

提拉法生长红宝石晶体，采用$Al_2O_3$和1%～3%的$Cr_2O$作为原料进行生长。提拉法生长人造钇铝石榴石，采用$Y_2O_3:Al_2O_3=3:5$的原料配比进行生长。尤其在硅、锗半导体晶体生长方面较为常用。另外，大多光电晶体如$LiNbO_3$，$LiTaO_3$，$PbMoO_3$，铁电晶体等都可以采用这种晶体生长方法进行生长。

## 1.2.2 光学浮区法

最早用于原料提纯的技术是区熔法。美国贝尔电话实验室的研究者浦凡（W. G. Pfann）在 1952 年使用区域熔化和区域精炼的方法成功地提纯了锗和硅等半导体材料，并发表了 *Principles of Zone-Melting*（区域熔化原理）论文[7]，这为后来浮区法（floating zone method）的诞生奠定了基础，这种熔炼方法现已成为一种生长单晶的成熟技术。这种方法又可细分为移动加热器法、熔剂法和浮区法。移动加热器法是让料棒固定不动，使加热器移动的方法；熔剂法是采用低熔点的熔剂使预制棒局部溶解的方法；而浮区法不需要坩埚，熔体生长过程中熔体处于悬浮区，靠界面张力维持熔化区域形状的单晶生长方法。

浮区法的加热有多种方法，包括感应加热、光辐射聚焦加热和激光加热等。感应加热方法是采用感应线圈施加交变的电磁场，在实现原料棒的加热熔化的同时，在熔体中形成电磁力，对熔体具有搅拌的作用。激光加热方法是采用高能量密度的激光束直接照射到原料棒上进行加热熔化，如图 1.6 所示。

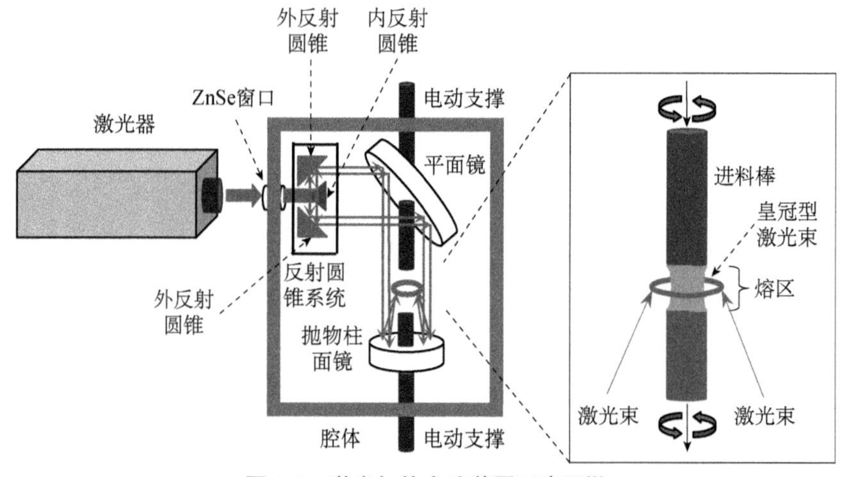


**图 1.6 激光加热方法装置示意图**[8]

另外也可采用电子辅助加热、卤素灯和激光混合加热的形式，如图 1.7 所示[8, 9]。

而光辐射聚焦加热是采用高能量密度的光源作为加热源，利用曲面反射镜使能量反射并聚焦于原料棒上进行加热熔化。1953 年，Keck 和 Golay 根据浮区法原理设计了垂直区域融化法，成功生长了硅单晶[10]。目前在以上所述的三种区熔法中，浮区方法用途最广。下面就以日本晶体生长公司制造的四椭球反射镜光学浮区炉为例，着重介绍浮区法生长单晶的方法。

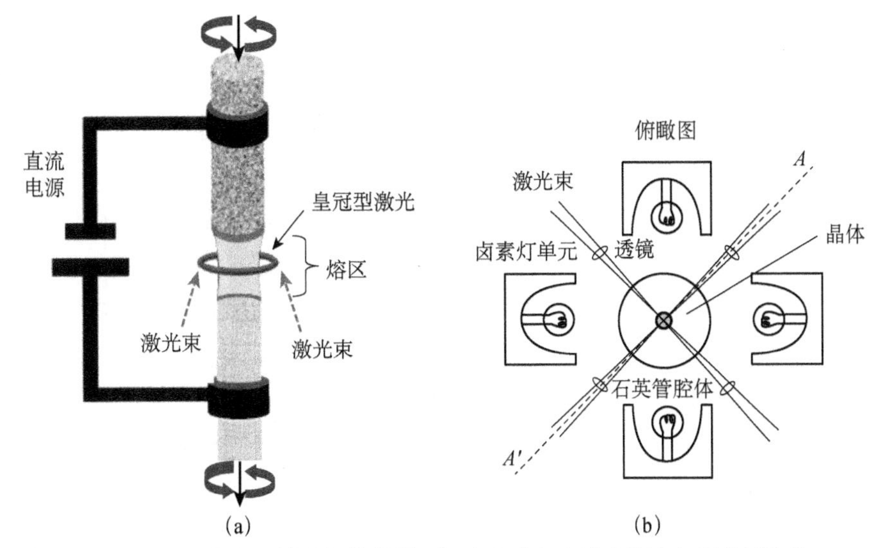


(a)　　(b)

**图 1.7　（a）电子辅助加热装置；（b）卤素灯和激光混合加热装置[8, 9]**

图 1.8（a）是日本晶体生长公司制造的四椭球反射镜光学浮区炉。该设备分为左侧的炉体和右侧的控制系统两部分，中央的炉腔被四个椭球反射镜包围。控制系统用来输入和调节影响晶体生长的各种参数，进行单晶生长。图 1.8（b）是单晶生长原理图。

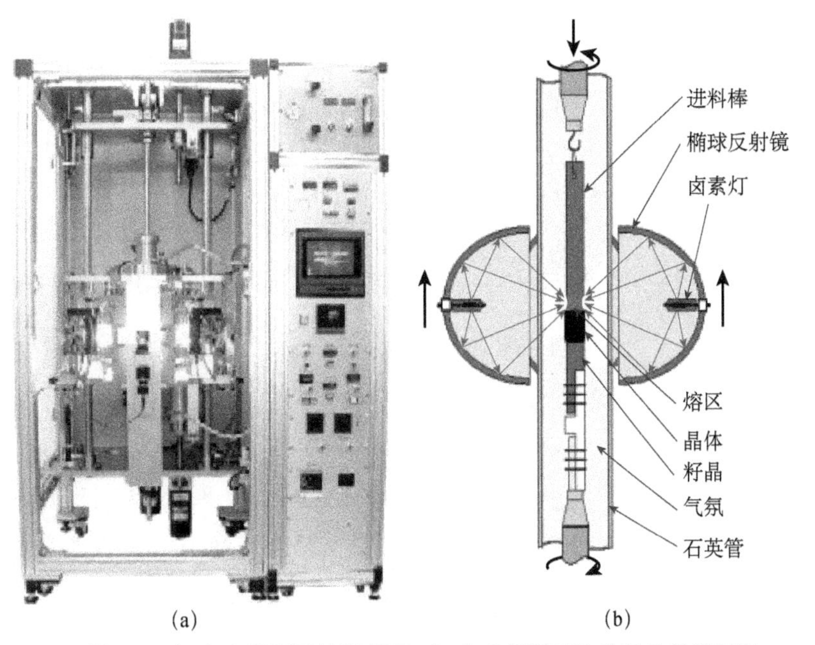


(a)　　(b)

**图1.8　（a）光学浮区炉外观图；（b）光学浮区法单晶生长原理图**

1. 浮区炉组成

1）光（热）源

光学浮区法是一种通过光学聚焦进行加热的方法，普遍使用卤素（碘钨）灯或氙灯作为热源，加热温度可分别达到2200℃和3000℃，灯丝发出的光经过凹面镜聚焦后作为热源加热样品。一般熔点在2000℃以下的晶体采用卤素灯加热，而像$CrB_2$等硼化物和碳化物的超高温材料，就需要使用氙灯作为热源。与感应浮区炉只能生长导电材料相比，光学浮区炉对于导体和绝缘体都适用，特别是氧化物和半导体材料，因为这些材料很容易吸收近红外光。

2）椭球反射镜

为获得相当高的加热温度，在四面椭球反射镜的相同焦点各放置一只卤素灯，热源发出的光经过椭球镜反射，聚焦在同一个焦点上，这个焦点就是晶体生长时熔区所在位置。

3）镜台与转轴

浮区炉传动装置主要包括镜台、上转轴和下转轴三部分。上转轴主要用来悬挂进料棒，生长时控制给料速度；下转轴用来支撑晶体；镜台用来控制生长速度。上轴和镜台可以快速（5～60cm/min）或慢速（0～20mm/h）垂直移动。上轴和下轴可以顺时针或逆时针旋转（0～60r/min）。

4）气氛控制系统

气氛控制系统允许通入氧气、氩气或空气满足晶体生长需要，必要时还可以通入氢气。气体流量由流量计精确控制。

将多晶原料棒悬挂于上转轴，而籽晶则固定在下转轴上，光源发出的光经过四面椭球镜反射，聚焦于同一点加热熔区。晶体的生长基础理论告诉我们，过冷度是结晶的驱动力，只有当固-液界面处的过冷度$\Delta T>0$时，才能实现晶体生长。在晶体生长的过程中，浮区法主要通过椭球镜的移动，使聚焦点逐渐远离熔区，达到熔区降温的目的。

2. 料棒制备

首先装载和压制料棒。将按比例配制的原料研磨好后，装入适当长度的橡皮管内。然后将装好粉料的橡皮管塞进容器中，容器中装满水，再用油压对其进行静水压压制。橡皮管将在约2000kgf/cm$^2$的等静压下进行压制。随后再将压制好的料棒和橡皮管进行分离，并利用手电钻（钻头直径1mm）在棒上打一个1mm直径的孔。用细铂丝穿过小孔，再打一个环圈。压制的料棒在这一阶段很容易破碎，此时操作一定要倍加细心。最后，利用铂丝圈将压制的料棒悬挂在旋转提升器陶瓷刚玉棒的末端钩子上面，并将其装入电炉进行烘焙烧结。在烧结过程中，烧结棒必须连续旋转并且上下移动，以防止棒弯曲或局部烘结，需要做到烧结棒平直并且均匀，这对于保持稳定的浮区是必需的。从炉子底部引入所需气氛气体，设定反复升降的时间和次数，并开始烘焙烧结。陶瓷管的顶部覆盖两片半圆的陶瓷片，以保证良好的气氛状态。达到设定的间隔时间和升降次数后，烘焙烧结过程结束，料棒将自动移至顶部位置。

3. 光学浮区法生长步骤

利用光学浮区法生长单晶，具体包括以下几个步骤：

（1）将原料棒（上棒）和籽晶棒（下棒）分别安装于上转轴和下转轴，并确保上棒和下棒垂直居中，如图 1.9（a）所示。

（2）调节上棒的位置，使它的底部进入反射焦点（高温区）。然后通入适当的气氛，设定上下棒的旋转速度，调整卤素灯输入功率，加热升温，上棒底部逐渐开始熔化，形成预熔区，如图 1.9（b）所示。

（3）上棒底部熔化稳定时，预熔区的温度非常接近于生长所需的温度，移动下棒使其与上棒对接，然后设定生长速度和旋转速率，保证生长稳定进行，如图 1.9（c）所示。

（4）当上棒即将耗尽时，停止生长，并根据实际情况选择合适的降温速度。一边向上移动原料棒（上棒），一边降温，使晶体和上棒脱离，如图 1.9（d）所示。

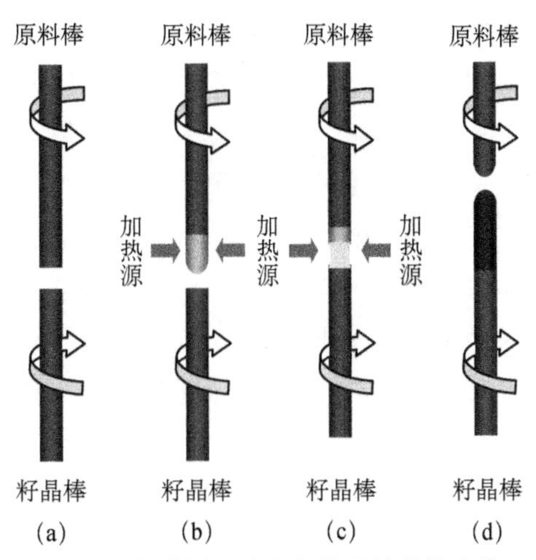


图 1.9 光学浮区法生长单晶的具体步骤

4. 光学浮区法生长单晶的优点

获得具有明确成分配比的高纯度、高质量单晶是研究化合物本征性质的关键要素。单晶结构可给出可靠的各向异性表征，这对于具有层状结构的铜氧化物高温超导显得尤为重要。另外，对单晶样品的基础研究必须是无缺陷的，不存在第二相的干扰，而晶体缺陷和杂相能够显著改变样品的性质。因此，人们不断尝试新的技术手段进行单晶生长。对于块体高温超导体化合物的单晶制备来说，光学浮区法是一个很好的实验手段，利用这种方法可以生长出厘米尺度的大块单晶，如生长 YBaCuO，BiSrCaCuO，NdCeCuO 和 LaSrCuO 等铜氧化物单晶[11]，很多高温陶瓷材料都可以通过这种方法进行生长，如铁氧化物、锰氧化物、钒氧化物、铬氧化物等[12]，利用光学浮区法获取高质量的单晶样品，已经得到了广泛的应用，这是一种非常成熟的单晶制备方法。

光学浮区法具有明显的优点：其一是加热温度不受坩埚熔点的限制，因此可以生长熔点极高的材料；其二是生长速度比较快，可用于难熔高温氧化物和金属间化合物；其三是无坩埚，因而不会对所生长的晶体造成污染。

## 1.2.3 布里奇曼法

布里奇曼法（Bridgman method）是由布里奇曼（Bridgman）在 1925 年提出的晶体生长方法[13]。1936 年，苏联学者 Stockbarger 等提出了相似的方法[14]，因此，这种晶体生长方法也称为 Bridgman-Stockbarger 法，俗称为坩埚下降法。

布里奇曼法又可分为垂直布里奇曼法[15]和水平布里奇曼法[16]两种。垂直布里奇曼法的温度梯度与重力场平行，高温区在上方，低温区在下方，坩埚从上向下移动，实现晶体生长。垂直布里奇曼法有利于获得圆周方向对称的温度场和对流模式，从而使生长的晶体具有轴对称性。水平布里奇曼法的温度梯度与重力场垂直，这种方法控制系统相对简单，并能够在结晶界面前沿获得较强的对流，有利于进行晶体生长行为控制。同时，水平布里奇曼法还有利于控制炉膛和坩埚之间的对流换热，获得更高的温度梯度。温度梯度的控制是通过控制加热区的温度 $T_h$、冷却区的温度 $T_C$ 和梯度区的长度 $L_0$ 来实现的，温度梯度可表示为

$$G=\frac{T_h-T_C}{L_0} \tag{1.20}$$

垂直布里奇曼法生长单晶的基本原理如图 1.10 所示。晶体生长所用原料装在圆柱形的坩埚中，坩埚在具有单向温度梯度的加热炉内缓慢地下降，炉温控

制在略高于原料的熔点附近。冷却区域的温度应低于晶体的熔点温度。当坩埚通过加热区域时，坩埚中的材料被熔融。当坩埚持续下降时，坩埚底部的温度先下降到熔点以下，原料熔体开始结晶，并且随着坩埚的连续运动而冷却，结晶界面将沿着与其运动方向相反的方向定向生长。随坩埚下降，晶体持续长大。这种方法常用于碱金属、碱土金属卤化物和氟化物等单晶的生长。

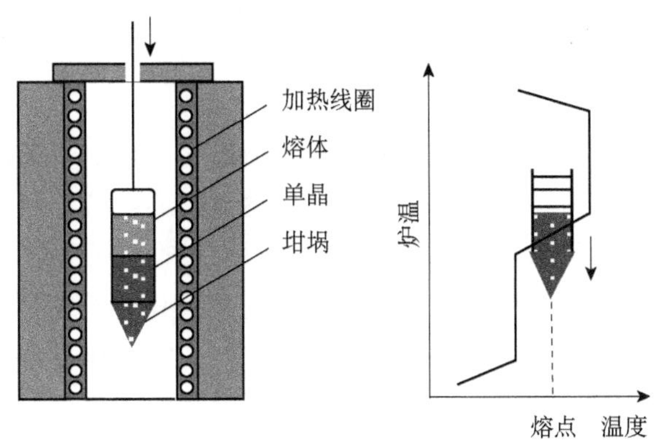


图 1.10　垂直布里奇曼法生长单晶示意图

1. 晶体生长过程的加热方法

晶体生长过程的加热方法可采用电阻加热、感应加热、热辐射加热等三种方法。

电阻加热方法是最常用的一种加热方式，适合于从低温到高温不同区域的温度控制。电阻加热是利用电流通过导体时释放的焦耳热，使导体本身温度升高，并通过辐射、传导和对流将热量传递给原料。

感应加热是利用感应线圈中交变电流在其周围的空间产生感应电磁场，该电磁场作用在具有一定导电能力的物体上，并产生感应电流，利用该感应电流产生焦耳热对物体进行加热。被加热表面单位面积的发热功率可表示为

$$P_g=K_0I_i^2\sqrt{\rho_e\mu f} \tag{1.21}$$

式中，系数 $K_0$ 取决于感应线圈和发热体的几何尺寸和形貌，$I_i$ 为感应器中的感应电流，$\rho_e$ 为发热体的电阻率，$\mu$ 为发热体的相对磁导率，$f$ 为感应电流的频率，$\sqrt{\rho_e\mu}$ 为材料的吸收因子。

利用电流的趋肤效应，感应电流通常只分布在发热体的表面，电流密度随着与表面距离 $x$ 的增大而呈负指数函数的规律衰减，即

$$I_x=I_0\exp(-x/\delta) \tag{1.22}$$

式中，$I_0$ 为最表面的电流密度；$\delta$ 为电流流入深度，$\delta=A\sqrt{\rho_e/(f\mu)}$。

发热体升温所吸收的热量为

$$Q_h = c_p \rho V \frac{dT_i}{d\tau} = c_p \rho S_b \delta \frac{dT_i}{d\tau} \tag{1.23}$$

式中，$c_p$为发热体的质量定压热容，$\rho$ 为发热体的密度，$V$为发热体的体积，$S_b$为发热体的表面面积。

发热体向物料及周围环境散热的热流为$Q_w = S_b q_w$，这里 $q_w$为热流密度，则根据热平衡条件，被加热表面单位面积的发热功率为

$$P_g = Q_h + Q_w \tag{1.24}$$

由此也可以获得在给定加热功率下的平衡温度 $T_h$。当平衡温度大于晶体生长原料的熔点时，原料将发生熔化，并逐步达到恒温。与此同时，随着时间的延长，$Q_w$将减小，此时就需要相应地降低感应线圈的加热功率以维持恒温。

激光电子束等辐射加热方法是利用高密度光束和电子束对原料直接照射进行加热、熔化及温度控制。光束照射在物料上产生的能量可分为两部分，一部分被物料吸收，而另一部分被物料反射。被物料吸收的热量，以热传导的方式向物料内部传导，最后使得物料完全熔化。

2. 晶体生长过程中的冷却方法

晶体生长过程通常采用在一定的非均匀场中进行冷却控制。为了获得合适的温度梯度，常需要在特定的部位进行冷却。结晶过程中释放的结晶潜热也必须以适当的方式导出才能使晶体生长过程持续进行。各种传导方法均以传热的基本原理为基础，通过增大传热热流达到冷却的目的。

1）利用导热原理进行冷却

由导热的傅里叶第一定律（介质的热流密度$q = -\lambda \frac{dT}{dz}$，$\lambda$ 为热导率）可以导出，在导热传热过程中，热量由温度梯度控制。因此，需选用热导率较大的材料，或者在导热介质的另一端采用其他冷却方式降温，增大导体介质中的温度梯度，可达到增大热流的目的。利用傅里叶第一定律可以控制恒定的热流，从而获得稳定的温度场。

根据傅里叶第二定律（介质的温度随时间的变化率$\frac{\partial T}{\partial \tau} = \alpha \nabla^2 T$，$\alpha$ 为热扩散率）可以实现对晶体生长系统的瞬时冷却。假定晶体生长系统的温度为 $T_1$，密度为$\rho_1$，质量热容为 $c_{p1}$，热导率为 $\lambda_1$，使其与温度为 $T_2$（$T_2 < T_1$）的介质接触，则热量将由晶体生长系统向冷却介质传导。该传导过程是由傅里叶第二定律控制的，根据其几何形状和表面散热特性确定其边界条件进行求解。如果晶体生

长系统释放的热量全部被冷却介质吸收，则达到热平衡的温度 $T_e$，可根据以下热平衡公式求得

$$c_{p1}\rho_1 m_1(T_1 - T_e) = c_{p2}\rho_2 m_2(T_e - T_2) \tag{1.25}$$

即

$$T_e = \frac{BT_1 + T_2}{1 + B} \tag{1.26}$$

式中，$m$ 为质量，下标 2 代表环境介质的参数，$B = \dfrac{c_{p1}\rho_1 m_1}{c_{p2}\rho_2 m_2}$ 是晶体生长系统热容量与冷却介质热容量的比值。随着 $B$ 值的减小，平衡温度减小，向温度 $T_2$ 逼近，表明冷却介质的冷却能力强；随着 $B$ 值的增大，介质冷却能力降低，平衡温度则向 $T_1$ 逼近。

由以上分析可以看出，控制导热冷却能力的主要参数是冷却介质的热导率、质量热容和密度。冷却能力强的介质为导体材料。导热热流是通过晶体生长系统与冷却介质的接触面进行散热，选择不同的接触界面可以实现对生长系统的定向冷却，在晶体生长系统形成温度梯度场。

2）辐射散热冷却

辐射散热在高温热交换过程中起着决定性的作用。增强物体向环境散热热流可以达到对其冷却的目的。辐射散热的热流密度实际上是物体向环境辐射热流密度与环境向该物体辐射热流密度的差值。在给定的温度下，特定表面物体辐射能力是确定的，增强散热的主要途径是改变环境温度。

通常直射的热流密度是最大的，并且环境的辐射面距离物体越远，则向该物体辐射的热流密度就越小。

3）强制对流冷却

强制对流冷却一般采用液体冷却介质进行冷却，是晶体生长过程中常用的冷却方式。自然对流的热导能力有限，但可通过施加强制对流强化散热。向晶体特定部位通入低温冷却介质则可增大散热热流，实现强制冷却。而在对流散热过程中，界面换热系数不仅与冷却介质的性质有关，还与对流的强度和方式密切相关。

### 1.2.4　固相反应法

固相反应法是通过加热固相颗粒化合物，使化合物的不同物质直接发生反应形成新的化合物的合成方法。根据固相反应的温度高低，可将固相反应分为三类，即反应温度为 100℃ 的低热固相反应、反应温度为 100～600℃ 的中温固

相反应以及反应温度高于600℃的高温固相反应。固相反应能否发生，取决于反应物质的结构和热力学函数。反应过程应使吉布斯函数的变化量小于零。事实上，为了有利于在低温下发生固相反应，通常在反应前将反应物颗粒尽量研磨均匀，这样会增大反应物颗粒之间的充分接触，并增加有利于进行反应的缺陷浓度，使反应得以顺利进行。也可以通过微波技术或者各种波长的光等预处理反应物，使反应物得到活化。

三种固相反应均有其自身的特点和优势，其中高温固相反应方法（也称为陶瓷方法）不需要使用熔剂，具有高选择性、高产率、工艺流程简单等特点，是最普遍采用的一种晶体生长方法。其反应的基本原理是，在固相颗粒的接触点上首先形成新的结晶核，然后新相长大成层状，将两个反应隔离，随后的反应是在新相中的扩散控制下进行的。因此，固相反应法的主要影响因素包括反应界面面积、新相的形核、元素的扩散以及可能形成的气相或液相对反应过程的影响。下面对这些因素分别加以分析。

1. 反应界面面积

固相反应是在界面上进行的，单位体积物质的表面积越大，反应界面就越大，固相颗粒的比表面积 $S_i$ 是决定反应速率的主要因素之一，其定义为单位体积固相的表面面积。假定固相颗粒是直径为 $d$ 的球形，则有

$$S_i = \frac{\pi d^2}{4\pi(d/2)^3/3} = \frac{6}{d} \tag{1.27}$$

由此可以看出，随着颗粒尺寸的减小，反应界面面积迅速增大。当颗粒尺寸达到1μm量级时，反应扩散距离约为1000个晶胞的大小。而当颗粒尺寸达到纳米尺寸时，不仅扩散距离减小，而且纳米效应发挥作用，反应动力学因素大大改善，反应速度加快。因此，对固体颗粒进行破碎分散并均匀混合，对于固相反应法是至关重要的。在固相反应过程中，新相的形成会降低反应界面面积，因此对反应化合物的重复加热和粉碎有利于反应的充分进行。

2. 新相的形核

新相的形成首先经过一个形核的环节。形核通常在不同反应相的接触界面上发生，按照热力学原理，新相的形成过程必须是自由能下降的过程。在热力学条件具备的情况下，生成物与反应物之间存在晶体学取向关系，形成共格界面时，形核过程变得容易，形核速率增大。由形核控制的固相反应过程在 $t$ 时刻的相变分数 $x(t)$ 可以由如下阿夫拉米–埃罗菲夫（Avrami-Erofeev）经验公式[17]给出

$$x(t) = 1 - \exp(-kt^n) \tag{1.28}$$

式中，$k$ 是温度的函数，一般与成核集聚速率和晶体生长速率有关；$n$ 反映成核速率或晶体的形貌。

在等温过程中，由（1.28）式可得相转变速率

$$\frac{\mathrm{d}x(t)}{\mathrm{d}t}=knt^{n-1}\exp(-kt^{n}) \tag{1.29}$$

根据（1.28）式，可将（1.29）式改写为

$$\frac{\mathrm{d}x(t)}{\mathrm{d}t}=nk^{1/n}(1-x)[\ln(1-x)^{-1}]^{(n-1)/n} \tag{1.30}$$

（1.30）式常被称为约翰逊–梅尔–阿夫拉米（Johnson-Mehl-Avrami）转变速率方程[18]。

3. 元素的扩散

在固相反应过程中，元素可通过接触界面进行扩散而形成新相，新相成核并逐渐长大。图 1.11 是 Ti 元素和 Al 元素在其界面处发生固相反应并形成 $TiAl_3$ 金属间合金层的示意图[19]，图 1.11（a）代表 Ti 元素和 Al 元素在相对较低温度下发生扩散的初始状态，随着 Ti 元素和 Al 元素在两者界面处发生扩散，Ti(Al) 固溶体在 Ti 层中形成，Al(Ti)固溶体在 Al 层中形成。在温度升高到一定程度后，Ti(Al)固溶体和 Al(Ti)固溶体达到过饱和状态，在 Ti/Al 界面处析出 $TiAl_3$ 晶核，并逐渐长大而形成 $TiAl_3$ 金属间合金层，如图 1.11（b）所示。元素扩散过程可由下述经验公式进行描述，即

$$y=kt^{n} \tag{1.31}$$

式中，$y$ 为扩散层厚度，$t$ 为扩散时间，$k$ 为扩散常数，$n$ 为与生长速率有关的运动学参数。

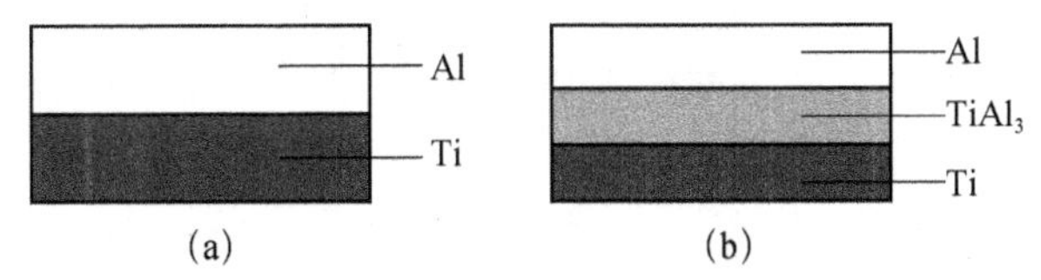


图 1.11　Ti/Al 固相反应示意图：（a）固相反应初始状态；（b）发生固相反应形成 $TiAl_3$ 合金层

4. 气相或液相的影响

在高温下进行的固相反应，通常反应物和产物均会挥发。由于固相颗粒之间的接触界面是非常有限的，因此反应物的挥发会起到传输作用，促进反应进行。当反应温度较高时，反应物发生熔化，液相的流动有利于反应物的充分接触，从而起到改善反应条件的作用。在该条件下，反应过程变为气–液–固界面反应。

例如，利用高温固相反应合成 $MgAl_2O_4$，反应机理可以利用下述化学式进

行描述，即

$MgAl_2O_4$ 和 MgO 界面的反应为

$$2Al^{3+}+4MgO \longrightarrow MgAl_2O_4+3Mg^{2+} \tag{1.32}$$

$MgAl_2O_4$ 和 $Al_2O_3$ 界面的反应为

$$3Mg^{2+}+4Al_2O_3 \longrightarrow 3MgAl_2O_4+2Al^{3+} \tag{1.33}$$

总的反应为

$$4MgO+4Al_2O_3 \longrightarrow 4MgAl_2O_4 \tag{1.34}$$

在固相反应过程中，首先是反应物颗粒之间的混合接触，然后在颗粒表面形成含有大量缺陷而且极薄的新相，这些新生成的物相进行结构调整并生长成一定厚度的晶体，当达到一定厚度后，晶体的进一步生长是通过反应层扩散而使晶体生长得以继续进行。这种物质的输运过程可能是通过晶格内部、表面、界面、位错甚至是裂缝处进行的。也就是说，在固相反应过程中，固体颗粒可直接参与化学作用而引起反应物的化学变化。

5. 高温固相反应在材料合成方面的应用

可利用高温固相反应方法合成各种陶瓷材料。对于功能陶瓷，如铁电材料、超导材料等，需要选择高纯度的原料进行固相反应，如果原料纯度不够高，则可通过化学方法进行提纯。固相反应合成陶瓷材料常用的原料包括氧化物、氯化物、硫酸盐、硝酸盐、氢氧化物、草酸盐和纯盐等。将原料进行称量配比、研磨等，得到化学组分、相组分、纯度和粒度符合条件的粉料，然后用压机压实并在合适的温度下和时间内进行高温烧结，冷却后得到陶瓷材料。现以制备$(La, Y)_{2/3}CaMn_{1/3}O_3$稀土氧化物为例，来说明陶瓷材料的烧结过程。

纯 $La_2O_3$，$Y_2O_3$，$CaCO_3$ 和 $MnO_2$ 按适当比例混合后，在玛瑙坩埚中进行研磨。研磨均匀后，置于烧结炉中在 1100℃ 的温度下预烧 24h，然后自然冷却至室温。从炉体中取出后研磨压片，再在 1300℃ 的温度下第二次预烧 24h。最后再次研磨，混合胶水压片后，在空气中以 2.5℃/min 的升温速率（以确保样品中的胶水完全蒸发）升温至 1300℃ 后保温 24h，再自然冷却至室温，最后制成$(La, Y)_{2/3}CaMn_{1/3}O_3$ 样品。

## 1.3 薄膜生长方法

### 1.3.1 薄膜生长原理

薄膜晶体的生长过程是一个非平衡过程，其以平面或准平面的方式沿着垂直于衬底表面的方向生长。很显然，如果生长薄膜与蒸气处于平衡态，也就是说它们具有相同的化学势，就不能进行生长。只有蒸气的化学势高于晶体的化学势才能维持晶体的生长。

晶体生长的两个基本概念是关于晶体薄膜生长方式和生长动力学问题，即薄膜的生长速度与生长驱动力的依赖关系，它们在不同的条件下具有不同的依赖关系，即线性增长或非线性集聚，抑或是自仿射和分型生长。这将引起不稳定生长，并导致分形生长或存在不稳定的生长速率。

如果将蒸发气体看作理想气体，那么绝对活性为

$$z = \exp[-\mu / (k_B T)] \tag{1.35}$$

式中，$\mu$ 为蒸气化学势，$k_B$ 为玻尔兹曼常量，$T$ 为热力学温度。所以改变蒸气化学势 $\mu$ 就相当于改变蒸气压力（超过平衡蒸气压）。在分子束外延生长过程中，蒸气由分子束所取代，这就意味着分子束引起的非平衡远比蒸气化学势改变 $\Delta\mu$ 引起的非平衡显著。

1. 薄膜生长模式

薄膜晶体的生长模式可粗略地分为三类，叙述如下。

1）层状生长模式

层状生长模式（layer-by-layer growth mode，或 Frank-van der Merwe growth mode）如图 1.12（a）所示，这种生长模式是晶体倾向于完成一层生长后再接着生长新的一层，近于平衡状态的生长，这个生长过程实际是限制在二维岛的生长，在这种生长模式下动力学是高度非线性的。因此，这种生长模式常称为二维生长模式（two-dimensional growth mode）。

2）三维岛状生长模式

在三维岛状生长模式（Volmer-Weber growth mode）下，很多原子层同时生长，在表面形成岛状，如图 1.12（b）所示。

3）层岛复合生长模式

在外延生长中，还存在介于层状生长和岛状生长的中间过渡模式，即层岛复合生长模式（Stranski-Krastanov growth mode）。这种生长模式是首先在衬底上进行层状生长，在生长数个原子层后，接着转化为岛状生长，如图 1.12（c）所示。

薄膜生长具有哪种生长模式，可从衬底原子和外延生长原子之间的键合能加以考虑来进行解释。如果 A 代表沉积原子，B 代表衬底原子，$U_{AA}$，$U_{BB}$，$U_{AB}$ 分别代表沉积原子之间的键能、衬底原子的键能，以及沉积原子与衬底原子

(a)

(b)

(c)

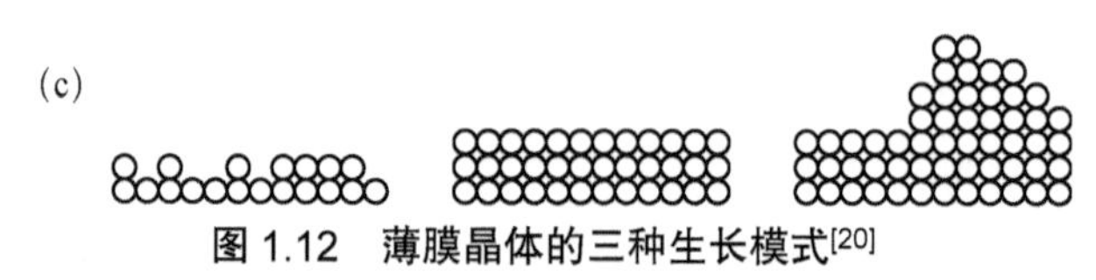

**图 1.12　薄膜晶体的三种生长模式[20]**

（a）层状生长模式；（b）三维岛状生长模式；（c）层岛复合生长模式

之间的键能。二维生长一般发生在 $U_{AB} > U_{AA}$ 时，这样的生长可以有效地降低表面能，因此，生长模式更倾向于采取这种二维生长模式。在 AA 键多、AB 键少的情况下，成核后释放的总能多从而使自由能减小，在晶格匹配度比较差的情况下，薄膜生长更倾向于三维岛状生长，最后得到的薄膜多是多晶结构。层岛复合生长模式大多发生在 $U_{AB}$ 和 $U_{AA}$ 比较接近时的情况。

2. 薄膜生长动力学[20]

1）威尔逊-弗仑克尔极限

三维岛状的生长速度与化学势变化成正比，动力学系数定义为

$$\kappa(T) = \lim_{\Delta\mu \to 0} \frac{G(\Delta\mu, T)}{\Delta\mu} \tag{1.36}$$

这里，$G$ 为生长速率，$\Delta\mu$ 为蒸气与沉积薄膜的化学势差值。设 $S$ 是原子在衬底上的堆垛速率（stacking rate），$E$ 为原子从薄膜上蒸发出去的速率，那么生长速率为 $G=S-E$。当两者达到动态平衡时，薄膜就不会生长，这时 $S_{eq}=E_{eq}$

$$S = S_{eq} \exp\left(\frac{\Delta\mu}{k_B T}\right) \tag{1.37}$$

薄膜生长速率的威尔逊-弗仑克尔上限（the Wilson-Frenkel limit）为 $G<G_{WF}$，这里，

$$G_{WF} = S_{eq}\left(\exp\left(\frac{\Delta\mu}{k_B T}\right) - 1\right) \tag{1.38}$$

外延至非平衡消失，对应的动力学系数应为

$$\kappa_{WF} = \frac{S_{eq}}{k_B T} \quad (1.39)$$

2）螺旋生长

在低温和较小的化学势差值情况下，薄膜生长几乎是不可能的，但人们还是发现能够在这种条件下进行薄膜生长。早在 1949 年，弗仑克尔对这一现象进行了解释：位错提供了生长的台阶，生长沿着台阶进行螺旋生长，随后就在透射电子显微镜（TEM）的实验中观察到了这一生长现象。生长速率用下式表示

$$G \propto (\Delta\mu)^2 \quad (1.40)$$

生长速率也可以写为

$$G=\frac{ul}{a} \quad (1.41)$$

式中，$u$ 为台阶生长高度；$a$ 为台阶高度；$l$ 为台阶宽度，正比于成核集聚的临界半径，具有 $\varepsilon/\Delta\mu$ 的量级（$\varepsilon$ 为单位长度的台阶自由能），因此 $l \propto \Delta\mu^{-1}$。另外 $u \propto \Delta\mu$。在更低的温度下，圆形螺旋生长由多边形螺旋生长所替代[21, 22]。

关于分子束外延生长成核集聚、动力学行为等理论研究有大量的文献报道，可以对薄膜的生长机制做更深入的理解[23-27]。

## 1.3.2　热蒸发镀膜方法

1. 真空蒸发概述

气相沉积（vapor deposition）方法包括物理气相沉积（physical vapor deposition，PVD）和化学气相沉积（chemical vapor deposition，CVD）方法，热蒸发（thermal evaporation）镀膜技术属于物理气相沉积方法的一种。物理气相沉积是指把固态或者液态成膜材料通过某种方式（高温蒸发、溅射、等离子体、离子束、激光束、电弧等）产生气相分子、原子、离子（气态、等离子态），再经过输运在基底表面沉积，并形成固态薄膜的过程。物理气相沉积相对于化学气象沉积，在气相中和衬底表面一般不发生化学反应，具有独特的优点，而且镀膜材料种类广泛，没有特殊限制，如对导电类型、熔点等都没有限制，对形态也没有限制，液相、固相、块状或粉末都可以作为原料进行镀膜，镀膜材料涵盖纯金属、合金和化合物等。镀膜材料可以采用高温蒸发或者低温溅射的方法。沉积温度低，沉积粒子具有高能量活性。图 1.13 是真空蒸发镀膜装置示意图。

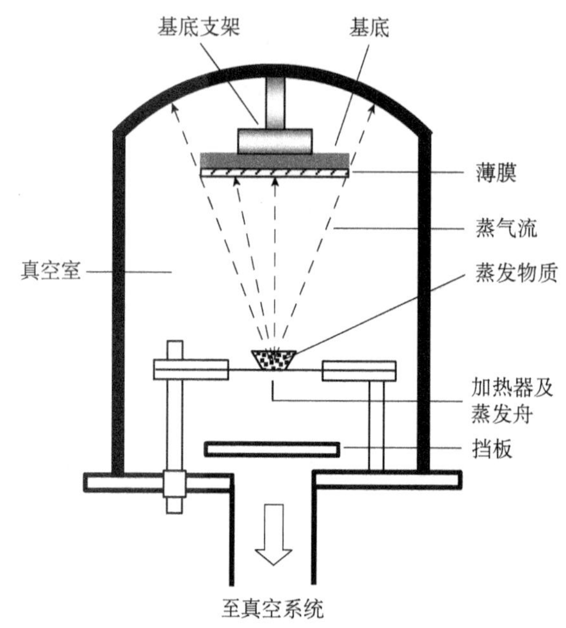


图 1.13 真空蒸发镀膜装置示意图

真空蒸发的物理过程可分为三个阶段。一是蒸发源材料受热熔化蒸发或升华过程，即采用各种形式的热能转换方式，使镀膜材料由凝聚相（固相或液相）转变为气相的相变过程，粒子蒸发或升华，成为具有一定能量的气态粒子（原子、离子、分子或者原子团），其能量在 0.1～0.3eV。蒸气从源材料传输到衬底，每种物质在不同的温度下具有不同的饱和蒸气压。二是气化的粒子在蒸发源与衬底之间的输运过程，在此过程中，气化粒子与真空室内残余气体分子发生碰撞，碰撞的次数取决于蒸发粒子的平均自由程以及从蒸发源到基片之间的距离。通常真空度较高，气态粒子基本上无碰撞，以直线运动方式传输到基底。三是蒸气粒子在基底表面上凝聚、成核、核生长，形成连续薄膜的过程。如果基底温度远低于蒸发源温度，沉积物分子在基底表面将直接发生从气相到固相的转变过程。

2. 热蒸发方法

一般来说，蒸发低熔点材料常采用电阻蒸发方法。蒸发高熔点材料，特别是在纯度要求很高的情况下，则需选用能量密度较高的电子束蒸发法。当蒸发速率大时，可考虑采用高频法等。

电阻蒸发源通常适用于熔点低于 1500℃ 的原料。灯丝和蒸发舟等加热所需的功率一般为(150～500)A×10V 的低压大电流供电方式。通过电流的焦耳热使原料熔化、蒸发或升华。加热丝一般采用 W，Ta，Mo，Nb 等难熔金属，有时也采用 Fe，Ni，镍铬合金等用于对 Bi，Cd，Mg，Pb，Sb，Se，Sn，Ti 等元素的蒸发，也可以采用将待蒸发的材料放入 $Al_2O_3$，BeO 的坩埚中进行间接加热蒸发。电阻蒸发源有各种不同的形状，如发卡形、螺旋形、直线形等。最常用的蒸发原材料为 W，Mo，Ta 等难熔金属，坩埚材料常采用耐高温的氧化物、陶瓷及石墨等材质。

通常对电阻丝蒸发源的要求有以下几个方面。①熔点高。蒸发源电阻丝的温度必须高于蒸发原料的温度。蒸发材料在饱和蒸气压为 1Pa 时的蒸发温度多数分布在 1000～2000℃ 区间。②饱和蒸气压低。只有饱和蒸气压低的蒸发源，才能保证蒸发源不被自蒸发成为外来杂质而污染样品。③化学性能稳定。在高温下蒸发源不与蒸发原料发生任何化学反应，若发生反应则有可能烧坏电阻丝，或者反应形成挥发物污染样品。④具有良好的耐热性，功率密度变化较小。

电阻热蒸发时蒸发源温度的变化对蒸发速率影响最为明显，若要控制好蒸发速率，则必须精确控制蒸发源的温度，保持蒸发源温度的稳定性和均匀性，加热时应尽量避免大的温度梯度。另外，蒸发速率除与蒸气压强 $P_V$、蒸气粒子质量 $m$ 和温度 $T$ 有关外，还与材料本身的清洁度有关。

1）蒸发粒子的速度和能量

将蒸发粒子看作理想气体，根据理想气体分子运动论，蒸发粒子的平均动能为

$$\overline{E_m} = \frac{1}{2} m \overline{v_m^2} = \frac{3}{2} k_B T \tag{1.42}$$

因此可得，粒子的均方根（RMS）速率为

$$\sqrt{\overline{v_m^2}} = \sqrt{\frac{3k_B T}{m}} = \sqrt{\frac{3RT}{M}} \tag{1.43}$$

式中，$m$ 为一个蒸发粒子的质量，$k_B$ 为玻尔兹曼常量，$T$ 为热力学温度，$R$ 为普适气体常量，$M$ 为摩尔质量。

当蒸发温度为 $T$=1000～2500℃ 时，根据（1.43）式计算得到的粒子均方根速率为 $\sqrt{\overline{v_m^2}} \sim 10^5$ cm/s，平均动能为 $\overline{E}$=0.1 ~ 0.2 eV。

2）蒸发热力学过程

给蒸发材料输入能量的过程，即为克服粒子之间的相互吸引力形成蒸气粒子或者升华成蒸气粒子的过程。加热温度越高，形成的蒸气粒子动能就越大，蒸发或升华的粒子数量就越多。在蒸发过程中，蒸发源的蒸发速率与蒸发源的蒸气压有关。在平衡状态下，粒子会不断地从冷凝液相或固相表面蒸发或升华，同时也会有相同数量的粒子与冷凝相或者固相表面碰撞而返回到冷凝液相

或固相中。在蒸发过程中的平衡蒸气压是指在一定温度下，真空中蒸发材料的蒸气和固相或液相粒子处于平衡状态所呈现出的压力。平衡蒸气压也即饱和蒸气压，其与物质的种类和温度有关，对同一种物质，平衡蒸气压随着温度的增加而增大。饱和蒸气压和气化温度的关系可利用克拉珀龙–克劳修斯方程（Clapeyron-Clausius equation）进行计算。饱和蒸气压 $P_V$ 与热力学温度之间的关系为

$$\frac{dP_V}{dT} = \frac{\Delta H}{T(V_G - V_L)} \tag{1.44}$$

式中，$\Delta H$ 为摩尔气化热，$T$ 为热力学温度，$V_G$ 为气相摩尔体积，$V_L$ 为液相摩尔体积。

对于 1mol 气体，假设在低气压下气体遵守理想气体状态方程，并考虑到气态的体积远大于液态的体积，则有

$$\Delta V = V_G - V_L \approx V_G = \frac{RT}{P_V} \tag{1.45}$$

把（1.45）式代入（1.44）式，并解方程可得

$$\ln P_V = A - \frac{\Delta H}{RT} \tag{1.46}$$

式中，$R$ 为普适气体常量，此处令 $B = \frac{\Delta H}{RT}$，则（1.46）式可写为

$$\ln P_V = A - \frac{B}{T} \tag{1.47}$$

式中，$A$，$B$ 均为常数。

3）一些元素的饱和蒸气压

图 1.14 为一些单质元素蒸气压与温度的关系，表 1.1 为几种化合物材料的蒸气压与温度的关系。从图中可以看出，饱和蒸气压随着温度的升高而迅速增大。蒸发速率大小对温度的变化非常敏感。从饱和蒸气压和温度的关系可以帮助人们合理地选择蒸发材料和蒸发条件，对成功制备薄膜样品具有指导意义。

4）蒸发速率

根据气体分子运动论，在热平衡条件下，由蒸发源平均每单位面积、单位时间射出的粒子数为

$$R_e = \frac{dN}{Adt} = \alpha_e\left[(P_V - P_h)/\sqrt{2\pi m k_B T}\right] \quad (m^{-2} \cdot s^{-1}) \tag{1.48}$$

式中，$N$ 为蒸发粒子数；$\alpha_e$ 为蒸发系数，$\alpha_e \leqslant 1$；$A$ 为蒸发源表面积；$P_V$ 为饱和蒸气压；$P_h$ 为液体静压；$m$ 为蒸发粒子的质量；$k_B$ 为玻尔兹曼常量。

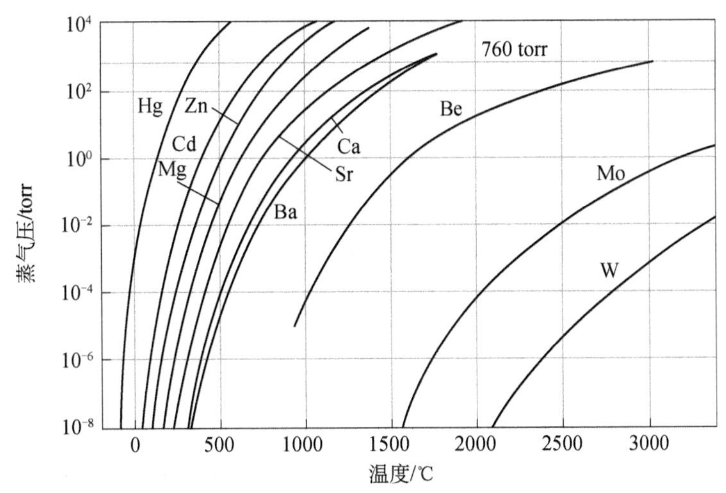


图 1.14　一些单质元素蒸气压与温度的关系

表 1.1　几种化合物材料的蒸气压与温度的关系

| 材料 | 到达下列蒸气压（torr，1torr=133.322Pa）的温度 | | | | | | | 熔点/℃ |
|---|---|---|---|---|---|---|---|---|
| | $10^{-5}$ | $10^{-4}$ | $10^{-3}$ | $10^{-2}$ | $10^{-1}$ | 1 | 760 | |
| $Al_2O_3$ | 1050 | 1150 | 1280 | 1440 | 1640 | 1860 | 3000 | 2034 |
| MgO | 1040 | 1130 | 1260 | 1410 | 1600 | 1800 | 2900 | 2672 |
| ZrO | | | 1430 | 1620 | 1820 | 2050 | 3600 | 2710 |
| $SiO_2$ | | | | 1220 | 1380 | 1830 | 2227 | 1710 |
| ZnS | 870 | 925 | 980 | 1050 | 1120 | 1220 | | 1850 |

当 $\alpha_e$=1 和 $P_h$=0 时，可得最大蒸发速率

$$R_e = P_V / \sqrt{2\pi m k_B T} \quad (m^{-2} \cdot s^{-1}) \tag{1.49}$$

蒸发速率有时也用质量蒸发速率来表示。质量蒸发速率定义为在热平衡条件下，由蒸发源平均每单位面积、单位时间射出的蒸发材料粒子的质量，即有

$$R_m = mR_e = P_V\sqrt{\frac{m}{2\pi k_B T}} = P_V\sqrt{\frac{M}{2\pi RT}} \quad (kg/(m^2 \cdot s)) \tag{1.50}$$

在实际情况下，材料表面常常会有污染存在，如氧化物，这会造成蒸发速率的下降，因此（1.50）式常常需乘以一个小于 1 的修正系数。

5）蒸发粒子的平均自由程和碰撞概率

在平衡条件下，由气体分子运动论可以求出单位时间内通过单位面积的气体粒子数

$$N_g = \frac{dN}{Adt} = \frac{P_V}{\sqrt{2\pi m k_B T}} = 3.513\times10^{22}\frac{P_V}{\sqrt{MT}} \quad (个/(cm^2 \cdot s)) \tag{1.51}$$

式中，$M$ 为摩尔质量；压强 $P_V$ 以托（torr）为单位。蒸发粒子在真空腔体的输

运过程中会与残余气体分子和真空壁发生碰撞，改变其原来的运动方向。蒸发粒子在两次碰撞之间所飞行的平均距离称为平均自由程，可表示为

$$\lambda=\frac{1}{\sqrt{2}n\pi d^2}=\frac{k_B T}{\sqrt{2}P\pi d^2}=\frac{3.107\times10^{-18}}{Pd^2} \tag{1.52}$$

式中，$n$ 为残余气体密度，以 $cm^{-3}$ 为单位；$d$ 为碰撞截面半径，以 cm 为单位；$P$ 为残余气体压强，以 Pa 为单位；$T$ 为热力学温度。例如，当真空度为 $1.0\times10^{-2}$Pa，残余气体密度 $n=3.0\times10^{12}cm^{-3}$ 时，可得粒子的平均自由程 $\lambda\approx50$cm，这个数值与腔体的尺寸相当。因此，蒸发粒子几乎不与残余气体发生碰撞而直接到达衬底。

蒸发粒子与残余气体的碰撞具有统计规律。设 $N$ 个蒸发粒子飞行距离为 $x$ 时，未受残余气体分子碰撞的数目为 $N_x=N_0\mathrm{e}^{-x/\lambda}$，被碰撞的粒子数为 $N=N_0-N_x$，则被碰撞粒子的百分数为

$$f=\frac{N}{N_0}=1-\frac{N_x}{N_0}=1-\mathrm{e}^{-x/\lambda} \tag{1.53}$$

若真空度足够高，平均自由程足够大，且满足平均自由程 $\lambda$ 远大于蒸发源和基底之间的距离 $l$，则有 $f\approx l/\lambda$。为了保证镀膜质量，一般要求 $f\leqslant0.1$。例如，在蒸发源和衬底之间的距离 $l$=25cm 的情况下，真空腔体的压强 $P\leqslant3\times10^{-3}$ Pa，就可以满足这一要求。

### 1.3.3 电子束蒸发方法

电子束蒸发（electron beam evaporation）方法就是在高真空和超高真空中产生具有一定能量的电子束流，这些高能电子束流轰击被蒸材料的表面使其加热、熔化、蒸发，从而实现薄膜的蒸镀。金属被加热到一定温度时，其表面会形成电子云，电子云中的电子在电场或磁场的作用下，将向一定的方向运动，聚焦成束形成电子束流。电子束蒸发技术是从 20 世纪 50 年代末发展起步的，自 20 世纪 60 年代初期引入光学薄膜制备技术以来，电子束蒸发技术已在半导体集成电路和半导体光电器件的研制中得到非常广泛的应用。电子束蒸发是继电阻加热蒸发后发展起来的一种真空镀膜技术。图 1.15 为德国 SPECS 表面纳米分析有限公司（SPECS Surface Nano Analysis GmbH）生产的 EBE-1 型电子束蒸发装置（标注为圆圈处），并配有 X 射线光电子能谱、紫外光发射谱和角分辨光电子发射谱等分析仪器。

电子束蒸发技术的特点是电子束直接加热蒸发物，从而避免了常规电阻加热蒸发时，如采用钨丝加热蒸发物而产生的钠离子对蒸发膜层的污染，并且热

图 1.15　EBE-1 型电子束蒸发装置图

能可得到充分利用。它是利用高电压加速并聚焦的电子束直接打到蒸发源表面，可使熔点在 3000℃左右的难熔金属或非金属（如 $SiO_2$，$Al_2O_3$）熔化，并蒸发到硅、玻璃衬底表面上形成薄膜。

电子束控制灵活，容易获得均匀膜层，而且成膜往往比常规的蒸镀方法高，且难熔金属膜往往用其他方法难以获得。由于电子束蒸发具有上述这些特点，因此已在半导体集成电路和半导体光电器件研制中获得了非常广泛的应用。

1. 电子束加热的基本原理

电子在电场作用下，获得动能轰击在阳极上的蒸发材料，使蒸发材料加热气化，从而实现蒸发镀膜。设电子在加速电压 $U$ 的作用下，从初速度为零加速到速度为 $v$，电子的动能为

$$\overline{E}=\frac{1}{2}mv^2=eU \tag{1.54}$$

可得

$$v=\sqrt{\frac{2eU}{m}}=5.93\times10^5\sqrt{U}\ \ (\mathrm{m/s}) \tag{1.55}$$

若利用 $U$=10kV 的电压加速电子，则电子可获得的速度为 $v$=6×$10^4$km/s。而对于电阻热蒸发，即使温度高达 $T$=1000～2500℃ 时，电子平均速率也仅为 1km/s 的量级。

2. 电子枪的分类

电子束加热蒸发所用的电子枪类型包括直型电子枪、环型电子枪（电偏

转）和 e 型电子枪（磁偏转）三种类型。

1）直型电子枪

直型电子枪是一种轴对称的直线加速电子枪，直型电子枪的结构如图 1.16 所示，由灯丝、聚焦极、阳极、聚焦线圈和偏转线圈组成。电子从阴极灯丝发射，聚焦成细束，经阳极加速后轰击坩埚中的蒸发原料。利用聚焦线圈和偏转线圈的作用，使得直型电子枪的操控变得方便，易于调节束流位置，功率变化范围也较广。但存在一些缺点，例如，设备体积相对庞大，结构也比较复杂，制造成本高，而且这种结构的电子枪，蒸发材料易污染枪体结构，灯丝也易污染蒸发材料。

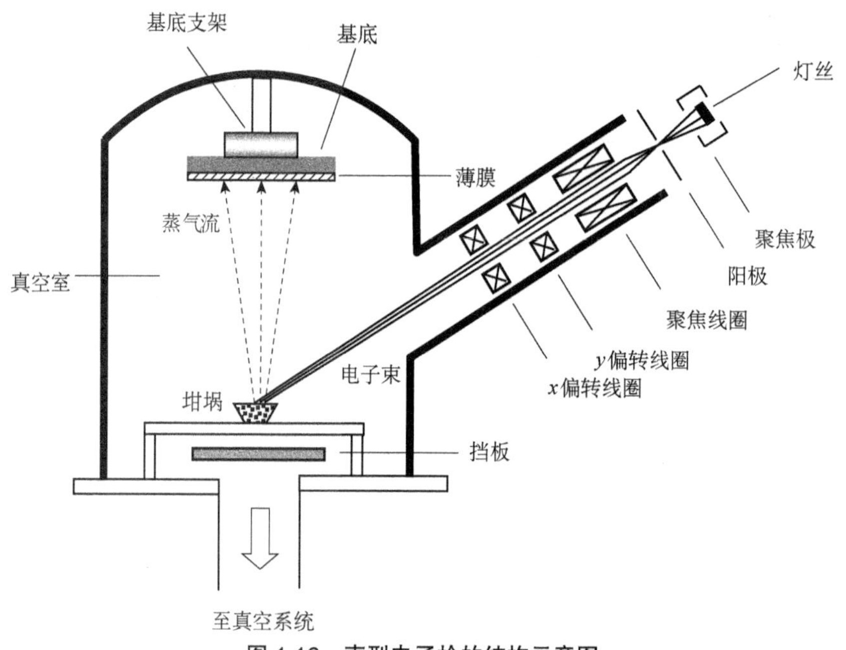


图 1.16 直型电子枪的结构示意图

2）环型电子枪

环型电子枪的结构如图 1.17 所示，其原理是由阴极发射的电子经过阴极线圈偏转和聚焦后轰击坩埚中的蒸发材料（阳极），使原料熔融蒸发。环型电子枪的结构相对简单，制造成本低，而且使用方便。缺点是由于环型电子枪阴极与阳极之间的距离较近，从而容易发生击穿，灯丝也容易受到电离气体的污染。另外，由于聚焦电子束的斑点位置在靶材上固定不动，这就会造成在蒸发材料上出现“挖坑”现象，而且蒸发功率和效率也比较低，因此目前已经较少使用。

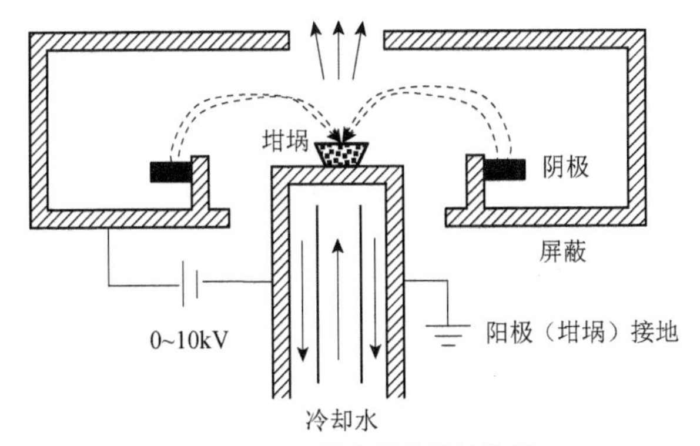


图 1.17　环型电子枪的结构图

3）e 型电子枪

e 型电子枪的形状类似英文字母“e”，是一个 270°偏转电子枪，其结构如图 1.18 所示。这种形状克服了直型电子枪的缺点，因此也是目前较为常用的电子枪类型。热电子由灯丝加热后，被阳极加速，在与电子束垂直的方向上设置均匀磁场，带电粒子在正交的电磁场作用下发生偏转，其优点是正离子和电子的偏转方向正好相反，可避免直型电子枪中离子对镀膜的污染。另外，这种 e 型电子枪结构上采用隐藏式阴极，既可防止极间放电，又可避免灯丝污染。e 型电子枪的功率大（10kW），因此可蒸发高熔点材料，而且成膜相对质量更好。其缺点是加热装置复杂，要求较高真空度，设备制造成本高。

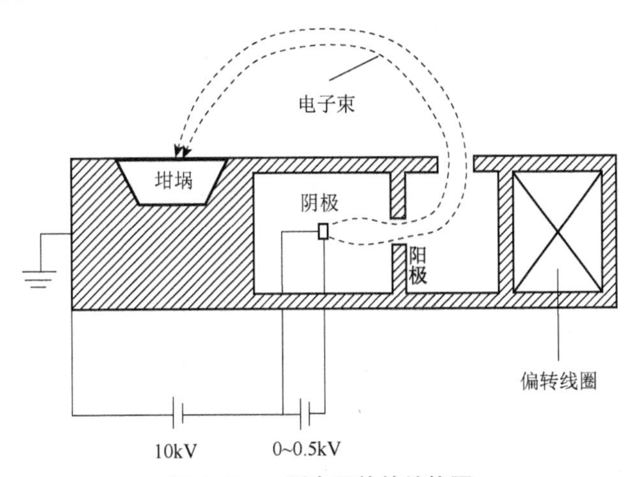


图 1.18　e 型电子枪的结构图

为了给出 e 型电子枪发射电子后，电子束运动轨迹与电压和磁场的关系，下面给出电子轨道半径的具体形式。

设电子加速电压为 $U$，外加磁场为 $B$，电子受到洛伦兹力的作用，可列出如

下运动方程

$$evB = \frac{mv^2}{R} \tag{1.56}$$

式中，$e$ 为电荷电量，$v$ 为电子速率，$R$ 为电子轨道半径。将（1.55）式代入（1.56）式，可得

$$R = \frac{\sqrt{2emU}}{eB} = \sqrt{\frac{2m}{e}}\frac{\sqrt{U}}{B} = 3.372\times10^{-6}\frac{\sqrt{U}}{B}\ \text{(m)} \tag{1.57}$$

因此，通过调整电子加速电压或磁场，可以很方便地改变电子束的运动轨迹，这样可以控制电子束作用于坩埚中心位置。在进行蒸发镀膜前，通过改变电场和磁场大小，可使电子束在靶材表面进行扫描，这为除去蒸发源表面杂质带来了很大方便。

3. 电子束蒸发的优缺点

电子束轰击热源的束流密度高，比电阻加热源的能量密度高很多，在一个较小的面积内功率密度可达 $10^4$～$10^9$W/cm$^2$。因此，可使 W，Mo，$Al_2O_3$ 等高熔点难熔材料得以蒸发，并且能获得较大的蒸发速率。由于坩埚可置于水冷系统中，这就避免了坩埚和蒸发材料之间发生化学反应，提高了蒸发镀膜的成分纯度。另外，由于电子束轰击蒸发源的表面，表面温度迅速升高，达到蒸发温度，所以这种蒸发方法热效率相对较高，热传导和热辐射造成的能量损失也较小。

电子束蒸发也有其不足之处，由于高能电子轰击靶材，会在蒸发材料中激发出二次电子，这样会造成原子的电离和腔体内残余气体的电离，尤其是大多数化合物受到电子轰击时会发生分解现象，这种电离和分解会在一定程度上影响蒸发镀膜的质量。另外，电子束蒸发源结构复杂，成本相对于热蒸发昂贵。

### 1.3.4 溅射镀膜方法

1. 溅射的基本原理

1852 年，格罗夫（W. R. Grove）在研究气体电化学极性时，利用直流辉光放电在阴极观察到了沉积现象[28]，但由于这一观察现象要求在高气压条件下实现，而且基体温度高、沉积速率很低等，因此阴极溅射没有得到实际应用。几十年后，这一沉积方法得到了进一步的发展，人们可以利用阴极靶材溅射源制备合金薄膜[29]。进入 20 世纪 30 年代，人们已经发现其在商业上的应用价值[30]。

所谓溅射，就是荷能粒子轰击固体表面（靶材），固体原子或分子获得入射粒子的部分能量，从固体表面射出的现象。在这个过程中，会产生一系列物理

和化学现象，包括轰击出大量的中性原子，这些中性原子沉积在衬底上就形成了薄膜。还轰击出大量的二次电子，这些二次电子可以维持辉光放电（glow discharge）。另外，还轰击出大量的正负离子。在 1keV 的离子能量轰击下，溅射的中性粒子、二次电子和次级离子的比例大约为 100:10:1。在溅射过程中，靶材也会出现发热、清洗、刻蚀、化学反应、脱附、解吸，甚至发生表面损伤、粒子注入和表面合金化等。溅射过程的各种物理化学现象表示在图 1.19 中。

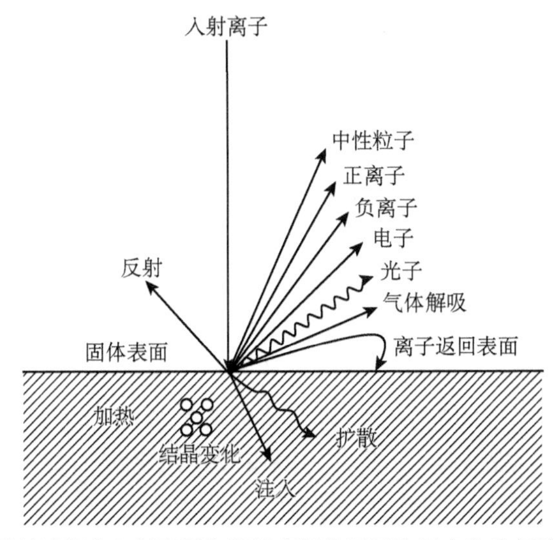


**图 1.19　在溅射过程中入射离子和靶材表面的相互作用产生的各种物理化学现象**

起初人们认为溅射是由局部加热的作用而引起的，即由于电离气体在电场作用下加速轰击靶材表面，将能量传递给碰撞处的原子，这种观点在一定程度上解释了一些溅射物理现象，如靶材热蒸发速率与入射离子的能量关系、溅射粒子与表面夹角的余弦分布等。但对于溅射率与粒子入射角的关系以及与入射粒子的质量的关系，就不能给出合理的解释。随着人们对溅射过程更为深入的了解，认识到溅射与蒸发具有本质上的区别，即溅射是轰击离子和靶材中的粒子相互作用传递动量的过程。

溅射过程是建立在气体放电的物理基础之上的，溅射的入射离子靠气体辉光放电来产生。辉光放电是气体放电的一种类型，气体在高电压下被击穿、电离，并产生带正电的离子和带负电的电子，同时伴有发光发热现象的物理过程。这里“气体”是指稀薄气体，即气体辉光放电产生于具有一定真空度的环境中，气压通常在 1Pa 量级。气体种类通常选用惰性气体如 Ne，Ar，Kr，Xe 等，而“高电压”通常在 kV 量级。在溅射过程中的辉光放电是一种稳定的自持放电，靠离子轰击阴极产生二次电子来维持。这一辉光放电过程是由大量的电子、原子碰撞导致原子中轨道上的电子受激跃迁到更高能级，在退激到基态时释放的能量以光子的形式发射出去，大量光子便形成辉光放电。由辉光放电提供的高能量离子与靶表面的中性原子碰撞，把能量传递给靶表面的原子。表面原子获得的动能再向靶材近表面的原子传递，经历级联碰撞后靶原子获得足以克服结合能的能量，并逸出靶表面。在此能量交换过程中，大约只有1%的能量传递给溅射原子，而99%的能量传递给靶材原子后转化为晶格振动能量。动量转移理论很好地解释了溅射率与入射粒子的角度关系以及溅射原子角分布的规律等问题。

溅射镀膜具有很多优点，例如，具有较低的等离子体电阻和很高的放电电流（约在500V的电压下，放电电流为1～100A），沉积速率可达1～10nm/min，而且可在较低的衬底温度下进行；薄膜具有很好的致密性，可与衬底有较好的黏合。溅射镀膜方法几乎可以用于制备所有金属和化合物薄膜样品[31]。

下面对直流等离子辉光放电产生溅射离子的过程加以详细描述。

考虑一个简单的二极系统，整个系统在几十帕的压强下工作，在放电两极间施加直流电压，产生辉光放电，称为直流辉光放电。高阻直流功率源在低气压下辉光放电的形成过程中，系统的电压和电流密度的关系曲线如图1.20所示。根据曲线的变化情况，将放电过程划分为六个区间，即无放电区、汤姆孙放电区、电晕放电区、正常辉光放电区、异常放电区和弧光放电区，分别对应于图1.20中线段$AB$，$BC$，$CD$，$DE$，$EF$，$FG$。下面对不同区域放电类型给予介绍。

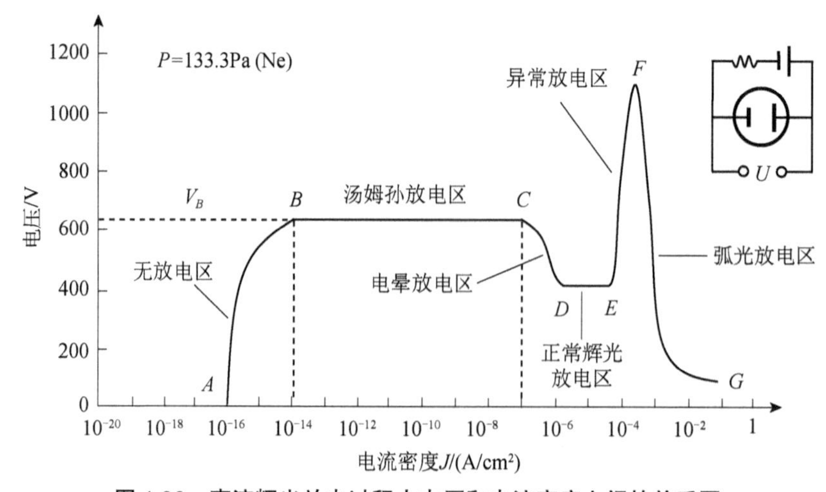


**图1.20 直流辉光放电过程中电压和电流密度之间的关系图**

（1）*AB* 区域：当刚开始施加电压时，只有很小的电流产生，这是由于真空腔体内游离的电子和离子很少，在这一区域无辉光放电，称为无放电区。

（2）*BC* 区域：随着两极间电压的增加，带电离子和电子在电场中被加速，能量逐渐增加，当电子获得使中性气体分子电离所需的能量后，这些离子、电子和中性气体分子碰撞，使之电离，产生更多的带电粒子。电压由于受到电源的高输出阻抗的限制，保持为常数，而电流可以在电压不变的情况下维持继续增大的趋势。这一区域称为汤姆孙放电区。

（3）*CD* 区域：当电流继续增大到一定值时，正离子轰击阴极靶材表面，产生二次电子，二次电子碰撞中性气体分子使之电离，产生更多正离子。这些正离子再回到阴极产生更多二次电子，如此反复，极板间电压突然减小，电流增大。这时气体开始起辉，两极间电流剧增，电压迅速下降，放电呈现负阻特性，这一区域称为电晕放电区。

（4）*DE* 区域：在这一区域，电流平稳增加，轰击阴极的面积区域逐渐扩大，在曲线 *D* 点处达到自持，即溅射产生的电子数正好能够产生足够数量的离子，这些离子可以再生出同样数目的电子。极板间电压几乎保持不变，并维持在较低电压下放电。增加电源功率，离子轰击区域增大，电流增大。这一区域称为正常放电区。

（5）*EF* 区域：在这一区域，离子轰击阴极已经覆盖了整个阴极表面，此时，继续增加电源功率则使得两极间的电流随着电压的增大而增大。因此，在这一区域，电流可以通过电压来控制，为溅射所选择的工作区域。这一区域称为异常放电区。

（6）*FG* 区域：继续增加电源功率，两极之间的电流迅速下降，电流则几乎由外电阻所控制。电流越大，则电压越小，形成短路放电。这一区域称为弧光放电区。若阴极无水冷，当电流密度达到 $0.1A/cm^2$ 后，阴极有热电子产生，混入次级电子，随后发展成雪崩，形成低电压大电流弧光放电。在溅射中应力求避免这种情况的发生。

2. 溅射镀膜的主要工艺参数

表征溅射镀膜的主要工艺参数包括溅射能量阈值、溅射产额、溅射粒子的速度和能量，以及溅射速率和沉积速率等。其中溅射产额是离子溅射最重要的参数，在表面分析、制膜和表面微细加工等方面，这一参数具有重要的意义。

1）溅射能量阈值

溅射能量阈值是指使靶材能够产生溅射时入射离子的最小能量，即溅射能量小于或等于这一能量时，溅射不会发生。溅射能量阈值与入射离子质量没有明显的依赖关系，主要取决于靶材。表 1.2 是不同金属元素靶材在惰性气体电离气氛中的溅射阈值能量，大多数元素的溅射阈值大致分布在 10～30eV。

**表 1.2　金属元素的溅射阈值能量**　（单位：eV）

| 元素 | Ne | Ar | Kr | Xe | Hg | 升华热 | 元素 | Ne | Ar | Kr | Xe | Hg | 升华热 |
|---|---|---|---|---|---|---|---|---|---|---|---|---|---|
| Be | 12 | 15 | 15 | 15 | — | — | Mo | 24 | 24 | 28 | 27 | 32 | 6.15 |
| Al | 13 | 13 | 15 | 18 | 18 | — | Rh | 25 | 24 | 25 | 25 | — | 5.98 |
| Ti | 22 | 20 | 17 | 18 | 25 | 4.40 | Pd | 20 | 20 | 20 | 15 | 20 | 4.08 |
| V | 21 | 23 | 25 | 28 | 25 | 5.28 | Ag | 12 | 15 | 15 | 17 | — | 3.35 |
| Cr | 22 | 22 | 18 | 20 | 23 | 4.03 | Ta | 25 | 26 | 30 | 30 | 30 | 8.02 |
| Fe | 22 | 20 | 25 | 23 | 25 | 4.12 | W | 35 | 33 | 30 | 30 | 30 | 8.80 |
| Co | 20 | 25 | 22 | 22 | — | 4.40 | Re | 35 | 35 | 25 | 30 | 35 | — |
| Ni | 23 | 21 | 25 | 20 | — | 4.41 | Pt | 27 | 25 | 22 | 22 | 25 | 5.60 |
| Cu | 17 | 17 | 16 | 15 | 20 | 3.53 | Au | 20 | 20 | 20 | 18 | — | 3.90 |
| Ge | 23 | 25 | 22 | 18 | 25 | 4.07 | Th | 20 | 24 | 25 | 25 | — | 7.07 |
| Zr | 23 | 22 | 18 | 25 | 30 | 6.14 | U | 20 | 23 | 25 | 22 | 27 | 9.57 |
| Nb | 27 | 25 | 26 | 32 | — | 7.71 | Ir | — | 8 | — | — | — | 5.22 |

2）溅射产额

溅射产额又称为溅射系数，是指平均每个入射离子从阴极靶上打出的原子个数。溅射产额与轰击粒子的类型、能量、入射角度有关，也与靶材原子的种类、结构有关，还与溅射时靶材表面发生的分解、扩散、化合等状况有关，同时也与溅射气体的压强有关。表 1.3 是常用单质金属的溅射产额。

**表 1.3　常用单质金属的溅射产额**

| 靶材 | 阈值/eV | $Ar^+$能量/eV | | | 靶材 | 阈值/eV | $Ar^+$能量/eV | | |
|---|---|---|---|---|---|---|---|---|---|
| | | 100 | 300 | 600 | | | 100 | 300 | 600 |
| Ag | 15 | 0.63 | 2.20 | 3.40 | Ni | 21 | 0.28 | 0.95 | 1.52 |
| Al | 13 | 0.11 | 0.65 | 1.24 | Si | — | 0.07 | 0.31 | 0.53 |
| Au | 20 | 0.32 | 1.65 | — | Ta | 26 | 0.10 | 0.41 | 0.62 |
| Co | 25 | 0.15 | 0.81 | 1.36 | Ti | 20 | 0.081 | 0.33 | 0.58 |
| Cr | 22 | 0.30 | 0.87 | 1.30 | V | 23 | 0.11 | 0.41 | 0.70 |
| Cu | 17 | 0.48 | 1.59 | 2.30 | W | 33 | 0.068 | 0.40 | 0.62 |
| Fe | 20 | 0.20 | 0.76 | 1.26 | Zr | 22 | 0.12 | 0.41 | 0.75 |
| Mo | 24 | 0.13 | 0.58 | 0.93 | | | | | |

根据溅射产额的定义，可给出溅射产额的具体表达式[32]，其推导过程如下。

溅射出离子总的电荷量 $Q$ 等于溅射粒子流 $I$ 与时间 $t$ 的乘积，即

$$Q = It \tag{1.58}$$

对于惰性气体，每产生一个惰性气体离子就激发出一个电子，即

$$X = X^{+} + (e) \tag{1.59}$$

那么，激发靶材的粒子数为

$$\eta = It / e \tag{1.60}$$

式中，$e$ 为电子电量，其值为 $1.6\times10^{-19}$C。从阴极靶上溅射出的原子数，与溅出坑体积 $V$ 的关系为

$$S = \rho V \tag{1.61}$$

式中，$\rho$ 为靶材的原子数密度。这样就可得到每个溅射离子所溅出的原子数，即溅射产额为

$$Y = S / \eta = \rho Ve / (It) \tag{1.62}$$

如果用原子质量来表示溅射产额，那么溅射出的原子数可写为

$$S_M = SM / N_A \tag{1.63}$$

式中，$N_A$ 为阿伏伽德罗常量；$M$ 为原子的摩尔质量。

因此溅射产额可表示为

$$Y = \rho VMe / (ItN_A) \tag{1.64}$$

由此可见，溅射产额与三个实验参数有关，即坑体积、离子电流和溅射时间。当具有一定能量的离子撞击靶材表面，激发原子的同时，也会产生二次电子，这样靶材带正电荷。因此，在溅射过程中，测出的总电流应包括两部分的贡献，即溅射离子电流和溅射出的二次电子形成的电流，前者是我们期望测得的电子流。为了获得真正的离子电流，可以通过在样品上施加正向偏压的方式（最大偏压为～100V）维持电子离开样品表面，然后在另一位置测量离子电流，这样就可以获得真实的粒子产额。二次电子产额与离子质量、靶原子质量、溅射离子能量和入射角度都有关系。改变任何一个参数都会改变二次电子的分布，因此束流就会发生改变。基于此，在溅射过程中应该使溅射参数保持不变才能得到稳定的溅射产额。

A. 溅射产额与离子能量的关系

溅射产额与入射离子能量的关系如图 1.21 所示。从图中可以看出，该曲线分为三个区域：溅射能量存在一阈值，即溅射能量小于这一阈值的区域 Ⅰ，不会发生溅射；溅射能量大于这一阈值，进入区域 Ⅱ，在能量小于 150eV 时，溅射产额随溅射离子能量呈指数形式上升，近似平方关系，随后在 150～1000eV 的能量范围内，出现线性增加；在能量区域 Ⅲ，增加的趋势逐步减小并达到一个平坦区域，呈现饱和状态，当溅射离子能量进一步增大时，溅射产额反而减小，这是由于离子能量过高，会引起离子的注入效应，导致溅射产额的下降。实际选择的溅射能量就在 150～1000eV 这个线性区域。

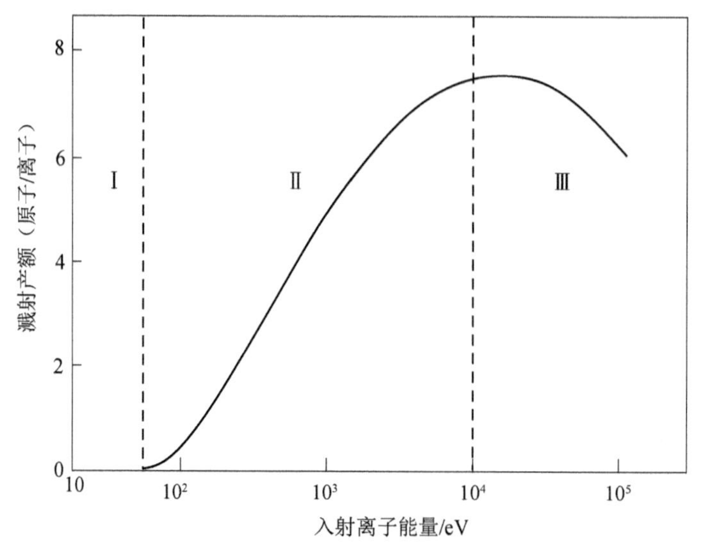


**图 1.21　溅射产额与入射离子能量的关系**

B. 溅射产额与离子入射角的关系

离子入射角是指离子入射方向与靶材表面的法线方向之间的夹角。溅射产额随离子入射角变化的函数关系如图 1.22 所示。当入射角在 0°～60°范围区间时，溅射产额随入射角度的增加而单调地增加；当 $\theta$=70°～80°时，溅射产额达到最大，随后急剧减小，直至为零。各种靶材的溅射产额各不相同。

直流溅射一般适用于靶材为良好导体的情况；射频溅射适用于非导电类型的靶材；磁控溅射可以有效地提高溅射速率，是一种较为常用的溅射技术。

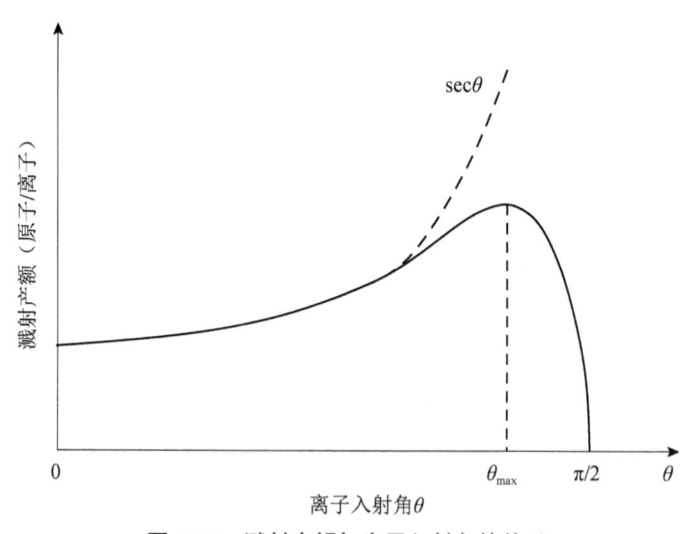


**图 1.22　溅射产额与离子入射角的关系**

C. 溅射产额与靶材原子序数之间的关系

元素周期表中同一周期的元素，溅射产额随靶材原子序数的增大而增大，由图 1.23 可见，利用同一种离子（$Xe^+$）在同一个能量范围内，不同元素呈现出与溅射能量的阈值相似的周期性涨落。Cu，Ag，Au 的溅射产额较大，其中 Ag 的溅射产额最高，而 Ti，Zr，Nb，Mo，Hf，Ta，W 等的溅射产额都比较小[33]。

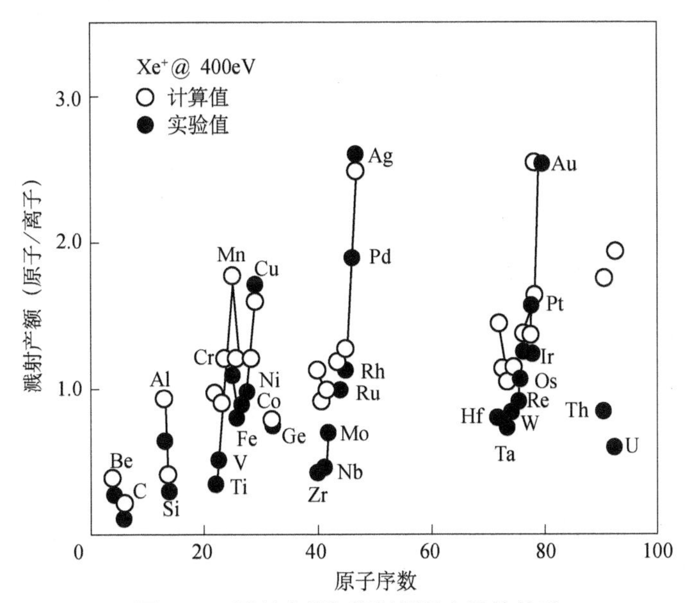


图 1.23　溅射产额与靶材原子序数的关系

D. 溅射产额与靶材温度的关系

图 1.24 是利用能量为 45keV 的 $Xe^+$进行溅射，$Xe^+$总剂量为 $2.9\times10^{16}$ 个离子，图中给出了几种靶材原子的溅射产额（用靶材失重表示）随温度的变化关系[34]。从图中可以看出，当温度较低时，溅射产额几乎与温度无关，只有当靶材达到一定的温度后，溅射产额突然增加。这可能是由于靶材原子获得一定的热能后更容易溅射出来。

E. 溅射产额与工作气体压强的关系

在低压强下，溅射产额不随压强发生变化，而在较高压强下，由于溅射粒子与气体分子碰撞而返回阴极表面，导致溅射产额随压强的增大而减小。溅射压强一般选取在 0.3～0.8Pa。

3. 溅射方法分类

溅射装置种类繁多，因电极不同可分为二极（三极或四极）溅射、射频溅射、反应溅射、磁控溅射等[35-37]。

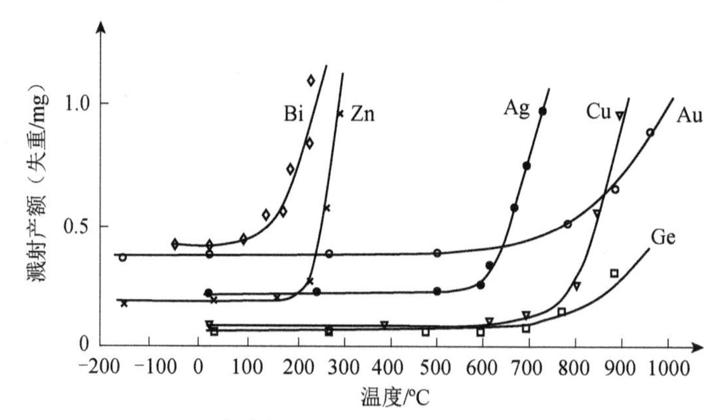


**图 1.24 Xe⁺轰击靶材时溅射产额与温度的依赖关系[34]**

1）二极（三极或四极）溅射

溅射包括二极溅射、三极溅射或四极溅射。二极溅射由阴极靶材和阳极基板组成，若使用直流电源，称为直流二极溅射。若使用交流电源，则称为交流二极溅射。若靶和基板呈同轴圆柱状分布，则称为同轴二极溅射[38]。若靶和基板固定架是平板，则称为平面二极溅射。平板的意思是指靶表面是平面，其形状为圆环形或者是矩形。图 1.25 是直流二极溅射的剖面示意图[39, 40]，图 1.25（a）～（c）分别是环形阴极靶剖面图[39]、矩形阴极靶剖面图和矩形靶正面图[40]。在环形平面靶材中磁控溅射放电，在阴极的背后，在平板的中心和边缘分别放置圆柱形磁体，磁场线从阴极出发，在阴极靶面形成弧形磁场线。这样的放置能保持磁场线与阴极表面近似平行。在直流放电过程中，阴极保持恒定的负偏压，在磁场和电场的共同作用下，电子轨迹被限制在阴极靶表面附近，因此气体离化就发生在阴极靶表面附近，在这个区域等离子体密度与典型的直流辉光放电离子体密度相比高出几个数量级。

二极溅射一般在 1～10Pa 的较高气压下才能维持等离子体辉光放电。气压较低时，电子自由程增加，等离子密度降低，辉光放电将无法持续进行。另外，二极溅射中参数不易独立调节，而且重复性差，两极间需要施加数千伏的高压，放电电流易随气压变化而发生变化，沉积速率低，靶材需是良导体等。为了克服这些缺点，随后又发展出了三极溅射。三极溅射是在原来的二极基础上增加了一个热阴极，可产生电子。三极溅射可在 0.1～1Pa 气压下工作，相比二极溅射，三极溅射的生长速率可提高一倍。如果再加入一个稳定电极，可使放电更稳定，这种溅射装置称为四极溅射。

三极（四极）溅射的靶电流主要取决于阳极电流，不随阳极电压而改变，因此，靶电流和电压可以独立调节。溅射产额可由热阴极发射的电流进行调

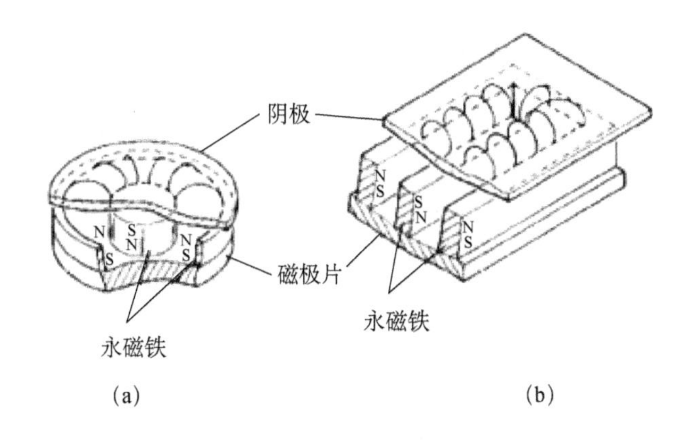


(a) (b)

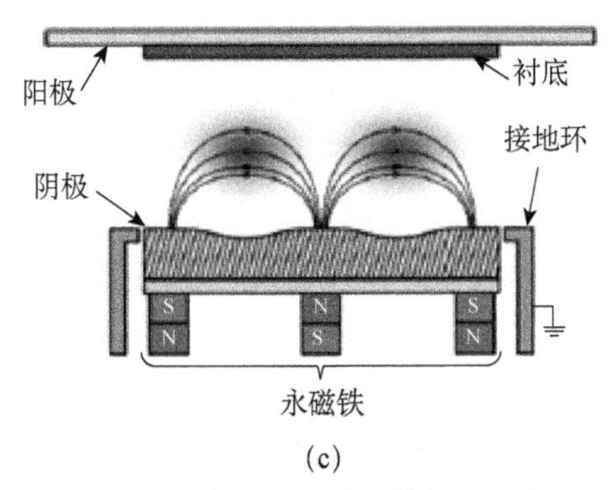


(c)

**图 1.25 直流二极溅射的剖面示意图**

(a) 环形阴极靶剖面图[39]；(b) 矩形阴极靶剖面图；(c) 矩形靶正面图[40]

控，提高了溅射参数的可控性和可重复性。另外，可以在数百伏的低电压下工作，对衬底溅射损伤相对较小。但三极和四极的缺点是，由于是热丝电子发射，不易获得大面积均匀等离子体，从而不适用于制备大面积的均匀薄膜。

2）射频溅射

射频溅射适用于绝缘体镀膜材料。在直流溅射中，靶材如果是绝缘体材料，在正离子的轰击下，会带正电荷，从而使靶材的电势上升，离子加速电场就会逐渐减小，直至停止溅射。若在绝缘体靶材背面安装一金属电极，并施加一高频电场（5～30MHz，通常采用工业频率 13.56MHz），在高频电场作用下，由于电子比正离子的质量小很多，所以，电子比正离子具有较高的迁移性，相对于电压在负半周时，在正半周内，电子在很短的时间内飞向靶面，将有更多的电子到达靶材表面，可以中和靶材表面累积的正电荷，并且在靶表面集聚大量电子，形成负电势，因而可以吸引更多的正离子轰击靶材表面发生溅射，从而能够有效地提高溅射产额。这样一来，电压在正负半周内都可以产生溅射。

射频溅射不需要利用次级电子来维持放电，射频溅射维持辉光放电的机理是利用等离子体中电子容易在射频电场中吸收能量而产生振荡，因此工作气体分子碰撞并使之电离概率增大，击穿电压和放电电压都会显著降低。射频溅射可以沉积各种导电类型的薄膜材料。

3）反应溅射

多数化合物的制备方法采用化学气相沉积方法，但是，物理气象沉积方法也是制备化合物薄膜的一种常用手段。反应气体一般选用 $O_2$，$N_2$，$NH_3$，$C_2H_2$，$CH_4$，$CO_2$，$H_2S$ 等。反应溅射是在溅射镀膜中引入某些活性反应气体与溅射粒子发生化学反应，生成不同于靶材的化合物薄膜。在反应溅射中，同时存在反应和溅射两个过程，反应溅射采用的气压都很低，气相反应可以忽略，但是等离子体中流通电流很高，对气体的分解、激发和电离起着重要作用，反应溅射是通过游离原子团组成的离子流与溅射粒子在基片上克服激活能而形成化合物薄膜。图 1.26 为溅射沉积系统示意图。

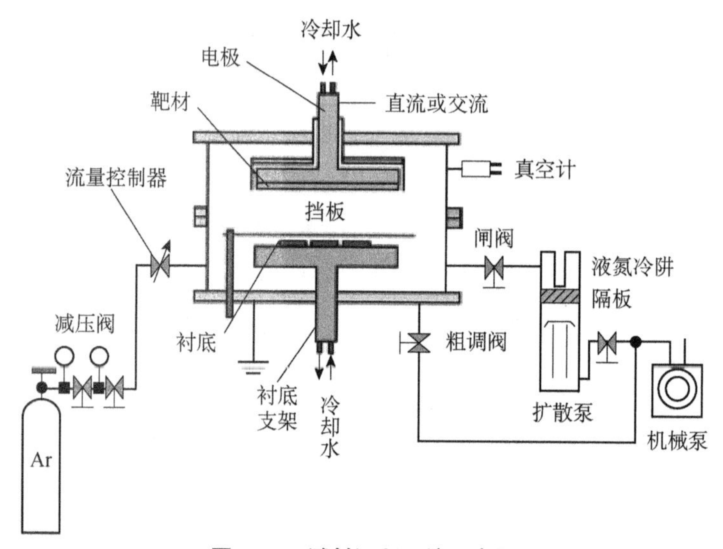


**图 1.26　溅射沉积系统示意图**

4）磁控溅射

上述几种溅射技术，其共同的缺点是溅射速率较低。为了在低气压下进行溅射沉积薄膜，必须提高气体的离化率。由于在磁控溅射（magnetron sputtering）中运用了正交电磁场，使得离化率大幅度提高，因此，沉积速率可达每分钟数百埃到几千埃。自 1974 年 Chapin 引入平板磁控溅射以来，其便成为重要的沉积薄膜的技术[41]。

A. 磁控溅射原理

由阴极产生的电子在电场的作用下飞向基板的过程中，与惰性气体发生碰撞，惰性气体发生电离，电离后的正离子飞向阴极靶材，轰击靶材表面，溅射出原子，并在衬底上沉积成膜，而电子飞向基片。同时，溅射产生的二次电子首先在阴极暗区受到电场的作用进入负辉区，进入负辉区域的电子具有一定的速度，并且是垂直于磁场线运动的，因此受到正交电场和磁场的共同作用，受力为

$$\boldsymbol{F} = -q(\boldsymbol{E} + \boldsymbol{v} \times \boldsymbol{B}) \quad (1.65)$$

式中，$\boldsymbol{v}$ 为电子的运动速度；$q$ 为电子电荷量；$\boldsymbol{E}$ 和 $\boldsymbol{B}$ 分别为电场强度和磁感应强度。

在磁力的作用下，电子绕着磁场线旋转，旋转半周后电子又重新进入阴极暗区，因受到电场的作用而减速。当电子接近靶平面时速度降为零，随后电子在电场作用下再次飞离靶材表面，开始新的运动周期。电子就这样周而复始地运动，电子运动轨迹近似一条摆线。若为环状磁场，那么摆线就是在靶材表面进行圆周运动。这样，二次电子在环状磁场的控制下运动路径很长，因此，电子与气体撞击的概率就会大大增加，从而使磁控溅射沉积效率得到明显提高。以磁场来改变电子的运动方向，并束缚和延长电子的运动轨迹，从而有效地利用了电子的能量，提高了气体分子的电离概率，使正离子对靶材轰击所引起的靶材溅射更加有效。因正离子质量比电子大很多，正离子开始做螺旋线运动时即打到靶上。与此同时，受正交电磁场束缚的电子，只有在其能量耗尽时才能沉积到基片上，降低了由高能电子轰击基片而造成的基片发热。因此磁控溅射具有“低温”和“高速”两大特点。

磁控溅射源的类型很多，有柱状磁控溅射源、平面磁控溅射源（平面型又可细分为圆形靶和矩形靶）、S 型溅射枪、对靶溅射和非平衡溅射。对靶溅射是将两支靶相对安置，所加磁场和靶面垂直，磁场和电场平行。等离子体被约束在磁场和两个靶材之间，这样可避免高能电子对衬底的轰击，使衬底保持恒定低温。非平衡磁控溅射是利用磁控溅射阴极内和阴极外两个磁极端面的磁通量不相等，因此称为非平衡磁控溅射，如图 1.27 所示。图 1.27（a）是平衡磁控溅射，这时阴极中心磁场和阴极边缘处磁场相等，磁场线形成闭合环路。而对于非平衡磁控溅射，阴极中心处的磁场强度相对于环外磁极的磁场强度比较强，在这种情况下，并不是所有环外和阴极中心处的磁场线都能形成闭合线，如图 1.27（b）和（c）所示，部分磁场线可直接连接到衬底上（图 1.27（c））。靶材产生的二次电子可沿此磁场线运动，因此产生的等离子体不再局限于靶表面

附近，而是可以直接流向衬底。在这种情况下，不需要加偏压就能将正离子电流从等离子体中引出，离子电流达到 5mA/cm$^2$ 以上，比传统的磁控溅射高出一个数量级[42]。

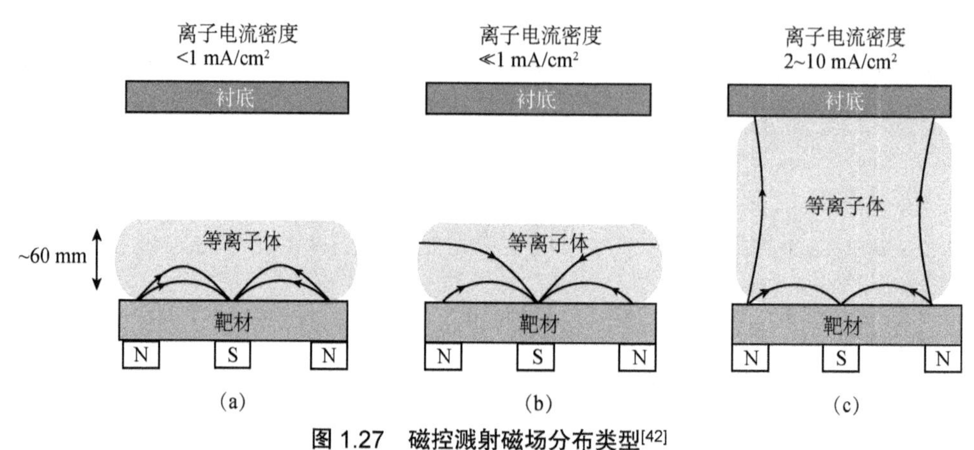


**图 1.27 磁控溅射磁场分布类型[42]**

（a）常规磁控“平衡”磁控；（b）Ⅰ型非平衡磁控；（c）Ⅱ型非平衡磁控

B. 磁控溅射的主要优缺点

利用磁控溅射技术可以很方便地制备难熔材料。利用这种方法，衬底在开始溅射时可受到一定清洁处理，衬底和薄膜附着性好。薄膜厚度较易控制且均匀，可以制备已知成分的合金膜。因电子基本上只在靶材附近做螺旋线运动，避免了二次电子对衬底的轰击，可使衬底保持接近冷态。但其也有不足之处，例如，靶材需制大块薄板、沉积速率较低、溅射内应力高等。

### 1.3.5 脉冲激光沉积方法

1. 脉冲激光沉积概述

激光又称“莱塞”，英文名为 laser，是“light amplification by stimulated emission of radiation”的英文缩写。脉冲激光沉积（pulsed laser deposition，PLD）生长薄膜的方法是将脉冲激光器产生的高功率脉冲激光聚焦于靶表面，使其表面产生高温及烧蚀（ablation），并形成一个看起来像羽毛状的发光团（羽辉，plume），进一步产生高温高压等离子体（$T$>10$^4$K），等离子体羽辉垂直于靶材表面定向局域膨胀发射，从而在衬底上沉积形成薄膜[43]，如图 1.28 所示。

脉冲激光沉积技术起步于 20 世纪 60 年代，1960 年，梅曼等制成了第一台红宝石激光器，发现强激光能使固体熔化并蒸发，可用于制膜。第一次尝试利用脉冲激光沉积方法制备薄膜是在 1965 年，Smith 和 Turner 等利用粉末原料在玻璃、云母（mica）等衬底上制备出 $Sb_2S_3$，ZnTe，碱性品红（fuchsine）等多种光学薄膜[44]，但受当时的激光器性能限制，这种制备方法曾一度沉寂下来，直到 20 世纪 80 年代末，利用低气压氧气环境可以生长 YBCO 高温超导薄膜之后，才得到了快速发展[45, 46]。

三十多年来，脉冲激光沉积技术已成为制备薄膜材料普遍采用的沉积技术之一，特别适合于制备高熔点、化学成分复杂的化合物和合金材料，也特别适合制备各种陶瓷材料。该技术工艺非常简单，而且灵活多变，其适用范围相当广泛，几乎涵盖所有薄膜材料，从简单金属到二元化合物，再到多组分的高质量单晶体，均可以用脉冲激光沉积技术进行制备，覆盖了绝缘体、半导体、金属、有机物，甚至生物材料，很少有一种材料合成技术可以如此快速而又广泛地渗入研究和应用的各个领域。

2. 脉冲激光沉积装置的结构组成

脉冲激光沉积系统（图 1.28）一般由脉冲激光发生器、光路系统（包括光阑扫描器、聚光透镜、激光光阑等），以及真空腔体、抽真空系统（分子泵、离子泵等）、靶材、充气系统、基片加热器等组成，以及一些辅助设备，如原位晶体结构检测系统、温度、气压监控装置、水冷系统等。

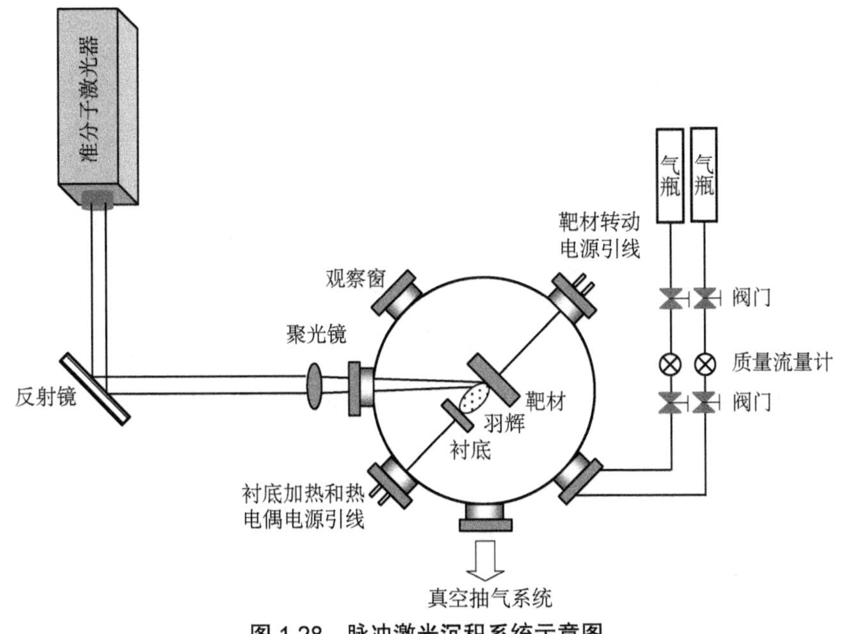


图 1.28　脉冲激光沉积系统示意图

激光窗口所采用的棱镜或凸透镜常采用的材料为 $MgF_2$，$CaF_2$ 和紫外（UV）

石英等可透过可见光和紫外线的材料。

目前脉冲激光沉积系统中主要采用的激光器为固态 $Nd^{3+}$：YAG（1064nm）激光器、气体准分子 ArF（193nm）、KrF（248nm）及 XeCl（308nm）激光器。另外还有产生连续波长的 $CO_2$ 激光器、脉冲红宝石激光器等。准分子不是稳定的分子，是混合气体受到外来能量的激发所引起的一系列物理及化学反应中曾经形成但转瞬即逝的分子，其寿命仅为 $10^{-8}$s 量级。准分子激光是一种脉冲激光，因谐振腔内充入不同的稀有气体和卤素气体的混合物而产生不同波长的激光，其波长分布范围为 157～353nm。

3. 脉冲激光沉积薄膜的基本原理

脉冲激光沉积系统设备虽然很简单，但它的原理却包含非常复杂的物理现象。激光束首先聚焦于靶材表面，与靶材原子产生相互作用，迅速加热和蒸发靶材，然后蒸气吸收能量直至形成羽辉等离子体，并吸收剩余部分的激光束能量，加热和加速等离子体。等离子体中包含基态和激发态的中性原子、分子和离子以及高能量的电子。原子和离子在靶附近几百微米区域形成高密度等离子体，即所谓的克努森层（Knudsen layer）。早在 1910 年，克努森就给出克努森层厚度的表达式[47]，即为

$$l_{\mathrm{Kn}}=\frac{k_{\mathrm{B}}T_{\mathrm{s}}}{\pi d^{2}P_{\mathrm{s}}} \tag{1.66}$$

式中，$k_{\mathrm{B}}$ 为玻尔兹曼常量，$d$ 为分子直径，$T_{\mathrm{s}}$ 为温度，$P_{\mathrm{s}}$ 为气体压强。

原子和离子经历碰撞后产生一个垂直于靶材表面的膨胀过程，膨胀的初速度可达 $10^{6}$cm/s，羽辉向周围环境的膨胀过程可以根据质量守恒、动量守恒和能量守恒构建模型进行理论模拟[48-50]。如果烧蚀物在低压反应气体中进行，例如在氧气中就会形成氧化物烧蚀气体束。在气体环境中，等离子体的膨胀和气体分子之间的碰撞将导致振激前沿，这种前沿的传播，在衬底 5～10cm 处速度逐渐减小，然后在衬底上生长出单晶或多晶结构的薄膜，单晶或多晶则取决于衬底的结构和衬底加热温度[51]。归纳起来，脉冲激光沉积一般可以分为以下三个阶段，即第一阶段为激光与靶的作用阶段，第二阶段为烧蚀物（在气氛气体中）的传输阶段，第三阶段为到达衬底上的烧蚀物在衬底上的成膜阶段。针对入射激光与靶材的相互作用这一复杂过程，在理论上和实验上都曾进行过系统研究，形成了一些统一认识。靶材与激光相互作用可分为明显的几个主要过程[52-54]。图 1.29 是入射激光作用于靶材后的重要过程[54]。图 1.29（a）为固体靶材区域吸收激光的过程，靶材表面开始熔化和蒸发（阴影区域代表已经熔化的靶材，小箭头代表固–熔界面向靶内部移动）；图 1.29（b）为熔化区域前沿向

靶材内部传播，热蒸发持续进行，激光束和羽辉的相互作用增强；图 1.29（c）为入射激光辐射羽辉吸收，形成等离子体；图 1.29（d）为熔化前沿消退最终导致靶材重新固化。

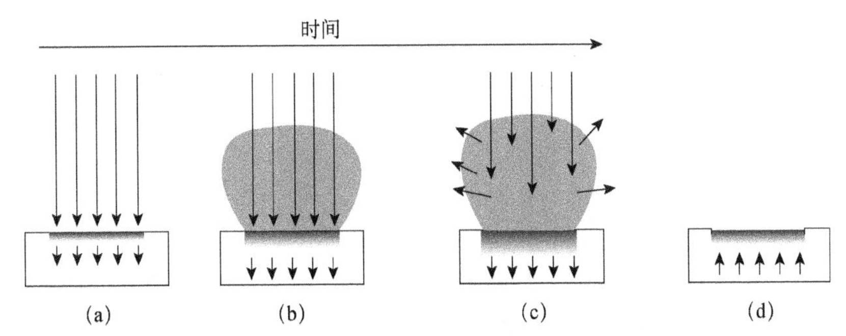


**图 1.29　入射激光作用于靶材后的重要过程示意图**

（a）固体靶材区域吸收激光过程；（b）熔化区域前沿向靶材内部传播；（c）入射激光辐射羽辉吸收；（d）熔化前沿消退最终导致靶材重新固化

脉冲激光沉积薄膜的质量严格依赖于烧蚀物羽辉的动能范围、分布形状和密度，人们就此开展了大量的研究工作，并采用各种模型对羽辉在靶表面的形成和膨胀过程进行了细致描述，如自由膨胀模型、动力源效应（dynamic source effect）模型、自相似理论（self-similar theory）模型和流体动力学模型（hydrodynamic modeling）等[55-59]。其中利用动力源效应、自相似理论模型和流体动力学模型等拟合出的羽辉，其前沿膨胀速度预期与实验结果相一致[56, 57]。

脉冲激光沉积方法所用激光脉冲宽度一般在纳秒（ns）量级。目前，飞秒（fs）脉冲激光沉积方法在基础研究和应用上都引起了人们的极大兴趣，超快过程也为材料的加工提供了巨大的应用潜力，并逐渐发展起来[60]。当利用飞秒激光进行生长时，可以将激发、熔化、移除等过程分离开来考虑，为基础研究提供了便利[61, 62]。因为激发是在飞秒量级的时间内进行的，而熔化过程是在皮秒（ps）的时间尺度，而最终材料的移除大概在纳秒量级的时间内。当靶受到激光辐射时，激光能量被靶材吸收。在金属中，激发主要是由激光与电子发生相互作用而引起的，导带中的电子吸收能量而获得更高的能量，而在半导体中，是占据态价带上的电子吸收光子能量跃迁到导带中，这时光子的能量大于禁带的宽度。在电介质材料中，由于禁带宽度比较大，光子需经过多重吸收转化才能将价带中的电子激发到导带中去，所有这些过程的能量集聚是由激光的脉冲宽度所决定的。在这个过程中，实际上是将能带中电子的能量转化为声子。在金属中能量从热电子转移至冷晶格可以采用双温度模型加以描述，这种模型是基于电子、声子与温度有关的能量分布建立的，但是脉冲激光脉宽很小，远小于电子–电子相互碰撞产生的热化时间，电子温度已经失去其本来的意义，双温度模型变得不再适用。在半导体和电介质中，光致电离可以产生很高的电子密度。物质充分电离需要的能量密度为 $10^{14}$J/cm$^2$ 以上。光电子在 100fs 的时间尺度上引起晶格的无序化。晶格无序化的时间比起晶格热化过程要快很多，这个过程称为非热熔化。而电子和声子之间的碰撞而引起的晶格加热时间大概在皮秒量级。烧蚀和膨胀过程相对较慢。因此，当材料快速熔化后，转换为超临界流体（supercritical fluid）或等离子体或者高密度等离子体。

利用飞秒激光进行沉积，由于飞秒激光与物质作用时间较短暂，这样就能迅速对激光作用区域进行快速加热，对于热传导比较好的金属物质，热量来不及向周围传递，因而不会造成太大的能量损失，脉冲一经停止就能产生羽辉，这样就没有激光的散射和吸收。利用飞秒激光也可以制备低吸收激光的电介质材料，如光子能量远低于带隙的材料。另外，利用飞秒激光可以有效避免出现大于 100nm 的微颗粒[63]。

4. 脉冲激光沉积具有的优点[51]

（1）由于等离子体的瞬间爆炸性发射，不存在成分择优蒸发效应以及等离子体发射的沿靶轴向的空间约束效应，因此膜与靶材的成分可保持一致。基于同样的原因，脉冲激光沉积可以制备出含有易挥发元素的多元化合物薄膜。

（2）利用脉冲激光沉积方法可在较低温度下原位生长织构膜或外延单晶膜。由于等离子体中原子的能量比通常蒸发法产生的离子能量大得多，原子沿表面的迁移扩散更为剧烈，故在较低温度下就能实现外延生长。而较低的脉冲重复频率可使原子在两次脉冲发射之间有足够的时间扩散到平衡位置，有利于薄膜的外延生长。脉冲激光沉积的这些特点使之适用于制备高质量的高温超导、铁电、压电和电光等多种功能薄膜。

（3）利用脉冲激光沉积方法能够获得连续的极细的高质量纳米薄膜。由于高的离子动能具有抑制三维生长的作用，可显著增强二维生长，故利用脉冲激光沉积方法可促进薄膜沿二维生长展开，也可以避免分离核岛的出现。

（4）利用脉冲激光沉积方法制备薄膜的生长速率较快，效率高。比如，在典型的制备氧化物薄膜的条件下，1h 即可获得 1μm 左右厚度的薄膜。

（5）利用脉冲激光沉积方法在薄膜生长过程中可原位引入多种气体，包括活性气体和惰性气体等，甚至它们的化合物。气氛气体的压强可变范围较大，其上限可达 1torr 甚至更高，这是其他技术难以比拟的。引入气氛气体后，可在反应气氛中制膜，使环境气体电离并参与薄膜沉积反应，对于提高薄膜质量具有重要意义。

（6）由于换靶位置灵活，便于实现多层膜及超晶格薄膜的生长，这种原位沉积所形成的多层膜具有原子级清洁的界面。

（7）成膜污染小。由于激光是一种十分干净的能源，加热靶材时不会带进杂质，这就避免了使用坩埚等加热镀膜原材料时对所沉积的薄膜造成的污染问题。

正因为脉冲激光沉积技术具有上述突出优点，再加上该技术设备较简单，易于操作控制，可采用操作简便的多靶台，灵活性大，故适用范围广，并为多元化合物薄膜、多层膜及超晶格膜的制备提供了方便。目前，该技术已被广泛运用于各种功能性薄膜的制备和研究中，包括高温超导、铁电、压电、半导体及超晶格等薄膜，甚至可用于制备生物活性薄膜，显示出广泛的应用前景。

脉冲激光沉积也有其局限性，例如：不易于制备大面积的薄膜；容易在薄膜表面产生微米–亚微米尺度的颗粒物污染。这种方法制备的薄膜质量和平整度不如分子束外延方法。

### 1.3.6　分子束外延方法

分子束外延（molecular beam epitaxy，MBE）技术是制备单晶薄膜的一种生长方法。此方法由贝尔实验室的亚瑟（J. R. Arthur）[64]和卓以和（Alfred Y. Cho）[65]于 20 世纪 60 年代后期发明的，20 世纪 70 年代以后在半导体晶体薄膜的生长方面做了大量工作[66, 67]，为分子束外延实验技术的广泛应用奠定了基础，两人在发明这种独特外延生长方法 30 余年后的综述性文章中专门对 MBE 的发展和应用进行了系统回顾[68, 69]。分子束外延方法生长薄膜是在高真空或超高真空（ultra-high vacuum，UHV，小于 $10^{-8}$Pa）的环境中进行的。分子束外延最重要的方面是其低沉积速率，可实现二维外延生长。如此低的沉积速率要求真空度足够高，以达到其他沉积方式同等级别的洁净程度，外延生长原子级精确控制的超薄多层二维结构材料和器件（超晶格、量子阱、调制掺杂异质结、量子阱激光器、高电子迁移率晶体管等）。结合其他工艺，还可制备一维和零维的纳米材料（量子线、量子点等）。关于分子束外延技术，有不少各种材料的制备方法和利用分子束外延制备器件的综述性文章进行系统的介绍[70-73]。有研究者利用分子束外延在 GaP，GaAs 和 Si 衬底上成功制备出高质量 CuMnAs 三元化合物晶体[74]。

1. 基本原理

在超高真空环境下（真空度通常优于 $10^{-10}$torr）进行制膜，蒸发分子在“飞行”过程中几乎不与环境气体发生碰撞，以分子束的形式射向衬底进行外延生长。分子束外延是一种非平衡生长技术，在生长过程中，需要在合适的温度下进行生长，这样才能保证原子有足够的能量在衬底表面和生长层表面进行迁移，并找到自己合适的位置进行外延生长。温度过低时得不到单晶结构薄膜，为多晶或非晶结构。但生长温度也不能过高，过高的温度会使吸附在表面的部分原子发生蒸发而脱附。分子束外延生长的动力学过程可归纳为以下几个阶段，即从蒸发源蒸发的分子束沉积在衬底表面；原子在衬底表面迁移和分解；原子移至到正常晶格位置发生外延生长；未进入正常格点的原子蒸发而离开表面。

2. 分子束外延生长装置结构

分子束外延装置结构如图 1.30 所示。主体部分主要有三个真空工作室，即进样室（样品预处理室）、分析室和外延生长室。各室之间用闸板阀隔开，各自具有独立的抽气系统。样品通过磁耦合式或导轨链条式的真空传递机构可在各室之间进行传递。

分子束外延所需的本底真空度应优于 $10^{-8}$Pa。由于分子束外延装置涉及的部件比较多，尤其是束源需要高温加热射出分子束，所以放气量比较大，为了达到这一真空度，需要配备各种类型的真空抽气装置。生长室和分析室除了配有机械泵和分子泵联动抽气装置外，一般还需要配置离子泵和钛升华泵、吸附泵等。炉源还需要液氮冷屏进行隔热，以免热量向整个腔体传递而引起腔体和各种配件放出气体，从而造成无法抽至最佳的真空度。为了获得高真空度，在打开腔体维修后，整个腔体缠绕加热带进行烘烤，烘烤时需要考虑各种附属配件应能承受的最高温度。烘烤温度一般在 150～200℃。

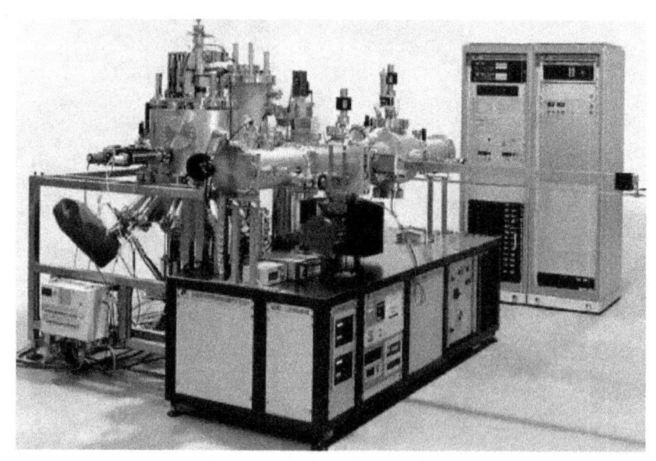

图 1.30 分子束外延装置

（1）进样室：是整个设备和外界联系的通道，用于换取样品，有时兼具对送入的衬底进行低温除气的功能。

（2）分析室：根据需要，购置各种设备配置于分析室中，如低能电子衍射（LEED）、二次离子质谱（SIMS）、X 射线光电子能谱（XPS）、扫描隧道显微镜（STM）等。

（3）外延生长室：用于样品的分子束外延生长。配置蒸发器（电阻加热蒸发器、电子束蒸发器、掺杂源）、样品架、快速挡板、膜厚测试控制仪以及反射高能电子衍射仪等[75]。图 1.31 为分子束外延生长室剖面示意图。

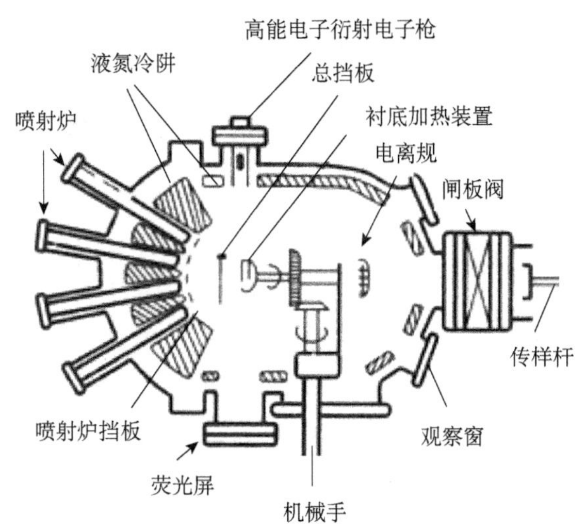


**图 1.31　分子束外延生长室剖面示意图**

3. 外延生长装置重要组件

1）分子束源组件

图 1.32（a）是分子外延装置配备的多个分子束源炉（喷射炉），用于产生射向衬底的热分子束。各个束源中分别放置不同元素，其排列方式包括水平式、斜射式和垂直式。束源所用材料为耐高温的 Ta，Mo 等高温难熔金属。高温绝热绝缘材料多采用热解氮化硼（PBN）；喷射炉加热采用 Ta 丝（箔）；热屏蔽罩也采用 Ta 箔，其结构如图 1.32（b）所示。对束源的要求是束流纯度高、稳定、均匀、真空放气性好，分子束流方向性和流量易进行控制。每个喷射炉前均有挡板，可以很方便地控制各成分在外延膜中的比例，将喷射炉和衬底相对放置。加热后各元素束流以不同的分子密度和速度喷射到加热衬底表面，与表面相互作用（分解、吸附、迁移、脱附等）进行单晶薄膜的外延生长。

用钨铼热电偶测定炉温，用自动控制系统对炉温进行控制，炉温误差应在 ±1.5℃ 以下。

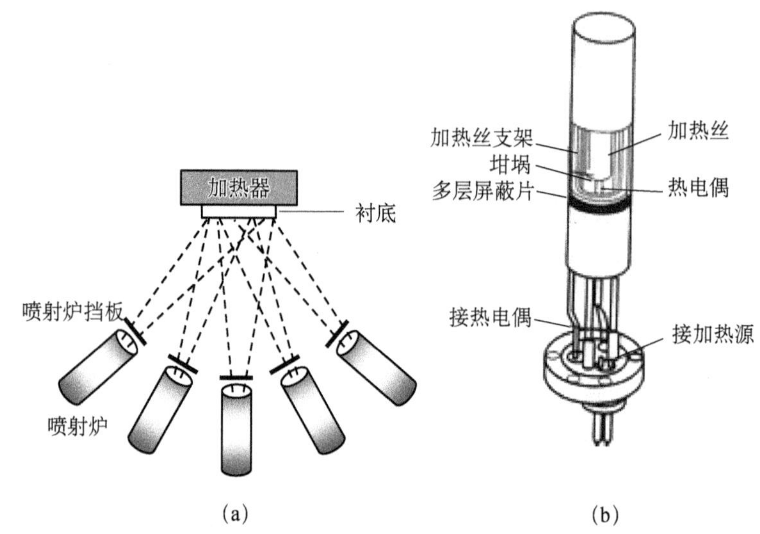


(a) (b)

图 1.32 （a）分子束外延生长原理图；（b）电阻加热式喷射炉结构示意图

2）束流监测装置

通常采用石英晶体振荡器进行束流监测。石英晶体振荡器简称为晶振，它是利用具有压电效应的石英晶体片制成的。这种石英晶体薄片受到外加交变电场的作用时会产生机械振动，当交变电场的频率与石英晶体的固有频率相同时，振动变得很强烈，这就是晶体谐振特性的反映。振动频率随沉积薄膜的厚度而变化。分辨率可达 0.01nm/s。石英晶体的固有频率 $f$ 的改变 $\Delta f$ 与沉积在石英晶体上的膜厚 $d$ 呈线性关系，即

$$\Delta f = -f^2 \rho_{\mathrm{m}} d / (N\rho) \tag{1.67}$$

式中，$N$ 是频率常数，$\rho$ 是石英晶体密度，$\rho_{\mathrm{m}}$ 是蒸发材料的密度。负号表示随着沉积膜厚的增加，石英晶体的固有频率逐渐减小。

这种方法测量膜厚的缺点是，随着膜厚的增加，灵敏度不断降低。当沉积厚度超过 1μm 后，工作不稳定，需更换晶片。

3）样品架（机械手）及加热装置

样品架是一个能在 $x$，$y$，$z$ 三个方向自由移动，并可绕其轴线转动的机械装置。加热装置可保持衬底表面温度的均匀性，加热可采用的方法很多，如采用背面辐射加热。以钨丝或钽丝作为加热丝，套上氮化硼陶瓷柱后均匀排列作为衬底加热装置。整个加热部件可装在液氮冷却的容器中，以减少对真空部件的热辐射。温度测量则由热电偶和电离规进行，也可采用非接触式的红外光高温计，可置于腔体外通过观察窗进行检测。

样品的固定通常用元素铟（In）粘贴或采用无应力的机械支托。

4）反射高能电子衍射装置

分子束外延都配有反射高能电子衍射（reflection high energy electron diffraction，RHEED），这种方法是原位观察薄膜晶体结构的最佳手段。其因为入射电子能量为 10～50keV，以掠射角 1°～3°入射到晶体表面，在向前散射方向上收集电子束，或将衍射束显示于荧光屏。这样在衬底的前方就有很大的空间，不影响蒸发源喷出的分子束射向衬底而成膜。一幅 RHEED 图只能给出倒易空间的某个二维截面，从衍射点之间的距离可确定相应的晶面间距。旋转样品，可以在荧光屏上得到不同方位角的二维倒易截面，从而可获得表面结构的全部对称信息。而且，RHEED 图像的强度随生长膜厚而发生振荡，可以建立振荡和薄膜层层生长的对应关系（图 1.33），从而可实现外延层层生长的直接原位观察[76]。如果表面为无台阶的原子量级的平滑，那么原子首先集聚成二维岛状，随后到达的原子迁移至二维岛状的台阶边缘处，完成一层生长，然后再开始新的一层原子集聚。因此，表面重复呈现出原子量级的平滑和粗糙，这种周期性的表现与生长时间对应。粗糙的表面将引起原子更多的扩散散射，导致 RHEED 衍射强度的降低，从而建立起振荡周期和单层生长速度之间的对应关系。因此，利用 RHEED 的周期性振荡可以精确地测量出膜的厚度[69]。

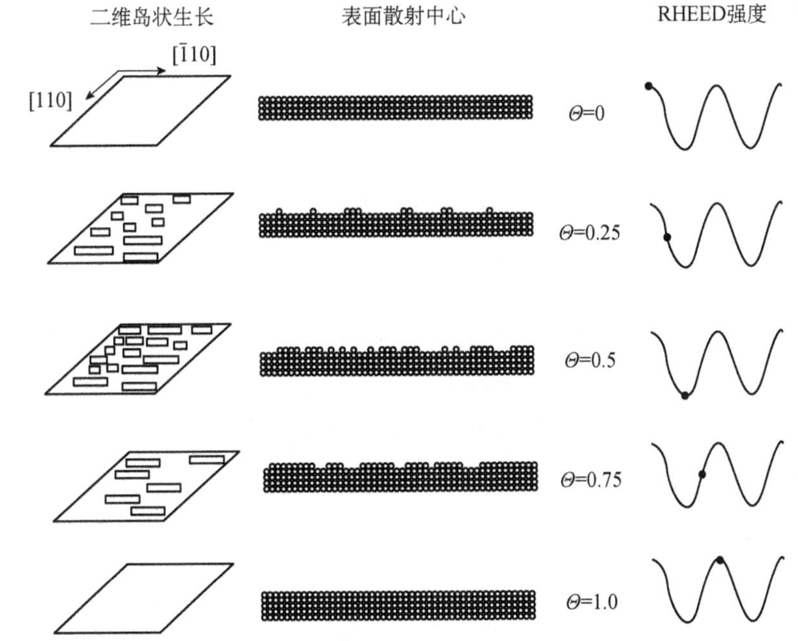


**图 1.33　分子束外延过程中表面层层生长时间与 RHEED 强度振荡的对应关系示意图**

图中 $\Theta$ 为外延生长层覆盖度

4. 分子束外延生长单晶薄膜的特点

（1）在超高真空下进行单原子层的外延生长，如图 1.34 所示，这样可以实现超晶格、量子阱、异质结等严格控制晶体结构和膜层厚度的慢速率生长。

（2）可配置多个束源进行选择性的外延生长，并能严格控制单晶薄膜的化学成分和实现各种化学元素的掺杂。

（3）在较低的衬底温度下可实现非平衡外延生长，而不受热力学机制的控制；配以反射高能电子衍射可对外延薄膜的晶体结构进行原位观察和动态监控。

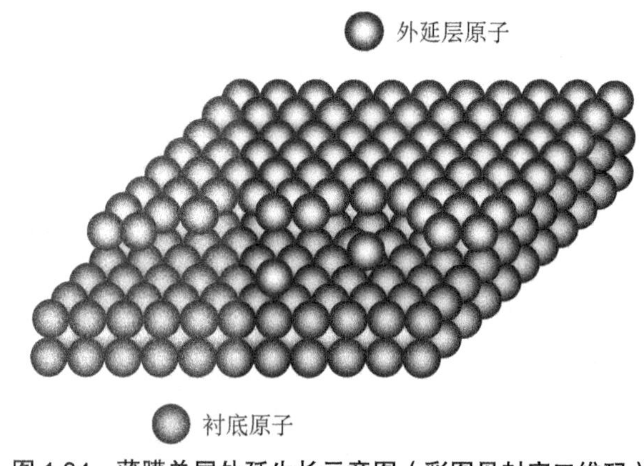


图 1.34 薄膜单层外延生长示意图（彩图见封底二维码）

分子束外延生长速率比较慢，这既是其优点，同时也是其不足之处。较慢的生长速率不适于厚膜生长和大批量生产。

## 思考题与习题

1.1 叙述晶体生长过程中均匀成核和不均匀成核的生长机理。

1.2 举出几种熔融法生长单晶的技术手段，并比较它们的优劣。

1.3 简述提拉法生长单晶的装置结构主要组成、生长原理及其特点。

1.4 什么是饱和蒸气压？试由克拉珀龙–克劳修斯方程导出饱和蒸气压与热力学温度的关系。

1.5 在电子束蒸发中，分别指出三种电子枪的基本结构及其工作原理与特点。

1.6 在电子束加热蒸发镀膜过程中，已知电子束的加速电压为 15kV，电子束流强度为 100mA，试求电子速率、电子能量及电子束功率。

1.7 在利用 e 型电子枪蒸发镀膜的过程中，电子的加速电压为 15kV，偏转磁场的磁感应强度为 400G，试计算电子束的偏转半径。若提高电子加速电压和增大偏转磁场，电子束偏转半径将分别如何变化？

1.8　简述在清洁的衬底上单晶薄膜的三种生长机制。

1.9　溅射镀膜的主要技术参数有哪些？

1.10　溅射分哪几种类型，其各自的特点是什么？

1.11　简述磁控溅射镀膜的基本原理及其应用。

1.12　简述利用脉冲激光沉积方法制备薄膜的基本原理及其特点。

1.13　分子束外延技术是在超高真空下完成单晶生长的，与一般的真空镀膜和气相沉积镀膜相比，其典型优点有哪些？

1.14　在分子束外延生长薄膜过程中，利用石英晶体振荡器原位监测膜厚的基本原理是什么？

## 主要参考书目和参考文献

### 主要参考书目

介万奇. 晶体生长原理与技术[M]. 北京：科学出版社，2019.

石玉龙，闫凤英. 薄膜技术与薄膜材料[M]. 北京：化学工业出版社，2015.

田民波，李正操. 薄膜技术与薄膜材料[M]. 北京：清华大学出版社，2011.

田民波，刘德令. 薄膜科学与技术手册[M]. 北京：机械工业出版社，1991.

王华馥，吴自勤. 固体物理实验方法[M]. 北京：高等教育出版社，1990.

叶志镇，吕建国，吕斌，等. 半导体薄膜技术与物理[M]. 杭州：浙江大学出版社，2008.

张霞，侯海军. 晶体生长[M]. 北京：化学工业出版社，2019.

郑伟涛. 薄膜材料与薄膜技术[M]. 北京：化学工业出版社，2007.

朱继平，李家茂，罗派峰. 材料合成与制备技术[M]. 北京：化学工业出版社，2018.

### 参考文献

[1] Langer J S. Instabilities and pattern formation in crystal growth[J]. Reviews of Modern Physics，1980，52（1）：1-28.

[2] Czochralski J. Ein neues verfahren zur messung der kristallisationsgeschwindigkeit der metalle[J]. Phys. Z. Chem.，1917，92：219.

[3] Talik E. Ninetieth anniversary of Czochralski method[J]. Journal of Alloys and Compounds，2007，442：70-73.

[4] Tomaszewski P E. Jan Czochralski-father of the Czochralski method[J]. Journal of Crystal Growth，2002，236：1-4.

[5] Kakimoto K. Development of crystal growth technique of silicon by the Czochralski method[J]. Acta Physica Polonica A，2013，124（2）：227-230.

[6] Dagdale S，Pahurkar V，Muley G. High temperature crystal growth：an overview[J]. Macromolecular Symposia，2016，362：139-141.

[7] Pfann W G. Principles of zone-melting[J]. Journal of Metals，1952：747-753.

[8] Rey-García F，Ibáñez R，Angurel L A，et al. Laser floating zone growth：overview，singular materials，broad applications and future perspectives[J]. Crystals，2021，11（38）：1-29.

[9] Geho M，Sekijima T，Fujii T. Growth of terbium aluminum garnet（$Tb_3Al_5O_{12}$；TAG）single crystals by the hybrid laser floating zone machine[J]. Journal of Crystal Growth，2004，267：188-193.

[10] Keck P H，Golay M J E. Crystallization of silicon from a floating liquid zone[J]. Physical Review，1953，89（6）：1297.

[11] Koohpayeh S M，Fort D，Abell J S. The optical floating zone technique：a review of experimental procedures with special reference to oxides[J]. Progress in Crystal Growth and Characterization of Materials，2008，54：121-137.

[12] Revcolevschi A，Jegoudez J. Growth of large high-Tc single crystals by the floating zone method：a review[J]. Progress in Materials Science，1997，42：321-339.

[13] Bridgman P W. Certain physical properties of single crystals of tungsten[J]. Antimony，Bismuth，Tellurium，Cadmium，Zinc，and Tin. Proceedings of the American Academy of Arts and Sciences，1925，60（6）：305-383.

[14] Stockbarger C. The production of large single crystals of lithium fluoride[J]. Review of Scientific Instruments，1936，7：133-136.

[15] Rudolph P，Kiessling F M. The horizontal Bridgman method[J]. Crystal Research and Technology，1988，23：1207-1224.

[16] Chen H B，Ge C X，Li R S，et al. Growth of lead molybdate crystals by vertical Bridgman method[J]. Bulletin of Materials Science，2005，28（6）：555-560.

[17] de Bruijn T J W，de Jong W A，van Den Berg P J. Kinetic parameters in Avrami-Erofeev type reactions from isothermal and non-isothermal experiments[J]. Thermochimica Acta，1981，45：315-325.

[18] Henderson D W. Thermal analysis of non-isothermal crystallization kinetics in glass forming liquids[J]. Journal of Non-Crystalline Solids，1979，30：301-315.

[19] Sun Y，Wan Z P，Hu L X，et al. Characterization on solid phase diffusion reaction behavior and diffusion reaction kinetic of Ti/Al[J]. Rare Metal Materials and Engineering，2017，46（8）：2080-2086.

[20] Levi A C，Kotrla M. Theory and simulation of crystal growth[J]. Journal of Physics：Condensed Matter，1997，9：299-344.

[21] Swendsen R H，Kortman P J，Landau D P，et al. Spiral growth of crystals：simulations on a stochastic model[J]. Journal of Crystal Growth，1976，35：73-78.

[22] Budevski E，Staikov G，Bostanov V. Form and step distance of polygonized growth spirals[J]. Journal of Crystal Growth，1975，29：316-320.

[23] Caflisch R E，Cyure M F，Merriman B，et al. Island dynamics and the level set method for epitaxial growth[J]. Applied Mathematics Letters，1999，12：13-22.

[24] Evans J W. Random and cooperative sequential adsorption[J]. Reviews of Modern Physics，1993，65（4）：1281-1329.

[25] Halpin-Healy T，Zhang Y C. Kinetic roughening phenomena，stochastic growth，directed polymers and all that. Aspects of multidisciplinary statistical mechanics[J]. Physics Reports，1995，254：215-414.

[26] Witten T A，Sander L M. Diffusion-limited aggregation[J]. Physical Review B，1983，27（9）：5686-5697.

[27] Kotrla M，Šmilauer P. Nonuniversality in models of epitaxial growth[J]. Physical Review B，1996，53（20）：13777-13792.

[28] Grove W R. On the electro-chemical polarity of gases[J]. Philosophical Transactions of the Royal Society of London，1852，142（0）：87-101.

[29] Wright A W. On the production of transparent metallic films by the electrical discharge in exhausted tubes[J]. American Journal of Science and Arts（1820-1879），1877，13（73）：49.

[30] Fruth H F. Cathode sputtering，a commercial application[J]. Journal of Applied Physics，1932，2：280-288.

[31] Bräuer G，Szyszka B，Vergöhl M，et al. Magnetron sputtering-milestones of 30 years[J]. Vacuum，2010，84：1354-1359.

[32] Smentkowski V S. Trends in sputtering[J]. Progress in Surface Science，2000，64：1-58.

[33] Sigmund P. Theory of Sputtering. I. Sputtering yield of amorphous and polycrystalline targets[J]. Physical Review，1969，184（2）：383-416.

[34] Nelson R S. An investigation of thermal spikes by studying the high energy sputtering of metals at elevated temperatures[J]. Philosophical Magazine，1965，11：110，291-302.

[35] Safi I. Recent aspects concerning DC reactive magnetron sputtering of thin films：a review[J]. Surface and Coatings Technology，2000，127：203-219.

[36] Swann S. Magnetron sputtering[J]. Physics in Technology，1988，19：67-75.

[37] Berg S，Nyberg T. Fundamental understanding and modeling of reactive sputtering

processes[J]. Thin Solid Films，2005，476：215-230.

[38] Thornton J A. Magnetron sputtering：basic physics and application to cylindrical magnetrons[J]. Journal of Vacuum Science and Technology，1978，15（2）：171-177.

[39] Waits R K. Planar magnetron sputtering[J]. Journal of Vacuum Science and Technology，1978，15：179-187.

[40] Gudmundsson J T. Physics and technology of magnetron sputtering discharges[J]. Plasma Sources Science and Technology，2020，29：113001.

[41] Chapin J S. The planar magnetron[J]. Research Development，1974，25（1）：37-40.

[42] Kelly P J，Arnell R D. Magnetron sputtering：a review of recent developments and applications[J]. Vacuum，2000，56：159-172.

[43] Willmott P R，Huber J R. Pulsed laser vaporization and deposition[J]. Reviews of Modern Physics，2000，72（1）：315-328.

[44] Smith H M，Turner A F. Vacuum deposited thin films using a ruby laser[J]. Applied Optics，1965，4（1）：147-148.

[45] Dijkkamp D，Venkatesan T，Wu X D，et al. Preparation of Y-Ba-Cu oxide superconductor thin films using pulsed laser evaporation from high $T_C$ bulk material[J]. Applied Physics Letters，1987，51：619-621.

[46] Venkatesan T，Wu X D，Inam A，et al. Nature of the pulsed laser process for the deposition of high $T_C$ superconducting thin films[J]. Applied Physics Letters，1988，53：1431-1433.

[47] Knudsen M. Thermischer Molekulardruck der Gase in Röhren[J]. Ann. Phys.，1910，33，1435.

[48] Anisimov S I. Vaporization of metal absorbing laser radiation[J]. Soviet Physics Jetp，1968，27（1）：182-183.

[49] Arnold N，Gruber J，Heitz J. Spherical expansion of the vapor plume into ambient gas：an analytical model[J]. Applied Physics A，1999，69 [Suppl.]：S87-S93.

[50] Moscicki T，Hoffman J，Szymanski Z. Laser ablation in an ambient gas：modelling and experiment[J]. Journal of Applied Physics，2018，123：083305.

[51] Lowndes D H，Geohegan D B，Puretzky A A，et al. Synthesis of novel thin-film materials by pulsed laser deposition[J]. Science，1996，273：898-903.

[52] Cheung J，Horwitz J. Pulsed laser deposition history and laser-target interactions[J]. MRS Bulletin，1992，17：30-36.

[53] Singh R K，Narayan J. Pulsed-laser evaporation technique for deposition of thin films：physics and theoretical model[J]. Physical Review B，1990，41（13）：8843-8859.

[54] Ashfold M N R，Claeyssens F，Fuge G M，et al. Pulsed laser ablation and deposition of

thin films[J]. Royal Society of Chemistry，2004，33：23-31.

[55] Chen K R，Leboeuf J N，Wood R F，et al. Accelerated expansion of laser-ablated materials near a solid surface[J]. Physical Review Letters，1995，75（25）：4706-4709.

[56] Chen K R，Leboeuf J N，Wood R F，et al. Mechanisms affecting kinetic energies of laserablated materials[J]. Journal of Vacuum Science & Technology A，1996，14：1111-1114.

[57] Itina T E，Marine W，Autric M. Mathematical modelling of pulsed laser ablated flows[J]. Applied Surface Science，2000，154-155：60-65.

[58] Esenaliev R O，Oraevsky A A，Letokhov V S，et al. Studies of acoustical and shock waves in the pulsed laser ablation of biotissue[J]. Lasers in Surgery and Medicine，1993，13：470-484.

[59] Wood R F，Chen K R，Leboeuf J N，et al. Dynamics of plume propagation and splitting during pulsed-laser ablation[J]. Physical Review Letters，1997，79（8）：1571-1574.

[60] Balling P，Schou J. Femtosecond-laser ablation dynamics of dielectrics：basics and applications for thin films[J]. Reports on Progress in Physics，2013，76：036502.

[61] Rethfeld B，Ivanov D S，Garcia M E，et al. Modelling ultrafast laser ablation[J]. Journal of Physics D：Applied Physics，2017，50：193001.

[62] Rethfeld B，Sokolowski-Tinten K，von der Linde D，et al. Timescales in the response of materials to femtosecond laser excitation[J]. Applied Physics A，2004，79：767-769.

[63] Shirk M D，Molian P A. A review of ultrashort pulsed laser ablation of materials[J]. Journal of Laser Applications，1998，10（1）：18-28.

[64] Arthur J R. Interaction of Ga and $As_2$ molecular beams with GaAs surfaces[J]. Journal of Applied Physics，1968，39：4032-4034.

[65] Cho A Y. Morphology of epitaxial growth of GaAs by a molecular beam method：the observation of surface structures[J]. Journal of Applied Physics，1970，41：2780-2786.

[66] Cho A Y，Panish M B. Magnesium-doped GaAs and $Al_xGa_{1-x}As$ by molecular beam epitaxy[J]. Journal of Applied Physics，1972，43：5118-5123.

[67] Cho A Y，Arthur J R. Molecular beam epitaxy[J]. Progress in Solid-State Chemistry，1975，10（Part 3）：157-191.

[68] Cho A Y. How molecular beam epitaxy（MBE）began and its projection into the future[J]. Journal of Crystal Growth，1999，201/202：1-7.

[69] Arthur J R. Molecular beam epitaxy[J]. Surface Science，2002，500：189-217.

[70] Joyce B A. Molecular beam epitaxy[J]. Reports on Progress in Physics，1985，48：1637-1697.

[71] Herman M A，Sitter H. MBE growth physics：application to device technology[J]. Microelectronics Journal，1996，27：257-296.

[72] Chambers S A. Epitaxial growth and properties of thin film oxides[J]. Surface Science Reports，2000，39：105-180.

[73] Brahlek M，Gupta A S，Lapano J，et al. Frontiers in the growth of complex oxide thin films：past，present，and future of hybrid MBE[J]. Advanced Functional Materials，2017，1702772：1-41.

[74] Krizek F，Kašpar Z，Vetushka A，et al. Molecular beam epitaxy of CuMnAs[J]. Physical Review Materials，2020，4：014409.

[75] Cho A Y，Cheng K Y. Growth of extremely uniform layers by rotating substrate holder with molecular beam epitaxy for applications to electrooptic and microwave devices[J]. Applied Physics Letters，1981，38：360-362.

[76] Neave J H，Joyce B A，Dobson P J，et al. Dynamics of film growth of GaAs by MBE from Rheed observations[J]. Applied Physics A，1983，31：1-8.

# 第2章　固体X射线衍射学

## 2.1　引言

19世纪末物理学中的三大发现是1895年伦琴发现X射线[1]、1896年法国物理学家贝可勒尔（A. H. Becquerel）发现放射线[2]以及1897年汤姆孙发现电子[3]。1895年，德国物理学家伦琴（W. C. Röntgen）在研究真空管放电时发现了一种看不见的未知射线，即X射线（由于X射线由伦琴发现，也常称为伦琴射线）。他当时在黑暗的实验室房间中不但观察到了荧光屏闪烁黄光，而且他把手放在放电管和屏幕之间后，在荧光屏上竟然看到了手内的骨骼成像，说明这一看不见的射线具有一定的穿透性。1895年，伦琴在当地维尔茨堡（Würzburg）科学学会年报上，发表了题目为“关于一种新型的辐射”的论文[1]。伦琴后续的进一步深入研究表明，能够呈现骨骼的图像是由于X射线的吸收强烈依赖于组成物质的原子序数。伦琴由于发现这一射线而获得了1901年度诺贝尔物理学奖。X射线的发现也标志着现代物理学的产生，具有划时代的意义。几个月后，人们就能够把X射线应用到医学领域和金属零件的内部探伤，产生了X射线透射学。1912年德国物理学家劳厄（M. von Laue）考虑到晶面间距为$10^{-8}$cm，而根据索末菲（Sommerfeld）的计算估计，X射线的波长大概是$10^{-9}$cm。尽管由一个三维光栅组成衍射光栅在这之前从未被考虑过，但劳厄很快就明白了晶体在X射线照射下的表现应该可作为三维衍射光栅加以考虑[4]。随后弗里德里希（Friedrich）和尼平（Knipping）用实验方法证实了劳厄的想法[5]。他们观察到了X射线在晶体中的衍射现象，并建立了劳厄衍射方程组，从而揭示了X射线的本质是波长与原子间距同一量级的电磁波，并因此获得了1914年度诺贝尔物理学奖。劳厄方程组为研究晶体的衍射提供了有效方法，因此产生了X射线衍射学。自此之后，X射线作为研究晶体结构及其相关学科的技术手段得到迅猛发展。1913年，英国物理学家布拉格父子（W. H. Bragg和W. L. Bragg）首次利用X射线测定了NaCl和KCl的晶体结构，提出了晶面“反射”X射线的新假设，导出简单实用的布拉格方程[6]。布拉格由此获得了1915年度诺贝尔物理学奖[7]。1914年，物理学家莫塞莱（H. G. J. Moseley）发现了特征X射线（characteristic X-ray）的波长与原子序数之间的定量关系，创立了莫塞莱方程[8]，利用这一原理可对材料的成分进行快速无损检测，由此产生了X射线光谱学。

由于X射线的发现，相继产生了X射线透射学（硬X射线：波长一般为0.005～0.01nm）、X射线衍射学（软X射线：波长一般为0.05～0.25nm）、X射线光谱学等三个学科领域，本章主要介绍X射线衍射学。

## 2.2 X射线衍射基础知识

### 2.2.1 X射线性质概述

X射线和可见光一样都是一种电磁波，以光的速度传播，具有波动性和粒子性。从波动性方面来说，X射线沿直线传播，会产生干涉、衍射、折射、吸收、偏振等现象，这也是常把X射线称为X光的原因。但X射线的波长要比可见光短得多，能量比可见光的能量大得多：可见光的波长范围是390～780nm，对应的频率在$7.7\times10^{14}$～$3.8\times10^{14}$Hz，而X射线的波长范围在$5\times10^{-4}$～25nm，对应的频率在$6\times10^{20}$～$1.2\times10^{16}$Hz，表现出比可见光更为明显的粒子性。波动性和粒子性之间的关系为

$$E = h\nu = h\frac{c}{\lambda} \tag{2.1}$$

$$P = \frac{h}{\lambda} \tag{2.2}$$

式中，$E,h,\nu,c,\lambda,P$分别表示能量、普朗克常量、频率、光速、波长和动量。

X射线在空间中传播的方向$\boldsymbol{k}$与其电场$\boldsymbol{E}$和磁场$\boldsymbol{H}$的方向垂直，即$\boldsymbol{k}\cdot\boldsymbol{E}=\boldsymbol{k}\cdot\boldsymbol{H}=0$，如图2.1所示。

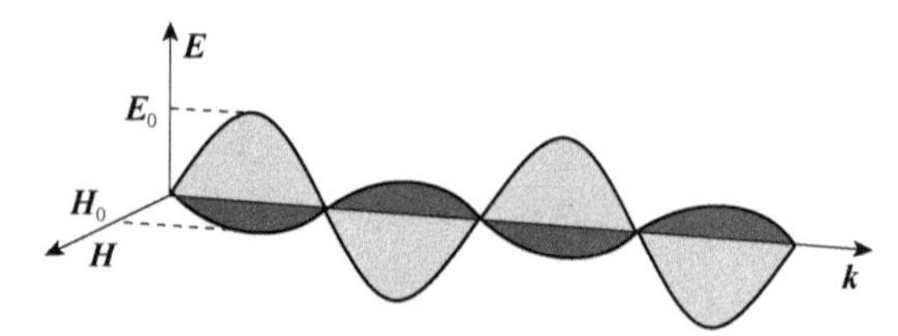


图2.1 电磁波传播方向与电场$\boldsymbol{E}$和磁场$\boldsymbol{H}$相互垂直

由于磁场分量$H$在物质的相互作用中效应比较弱，故仅考虑电场分量，则

电磁波的波动方程可表示为

$$E = E_0 \mathrm{e}^{\mathrm{i}(\boldsymbol{k}\cdot\boldsymbol{r}-\omega t)} \tag{2.3}$$

式中，$E_0, \boldsymbol{k}, \boldsymbol{r}, \omega$ 分别为电场强度波幅、波矢、位矢和角频率。

由于 X 射线与可见光波长相差悬殊，故两者表现出截然不同的现象，可归纳如下。

（1）在通常条件下，很难观察到 X 射线在光洁表面的反射，因此不能够用晶面对 X 射线进行聚焦和变向。

（2）对于所有介质，X 射线在介质分界面上只发生轻微偏折。也就是说，X 射线的折射率很小，可以认为折射率 $n \approx 1$，在穿透物质时传播方向几乎保持不变。因此，X 射线不能用光学透镜进行聚焦和发散，也不能用棱镜进行分光。

（3）X 射线波长与晶体中原子间距相当，故通过晶体时会发生衍射现象，而可见光的波长远大于晶体的原子间距。因此，可见光通过晶体时不会发生衍射。

## 2.2.2　X 射线的产生

X 射线由 X 射线源产生，图 2.2 是 X 射线管示意图，它是由阴极电子枪和阳极靶组成。由电子枪发射电子，再通过高压电源施加电压，形成高速电子流，能量可高达 $10^4$eV，轰击阳极靶材，产生 X 射线。

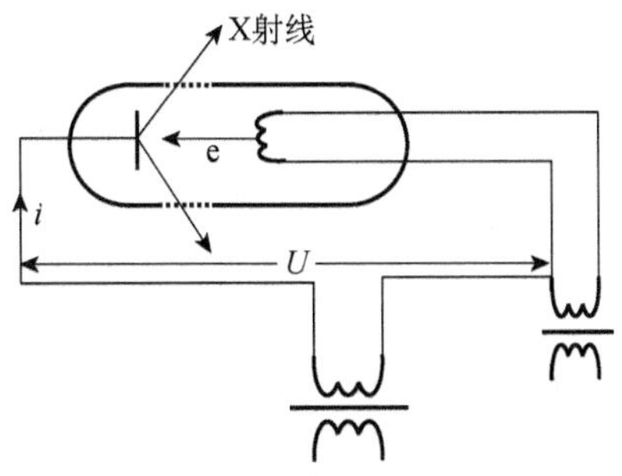


**图 2.2　X 射线管示意图**

图 2.3 是 Mo 靶在不同管压下产生的 X 射线谱。X 射线谱即为 X 射线强度与波长的关系曲线。X 射线的强度定义为单位时间内通过单位面积的 X 光子能量总和，它不仅与单个 X 光子的能量有关，还与光子的数量有关。从图 2.3 中可以看出，该谱线在连续分布的背景下出现陡峭的尖峰。前者即为 X 射线连续谱；后者即为特征 X 射线谱，也称标识 X 射线谱。当电压足够高时，任何物质的 X 射线谱都由这两部分组成。下面就介绍这两种 X 射线谱的形成机理。

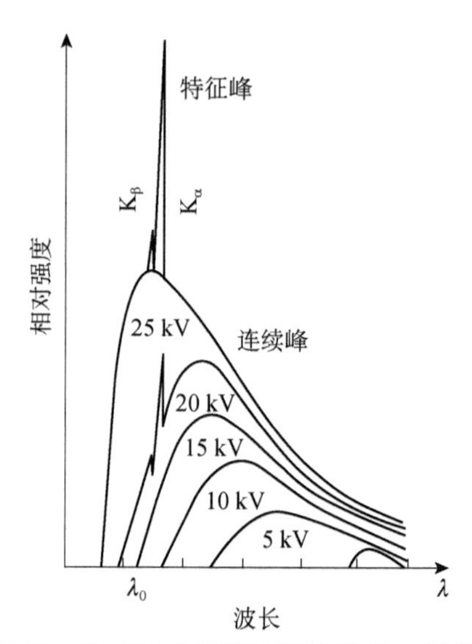


图 2.3 Mo 靶在不同管压下产生的 X 射线谱

1. 连续 X 射线谱

连续光谱包含不同波长的 X 射线，也称为“白色”X 射线。连续谱的产生可用经典理论加以解释。它是由于加速电子作用于靶材上，每碰撞一次靶材就产生一个光子，其能量为 $h\nu$，若电子与靶材碰撞一次能量就全部耗尽，并且其能量全部转化成光子的能量。若外加电压为 $U$，则光子获得的能量为 $eU$，即

$$h\nu_{\max} = h\frac{c}{\lambda_0} = eU \tag{2.4}$$

式中，$h$ 为普朗克常量，$c$ 为光速，$e$ 为电子电量，$\nu_{\max}$ 为最大频率，$\lambda_0$ 为波长限。从而可得

$$\lambda_0 = \frac{hc}{eU} \tag{2.5}$$

这时 X 光子的频率和能量都最高，波长最短，故 $\lambda_0$ 被称为波长限。将具体常数代入（2.5）式，并且波长以 Å 为单位，电压以 V 为单位，计算可得

$$\lambda_0 = \frac{12400}{U}\ (\text{Å}) \tag{2.6}$$

事实上，电子与靶材的相互作用过程中，经过多次碰撞才可使能量全部耗尽，因此发生多次辐射，产生多个能量不等的光子。与靶材碰撞的电子数目和碰撞的次数都是一个很大的数值，因此，产生大量不同能量的光子，这就构成了连续 X 射线谱（continuous X-ray spectrum）。电子产生很高的负加速度时发射连续 X 射线谱的现象也称为韧致辐射（德文：bremsstrahlung，英文：braking radiation）。

连续谱的特征是存在一个波长最小的波长限$\lambda_0$和一个对应于波长为$\lambda_m$的强度最大值，$\lambda_0$和$\lambda_m$之间存在如下近似关系

$$\lambda_m \approx 1.5\lambda_0 \tag{2.7}$$

从连续谱图的形态来看，左侧陡峭，右侧连续伸展，比较平缓，如图2.4所示。实验发现，连续谱的形态与管压、管流和靶材原子序数直接相关，总结如下。

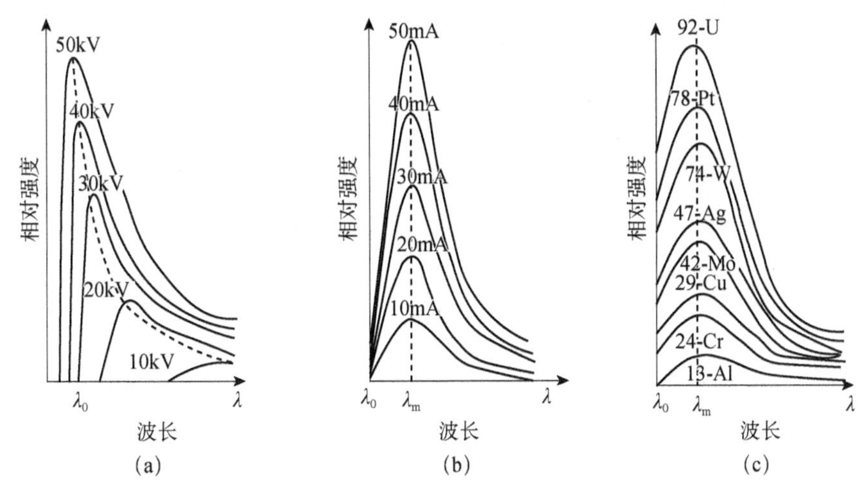


**图2.4　管压、管流和靶材原子序数对连续谱形态的影响**

（a）管压$U$；（b）管流$i$；（c）原子序数$Z$

（1）连续X射线能量与电子束能量之比为$\varepsilon = 1.1\times10^{-9}ZU$，而X射线管阳极所接受的电子能量与外加电压$U$成正比。因此，连续谱的总能量应与$ZU^2$成正比。当管流$i$和原子序数$Z$一定时，$U$增加，总的能量增加，即连续谱下的面积增加，造成峰整体上移。这也意味着各个波长下的X射线强度均会随着管压的增加而增强，而波长限$\lambda_0$和强度最大值对应的波长$\lambda_m$都会随管压的增加而减小。

（2）当管压$U$和靶材固定时，提高管流$i$，意味着撞击靶材的电子数增多，连续谱整体上移，各波长下的X射线强度一致提高。但由于管压$U$保持不变，单个电子的能量不变，因此波长限$\lambda_0$和强度峰值对应的波长$\lambda_m$保持恒定。

（3）当管压$U$和管流$i$都保持不变时，更换靶材，随着原子序数的增加，谱线强度整体上移，意味着各个波长下的X射线强度增加，这是由于随着原子序数的增加，其核外电子壳层增多，被电子激发产生的X射线概率增大，从而光子数增多，造成其强度增加。但$\lambda_0$和$\lambda_m$仍然保持不变。

X射线连续谱的强度可表示为

$$I = \int_{\lambda_0}^{\infty} I(\lambda)\,\mathrm{d}\lambda = K_1 iZU^2 \tag{2.8}$$

式中，$K_1$ 为常数。当 X 射线管仅产生连续谱时，其效率为

$$\eta = \frac{K_1 iZU^2}{iU} = K_1 ZU \tag{2.9}$$

由此可见，X 射线管产生 X 射线的效率与管压和原子序数成正比。系数 $K_1$ 大概在 $10^{-9}V^{-1}$ 数量级，产生 X 射线的效率并不是很高，电子束绝大部分的能量都转化成了热能而散发出去。因此，为了保证靶材不至于集聚能量而熔化，需要利用水冷装置进行降温。

2. 特征 X 射线谱

前面已经指出，当电压高于某一数值时，在连续 X 射线谱上，叠加有特征谱，它不会随着 X 射线管的工作条件的变化发生突变，而是取决于阳极靶材。各种元素的特征谱线波长在周期表中所在位置呈现出规律性的变化，早在 1913 年，莫塞莱发现，原子序数 $Z$ 和 X 射线波长 $\lambda$ 存在近似关系，称为莫塞莱定律，即

$$\sqrt{1/\lambda} = Q(Z - \sigma) \tag{2.10}$$

式中，$Q$ 和 $\sigma$ 均为常数。

由莫塞莱定律可知，特征峰的波长与管压、管流无关，只与原子序数 $Z$、$Q$ 和 $\sigma$ 常数有关。因此，这一定律成为定性识别元素的重要判断方法之一。

为了弄清楚特征峰产生的机理，我们首先了解一下元素的电子排布情况：量子力学从微观粒子具有波粒二象性出发，认为电子绕原子核运动的空间状态可以用 3 个量子数所确定的波函数来描述，这三个量子数分别是 $n$，$l$，$m$。$n$ 为主量子数，代表电子绕原子核运动的范围大小，取值 1，2，3，…，常用 K，L，M，N 等表示电子主层，$n$ 值越小，电子离原子核的距离越近，能量就越高；$l$ 为角量子数：取值 0～$n$−1 正整数，表示电子亚层或原子轨道形状，常用 s($l$=0)，p($l$=1)，d($l$=2)，f($l$=3)等表示；$m$ 为磁量子数，代表电子绕核运动的角动量具有方向性，是一个矢量，$m$ 取值 0，±1，±2，±3，…，±$l$ 等。当 $l$=1 时，即 p 轨道，$m$=0，±1，共有三个轨道，即 $p_x$，$p_y$，$p_z$，分别表示 p 亚层上的三个不同伸展方向轨道。

此外，原子中的电子在绕核运动的同时，还做自旋运动，用 $s$ 和 $m_s$ 表征电子的自旋运动。$s$ 表示自旋量子数，取值 1/2，表示自旋运动角动量的大小；$m_s$ 表示自旋磁量子数，取值±1/2（自旋向上与自旋向下）。无外磁场时，电子自旋向上与自旋向下发生简并。

根据泡利不相容原理，每个量子态最多容纳一个电子，也即每个轨道最多容纳自旋方向相反的两个电子，而且电子的排布遵从能量最低原理，即电子总

是尽量占据能量最低的轨道。在主量子数和角量子数都相同的轨道上符合洪德定则（Hund's rule），即电子总是尽可能占据不同轨道，而且自旋方向平行排列。

电子在量子数为 $n$ 的主壳层上具有的能量可以表示为

$$E_n = -Rhc\left(\frac{Z-\sigma}{n}\right)^2 \approx -13.606\left(\frac{Z-\sigma}{n}\right)^2 \text{（eV）} \tag{2.11}$$

式中，$R$，$h$，$c$，$Z$，$\sigma$ 分别为里德伯（Rydberg）常量（$R$=1.907×$10^7$m$^{-1}$）、普朗克常量、光速、原子序数和屏蔽系数。

当阴极发出的电子轰击到靶材上时，就会激发出内层电子，原子处于激发态，这种激发态能量是不稳定的，最外层电子就会跃迁下来，从而释放出能量，使原子回到基态，释放的能量就等于两个能级的能量差，这些能量转变为光子能量。例如：处于 K 激发态的原子，当 L，M，N，…层的电子向 K 层跃迁时，产生的辐射称为 K 系辐射；处于 L 激发态的原子，当 M，N，O，…层向 L 层跃迁时，称为 L 系辐射，依次类推。由于原子量能级的能量差由原子本身的结构所决定，从而辐射的 X 射线波长将反映原子的结构特点，故称为 X 射线特征谱。根据（2.11）式，对应初态 $E_{\mathrm{i}}$ 和末态 $E_{\mathrm{f}}$ 两能级之间辐射的 X 射线能量为

$$\Delta E = E_{\mathrm{i}} - E_{\mathrm{f}} = Rhc(Z-\sigma)^2\left(\frac{1}{n_{\mathrm{i}}^2}-\frac{1}{n_{\mathrm{f}}^2}\right)^2 \tag{2.12}$$

对应的 X 射线频率为

$$\nu=\frac{\Delta E}{h} = Rc(Z-\sigma)^2\left(\frac{1}{n_{\mathrm{i}}^2}-\frac{1}{n_{\mathrm{f}}^2}\right)^2 \tag{2.13}$$

对于每一个谱系来说，还包含一系列辐射，如 K 系辐射还包括 Kα,Kβ,Kγ 等辐射，它们分别是从 L 层、M 层、N 层跃迁时产生的辐射，如图 2.5 所示。设 $W_{\mathrm{K}}$，$W_{\mathrm{L}}$，$W_{\mathrm{M}}$，$W_{\mathrm{N}}$ 分别代 K 层、L 层、M 层、N 层上的电子移到轨道外成为自由电子时外界输入的能量，则 $W_{\mathrm{K}}=-E_{\mathrm{K}}$，$W_{\mathrm{L}}=-E_{\mathrm{L}}$，$W_{\mathrm{M}}=-E_{\mathrm{M}}$，$W_{\mathrm{N}}=-E_{\mathrm{N}}$，当入射电子的能量 $eU$ 分别大于或等于 $W_{\mathrm{K}}$，$W_{\mathrm{L}}$，$W_{\mathrm{M}}$，$W_{\mathrm{N}}$ 时，可使 K，L，M，N 壳层上的电子摆脱原子核的束缚而成为自由电子，并留下空位，原子处于激发态。K 系包括 Kα,Kβ,Kγ，对应的频率为 $\nu_{\alpha}$,$\nu_{\beta}$，$\nu_{\gamma}$，则电子从 L，M，N 层跃迁到 K 层后释放的能量转变为光子的能量，可分别表示为

$$\begin{aligned} h\nu_{\mathrm{K\alpha}} &= W_{\mathrm{K}} - W_{\mathrm{L}} \\ h\nu_{\mathrm{K\beta}} &= W_{\mathrm{K}} - W_{\mathrm{M}} \\ h\nu_{\mathrm{K\gamma}} &= W_{\mathrm{K}} - W_{\mathrm{N}} \end{aligned} \tag{2.14}$$

因为 $W_{\mathrm{L}} > W_{\mathrm{M}} > W_{\mathrm{N}}$，所以有

$$\begin{gathered} \nu_{K\alpha} < \nu_{K\beta} < \nu_{K\gamma} \\ \lambda_{K\alpha} > \lambda_{K\beta} > \lambda_{K\gamma} \end{gathered} \tag{2.15}$$

其中，Kα 系还包括两个频率非常接近的 $K\alpha_1$，$K\alpha_2$ 辐射。这里应该说明，按照量子理论，不同能级之间只有满足一定的跃迁定则的要求时才能发生辐射，如 L 层有三个亚层 LⅠ，LⅡ，LⅢ，由于 LⅠ 层与 K 层具有相同的角量子数（$\Delta l=0$），这不满足选择定则，故无辐射发生。因此，只有 LⅡ，LⅢ 亚层发生跃迁并产生辐射，分别对应于上述的 $K\alpha_1$,$K\alpha_2$ 辐射。事实上，由 M 层的亚层 MⅡ，MⅢ 跃迁到 K 层的 Kβ 也是双重线，但其中一个极其微弱，因此可以忽略。K 系的两个波长非常接近的辐射 $K\alpha_1$,$K\alpha_2$，但 $K\alpha_1$ 的辐射强度是 $K\alpha_2$ 的两倍，Kα 的平均波长通常取两者的加权平均，即

$$\lambda_{K\alpha} = (2\lambda_{K\alpha_1} + \lambda_{K\alpha_2})/3 \tag{2.16}$$

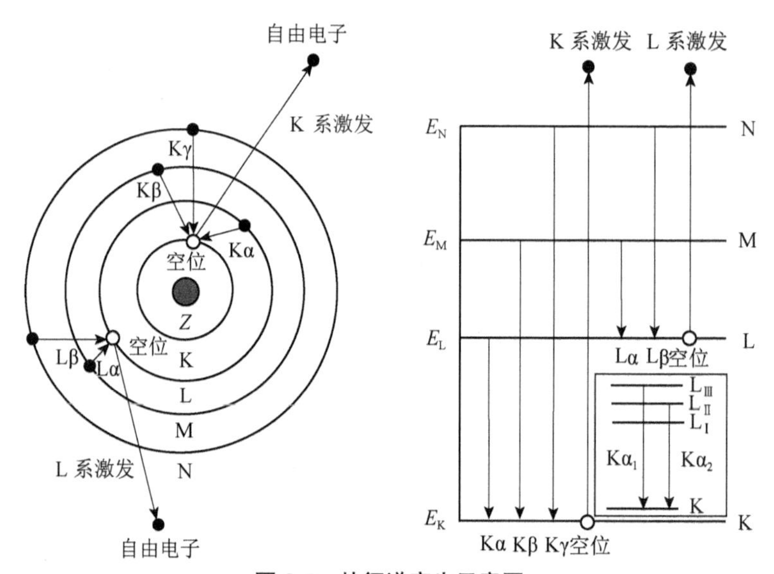


**图 2.5 特征谱产生示意图**

电子跃迁的概率（L→K）>（M→K）>（N→K），因此有 $I_{K\alpha} > I_{K\beta} > I_{K\gamma}$。常见的有 Kα, Kβ 两种辐射。需要指出的是，在产生 K 系辐射时，还将产生 L，M，N 等一系列辐射，但由于 K 系辐射的能量高于 L，M，N 系列，未被窗口完全吸收，而其他系列的辐射被窗口吸收殆尽，故通常所见到的特征辐射均为 K 系辐射。

特征辐射的强度公式为

$$I_c = Ai(U - U_K)^m \tag{2.17}$$

式中，$i$，$U$，$U_K$ 分别为 X 射线管的管流、管压和特征谱的激发电压；$A$，$m$ 均为常数。对于 K 系 $m$=1.5，对于 L 系 $m$=2。设 $W$ 为 X 射线管的最大功率，最大电流为 $W/U$，根据（2.17）式，K 系特征谱的最大强度为

$$I_c = AW(U-U_K)^{1.5}/U \tag{2.18}$$

而连续谱的总强度 $I_w$ 与 $W(W=iU)$，$Z$，$U$ 成正比（参看（2.8）式），故可求得

$$\frac{I_c}{I_w} = A'\frac{1}{\sqrt{U_K}}\left(\frac{U}{U_K}-1\right)^{3/2} \Bigg/ \left[Z\left(\frac{U}{U_K}\right)^2\right] \tag{2.19}$$

式中，$A'=\dfrac{K_1}{A}$ 为常数。

在获得特征谱时，尽可能得到特征谱和连续谱之比最高。根据 Cu 靶的激发电压 $U_K$=8.86kV，由（2.19）式可分别画出 $\dfrac{I_c}{I_w}$、$I_c$ 与 $\dfrac{U}{U_K}$ 之间的函数关系曲线，如图 2.6 所示。由图可以看出，当管压达到 $3U_K$ 时，$\dfrac{I_c}{I_w}$ 在很大范围内保持不变，而后缓慢减小。因此采用 3 倍于 $U_K$ 的电压比较合适，一般选择 $U=(3\sim5)U_K$。

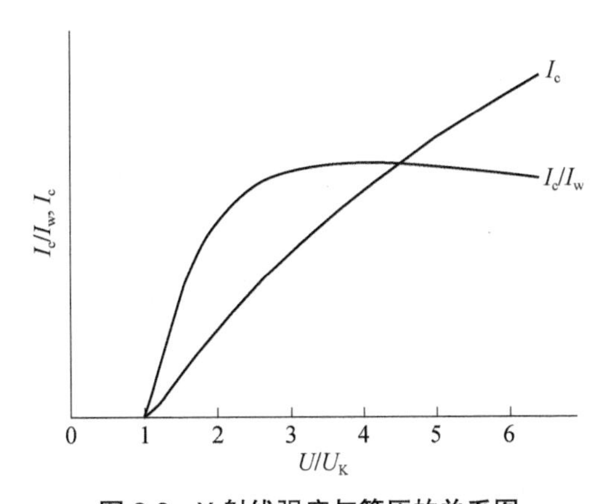


图 2.6　X 射线强度与管压的关系图

常用阳极靶材 K 系标识 X 射线的波长和工作电压列于表 2.1 中，表中 Kα 是根据 $K\alpha_1$ 和 $K\alpha_2$ 射线加权平均（$\lambda_{K\alpha}=(2\lambda_{K\alpha_1}+\lambda_{K\alpha_2})/3$）计算而得。一般情况下 X 射线管的工作电压不超过 80kV。各个文献报道的数值略有出入[9]。

表 2.1　常用阳极靶材 K 系标识 X 射线的波长和工作电压

| 阳极靶材 | 原子序数 | $K\alpha_1$/Å | $K\alpha_2$/Å | Kα/Å | Kβ/Å | $\lambda_K$/Å | $U_K$/kV | 工作电压/kV |
|---|---|---|---|---|---|---|---|---|
| Cr | 24 | 2.28962 | 2.29351 | 2.2909 | 2.08480 | 2.0701 | 5.98 | 20～25 |
| Fe | 26 | 1.93597 | 1.93991 | 1.9373 | 1.75653 | 1.7433 | 7.10 | 25～30 |

续表

| 阳极靶材 | 原子序数 | $K\alpha_1$/Å | $K\alpha_2$/Å | $K\alpha$/Å | $K\beta$/Å | $\lambda_K$/Å | $U_K$/kV | 工作电压/kV |
|---|---|---|---|---|---|---|---|---|
| Co | 27 | 1.78892 | 1.79278 | 1.7902 | 1.62075 | 1.6081 | 7.71 | 30 |
| Ni | 28 | 1.65784 | 1.66169 | 1.6591 | 1.50010 | 1.4880 | 8.29 | 30～35 |
| Cu | 29 | 1.54051 | 1.54433 | 1.5418 | 1.39217 | 1.3804 | 8.86 | 35～40 |
| Mo | 42 | 0.70926 | 0.71354 | 0.7107 | 0.63225 | 0.6198 | 20.0 | 50～55 |
| Ag | 47 | 0.55941 | 0.56381 | 0.5609 | 0.49701 | 0.4855 | 25.5 | 55～60 |

### 2.2.3 X 射线的散射

X 射线与物质相互作用发生散射，包括相干散射和非相干散射两种散射类型。相干散射是一种只改变 X 射线传播方向而不改变其能量的散射；而非相干散射是指 X 射线传播时不仅方向发生改变而且能量也发生改变的散射。下面分别给予介绍。

1. 相干散射

当 X 射线与物质发生相互作用时，如果 X 射线光量子与原子中电子发生弹性碰撞，则不损失能量，只是原子和光子之间交换能量，但原子的质量相比光子的质量大很多，因此可认为电子的动量和能量几乎没有改变，即光子没有损失能量。这种情况的实质是，我们只考虑粒子的波动性而不考虑粒子的粒子性。可根据经典的电磁波理论加以解释：当电磁波与电子相互作用时，迫使电子作受迫振动，获得加速度，而加速运动的电子向外辐射电磁波，其频率与入射 X 射线的频率相同，与散射方向无关。这时，入射波在物质中遇到的所有电子，它们的散射波幅可以发生相互干涉，因此称作相干散射。

由于 X 射线的波长与原子之间的距离具有相同的数量级，产生的相干散射波之间产生干涉就可以得到衍射图像，从衍射图像可以解析晶体的结构信息，这就是 X 射线衍射的物理基础。在此仅限讨论一个电子和一个原子的相干散射公式。

1）一个电子对 X 射线的散射

在没有建立量子力学理论之前，汤姆孙（J. J. Thomson）曾利用经典物理方法研究了电子对 X 射线的散射问题，所得结果与量子力学的结论相一致。设有一束 X 射线沿 $OX$ 方向传播，在 $O$ 点遇到一个电子，这个电子在 X 射线电场作用下产生强迫振动，振动频率与原来 X 射线的振动频率相同，电子获得加速度，向空间各个方向发射电磁波。引入坐标系，$P$ 为散射 X 射线的观察点，$Z$ 轴与 $OP$，$OX$ 共面，X 射线电场 $E_0$ 与传播方向垂直，在 $YZ$ 平面内，$E_Y$，$E_Z$ 分

别为电场强度在 $Y$ 轴和 $Z$ 轴上的分量，$2\theta$ 为散射角，$\varphi$，$\varphi_Y$，$\varphi_Z$ 分别为 $E_0$，$E_Y$，$E_Z$ 与 $OP$ 之间的夹角，如图 2.7 所示。

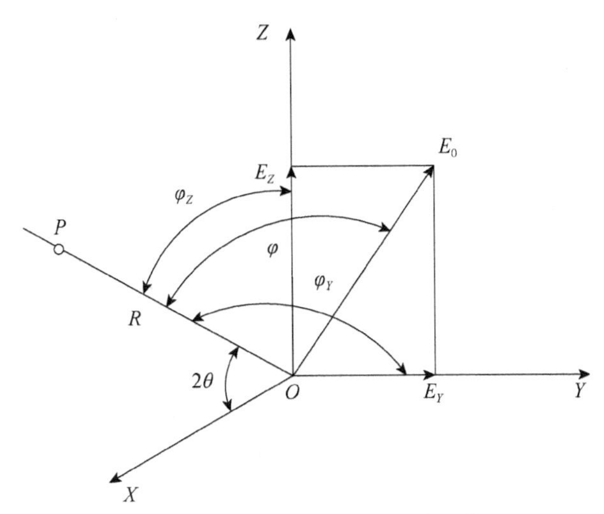


图 2.7　单个电子对 X 射线的散射

电磁波场强为

$$E = E_0 \mathrm{e}^{\mathrm{i}(\boldsymbol{k}\cdot\boldsymbol{r}-\omega t)} \tag{2.20}$$

处在 $O$ 点的电子在电场 $\boldsymbol{E}$ 的作用下受到强迫振动，其振动方程为

$$m\frac{\mathrm{d}^2 z}{\mathrm{d}t^2} = -eE = -eE_0\mathrm{e}^{-\mathrm{i}\omega t} \tag{2.21}$$

式中，$z$ 为电子的位移，可解得

$$z = \frac{e}{m\omega^2}E_0\mathrm{e}^{-\mathrm{i}\omega t} \tag{2.22}$$

根据电偶极矩的定义，可得电子在振动时的电偶极矩为

$$P_z(t) = -ez = -\frac{e^2}{m\omega^2}E_0\mathrm{e}^{-\mathrm{i}\omega t} \tag{2.23}$$

这一电偶极矩发生强迫振动，向外发射电磁波。根据电动力学知识，在距离偶极子为 $R$ 处散射波的电场大小为

$$E_P = \frac{\omega^2}{4\pi\varepsilon_0 c^2}\cdot\frac{1}{R}\cdot P_z\left(t-\frac{R}{c}\right)\sin\varphi \tag{2.24}$$

式中，$\varphi$ 为 $R$ 与电偶极矩 $P_z$ 的夹角，$c$ 为真空中的光速。将（2.23）式代入（2.24）式，得到

$$E_P = -\frac{e^2}{4\pi\varepsilon_0 mc^2}\frac{\sin\varphi}{R}E_0\mathrm{e}^{-\mathrm{i}\frac{\omega R}{c}} \tag{2.25}$$

因此，$P$ 点的辐射强度为

$$I_P = E_P^2 = I_0 \frac{e^4}{(4\pi\varepsilon_0)^2 m^2 c^4 R^2} \sin^2 \varphi \tag{2.26}$$

电磁波在非偏振的情况下，即 X 射线电场 $E_0$ 方向在垂直于 $OX$ 方向的 $YZ$ 平面内任意方向上，在各个方向概率相等，因此有

$$E_0^2 = E_Z^2 + E_Y^2 = 2E_Z^2 = 2E_Y^2 \tag{2.27}$$

$$I_Y = I_Z = \frac{1}{2} I_0 \tag{2.28}$$

$$I_{YP} = I_Y \frac{e^4}{(4\pi\varepsilon_0)^2 m^2 c^4 R^2} \sin^2 \varphi_Y \tag{2.29}$$

$$I_{ZP} = I_Z \frac{e^4}{(4\pi\varepsilon_0)^2 m^2 c^4 R^2} \sin^2 \varphi_Z \tag{2.30}$$

$$I_P = I_{YP} + I_{ZP} \tag{2.31}$$

从图 2.7 的几何关系中可得

$$\varphi_Y = \frac{\pi}{2}, \quad \varphi_Z = \frac{\pi}{2} - 2\theta \tag{2.32}$$

因此，在距离散射电子 $R$ 处总的散射波强度为

$$I_P = I_0 \frac{e^4}{(4\pi\varepsilon_0)^2 m^2 c^4 R^2} \cdot \frac{1+\cos^2(2\theta)}{2} \tag{2.33}$$

这个公式称为汤姆孙公式，它表明一束非偏振的入射 X 光经过电子散射后，其强度在各个方向是不同的，被偏振化了，偏振程度取决于 $2\theta$，偏振因子定义为

$$\frac{1+\cos^2(2\theta)}{2} \tag{2.34}$$

下面对偏振因子加以讨论。

（1）当 $2\theta=0$，$\pi$ 时，偏振因子具有最大值；当 $2\theta=\pi/2$ 时，偏振因子具有最小值。

（2）一个电子对 X 射线的散射强度非常小，即 $\frac{I_e}{I_0} \approx 10^{-26}$。

（3）若将汤姆孙公式用于质子或原子核，由于质子的质量约为电子质量的 1840 倍，则散射强度只有电子的 $1/(1840)^2$，可忽略不计。因此，物质对 X 射线的散射可以认为只是电子的散射。

汤姆孙公式是从理论上推导出来的，这一公式在晶体结构分析中占有非常重要的地位，因为 X 射线与物质相互作用产生的散射，实际上是 X 射线和物质的很多原子中的电子相互作用产生的散射。汤姆孙公式是讨论晶体衍射强度的基础。

2）单原子对 X 射线的散射

一个电子对 X 射线的散射强度是 X 射线散射的自然单位，所有对衍射强度的处理都是基于这一自然单位而进行的。这里只讨论电子对 X 射线散射的影响，并不考虑距离的影响，因此，后面的强度公式中，可令 $R$=1。

当一个原子对 X 射线产生散射时，原子的所有电子发生强迫振动，也可以使原子核发生振动，但原子核比电子质量大很多，而且散射强度与散射粒子的质量平方成反比，可忽略。如果 X 射线的波长比较大，比原子的半径大很多，则可近似地认为原子中的电子集中于一点，其散射强度为

$$I_{\mathrm{a}} = I_0 \frac{(Ze)^4}{(4\pi\varepsilon_0)^2 (Zm)^2 c^4} \cdot \frac{1+\cos^2(2\theta)}{2} = Z^2 I_{\mathrm{e}} \tag{2.35}$$

式中，$Z$ 为原子序数。

但是，X 射线的波长与原子直径可比拟，因此不能认为原子中的电子集中于一点，而散射波之间存在相位差，它们之间会产生干涉作用。为此，需要引入一个新的参量，即原子的散射因子（atomic scattering factor）$f$，定义为一个原子中所有电子相干散射波的合成振幅 $A_{\mathrm{a}}$ 与一个电子的相干散射波幅 $A_{\mathrm{e}}$ 之比，即

$$f = \frac{A_{\mathrm{a}}}{A_{\mathrm{e}}} \tag{2.36}$$

原子中的电子在其周围形成电子云，当散射角 $2\theta$=0° 时，各电子在这个方向的散射波之间没有光程差，它们的合成振幅为 $A_{\mathrm{a}}=ZA_{\mathrm{e}}$；当散射角 $2\theta\neq0°$ 时，如图 2.8 所示，原点 $O$ 和空间一点 $G$ 的电子，它们的相干散射波在 $2\theta$ 角方向上有光程差，即

$$\delta = ON + OM = \boldsymbol{r}\cdot\hat{\boldsymbol{s}} + (-\boldsymbol{r}\cdot\hat{\boldsymbol{s}}_0) = \boldsymbol{r}\cdot(\hat{\boldsymbol{s}} - \hat{\boldsymbol{s}}_0) \tag{2.37}$$

式中，$\hat{\boldsymbol{s}}_0$ 和 $\hat{\boldsymbol{s}}$ 分别表示 X 射线入射方向和散射方向的单位矢量，则其相位差应为

$$\varphi = \frac{2\pi}{\lambda}\delta = \frac{2\pi}{\lambda}\boldsymbol{r}\cdot(\hat{\boldsymbol{s}} - \hat{\boldsymbol{s}}_0) \tag{2.38}$$

由于

$$\left|\hat{\boldsymbol{s}} - \hat{\boldsymbol{s}}_0\right| = 2\sin\theta \tag{2.39}$$

可得相位差为

$$\varphi_i = \frac{2\pi}{\lambda}\boldsymbol{r}_i\cdot(\hat{\boldsymbol{s}} - \hat{\boldsymbol{s}}_0) = \frac{2\pi}{\lambda}|\boldsymbol{r}_i|\left|\hat{\boldsymbol{s}} - \hat{\boldsymbol{s}}_0\right|\cos\alpha = \frac{4\pi}{\lambda}r_i\sin\theta\cos\alpha \tag{2.40}$$

式中，$\alpha$ 是位矢 $\boldsymbol{r}$ 和 $\hat{\boldsymbol{s}} - \hat{\boldsymbol{s}}_0$ 之间的夹角。整个原子的散射振幅为

$$A_{\mathrm{a}} = A_{\mathrm{e}}(\mathrm{e}^{\mathrm{i}\varphi_1} + \mathrm{e}^{\mathrm{i}\varphi_2} + \cdots + \mathrm{e}^{\mathrm{i}\varphi_Z}) = A_{\mathrm{e}}\sum_{i=1}^{Z}\mathrm{e}^{\mathrm{i}\varphi_i} \tag{2.41}$$

$$f = \frac{A_a}{A_e} = \sum_{i=1}^{Z} e^{i\varphi_i} \tag{2.42}$$

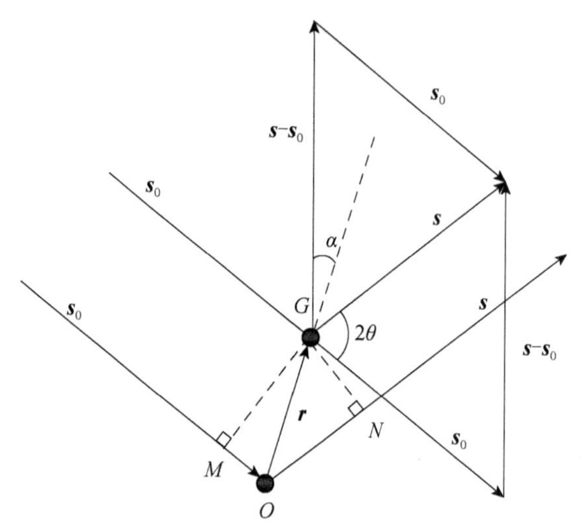


图 2.8 原子内电子相干散射的瞬时状态

在实际工作中，所测量的并不是散射强度的瞬时值，而是其平均值。为此，将电子看成是连续分布的电子云，电子密度为 $\rho(\boldsymbol{r})$，则在微分体积元 $\mathrm{d}V$ 中的电子数为

$$\mathrm{d}n = \rho(\boldsymbol{r})\mathrm{d}V \tag{2.43}$$

在微分体积元 $\mathrm{d}V$ 中所有电子的散射振幅为

$$\mathrm{d}A_a = A_e \mathrm{d}n e^{i\varphi} \tag{2.44}$$

对（2.44）式进行积分，可得整个原子的散射振幅，即

$$A_a = A_e \int_V \rho(\boldsymbol{r}) e^{i\varphi} \mathrm{d}V \tag{2.45}$$

对于球形分布的电子云来说，可用径向分布函数

$$U_r = 4\pi r^2 \rho(\boldsymbol{r}) \tag{2.46}$$

来描述。电子密度为

$$\rho(\boldsymbol{r}) = \frac{U_r}{4\pi r^2} \tag{2.47}$$

由图 2.9 可以看出，$\boldsymbol{r}$ 端点处的体积元可写为

$$\mathrm{d}V = r^2 \sin\alpha \mathrm{d}\alpha \mathrm{d}\varphi \mathrm{d}r \tag{2.48}$$

令

$$K = \frac{4\pi}{\lambda} \sin\theta \tag{2.49}$$

$$A_a = A_e \int_0^\infty 4\pi r^2 \rho(\boldsymbol{r}) \frac{\sin(Kr)}{Kr} \mathrm{d}r \tag{2.50}$$

$$A_a = A_e \int_0^\infty U(r) \frac{\sin(Kr)}{Kr} \mathrm{d}r \tag{2.51}$$

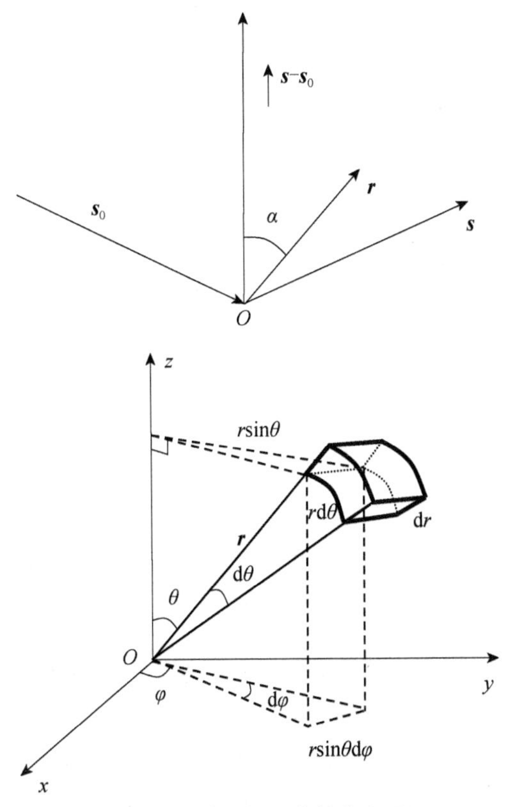


图 2.9　球坐标系中的体积元

下面对原子散射因子进行讨论。

（1）当核外的相干散射电子集中于一点时，各电子的散射波之间无相位差，即 $\varphi=0$，可得

$$A_a = A_e \sum_{j=1}^{Z} \mathrm{e}^{\mathrm{i}\varphi_j} = A_e Z \tag{2.52}$$

进而可得原子的散射因子 $f=Z$。

（2）当 $2\theta \to 0$ 时，$K=\dfrac{4\pi\sin\theta}{\lambda} \to 0$，由洛必达法则（L'Hospital rule）得

$$\frac{\sin(Kr)}{Kr} = 1 \tag{2.53}$$

$$f = \int_0^\infty U(r)\mathrm{d}r = Z \tag{2.54}$$

（3）当入射波长一定时，随着散射角 $2\theta$ 的增加，$f$ 减小，即原子的散射因子降低，均小于其原子序数 $Z$。

（4）当入射波长接近原子的吸收限时，X 射线会被大量吸收，$f$ 显著变小，此现象称为反常散射。此时，需要对 $f$ 进行修正，即 $f'=f-\Delta f$，$\Delta f$ 为修正值，可查得。$f'$ 为修正后的原子散射因子。

2. 非相干散射——康普顿散射[10-13]

当 X 射线与原子中束缚较弱的电子发生碰撞后，X 射线光子的能量传递给电子，使电子脱离原子核的束缚而成为自由电子，X 射线光子改变运动方向，而且能量也有所降低，波长变长，波长的改变大小与散射角有关。正是因为散射线分布在各个方向上，且波长不等，其相位也没有确定的数值，所以这种散射不产生相互干涉，称为非相干散射，或康普顿散射。发射出的电子称为康普顿电子或反冲电子。这一效应在 1923 年由美国华盛顿大学物理学家康普顿首先观察到，并在随后的几年间由他的研究生吴有训进一步得到实验证实。康普顿因发现此效应而获得 1927 年的诺贝尔物理学奖。这一效应反映出光不仅仅具有波动性。此前汤姆孙的经典波动理论并不能解释此处波长偏移的成因，必须引入光的粒子性。光在某种情况下表现出粒子性，光束类似一串粒子流，而该粒子流的能量与光频率成正比。康普顿散射使光子的波长发生改变，散射波之间不存在相干性，这些不相干散射叠加在相干散射之上，成为 X 射线衍射图的背底之一，在精确测量中需要加以扣除。

在引入光子概念之后，康普顿散射可以得到如下解释：电子与光子发生碰撞时，电子获得光子的一部分能量而反弹，失去部分能量的光子则从另一方向飞出，整个过程中总动量守恒。如果光子的剩余能量足够多的话，还会发生第二次甚至第三次碰撞。如图 2.10 所示，根据能量守恒和动量守恒，可得出康普顿散射的波长差为

$$\lambda - \lambda_0 = \frac{h}{m_0 c}[1-\cos(2\theta)] = \frac{2h}{m_0 c}\sin^2\theta \tag{2.55}$$

代入普朗克常量 $h$、电子静止质量 $m_0$ 和光速 $c$ 的具体数值，即得

$$\Delta\lambda = 0.049\sin^2\theta\ (\text{Å}) \tag{2.56}$$

接下来对（2.56）式给予推导。在碰撞过程中遵从能量守恒和动量守恒。设定初态电子处于静止状态，电子质量为 $m_0$，末态电子质量为 $m$（$m = m_0\big/\sqrt{1-(v/c)^2}$，这里 $v$ 为末态电子速度），$\nu_0$ 和 $\nu$ 分别为光子在碰撞前后的频率。在碰撞过程中

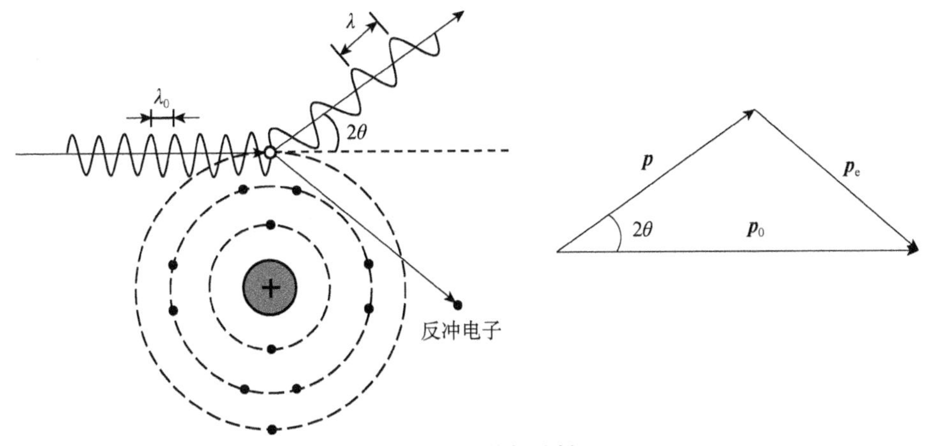


图 2.10　康普顿散射

能量守恒可写为

$$h\nu_0 + m_0c^2 = h\nu + mc^2 \tag{2.57}$$

设碰撞前后光子的动量和波长分别为 $\boldsymbol{p}_0$，$\lambda_0$ 和 $\boldsymbol{p}$，$\lambda$，碰撞后电子获得的动量为 $\boldsymbol{p}_e$，则在碰撞过程中动量守恒可表示为 $\boldsymbol{p}_0 = \boldsymbol{p} + \boldsymbol{p}_e$，式中，$p_0 = h/\lambda_0 = h\nu_0/c$，$p = h/\lambda = h\nu/c$，$\nu_0 = c/\lambda_0$，$\nu = c/\lambda$，$\boldsymbol{p}_e = m\boldsymbol{v}$（$\boldsymbol{v}$ 为电子获得的末速度），根据动量守恒可得

$$p_e^2 = p_0^2 + p^2 - 2p_0p\cos(2\theta) \tag{2.58}$$

即

$$(mv)^2 = (h\nu_0/c)^2 + (h\nu/c)^2 - 2\frac{h\nu_0h\nu}{c^2}\cos(2\theta) \tag{2.59}$$

故有

$$m^2v^2c^2 = (h\nu_0)^2 + (h\nu)^2 - 2h^2\nu_0\nu\cos(2\theta) \tag{2.60}$$

将能量守恒（2.57）式改写成

$$mc^2 = m_0c^2 + h\nu_0 - h\nu \tag{2.61}$$

将（2.61）式两边平方得

$$m^2c^4 = m_0^2c^4 + (h\nu_0)^2 + (h\nu)^2 - 2h^2\nu_0\nu + 2m_0c^2(h\nu_0 - h\nu) \tag{2.62}$$

再将（2.62）式与（2.60）式两边相减得

$$m^2c^4\left(1 - v^2/c^2\right) = m_0^2c^4 - 2h^2\nu_0\nu[1-\cos(2\theta)] + 2m_0c^2h\left(\nu_0 - \nu\right) \tag{2.63}$$

利用关系式 $m = m_0\big/\sqrt{1-(v/c)^2}$，（2.63）式左侧项即为 $m_0^2c^4$，整理（2.63）式，可得

$$c/\nu - c/\nu_0 = \frac{h}{m_0c}[1-\cos(2\theta)] = \frac{2h}{m_0c}\sin^2\theta \tag{2.64}$$

又因为

$$\lambda_0 = c/\nu_0, \quad \lambda = c/\nu \tag{2.65}$$

将（2.65）式代入（2.64）式，最后得

$$\Delta\lambda = \lambda - \lambda_0 = \frac{2h}{m_0 c}\sin^2\theta = 0.049\sin^2\theta \ (\text{Å}) \tag{2.66}$$

这里需注意以下几点：

（1）散射波长改变量 $\Delta\lambda$ 的数量级为 $10^{-2}$Å，而可见光波长 $\lambda$ 的数量级为 $10^3$Å，即 $\Delta\lambda \ll \lambda$，故通常情况下观察不到康普顿效应；

（2）散射光中有与入射光相同的波长的射线，这是因为光子与原子碰撞，原子质量很大，光子碰撞后，能量不变，散射光频率不变；

（3）当 $\theta=0$ 时，光子频率保持不变；$\theta=\pi/2$ 时，光子频率减小最多；

（4）光具有波粒二象性，在传播过程中，表现为波动性，光与物质相互作用时则表现出粒子性。

### 2.2.4 X 射线的吸收

X 射线在穿透物质后，强度会变弱，如图 2.11 所示。这是因为 X 射线同物质相互作用时发生了复杂的物理和化学过程，包括康普顿效应、光电效应、荧光效应和俄歇（Auger）效应等。实验表明，不论衰减效应是由什么微观机制所引起的，X 射线穿透物质后强度产生的衰减与 X 射线在物质中穿过的距离都成正比关系，吸收的强弱，可以通过吸收系数加以描述。

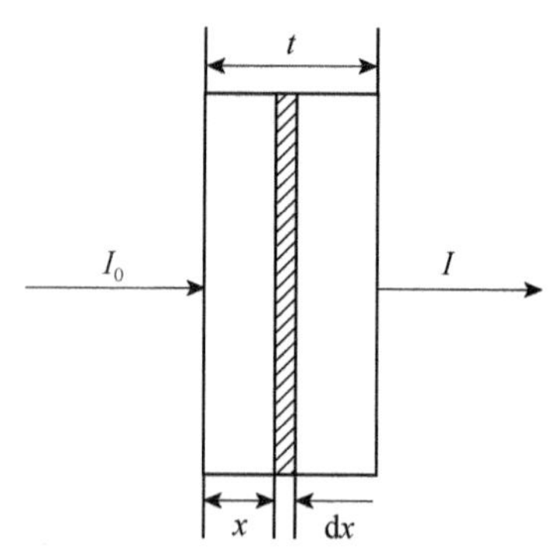


图 2.11 X 射线衰减过程

1. 吸收系数

假设 X 射线的强度为 $I_0$，进入一块密度均匀的物质后，到达 $x$ 处，其强度变为 $I_x$，定义吸收系数为 X 射线穿过单位厚度时被衰减的比率，则有

$$-\mathrm{d}I_x = I_x \mu_i \mathrm{d}x \tag{2.67}$$

式中，$\mu_i$ 是物质的线吸收系数，反映单位体积的物质对 X 射线的衰减程度。若样品的厚度为 $t$，改写（2.67）式，并积分得

$$\int_{I_0}^{I} \frac{1}{I_x} \mathrm{d}I_x = -\int_0^t \mu_i \mathrm{d}x \tag{2.68}$$

即有

$$\ln\left(\frac{I}{I_0}\right) = -\mu_i t \tag{2.69}$$

可得

$$I = I_0 \mathrm{e}^{-\mu_i t} \tag{2.70}$$

吸收系数与 X 射线波长、物质种类以及物质的密度有关。为了消除吸收系数与物质的密度 $\rho$ 的依赖性，通常以质量吸收系数 $\mu_m=\mu/\rho$ 来代替吸收系数 $\mu$。质量吸收系数代表单位质量的物质对 X 射线的衰减程度。因此，对一定波长的 X 射线和一定的物质来说，$\mu_m$ 是定值。如果某一物质是由 $i$ 种元素组成的，每种元素在物质中所占质量百分数为 $x_i$，那么，这一物质的质量吸收系数可表示为

$$\mu_m = \frac{\mu_1}{\rho_1} x_1 + \frac{\mu_2}{\rho_2} x_2 + \cdots = \sum_{i=1}^{n} \frac{\mu_i}{\rho_i} x_i \tag{2.71}$$

如果组成物质的第 $i$ 种原子的原子百分数为 $y_i$，原子量为 $A_i$，则有

$$\mu_m = \frac{\frac{\mu_1}{\rho_1} A_1 y_1 + \frac{\mu_2}{\rho_2} A_2 y_2 + \cdots}{A_1 y_1 + A_2 y_2 + \cdots} = \frac{\sum_{i=1}^{n} \frac{\mu_i}{\rho_i} A_i y_i}{\sum_{i=1}^{n} A_i y_i} \tag{2.72}$$

2. 吸收与波长的关系

元素的质量吸收系数是入射 X 射线波长和元素的原子序数的函数。吸收系数通常随波长的减小而迅速下降，但减小到某一数值时，吸收会陡增，这一吸收的突变点称为吸收限或者称为吸收边。这一吸收边产生的机理是，当入射 X 射线的能量足以把内层电子电离轰出后，光子将被大量地吸收，其强度会突然减小，吸收系数就会陡增，损失的能量用来产生特征光谱。图 2.12 是元素 Pt 的质量吸收系数随波长的变化关系，从图中可以看到，存在四个吸收突变点，即吸收限，分别对应于 K，$\mathrm{L_I}$，$\mathrm{L_{II}}$，$\mathrm{L_{III}}$。吸收限是吸收元素的特征量，不随实验条件的改变而改变。如果某一壳层（例如 K 壳层）电子的结合能为 $W_\mathrm{K}$，则对应的吸收限波长为

$$\lambda_K = \frac{hc}{W_K} \tag{2.73}$$

对于连续变化部分，实验表明，质量吸收系数与波长的函数关系可表示如下

$$\mu/\rho = a\lambda^3 + b\lambda^4 \tag{2.74}$$

式中，$a$，$b$ 为常数。

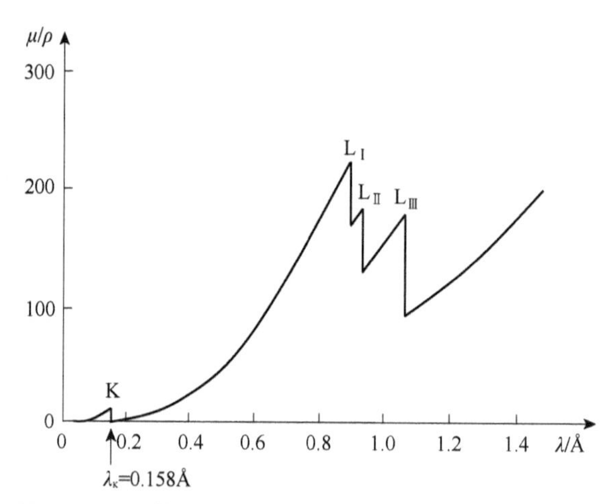


**图 2.12 Pt 的质量吸收系数与 X 射线波长之间的关系**

3. 吸收与原子序数的关系

当 X 射线的波长一定时，元素的质量吸收系数将随着原子序数 $Z$ 的增大而增大，增大到某一元素时，却突然下降，发生骤减的原因仍然是光子能量大于或等于某一壳层结合能时，光子将被大量地吸收，吸收系数就突然增大。图 2.13 是辐射波长为 1Å 时的质量吸收系数与元素原子序数的关系曲线。由图 2.13 可以看出，从 As($Z$=33)到 Se($Z$=34)，$\mu_m(\mu/\rho)$ 急剧下降，这是由于 X 射线波长小于 As 的 K 吸收限（1.045Å）而大于 Se 的 K 吸收限（0.980Å）。

4. X 射线光电效应

当 X 射线穿透物质时，还会引起光电效应。当 X 射线能量大于物质中某一壳层的结合能时，电子有可能获得足够的能量脱离原子核的束缚而成为自由电子，经此过程的原子成为离子，这称为电离。这种因为入射能量转移而产生的光电子现象称为光电效应。本书在第 4 章中介绍的 X 射线光电子能谱仪就是利用这一效应而设计的分析仪器装置。另外，发射出光电子之后，内层轨道上的空位有可能被距原子核更远轨道上的电子所填充，从而使能量有所降低，降低的能量以光子的形式辐射出去，这就是 X 射线激发二次辐射现象，称为 X 射线荧光效应，这也是造成入射 X 射线强度衰减的主要因素。很显然，X 射线特征

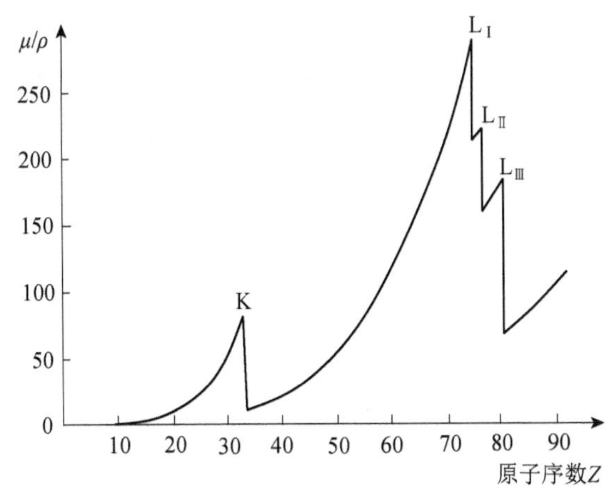


**图 2.13 质量吸收系数与元素原子序数之间的关系**

荧光波长与入射 X 射线无关。在晶体的衍射结构分析中，样品的 X 射线荧光辐射将成为 X 射线衍射的背底，不能去除，从而影响结构分析，但是 X 射线荧光可以作为 X 射线光谱分析的依据，X 射线荧光光谱仪已经广泛应用于元素分析当中。X 射线与样品物质相互作用，也可以激发出俄歇电子而吸收光子，这一过程称为俄歇效应。产生俄歇效应的过程不同于光电效应，X 射线激发出物质中原子内层轨道上的电子而发生电离，成为光电子，当内层轨道上的空位被距离原子核外更远的电子填充时，原子的能量降低，释放的能量不是产生辐射，而是转移给另外一个电子，这个电子获得足够的能量而被激发出来，激发出的二次电子称为俄歇电子。关于俄歇电子的概念和利用俄歇效应制成的俄歇电子能谱仪，可用于鉴别样品的化学成分，这将在第 4 章中系统地介绍。

5. X 射线吸收性质的应用

物质对 X 射线的吸收作用可用于人体防护等方面和制成各种滤波片用于获得单色 X 射线光源。

（1）用于防护 X 射线对人体的伤害。在 X 射线实验中特别要注重防护，避免受到 X 的直接照射。高吸收系数的材料可以对 X 射线起到屏蔽作用，含铅的制品如铅玻璃、铅橡胶，以及含其他重金属的制品，都能对 X 射线起到屏蔽作用。

（2）做成滤片滤掉不需要的 X 射线波长。在 X 射线衍射实验中，有时需要单色 X 射线作为光源。例如，利用 Cu 靶产生的 X 射线，仅需要 Kα 波长的 X 射线，但 K 线系有三条线，即 Kα，Kβ 和 Kγ 线，其中 Kβ 线虽是最弱的一条 X 射线，但也有一定的强度。当实验需要用单色光源时，可利用滤波片滤掉 Kβ 线，这就需要找到一种物质，若它的吸收线正好处在 Kα 和 Kβ 线之间，则会造成这种物质对 Kβ 线的吸收很大，而对 Kα 的吸收很小，用这种物质制成滤片就可以只让 Kα 线通过，而过滤掉 Kβ 线。表 2.2 中列出了一些常用滤波片，由表可知，Ni 的 K 吸收限（1.4869Å）正好在 Cu 阳极靶的 Kα 线（1.5418Å）和 Kβ 线（1.3922Å）之间，因此，Ni 做成的箔片可以滤掉 Cu 靶的 Kβ 线，让 Kα 线通过。根据（2.80）式计算可得所采用的滤波片厚度。常用的滤波片厚度列于表 2.2 中。

**表 2.2 常用滤波片**

| 阳极靶材 | 原子序数 | $K\alpha_1$/Å | Kβ/Å | 采用的滤波片 | | | | |
|---|---|---|---|---|---|---|---|---|
| | | | | 材料 | 原子序数 | $\lambda_K$/Å | 厚度/mm | $I/I_0(K\alpha)$ |
| Cr | 24 | 2.2909 | 2.0848 | V | 23 | 2.2690 | 0.016 | 0.5 |
| Fe | 26 | 1.9373 | 1.7565 | Mn | 25 | 1.8964 | 0.016 | 0.46 |
| Co | 27 | 1.7902 | 1.6207 | Fe | 26 | 1.7429 | 0.018 | 0.44 |
| Ni | 28 | 1.6591 | 1.5001 | Co | 27 | 1.6072 | 0.013 | 0.53 |
| Cu | 29 | 1.5418 | 1.3922 | Ni | 28 | 1.4869 | 0.021 | 0.40 |
| Mo | 42 | 0.7107 | 0.6323 | Zr | 40 | 0.6888 | 0.108 | 0.31 |
| Ag | 47 | 0.5609 | 0.4970 | Rh | 45 | 0.5338 | 0.079 | 0.29 |

图 2.14 是滤波片对 K 系 X 射线光谱分布的影响，在加滤片之前，Kα 和 Kβ 的强度都比较强，如图 2.14（a）所示。加了滤片之后虽然也滤掉了一部分 Kα 线，其强度大大减弱，但 Kβ 线滤掉得更多，二者之比为 1/600，如图 2.14（b）所示。因此，滤波片对 Kβ 起到了很好的过滤作用。

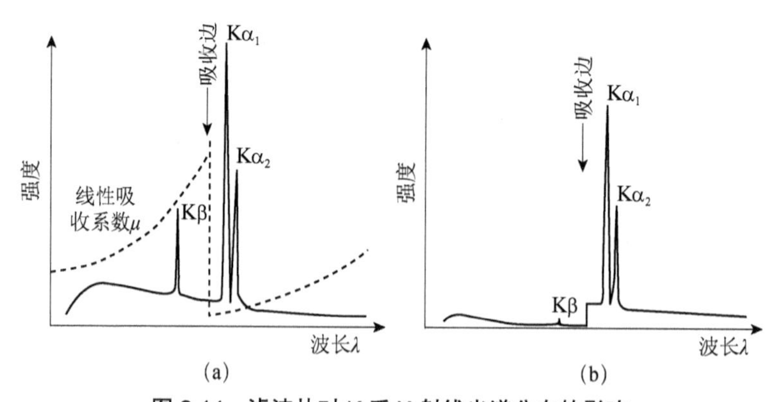


**图 2.14 滤波片对 K 系 X 射线光谱分布的影响**

（a）加 β 滤波片前的光谱图；（b）经 β 滤波后的光谱图

## 2.2.5 X 射线衍射原理

X 射线衍射涉及晶体结构，而晶体结构描述包括正格子和倒格子等基本概念，这些基本概念通过学习固体物理学课程已经掌握和了解。这里需要强调的是，本书采用的倒格子基矢 $\boldsymbol{a}_1^*$，$\boldsymbol{a}_2^*$，$\boldsymbol{a}_3^*$ 的定义形式为

$$\boldsymbol{a}_1^*=2\pi\frac{\boldsymbol{a}_2\times\boldsymbol{a}_3}{\Omega},\quad \boldsymbol{a}_2^*=2\pi\frac{\boldsymbol{a}_3\times\boldsymbol{a}_1}{\Omega},\quad \boldsymbol{a}_3^*=2\pi\frac{\boldsymbol{a}_1\times\boldsymbol{a}_2}{\Omega} \tag{2.75}$$

式中，$\Omega=\boldsymbol{a}_1\cdot(\boldsymbol{a}_2\times\boldsymbol{a}_3)$，为正格子原胞体积；$\boldsymbol{a}_1$，$\boldsymbol{a}_2$，$\boldsymbol{a}_3$ 为正格子基矢。据此定义，正格子基矢和倒格子基矢之间必有如下关系

$$\boldsymbol{a}_i\cdot\boldsymbol{a}_j^*=\begin{cases}2\pi & (i=j)\\ 0 & (i\neq j)\end{cases}\quad (i,\ j=1,2,3) \tag{2.76}$$

在本书的后续各章中，凡涉及倒格矢和波矢的概念时，都采用这种定义形式。因此，倒格子基矢表达式中均带有 2π 系数，而书中涉及的波矢统一为 $2\pi/\lambda$（$\lambda$ 为对应电磁波或物质波的波长，如 X 射线、电子、声子等），而不是 $1/\lambda$。这里给予特别说明，以免引起混淆。

X 射线衍射的方向可由下述劳厄方程和布拉格方程给出。

1）劳厄方程

X 射线入射束和衍射束的几何关系如图 2.15 所示，首先是由劳厄提出的。对于三维晶体来说，具体形式是由三个联立的方程组成的，即

$$\begin{cases}a(\cos\psi_1-\cos\varphi_1)=h\lambda\\ b(\cos\psi_2-\cos\varphi_2)=k\lambda\\ c(\cos\psi_3-\cos\varphi_3)=l\lambda\end{cases} \tag{2.77}$$

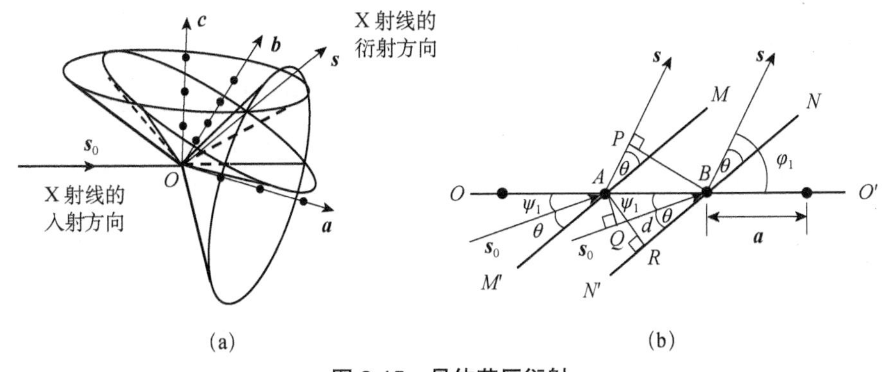


**图 2.15　晶体劳厄衍射**

（a）三维晶体；（b）一维晶体

式中，$\Psi_1$，$\Psi_2$，$\Psi_3$ 分别为入射束与正格子基矢 $\boldsymbol{a}$，$\boldsymbol{b}$，$\boldsymbol{c}$ 之间的夹角（如图 2.15（a）所示，图中角度未标出），即 $\psi_1$ 为 $\angle s_0Oa$，$\psi_2$ 为 $\angle s_0Ob$，$\Psi_3$ 为 $\angle s_0Oc$；$\varphi_1$，$\varphi_2$，$\varphi_3$ 分别为反射束与正格子基矢 $\boldsymbol{a}$，$\boldsymbol{b}$，$\boldsymbol{c}$ 之间的夹角，即 $\varphi_1$ 为 $\angle sOa$，$\varphi_2$ 为 $\angle sOb$，$\varphi_3$ 为 $\angle sOc$；$h$，$k$，$l$ 为面指数；$\lambda$ 为单色 X 射线的波长。根据这一方程

组，只有三个方程同时得到满足时才能够出现衍射峰。入射 X 射线和衍射 X 射线方向分别用单位矢量 $\hat{\boldsymbol{s}}_0$，$\hat{\boldsymbol{s}}$ 表示。这样一来，劳厄方程组可以写成标积的形式，即为

$$\begin{cases} \boldsymbol{a}\cdot(\hat{\boldsymbol{s}}-\hat{\boldsymbol{s}}_0)=h\lambda \\ \boldsymbol{b}\cdot(\hat{\boldsymbol{s}}-\hat{\boldsymbol{s}}_0)=k\lambda \\ \boldsymbol{c}\cdot(\hat{\boldsymbol{s}}-\hat{\boldsymbol{s}}_0)=l\lambda \end{cases} \tag{2.78}$$

2）布拉格方程

更为有用和直观的衍射方程是由布拉格父子提出的布拉格方程（(2.79)式）。布拉格方程克服了劳厄方程在实际使用中的困难，给出了衍射角、波长和晶面间距之间的确定关系，既能反映衍射特点，又能方便使用，布拉格反射示意图如图 2.16 所示。

$$2d_{hkl}\sin\theta=n\lambda \tag{2.79}$$

式中，$n$ 为整数，代表反射级次。

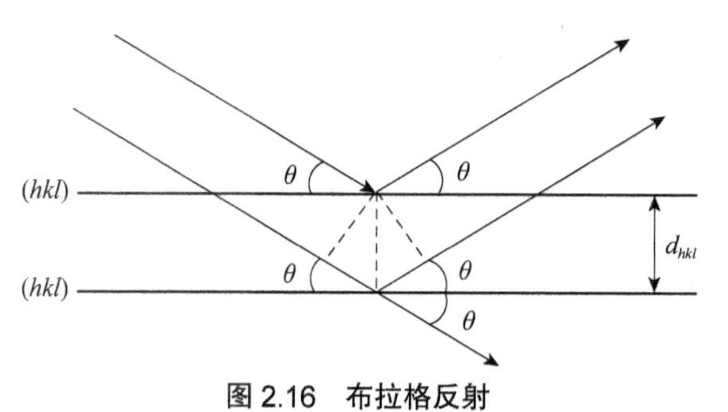


图 2.16　布拉格反射

这个方程的物理意义很容易理解，即当入射 X 射线的波长以掠射角入射到晶面族（$hkl$）上时，若发生反射，则由每一个平面反射的 X 射线都为同相位或者相差 2π 的整数倍，相邻两平面的光程差为 $2d_{hkl}\sin\theta$，如它等于波长的整数倍 $n\lambda$，则发生干涉极大，即发生反射。$n$=1，2，3，…，即为一级、二级、三级、…反射。实际上，在 X 射线衍射计算中 $n$ 常常取为 1，因为更高级衍射总可以表示为一级（$n$=1）衍射晶面乘以衍射级次，这是因为有如下关系：$d_{HKL}=nd_{nhnknl}$，这样，布拉格方程就可以写为 $2(d_{hkl}/n)\sin\theta=\lambda$，即

$$2d_{HKL}\sin\theta=\lambda \tag{2.80}$$

式中，$H=nh$，$K=nk$，$L=nl$，即（$HKL$）代表（$nh$，$nk$，$nl$），（$HKL$）称为干涉面指数。此晶面不是一个真实的晶面，称为虚拟晶面。也就是说，有公约数 $n$ 的面指数就不是真实的点阵平面了。但为什么要用这种虚拟晶面，把衍射级次包含在面间距里呢？这是因为在已知波长的情况下，根据测出的 $\theta$ 角，不考虑级

次可以直接利用（2.80）式求出 $d_{HKL}$，然后再根据 $d_{HKL}$ 进一步求出 $d_{hkl}$ 和 $n$ 值，这样做就会很方便。

这里还应该强调，由三角函数极值条件可得出 $\sin\theta = \dfrac{\lambda}{2d} \leqslant 1$，因此有 $\lambda \leqslant 2d$，这说明满足布拉格方程不是能够产生衍射的充分条件，入射 X 射线的波长还应小于或等于 2 倍的晶面间距才有可能产生衍射。

3）衍射方向与晶体结构

从实验测得的衍射角 $2\theta$ 可获得不同晶面族（$hkl$）的面间距 $d_{hkl}$。不同的布拉格角反映了晶胞的形状和大小，从而建立了晶体结构与衍射方向之间的对应关系，通过测定晶体对 X 射线的衍射方向就可获得晶体结构的相关信息。衍射方向仅反应了晶胞的形状和大小，但对晶胞中原子种类及其排列的有序程度均未得到反映，这需要通过衍射强度理论来加以解决。

面指数为（$hkl$）的晶面，其面间距与晶胞参数之间的关系列于表 2.3 中。

4）布拉格方程与劳厄方程的一致性

由劳厄方程可导出布拉格方程。我们选择劳厄方程组中的一个方程，可以很方便地导出布拉格方程。例如，对晶体一维原子链 $OO'$，如图 2.15（b）所示，根据劳厄方程，有

$$a\cos\psi_1 - a\cos\varphi_1 = h\lambda \tag{2.81}$$

式中，$\psi_1$ 和 $\varphi_1$ 分别表示入射 X 射线和反射射线与一维晶格的夹角。由三角函数和差化积得

$$-2a\sin\left(\frac{\psi_1+\varphi_1}{2}\right)\sin\left(\frac{\psi_1-\varphi_1}{2}\right) = h\lambda \tag{2.82}$$

根据图 2.15（b）中的几何关系可以很容易地看出，$\angle N'BO = \angle O'BN$，其中 $\angle N'BO = \angle N'Bs_0 + \angle s_0BO = \Psi_1 + \theta$，而 $\angle O'BN = \angle O'Bs - \angle NBs = \varphi_1 - \theta$，即

$$\psi_1 + \theta = \varphi_1 - \theta \tag{2.83}$$

可得

$$\theta = \frac{\varphi_1 - \psi_1}{2} \tag{2.84}$$

设 $MM'$ 和 $NN'$ 之间的距离为 $d$，如图 2.15（b）所示。则根据图中的几何关系，并利用（2.84）式，可得出

$$d = AR = AB\sin(\angle RBA) = a\sin(\psi_1 + \theta) = a\sin\left(\frac{\psi_1+\varphi_1}{2}\right) \tag{2.85}$$

表 2.3 晶胞参数和晶面间距之间的关系

| 晶系 | 晶胞参数 | 晶胞体积 $V$ | 面间距公式 |
| --- | --- | --- | --- |
| 立方 | $a=b=c,\alpha=\beta=\gamma=90°$ | $a^3$ | $\frac{1}{d^2}=\frac{h^2+k^2+l^2}{a^2}$ |
| 四方 | $a=b\neq c,\alpha=\beta=\gamma=90°$ | $a^2c$ | $\frac{1}{d^2}=\frac{h^2+k^2}{a^2}+\frac{l^2}{c^2}$ |
| 正交 | $a\neq b\neq c,\alpha=\beta=\gamma=90°$ | $abc$ | $\frac{1}{d^2}=\frac{h^2}{a^2}+\frac{k^2}{b^2}+\frac{l^2}{c^2}$ |
| 六角 | $a=b\neq c,\alpha=\beta=90°,\gamma=120°$ | $\frac{\sqrt{3}}{2}a^2c$ | $\frac{1}{d^2}=\frac{4}{3a^2}(h^2+hk+k^2)+\frac{l^2}{c^2}$ |
| 三角 | $a=b=c,\alpha=\beta=\gamma\neq 90°<120°$ | $a^3(1-3\cos^2\alpha+2\cos^3\alpha)^{1/2}$ | $\frac{1}{d^2}=\frac{(h^2+k^2+l^2)\sin^2\alpha+2(hk+hl+kl)(\cos^2\alpha-\cos\alpha)}{a^2(1+2\cos^3\alpha-3\cos^2\alpha)}$ |
| 单斜 | $a\neq b\neq c,\alpha=\gamma=90°,\beta\neq 90°$ | $abc\sin\beta$ | $\frac{1}{d^2}=\frac{h^2/a^2+l^2/c^2-(2hl/ac)\cos\beta}{\sin^2\beta}+\frac{k^2}{b}$ |
| 三斜 | $a\neq b\neq c,\alpha\neq\beta\neq\gamma\neq 90°$ | $abc(1+2\cos\alpha\cos\beta\cos\gamma$ $-\cos^2\alpha-\cos^2\beta-\cos^2\gamma)^{1/2}$ | $\frac{1}{d^2}=\frac{1}{V^2}\{h^2b^2c^2\sin^2\alpha+k^2c^2a^2\sin^2\beta+l^2a^2b^2\sin^2\gamma$ $+abc[2kla(\cos\beta\cos\gamma-\cos\alpha)+2lhb(\cos\gamma\cos\alpha-\cos\beta)$ $+2hkc(\cos\alpha\cos\beta-\cos\gamma)]\}$ |

将（2.84）式和（2.85）式同时代入（2.82）式，可得布拉格方程的形式，即

$$2d\sin\theta=h\lambda \tag{2.86}$$

5）衍射矢量方程

根据劳厄方程组（2.78）式也可推出衍射矢量方程，为此，可将（2.78）式改写为

$$\frac{\hat{\boldsymbol{s}}-\hat{\boldsymbol{s}}_0}{\lambda}\cdot\frac{\boldsymbol{a}}{h}=1,\quad \frac{\hat{\boldsymbol{s}}-\hat{\boldsymbol{s}}_0}{\lambda}\cdot\frac{\boldsymbol{b}}{k}=1,\quad \frac{\hat{\boldsymbol{s}}-\hat{\boldsymbol{s}}_0}{\lambda}\cdot\frac{\boldsymbol{c}}{l}=1 \tag{2.87}$$

两两相减得

$$\frac{\hat{\boldsymbol{s}}-\hat{\boldsymbol{s}}_0}{\lambda}\cdot\left(\frac{\boldsymbol{a}}{h}-\frac{\boldsymbol{b}}{k}\right)=0,\quad \frac{\hat{\boldsymbol{s}}-\hat{\boldsymbol{s}}_0}{\lambda}\cdot\left(\frac{\boldsymbol{b}}{k}-\frac{\boldsymbol{c}}{l}\right)=0,\quad \frac{\hat{\boldsymbol{s}}-\hat{\boldsymbol{s}}_0}{\lambda}\cdot\left(\frac{\boldsymbol{c}}{l}-\frac{\boldsymbol{a}}{h}\right)=0 \tag{2.88}$$

所以

$$\frac{\hat{\boldsymbol{s}}-\hat{\boldsymbol{s}}_0}{\lambda}\perp(hkl) \tag{2.89}$$

又因为

$d_{hkl}=\frac{\boldsymbol{a}}{h}\cdot\frac{\hat{\boldsymbol{s}}-\hat{\boldsymbol{s}}_0}{\lambda}\Bigg/\left|\frac{\hat{\boldsymbol{s}}-\hat{\boldsymbol{s}}_0}{\lambda}\right|=\frac{\boldsymbol{b}}{k}\cdot\frac{\hat{\boldsymbol{s}}-\hat{\boldsymbol{s}}_0}{\lambda}\Bigg/\left|\frac{\hat{\boldsymbol{s}}-\hat{\boldsymbol{s}}_0}{\lambda}\right|=\frac{\boldsymbol{c}}{l}\cdot\frac{\hat{\boldsymbol{s}}-\hat{\boldsymbol{s}}_0}{\lambda}\Bigg/\left|\frac{\hat{\boldsymbol{s}}-\hat{\boldsymbol{s}}_0}{\lambda}\right|=1\Bigg/\left|\frac{\hat{\boldsymbol{s}}-\hat{\boldsymbol{s}}_0}{\lambda}\right|$，因此可得 $2\pi\left|\frac{\hat{\boldsymbol{s}}-\hat{\boldsymbol{s}}_0}{\lambda}\right|=\frac{2\pi}{d_{hkl}}$，而 $2\pi\frac{\hat{\boldsymbol{s}}-\hat{\boldsymbol{s}}_0}{\lambda}$ 正是晶面（$hkl$）的倒易矢量，即

$$2\pi\frac{\hat{\boldsymbol{s}}-\hat{\boldsymbol{s}}_0}{\lambda}=(h\boldsymbol{a}^*+k\boldsymbol{b}^*+l\boldsymbol{c}^*)=\boldsymbol{K}_{hkl} \tag{2.90}$$

这就是衍射矢量方程，其物理意义是：当衍射矢量和入射矢量的差为一个倒易矢量时，衍射就可能发生。

6）反射球的概念

在倒空间中，利用反射球可以非常直观地表示衍射现象，这一概念是由埃瓦尔德（P. P. Ewald）首先提出的，因此反射球也称埃瓦尔德球（Ewald sphere）。反射球是晶体X射线衍射中一个很重要的基本概念，利用这一概念，能够很方便地把入射波矢和反射波矢与倒格矢的几何关系表示出来，这样就可以把晶体的衍射条件与衍射照片上的斑点联系起来。考虑一级反射情况（$m$=1），即 $\boldsymbol{k}-\boldsymbol{k}_0=\boldsymbol{K}_h$。因为 $\boldsymbol{k}_0,\boldsymbol{k},\boldsymbol{K}_h$ 围成一个等腰三角形，所以，$\boldsymbol{K}_h$ 两端的倒格点自然落在以 $\boldsymbol{k}_0$ 和 $\boldsymbol{k}$ 的交点 $C$ 为中心（$C$ 点不一定是倒格点）、$2\pi/\lambda$ 为半径的球面上。反之，若落在上述球面上的倒格点满足 $\boldsymbol{k}-\boldsymbol{k}_0=\boldsymbol{K}_h$，这个倒格点（对应一个倒格矢）所对应的晶面将产生反射，所以这样的球称为反射球（图2.17）。

如图2.17所示，反射球的作法：先将晶体的倒易点阵绘于图中，选择倒易点阵原点 $O$（即晶体所在的位置），以过倒易点阵 $O$ 画出入射X射线 $CO$，以 $C$

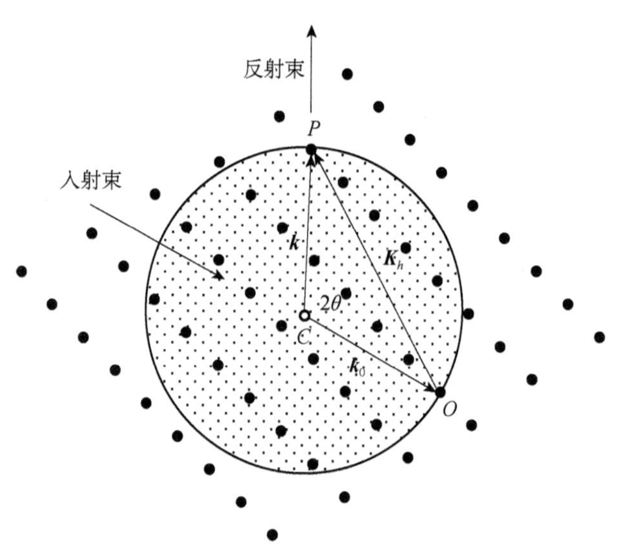


图 2.17　反射球（埃瓦尔德球）的画法

点（不一定是倒格点）为中心，以 $CO=2\pi/\lambda$ 为半径所作的球就是反射球。若 $P$ 是球面上的一个倒格点，则有 $\boldsymbol{k}_0+\boldsymbol{K}_h=\boldsymbol{k}$，$CP$ 就是以 $OP$ 为倒格矢的一族晶面（$h_1h_2h_3$）的反射方向。显然，所有球面上的倒易点都满足这种矢量关系，故都能发生反射，而不在反射球面上的倒易点，都不满足这种矢量关系，因而不能发生反射。对于一级反射（$m$=1），$OP$ 之间不含倒格点。如果 $m$=2，即对应二级反射，$OP$ 之间应该还有一个倒格点。如果晶体不动，则一族晶面不能产生不同的反射级，除非所用的 X 射线不是严格的平行光，或者所用的 X 射线不是单色光（即多个波长）。在实际的衍射测量中，经常会出现多级反射。对于一族晶面，如果 $\theta$ 或 $\lambda$ 改变，则 $m$ 就会等于不同的整数，不同的反射级次落在照片上的不同位置。但这不能理解为：$d=d_{h_1h_2h_3}$ 为一级反射，$d=2d_{h_1h_2h_3}$ 产生二级反射。

## 2.2.6　常用衍射方法

利用布拉格方程，可以对晶体的结构进行分析。将已知波长的 X 射线照射到晶体上，由测量得到的衍射角可求出对应的晶面间距，获得晶体的结构信息。另外，利用布拉格方程也可以对 X 射线谱进行分析，获得晶体的成分信息，即由已知晶面间距的分光晶体对来自样品的各种特征 X 射线进行分光，测定对应的衍射角，算得特征 X 射线的波长，再由莫塞莱定律就可获得晶体的成分信息，这就是 X 射线的波谱分析方法，这将在第 3 章中关于波谱仪的部分给予介绍。下面介绍几种常用的晶体结构分析方法。

1. 劳厄法

劳厄法是指采用波长连续变化的 X 射线照射固定不动的单晶体用以获得衍射花样的方法。正因为劳厄法采用的是连续 X 射线，从而，入射 X 射线包含很多不同的波长，可以认为有很多半径不等的反射球紧密地排列在一起。连续谱的波长有一个分布范围，即从短波长限 $\lambda_0$ 到最大波长 $\lambda_m$ 连续分布。通过倒易点阵原点 $O$，在 X 射线入射方向上取反射球的半径，就得到了两个极限波长下的反射球，如图 2.18 所示。最大反射球是以 $B$ 为中心，其半径为 $2\pi/\lambda_0$；最小反射球是以 $A$ 为中心，其半径为 $2\pi/\lambda_m$。在这两个反射球之间，以线段 $AB$ 上的任一点为球心，可作出无限多个球，其半径从 $BO$ 连续变化到 $AO$。凡是落到这两个球面之间的区域的倒格点，均能满足布拉格反射条件，它们将与对应某一波长的反射球面相交而获得衍射。$A$ 点是其中的一个反射球的球心，在这个反射球上的某个倒格点满足衍射矢量方程，即

$$2\pi\frac{\hat{\boldsymbol{s}}-\hat{\boldsymbol{s}}_0}{\lambda}=\boldsymbol{K}_{hkl} \tag{2.91}$$

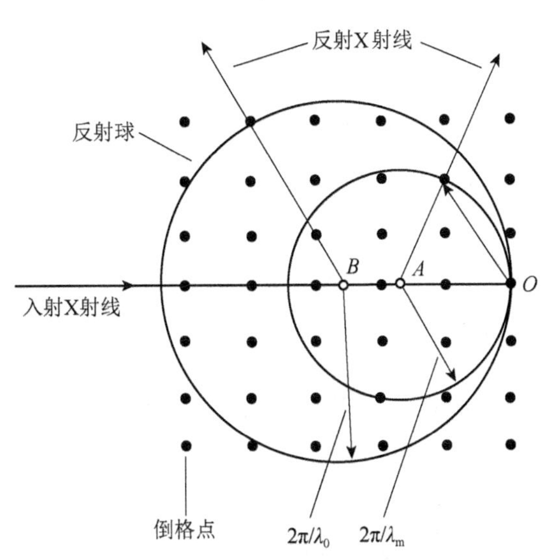


**图 2.18　劳厄法原理图**

劳厄法又可分为透射和背散射两种方法。利用透射方法时，样品对 X 射线有吸收，因此这种方法适用于吸收系数比较小的样品。如果吸收比较大，就需要对样品进行减薄处理。背散射法没有这方面的限制，因此，这种方法在实际测试中应用较为广泛，但其需要的曝光时间较长，背底相对较黑些。

对于透射法，劳厄衍射斑点分布在通过中心斑点的椭圆、抛物线和直线

上；对于背散射法，劳厄衍射斑点分布在通过中心斑点的直线上或分布在双曲线上，这取决于X射线衍射圆锥与成像平面之间的夹角。这些图形可以根据几何关系得到。圆锥面与一个平面相交时，交线的形状由圆锥面的张角大小以及平面与圆锥面的相对取向而确定。在圆锥面的张角小而平面又接近于垂直于其轴的情况下，透射斑点就分布在椭圆上，如图2.19（a）所示；在圆锥张角大而平面又接近于平行于圆锥轴的情况下，背散射形成的衍射斑点就分布在双曲线上，如图2.19（b）所示。

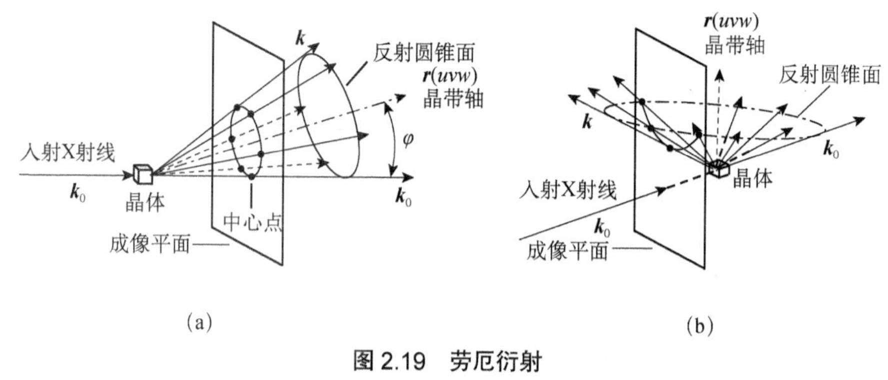


**图2.19 劳厄衍射**

（a）透射图；（b）背散射图

若要更深入地理解这种几何关系，可以借助于衍射矢量方程，将其点乘以晶带轴矢量 $\boldsymbol{r}(uvw)=u\boldsymbol{a}+v\boldsymbol{b}+w\boldsymbol{c}$ 求得。

这里应该给出晶带的明确定义：正格点构成的任何直线都为取向不同的无数个格点面所共有，含有公共直线的所有这些平面就属于同一晶带，可用一矢量 $\boldsymbol{r}(uvw)=u\boldsymbol{a}+v\boldsymbol{b}+w\boldsymbol{c}$ 进行表示，这个晶带的符号记为[uvw]。若一个晶面族（hkl）属于这个晶带，那么晶带轴必与此晶面对应的倒格矢相垂直，即

$$\boldsymbol{K}_{hkl}\cdot\boldsymbol{r}(uvw)=(h\boldsymbol{a}^*+k\boldsymbol{b}^*+l\boldsymbol{c}^*)\cdot(u\boldsymbol{a}+v\boldsymbol{b}+w\boldsymbol{c})=2\pi(hu+kv+lw)=0 \quad (2.92)$$

这就是带轴定律。

当某一晶面满足布拉格衍射条件时，倒格矢 $\boldsymbol{K}_{hkl}=2\pi\dfrac{\hat{\boldsymbol{s}}-\hat{\boldsymbol{s}}_0}{\lambda}=(\boldsymbol{k}-\boldsymbol{k}_0)$，根据晶带轴定律，一定有

$$2\pi\frac{\hat{\boldsymbol{s}}-\hat{\boldsymbol{s}}_0}{\lambda}\cdot\boldsymbol{r}(uvw)=(\boldsymbol{k}-\boldsymbol{k}_0)\cdot\boldsymbol{r}(uvw)=0 \quad (2.93)$$

这说明对于固定入射方向 $\boldsymbol{k}_0$ 的X射线波矢，其反射方向也固定不变。也就是说，衍射矢量 $\boldsymbol{k}$ 就分布在以 $\boldsymbol{r}(uvw)$ 为中心轴的母线上，其中一个圆锥母线通过入射X射线 $\boldsymbol{k}_0$。这就意味着同一晶带各个晶面的衍射线分布在同一衍射圆锥

的母线上。由于晶体中存在各个方向的晶带轴，因此就会产生不同的衍射圆锥，这些圆锥面都会存在一个母线为 $\boldsymbol{k}_0$。

劳厄法在结构分析中常用于以下几个方面。①因为采用连续 X 射线照射样品，所以晶体可以保持不动。如此一来，晶带轴相对于外坐标系也是固定不动的，根据衍射斑点在截取的圆锥曲线上的分布，可确定衍射指数，从而确定晶面与外坐标系的夹角，测出晶体的取向。②可用于确定晶体的对称性。当入射 X 射线沿某个对称轴或对称面照射样品时，劳厄衍射斑点的分布也表现出沿着对称轴或对称面分布，只要找到三个主晶轴的对称性，整个晶体的对称性就可以由此确定。③可用来研究晶体的微结构。当晶体存在范性形变时，晶面将发生弯曲，衍射斑点会呈现芒化，即出现各个衍射斑点由中心沿径向向外拉长的现象。通过这一现象，可以判断晶体是否发生范性形变，从而对晶体的微结构进行分析研究。

2. 转晶法

转动晶体法简称转晶法，是指采用波长一定的特征 X 射线照射转动单晶体而获得衍射花样的一种方法。单色光只对应一个反射球，如果晶体不动，则有可能没有倒格点与反射球相交，这样就不会有衍射发生。但当让晶体转动起来时，这就相当于实空间转动，倒格点也随之转动，这就能够让某些倒格点瞬时地通过反射球面。凡是倒格矢 $\boldsymbol{K}_h$ 的数值小于反射球直径（$K_h=2\pi/d\leqslant4\pi/\lambda$）的那些倒格点，都有可能与球面相遇而产生衍射，如图 2.20 所示。

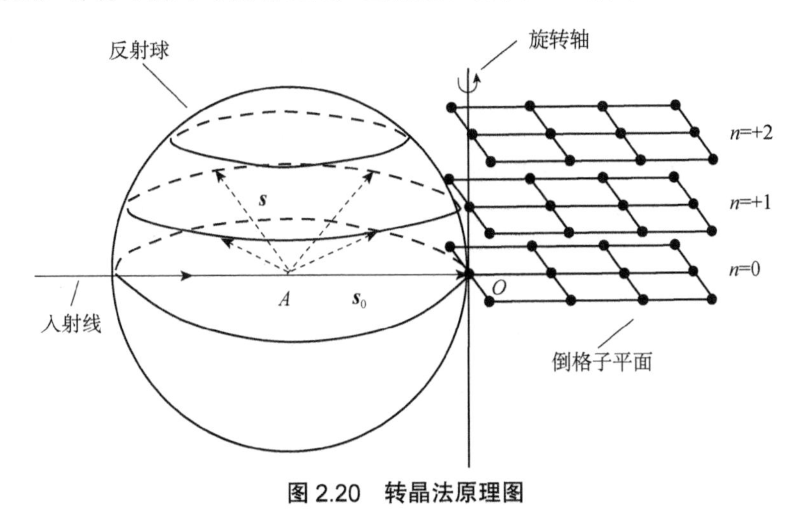


**图 2.20 转晶法原理图**

3. 粉末法

粉末法是指采用单色 X 射线照射多晶试样以获得多晶体衍射花样的方法。

多晶粉末由很多取向随机分布的小晶粒组成，用倒易空间矢量来描述，就是对应同一晶面族的倒易矢量在空间任意分布，同一晶面族的倒格矢长度相等，这样一来，倒易点就分布在以倒易矢量长度为半径的球面上，即倒易球。不同晶面对应的倒易矢量长度不同，这些不同的晶面的倒易点就分布在以倒易点阵原点为球心的同心倒易球面上，如图 2.21（a）所示。图中 $O$ 为倒易球的球心位置，倒易球的半径为 $2\pi/d_{hkl}$，$d_{hkl}$ 为对应面指数（$hkl$）的晶面间距。$O^*$ 为反射球的球心位置，反射球的半径为 $2\pi/\lambda$。不同晶面族构成半径不同的倒易球与反射球相交的圆环（图中虚线所示）满足布拉格反射条件，产生衍射，这些圆环与反射球中心连起来构成反射圆锥，锥顶角等于 $4\theta$。衍射线就是这些圆锥的母线，因此，把这样的圆锥称为衍射圆锥。图 2.21（b）是作者利用粉末法在室温下测得的 $Ni_{50-x}Cu_xMn_{38}Sn_{12}(x=0, 2, 4, 6)$ 哈斯勒合金（Heusler alloy）的 X 射线衍射图。在不同的 Cu 元素掺杂的情况下，可得出不同的晶体结构类型[14]。

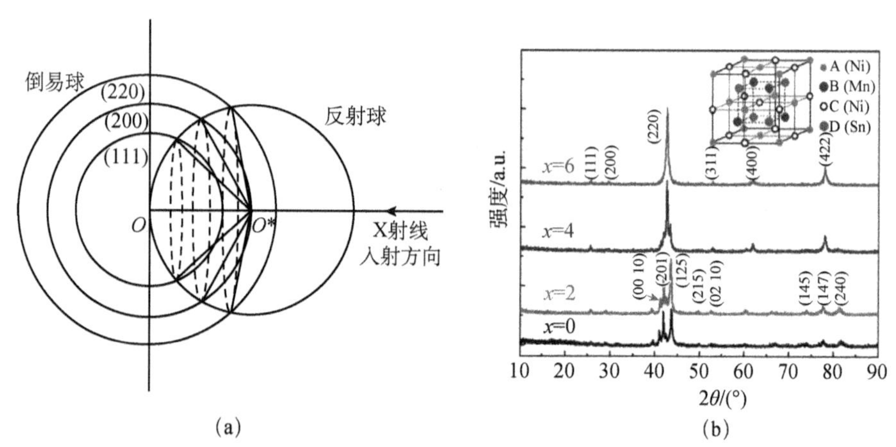


**图 2.21　粉末法原理图（a）和 $Ni_{50-x}Cu_xMn_{38}Sn_{12}(x=0, 2, 4, 6)$ 合金多晶粉末 X 射线衍射图（b）[14]（彩图见封底二维码）**

不同的 Cu 掺杂，衍射峰发生变化，晶体结构发生转变；右上角插图是一种面心立方复式格子

## 2.3　晶体的 X 射线衍射强度

劳厄方程和布拉格方程描述了晶体能够产生衍射的必要条件，通过对衍射角度的测量可以确定晶体的面间距和晶体所属晶系，但不能确定组成晶体的元素种类和原子排布情况。而衍射的强度与晶体中元素种类和排布直接相关。本节就介绍衍射强度与原子种类相关的知识。原子的种类对散射的影响，可用原

子的散射因子进行描述，这在 2.2.3 节中已经做了介绍。在讨论晶体的衍射时，还需要引入晶体的几何结构因子（geometrical structure factor）的概念。

X 射线照射到晶体上，会激发出新的电磁波，在讨论 X 射线衍射强度之前，首先做了一些基本假设，通过这些假设，即在理想化的情况下对衍射强度进行分析。这些假设包括：首先，折射率近似等于 1，也就是说 X 射线在空气中和在样品中传播的速度都为真空中的光速；其次，假设散射波一经散射，就不再被其他原子所散射。事实上，多次散射还是存在的，但是我们采用的晶体体积一般都很小，这种散射可以忽略。另外，也不考虑样品的吸收和晶格的振动问题。只在本节最后再把以上影响因素加以综合考虑。

## 2.3.1　晶胞对 X 射线的散射

组成晶体的基本单元是原胞，含有一个基元的晶胞就称为原胞。在晶体衍射中，为了考虑晶体结构的对称性，常取含有一个以上基元组成的晶胞。最简单的情况是组成晶体的基元中只包含一个原子，此晶胞即为原胞。原子分布在晶胞的顶角上，单位晶胞的散射强度相当于一个原子的散射强度。

复式格子晶胞中含有 $n$ 个相同或不同种类的原子，它们除占据晶胞的顶角外，还可能出现在体心、面心或其他位置。不同种类的原子占据晶胞中不同的位置，它们的振幅和相位都是不同的，复式格子晶胞的散射波振幅不是简单的代数相加，而是晶胞中各原子的散射振幅的矢量合成。这里用几何结构因子来表征晶胞中各个原子相干散射与单个电子散射之间的关系，几何结构因子 $F_{HKL}$ 定义为晶胞中所有原子沿某个方向相干散射振幅 $A_b$ 与一个电子的散射振幅 $A_e$ 之比，即

$$F_{HKL} = \frac{A_b}{A_e} \tag{2.94}$$

散射强度与几何结构因子模数的平方成正比。当几何结构因子等于零时，意味着由于衍射线的相互干涉，某些方向的强度将会加强，而另一些方向的强度将会减弱甚至消失。这种衍射消失规律称为系统消光（或结构消光）。

现在具体分析一下晶胞内原子的相干散射。X 射线照射到晶体上，入射 X 射线和反射 X 射线的单位矢量分别表示为 $\hat{\boldsymbol{s}}, \hat{\boldsymbol{s}}_0$。图 2.22 是晶胞中任意两个原子的光程差，设晶胞的基矢为 $\boldsymbol{a}$，$\boldsymbol{b}$，$\boldsymbol{c}$，建立直角坐标系，$O$ 为晶胞顶点处的原子，选为原点，晶胞内某一处 $A$ 有另一原子 $j$ 位于（$x_j$，$y_j$，$z_j$）位置，其位矢为

$$\boldsymbol{r}_j = x_j\boldsymbol{a} + y_j\boldsymbol{b} + z_j\boldsymbol{c} \tag{2.95}$$

两原子间的相位差为

$$\varphi_j = \frac{2\pi}{\lambda}(\overline{OM} - \overline{NA}) = \boldsymbol{r}_j \cdot \frac{2\pi}{\lambda}(\hat{\boldsymbol{s}} - \hat{\boldsymbol{s}}_0) = \boldsymbol{r}_j \cdot \boldsymbol{K}_{HKL} = 2\pi(Hx_j + Ky_j + Lz_j) \tag{2.96}$$

式中，$\boldsymbol{K}_{HKL} = H\boldsymbol{a}^* + K\boldsymbol{b}^* + L\boldsymbol{c}^*$为倒格矢；$\boldsymbol{a}^*, \boldsymbol{b}^*, \boldsymbol{c}^*$为倒格子基矢。

设晶胞中第$j$个原子的散射因子为$f_j$ ($j$=1, 2, 3, …, $n$)，每个电子的散射振幅记为$A_e$，则合成振幅为

$$A_b = A_e(f_1 e^{i\varphi_1} + f_2 e^{i\varphi_2} + \cdots + f_n e^{i\varphi_n}) = A_e \sum_{j=1}^{n} f_j e^{i\varphi_j} \tag{2.97}$$

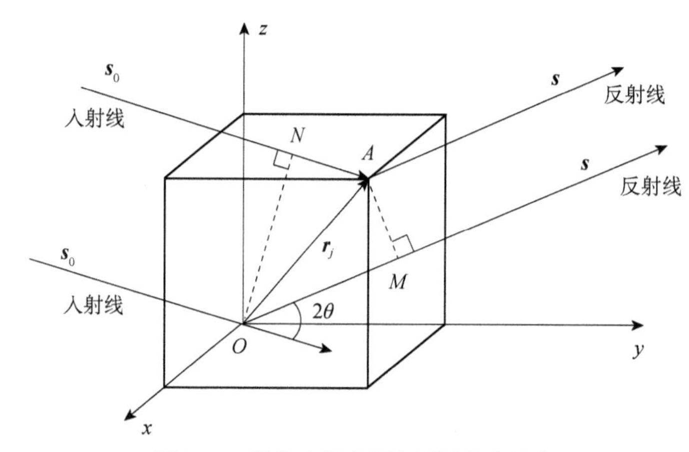


**图 2.22　晶胞中任意两个原子的光程差**

根据几何结构因子的定义（2.94）式，可给出几何结构因子

$$F_{HKL} = \sum_{j=1}^{n} f_j e^{i\varphi_j} \tag{2.98}$$

利用欧拉公式$e^{i\varphi} = \cos\varphi + i\sin\varphi$，将（2.98）式表示为三角函数形式，则有

$$F_{HKL} = \sum_{j=1}^{n} f_j[\cos 2\pi(Hx_j + Ky_j + Lz_j) + i\sin 2\pi(Hx_j + Ky_j + Lz_j)] \tag{2.99}$$

$$I_{HKL} \propto |F_{HKL}|^2 = F_{HKL}F_{HKL}^* = \left[\sum_{j=1}^{n} f_j \cos 2\pi(Hx_j + Ky_j + Lz_j)\right]^2 + \left[\sum_{j=1}^{n} f_j \sin 2\pi(Hx_j + Ky_j + Lz_j)\right]^2 \tag{2.100}$$

由此可计算各种晶胞的几何结构因子和晶体的衍射强度。下面给出几种典型的晶体结构衍射强度的计算。

1. 简单立方结构

晶胞中只有一个原子，坐标为（0，0，0），设原子散射因子为 $f$，根据（2.100）式可得

$$\left|F_{HKL}\right|^2 = f^2 \tag{2.101}$$

由此可见，简单立方结构的几何结构因子与 $HKL$ 无关，即 $HKL$ 为任意整数时均能产生衍射，例如（100），（110），（111），（200），（210），…。能够产生衍射的衍射面指数平方和之比是

$$\begin{aligned}&(H_1^2+K_1^2+L_1^2):(H_2^2+K_2^2+L_2^2):(H_3^2+K_3^2+L_3^2)\cdots\\&=1^2:(1^2+1^2):(1^2+1^2+1^2):2^2:(2^2+1^2)\cdots=1:2:3:4:5\cdots\end{aligned} \tag{2.102}$$

2. 体心立方结构

晶胞中有两种位置的原子，即顶角位置的原子，其坐标为（0，0，0），以及体心位置的原子，其坐标为（1/2，1/2，1/2），根据（2.100）式可得

$$\left|F_{HKL}\right|^2 = f^2[1+\cos\pi(H+K+L)]^2 \tag{2.103}$$

当 $H+K+L$=奇数时，

$$\left|F_{HKL}\right|^2 = 0 \tag{2.104}$$

即该晶面的散射强度为零，这些晶面的衍射线不可能出现，例如（100），（111），（210），（300），（311）等；当 $H+K+L$=偶数时，

$$\left|F_{HKL}\right|^2 = f^2(1+1)^2 = 4f^2 \tag{2.105}$$

即体心立方结构中只有当面指数之和为偶数时的晶面才可产生衍射，例如（110），（200），（211），（220），（310），…。这些晶面的指数平方和之比是

$$(1^2+1^2):2^2:(2^2+1^2+1^2):(2^2+2^2):(3^2+1^2)\cdots=2:4:6:8:10\cdots \tag{2.106}$$

3. 面心立方结构

晶胞中有四种位置的原子，它们的坐标分别是（0，0，0），（0，1/2，1/2），（1/2，0，1/2），（1/2，1/2，0），根据（2.100）式可得

$$\left|F_{HKL}\right|^2 = f^2[1+\cos\pi(K+L)+\cos\pi(H+K)+\cos\pi(H+L)]^2 \tag{2.107}$$

当 $H$，$K$，$L$ 全为奇数或全为偶数时，

$$\left|F_{HKL}\right|^2 = 16f^2 \tag{2.108}$$

当 $H$，$K$，$L$ 为奇偶混杂时，

$$\left|F_{HKL}\right|^2 = 0 \tag{2.109}$$

即在面心立方结构中只有指数为全奇或全偶的晶面才能产生衍射，例如（111），（200），（220），（311），（222），（400），…。能够出现的衍射线，其指

数平方和之比是

$$3:4:8:11:12:16\cdots=1:1.33:2.67:3.67:4:5.33\cdots \tag{2.110}$$

4. 金刚石结构

金刚石结构属于复式格子，晶胞中包含八个原子，分别位于(0,0,0)，$\left(\frac{1}{2},\frac{1}{2},0\right)$，$\left(0,\frac{1}{2},\frac{1}{2}\right)$，$\left(\frac{1}{2},0,\frac{1}{2}\right)$，$\left(\frac{1}{4},\frac{3}{4},\frac{3}{4}\right)$，$\left(\frac{3}{4},\frac{3}{4},\frac{1}{4}\right)$，$\left(\frac{3}{4},\frac{1}{4},\frac{3}{4}\right)$，$\left(\frac{1}{4},\frac{1}{4},\frac{1}{4}\right)$处。根据（2.99）式可得

$$\begin{aligned}F_{HKL}&=\sum_j f_j \mathrm{e}^{\mathrm{i}\boldsymbol{K}\cdot\boldsymbol{R}_j}=\sum_j f_j \mathrm{e}^{\mathrm{i}2\pi m(hu_j+kv_j+lw_j)}\\&=f\left[1+\mathrm{e}^{\mathrm{i}\frac{\pi}{2}m(h+k+l)}+\mathrm{e}^{\mathrm{i}\pi m(h+k)}+\mathrm{e}^{\mathrm{i}\pi m(h+l)}+\mathrm{e}^{\mathrm{i}\pi m(k+l)}+\mathrm{e}^{\mathrm{i}\frac{\pi}{2}m(h+3k+3l)}+\mathrm{e}^{\mathrm{i}\frac{\pi}{2}m(3h+3k+l)}+\mathrm{e}^{\mathrm{i}\frac{\pi}{2}m(3h+k+3l)}\right]\\&=f\left[1+\mathrm{e}^{\mathrm{i}\frac{\pi}{2}m(h+k+l)}\right]\left[1+\mathrm{e}^{\mathrm{i}\pi m(h+k)}+\mathrm{e}^{\mathrm{i}\pi m(h+l)}+\mathrm{e}^{\mathrm{i}\pi m(k+l)}\right]\end{aligned} \tag{2.111}$$

当$mh$，$mk$，$ml$，即$H$，$K$，$L$为奇数和偶数混杂时，$F_{HKL}=0$，$F_{HKL}^2=0$；当$H$，$K$，$L$均为偶数时，但$(H+K+L)/2$为奇数时，$F_{HKL}=0$，$F_{HKL}^2=0$；当$H$，$K$，$L$均为偶数时，且$(H+K+L)/2$为偶数时，$F_{HKL}=8f$，$F_{HKL}^2=64f^2$；当$H$，$K$，$L$均为奇数时，$F_{HKL}=4(1\pm\mathrm{i})f$，$F_{HKL}^2=32f^2$。

由上述分析可知，金刚石型结构衍射强度$F_{HKL}^2\neq0$的条件为：衍射面指数$H$，$K$，$L$都是奇数；或衍射面指数$H$，$K$，$L$都是偶数（包括零），且$(H+K+L)/2$也是偶数。

5. 六角密堆积结构

晶胞由两个同类原子组成，其坐标分别为(0, 0, 0) $\left(\frac{1}{3},\frac{2}{3},\frac{1}{2}\right)$。根据（2.98）式可得

$$\begin{aligned}F_{HKL}^2&=\sum_j f_j \mathrm{e}^{\mathrm{i}\boldsymbol{K}\cdot\boldsymbol{R}_j}\sum_j f_j \mathrm{e}^{-\mathrm{i}\boldsymbol{K}\cdot\boldsymbol{R}_j}=f\left[1+\mathrm{e}^{\mathrm{i}2\pi m\left(\frac{1}{3}h+\frac{2}{3}k+\frac{1}{2}l\right)}\right]\cdot f\left[1+\mathrm{e}^{-\mathrm{i}2\pi m\left(\frac{1}{3}h+\frac{2}{3}k+\frac{1}{2}l\right)}\right]\\&=2f^2\left\{1+\cos\left[\pi m\left(\frac{2h+4k}{3}+l\right)\right]\right\}\end{aligned}$$

由上式可以得出，只有当$m\left(\frac{2}{3}h+\frac{4}{3}k+l\right)$为奇数时才出现消光。经过进一步分析可知，当$H+2K=3n, L=2n$（$n$为整数）时，$F_{HKL}^2=4f^2$；当$H+2K=3n$，$L=2n+1$时，$F_{HKL}^2=0$；当$H+2K=3n\pm1, L=2n\pm1$时，$F_{HKL}^2=3f^2$；当$H+2K=$

$3n\pm1, L=2n$ 时，$F_{HKL}^2=f^2$。综上所述，可得出结论，即当 $H+2K=3n$，$L=2n+1$ 时，出现消光。

衍射强度与几何结构因子模的平方成正比，因此根据几何结构因子可以确定晶体的结构类型。在固溶体中可以确定晶体的超点阵结构：当晶体中原子成分有序时和成分无序时，由于原子分布的位置不同，它们的衍射强度就不一样。某些晶面在有消光的情况下，在有序时会表现出部分消光；而在成分无序时，由于每个格点上的原子随机分布，每个格点上的散射因子是各个原子的加权平均，因此总体效果表现出每个格点上的原子散射因子都一样，这样，衍射强度就跟有序情况下的完全不同，据此就可以判断晶体成分的有序无序情况。另外也可以确定晶体的微观对称元素，即确定 $n$ 度螺旋轴和滑移反映面，首先根据几何结构因子（2.99）式来确定哪些晶面消光以及哪些晶面有衍射出现，然后与实验结果进行比较，若两者的衍射情况完全相同，就可以确定晶体的微观对称元素。

### 2.3.2　单晶粒对 X 射线的散射

单个晶粒可以看成是一块理想晶体，由晶胞堆砌而成，设单晶粒为一平行六面体，三维方向的晶胞数分别为 $N_1$，$N_2$，$N_3$，单个晶粒包含 $N(N=N_1N_2N_3)$个晶胞。若晶胞的基矢表示为 $\boldsymbol{a}$，$\boldsymbol{b}$，$\boldsymbol{c}$，设第 $j$ 个晶胞的位置坐标为$(m, n, p)$，这里 $m$，$n$，$p$ 为整数，其位矢 $\boldsymbol{r}_j=m\boldsymbol{a}+n\boldsymbol{b}+p\boldsymbol{c}$，$m\in(0,N_1), n\in(0,N_2)$, $p\in(0,N_3)$，设倒易点阵矢量 $\boldsymbol{r}_{\xi\eta\zeta}^*=\xi\boldsymbol{a}^*+\eta\boldsymbol{b}^*+\zeta\boldsymbol{c}^*$，$\boldsymbol{a}^*,\boldsymbol{b}^*,\boldsymbol{c}^*$ 为倒易点阵晶胞基矢。倒易点阵矢量在倒空间视为连续变化，因此这里 $\xi,\eta,\zeta$ 不再是整数 $HKL$，而是可以连续变化的，故称为流动坐标，如图 2.23 所示。

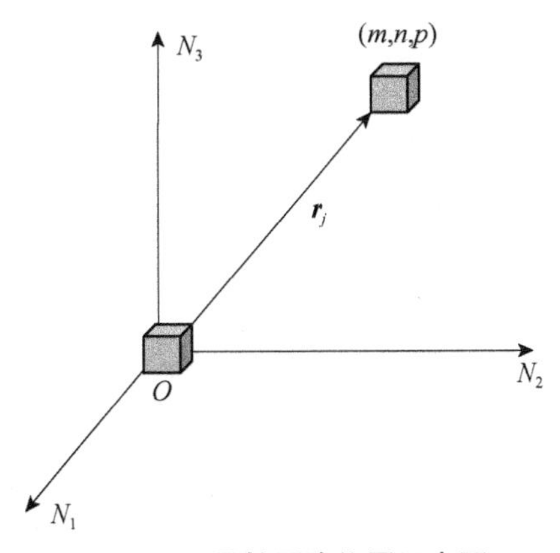


图 2.23　晶粒原胞位置示意图

晶粒中第 $j$ 个晶胞与位于原点 $O$ 处的晶胞相位差为

$$\varphi_j = \frac{2\pi}{\lambda}\delta_j = \frac{2\pi}{\lambda}(\boldsymbol{r}_j \cdot \hat{\boldsymbol{s}} - \boldsymbol{r}_j \cdot \hat{\boldsymbol{s}}_0) = \boldsymbol{r}_j \cdot \frac{2\pi}{\lambda}(\hat{\boldsymbol{s}} - \hat{\boldsymbol{s}}_0) = \boldsymbol{r}_j \cdot \boldsymbol{r}^*_{\xi\eta\zeta} = 2\pi(m\xi + n\eta + p\zeta) \tag{2.112}$$

式中利用了 $2\pi\frac{\hat{\boldsymbol{s}} - \hat{\boldsymbol{s}}_0}{\lambda} = \boldsymbol{r}^*_{\xi\eta\zeta}$。利用前面所得一个晶胞的散射振幅为 $A_b = A_e F_{HKL}$，因此一个晶粒的散射振幅是这些晶胞的散射振幅的叠加，即

$$A_m = A_b \sum_{j=1}^{N} e^{i\varphi_j} = A_e F_{HKL} \sum_{j=1}^{N} e^{i\varphi_j} \tag{2.113}$$

设 $G = A_m / A_b$，式中 $A_m$ 为单个晶粒的散射振幅，$A_b$ 为单个晶胞的散射振幅，并令

$$G_1 = \sum_{m=0}^{N_1-1} e^{i2\pi m\xi}, \quad G_2 = \sum_{n=0}^{N_2-1} e^{i2\pi m\eta}, \quad G_3 = \sum_{p=0}^{N_3-1} e^{i2\pi m\zeta} \tag{2.114}$$

则 $G = G_1 G_2 G_3$，其模的平方为

$$|G|^2 = (G_1^* G_2^* G_3^*) \times (G_1 G_2 G_3) = |G_1|^2 |G|_2^2 |G_3|^2 \tag{2.115}$$

$|G|^2$ 称为干涉函数。由数学公式

$$\sum_{n=0}^{N-1} x^n = \frac{1 - x^N}{1 - x} \tag{2.116}$$

利用（2.116）式，将（2.115）式中的分项 $|G_1|^2$ 写为

$$|G_1|^2 = \sum_{m=0}^{N_1-1} e^{2\pi i m\xi} \sum_{m=0}^{N_1-1} e^{-2\pi i m\xi} = \frac{1 - e^{2\pi i N_1 \xi}}{1 - e^{2\pi i \xi}} \times \frac{1 - e^{-2\pi i N_1 \xi}}{1 - e^{-2\pi i \xi}} = \frac{2 - (e^{2\pi i N_1 \xi} + e^{-2\pi i N_1 \xi})}{2 - (e^{2\pi i \xi} + e^{-2\pi i \xi})} \tag{2.117}$$

再根据欧拉公式，可将（2.117）式写成三角函数形式，即

$$|G_1|^2 = \frac{\sin^2(\pi N_1 \xi)}{\sin^2(\pi\xi)} \tag{2.118}$$

同样可以得到

$$|G_2|^2 = \frac{\sin^2(\pi N_2 \eta)}{\sin^2(\pi\eta)}, \quad |G_3|^2 = \frac{\sin^2(\pi N_3 \zeta)}{\sin^2(\pi\zeta)} \tag{2.119}$$

由此可将干涉函数表示为

$$|G|^2 = \frac{\sin^2(\pi N_1 \xi\eta)}{\sin^2(\pi\xi)} \times \frac{\sin^2(\pi N_2 \eta)}{\sin^2(\pi\eta)} \times \frac{\sin^2(\pi N_3 \zeta)}{\sin^2(\pi\zeta)} \tag{2.120}$$

由于散射强度与散射振幅模的平方成正比，即得小晶粒的散射强度为

$$I_m = |G|^2 I_b = I_e |G|^2 F_{HKL}^2 \tag{2.121}$$

干涉函数$|G|^2$代表了单晶体的散射强度与晶胞的散射强度之比，其空间分布代表了单晶体的散射强度在$\xi$、$\eta$、$\zeta$三维空间中的分布规律。

图 2.24 是利用（2.118）式画出的一维方向的干涉函数分布曲线，可以明显看出这一函数是由主峰和若干个副峰组成。图中给出了原胞个数分别为 5，15，25，75 时的干涉函数曲线。例如，晶胞个数为 5 时，在一个周期内，副峰个数为 3。可以证明对于$N_1$个原胞的情况，副峰个数为$N_1-2$。靠近主峰的第一个副峰比主峰强度弱两个数量级，第二个副峰则更弱。实际上，随着晶胞个数增多，主峰强度越来越强，峰宽也变窄。当$N$=75 时，副峰非常弱，可以忽略不计，因此就可以只考虑主峰。主峰的最大值可以用洛必达法则进行求解

$$|G_1|^2=\frac{\sin^2(\pi N_1\xi)}{\sin^2(\pi\xi)}=\frac{N_1\sin(2\pi N_1\xi)}{\sin(2\pi\xi)}=\frac{N_1^2\cos(2\pi N_1\xi)}{\cos(2\pi\xi)}=N_1^2 \tag{2.122}$$

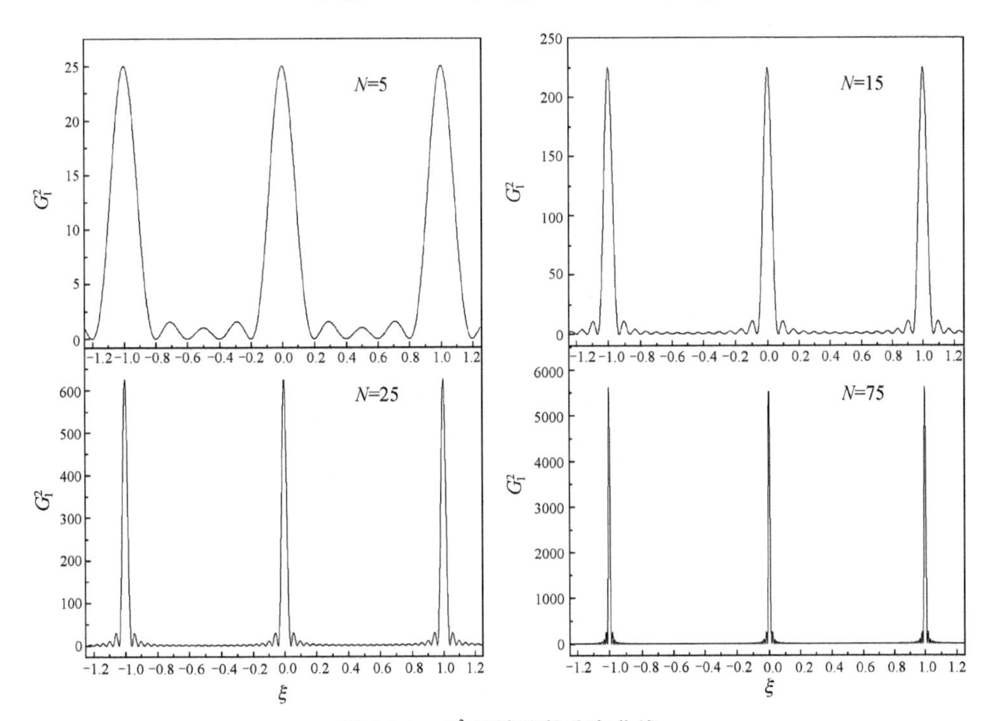


**图 2.24　$G_1^2$干涉函数分布曲线**

由此可见，主峰强度为$N_1^2$，主峰的面积代表主峰的积分强度，应正比于主峰底宽和峰高的乘积，即$\frac{2}{N_1}\times N_1^2$。当$|G_1|^2=0$时，$\xi=H\pm\frac{1}{N_1}$，即主峰分布在$\xi=H\pm\frac{1}{N_1}$范围内，由此可得主峰的宽度为$\frac{2}{N_1}$。从图中还可以看出，主峰的分

布范围即底宽为副峰底宽的两倍。以上是对于一维情况的分析，可以推广至三维。不难发现，当流动坐标 $\xi = H$，$\eta = K$，$\zeta = L$ 时，主峰的强度具有最大值，而且与 $N^2$ 成正比，主峰的积分强度与 $N$ 成正比。

由此可见，只在一定的方向上产生衍射线，且每条衍射线本身还具有一定的强度分布范围。衍射强度在空间的分布取决于 $N_1$，$N_2$，$N_3$ 的大小，而 $N_1$，$N_2$，$N_3$ 又决定了晶体的形状，故 $|G_1|^2$ 也被称为形状因子。干涉函数在倒易空间中对应倒易体元，称为选择反射区，反射球与选择反射区的任何部位相交都能产生衍射，而选择反射区的大小和形状是由晶体的尺寸决定的。因为干涉函数主峰底宽与 $N$ 成反比，所以，选择反射区的大小和形状与晶体尺寸成反比。图 2.25（a）画出了选择反射区和反射球的几何关系。

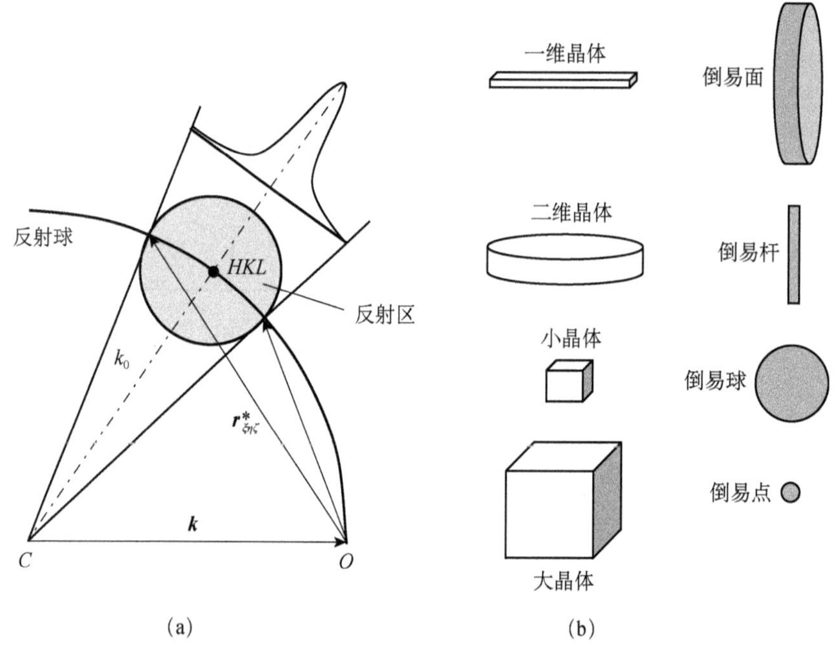


**图 2.25　选择反射区图（a）和不同晶粒尺寸对应的倒易点阵形状（b）**

不同维度的小晶粒意味着晶胞个数 $N_1$，$N_2$，$N_3$ 不相等，对应的选择反射区形状也不一样，如图 2.25（b）所示。对于一维晶体，即 $N_1 \to \infty$，而 $N_2$，$N_3$ 都很小，则 $\frac{1}{N_1} \to 0$，而 $\frac{1}{N_2}$，$\frac{1}{N_3}$ 都很大，因此有 $\xi = H$，$\eta = K \pm \frac{1}{N_2}$，$\zeta = L \pm \frac{1}{N_3}$，选择反射区为片状；对于二维晶体，即 $N_1 \to \infty$，$N_2 \to \infty$，而 $N_3$ 很小，则 $\frac{1}{N_1} \to 0$，$\frac{1}{N_2} \to 0$，而 $\frac{1}{N_3}$ 很大，因此有 $\xi = H$，$\eta = K$，$\zeta = L \pm \frac{1}{N_3}$，选择反射区为

杆状；对于三维小晶体，则 $N_1$，$N_2$，$N_3$ 都很小，$\frac{1}{N_1}$，$\frac{1}{N_2}$，$\frac{1}{N_3}$ 都很大，因此有 $\xi = H+\frac{1}{N_1}$，$\eta = K \pm \frac{1}{N_2}$，$\zeta = L \pm \frac{1}{N_3}$ 选择反射区为球状；对于三维理想大晶体，即 $N_1$，$N_2$，$N_3 \to \infty$，因此有 $\xi = H$，$\eta = K$，$\zeta = L$，选择反射区为点状。

选择反射区的大小和形状与晶体结构密切相关，反射球与不同形状的选择反射区相交，便会得到不同特征的衍射花样。可以根据衍射花样的这种异常特征来研究晶体中的各种不完整性，例如，晶粒的细化和微观应力使选择反射区变大，衍射花样就会变宽。

### 2.3.3　粉末多晶的散射积分强度

X射线衍射束的强度除了与晶体结构有关外，还受入射X射线发散度的影响，通过转动晶体能使具有一定发散度的入射光束中每一个入射线都有机会以严格的布拉格反射参加衍射，所以，单晶体的散射积分强度经过计算得到的结果应为

$$I_{积} = I_e F_{HKL}^2 \frac{\lambda^3}{V_0^2} \Delta V \frac{1}{\sin(2\theta)} = I_0 \frac{e^4}{(4\pi\varepsilon_0)^2 m^2 c^4} F_{HKL}^2 \frac{1+\cos^2(2\theta)}{2\sin(2\theta)} \frac{\lambda^3}{V_0^2} \tag{2.123}$$

式中，$\Delta V$ 为单晶体的体积。

接下来，可根据图2.26的几何关系，对单晶体的散射积分强度表达式（2.123）进行详细推导。

单晶体的散射强度为

$$I_\Omega = \int_\Omega I_m \mathrm{d}\Omega = I_e F_{HKL}^2 \int_\Omega |G|^2 \mathrm{d}\Omega \tag{2.124}$$

式中，$\Omega$ 为选择反射区球面所张立体角，如图2.26所示。

单晶体的散射强度就是指单位时间内散射线的总能量，也就是求主峰下的面积所代表的积分强度。在数学上，就等于将上式对整个选择反射区积分，求出积分面积

$$I_{积} = I_e F_{HKL}^2 \int_\Omega \int_\varphi |G|^2 \,\mathrm{d}\Omega \mathrm{d}\alpha \tag{2.125}$$

式中，$\varphi$ 为倒格矢 $\boldsymbol{r}_{\xi\eta\zeta}^*$ 绕着倒格点原点 $O$ 为轴转动角度的变化范围，$\mathrm{d}\Omega$ 角在反射球面上所截取的面积为 $\mathrm{d}S = \left(\frac{2\pi}{\lambda}\right)^2 \mathrm{d}\Omega$。

当晶体转动时，$\mathrm{d}S$ 也移动一个相应的距离，$\mathrm{d}S$ 所移动的轨迹形成一个微分体积元 $\mathrm{d}V^*$。实际上，当晶体转动 $\mathrm{d}\alpha$ 角时，$\mathrm{d}S$ 沿 $CP$ 方向的位移为 $NP=PQ\cos\theta$。

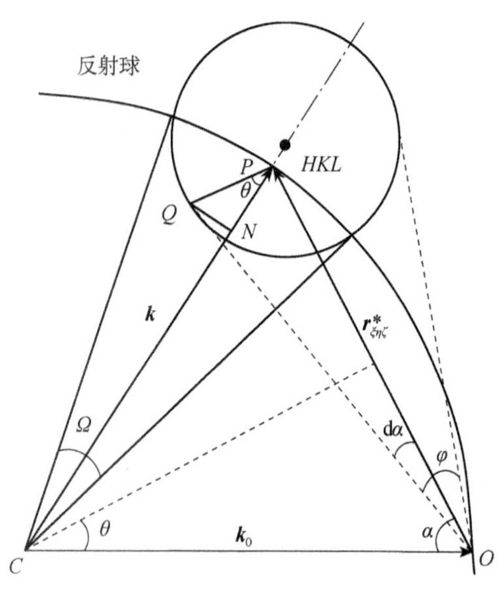


图 2.26 选择反射区衍射

而 $PQ \approx OP\mathrm{d}\alpha = \dfrac{4\pi\sin\theta}{\lambda}\mathrm{d}\alpha$，因此可得微分体积元为

$$\mathrm{d}V^* = NP\mathrm{d}S = \frac{4\pi\sin\theta\cos\theta}{\lambda}\mathrm{d}\alpha\mathrm{d}S = \left(\frac{2\pi}{\lambda}\right)^3\sin(2\theta)\mathrm{d}\alpha\mathrm{d}\Omega \tag{2.126}$$

由此可得

$$\mathrm{d}\alpha\mathrm{d}\Omega = \frac{\lambda^3}{(2\pi)^3\sin(2\theta)}\mathrm{d}V^* \tag{2.127}$$

而

$$\mathrm{d}V^* = \boldsymbol{a}^*\mathrm{d}\xi\boldsymbol{b}^*\mathrm{d}\eta\boldsymbol{c}^*\mathrm{d}\zeta = \boldsymbol{a}^*\boldsymbol{b}^*\boldsymbol{c}^*\mathrm{d}\xi\mathrm{d}\eta\mathrm{d}\zeta = V_0^*\mathrm{d}\xi\mathrm{d}\eta\mathrm{d}\zeta = \frac{(2\pi)^3}{V_0}\mathrm{d}\xi\mathrm{d}\eta\mathrm{d}\zeta \tag{2.128}$$

式中，$V_0^*$和 $V_0$ 分别为倒格子和正格子元胞体积，$V^* = \dfrac{(2\pi)^3}{V_0}$。

将（2.128）式代入（2.127）式，可得

$$\mathrm{d}\alpha\mathrm{d}\Omega = \frac{\lambda^3}{V_0\sin(2\theta)}\mathrm{d}\xi\mathrm{d}\eta\mathrm{d}\zeta \tag{2.129}$$

然后将（2.129）式代入（2.125）积分式，可以将对角度的积分转化为对流动坐标的积分，即

$$I_{积} = I_e F_{HKL}^2 \frac{\lambda^3}{V_0\sin(2\theta)}\iiint|G|^2\mathrm{d}\xi\mathrm{d}\eta\mathrm{d}\zeta \tag{2.130}$$

根据

$$G=\sum_{mnp}\mathrm{e}^{\mathrm{i}2\pi(m\xi+n\eta+p\zeta)} \tag{2.131}$$

可将$|G|^2$写为

$$|G|^2=GG^*=\sum_{mnp}\sum_{m'n'p'}\mathrm{e}^{\mathrm{i}2\pi[(m-m')\xi+(n-n')\eta+(p-p')\zeta]} \tag{2.132}$$

对$|G|^2$的三重积分可写为

$$\iiint|G|^2\mathrm{d}\xi\mathrm{d}\eta\mathrm{d}\zeta=\sum_{m}\sum_{m'}\int\mathrm{e}^{\mathrm{i}2\pi(m-m')\xi}\mathrm{d}\xi\sum_{n}\sum_{n'}\int\mathrm{e}^{\mathrm{i}2\pi(n-n')\eta}\mathrm{d}\eta\sum_{p}\sum_{p'}\int\mathrm{e}^{\mathrm{i}2\pi(p-p')\zeta}\mathrm{d}\zeta \tag{2.133}$$

在倒易空间中，选择反射区最大变化范围只能在±1/2之间，因此把（2.123）式中的各积分极限均取±1/2。以第一项为例进行积分，有

$$\int_{-1/2}^{1/2}\mathrm{e}^{\mathrm{i}2\pi(m-m')\xi}\mathrm{d}\xi=\frac{\sin[\pi(m-m')]}{\pi(m-m')}=\begin{cases}0, & m\neq m'\\ 1, & m=m\end{cases} \tag{2.134}$$

因此得

$$\int_{-1/2}^{1/2}\mathrm{e}^{\mathrm{i}2\pi(m-m')\xi}\mathrm{d}\xi=N_1 \tag{2.135}$$

同理可得其余两项，就有

$$\iiint|G|^2\,\mathrm{d}\xi\mathrm{d}\eta\mathrm{d}\zeta=N_1N_2N_3=N \tag{2.136}$$

式中，$N$为单晶体中的晶胞数。如果单晶体的体积为 $\Delta V$，晶胞的体积为$V_0$，则$N=\Delta V/V_0$，故（2.136）式可写为

$$\iiint|G|^2\,\mathrm{d}\xi\mathrm{d}\eta\mathrm{d}\zeta=\frac{\Delta V}{V_0} \tag{2.137}$$

将（2.137）式代入（2.130）式可得

$$I_{积}=I_{\mathrm{e}}\frac{1}{\sin(2\theta)}\frac{\lambda^3}{V_0^2}F_{HKL}^2\Delta V \tag{2.138}$$

一般将电子的散射强度$I_{\mathrm{e}}$作为自然单位，不考虑距离对散射强度的影响，只考虑电子本身的散射本领，可令（2.33）式中的$R$=1，因此，一个电子对X射线的散射强度可表示为

$$I_{\mathrm{e}}=I_0\frac{e^4}{(4\pi\varepsilon_0)^2m^2c^4}\frac{1+\cos^2(2\theta)}{2} \tag{2.139}$$

将（2.139）式代入（2.138）式，最后得到

$$I_{积}=I_{\mathrm{e}}\frac{1}{\sin(2\theta)}\frac{\lambda^3}{V_0^2}F_{HKL}^2\Delta V=I_0\frac{e^4}{(4\pi\varepsilon_0)^2m^2c^4}\frac{1+\cos^2(2\theta)}{2\sin(2\theta)}\frac{\lambda^3}{V_0^2}F_{HKL}^2\Delta V=I_0Q\Delta V \tag{2.140}$$

式中，

$$Q = \frac{e^4}{(4\pi\varepsilon_0)^2 m^2 c^4} \frac{1+\cos^2(2\theta)}{2\sin(2\theta)} \frac{\lambda^3}{V_0^2} F_{HKL}^2 \tag{2.141}$$

称为单位体积的反射本领。

现在所得到的公式还不能作为实际应用的计算公式，因为在各种具体的实验方法中，还存在一些与实验方法有关的影响因素。各种不同实验方法都有自己的衍射强度公式，实际工作中，劳厄法和转动晶体法很少需要计算衍射强度，但多晶粉末法对于衍射强度的测量和计算却具有很重要的意义。接下来，我们将讨论多晶粉末法的衍射强度。

图 2.27 为粉末多晶埃瓦尔德图解。用 $q$ 代表样品中被 X 射线照射体积中的单晶（晶粒）总数，$\Delta q$ 是参加散射的晶粒数，$\Delta S$ 与倒易球的面积 $S$ 之比来表示参加衍射的晶面数的百分比，而指数一定的晶面数与晶粒数是一一对应的。故参加衍射的晶面数的百分比等于参加衍射的晶粒数的百分比，即

$$\frac{\Delta q}{q} = \frac{\Delta S}{S} = \frac{2\pi \frac{2\pi}{d_{HKL}} \sin(90° - \theta) \cdot \frac{2\pi}{d_{HKL}} \cdot \mathrm{d}\theta}{4\pi \left( \frac{2\pi}{d_{HKL}} \right)^2} = \frac{\cos\theta}{2} \mathrm{d}\theta \tag{2.142}$$

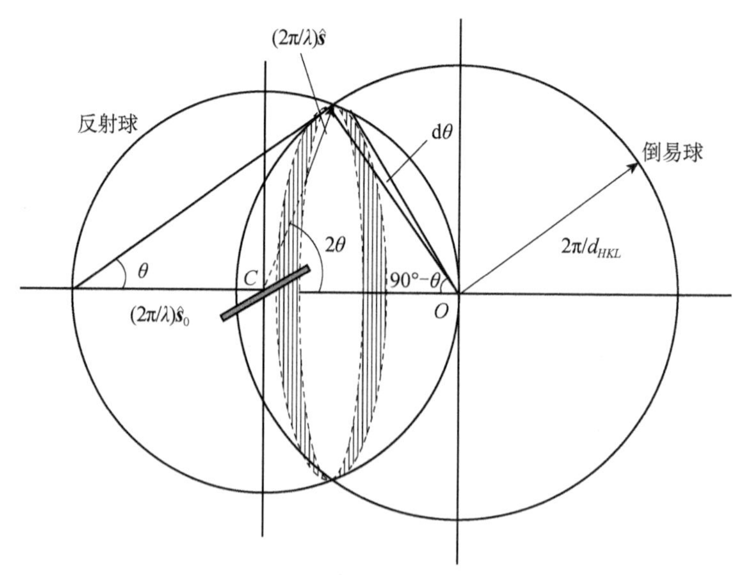


图 2.27 粉末多晶埃瓦尔德图解

由此可得

$$\Delta q = q \cdot \frac{\cos\theta}{2}\mathrm{d}\theta, \quad I_{多} = \Delta q \cdot I_{积} \tag{2.143}$$

式中，$I_{多}$为多晶体的衍射强度。将（2.138）式代入（2.143）式的右边式，可得

$$\begin{aligned} I_{多} &= \Delta q I_{\mathrm{e}} F_{HKL}^2 \frac{\lambda^3}{V_0^2} \cdot \Delta V \cdot \frac{1}{\sin(2\theta)} = q\frac{\cos\theta}{2} I_{\mathrm{e}} F_{HKL}^2 \frac{\lambda^3}{V_0^2} \cdot \Delta V \cdot \frac{1}{\sin(2\theta)} \\ &= q\Delta V \frac{\cos\theta}{2} I_{\mathrm{e}} F_{HKL}^2 \frac{\lambda^3}{V_0^2} \cdot \frac{1}{2\sin\theta\cos\theta} \end{aligned} \tag{2.144}$$

式中，$\Delta V$ 为单晶体（一个晶粒）的体积，$q\Delta V=V$ 为多晶体中被 X 射线照射的体积，$V_0$ 为晶胞体积。整理（2.144）式后得

$$I_{多} = I_{\mathrm{e}} F_{HKL}^2 \frac{\lambda^3}{V_0^2} \cdot V \cdot \frac{1}{4\sin\theta} \tag{2.145}$$

在实际工作中所测量的并不是整个衍射圆环的积分强度，而是衍射圆环单位长度上的积分强度。图 2.28 为粉末样品衍射几何，衍射圆环的半径为 $R\sin(2\theta)$，周长是 $2\pi R\sin(2\theta)$，所以有

$$I = \frac{I_{多}}{2\pi R\sin(2\theta)} = I_{\mathrm{e}} F_{HKL}^2 \frac{\lambda^3}{V_0^2} \cdot V \cdot \frac{1}{4\sin\theta} \cdot \frac{1}{2\pi R\sin(2\theta)} = \frac{1}{16\pi R} I_{\mathrm{e}} F_{HKL}^2 \frac{\lambda^3}{V_0^2} \cdot V \cdot \frac{1}{\sin^2\theta\cos\theta} \tag{2.146}$$

将（2.139）式代入（2.146）式，最后可得单位长度上的积分强度为

$$I = \frac{I_0}{32\pi R} \cdot \frac{e^4}{(4\pi\varepsilon_0)^2 m^2 c^4} \cdot F_{HKL}^2 \frac{\lambda^3}{V_0^2} \cdot V \cdot \frac{1+\cos^2(2\theta)}{\cos\theta\sin^2\theta} = I_0 Q V \tag{2.147}$$

式中，令 $Q = \frac{1}{32\pi R} \cdot \frac{e^4}{(4\pi\varepsilon_0)^2 m^2 c^4} \cdot F_{HKL}^2 \frac{\lambda^3}{V_0^2} \cdot \frac{1+\cos^2(2\theta)}{\cos\theta\sin^2\theta}$。

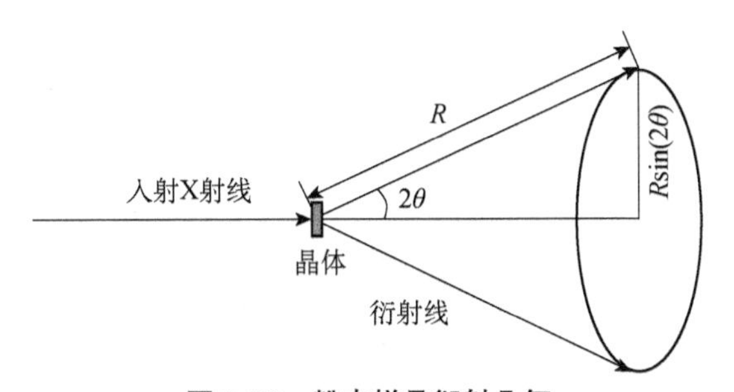


图 2.28　粉末样品衍射几何

## 2.3.4　影响多晶衍射强度的其他因素

X 射线衍射强度受到诸多因素的影响，包括几何结构因子、角因子、多重性因子、吸收因子和温度因子等，下面分别给予介绍。

1. 几何结构因子对衍射强度的影响

晶体属于不同晶系，组成晶体的原子不同，原子在晶胞中排列的情况不同，这些因素对衍射结果起决定性的影响。衍射强度与几何结构因子模的平方成正比，当满足衍射条件后，是否能观察到一定强度的衍射线，还取决于原子在晶胞内的分布，只有在几何结构因子不为零的情况下才能出现衍射线，而不同原子组成的晶体，其衍射线的强度大小也不一样。

2. 角因子对衍射强度的影响

积分衍射强度公式（2.147）式中$\frac{1+\cos^2(2\theta)}{\cos\theta\sin^2\theta}$称为角因子，它由两部分组成，一部分是由衍射几何特征而引入的洛伦兹因子$L=\frac{1}{\sin^2\theta\cos\theta}$，另一部分是由单电子散射引入的偏振因子$P=\frac{1+\cos^2(2\theta)}{2}$，这两种因子都与衍射角度有关，因此，被统称为洛伦兹-偏振因子（Lorentz polarization factor，LP）。洛伦兹因子是考虑衍射线偏离和弥散对衍射强度的影响，而偏振因子的引入是由于非偏振光照射到样品上后，受电子的散射作用出现偏振化，从而对衍射强度造成影响。洛伦兹-偏振因子强烈依赖于布拉格角，如图 2.29 所示。在 $2\theta\approx80°\sim120°$ 范围内都接近其最小值，在低角度和高角度区域会迅速增加。

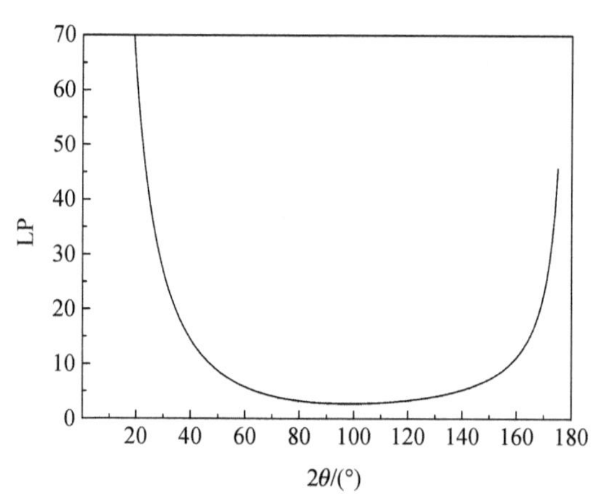


图 2.29　角因子与衍射角 $2\theta$ 之间的关系

3. 多重性因子对衍射强度的影响

在多晶 X 射线衍射中，由于存在晶体对称性，因此某些晶面具有相同的面间距。根据布拉格公式，这些晶面具有相同的衍射角，因此这些衍射峰将叠加在一起，例如，对于正交晶系，晶面族（$hkl$）具有 8 个等效的晶面，即 $(hkl)$,

$(\bar{h}kl),(h\bar{k}l),(hk\bar{l}),(\bar{h}\bar{k}l),(h\bar{k}\bar{l}),(\bar{h}k\bar{l}),(\bar{h}\bar{k}\bar{l})$，可以表示为$\{hkl\}$，对称性重叠数称为多重性因子（multiplicity factor），用 $P$ 表示，即多晶体同一（$hkl$）晶面族中等同晶面的数目。此值愈大，这种晶面获得衍射的概率就愈大，对应的衍射线就愈强，其衍射强度为

$$I=\frac{I_0}{32\pi R}\cdot\frac{e^4}{(4\pi\varepsilon_0)^2m^2c^4}\cdot F_{HKL}^2\frac{\lambda^3}{V_0^2}\cdot V\cdot\frac{1+\cos^2(2\theta)}{\cos\theta\sin^2\theta}\cdot P \tag{2.148}$$

表 2.4 列出了不同晶系不同晶面的多重性因子的数值，多重性因子的数值随晶系及晶面指数而变化。在计算衍射强度时，$P$ 的数值只要查表即可获得。

**表 2.4　不同晶系不同晶面的多重性因子**

| 晶系 | 多重性因子 | | | | | | |
|---|---|---|---|---|---|---|---|
| 立方晶系 | $\{hkl\}$ 48 | $\{hhl\}$ 24 | $\{hk0\}$ 24 | $\{hh0\}$ 12 | $\{hhh\}$ 8 | $\{h00\}$ 6 | |
| 四方晶系 | $\{hkl\}$ 16 | $\{hhl\}$ 8 | $\{h0l\}$ 8 | $\{hk0\}$ 8 | $\{hh0\}$ 4 | $\{h00\}$ 4 | $\{00l\}$ 2 |
| 三方<br>六方晶系 | $\{hkl\}$ 24 | $\{hhl\}$ 12 | $\{h0l\}$ 12 | $\{hk0\}$ 12 | $\{hh0\}$ 6 | $\{h00\}$ 6 | $\{00l\}$ 2 |
| 斜方晶系 | $\{hkl\}$ 8 | {h0$l$} 4 | $\{hk0\}$ 4 | $\{0kl\}$ 4 | $\{h00\}$ 2 | $\{0k0\}$ 2 | $\{00l\}$ 2 |
| 单斜晶系 | $\{hkl\}$ 4 | $\{h0l\}$ 2 | $\{h00\}$ 2 | | | | |

4. 吸收因子对衍射强度的影响

衍射线通过样品后会存在一定程度的吸收，从而使衍射强度有所降低。为了考虑样品吸收对强度的影响，通常在衍射强度公式上乘以吸收因子。如果样品为均匀的、X 射线不可穿透的平板样品，则衍射强度不受吸收的影响。与此相反，如果 X 射线衍射线穿透样品，在布拉格角各个方向上就会受到样品吸收的影响。吸收因子 $A$ 定义为有吸收时的衍射强度 $I'$和无吸收时的衍射强度 $I$ 之比，即

$$A=\frac{I'}{I} \tag{2.149}$$

由（2.147）式 $I=I_0QV$，以及 $I'=I_0Q\int\exp(-\mu l)\,\mathrm{d}V$（$\mu$ 为物质的线吸收系数，$l$ 为入射 X 射线和衍射 X 射线在晶体中走过的路程），可得

$$A=\frac{I'}{I}=\frac{1}{V}\int\exp(-\mu l)\,\mathrm{d}V \tag{2.150}$$

式中，$V$ 为样品被 X 射线照射的体积。

对于平板样品，吸收因子可写为

$$A = \frac{1}{S_0}\int \exp(-\mu l)\,\mathrm{d}V \tag{2.151}$$

式中，$S_0$为入射X射线束照射样品的面积。

如图2.30所示，当X射线产生衍射时，布拉格角为$\theta$，试样厚度为$t$，考虑样品中的体积元$\mathrm{d}V = (S_0 / \sin\theta)\mathrm{d}x$，入射X射线和衍射X射线在晶体中走过的路程应为$2x / \sin\theta$，根据（2.151）式，则有

$$A = \frac{1}{S_0}\int_0^t (\exp(-2\mu x / \sin\theta)S_0 / \sin\theta)\,\mathrm{d}x = \frac{1}{2\mu}[1-\exp(-2\mu t / \sin\theta)] \tag{2.152}$$

这种情况意味着，在吸收系数比较小，或者样品足够薄的情况下，X射线能够穿透样品，吸收因子与布拉格角有关。当试样厚度$t \to \infty$时，就有

$$A = \frac{1}{2\mu} \tag{2.153}$$

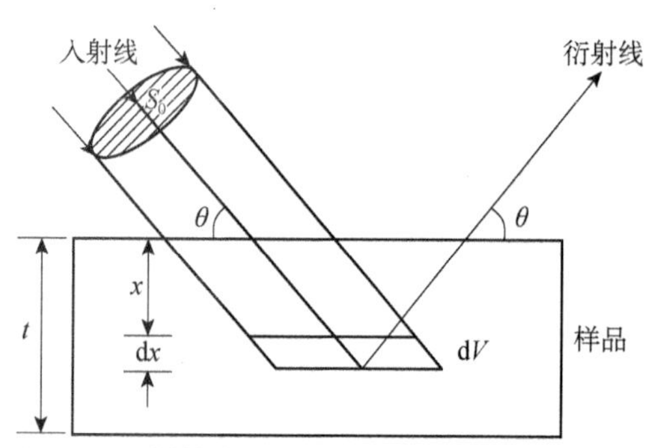

图2.30　板状式样反射衍射线吸收因子的计算

另外，由于试样的吸收，使得样品表面层对衍射强度有较大的贡献，称为表面层效应。从表面层到深度为$t$的厚度范围内所得衍射强度$I_t$与样品无穷厚时的衍射强度$I_\infty$之比为

$$\frac{I_t}{I_\infty} = \frac{I_0 Q\int_0^t (\exp(-2\mu x / \sin\theta)S_0 / \sin\theta)\,\mathrm{d}x}{I_0 Q\int_0^\infty (\exp(-2\mu x / \sin\theta)S_0 / \sin\theta)\,\mathrm{d}x} = 1-\exp(-2\mu t / \sin\theta) \tag{2.154}$$

在有限厚度范围内，样品表面层所贡献的强度占总强度的比例一般都比较大，这时需要考虑表面效应。因此，在制作测量样品时，要特别注意表面的质量问题。

对吸收系数进行强度校正的困难在于很难获得有效吸收系数的具体数值。事实上，在样品的尺寸和成分已知的情况下，对于均匀致密的样品很容易计算

得到线吸收系数。对于粉末样品来说，不测量出密度就无法确定吸收系数。在实际应用当中，如精修时，在计算衍射强度时常采用联合参数 $\mu_{\mathrm{eff}}t$ 进行精修或估算。另外，对于粉末样品，密度与厚度有关，这就是所谓的孔隙度效应，为了解决这一问题，人们采用了下列经验式进行处理，即

$$A=\frac{1-a_1(1/\sin\theta-a_2/\sin^2\theta)}{1-a_1(1-a_2)} \tag{2.155}$$

或

$$A=\frac{a_1+(1-a_1)\exp(-a_2/\sin\theta)}{a_1+(1-a_1)\exp(-a_2)} \tag{2.156}$$

式中，$a_1$ 和 $a_2$ 为精修时两个可变量。实际上两个近似方法都能给出相同的结果，只是在低布拉格角度下采用后一个经验式，计算结果效果更好一些。

5. 温度因子对衍射强度的影响

前面在介绍衍射强度的推导过程中没有考虑温度的影响，认为原子在格点位置固定不动。事实并非如此，晶体中的原子每时每刻都在做热运动，即围绕其平衡位置作振动，温度越高，振幅越大，这种振动将改变原子之间的相位差。从倒空间的概念来考虑，意味着热振动使晶体的倒格点不是严格的几何点，而是扩展成具有一定体积大小的弥散圆斑，因而不能严格地满足布拉格方程，导致布拉格衍射峰强度有所降低。此外，热运动会造成热漫散射，这是由于，整个晶体正常位置的格点由于热振动引起许多频率和传播方向不同的弹性波的叠加，每一组弹性波都对X射线散射作出贡献，所以热漫散射图样是邻近正常衍射斑点的一些强度不均匀的散射区图样的叠加。热漫散射会使背景加强，热漫散射随 $\frac{\sin\theta}{\lambda}$ 数值的增加而增加。虽然热漫散射不会影响强度的计算，但会影响衍射图的清晰度。综合考虑温度的影响，需要引入一个校正因子，即温度因子，定义为考虑原子热振动时的衍射强度与未考虑原子热振动时的衍射强度之比，即

$$\text{温度因子}=\frac{\text{考虑原子热振动时的衍射强度}}{\text{未考虑原子热振动时的衍射强度}} \tag{2.157}$$

温度因子可写为

$$D=\mathrm{e}^{-2M} \tag{2.158}$$

其中，

$$M=\frac{6h^2T}{m_{\mathrm{a}}k_{\mathrm{B}}\Theta}\left[\varphi(\chi)+\frac{\chi}{4}\right]\frac{\sin^2\theta}{\lambda^2} \tag{2.159}$$

式中，$m_a$为原子质量；$h$为普朗克常量；$k_B$为玻尔兹曼常量；$T$为晶体的热力学温度；$\Theta$为德拜温度，$\Theta=\dfrac{h\nu_m}{k_B}$，这里$\nu_m$为固体中原子振动的最大频率；$\chi=\dfrac{\Theta}{T}$；$\varphi(\chi)$为德拜函数，可表示为

$$\varphi(\chi)=\frac{1}{\chi}\int_0^{\chi}\frac{\xi \mathrm{d}\xi}{\mathrm{e}^{\xi}-1} \tag{2.160}$$

其中，$\xi=\dfrac{h\nu}{k_B T}$，这里$\nu$为固体中原子振动频率。

由此可见，在衍射角一定的条件下，温度越高，$M$越大，温度因子$D=\mathrm{e}^{-2M}$就越小，对衍射强度的影响就越大。上述关系式是由德拜（P. Debye）和沃勒（I. Waller）建立的，故温度因子又称为德拜–沃勒因子。

考虑了以上综合因素之后，衍射强度公式最终可表示为

$$I=\frac{I_0}{32\pi R}\cdot\frac{e^4}{(4\pi\varepsilon_0)^2 m^2 c^4}\cdot F_{HKL}^2\cdot\frac{\lambda^3}{V_0^2}\cdot V\cdot\frac{1+\cos^2(2\theta)}{\cos\theta\sin^2\theta}\cdot P\cdot A\cdot\mathrm{e}^{-2M} \tag{2.161}$$

6. 各向异性因子

当样品中晶粒的形状完全相同，晶粒的个数足够多时，测量样品的晶粒朝向在三维空间是随机分布的，故概率是一样的。但是，由于晶粒的形状一般不是各向同性的，例如，片状和针状的晶粒就是形状各向异性的，这就会导致非随机的晶体朝向分布。非随机朝向分布就称为择优取向，例如针状晶粒的粉末样品，在制成片状样品时，针状晶粒取向倾向于平行于表面排列，这就会导致衍射强度在相当大程度上出现变形。因此，在实验中应该尽量避免择优取向的存在。在不能消除择优取向的情况下，就需要从理论上考虑择优取向的影响。例如，针状颗粒的择优取向因子$T_{hkl}$可以写为

$$T_{hkl}=\frac{1}{N}\sum_{i=1}^{N}[1+(\tau^2-1)\cos\phi_{hkl}^i]^{-1/2} \tag{2.162}$$

式中，$N$为倒格点个数；$\tau$为择优取向参数，由衍射数据精修而得；$\phi_{hkl}$为相对于择优取向轴的夹角。

7. 消光效应

这里指的消光不是结构消光，而是来自于单晶晶粒或镶嵌块晶粒的反射波减弱现象，如图 2.31 所示。来自于一个单晶体的反射波，一部分会发生背散射射入晶体，使得反射光强度减弱。这种在完整晶体块中引起 X 射线衍射束强度明显减弱的现象称为原消光，如图 2.31（a）所示；来自于不同镶嵌块的反射

波，通常与入射波的相位不一致，其强度会由于相消干涉而降低，如图 2.31（b）所示。这种由于相互平行的镶嵌块使得衍射线减弱的现象称为二次消光。考虑原消光和二次消光时，应在积分强度公式中加入修正项，但由于这种消光通常是小于仪器误差的，一般不会在多晶材料的衍射中被检测到，所以总是可以被忽略掉的。

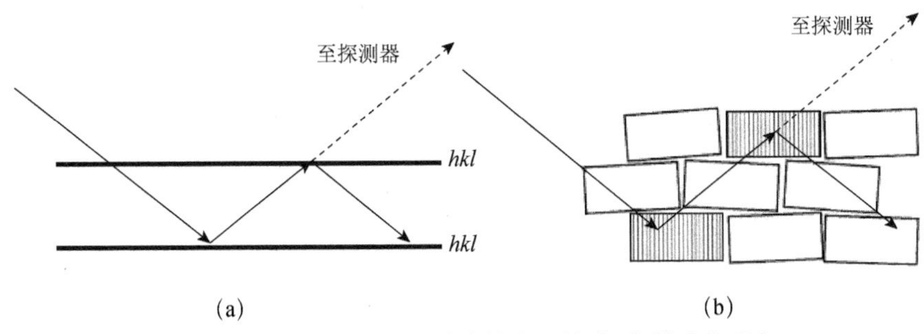


图 2.31　单晶体（a）和镶嵌块多晶体（b）的消光现象

事实上，我们所指的布拉格峰的强度，一个是指峰的最大值，这个在图中很直观，而且容易测量，因此在样品的定量分析时被广泛使用。但是，在定量分析时，由于仪器和样品的因素影响，布拉格峰会发生展宽，即使同一个样品的同一个布拉格峰，测出的峰形也是不一样的。另一方面，虽然衍射峰有显著的展宽，但其面积在很多情况下却保持不变，图中阴影部分代表衍射峰的积分强度，简称为强度。在 X 射线衍射中，真正测量的强度是粉末衍射图中不同点的强度，被称为线强度，如图 2.32 所示。线强度标注为 $Y_i$，下标 $i$ 代表测量点的序列号。假设采集衍射数据点时利用恒定的步长 $2\theta$，把每个点的背底减掉，在每个峰的范围内，把每个测量线强度（$Y$ 坐标）相加，就得到了这个峰的面积，即为积分强度。衍射面（$hkl$）布拉格峰的数值积分强度可以表示为

$$I_{hkl} = \sum_{i=1}^{j} (Y_{io} - b_i) \tag{2.163}$$

式中，$j$ 为测量时某个布拉格峰采集点的总个数，$Y_{io}$ 和 $b_i$ 分别为观察值和背底值。

考虑到各种因素后，归纳起来，粉末衍射的积分强度最终可以表示为

$$I_{hkl} = K \cdot P_{hkl} \cdot L_\theta \cdot P_\theta \cdot A_\theta \cdot T_{hkl} \cdot E_{hkl} \cdot F_{hkl}^2 \tag{2.164}$$

式中，$K$ 为比例因子，$P_{hkl}$ 为多重性因子，$L_\theta$ 为洛伦兹因子，$P_\theta$ 为偏振因子，$A_\theta$ 为吸收因子，$T_{hkl}$ 择优取向因子，$E_{hkl}$ 为消光因子，$F_{hkl}$ 为几何结构因子。

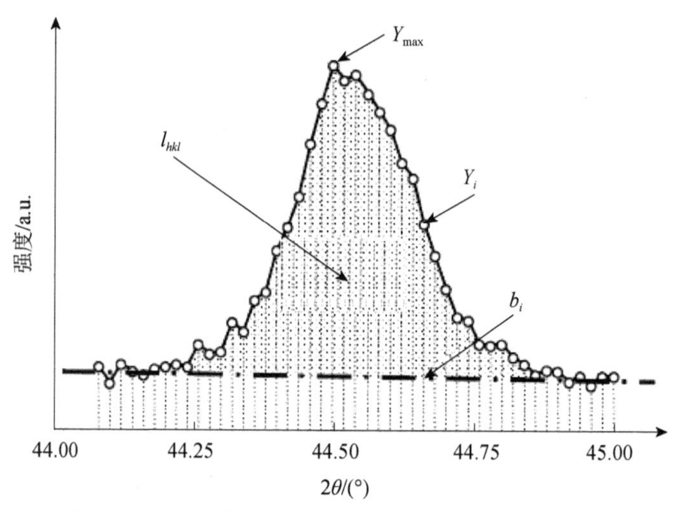


图 2.32　衍射面（*hkl*）的积分强度 $I_{hkl}$ 和线强度 $Y_{max}$

# 2.4　X 射线衍射仪结构原理

## 2.4.1　X 射线衍射仪的发展历史概述

X 射线相机是一种相对简单和精确的光学仪器，用于测量晶体的结构。早期的粉末衍射就是利用各种相机将晶体的衍射信息记录在胶片上，胶片上显示一系列变形的同轴椭圆环，对应于单个或多个布拉格角，根据胶片上衍射环的位置和强度变化（用黑白度区分）来确定晶体的结构，利用这种方法可以很容易地鉴别物质和确定其晶体结构。但是这种方法很难将这些模拟信号转变为数字信息进行记录和分析，而且由于受到胶片和仪器本身分辨率的限制，造成多个布拉格衍射峰可能会重叠在一起而难以分辨。

在过去，德拜–谢乐相机（Debye-Scherrer camera）被广泛用于晶体结构学实验室，操作起来非常方便，相机内只要装入样品和胶卷，然后曝光 2～3h 的时间，曝光时间取决于光源的亮度、相机直径、样品的结晶度以及胶卷的灵敏度，不便之处在于，需要在暗室中冲洗胶卷。图 2.33 是德拜–谢乐相机和利用此相机获得的衍射示意图。1916 年，德拜和谢乐（P. Scherrer）利用粉末衍射方法成功地测量出 LiF 的晶体结构，后来赫尔（A. W. Hull）提出[15]，并由哈那瓦特（J. D. Hanawalt）、里恩（H. W. Rinn）和弗雷维尔（L. K. Frevel）等实施制定了标准的粉末衍射图片，这使得人们能够方便地根据图像鉴别各种物质的晶体结构[16]。自此以后利用粉末衍射方法测量分析晶体的结构，受到了人们的极度推崇。

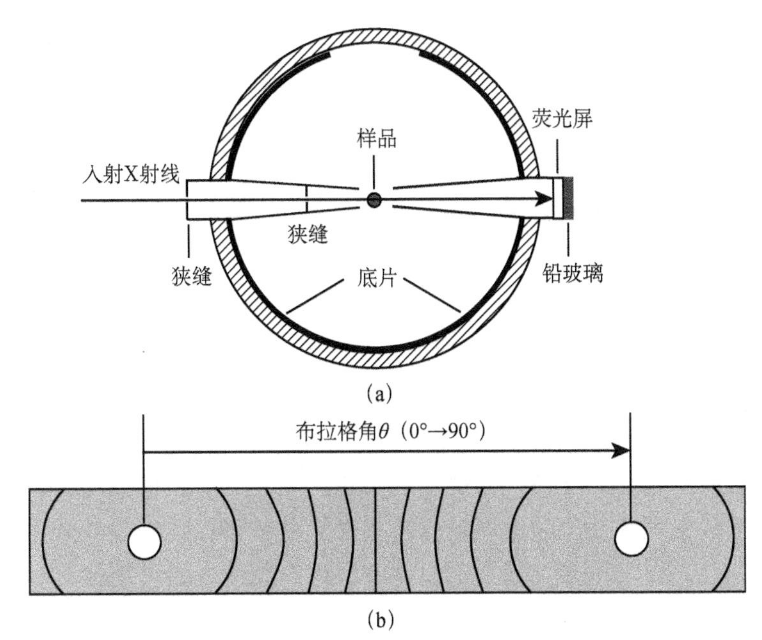


**图 2.33　德拜-谢乐相机（a）和衍射结果示意图（b）**

20 世纪 50 年代以后，随着数字信息技术的不断发展，粉末 X 射线衍射仪作为一种不可或缺的结构分析手段，得到非常广泛的应用。粉末 X 射线衍射是非常精确的结构信息分析技术手段，利用 X 射线衍射仪对材料基本性能进行表征被认为是衍射分析技术的里程碑。这种仪器能够提供衍射强度与布拉格角之间函数关系的完全数字化形式的衍射实验数据。一方面，就其本质而言，可以借助于里特沃尔德（Rietveld）分析技术，尤其是通过对布拉格反射峰的积分强度中细微异常变化造成的衍射峰形状变化的测定，可以提取出材料的结构信息细节。另一方面，由于多数制备的样品结构只能是多晶状态，因此，粉末衍射就成为唯一一种理想的结构解析手段选择。X 射线衍射仪仅记录衍射强度与布拉格角度之间的简单关系，但其功能是如此强大，以至于不同物质的结构特性会对其衍射峰具有截然不同的影响，例如，多相结构都有各自的峰位和强度。又如，当原子处于晶胞坐标系中不同位置时，或者当这些位置发生改变时，都会反映出峰强和峰位的改变，如果晶粒大小减小到一定尺寸，或者晶体发生应变和形变时，则不仅峰强和峰位发生改变，而且峰形也发生了改变。因此，粉末衍射数据包含了丰富的结构信息。

## 2.4.2 X射线衍射仪的结构

粉末衍射数据的质量常常受制于辐射源的性质、能量的影响以及仪器本身的分辨本领，因此，首先应对X射线衍射仪的结构有所认识。

X射线衍射仪由X射线源、测角台、样品台、数据采集系统以及衍射图的分析处理系统组成。当今的衍射仪还配有性能各异的计算机操作系统及数据处理系统，使测量更为便捷。下面针对X射线源、测角台、数据采集系统给予介绍。

1. X射线源

X射线源有两类：一类是常规的X射线源，即X射线管；另一类是同步辐射X射线源。X射线管是利用高能电子打在阳极靶材上产生X射线的一种装置，是实验室常用的一种产生X射线的方法，但其产生X射线的效率比较低，大部分能量转变为热能。因此，靶材需要进行冷却，否则就会熔化。第二种产生X射线的方式是将高能电子限制于储存环中，高速做圆周运动的电子向外辐射电磁波。同步辐射光源亮度高，准直性好，因为能量都转变为电磁波，不产生热能，所以对靶无须进行冷却。目前同步辐射光源的亮度可以超过普通X射线管的亮度的10个数量级以上。下面就对这两种光源分别进行介绍。

1）X射线管

A. 密封X射线管

密封X射线管是实验室传统的一种X射线产生装置，结构简单，无须安装和维护。常用的X射线管有两种类型，即密封X射线管和旋转阳极X射线管。图2.34是密封X射线管的结构示意图，它主要是由一个固定阳极靶和外加阴极灯丝组成，放置在一个金属/玻璃或金属/陶瓷密封真空容器中。输入功率在0.3～3kW，但X射线管的整体效率很低，约1%以下的能量转变为X射线，而绝大部分能量都转变为热量。因此，阳极必须进行持续冷却，以避免熔化。其工作原理是阴极灯丝（通常采用钨丝）进行电加热，使其发射电子，电子采用30～60kV的高压进行加速，形成的管电流为10～50mA。加速的高能电子打在阳极靶上，便产生X射线，X射线经过吸收比较低的铍窗口向管外发出X射线。

密封X射线管的组成包括阴极、阳极、真空室、窗口和电源等。阴极又称灯丝，一般由钨丝制成，是电子的发射源。阳极又称靶材，一般由纯金属（Cu、Co、Mo、Mg、Al等）制成，是X射线的发射源。密封管内的真空度为$10^{-3}$Pa，其目的是保证阴阳极不受污染。X射线窗口是X射线从阳极靶材射出的地方，通常有两个或四个呈对称分布，材料一般为铍金属，目的是对X射线的吸收尽可能少。阴阳极间施加有高压，产生强电场，促使阴极发射电子。当

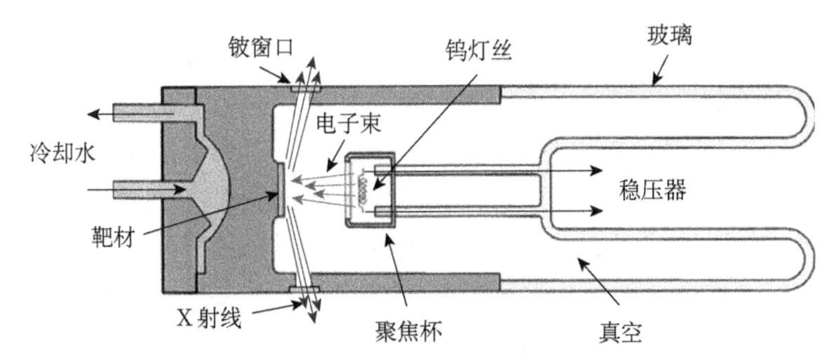


图 2.34　密封 X 射线管剖面示意图

两极电压高达数万伏时，电子从阴极发射，射向阳极靶材，电子的运动受阻，与靶材发生作用后，电子的动能大部分转化为热能散发，仅有 1%左右的动能转化为 X 射线能，通过铍窗口发射出去。

B. 旋转阳极 X 射线管

提高 X 射线强度的主要途径是增大 X 射线管的输入功率，但增大输入功率会产生更多的热量，这些热量不能及时地散发出去。使用一个旋转阳极 X 射线源可使低的散热效率得到大幅改善，其结构原理如图 2.35 所示。在圆盘形阳极靶材高速旋转的同时通以冷却水，冷却靶材。在靶材高速旋转和循环冷却水双重作用下，可以将输入功率提高到 15～18kW，甚至高达 50～60kW，是普通 X 射线管的 20 倍，这使得 X 射线的亮度得到有效提高。

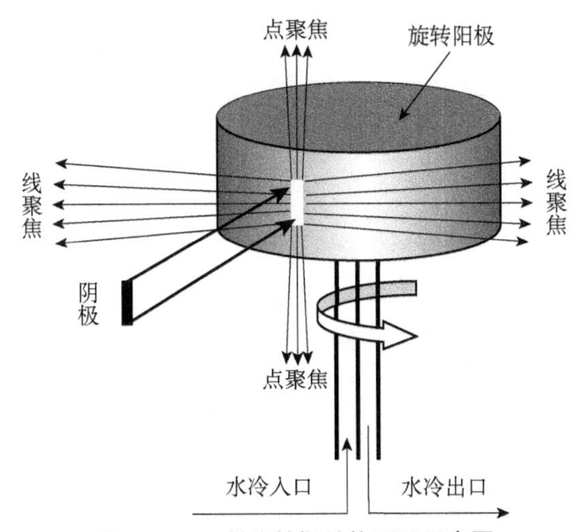


图 2.35　X 射线转靶结构原理示意图

2）同步辐射 X 射线源

自 20 世纪 60 年代以来，同步辐射光源开始兴起，其产生的 X 射线亮度和相干性都非常高，是当今最为强大的 X 射线光源。同步辐射光源输出功率超过传统 X 射线管许多数量级，巨大的能量存储于同步环中（图 2.36），由磁场控制的加速电子束在储存环中以相对论的速度运动，X 射线由储存环切线方向射出，储存环的直径可达到数百米，在离开发射处 1m 距离内，发射的 X 射线几乎是完全平行的，这就能大大地提高 X 射线衍射测量的分辨率。同步辐射光源的另一个突出优点是，可以在高强度 X 射线范围内选择需要的 X 射线波长。当今，同步辐射线站都配备有高通量的粉末衍射仪，为开展科学研究提供了极大的便利。与 X 射线管产生的 X 射线源相比，归纳起来，同步辐射光源具有如下几个方面的突出特点。

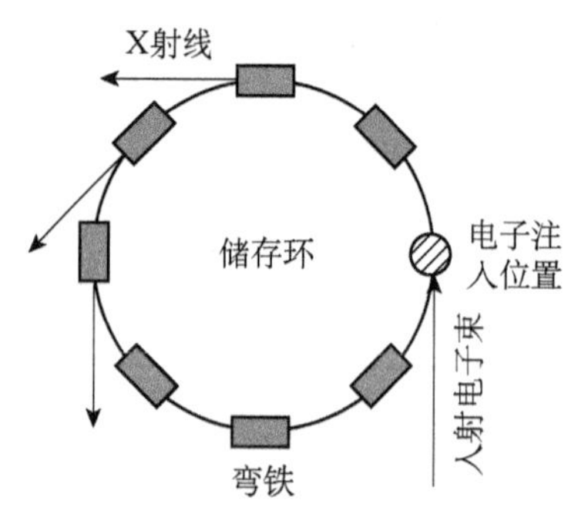


图 2.36 同步辐射光源示意图

（1）高通量和高亮度。

同步辐射 X 射线通量比常规 X 射线源要大 1～2 个数量级以上。对于第三代同步辐射光源来说，其强度比常规 X 射线光源高出几百亿倍，可达 $10^{18}$～$10^{20}$，这样可以实现高灵敏度、高空间分辨率、高时间分辨率、高角度分辨率和高能量分辨率。

（2）准直性好。

同步辐射是在运动电子轨道的切线方向发出的，发散角非常小，具有很高的准直性。例如，能量为 3GeV 的电子，其发射圆锥的半顶角仅有 $1.7\times10^{-3}$rad，由其产生的 X 射线具有高度的准直性。

（3）频谱宽且连续可调。

同步辐射 X 射线是连续辐射，波谱范围宽，利用平面光栅、晶体单色器等分光器件就可以得到各种单色 X 射线。

（4）具有特定的时间结构。

同步辐射是一种脉冲光源，在储存环中电子形成一系列一定间隔的电子束团，并且在一定程度上脉冲宽度和间隔均可调节。这种可调整性在对快速生物反应动力学的研究中具有特殊的应用。

（5）高的偏振性。

带电粒子运动的轨道平面是线偏振的，偏离轨道平面的运动是椭圆偏振的。偏振角越大，越接近圆。在轨道平面的上下，转动方向是相反的，即一边为左旋光，另一边为右旋光。利用 X 射线的偏振性，可以对磁性材料进行研究。

（6）同步辐射光源没有污染。

常规 X 射线源受靶材纯度的影响，同步辐射源不存在杂质辐射。

2. 测角台

测角台是 X 射线衍射仪最精密的机械部件，用来精确测量衍射角。测角台的设计有两种类型：一种是水平放置，其优点是粉末样品靠重力固定在样品托上，缺点是探测器在竖直方向移动，需要较强大的动力对精度进行控制；另一种比较简单的测角台是竖直放置，探测臂在水平方向移动，这样粉末样品就需要特殊的处理方法，以免粉末样品掉落，这就需要在样品中混入一些黏结剂，但这种情况很容易造成择优取向和背底的产生。

可充分利用 X 射线束聚焦的几何关系，进行聚焦。理想的聚焦几何关系是，样品表面的曲率半径等于聚焦圆半径，光源（X 射线入射束焦斑）、样品表面和探测器（X 射线衍射束焦斑）三者处在同一个聚焦圆上，如图 2.37（a）所示。布拉格−布伦塔诺聚焦几何（Bragg-Brentano focusing geometry）是采用平板样品，当入射 X 射线束的水平发散角限制在较小范围内时，可近似看作理想聚焦条件，如图 2.37（b）所示。

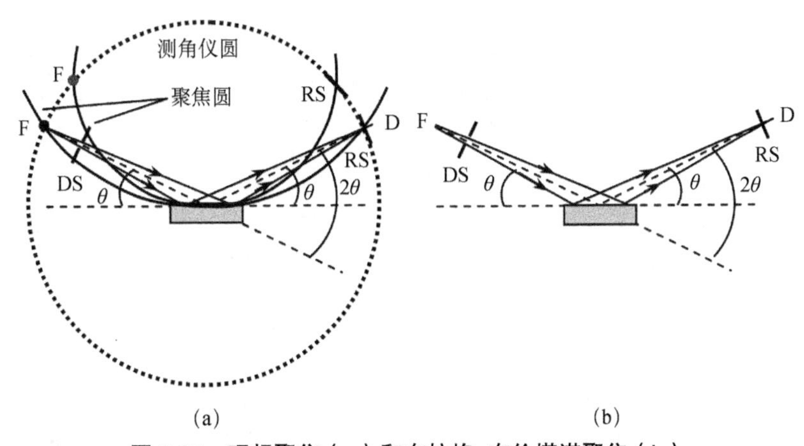


**图 2.37　理想聚焦（a）和布拉格−布伦塔诺聚焦（b）**

F：X 射线源焦斑；DS：发散狭缝；RS：接收狭缝；D：探测器

探测器和 X 射线源臂绕着水平轴在竖直平面内旋转，这是目前最常用的一种测试方式，如图 2.38 所示。一些粉末衍射仪，特别是那些用于常规同类的多样品分析的仪器，可以配备多个样品转换装置（通常 4～12 个样品），这样可以直接利用程序软件自动采集衍射数据，实现多个样品的自动测量。

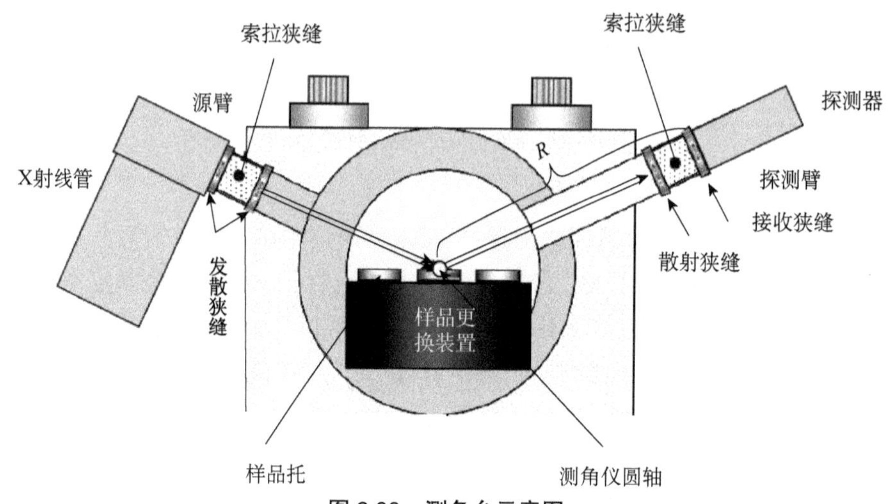


**图 2.38 测角台示意图**

X 射线管产生的 X 射线都有一定的发散度，多数 X 射线仪都带有自聚焦功能，这样可以提高衍射峰的强度和仪器的分辨率，这可以借助一些光学器件精确实现，聚焦光学器件普遍特征示于图 2.39 中，聚焦仪圆（focusing circle）以 $\theta$～$2\theta$ 进行扫描，入射和反射 X 射线与样品表面呈 $\theta$ 角，而入射与反射 X 射线之间呈 $2\theta$ 角度。入射 X 射线至少通过两个狭缝，即索拉狭缝（Soller slits），用于限制入射 X 射线在垂直于测量平面上的发散度，衍射光束路径上也放置一个与入射光束距离样品同样距离的狭缝。探测器位于聚焦圆圆周上，测角仪圆（goniometer circle）的半径等于接收狭缝处聚焦圆半径。衍射束上索拉狭缝放置在散射狭缝和接收狭缝之间，可以用来减小衍射背底。

如图 2.40 所示，在衍射束上还装有 β 滤波器（β-filter）（图 2.40（a））或单色器（monochromator）（图 2.40（b））。有时将单色器装在相反位置，也就是说不装在衍射束上，而是装在入射束上。衍射束的单色化可有效抑制 X 射线荧光，从而减小背底噪声。

在不减小衍射强度的情况下，如何实现准直和单色化是应当主要考虑解决的问题。毫无疑问，不同的衍射仪需要采用不同的准直器（collimator）和单色器，高的分辨率或者说低角度散射应用通常需要平行和只包括单一波长的窄波段 X 射线束。

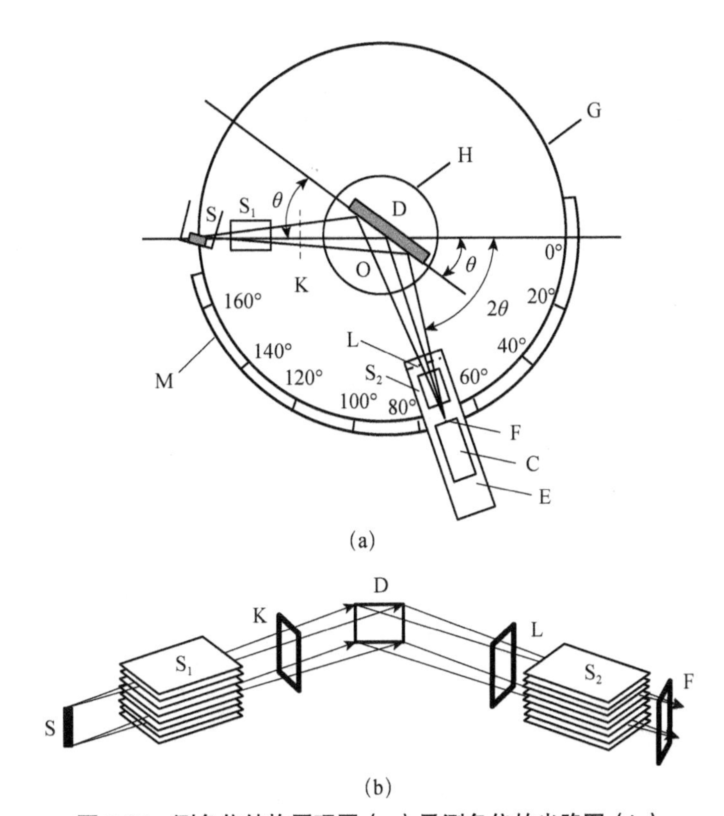


**图 2.39　测角仪结构原理图（a）及测角仪的光路图（b）**

C：计数管；$S_1$、$S_2$：索拉狭缝；D：样品；E：支架；K、L：狭缝；F：接收狭缝；G：测角仪圆；H：样品台；O：测角仪中心轴；S：X射线源；M：刻度盘

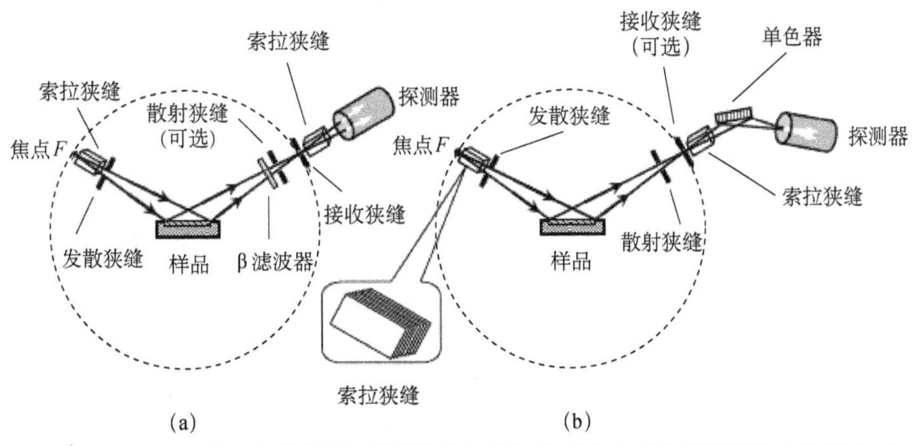


**图 2.40　X射线粉末衍射带有单色器的聚焦光路图（a）及无单色器的聚焦光路图（b）**

1）准直方法

最简单的准直方法可以通过放置在 X 射线源和样品之间的狭缝得以实现，如图 2.41 所示，这一狭缝称为发散狭缝（divergence slit）。发散狭缝的位置是固定在距离 X 射线管焦点一定距离的位置上。考虑到发散狭缝位置与 X 射线光源焦点之间的距离比发散狭缝宽度大很多，因此发散角

$$\alpha \approx \frac{180}{\pi}\frac{D+S}{L} \tag{2.165}$$

这里，$D$ 是狭缝宽度，$S$ 是焦斑宽度，$L$ 是焦斑和狭缝的距离。$S$ 和 $L$ 通常是固定不变的，光束发散的变化由狭缝宽度 $D$ 所确定，有时在光路上额外再放置第二个狭缝，两种方法都是常规 X 射线衍射经常使用的方法。发散狭缝可以减小在竖直于测角仪转轴的平面内入射 X 射线光束的发散度，在平行于测角仪轴向的发散则利用索拉狭缝加以控制。

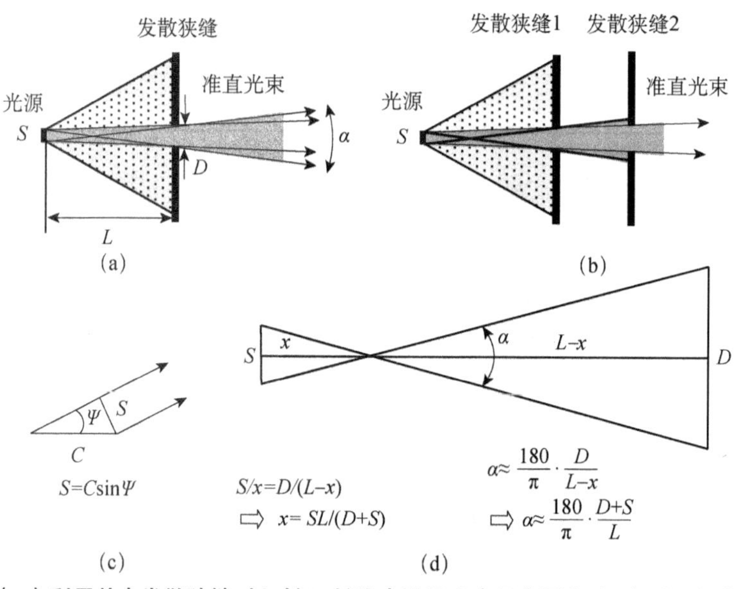


**图 2.41 （a）利用单个发散狭缝对入射 X 射线束进行准直示意图和（b）利用耦合发散狭缝对入射 X 射线束进行准直示意图；（c）说明了源的大小（$S$）；（d）是对（2.165）式的计算**

索拉狭缝是由等间距平行薄金属板制成，每个相邻的平行板相当于常规发散狭缝，与发散狭缝相比，索拉狭缝的不同之处在于最大程度地减小光束在平面内的尺寸影响，而不管两金属面之间的距离，这样做的目的是使入射光束强度最大化，以保证获得高质量衍射光谱。索拉狭缝安装在入射光束和衍射光束路径上，有效地减小了轴向发散度和布拉格峰的非对称性。被索拉狭缝准直后的轴向发散度可以估算出，即

$$\alpha \approx \frac{180}{\pi}\frac{2d}{l} \tag{2.166}$$

式中，$d$ 是相邻平行金属板的距离，$l$ 是金属板的长度，如图 2.42 所示。因此，轴向发散可以通过改变平行金属板的距离和长度进行调节。

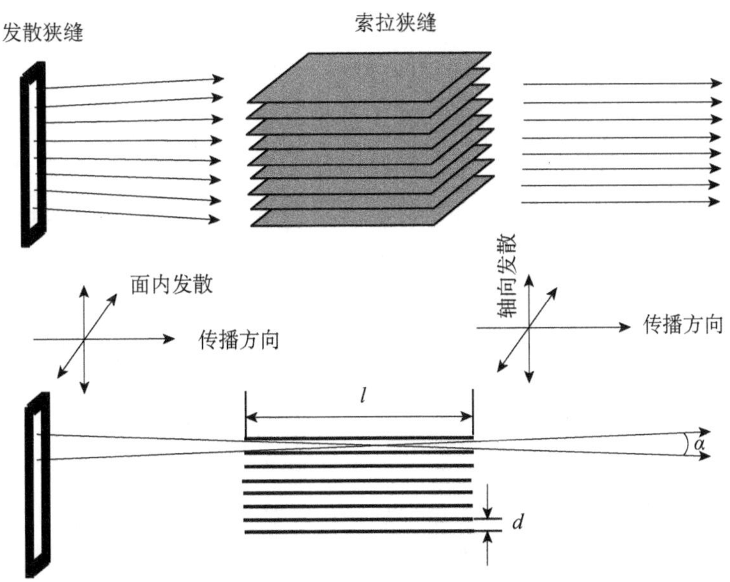


**图 2.42　索拉狭缝准直 X 射线示意图**

2）单色器

X 射线除了需要准直，还需要单色化用以降低白光（连续 X 射线（continuous X-rays）），并消除 X 射线中不需要的特征 X 射线波长，留下有用的单一 X 射线。如前所述，传统的 X 射线源产生 $K\alpha_1$ 和 $K\alpha_2$ 两种射线，如 $K\alpha_2$ 完全消除，将会大大减小入射光的强度，从而增加了获取高质量的 X 射线衍射实验数据的采集时间。利用 X 射线仪器单色化最常见的方法包括：利用 β 滤波片进行滤波（仅对常规 X 射线源）、利用晶体衍射进行滤波、利用正比计数器进行脉冲高度选择和利用固体探测器进行能量选择等，下面分别给予介绍。

A. β 滤波片单色器

β 滤波片单色器是利用 K 吸收边对 Kβ 射线的选择吸收和对 $K\alpha_1$ 和 $K\alpha_2$ 的透射作用。因此，应适当选择 β 滤波片的材质，使 K 吸收边在 Kα 的波长以下，在 Kβ 射线的波长以上。选择滤波片的规则是，其组成元素比靶材大 1～2 个原子序数。例如，对于阳极靶材 Mo，则选择 Ni 箔作为滤波片，可以对 Kβ 起到很好的滤波作用，这样可以保证 K 吸收边位于 $K\alpha_1$ 和 $K\alpha_2$ 之间。β 滤波片的缺点是不能够完全消除 Kβ 射线，而且还会残留大量的白光，β 滤波片也会使 $K\alpha_1$ 和 $K\alpha_2$ 强度有所降低，尽管 $K\alpha_1$ 和 $K\alpha_2$ 强度降低程度远小于 Kβ。利用 β 滤波片可以使 $I_{K\alpha}/I_{K\beta}$ 和 $I_{K\alpha}/I_{白光}$ 强度比得到明显提高，提高的程度正比于 β 滤波片的厚度。

B. 晶体单色器

更为复杂和优良的单色器是利用高质量的单晶制成，如热解石墨，Si、Ge、LiC 晶体等。近于完美的单色器，根据布拉格定律，相对于入射束或者衍射束，放置在特定的布拉格角度，以便让分立的波长通过这一衍射角，假设折射率接近于 1，那么传播的波长是晶体面间距和布拉格角的函数。实际上，即使很好的单色器也会由于不可避免的晶体缺陷而使波长呈现出一定色散。发散的 X 射线到达单色器会有不同的入射角，这些入射 X 射线从平行于晶体表面的晶面（*hkl*）反射，根据布拉格定律，不同波长的 X 射线经过反射后在空间上形成不均匀的分布，波长短的 X 射线衍射束具有较小的布拉格角，波长较长的 X 射线衍射束具有较大的布拉格角，这就造成 Kβ 具有较小的布拉格角，Kα 具有较大的布拉格角，这些具有不同反射角度的 X 射线很容易利用安装在单色器反射光路上的狭缝进行选择。由于晶体的缺陷，尽管衍射束不能在任何角度下完全单色化，但可实现 Kα 和 Kβ 射线的完全分离，而且也可消除 Kβ 射线和白光。然而 $K\alpha_1$ 和 $K\alpha_2$ 需要采用更多的单色器排列才能加以分离。利用两个单色器（平行或呈一定角度）就可以增强单色器的作用。两个平行的单色器可以完全消除 Kβ 射线，但这是以降低衍射强度为代价的。两个呈一定角度的单色器对分离 $K\alpha_1$ 和 $K\alpha_2$ 射线更有效，这是由于经过第二个晶体反射后形成两个波长的较大空间差。而这种情况会出现较大的衍射强度损失。最常用的单色器和样品之间的三种几何关系示于图 2.43 中。衍射束单色器（图 2.43（a）和（b））具有相对高的强度输出，但是不能够分离 $K\alpha_1$ 和 $K\alpha_2$ 射线，却可以非常有效地去除 Kβ 和白光。相比于衍射束单色器，入射束单色器是目前最常用的单色器，如图 2.43（c）所示。入射束单色器的优越性在于能够区分 $K\alpha_1$ 和 $K\alpha_2$ 双线，这对于在某些临界情况下获得最大的分辨率是至关重要的。其最大缺点就是衍射强度损失比较大，以及需要精确的排布。

C. 脉冲高度选择单色器

脉冲高度选择单色器是基于产生信号正比于光子能量，反比于光子波长。利用脉冲高度选择单色化还远非理想，因为还不能消除 Kβ 射线，但可以大大提高衍射数据质量，减小背底噪声，尤其是当其结合 β 滤波片一起使用时，这一作用更为突出。

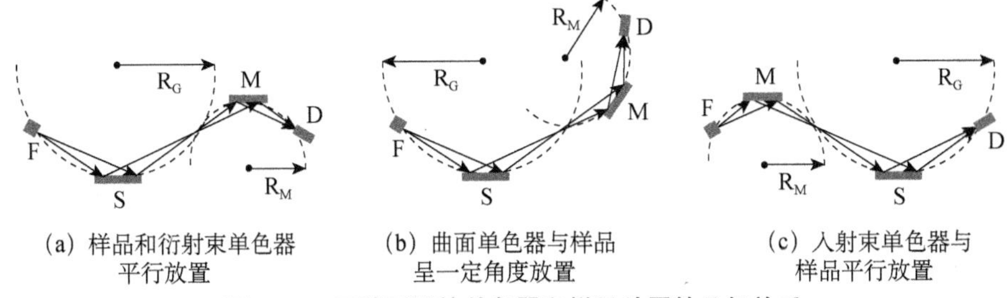


(a) 样品和衍射束单色器平行放置　(b) 曲面单色器与样品呈一定角度放置　(c) 入射束单色器与样品平行放置

**图 2.43　三种不同的单色器和样品放置的几何关系**

F：X 射线源；S：样品，M：单色器；D：探测器；$R_M$：单色器聚焦圆半径；$R_G$：测角仪聚焦圆半径

D. 冷却固态探测器作为单色器

冷却固态探测器由于具有较高的吸收光子能量灵敏度，能够用于精确分辨能量大小，目前已经得到广泛应用。因此，这种探测器用于调节选择在一定极限范围内的 X 射线波长，例如，$K\alpha_1$ 和 $K\alpha_2$ 射线的能量，近些年来经常用于获得单一波长的 Kβ 射线，而无须使用单色器，因此几乎没有能量损失，只是 Kβ 射线的强度仅为 Kα 射线强度的 1/5。另一显著优势是由于白光被消除，从而清楚记录衍射图谱。利用冷却固态探测器作为单色器的不足之处是受到探测器材料本征性质的限制。

3. 数据采集系统

探测器是用来探测衍射束的强度和方向的元件，其探测原理是基于 X 射线与物质相互作用产生粒子、电流等信号，并记录下来。换句话说，每个光子进入检测器生成一个特定事件，一系列的事件可以识别，并确定光子总数（强度）。显然，对探测器的要求是能够对入射 X 射线响应非常灵敏，并具有一定的扩展动态范围和低背底噪声。

1）探测器的效率、线性度、比例系数和分辨率

探测器的作用就是如何将收集到的 X 射线转换成可测量的物理信号，接收效率是首要的，其次是被探测器接收的光子百分比以及产生的一系列可测量的事件（粒子对、光子、电子等）。相比于以前使用的胶卷，目前探测器的接收效率是非常高的。

探测器接收光子的效率依赖于 X 射线的波长。同一个探测器，不同波长的 X 射线会具有不同的接收效率。探测器的线性度是正确检测光子强度的关键，探测器的线性化是指光子流与产生的信号呈线性关系。对于任何一种探测器，吸收脉冲并转换成电压脉冲信号，记录下这个脉冲信号，然后再让探测器恢复到起始状态，需要一定的时间，这个时间叫作“死时间”（dead time），在这个时间段内，探测器没有任何动作，之后才再开始记录下一个光子。

死时间的存在会降低探测器的记录强度，在死时间内光子虽然被探测器吸收但却没记录下来，这就会造成丢失光子数，在这种情况下，探测器的线性就变差了。探测器的线性度可表示为：①光子每秒钟的最大流量能可靠地记录下来；②较短的死时间；③丢失的光子流量百分比与光子流量成正比。

而探测器的比例系数决定了探测器探测产生电压脉冲与 X 射线的能量的比例关系大小。既然 X 射线可以产生一定数量的事件，每一事件需要一定的能量，事件数量正比于 X 射线能量，也即与波长成反比。产生的信号幅度往往正比于事件的数目，也就是正比于 X 射线的能量，可用脉冲高度甄别器进行区分。

探测器的分辨率可以表征分辨 X 射线能量和波长的能力，分辨率定义为

$$R=\frac{\sqrt{\Delta U}}{U}\times 100\% \tag{2.167}$$

式中，$U$ 是脉冲电压的平均高度；$\Delta U$ 是脉冲宽度。脉冲宽度定义为电压脉冲分布宽度的半高宽。分辨率是 X 射线激发的事件数目和 X 射线能量的函数，也依赖于同一能量下产生不同光子的分布。也就是说，可靠的分辨率应该是所有光子都被完全吸收，对于气体介质实现完全吸收是很难达到的，但对于固体介质来说，高密度被认为是近于理想的完全吸收。

2）探测器的分类

历史上利用光学薄膜探测 X 射线是一种古老的方法，已经使用了几十年。正如可见光一样，X 射线也可以激发卤化物微粒，在经过冲洗后，曝光后吸收 X 射线的卤化物就分解出黑色的银颗粒。这种方法虽然简单，但由于低的线性化系数范围，以及空间和能量分辨率的限制，已经很少使用，同时，冲洗胶片需要暗室，非常不便，而且费时费力，胶片记录的衍射也不能转化为数字信号。

当代的探测器通常检验的是电流，很容易转化为数字并利用计算机进一步进行数据处理。探测器可分为两类：计数率计（ratemeter）和计数器（counter），计数率计是根据硬件集成后执行读出，这就导致电流或电压信号正比于进入探测器的光子流。相反，计数器是记录进入探测器窗口并被探测器吸收后的单个光子计数。目前三种最常用的探测器是气体正比计数器、闪烁计数器和固体探测器。而另一类探测器可以分辨光子吸收的位置，因此不仅可以检测光子数，还可以检测光束分布方向。传统的正比计数器、闪烁计数器和固体探测器没有空间分辨本领，因此称为点探测器。点探测器只记录某一时间衍射束一点的衍射强度。换句话说，探测器读出数只记录由探测器的位置所确定的相对于入射束和样品的布拉格角，每一点对应于一个探测器的位置并记录这一点的信号强度。因此，利用点探测器可以确定衍射强度分布与布拉格角之间的函数关系，

通过改变布拉格角度来进行多点测量。

能够在一个方向上进行空间分辨的探测器称为线探测器，能够在二维空间实现分辨的探测器称为面探测器。当今有三种常用线探测器和面探测器在粉末 X 射线衍射仪中得到广泛应用，即位置灵敏器件、电荷耦合器件（charge-coupled device，CCD）和图像平板器件。第一种是线探测器，后两种是面探测器，如图 2.44 所示。

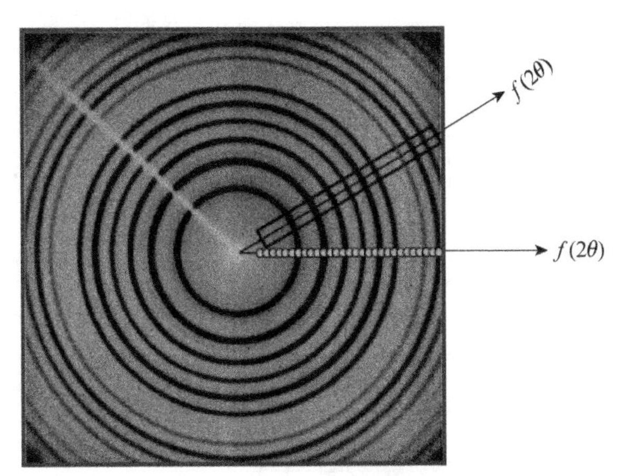


图 2.44　点、线、面探测器

A. 点探测器

典型的气体正比计数器（gas-proportional counter）是由充满氙气（Xe），并混有 $CO_2$，$CH_4$ 或者卤素气体等混合气体的圆柱体组成的，中间有一阳极中心线，如图 2.45 所示。在阴极和阳极之间加有高压，当 X 射线通过窗口进入并被气体吸收后，Xe 被电离产生正电离子和电子，即产生正负电荷粒子对，引起电流，而且电流脉冲数正比于混合气体吸收的光子数。通常外加第二个窗口作为未吸收 X 射线的出口，用于限制在计数器壁上产生 X 射线荧光。管内外混合气体的压力等于环境大气压。有时为了增强 X 射线的吸收，管内气体压力高于环境压力。气体计数器具有相当好的分辨率，因此电流脉冲高度可以被分辨和甄别，以消除 Kβ 射线和白光的出现。脉冲高度甄别器常常与 Kβ 滤波器结合使用，用以提高消除 Kβ 和白光背底的能力。气体探测器的缺点是寿命短，其寿命通常为 1～2 年。其另一缺点是在短波段和高载流子的情况下，效率比较低。下面是对正比计数器的结构和测试原理的介绍。

正比计数器的结构：由计数管（包括中心金属丝（阳极）与金属圆筒（阴极）两极、入射窗口（由铍或云母等低吸收材料制成）、玻璃外壳（绝缘体）及其附属电路组成。计数管里面充有惰性气体，如氩气以及少量甲烷气体。阴阳两极间由绝缘体隔开，并加有 600～900V 的直流电压。

正比计数器的工作原理：计数器工作时两极加直流稳定电压，X 射线进入管内将气体电离，产生初生电子-离子对，电子和离子在两极电压的作用下加速，使更多的气体原子电离，这样逐级电离下去，形成雪崩放电。到达阳极总电子数 $N$=G$E_x/e_i$（式中 $G$，$E_x$，$e_i$ 分别表示气体放大系数、X 射线能量和产生一个电子-离子对的能量，在给定的计数器和同一工作电压下，$G$，$e_i$ 基本是常数），故输出脉冲的幅度近似正比于 X 射线光子的能量。

正比计数器的特点：反应快，对连续到来的相邻脉冲，其分辨时间只需 $10^{-6}$s，计数率可达 $10^6 s^{-1}$；性能稳定；能量分辨率高；背底噪声小；计数效率高。

正比计数器的不足之处：对温度较为敏感；对电压稳定性要求较高；需较强大的电压放大设备，因雪崩放电引起电压瞬时有数毫伏的涨落。

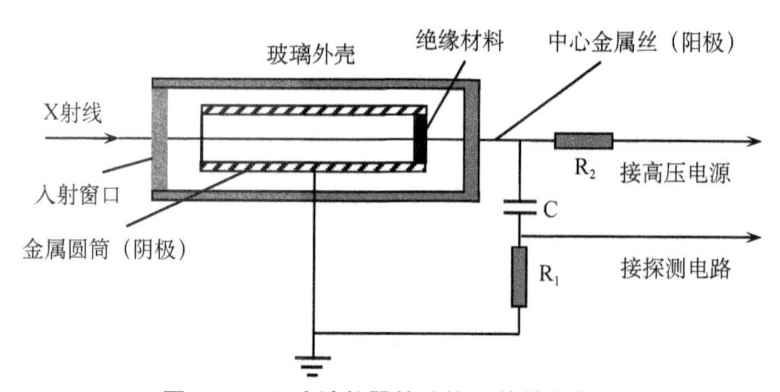


**图 2.45 正比计数器的结构及其基本电路**

下面是对闪烁计数器结构和工作原理的介绍。

闪烁计数器（scintillator counter）的结构：闪烁计数器是由光电倍增管和闪烁体组成。光子被晶体吸收产生蓝光，蓝光在光电倍增管内转化成电子并被放大，引起的电压脉冲将以光子数被记录下来，闪烁体是由 1%质量铊激活的透光碘化钠（NaI）晶体，NaI 晶体易吸水潮解，因此需密封于真空壳体中，前面带有铍窗口（入射 X 射线窗口），后面为高质量透光玻璃（蓝光出射窗口），晶体用黏性流体安装在光电倍增管中，以最大限度地减小晶体和光电倍增管界面之间的蓝光折射，闪烁计数器的结构示意图如图 2.46 所示。

闪烁计数器的工作原理：磷光晶体碘化钠在吸收 X 射线光子后会辐射可见光，每吸收一个 X 射线光子便产生一个闪光，闪光进入光电倍增管，在光敏阴极（铯锑金属间化合物）上撞出许多电子，每个电子经过倍增管的多个打拿极

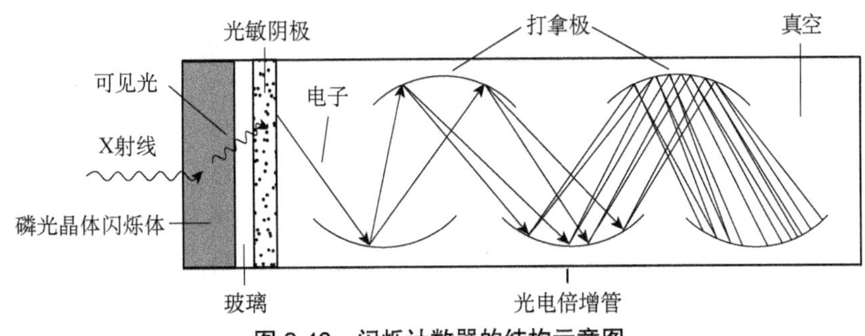


图 2.46　闪烁计数器的结构示意图

（一般有 10 个）后撞出更多的电子。一个电子经多个打拿极后可倍增到 $10^6$～$10^7$ 个电子。当晶体吸收一个 X 射线光子后，可在光电管的输出端收集到大量的电子，经过计数电路转换就可以得到可读取的毫伏量级的电压脉冲。

闪烁计数器的特点：分辨时间短，可达 $10^{-6}$s 数量级，计数效率高。尽管能量分辨率低，但闪烁探测器是非常稳定和高效的，尤其是对于高通量的 X 射线，探测器具有较短的死时间，较宽的线性范围。由于这些优点，闪烁计数器也是粉末 X 射线衍射最常用的探测器。

闪烁计数器的不足之处：由于蓝光的能量相对比较高，所以，闪烁体对 X 射线的分辨率比较低，Kβ 线不能被甄别并消除；光敏阴极发射热电子导致背底噪声大；磷光晶体易受潮失效。

下面是对固体探测器结构和原理的介绍。

固体探测器的结构及工作原理：固体探测器是由掺有 Li 的高质量 Si 和 Ge 单晶体构成的。X 射线与晶体相互作用产生电子−空穴对，其数量正比于光子能量除以产生一对电子−空穴对的能量。对于 Si 基探测器，产生一电子−空穴对需要的能量为 3.7eV，电压作用于晶体上后，将导致光诱导电流的产生，经放大并测量，电流正比于电子−空穴对数。为了尽可能地减小噪声和 Li 的迁移，探测器通常利用液氮冷却至 80K 左右，这就需要在探测器臂上装上低温容器，而且低温容器内的液氮隔上几天就需要补充，将会带来不便。目前已经发展出了热电装置进行冷却。

固体探测器的特点：这类探测器实质性的好处是在低温下具有很高的分辨率，这种探测器也能够很好地过滤 Kβ 和白光，因而具有较低的背底噪声和较小的 $K\alpha_1/K\alpha_2$ 强度损失。值得注意的是，利用固体探测器时可不需要单色器，可以调控抑制 Kα 双线，当用作仅记录 Kβ 射线图谱时，非常实用。

固体探测器的不足之处：其主要缺点是需要连续冷却，相对较低的线性范围，仅为 $8\times10^4$ 计数每秒，这将会造成在衍射强度比较低的情况下出现实验假象。

值得一提的是，这种固体探测器常用在能量色散 X 射线荧光谱上，采用不同能量的连续 X 射线谱照射到晶体上，根据 X 射线光子能量 $E$ 与波长 $\lambda$ 之间的关系

$$E = \frac{hc}{\lambda} \tag{2.168}$$

式中，$E$ 为光子的能量，$h$ 为普朗克常量，$c$ 为真空中的光速，$\lambda$ 为入射 X 射线的波长，结合布拉格公式 $2d\sin\theta=\lambda$，可以得出光子能量与晶体面间距之间的关系式，即

$$d = \frac{hc}{2E\sin\theta} \tag{2.169}$$

由于这种探测器的衍射强度线性范围比较窄，所以不太适合用于对衍射强度的测量，但可常用来测量晶体的面间距。

B. 线探测器和面探测器

位置灵敏探测器（position sensitive detector，PSD）利用的是气体计数外加可以探测光子吸收位置的能力，因此不同于传统的气体探测器，PSD 可以同时测量数百个位置的衍射强度。这样一来，粉末衍射实验变得非常快，而其质量还能够保证跟传统气体正比计数器相同。PSD 光子吸收位置感知的基本原理是基于正比计数器的工作原理而设计的，由 X 射线吸收而产生的电子和 Xe 电离产生的电子沿着最小的电阻路径加速到达阳极并放电，因此在阳极回路里产生电流脉冲。在点探测器中，这一脉冲幅度在阳极线的一末端测量到，鉴于现代电子学的高速发展，有可能检测到在金属线阳极两端的同一信号，因此只要事先知道金属线阳极两端之间的距离，则同一个放电脉冲两次测量的时间差就能被用来确定放电发生的位置，如图 2.47 所示。

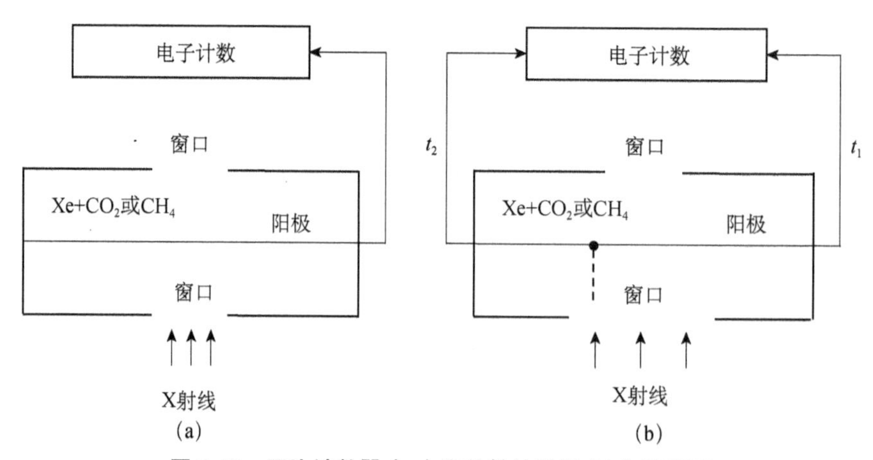


图 2.47 正比计数器（a）和位敏计数器（b）示意图

PSD 的空间分辨率没有点分辨率的精度高，然而，对于高质量实验也可达到 0.01°的分辨率，这已是比较满意的分辨率了。然而，虽然分辨率有所降低，但对于能够广泛地收集粉末衍射数据来说是一个很小的代价。很明显，采用 PSD 可大大减少实验时间，利用点探测器探测需要许多小时的实验，改用 PSD 可能仅仅需要几分钟或更短时间就可以完成。

与点探测器相比，实时多条带检测器（real time multiple strip detector，RTMS）是在气体正比计数器的功能上增加了光子吸收位置的检测。这种探测器利用标准固体探测器的工作原理，采用标准的光刻技术工艺制成，窄的 p 型掺杂沉积在 n 型 Si 晶片上，条带简图如图 2.48 所示。电势差外加在硅晶片每个条带上，导致光诱导电流产生，并进行放大和测量，吸收每个光子所产生的空穴-电子对将会沿着电阻最小的通道运动，每个条带的被测电流给出了 X 射线光子吸收的位置信息，从而被探测器检测到，电流与产生的空穴电子对成正比。因此，这种检测方法可实现在探测器特殊位置的光子流。

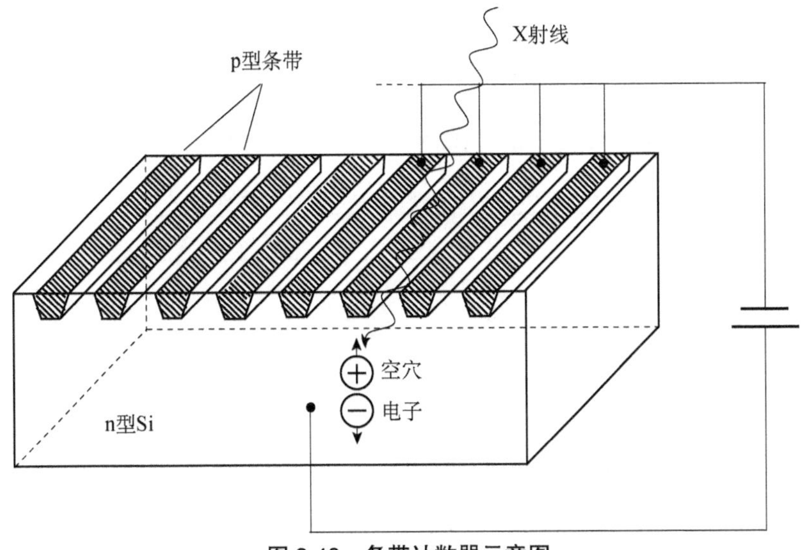


**图 2.48　条带计数器示意图**

面探测器可同时记录二维方向的衍射图谱。目前有三种商用的面探测器应用于现代粉末衍射仪中，一种是电荷耦合器件（CCD）探测器，用磷光晶体将 X 射线光子转化为可见光。另一种典型的磷光晶体是由 $Tb^{3+}$掺入 $Gd_2O_2S$ 中形成的，产生的可见光被 CCD 探测器所俘获，CCD 类似于用于现代数码相机的芯片。为了可靠地测量较大的面积，在一些探测器的设计中，磷光晶体比芯片大好几倍，利用光纤将产生的可见光缩小到芯片的尺寸，或者在其他一些设计中将几个芯片阵列（例如，2×2，3×3 等）黏合在一起，类似于固体探测器。CCD 需要利用热电冷却器冷却元件以降低热噪声。

成像板探测器（image plate detector，IPD）是 1980 年开始使用的一种探测技术，其工作原理也是 X 射线光子被磷光晶体所俘获，典型的磷光晶体是 $Eu^{2+}$ 掺杂的 BaFeBr 晶体，当用 X 射线照射后，$Eu^{2+}$氧化为 $Eu^{3+}$，然而激发的磷光晶体不是立即转化为信号，相反，信息以潜像（latent image）的形式储存在磷光颗粒中，在某种程度上类似于光学薄膜中经 X 射线曝光后激活的卤化银。当数据收集完成后，利用激光扫描出信号（类似于胶片被冲洗）。像素以蓝光的形式释放储存的能量，然后可见光按常规的方式被光电倍增管记录，相版被另外一束激光激活，图像板集成检波器具有高计数率和动态范围大的特点，但图像印版的读出时间相对较长。成像板技术已经成为重要的 X 射线数字成像技术，作为一种非常出色的二维探测技术，使得 X 射线分析的各种照相技术焕发出新的生机。

另一种探测器是多金属丝探测器（multi-wire detector，MWD），它的设计原理与正比计数器一样，多金属丝探测器有两个阳极，由多金属网栅组成，除了能检测 X 光子总数外，还可以检测 X 射线吸收的 $x$ 轴和 $y$ 轴的位置。表 2.5 是三种常用面探测器性能参数的定性比较。

**表 2.5　三种常用面探测器性能参数的定性比较**

| 参数 | CCD | IPD | MWD |
| --- | --- | --- | --- |
| 有效面积尺寸 | 小 | 大 | 小 |
| 读出时间 | 中等 | 长 | 短 |
| 计数率 | 高 | 高 | 低 |
| 动态范围 | 中等 | 高 | 中等 |
| 空间分辨 | 高 | 低 | 低 |

C. 计数电路

计数器可将 X 射线的相对强度转变为电信号，这一电信号经过信号放大和处理再转变为可读取的有效数据。图 2.49 是计数电路组成方框图。下面对计数电路中的脉冲高度分析器、定标器和计数率器分别作一简单介绍。

（1）脉冲高度分析器。

脉冲高度分析器由上、下甄别器组成，仅让脉冲高度位于上、下甄别器之间的脉冲信号通过电路，进入后继电路。下限脉冲波高为基线，上、下脉冲波高之差称为道宽，基线和道宽均可调节。图 2.50 是脉冲高度分析器的工作原理

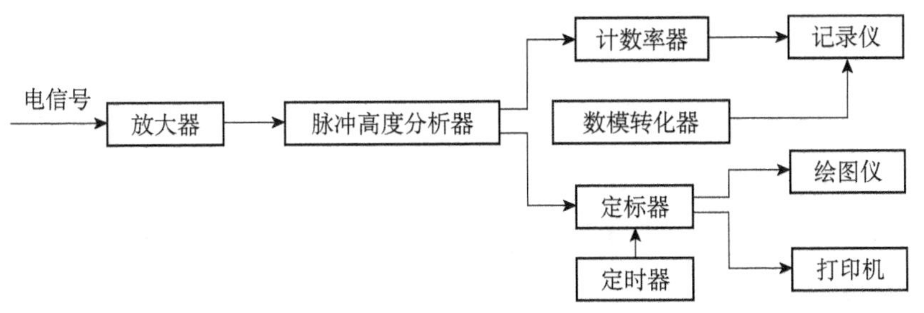


图 2.49　计数电路组成方框图

示意图。脉冲高度分析器由上、下甄别器和反符合电路组成，图中 $V_1$，$V_2$ 和 $V_3$ 的矩形脉冲同时触发甄别器 Ⅰ 和 Ⅱ，每个甄别器均有预选电压按钮，设甄别器 Ⅰ 的预选电压为 $V_{D_1}$，超过幅值 $V_{D_1}$ 的脉冲均可触发甄别器 Ⅰ，于是输出两个和 $V_2$，$V_3$ 相对应的脉冲。若选取甄别器 Ⅱ 的预选电压为 $V_{D_2}$，它可让 $V_3$ 通过，则甄别器 Ⅱ 输出一个与 $V_3$ 相对应的脉冲。反符合电路接收由甄别器 Ⅰ 和 Ⅱ 触发的脉冲，凡是共有的脉冲不能输入下一级，结果只有 $V_2$ 输入下一单元，因此 $V_2$ 的幅值介于 $V_{D_1}$ 和 $V_{D_2}$ 之间，通常将 $V_{D_1}$ 称作基线电压，$\Delta V_D=V_{D_2}-V_{D_1}$ 称作窗口电压。图中 $V_{D_1}$ 不能触发甄别器 Ⅰ 而加以消除，$V_3$ 因同时触发甄别器 Ⅰ 和 Ⅱ，在反符合电路中被消除，因此可以利用脉冲高度分析器从复杂的谱中选取一定范围的脉冲加以记录。

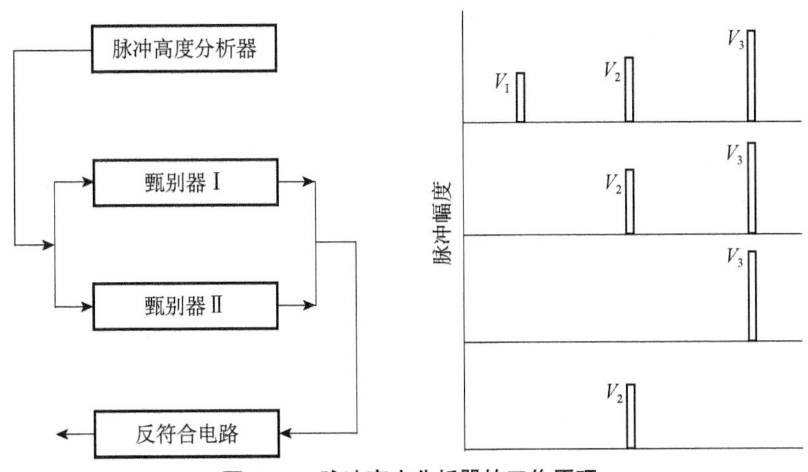


图 2.50　脉冲高度分析器的工作原理

（2）定标器。

定标器是指结合定时器对脉冲高度分析器的脉冲进行计数的电路。定标器通常用在阶梯扫描中。从脉冲高度分析器输出的脉冲，输入定标器，记录一段时间内的脉冲数，并显示出来。定标器工作方式有定时计数和定数计时两种类型。定时计数是测定一定时间的光子数，定数计时是测量达到预选光子数所花的时间。两者都可表示 X 射线强度的大小。

（3）计数率器。

计数率器不同于定标器，定标器测量的是单位时间内的脉冲数，或产生单位脉冲数所需的时间，而计数率器是一种能够连续测量 X 射线强度的装置，它将脉冲高度分析器输出的脉冲信号转化为正比于单位时间内脉冲数的直流电压输出，即把一定时间间隔内的脉冲数累计起来对时间求平均，并显示出来。计数率器主要由脉冲整形电路、RC（电阻–电容）积分电路和电压测量电路组成。脉冲高度分析器输出的电压脉冲通过整形电路后转变为矩形脉冲，再输入 RC 积分电路，通过电容 C 充电，在电阻 R 两端输出与单位时间内脉冲数成正比的直流电压，测量电路以毫伏计量，这样就形成了反映 X 衍射线的相对强度（单位常用 cps，counts per second，即每秒脉冲数）随衍射角 $2\theta$的变化曲线，即 X 射线衍射图谱。

### 2.4.3 X 射线衍射仪的常规测量

为了对样品进行 X 射线衍射测量，首先需要准备样品，并安装于仪器的样品架上。在测量前需根据测量的要求，选择合适的实验参数。实验参数选择包括 X 射线源的选择、单色器的选择、入射束狭缝的选择、衍射狭缝的选择、能量设置、扫描方式和扫描步宽的选择、$2\theta$ 扫描范围等。

1. 样品的准备

为了保证样品晶粒的取向完全随机，制作试样的颗粒应大小合适且均匀，微细的粉末才能保证在受到光照的区域内有足够多数目的晶粒，这样才能保证获得正确的衍射数据，即受 X 射线照射的体积中晶粒的取向是完全随机的，从而实现衍射数据具有重复性。对于大多数样品来说，不适合进行直接测量，除非样品本身的晶粒尺度在 10～50μm。首先用研钵对样品进行研磨，也可以用机械球磨法进行研磨，研磨后用至少小于 360 目的网子过筛。但应该注意的是，过长的研磨时间会造成晶体过细和晶格畸变，这也是应该避免的。对金属和合金样品进行研磨，有时会产生很大的应力，应进行退火处理。退火的温度和时间以能发生还原过程为原则，过高的退火温度会导致重结晶过程的发生，晶粒长大，而且会产生一些容易挥发的元素以及会产生其他可能的物理化学的变化。

另外，样品表面应该非常平整，并保持与基面一致。通常可以使用铝框架、浅槽玻璃片；块状样品有块状样品的支架。如果样品不溶于水，可以用水将其调节成糊状涂在载玻片上。

2. X 射线源的选择

实验室常用的 X 射线源是用 X 射线管产生的，这意味着，对于不同样品的特殊需求，需要专业人员对阳极靶材进行更换操作。只有同步辐射光源波长才能够连续选取。实验中经常采用 Cu 靶。当需要在布拉格高角度区域精确测量晶格参数时，波长较长的 Cr，Fe，Co 和 Mo 靶也是经常使用的 X 射线源。

当样品中所含元素对某一特征 X 射线吸收强烈时，这时特征 X 射线正好位于吸收边以上，如 Co 的 K 吸收边是 1.6Å，而 Cu 的 Kα 线为 1.54Å。因此，对于 Co 基样品，X 射线被大量吸收，这时就不适合用 Cu 靶进行测量，需要更换为 Fe 靶或 Co 靶。

3. 单色器的选择

比较简单和价格低廉的滤波器是利用 β 滤波片进行单色化，其 K 吸收边正好位于 Kβ 线之上，对 Kβ 线具有很好的吸收作用，其缺点是不能完全滤掉 Kβ 线，而 Kα 线的强度也会降低 1～2 倍，对由白光和荧光造成的背底噪声消除基本不起作用。更为常用的是晶体单色滤波器，晶体单色器是利用布拉格反射原理而得到很窄的波长，这种滤波器可以有效地去除白光和 X 射线荧光。另外，色散固体探测器目前也得到了广泛的应用，其通过调节能量窗口，仅让所需波长的 X 射线通过，这种方法的优点是不损失衍射强度，而且实现了滤波电子化。

4. 入射束狭缝的选择

入射束狭缝的选择应与衍射束几何形状和样品大小相匹配。

5. 衍射狭缝的选择

接收狭缝应尽可能小以提高分辨率（0.2mm 或 0.4mm），但狭缝过小会显著降低衍射强度。在狭缝比较窄的情况下，衍射强度几乎与狭缝宽度成正比，而背底亦与狭缝宽度成正比。狭缝过宽不仅会造成分辨率变差，而且还会造成峰形不对称。

6. 能量设置

X 射线管的管压和管流的乘积就是其输出功率。管压选取值一般略高于产生特征 X 射线的阈值电压，对于 Cu 靶，大概为 45kV，对于 Mo 靶，大概为 80kV。另一个参数是管流，由于衍射强度正比于管流，所以在不超过 X 射线管的额定功率前提下，管流越大越好，但管流一般应选在额定值的 75%或以下，这样可以有效地延长 X 射线管的使用寿命。

在上述实验参数选取的前提下，为了获得高质量的衍射实验数据，下一步就是选取扫描方式和扫描步宽。

7. 扫描方式和扫描步宽的选择

扫描方式有两种，即连续扫描和步进（阶梯）扫描。

（1）连续扫描。计数器和计数率器相连，将计数器沿测角圆周向 $2\theta$ 增大的方向以选定的速度运动，逐一扫描各衍射线，衍射强度通过在一定时间间隔内记录累积脉冲数，并对其求时间平均而获得。连续扫描常用于物相分析，其优点是扫描效率高，例如，扫描速度为 4°/min，当扫描范围为 20°～80°时，测量时间大概需要 15min，这对于物相鉴定来说，所得到的灵敏度、分辨率和精确度已经足够。

（2）阶梯（步进）扫描。计数器与定标器相连，将计数器转到一个 $2\theta$ 角度固定不动，开始计数，采用定时计数或定数计时，然后将计数器转动一个小的角度，重复上述测量。由于步进扫描时，可以在每个角度作较长时间的停留进行计数，所以每步可以得到较大的总计数，从而可以减小计数统计涨落的影响。阶梯扫描方法常用于精确测量衍射峰的强度、确定衍射峰位、线形分析等定量分析工作。

强度的测量又有两种计数方式，一种是定时计数，即在设定的时间间隔内对待测强度进行计数，这种方式比较节省时间，且此方式用于测定两个强度之差时，在相同的总的测量时间内，会比定数计时方式的标准偏差小。另一种方式是定数计时，即测定接收到相同数目的光子数所需的时间来确定衍射强度的方式，利用这种方式得到的每个强度的相对标准差都相同，但对于计数率低的射线，如背底测量，花费时间比较长，这是由于每次测定所需的测量时间与被测射线的计数率成反比，测试效率会比较低。

（3）步宽的选择。不管是采用连续扫描方式还是步进扫描方式，都需要考虑采数步宽的选择。选择步宽需要考虑的两个因素是接收狭缝宽度和测量线形的尖锐程度。对于采数步宽来说，其值应小于狭缝宽度所对应的角度，即 $2\theta=\dfrac{b\times 180°}{\pi R}$，这里 $R$ 为扫描半径，例如，0.3mm 的接收狭缝所对应的圆心角为 0.095°。采数步宽应小于最尖锐峰的半高宽的 1/4～1/3。但步宽也不宜过小，过小时，不仅大大增加扫描时间，对于连续扫描来说，缩短了每次采数的计数时间，使得测量强度存在较大的统计涨落，导致出现较大的测量误差，将使得衍射曲线出现明显的抖动。

8. $2\theta$ 扫描范围

X 射线扫描范围也是实验的关键参数。初始扫描角度应该保证第一个衍射峰的出现。如果是对一未知的样品进行实验，起始扫描角度应该尽可能地小，小到不被样品托遮挡的角度。当在低角度扫描时，发散狭缝和接收狭缝应足够小，以免衍射强度过强而损坏探测器。结束扫描角度的选择可以从以下几个方面加以考虑。受测角仪圆几何结构的限制，在数据采集过程中，保证探测器臂不与X射线管相撞。目前现代的X射线衍射仪结束扫描角度通常为140°～160°。对于评判样品的结晶性以及物相鉴定，结束扫描角度50°～70°就已经足够。对于X射线衍射精修数据，结束角度应该越大越好，比最后一个可识别衍射峰的角度大几度。但对于仅仅含有轻元素的样品，如有机物质，X射线衍射只在低的角度发生，对高角度的测量毫无意义，因此结束角度选在50°～90°即可满足测量要求。

扫描范围也与X射线的波长有关，当使用短波长的X射线时，布拉格角主要分布在低角度范围内。譬如，利用Cu靶，$2\theta\approx120°$；换为Mo靶后，同一衍射峰的衍射角变为$2\theta\approx47°$

### 2.4.4 实验参数误差来源

1. 强度测量的质量

探测器随机记录X射线光子数，测量强度直接正比于计数，因此衍射强度的精度取决于统计数据。假设所有光子数$N$被探测器记录了下来，泊松概率分布（Poisson’s probability distribution）定义为

$$\sigma=\sqrt{N} \tag{2.170}$$

对于每个衍射峰，对应的误差为

$$\varepsilon=\frac{Q\sigma}{N}=\frac{Q}{\sqrt{N}}\times100\% \tag{2.171}$$

当置信度（confidence level）分别为50%，90%，99%，99.9%时，$Q$分别为0.67，1.64，2.59，3.09，因此，当置信度为50%时，对于3%的误差，探测器需要记录500个光子；当置信度为99%时，探测器需要记录7400个光子。对于1%的误差，当置信度同样是50%时，探测器需要记录4500个光子；当置信度为99%时，探测器需要记录67000个光子。此外，还有其他方面的误差，如样品本身不很理想也会引起系统误差和随机误差。很显然，衍射强度反比于测量误差，因此与总光子数的方根值成正比。假设在同一个光源亮度条件下，则数据质量的改善是以低的扫描速度、增加测量时间的方式进行的。

除了单点的统计误差之外，还需要利用品质因子（figure of merit）描述整个粉末衍射图谱的质量，可以用观察的残值来描述，即

$$R_{\text{obs}}=\left(\sum_{i=1}^{n}\sigma_i\bigg/\sum_{i=1}^{n}N_i\right)\times 100\% \tag{2.172}$$

此式代表了光子数误差；分母为总的光子数；$n$ 为测量数据点的总数；$R_{\text{obs}}$ 反映了 X 射线衍射图谱的总的质量情况，较小的 $R_{\text{obs}}$ 数值反映了较好的数据质量，较大的 $R_{\text{obs}}$ 数值反映了较差的数据质量。

分辨率的影响因素。

如前所述，有很多影响实验分辨率的因素，最主要的三个因素是测角仪圆的半径、接收狭缝和步长等。测角仪圆半径通常是固定的，对于一样品的角分辨率，在给定的条件下保持不变。如增大测角仪圆半径，角分辨率将会得到提高。但利用半径较大的测角台将会使衍射强度有所降低，因此需要更长的数据采集时间。同样地，利用低能量的 X 射线（具有较大的波长）可以使分辨率得到提高。但利用长波长的 X 射线会造成倒格子体积减小，因为只有 $d^{*}\leqslant 2\pi/\lambda$ 的倒格点才有机会分布在埃瓦尔德球面上而产生衍射。

2. 误差来源

任何仪器都会有系统误差和偶然误差的存在。所谓偶然误差，即没有规律可循，也无法完全消除，但可通过增加测量次数、统计平均将其降到最低程度。所谓系统误差，是指由实验条件决定，具有一定规律，可通过适当的方法使其减小甚至消除。多晶衍射仪的角度测量也必定存在系统误差和偶然误差。偶然误差是失误造成的，是可以避免的，这里只讨论系统误差。

多晶衍射仪测量角度的误差来源包括几何因素引起的误差和物理因素引起的误差。

1）几何因素引起的误差

几何因素包括光源形状、样品形状、光束轴向发散度、接收狭缝宽度、零点校正、样品透明度等。关于狭缝宽度对误差的影响前面已经介绍，下面介绍另外一些因素。

（1）所谓校正不良是指接收狭缝的零度偏离、衍射平面对测角仪轴有偏移和 $\theta$ 角的零点偏移，这些都可以通过仔细校正得以消除。图 2.51 为试样表面偏离轴线示意图。设试样表面偏离轴线的距离为 $s$，并设向聚焦圆外移时 $s$ 为正值，转轴轴线为 $O$，$O'$为入射 X 射线方向与样品表面的交点位置，$M$ 为 $O'$点向过转轴且平行于衍射线的直线所作垂线的垂足。由图 2.51 中的几何关系可知，$\sin\theta=s/OO'$，而 $\sin(2\theta)=O'M/OO'$，故有 $O'M=\sin(2\theta)\times OO'=\sin(2\theta)\times s/\sin\theta=2s\cos\theta$，因此可得

$$\Delta(2\theta)=\frac{O'M}{R}=-\frac{2s\cos\theta}{R} \tag{2.173}$$

$$\frac{\Delta d}{d}=-\cot\theta\Delta\theta=\frac{s\cos^2\theta}{R\sin\theta} \tag{2.174}$$

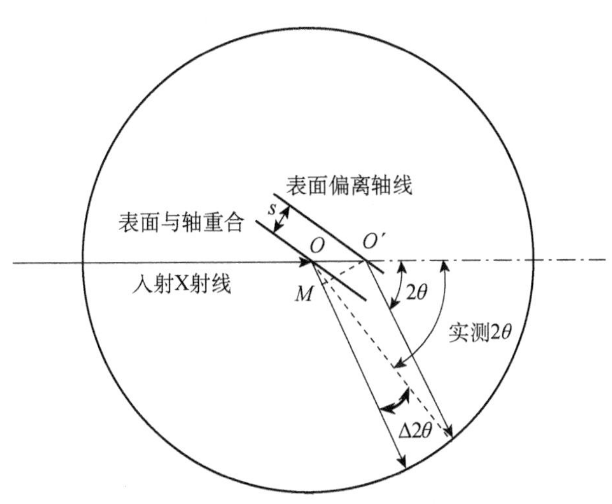


图 2.51　试样表面偏离轴线示意图

（2）样品的形状。因为样品表面是平面而不是一个凹面，故入射光束又有一定的发散度，这就造成除了试样中心外，偏离中心的衍射束都会向低的角度偏移。若其曲率半径等于聚焦圆半径，则可以满足表面各处衍射线聚焦于一点，事实上，我们采用的是平板试样，入射束又有一定的发散度，所以，除试样中心外，其他各点将偏离 $2\theta$ 角。当水平发散角度 $\alpha$ 很小时，可以估计出其误差的大小为

$$\Delta(2\theta)=-\frac{1}{12}\alpha^2\cot\theta \tag{2.175}$$

$$\frac{\Delta d}{d}=\frac{1}{24}\alpha^2\cot^2\theta \tag{2.176}$$

（3）样品的透明度。意味着 X 射线对样品具有一定的穿透深度，这样就等效于样品平面偏离了轴线，造成衍射角偏小，其影响大小取决于样品对 X 射线的吸收程度。因此，即使试样准确经过轴线，也相当于存在一个正值 $s$ 离轴偏离，从而使实测衍射角偏小，该偏移为

$$\Delta(2\theta)=-\frac{\sin(2\theta)}{2\mu R} \tag{2.177}$$

式中，$\mu$ 为样品的线吸收系数，$R$ 为聚焦圆半径。

从而有

$$\frac{\Delta d}{d} = -\cot\theta \mathrm{d}\theta = \frac{\cos^2\theta}{2\mu R} \tag{2.178}$$

由此可见，当 $2\theta$ 趋于 180° 时，测量误差趋于零。

（4）入射束在轴向的发散度。经过索拉狭缝后的 X 射线仍会存在一定的轴向发散度，会造成实际测量的衍射角与真实的衍射角有差异。这种轴向发散可以证明为

$$\Delta(2\theta) = -\frac{1}{6}\varepsilon^2 \cot(2\theta) \tag{2.179}$$

式中，$\varepsilon$ 为垂直发散度，其值等于索拉狭缝的层宽度与索拉狭缝的长度之比，根据此式，并利用三角函数公式 $\cot(2\theta)=(\cot^2\theta-1)/(2\cot\theta)$，可得

$$\frac{\Delta d}{d} = -\cot\theta \mathrm{d}\theta = \frac{1}{24}\varepsilon^2(\cot^2\theta - 1) \tag{2.180}$$

2）物理因素引起的误差

物理因素引起的误差主要包括以下几个方面：其一是 $K\alpha_2$ 重叠的影响，需做 Kα 线的双线分离；其二是洛伦兹−偏振因子的影响，洛伦兹−偏振因子包括衍射几何的空间效应，对衍射峰的形状和位置都有影响，校正办法是用洛伦兹因子去除以每一步的衍射强度，用校正后的衍射强度曲线确定峰值；其三是波长非单色化和色散的影响，单色光不是绝对的单色，还是有一定的波长分布范围。当样品在通过滤片窗口等时，各部分吸收系数不同，从而改变了波谱分布，造成误差。

另外，还有 X 射线折射的影响。空气进入晶体后会产生折射，折射率引起的角度偏离很小，大概在 $10^{-5}$ 量级，故对衍射角一般不用进行修正。只有在高精度测量时才给予考虑，如考虑晶面间距的修正

$$d_{修正} = \frac{n\lambda}{2\sin\theta(1-\delta/\sin^2\theta)} = \frac{d_{未修正}}{(1-\delta/\sin^2\theta)} \tag{2.181}$$

式中，$n$ 为介质的折射率，$\delta=1-n$。

测量时温度的变化产生的误差，温度变化将引起晶格常数的变化，从而引起误差。测试过程中温度的变化引起晶面间距的热膨胀公式可写为

$$d_{t_2} = d_{t_1}[1+\alpha(t_2-t_1)] \tag{2.182}$$

式中，$\alpha$ 为该晶面间距的热膨胀系数。

以上所述是衍射仪的主要误差来源。实际上，对误差类型进行细分，可达 30 项之多，这里不再一一列举。根据实验的具体情况加以综合考虑，譬如，在物理因素的影响中，$K\alpha_2$ 的重叠影响较为显著，在衍射精度要求不太高的情况下，可只考虑 $K\alpha_2$ 的重叠影响。

3. 消除系统误差的方法

上述各项误差中的衍射几何误差（平板式样误差、试样透明度误差、轴向发散误差等）都表现出当 $2\theta$ 接近 180°时，它们造成的点阵参数误差趋于零，因此，可以利用这一规律来消除误差的影响。综合所述因素对点阵参数的影响，对立方晶系而言，有

$$\frac{\Delta d}{d}=\frac{\Delta a}{a}=-\cot\theta\Delta\theta+\frac{s}{R}\frac{\cos^2\theta}{\sin\theta}+\frac{\cos^2\theta}{2\mu R}+\frac{1}{24}\alpha^2\cot^2\theta+\frac{\varepsilon^2}{24}\cot^2\theta \quad (2.183)$$

在（2.183）式的右边各项中，第一项为测角仪零位设定误差，其余各项如前所述。当 $2\theta$ 趋向 180°时 $\Delta a/a$ 趋于零，并且 $\Delta a/a$ 近似正比于 $\cos^2\theta$，因此可以测量 $2\theta$ 大于 90°的各个衍射线 $2\theta$ 角度，分别求出 $a$ 值，以 $a$ 为纵坐标，以 $\cos^2\theta$ 为横坐标，取点作图，外推至 $\cos^2\theta=0$，可得到 $a_0$ 值，这样就可以基本消除上述误差的影响。

若不使用上述外推的方法，可以通过解析的方法求出当 $\theta=90°$ 时的晶胞参数，这就是柯亨提出的最小二乘法。柯亨最小二乘法可用来从一组精度相同的观测值中选取最佳值，它选取最佳值的判据是各个观测值误差的平方和为最小。一般来说，对于一组精度相同的测量值，它们的算术平均值就是最佳值，但对于一组复杂的观测值，算术平均值并不容易求得，因为观测值中还存在偶然误差，这就需要利用最小二乘法来求其最佳值。当精确测量晶胞参数时，求取最佳值就是求最佳直线，即最佳直线方程的系数，从所得的有关系数即可计算出精确的晶胞参数。下面仍以立方晶系的晶体为例来介绍柯亨法精确求解晶胞参数的基本原理。这里首先写出布拉格方程的平方形式

$$\sin^2\theta=\frac{\lambda^2}{4d^2} \quad (2.184)$$

取对数

$$\ln(\sin^2\theta)=\ln\left(\frac{\lambda^2}{4}\right)-2\ln d \quad (2.185)$$

微分得

$$\Delta(\sin^2\theta)=-2\sin^2\theta\cdot\frac{\Delta d}{d} \quad (2.186)$$

假设 $\cos^2\theta$ 为外推函数，则可以认为 $\Delta d/d$ 与 $\cos^2\theta$ 有线性关系，可写为

$$\frac{\Delta d}{d}=K\cos^2\theta \text{（}K\text{ 为常数）} \quad (2.187)$$

这样（2.186）式可写为

$$\Delta(\sin^2\theta) = -2K\sin^2\theta\cos^2\theta = C\sin^2(2\theta) \tag{2.188}$$

式中，$C$ 为常数。对于立方晶系

$$\sin^2\theta(\text{真实}) = \frac{\lambda^2}{4a_0^2}(h^2+k^2+l^2) \tag{2.189}$$

式中，$a_0$ 为晶格常数。而

$$\Delta(\sin^2\theta) = \sin^2\theta(\text{观察}) - \sin^2\theta(\text{真实}) \tag{2.190}$$

将（2.189）式代入（2.190）式，并与（2.188）式相比较，可得

$$\sin^2\theta(\text{观察}) - \frac{\lambda^2}{4a_0^2}(h^2+k^2+l^2) = C\sin^2(2\theta) \tag{2.191}$$

改写为（略去“观察”二字）

$$\sin^2\theta = A\alpha + D\delta \tag{2.192}$$

式中 $A=\lambda^2/(4a_0^2)$，$\alpha=h^2+k^2+l^2$，$\delta=10\sin^2(2\theta)$，$D=C/10$，$D$ 为流移常数，$D$ 和 $\delta$ 中引入 10 的目的是让方程中各系数具有相同数量级。

对于某一条衍射线，由（2.192）式，有

$$A\alpha_i + D\delta_i - \sin^2\theta_i = 0 \tag{2.193}$$

各个衍射线都有（2.193）式的形式，取各个方程左边的平方和得

$$f(A,D) = \sum(A\alpha_i + D\delta_i - \sin^2\theta_i)^2 \tag{2.194}$$

求 $A$ 和 $D$ 的最佳值，令其一阶导数等于零，即

$$\frac{\partial f(A,D)}{\partial A} = 2\sum\alpha_i(A\alpha_i + D\delta_i - \sin^2\theta_i) = 0 \tag{2.195}$$

$$\frac{\partial f(A,D)}{\partial D} = 2\sum\delta_i(A\alpha_i + D\delta_i - \sin^2\theta_i) = 0 \tag{2.196}$$

由以上两式可得

$$A\sum\alpha_i^2 + D\sum(\alpha_i\delta_i) = \sum(\alpha_i\sin^2\theta_i) \tag{2.197}$$

$$A\sum(\alpha_i\delta_i) + D\sum\delta_i^2 = \sum(\delta_i\sin^2\theta_i) \tag{2.198}$$

两方程称为正则方程式，解方程组可得

$$A = \frac{\sum\delta_i^2\sum(\alpha_i\sin^2\theta_i) - \sum(\alpha_i\delta_i)\sum(\delta_i\sin^2\theta_i)}{\sum\alpha_i^2\sum\delta_i^2 - \left[\sum(\alpha_i\delta_i^2)\right]^2} \tag{2.199}$$

式中，$\alpha$，$\delta$ 各值分别与衍射峰对应的面指数（$hkl$）和布拉格角 $\theta$ 相关，而这些值都可根据测量定出，进而可以确定（2.199）式中的 $A$ 值，再根据 $A=\lambda^2/(4a_0^2)$ 公式，即可求得晶胞参数 $a_0$ 的精确值。

# 2.5　X 射线衍射数据处理和物相分析

## 2.5.1　粉末 X 射线衍射的特征数据及处理

到目前为止，本章已经介绍了 X 射线衍射的基本原理和实验装置。熟悉了电磁波如何与物质产生相互作用，测得的衍射数据是三维的强度分布信息在一维方向的投影结果，得出了散射强度与布拉格角之间的函数曲线。我们这里需要讨论的关键问题是如何解析这些 X 射线衍射数据。除了很简单的一维衍射图谱，还需要考虑一系列由弹性散射波产生的相长干涉峰（包括部分或完全重叠）以及叠加在其上的复杂的非线性背底噪声，对这些数据解析的复杂性源于这些数据背后隐藏的结构信息，因而几乎每一部分的衍射数据都需要利用计算机进行处理，都需要花费很大的精力。

粉末衍射数据中包含组成晶体物质的种类、所含成分以及所具有的晶体结构类型等大量信息。根据衍射数据，结合不同的数据库，可以对晶体材料进行物相的定性和定量分析，还可以确定材料的晶体结构，给出原子在晶胞中的分布情况。根据布拉格衍射指数和衍射强度，可以精确地确定晶格参数，精确的结构细节包括原子在晶体中的平衡位置，原子位移、Rietveld 精修的总体参数。这些都是利用 X 射线衍射数据表征多晶材料结构的方式，常被用来建立材料的结构与物理性质之间的联系。

当对材料进行定性分析时，可以通过 10～15min 的快速实验得以实现。得到实验图谱后，首先消除背底和 $K\alpha_2$ 峰，再采用自动寻峰确定布拉格角度的位置和衍射峰的强度。如果所得实验结果图谱比较复杂，自动寻峰可能会导致大量错误峰的出现，为了获得能够识别的布拉格反射峰，需要进行手动或者半手动图形拟合算法来确定衍射峰的确切位置。

如果测量结果没有与布拉格角度和强度相匹配的物相，这时就需要借助其他实验手段进行测量分析，例如，采用热分析方法、能谱方法或者微结构分析方法进一步确定样品中是否存在其他混合杂相。第一步是鉴定物相，在此基础上再进一步确定精确晶格参数。通过现代化粉末衍射实验可以获取一个包含几千个步进扫描参数的原始数据文件，每一数据点就是每一步扫描得到的 X 射线光子计数值，给出一系列衍射峰位置和强度，这些数据不能直接使用。国际衍射数据中心（International Center for Diffraction Data，ICDD）提供的粉末衍射文件（powder diffraction file，PDF）数据包含了十万多个这样的文件，可用于固体样品的物相鉴定。原始数据还不能用于物相鉴定，必须经过技术处理，处理过程包括伪衍射峰的消除、背底拟合与消除、数据平滑、$K\alpha_2$的剥离、寻峰算法、线形函数及线形拟合等。

1. 伪衍射峰的消除

X 射线脉冲会受到电子束屏蔽不好或者用于收集信号的振荡电路发生共振等影响而出现虚假衍射峰，不过这些衍射峰的半高宽都比正常峰值小，很容易识别。

2. 背底拟合与消除

在 X 射线衍射中，背底是不可避免的，不同的衍射数据有不同的背底存在，这些背底来自于非弹性散射、空气散射、样品托及样品表面的散射、X 射线荧光的产生、非单色化以及探测器不同程度的噪声等，其结果是在背底上叠加这些结果，或者在线形拟合计算强度时叠加了这些背底信号。在剥离$K\alpha_2$和处理这些原始数据之前必须强制扣除这些背底噪声，因为$K\alpha_1$和$K\alpha_2$的剥离是基于二者强度之比为 2:1，所以背底必须要去除。在 X 射线谱中由于$K\alpha_1$和$K\alpha_2$双峰的存在，布拉格角度将会发生劈裂，2:1 的强度之比是弹性散射的成分而不是背底噪声。

在基于 Rietveld 精修的整个线形和解析图之前，不应扣除背底。在这种情况下，应用各种不同系数的分析函数，单独修正其他参数，然后将以背底与布拉格角函数的形式的计算结果叠加在衍射强度上。

背底可以利用不同的函数插入进行消除，下面就是一种常用的背底$b_i$插入消除法，这里$i$=1，2，3，…，$n$，$n$为 X 射线总的数据点数，背底近似表示为多项式函数的形式，即

$$b_i = \sum_{m=0\text{或}m=1}^{N} B_m (2\theta)^m \tag{2.200}$$

式中，$B_m$是可以用来精修的背底参数；$N$是多项式级数；求和的起始数$m$=0，但是为了在低角度下增加背底，额外考虑假设的因素，则采用$m$=−1。

切比雪夫多项式（Chebyshev polynominal）定义成参数为$x_i$的函数

$$x_i = \frac{2(2\theta_i - 2\theta_{\min})}{2\theta_{\max} - 2\theta_{\min}} - 1 \tag{2.201}$$

式中，$2\theta_{\min}$和$2\theta_{\max}$分别为 X 射线衍射的最小和最大布拉格角。计算背底可写为

$$b_i = \sum_{m=0\text{或}m=1}^{N} B_m t_m(x_i) \tag{2.202}$$

切比雪夫函数$t_m$定义为

$$t_{m+1}(x) + 2x t_m(x) + t_{m-1}(x) = 0 \tag{2.203}$$

这里$t_0$=0，$t_1$=$x$。函数$t$可以用列表数据进行计算。

利用傅里叶多项式（Fourier polynomial），背底可以表示为如下形式

$$b_i = B_1 + \sum_{m=2}^{N} B_m \cos(2\theta_m - 1) \tag{2.204}$$

通过计算即可进行背底消除。

3. 数据平滑

数据平滑是为了抑制统计噪声所采取的一种数学处理手段，这种噪声表现为测量误差的随机性，在任何一个 X 射线衍射中都是会出现的。平滑可以改善粉末衍射图的外观，它可以使十几分钟时间的衍射数据曲线看起来像是数小时的衍射数据图像，平滑后的图谱对于背底扣除、K$\alpha_2$ 线剥离大有裨益。

数值条件本身不但不能改善数据的质量，而且还会使布拉格峰宽化，降低分辨率，甚至可能造成弱峰消失。最典型的平滑方法是箱式平滑（box-car smoothing），它包含了电流的平均强度和利用不同的权重处理邻近数据点。在平滑线上的数据点权重是最大的，而偏离平滑线的数据点权重则迅速减小。例如，选用 5 个数据点，中间点（$Y_0$）权重 $w_1$ 设为 1，最近邻（$Y_{\pm1}$）权重 $w_2$ 设为 0.5，次近邻（$Y_{\pm2}$）权重 $w_3$ 设为 0.25，因此，每个点的平滑强度是 5 个连续强度的加权和除以总权重，即

$$Y = \frac{w_2 Y_{-2} + w_1 Y_{-1} + w_0 Y_0 + w_1 Y_1 + w_2 Y_2}{2w_2 + 2w_1 + w_0} \tag{2.205}$$

上述权重是线性增加的，也可以是非线性变化的，例如权重可采用高斯分布函数加以描述。

另外一种常用的数据平滑是快速傅里叶变换方法，傅里叶系数的个数等于数据点的个数。在这种情况下，通过傅里叶逆变换就可以得到原始图谱。每一个傅里叶系数就对应于原始图中观察到的一个特定的频率，高阶系数代表了高阶频率信号。因此，当高阶系数设置为零或者较低时，傅里叶逆变换就会产生一个与原始图类似但移除或降低了高频噪声的衍射谱。应该指出的是，这种数据平滑的结果虽然可对高频噪声加以消除，从而改善了图谱的直观性，但与此同时，很多细节有可能会丢失，例如一些弱峰或分裂峰等。

与背底移除类似，在进行线形拟合或者 Rietveld 精修之前，不能对数据进行平滑。平滑可能会对品质因子有所改善，但很可能使晶格参数和强度灵敏参数发生变形，包括单个原子的坐标、位移和总体参数。提高数据质量的唯一可靠的办法仍然是从实验中获取精确的实验数据。

4. K$\alpha_2$ 的剥离

常规 X 射线源都会出现 K$\alpha$ 双线，这两条线的波长相当接近（$\lambda_{K\alpha_1}/\lambda_{K\alpha_2}$ =

1.00248），对其进行单色化非常困难。每个 Kα 线所得到的衍射峰都是两个相对有轻微偏移而大部分叠在一起的谱图，这种偏移在低角度区域几乎是不可区分的。在高角度是否可以区分，主要看衍射峰的半高宽。双线的存在会使布拉格角的分辨率有所降低。在双峰严重重叠而不能分辨的衍射角度范围区间，应采用加权平均方法对波长进行计算，即 $\lambda_{K\alpha}=(2\lambda_{K\alpha_1}+\lambda_{K\alpha_2})/3$；在双峰能够分辨的情况下，则可采用 $\lambda_{K\alpha_1}$ 进行计算，因为 $\lambda_{K\alpha_1}$ 线强度是 $\lambda_{K\alpha_2}$ 的近两倍，如图 2.52 所示。

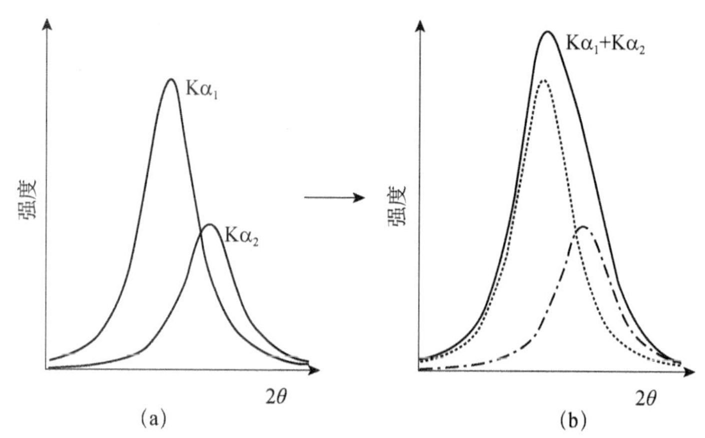


图 2.52 （a）单个 $K\alpha_1$，$K\alpha_2$ 线图，强度之比约为 2:1；（b）两峰叠加后的总强度

另外，为了消除 $K\alpha_2$ 的影响，可以在实验上用单色器进行单色化，但单色化使衍射强度受到严重损失。也可以采用数据处理的方法使 $K\alpha_2$ 得到剥离，得到近似“纯的” $K\alpha_1$ 衍射谱。现代衍射谱仪中都带有剥离 $K\alpha_2$ 的软件。下面就介绍一下剥离 $K\alpha_2$ 的两种方法。

1）Rachinger 法

Rachinger 法是以如下假设为基础的：①$K\alpha_1$ 和 $K\alpha_2$ 产生的衍射峰具有相同的峰形，即峰的宽度和强度分布相同；②$K\alpha_1$ 和 $K\alpha_2$ 峰的强度之比为 2:1；③$K\alpha_1$ 和 $K\alpha_2$ 峰的分离度 $\Delta\theta$ 由微分布拉格方程得到，即

$$\Delta(2\theta)=2(\Delta\lambda/\lambda)\tan\theta \tag{2.206}$$

并忽略在衍射峰的角度范围内分离度 $\Delta\theta$ 随 $\theta$ 的变化，Kα 波长采用加权平均值，即

$$\lambda_{K\alpha}=(2\lambda_{K\alpha_1}+\lambda_{K\alpha_2})/3 \tag{2.207}$$

设某个 $K\alpha_1$ 与 $K\alpha_2$ 的衍射峰发生重叠，分布在 $2\theta_1$ 至 $2\theta_2$ 之间，则在 $2\theta_1$ 至 $2\theta_1+2\theta$ 角度范围内没有重叠问题，仅有 $K\alpha_1$ 产生的衍射峰。类似地，$2\theta_2-2\theta$ 到 $2\theta_2$ 角度范围内没有重叠问题，仅有 $K\alpha_2$ 产生的衍射峰。在 $2\theta_1+2\theta$ 至 $2\theta_2-2\theta$ 之

间任一角度 $2\theta$ 的衍射强度 $I_T(2\theta)$都是 $I_1(2\theta_1)$和 $I_2(2\theta_2)$的叠加，即

$$I_T(2\theta) = I_1(2\theta) + I_2(2\theta) \tag{2.208}$$

而由 Rachinger 法的假设②，有

$$I_{1'}(2\theta) = I_T(2\theta) - 0.5I_1[2\theta - \Delta(2\theta)] \tag{2.209}$$

设峰数据有 $n$ 个序列，如第一个间隔 $\Delta(2\theta)$对应纯的 $K\alpha_1$ 线强度，则从第二个 $\Delta(2\theta)$的第一个数据点开始，按（2.209）式扣除 $K\alpha_2$ 的强度，如随后每一个强度数据都按（2.209）式进行扣除，便可得到整个峰形的纯的 $K\alpha_1$ 线强度分布。

Rachinger 方法简便，但其假设条件不够严格，而且前面数据点强度的不确定度会全部传递到后面的 $K\alpha_1$ 强度中。尽管如此，这种分离方法仍然是现在很多粉末衍射数据处理中最为常用的一种方法。

2）傅里叶变换方法

任何满足狄利克雷（Dirichlet）条件的函数都可以用傅里叶级数表示，因此双线的峰形可展成傅里叶级数

$$I(2\theta) = \frac{A_0}{2} + \sum_{n=1}^{\infty}\left[A_n \cos\left(\frac{2\pi n}{2N}2\theta\right) - B_n \cos\left(\frac{2\pi n}{2N}2\theta\right)\right] \tag{2.210}$$

式中，$2N$ 为 $I(2\theta)$有值区间内的采集步数；$A_0$，$A_n$，$B_n$ 都是函数 $I(2\theta)$的傅里叶系数，分别为

$$\begin{aligned} A_0 &= \frac{1}{N}\int_1^{2N+1} I(2\theta)\mathrm{d}(2\theta) \\ A_n &= \frac{1}{N}\int_1^{2N+1} I(2\theta)\cos\left(\frac{2\pi n}{2N}2\theta\right)\mathrm{d}(2\theta) \\ B_n &= \frac{1}{N}\int_1^{2N+1} I(2\theta)\sin\left(\frac{2\pi n}{2N}2\theta\right)\mathrm{d}(2\theta) \end{aligned} \tag{2.211}$$

其中，$n$=1，2，3，…为阶数。

同理，$K\alpha_1$ 的峰形 $I(2\theta)$可以写为

$$I_1(2\theta) = \frac{a_0}{2} + \sum_{n=1}^{\infty}\left[a_n \cos\left(\frac{2\pi n}{2N}2\theta\right) - b_n \cos\left(\frac{2\pi n}{2N}2\theta\right)\right] \tag{2.212}$$

$K\alpha_1$ 和 $K\alpha_2$ 衍射线的强度之比 $R = K\alpha_2 / K\alpha_1 \approx 1/2$，并利用 Rachinger 法的假设①和③，则按照（2.209）式，应有

$$I(2\theta) = I_1(2\theta) + RI_1(2\theta - \Delta(2\theta)) \tag{2.213}$$

这样可得到 $I_1(2\theta)$和 $I(2\theta)$的傅里叶系数

$$a_0 = \frac{A_0}{1+R}$$

$$a_n = \frac{A_n + R\left[A_n \cos\left(\frac{2\pi n}{2N}\Delta(2\theta)\right) + B_n \sin\left(\frac{2\pi n}{2N}\Delta(2\theta)\right)\right]}{1+\cos\left(\frac{2\pi n}{2N}\Delta(2\theta)\right)+R^2} \tag{2.214}$$

$$b_n = \frac{B_n + R\left[B_n \cos\left(\frac{2\pi n}{2N}\Delta(2\theta)\right) - A_n \sin\left(\frac{2\pi n}{2N}\Delta(2\theta)\right)\right]}{1+\cos\left(\frac{2\pi n}{2N}\Delta(2\theta)\right)+R^2}$$

由此可见，可以根据实测的 $I(2\theta)$，首先计算出傅里叶系数 $A_0$，$A_n$，$B_n$，再利用（2.214）式计算出峰形 $I_1(2\theta)$的傅里叶系数，最后由（2.212）式计算出 $I_1(2\theta)$的峰形。在计算时，可适当调整 $R$ 值以免在高角度一侧出现振荡。

5. 寻峰算法

除了最简单的粉末衍射峰外，所有的衍射峰都由或多或少的重叠布拉格峰所组成，这是由多个布拉格衍射角比较接近，仪器本身的分辨率达不到所造成的。因此，为了获取每个布拉格峰的位置和峰的强度，需要合适的峰形函数（peak-shape function，PSF）进行拟合。我们观察到的峰形就是用峰形函数表示出来的，它实际是三个函数的卷积，即仪器展宽函数 $\Omega$、波长色散 $\Lambda$ 和样品函数 $\Psi$，表示为

$$\mathrm{PSF}(\theta) = \Omega(\theta) \otimes \Lambda(\theta) \otimes \Psi(\theta) + b(\theta) \tag{2.215}$$

式中，$b$ 是背底函数。$\Omega$ 依赖于多重几何参数，与源的位置和形状、单色器、狭缝以及样品有关。$\Lambda$ 与源的波长分布、源的种类和单色化技术有关。样品函数 $\Psi$ 来源于多个方面：其一是动态散射或者是与运动学模型的偏离，布拉格角产生一很小的有限宽效应；其二是由样品的物理性质所引起的，如样品的晶粒尺寸和微应力，例如，当晶粒尺寸小于 1μm 或者存在应力时，会导致布拉格峰的显著变宽。

由晶粒尺寸 $\tau$ 和应力 $\varepsilon$ 引起的峰的变宽，其增加的宽度可以用下式分别进行描述

$$\beta = \frac{\lambda}{\tau\cos\theta}, \quad \beta = k\varepsilon\tan\theta \tag{2.216}$$

式中，$k$ 为常数。

一般用三种形式描述峰形函数：一种是经验函数，不需要用物理量参数的具体数据拟合峰形；第二种是半经验的峰形函数，描述仪器函数和色散函数用

经验函数，而样品函数用理想的物理参数进行描述；第三种就是基本的物理参数法，三个函数都用合理的物理参数进行建模。

快速可靠的寻峰和峰位确定是物相定性和定量分析所必需的一项工作，最可靠但不是最快的方法当然是人工方法。人的眼睛很容易分辨出谱峰，哪怕是与背底几乎混为一体的弱峰，这是因为人脑可以处理大量的信息。峰位可以根据峰的最大值位置，或者峰的半高宽中点处来确定，这两种方法都需要剥离 $K\alpha_2$ 的影响。如果不扣除 $K\alpha_2$ 线的贡献，在低角度区域 $K\alpha_1$ 和 $K\alpha_2$ 线将完全不可区分。虽然高角度区域可以进行区分，但中角度区域峰位就是 $K\alpha_1$ 和 $K\alpha_2$ 线共同决定的，在理想的情况下，就是利用 $K\alpha_1$ 和 $K\alpha_2$ 线的权重决定，但在现实中很难实现。对于数字化存储起来的粉末衍射图谱，为分立的测试数据，要分辨谱峰就需要与邻近的数据点进行比较，首先确定某个测试点是属于衍射还是背底，在确定邻近几个数据点都高出背底后，就认为这一点是衍射峰。目前自动寻峰发展出很多方法，如爬山寻峰法、二阶导数寻峰法、预定峰形寻峰法等，其中二阶导数寻峰法和预定峰形寻峰法是经常使用的两种方法，下面分别给予介绍。

1）二阶导数寻峰法

二阶导数寻峰法结合了背底扣除、$K\alpha_2$ 线剥离，甚至平滑等过程，然后进行导数计算，这种方法对噪声非常灵敏，因此对于存在大量随机误差的快速测量数据，事先平滑是必不可少的环节。首先计算 $Y(2\theta)$对 $2\theta$ 的二阶导数，并利用二阶导数确定峰位，二阶导数很容易计算出来

$$\frac{\partial Y_i}{\partial(2\theta_i)}=\frac{Y_{i+1}-Y_i}{s},\quad \frac{\partial^2 Y_i}{\partial(2\theta_i)^2}=\frac{Y_{i+2}-2Y_{i+1}+Y_i}{s^2} \tag{2.217}$$

式中，$Y_i$，$Y_{i+1}$，$Y_{i+2}$ 是三个连续数据点的强度；$s$ 是收集数据的步长。不同于平滑，可以使用一个多项式拟合附近的每个数据点，数据点位于序列点中间值。多项式系数一旦确定，一阶导数和二阶导数就很容易分析计算。例如，对于一个三阶多项式

$$y=ax^3+bx^2+cx+d \tag{2.218}$$

式中，$x$ 为布拉格角。

对（2.218）式分别求一阶导数和二阶导数，即得

$$y'=3ax^2+2bx+c \tag{2.219}$$

$$y''=6ax+2b \tag{2.220}$$

对于简单可靠的数据来说，可利用一阶导数来寻峰，对于复杂的数据需要利用二阶导数进行寻峰，图 2.53 是两个部分重叠的布拉格衍射峰的例子，（b）

和（c）分别是其一阶导数和二阶导数，在峰位处一阶导数等于零，二阶导数小于零。为了提高检测，二阶导数的一系列负峰通常用抛物线函数进行拟合，这样可以得到更精确的布拉格角。

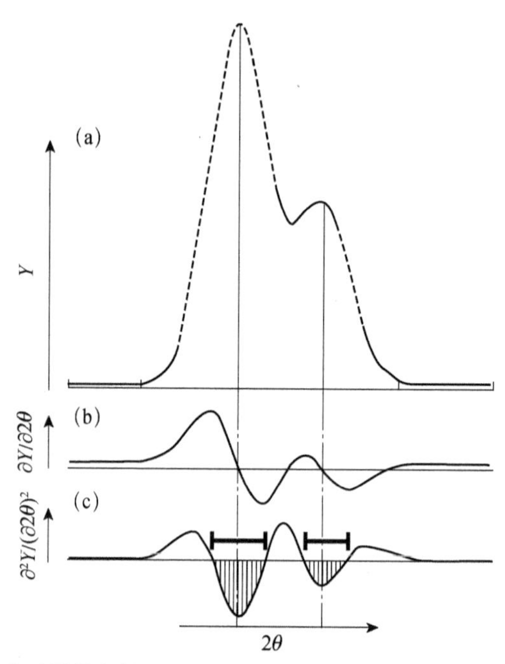


**图 2.53　两个部分重叠的布拉格衍射峰（a）及其一阶导数（b）和二阶导数（c）**

2）预定峰形寻峰法

粉末图谱第 $i(1\leqslant i\leqslant n$，$n$ 为总的测量点数)个点的强度为 $Y(i)$峰形函数，一般来说，其来自 $m(1\leqslant k\leqslant m)$个重叠的衍射峰和背底 $b(i)$的强度总贡献为 $Y_k$，总强度可描述为

$$Y(i)=b(i)+\sum_{k=1}^{m}I_k[Y_k(x_k)+0.5Y_k(x_k+\Delta x_k)] \tag{2.221}$$

式中，$I_k$是第 $k$ 个布拉格反射峰强度；$\Delta x_k=2\theta_i-2\theta_k$，$\Delta x_k$是 $K\alpha_2$ 和 $K\alpha_1$ 两个布拉格角度之差，布拉格衍射强度表示为多项式的形式，以便能够引入和分析衍射强度的不同归一化函数行为，也就是说，若定义从负无穷到正无穷计算峰形积分函数，则可以实现在每种情况下都是统一一致的。

预定峰形寻峰法是利用理想的峰形，如采用 pseudo-Voigt 函数或 Pearson Ⅶ函数来实现的，pseudo-Voigt 函数为

$$y(x)=\eta\frac{2\sqrt{\ln 2}}{\sqrt{\pi}H}e^{-(4\ln 2)x^2}+(1-\eta)\frac{2}{\pi H}\frac{1}{1+4x^2} \tag{2.222}$$

Pearson Ⅶ 函数为

$$y(x)=\frac{\Gamma(\beta)}{\Gamma(\beta-1/2)}\frac{4\sqrt{2^{1/\beta}-1}}{\sqrt{\pi}H}[1+4(2^{1/\beta}-1)x^2]^{-\beta} \tag{2.223}$$

式中，$H$ 为峰的半高宽，$H=(U\tan^2\theta+V\tan\theta+W)^{1/2}$，这里 $U$，$V$，$W$ 为任意变量；$x=(2\theta_i-2\theta_k)/H_k$，这里 $\theta_i$ 是 X 射线衍图谱中第 $i$ 个点对应的衍射角，$\theta_k$ 是第 $k$ 个点计算对应的衍射角；Pseudo-Voigt 函数混合参数 $\eta=\eta_0+\eta_1(2\theta)+\eta_2(2\theta)^2$，这里$0\leqslant\eta\leqslant1$，$\eta_0$，$\eta_1$，$\eta_2$ 为任意变量；$\eta$ 代表了高斯函数 $G(x)=\frac{2\sqrt{\ln 2}}{\sqrt{\pi}H}e^{-(4\ln 2)x^2}$ 和洛伦兹函数 $L(x)=\frac{2}{\pi H}\frac{1}{1+4x^2}$ 所占的比例；$\Gamma$ 函数 $\Gamma(z)=\int_0^{\infty}t^{z-1}e^t\mathrm{d}t$；指数 $\beta$ 是布拉格角的函数，$\beta=\beta_0+\beta_1/(2\theta)+\beta_2/(2\theta)^2$，这里 $\beta_0$，$\beta_1$，$\beta_2$ 为任意变量。

这种方法事先不需要 $K\alpha_2$ 线剥离和平滑，但还是需要扣除背底，最简单的办法是选用现有的峰形函数，手动调整预设参数。改进的方法是利用好的分辨率和强度大的峰来确定峰形，然后利用归一化分析峰形，其强度（一个乘数，如比例因子）可根据线性最小二乘法进行计算。

6. 线形函数及线形拟合

线形拟合是最精确的拟合方法。峰形函数通常采用上述的 pseudo-Voigt 函数或 Pearson Ⅶ 函数，这种拟合是基于最小二乘法达到观察值和计算值之差的最小化。利用最小二乘法，在线形拟合中，至少有三种类型参数可供调整：①峰位置 $2\theta$；②半高宽 $H$、不对称度 $\alpha$、指数 $\beta$ 和混合参数 $\eta$，在一些应用当中常把这些峰形参数视作固定值，或稍作手动调整；③积分强度 $I$，对于每一个衍射峰形状，它是一个比例因子。

总的来说，每个峰包含五个参数需要精修，即 $2\theta$，$H$，$\alpha$，$\beta$ 和 $\eta$，为了能够根据最小二乘法顺利进行精修，所有参数应设置合理的初始值，可以通过如下途径得以实现：肉眼观察峰位，或采取自动寻峰，或根据晶胞进行计算。粗略的峰形参数预设为实际或默认的数值，可从分辨率比较高的布拉格峰进行估计。

峰形不对称参数 $\alpha$ 是因峰形左右不对称（一般是，在低角度侧，峰强有所增强；而在高角度侧，峰强有所减小）而引入的，峰的强度修正公式可表示为 $A(x_i)=1-\alpha\frac{z_i\times|z_i|}{\tan\theta}$，式中，$z_i=2\theta_k-2\theta_i$（$\theta_i$ 是 X 射线衍图谱中第 $i$ 个点所对应的布拉格角，$\theta_k$ 是第 $k$ 个点计算对应的布拉格角）。

## 2.5.2 物相的定性分析

1. 基本原理

物相（phase）是一个化学热力学的概念，在平衡物质体系中各均匀相同部分称为一个相。材料可以由一种均匀物质组成，也可以由多种不相同的物质组成，前者称为单相（single phase），后者称为多相（mutiple phase）。物相由一种或多种化学元素所组成。对于固体结晶晶体，一种晶体就为一个物相。

X 射线衍射分析是以晶体结构为基础的。X 射线衍射花样反映了晶体中的晶胞大小、晶体类型、原子种类、原子数目和原子排列等规律。每种物相均有自己特定的结构参数，因而表现出不同的衍射特征，即衍射线的数目、峰位和强度。即使该物相存在于混合物中，也不会改变其衍射花样。尽管物相种类繁多，却没有两种衍射花样特征完全相同的物相，因此可以利用粉末衍射数据来鉴别物相。在这样的一个数据库中包含晶体对称性、晶体单胞尺寸、晶体结构以及其他一些有用的信息，如相物质名称、化学成分、参考文献、基本物理和化学属性等。粉末衍射数据库无论是在定性分析中还是在定量分析中都是非常有用的。

2. 粉末衍射数据库

最完整和最常用的衍射数据库是粉末衍射卡（PDF），其由国际衍射数据中心（ICDD）定期维护和更新，是一款商业数据库，这一数据库独特之处在于，包含几十万种化合物的实验和理论数字粉末图谱数据，包括矿物质、金属与合金、无机材料、有机化合物和药物，数据库中的每一个记录称作“卡”（card），目前称作“条目”（entry）。图 2.54 是粉末衍射卡的实例。卡上的八个区域包含了如下信息：

（1）左侧为卡号，右侧为数据的质量，质量是由 ICDD 根据严格标准指定的；

（2）化合物的一般信息，包括化学式，化合物名称、矿物学名称等；

（3）实验条件，包括辐射源、波长和实验细节；

（4）晶体学数据，包括晶系和空间群、单胞尺寸、一个单胞内化学式的个数、熔点；如果出现与衍射数据不一致的情况，就会给出晶体学数据来源的参考文献；计算和测量值、比重、品质因子和晶胞体积（$Å^3$）；

（5）性质和对应的参考文献来源；

（6）颜色；

（7）评价：化合物的来源和制备；温度、压力和其他制备条件；

（8）数字图谱：每个观察到的布拉格反射、面间距 $d$、$2\theta$ 角、归一化强度

（100）、米勒指数（如果图谱已经指标化）。

（1）48-1152　　Quality: Indexed

（2）Li0.6 V1.67 O3.67 ! H2 O
Lithium Vanadium Oxide Hydrate

（3）Rad:CuKa1　Lambda:1.54056　Filter:　d sp:Diffractometer
Cutoff:　Int:Diffractometer　I/Icor:
Ref:Whittingham, M., SUNY at Binghamton, MaterialsResearch Center, NY, USA.Chyrayil, T., Zavalij, P., Whittingham, M., (1

（4）Sys:Tetragonal　S.G.:I4/mmm
a:3.7047±0.0003　b:　c:15.804±0.002
α:　β:　γ:　Z:2　mp
Ref2
Dx:2.53　Dm:2.541　SS/FOM: F30=46.5(0.0161,40)　Volume[CD]:216.91

（5）εα:　ηωβ:　εγ:　Sign:　2V:
Ref3

（6）Color:

（7）Prepared by hydrothermal treatment of tetramethylammonium hydroxide, vanadium pentoxide and \Li O H\ acidified to pH 2-5 for 3 days at 200 C. Pattern taken at 23(1) C.

（8）32 reflections in pattern.

| 2θ | Int. | h k l | 2θ | Int. | h k l | 2θ | Int. | h k l | 2θ | Int. | h k l |
|---|---|---|---|---|---|---|---|---|---|---|---|
| 11.2026 | 100 | 0 0 2 | 50.5721 | 8 | 0 2 2 | 72.0262 | 4 | 2 2 0 | 83.7228 | 1 | 0 1 13 |
| 22.4967 | 19 | 0 0 4 | 54.6668 | 3 | 0 2 4 | 73.1843 | 2 | 2 2 2 | 84.1343 | 1 | 0 3 5 |
| 24.6618 | 9 | 0 1 1 | 55.7443 | 2 | 1 2 1 | 76.5173 | 1 | 2 2 4 | | | |
| 29.4652 | 50 | 0 1 3 | 58.0669 | 3 | 0 1 9 | 77.4598 | 1 | 0 3 1 | | | |
| 33.9955 | 1 | 0 0 6 | 58.3367 | 13 | 1 2 3 | 79.4091 | 2 | 1 2 9 | | | |
| 34.2095 | 14 | 1 1 0 | 58.3367 | 13 | 0 0 10 | 79.6864 | 4 | 0 3 3 | | | |
| 36.0710 | 1 | 1 1 2 | 58.4543 | 4 | 1 1 8 | 79.6864 | 4 | 0 2 10 | | | |
| 37.3772 | 4 | 0 1 5 | 63.3383 | 3 | 1 2 5 | 81.7407 | 2 | 1 1 12 | | | |
| 47.1058 | 19 | 0 1 7 | 69.4008 | 10 | 1 1 10 | 82.1813 | 2 | 1 3 0 | | | |
| 49.1443 | 16 | 0 2 0 | 70.4377 | 7 | 1 2 7 | 83.3159 | 1 | 1 3 2 | | | |

图 2.54　粉末衍射卡

### 3. 手工检索进行物相的定性分析

PDF 数量巨大，必须借助于索引才能得到所需要的卡片，从而对物相进行定性分析。常用的索引包括无机物和有机物两类，每类又可分为数字索引和字母顺序索引两种主要方式。

当被测物质未知时，需采用数字索引。这类索引是以晶面间距 $d$ 值作为检索依据。数字索引又可分为哈那瓦特（Hanawalt）索引和芬克（Fink）索引。哈那瓦特索引是将每个物质条目中的三强线 $d$ 值，以任意一条排在首位，其余按强度递减顺序排列，后面给出五条线的 $d$ 值和强度。各 $d$ 值下标为衍射线强度，以 10 为最大，用 x 表示。在 $d$ 值后面给出了物质的化学式和卡片编号。在哈那瓦特索引中，第一位最强线 $d$ 值范围分成 51 组，例如，3.31～3.25Å 为一组。在各组内，则以排列在第二位的衍射线 $d$ 值自大至小为序。由于强度测量受到测量条件的影响，为了避免疏漏，一种物质可以在索引中多次出现。在芬克索引中，某一物质的条目 $d$ 值排列是以其大小为序的，选八条强线。其分组、条目的排列以及条目的内容与哈那瓦特索引相类似。

当已知待测样品的化学成分时，可采用字母索引。字母顺序索引是按照物质英文名称的第一个字母为序排列，名称后则列出化学式、三强线的 $d$ 值和相对强度（用下角标标出），最后给出卡片编号。对于含有多种元素的物质，各元素都作为检索元素编入。

手工检索需要以下三个步骤：首先利用实验获取衍射峰的衍射角和衍射强度，规定最强峰为 100，其他衍射峰与其相比得出相对强度，再由波长和衍射角计算对应的面间距，将各个衍射峰对应的面间距由大到小排列，将其对应的强度也排在后面，最后再根据所得的数据进行 PDF 卡片检索，找出被测量样品的化学成分组成。

在组成试样元素全部未知的情况下，只能用数字索引进行定性分析。例如表 2.6 是某一样品测得的衍射数据。取表中第一和第二强线作为数字索引的依据，在包括第一强线 2.331Å 的大组中找出第二强线 2.560Å 的条目，将此条目中的其他 $d$ 值与试样衍射谱进行比较，发现并不吻合，这意味着以上两根衍射线不属于同一物相。这就需要取第三强衍射线的 $d$ 值 2.020Å 作为第二强线重新检索，得到卡片号为 04-0787Al 的条目与试样中的 2，4，6，9 和 10 衍射线相吻合，这些即属于 Al 相。剩下的衍射线以 2.506Å 作为第一强线，次强线 1.536Å 作为第二强线，按上述方法再进行检索，得出试样谱线与卡片号为 29-1129 的 SiC 相相吻合，至此所有相已被检出。在实际分析中，若样品由两个以上的物相组成，则重复以上检索方法就可得到全部物相。这种检索方法比较烦琐，需要耗费大量时间。

在部分元素已知的情况下，可以利用字母顺序索引进行检索。仍以表 2.6 为例，知道了样品由 Al 和 Si 元素组成，这样可判断样品中可能存在 Al 和 Si 单质或由其组成的化合物。在字母索引卡片中卡片号为 04-0787Al 的条目与试样中的 2，4，6，9 和 10 衍射线相吻合，确定为 Al 相。在 Si 化合物中检出 SiC（卡片号 29-1129）与剩余谱线相吻合，因此可以确定是 SiC 相。至此确定了样品中全部的物相组成。这种方法检索的速度相对数字索引比较快。

**表 2.6　衍射数据与衍射卡片的比较**

| 线号 | 衍射实验数据 | | Al(04-0787) | | SiC(29-1129) | |
|---|---|---|---|---|---|---|
| | 面间距 $d$/Å | 相对强度 $I/I_0$ | 面间距 $d$/Å | 相对强度 $I/I_0$ | 面间距 $d$/Å | 相对强度 $I/I_0$ |
| 1 | 2.506 | 84 | | | 2.5200 | 100 |
| 2 | 2.331 | 100 | 2.3380 | 100 | | |
| 3 | 2.170 | 18 | | | 2.1800 | 20 |

续表

| 线号 | 衍射实验数据 | | Al(04-0787) | | SiC(29-1129) | |
|---|---|---|---|---|---|---|
| | 面间距 $d$/Å | 相对强度 $I/I_0$ | 面间距 $d$/Å | 相对强度 $I/I_0$ | 面间距 $d$/Å | 相对强度 $I/I_0$ |
| 4 | 2.020 | 64 | 2.0240 | 47 | | |
| 5 | 1.536 | 37 | | | 1.5411 | 35 |
| 6 | 1.429 | 36 | 1.4310 | 22 | | |
| 7 | 1.311 | 27 | | | 1.3140 | 25 |
| 8 | 1.256 | 5 | | | 1.2583 | 5 |
| 9 | 1.220 | 55 | 1.2210 | 24 | | |
| 10 | 1.168 | 10 | 1.1690 | 7 | | |
| 11 | 1.087 | 5 | | | 1.0893 | 5 |

以上是手工检索采用的索引方法，随着数字化技术的发展，已经很少用手工方法进行检索，代之以计算机检索。

4. 计算机检索进行物相的定性分析

国际信息中心的 PDF 卡特别适合于对物相进行数字化定性分析，许多粉末衍射仪厂商提供了数字分析的各种软件，然而 PDF 数据来源于参考文献和 ICDD 索取的数据，也不是包罗万象的完整数据库。用 PDF 可以搜索严格基于衍射数字图谱的物质，当实验结果无法与 PDF 匹配时，在认为是新物质之前，应该利用其他数据进行比对。

ICDD 获得的物相条目信息，主要来源除了原有的粉末衍射数据资源外，主要有 ICDD 的奖励计划、投稿以及文献收集。自 1997 年以来，通过 ICDD 同国际晶体学数据库组织间的一系列合作努力，物相条目开始激增，这些机构包括：剑桥晶体学数据中心（Cambridge Crystallographic Data Centre，CCDC），英国剑桥市；卡尔斯鲁厄专业信息中心（Fachsinformationzentrum（FIZ），Karlsruhe），德国卡尔斯鲁厄市；（美国）国家标准技术研究所（National Institute of Standards and Technology，NIST），美国马里兰州盖瑟斯堡市；材料相数据系统（Material Phases Data System，MPDS），瑞士威茨瑙市。

针对不同用户，ICDD 设计和制作了不同版本的 PDF。如 PDF-2、PDF-4+、PDF-4/矿物、PDF-4/有机物，此外还有很多专题粉末衍射数据，例如关于矿物的甚至某一范围的矿物（黏土矿物、稀土矿物、盐矿物以及分散元素矿物等）的专集，一些关于 X 射线物相分析以及矿物学的教程和专著等，在衍射鉴定上都是很有帮助的。

MDI Jade 检索。

MDI Jade 基于峰形和峰位两种检索方法。前一种只使用衍射扫描全谱而不需要确切的衍射峰的位置数据。这种方法通常需要首先扣除背底。选择背底选项时，应同时剥离 $K\alpha_2$ 峰。如果图谱有较大的角度误差，则可以使用角度校正功能。这种方法类似于人工对比方法，首先读出确切的衍射峰位置，然后进行检索–匹配，基于峰位的检索–匹配的优点，可以调节大的角度误差。下面介绍一下基于峰形的检索步骤。

首先对主要物相进行检索，检索主要物相使用搜索–匹配按钮在默认情况下进行检索，一般不需要设定检索条件，通常一次不加限制地检索可检测出主要相甚至一部分非主要相。如有若干未检出的衍射线存在，则设想一些可能存在的物相范围，为下一步检索限制条件。然后对衍射图中未检出的图谱进行检索，以找出这些衍射峰对应的物相。这样的限制设定可能需要很多次，有时还需要按照限制条件的不同组合来进行设定，力求对全部的衍射峰都找到预期相匹配的物相。Jade 程序中设定有筛选器，所谓的筛选器，就是筛选 PDF 子库，即只在某些子数据库中进行检索。例如，“materials”字库用于矿物样品的物相检索；“metal”用于金属或合金的检索。还可以设定主要物相、次物相（强度小于 15%）、痕量相（强度小于 3%）、局部谱检索和单峰检索等。还可以通过限定样品中存在的化学元素或其他物理、化学条件进行检索。

经过以上两步检索，如果仍有部分峰未检出与之匹配的物相，则可以采用单峰搜索法进行检索。单峰搜索法是指一个未能检出的可匹配物相峰的范围，然后在 PDF 数据库中仅搜索在此范围内出现的衍射峰物相列表，最终从列表中检测出对应的物相。严格来说，单峰搜索法也是一种有条件的检索方法，只是把限定条件限定在某衍射峰的衍射角范围之内。

### 2.5.3 物相的定量分析

考虑到 X 射线衍射来自于粉末样品表面，因此混合样品颗粒必须是非常均匀，可以忽略消光和微结构吸收，且具有一定厚度以保证 X 射线衍射具有足够的强度。粉末样品的孔隙率也需均匀，这样才能保证衍射强度不发生变化。另外，样品中晶粒取向应该是随机的，因为晶粒择优取向会造成衍射强度的变化。在这样的条件下，才可以得到可靠的定量分析结果[18]。图 2.55 是以纤锌矿（wurtzite）CdS 晶粒存在择优取向为例，拟合得出的衍射强度曲线。可见晶粒随机取向和择优取向的衍射强度分布具有很大差别[18]。

定量分析的目的是确定多相混合物中的各相含量，各相在 X 射线衍射谱图中会出现衍射线，而且衍射强度与其含量有关。定量分析的理论基础是物质衍射强度与物质参加衍射的体积或者质量成正比。相对含量包括体积分数和质量分数两种。

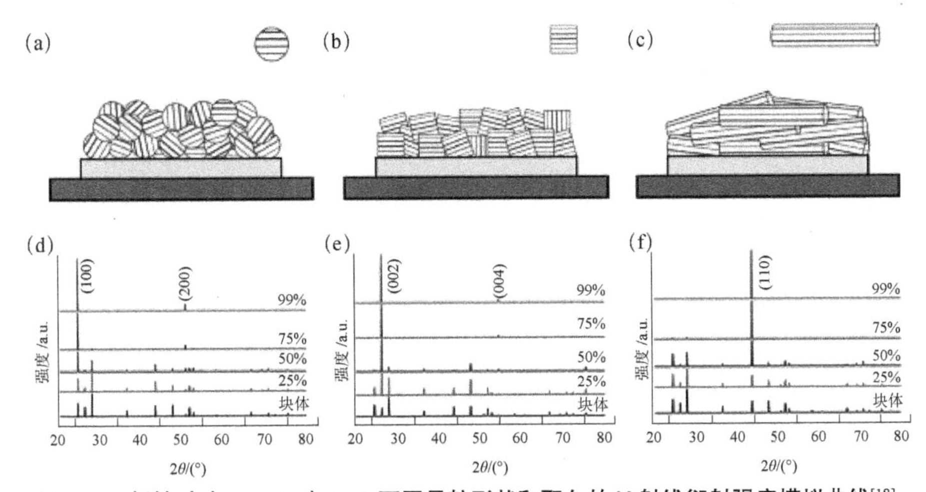


**图 2.55　纤锌矿（wurtzite）CdS 不同晶粒形状和取向的 X 射线衍射强度模拟曲线**[18]

（a）球形随机分布；（b）立方体择优取向；（c）棒状择优取向；（d）～（f）分别是（a）～（c）三种样品颗粒分布形态下的 X 射线理论拟合曲线

单相物质的衍射强度为

$$I = \frac{I_0}{32\pi R} \cdot \frac{e^4}{(4\pi\varepsilon_0)^2 m^2 c^4} \cdot F_{HKL}^2 \cdot \frac{\lambda^3}{V_0^2} \cdot V \cdot \frac{1+\cos^2(2\theta)}{\cos\theta\sin^2\theta} \cdot P \cdot A \cdot \mathrm{e}^{-2M} \tag{2.224}$$

式中，$P$ 为多重性因子，$A$ 为样品吸收系数，$\mathrm{e}^{-2M}$ 为温度因子，$V$ 为被 X 射线照射的晶体体积。

当某一相（α）作为多相混合物中的组元时，只要将上述衍射强度公式的右侧乘以该相的体积分数 $C_\alpha$。对于薄片样品，可设 $A=1/(2\mu)$，$\mu$ 为样品线吸收系数。用混合物的吸收系数 $\mu$ 来代替该相的吸收系数 $\mu_\alpha$，就可得出 α 相的衍射强度表达式。除 $C_\alpha$ 和 $\mu$ 以外，其他所有因子均与 α 相的含量无关。因此，根据（2.224）式，可将 α 相的衍射强度写为

$$I_\alpha = K_1 \frac{C_\alpha}{\mu} \tag{2.225}$$

式中，$K_1$ 为未知系数。

α 相衍射线条的强度随着该相在混合物中相对含量的增加而增强。衍射强度还与 $\mu$ 有关，而 $\mu$ 又随浓度而变化，因此强度和含量并非直线关系。

为实用起见，常用 α 相的质量分数 $W_\alpha$ 来表示 $C_\alpha$ 和 $\mu$。若混合物的密度为 $\rho$，则体积为 $V$ 的混合物中 α 相的质量为 $\rho V W_\alpha$，α 相的密度为 $\rho_\alpha$，于是

$$V_\alpha = \frac{W_\alpha \rho V}{\rho_\alpha}$$

$$C_\alpha = \frac{W_\alpha \rho V}{\rho_\alpha} \bigg/ V = \frac{W_\alpha \rho}{\rho_\alpha} \tag{2.226}$$

混合物的质量吸收系数是组成各相的质量吸收系数的计权平均值，当混合物为α+β两相时，有

$$\frac{\mu}{\rho} = W_\alpha \left(\frac{\mu}{\rho}\right)_\alpha + W_\beta \left(\frac{\mu}{\rho}\right)_\beta \tag{2.227}$$

将（2.226）式和（2.227）式代入（2.225）式，就可得到用α相的质量分数 $W_\alpha$ 表示的衍射强度公式，并利用 $W_\alpha=1-W_\beta$，得

$$I_\alpha = \frac{K_1 W_\alpha}{\rho_\alpha \left[ W_\alpha \left( \frac{\mu_\alpha}{\rho_\alpha} - \frac{\mu_\beta}{\rho_\beta} \right)_\alpha + \frac{\mu_\beta}{\rho_\beta} \right]} \tag{2.228}$$

由（2.228）式可知，待测相的衍射强度随着该相在混合物中相对含量的增加而增强。但是，衍射强度还与混合物的总吸收系数有关，而总的吸收系数又随着浓度的变化而变化。因此，一般来说，只有当样品的各相吸收系数都相同时才有可能呈现线性关系。

在物相的定量分析中，由于系数 $K_1$ 未知，因此，并不能从（2.228）式中直接得出某相的含量，需要首先建立起待测相某根衍射线的强度和标准物质参考线强度的比值（$I_\alpha/I_S$）与待测相含量之间的关系，然后才能够对待测相进行定量分析。定量分析也可以通过 Reitveld 精修获得[19]。按照标准物质的不同，物相定量分析的主要方法有直接比较法、内标法和 $K$ 值法。

1. 外标法（也称直接比较法或单线条法）

把多相混合物中待测相的某根衍射线强度与该相纯试样的同指数的衍射强度相比较，若待测试样为α+β两相混合物，则纯α相样品的强度表达式由（2.225）式给出

$$I_{\alpha_0} = \frac{K_1}{\mu_\alpha} \tag{2.229}$$

（2.229）式除以（2.228）式，消去未知常数 $K_1$，得到外标法物相定量分析的基本关系式

$$\frac{I_\alpha}{I_{\alpha_0}} = \frac{W_\alpha \dfrac{\mu_\alpha}{\rho_\alpha}}{W_\alpha \left( \dfrac{\mu_\alpha}{\rho_\alpha} - \dfrac{\mu_\beta}{\rho_\beta} \right)_\alpha + \dfrac{\mu_\beta}{\rho_\beta}} \tag{2.230}$$

各种相的质量吸收系数 $\mu_\alpha$，$\mu_\beta$，密度 $\rho_\alpha$，$\rho_\beta$ 已知，$I_\alpha/I_{\alpha0}$ 是 $W_\alpha$ 的单值函数，可以首先测量出 $I_\alpha$ 和 $I_{\alpha0}$，计算出其比值与 $W_\alpha$ 的对应关系，就可以求出 α 相的相对含量。

若不知道各种相的质量吸收系数，则可以先把纯 α 相样品的某根衍射线条强度 $I_{\alpha0}$ 测量出来，然后在实验条件完全相同的情况下，分别测出已知各种 α 相含量下同一根衍射线条的强度 $I_\alpha$，对混合物试样测出比值 $I_\alpha/I_{\alpha0}$，绘制定度曲线，就可以得出在不同的 $I_\alpha/I_{\alpha0}$ 比值下的相对含量。图 2.56 是两相混合物石英和氧化铍、方晶石和氯化钾的定度曲线。

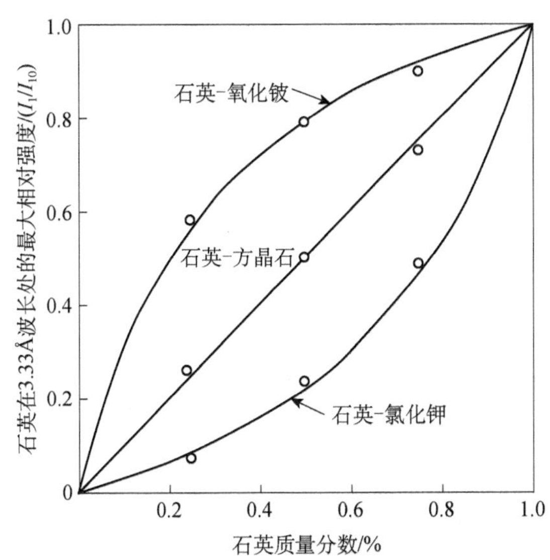


**图 2.56　几种两相混合物的实验结果（空心圆）及其拟合的定度曲线**[20]

2. 内标法（掺和法）

把试样中待测相的某根衍射线强度与掺入试样中含量已知的标准物质的某根衍射线强度相比较。若待测试样是由 α，β，γ，…相所组成的多相混合物，待测相为 α，则可在原始试样中掺入已知量的标准物质 S，构成复合试样。设 $C_\alpha$ 和 $C'_\alpha$ 为 α 相在原始试样和复合试样中的体积分数，$C_s$ 为标准物在复合试样中的体积分数。根据（2.225）式，在复合试样中 α 和 S 相的某根衍射线条的强度分别为

$$I_\alpha = K_2 \frac{C'_\alpha}{\mu}, \quad I_s = K_3 \frac{C_s}{\mu} \tag{2.231}$$

α 和 S 相的某根衍射线条的强度之比为

$$I_\alpha / I_s = K_2 C'_\alpha / (K_3 C_s) \tag{2.232}$$

α 相的质量分数为

$$C'_{\alpha}=\frac{w'_{\alpha}\rho}{\rho_{\alpha}} \tag{2.233}$$

S 相的质量分数为

$$C_{s}=\frac{w_{s}\rho}{\rho_{s}} \tag{2.234}$$

式中，$\rho_{\alpha}$，$\rho_{s}$ 和 $\rho$ 分别代表 α 相、标准相和样品的密度。

将（2.233）式和（2.234）式代入（2.232）式可得

$$I_{\alpha}/I_{s}=(K_{2}w'_{\alpha}\rho_{s})/(K_{3}w_{s}\rho_{\alpha}) \tag{2.235}$$

α 相在原始试样中的质量分数是 $w_{\alpha}$ 与在复合试样中的质量分数 $w'_{\alpha}$ 之间的关系为

$$w'_{\alpha}=w_{\alpha}(1-w_{s}) \tag{2.236}$$

将（2.236）式代入（2.235）式，就可得内标法进行物相定量分析的基本公式，即

$$I_{\alpha}/I_{s}=K_{s}w_{\alpha} \tag{2.237}$$

式中

$$K_{s}=\frac{K_{2}\rho_{s}}{K_{3}\rho_{\alpha}}\cdot\frac{1-w_{s}}{w_{s}} \tag{2.238}$$

若事先测量一套由已知浓度的α相原始试样和恒定浓度的标准物质组成的复合试样，作出定度曲线后，只需对复合试样测出比值 $I_{\alpha}/I_{s}$，便可求出 α 相在样品中的相对含量。这里应该指出，标准物质含量必须与作定度曲线时的含量相同。常用的内标物质有 α-$Al_2O_3$，ZnO，$SiO_2$，$Cr_2O_3$ 等，这些物质易于做成细粉末，能与其他物质混合均匀，且具有稳定的化学性质。作定度曲线，求出 $K_s$ 的具体方法举例如下。

在混合相 α+S+X 中，固定标准相 S 的含量为某一定值，如 $w_s$＝20%，剩余的部分用 α 及 X 相制成不同配比的混合试样，至少两个配比以上，分别测得 $I_{\alpha}$ 和 $I_s$，获得系列的 $I_{\alpha}/I_s$ 值

配比 1：$w_{\alpha}$＝60%，$w_s$=20%，$w_X$＝20%→$(I_{\alpha}/I_{s})_{1}$

配比 2：$w_{\alpha}$＝40%，$w_s$=20%，$w_X$＝40%→$(I_{\alpha}/I_{s})_{2}$

配比 3：$w_{\alpha}$＝20%，$w_s$=20%，$w_X$＝60%→$(I_{\alpha}/I_{s})_{3}$

$I_{\alpha}/I_{s}\sim w_{\alpha}$ 具有线性关系，该直线的斜率即为 $w_s$＝20%时的 $K_s$。

内标法的缺点：其一是绘制定标曲线时，需要制作多个混合样品，工作量大；其二是所绘制定标曲线只能针对同一标样含量的情况，使用很不方便。下面介绍的 *K* 值法可以克服这些缺点。

3. *K* 值法[21]

*K* 值法实际上是简化的内标方法，用实验的方法可确定 *K* 值

$$\frac{I_{\alpha}}{I_{s}}=\frac{K_{2}C'_{\alpha}}{K_{3}C_{s}}=K_{s}^{\alpha}\frac{w'_{\alpha}}{w_{s}} \tag{2.239}$$

式中

$$K_{s}^{\alpha}=\frac{K_{2}\rho_{s}}{K_{3}\rho_{\alpha}} \tag{2.240}$$

利用（2.236）式，可将（2.239）式改写为

$$\frac{I_{\alpha}}{I_{s}}=K_{s}^{\alpha}\frac{w_{\alpha}(1-w_{s})}{w_{s}} \tag{2.241}$$

$K_s^\alpha$ 可以用实验方法得到。配制等质量的 S 和 α 相混合相，此时

$$w_{\alpha}/w_{s}=1 \tag{2.242}$$

混合物的质量分数为 $w_\alpha=w_s=0.5$，则（2.241）式成为

$$\frac{I_{\alpha}}{I_{s}}=\frac{K_{s}^{\alpha}}{2} \tag{2.243}$$

即

$$K_{s}^{\alpha}=2I_{\alpha}/I_{s} \tag{2.244}$$

$K_s^\alpha$ 称为 α 相的参比强度或 $K$ 值，与两相及用于测试的晶面和波长有关，而与加入的标准相的量无关。

当测定含量时，往待测试样中加入已知量的 S 相，从复合试样的衍射图中测得 $I_\alpha$ 和 $I_s$，利用（2.241）式即可计算得到 α 相的相对含量 $w_\alpha$。

目前，许多物质的参比强度已经被测出，并以 $I/I_c$ 为标题列入粉末衍射卡的索引中，供人们查找使用。这些数据通常以 α-$Al_2O_3$ 作为参考物质，并取各自的最强线，计算其参比强度。$K$ 值法简单可靠，因而得到了普遍应用，我国对此也制定了国家标准，在试样制备和测试条件等方面都有详细的规定。

## 2.6 衍射全谱拟合法和 Rietveld 结构精修

X 射线衍射 Rietveld 精修是里特沃尔德（H. M. Rietveld）在 1966 首先提出的[22, 23]，随着计算机技术的快速发展，这一处理 X 射线衍射数据的方法也得到了快速发展。随着精修理论的发展和软件功能的日臻完善，使得数据处理越来越便捷，分析的内容越来越丰富多样，以前不能实现的数据处理，现在都能实现。这一方法的发展是粉末衍射数据处理的一场革命。

基于 X 射线衍射 Rietveld 精修的软件有多种，其中用得较为广泛的是 FullProf 软件，这一软件第一个版本是基于 DBW 程序的代码而开发的[24, 25]，而

DBW 程序又是对原来的 Rietveld Hewat 程序的重大修改。目前 FullProf 软件已经发展得非常成熟。

## 2.6.1 衍射全谱拟合法

前面计算的定量分析就是基于 X 射线衍射强度公式而得的，以测量待测物相衍射强度作为依据。由于衍射强度受到实验条件的限制，如晶粒的大小、均匀性、取向性、吸收效应、样品的尺寸等诸多方面的影响，这些客观因素都会对准确的定量分析带来实际困难。

近二十多年来，对 X 射线衍射谱的全谱进行拟合已经成为分析物质结构的新方法，全谱拟合可以对待测样品的成分进行定量分析，也可以对晶体结构进行精修，对晶体微结构和晶粒的大小进行分析，甚至从理论上利用多晶衍射数据可采用从头算进行结构解析，全谱拟合依据的理论基础是散射的能量守恒原理。

所谓散射的能量守恒原理指的是在相同的光路下，如果入射 X 射线的强度保持不变，则一定体积的散射体在晶格衍射空间中的相干散射总量只是与该体积内的化学物质的总质量有关的一个不变量，而与其中的原子集聚状态无关，可以认为这个原理是能量守恒定律的扩展。多相物质在衍射空间的散射总量应是各组成物相散射分量的叠加，每个物相的散射分量也是仅仅与其在样品中的含量有关，因此以样品中各组成物相的散射分量为依据，测量各组成物相的含量，在理论上比前面介绍的各种基于个别衍射峰强度的物相定量方法要完善得多。这种从整个衍射谱角度分析物相组成的方法就是衍射全谱拟合法的依据。然而，衍射全谱拟合分析方法与前面介绍的物相定量分析方法仍然是密切相关的，因为样品衍射图谱中任何一个衍射峰的强度都取决于衍射强度（2.225）式。但是应用全谱拟合的方法能够避免或者弱化在各种基于个别衍射峰强度的分析方法中难以克服的缺点，提高了衍射物相分析的可靠性。

下面介绍全谱拟合的基本原理。

以一个晶体结构模型为基础，选择可拟合参数包括：实验参数，如光源波长、比例因子、零点、背底、温度因子等；结构参数，如晶胞参数、原子位置、占有率等；峰形参数，如峰形函数、不对称因子等；样品参数，如择优取向、晶体粒度、应力等。如果利用各种晶体结构参数，比如峰形参数，及一个峰形函数计算一张在大的 $2\theta$ 范围内的多晶衍射谱，并将此计算谱与实验测得的衍射谱进行比较，根据其差别修改结构模型、结构参数和峰形参数，在此新模型和参数的基础上再计算理论谱，再进行比较，再修改参数，反复进行多次，直至计算谱和实验谱的差值很小（最小二乘法），则这种逐渐逼近的过程就称为拟合。因为拟合目标是整个衍射谱的线形，拟合范围是整个衍射谱，而不是个别衍射峰，故称为全谱拟合法。

一张多晶衍射谱由一些分布在一定 $2\theta$ 范围的衍射峰构成，全谱拟合的关键是首先确定每一个衍射峰的具体位置、积分强度和强度分布。理论上，衍射强度和 $2\theta$ 的关系可以从晶体的结构参数和组成元素直接计算出来，而强度分布却与测量条件密切相关，因此，很难进行理论计算。可从经验上设置一个峰形参数 $G$ 来表示，而 $G$ 中也设有一些参数可以进行调整，以便使得计算峰形和实验测得的峰形相符合。按照全谱拟合过程中所用已知参量的不同，可将全谱拟合方法分为两类：一类是需要使用物相的晶体结构数据，这种方法称为 Rietveld 结构精修方法；另一类是不需要晶体结构数据，但需要有关物相纯态下的标准谱。此处只介绍前者，相应的分析过程如下所述。

1. 各个衍射峰 $2\theta$ 角度位置的计算

从设定的结构模型的晶胞参数出发，计算不同（$hkl$）晶面对应的一组 $d$ 值，再设定入射 X 射线的波长 $\lambda$，就可以用布拉格公式计算出各个衍射峰位置 $(2\theta)_k$ 处的衍射强度 $Y_k$（$k$ 代表衍射面（$hkl$））。

2. 衍射强度的几何结构因子和强度的分布计算

在设定的结构模型中从原子位置和原子散射因子等参数出发，计算出各个衍射峰的几何结构因子 $F_k$ 和积分强度 $I_k$，再根据经验设定（$hkl$）衍射的面积归一化峰形函数 $G_k$，则衍射峰上第 $i$ 个测量点 $(2\theta)_i$ 处的实测强度 $Y_{ik}$ 可表示为

$$Y_{ik} = G_{ik} I_k \tag{2.245}$$

计算各 $(2\theta)_i$ 处的 $Y_{ik}$，就得到了衍射的强度分布，（2.245）式中

$$I_k = SP_k (LP)_k \left| F_k \right|^2 \tag{2.246}$$

其中，$P_k$，$(LP)_k$，$\left| F_k \right|^2$ 分别为衍射线 $k$ 的多重因子、角因子以及包括温度因子在内的结构振幅。以上三项外乘积的系数记为 $S$，它是一个与各物相在样品中的含量有关的权重因子，故称其为比例因子（scale factor）。

3. 整个衍射谱的计算

整个衍射谱是各个衍射峰的强度叠加，故衍射峰上某点 $(2\theta)_i$ 处的实测强度可表示为

$$Y_i = Y_{ib} + \sum_k Y_{ik} \tag{2.247}$$

式中，$Y_{ib}$ 为背底强度。在作 $Y_{ik}$ 加和时，需要设定每个衍射峰的延展范围，通常定义为该峰的半高宽的若干倍，这样就可以知道在某 $(2\theta)_i$ 处的 $Y_i$ 是由哪几个衍射峰贡献的。

4. 用最小二乘法进行拟合

根据一定的晶体结构模型计算峰形函数，按照（2.247）式计算衍射谱上的各个$(2\theta)_i$处的衍射强度$Y_{ic}$（下标c代表计算值）。改变各结构参数或峰形参数，即可改变$Y_{ic}$，用非线性最小二乘法使$Y_{ik}$拟合实测的高分辨、高准确的多晶体衍射谱上的各$Y_{io}$（o表示实测值），以使下式中的$\Phi$最小

$$\Phi = \sum_{i=1}^{m} w_i (Y_{io} - Y_{ic})^2 \tag{2.248}$$

式中，$w_i = 1/Y_i$为基于技术统计的权重因子；$Y_{io}$为实测值，在反复循环中不变；而$Y_{ic}$是依据模型计算而得的，在每次参数进行修改时，此值都会发生变化。对于含有双峰线的单相物质衍射图谱

$$Y_{ic}=b_i + K\sum_{j=1}^{m} I_j [y_j(x_j) + 0.5 y_j(x_j + \Delta x_j)] \tag{2.249}$$

式中，$K$是相比例因子；$I_j$是第$j$个布拉格峰的积分强度；$y(x_j)$是峰形函数；$\Delta x_j$为双线的布拉格角之差，$\Delta x_j=2\theta_{jc}-2\theta_{io}$，权重因子通常在没有扣除背底的情况下通过计算获得。

如果测量样品含有$p$个物相，则

$$\Phi=\sum_{i=1}^{n} w_i \left\{ Y_{io} - \left[ b_i + K\sum_{i=1}^{p} K_l \sum_{j=1}^{m} I_{l,j} (y_{l,j}(x_{l,j}) + 0.5 y_{l,j}(x_{l,j} + \Delta x_{l,j})) \right] \right\}^2 \tag{2.250}$$

（2.250）式清楚地表明，每多一个晶相，在最小二乘法中就多一个峰形和结构参数以及多出一个新的比例因子。在多相样品中，精修精度和稳定性往往都比较低，因此在精修结构参数时，最好采用单相粉末衍射谱图进行精修。另一方面，既然每一个比例因子都是独立确定的，那么多相粉末衍射谱的Rietveld精修为混合物和多相材料提供了定量分析的机会。目前常用的精修软件包括FullProf，Topas，Jade，GSAS等。

5. 拟合优劣的判断

为了判别精修中各参数的调整是否合适，因此设计出一些判别因子，简称为$R$因子，常用$R$因子定义如下。

线形残值（可靠）因子（profile residual（reliability）factor）：

$$R_p = \frac{\sum_{i=1}^{n} |Y_{io} - Y_{ic}|}{\sum_{i=1}^{n} Y_{io}} \times 100\% \tag{2.251}$$

权重线性残值（weighted profile residual）：

$$R_{\mathrm{wp}}=\left[\frac{\sum_{i=1}^{n}w_i(Y_{i\mathrm{o}}-Y_{i\mathrm{c}})}{\sum_{i=1}^{n}w_iY_{i\mathrm{o}}^2}\right]^{1/2}\times 100\% \tag{2.252}$$

布拉格残值（Bragg residual）：

$$R_{\mathrm{B}}=\frac{\sum_{j=1}^{m}\left|I_{j\mathrm{o}}-I_{j\mathrm{c}}\right|}{\sum_{j=1}^{m}I_{j\mathrm{o}}}\times 100\% \tag{2.253}$$

拟合度（goodness of fitting）：

$$\chi^2=\frac{\sum_{i=1}^{n}w_i(Y_{i\mathrm{o}}-Y_{i\mathrm{c}})^2}{n-p}=\left(\frac{R_{\mathrm{wp}}}{R_{\mathrm{exp}}}\right)^2 \tag{2.254}$$

（2.251）式～（2.254）式中，$n$ 为衍射数据点的总数目；$Y_{i\mathrm{o}}$ 是第 $i$ 个数据点的观察强度；$Y_{i\mathrm{c}}$ 是第 $i$ 个数据点的计算强度；$w_i$ 是第 $i$ 个数据点的权重；$I_{j\mathrm{o}}$ 是观察到的第 $j$ 个衍射峰的积分强度；$I_{j\mathrm{c}}$ 是第 $j$ 个衍射峰的计算积分强度；$p$ 是最小二乘法参数；$m$ 是不同布拉格反射面个数；$\chi^2$ 为拟合度；$R_{\mathrm{exp}}$ 是 $R_{\mathrm{wp}}$ 的期望值（expected profile residual），即

$$R_{\mathrm{exp}}=\left(\frac{n-p}{\sum_{i}w_iY_{i\mathrm{o}}^2}\right)^{1/2}\times 100\% \tag{2.255}$$

除了（2.253）式之外，其他值都包括背底信号。当背底比较强时，应该把背底信号从这些式子中扣除。也就是说，当背底强度和衍射强度在同一个数量级、甚至更大时，从公式（2.251）式、（2.252）式、（2.254）式可以看出，分母与散射强度总计数成正比，因此，这些残差受背底影响很大。背底只要处在一个合理的区间值，对这些残差是没有太大影响的，正因为如此，可以给出非常低的优异线性残值，但事实上却得出了非常差的拟合结果。更理想的评判方法是从线形残差公式中扣除背底强度，表示为

$$R_{\mathrm{pb}}=\frac{\sum_{i=1}^{n}\left|Y_{i\mathrm{o}}-Y_{i\mathrm{c}}\right|\cdot\left|(Y_{i\mathrm{o}}-Y_{i\mathrm{b}})/Y_{i\mathrm{b}}\right|}{\sum_{i=1}^{n}\left|Y_{i\mathrm{o}}-Y_{i\mathrm{b}}\right|}\times 100\% \tag{2.256}$$

这里，$Y_{i\mathrm{b}}$ 代表背底强度。对应的权重线形残差为

$$R_{\mathrm{wpb}}=\left[\frac{\sum_{i=1}^{n}w_i[(Y_{i\mathrm{o}}-Y_{i\mathrm{c}})(Y_{i\mathrm{o}}-Y_{i\mathrm{b}})/Y_{i\mathrm{b}}]^2}{\sum_{i=1}^{n}w_i^2(Y_{i\mathrm{o}}-Y_{i\mathrm{b}})^2}\right]^{1/2}\times 100\% \tag{2.257}$$

$R_{\mathrm{wpb}}$ 和 $\chi^2$ 是根据 $Y_{\mathrm{o}}$ 和 $Y_{\mathrm{c}}$ 计算而得到的，反映的是计算值与实验值之间的差别，$R_{\mathrm{wpb}}$ 中的分子即是最小二乘法拟合中所算的极小量，最能反映拟合的优劣，精修过程中 $R_{\mathrm{wpb}}$ 的变化可给出精修的方向，是最有意义的，这两个因子受到衍射谱每点实测强度及所用背底强度准确性的严重影响。

在 Rietveld 法中各个衍射峰的积分强度 $I_{k\mathrm{o}}$ 是通过将衍射峰 $k$ 的 $2\theta$ 范围内各个单峰 $Y_{ik}$ 扣除背底后相加获得的，而 $I_{k\mathrm{c}}$ 是根据结构参数计算得到的，这两个因子强烈地依赖于结构模型，因此是判断结构模型是否正确的最有价值的 $R$ 因子。

$R_{\mathrm{exp}}$ 和 $R_{\mathrm{wp}}$ 的期望值，是从与衍射强度有关的统计误差中导出的，因此 $R_{\mathrm{wp}}$ 与 $R_{\mathrm{exp}}$ 之比值 $\chi^2$ 可以作为拟合质量的判断，其理想值为 1，若 $\chi^2$ 为 1.3 或者更小时，则拟合被认为是满意的。若 $\chi^2$ 大于 1.5，说明所用结构模型不良，与实际相差较大，或精修时收敛在一个伪极小。若 $\chi^2$ 过小，说明所用数据质量不好，也许是计数时间不够，也可能是背底过高。

### 2.6.2 约束、限制和刚体精修

一组描述原子结构的参数给出了原子的排列、原子的运动以及每个原子在给定位置的占有概率，这些参数分别对应原子的分数坐标、原子位移或者热运动参数以及占有率因子。此外，还要加上一个计算结构因子与观测结构因子值之间的比例值，即标度因子。下述这组参数就是单晶结构精修常用的操作谱图参数：点阵参数、线形参数和背底系数。此外，在某些特殊场合下，相关的参数需进一步增加，它们主要有描述择优取向或者织构、吸收以及其他效应的参数。所有这些参数有时会由于空间群对称性或者实验室预设的各种关系，而与其他参数直接联系在一起，这种关系在精修中称为约束。

为了快速和准确地根据粉末衍射数据进行结构精修，需要从样品的物理和化学信息考虑，尤其是在衍射数据峰分辨率比较低以及结构比较复杂的情况下，更是需要这些信息。只有在结构比较简单和数据比较好的情况下，才仅考虑很少的限制条件，甚至不需要这些限制条件。事实上，利用晶体学和化学信息可以增强控制粉末衍射数据精修的稳定性，特别是在需要从有限的衍射数据中处理复杂结构的情况下更加重要。很显然，结构和化学信息的限制条件在最小二乘法使用中应该非常谨慎，因为不正确的信息输入将得不到正确的输出结果。

在精修中为了考虑物理和化学信息，需引入约束（restraint）、限制（constraint）和刚体（rigid-body）机制。约束和限制是近义词，但在晶体学中使用这个词汇具有不同的含义，约束意味着对参数粗略的限制或依赖关系，因此有时称为软约束（soft restraint）。相反，限制具有严格的限制条件，在具体的参数之间具有具体的依赖关系。在具体应用中，限制可以降低自由变量的个数，而约束可以有效地增加可观察量，从而实现最小二乘法算法过程的稳定性。

1. 约束

最全面的约束应用是利用GSAS软件包，几种常用的约束类型包括在下式中，即

$$\Phi=\sum_{i}^{N_Y}w_{iY}(Y_{io}-Y_{ic})^2+f_c\sum_{i}^{N_c}w_{ic}(c_{io}-c_{ic})^2+f_\delta\sum_{i}^{N_\delta}w_{i\delta}(\delta_{io}-\delta_{ic})^2+f_\alpha\sum_{i}^{N_\alpha}w_{i\alpha}(\alpha_{io}-\alpha_{ic})^2$$
$$+f_p\sum_{i}^{N_p}w_{ip}(-p_{ic})^2+f_P\sum_{i}^{N_P}w_{iP}(-P_{ic})^2+f_z\sum_{i}^{N_z}w_{iz}(-z_{ic})^2+\cdots \tag{2.258}$$

式中，$Y$是线形的强度，$f$是权重因子，$w$是每个约束的权重因子。约束类型表示：$c$为化学成分或电荷平衡；$\delta$为距离；$\alpha$为键角；$p$为面内位移；$P$为正的Pawley综合强度；$z$为正的极图。下标o和c分别代表测量观察值和计算值。权重因子$f_j(j=c,\delta,\cdots)$通常设置为归一化的数值，在精修收敛过程中，开始设置大些，随着收敛过程的进行，设置的权重因子$f_j$数值逐渐减小。权重$w_j\,(j=c,\delta,\cdots)$定义为$1/\sigma^2$。这里$\sigma$代表期待值或者约束参数（$r_{calc}$）平均值的偏离，$r_{calc}$保持在$r_{calc}-\sigma\leqslant r\leqslant r_{calc}+\sigma$之间，在具体过程中，$r$是否落在这个区间则取决于特定的约束权重因子数值以及正确约束模型的选择。因此，精修完成后，必须分析所有期望值$r_{calc}$的偏离。

当元素在晶胞中两个或更多占位是无序的情况时，必须考虑成分约束，这在矿物质中经常是自然发生的情况。对于特定元素，化学成分利用求和公式进行计算

$$c_{calc}=\sum_{i=1}^{n}s_i m_i g_i \tag{2.259}$$

式中，$g$为占位分数（the fractional site occupation），$m$为占位数，$s$是乘数。当设为统一值时，特定元素约束应和已知元素成分相匹配，成分约束也可以利用价态或离子电荷平衡晶胞的电中性来进行约束。相比其他约束，经常使用的约束是原子间距离（$\delta$）或者是键角（$\alpha$）约束，其原因是这两个参数很容易获得，而且整个期望值为大家所熟悉，如一些无机离子或者有机分子和官能团。

当一个分子或者官能团是平面分布时，从原子面 $p$ 原子位移的均方根（RMS）可以约束在 0～$\pm\sigma$，定义为

$$x_{\mathrm{RMS}}=\sqrt{\frac{1}{n}\sum_{i=1}^{n}x_i^2} \tag{2.260}$$

约束可用在线形和其他一些参数中。

2. 限制

限制定义为最小二乘法参数之间的具体关系，包括晶体的对称性、刚体限制等，对称性限制是由对称性变换所决定的，是利用晶体学知识自动加上去的限制。七个晶系给出了不同晶胞的对称性关系，特殊位置原子占位之间的坐标关系构成点群，原子坐标很容易通过特殊对称点的对称性操作获得，但对于限制应用到原子的位移并不那么简单直接，有许多结构优化程序可以推演和实施这些限制，这里不再介绍。

结构对称性也可应用到与结构无关的其他参数上，例如，用球谐系数构造复杂的择优取向、各向异性应力造成的谱峰展宽模型。用户定义的限制经常用来控制原子的无序占位，例如，有三个原子占据同一位置，三个原子的占据率分别为 $g_{\mathrm{A}}$，$g_{\mathrm{B}}$，$g_{\mathrm{C}}$，限制条件为 $g_{\mathrm{A}}+g_{\mathrm{B}}+g_{\mathrm{C}}=1$。如果 $g_{\mathrm{A}}$ 和 $g_{\mathrm{B}}$ 是最小二乘法变量，那么 $g_{\mathrm{C}}=1-g_{\mathrm{A}}-g_{\mathrm{B}}$，如果 $g_{\mathrm{A}}=g_{\mathrm{B}}$ 那么 $g_{\mathrm{C}}=1-2g_{\mathrm{A}}$，这种情况意味着只有一个变量是独立的。占位限制仅仅是各种限制的一种可能。线形以及其他一些参数也是需要限制的。譬如，在多相样品精修中，限制所有峰的位移都是一样的。再如，峰的不对称性主要来自于测角台的光学器件，在拟合的初始阶段，可以认为所有相的展宽都是相同的，最后阶段拟合应该去除这个限制。实际上，实验者可以引入任何一种完全合理的限制和约束。

3. 刚体

常常在笛卡儿坐标系中将大型分子结构和官能团看作一个整体来进行处理，这个整体就是刚体。对于大型分子结构，所需要确定的参数非常庞大，单次粉末衍射数据不足以处理这些信息，要解决这种精修问题就要引入其他信息，鉴定晶体学坐标系到笛卡儿坐标系的转换矩阵为

$$\boldsymbol{H}=\begin{vmatrix} a & b\cos\gamma & c\cos\beta \\ 0 & b\sin\alpha\sin\gamma & 0 \\ 0 & -b\cos\alpha\sin\gamma & c\sin\beta \end{vmatrix} \tag{2.261}$$

那么，刚体原子在笛卡儿坐标系的位置（$\boldsymbol{X}$）与在相应晶体结构中的相应位置（$\boldsymbol{x}$）的变换和逆变换分别是

$$X = H(x - t), \quad x = H^{-1}X + t \tag{2.262}$$

式中，$t$ 是包含 $n$ 个原子的刚体中心位置，有

$$t = \frac{1}{n}\sum_{i=1}^{n} x_i \tag{2.263}$$

刚体在笛卡儿坐标系中的中心位置和取向可以通过六个参数完全确定，即三个中心坐标描述刚体位移，三个角度描写刚体的转动。因此，通过刚体描述，将 $3n$ 个坐标用 6 个或 6 个以下的坐标进行描述。这样一来，刚体的位置和取向很容易进行调整。例如，一个刚体有有限个对称元素参数可以进一步减少，假设一个分子只能在一个对称面上移动，这时只有两个位置参数。如果一个分子在一个二度轴上，那么这个分子可只用两个参数进行描述，一个位置参数（沿轴）和一个旋转参数（绕轴）。

刚体的热运动可用所谓的 TLS 矩阵来描述，即

$$T = \begin{vmatrix} T_{11} & T_{12} & T_{13} \\ T_{12} & T_{22} & T_{23} \\ T_{13} & T_{23} & T_{33} \end{vmatrix}, \quad L = \begin{vmatrix} L_{11} & L_{12} & L_{13} \\ L_{12} & L_{22} & L_{23} \\ L_{13} & L_{23} & L_{33} \end{vmatrix}, \quad S = \begin{vmatrix} S_{11} & S_{12} & S_{13} \\ S_{21} & S_{22} & S_{23} \\ S_{31} & S_{32} & S_{33} \end{vmatrix} \tag{2.264}$$

TLS 最大数是 20(6+6+9−1)，因为对于 $S$ 只有两个对角元素是独立的，写为

$$S_{AA} = S_{22} - S_{11} \text{ 和 } S_{BB} = S_{33} - S_{22} \tag{2.265}$$

$T$ 代表平移矩阵，$L$ 代表振动矩阵；$S$ 代表螺旋轴矩阵，用来描述刚体的热振动，由（2.264）式可以看出，$T$ 和 $L$ 都是对称矩阵，$(M_{ij})=(M_{ji})$；螺旋轴矩阵代表了平移和振动的混合，如果刚体具有对称中心，则有 $S$=0。

TLS 绝非不重要，特别是利用矩阵元素的关系，需要关注提供稳定的精修时，其重要性愈发明显。而且，刚体的机制具有很多优点，例如，可以消除几何结构无意义的变化，能够极大地减少决定高精度的自由变量个数，相对于无限制的精修能较好地收敛到正确的结构，具有可靠的原子位移参数，这从粉末数据中是很难得到的。

### 2.6.3　Rietveld 精修定量分析方法原理

混合物粉末衍射谱是各组成物相的粉末衍射谱加权叠加的结果

$$Y_{ic} = Y_{bi} + \sum_{p}\sum_{k} I_{pk} G_{pki} \tag{2.266}$$

式中，$I_{pk}$ 是第 $p$ 个物相的第 $j$ 个衍射的积分强度，$G_{pki}$ 是相应的峰形函数

$$I_{pk} = S_p P_{pk} M_{pk} L_{pk} \left|F_k\right|_p^2 \tag{2.267}$$

其中，$S_p$ 是与各物相在样品中的含量有关的权重因子，$P_{pk}$ 为多重因子，$M_{pk}$ 为 $p$

相 $k$ 衍射线的吸收因子，$\left|F_k\right|_p$ 为 $p$ 相的几何结构因子，$L_{pk}$ 为 $p$ 相 $k$ 衍射线的角因子。

$$Y_{\text{ic}} = Y_{\text{b}i} + \sum_p S_p \sum_k P_{pk} M_{pk} L_{pk} \left|F_k\right|_p^2 G_{pki} \tag{2.268}$$

对全谱任意个 $2\theta$ 点的 $i$ 上的衍射强度 $Y_{\text{ic}}$ 的求和需要遍及全部 $p$ 个相和每个相的 $k$ 个衍射峰。

在叠加过程中，各个组成物相的衍射线的位置和相对强度不会改变，虽然样品衍射图中任一衍射强度不仅取决于相关物相的晶体结构，还与实验条件、该物相的吸收性质，以及在混合物中所占的含量与其共存物质的吸收性质、含量有关，比例因子即每一种物相的衍射谱在相互叠加而生成样品的衍射谱中所占比例，亦即权重。因此，找出各相的比例因子与质量的关系式，即可运用衍射谱拟合完成物相的鉴定。

在多晶样品中，其中某一相 $p$ 的比例因子应为

$$S_p = \frac{I_0}{32\pi R} \frac{e^4 \lambda^3}{(4\pi\varepsilon_0)^2 m^2 c^4} \frac{V_p}{v^2} \tag{2.269}$$

式中，$V_p$ 是 $p$ 相受 X 射线照射体积中所占的有效体积；$v$ 为 $p$ 相的晶胞体积。由于

$$V_p = \frac{m_p}{\rho_p}, \quad v = \frac{Z_p M_p}{\rho_p} \tag{2.270}$$

故有

$$S_p = \frac{K m_p}{Z_p M_p v}, \quad m_p = \frac{S_p Z_p M_p v}{K}, \quad w_p = \frac{m_p}{\sum_p m_p} = \frac{S_p Z_p M_p v}{\sum_p S_p Z_p M_p v} \tag{2.271}$$

式中，$Z_p$ 为 $p$ 相晶胞中所含的原子或化学式的个数；$m_p$ 和 $\rho_p$ 分别为 $p$ 相的质量和密度；$w_p$ 和 $M_p$ 分别为 $p$ 相的质量分数和摩尔质量。$\sum$为测量样品中所有物相的求和，已知 $Z$，$M$，$v$，利用 Rietveld 拟合就可提取各物相的比例因子 $S_p$ 和各个物相的结构参数，反复计算 $Y_{ik}$，用最小二乘法计算

$$M = \sum_i W_i (Y_{\text{io}} - Y_{\text{ic}})^2 \tag{2.272}$$

当 $M$ 达到最小时，可得到 $Y_{\text{ic}}$ 的最好拟合，从而获得合适的 $S_p$。如果未知物质的某些相并不知道或是非晶相，则必须加入一定质量分数的内标物才能使用（2.272）式。非晶体可以用一个背底多项式来拟合，从强度数据中减去加以扣除。

如果不知道相关物相的晶体结构参数，这时可以根据各相纯态的标准谱，采用不需要各物相的晶体结构参数的全谱拟合定量分析方法，其分析原理是混

合物的粉末衍射谱是各物相粉末谱的权重叠加，故混合物某一点 $2\theta$ 的衍射强度为

$$I_{\mathrm{c}}(2\theta_i)=\sum_p w_p C_p I_p(2\theta_i) \tag{2.273}$$

式中，$w_p$，$C_p$，$I_p$ 分别为 $p$ 相的质量分数、参考强度以及纯的 $p$ 相衍射谱在 $2\theta_i$ 处的强度。拟合使得下式最小

$$\delta(2\theta_i)=I_0(2\theta_i)-\sum_p w_p C_p I_p(2\theta_i) \tag{2.274}$$

式中，$C_p$，$I_p(2\theta)$事先已经求得，拟合就是改变 $w_p$ 使得 $\delta(2\theta)$最小，以求得 $w_p$。拟合好坏的判断是利用 $R$ 因子

$$R=\frac{\sum_p\left|I_0(2\theta_i)-I_{\mathrm{c}}(2\theta_i)\right|}{\sum_i I_0(2\theta_i)} \tag{2.275}$$

拟合图谱可左右移动，使峰位达到很好的拟合，得出最佳的 $w_p$。

Rietveld 法拟合有如下几个方面的特点：减小系统误差对实验结果的影响，如实验条件、样品的状态带来的误差；无须烦琐的制样过程；可依据标度因子的标准偏差对定量分析结果的误差作出正确估计；可解决峰重叠高的干扰以及在全谱中扣除背底，使衍射强度更准确。

峰形拟合修正结构的 Rietveld 法在用粉末衍射数据精修结构方面得到了广泛应用，粉末试样比单晶容易制备，在有效消除粉末衍射中峰重叠而产生的信息丢失后，在修正结构方面，获得了非常满意的结果。Rietveld 法精修在如下几个方面得到了应用。

（1）相变研究和点阵常数的精确测量：晶体在发生相变时，伴随着单晶体破碎，粉末衍射可以在很宽的温度范围内研究物质相变。相变包括结构重建和位移相变，Rietveld 法精修特别适合位移相变，因为这类相变只有原子位移的微小变化而引起晶体结构的变化，反映在粉末衍射上只有宽化的峰形变化，因此可以从峰形的变化来研究位移相变。

（2）物相的定量分析：X 射线衍射是测定各个物相在多物相混合试样中含量最有效的方法，它是基于每一种结晶物相都具有唯一的一系列衍射峰和衍射强度，不同物相可能重叠，但不会互相干涉。同时，每一种物相的衍射峰的强度是其含量的函数。利用 Rietveld 法精修进行定量分析可以克服传统定量分析中的制样烦琐、受实验条件影响的谱图分析带来的误差等因素的影响，分析结果更为准确可靠。

（3）晶粒尺寸和微应力的测定：试样的平均晶粒尺寸和微应力参数与衍射

线宽之间具有对应关系，利用 Rietveld 法精修可以设定各种参数，算出的衍射谱和实验测得的谱线相符合，从而得出晶粒大小和微应力。这比传统的测定过程要简单得多。传统过程需要通过图解、傅里叶分析、方差分析等反卷积的方法，从中找出与粒子尺寸和微应力有关的部分，过程复杂。这里简单介绍一下微晶尺寸和微观应力的测定原理。

1）微晶尺寸

前面讨论干涉函数时，晶粒中包含的晶胞越多，衍射线越明锐，因此，衍射线的线形状与晶体的微观尺寸和形状有关。当试样的微观尺寸改变时，实际上是埃瓦尔德图解中倒易结点的大小发生改变，因此就改变了衍射线的线形。通过研究线形的半高宽就可以确定晶粒尺寸的分布情况。

在一个晶粒中，根据布拉格公式，某一晶面族（*hkl*）满足衍射的条件是 $2d\sin\theta=\lambda$，在一个晶粒中某一晶面族（*hkl*）的晶面个数有限，入射线与布拉格角有微小偏离，也能够观察到 X 射线衍射，即衍射线产生宽化，这时布拉格方程写为

$$2d\sin(\theta+\varepsilon)=2d\sin\theta\cos\varepsilon+2d\cos\theta\sin\varepsilon \tag{2.276}$$

这里由于$\varepsilon$很小，所以有 $\cos\varepsilon\approx 1, \sin\varepsilon\approx\varepsilon$，可得

$$2d\sin(\theta+\varepsilon)\approx 2d\sin\theta+2\varepsilon d\cos\theta=\lambda+2\varepsilon d\cos\theta \tag{2.277}$$

相应的相位差为

$$\Delta\varphi=\frac{2\pi}{\lambda}(\lambda+2\varepsilon d\cos\theta)=2\pi+\frac{4\pi\varepsilon d\cos\theta}{\lambda} \tag{2.278}$$

$N$ 个晶面总的散射振幅为

$$A=A_0\sum_{n=0}^{N-1}\mathrm{e}^{\mathrm{i}n\Delta\varphi} \tag{2.279}$$

做类似于干涉函数的处理方法，并考虑到偏离角$\varepsilon$很小，得到

$$I=I_0\frac{\sin^2\left(\frac{N}{2}\Delta\varphi\right)}{\sin^2\left(\frac{1}{2}\Delta\varphi\right)}\approx I_0\frac{N^2\sin^2\left(\frac{N}{2}\Delta\varphi\right)}{\left(\frac{N}{2}\Delta\varphi\right)^2} \tag{2.280}$$

当 $\varepsilon$=0 时，衍射极大 $I_{\max}=I_0N^2$；当 $\varepsilon=\varepsilon_{1/2}$ 时，衍射线具有半高强度 $I_{1/2}=I_{\max}/2$，此时 $\Delta\varphi=2\pi N\varepsilon_{1/2}d\cos\theta/\lambda$，有

$$\frac{I_{1/2}}{I_{\max}}=\frac{\sin^2\left(\frac{N}{2}\Delta\varphi\right)}{\left(\frac{N}{2}\Delta\varphi\right)^2}=\frac{1}{2} \tag{2.281}$$

以 $\sin^2\left(\frac{N}{2}\Delta\varphi\right)\Big/\left(\frac{N}{2}\Delta\varphi\right)^2$ 为函数，以 $\frac{N}{2}\Delta\varphi$ 为变量作图，可发现，当 $\frac{N}{2}\Delta\varphi = 2\pi N\varepsilon_{1/2}\, d\cos\theta / \lambda = 1.40$ 时能满足（2.281）式，注意，衍射角度是2倍布拉格角度的关系，因此衍射线型宽度应是

$$\beta_{hkl} = 4\varepsilon_{1/2} = \frac{4\times 1.4\lambda}{2\pi Nd\cos\theta} = \frac{0.89\lambda}{D_{hkl}\cos\theta} \tag{2.282}$$

式中，$D_{hkl} = Nd$，代表反射面（$hkl$）垂直方向的尺度，即有

$$D_{hkl} = \frac{0.89\lambda}{\beta_{hkl}\cos\theta} \tag{2.283}$$

这实际上就是计算微晶尺寸的谢乐公式（Scherrer formula）。这里所测得的是各个微晶的平均尺寸。其适用范围为3～200nm。为了保证谢乐公式计算的精确性和可信度，谢乐公式所采用的半高宽的值是XRD谱上最强峰的值。同时，如果样品的实测宽化和仪器本身的宽化比较接近，一般就不会再用它来估算样品的晶粒尺寸大小，因为这样很有可能会造成很大的误差。只有当样品的测量宽化很大的时候，也就是样品的晶粒尺寸很小的时候（至少小于20nm），用谢乐公式所估计出来的值才较为精确。谢乐公式在其适用范围内，晶粒越大，误差也就越大，但即便是在晶粒比较小的情况下，仍然存在着相当大的误差，用谢乐公式计算的晶粒度只是一个估算值。

利用谢乐公式，测量某一晶面对应衍射峰的半高宽，根据谢乐公式，即可求出晶粒尺寸大小。例如，利用Cu Kα线（$\lambda_{K\alpha}$=0.154056nm）测得Si的（400）衍射峰的布拉格角为35°，峰的半高宽为0.07°[26]。将具体数值代入（2.282）式，即有

$$0.07^\circ \times \frac{\pi}{180^\circ} = \frac{0.89\times 0.154056}{D_{hkl}\cos 35^\circ} \tag{2.284}$$

可得晶粒尺寸为

$$D_{hkl} \approx 137\text{nm}$$

另外，利用谢乐公式，也可获得微晶的平均形状和比表面积。

2）微观应力

如果晶体中存在微观应力的作用，晶面间距 $d$ 就会有所偏离 $\Delta d$，这种偏离与衍射线的线形相对应，根据线形就可以确定晶粒所受微观应力的大小。由于晶面间距的偏离，平均微观应变可表示为

$$\bar{\varepsilon} = \left(\frac{\Delta d}{d}\right) \tag{2.285}$$

对布拉格方程进行微分可求得

$$\frac{\Delta d}{d} = -\cot\theta\Delta\theta \tag{2.286}$$

$\bar{\varepsilon}$ 是应变大小的平均值，与应力方向无关。设衍射线半高宽为 $\beta = 2\Delta(2\theta) = 4\Delta\theta$，有

$$\bar{\varepsilon} = \frac{\beta}{4}\cot\theta \tag{2.287}$$

从而可得应力

$$\bar{\sigma} = E\bar{\varepsilon} = E\frac{\pi\beta}{4\times180^\circ}\cot\theta \tag{2.288}$$

式中，$E$ 为晶体的体弹性模量，半高宽 $\beta$ 的单位为度。

已知样品的体弹性模量，再测出某一个晶面的衍射线线形，得出半高宽，就可以代入（2.288）式求出相应的平均应力。

不管是微晶还是微观应力，都可以引起衍射线形的宽化，那么如何区分宽化是由微晶引起还是由微观应力引起的，这可以通过进一步的实验进行鉴别。由（2.282）式可以看出，微晶宽化与 $1/\cos\theta$ 和波长成正比，而根据（2.288）式，微观应力的宽化与 $\cot\theta$ 成正比。因此，可以通过采用不同辐射波长进行测试。如果衍射线宽随波长而改变，则可以认为宽化是由微晶所引起的，否则，就是由微观应力引起的峰形宽化。还可以采用另一种方法判断，即利用不同衍射级次的衍射线计算线宽，观察各个衍射线宽随 $\theta$ 角的变化规律，如果 $\beta\cos\theta$ 为常数，则说明衍射线是由微晶引起的宽化；如果 $E\beta\cot\theta$ 为常数，则说明衍射线是由微观应力引起的宽化。

在实际情况中，往往是同时存在着微晶和微观应力引起的宽化，这样问题就变得比较复杂。可以通过一些数学方法进行分离，包括近似函数方法、傅里叶分析法、方差分解法等，但误差都比较大，这里不作进一步的介绍。当晶粒尺寸和应力引起的宽化同时存在时，一种简单的处理方法是，可将包含由微晶和微观应力引起的宽化写为二者之和的形式，即

$$\beta = \frac{K\lambda}{D_{hkl}\cos\theta} + \eta\tan\theta \tag{2.289}$$

式中，$\eta$ 为应变指数。将（2.289）式改写为

$$\frac{\beta\cos\theta}{\lambda} = \frac{K}{D_{hkl}} + \eta\frac{\sin\theta}{\lambda} \tag{2.290}$$

以 $\frac{\beta\cos\theta}{\lambda}$ 为函数，以 $\frac{\sin\theta}{\lambda}$ 为变量，可得到截距 $\frac{K}{D_{hkl}}$ 和斜率 $\eta$，这样就可以将由微晶的大小和微观应力作用引起的宽化分离开来，分别得出微晶大小和应变的具体数值。图 2.57 是研究者利用粉末 X 射线衍射方法对多相催化剂 Cu/ZnO 体系中 Cu 和 ZnO 的微晶尺寸和微观应力引起的应变随 Zn 含量的变化的实验结果。随着 Zn 浓度的增大，Cu 和 ZnO 的微晶尺寸表现出增大的趋势，而微应变则表现出减小的趋势[27, 28]。

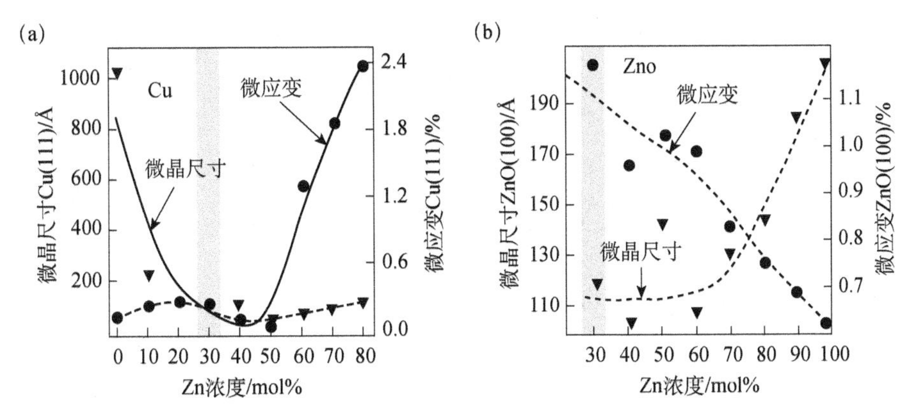


**图 2.57　由 Cu/ZnO 多相催化剂中 Cu（111）(a) 和 ZnO（100）(b) 反射峰所确定的微应变和微晶尺寸随 Zn 的浓度变化的情况[28]**

## 思考题与习题

2.1　X 射线的产生原理及其物理本质是什么？X 射线具有哪些特性？

2.2　对于同一种物质产生的 X 射线，说明波长存在以下关系，即 $\lambda_{K\gamma}<\lambda_{K\beta}<\lambda_{K\alpha}$。

2.3　解释特征 X 射线与荧光 X 射线的异同点。某物质的 K 系特征 X 射线的波长是否等于 K 系的荧光 X 射线的波长？

2.4　解释下列名词：相干散射；荧光辐射；非相干散射；吸收限；俄歇效应；连续 X 射线；特征 X 射线；质量吸收系数；光电效应。

2.5　连续 X 射线谱产生的机理是什么？其短波限 $\lambda_0$ 与吸收限 $\lambda_K$ 有何不同？

2.6　为什么会出现吸收限？为什么 K 吸收限只有一个，而 L 吸收限却有 3 个？当激发 K 系荧光 X 射线时，能否伴生 L 系荧光 X 射线？当 L 系激发时能否伴生 K 系荧光 X 射线？

2.7　满足布拉格方程的晶面是否一定会产生衍射花样，为什么？

2.8 以一维晶体为例，试证明布拉格方程与劳厄方程的等效性。

2.9 多重性因子的物理意义是什么？试给出立方晶系中{0 1 0}，{1 1 1}，{1 1 0}的多重性因子。

2.10 在多晶衍射强度中，试解释平面试样的吸收因子与 $\theta$ 角无关。

2.11 决定 X 射线强度的关系式是

$$I = I_0 \frac{\lambda^3}{32\pi R}\left(\frac{e^2}{4\pi\varepsilon_0 mc^2}\right)^2 \frac{V}{V_c^2} P|F|^2 \varphi(\theta) A(\theta) \mathrm{e}^{-2M}$$

说明式中多重性因子 $P$、几何结构因子 $F$、角因子 $\varphi(\theta)$ $\left(\varphi(\theta)=\dfrac{1+\cos^2(2\theta)}{\cos\theta\sin^2\theta}\right)$、吸收因子 $A(\theta)$和温度因子 $\mathrm{e}^{-2M}$ 等各主要参数的物理意义。

2.12 根据小晶体的干涉函数

$$G^2 = \frac{\sin^2(\pi N_1 \xi)}{\sin^2(\pi\xi)} \times \frac{\sin^2(\pi N_2 \eta)}{\sin^2(\pi\eta)} \times \frac{\sin^2(\pi N_3 \zeta)}{\sin^2(\pi\zeta)}$$

试分析一维、二维、三维晶体选择反射区的形状。式中，$\xi = H \pm \dfrac{1}{N_1}$，$\eta = K \pm \dfrac{1}{N_2}$，$\zeta = L \pm \dfrac{1}{N_3}$。

2.13 影响 X 射线衍射强度的因素有哪些？

2.14 X 射线衍射仪由哪几部分组成？简述各部分的结构及其工作原理。

2.15 X 射线扫描方式有哪两种，各有什么用途？

2.16 如何选择 X 射线衍射实验参数？

2.17 说明 K 值法定量测量成分的方法原理。试比较物相定量分析的外标法、内标法、K 值法、直接比较法和全谱拟合法的优缺点。

2.18 根据谢乐公式，在利用 X 射线衍射进行纳米颗粒尺寸分析或粉体材料分析时，需要考虑哪些实验因素？

2.19 试计算钼（Mo）的 K 系激发电压，已知钼的 $\lambda_K$=0.619Å。欲用钼靶 X 射线管激发铜（Cu）的荧光 X 射线辐射，则所需施加的最低管电压是多少？激发出的荧光辐射波长是多少？

2.20 α-Fe 属于立方晶系，其晶格常数 $a$=2.866Å，如用 CrKα X 射线（$\lambda$=2.291Å）照射，试求（1 1 0），（2 0 0），（2 1 1）可发生衍射的布拉格角。

2.21 已知镍（Ni）对 Cu 靶 Kα 和 Kβ 特征辐射的线吸收系数分别为 407cm$^{-1}$ 和 2448cm$^{-1}$，为使 Cu 靶的 Kβ 线透射系数是 Kα 线的 1/6，求 Ni 滤波片的厚度。

2.22 如果 Co 的 Kα、Kβ 辐射的强度比为 5:1，当通过涂有 15mg/cm$^2$ 的

$Fe_2O_3$滤波片后，强度比是多少？已知$Fe_2O_3$的密度$\rho$=5.24g/cm$^3$，Fe对Co Kβ的质量吸收系数$\mu_{mCo}$=371cm$^2$/g，O对Co Kβ的质量吸收系数$\mu_{mFe}$=15cm$^2$/g。

2.23　已知淬火后低温回火的碳钢样品不含碳化物，A（奥氏体）中碳的质量分数为1%，M（马氏体）中含碳量极低。经过X射线衍射测得A 220峰积分强度为2.33（任意单位），M 200峰积分强度为16.32，试计算该碳钢中残留奥氏体的体积分数（实验条件为Fe Kα辐射，滤波，室温20℃，α-Fe的晶格常数$a$=2.866Å，奥氏体的晶格常数$a$=3.571+0.044$w_C$Å，这里$w_C$为碳的质量分数）。

## 主要参考书目和参考文献

### 主要参考书目


黄胜涛. 固体X射线学[M]. 北京：高等教育出版社，1985.

吉昂，卓尚军，李国会. 能量色散X射线荧光光谱[M]. 北京：科学出版社，2011.

江超华. 多晶X射线衍射技术与应用[M]. 北京：化学工业出版社，2014.

姜传海，杨传铮. X射线衍射技术及其应用[M]. 上海：华东理工大学出版社，2010.

敬超，曹世勋，张金仓. 固体物理学[M]. 北京：科学出版社，2021.

李树棠. 金属X射线衍射与电子显微分析技术[M]. 北京：冶金工业出版社，1980.

梁敬魁. 粉末衍射法测定晶体结构（上册）[M]. 北京：科学出版社，2011.

陆家和，陈长彦. 现代分析技术[M]. 北京：清华大学出版社，1995.

潘峰，王英华，陈超. X射线衍射技术[M]. 北京：化学工业出版社，2016.

王华馥，吴自勤. 固体物理实验方法[M]. 北京：高等教育出版社，1990.

张海军，贾全利，董林. 粉末X射线衍射技术原理及应用[M]. 郑州：郑州大学出版社，2010.

朱和国，尤泽升，刘吉梓，等. 材料科学研究与测试方法[M]. 南京：东南大学出版社，2021.

周玉. 材料分析方法[M]. 北京：机械工业出版社，2020.

[德]Dinnebier R E，[美]Billinge S J L. 粉末衍射理论与实践[M]. 陈昊鸿，译. 北京：高等教育出版社，2016.

Als-Nielsen J，McMorrow D. 现代X光物理原理-Elements of Modern X-ray Physics[M]. 封东来，译. 上海：复旦大学出版社，2015.

Hübschen G，Altpeter I，Tschuncky R，et al. Materials Characterization Using Nondestructive Evaluation（NDE）Methods. Ch4：X-ray Diffraction（XRD）Techniques for Materials Characterization [M]. Amsterdam：Elsevier Ltd，2016.

Pecharsky V K，Zavalij P Y. Fundamentals of Powder Diffraction and Structural Characterization of Materials[M]. 2th ed. New York：Springer Science+Business Media，2009.

**参考文献**

[1] Röntgen W C. Über eine neue Art von Strahlen[J]. Sitzungsber Phys. Med. Ges. Wurtzburg，1895，9：132-141.

[2] Myers W G. Becquerel's discovery of radioactivity in 1896[J]. Journal of Nuclear Medicine，1976，17（7）：579-582.

[3] Thomson J J. Cathode rays[J]. The London，Edinburgh，and Dublin Philosophical Magazine and Journal of Science，1897，44：269，293-316.

[4] Robotti N. The discovery of X-ray diffraction[J]. Rend. Fis. Acc. Lincei，2013，24：7-18.

[5] Friedrich W，Knipping P，Laue M. Interferenzerscheinungen bei röntgenstrahlen[J]. Annalen der Physik，1913，346（10）：971-988.

[6] Bragg W H，Bragg W L. The reflection of X-rays by crystals[J]. Proceedings of the Royal Society of London A，1913，88：428-438.

[7] Liljas A. Background to the Nobel prize to the Braggs[J]. Acta Crystallographica Section A，2013，A69：10-15.

[8] Moseley H G J. The high-frequency spectra of the elements[J]. The London，Edinburgh，and Dublin Philosophical Magazine and Journal of Science，1914，27（160）：703-713.

[9] Hölzer G，Fritsch M，Deutsch M，et al. $K\alpha_{1,2}$ and $K\beta_{1,3}$ X-ray emission lines of the 3d transition metals[J]. Physical Review A，1997，56（6）：4554-4568.

[10] Compton A H. A quantum theory of the scattering of X-rays by light elements[J]. The Physical Review，1923，21（5）：483-502.

[11] Compton A H. The spectrum of scattered X-rays[J]. The Physical Review，1923，22（5）：409-413.

[12] Compton A H. The total reflexion of X-rays[J]. The London，Edinburgh，and Dublin Philosophical Magazine and Journal of Science，1923，45（270）：1121-1131.

[13] Compton A H. The scattering of X-rays as particles[J]. American Journal of Physics，1961，29：817-820.

[14] Jing C，Yang Y J，Li Z，et al. Tuning martensitic transformation and large magnetoresistance in $Ni_{50-x}Cu_xMn_{38}Sn_{12}$ Heusler alloys[J]. Journal of Applied Physics，2013，113：173902.

[15] Hull A W. A new method of chemical analysis[J]. Journal of the American Chemical Society，1919，41：1168-1175.

[16] Hanawalt J D，Rinn H W，Frevel L K. Chemical analysis by X-ray diffraction[J]. Industrial & Engineering Chemistry Analytical Edition，1938，10（9）：457-512.

[17] Copeland L E，Bragg R H. Quantitative X-ray diffraction analysis[J]. Analytical Chemistry，1958，30（2）：196-201.

[18] Holder C F，Schaak R E. Tutorial on powder X-ray diffraction for characterizing nanoscale materials[J]. ACS Nano，2019，13：7359-7365.

[19] Bish D L，Howard S A. Quantitative phase analysis using the Rietveld method[J]. Journal of Applied Crystallography，1988，21：86-91.

[20] Alexander L，Klug H P. Basic aspects of X-ray absorption in quantitative diffraction analysis of powder mixtures[J]. Analytical Chemistry，1948，20（10）：886-889.

[21] Chung F H. Quantitative interpretation of X-ray diffraction patterns of mixtures. I. matrix-flushing method for quantitative multicomponent analysis[J]. Journal of Applied Crystallography，1974，7（6）：519-525.

[22] Rietveld H M. Line profiles of neutron powder-diffraction peaks for structure refinement[J]. Acta Crystallographica，1967，22：151-152.

[23] Rietveld H M. A profile refinement method for nuclear and magnetic structures[J]. Journal of Applied Crystallography，1969，2：65-71.

[24] Wiles D B，Young R A. A new computer program for Rietveld analysis of X-ray powder diffraction patterns[J]. Journal of Applied Crystallography，1981，14：149-151.

[25] Wiles D B，Young R A. Profile shape functions in Rietveld refinements[J]. Journal of Applied Crystallography，1982，15：430-438.

[26] He K，Chen N F，Wang C J，et al. Method for determining crystal grain size by X-ray diffraction[J]. Crystal Research & Technology，2018，1700157：1-6.

[27] Hargreaves J S J. Powder X-ray diffraction and heterogeneous catalysis[J]. Crystallography Reviews，2005，11（1）：21-34.

[28] Hargreaves J S J. Some considerations related to the use of the Scherrer equation in powder X-ray diffraction as applied to heterogeneous catalysts[J]. Catalysis，Structure & Reactivity，2016，2（1-4）：33-37.

# 第3章　电子显微术

## 3.1　引言

人们看清一个物体的最小分辨距离是有限的，在明视距离（25cm）处，能够分辨的最小距离大概是0.2mm，突破这一限度，就需要采用放大镜进行观察。为了观察更小的距离，就需要借助光学显微镜来提高分辨率，然后再进行直接观察。历史上，第一台光学显微镜诞生于1595年，它使人们观察物体的最小分辨距离从毫米尺度提高到微米量级。但由于可见光的波段范围为390～770nm，而成像物体上能分辨的最小距离约为可见光波长的二分之一，即光学显微镜的分辨率大致为0.2μm左右，这也是光学显微镜的极限分辨率。后来人们曾尝试采用比可见光更短的紫外线进行成像，但是物体对紫外线具有强烈的吸收作用，而且能提高的分辨率有限，对于观察微观世界的物质的要求还远远达不到，这是因为组成物质的原子间距在埃（Å，$1Å=10^{-10}m$）的量级。因此，光学显微镜还无法满足对物质内部原子排布和形貌的观察。为了进一步提高分辨率，达到观察微观粒子的要求，可以进一步采用波长更短的电磁波。众所周知，X射线是一种电磁波，其波长达到埃的量级，利用X射线衍射可以测量晶体物质的晶体结构。例如，用X射线光源来观察微观形貌，应能使分辨率得到质的飞跃，但X射线无法像可见光一样实现聚焦。

早在1897年，英国物理学家J. J. 汤姆孙（Joseph John Thomson）在研究阴极射线时发现电子。1925年，法国科学家德布罗意（de Broglie）在理论上提出了运动电子具有波粒二象性的假设，给出了德布罗意公式 $\lambda=h(mv)$（$h$，$m$，$v$ 分别是普朗克常量、电子质量和速度），两年后的1927年，戴维森（C. J. Davisson）与革末（L. H. Germer）在《物理评论》（*Physical Review*，1927，30（6）：705-740）上发表了题为“镍单晶的电子衍射”的论文。他们用电子束垂直投射到镍单晶做实验，电子束被散射，随着镍的取向的变化，电子束的强度也在发生变化，这种现象很像一束波绕过障碍物时发生的衍射那样，其强度分布可用德布罗意关系和衍射理论加以解释。同一年，英国物理学家 G. P. 汤姆孙（George Paget Thomson）和里德（A. Reid）在《自然》杂志上（*Nature*，1927，18：890）发表了题为“薄膜对阴极射线的衍射”的论文，也证实了电子衍射的存在。德布罗意的理论从此得到了有力的证实，他并由此获得了 1929 年的诺贝尔物理学奖。戴维森和 G. P. 汤姆孙则共同分享了 1937 年的诺贝尔物理学奖。

1927 年，H. Busch 实现了利用轴对称的磁场对电子束进行聚焦的作用[1, 2]。这样一来，如加大电子的运动速度，则可得到比 X 射线更短的电子波，而且电子波是可以通过电场或磁场进行聚焦的。人们自然想到，利用电子作为光源来研究物质微观结构和形貌是一个很好的选择。这些理论和发现为随后电子显微镜的发明提供了强有力的理论基础。

事实上，早在 1931 年，德国学者克诺尔（M. Knoll）和鲁斯卡（E. Ruska）获得了可放大 12～17 倍的电子光阑像，其放大倍数与 1595 年制成的第一台光学显微镜的放大倍数相当[3]。虽然这还不是真正的透射电子显微镜，但这一研究工作证实了可用电子束和电磁透镜进行成像，从而开创了透射电子显微镜的先河，具有划时代的意义。在随后的几年中，鲁斯卡不断地对这台仪器装置进行改进，制成了第一台真正的透射电子显微镜[4]。早在 1934 年，电子显微镜的分辨率就可达 500Å。1939 年，德国西门子公司生产的透射电子显微镜的分辨率已经达到了 100Å。在 20 世纪 70 年代，美国亚利桑那州立大学的考利（J. Cowley）和澳大利亚墨尔本大学的穆迪（A. Moodie）建立了高分辨电子显微像的理论与技术，发展了高分辨电子显微学[5-7]。高分辨电子显微镜的点分辨率可达 3Å，晶格分辨率可达 1～2Å，从此利用透射电子显微镜可以观察纳米尺度的结构和形貌。自 20 世纪 90 年代以后，由于纳米科学与技术的飞速发展，对电子显微技术的分辨率和成像要求越来越高，从而进一步推动了电子显微学的发展。目前，透射电子显微镜已经发展到了球差矫正透射电子显微镜的新阶段。已有大量的球差矫正透射电子显微镜面世。2010 年以后又发展了可用来进行自旋分辨的透射电子显微镜[8]。

继透射电子显微镜发明后，20 世纪 60 年代，以电子为载体，用以观察物质表面形貌的第一台商用扫描电子显微镜问世。扫描电子显微镜与透射电子显微镜相比，具有制样简单、分辨率高、放大倍率可调节范围更宽、景深大等特点，已被广泛应用于物理、化学、冶金、材料、电子、医学、生物等各个领域。特别是在 1981 年，美国 IBM 公司的科学家宾尼希（G. Binnig）和罗雷尔（H. Rohrer）根据量子隧道效应制成了第一台扫描隧道电子显微镜，其分辨率可达 1Å，可在实空间中观察到原子像，这又是一项开创性的发明[9, 10]，具有划时代的意义。

电子显微镜的诞生，标志着人类可在纳米尺度上研究和探索物质内部的结构及形貌，透射电子显微镜和扫描电子显微镜是20世纪最重要的发明之一。第一台透射电子显微镜的发明者之一鲁斯卡、第一台扫描隧道电子显微镜的发明者宾尼希和罗雷尔在1986年共同分享了诺贝尔物理学奖。

## 3.2 电子显微分析基础

### 3.2.1 光学显微镜的分辨率

光学显微镜的分辨率是指在成像物体上能分辨的最小距离。人眼的最小分辨距离为0.2mm，光学显微镜就是将观察细节进行放大，从而获得更大的放大倍率的仪器设备。但由于光具有波动性，所以这种放大是有限的，经过透镜成像后，会在像平面上产生衍射效应，即在成像点形成中心为亮点、周围为明暗相间的衍射圆环的所谓艾里斑（Airy disk），光能量的84%都集中在中央峰，其余能量依次逐渐减少地分布在第一级、第二级、…衍射圆环中。根据圆孔的夫琅禾费衍射，孔径半角与光阑直径和光波长之间的关系为

$$\Delta\theta=\frac{1.22\lambda}{D} \tag{3.1}$$

式中，$D$为光阑圆孔的直径，$\Delta\theta$为孔径半角同，$\lambda$为光源的波长。这一公式是成像光学仪器分辨率的基础，具有非常重要的应用。

对于人的眼睛，$D$=2～9mm，取$D$～2mm，可见光中心波长$\lambda$=550nm，这时$\Delta\theta=1'$。即当人的眼睛所张的角度小于$1'$时，人对物体的细节不能分辨，看起来就是一个点。在这种情况下，物体在视网膜上成像的大小刚好是一个感光细胞的尺寸。

对于显微镜，如图3.1所示，在非相干照明的情况下，可分辨两点之间的线距离，由（3.1）式可知

$$r_0'=l'\Delta\theta=\frac{1.22\lambda l'}{D} \tag{3.2}$$

按正弦条件

$$r_0=\frac{n'r_0'\sin\alpha'}{n\sin\alpha} \tag{3.3}$$

式中，$n$、$n'$分别为物空间折射率和像空间折射率，将（3.2）式代入（3.3）式得

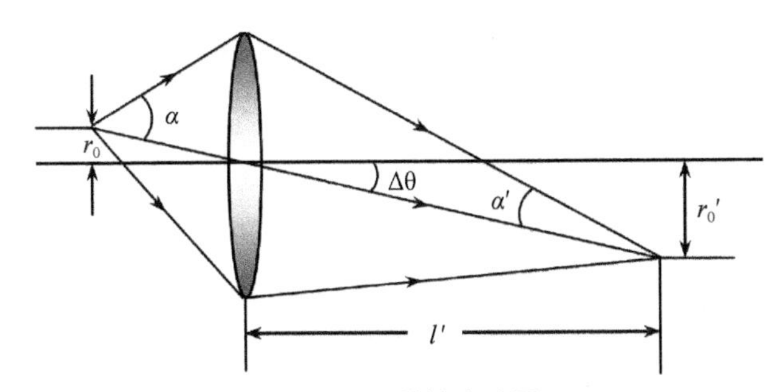


图 3.1　显微镜光路图

$$r_0 = \frac{n'\sin\alpha'}{n\sin\alpha} \times \frac{1.22\lambda l'}{D} \tag{3.4}$$

而由关系式

$$l'\sin\alpha' \approx \frac{D}{2} \tag{3.5}$$

一般情况下 $n'=1$，因此，根据（3.4）式，可得显微镜能够分辨的两物点的线距离为

$$r_0 = \frac{0.61\lambda}{n\sin\alpha} \tag{3.6}$$

英国物理学家瑞利（Rayleigh）给出，若两个点光源接近到使两个中心亮斑的中心距离等于第一暗环的半径，且两个亮斑之间光的强度与峰值的差大于19%，则这两个斑点可以分开，如图 3.2 所示，这就是著名的瑞利判据（Rayleigh criterion）。

第一暗环半径为

$$R_0 = \frac{0.61\lambda}{n\sin\alpha} M \tag{3.7}$$

分辨率为

$$r_0 = \frac{R_0}{M} = \frac{0.61\lambda}{n\sin\alpha} \tag{3.8}$$

以上两式中，$\lambda$ 为光波长，$\alpha$ 为孔径半角，$n$ 为透镜和物体间介质的折射率，$M$ 为放大倍率。

对于光学显微镜，$n\sin\alpha$ 通常称为数值孔径（numerical aperture，NA）。$n\sin\alpha=1.2$ 左右，$n=1.5$，$\alpha=70°\sim75°$时，$r_0=\lambda/2$。分辨率主要取决于照明光源的波长，半波长是分辨率的理论极限。可见光波长为 390～770nm，其极限分辨率为 200nm（0.2μm）左右。人眼的分辨率约为 0.2mm，因此光学显微镜的有效放大倍数约为 1000 倍。

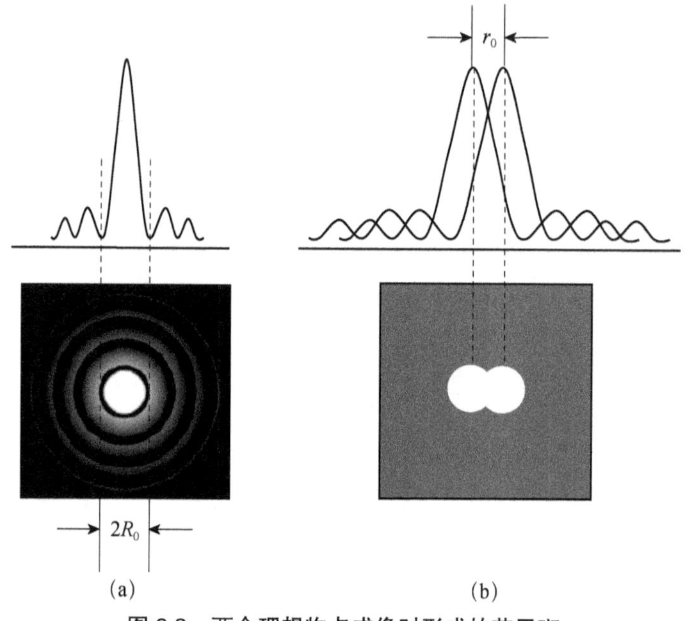


**图 3.2 两个理想物点成像时形成的艾里斑**

（a）艾里斑；（b）两个艾里斑靠近到刚好能分辨的临界距离时强度的叠加

这里应该指出，光学显微镜的放大倍数可以做得更高，但高出的部分，只是改善了人眼观察时的舒适度，对分辨率没有贡献。如果选用折射率很高的材料作为物体和透镜间的介质，可进一步提高显微镜的分辨率，例如采用溴苯介质，其折射率 $n$=1.66。通常光学显微镜的最高放大倍数为 1000～1500 倍。降低光源波长，也可提高显微镜的分辨率。比可见光波长短的光源还有紫外线、X 射线和 γ 射线。由于紫外线易被多数物质强烈吸收，而 X 射线、γ 射线无法实现折射和聚焦，所以它们均不能成为显微镜的照明光源。

### 3.2.2 电子波的波长

电子的波长可以根据德布罗意公式求得

$$\lambda = \frac{h}{mv} \tag{3.9}$$

式中，$h$ 为普朗克常量，$m$ 为电子的质量，$v$ 为电子速度。电子的速度可用外加电场电压进行调节，如果外加电压小于 500V，则电子获得的速度比光速小得多，可不考虑相对论效应，$m$ 可用电子的静止质量 $m_0$ 来代替。设电子的初速度为零，当加速电压为 $U$ 时，如果施加到电子上的能量全部转化为电子的动能，则根据能量守恒定律，有

$$eU = \frac{1}{2}m_0 v^2 \tag{3.10}$$

$$\lambda = \frac{h}{\sqrt{2em_0U}} \tag{3.11}$$

代入具体数值 $m_0 = 9.109 \times 10^{-31}$ kg，$e = 1.602 \times 10^{-19}$ C，$h = 6.626 \times 10^{-34}$ J·s，可得电子波长（以 Å 为单位）

$$\lambda \approx \frac{12.27}{\sqrt{U}} \text{（Å）} \tag{3.12}$$

在透射电子显微镜中，电子的加速电压一般在 100～200kV，这时电子获得的速度可与光速相比拟。因此，在计算电子波长时，应考虑相对论效应修正，这时电子的能量应为

$$mc^2 = eU + m_0c^2 \tag{3.13a}$$

$$m = m_0 \Big/ \sqrt{1-(v/c)^2} \tag{3.13b}$$

根据（3.13a）式可得电子的质量为

$$m = m_0[1 + eU/(m_0c^2)] \tag{3.14a}$$

将（3.13b）式代入（3.13a）式，整理后可得电子的速度为

$$v = c\sqrt{1 - \frac{1}{[1+eU/(m_0c^2)]^2}} \tag{3.14b}$$

将（3.14a）式和（3.14b）式代入（3.9）式，解得电子的波长为

$$\lambda = \frac{h}{\sqrt{2m_0eU[1+eU/(2m_0c^2)]}} \tag{3.15}$$

把（3.15）式中的有关常数项（SI 单位）代入具体数值，并以埃为波长单位，计算可得

$$\lambda = \frac{12.27}{\sqrt{U(1+0.9788 \times 10^{-6}U)}} \text{（Å）} \tag{3.16}$$

表 3.1 是电子在不同的加速电压下的电子波长。对于 $U$=1000kV 的加速电压，考虑相对论修正后，波长应为 $\lambda$=8.72×$10^{-3}$Å。

**表 3.1 电子在不同的加速电压下的电子波长**

| 加速电压 $U$/kV | 电子波长 $\lambda$/Å | 加速电压 $U$/kV | 电子波长 $\lambda$/Å |
|---|---|---|---|
| 1 | 0.388 | 40 | 0.0601 |
| 2 | 0.274 | 50 | 0.0536 |
| 3 | 0.224 | 60 | 0.0487 |
| 4 | 0.194 | 80 | 0.0418 |
| 5 | 0.713 | 100 | 0.0370 |

续表

| 加速电压 $U$/kV | 电子波长 $\lambda$/Å | 加速电压 $U$/kV | 电子波长 $\lambda$/Å |
|---|---|---|---|
| 10 | 0.122 | 200 | 0.0251 |
| 20 | 0.0859 | 500 | 0.0142 |
| 30 | 0.0698 | 1000 | 0.0087 |

表 3.1 给出了不同加速电压下的电子波长，由表 3.1 可知，当加速电压为 100～200kV 时，电子的波长比可见光的波长低约 5 个数量级。因此，透射电子显微镜的分辨率比光学显微镜可高出 5 个数量级。例如，在 100kV 加速电压下，电子的波长为 0.0370Å，透射电子显微镜的分辨率约为 0.02Å。实际上，透射电子显微镜的分辨率比理论值低两个数量级，这是由两个方面的原因造成的：其一是由于电子束聚焦透镜和光学显微镜一样，也存在像差；另一个影响因素是样品本身以及衬度效应，只有良好的衬度才能更好地分辨样品的显微细节。关于像差和衬度的概念将在本章后续内容中给予详细介绍。

### 3.2.3 电子与物质的相互作用

材料的物理、化学、力学等特性都与物质内部的显微结构（晶体结构、微观形貌）和化学成分有关。透射电子显微镜、扫描电子显微镜、电子探针等测量仪器都是通过采集电子与样品中物质原子相互作用时所产生的各种物理信号，包括透射电子、二次电子、特征 X 射线等，它们携带样品结构、形貌和成分等有关的物理信息，从而可以对样品的结构、形貌和成分进行分析研究。入射电子与样品中原子的相互作用包括入射电子的弹性散射和非弹性散射，入射电子与物质的各种激发，以及受激发粒子在固体中的传播等。

1. 电子的散射

入射电子束与固体物质发生相互作用后，由于电子带负电，电子在物质中原子库仑场的作用下会产生散射。由于组成物质的原子包含原子核和核外电子，所以散射可以看作原子核和核外电子对入射电子的散射。原子核是由质子和中子组成的，质子带正电，中子不带电。质子和中子的质量远大于电子质量，约为电子质量的 1840 倍。这样一来，原子核对入射电子的散射与核外电子的散射相比较，表现出明显不同的特征。根据电子散射前后能量是否发生变化，原子对电子的散射可分为弹性散射和非弹性散射。在弹性散射过程中，电子能量保持不变，因此电子的波长不发生变化，仅仅改变电子的运动方向；在非弹性散射过程中，电子能量受到损失而减小，造成电子波长的增大，电子运动方向也随之发生了改变。

另外，根据电子的波动特性，在弹性散射过程中，电子散射还可分为相干散射和非相干散射。所谓相干散射，是指电子在散射前后波长保持不变，并与入射电子有确定的相位关系。而非相干散射是指电子与入射电子无确定的相位关系。

1）利用散射截面对散射的表征

卢瑟福散射理论是用来解释α粒子的散射问题的。该理论把原子核对电子的散射相互作用和核外电子的相互作用看成是两个独立的过程，忽略了核外电子对核电荷的屏蔽作用。利用这一理论可以定性地说明电子与物质原子中的弹性散射和非弹性散射过程。图 3.3 分别描述入射电子与原子中的核外电子和原子核的相互作用过程。由于原子核的质量远大于电子，可认为原子核是固定不动的，原子核对电子的吸引力可表示为

$$f_{\mathrm{n}} = -\frac{1}{4\pi\varepsilon_0}\frac{Ze^2}{r_{\mathrm{n}}^2} \tag{3.17}$$

式中，$Z$ 为原子序数，$e$ 为电子电量，$r_{\mathrm{n}}$ 为电子入射方向与原子核的距离。入射电子与原子核的距离越小，散射角度 $\theta$ 就越大。原子核对入射电子的散射主要表现为弹性散射。

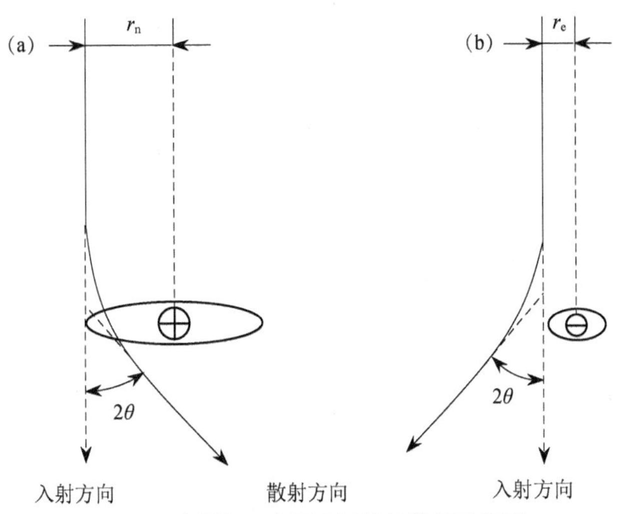


**图 3.3　电子与一个孤立原子的散射示意图**

（a）原子核的散射；（b）核外电子的散射

核外电子对入射电子的排斥力可表示为

$$f_{\mathrm{e}} = \frac{1}{4\pi\varepsilon_0}\frac{e^2}{r_{\mathrm{e}}^2} \tag{3.18}$$

式中，$r_e$为电子入射方向与原子核外电子的距离。核外电子对入射电子的散射主要表现为非弹性散射。

从以上（3.17）式和（3.18）式可以看出，电子在物质中受原子的散射，弹性散射作用力比非弹性散射作用力大 $Z$ 倍，因此两者所占比重与原子序数直接相关，原子序数越大，弹性散射所占的比重越大，反之则越小。

一个孤立原子对入射电子的散射能力，可以用散射截面来衡量，如图 3.3 所示。用 $\sigma_e(2\theta)=\pi r_e^2$ 表示核外电子对入射电子的散射截面；用 $\sigma_n(2\theta)=\pi r_n^2$ 表示原子核对入射电子的散射截面。一个孤立原子总的散射截面 $\sigma(2\theta)$应为二者之和，即

$$\sigma(2\theta)=\sigma_{\mathrm{n}}(2\theta)+Z\sigma_{\mathrm{e}}(2\theta) \tag{3.19}$$

由卢瑟福背散射理论得出的散射截面公式为

$$\sigma(2\theta)=\left(\frac{1}{4\pi\varepsilon_0}\right)^2\left(\frac{Z_1Z_2e^2}{2mv^2\sin^2\theta}\right)^2 \tag{3.20}$$

式中，$Z_1$ 和 $Z_2$ 分别为入射粒子和靶粒子的电荷电量，$v$ 为入射粒子的速度。对于入射电子与原子核的相互作用来说，这里相当于 $Z_1=1$，$Z_2=Z$；对于入射电子与每个核外电子的作用来说，这里相当于 $Z_1=Z_2=1$。因此可得弹性散射截面与非弹性散射截面的比值，即

$$\frac{\sigma_{\mathrm{n}}}{Z\sigma_{\mathrm{e}}}=\left(\frac{1}{4\pi\varepsilon_0}\frac{Ze^2}{2mv^2\sin^2\theta}\right)^2\Big/\left[Z\left(\frac{1}{4\pi\varepsilon_0}\frac{e^2}{2mv^2\sin^2\theta}\right)^2\right]=Z \tag{3.21}$$

在一个孤立原子中，弹性散射所占份额为$\frac{Z}{1+Z}$，非弹性散射所占份额为$\frac{1}{1+Z}$。由此可见，随着原子序数 $Z$ 的增加，弹性散射的比重增加，非弹性散射的比重减小。因此，轻元素非弹性散射成分占比较大，重元素弹性散射成分占比较大。

2）弹性散射

图 3.4 是入射电子与原子核的弹性散射过程。当入射电子与原子核的作用为主要散射过程时，入射电子在散射前后的最大能量损失为

$$\Delta E_{\max}=2.17\times10^{-3}\frac{E_0}{A}\sin^2\theta \tag{3.22}$$

式中，$\Delta E_{\max}$为电子散射前后的最大能量损失，$A$ 为原子质量数（质子数和中子数之和），$\theta$为散射半角，散射角 $2\theta<90°$为前散射，$2\theta>90°$为背散射，$E_0$ 为入射电子的能量。$\Delta E_{\max}$ 可推导如下。

设电子的质量为 $m$，初始速度为 $v_0$，原子的质量为 $M$，电子和静止的原子

碰撞后，电子的速度变为 $\boldsymbol{v}$，此时原子获得的速度为 $\boldsymbol{V}$。建立直角坐标系，各速度方向如图3.4所示。已知电子初动能为 $E_0$，则

$$E_0 = \frac{1}{2}mv_0^2 \tag{3.23}$$

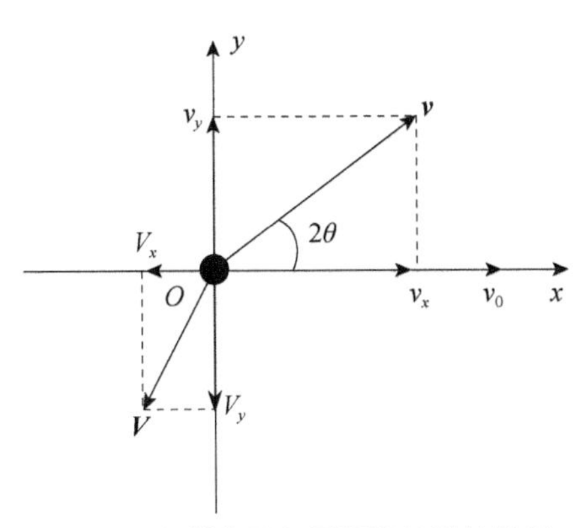


图 3.4　入射电子与原子核的弹性散射

根据动量守恒，在 $x$ 轴和 $y$ 轴分量上的动量守恒可分别写为

$$\begin{cases} mv_0 = mv_x - MV_x & (3.24) \\ 0 = mv_y - MV_y & (3.25) \end{cases}$$

式中，$v_x$，$v_y$ 分别代表电子碰撞后的速度在 $x$ 轴和 $y$ 轴上的分量；$V_x$，$V_y$ 分别代表原子获得的末速度在 $x$ 轴和 $y$ 轴上的分量。

根据能量守恒，碰撞前后的能量相等，即

$$\frac{1}{2}mv_0^2 = \frac{1}{2}m(v_x^2 + v_y^2) + \frac{1}{2}M(V_x^2 + V_y^2) \tag{3.26}$$

由图3.4中速度分量的几何关系可以得出

$$\frac{v_y}{v_x} = \tan(2\theta) \tag{3.27}$$

电子损失的能量为碰撞前后的能量差，即

$$\Delta E = E_0 - \frac{1}{2}m(v_x^2 + v_y^2) \tag{3.28}$$

根据（3.24）式，可得

$$V_x = \frac{m}{M}(v_x - v_0) \tag{3.29}$$

由（3.25）式可得

$$V_y = \frac{m}{M}v_y \tag{3.30}$$

将（3.27）式代入（3.28）式得

$$\Delta E = E_0 - \frac{1}{2}mv_x^2[1+\tan^2(2\theta)] = E_0 - \frac{mv_x^2}{2\cos^2(2\theta)} \tag{3.31}$$

电子损失的能量即为原子获得的能量，即 $\Delta E = \frac{1}{2}M(V_x^2 + V_y^2)$，将（3.29）式和（3.30）式代入此式，电子损失能量可写为

$$\Delta E = \frac{1}{2}M\left\{\left[\frac{m}{M}(v_x - v_0)\right]^2 + \left(\frac{m}{M}v_y\right)^2\right\} = \frac{m}{M}\left[\frac{1}{2}m(v_x^2 + v_y^2) - mv_xv_0 + \frac{1}{2}mv_0^2\right]$$
$$= \frac{m}{M}[(E_0 - \Delta E) - mv_xv_0 + E_0] = \frac{m}{M}(2E_0 - \Delta E - mv_xv_0) \tag{3.32}$$

而由（3.23）式得

$$v_0 = \sqrt{2E_0/m} \tag{3.33}$$

将（3.31）式改写为

$$v_x = \cos(2\theta)\cdot\sqrt{2(E_0 - \Delta E)/m} \tag{3.34}$$

将（3.33）式和（3.34）式一并代入（3.32）式得

$$\Delta E = \frac{m}{M}\left[2E_0 - \Delta E - m\cos(2\theta)\cdot\sqrt{2(E_0 - \Delta E)/m}\sqrt{2E_0/m}\right] \tag{3.35}$$

整理即得

$$\cos(2\theta)\cdot\sqrt{E_0(E_0 - \Delta E)} = E_0 - \frac{M+m}{2m}\Delta E \tag{3.36}$$

将（3.36）式两边平方，即

$$\cos^2(2\theta)\cdot E_0(E_0 - \Delta E) = \left(E_0 - \frac{M+m}{2m}\Delta E\right)^2$$

即得

$$(1 - 2\sin^2\theta)^2(E_0^2 - E_0\Delta E) = E_0^2 - \frac{M+m}{m}E_0\Delta E + \frac{1}{4}\left(\frac{M+m}{m}\right)^2\Delta E^2 \tag{3.37}$$

设 $A$ 为原子质量数，原子质量 $M$=质子总质量+中子总质量+电子总质量≈质子总质量+中子总质量=质子数×质子质量+中子数×中子质量≈$A\times1.673\times10^{-27}$=$[A\times1.673\times10^{-27}/(9.11\times10^{-31})]\times9.11\times10^{-31}\approx1836A\times9.11\times10^{-31}\approx1840Am$ (kg)，这里质子质量=$1.6726\times10^{-27}$kg，中子质量=$1.6749\times10^{-27}$kg，电子质量 $m$=$9.11\times10^{-31}$kg。因此可得

$$\frac{M+m}{m} = \frac{1840Am + m}{m} \approx 1840A \tag{3.38}$$

将（3.38）近似式代入（3.37）式得

$$(1-4\sin^2\theta+4\sin^4\theta)(E_0^2-E_0\Delta E)\approx E_0^2-1840AE_0\Delta E+\frac{1840^2A^2}{4}\Delta E^2 \tag{3.39}$$

$$920^2A^2\Delta E^2+(1-1840A-4\sin^4\theta+4\sin^2\theta)E_0\Delta E+4E_0^2(\sin^2\theta-\sin^4\theta)=0 \tag{3.40}$$

由于 $\sin\theta\ll 1$，（3.40）式左侧第二项可近似为

$$1-1840A-4\sin^4\theta+4\sin^2\theta\approx 1-1840A\approx -1840A \tag{3.41}$$

（3.40）式左侧第三项可近似为

$$4E_0^2(\sin^2\theta-\sin^4\theta)\approx 4E_0^2\sin^2\theta \tag{3.42}$$

同时考虑到 $\Delta E$ 很小，可忽略 $\Delta E$ 的二次项，即忽略（3.40）式左侧第一项。因此，（3.40）式最后可近似为

$$-1840AE_0\Delta E+4E_0^2\sin^2\theta=0 \tag{3.43}$$

即

$$\Delta E=\frac{4E_0}{1840A}\sin^2\theta=2.17\times10^{-3}\frac{E_0}{A}\sin^2\theta \tag{3.44}$$

由此可见，电子散射后的能量损失主要取决于散射角的大小。当散射角 $\theta<5°$时，能量损失在 $10^{-3}$～$10^{-1}$eV；当电子为背散射（$\theta\approx\pi/2$）时，能量损失可达数个电子伏特。而 $E_0$ 高达 100～200keV，与电子初始动能相比，能量损失可以忽略不计，即电子与原子核之间的散射可看成是弹性散射。

3）非弹性散射

当入射电子与核外电子的作用为主要过程时，由于两者的质量相同，发生散射作用时，入射电子将其部分能量转移给了原子的核外电子，使核外电子的分布结构发生了变化，引发多种激发如二次电子、俄歇电子和特征 X 射线等。这种激发是由入射电子的作用而产生的，故又称为电子激发。电子激发属于一种非电磁辐射激发，它不同于电磁辐射激发（如光电效应等）。入射电子被散射后，其能量将显著减小，是一种非弹性散射。

2. 电子与固体作用时激发的信息

核外电子对入射电子具有散射作用，由于两者质量相等，相互碰撞几乎都是非弹性散射。入射电子能量除大部分转化为热能外，损失的能量还可能激发一系列物理信号，如图 3.5（a）所示。非弹性散射使入射电子的能量减小，电子吸收决定了电子在物质中的传播路程，即入射电子在物质中的作用范围受到电子散射和吸收的影响而被限制在一定的空间范围内。这个作用范围与入射电

子能量、作用区域内组成物质的元素种类，以及入射电子与样品之间的夹角都有关系。其中起主要作用的是入射电子的能量大小。能量越高，入射电子与样品的作用范围越大。各种物理信息从样品内发出的深度和横向分布区域示意图，如图 3.5（b）所示。其中俄歇电子和二次电子的产生最靠近表面，空间分辨率最高，是获取样品表面信息的重要载体。

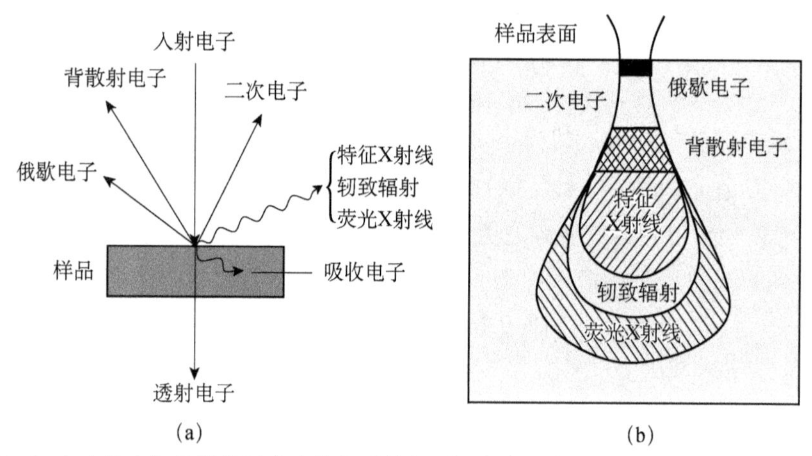


**图 3.5 （a）电子束与物质作用产生的物理信息；（b）电子束与物质作用产生的物理信息作用区域示意图**

当入射电子在样品中进行扩散时，扩散区域的大小和体积取决于入射电子的能量和扩散区域样品的密度、组成元素等因素。从理论上来讲，入射电子在样品中的运动轨迹可以利用蒙特卡罗方法进行模拟。图 3.6（a）～（e）是当入射电子能量为 5keV 时，原子序数由低到高，分别对 B，C，Ti，Ag，Pt 等元素组成的晶体，利用蒙特卡罗模拟得出的电子运动轨迹。电子束扩展的深度和广度在 B 元素中最大，在 Pt 元素中最小。很显然，在低原子序数的样品中，电子在偏离原来方向和扩散蔓延之前穿透最深。对于高原子序数的样品，电子束进入样品后很快就偏离原来的行进方向，并向周围发生扩散。也就是说，对于原子序数比较大的元素，电子束倾向于更快地偏离其原始路径，导致电子运动轨迹更接近于样品的表面。图 3.6（f）表示在高原子序数的样品中电子作用体积具有典型的半球形状。

1）二次电子

所谓二次电子（secondary electron），即在电子束与样品物质发生作用时，非弹性散射使原子核外的电子可能获得高于其电离的能量，从而挣脱原子核的束缚，变成自由电子。那些在样品表层（5～10nm），且能量高于材料逸出功的

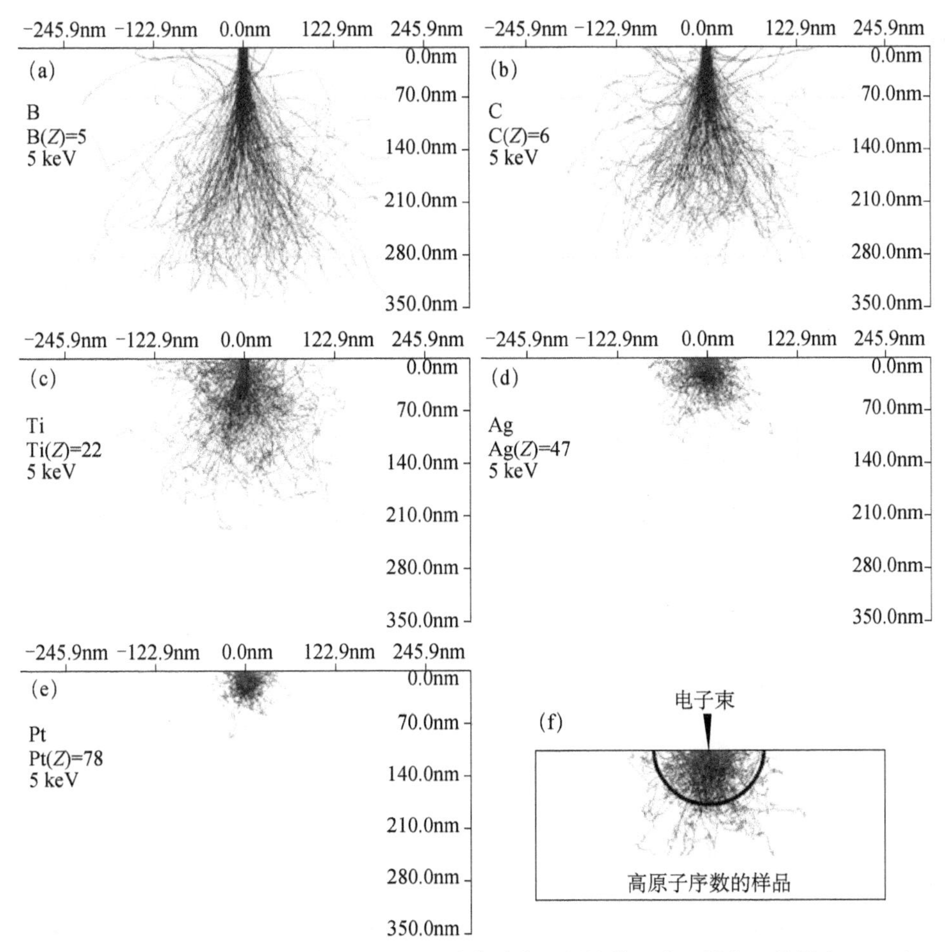


**图 3.6　在不同元素样品中电子运动轨迹的蒙特卡罗数值模拟（入射电子能量为 5keV）（彩图见封底二维码）**

自由电子可能从样品表面逸出，成为真空中的自由电子。产生二次电子的数量同电子束与样品表面的夹角有直接关系。表面凹凸不平，入射电子束就会与样品表面的不同区域呈现不等的夹角，因而会产生不同数量的二次电子，从而可获得接收二次电子信号的反差。在扫描电子显微镜中，二次电子信号可被用于形成形貌像。二次电子的能量较小，一般小于 50eV，二次电子的取样深度浅（5～10nm），因此二次电子对样品表面形貌敏感、空间分辨率高、信号收集效率高。

2）背散射电子

所谓背散射电子（back scattered electron，BSE），是指入射电子作用于样品后被“反弹”回来的那部分入射电子，由弹性散射和非弹性散射电子两部分组成。背散射电子在样品中经过多次散射，因此其能量分布范围比较宽，从几电子伏特直至接近入射电子的能量。在电子显微分析中所使用的主要是弹性背散射电子，以及能量接近于入射电子的那部分非弹性背散射电子。背散射电子的产额$\eta_{BSE}$对样品的原子序数敏感，因此常用于样品的成分分析。背散射电子与电子的入射角（入射线与样品表面法线的夹角）有关，即当电子的入射角增大时，在近表面产生背散射的概率增加，背散射电子的产额增大，反之减小。因此，表面的凹凸不平会形成背散射电子的衬度反差，从而可以表征样品表面的形貌。但背散射电子的空间分辨率低，一般只有 50～200nm。另外，由于背散射电子的能量比较高，受外场的作用就较小，信号收集效率低。

3）吸收电子

所谓吸收电子（absorbed electron）是指入射电子进入样品后，经多次散射能量耗尽，既无能力穿透样品、又无能力逸出样品表面的那部分入射电子。吸收电子的空间分辨率一般为 100～1000nm。利用吸收电子也可以进行成像，用来研究样品的形貌特性。

4）透射电子

如果样品厚度足够薄，则入射电子将从试样透射出去形成透射电子，透射电子可以反映样品的厚度、成分和结构，透射电子显微镜即采用该信号进行分析。

5）特征 X 射线

如果入射电子的能量足够大，则可以将物质中组成原子的芯态电子电离激发出来，留下空位，原子处于能量较高的激发态，这时会有上层能级上的电子发生跃迁，释放的能量以特征 X 射线的形式辐射出去。不同元素各个能级有不同的电离能，因此产生的特征 X 射线携带了原子种类的信息，特征 X 射线常用于透射电子显微镜和扫描电子显微镜的能谱分析，用于鉴别样品的化学组成成分。

6）俄歇电子

俄歇电子（Auger electron）的产生过程类似于 X 射线的产生过程，同样是在样品中激发原子内层上的电子，留下空位，外层高能电子回迁填充空位。所不同的是，电子回迁过程中，释放的能量不是以电磁波的形式辐射出去，而是转移给同一能级上的另一个电子。该电子获得能量后发生电离，并溢出样品表面形成二次电子，这种二次电子称为俄歇电子。俄歇电子的能量决定于原子壳层的能级，因而具有特征值。俄歇电子的能量比较低，一般在 50～1500eV 范围，因此只有表层的 2～3 个原子层内产生的俄歇电子才能逸出表面，大致 1nm 以内范围的厚度，超出此范围所产生的俄歇电子会因为非弹性散射，逸出表面后不再具有特征能量。

另外，俄歇电子的产额随原子序数的减小而增加，因此俄歇电子特别适合于轻元素（除氢和氦元素之外）的表面成分分析。俄歇电子能谱仪就是利用该信号进行分析的仪器装置。需要指出的是，X 射线和俄歇电子两者可同时出现，只是出现的概率不同而已。

7）阴极荧光

阴极荧光（cathode luminescence）与电子–空穴对紧密相关，当电子束作用于半导体（本征或掺杂型）或有机荧光体时，将会产生电子–空穴对，而电子–空穴对通过杂质原子的能级复合而发光，称该现象为阴极荧光，其产生机制如图 3.7 所示。波长在可见光至红外线之间。产生的物理过程与固体的种类有关，并对固体中的杂质和缺陷特征十分敏感，可用于鉴定物相、杂质和缺陷的分布。阴极荧光分析主要用于扫描电子显微镜。

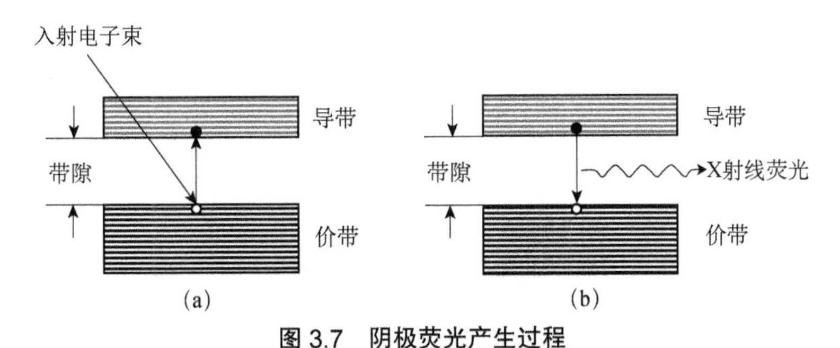


**图 3.7　阴极荧光产生过程**

（a）价带中的电子被激发到导带中，在价带中留下空穴；（b）空穴被导带中的电子所填充，以光子的形式释放出能量

8）等离子体激发

等离子体激发（plasma excitation）主要发生在金属材料中，金属晶体由离子实和价电子组成，离子实处于晶体点阵的平衡位置上，并绕其平衡位置作微振动，价电子则形成电子云弥散分布在点阵中，整个晶体呈电中性。当电子束作用于金属晶体时，电子束四周的电中性遭到破坏，电子受到排斥力的作用，并沿着垂直于电子束方向做径向离心运动，结果在电子束附近形成正电荷区，较远区形成负电荷区，正负吸引的作用又使电子云做径向向心运动。如此不断重复，造成电子云的集体振荡，这种现象称为等离子体振荡（plasma oscillation）。这种振荡在 $10^{-15}$s 内就会消失，且振动局域在纳米范围内，而且等离子体振荡的能量是量子化的。因此，入射电子的能量损失具有一定的特征值，并随样品成分的不同而发生变化。如果入射电子在引起等离子体振荡后能逸出表面，则称这种电子为特征能量损失电子。如果最初入射电子束的能量一定，损失的能

量又可准确地测得，就可以得到试样内原子受激能级激发态的准确信息。通过测量特征能量损失谱，就可对样品的成分和形貌进行分析。

除了以上提到的各种物理信号外，还会产生电子感生电导（induced conductivity）和电声效应（electro-acoustic effect）等。电子感生电导是指电子束作用于半导体产生电子-空穴对后，在外电场作用下产生附加电导的现象，这种信号可用于测量半导体中少数载流子的扩散长度和寿命。电声效应是指当入射电子为脉冲电子时，作用于样品后将产生周期性衰减声波的现象，可用于成像分析。表 3.2 给出了物理信息及其对应的电子显微分析分法。

**表 3.2 物理信息及其对应的电子显微分析分法**

| 物理信息 | 实验方法 |
| --- | --- |
| 二次电子 | 扫描电子显微镜（SEM） |
| 弹性散射电子 | 低能电子衍射（LEED）<br>反射高能电子衍射（RHEED）<br>透射电子显微镜（TEM） |
| 非弹性散射电子 | 电子能量损失谱（EELS） |
| 俄歇电子 | 俄歇电子能谱（AES） |
| 特征 X 射线 | 波谱（WDS）<br>能谱（EDS） |
| X 射线的吸收 | X 射线荧光（X-ray fluorescence，XRF）<br>阴极荧光（cathode luminescence，CL） |
| 离子、原子 | 电子受激解吸<br>（electron stimulated desorption，ESD） |

## 3.2.4 电子透镜的基本结构原理

电子透镜（electron lens）包括静电透镜（electrostatic lens）和电磁透镜（electromagnetic lens）（或称为磁透镜（magnetic lens））两种。电子带负电荷，在电场和磁场中，会受到电场力和洛伦兹力的作用。因此，可以借助于电场和磁场使电子运动轨迹发生改变，从而实现电子的偏转和聚焦。人们把利用静电场做成的透镜称为静电透镜，把利用非均匀轴对称磁场做成的透镜称为电磁透镜。

1. 静电透镜

图 3.8 是静电透镜的原理图。静电透镜的结构相对简单，但需要调节很高的电压才能够实现电子聚焦、改变焦距和放大倍率。因此，不方便操作，而且高电压容易造成击穿。而磁透镜只需改变线圈中的励磁电流就能实现焦距和放大倍率的改变，而且供给磁透镜线圈的电源电压在几十伏到数百伏，不会造成线圈的击穿。另外，磁透镜与静电透镜相比，产生的像差比较小（关于像差的概

念，将在 3.2.5 节给予详细介绍）。因此，目前电磁透镜在透射电子显微镜中得到了广泛应用。下面仅对电磁透镜给予详细介绍。

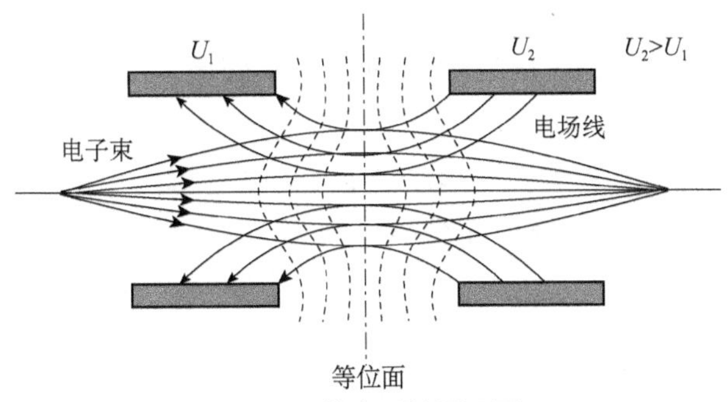


图 3.8　静电透镜原理图

2. 电磁透镜

在透射电子显微镜中，电磁透镜是短的电磁线圈，线圈中通入励磁电流，运动电子在磁场中受到洛伦兹力的作用，其表达式为

$$\boldsymbol{F}=-e\boldsymbol{v}\times\boldsymbol{B} \tag{3.45}$$

式中，$e$ 为运动电子电荷；$\boldsymbol{v}$ 为电子运动速度；$\boldsymbol{B}$ 为磁感应强度；$\boldsymbol{F}$ 为洛伦兹力，其方向垂直于矢量 $\boldsymbol{v}$ 和 $\boldsymbol{B}$ 所决定的平面，力的方向可由右手法则来确定。

短线圈中心轴上各点磁场均匀变化，而沿中心轴 $z$ 旋转对称，如图 3.9（a）所示。当入射电子束以速度 $\boldsymbol{v}$ 沿平行于电磁透镜的中心轴运动时，在某点处受到洛伦兹力的作用，我们以分量的形式进行分析。磁感应强度 $\boldsymbol{B}$ 可分解为沿着中心轴的分量 $B_z$ 和垂直于中心轴的分量 $B_r$，沿轴向方向不受洛伦兹力的作用，沿径向方向受到洛伦兹力的作用，其数值为

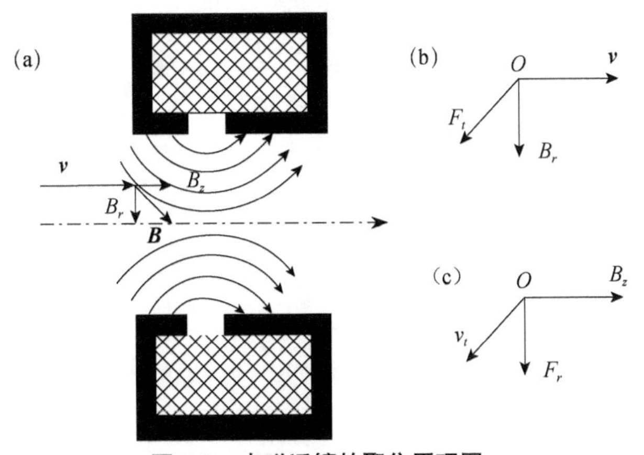


图 3.9　电磁透镜的聚焦原理图

$$F_r = evB_r \tag{3.46}$$

其方向沿着径向切线方向，如图 3.9（b）所示。因此，电子沿轴向方向运动时，做螺旋运动。电子在磁场中做螺旋运动的过程中，会产生径向切线方向的速度分量 $v_t$。这样一来，电子会受到沿轴向分量磁场 $B_z$ 的作用，有

$$F_t = evB_z \tag{3.47}$$

其方向总是指向轴心，如图 3.9（c）所示。因此，电子在这一非均匀磁场中运动的轨迹是沿轴向做半径逐渐缩小的螺旋运动，从而可实现电子束的聚焦作用，如图 3.10 所示。

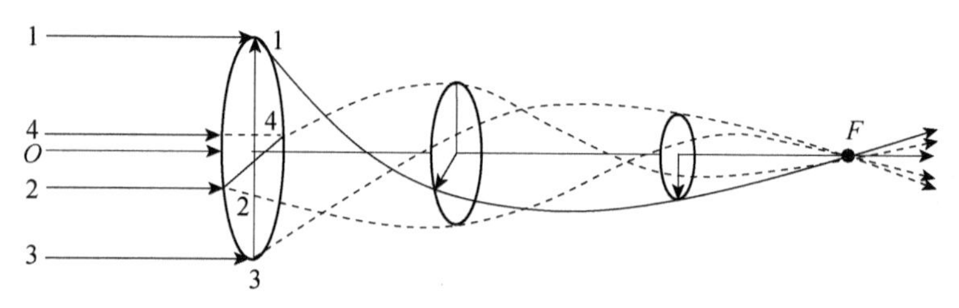


**图 3.10 电磁透镜聚焦原理**

电磁透镜可以放大和会聚电子束，是因为它产生的磁场沿透镜长度方向是不均匀的，但却是轴对称的，其等磁位面的几何形状与光学玻璃透镜的界面相似，使得电磁透镜与光学玻璃凸透镜具有相似的光学性质。即通过透镜轴心的电子束不发生折射。平行于主轴的电子束，能聚焦在主轴上的某一点，此点就是电磁透镜的焦点。经过焦点并垂直于主轴的平面称为焦平面。一束与副轴（凡是通过轴心，但不与主光轴重合而与入射光线平行的直线都可以称为副轴）平行的电子束，通过透镜后将聚焦于该副轴与焦平面的交点上。和光学透镜一样，物距 $L_1$、像距 $L_2$ 和焦距 $f$ 之间满足透镜公式

$$\frac{1}{L_1}+\frac{1}{L_2}=\frac{1}{f} \tag{3.48}$$

放大率为

$$M=\frac{L_2}{L_1} \tag{3.49}$$

由（3.48）式和（3.49）式可得

$$M=\frac{f}{L_1 - f} \tag{3.50}$$

或

$$M=\frac{L_2 - f}{f} \tag{3.51}$$

电磁透镜的成像与玻璃透镜的不同之处在于，电磁透镜的焦距可变，这为调节放大倍率带来了极大方便。另一个不同之处在于，成像电子在电磁透镜磁场中发生旋转，产生一个磁转角 $\theta$。对于实像来说，旋转角度为 180°±$\theta$。对于虚像来说，磁旋转角度为±$\theta$，磁转角的存在给衍射图像晶体学方向上的分析带来不方便，需加以消除。电子在近轴附近的轴对称磁场中的运动轨迹遵从如下微分方程

$$\frac{\mathrm{d}^2 r}{\mathrm{d}z^2}=-\frac{e}{8mU}rH_z^2 \tag{3.52}$$

$$\frac{\mathrm{d}\theta}{\mathrm{d}z}=\frac{1}{2}\sqrt{\frac{e}{2mU}}H_z \tag{3.53}$$

式中，$m$ 为电子质量，$U$ 为加速电压。对（3.53）式进行积分可得

$$\theta=\int_{-\infty}^{\infty}\frac{1}{2}\sqrt{\frac{e}{2mU}}H_z\mathrm{d}z \tag{3.54}$$

将具体常数值代入（3.54）式，且电压单位以伏特（V）表示，磁场的单位以奥斯特（Oe，1Oe=1000/(4π)≈79.6A/m）表示，角度的单位以弧度（rad）表示，则有

$$\theta=\frac{0.15}{\sqrt{U}}\int_{-\infty}^{\infty}H_z\mathrm{d}z \tag{3.55}$$

由此可见，磁旋转角 $\theta$ 是电子加速电压和透镜励磁电流的函数。加速电压越高，磁转角越小；磁场越强，磁转角越大。磁转角的方向与电磁透镜的磁场方向有关，因此与励磁电流的流向有关。如果把两个适当的线圈反向串联，可以使磁转角相互抵消，得到没有磁转角的图像。在电子显微镜成像中，一般不需要考虑像的转动，但在分析像的晶体学取向特征时，需要考虑磁转角的相对关系。

下面通过对电子在磁场中的运动来确定电磁透镜的焦距。对于弱磁透镜，可以近似认为电子在磁场中偏离轴的距离保持不变，即 $r=r_0$，对（3.52）式积分得到

$$\left(\frac{\mathrm{d}r}{\mathrm{d}z}\right)_b-\left(\frac{\mathrm{d}r}{\mathrm{d}z}\right)_a=-\frac{er_0}{8mU}\int_a^b H_z^2\mathrm{d}z \tag{3.56}$$

式中，$a$，$b$ 为电子与中心轴距离 $r_0$ 近似保持不变的水平位置点，而 $P$，$B$ 分别为电子束与主轴的交点处到透镜之间的距离，如图 3.11 所示。

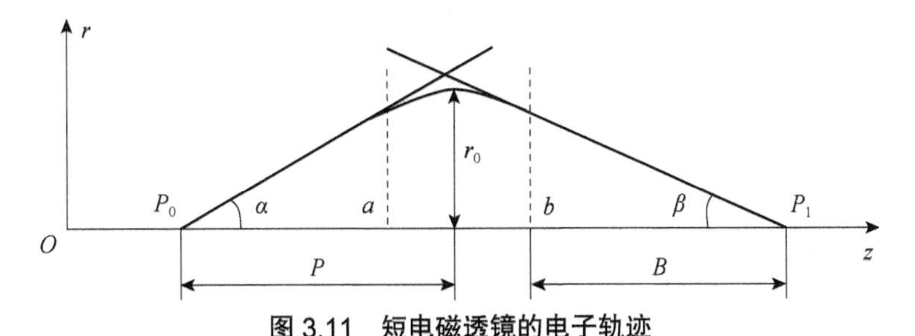


图 3.11　短电磁透镜的电子轨迹

则有

$$\left(\frac{\mathrm{d}r}{\mathrm{d}z}\right)_a=\frac{r_0}{P},\quad \left(\frac{\mathrm{d}r}{\mathrm{d}z}\right)_b=-\frac{r_0}{B} \tag{3.57}$$

将（3.57）式代入（3.56）式得到

$$\frac{1}{P}+\frac{1}{B}=\frac{e}{8mU}\int_a^b H_z^2\mathrm{d}z \tag{3.58}$$

在透镜范围 $a$，$b$ 之外，磁场迅速减弱，故可以将积分上限、下限扩展到正、负无穷大，即

$$\frac{1}{P}+\frac{1}{B}=\frac{e}{8mU}\int_{-\infty}^{\infty} H_z^2\mathrm{d}z \tag{3.59}$$

显然，当 $P\to\infty$时，$B$ 即为成像一侧的焦距 $f_b$；当 $B\to\infty$时，$P$ 即为物一侧的焦距 $f_a$，即

$$\frac{1}{f_b}=\frac{1}{f_a}=\frac{e}{8mU}\int_{-\infty}^{\infty} H_z^2\mathrm{d}z=\frac{1}{f} \tag{3.60}$$

上述推导是假设焦距比磁场轴向范围大很多的情况下得到的结果，对于强磁透镜短焦距只是定性的结果。

如果电磁铁螺线管半径为 $R$，通一电流 $I$，$N$ 匝线圈产生的磁场为 $H_z=2\pi R^2 NI/(z^2+R^2)^{3/2}$，将其代入（3.60）式中，可得

$$\frac{1}{f}=\frac{e}{8mU}\int_{-\infty}^{\infty} H_z^2\mathrm{d}z=\frac{e}{8mU}\int_{-\infty}^{\infty}\frac{4\pi^2R^4(NI)^2}{(z^2+R^2)^3}\mathrm{d}z=\frac{4\pi^2e(NI)^2}{8mUR}\int_{-\infty}^{\infty}\frac{1}{[(z/R)^2+1]^3}\mathrm{d}(z/R) \tag{3.61}$$

令 $x=z/R$，则（3.61）式经过积分运算可得

$$\frac{1}{f}=\frac{4\pi^2e(NI)^2}{8mUR}\int_{-\infty}^{\infty}\frac{1}{(x^2+1)^3}\mathrm{d}x=\frac{4\pi^2e(NI)^2}{8mUR}\frac{\pi(2\times3-2)!}{2^{2\times3-2}[(3-1)!]^2}=\frac{3\pi^3e(NI)^2}{16mUR}$$

故焦距为

$$f=\frac{16mUR}{3\pi^3e(IN)^2} \tag{3.62}$$

此处用到了利用留数定理所得的积分结果，即 $\int_{-\infty}^{\infty}\frac{1}{(x^2+1)^n}\mathrm{d}x=\frac{\pi(2n-2)!}{2^{2n-2}[(n-1)!]^2}$。

由（3.62）式可得出以下结论：

（1）可以通过调节电磁透镜的励磁电流来改变透镜的焦距，达到成像的条件。

（2）焦距总是正值，没有负值，因此，电磁透镜只能对电子起到凸透镜的汇聚作用，而无凹透镜的发散作用。

（3）焦距与电子的加速电压及电子的速度有关：电压越高，电子速度就越大，焦距就越长，反之就越短。另外，可通过稳定加速电压来减小焦距的波

动，降低色差。

在电磁透镜中，为了缩小磁场的范围，可把线圈绕制在具有环形狭缝的软磁铁上，这样可显著增强短线圈中的磁感应强度，缝隙可使磁场在该处更加集中，且缝隙愈小，集中程度愈高，该处的磁场强度就愈强。另外，在铁壳上再加上一对极靴（pole piece），使线圈内的磁场强度进一步增强。极靴采用磁性材料制成，呈锥形环状，置于缝隙处。极靴可使电磁透镜的实际磁场强度更有效地集中到缝隙四周仅几毫米的范围内，见图 3.12。

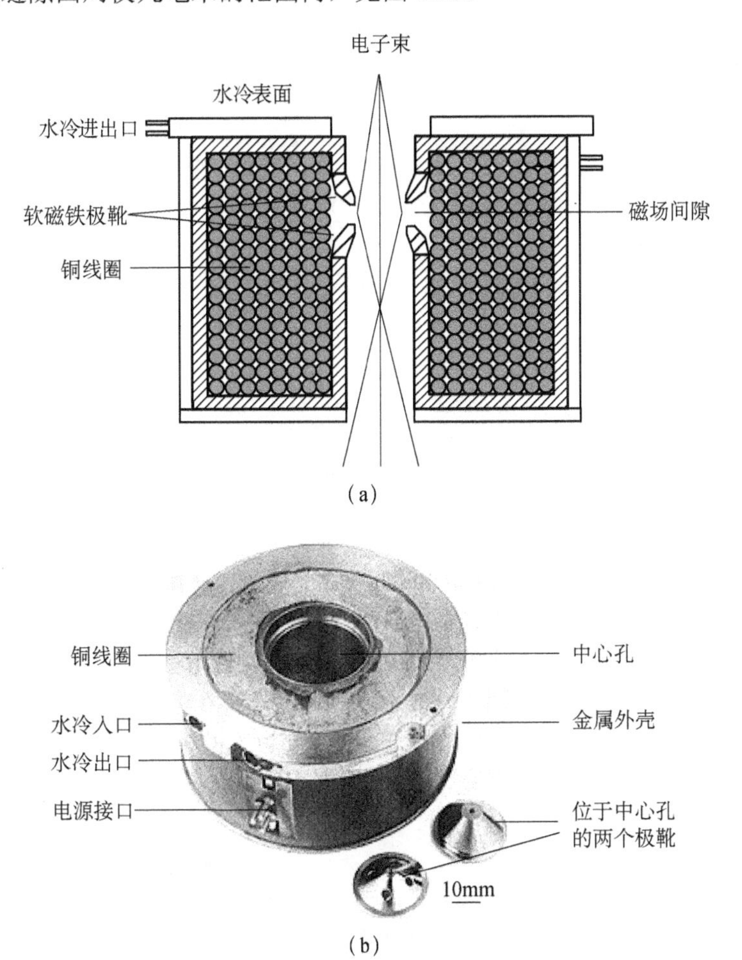


图 3.12　带有极靴的电磁透镜示意图（a）和外观图（b）

### 3.2.5　电磁透镜的像差和理论分辨距离

电子波长可以很短，比如加速电压为 100kV 时，电子波长为 0.0370Å，根

据公式

$$r = 0.61\frac{\lambda}{n\sin\alpha} \tag{3.63}$$

可算出最小分辨距离约为0.02Å。理论和实践证明，透射电子显微镜达不到如此小的分辨本领。这是因为电磁透镜存在各种缺陷，如球差、像散、色差等。这些缺陷是根本无法完全消除的。

1. 电磁透镜的像差

引起像差的因素可归结为几何像差和色差，几何像差又可分为球差和像散两种。下面分别给予介绍。

1）球差

球差（spherical aberration）是由电磁透镜中心区域和边界区域对电子会聚能力不同而造成的，如图3.13所示，远轴电子通过透镜时比近轴电子被折射得更显著，其半径为

$$r_{s,M} = MC_s\alpha^3 \tag{3.64}$$

如果还原到物平面上去，则有

$$r_s = \frac{R_s}{M} = C_s a^3 \tag{3.65}$$

式中，$M$是放大倍率，$C_s$是球差系数，$\alpha$为透镜孔径半角。透镜分辨率随$\alpha$的增大而降低。

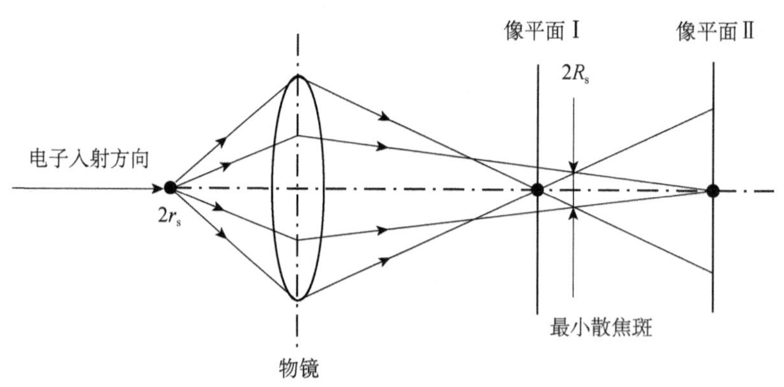


图3.13 球差产生原因示意图

2）像散

当透镜磁场不对称时，某些方向与其他方向对电子的会聚能力不同，从而出现像散（astigmation）。如图3.14所示，在竖直平面上运行的电子会聚于$A$点；在水平面上运行的电子会聚于$B$点，依次类推。这样，圆形物点就变成椭

圆弥散点，其平均半径为

$$f_{M,\mathrm{A}} = M\Delta f_{\mathrm{A}}\alpha \tag{3.66}$$

如果还原到物平面上去，则

$$r_{\mathrm{A}} = \Delta f_{\mathrm{A}}\alpha \tag{3.67}$$

式中，$\Delta f_{\mathrm{A}}$为像散引起的最大焦距差，$\alpha$为孔径半角。椭圆度是可以通过配置对称磁场来基本消除的。

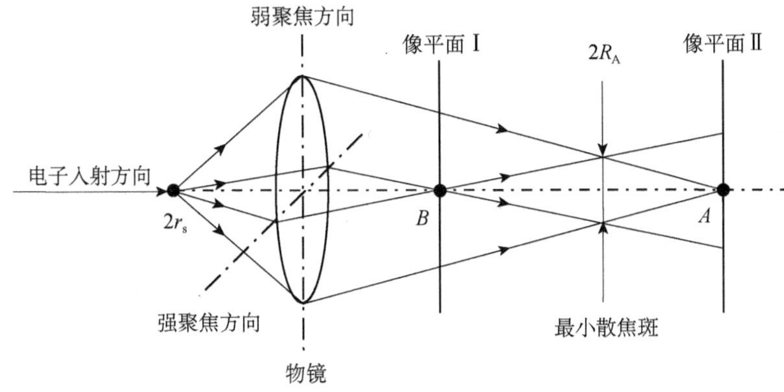


图 3.14 像散产生原因示意图

3）色差

色差（chromatic aberration）是由于电子的能量不同，从而引起波长的变化造成的，如图 3.15 所示。电磁透镜的焦距随电子能量的不同而发生改变。造成电子速度波动的因素有很多，如电子透过样品时能量损失造成的非弹性散射、加速电压与励磁电流的波动等。其中后者的影响比较大。

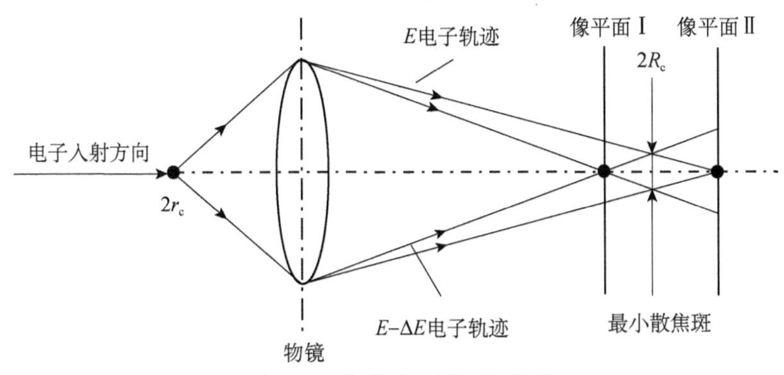


图 3.15 色差产生原因示意图

由加速电压的波动引起的焦距变化可表示为

$$\Delta f = f\frac{\Delta U}{U} \tag{3.68}$$

励磁电流的波动虽然不影响电子速度，但会造成磁场的波动，从而引起焦距的变化

$$\Delta f = f\frac{2\Delta I}{I} \tag{3.69}$$

因为电压和电流是相互独立的，二者共同作用造成的焦距变化应为

$$\Delta f = f\left(\left(\frac{\Delta U}{U}\right)^2 + \left(\frac{2\Delta I}{I}\right)^2\right)^{1/2} \tag{3.70}$$

因此，能量不同的电子束将沿着不同的方向运动而产生弥散圆斑，还原到物平面上，其半径为

$$r_c = C_c \alpha f\left(\left(\frac{\Delta U}{U}\right)^2 + \left(\frac{2\Delta I}{I}\right)^2\right)^{1/2} \tag{3.71}$$

式中，$C_c$为色差系数，$\alpha$为孔径半角。

薄样品的非弹性散射影响可以忽略，提高加速电压和励磁电流的稳定性可以有效地减小色差。

2. 电磁透镜的理论分辨率

在像差分析中，除了球差外，像散和色差均可通过适当的方法来减小甚至可基本消除。因此，球差成了像差中影响分辨率的控制因素。球差与孔径半角的三次方成正比，减小孔径半角可有效地减小球差。但是，孔径半角的减小却增加了艾里斑的尺寸，降低了透镜的分辨率$r_0$，因而，孔径半角对透镜分辨率的影响具有双面性。

最佳的孔径半角可以综合考虑球差和衍射的影响而得出。光学显微镜的分辨率主要取决于波长和孔径角，在光学上可以采用大的孔径角不会使像的质量变差，由公式

$$r_0 = \frac{0.61\lambda}{n\sin\alpha} \tag{3.72}$$

可知，孔径半角可以接近90°，光学显微镜的分辨率可接近波长的1/2。

在电磁透镜中，球差为$r_s = \frac{1}{4}C_s\alpha^3$，因此，大的孔径角将引起大的球差。而由（3.72）式可知，孔径角过小，会引起艾里斑变大，使分辨本领变差。选用尺寸合适的光阑（aperture）来控制孔径半角，使得球差和衍射两者所限定的分辨距离正好相等时，就可得到最佳的孔径半角，即

$$\frac{0.61\lambda}{n\sin\alpha}=\frac{1}{4}C_s\alpha^3 \tag{3.73}$$

真空中的折射率 $n$=1，$\alpha$=$10^{-3}$～$10^{-2}$rad，故 $\sin\alpha\approx\alpha$，有

$$\alpha^4 = 2.44\left(\frac{\lambda}{C_s}\right) \tag{3.74}$$

$$\alpha = 1.25\left(\frac{\lambda}{C_s}\right)^{1/4} \tag{3.75}$$

$\alpha$ 即电磁透镜的最佳孔径半角，用 $\alpha_0$ 表示，即

$$\alpha_0=1.25\left(\frac{\lambda}{C_s}\right)^{1/4} \tag{3.76}$$

如果用 100kV 电源（$\lambda$=0.037Å），电磁透镜的球差系数为 $C_s$=0.88mm，则电磁透镜的最佳孔径半角为

$$\alpha_0 \approx 1.0\times10^{-2}\ \text{rad} \tag{3.77}$$

理论分辨距离为

$$r_s = \frac{1}{4}C_s\alpha^3 = 2.2\ \text{Å} \tag{3.78}$$

如果焦距 $f$=1.7 mm，可给出对应的光阑直径

$$D_{最佳} \approx 2\alpha f = 3.4\times10^{-2}\text{mm}=34\mu\text{m} \tag{3.79}$$

### 3.2.6　电子衍射

电子衍射是指入射电子与晶体作用后，发生弹性散射的电子，由于其波动性，发生了相互干涉作用，从而在某些方向上得到加强，在某些方向上则被削弱的现象。在相干散射增强的方向产生了电子衍射波（束）。电子衍射几何与 X 射线衍射几何一样，也需要满足布拉格方程和劳厄方程，另外还需满足几何结构因子不等于零，即没有衍射消光的条件。布拉格方程和劳厄方程说明了产生衍射的方向问题，可以用与 X 射线衍射相类似的方法进行处理，例如，利用埃瓦尔德作图法给出满足布拉格方程和劳厄方程的衍射条件。利用电子衍射花样可以对晶体结构、晶体位向、晶体物相组成以及晶体缺陷等方面进行分析研究。

电子衍射与 X 射线衍射相比，有很多方面的特点。其中最突出的一个特点是电子衍射可以把结构分析和物相的形貌观察有机地结合起来，即可以进行形貌观察，并同时结合微区晶体结构进行分析。利用电子衍射的衬度相，可对微区元素分布、缺陷等进行研究。电子衍射的另一个特点是电子波长比较短，远

小于 X 射线的波长，电子波长一般在 0.0251～0.0370Å，比 X 射线波长小 1 个数量级，因此布拉格角非常小，在 $10^{-3}$～$10^{-2}$rad。由于电子波长比较短，埃瓦尔德球面半径非常大，同时布拉格角又比较小，因此入射电子能够产生衍射的埃瓦尔德球面区域可以近似看成一个平面，其倒格子衍射斑点可以投影到实空间的一个平面上进行成像。这就意味着三维衍射斑点可以呈现在二维的平面上，这样就对晶体结构的研究带来了便利。由于物质对电子的散射远大于对 X 射线的散射，电子的衍射强度大，因此成像采集信号的时间可以大大缩短，测量起来比较方便。

电子衍射的不足之处是，利用电子衍射花样确定晶格参数的精度远低于 X 射线衍射。另外，由于样品物质对入射电子的散射强，导致电子穿透样品的尺度有限，要求试样在数百纳米以下的厚度，这为制备测试样品带来了不便。

1. 电子衍射的方向——布拉格方程

根据布拉格方程

$$2d_{hkl}\sin\theta = n\lambda \tag{3.80}$$

式中，$d_{hkl}$ 是晶面族（$hkl$）的面间距；$\lambda$ 是入射电子波长；$n$=1，2，3，…为衍射级次。为简单起见，布拉格方程常写为

$$2(d_{hkl}/n)\sin\theta = \lambda \tag{3.81}$$

并令 $d_{HKL} = d_{hkl}/n$，这里($HKL$)=($nh$ $nk$ $nl$)称为干涉指数。可以理解为与晶面族（$hkl$）平行，但面间距是晶面族（$hkl$）面间距的 $1/n$ 的晶面（$nh$ $nk$ $nl$）的一级衍射，这不是真实的晶面，而是假想的晶面，故称为干涉面。这样，布拉格方程就写为最常见的形式，即

$$2d_{HKL}\sin\theta = \lambda \tag{3.82}$$

从这一布拉格方程出发，就可以分析电子产生衍射的方向问题。将上式进行改写，并根据三角函数的极值，可以得到

$$\sin\theta = \lambda/(2d) \leqslant 1 \tag{3.83}$$

即有

$$\lambda \leqslant 2d \tag{3.84}$$

可见，只有当电子波长小于两倍晶面间距时，才可能发生衍射。常见晶体的晶面间距大都在 2～4Å，电子波长一般在 0.0251～0.0370Å，因此，电子束在晶体中产生衍射是不成问题的。且其布拉格角 $\theta$ 极小，在 $10^{-3}$～$10^{-2}$rad，小于 1°，可以认为，能够产生布拉格反射的晶面几乎平行于入射电子束的方向。

2. 电子衍射的埃瓦尔德图解

将布拉格方程进一步改写为如下形式

$$\sin\theta = \frac{2\pi/d_{hkl}}{2\times 2\pi/\lambda} \tag{3.85}$$

这样，布拉格反射可用$\triangle POG$来表示，如图3.16所示，这里$\overrightarrow{PO}$代表入射电子波矢的方向，$\overrightarrow{OG}$代表反射电子波矢的方向，$\angle O^*OG=2\theta$ 为衍射角。以$O$为中心，以$2\pi/\lambda$为半径作一球，这个球就称为埃瓦尔德球（Ewald sphere），$P$，$O^*$，$G$各点都在球面上，这种几何关系满足布拉格反射条件（3.80）式。因此，埃瓦尔德球是布拉格定律的图解，能很直观地表示晶体产生衍射的几何关系。埃瓦尔德球又称为反射球。

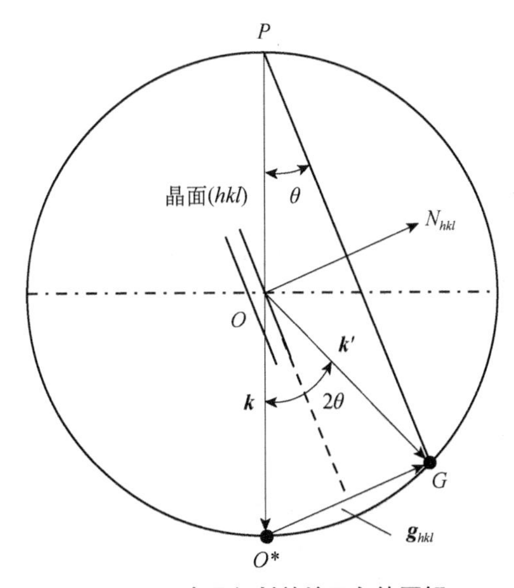


图3.16 电子衍射的埃瓦尔德图解

若$G$为对应晶面族（$hkl$）的倒格点，显然这一晶面族产生的衍射方向为$\overrightarrow{OG}$，此时满足布拉格方程。埃瓦尔德球内的三个矢量$\boldsymbol{k}$，$\boldsymbol{k}'$，$\boldsymbol{g}_{hkl}$清楚地描述了入射电子束、反射电子束和倒格矢之间的矢量关系，即

$$\boldsymbol{k}'-\boldsymbol{k}=\boldsymbol{g}_{hkl} \tag{3.86}$$

上述布拉格方程是晶体产生衍射的必要条件，但不是充分条件。还有其他物理条件，即几何结构因子不为零。如果几何结构因子等于零就会产生系统消光，没有干涉加强的衍射发生。

3. 零层倒易面及非零层倒易面

电子衍射花样可被认为是二维倒易平面上分布的衍射斑点，为了分析倒易平面上的斑点分布，这里给出晶带定律。

晶体中平行于某一轴向的所有晶面即为一个晶带，同一晶带中晶面的交线互相平行，其中通过倒格子原点的那条平行线就称为这一晶带的晶带轴。晶带轴的晶向指数就是该晶带的指数，如图 3.17 所示。

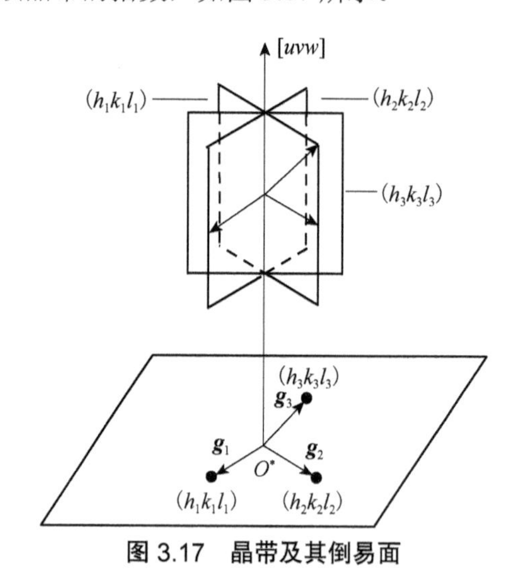


**图 3.17 晶带及其倒易面**

根据这一定义可知，同一个晶带中所有晶面的法线方向都垂直于晶带轴。晶带轴矢量表示为

$$\boldsymbol{r} = u\boldsymbol{a} + v\boldsymbol{b} + w\boldsymbol{c} \tag{3.87}$$

式中，$\boldsymbol{a}$，$\boldsymbol{b}$，$\boldsymbol{c}$ 为正格子基矢。晶面的法线方向即为倒格矢的方向，表示为

$$\boldsymbol{g}_{hkl} = h\boldsymbol{a}^* + k\boldsymbol{b}^* + l\boldsymbol{c}^* \tag{3.88}$$

式中，$\boldsymbol{a}^*$，$\boldsymbol{b}^*$，$\boldsymbol{c}^*$为倒格子基矢。故有

$$\boldsymbol{g}_{hkl} \cdot \boldsymbol{r} = (h\boldsymbol{a}^* + k\boldsymbol{b}^* + l\boldsymbol{c}^*) \cdot (u\boldsymbol{a} + v\boldsymbol{b} + w\boldsymbol{c}) = 2\pi(hu + kv + lw) = 0 \tag{3.89}$$

也就是说，凡是属于$[uvw]$晶带的晶面，它的面指数（$HKL$）都必须满足（3.89）式。这个关系式就是晶带定律。

上述关系实际上代表了通过倒格子原点的倒易点阵面$(uvw)^*$中倒格子矢量$\boldsymbol{g}_{HKL}$与晶带轴的关系，这也称为零层晶带定律。

任意两个晶面（$h_1k_1l_1$）和（$h_2k_2l_2$）可通过（3.89）式计算晶带指数

$$\begin{cases} h_1u + k_1v + l_1w = 0 \\ h_2u + k_2v + l_2w = 0 \end{cases} \tag{3.90}$$

解这个联立方程组，可得

$$u:v:w=\begin{vmatrix}k_1 & l_1\\ k_2 & l_2\end{vmatrix}:\begin{vmatrix}l_1 & h_1\\ l_2 & h_2\end{vmatrix}:\begin{vmatrix}h_1 & k_1\\ h_2 & k_2\end{vmatrix} \tag{3.91}$$

或写成

$$\begin{cases}u=k_1l_2-k_2l_1\\ v=l_1h_2-l_2h_1\\ w=h_1k_2-h_2k_1\end{cases} \tag{3.92}$$

晶带[$uvw$]常可写成便于记忆的计算形式

$$\begin{array}{c|cccc|c} h_1 & k_1 & l_1 & h_1 & k_1 & l_1\\ h_2 & k_2 & l_2 & h_2 & k_2 & l_2\\ & & u & v & w & \end{array}$$

同样，如果某个晶面（$HKL$）同属于两个指数已知的晶带[$u_1v_1w_1$]和[$u_2v_2w_2$]，可根据（3.93）式得到这个晶面的面指数

$$\begin{cases}H=v_1w_2-v_2w_1\\ K=w_1u_2-w_2u_1\\ L=u_1v_2-u_2v_1\end{cases} \tag{3.93}$$

零层倒易面上的所有阵点均满足（3.89）式 $hu+kv+lw=0$，称为零层晶带定律。非零层倒易阵面如第 $N$ 层，表示为$[uvw]^*_N$，如图 3.18 所示。设（$HKL$）为该层上一个阵点，相应的倒格矢为

$$\boldsymbol{g}_{HKL}=H\boldsymbol{a}^*+K\boldsymbol{b}^*+L\boldsymbol{c}^* \tag{3.94}$$

而

$$\boldsymbol{g}_{HKL}\cdot\boldsymbol{r}=(H\boldsymbol{a}^*+K\boldsymbol{b}^*+L\boldsymbol{c}^*)\cdot(u\boldsymbol{a}+v\boldsymbol{b}+w\boldsymbol{c})=2\pi(Hu+Kv+Lw) \tag{3.95}$$

因为

$$\begin{aligned}\boldsymbol{g}_{HKL}\cdot\boldsymbol{r}&=|\boldsymbol{g}|\cdot|\boldsymbol{r}|\cos\alpha=|\boldsymbol{g}|\cdot\cos\alpha\cdot|\boldsymbol{r}|\\ &=N\cdot\frac{2\pi}{d_{uvw}}\cdot|r|=N\cdot\frac{2\pi}{d_{uvw}}\cdot d_{uvw}=2\pi N\end{aligned} \tag{3.96}$$

所以

$$\boldsymbol{g}_{HKL}\cdot\boldsymbol{r}=2\pi N \tag{3.97}$$

称为广义的晶带定律，$N$ 为整数。当 $N$ 为正整数时，倒易层在零层倒易层的上方，如图 3.18 所示。当 $N$ 为负整数时，倒易层在零层倒易层的下方（图中未画出）。在透射电子衍射分析时，主要是以零层倒易面上的倒格点为分析对象。衍射斑点花样实际上是零层倒易面上的阵点在底片上的成像。也就是说一张衍射花样图谱，反映了与入射方向同向的晶带轴上各晶带之间的相对关系。

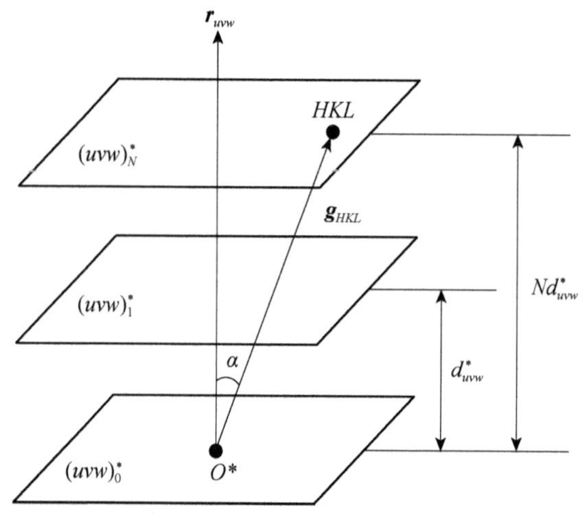


图 3.18　零层和非零层倒易面

4. 电子的干涉函数

理想的无限大完整晶体，产生衍射的条件能保证严格满足布拉格方程。但实际晶体的尺寸是有限的，而且还会存在缺陷，对应的倒格点也不是真正意义上的数学点，会有一定的空间分布。因此，衍射强度与分布有一个范围，这一分布与干涉函数成正比关系。关于干涉函数的概念，在第 2 章 X 射线衍射中已经给予了介绍，这里只是将入射 X 射线束代之以电子束，就可以利用第 2 章求 X 射线束干涉函数的数学处理方法得到有关电子衍射的干涉函数。下面就详细推导小晶体的衍射强度。

设两个晶胞的相位差为

$$\Delta\varphi = (\boldsymbol{k}' - \boldsymbol{k})\cdot \boldsymbol{r} \tag{3.98}$$

式中，$\boldsymbol{k}$ 和 $\boldsymbol{k}'$分别为入射电子波矢和反射电子波矢，$\boldsymbol{r}$ 为两晶胞之间的位矢。

当严格满足布拉格方程时，$\boldsymbol{k}'-\boldsymbol{k}=\boldsymbol{g}$，$\boldsymbol{g}$ 为倒格矢。当衍射偏离布拉格条件时，倒格矢偏移矢量为 $\boldsymbol{s}$，则 $\boldsymbol{k}'-\boldsymbol{k}=\boldsymbol{g}+\boldsymbol{s}$，相位差可写为

$$\Delta\varphi = (\boldsymbol{k}' - \boldsymbol{k})\cdot \boldsymbol{r} = (\boldsymbol{g}+\boldsymbol{s})\cdot \boldsymbol{r} \tag{3.99}$$

如果小晶体沿晶轴 $\boldsymbol{a}$，$\boldsymbol{b}$，$\boldsymbol{c}$ 三个晶胞基矢方向分别包含 $N_1$，$N_2$，$N_3$（晶胞总数为 $N=N_1N_2N_3$）个晶胞，则晶体内所有晶胞对电子的散射的合成振幅为

$$A=\sum_{n=1}^{N}F_n\mathrm{e}^{\mathrm{i}(\boldsymbol{g}+\boldsymbol{s})\cdot\boldsymbol{r}}=F\sum_{n_1=1}^{N_1}\mathrm{e}^{\mathrm{i}(\boldsymbol{g}_1+\boldsymbol{s}_1)\cdot\boldsymbol{r}_1}\sum_{n_2=1}^{N_3}\mathrm{e}^{\mathrm{i}(\boldsymbol{g}_2+\boldsymbol{s}_2)\cdot\boldsymbol{r}_2}\sum_{n_3=1}^{N_3}\mathrm{e}^{\mathrm{i}(\boldsymbol{g}_3+\boldsymbol{s}_3)\cdot\boldsymbol{r}_3} \tag{3.100}$$

式中，$F_n$ 为几何结构因子，由于每个晶胞的几何结构因子都一样，因此可提到求和符号之外，用 $F$ 来表示，并根据（3.97）式 $\boldsymbol{g}_i\cdot\boldsymbol{r}_i=2\pi n_i$（$i$=1，2，3；$n_i$=1，2，3，…，$N_i$），可得

$$
\begin{aligned}
A &= F\sum_{n_1=1}^{N_1} \mathrm{e}^{\mathrm{i}2\pi n_1 + \mathrm{i}\boldsymbol{s}_1\cdot\boldsymbol{r}_1} \sum_{n_2=1}^{N_3} \mathrm{e}^{\mathrm{i}2\pi n_2 + \mathrm{i}\boldsymbol{s}_2\cdot\boldsymbol{r}_2} \sum_{n_3=1}^{N_3} \mathrm{e}^{\mathrm{i}2\pi n_3 + \mathrm{i}\boldsymbol{s}_3\cdot\boldsymbol{r}_3} \\
&= F\sum_{n_1=1}^{N_1} \mathrm{e}^{\mathrm{i}\boldsymbol{s}_1\cdot\boldsymbol{r}_1} \sum_{n_2=1}^{N_3} \mathrm{e}^{\mathrm{i}\boldsymbol{s}_2\cdot\boldsymbol{r}_2} \sum_{n_3=1}^{N_3} \mathrm{e}^{\mathrm{i}\boldsymbol{s}_3\cdot\boldsymbol{r}_3}
\end{aligned}
\tag{3.101}
$$

式中，$\boldsymbol{s}_1$，$\boldsymbol{s}_2$，$\boldsymbol{s}_3$ 分别是相应的倒格子空间沿三个轴的偏移矢量。由此可得

$$
A_1=\sum_{n_1=1}^{N_1} \mathrm{e}^{\mathrm{i}\boldsymbol{s}_1\cdot\boldsymbol{r}_1} = \frac{1-\mathrm{e}^{\mathrm{i}s_1N_1a}}{1-\mathrm{e}^{\mathrm{i}s_1a}} = \frac{\mathrm{e}^{\mathrm{i}s_1N_1a/2}(\mathrm{e}^{-\mathrm{i}s_1N_1a/2}-\mathrm{e}^{\mathrm{i}s_1N_1a/2})}{\mathrm{e}^{\mathrm{i}s_1a/2}(\mathrm{e}^{-\mathrm{i}s_1a/2}-\mathrm{e}^{\mathrm{i}s_1a/2})} = \frac{\sin(s_1N_1a/2)}{\sin(s_1a/2)}\cdot \mathrm{e}^{\mathrm{i}s_1(N_1-1)a/2}
\tag{3.102}
$$

类似地，可得出

$$
A_2=\sum_{n_2=1}^{N_2} \mathrm{e}^{\mathrm{i}\boldsymbol{s}_2\cdot\boldsymbol{r}_2} = \frac{\sin(s_2N_2b/2)}{\sin(s_2b/2)}\cdot \mathrm{e}^{\mathrm{i}\pi s_2(N_2-1)b/2},\quad A_3=\sum_{n_3=1}^{N_3} \mathrm{e}^{\mathrm{i}2\boldsymbol{s}_3\cdot\boldsymbol{r}_3} = \frac{\sin(s_3N_3c/2)}{\sin(s_3c/2)}\cdot \mathrm{e}^{\mathrm{i}s_3(N_3-1)c/2}
\tag{3.103}
$$

干涉函数

$$
G^2 = |A_1A_2A_3|^2 \tag{3.104}
$$

则小晶体的衍射强度为

$$
I = F^2|G|^2 = \frac{\sin^2(s_1N_1a/2)}{\sin^2(s_1a/2)}\frac{\sin^2(s_2N_2b/2)}{\sin^2(s_2b/2)}\frac{\sin^2(s_3N_3c/2)}{\sin^2(s_3c/2)} \tag{3.105}
$$

实际晶体尺寸大小有限，其倒格点具有一定的空间分布。晶体越小，展宽越大，倒格点在空间的展宽程度分别为 $4\pi/(N_1a)$，$4\pi/(N_2b)$，$4\pi/(N_3c)$。图 3.19 画出了沿晶胞基矢 $\boldsymbol{a}$ 方向展宽的情况，$N_1a$ 是晶体的厚度。

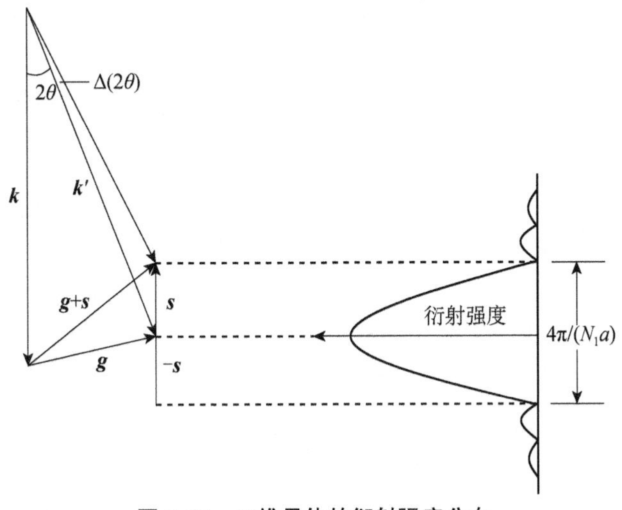


图 3.19　二维晶体的衍射强度分布

图 3.20（a）所示，如果晶体是一个一维拉长的晶须，则倒格点在此晶须正交平面内展成一个二维倒易片；如果晶体是一个二维晶片，则倒格点在此晶片正交方向展成一个倒易杆；如果晶体是一个有限大小的三维晶体，则倒格点就是一个有限大小的球体，晶体体积越小，则倒格点球体积就越大。图 3.20（b）为二维晶片所呈现的衍射强度分布情况。

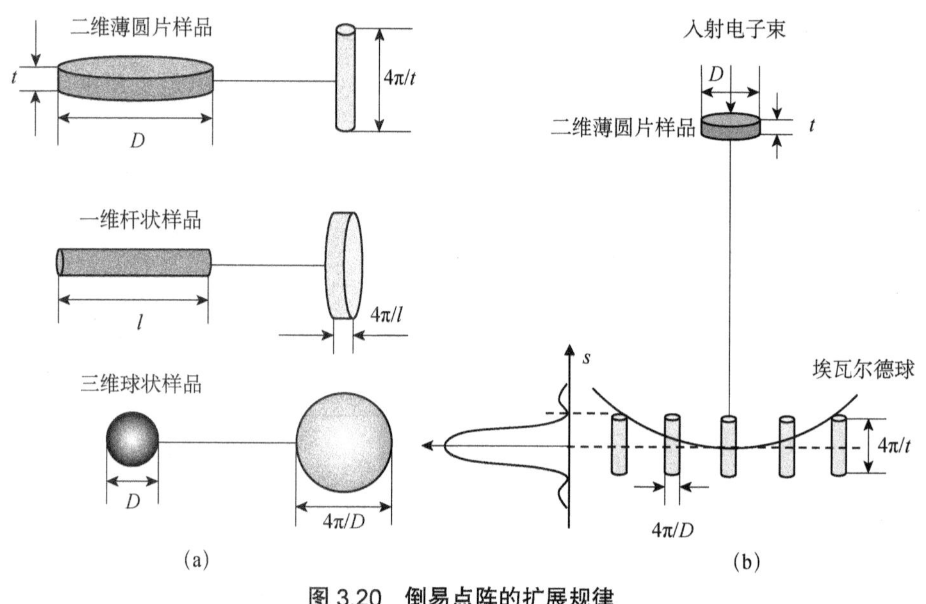


**图 3.20 倒易点阵的扩展规律**

5. 电子衍射花样与晶体的几何关系

通过电子衍射花样和晶体的几何关系可以在实空间中确定晶体的结构以及晶体的取向关系，这就是透射电子显微镜的理论基础。

如图 3.21 所示，$O$ 点为埃瓦尔德球。$N_{hkl}$ 是晶面（$hkl$）的法线方向，倒格矢 $\boldsymbol{K}_{hkl}$ 平行于晶面（$hkl$）的法线方向。由于入射电子波长 $\lambda$ 很短（例如，100kV 加速电压下，电子波长仅为 0.0370Å），因此反射球接近于平面。当晶体中有多个晶面同时满足衍射条件时，反射球球面上有多个倒易杆。从光源 $O$ 点出发，从而形成以 $O'$ 为中心，多个像点（斑点）分布四周的图谱，这就是该晶体的衍射花样。此时，$O^*$ 和 $G$ 点均是倒格点，为虚拟存在的点，而像点 $O'$ 和 $G'$ 则已经是实空间中呈现出的真实点了，这样反射球上的倒格点通过投影转换到了实空间。在透射电子显微镜实验中，电子波长短、衍射角 $2\theta$ 很小，在 $10^{-3}$～$10^{-2}$ 弧度量级范围，可以近似认为△$OO^*G$ 相似于△$OO'G'$，由此可得

$$\frac{R}{L}=\frac{K_{HKL}}{2\pi/\lambda} \tag{3.106}$$

$$R=L\lambda K_{HKL}/(2\pi) \tag{3.107}$$

（3.107）式中，$L$ 为样品到成像点中心的距离，称为相机长度（camera length），$L\lambda$ 则称为相机常数（camera parameter）。

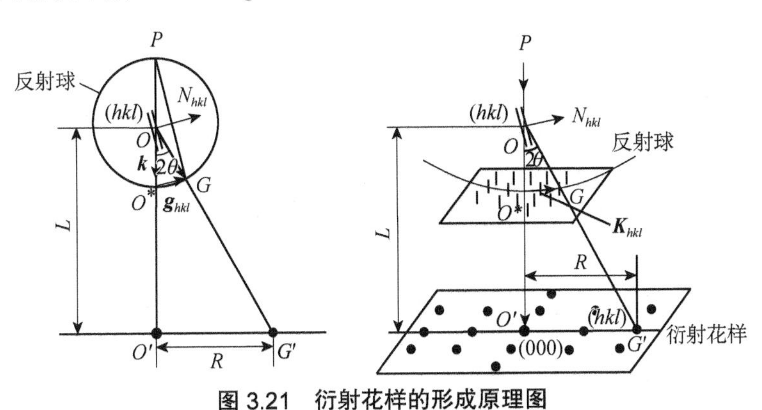


**图 3.21　衍射花样的形成原理图**

由上面的计算可知，（3.107）式是一个近似公式，但用于电子衍射的分析已经足够准确。在实际测量中，一般相机常数是已知量。根据（3.107）式，可将实空间中呈现的某一衍射斑点 $G'$ 到透射电子中心点 $O'$ 的距离 $R$ 和倒空间中倒格矢的长度 $K_{hkl}$ 通过相机常数 $L\lambda$ 联系在一起，即晶体中的微观结构可通过测定电子衍射花样（在实空间中呈现的点），经过转换，获得倒格子的相应参数，再由倒格子的定义就可推知各衍射晶面之间的相对位向关系，从而获得晶体的结构参数。

6. 消光条件

满足布拉格方程只是发生衍射的必要条件，而不是产生衍射花样的充分条件。在电子满足布拉格方程的几何因素的同时，是否产生衍射加强，还需考虑物理因素，这一物理因素就是晶体的几何结构因子。如果几何结构因子等于零，就会产生系统消光，没有衍射加强出现。电子衍射的消光规律同 X 射线衍射的消光规律一样，因此，这里对以下晶体结构的消光规律不进行数学上的具体推导，仅给出结论，即：

（1）简单点阵：无消光现象，只要满足布拉格方程的晶面则均能产生衍射；

（2）底心点阵：$h+k$＝奇数时，$F_{hkl}=0$；

（3）面心点阵：$h$，$k$，$l$ 奇偶混杂时，$F_{hkl}=0$；$h$，$k$，$l$ 全奇全偶时，$F_{hkl}\neq 0$；

（4）体心点阵：$h+k+l$＝奇数时，$F_{hkl}=0$；$h+k+l$＝偶数时，$F_{hkl}\neq 0$；

（5）密排六方：$h+2k=3n$，$l$=奇数时，$F_{hkl}=0$。

7. 已知晶体结构和晶带轴，标准电子衍射花样的画法

用电子衍射谱进行物相鉴定或确定晶体的取向时，往往需要对衍射点进行指数标定，这种指数标定是在二维倒易点阵面上标出的，标准电子衍射花样可以通过在零层倒易阵面$(uvw)^*$上进行作图求得。在已知晶体结构的情况下，画出$(uvw)^*$的作图步骤如下：

（1）作出晶体的倒格子点阵，选取倒格点的原点；

（2）作过倒格点原点并垂直于电子束的入射方向的平面与倒格点阵相截，保留截面上原点四周距离最近的若干格点；

（3）结合消光规律，除去截面上的消光格点，各指数点即为标准电子衍射花样的指数。

图 3.22 是体心立方结构中晶带轴为[001]和$[\bar{1}10]$的零层倒易点阵面图。

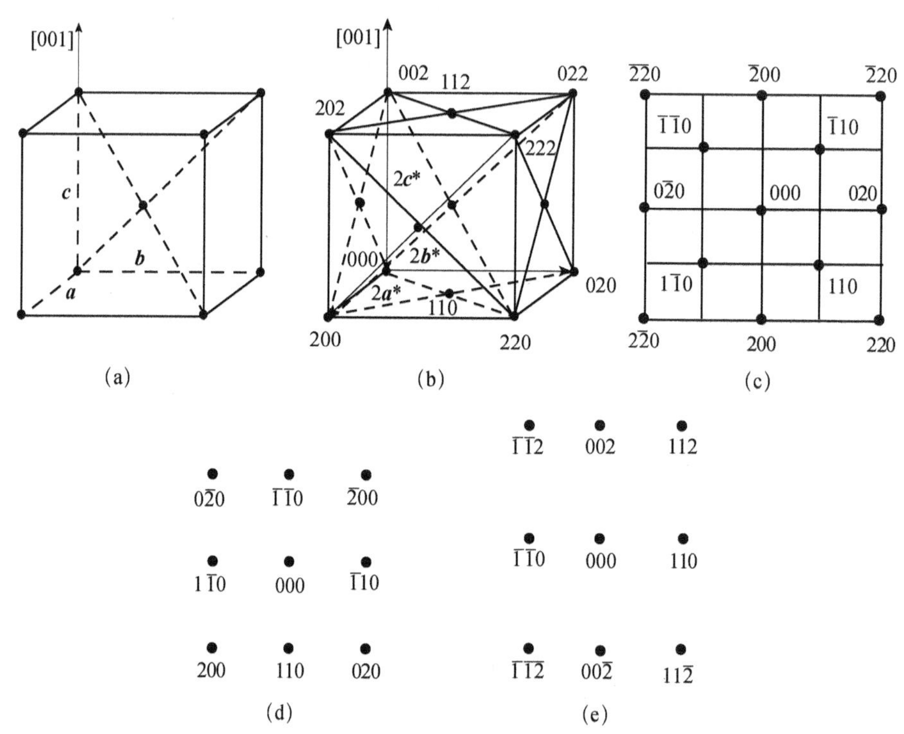


**图 3.22　体心立方结构中晶带轴[001]和$[\bar{1}10]$的零层倒易点阵面图**

（a）体心立方；（b）倒易点阵晶胞；（c）[001]晶带标准零层倒易点阵面；（d）转置后的斑点；（e）$[\bar{1}10]$晶带标准零层倒易点阵面

图 3.23 是面心立方结构中晶带轴为[001]和$[\bar{1}10]$的零层倒易点阵面图。

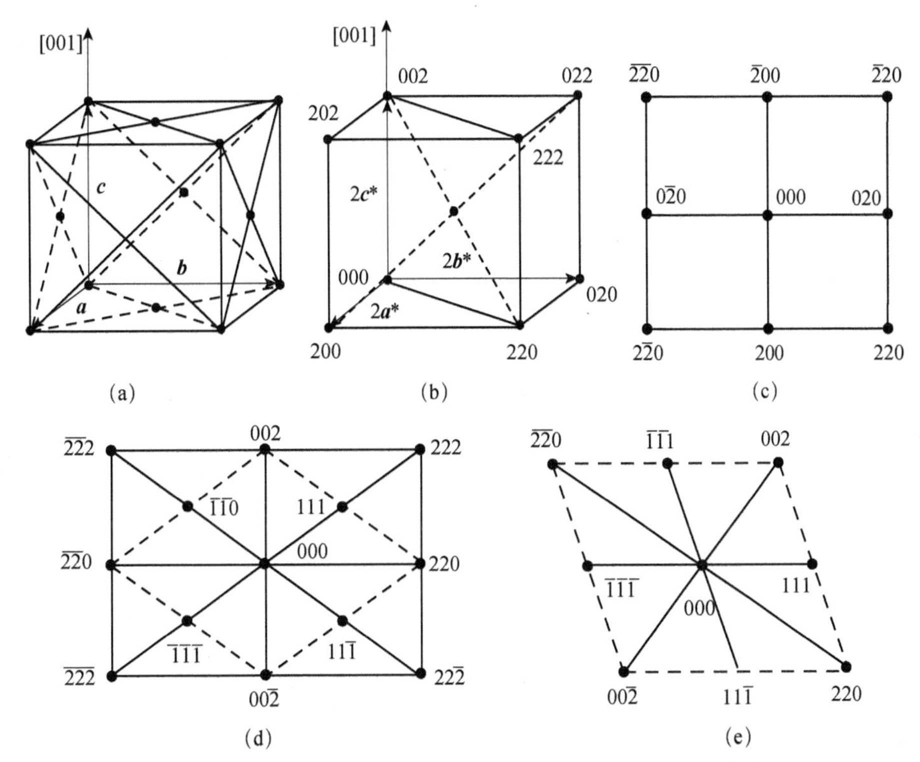


**图 3.23　面心立方结构中晶带轴为[001]和 [$\bar{1}$10] 的零层倒易点阵面图**

（a）面心立方；（b）倒易点阵晶胞；（c）[001]晶带标准零层倒易点阵面；（d）[$\bar{1}$10] 晶带标准零层倒易点阵面；（e）转置后 [$\bar{1}$10] 晶带标准零层倒易点阵面

8. 已知晶体结构，零层倒易面$(uvw)_0^*$的衍射花样画法

用电子衍射谱进行物相鉴定或确定晶体的取向时，往往需要对衍射斑点进行指数标定，这种指数标定是在二维倒易点阵面上标出的，标准电子衍射花样可以通过在零层倒易阵面$(uvw)_0^*$上进行作图求得。已知晶体结构时，零层倒易面$(uvw)_0^*$的作图步骤如下。

（1）根据晶带定律，即 $h_2u+k_2v+l_2w=0$，先用试探法选择两个满足低指数（$h_1k_1l_1$）和（$h_2k_2l_2$）的倒格点，满足 $h_1u+ k_1v+ l_1w=0$ 和 $h_2u+k_2v+l_2w=0$。一般情况下，第二个低指数的晶面（$h_2k_2l_2$）不容易找到，可选用与第一个倒格矢（如果有的话）垂直的第二个矢量，这对画图有利且方便。

（2）运用矢量合成法求得其他各点。

（3）由消光规律得出有效点指数。

（4）补漏检查$(uvw)_0^*$倒易面上是否所有倒易点均已画上。

例如，绘出面心立方$(321)_0^*$倒易面的步骤如下。

（1）试探：选晶面（$h_1k_1l_1$）为$(1\bar{1}\bar{1})$时，满足带轴定律，即为 3×1+2×(−1)+1×(−1)=0，得第一个倒格矢 $\boldsymbol{g}_{1\bar{1}\bar{1}}$。

（2）定出（$h_2k_2l_2$），设定 $\boldsymbol{g}_{h_2k_2l_2} \perp \boldsymbol{g}_{1\bar{1}\bar{1}}$，且 $\boldsymbol{g}_{h_2k_2l_2} \perp \boldsymbol{r}_{321}$，得

$$\begin{cases} h_2 - k_2 - l_2 = 0 \\ 3h_2 + 2k_2 + l_2 = 0 \end{cases}$$

解得 $h_2k_2l_2 = (1\bar{4}5)$，但对于面心立方结构其衍射面指数在部分为偶数和部分为奇数的情况下是消光的。可将指数扩大一倍，即 $h_2k_2l_2 = (2\bar{8}10)$。

根据立方晶系面间距公式可计算出两个倒格矢的长度之比为

$$g_{1\bar{1}\bar{1}} : g_{2\bar{8}10} = \frac{a}{\sqrt{h_1^2 + k_1^2 + l_1^2}} : \frac{a}{\sqrt{h_2^2 + k_2^2 + l_2^2}} = \frac{1}{\sqrt{3}} : \frac{1}{\sqrt{168}}$$

（3）以比例作图。

由晶面间距公式得倒格矢的长度 $\boldsymbol{g}_{1\bar{1}\bar{1}}$ 和 $\boldsymbol{g}_{2\bar{8}10}$，且两者垂直，根据矢量合成和消光规律可得出其他各点。如图 3.24 所示。

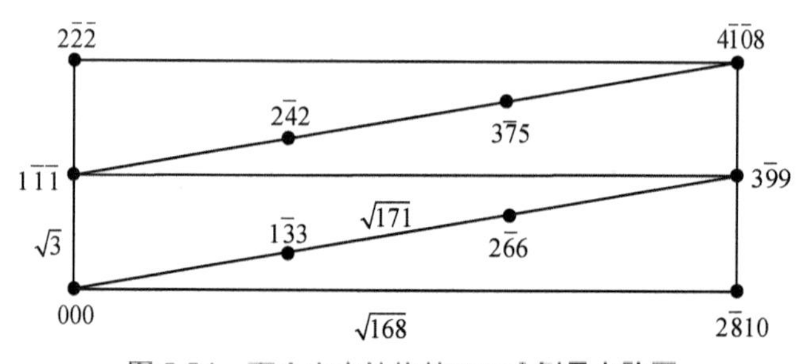


**图 3.24 面心立方结构的$(321)_0^*$倒易点阵图**

9. 偏移矢量（偏移参量）

现引入一个新的物理量 $\boldsymbol{s}$，称为偏移矢量（deviation vector 或 excitation error），也称为偏移参量（deviation parameter）。当电子束方向与某一晶带轴方向重合时（对称入射），标准电子衍射花样就是该晶带轴的零层倒易面上的成像。但从几何图形来说，零层倒易面上标准衍射花样的衍射斑点，除了中心斑点与反射球相交外，应该没有任何其他倒格点与反射球相交，因此就不能产生衍射。但事实并非如此，由于晶体有限的尺寸大小，导致倒格点发生扩展，扩展的形状和大小与样品的外观尺寸有关。扩展的方向总是取决于样品尺寸较小的方向，扩展的尺寸为样品尺寸倒数的 4π 倍。例如，在透射电子显微镜中，为了使衍射线透过样品而成像，采用的样品厚度应小于 200nm，倒格点就在薄样品表面的垂直方向上扩展成了倒易杆。另一方面，反射球半径比较大，可近似

看成平面，这样一来，反射球就有可能截到多个倒易杆。也就是说，即使在电子束正入射的情况下，也有可能与反射球相交而产生衍射，形成以倒格点原点为中心的多个衍射斑点的零层倒易面。样品厚度为 $t$ 的样品，其倒易杆的长度为 $4\pi/t$，倒易杆上长度方向各点衍射强度分布，如图 3.25 所示。

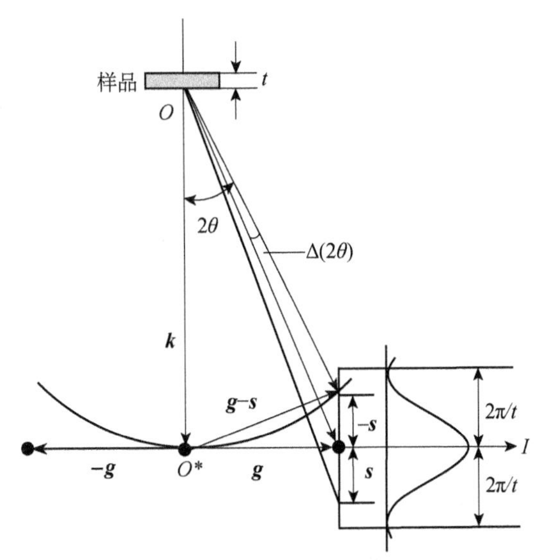


图 3.25　对称入射时的衍射花样示意图

样品越薄，倒易杆就越长，反射球截到的倒易杆就越多，出现的衍射斑点也就越多。但应注意到，倒易杆与反射球相截取的点已经偏离倒易杆的中心位置了（中心位置是严格满足布拉格条件的倒易点位置）。可以用一个矢量来描述这一偏离，即偏移矢量，用 $\boldsymbol{s}$ 来表示。引起的偏离使得布拉格角有所增大时，即 $\Delta(2\theta)>0$ 时，偏移矢量为正，即 $\boldsymbol{s}>0$；反之，偏移矢量则为负，即 $\boldsymbol{s}<0$；当严格满足布拉格条件时，$\Delta(2\theta)=0$，$\boldsymbol{s}=0$。三种情况表示在图 3.26 中。

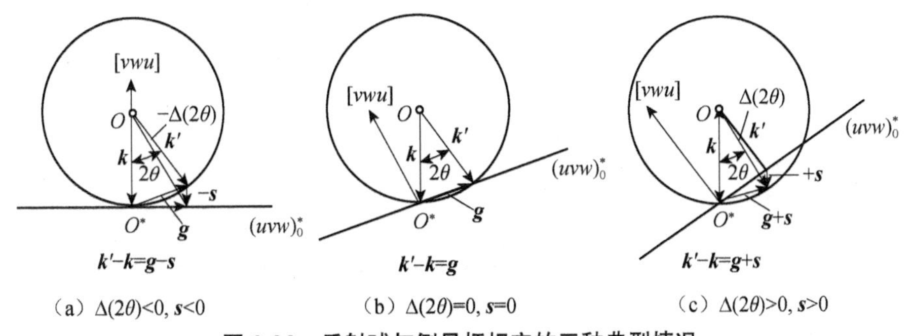


（a）$\Delta(2\theta)<0$, $\boldsymbol{s}<0$　（b）$\Delta(2\theta)=0$, $\boldsymbol{s}=0$　（c）$\Delta(2\theta)>0$, $\boldsymbol{s}>0$

图 3.26　反射球与倒易杆相交的三种典型情况

（a）对称入射时零层倒易点阵面与反射球；（b），（c）非对称入射时零层倒易点阵面与反射球对称入射的标准电子衍射花样就是该晶带轴的零层倒易面在底片上的成像。从理论上讲，标准电子衍射花样只能有一个中心斑点。若要让某一晶面或多个晶面参与衍射，就得稍稍转动晶体一个$\theta$角（非对称入射）。事实上，当电子束对称入射时，由于倒易点的扩展，仍可获得多个晶带面参与衍射的标准电子衍射花样，即图3.26（a）所示的情况。

当样品较薄，倒易杆较长时，就会出现反射球同时与零层及非零层倒易杆相截的情形。毫无疑问，凡是相截的倒易杆均能够参与成像，如图3.27所示。如反射球与零层和零层以外的倒易杆同时相截，这些斑点则满足广义晶带定律

$$hu+kv+lw=2\pi N,\ N=0,\ \pm1,\ \pm2,\ \pm3,\ \cdots \tag{3.108}$$

式中，$N=0$就是零层劳厄带（zero-order Laue zone，ZOLZ），也称为简单衍射谱。若$N\neq0$，如$N=1$，就是一阶劳厄带，这时衍射花样成了零层和第一层倒易截面的混合像。实际上，非零层成像的斑点距中心较远，且亮度较暗，较容易区分开来。我们把非零层倒易阵点的成像称为高阶劳厄带（high-order Laue zone，HOLZ），也称$N$阶劳厄带。

图3.27是高阶劳厄衍射图。零层与高阶劳厄都出现在二维倒易平面上，图中两个斑点分别对应零阶和一阶倒格点，在荧光屏上距透射斑点$O'$的距离分别为$R_1$和$R_2$，相当于给出了倒空间的三维信息，这样可弥补二维电子衍射谱不唯一的缺点。

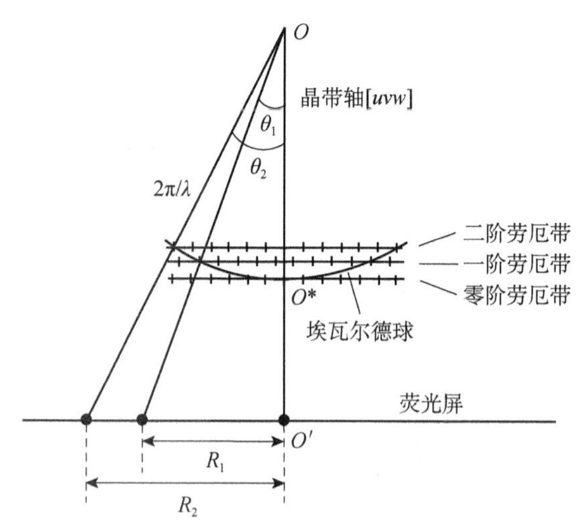


图3.27　高阶劳厄衍射图中零层与非零层倒易截面同时成像

衍射成像与否还与以下因素有关：①电子波长的波动，会使反射球的半径变化，反射球具有一定的厚度；②波长愈小，反射球的半径愈大，较小衍射角

范围内时，反射球面愈接近于平面；③电子束本身具有一定的发散度，会促进电子衍射的发生。相当于反射球的波动；④样品弯曲，倒易点阵在一定范围内波动。

10. 景深和焦长

景深（depth of field）和焦长（focal lengths）的概念来自于光学显微镜。景深和焦长与电子显微镜的物平面和像平面有关，是物和像沿着光轴的距离。

景深是指成像位置固定，在保证像清晰的前提条件下，物平面两边的轴向距离，在这个距离内移动物体可以保证图像的清晰。焦长是指物平面固定，在保证成像清晰的前提条件下，像平面沿轴向移动的距离。这两种情况都是由操作者通过实际观察来进行判断的。

图 3.28（a）中 $AB$ 之间的距离 $D_{ob}$ 即为景深。设 $2r_0$ 为物的最小分辨距离，$\alpha$ 为物的半张角，由图 3.28（a）中的几何关系可得景深 $D_{ob}=\dfrac{2r_0}{\tan\alpha}\approx\dfrac{2r_0}{\alpha}$。

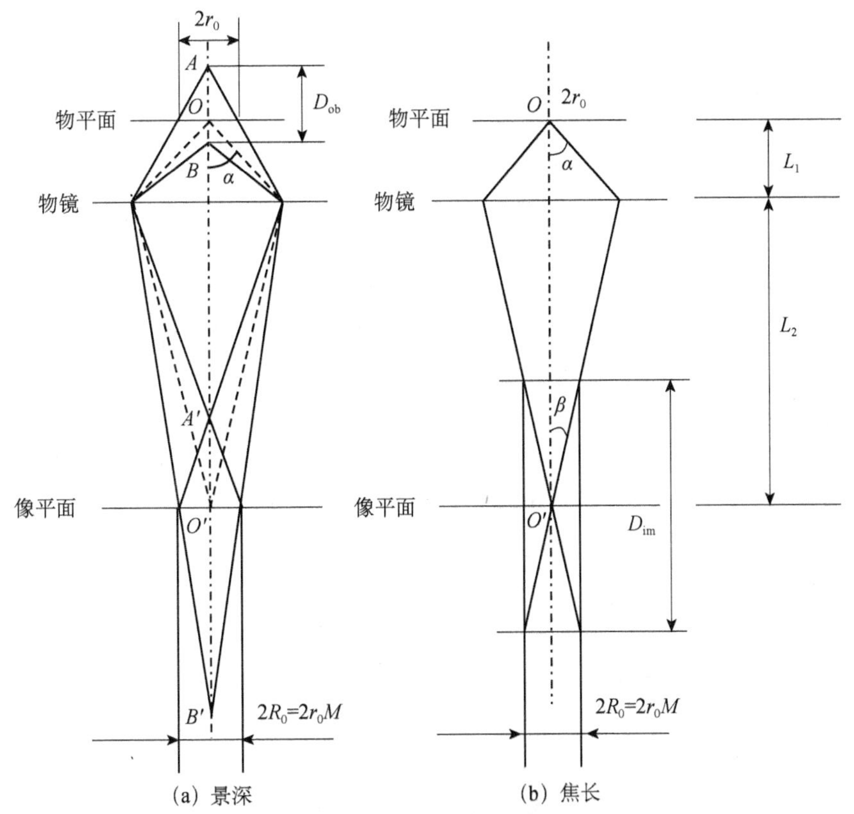


图 3.28　电磁透镜的景深与焦长

当 $r_0 = 1\text{nm}$，$\alpha = 10^{-3} \sim 10^{-2}\text{rad}$ 时，$D_{ob} = 200 \sim 2000\text{nm}$，而透镜的样品厚度一般在 200nm 左右，可充分保证样品上各处的结构细节均能清晰可见。

设物镜（objective lens）放大倍率为 $M$，$\beta$ 为像的半张角，由图 3.28（b）的几何关系可得焦长

$$D_{im} = \frac{2r_0 M}{\tan\beta} \approx \frac{2r_0 M}{\beta} \tag{3.109}$$

设物距和像距分别为 $L_1$ 和 $L_2$，由图 3.28（b）的几何关系，有

$$L_1 \tan\alpha = L_2 \tan\beta, \quad \tan\beta = \frac{L_1}{L_2}\tan\alpha = \frac{1}{M}\tan\alpha \tag{3.110}$$

因为$\alpha$和$\beta$都很小，故有

$$\beta = \frac{\alpha}{M} \tag{3.111}$$

可得焦长

$$D_{im} = \frac{2r_0 M^2}{\alpha} \tag{3.112}$$

如果 $r_0 = 1\text{nm}$，$\alpha = 10^{-3} \sim 10^{-2}\text{rad}$，$M=200$，则 $D_L = 8 \sim 80\text{mm}$；$M=2000$，则 $D_L = 80 \sim 800\text{mm}$。可见，焦长比较大，这为成像操作带来很大方便。可通过减小孔径半角，如插入小孔光阑，使电磁透镜的景深和焦长得到显著增大。

11. 透射电子显微镜的分辨率

1）点分辨率

光学显微镜的分辨率由衍射效应决定，而透射电子显微镜的分辨率由衍射效应和透镜像差共同决定。透射电子显微镜的分辨率为衍射分辨率 $r_0$ 和像差分辨率（球差、像散和色差）中的最大值。

透射电子显微镜的分辨率分为点分辨率和晶格分辨率。点分辨率定义为透射电子显微镜刚能分辨出两个独立颗粒间的间隙。可以通过制备一些性能不易氧化的金属颗粒涂层来确定透射电子显微镜的点分辨率。例如，采用在真空中加热蒸发重金属（金、铂、铱等）颗粒，沉积在极薄的碳膜上。颗粒直径一般都在 0.5～1.0nm，尽量使颗粒均匀分布在膜上，且不重叠，颗粒间隙在 0.2～1nm。然后将样品置于放大倍数已知的电子显微镜中进行成像观察。根据测量颗粒刚能分辨清楚时颗粒之间的最小间隙距离，并除以总的放大倍数，即为该透射电子显微镜的点分辨率。图 3.29（a）是金颗粒的点分辨率。

2）晶格分辨率

利用分子束外延技术在单晶衬底上定向生长金、钯等结构已知的单晶薄膜作为标准样品，让电子束照射，沿某一衍射面确定透射电子显微镜的晶格分辨

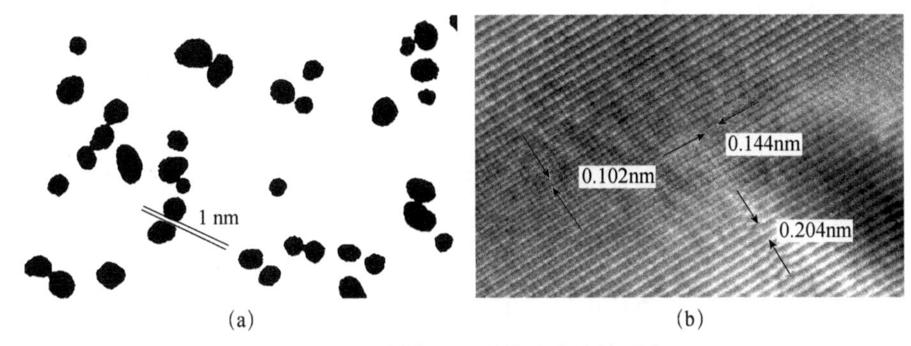


(a)　　(b)

图 3.29　透射电子显微镜分辨率的测定

（a）点分辨率；（b）晶格分辨率

率。透射束和衍射束同时进入透镜的成像系统，因两电子束存在相位差，造成干涉，在像平面上形成反映晶面间距大小和晶面方向的干涉条纹像。在保证条纹清晰的前提条件下，最小晶面间距即为透射电子显微镜的晶格分辨率，图像上的实测面间距与理论面间距的比值即为透射电子显微镜的放大倍数。选用晶面间距不同的标准样分别进行测试，直至某一标准样的条纹像清晰为止，此时标准样的最小晶面间距即为晶格分辨率。同一透射电子显微镜的晶格分辨率高于点分辨率。图 3.29（b）是由金的晶格条纹像测得的晶格分辨率，最小可达 0.102nm 的线分辨率。常用标准试样列于表 3.3 中。

表 3.3　常用标准试样

| 晶体材料 | 衍射晶面 | 晶面间距/nm |
|---|---|---|
| 铜酞青 | （001） | 1.260 |
| 铂酞青 | （001） | 1.194 |
| 亚氯铂酸钾 | （001） | 0.413 |
| 金 | （100） | 0.699 |
| 钯 | （200） | 0.204 |
|  | （220） | 0.144 |
|  | （111） | 0.224 |
|  | （200） | 0.194 |
|  | （400） | 0.097 |

# 3.3　透射电子显微镜

## 3.3.1　透射电子显微镜的主要结构

图 3.30（a）是日本电子株式会社生产的 JEM-2100F 型透射电子显微镜（transmission electron microscope，TEM）外观图。图 3.30（b）和（c）画出了光

学显微镜和透射电子显微镜的光路图。为了更好地理解透射电子显微镜的基本结构，这里对两者进行了比较。其一，两者所用的光源不同，光学显微镜利用可见光进行观察；而透射电子显微镜利用看不见的电子束进行观察，而且可以通过调节电压改变电子波的波长。其二，光学显微镜的透镜由玻璃或树脂材料制成，可以做成凸透镜或凹透镜等形状，焦距固定不变，可正可负；而透射电子显微镜的电磁透镜是由在软磁铁上绕制线圈制成，焦距可通过线圈中的励磁电流进行控制，焦距长短是可以调节的，但焦距只能是正值。其三，透射电子显微镜在物镜和投影镜（projector lens）之间增加了中间镜（intermediate lens），用于进一步增大放大倍率和进行一系列的成像和衍射操作。其四，光学显微镜仅能分辨材料微区的形貌；而透射电子显微镜可同时对样品微区的形貌和结构进行观察。由于电子波波长比可见光的波长小约 5 个数量级，而光源波长与透镜的分辨率直接相关，波长越短、分辨率越高，这就决定了透射电子显微镜比光学显微镜具有高得多的分辨率。

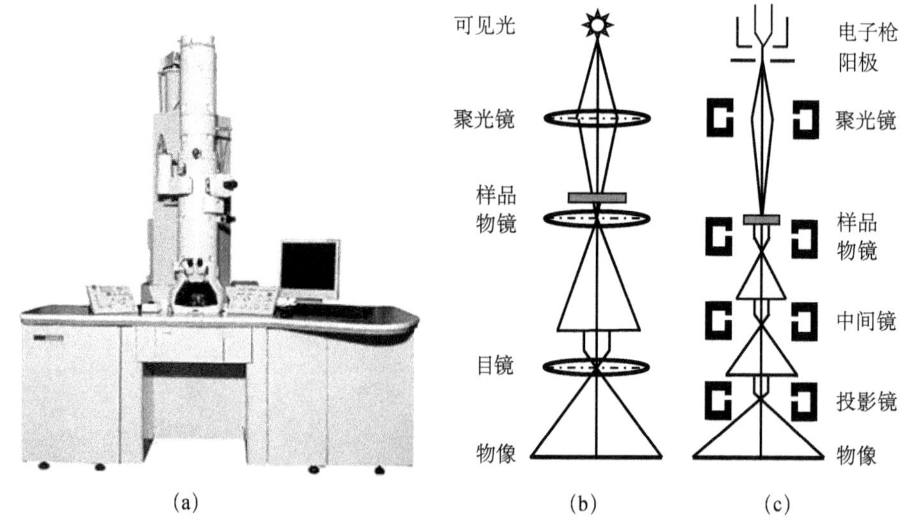


**图 3.30 （a）透射电子显微镜外观图；（b）光学显微镜光路图；（c）透射电子显微镜光路图**

透射电子显微镜的结构主要由电子光学系统、电源控制系统和真空系统三大部分组成。其中电子光学系统为透射电子显微镜的核心部分，由照明系统、成像系统、观察和记录系统等组成。电源控制系统和真空系统为辅助部分。图 3.31 是透射电子显微镜的光路系统及其主要附件，这里主要介绍电子光学系统的核心部分。

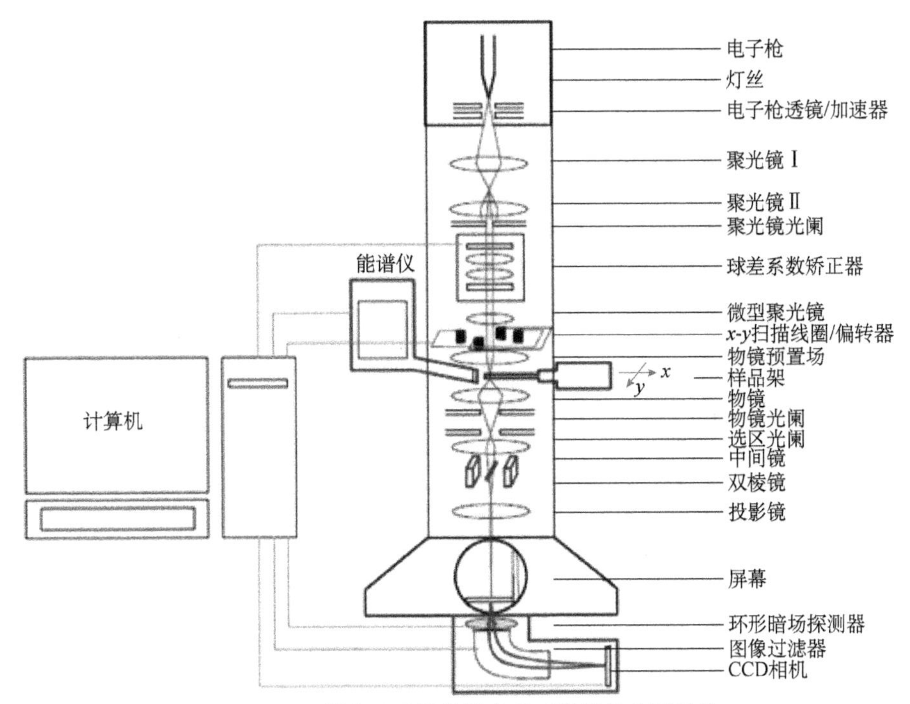


**图 3.31　透射电子显微镜的光路系统及其主要附件**

1. 照明系统

照明系统（illumination system）主要由电子枪和聚光镜组成。电子枪用来发射电子形成照明光源，而聚光镜则用来聚焦电子束，形成一束稳定性好、亮度高、相干性好、尺寸小的照明光斑。

1）电子枪（electron gun）

电子枪位于透射电子显微镜的顶部，根据电子枪产生电子束原理的不同，可分为热发射型和场发射型两种。电子枪的种类不同，则电子枪发射电子束斑的直径、能量和发散度等方面也不同。为了保证成像和衍射质量，首先要得到高质量的电子束。对电子束的要求是：①能够提供足够多的电子，因为电子束包含的电子越多，则成像越亮；②电子束发射区域小，电子束越细，像差就越小，分辨本领就越高；③电子运动的速度大，电子离开照明系统时，速度越大，动能越高，则成像的亮度越高，而且电子穿透样品的能力增强。

A. 热发射型电子枪

图 3.32 是热发射型电子枪（thermionic gun）的结构原理图。电子枪主要由阴极、阳极和栅极组成。下面介绍热发射型电子枪的组成及其各部分功能。

a. 阴极

阴极钨灯丝用 0.03～0.1mm 的钨做成，阴极通常做成 V 形。在真空中通电加热，当温度高达2400℃时，可产生约1A的电流，钨灯丝表面电子获得大于逸出功的能量时，开始发射电子，电子发射密度（电流密度）与加热温度之间的关系是

$$I_B = AT^2 \exp(-W/T)\,(\text{A/cm}^2) \tag{3.113}$$

式中，$A$，$W$均为实验常数，对钨灯丝来说，$A \approx 120\text{A/(K}^2 \cdot \text{cm}^2)$；$W$为电子发射功函数；$T$为热力学温度（K）。温度越高，发射的电子数就越多。

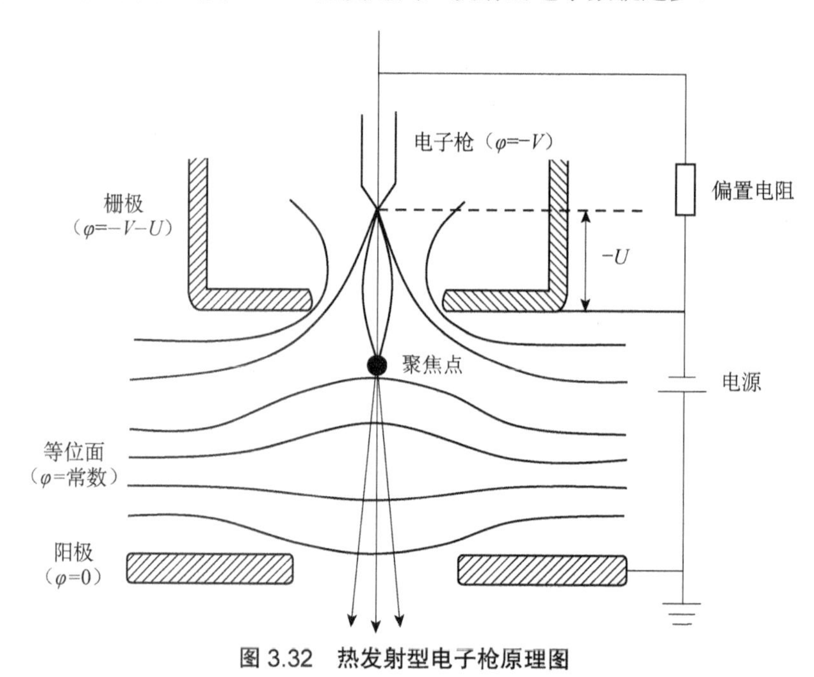


**图3.32　热发射型电子枪原理图**

图3.33分别给出了热发射阴极钨丝、六硼化镧（$LaB_6$）单晶体和场发射阴极（钨单晶体）各种电子枪的阴极结构尖端的放大图像。

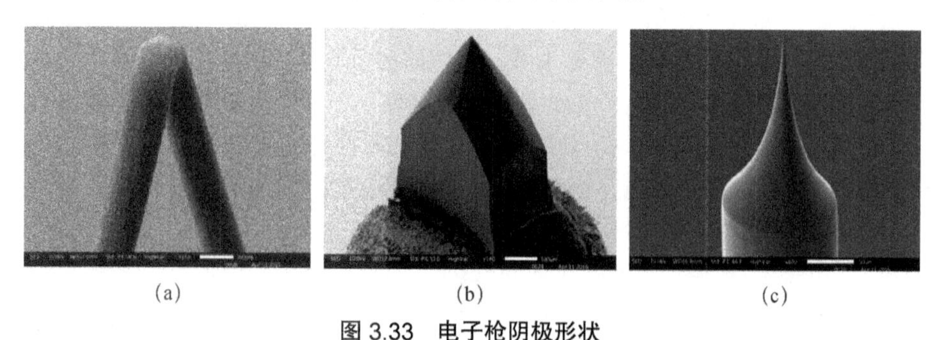


**图3.33　电子枪阴极形状**

（a）热发射阴极钨丝；（b）$LaB_6$单晶体；（c）场发射阴极（钨单晶体）

b. 阳极

从阴极发射出来的电子动能还比较小，不能满足成像的要求，还需要进一步地加速，以获得足够大的动能。因此，阳极也称为加速极。阳极是一个中间带有小孔的金属板，为了获取足够高的电子动能，阴极和阳极之间加有高压，为了安全起见，对灯丝施加负高压，阳极接地以保持零电势。

c. 栅极

栅极又称控制极，也称为韦氏（Wehnelt）圆筒。阴极发射的电子束径比较大，虽然可以通过阳极孔挡掉部分电子，使电子束径变小，但这样做会造成电子数减少，亮度有可能达不到成像的要求。利用栅极可以实现电子束会聚的目的。栅极放置在阴极和阳极之间，其电势比阴极电势低数百伏特，可使电子产生强烈的会聚作用，从而使电子束径更小，提高了亮度，满足了成像的要求。栅极围绕在阴极周围，通过偏置电阻与阴极相连。

栅极与偏置电阻联合可起到稳定束流和加速电压的作用。热阴极发射的电子束流密度会随着温度的变化而发生波动，这种束流的不稳定性会使得加速电压也发生波动，为了稳定束流和减小加速电压的波动，电子枪采用自偏压系统。栅极经过一个可变电阻接在阴极灯丝上，在控制极和阴极之间产生一个负偏置电压，称为自偏压。所谓自偏压，就是指这一偏压是由电子束流本身产生调节的。自偏压正比于电子束电流大小，它起到限制和稳定电流的作用。偏置电压的改变，实际上是改变了阴极和阳极之间的电场分布，特别是可以改变阴极附近等势场的分布和形状。在栅极开口处，由于等势面的强烈弯曲，折射作用增强，从而使阴极发射的电子沿栅极区等势场的法线方向产生会聚作用，形成电子束截面，即电子枪交叉斑，也称透镜的第一交叉斑，束斑直径约为50μm。它比阴极端部的发射面积还要小，单位面积的电子密度高，使得照明电子束看起来像是从该处发出的，因此也称其为“有效光源”或“虚光源”。

在以前的电子显微镜中电子枪阴极多采用钨灯丝作为产生电子的装置，目前广泛采用的是 $LaB_6$ 单晶作为阴极灯丝的热阴极电子枪。与钨灯丝相比较，$LaB_6$ 单晶灯丝需在高真空下工作，其发射的电子具有亮度高、光源尺寸和能量发散度小等优点。当阴极采用 $LaB_6$ 单晶时，功函数远低于钨，电子发射率远高于钨，其尖端可以加工到 $\phi$10～$\phi$20μm，因而在相同束流时可获得比钨丝更细更亮的电子束斑光源，直径为 5～10μm，可进一步提高仪器的分辨率。但 $LaB_6$ 的工作温度相对较低，对真空度的要求高，且加工困难，制备成本高。

B. 场发射型电子枪

在相同条件下，场发射产生的电子束斑直径更细，亮度更高。场发射型电子枪（field emission gun，FEG）又可分为冷场和热场两种。一般透射电子显微镜多采用冷场发射型电子枪。

如果金属表面加一强电场，则金属内部电子穿过势垒发射出来，发生隧穿效应，这种现象称为场发射。为了使阴极电场集中，则将灯丝折成曲率半径为0.1～0.5μm 的尖端形状，这样的阴极称为发射极。如果阴极不加热，就称为冷阴极。采用冷阴极意味着可在室温下进行电子发射，在发射极上会产生残留气体的离子吸附，这样会降低发射电流和产生发射噪声，故需要定期进行去除吸附层的闪光处理（瞬时通一大的电流）。发射极在施加强电场的同时，进行加热（加热温度低于产生发射电子的温度），称为热场发射。由于电场的作用，电子从金属变低的势垒表面发射出来，这称为肖特基效应。热阴极的优点是不产生离子吸附，大大降低了发射噪声，也不需要定期进行闪光处理，就可得到稳定的发射束流。

场发射型电子枪也有三个极，即阴极、第一阳极和第二阳极。阴极由定向生长的钨单晶制成，其尖端的曲率半径为 0.1～0.5μm（发射截面），针尖外形放大图如图 3.33（c）所示。阴极与第一阳极的电压为 3～5kV，在阴极尖端产生高达 $10^7$～$10^8$V/cm 的强电场，使阴极发射电子。阴极与第二阳极之间的电压为数十千伏甚至数万千伏，阴极发射的电子经第二阳极被加速后聚焦成直径约为10nm 的束斑。

图 3.34 是肖特基场发射电子枪的结构原理示意图，阴极灯丝通常采用 ZrO 涂层/W(100)，曲率半径为 0.1～1μm。ZrO 涂层的作用是使 W(100)的功函数从4.55eV 降低到 2.7eV，从而更有利于电子的发射。为了屏蔽从发射体中发射出的热电子，阴极发射尖端突出到栅极之外数百微米，这里的栅极起到抑制器的作用。引出阳极的作用是从灯丝中引出电子，施加的电压为 $V_0$=4～8kV，加速阳极的作用是对电子进行加速，加速阳极施加更高的电压 $V_E$。两个阳极的作用类似于透镜，可以通过改变两者的电压，调节 $V_E/V_0$ 的比值，从而有效地控制电子束的聚焦程度。与场发射电子枪相比，肖特基场发射电子枪发射的电子束发散度稍大，但它能获得较大的电子束流，而且相比冷场发射，加热不产生离子吸附，有利于降低发射噪声，可以得到较为稳定的发射电流。这种电子枪也称为热阴极场发射电子枪。

2）聚光镜

由于电子之间的库仑排斥作用和阳极小孔的发散作用，电子穿过阳极小孔后，束直径会有所增大。聚光镜的作用就是让这些发散的束流进一步会聚，从而获得强度高、直径小、相干性好的电子束照射在样品上。一般采用双聚光镜

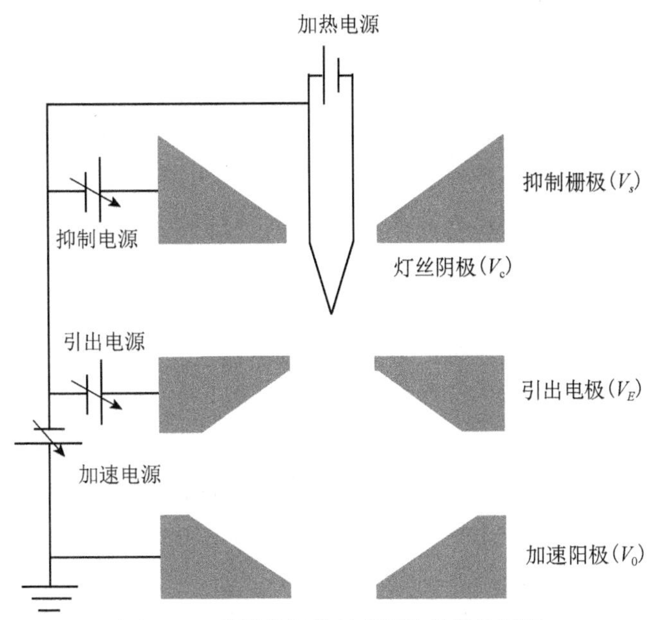


**图 3.34　肖特基场发射电子枪的结构原理**

(图 3.35)，这样可使得束斑直径减小到几微米的量级。图 3.35 中第一个聚光镜是一个强磁透镜，具有较短的焦距，使电子束进一步会聚，缩小束斑直径。电子束经过第一聚光镜会聚后，能形成直径为 1～5μm 的束斑。第二聚光镜是弱透镜，长焦距，它将第一聚光镜会聚成的电子束放大约 2 倍，形成直径为 2～10μm 的电子束照射到样品上。

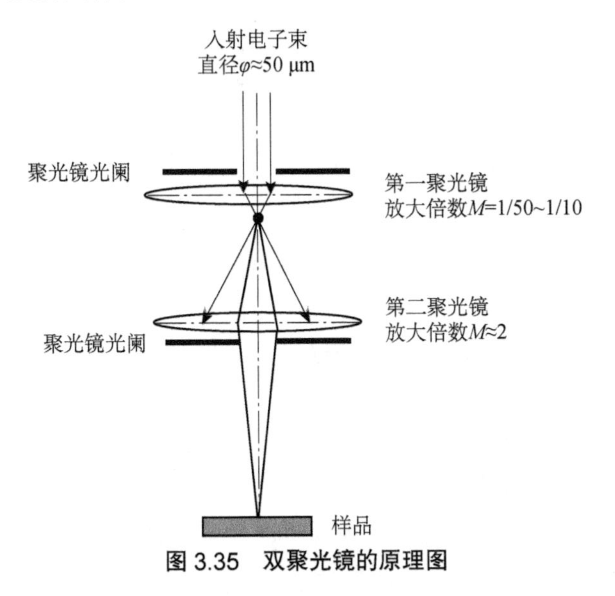


**图 3.35　双聚光镜的原理图**

双聚光镜有很多优点。其一是可在较大范围内调节电子束斑的大小。其二是当第一聚光镜的后焦点与第二聚光镜的前焦点重合时，二级聚光后电子束成为平行光束，大大减小其发散度，从而可获得高质量的衍射花样。其三是第二聚光镜与物镜间的间隙大，便于安装其他附件，如样品台等。其四是可在第二聚光镜下安置聚光镜光阑，可使孔径半角进一步减小，获得近轴光线，减小球差，进一步提高成像质量。

2. 成像系统

成像系统由样品室、物镜、中间镜、投影镜、物镜光阑和选区光阑等部件组成。

1）物镜

物镜是透射电子显微镜成像的关键部件，是成像系统中第一个电磁透镜，具有强励磁短焦距（$f$=1～3mm），一般放大倍数为100～300倍，分辨率高的可达1Å左右。

物镜的成像可基于阿贝提出的光学成像理论给予解释。阿贝首先提出了傅里叶空间的衍射谱和两次衍射成像的概念，并利用傅里叶变换来阐明显微镜中的成像机制，即阿贝成像原理。如图3.36所示，当一束平行光照射到周期性结构的试样上时，就会产生衍射现象，这些衍射束经过物镜的后焦面后，就会形成衍射振幅的极大值，这就使试样的周期结构信息通过衍射呈现出来。在后焦面上的各个衍射斑波 $s_1'$，$s_2'$，$s_0$，$s_1$，$s_2$，…又可看作次级相干光源，这些次级波在像平面上相干成像，也即各级衍射波经过相干作用重新在像平面上形成反映试样结构特征的像。当然，其前提条件是，从试样同一点出发的各级衍射波在经过衍射和成像过程中，必须在像平面上会聚于一点。图中像平面上的 $I_1'$，$I_0$，$I_1$ 就是具有周期结构的物点 $O_1'$，$O_0$，$O_1$ 的像。从试样不同点发出的同级平行散射波经过透镜后都聚焦到后焦面上的同一点，只有这样才能形成反映试样特征的物像。参与成像的次级波越多，叠加的像越接近于真实试样。在电子显微镜中，利用电子束代替可见光，利用薄膜样品代替周期性结构试样，就可以形成上述的衍射和成像过程。在透射电子显微镜中，通过物镜在像平面上形成的第一个放大像，再由中间镜和投影镜经过两次放大投影到荧光屏上，即经过了三次放大，通过改变中间镜的励磁电流，可使中间镜的物平面与物镜的后焦面重合，此时就可以得到衍射谱，这相当于对从样品射出的电子波函数进行傅里叶变换。若让物镜的像平面与中间镜的物平面重合，就可以得到像，这相当于对衍射图像进行傅里叶逆变换，在像平面还原物像，这也是透射电子显微镜既能获得衍射谱又能获得成像的根本原因。

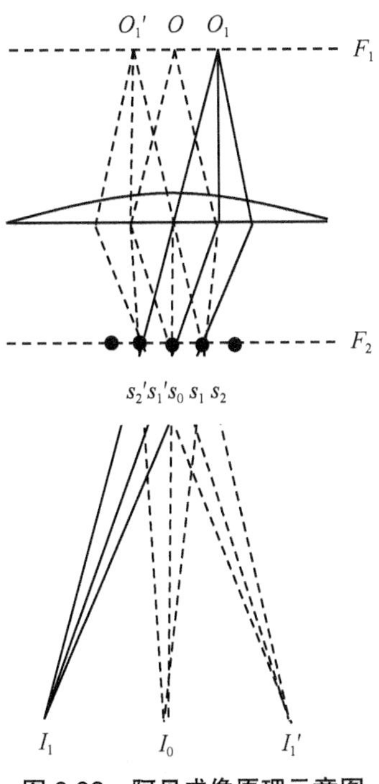


图 3.36　阿贝成像原理示意图

物镜是电子束在成像系统中通过的第一个电磁透镜，可获得第一幅具有一定分辨本领的电子像，其成像的质量好坏直接影响到整个系统的成像质量。物镜未能分辨的结构细节，中间镜和投影镜同样不能分辨，因为它们只是将物镜的成像进一步放大而已。

提高物镜分辨率是提高整个系统成像质量的关键。物镜由包有铁壳的线圈和极靴组成，线圈通上电流后就会在极靴间隙产生较强的轴向磁场，磁场将电子束交叉点会聚在样品上，用双聚光镜调节会聚在样品上的光斑面积。聚光镜带有不同直径的光阑可供选择，用来调整电子束的发散度。发散度也可以通过聚光镜的电流加以调节。在物镜后焦面上安置物镜光阑，用以减小孔径半角，减小球差，提高物镜分辨率。物镜光阑是由铂、钼等非磁金属薄片组成的，光阑孔径为 10～50μm。使用物镜光阑可以调节电子成像的衬度，因此，物镜光阑又可称为衬度光阑。

2）中间镜

中间镜位于物镜和投影镜之间，置于物镜的下方，投影镜的上方，是电子束在成像系统中通过的第二个电磁透镜，是一个可变焦距的弱励磁长焦距透镜，放大倍率在 1～20 倍。通过改变中间镜励磁电流的大小调节放大倍率，从而获得电子像和衍射像，即成像操作和衍射操作，如图 3.37 所示。

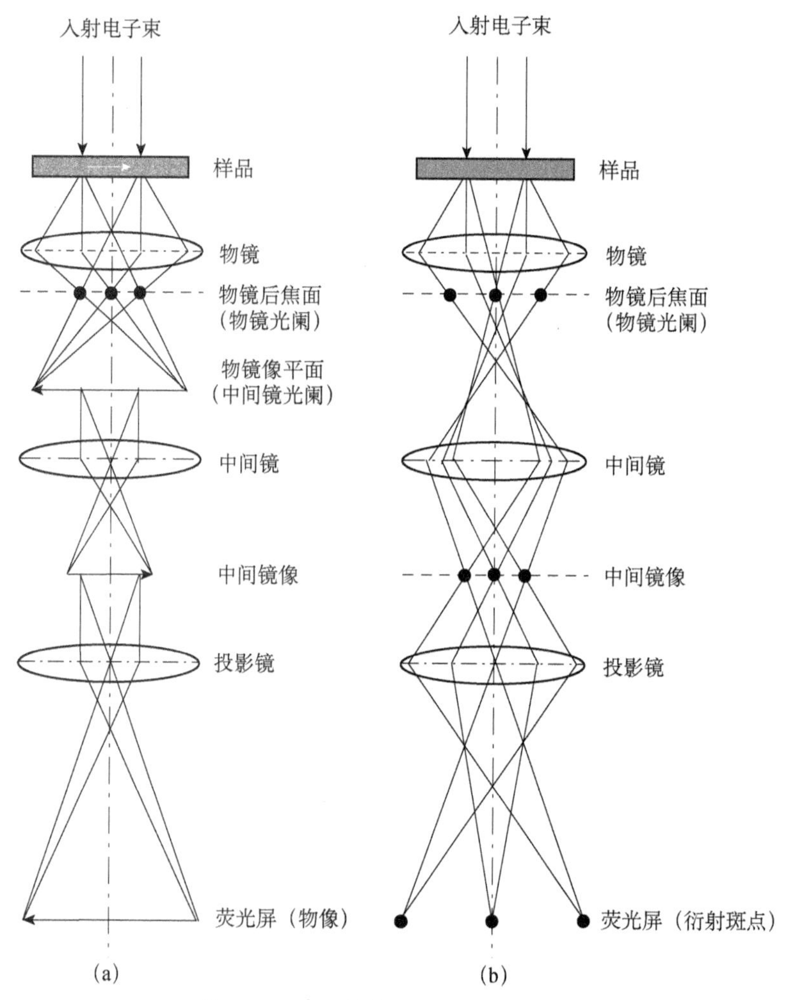


**图 3.37　中间镜的成像操作与衍射操作**

（a）成像操作；（b）衍射操作

在透射电子显微镜中，设物镜、中间镜和投影镜的放大倍率分别为 $M_o$，$M_i$，$M_p$，则透射电子显微镜总的放大倍率为 $M=M_o\times M_i\times M_p$。物镜和投影镜的放大倍率一般保持不变，可通过调节中间镜的放大倍率，对整个系统的放大倍率进行调节。当 $M_i>1$ 时，中间镜起放大作用；当 $M_i<1$ 时，则起缩小作用。

透射电子显微镜的成像操作和衍射操作是通过调节中间镜的励磁电流，改变中间镜的焦距来实现的。如果使中间镜的物平面与物镜的像平面重合，则在荧光屏上可获得清晰放大的像，即为成像操作，如图3.37（a）所示；如果中间镜的物平面与物镜的后焦面重合，即可实现在荧光屏上获得电子衍射花样，即为衍射操作，如图3.37（b）所示。

3）投影镜

投影镜的作用是把经过中间镜形成的二次中间像及衍射谱再做进一步放大投影到荧光屏上，形成最终的放大电子像和衍射谱，它是成像系统中最后一个电磁透镜，是一个强励磁短焦距透镜。投影镜是对电子像和衍射像的第三次放大，对投影镜的精度要求没有物镜那样严格，它所产生的像差不是影响仪器分辨率的主要因素，但它影响衍射谱的质量，因此一般配有消散器。

由于成像电子进入投影镜时的孔径角很小，约为$10^{-5}$rad，所以场深和焦深都很大，即使中间镜的像发生移动，投影镜也无须调焦就可以在荧光屏上得到清晰的图像。

3. 观察记录系统

在投影镜之下是观察记录系统，主要由荧光屏和多种记录系统组成，如照相底片、电荷耦合器件（CCD）照相机等。

荧光屏是通过在铝板上均匀喷涂荧光粉制得，主要是在观察分析时使用，当需要拍照时可将荧光屏翻转90°，让电子束在照相底片上感光数秒钟即可成像。荧光屏与感光底片相距有数厘米，但由于投影镜的焦深很大，这样的操作并不影响成像质量，所拍照片依旧清晰。

整个透射电子显微镜的光学系统均置于真空系统环境中，但电子枪、镜筒和照相室之间相互独立，均设有电磁阀进行隔离和开启，可以单独抽真空。更换灯丝、清洗镜筒、照相操作时，均可分别进行而不影响其他部分的真空状态。为了屏蔽镜体内可能产生的X射线，观察窗由铅玻璃制成。

照相底片的感光特性与对可见光的感光特性一样，在电子的照射下曝光记录图形，底片是由均匀分散的10%卤化银颗粒明胶层组成，分辨率比荧光屏高得多，为4～5μm；视频摄像机可观察动态图像；CCD照相机记录数字图像，可对数字图像进行数字处理，是现代透射电子显微镜必备的记录系统。

4. 主要附件

1）样品倾斜装置（样品台）

为了观察样品，需要把样品装载在样品杆上并一同插入样品台里。因此，在透射电子显微镜装置中，有不可分割的两个关键配件，即样品杆和样品台。样品台位于物镜的上下极靴之间，是承载样品的重要部件，如图3.38所示，并能使样品在极靴孔内平移、倾斜和旋转，以便找到合适的区域或位向，进行有效的观察和分析。

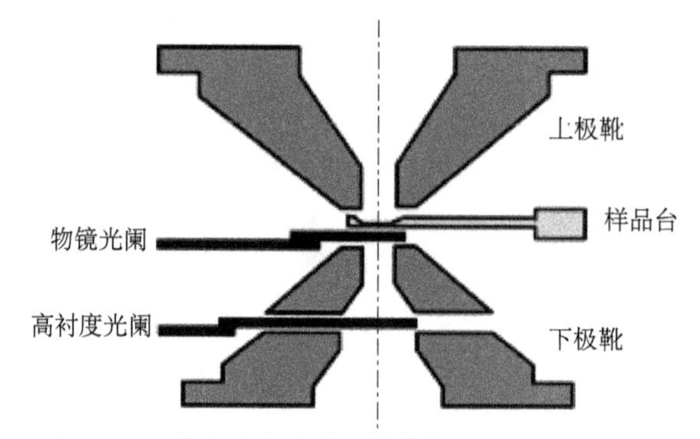


**图 3.38 样品台在极靴中的位置（JEM-2010F）**

样品通过样品杆置入样品台，分为侧置式和顶置式两种。

（1）侧置式。侧置式是常用的一种方式，即样品台从极靴的侧面插入。其优点是顶部信息如背散射电子和 X 射线等收集方便，增加了分析功能；试样倾斜范围大，便于寻找合适的方位进行观察和分析。不足之处在于侧置式的极靴间距不能过小，这就影响了透射电子显微镜分辨率的进一步提高。

（2）顶置式。即样品台从极靴上方插入。其优点是保证试样相对于光轴旋转对称，极靴间距可以很小，提高了分辨率。另外，还具有良好的抗振动性和热稳定性。不足之处是倾角范围小，且倾斜时无法保证观察点不发生位移，而且顶部信息收集困难，分析功能少。

对样品台的要求：样品夹持牢固；样品移动翻转机构的精度要高，否则影响聚焦操作。

目前，为了能够在透射电子显微镜中改变实验条件，已经发展出了可以对样品进行加热、冷却、拉伸、扭转、压缩等多种类型的样品杆。例如，加热样品杆，可对样品加热到1300℃左右，通过装在样品槽上的热电偶来进行温度测量。

2）电子束偏转系统

在透射电子显微镜中，电子束的合轴调整、平移、倾斜和扫描都是靠电磁偏转器来实现的。电磁偏转器装置位于照明系统的聚光镜下方，由上下两个偏置线圈组成，通过调节线圈电流的大小和方向可改变电子束偏转的程度和方向，如图 3.39 所示。若电子束照射到样品上的倾角为 $\beta$，先用上偏转线圈向反方向偏转 $\alpha$ 角，再用下偏转线圈让电子束偏转回来。设两级偏转线圈之间的距离为 $l_1$，下偏转线圈与样品的距离为 $l_2$，则电子束的偏转角 $\alpha$ 和 $\beta$ 之间的关系为 $l_1\tan\alpha=l_2\tan\beta$。由此可以看出，只要调整其中一个偏转线圈的电流，就可以改变电子束入射到样品上的倾角 $\beta$。这时，即使改变电子束入射倾角 $\beta$，电子束照射到样品上的位置也始终不会发生变化。同样，假设保持电子束的倾斜角一定，使电子束位置在试样上移动，即可独立地对电子束进行倾斜和移动操作。

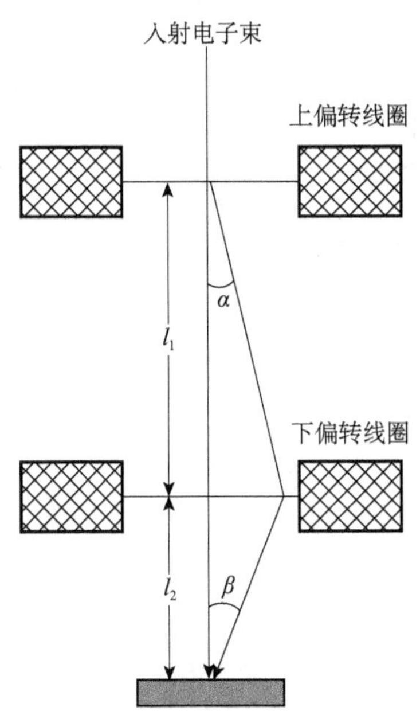


**图 3.39　透射电子显微镜中的电磁偏转系统**

3）消像散器

像散是电磁透镜的磁场不是沿中心轴对称分布造成的。像散会影响透射电子显微镜的分辨率。利用像散装置可以基本消除像散，如图 3.40 所示。像散器安装于透镜上下极靴之间，有机械式和电磁式两种类型。机械式是利用对称放置位置可调的导磁体，通过调节导磁体的位置消除像散；电磁式是利用两组四对同极相对的电磁体，通过改变电磁体的磁场方向和强度消除像散。

4）光阑

光阑也是透镜中不可缺少的配件，利用光阑可以控制电子束的发散度，也可以遮掉无用的电子束，在衍射和成像操作中需要通过对光阑的调整来实现，在衬度成像操作时也需要通过光阑进行调整。根据光阑所处位置的不同，光阑又分为三种类型，分别是聚光镜光阑、物镜光阑和中间镜光阑。它们的作用各不相同，下面分别给予介绍。

A. 聚光镜光阑

聚光镜光阑的作用是限制电子束的照明孔径半角。在双聚光镜系统中通常

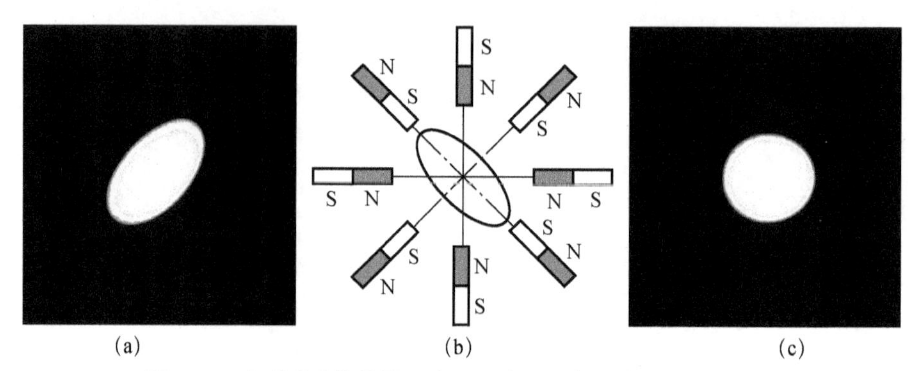


图 3.40 电磁式消像散器示意图及像散对电子束斑形状的影响

（a）无像散时的电子束斑；（b）磁极分布；（c）有像散时的电子束斑

位于第二聚光镜的后焦面上。聚光镜光阑的孔径一般为 20～400μm。

B. 物镜光阑

物镜光阑位于物镜的后焦面上，其作用是减小孔径半角，提高成像质量，物镜光阑孔径一般为 20～120μm。可以利用物镜光阑进行明场像和暗场像操作。所谓明场像操作，就是用光阑孔套住衍射束成像；所谓暗场像操作，就是用光阑孔套住透射束成像。因此，物镜光阑又称作衬度光阑。利用明场像和暗场像的对比分析，可以进行物相鉴定和缺陷分析。

C. 中间镜光阑

中间镜光阑位于中间镜的物平面或物镜的像平面上，如图 3.37 所示。中间镜光阑的孔径一般为 20～400μm。光阑由铂或钼等制成，四个或六个一组，安置在光阑支架上可供选择。中间镜光阑的作用是让电子束通过光阑孔限定的区域，对所选区域进行衍射分析。可以通过平移中间镜光阑，让电子束通过所选区域进行成像或衍射的操作，故中间镜光阑又称作选区光阑。

## 3.3.2 透射电子显微镜中的衍射

1. 有效相机常数

透射电子显微镜中的衍射花样就是反射球上的倒易点阵在二维平面上的投影，电子像是经过三级放大的图像，即除物镜外，还会经过中间镜和投影镜的进一步放大，如图 3.41 所示。可从几何上说明在物镜后焦面上形成第一幅衍射花样的过程。中心光束直接透射到（000）中心斑点位置，被样品中某一晶面散射后的衍射束平行于某一副轴，该衍射束通过物镜后将聚焦于该副轴与后焦面上的交点上，形成距离中心点为 $r$ 的衍射斑点，如图中 $A'$点。设物镜的焦距为 $f_0$，则有

$$\tan(2\theta) = \frac{r}{f_0} \tag{3.114}$$

根据布拉格公式

$$2d\sin\theta = \lambda \tag{3.115}$$

因为 $\theta$ 很小，故有 $\tan(2\theta) \approx \sin(2\theta) \approx 2\sin\theta$，由以上两式可得

$$rd = f_0\lambda \tag{3.116}$$

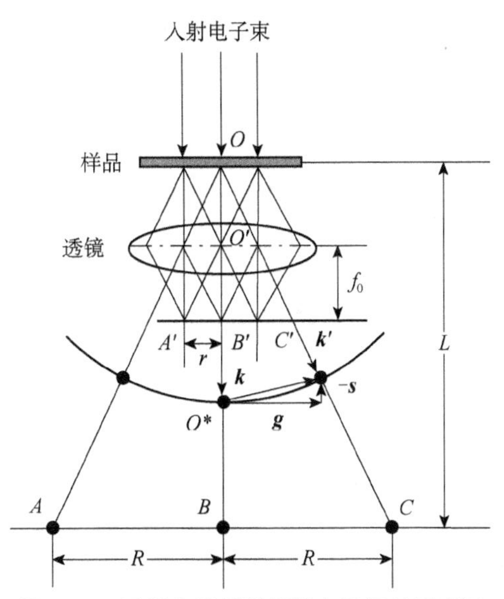


图 3.41　透射电子显微镜的电子衍射原理图

设中间镜和投影镜的放大倍率分别为 $M_i$ 和 $M_p$，物镜后焦面上的衍射花样经过中间镜和投影镜的进一步放大后，中心斑点的距离由 $r$ 变为 $R$，可得

$$R = rM_iM_p \tag{3.117}$$

即

$$r = \frac{R}{M_iM_p} \tag{3.118}$$

将（3.118）式代入（3.116）式，得到

$$Rd = \lambda f_0 M_i M_p \tag{3.119}$$

定义 $L' = f_0 M_i M_p$，称为“有效相机长度”（effective camera length），则有

$$R = \lambda L' \frac{1}{d} = K' g_{hkl} / (2\pi) \tag{3.120}$$

其中，$K' = \lambda L'$ 称为“有效相机常数”；倒格矢长度 $g_{hkl} = 2\pi/d$。这样，衍射几何分析公式（3.120）与（3.107）式相一直致。只是 $L'$ 不是直接对应于样品至照

相底片的实际距离。只需记住这一点，习惯上不加区别地用 $K$ 代替 $K'$ 这个符号。

2. 选区电子衍射

在透射电子显微镜中，可以通过位于中间镜物平面上的中间镜光阑（又称选区光阑）选择成像的视野范围对应于产生晶体衍射的范围，分别进行成像操作或衍射操作，实现所选区的形貌分析和结构分析。如图 3.42 所示，大于选区光阑孔径 $A'B'$ 的成像电子束会被遮挡，只有 $AB$ 区域内的物点散射的电子束可以通过选区光阑孔径后在屏幕上成像。如果物镜的放大倍率为 100 倍，选取光阑的孔径为 50μm，则对应样品的微观区域为 $AB=A'B'/100=50/100=0.5$(μm)，产生的选区衍射就是在 0.5μm 的样品区域。

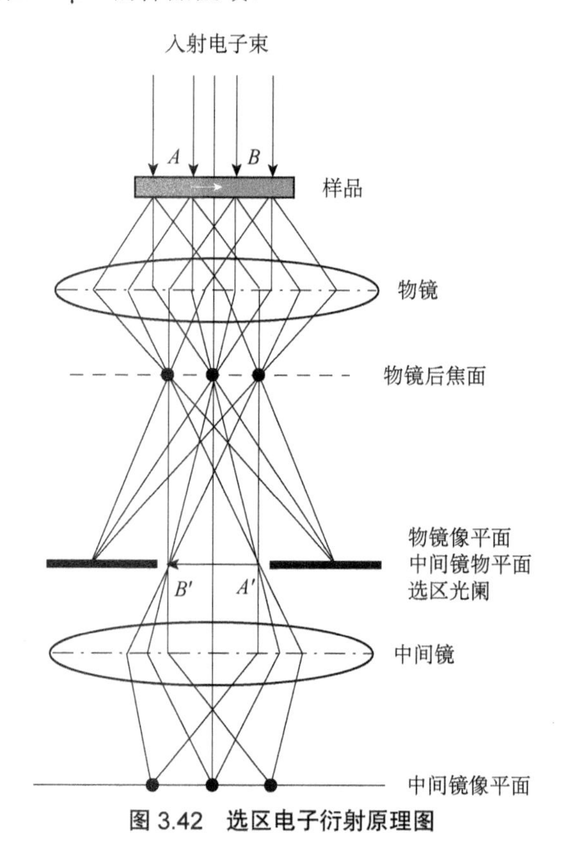


图 3.42　选区电子衍射原理图

## 3.3.3　透射电子显微镜样品准备

由于样品中物质对电子的散射能力强，因此要让电子穿过样品，对样品的厚度就有一定要求，对于 100～200kV 的透射电子显微镜，要求的样品厚度一般在 50～200nm，以便对样品进行结构和形貌分析。样品的制备方法很多，取决于样品材料种类、实验目的、现有设备、实验者的技术等诸多方面。透射电子显微镜的样品制备是一项复杂的技术，样品制备的质量好坏，对能否得到理想的实验结果至关重要。因此，关于透射电子显微镜的样品制备技术有专门的专著进行介绍。

透射电子显微镜所用的样品形态可分为四种类型，包括：粉末样品，用粉末制成可观察的样品；薄膜样品，把块状材料加工成能透过电子束的薄样品；金属材料的复型样品，把金属材料的表面形貌采用合适的非晶态物质复制下来，制成薄膜样品；界面样品，主要用于对材料的表面和界面进行观察，这也属于薄膜样品，只是制备方法有所不同而已。

1. 粉末样品的制备方法

将试样颗粒碎块放入玛瑙研钵中进行研磨，将研磨好的样品倒入与粉末物质不发生化学反应的有机溶剂中，搅拌或者超声混合成均匀的悬浮液，随后将自支撑网（图 3.43）放在滤纸上，将悬浮液滴在支撑网上，使样品粉末颗粒附着在支撑网上。

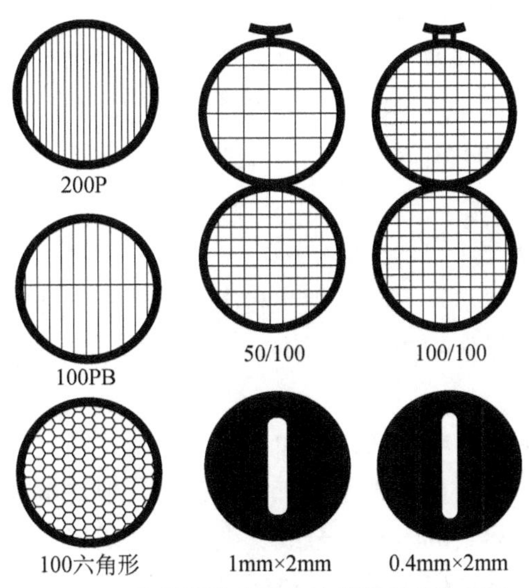


**图 3.43　不同网格大小自支撑网形状和尺寸**

右上方的双联微栅是用来夹持小薄条片样品

2. 薄膜样品的制备

将块体样品制备成可以利用透射电子显微镜进行测量的样品，需要根据材料本身的硬度、脆性，以及单相或者是复合物等物理特性，采用不同的制备方法。首先需要将样品切成 100～200μm 的薄片，然后在切下的薄片上再切出 3mm 的圆片，再将薄圆片中心区域减薄到数微米，最后进行再次减薄，最终达到实验要求的样品厚度。

根据材料的塑性特点可以采用不同的减薄方法。对于金属或者合金等具有延展性的材料，可采用化学线锯、薄片锯或者电火花腐蚀（电致放电加工）等方法制备厚度小于 200μm 的薄片。线切割使用对样品有腐蚀性的液体，线锯通过这些腐蚀溶液后对样品进行切割。对于脆性材料如陶瓷材料，以及某些脆性材料如 GaAs，NaCl 等，可沿着解理面直接切开。如果不是沿着解理面切开样品进行实验，那就需要利用金刚石片锯进行切割，也可以用线锯进行切割。

1）切圆片

如果样品韧性比较好，例如金属和合金材料，可以利用机械打孔方法冲出圆片。对于脆性材料，主要采用电火花加工、超声钻孔和研磨钻孔三种方法。电火花钻孔要求材料具有导电性。

2）预减薄圆片

预减薄可以采用手工减薄或者利用减薄仪器进行减薄。手工减薄是一种机械刨磨的方法，把圆薄片用胶水黏结在玻璃片上，然后利用各种不同粒度的砂纸，由粗到细将圆薄片刨磨成几十微米厚度。也可以借助于抛光仪器，如凹坑减薄、三角抛光器等仪器进行减薄，通过计算机的精确控制，可以将圆片减薄到 1μm 左右。也可以通过化学方法进行减薄，例如，利用氢氟酸和硝酸喷洒到 Si 盘上进行减薄。

3）样品的最终减薄

样品的最终减薄通常采用电解抛光和离子减薄等方法。可根据样品材料的物理和化学特性，采用不同的减薄方法。

A. 电解抛光

电解抛光只能用于导电的样品，如金属与合金样品。这种方法减薄的速度比较快，节省时间，而且样品表面没有机械损伤，但电解液可能会改变样品表面的化学成分。把样品做成阳极，金或铂金属做成阴极，阴阳两极间加一直流电压进行电解抛光。目前广泛采用的电解抛光方法是双喷电解减薄抛光方法，如图 3.44（a）所示。在固定的压力下，电解喷嘴向阳极样品中心部位两侧喷射，电解液使得样品中心部位减薄。通过激光束或光传感器探测样品透明度，圆中心有小孔时，传感器发出警告，停止电解液流喷射，将样品迅速放入清洗液（酒精或去离子水）中进行清洗。电解抛光减薄需要采取的实验条件包括电解液温度、电解液的化学成分、外加电压、喷射速度等，电解抛光选择的合适实验条件需要在实验中通过反复试验来实现。

双喷射电解抛光方法具有工艺简单、操作方便、成本低廉等优点，另外，利用这种方法得到的中心薄处范围大，便于电子束穿透，但要求试样导电。

B. 离子减薄

离子减薄是采用高能离子轰击减薄样品，达到实验所要求的厚度，如图 3.44（b）所示。在离子减薄中，通常使用氩离子轰击，加速电压达到数千伏，氩离子获得很高的能量，轰击样品表面，把表面的原子溅射出来。在离子减薄中，减薄速度与离子加速电压、离子束的入射角、样品表面形貌和化学性质等因素有关。溅射产额是衡量溅射方法减薄的重要参数，溅射产额定义为单位入射离子的溅射原子数。溅射产额依赖于溅射离子的能量、质量、携带的电荷、入射角度，以及样品的原子量、结晶性、晶体结构与晶体取向等。离子的加速电压一般选择几千伏特，入射离子和样品的夹角为 10°～20°。溅射过程中样品受到离子轰击会加热到 200℃ 甚至更高温度，故减薄仪器上配有冷却装置，在溅射减薄的过程中对样品进行冷却。另外，在溅射过程中应该不停地旋转样品，这样就避免在某一个方向上出现凹槽。

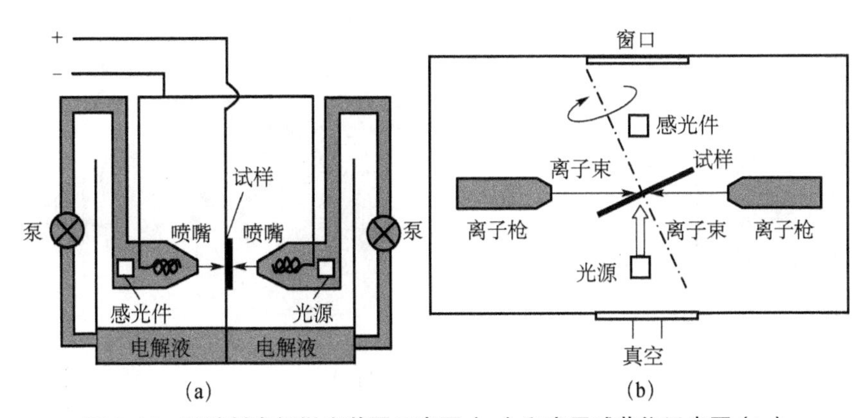


图 3.44 双喷射电解抛光装置示意图（a）和离子减薄仪示意图（b）

离子减薄对各种种类的样品，如金属与合金、陶瓷材料等都适用。离子减薄的优点是在减薄时可以去除表面的污染层，缺点是离子减薄可能会使得表面非晶化，严重损伤表面层或者出现离子注入现象。另外，离子减薄的成本比较昂贵。

离子减薄仪工作原理如图 3.44（b）所示，离子束在样品的两侧以一定的倾角（5°～30°）同时轰击样品，使之减薄。离子减薄比较费时，特别是陶瓷、金属间化合物等脆性材料，需时较长，一般在十几小时甚至更长时间，工作效率低。为此，常采用挖坑机（Dimple 仪）先对试样中心区域挖坑减薄，然后再进行离子减薄。这样一来，单个试样仅需 1h 左右即可制成，且薄区广泛，样品质量高。当试样为导电体时，也可先进行双喷减薄，再进行离子减薄，这种方法同样可显著缩短减薄时间，提高制样的质量。

3. 超薄切片法

超薄切片法（ultramicrotomy）主要用于生物样品的薄膜制备和一些比较柔软的无机材料切割。可利用玻璃刀、金刚石刀片进行切割，以及利用专用的超薄切片机进行切割。这种减薄方法不会改变样品的化学性质，而且可以切出均匀的多相材料薄膜。其缺点是，可能会使材料断裂或者发生形变，在不太关注材料缺陷结构的情况下，这种方法是比较合适的。

图 3.45 是超薄切片仪器的原理示意图。固定试样的臂每上下运动一次就自动前进一定距离，通过前端的金刚刀片将样品切成薄片，如图 3.45（a）所示。样品脱落并漂浮在水槽的水面上，然后用小毛笔收集到支撑网上，如图 3.45（b）所示。

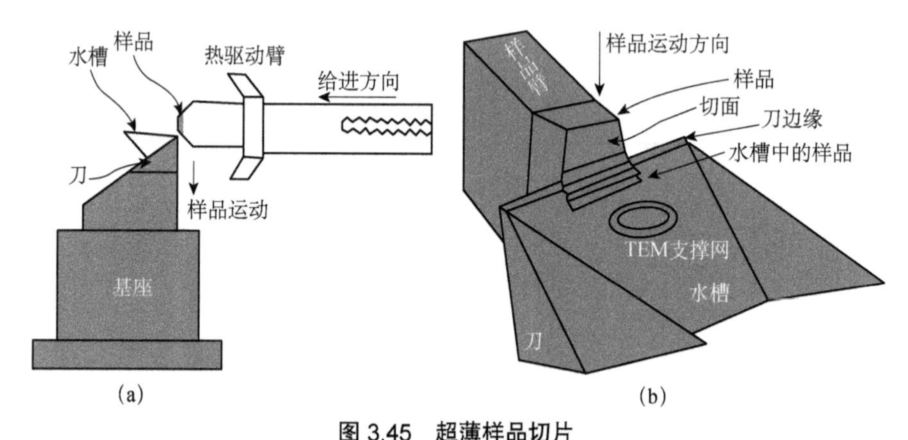


**图 3.45 超薄样品切片**

（a）试样的切割；（b）试样的收集

4. 复型和萃取

为了研究金属与合金中的夹杂物和析出相的大小分布、形貌及结构等，将加杂物和析出相通过复型技术制成薄膜进行测量，可以使分辨率得到很大提高。所谓复型（replication）是指把金相试样表面经化学侵蚀后产生的显微组织浮凸复制到一种很薄的膜上。把复型放置到支撑网上进行形貌观察分析。在高倍成像时，也不会显示其本身的结构细节，因此，采用的材料应该是非晶物质，如塑料或者是无定型碳。复型的方法很多，常用的方法有直接复型和萃取复型。

1）直接复型

用丙酮喷洒在样品表面，用一种纤维塑料压在样品表面，由于丙酮的作用可使塑料得到软化，待塑料薄膜硬化后剥去塑料复型，在复型上面喷涂一层碳膜，然后选用合适的溶剂将塑料溶解掉，并把复型放置到支撑网上进行观察分析，如图 3.46 所示。为了提高像的衬度，往往需要在复型上喷涂上一层金属。

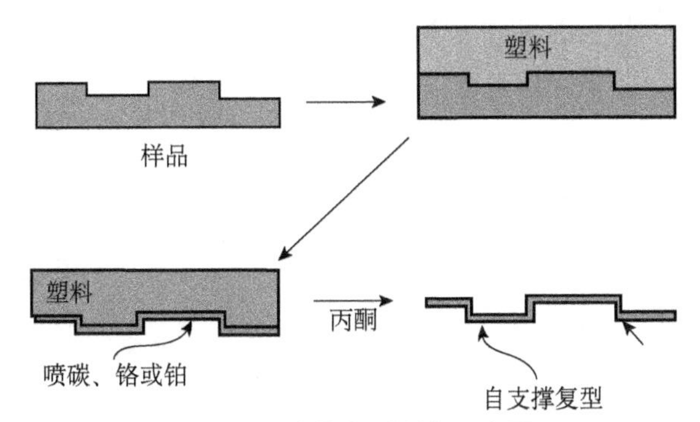


**图 3.46　直接复型制备示意图**

2）萃取复型

图 3.47 是萃取复型制备示意图，首先将样品表面进行抛光，选用合适的溶剂对抛光的表面进行基体腐蚀，这样就可以使第二相颗粒裸露出来，将碳膜蒸镀到表面上，并用刀片划割成 2mm 见方的小方块。然后再继续进行腐蚀，腐蚀后随着基体的溶解，带有颗粒的碳膜就悬浮在溶剂上，将其从溶剂中捞起，并放置在支撑网上进行实验观察即可。

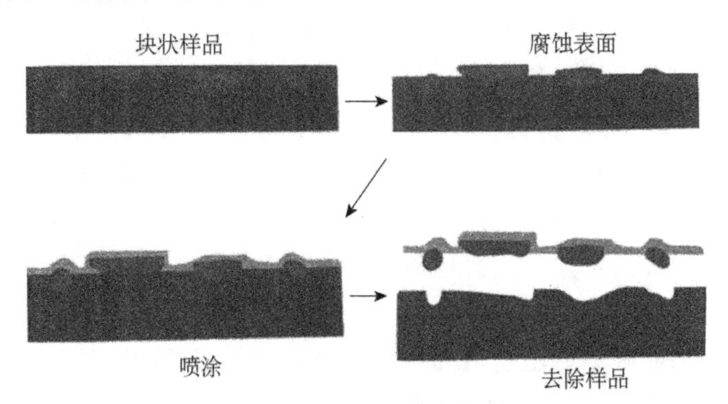


**图 3.47　萃取复型制备示意图**

5. 界面试样的制备

在研究氧化物金属界面、超晶格量子阱、异质结等多层多界面的复合材料时，经常需要观察表面与界面的结构和形貌。由于表面和界面较薄，用电子束直接作用于样品，对其表面和界面分析并不敏感，需要制备能实现平行于表面与界面的电子束进行测量的样品。这就需要有专门的方法制备样品。目前有很多方法制备表面和界面样品。这里简单介绍一下界面样品的基本制作过程，如图 3.48 所示。先从需要观察的界面切下细条，将包含界面的两根细条面对面用环氧胶黏结起来，再利用超声钻把黏合部分切成 3mm 直径的圆柱，将圆柱嵌入直径为 3mm 的壁管中，把管子切成圆片，这样圆片的周围被金属管壁所包围，增加了样品的机械性能，再将切下的圆片进行减薄处理。

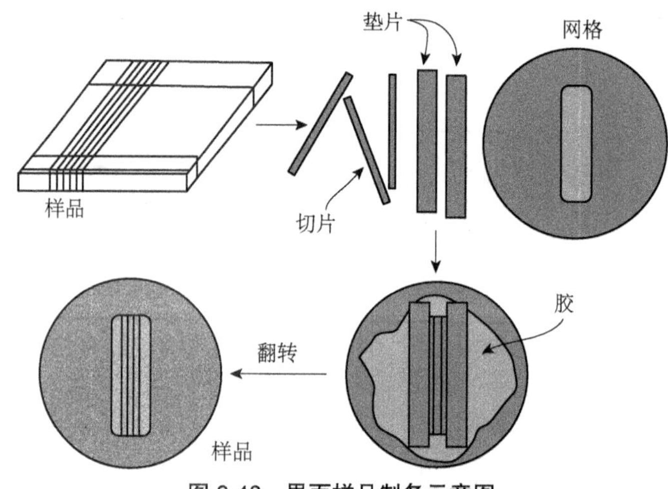


**图 3.48 界面样品制备示意图**

6. 聚焦离子束方法

聚焦离子束（focused ion beam，FIB）是利用离子枪将离子束聚焦到样品很小的区域，通过离子溅射作用，将样品减薄。聚焦离子束系统主要由离子源、离子束聚焦/扫描系统和样品台组成。通常使用的离子束为镓离子，在 30kV 电压下进行离子加速，束流密度约为 10A/cm$^2$，束斑直径约为几十微米。由于离子束照射样品会产生二次电子，所以，可以通过实验检测二次电子，能够在试样制备过程中形成高清晰度、高分辨率、大景深的扫描二次电子像，放大倍率可达 10 万倍。这样，在利用聚焦法制备样品时，能精确选取需要观察的区域进行减薄。虽然常用的减薄方法是双喷射电解方法和离子减薄方法，但这两种方法无法对材料进行特定区域的减薄，聚焦离子束方法弥补了这方面的不足，相较前者，可以快速制备样品，而且精确度和成品率都很高。

目前常用聚焦离子束的方法有两种，一种是传统的刻槽法（trench method），另一种是取出法（lift-out method）。刻槽法是先把样品切割成 3mm×0.1mm 的圆片，然后粘贴在直径为3mm铜制半圆盘上，采用离子减薄法将样品减薄至20～30μm，最后利用聚焦离子束方法减薄到中心区域厚度接近0.1μm。取出法的具体过程是，首先在材料制样部位集结一层碳，然后在碳沉积膜的一边刻蚀出一个横断面，紧接着在另一边也刻蚀出一个横断面，厚度在8μm左右，将试样在样品台上倾转45°，再进行聚焦离子束减薄，减薄至0.1μm左右，切断薄膜两端，用特殊系统取出样品，即在微型机械手的操控下，利用尖端为0.2～0.5μm的玻璃棒靠近样品，通过静电作用，样品被吸到玻璃棒尖端部，最后把样品放置在支撑网上。

7. 样品的储存

制备好的样品，可能会与大气中的水蒸气以及其他各种气体发生相互作用而改变样品表面的性质，因此最好是马上进行实验。但受条件的限制，不能马上进行实验，就需要保存一段时间，这样就需要妥善保存样品，譬如将样品保存在抽有一定真空度的样品箱或样品瓶中密封保存，以防止样品吸潮、氧化等。为了确保样品表面的纯净，保存一段时间的样品取出进行实验前，可以通过一些清洗设备，如离子减薄仪或者等离子清洗设备进行短时间的清洗，去除表面的污染物。

### 3.3.4　简单电子衍射花样标定

电子照射到样品上，由于晶体的周期性结构，电子发生相干散射，从而在底片上形成衍射斑点。根据晶体的结构类型，会出现不同的电子衍射花样。根据衍射花样，比照标准图谱，就可以对晶体的内部结构进行分析。根据样品本身的结构特点，电子衍射花样可分为单晶电子衍射花样、介于单晶和多晶之间的织构衍射花样和多晶电子衍射花样，依次显示于图3.49（a）～（c）中。非晶无衍射花样，只有（000）束透射斑点。依照电子衍射图谱的复杂程度，又可分为简单电子衍射花样和复杂电子衍射花样等。

1. 单晶电子衍射花样

电子波长很短，在100kV加速电压下，电子波长为0.0370Å。反射球的半径与电子波长成反比，因此反射球非常大，接近于平面。另一方面，根据布拉格反射公式，由于波长比较短，产生电子衍射的布拉格角比较小，为$10^{-3}$～$10^{-2}$rad的量级，所以，投影到平面上的衍射斑点分布在透射斑点（定义为倒格点原点）的周围，紧紧围绕倒格点原点周围形成零级倒易面$(uvw)_0^*$上的倒格点，有机会跟反射球相交。零级倒易面$(uvw)_0^*$属于同一晶带，带轴$\boldsymbol{r}=u\boldsymbol{a}+v\boldsymbol{b}+w\boldsymbol{c}$

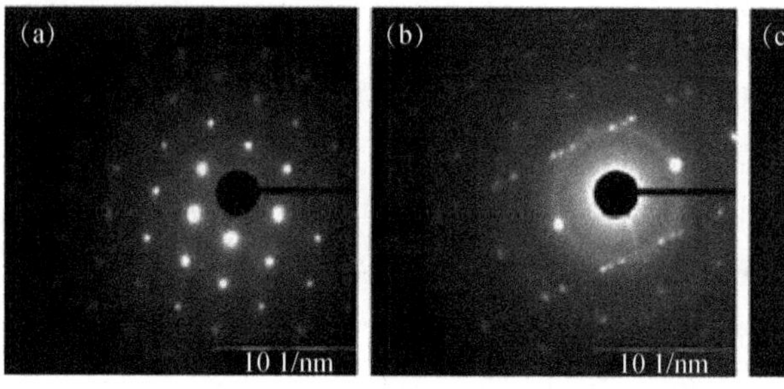

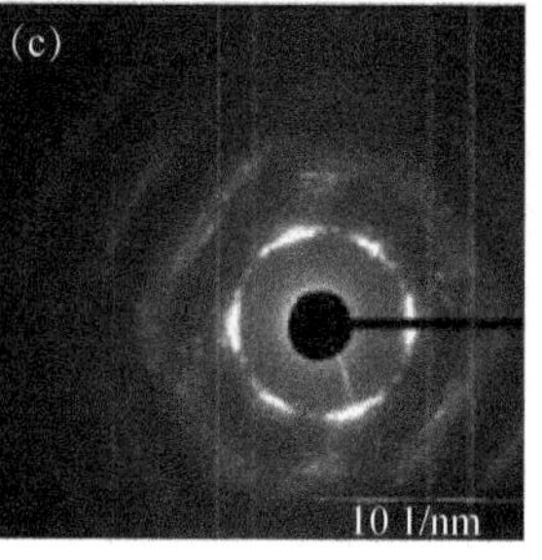


**图 3.49 电子衍射花样**

（a）单晶；（b）织构；（c）多晶

垂直于零级倒易面$(uvw)_0^*$，属于这一晶带的晶面族（$hkl$）满足

$$hu + kv + lw = 0 \tag{3.121}$$

那些不过原点的倒易面$(uvw)_0^*$上分布的倒格点在非平行于晶带轴入射电子波的照射下，也可能参与衍射，此时有

$$hu + kv + lw = 2\pi N \tag{3.122}$$

式中，$N$为整数，称为高阶劳厄衍射。高阶劳厄衍射提供了倒格子空间的三维衍射信息，关于高阶劳厄衍射，将在后面“复杂电子衍射花样”一节（3.3.6 节）中详细介绍。零级劳厄衍射图就是一种简单的衍射图谱，通过对简单衍射花样的分析就可以给出晶体的内部结构特征。

图 3.50 是入射电子沿面心立方晶体的晶带轴$B[001]$方向入射，倒易点阵面$(001)_0^*$层的衍射花样产生的原理图，图中已经考虑了面心立方晶体的消光条件。

1）已知晶体结构的花样标定

标定步骤如下所述：

（1）确定中心斑点，选择不在一条直线上的斑点，测出其离中心斑点的距离，从小到大依次排列起来，$R_1$，$R_2$，$R_3$，$R_4$，…之间的夹角也测量出来，依次为$\varphi_1$，$\varphi_2$，$\varphi_3$，$\varphi_4$，…。

（2）由相机常数$K$得相应的晶面间距$d_1$，$d_2$，$d_3$，$d_4$，…。

（3）根据已知晶体结构和晶面间距公式，查找 ASTM（American society for testing materials）卡片，分别给出相应的晶面族指数$\{h_1k_1l_1\}$，$\{h_2k_2l_2\}$，$\{h_3k_3l_3\}$，$\{h_4k_4l_4\}$，…。

（4）找出一个离中心斑点最近的倒格点，距离即为$R_1$。设其晶面指数为$\{h_1k_1l_1\}$晶面族中的一个晶面（$h_1k_1l_1$），再根据

$$\cos\varphi_1 = \frac{h_1h_2 + k_1k_2 + l_1l_2}{\sqrt{\left(h_1^2 + k_1^2 + l_1^2\right)\left(h_2^2 + k_2^2 + l_2^2\right)}} \tag{3.123}$$

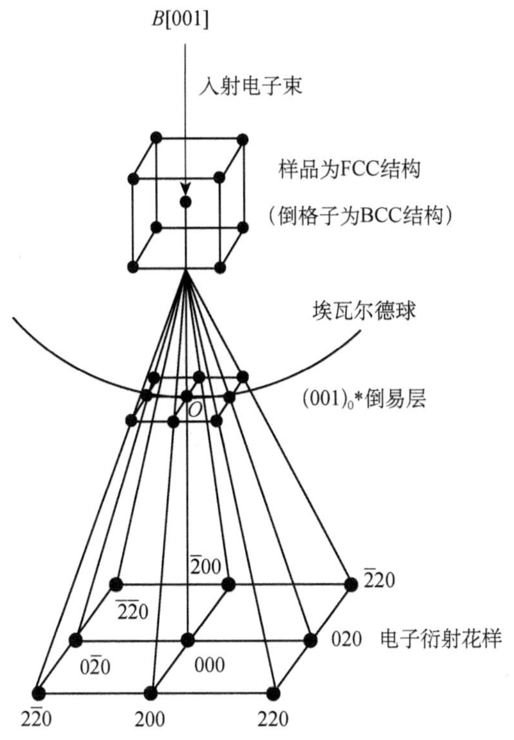


图 3.50　单晶电子衍射花样产生的原理图

确定第二个斑点指数（$h_2k_2l_2$）。具体方法是由晶面族｛$h_2k_2l_2$｝中取一个（$h_2k_2l_2$）代入（3.123）式计算夹角 $\varphi_1$。当计算值与实测值一致时，即可确定（$h_2k_2l_2$）。不一致时重新选择（$h_2k_2l_2$），直至夹角相符为止。

（5）由已确定的两个斑点指数（$h_1k_1l_1$）和（$h_2k_2l_2$），通过矢量合成 $\boldsymbol{R}_i+\boldsymbol{R}_j=\boldsymbol{R}_k$ 得出其他各个斑点。

（6）定出晶带轴

$$\begin{cases} u = k_1l_2 - k_2l_1 \\ v = l_1h_2 - l_2h_1 \\ w = h_1k_2 - h_2k_1 \end{cases} \tag{3.124}$$

（7）系统地核查各个过程，算出晶格常数。

**例1**　如图 3.51 所示，已知 γ-Fe 具有面心立方结构，晶格常数 $a$=0.36nm，衍射谱中 $r_1$=16.7mm，$r_2$=37.3mm，$r_3$=40.9mm，其夹角分别为 $\varphi_1$=90°，$\varphi_2$=65.9°。已知仪器常数 $K$=3.0mm·nm，电子衍射花样如图 3.51 所示，试标定该衍射谱。

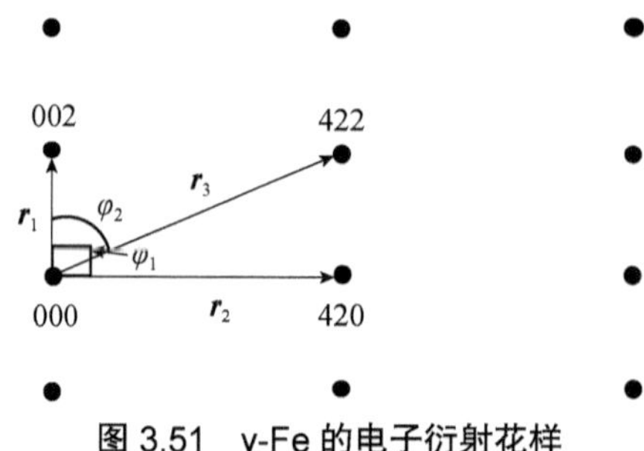


图 3.51 γ-Fe 的电子衍射花样

**解** 根据衍射测出的 $r_1$=16.7mm，$r_2$=37.3mm，$r_3$=40.9mm，以及它们之间的夹角 $\varphi_1$=90°，$\varphi_2$=65.9°，由 $rd=K$ 可求得面间距分别为 $d_1$=0.1796nm，$d_2$=0.0804nm，$d_3$=0.0733nm。由 ASTM 卡片得其晶面族指数分别为{200}，{420}。由于 $\boldsymbol{r}_1$ 和 $\boldsymbol{r}_2$ 之间的夹角为 90°，任意选定一个晶面，如($h_2k_2l_2$)=(002)，尝试选择($h_2k_2l_2$)代入夹角公式进行计算

$$\cos\varphi_1=\frac{h_1h_2+k_1k_2+l_1l_2}{\sqrt{\left(h_1^2+k_1^2+l_1^2\right)\left(h_2^2+k_2^2+l_2^2\right)}}=0 \tag{3.125}$$

即

$$h_1h_2+k_1k_2+l_1l_2=0$$

若（$h_2k_2l_2$）为（420），则得 $\varphi_1$=90°，与实际测量值相符，而其他组合不符，故（002），（420）即为所求面指数。

利用矢量合成法 $\boldsymbol{r}_3=\boldsymbol{r}_1+\boldsymbol{r}_2$ 得 $\boldsymbol{r}_3$ 对应的面指数为（422），求出其他各点，这时

$$\cos\varphi_2=\frac{h_1h_3+k_1k_3+l_1l_3}{\sqrt{\left(h_1^2+k_1^2+l_1^2\right)\left(h_2^2+k_2^2+l_2^2\right)}}=0.4081 \tag{3.126}$$

所得 $\varphi_2$=65.91°与实测值 $\varphi_2$=65.9°相吻合。并利用矢量合成法得出 $\boldsymbol{r}_i$ 其他各点。再由矢量叉乘求得晶带轴指数为$[002]\times[420]=[1\bar{2}0]$。

核查各过程，计算晶格常数。

2）未知晶体结构的花样标定

当晶体的点阵结构未知时，首先分析电子衍射斑点的特点，从衍射斑点的对称特点（表 3.4）或 $1/d^2$ 值的递增规律（表 3.5）来确定其所属的点阵结构，然后再由前面所介绍的步骤标定其衍射花样。主要花样标定的具体步骤如下所述：

（1）判断是否为简单电子衍射谱，如是，则选择三个与中心斑点最近的斑点：$R_1$，$R_2$，$R_3$，并与中心构成平行四边形，测量三个斑点至中心的距离 $r_i$，并测量各衍射斑点间的夹角。

（2）由 $rd=L\lambda$，将所测的距离换算成面间距 $d_i$。

（3）由试样成分和处理工艺及其他分析手段，初步估计物相，并找出相应的卡片，与实验得到的结果对照，得出相应的{*hkl*}。

（4）用试探法选择一套指数，使其满足矢量合成。

（5）由已标定好的指数，根据 ASTM 卡片所提供的晶系计算相应的夹角，检验计算的夹角是否与实测的夹角相符。

（6）若各斑点均已指数化，夹角关系也符合，则被鉴定的物相即为 ASTM 卡片相，否则重新标定指数。

（7）定其晶带轴。

**表 3.4　衍射斑点对称特点及其可能所属的晶系**

| 五种二维电子衍射花样几何图形 | 二维电子衍射花样 | 可能所属晶系 |
| --- | --- | --- |
| 平行四边形 | | 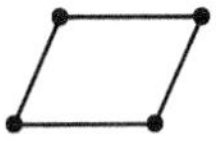  三斜、单斜、正交、四方、六方、三角、立方 |
| 矩形 | 90° |  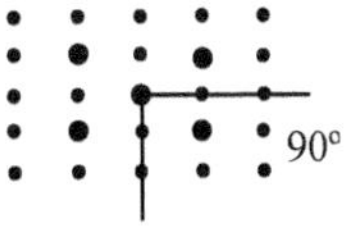 单斜、正交、四方、六方、三角、立方 |
| 有心矩形 | 90° | 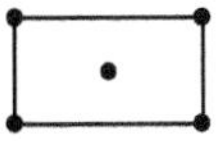 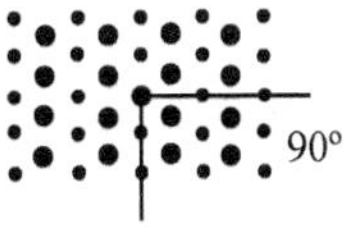 单斜、正交、四方、六方、三角、立方 |
| 正方形 | 90°　45° |  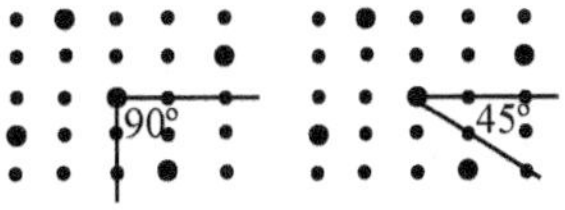 四方、立方 |
| 六方形 120° | 60°　30° | 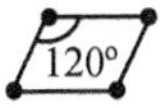 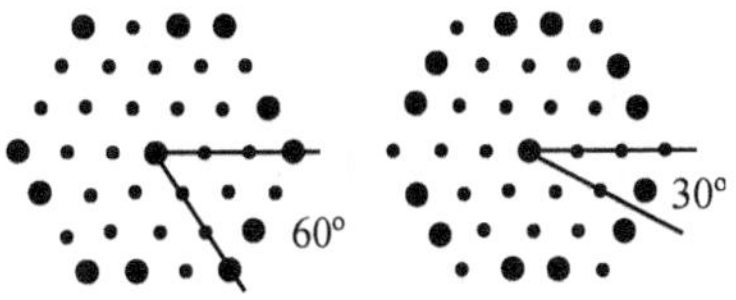 六方、三角、立方 |

**例2**　如图 3.52 所示，已知 $r_A$=7.1mm，$r_B$=10mm，$r_C$=12.3mm；夹角∠*AOB*=90°，∠*AOC*=55°，*Lλ*=14.1mm·Å，试标定其花样。

（1）由 $r_A^2:r_B^2:r_C^2=N_1:N_2:N_3$=2:4:6，初步定为体心立方结构。

（2）由 *N*=2，可得 *A* 点应为{110}，其等效晶面分别为(011)，(101)，(110)，($\bar{1}\bar{1}0$)，($0\bar{1}\bar{1}$)，($\bar{1}0\bar{1}$)，($\bar{1}10$)，($1\bar{1}0$)，($0\bar{1}1$)，($01\bar{1}$)，($\bar{1}01$)，($10\bar{1}$)。假设 *A* 点指数为($1\bar{1}0$)，由斑点 *B* 的 *N*=4，设定 *B* 点指数为{200}，先取 *B* 的指数为（200)，计算 *OA* 与 *OB* 之间的夹角为

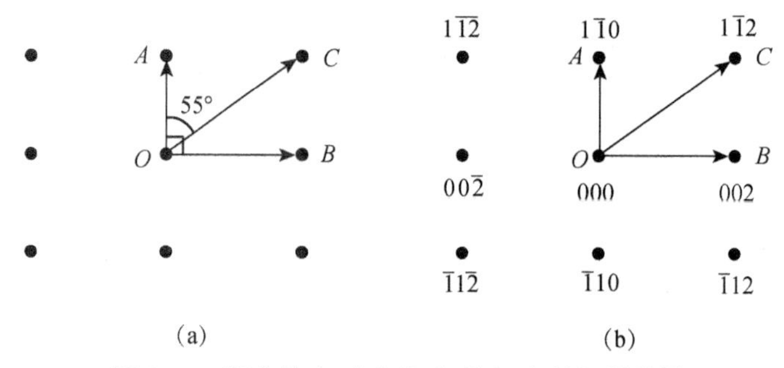


图 3.52　标定前（a）和标定后（b）的衍射花样

$$\cos\varphi = \frac{h_1h_2 + k_1k_2 + l_1l_2}{\sqrt{\left(h_1^2 + k_1^2 + l_1^2\right)\left(h_2^2 + k_2^2 + l_2^2\right)}} = \frac{\sqrt{2}}{2} \tag{3.127}$$

显然，计算结果 $\varphi$=45°与实测值 $\varphi$=90°不符，故 $A$、$B$ 点指数设定不正确。重新设定 $B$ 指数为（002），则计算结果与实测相符，故 $A$、$B$ 指数分别为 $(1\bar{1}0)$，(002)。否则重新进行 $A$、$B$ 指数设定。

（3）矢量合成法得 $C$ 点指数为 $(1\bar{1}2)$。

（4）核算 $OA$ 与 $OC$ 之间的夹角为 54.74°，与实测 55°基本相符，即 $C$ 点指数 $(1\bar{1}2)$ 合适。

（5）计算晶带指数为 [110]。

2. 多晶体的电子衍射花样

多晶体的电子衍射花样等同于多晶体的 X 射线衍射花样，为系列同心圆。其衍射花样标定相对简单，标定衍射花样同样分以下两种情况。

1）已知晶体结构

具体步骤如下：①测定各同心圆直径 $D_i$，算得各半径 $R_i$；②由 $R_i/K$（$K$ 为相机常数）算得 $1/d_i$；③对照已知晶体 ASTM 卡片上的 $d_i$ 值，直接确定各环的晶面指数$\{hkl\}$。

2）未知晶体结构

对于未知晶体结构衍射花样的标定，具体标定步骤除需确定连比规律，根据表 3.5 推断出晶体的点阵结构外，其他步骤与已知晶体结构的标定步骤一致。

**例 3**　已知面心立方结构 Au 的多晶体衍射实验结果如表 3.6 所示。Au 的晶格常数为 $a_0$=0.4079nm，实验采用 100kV 加速电压（对应电子波长为 0.00370nm），试确定仪器常数（计算结果如表 3.6 最后两行所示）。

**表 3.5　晶体结构的 $1/d^2$ 递增规律**

| 点阵类型 | 晶面间距 $d$ 与晶面指数（$hkl$）和晶格参数之间的关系 | 晶面间距平方的倒数 $1/d^2$ 递增规律 $\frac{1}{d_1^2}:\frac{1}{d_2^2}:\frac{1}{d_3^2}:\cdots=N_1:N_2:N_3:\cdots$ | | | | | | | | | | |
|---|---|---|---|---|---|---|---|---|---|---|---|---|
| 简单立方 | $\frac{1}{d^2}=\frac{h^2+k^2+l^2}{a^2}=\frac{N}{a^2}$<br>$N=h^2+k^2+l^2$ | $N$ | 1 | 2 | 3 | 4 | 5 | 6 | 8 | 9 | 10 | 11 |
| | | {$hkl$} | 100 | 110 | 111 | 200 | 210 | 211 | 220 | 221<br>300 | 310 | 311 |
| 体心立方 | $\frac{1}{d^2}=\frac{h^2+k^2+l^2}{a^2}=\frac{N}{a^2}$<br>$N=h^2+k^2+l^2$ | $N$ | 2 | 4 | 6 | 8 | 10 | 12 | 14 | 16 | 18 | 20 |
| | | {$hkl$} | 110 | 200 | 211 | 220 | 310 | 222 | 321 | 400 | 411<br>330 | 420 |
| 面心立方 | $\frac{1}{d^2}=\frac{h^2+k^2+l^2}{a^2}=\frac{N}{a^2}$<br>$N=h^2+k^2+l^2$ | $N$ | 3 | 4 | 8 | 11 | 12 | 16 | 19 | 20 | 24 | 27 |
| | | {$hkl$} | 111 | 200 | 220 | 311 | 222 | 400 | 331 | 420 | 422 | 333<br>511 |
| 金刚石 | $\frac{1}{d^2}=\frac{h^2+k^2+l^2}{a^2}=\frac{N}{a^2}$<br>$N=h^2+k^2+l^2$ | $N$ | 3 | 8 | 11 | 16 | 19 | 24 | 27 | 32 | 35 | 40 |
| | | {$hkl$} | 111 | 220 | 311 | 400 | 331 | 422 | 333<br>511 | 440 | 531 | 620 |
| 六方结构 | $\frac{1}{d^2}=\frac{4}{3}\frac{h^2+hk+k^2}{a^2}+\frac{l^2}{c^2}$<br>$N=h^2+hk+k^2,\ l=0$ | $N$ | 1 | 3 | 4 | 7 | 9 | 12 | 13 | 16 | 19 | 21 |
| | | {$hkl$} | 100 | 110 | 200 | 210 | 300 | 220 | 310 | 400 | 320 | 410 |
| 简单四方 | $\frac{1}{d^2}=\frac{h^2+k^2}{a^2}+\frac{l^2}{c^2}=\frac{N}{a^2}$<br>$N=h^2+k^2,\ l=0$ | $N$ | 1 | 2 | 4 | 5 | 8 | 9 | 10 | 13 | 16 | 18 |
| | | {$hkl$} | 100 | 110 | 200 | 210 | 220 | 300 | 310 | 320 | 400 | 330 |
| 体心四方 | $\frac{1}{d^2}=\frac{h^2+k^2}{a^2}+\frac{l^2}{c^2}=\frac{N}{a^2}$<br>$N=h^2+k^2,\ l=0$ | $N$ | 2 | 4 | 8 | 10 | 16 | 18 | 20 | 32 | 36 | 40 |
| | | {$hkl$} | 110 | 200 | 220 | 310 | 400 | 330 | 420 | 440 | 600 | 620 |

**表 3.6　利用多晶 Au 膜测定仪器常数的实验数据及分析结果**

| 衍射环编号 $i$ | 1 | 2 | 3 | 4 | 5 | 6 |
|---|---|---|---|---|---|---|
| $R_i$/mm | 9.92 | 11.46 | 16.16 | 19.03 | 19.88 | 25.10 |
| $R_i^2$/mm$^2$ | 98.41 | 131.33 | 261.15 | 362.14 | 395.21 | 630.01 |
| $R_i^2/R_1^2$ | 1 | 1.33 | 2.65 | 3.68 | 4.02 | 6.40 |
| （$R_i^2/R_1^2$）×3 | 3 | 3.99 | 7.95 | 11.04 | 12.06 | 19.21 |
| $N=h^2+k^2+l^2$ | 3 | 4 | 8 | 11 | 12 | 19 |
| {$hkl$} | 111 | 200 | 220 | 311 | 222 | 331 |
| $d=a_0/\sqrt{N}$ /nm | 0.2355 | 0.2039 | 0.1442 | 0.1230 | 0.1178 | 0.09358 |
| $K=Rd$/(mm·nm) | 2.336 | 2.337 | 2.330 | 2.341 | 2.342 | 2.349 |
| $\bar{K}=\sum_{i=1}^{6}\frac{R_i d_i}{6}$ /(mm·nm) | 2.339 | | | | | |

**例4**　已知仪器常数 $K$=1.700mm·nm，各圆环半径见表3.7，试确定样品的物相。

**表3.7　多晶样品实验数据**

| $r$/mm | $r^2$/mm$^2$ | $N$ | $d$（实验） | $I/I_1$（实验） | $d$（查表） | $I/I_1$（查表） |
|---|---|---|---|---|---|---|
| 8.42 | 70.90 | 2 | 2.02 | 100 | 2.01 | 100 |
| 11.88 | 141.1 | 4 | 1.44 | 20 | 1.41 | 15 |
| 14.52 | 210.8 | 6 | 1.17 | 40 | 1.17 | 38 |
| 16.84 | 283.6 | 8 | 1.01 | | | |
| 18.88 | 356.5 | 10 | 0.9 | | | |

由 $N$ 的规律确定该样品为体心立方结构，由 $d=L\lambda/r$ 得 $d$，查 ASTM 卡片发现 α-Fe 最符，故为 α-Fe 相。

### 3.3.5　简单电子衍射花样的应用

1. 单晶电子衍射花样的应用

单晶电子衍射花样在材料研究中应用非常广泛，其中包括物相鉴定和研究晶体的取向关系。

1）物相鉴定

由于电子衍射与 X 射线衍射相比，灵敏度比较高，因此纳米量级的晶粒，通过选区衍射就可以呈现出电子衍射花样。电子衍射和相貌分析有机结合起来，不仅得到结构信息，还能同时获得物相的大小、形态和空间分布等方面的重要信息，这是 X 射线所无法实现的。如果透射电子显微镜再配备有 X 射线能谱仪和电子能量损失谱等辅助测试手段，就可以对晶体结构、形貌和成分三个方面进行全面的分析和研究。

单晶电子衍射花样中衍射斑点的强度和 X 射线衍射粉末衍射强度在计算方法上差别比较大，单晶电子衍射斑点的强度随着晶体的位向不同变化非常灵敏，当偏移矢量增大时，强度会迅速减小，用于电子衍射的 ASTM 卡中的衍射强度数据常常与实际的电子衍射数据差别很大，这为通过强度信息鉴别物相带来一定的困难。但在某些情况下，衍射强度在物像分析中还是能起到关键的作用。例如，对于同一点阵类型的两相结构，可以通过散射强度加以区分而得到鉴定。

2）研究晶体的取向关系

利用单晶衍射可以研究晶体的取向，这包括两个方面：一方面是对已知两相之间可能的取向关系通过实验得以证实；另一方面，利用晶体取向的理论判据，对两种晶体取向关系进行预测。所谓理论判据，就是材料的母相和析出相之间具有一定的位向关系，两者必须满足一定的匹配条件，这一匹配条件就是两相之间各自其中的一组晶面彼此平行，而且这两组晶面上存在一对彼此平行的晶向，同时，这些平行晶面和晶向通常是在密排面和密排方向上。这些匹配条件通过实验上两相平行晶面间距进行归纳，如两相面间距小于 6%、晶向上的原子间距小于 10%，就可能形成两相的两组晶面的匹配。例如，在金属和合金的相变研究中，由于面心立方、体心立方和六角密排结构是金属和合金的最常见的三种基本结构，相变过程经常以这三种结构形式作为母相和析出相存在。

在取向关系的验证中，最常用的方法就是与标准谱进行比较来预测。具体做法是，以平行晶面上的一对平行方向作为两相衍射花样的晶带轴方向。根据晶带定律、几何结构振幅等定出对应晶带轴的衍射花样，让两者倒格点的原点位置重合，并使一对平行面对应的衍射斑点处于同一方向上。得出这一标准谱图后，再利用透射电子显微镜，倾斜样品，使其中一相位于所要求的晶带轴方向上，并使衍射斑点强度尽可能地对称分布，根据实验得到衍射斑点分布与标准花样比照，即可在实验中确定两相间是否存在这种预测的取向关系。

2. 多晶电子衍射花样的应用

多晶电子衍射花样可用于透射电子显微镜的相机常数的标定以及对弥散粒子的物相鉴定两个方面。

1）相机常数的标定

在透射电子显微镜的实验中，对于未知晶体结构的衍射测量，必须准确地标定出相机常数。相机常数的标定方法是，在某一固定的电子加速电压下，测量出已知晶体结构的衍射花样，各衍射圆环经指标化后，测量衍射圆环半径，并计算出相应的面间距，由圆环半径与其对应晶面间距的乘积，加权平均就可以得到相机常数。得到相机常数之后，就可以在同一固定电子加速电压下（保持相机常数不变），研究未知晶体的结构特征。

相机常数的误差来源，除了与测量衍射斑点到衍射原点的距离精度有关外，还与电子的波长 $\lambda$、物镜的焦距 $f_0$、中间镜的放大倍率 $M_i$ 和投影镜的放大倍率 $M_p$ 有关，相机常数公式为

$$K = \lambda L = \lambda f_0 M_i M_p \tag{3.128}$$

对（3.128）式取自然对数，再进行微分即得

$$\frac{\Delta K}{K}=\frac{\Delta(\lambda)}{\lambda}+\frac{\Delta f_0}{f_0}+\frac{\Delta M_{\mathrm{i}}}{M_{\mathrm{i}}}+\frac{\Delta M_{\mathrm{p}}}{M_{\mathrm{p}}} \tag{3.129}$$

目前，高性能透射电子显微镜的加速高压稳定度优于 $10^{-5}$ 量级，初次电子波长的波动可以不予考虑，另外，投影镜的放大倍率较大，其相对变化率很小，可忽略不计。对于中间镜而言，只要保证透射斑点小而圆，中间镜放大倍率的波动也不大。影响电子衍射重复性的主要因素是物镜的焦距。在选区衍射的标准操作中，物镜焦距的变化也很小。

在布拉格角很小的情况下，取近似 $\tan(2\theta)\approx 2\sin\theta$ 而得相机常数。但如果衍射斑点离中心斑点较远，对应的布拉格角就较大，上述近似计算相机常数就会带来较大的误差，因此就应该使用更为精确的公式

$$Rd=L\lambda\left(1+\frac{3R^2}{8L^2}\right) \tag{3.130}$$

来计算相机常数。

在具体的测量过程中，所采用的标准样品与待测样品厚度差别比较大，这也会带来物镜聚焦的误差。另外，由于电子入射方向不同，造成同一衍射圆环的直径略有差别。实验上还表明，相机常数随着衍射圆环半径的增大而增大，这是由透镜的球差引起的。为了克服这些实验上测定相机常数的不确定因素，常利用金、铝或其他标准物质蒸发到待测样品上进行校正，或者利用待测样品中某一已知晶体作为内标物质，求出相机常数，由此进行未知物质的结构测量，这样可以保证测量结果的准确性。

2）弥散晶体颗粒的物相鉴定

如果晶粒的尺寸过小，一般直径小于 1μm，那么选取光阑套住的是大量晶粒，如果晶粒足够多，显然就如多晶体衍射花样一样得到衍射环花样。但晶粒密度不够高，就呈弥散分布。如在颗粒膜中弥散分布着另一种物质颗粒，这时形成的衍射花样是不连续的斑点分布在各个圆环上，通过弥散斑点分布在某一个圆环上的实验结果，画出这些圆环，就可以对物相进行分析。

### 3.3.6 复杂电子衍射花样

上述讨论的都是简单衍射花样，它们是由单质或成分无序的固溶体中某一晶带形成的衍射花样，是合金的零层倒易面上的衍射花样。又由于晶体对电子的散射比较强，则电子受到某个晶面散射后还可能被另一族晶面发生二次散射（double diffraction），甚至多次散射。两个相同的晶体形成的孪晶、高阶劳厄衍

射等都会使衍射谱变得比较复杂。另外，电子在晶体中经过非弹性碰撞后，有可能再受到弹性碰撞，形成的衍射斑点的亮度相较于没有经过非弹性碰撞的平行电子束产生的衍射亮度稍暗。本节对成分有序的超点阵结构衍射、孪晶、高阶劳厄衍射、二次衍射、菊池衍射花样等复杂的电子衍射花样分别进行介绍。

1. 超点阵结构衍射斑点

在结构有序、化学成分无序的合金中，每种原子占据格点的情况一样，这样组成合金晶体的几何结构因子的消光规律跟单质晶体的消光规律完全一致，只取决于组成晶体的结构类型。然而，当合金的化学成分有序时，不同原子将有规律地占据在对应的格点上。各个原子的散射因子数值不同，会造成在某些消光条件下的衍射面，几何结构因子合成振幅不能相互抵消而不等于零。由于衍射强度正比于几何结构因子模的平方，因此不能抵消的几何结构因子部分，就会在消光点上出现衍射，只不过这个衍射斑点因为两原子之间的相互抵消作用，衍射强度相对比较微弱而已。在实际测量中，正是根据这种本来应该消光的斑点却出现微弱衍射斑点的现象来判断晶体成分的有序和无序。在晶体成分有序的情况下，原来几何结构因子为零的消光斑点出现了，这种额外出现的衍射斑点称为超点阵斑点。

比较典型的例子是 $AuCu_3$ 合金，其晶体结构属于面心立方，四个格点占据的位置分别为 $(0,0,0),\left(\frac{1}{2},\frac{1}{2},0\right),\left(\frac{1}{2},0,\frac{1}{2}\right),\left(0,\frac{1}{2},\frac{1}{2}\right)$。$AuCu_3$ 合金在温度高于 395℃时为无序固溶体，此时的晶体结构如图 3.53（a）所示，各个阵点的原子散射因子为 Au 原子和 Cu 原子的加权平均值，分别为 25%和 75%的占据概率，散射因子为 $\overline{f}=0.25f_{\mathrm{Au}}+0.75f_{\mathrm{Cu}}$，原子结构如图 3.53（a）所示。

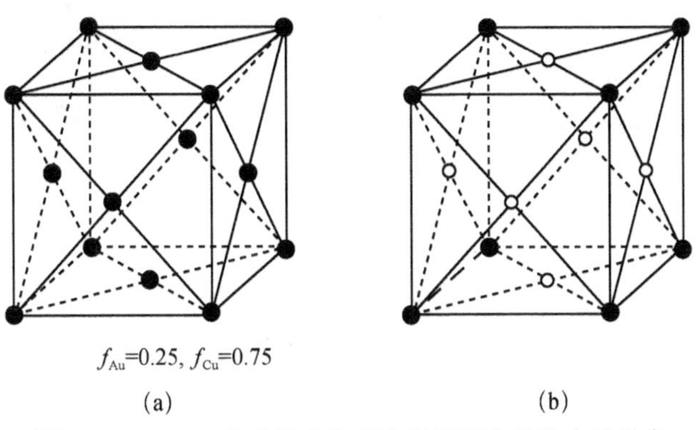


图 3.53　$AuCu_3$ 合金无序和有序时原子在晶胞中的排布

（a）无序合金结构；（b）有序合金结构

晶体的散射强度正比于几何结构因子模数的平方。无序时等同于面心立方点阵，消光规律与之相同：

$$I \propto F_{HKL}^2 = \overline{f}^2 \left[1 + \cos\pi(H+K) + \cos\pi(H+L) + \cos\pi(K+L)\right]^2 \quad (3.131)$$

（1）当 $H$，$K$，$L$ 全奇或全偶时：$I \propto F_{HKL}^2 = 16\overline{f}^2$，衍射最强；

（2）当 $H$，$K$，$L$ 奇偶混杂时：$I \propto F_{HKL}^2 = 0$，出现系统消光。

在 $AuCu_3$ 合金低于 395℃时，化学成分出现有序化，晶胞中一个 Au 原子占据（0,0,0）位置，而三个 Cu 原子占据 $\left(\frac{1}{2},\frac{1}{2},0\right)$,$\left(\frac{1}{2},0,\frac{1}{2}\right)$,$\left(0,\frac{1}{2},\frac{1}{2}\right)$ 位置，如图 3.53（b）所示。设 Au 和 Cu 原子的散射因子分别为 $f_{Au}$ 和 $f_{Cu}$，则衍射强度为

$$I \propto F_{HKL}^2 = \left[f_{Au} + f_{Cu}\cos\pi(H+K) + f_{Cu}\cos\pi(H+L) + f_{Cu}\cos\pi(K+L)\right]^2 \quad (3.132)$$

（1）当 $H$，$K$，$L$ 全奇或全偶时，$I \propto F_{HKL}^2 = [f_{Au} + 3f_{Cu}]^2$；

（2）当 $H$，$K$，$L$ 奇偶混杂时，$I \propto F_{HKL}^2 = [f_{Au} - f_{Cu}]^2 \neq 0$。

可见，合金成分无序化时消失的衍射斑点（图 3.54（a）），当 $H$，$K$，$L$ 奇偶混杂时，本来产生衍射消光的斑点，如（110），（120）和（210），在出现成分有序化后，这些衍射斑点却出现了，如图 3.54（b）所示。但几何结构因子相对较小，故衍射斑点较为暗一些，如图 3.54（c）所示。是否出现这种超点阵可以作为判断合金有序或无序的实验依据。

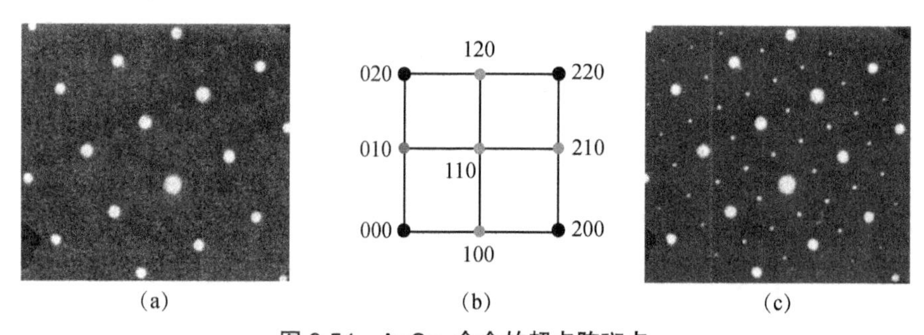


图 3.54 $AuCu_3$ 合金的超点阵斑点

（a）无序时斑点；（b）斑点指数；（c）有序时斑点

2. 孪晶斑点

在材料的凝固和形变过程中，晶体中一部分在切应力作用下沿着一定的晶面（孪晶面）和晶向（孪晶向）在特定区域内发生连续顺序的切变，即形成孪晶。在生长过程中形成的孪晶称为生长孪晶，在形变过程中形成的孪晶称为形变孪晶。无论是生长孪晶还是形变孪晶，它们都具有相同的几何性质，是两个

相同结构的晶体。通过对称操作，其中一个晶体的原子位置可以与另一个晶体的原子位置相重合，两者并呈镜面对称。孪晶和基体以孪晶面的法向为 $n$ 度（$n$=2，3，4，6）旋转轴，这个轴称为孪晶轴。最常见的是二度轴，通过该轴旋转 180°可以与基体完全重合。孪晶界面就是孪晶部分与基体部分的界面，在该界面上的原子为两相所共有。

晶体点阵具有孪晶关系，对应的倒格点也呈现孪晶关系，因此晶体衍射可以反映出正格点的孪晶关系。孪晶衍射花样比较复杂，仅以面心立方为例加以说明，如图 3.55 所示。面心立方结构的孪晶面是（111）晶面，孪晶部分可以认为是基体部分沿（111）晶面的反映。体心立方的孪晶面是（112）晶面。

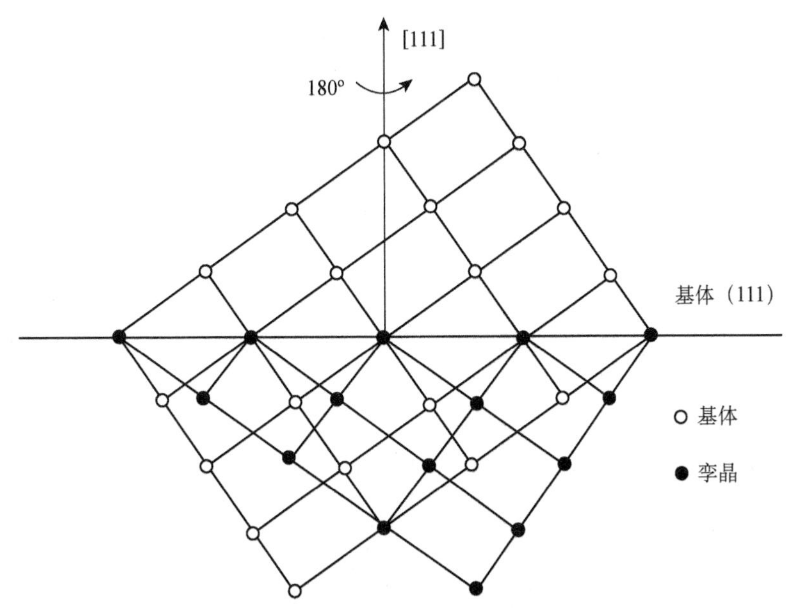


**图 3.55 面心立方 $(1\bar{1}0)$ 面原子排列及孪晶和基体的对称关系**

设入射电子束沿 $[1\bar{1}0]_M$ 方向，可以在倒空间中通过作图法画出垂直于 $[1\bar{1}0]$ 方向的孪晶衍射花样图。图 3.56（a）是面心立方垂直于晶向 $[1\bar{1}0]$ 过倒格点原点的零层倒易面，依据孪晶的衍射斑点作通过倒格点原点并垂直于 $\boldsymbol{g}_{111}$ 的直线，以此直线为对称轴，作出基体衍射斑点的镜面对称斑点，如图 3.56（b）所示。用下标 T 表示孪晶。

如果以 $\boldsymbol{g}_{111}$ 为轴旋转 180°，两套斑点将相互重合，也就是倒易矢量 $\boldsymbol{g}_M$ 或倒易点 $(hkl)_M$ 旋转 180°后与 $\boldsymbol{g}_T$ 或 $(hkl)_T$ 互换。如果入射电子束与孪晶面不重合，也即如果入射电子束的方向与孪晶面不平行，衍射花样就不能直接反映孪晶和基

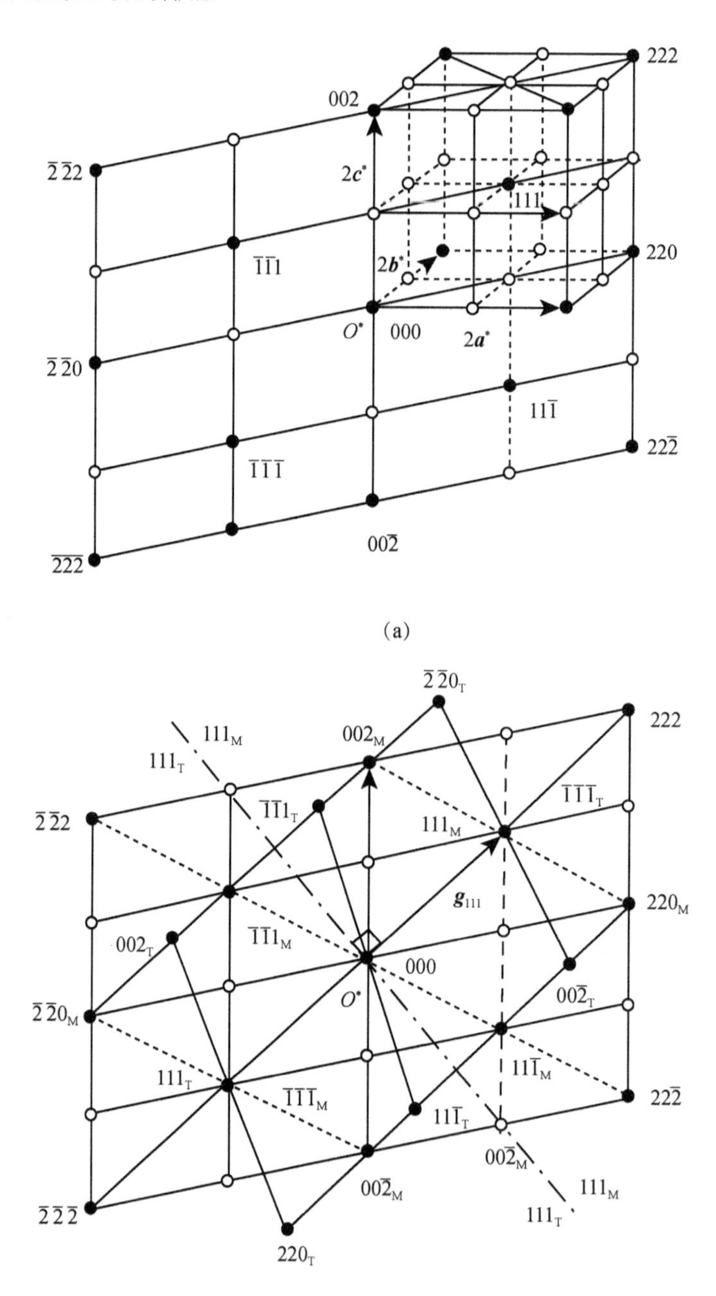


**图 3.56　（a）垂直于晶向 $[1\bar{1}0]$ 过倒格点原点的零层倒易面；（b）孪晶花样**

体的取向关系，使得几何法标定孪晶花样变得非常困难，此时需要借助于矩阵代数算法进行运算分析，即根据矩阵代数法算出孪晶斑点指数。以下对立方晶系的变换矩阵推导过程给予简单介绍。

设孪晶面为$\{HKL\}$，孪晶轴即孪晶面的法线为$\langle HKL\rangle$，基体中的任一倒易矢量为$\boldsymbol{g}_{\mathrm{M}}$，其对应的倒易点为$hkl$，形成孪晶后该倒易点为$h^{\mathrm{T}}k^{\mathrm{T}}l^{\mathrm{T}}$，对应的倒易矢量为$\boldsymbol{g}_{\mathrm{T}}$。由孪晶的特点可知，孪晶中的倒易点可以通过基体中任一倒易矢量或倒易阵点绕孪晶轴旋转 180°获得，见图 3.57，有下列关系：

$$|\boldsymbol{g}_{\mathrm{T}}| = |\boldsymbol{g}_{\mathrm{M}}|, \quad \boldsymbol{g}_{\mathrm{T}} + \boldsymbol{g}_{\mathrm{M}} = \hat{\boldsymbol{n}}\langle HKL\rangle \tag{3.133}$$

$\hat{\boldsymbol{n}}$为孪晶轴的单位矢量，大小取决于 $HKL$ 的值，即

$$[hkl] + [h^{\mathrm{T}}k^{\mathrm{T}}l^{\mathrm{T}}] = n[HKL] \tag{3.134}$$

$$\begin{cases} h + h^{\mathrm{T}} = nH \\ k + k^{\mathrm{T}} = nK \\ l + l^{\mathrm{T}} = nL \end{cases} \tag{3.135}$$

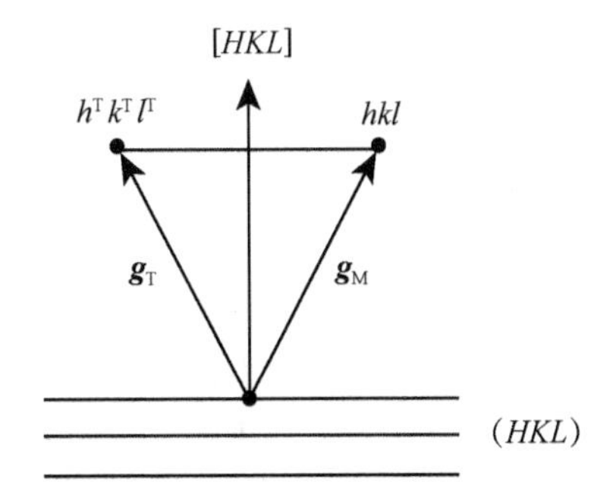


**图 3.57　基体与孪晶的倒易点阵关系图**

在立方晶系中，$a=b=c$，$\alpha=\beta=\gamma=90°$；基体中的晶面间距为

$$d = \frac{a}{\sqrt{h^2 + k^2 + l^2}} \tag{3.136}$$

对于孪晶，该式同样成立，即

$$d = \frac{a}{\sqrt{(nH-h)^2 + (nK-k)^2 + (nL-l)^2}} \tag{3.137}$$

所以

$$\frac{a}{\sqrt{h^2 + k^2 + l^2}} = \frac{a}{\sqrt{(nH-h)^2 + (nK-k)^2 + (nL-l)^2}} \tag{3.138}$$

解得

$$n = \frac{2(Hh + Kk + Ll)}{H^2 + K^2 + L^2} \tag{3.139}$$

将（3.139）式代入（3.135）式，可得孪晶斑点的指数为

$$\begin{cases} h^{\mathrm{T}} = -h + \dfrac{2H(Hh+Kk+Ll)}{H^2+K^2+L^2} \\ k^{\mathrm{T}} = -k + \dfrac{2K(Hh+Kk+Ll)}{H^2+K^2+L^2} \\ l^{\mathrm{T}} = -l + \dfrac{2L(Hh+Kk+Ll)}{H^2+K^2+L^2} \end{cases} \tag{3.140}$$

写成矩阵形式，即为

$$\begin{bmatrix} h^{\mathrm{T}} \\ k^{\mathrm{T}} \\ l^{\mathrm{T}} \end{bmatrix} = -\begin{bmatrix} 1 & 0 & 0 \\ 0 & 1 & 0 \\ 0 & 0 & 1 \end{bmatrix}\begin{bmatrix} h \\ k \\ l \end{bmatrix} + \frac{2}{H^2+K^2+L^2}\begin{bmatrix} HH & HK & HL \\ KH & KK & KL \\ LH & LK & LL \end{bmatrix}\begin{bmatrix} h \\ k \\ l \end{bmatrix} \tag{3.141}$$

上述矩阵表示了孪晶的面指数与基体的面指数的变换关系。

面指数的变换矩阵可写为

$$\boldsymbol{T} = \frac{1}{H^2+K^2+L^2}\begin{bmatrix} H^2-K^2-L^2 & 2HK & 2HL \\ 2KH & K^2-L^2-H^2 & 2KL \\ 2LH & 2LK & L^2-H^2-K^2 \end{bmatrix} \tag{3.142}$$

因此，（3.141）式矩阵可写为

$$\begin{bmatrix} h^{\mathrm{T}} \\ k^{\mathrm{T}} \\ l^{\mathrm{T}} \end{bmatrix} = \boldsymbol{T}\begin{bmatrix} h \\ k \\ l \end{bmatrix} \tag{3.143}$$

对面心立方结构，$\{HKL\}=\{111\}$，即 $H=K=L=\pm1$，变换矩阵成为

$$\boldsymbol{T} = \frac{1}{3}\begin{bmatrix} -1 & 2HK & 2HL \\ 2KH & -1 & 2KL \\ 2LH & 2LK & -1 \end{bmatrix} \tag{3.144}$$

将 $H=K=L=\pm1$，代入（3.139）式，可得

$$n = \frac{2}{3}(Hh+Kk+Ll)$$

面心立方晶系孪晶斑点计算公式为

$$\begin{cases} h^{\mathrm{T}} = -h + \dfrac{2}{3}H(Hh+Kk+Ll) \\ k^{\mathrm{T}} = -k + \dfrac{2}{3}K(Hh+Kk+Ll) \\ l^{\mathrm{T}} = -l + \dfrac{2}{3}L(Hh+Kk+Ll) \end{cases} \tag{3.145}$$

当 $Hh+Kk+Ll=3N$，$N=0,1,2,3,\cdots$ 时，由（3.145）式可得

$$\begin{cases} h^{\mathrm{T}} = -h + 2NH \\ k^{\mathrm{T}} = -k + 2NK \\ l^{\mathrm{T}} = -l + 2NL \end{cases} \tag{3.146}$$

矩阵可写成

$$\begin{bmatrix} h^{\mathrm{T}} \\ k^{\mathrm{T}} \\ l^{\mathrm{T}} \end{bmatrix} = -\begin{bmatrix} h \\ k \\ l \end{bmatrix} + 2N\begin{bmatrix} H \\ K \\ L \end{bmatrix} \tag{3.147}$$

表示孪晶的衍射斑点（*hkl*）从基体的$(\overline{h}\,\overline{k}\,\overline{l})$沿着[*HLK*]位移2*N*到达另一个倒易点$(h^{\mathrm{T}}k^{\mathrm{T}}l^{\mathrm{T}})$与之重合，故不产生新的倒易点。也就是说，一套衍射斑点对应两套不同衍射指数，一套是基体衍射指数$(\overline{h}\,\overline{k}\,\overline{l})$，另一套是孪晶衍射指数$(h^{\mathrm{T}}k^{\mathrm{T}}l^{\mathrm{T}})$。

例如，面心立方结构孪晶晶向[*HKL*]=[111]，求衍射点$(hkl)=(\overline{2}44)$对应的孪晶指数。可以根据$Hh+Kk+Ll=6=3N, N=2$，将*N*=2代入（3.147）式得到

$$\begin{bmatrix} h^{\mathrm{T}} \\ k^{\mathrm{T}} \\ l^{\mathrm{T}} \end{bmatrix} = -\begin{bmatrix} h \\ k \\ l \end{bmatrix} + 2N\begin{bmatrix} H \\ K \\ L \end{bmatrix} = -\begin{bmatrix} -2 \\ 4 \\ 4 \end{bmatrix} + 4\begin{bmatrix} 1 \\ 1 \\ 1 \end{bmatrix} = \begin{bmatrix} 6 \\ 0 \\ 0 \end{bmatrix} \tag{3.148}$$

所得孪晶衍射面指数为$(h^{\mathrm{T}}k^{\mathrm{T}}l^{\mathrm{T}})=(600)$，也即孪晶衍射面指数$(\overline{2}44)$与基体衍射面指数（600）重合，因此仅看到一套衍射斑点。

当$Hh+Kk+Ll=3N\pm1, N=0,1,2,3,\cdots$时，由（3.145）式可得

$$\begin{bmatrix} h^{\mathrm{T}} \\ k^{\mathrm{T}} \\ l^{\mathrm{T}} \end{bmatrix} = -\begin{bmatrix} h \\ k \\ l \end{bmatrix} + (2N\pm1)\begin{bmatrix} H \\ K \\ L \end{bmatrix} \mp \frac{1}{3}\begin{bmatrix} H \\ K \\ L \end{bmatrix} \tag{3.149}$$

等式右边前两项为整数，第三项为非整数，由此可见，该孪晶斑点$(h^{\mathrm{T}}k^{\mathrm{T}}l^{\mathrm{T}})$出现在基体倒易点沿着[*HKL*]方向位移1/3的位置上。

又如，若面心立方结构孪晶晶向[*HKL*]=[111]，求与衍射斑点$(hkl)=(11\overline{1})$对应的孪晶指数$(h^{\mathrm{T}}k^{\mathrm{T}}l^{\mathrm{T}})$。可根据$Hh+Kk+Ll=3N\pm1$，*N*=0，取“+”号，由（3.149）式得

$$\begin{bmatrix} h^{\mathrm{T}} \\ k^{\mathrm{T}} \\ l^{\mathrm{T}} \end{bmatrix} = -\begin{bmatrix} 1 \\ 1 \\ -1 \end{bmatrix} + \begin{bmatrix} 1 \\ 1 \\ 1 \end{bmatrix} - \frac{1}{3}\begin{bmatrix} 1 \\ 1 \\ 1 \end{bmatrix} = \frac{1}{3}\begin{bmatrix} -1 \\ -1 \\ 5 \end{bmatrix} = \begin{bmatrix} 0 \\ 0 \\ 2 \end{bmatrix} - \frac{1}{3}\begin{bmatrix} 1 \\ 1 \\ 1 \end{bmatrix} \tag{3.150}$$

由此可见，当$Hh+Kk+Ll\neq3N$时，在基体衍射斑点（002）处位移$\frac{1}{3}(111)$

时，即可得到孪晶衍射斑点$\frac{1}{3}(\overline{1}\overline{1}5)$。该孪晶斑点出现在分数位置上，即孪晶的$(11\overline{1})$倒易点在$\frac{1}{3}(\overline{1}\overline{1}5)$处。

3. 高阶劳厄衍射

根据广义晶带定律

$$hu + kv + lw = 2\pi N \tag{3.151}$$

式中，$N$=0，±1，±2，±3，…。

$[uvw]_0^*$是零层$(uvw)_0^*(N=0)$的晶带轴，对于$N\neq0$的高阶劳厄带，如$N$阶劳厄带中的衍射斑点与第$N$层$(uvw)_N^*$倒易面上的倒格点相对应。

当晶体点阵常数较大时，倒易面间距就较小。当晶体试样较薄时，倒易杆就较长。当入射束波长较大时，反射球半径就较小。这些因素就造成反射球有可能与高阶劳厄带上的倒易杆相交，产生多套重叠的电子衍射花样。在这种情况下，除了出现零层劳厄斑点外，还可能出现$N$套劳厄斑点。这就意味着，三维空间上的倒易点能在二维平面上显示多套劳厄衍射斑点，可从二维的衍射图谱中得到三维的衍射斑点谱图。

对于零阶倒易点阵面，由于倒格点是倒易杆，即使让入射电子沿平行于晶带轴的方向照射晶体，也可以得到分布在中心斑点周围的倒易点，这种情况称为对称入射。如果对称入射时高阶劳厄斑点不能与反射球相交，可以让电子入射方向与晶带轴$[uvw]$呈一定的角度，这时，高阶倒易面上的倒格点就有可能与反射球相交而产生高阶劳厄衍射，这就是所谓的非对称入射。如果晶体点阵常数较大，或晶体试样较薄，这样就会造成倒易杆较长，即使在对称入射的情况下，也会出现高阶劳厄衍射。在这种情况下，零阶劳厄带和高阶劳厄带就会发生重叠。即高阶劳厄衍射会出现三种情况：对称劳厄带、不对称劳厄带和重叠劳厄带。这三种情况分别对应于图 3.58（a）～（c）。

利用高阶劳厄带可以对晶体进行物相鉴定。因为我们利用零层劳厄带对应的电子衍射花样只包含倒易点阵面上呈现的衍射斑点，分布可能是一样的，这样就不能通过零层倒易面上的阵点去唯一地确定晶体的结构类型。如果存在高阶劳厄带，零阶劳厄带和高阶劳厄带在零层倒易面上的投影位置不同，它们又是在三维空间中的倒格点，这样就可以唯一地确定晶体的结构。

在对称入射的条件下，如图 3.59 所示，测量零阶斑点区最外沿的距离$R$可以大致估算晶体的厚度。另外，利用高阶劳厄带还可以对晶格参数进行估算。

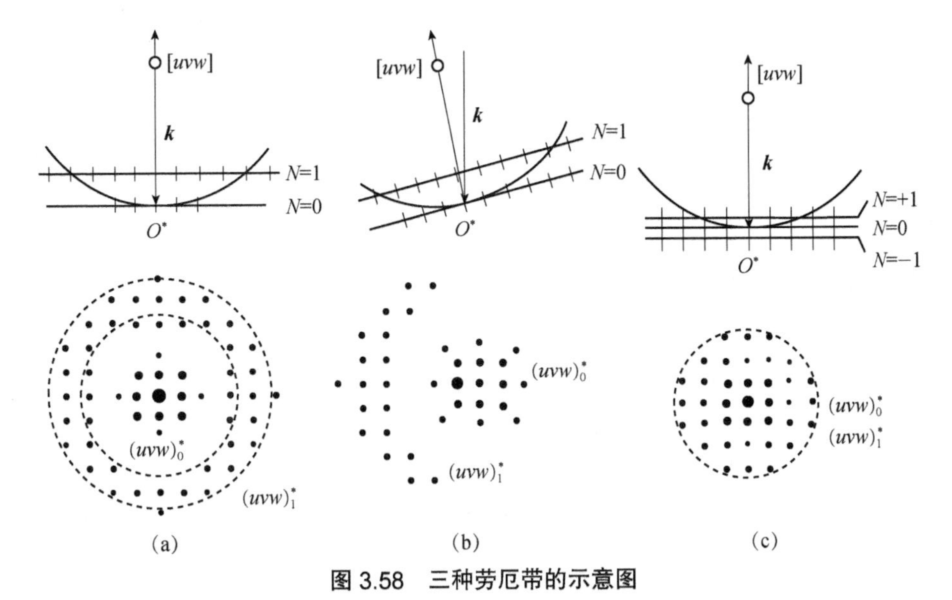


**图 3.58　三种劳厄带的示意图**

（a）对称劳厄带，[uvw]与入射线一致；（b）不对称劳厄带，[uvw]与入射线不一致；（c）重叠劳厄带，样品较薄或晶格常数大

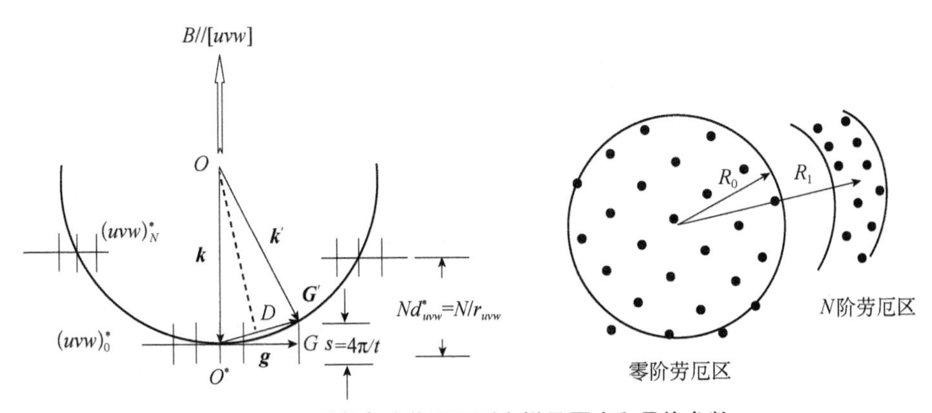


**图 3.59　利用高阶劳厄区测定样品厚度和晶格参数**

假设样品的厚度为 $t$，最外沿斑点偏移参量 $\boldsymbol{s}$ 的长度与样品厚度 $t$ 的关系为 $s=4\pi/t$，反射球半径为 $2\pi/\lambda$，根据衍射几何关系，$\triangle O^*GG' \backsim \triangle O^*DO$，有 $GG'/O^*G=O^*D/OO^*$，由此可得

$$\frac{\frac{1}{2}\times 4\pi/t}{2\pi/d} \approx \frac{\frac{1}{2}\times 2\pi/d}{2\pi/\lambda} \tag{3.152}$$

并由 $Rd=\lambda L$，可得晶体的厚度为

$$R \approx \frac{\lambda L}{d} = L\sqrt{\frac{2\lambda}{t}}, \quad t \approx \frac{2\lambda L^2}{R^2} \tag{3.153}$$

利用高阶劳厄带可测量晶格参数。$N$ 层倒易点阵面 $(uvw)_N^*$ 与零层倒易点阵面 $(uvw)_0^*$ 的间距为

$$Nd_{uvw}^* = N / r_{uvw} \tag{3.154}$$

式中，$r_{uvw} = u\boldsymbol{a} + v\boldsymbol{b} + w\boldsymbol{c}$。

设 $N$ 阶劳厄带中心位置到倒格点原点的距离为 $R_1$，用 $N / r_{uvw}$ 代替（3.153）式中的 $1/t$，经过运算可得

$$R_1 = L\sqrt{\frac{2\lambda}{t}} = L\sqrt{\frac{2\lambda N}{r_{uvw}}} \tag{3.155}$$

测量出 $R_1$，并利用（3.155）式就可以求出 $r_{uvw}$，根据 $r_{uvw}$ 和晶格参数之间的关系，就可以确定晶格参数。例如，对于立方晶系，可得晶格参数为

$$a = \frac{r_{uvw}}{\sqrt{u^2 + v^2 + w^2}} \tag{3.156}$$

4. 二次衍射

由于晶体中原子对电子的散射远远强于X射线，当电子经过某一个晶面散射后，可作为新的入射束，在晶体中传播，遇到另一个晶面产生二次衍射，即双衍射或多次衍射。这样就会在一次衍射花样上出现附加的衍射，这种二次或多次衍射有可能与一次衍射重叠，造成一次衍射加强，也可能不重叠，使衍射花样变得复杂。在一次衍射中，在有衍射系统消光的情况下，由于二次衍射则有可能出现衍射斑点。图3.60（a）就表示了一次衍射消光的方向，经过一个晶面（$h_2k_2l_2$）产生二次衍射的衍射束方向正好跟一次衍射不出现的消光方向平行，这样就出现了本不该出现的衍射束。这一衍射束就是二次衍射造成的，而不是（$h_3k_3l_3$）的晶面一次衍射的衍射斑点。

这一过程可以用反射球的概念加以描述。如图3.60（b）所示，（$h_1k_1l_1$），（$h_2k_2l_2$）和（$h_3k_3l_3$）为晶体中三个不同的晶面族（（$h_3k_3l_3$）晶面族⊥$O^*G_3$，在图中未画出），三个晶面族对应的倒格点分别是 $G_1$，$G_2$ 和 $G_3$，三个倒格点对应的倒格矢分别为 $\boldsymbol{g}_1$，$\boldsymbol{g}_2$ 和 $\boldsymbol{g}_3$。倒格点 $G_2$ 不在反射球上，因此不会产生衍射。倒格点 $G_1$ 和 $G_3$ 在反射球上，能够满足布拉格衍射条件，衍射方向分别沿 $OG_1$ 和 $OG_3$ 方向。现在假设 $G_1$ 对应的晶面不消光而产生衍射，$G_3$ 对应的晶面消光而不产生衍射。$G_1$ 经过晶面（$h_1k_1l_1$）产生的衍射，属于一次衍射。如果一次衍射束作用于晶面（$h_2k_2l_2$），恰好满足布拉格反射条件，衍射束再次发生了衍射，即出现二次衍射。如果不在反射球上的 $G_2$ 点对应的倒格矢 $\boldsymbol{g}_2$ 满足

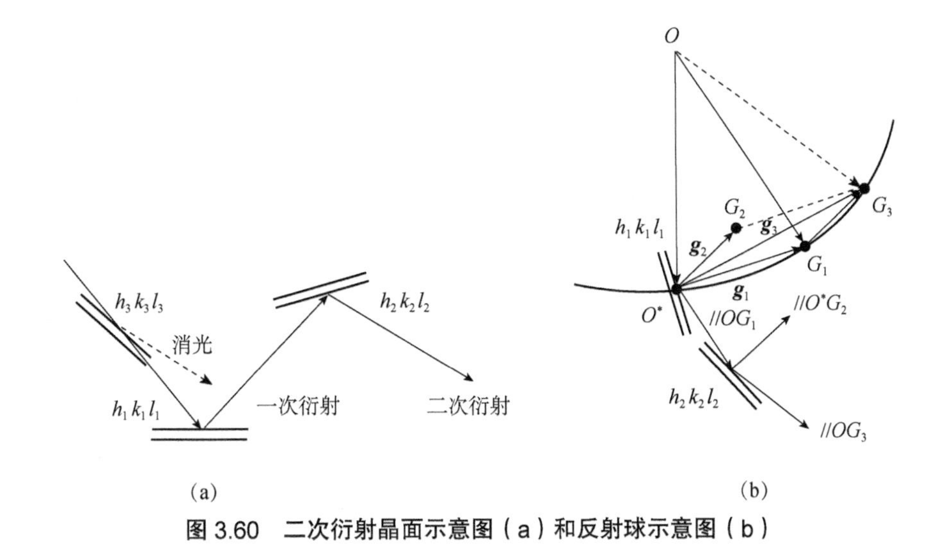


图 3.60　二次衍射晶面示意图（a）和反射球示意图（b）

$\boldsymbol{g}_1+\boldsymbol{g}_2=\boldsymbol{g}_3$，即有 $h_1+h_2=h_3$，$k_1+k_2=k_3$，$l_1+l_2=l_3$，那么 $\boldsymbol{g}_2$ 就和（$h_2k_2l_2$）晶面的二次衍射等价，就相当于把倒格子原点从 $O^*$ 平移至 $G_1$ 点，$\boldsymbol{g}_2=\overrightarrow{G_1G_3}$。这样，来自于 $OG_3$ 方向消光的衍射，被晶面（$h_2k_2l_2$）上的衍射所填补，就好像是在这个方向不发生消光一样。

这种双衍射斑点的出现，不等同于前述的合金超点阵，因为合金超点阵的成因是：不同原子有序排列后，几何结构因子为零时，由于不同原子的散射因子不等，使得消光位置的几何结构因子没有完全抵消而不等于零。

对于化学成分有序排列而出现的超点阵，如何区分是超点阵还是二次衍射出现的衍射斑点呢？例如，对于六角密排结构，（001）是衍射禁止的晶面，如果出现了衍射，可以通过倾斜样品判断是否是二次衍射造成的。样品沿着平行于本该出现衍射禁止的晶面进行转动，如果大部分（00$l$）为奇数的衍射消失，而 $l$ 为偶数的衍射仍然很强的话，说明晶面（00$l$）出现的衍射属于二次衍射。反之，有可能是成分有序造成的超点阵衍射。

5. 菊池衍射花样

在晶体的电子衍射中，当样品内部缺陷较少，而且样品比较厚的情况下，衍射花样会出现明暗相间的平行线，1928 年由菊池（S. Kikuchi）首先发现这一观察现象，并给出了合理的解释，故称为菊池花样。菊池线的形成可由图 3.61 给予解释。入射电子在样品中受到两类散射，即弹性散射和非弹性散射。在弹性散射中，由于电子不损失能量，会发生相干散射而产生衍射，而后者在电子波传播过程中不仅会改变方向，还会发生能量损失。

样品较薄时，样品中原子对电子的散射次数较少，甚至只会引起单次的非弹性散射，电子损失的能量极少，小于 50eV，相对于通常使用的 100keV 的电子能量来说，能量损失可以忽略不计，其波长也可以认为没有发生变化，这时呈现的衍射就是正常的电子衍射花样。在样品比较厚的情况下，电子在样品中会经历多次非弹性散射，在晶体三维空间中就会出现各个方向和强度不一的散射。图 3.61（a）画出了电子的非弹性散射随散射角的分布情况，图中散射矢量长度代表强度，散射角度越大，损失的能量越多，散射的电子强度越低。这些产生非弹性散射的电子波长连续分布，射出样品后，就会形成衍射图案的背底。当散射角度比较小时，能量损失较小，背底就较亮；当散射角度比较大时，电子能量损失较大，就会形成较暗的背底。这些非弹性散射的电子除了能形成背

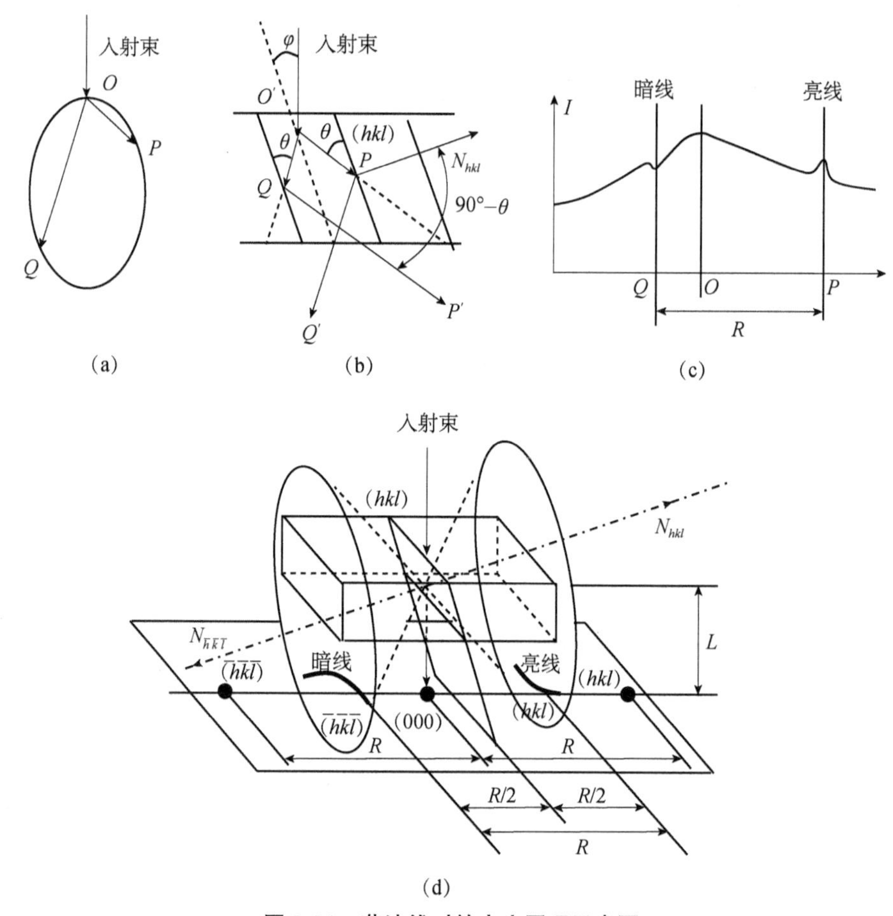


图 3.61　菊池线对的产生原理示意图

（a）电子的非弹性散射随散射角的分布情况；（b）菊池线产生几何示意图；（c）菊池线引起的背景强度变化；（d）菊池线对的产生及其衍射几何

底之外，当一部分电子波长满足布拉格条件时，就会产生相干散射，即产生衍射。下面我们就分析非弹性散射电子再次发生散射而产生衍射的分布情况。

如图 3.61（a）和（b）所示，如果沿 $OP$ 方向传播的非弹性电子波与晶面 $(\bar{h}\,\bar{k}\,\bar{l})$ 发生布拉格反射，则其衍射线方向沿 $Q'$方向，平行于 $OQ$ 线，同时 $OQ$ 方向的非弹性散射在晶面（$hkl$）产生布拉格反射，其衍射方向沿 $P'$的方向，并与 $OP$ 平行。$OP$ 方向的背底强度为 $I'_{OP}=I_{OP}+I_{P'}-I_{Q'}$，这里 $I_{OP}$，$I_{P'}$，$I_{Q'}$分别表示 $OP$ 方向电子的散射强度、$P'$线的衍射强度和 $Q'$线方向的衍射强度。$OQ$ 方向的背底强度为 $I'_{OQ}=I_{OQ}-(I_{P'}-I_{Q'})$，这里 $I_{OQ}$ 为 $OQ$ 方向电子的散射强度。由于 $OQ$ 方向电子的散射强度大于 $OP$ 方向的散射强度，即 $I_{OQ}>I_{OP}$，同时由于电子的衍射强度正比于电子的入射强度，因此 $I_{P'}>I_{Q'}$，即 $I_{P'}-I_{Q'}>0$。这样一来，$OP$ 方向净增强度为 $I_{P'}-I_{Q'}$，呈现出亮的衬度，$OQ$ 方向的净减强度为 $I_{P'}-I_{Q'}$，呈现暗的衬度，图 3.61（c）所示。非弹性散射的电子在三维空间方向上传播，由此产生晶面（$hkl$）和 $(\bar{h}\,\bar{k}\,\bar{l})$ 的衍射线分别是分布在以这两个晶面的法线为轴、半顶角为 $90°-\theta$ 的圆锥面上，这两个圆锥面与观察屏幕相交截而形成双曲线，$P$ 线为亮度高的线，$Q$ 线为亮度低的暗线，如图 3.61（d）所示。由于观察屏幕离样品为宏观尺度，离得较远，实际上亮暗线为一对平行线，这一对平行线就称为菊池线。由于晶体中其他晶面也可以产生类似的线对，故可以形成许多亮暗线对构成的菊池线谱，菊池线对的距离 $R=2L\tan\theta\approx 2L\sin\theta=L\lambda/d$。故菊池线对的间距 $R$ 就等于相应衍射斑点（$hkl$）或 $(\bar{h}\,\bar{k}\,\bar{l})$ 到中心衍射斑点的距离，线对的垂线与斑点方向 $R$ 平行，同时菊池线对的中线，即为（$hkl$）晶面与观察屏的交线。因此，菊池线的衍射花样指数化与单晶衍射花样相同。如果已知相机常数，就可以通过测出线对距离，计算出晶面间距。

图 3.62 是不同入射条件下菊池线对与衍射斑点的相对位置图。当电子束对称入射时，即 $\varphi=0$，$\varphi$ 为（$hkl$）晶面与透射电子束之间的夹角，菊池线对出现在中心透射斑点的两侧，衍射晶面的迹线正好经过中心斑点，如图 3.62（a）所示。这时，背底强度的净增和净减应该为零，没有菊池线的出现，但是还能够看到菊池线，这可能是“反常吸收”所造成的。

当电子束不对称入射时，如果 $\varphi=\theta$（$\theta$ 为入射电子束经过非弹性散射后形成的电子束方向与晶面（$hkl$）之间的夹角，如图 3.61（b）所示），如图 3.62（b）所示，这时衍射晶面（$hkl$）的倒格点正好在反射球上，菊池线对中亮线 $P$ 和暗线 $Q$ 正好分别通过衍射斑点（$hkl$）和透射中心点（000），此时菊池线特征不明显。当电子束以任意角入射时，菊池线对可位于透射斑点的同侧，如当 $\varphi>\theta$ 时

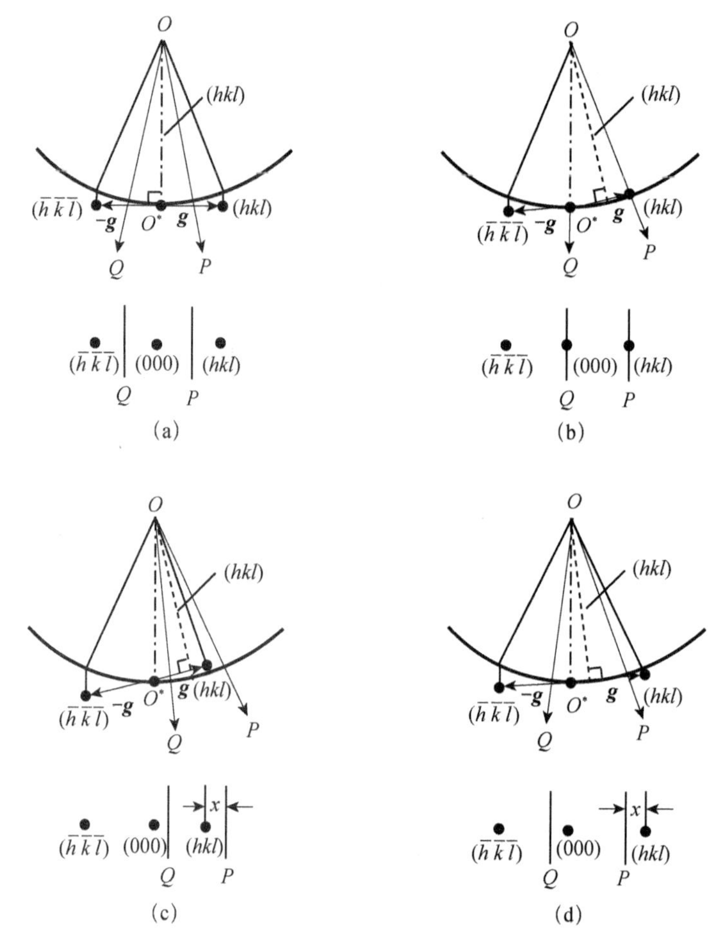


图 3.62　不同入射条件下菊池线对与衍射斑点的相对位置图

(a) 对称入射 ($\varphi$=0); (b) 不对称入射 ($\varphi$=$\theta$); (c) 不对称入射 ($\varphi$>$\theta$); (d) 不对称入射 ($\varphi$<$\theta$)

就是这种情况，如图 3.62（c）所示。菊池线对可位于透射斑点的两侧，如当 $\varphi<\theta$ 时就是这种情况，如图 3.62（d）所示。一般情况下，菊池线对的位置相对于透射斑点是不对称的，相对靠近中心斑点的为暗线，其电子衍射强度低于背底强度，而远离中心斑点的为亮线，其电子衍射强度高于背底强度，菊池线对始终对称分布在该衍射面的迹线两侧。

由于菊池线对分布在晶面（***hkl***）的两侧，该晶面与观察屏的交线分别与对应的亮暗线距离为 $R/2$，故样品倾斜改变晶面与入射电子束的方向，菊池线在屏幕上随之移动，对晶体的方位十分灵敏，这与衍射斑点的情况有很大不同：衍射斑点随样品的转动，仅仅发生斑点强度的变化，而不发生位置的变动。

若有几个不同晶面的菊池线对相交，它们的中线（迹线）相交点，称为菊池极，它是晶带轴在观察屏幕上的投影点，通常能在荧光屏上看到几个晶带的菊池极。也即，在一张底片上可以包括几个菊池极的菊池线，把具有各种确定位向的菊池花样拼接起来，就可得到菊池图。图 3.63 为菊池极与衍射斑点同时存在时面心立方菊池与衍射斑示意图。

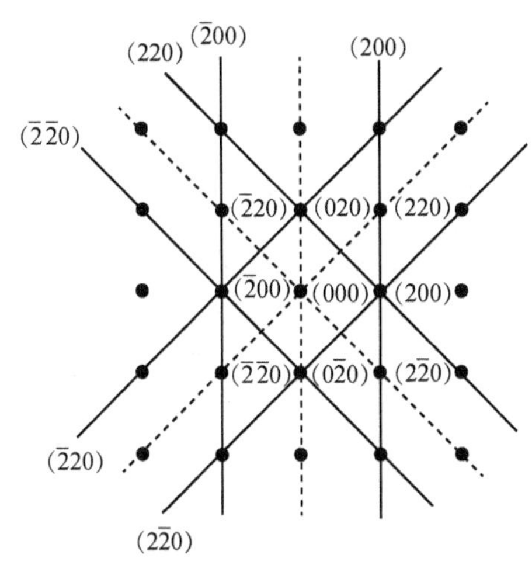


图 3.63 菊池极与衍射斑点同时存在时面心立方菊池与衍射斑示意图

图 3.64 是面心立方菊池图。

## 3.3.7 透射电子显微镜的图像衬度理论

透射电子显微镜不仅能够利用电子衍射图样获得晶体的结构信息，同时还能够测得光怪陆离的形貌像。前面解释了如何利用电子衍射图样获得晶体的结构信息，但形貌像的解释需要利用衬度的概念，只有了解了衬度的概念，才能对形貌进行合理的解释，也才能选择合适的实验方法观察样品的显微组织。

所谓衬度（contrast），就是指试样不同部位由于对入射电子作用不同，经成像放大之后，在显示屏上显示出强度差异。用公式表示，可写为

$$C=\frac{I_1-I_2}{I_1}=\frac{\Delta I}{I} \tag{3.157}$$

式中 $I_1$、$I_2$ 分别表示两像点的成像电子的强度。

不同区域明暗差异越大，衬度就越高，图像就越明晰。在透射电子显微镜中，这种强度差异主要来源于电子在穿过样品后，振幅和相位差均发生了变化。即产生振幅衬度和相位衬度。根据产生振幅改变的原因，又可分为质厚衬度和衍射衬度两种。振幅和相位衬度对同一幅图像的形成均有贡献，只是其中

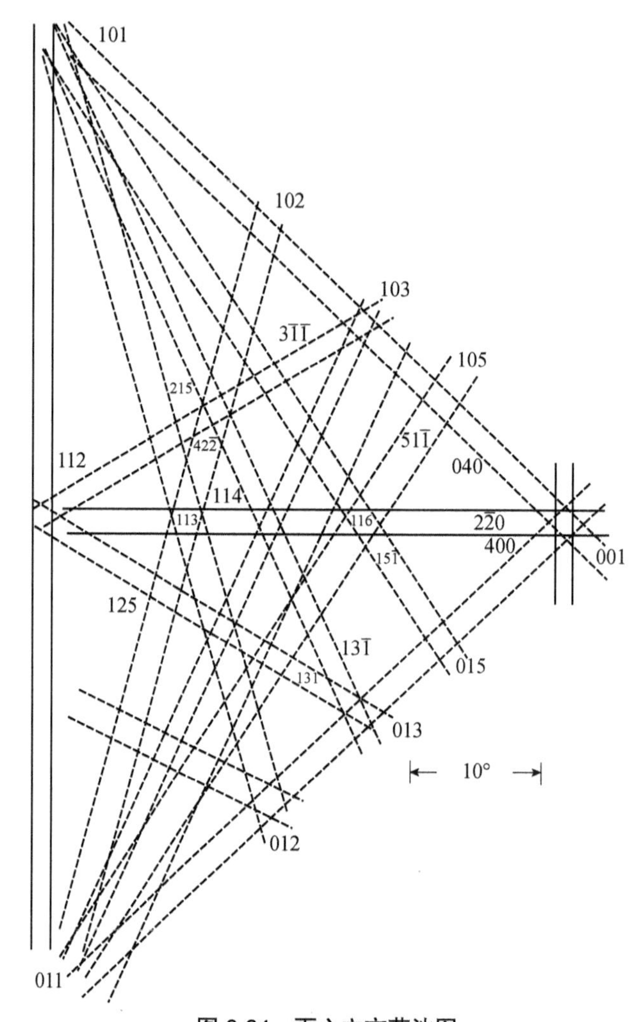


图 3.64 面心立方菊池图

一个占主导而已。

1. 质厚衬度

质厚衬度，即质量–厚度衬度的简称（mass-thickness contrast），是试样中各处的原子种类不同或厚度、密度差异所造成的衬度。当电子透过样品后，出射电子受到了原子的散射和能量损失而吸收，因此质厚衬度主要取决于被测样品中原子散射电子的情况。也就是说，各个部分原子的种类、密度分布和厚度不一致，则对电子的散射本领也不一样，高序数的原子对电子的散射能力强于低序数的原子，成像时电子被散射出光阑的概率就大，参与成像的电子强度就低，与其他处相比，该处的图像就暗。密度越大，则入射电子透过样品时，样品原子核库仑场越强，被散射到光阑外的电子数越多，通过物镜光阑参与成像的电子数就越少，衬度就越低。厚度大的区域则吸收的电子就越多，参与成像的电子就越少，导致该处的图像就暗。非晶体主要是靠质厚衬度成像。图 3.65 是质厚衍射衬度示意图。

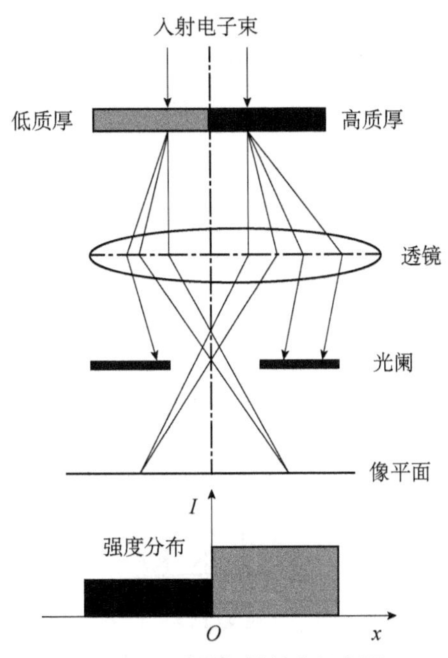


**图 3.65　质厚衍射衬度示意图**

电子被散射到光阑孔外的概率可表示为

$$\frac{\mathrm{d}N}{N}=-\frac{\rho N_{\mathrm{A}}}{A}\left(\frac{Z^2e^2\pi}{V^2\alpha^2}\right)\times\left(1+\frac{1}{Z}\right)\mathrm{d}t \tag{3.158}$$

式中，$\alpha$ 为散射角，$\rho$ 为物质密度，$e$ 为电子电荷，$N_{\mathrm{A}}$ 为阿伏伽德罗常量，$Z$ 为原子序数，$V$ 为电子枪加速电压，$t$ 为试样厚度。

由（3.158）式可知，试样越薄、原子序数越小以及加速电压越高，电子被散射到光阑孔外的概率就越小，通过光阑孔参与成像的电子就越多，该处的图像就越亮。

质厚衬度取决于参与成像的电子强度的差异，而不是成像的电子强度。对于相同试样，提高电子枪的加速电压，电子束的强度提高，试样各处参与成像的电子强度同步增加，质厚衬度不变。仅当质厚变化时，质厚衬度才会改变。

2. 衍射衬度

如果样品的原子分布、密度和厚度均匀，所产生的衬度就不能用质厚衬度给予合理解释，可以利用衍射衬度来加以说明。所谓衍射衬度，是指由于样品中满足布拉格反射条件程度不同及结构振幅不同而形成的衍射强度的差异。图 3.66 是由电子衍射和透射产生衬度像的三种方式。在物镜后焦面上放置物镜光阑，只让透射束通过，而挡住衍射束所成的像称为明场像（bright field image），如图 3.66（a）所示。用物镜后焦面上的物镜光阑套住衍射束，而挡住透射束所成的图像则称为暗场像（dark field image），如图 3.66（b）所示。这样所成的暗场像，由于偏离主轴，具有较大的球差，成像质量较差，因此常用偏转线圈让初始电子束倾斜入射到样品表面，偏离主轴，而将衍射成像调整到中心区域成像，这样的暗场像称为中心暗场像，如图 3.66（c）所示。通过中心暗场像的成像方式，可以有效地减小球差，改善成像质量，使暗场像变得更加清晰。

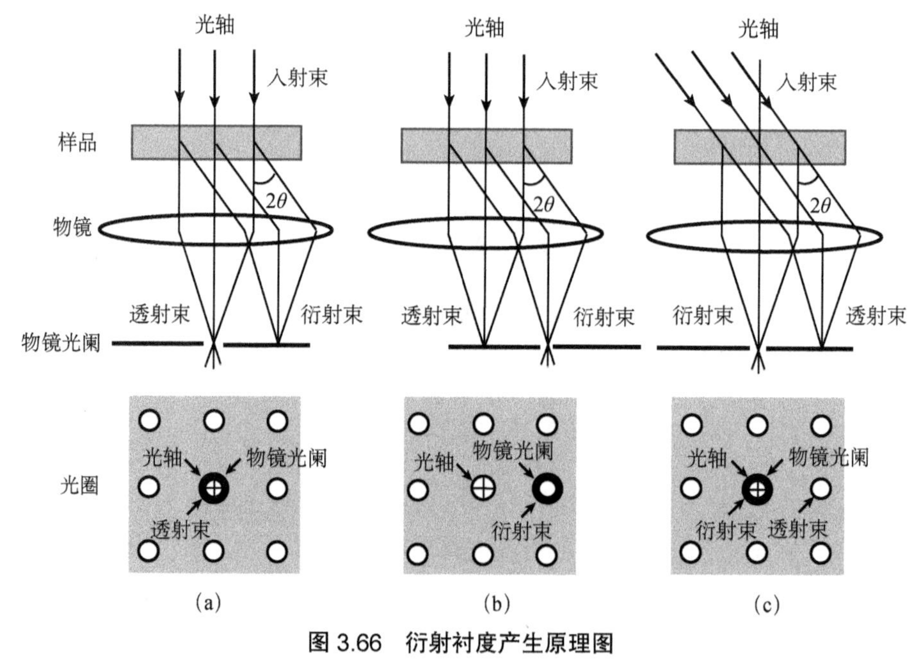


**图 3.66　衍射衬度产生原理图**

（a）明场像；（b）暗场像；（c）中心暗场像

以上三种操作均是通过移动物镜光阑来完成的，因此物镜光阑又称衬度光阑。需要指出的是，进行暗场或中心暗场成像时，采用的是衍射束进行成像，其强度虽然低于透射束，但其产生的衬度却比明场像高。

3. 相位衬度

当晶体样品较薄时，可忽略电子波的振幅变化，让透射束和衍射束同时通过物镜光阑，试样中各处对入射电子的作用不同，致使它们在穿出试样时相位不一，再经相互干涉后便形成了反映晶格点阵和晶格结构的干涉条纹像（图 3.67），并据此可测定物质在原子尺度上的精确结构。这种主要由相位差所引起的强度差异称为相位衬度，晶格分辨率的测定以及高分辨图像就是采用相位衬度来进行分析的。

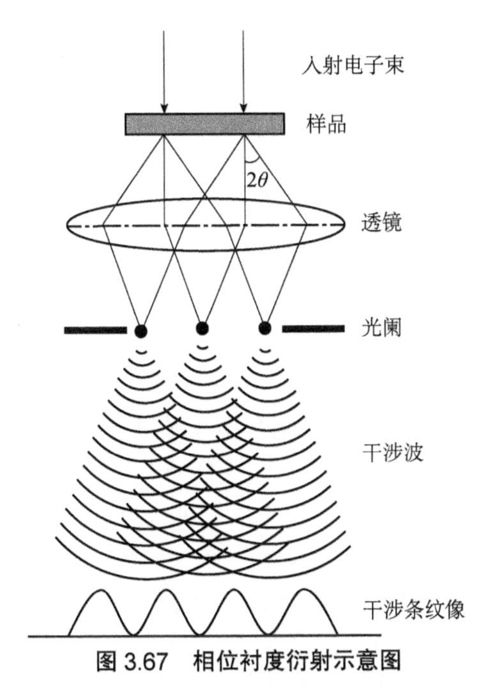


**图 3.67　相位衬度衍射示意图**

高分辨电子显微技术就是基于相位衬度原理的成像技术，利用散射电子束在物镜后焦面处形成携带晶体结构的衍射花样，随后电子衍射束和透射束的干涉在物镜的像平面上重构晶体点阵图像，这是傅里叶变换和逆变换的过程。

衍射衬度理论简称为衍衬理论，是解释电子束穿过样品后，电子透射束或衍射束的强度分布理论，是分析形貌成像的基本理论。衍衬理论可分为运动学理论和动力学理论两种。当考虑衍射的动力学效应，即透射束与衍射束之间的相互作用和多重散射所引起的吸收效应时，衍衬理论称为衍衬动力学理论。当不考虑动力学效应时，衍衬理论称为衍衬运动学理论。衍衬运动学理论只是衍衬动力学理论的一种近似，其分析讨论建立在两个基本假设的前提下：其一是衍射束与透射束之间无相互作用，无能量交换；其二是不考虑电子束通过样品时的多次反射和吸收。在上述假设的基础上，还作了两个近似，即双光束近似和晶柱近似。双光束近似认为在多个衍射束满足布拉格衍射时，仅考虑一束接近于布拉格衍射条件，其他衍射束均远离布拉格衍射条件，衍射束为零。透过样品后仅有透射束和衍射束两束光束。晶轴近似是把单晶体看成一系列晶轴平行排列构成的散射体，各个晶轴又由晶胞堆砌而成，晶柱贯穿晶体的厚度，晶柱之间无相互作用，在此假设的前提下，对理想晶体和实际晶体的散射强度进行理论计算，并由此解释一些常见的衍射现象。衍射运动学理论做了理论上的简化，对一些常见的衍射现象可以给予定性和直观上的解释，但由于其简化处理，仍有一些衍射现象无法给予合理解释，因此衍射运动学理论有其局限性。而衍射动力学理论简化处理较少，衍射强度的理论计算更加严密，但推导过程非常烦琐。

关于衍射理论的数学推导，这里不作介绍，感兴趣的读者可以参考电子衍射理论的专著。

### 3.3.8 电子能量损失谱

早在 20 世纪 20 年代末和 30 年代初，瑞典研究者埃里克·鲁贝里（Erik Rudberg）开展了一系列关于金属、化合物等材料发射非弹性散射电子的研究工作，发现电子能量损失会随着样品化学成分的变化而发生变化[11-14]。因此，通过分析样品中不同位置的电子能量损失就可以获得样品的成分分布。自 20 世纪 50 年代以来，电子能量损失谱（electron energy loss spectroscopy，EELS）逐渐发展起来，在电子的非弹性散射理论的推动下，利用高分辨电子能量损失谱可以实现对表面吸附、分子结构和化学特性分析的研究。目前高分辨电子能量损失谱已成为表面物理和化学研究的有效手段之一。

电子与固体的相互作用发生非弹性碰撞而损失能量的现象称为电子能量损失。电子能量损失谱的基本原理是基于原子中处于不同能级上的电子激发过程，利用入射电子引起样品单电子激发、等离子体元激发、声子激发等，根据发生的这些非弹性碰撞而损失的能量来获取表面原子物理和化学信息。

电子能量损失谱仪有两种商业产品，一种是磁棱镜（magnetic prism）谱仪，另一种是 Ω 型电子过滤器（Ω-type energy filter）。应用最普遍也最方便的是磁棱镜谱仪。

1. 电子能量损失谱仪基本结构

1）谱仪结构

为了测量 EELS，在 TEM 的投影镜后面可以加装一个 EELS 谱仪。如图 3.68

所示。其核心装置是一个磁性扇区。与电磁透镜不同的是，它的磁场分布是非轴对称的。电子经过磁扇区，会受到洛伦兹力的作用，能量相同的电子以相同的曲率在扇区内偏转（偏转角度大于或等于90°），可以作为一个磁棱镜来进行分光。损失能量的电子经过扇区后向上弯曲，能量损失大的电子（虚线）比能量损失小的电子（实线）偏转得厉害，由此构成色散面的光谱，通过改变扇区的磁场可以将一定范围的能量损失电子数与能量损失 $\Delta E$ 的关系以图谱的形式记录下来，类似于白光经过玻璃棱镜进行分光的过程。从图3.68中可以看出，磁棱镜可对轴向和不在轴向损失能量相同的电子进行聚焦，会聚到色散面上，如同电磁透镜一样。具有能量损失的电子与没有能量损失的电子在焦平面上的位移为

$$\Delta x = \Delta E \frac{4R}{E_0} \cdot \frac{1 + E_0 / (m_0 c^2)}{2 + E_0 / (m_0 c^2)} \tag{3.159}$$

式中，$R$ 为电子在扇区移动的曲率半径，$E_0$ 为入射电子能量，$m_0$ 为电子静止质量，$c$ 为光速。

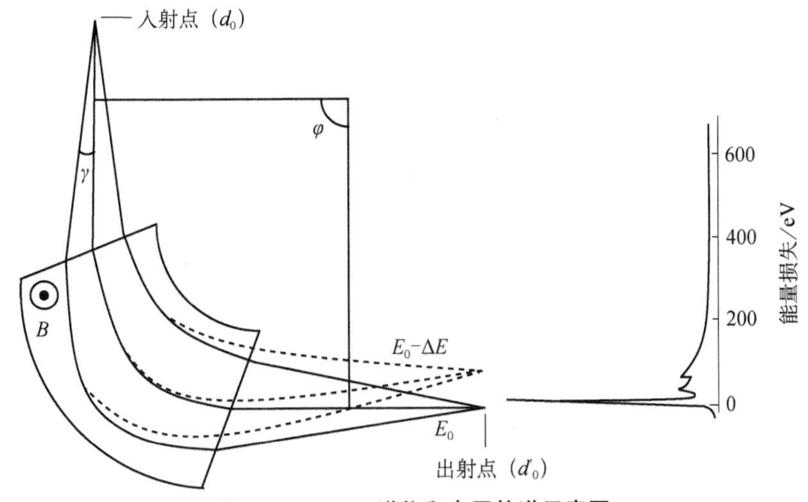


**图3.68 EELS谱仪和电子轨道示意图**

电子透镜的收集角 $\beta$ 由电子显微镜的物镜光阑所控制。分光计的物平面通常设置在TEM的投影镜后焦面处。具有一定能量损失的电子被扫描记录下来。电子的搜集方式有两种：一种是顺序收集，能量通道在定时时间内累积计数，然后再进入下一个通道进行计数；另一种是并行收集，此时所有通道同时收集计数。

磁棱镜结构虽然简单，但具有很高的分辨率。入射电子能量为400keV时，仍然具有1eV的分辨率。但与能量色散谱仪（energy dispersive spectrometer,

EDS）相比，EELS 谱仪操作使用比较复杂，实验中需要调整电子束聚焦、分光计校准和确定收集半角等操作。可通过在偏移管上施加一精确的已知电压对分光计进行校准。

2）单色器

典型的 EELS 分辨率大约为 1eV，在利用发射电子枪和配备单色器后，分辨率可高达 0.1eV，其中电子枪通常采用肖特基效应电子枪；电子单色器通常采用维恩过滤器（Wien filter），维恩过滤器是由正交电场和磁场组成的元件，只有在电场力和洛伦兹力的共同作用下，达到平衡的电子才能通过维恩过滤器，对以速度为 $v_0$ 沿光轴运动的电子，当达到受力平衡时，有

$$ev_0B_y = eE_x \Rightarrow v_0 = \frac{E_x}{B_y} \tag{3.160}$$

式中，$e$ 为电子电量，$E_x$ 为纵向电场，$B_y$ 为横向磁场。具有不同于速度 $v_0$ 的电子发生偏转而不能通过维恩过滤器。选择合适的磁场、电场以及光阑直径，可以实现小于 1eV 的能量分辨率。当电子单色化程度达到 0.1eV 的分辨率时，80%的电子被过滤器过滤掉了，电子通量会大大减弱。即提高分辨率会以减小图像亮度为代价。因此，在进行测量时，需在单色化探测尺寸之间进行综合考量。

2. 电子能量损失谱仪的基本原理

1）电子能量损失类型

（1）单电子激发，包括价电子激发和芯态能级电子激发。价电子激发所产生的能量损失谱代表了固体的某些特性，能量损失为 0～50eV，可用于对材料表面的分析研究。芯态能级所产生的损失谱线类似于 X 射线吸收谱，能量一般大于 20eV，也很有用，常用于元素鉴定和化学价态分析。

（2）等离子体（plasma）激发。金属中的价电子可以自由移动，半导体和绝缘体中的价电子也会位移，入射电子受固体散射，会损失一部分能量，这些能量可能激发电子气的纵向振动。也就是说，宏观上保持电中性系统，在外界条件作用下，微观尺度上会出现电子密度的起伏，由于电子之间的库仑作用是长程相互作用，电子密度的起伏会引起整个电子系统的集体振荡，称为等离子体，它是一种低温（室温）等离子体，其振荡生命周期为 $10^{-15}$s 的时间量级，并局域在 10nm 范围内。所谓等离激元（plasmon），就是等离子体激发单元，其能量是量子化的。

如图 3.69 所示，设金属中电子密度为 $n$，左、右边出现的面电荷密度分别为 $\sigma_s = \pm 4\pi nex$（centimeter-gram-second system，CGS 单位），因此在 $x$ 方向产生电场强度 $E_x = 4\pi\sigma_s = 4\pi nex$（CGS 单位），电子有向左移动的倾向，于是产生振

荡，单位体积内的电子气振荡方程为

$$nm\frac{\mathrm{d}^2x}{\mathrm{d}t^2}=-neE_x=-4\pi n^2e^2x \tag{3.161}$$

式中，$m$ 为电子质量，$e$ 为电子电荷量，即

$$\frac{\mathrm{d}^2x}{\mathrm{d}t^2}+\omega_\mathrm{p}^2x=0 \tag{3.162}$$

解得

$$\omega_\mathrm{p}=\sqrt{\frac{4\pi ne^2}{m}} \tag{3.163}$$

$\omega_\mathrm{p}$ 为等离子体振荡频率，引起的能量损失为

$$E_\mathrm{p}=\hbar\omega_\mathrm{p} \tag{3.164}$$

$E_\mathrm{p}$ 称为等离激元。金属的电子数密度 $n$ 约为 $10^{23}\mathrm{cm}^{-3}$ 量级，电子电荷 $e$=4.8×$10^{-10}$e.s.u，电子质量 $m$=9.11×$10^{-28}$g，将上述这些具体数值代入（3.163）式，可求得等离子体的振荡频率 $\omega_\mathrm{p}\approx 2\times10^{16}$ Hz，并将其代入（3.164）式可得等离激元 $E_\mathrm{p}\approx 26$ eV。样品的不同化学特性，表现在电荷密度的变化引起等离子体振荡。因此，通过对等离子体能量损失的测定可以分析样品的微量信息。

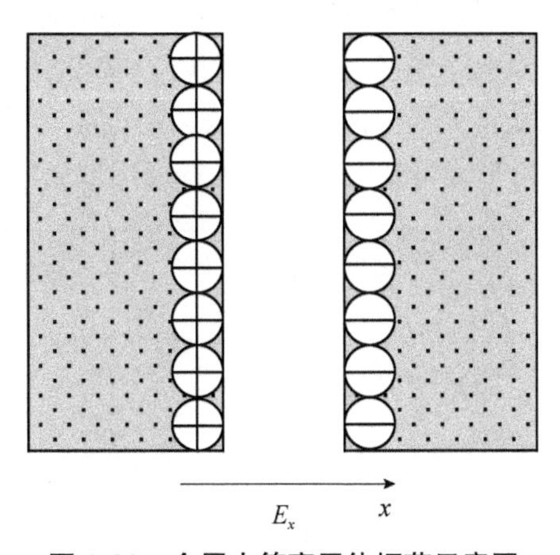


**图 3.69　金属中等离子体振荡示意图**

另外，还可以利用等离子峰计算样品的厚度 $t$。设 $I_n$ 为第 $n$ 个等离子体的透射电子计数，$I_\mathrm{t}$ 为激发所有等离子体的电子计数，则有

$$\frac{t}{\lambda}=\ln\frac{I_n}{I_\mathrm{t}} \tag{3.165}$$

式中，$\lambda$ 为等离子体振荡的特征长度或平均自由程，对于 100keV 能量的入射电子在金属或半导体中激发的等离子体的平均自由程约为 100nm。如已知 $\lambda$，根据

(3.165)式可以测定试样的厚度。

(3)芯态电子电离。当入射电子能量足够大时，使样品中芯态电子电离。正如在退激发过程中释放的能量可以激发X射线和俄歇电子等一样，电离芯态电子的能量损失EELS和EDS是同一现象测量的不同方面，电离损失的能量也涉及了原子的特性，因此这些损失的能量谱恰如特征X射线谱或俄歇电子谱，来源于原子的信息。内壳层的电离需要很高的能量，随着原子序数的增加，K壳层的电离能逐渐增大。

根据上述能量损失的大小不同，通常把EELS谱分成三个部分。其一是零损失峰，它包括未经过散射或经过弹性散射的透射电子，以及部分能量小于1eV的准弹性散射的透射电子的贡献和能量小于1eV的声子激发。零损失峰强度太大，极易损坏闪烁器或饱和光电二极管阵列，无特殊情况一般不进行收集。零损失峰主要用于谱仪的能量标定和仪器调整，处于对称的高斯分布为谱仪良好状态的标志，以其半高宽定义为谱仪能量分辨率。其二是能量损失小于50eV的区域，称为低能损失区域，这部分主要包括激发等离子体振荡和激发晶体内电子的带间跃迁的透射电子。其三是高能损失区，能量损失在50eV以上的高能区域称为高能损失区，它是入射电子使试样中的K，L，M等内层电子被激发而造成的。由于内层电子被激发的概率要比等离子体激发概率小2～3个数量级，故其强度很小，因此记录一个电子能量损失谱时，将内层电离损失区的谱放大几十倍再与零损失区、低能损失区一起显示出来，如图3.70所示。在EELS中，电离损失峰理想峰形为三角形或锯齿形，真实的峰形近似为三角形或锯齿形。

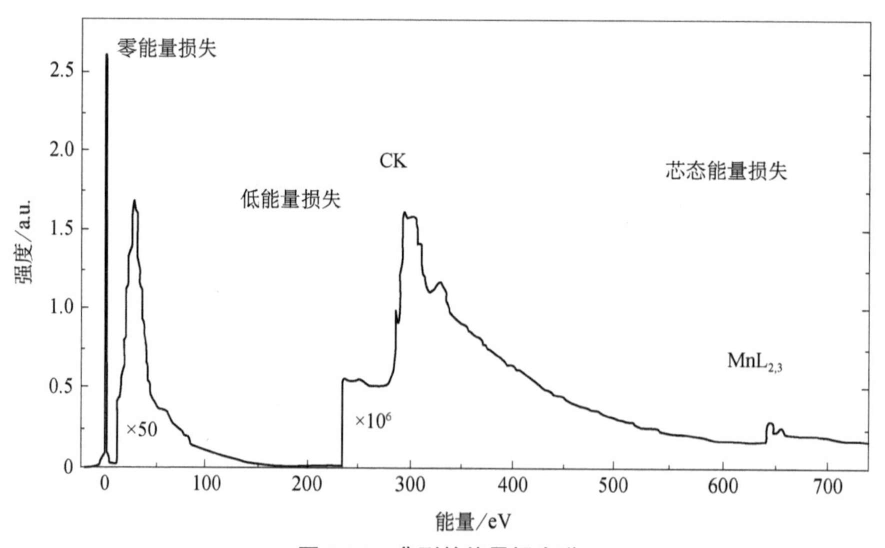


图3.70 典型的能量损失谱

芯态电子电离，对于 K 层只有 1s 亚壳层，电子电离给出 K 吸收边。对于 L 层，电子处于 2s 或 2p 轨道，如果 2s 电子被电离，给出 2s 吸收边，如果 2p 电子被电离，给出 $L_2$，$L_3$ 边。$L_2$，$L_3$ 可能不能分辨，常写为 $L_{2,3}$，依次类推。芯态电子激发可能的吸收边及其命名如图 3.71 所示。

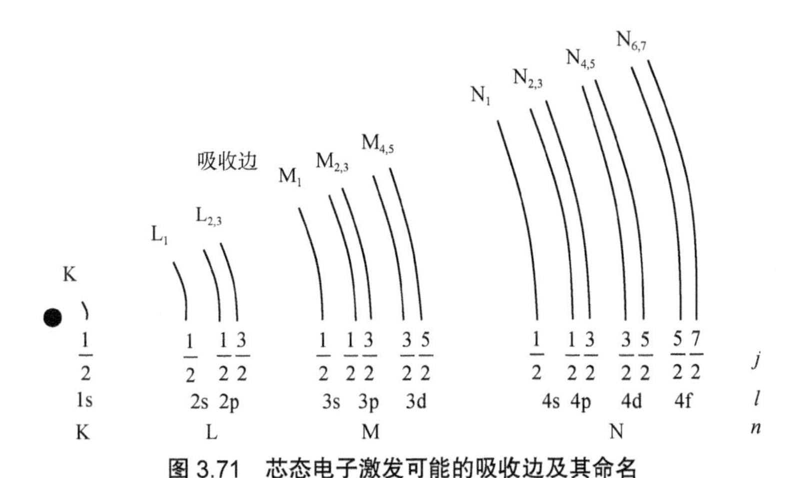


**图 3.71　芯态电子激发可能的吸收边及其命名**

2）电子能量损失精细结构

通常又将高能电离损失再细分为两个部分：在电离阈值 50eV 能量以内附近的 EELS，存在明显的精细振荡结构，称为电子能量损失近边结构（energy loss near edge structure，ELNES）；高于电离阈值 50eV 以上电子能量损失部分称为广延能量损失精细结构（extensive energy loss fine structure，EXELFS）。

A. 电子能量损失近边结构

在电离阀值损失能量约 50eV 范围以内，比阈值能量损失小一些的能量损失部分，当样品中的内壳层电子从入射电子获得足够能量时，内壳层电子将从基态跃迁到激发态，而在内壳层留下一个空穴。但如果获得的能量不足以使其完全摆脱原子核的束缚成为自由电子，那么内壳层电子只能跃迁到费米能级以上导带中某一空的能级。此时从入射电子获得的能量等于所激发壳层电子跃迁前后所处能级能量之差。虽然电子跃迁到导带中任一能级都是可能的，但导带中能级是分立的，且每一能级所能容纳的电子能力也不同。又因电子跃迁从入射电子获得的能量正好和 EELS 中入射电子的能量损失相对应，我们可以通过 EELS 中能量损失电子的强度分布得到样品中导带能级分布和态密度（电子在一定能量范围内的相对分布）等电子结构信息。因为电子能级分布和态密度对原子间的成键和价态非常敏感，这些将直观地在 ELNES 上表现出来。目前，这一方法已广泛地运用在判断某些过渡金属元素（例如 Fe，Co，Ni 等）在不同化合物中的化学价态。

B. 广延能量损失精细结构

广延能量损失精细结构的能量损失电子，超过吸收边约 30cV 处。入射电子激发出的电子在离开激发原子时，会受到周围原子的影响，并且被最近邻的原子散射后产生相互干涉而引起振荡，振荡的振幅与相邻原子的种类和距离有关，表现为在电离损失峰数百电子伏特之后出现微弱振荡。设激发芯态电离的原子与最近原子距离为 $r_j$（$j$ 为近邻原子数），电子平均自由程为 $\lambda$，$\sigma_j^2$ 为一个中心原子相对于邻近原子的均方，$\delta_0$ 和 $\delta_j$ 分别为中心原子和邻近原子的相位和相位差，$\boldsymbol{k}$ 为电子波矢，则产生的相干的精细结构信号为

$$\chi(\boldsymbol{k})=\sum_j \frac{N_j f_j(\boldsymbol{k})}{r_j^2 k} N_j f_j(\boldsymbol{k}) \mathrm{e}^{-2r_j/\lambda} \mathrm{e}^{-2\sigma_j^2 k^2} \sin(2kr_j+\delta_0+\delta_j) \tag{3.166}$$

式中，$\mathrm{e}^{-2r_j/\lambda}$ 为出射电子的衰减因子；$\mathrm{e}^{-2\sigma_j^2 k^2}$ 为德拜–沃勒因子（Debye-Waller factor），求和遍及周围近邻所有原子，尤其需要考虑第一和第二周围最近邻原子。

广延能量损失精细结构谱对非晶和短程有序材料的结构和形貌分析特别有用，它能够分析近邻原子信息和原子距离。广延能量损失精细结构的原理与广延 X 射线吸收精细结构（extensive X-ray absorption fine structure，EXAFS）的原理基本相同，但广延能量损失精细结构的电子束通量比后者高 4～5 个数量级，而且电子能量损失精细结构与 TEM 相结合，可以对材料的形貌、结构和成分进行综合分析，这是 EXAFS 无法实现的。

3）散射角度和能量

当高能入射电子向芯态电子传递能量时，入射电子的波矢大小和方向都会改变，设入射电子的波矢为 $\boldsymbol{k}_0$，散射之后电子的波矢为 $\boldsymbol{k}$，散射前后动量变化

$$\hbar\Delta\boldsymbol{k}=\hbar\boldsymbol{k}-\hbar\boldsymbol{k}_0 \tag{3.167}$$

如图 3.72 所示，入射电子能量为 $E_0$，电子损失能量为 $\Delta E$，图中 $\beta$ 为散射角，当损失能量很小时，可取近似

$$(\Delta k)^2=k_0^2(\beta^2+\beta_E^2) \tag{3.168}$$

式中，$\beta_E$ 为表征电子能量损失的特征角，其值为

$$\beta_E \approx \frac{\Delta E}{2E_0}=\frac{\Delta E}{m_0 v^2 \sqrt{1-(v/c)^2}} \tag{3.169}$$

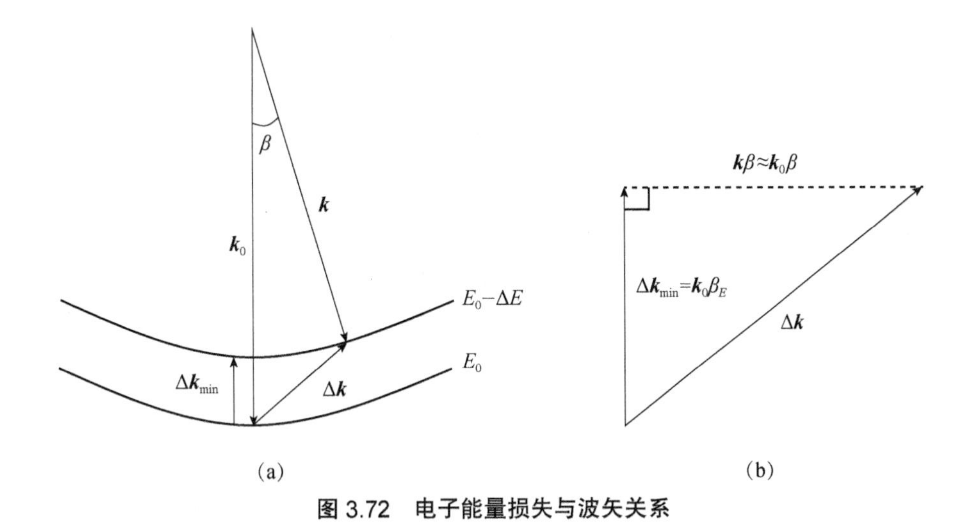


图 3.72　电子能量损失与波矢关系

3. 电子能量损失谱仪的成像扫描模式

图 3.73 是电子能量损失谱仪的三种成像扫描模式：①成像模式，在成像模式下，荧光屏上所呈现的是“图像”（image），投影镜的后焦面上为衍射图案（pattern），谱仪的物为衍射图案；②衍射模式，在衍射模式下，荧光屏上呈现衍射图案，投影镜后焦面上为图像，谱仪的物为图像；③扫描透射模式，在扫描透射模式下，由聚焦电子束作用于样品进行扫描。对三种模式进行综合比较来看，成像模式和衍射模式都是采用平行电子束，而扫描透射模式则是采用电子束细聚焦的方法。在成像模式、衍射模式和扫描透射模式下，谱仪的物平面所在位置分别为图像、衍射图案和样品，样品区域的选择分别为选区光阑或者是电子束、谱仪的入口光阑和放大倍数、电子束，收集角度分别由谱仪的入口光阑与相机长度、物镜光阑、收集器光阑所决定。

4. 电子能量损失谱的重要参数

（1）色散度：为电子空间坐标随电子能量的变化率。色散度随着电子能量的变化而变化，随着磁棱镜磁场的变化而变化。

（2）能量分辨率：定义为零损失谱的半高宽。能量分辨率与电子枪的种类有关，冷场发射的电子枪分辨率可达 0.3eV。另外，随着损失能量的增加，能量分辨率变差。

（3）谱仪接收角：大的接收角将给出高的亮度，但分辨率会有所降低。

（4）空间分辨率：指空间分辨的最短距离。空间分辨率取决于采用的工作模式：在 TEM 成像模式下，空间分辨率为谱仪光阑直径与放大倍率之比值；在 TEM 衍射模式下，空间分辨率就是样品上的束斑直径；扫描透射模式，由聚焦电

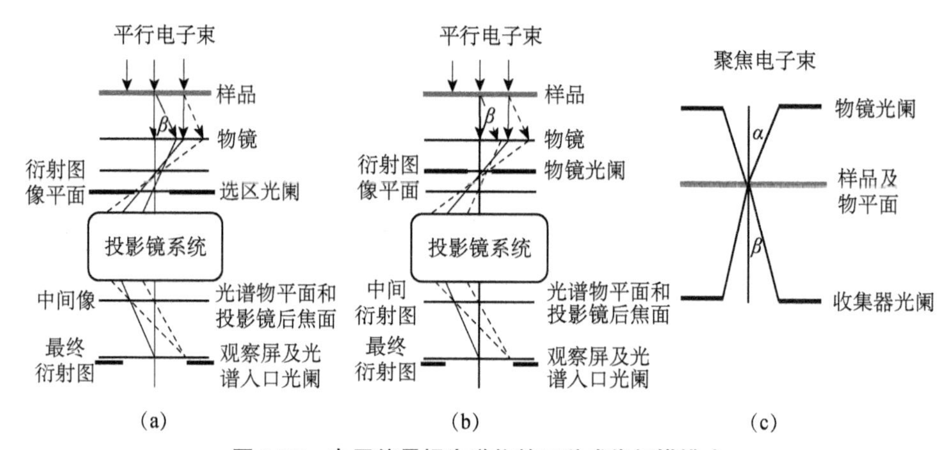


**图 3.73 电子能量损失谱仪的三种成像扫描模式**

（a）成像模式；（b）衍射模式；（c）扫描透射模式

子束确定样品上对 EELS 有贡献的区域，有可能获得接近一个原子的分辨率。

5. 谱图处理及特点

（1）谱图处理包括以下四个方面。

①多重散射的消除；②背底扣除；③成分的定量分析；④散射截面的测量和计算，包括 ELNES 的拟合和计算以及 EXELFS 的拟合和计算。由于低原子序数元素的非弹性散射概率相当大，所以 EELS 技术特别适用于薄试样低原子序数元素如碳、氮、氧、硼等的分析。

（2）特点。

①分析的空间分辨率高，仅仅取决于入射电子束与试样的相互作用体积；②直接分析入射电子与试样非弹性散射相互作用的结果而不是二次过程；③探测效率高。一般来说，在同样的实验条件下，EELS 的信号强度远高于 EDS，故可测出元素含量需求量比 EDS 低；④EELS 没有 EDS 中的各种假象，不需进行诸如吸收、荧光等各种校正，其定量分析原则上是无标样的。但是，电子能量损失谱分析存在一定的困难，主要是对试样厚度的要求较高，尤其是定量分析的精度有待改善。

6. 电子能量损失谱仪的应用

1）结构分析

金红石（rutile，$TiO_2$）、板钛矿（brookite，$TiO_2$）、锐钛矿（anatase，$TiO_2$）和钙钛矿（$SrTiO_3$）等四种结构相似，都是由氧八面体畸变而形成的类似结构，可通过 EELS 能谱测量判别出晶体的结构。图 3.74 是 $TiO_2$（金红石、板钛矿和锐钛矿）三种结构以及氧化物 $SrTiO_3$（钙钛矿）的 EELS 能谱图。可根

据 $Ti^{4+}L_{2,3}$ 吸收边的变化将它们区分开来。

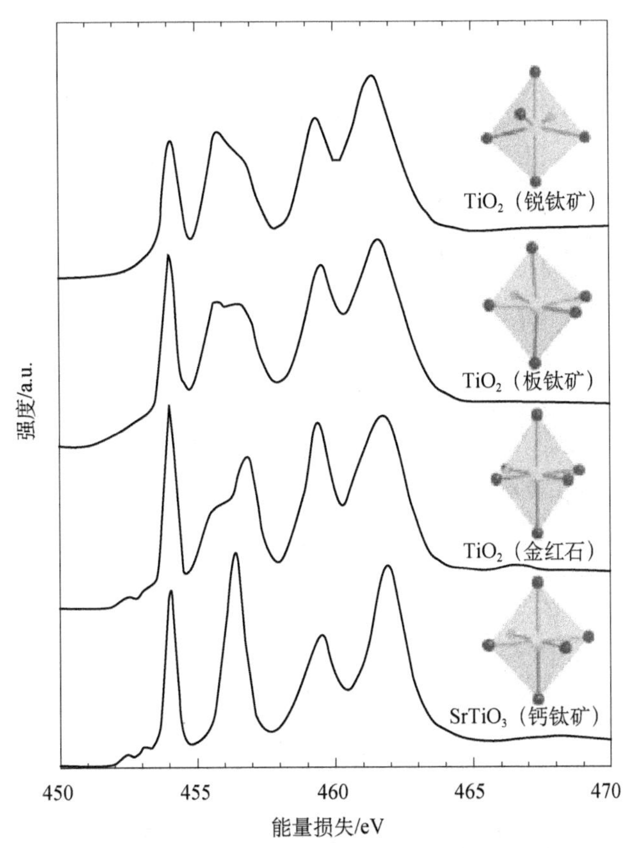


**图 3.74　三种不同类型的 $TiO_2$（金红石、锐钛矿和板钛矿）和氧化物 $SrTiO_3$（钙钛矿）的 EELS，在 $Ti^{4+}L_{2,3}$ 边缘边；插图为发生畸变的氧八面体结构图**

2）化学键分析

EELS 对晶体结构敏感，它可作为分辨一个化合物的指纹，例如石墨、金刚石、无定型碳的成分都一样，但它们的结构不同，用 EDS 无法区分，但 EELS 可以表现出不同的能谱，如图 3.75 所示，很容易把它们区分开来。

3）价态分析

如图 3.76 所示，$CuO_2$ 中 Cu 元素的价态（+4 价）要高于 CuO 中 Cu 元素的价态（+2 价），所以 $CuO_2$ 中 Cu 元素电离损失的能量要高于 CuO 中 Cu 元素电离损失的能量[16]。

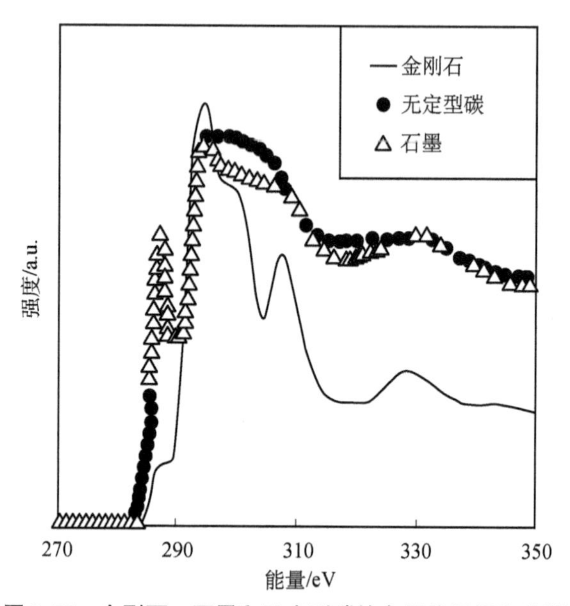


图 3.75 金刚石、石墨和无定型碳的电子能量损失谱[15]

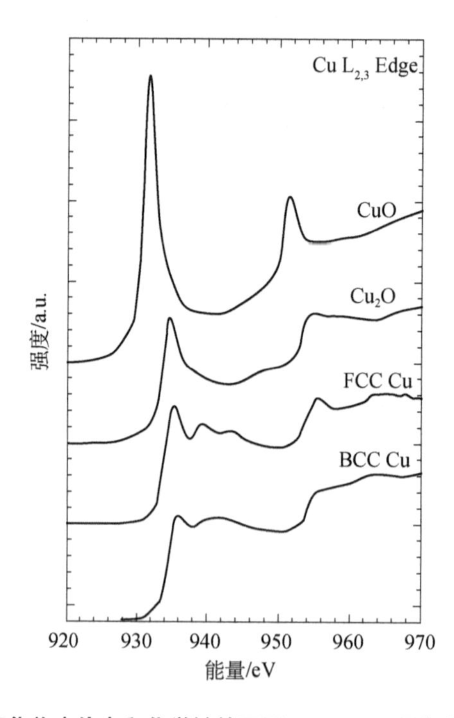


图 3.76 在 Cu 及其氧化物中价态和化学键的不同，Cu $L_{2,3}$ 吸收边起始位置和形状都发生了明显的变化

# 3.4　扫描电子显微镜

## 3.4.1　扫描电子显微镜的发展概况

扫描电子显微镜（scanning electron microscope，SEM），简称扫描电镜，是继透射电子显微镜（TEM）之后发展起来的一种电子显微镜。它是用细聚焦的电子束以扫描的方式作用于样品表面，电子与样品表面的原子发生相互作用而产生二次电子、背散射电子等，通过采集这些携带了表面信息的信号，可对样品表面或断口形貌进行观察和分析。因此，扫描电子显微镜也是显微结构分析的主要仪器。扫描电子显微镜的概念最早是在 1935 年由德国研究者克诺尔（M. Knoll）首先提出[17, 18]，1938 年德国研究者冯・曼弗雷德・冯・阿登（von Manfred von Ardenne）在透射电子显微镜上加了一个扫描线圈，做出了扫描透射电子显微镜[19]，1942 年美国研究者兹沃雷金（V. K. Zworykin）等采用电子束照射样品，探测到反射电子的扫描像[20]。在随后的几十年里，人们对扫描电子显微镜不断地进行改进，尝试在技术上的突破，使得分辨率不断提高，在 1955 年英国研究者史密斯（K. C. A. Smith）将扫描电子显微镜的分辨率提高到了 20nm[21]，在随后的 1959 年，人们制成了第一台分辨率可达 10nm 的扫描电子显微镜，第一台商用扫描电子显微镜则是在 1965 年由剑桥科学仪器公司研制的[3, 22]。自此之后，各种扫描电子显微镜不断涌现，现已经发展出可变气压商用扫描电子显微镜、场发射高分辨电子显微镜以及扫描透射电子显微镜等适应各种测试条件要求的显微镜类型，分辨率可达 1～2nm。

与透射电子显微镜相比，扫描电子显微镜的景深比较大，可用于样品的断口分析，因为扫描电子显微镜的样品室空间比较大，可装入许多其他探测组件。因此，大大拓展了扫描电子显微镜的功能，其已被广泛应用于物理、化学、生物、电子、材料、医学、冶金等各个领域。

扫描电子显微镜具有如下特点。

（1）具有较高的分辨率和较宽的放大倍率范围。分辨率一般为 3～6nm，最高可达 1nm；放大倍率变化范围从数十倍到二十万倍，这有利于在低放大倍率下筛查感兴趣的样品观察区域和在高放大倍率下进行细致分析。

（2）景深长。景深比透射电子显微镜大一个数量级，可用于样品的拉伸、挤压、弯曲等断口形貌分析和粗糙表面分析，图像富有立体感，容易进行识别和解释。

（3）实现多功能综合分析。如果配以 X 射线探测附件，如波谱仪、能谱仪，可在观察形貌的同时对样品成分进行分析；如果样品台配以加热、冷却、拉伸等辅助装置和加入实验气氛等，可实现在不同实验条件下对样品的综合物性测量。

（4）电子损伤小。电子的加速电压很低，可低至0.5kV，而且束流强度小（$10^{-11}$～$10^{-9}$mA），电子束直径可细至数10nm以下，电子束在样品上采用动态扫描，因此，电子束对样品损伤小。

（5）制样简单。对于导电样品，一般可直接进行观察，或者经过简单的抛光、腐蚀处理后进行观察；对于导电性能差的样品，可进行导电层涂覆后再进行观察。

### 3.4.2 扫描电子显微镜的基本工作原理与仪器结构

1. 扫描电子显微镜的基本工作原理

扫描电子显微镜的工作原理如图3.77所示。由电子枪发出的电子束经过栅极静电聚焦后成为光束直径大概为50μm的点光源，然后在加速电压（1～30kV）作用下，经过透镜组成的电子光学系统，电子束被会聚成几十埃大小的焦斑照射到样品的表面上，利用末级透镜的扫描线圈，使照射电子束在样品上做光栅扫描，电子束与样品中原子发生相互作用，产生各种物理信号，即二次电子、背散射电子、吸收电子、X射线、俄歇电子、阴极荧光等，这些信号被装有不同类型的接收器所接收，再经过信号放大系统，与扫描入射电子同步在屏幕上调制出一定亮度的可视信号。由于试样表面的形貌不同，在电子的轰击下，就会激发出各种不同的信号，显示在屏幕上的信号是这些区域的一一对应点的放大信号。

2. 扫描电子显微镜的仪器结构

扫描电子显微镜由电子光学系统、扫描系统、信号检测放大系统、图像显示和记录系统、真空系统、电源及控制系统等组成。图3.78是日本电子株式会社生产的JSM-7500F场发射扫描电子显微镜的外形图。主要技术参数包括：分辨率为1.0nm(15kV)/1.4nm(1kV)；加速电压为0.1～30kV；放大倍数为25～100万倍；样品室可承载的样品最大直径为200mm；束流强度为$10^{-13}$～$2\times10^{-9}$A。其主要特点是配有主动式减震器；具有先进的磁悬浮分子泵系统，无须不间断电源（uninterruptible power supply，UPS）保护；采用五轴马达驱动全对中样品台；配备全自动样品更换气锁、样品监控系统和物镜光阑；具有多通道显示系统等。

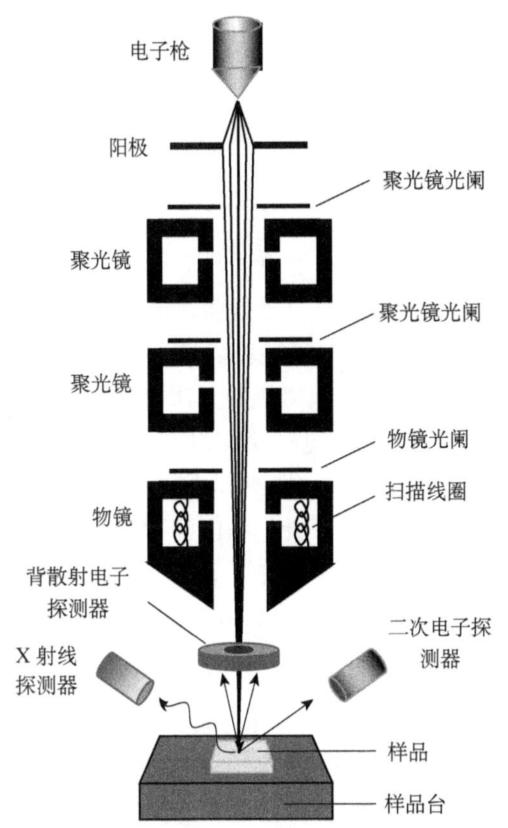


图 3.77　扫描电子显微镜的工作原理图

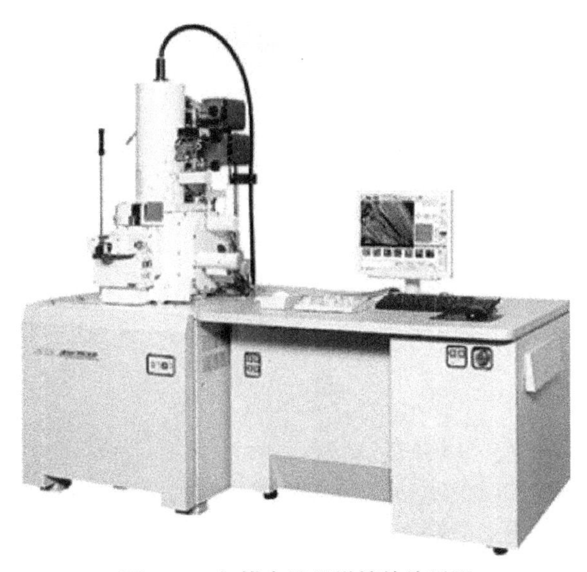

图 3.78　扫描电子显微镜的外形图

1）电子光学系统

电子光学系统由电子枪、电磁透镜、光阑、扫描线圈、样品室等构成。其作用就是产生一个细的扫描电子束，照射到样品上产生各种物理信号。对电子束的要求就是强度高且直径小。

A. 电子枪

扫描电子显微镜的电子枪与透射电子显微镜的电子枪类似，都是用来提供电子光源，只是加速电压没有透射电子显微镜的高。透射电子显微镜的分辨率与电子波长有关，波长越短，分辨率越高。因此，透射电子显微镜的加速电压一般在100～200kV。而扫描电子显微镜的分辨率与电子在试样表面的扫描范围有关，与电子波长的关系不大。电子束斑越小，扫描范围越小，分辨率就越高。扫描电子显微镜的加速电压相对较小，在保证足够强度的前提下，工作电压越小，就越能得到高的分辨率。因此扫描电子显微镜的工作电压在0.1～30kV。电子枪的作用是产生束流稳定的电子束。电子枪也有两种类型，即热发射型和场发射型。场发射电子枪具有较小的束斑和较高的强度，是目前常用的电子源，在高分辨扫描电子显微镜中得到了非常广泛的应用。表3.8给出了各种电子源的主要性质比较。

**表3.8 各种电子源的主要性质比较**

| 发射类型 | 热发射 | 热发射 | 肖特基场发射 | 冷场发射 |
|---|---|---|---|---|
| 阴极材料 | W | $LaB_6$ | ZrO/W(100) | W(310) |
| 阴极外形 | | | | |
| 工作温度/℃ | 2500 | 1600 | 1500 | 25 |
| 阴极曲率半径/μm | 60 | 10 | $<1$ | $<0.1$ |
| 源的有效半径/μm | 15 | 5 | 0.015 | 0.0025 |
| 发射电流密度/($A/cm^2$) | 3 | 30 | 5300 | 17000 |
| 总发射电流/μA | 200 | 80 | 200 | 5 |
| 归一化亮度/($A/(cm^2\cdot sr\cdot kV)$) | $1\times10^4$ | $1\times10^5$ | $1\times10^7$ | $2\times10^7$ |
| 最大探测电流/nA | 1000 | 1000 | 10 | 0.2 |
| 电子枪出口能量分布/eV | 1.5～2.5 | 1.3～2.5 | 0.35～0.7 | 0.3～0.7 |
| 电子束噪声/% | 1 | 1 | 1 | 5～10 |
| 发射电流漂移/(%/h) | 0.1 | 0.2 | $<0.5$ | 5 |
| 工作压强/Pa | $1\times10^{-3}$ | $1\times10^{-5}$ | $1\times10^{-7}$ | $1\times10^{-9}$ |

续表

| 发射类型 | 热发射 | 热发射 | 肖特基场发射 | 冷场发射 |
|---|---|---|---|---|
| 典型阴极寿命/h | 100 | >1000 | >3000 | >3000 |
| 阴极再生还原 | 不需要 | 不需要 | 不需要 | 6～8 h |
| 灵敏度 | 极低 | 极低 | 低 | 高 |

B. 电磁透镜

扫描电子显微镜中的电磁透镜不同于透射电子显微镜中的电磁透镜，其作用不是用来成像，而是用来把电子枪发射的电子会聚成直径数个纳米的细小斑点。电子束斑的直径越小，其相应的成像分辨率就越高。这个会聚过程通常需要三个电磁透镜来实现，前两个电磁透镜为强透镜，使电子束强烈聚焦缩小，故又称聚光镜。第三个电磁透镜（末级透镜）为弱透镜，除了会聚电子束外，还能起到将电子束聚焦于样品表面的作用。末级透镜的焦距较长，这样可保证样品台与末级透镜间有足够的空间，方便样品以及各种信号探测器的安装。第三个透镜习惯上称作物镜，为了不影响对二次电子的收集，物镜大多采用上下极靴不同孔径不对称的电磁透镜。另外，物镜中装有扫描线圈和消像散器。

C. 光阑

每一级电磁透镜上均装有光阑，第一、第二级电磁透镜上的光阑为固定光阑，作用是挡掉大部分无用的电子，使电子光学系统免受污染。第三透镜（物镜）上的光阑为可动光阑，又称物镜光阑或末级光阑，位于透镜的上下极靴之间，可在水平面内移动以选择不同孔径（100μm，200μm，300μm，400μm）的光阑。末级光阑可以控制入射电子束的张角小到$10^{-3}$rad量级，起到减小电磁透镜的像差、增加景深和提高成像质量的作用。

D. 扫描线圈

扫描线圈能使电子束发生偏转，并在样品表面有规律地进行扫描。扫描线圈是扫描电子显微镜必不可少的配件，它与显示系统中的显像管扫描线圈由同一个锯齿波发射器所控制，两者严格同步扫描。显微镜的放大倍率随扫描线圈的电流变化而变化，扫描电子的放大倍率可以连续改变，一般为10～50万倍。

扫描方式有光栅扫描和角光栅扫描两种。如图3.79所示。当采用光栅扫描时，电子束进入上偏置线圈时发生偏转，随后经下偏置线圈后再一次偏转，经过两次偏转的电子束会聚后通过物镜照射到样品的表面。在电子束第一次偏转的同时扫描出一个矩形区域，电子束经第二次偏转后同样在样品表面扫描出相似的矩形区域。样品上矩形区域内各点受到电子束的轰击，通过信号检测和信号放大等过程，在显示屏上反映出各点的信号强度，绘制形貌图像，进行形貌分析。角光栅扫描则是首先让电子束经第一次偏转后，但不进行第二次偏转，直接通过物镜折射到样品表面（束斑）。显然，当上偏置线圈偏转的角度越大时，电子束在样品表面摆动的角度也就越大。该方式目前已经很少使用。

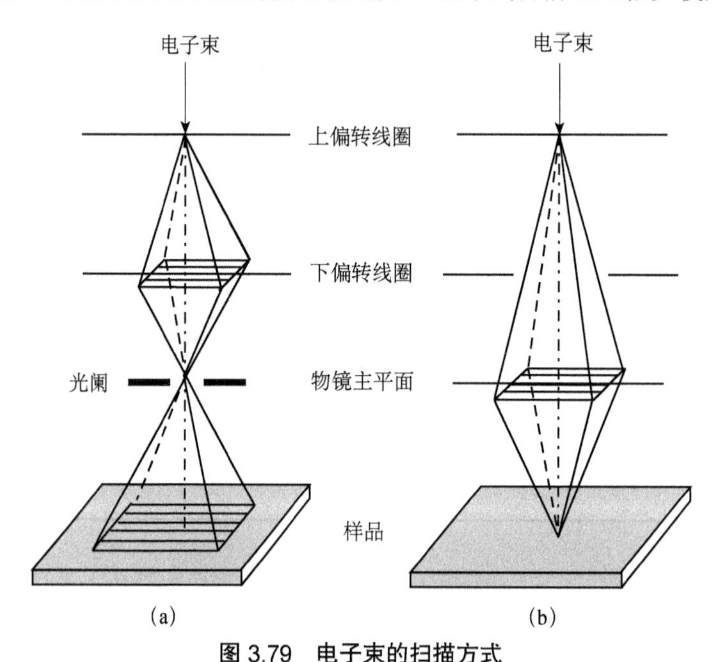


**图 3.79　电子束的扫描方式**

（a）光栅扫描；（b）角光栅扫描

E. 样品室

样品室中除了安置样品台外，还需配置多种信号探测器和附件。所有的信号探测器都在样品室之内或者其周围放置，信号的收集与接收的几何方位有关，故样品室的设计需要充分考虑对各类信号接收的利弊。样品台是一个复杂的组件，不仅能夹持住样品，还能使样品做平移、转动、倾斜、上升或下降等移动。目前，样品室已成了微型实验室，安装的附件不仅可使样品升温、冷却，还能进行拉伸或疲劳等力学性能测试。

2）信号检测放大、图像显示和记录系统

A. 信号检测放大系统

图 3.80 为信号检测放大系统示意图。扫描电子显微镜中的电子（二次电子、背散射电子等）检测器通常采用闪烁计数器。其检测的基本原理是信号电子进入闪烁体后引起电离，当离子和自由电子复合后产生可见光，可见光通过光导管送入光电倍增管，经放大后转化成电流信号输出，电流信号再经视频放大器放大后就成为调制信号。

扫描电子显微镜中的特征 X 射线检测一般采用两种检测方式，即采用分光晶体或 Si(Li)探头进行检测，分别检测特征 X 射线的波长和能量，进行样品微区的成分分析。

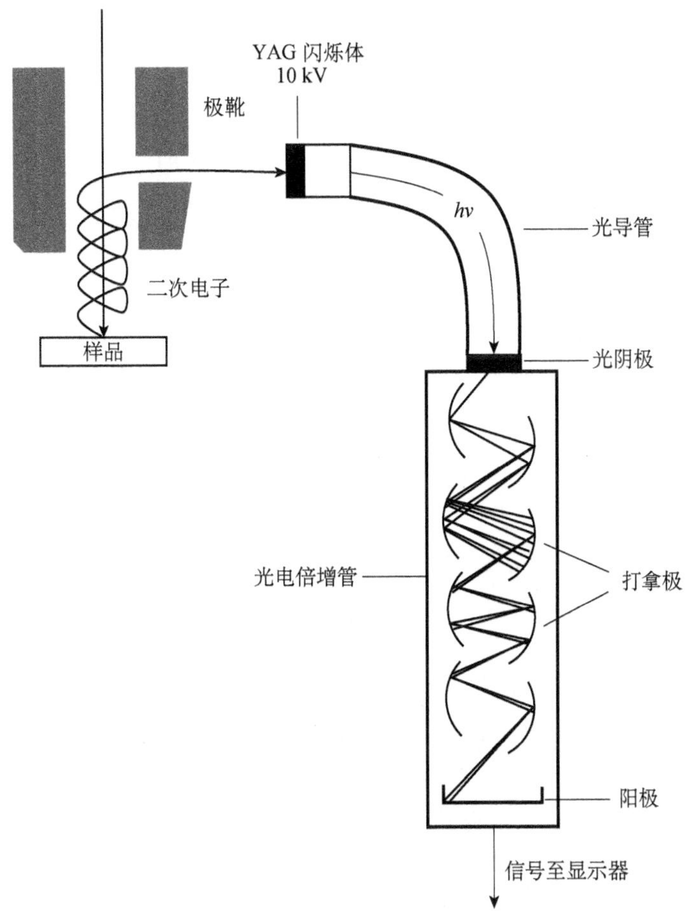


图 3.80 信号检测放大系统示意图

B. 图像显示和记录系统

利用调制信号在荧光屏上显示图像。扫描样品的电子束与显像管中的电子束同步扫描，荧光屏上的每一个亮点是由样品表面激发出来的信号强度来调制的，在荧光屏上显示样品表面的电子显微像。随着计算机技术的发展与运用，图像记录已多样化，除了照相外还可通过复制、存储以及其他多种方式进行图像处理。

3）真空系统

真空系统是为了保证扫描电子显微镜的电子光学系统能够正常工作，避免极间放电，防止样品的污染以及使灯丝有较长的使用寿命。真空度要求并不苛刻，一般在 $1.33\times10^{-3}\sim1.33\times10^{-2}$Pa 即可。

### 3.4.3 扫描电子显微镜的性能参数

1. 扫描电子显微镜的分辨率

分辨率是扫描电子显微镜的关键性能参数之一。在进行微区成分分析时，分辨率表现为能分析的最小区域；而当进行形貌分析时，分辨率则表现为能分辨两点间的最小距离。二次电子像具有最高的分辨率，一般扫描电子显微镜的分辨率是指二次电子的分辨率。

影响分辨率的因素很多，包括电子束直径、原子序数、样品的组成元素以及信号噪声等。

1）电子束直径对分辨率的影响

电子束的直径越小，扫描电子显微镜的分辨率就越高。另外，理想的电子束不仅直径尺寸小，而且束流大。场发射电子显微镜具有这一特点，因此，场发射电子枪是理想的电子光源。一般利用钨丝电子枪，其分辨率为 3.5～6nm；利用灯丝热发射电子枪，分辨率约为 3nm；而利用钨灯丝场发射电子枪的分辨率可高达 0.5nm。

2）原子序数对分辨率的影响

原子序数增大，扩散深度变浅，扩散广度增大，电子扩散区域从倒梨状变为半球状。在测量重元素时，即使电子束斑的直径很细，也不能达到很高的分辨率。

3）其他因素对分辨率的影响

信噪比、机械振动、磁场条件都会对分辨率造成影响。噪声干扰会造成图像模糊，机械振动会引起束斑漂移，杂散磁场的存在将改变二次电子的运行轨迹，降低图像的成像质量。

2. 扫描电子显微镜的放大倍率

光栅扫描时，扫描电子显微镜的放大倍率可定义为

$$M=\frac{A_C}{A_S} \tag{3.170}$$

式中，$A_C$ 为荧光屏上阴极射线的扫描速度，$A_S$ 为样品上同步扫描速度。

放大倍率是通过调节扫描线圈中的电流来实现的，可连续调节。放大倍率为 10～20 万倍。场发射电子显微镜的放大倍率可高达 60～80 万倍。在实际操

作中，经常利用低倍放大率观察样品的宏观形貌，再选择观察点，并利用高放大倍率来观察微观形貌。例如，对断口分析，在低倍放大率下观察断口全貌，寻找裂缝，对断口的断裂过程有一个粗略的全面了解，然后再在高倍显微镜下对感兴趣的区域进行详细观察。

3. 景深

扫描电子显微镜的景深是指电子束在试样上扫描时，可获得清晰图像的深度范围，如图3.81所示。当一束微细的电子束照射在表面粗糙的试样上时，由于电子束具有一定发散度，设发散半角为$\beta$，除了焦平面处外，电子束将展宽，如获得清晰图像的束斑直径为$d$，则可由图3.81中几何关系，得出扫描电子显微镜的景深的估算值为

$$D=\frac{d}{\tan\beta}\approx\frac{d}{\beta} \quad (3.171)$$

若$d$的大小相当于荧光屏上能区分的最小距离时，则

$$dM=0.2\,\text{mm}$$

由此可得

$$D=\frac{d}{\beta}=\frac{dM}{\beta M}=\frac{0.2}{\beta M} \quad (3.172)$$

即扫描电子显微镜的景深较大，比一般光学显微镜的景深长100～500倍，而比透射电子显微镜的景深长10倍左右。

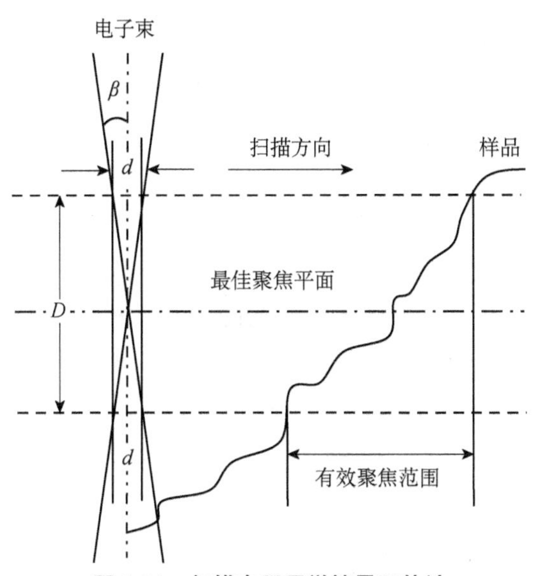


图3.81 扫描电子显微镜景深估计

### 3.4.4 扫描电子显微镜像的衬度形成原理

扫描电子显微镜图像的衬度是信号衬度，它可定义为

$$C = \frac{I_2 - I_1}{I_2} \tag{3.173}$$

式中，$I_1$和$I_2$代表不同区域产生的信号强度。

扫描电子像的衬度来源主要有三个方面：第一是试样本身的性质，如表面的形状、成分分布、表面电子分布等；第二是采集信号的类型，如二次电子、背散射电子、吸收电子、俄歇电子和X射线等；第三是对信号的处理方法。根据扫描电子像衬度的形成机制，衬度可分为形貌衬度、原子序数衬度和电压衬度。对形貌的分析主要采用二次电子信号、背散射电子信号和吸收电子信号。下面就从这第三个方面进行介绍。

1. 二次电子的发射和成像衬度

1）二次电子的发射

二次电子信号是记录样品发射的二次电子的数量和能量，利用二次电子发射系数（产额）来衡量产生二次电子的效率，即每个入射电子所能激发出的二次电子数，表示为

$$\delta = \frac{I_s}{I_p} \tag{3.174}$$

式中，$I_p$，$I_s$分别为入射电子流和产生的二次电子流。

二次电子是被入射电子从样品中轰击出的原子核外电子，其主要特点有两个：其一是能量小于50eV，在固体中的平均自由程为1～10nm，因此检测的二次电子只能来自于样品5～10nm的浅表层，成像分辨率高；其二是二次电子发射系数与入射电子束的能量有关。

由于二次电子来源于样品的浅表层，所以，二次电子像主要反映试样表面的形貌特征。像的衬度是形貌衬度，衬度形成主要取决于试样表面相对于入射电子束的倾角。试样表面光滑平整（无形貌特征），相比于水平放置的样品，倾斜放置样品的二次电子发射电流大。但不同倾斜放置方式仅增加像的亮度，而不会形成衬度。对于表面有一定形貌的试样，其形貌可看成由许多不同倾斜程度的面构成的凸尖、台阶、凹坑等细节组成，这些细节的不同部位发射的二次电子数不同，从而产生形貌衬度。

二次电子的产额与入射电子的入射方向、能量，样品的组成元素、密度和表面形态等都有关系，就同一样品的固定位置发射的二次电子，仅让入射电子

能量发生变化，而在其他条件不变的情况下，二次电子产额与入射电子能量呈现非单调的函数关系。当入射电子能量较低时，二次电子产额随着入射电子能量的增加而迅速增多，随着入射电子能量的进一步增加，二次电子增加缓慢，最终达到一个最大值，再继续增大入射电子的能量，二次电子的产额反而下降。这是由于随着入射电子能量的增加，进入样品的深度也随之增加，激发产生的二次电子在向外发射时经历的路程更长，遭遇原子的更多碰撞，能量损耗殆尽，无法从样品中发射出来。故随着能量的增加，二次电子数不增反减。另外，发射出的二次电子向空间各个方向散射，呈现一定规律的角分布，垂直样品表面方向发射的二次电子数目较多。随着二次电子发射方向与样品表面法线方向夹角的增加，发射的二次电子数目减少，这是因为二次电子沿垂直于试样表面方向逸出时，所经历的路程短，被样品吸收的概率小，故发射的二次电子数就相对较多；非垂直而呈一定的角度时，二次电子在样品中所经历的路程就较长，被样品吸收的概率大，故发射的二次电子数就相对较少。图 3.82（a）是在电子入射方向一定时，二次电子角分布示意图。图 3.82（b）是获得的二次电子与入射电子和样品面法线方向夹角 $\theta$ 之间的关系，也即电子入射方向在发生变化的过程中产生的二次电子数的变化情况。从图中可以明显看出，随着角 $\theta$ 的增大，获得的二次电子数显著地增加，这是因为入射电子与样品的作用范围（体积）会随着 $\theta$ 角的增大而增大，这样就可以产生更多的二次电子，与此同时，入射电子会更靠近样品表面，因此产生的二次电子更容易逸出样品表面，从而可以发射出更多的二次电子。

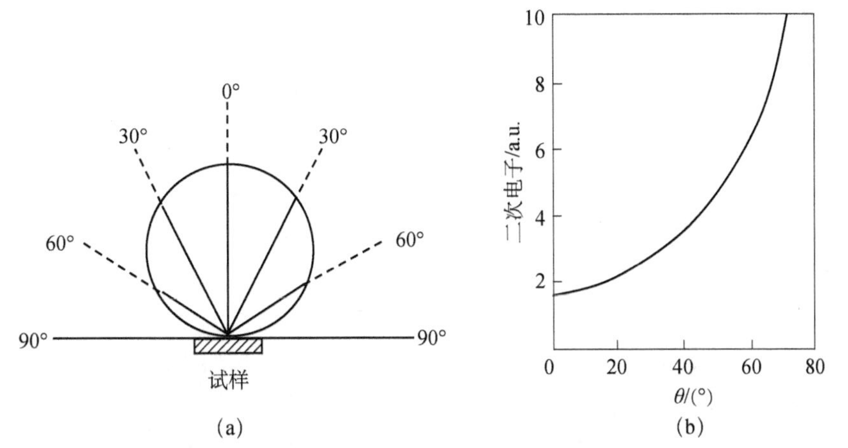


**图 3.82　（a）电子入射方向一定时，二次电子角分布示意图；（b）获得的二次电子与入射电子和样品表面法线方向夹角 $\theta$ 之间的关系**

在其他条件固定的情况下，当考虑二次电子产额与入射电子的入射角之间的关系时，实验发现，二次电子产额与入射角余弦呈反比关系，即

$$\delta \propto 1/\cos\theta \tag{3.175}$$

当入射电子能量低于 1keV 时，或者入射电子束直径大于表面粗糙度时，入射角对二次电子发射产额没有影响。除此情况之外，当入射角增大时，入射电子越靠近表面，就有越多的二次电子发射出表面。因此，要得到更强的二次电子信号，往往需要倾斜样品，但倾斜样品不仅改变了电子对样品的入射角，同时也改变了收集角度，因此需要同时考虑两者的共同影响。为了得到一个好的二次电子像，不仅要考虑信号的强弱，还要考虑全聚焦和表面阴影，所以通常电子相对于试样表面的入射角选择 45°为宜。

2）二次电子衬度像

A. 形貌衬度

形貌衬度是由试样表面形貌差异而形成的衬度。在扫描电子显微镜实验中，入射电子的方向固定不变，但由于试样表面的凹凸不平，导致入射电子对试样表面不同位置的入射角不同，利用对试样表面形貌变化敏感的物理信号，如二次电子、背散射电子等作为显像管的调制信号，可以得到形貌衬度像。二次电子像的衬度是最典型的形貌衬度。如图 3.83（a）～（c）所示，当入射电子束垂直于平滑样品表面入射时，入射角等于零，这时产生二次电子的作用范围体积最小，二次电子产额最少。当转动样品，使样品发生倾斜时，入射电子激发二次电子的体积有所增加，故产生二次电子的产额就随之增多。入射角度越大，产生的二次电子束就越多，调制信号的强度与二次电子的数目密切相关。图 3.83（d）表示样品表面 A，B，C，D 不同区域相对于入射电子的倾斜程度，夹角大小依次是 C>A=D>B。依照以上分析，二次电子的产额依次为 $i_C>i_A=i_D>i_B$，在荧光屏上调制出的亮度是 C 处最亮、A、D 次之，B 处最暗。这样就能够通过二次电子成像反映出样品表面的形貌。二次电子的产额与样品的原子序数没有明显关系，但对样品的表面形貌非常敏感。

B. 原子序数衬度

原子序数衬度是由试样表面物质原子序数（或化学成分）差异而形成的衬度。利用对试样表面原子序数（或化学成分）变化敏感的物理信号作为显像管的调制信号，可以得到原子序数衬度图像。背散射电子像和吸收电子像的衬度都包含有原子序数衬度，而特征 X 射线像的衬度是原子序数衬度。在原子序数大于 20 时，二次电子的产额基本与原子序数无关。只有原子序数小的元素，其二次电子产额与样品的组成成分有关，故二次电子衬度像一般不被用作观察成

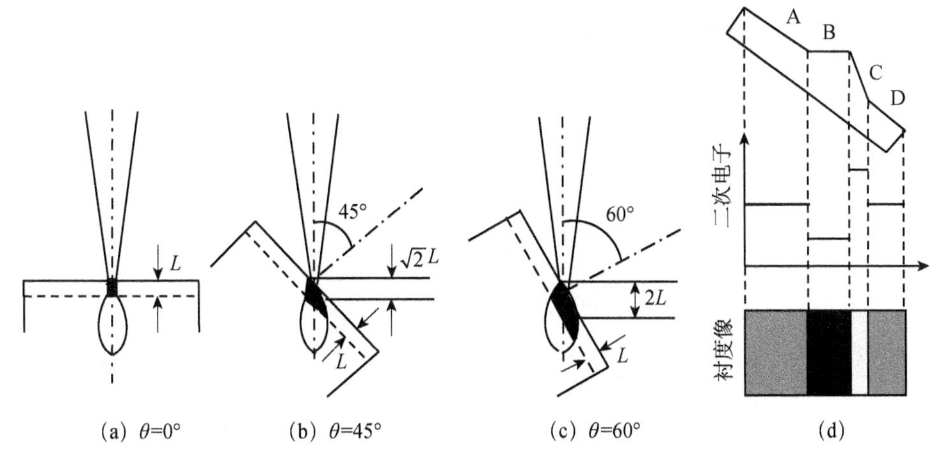


图 3.83　(a)~(c)不同倾角时产生二次电子的体积示意图和(d)二次电子形貌衬度示意图

分的变化，而常被用作表面形貌的观察。

C. 电压衬度

试样表面若有电势分布的差异，会使二次电子发射受到一定程度的影响。电压衬度就是以此为依据定义的，即电压衬度是由试样表面电势差别而形成的衬度。二次电子在样品正电势区域逸出较困难，在图像上显示为暗区，而在样品的负电势区域，发射的二次电子较多，在图像上显示较亮，这就形成了电压衬度。另外，样品的表面形貌也会对电压衬度有所影响，即表面粗糙度过大，会减弱图像上由电势差引起的衬度变化，因此在观察电压衬度时，样品表面应平整。利用对试样表面电势状态敏感的信号如二次电子，作为显像管的调制信号，可得到电压衬度像。

D. 荷电效应

对于导体样品而言，入射电子打到样品上，由于良好的导电性，样品荷电很快被接地带走，不会造成样品的电荷积累，对测量没有影响。但对于非导体样品（陶瓷、高分子等），就会存在电荷的积累，积累到一定程度，就会产生局部充电现象，使电子像的亮度过亮，影响观察和成像质量，如图 3.84 所示。为了消除非导体的荷电现象，需要在样品表面喷涂一层厚度为 10～100nm 的导电物质，如碳、金等，通过导电层与试样台之间的接触，将累积电荷导出样品，使荷电现象得以消除。涂层虽然解决了试样荷电问题，但掩盖了试样表面的真实形貌。因此，尽量不做喷涂处理。荷电严重时，可减小工作电压，如电压小于 1.5 kV 时，就可基本消除荷电现象，但这是以降低分辨率为代价的。

2. 背散射电子的发射和成像衬度

背散射电子是指被固体样品中的原子核反弹回来的那部分入射电子，包括

**图 3.84 表面荷电现象（亮处）**

弹性背散射电子和非弹性背散射电子两种。弹性背散射电子基本没有能量损失，散射角（散射方向与入射方向间的夹角）大于 90°，能量高达数千到数万电子伏特。而非弹性背散射电子有能量损失，甚至经历了多次散射，能量从数十到数千电子伏特不等。由于背散射电子来自于样品表面数百纳米深的范围内，所以，其中弹性背散射电子远多于非弹性背散射电子。背散射电子可以用来调制成多种衬度。背散射电子的产额与样品的原子序数和表面形貌有关，其中原子序数影响最为显著，背散射电子可以用来调制成多种衬度，主要有成分衬度和形貌衬度。

1）背散射电子的发射特点

背散射电子的数目用背散射电子系数来表征，表示为一个初始电子能够产生一个小于初始电子能量的电子概率，背散射系数 $\eta$ 随样品的原子序数 $Z$ 的增加而增加。$\eta$ 受入射电子的能量影响很小，在原子序数 $Z<47$ 时，$\eta$ 随入射电子能量的增加而逐渐降低；而 $Z=47$ 时（Ag）与入射电子能量无关；对于 $Z>47$ 的样品，$\eta$ 随着入射电子的能量增加而呈现缓慢增加的趋势。另外，$\eta$ 也与入射电子的方向有关：当入射电子束垂直入射时，背散射电子按余弦规律分布，背散射电子随着入射角的增大而减小。

2）背散射电子的成像衬度

A. 背散射电子的成分衬度

由于背散射系数 $\eta$ 随样品的原子序数 $Z$ 的增加而增加，所以在样品的高原子序数区域，产生的背散射信号就比较强，反之，就比较暗，这样就形成了背散射电子的成分衬度。

背散射电子的能量相对于二次电子的能量高，背散射电子的发射轨迹近似直线，因此，能进入探测器的背散射电子是那些正对着探测器、在一定的立体角分布范围的背散射电子。这样一来，不在立体角内的背散射电子就不被探测器所收集到而出现明显的阴影，阴影部分会由于太暗而看不清细节。

B. 背散射电子的形貌衬度

背散射电子的产额与样品表面的形貌状态有关，可形成形貌衬度。当样品表面的倾斜程度、微区的相对高度发生变化时，其背散射电子的产额也随之变化，因而背散射电子产额可调制成形貌衬度。

背散射电子和二次电子都会产生形貌像和成分像，二次电子主要表现为形貌像，而二次电子像中也会有背散射电子的影响。背散射电子主要呈现成分像，但也会伴有二次电子的影响。因此，二次电子的像的衬度，既与样品的形貌有关，也与样品的成分有关，两者同时存在，对成像均有贡献。只有利用单纯的背散射电子，才能从衬度上把两者完全分开。对此可采用的办法是，利用一对探测器收集试样同一部分的背散射电子，然后将两个探测器收集到的信号输入计算机进行处理，可获得放大的形貌像和成分像，如图 3.85 所示。A 和 B 是一对对称分布于入射电子束两侧的背散射电子探测器，可分别从样品同一点上同时收集背散射电子信号。如果样品成分不均匀，但表面平滑，对其进行成分分析时，A 和 B 两个探测器的接收信号强度是相同的，如图 3.85（a）所示，那么，把两探测器的信号相加，信号强度放大一倍，反映的是样品的成分像；把两探测器的信号相减，得到了一条水平线，得出样品平整时的形貌像。当样品被测区域成分均匀，但表面粗糙、凹凸不平时，对其进行形貌分析时，如图 3.85（b）所示，此处分别位于 A 探测器的正面和 B 探测器的背面，则 A 探测器收集的信号较强，B 探测器收集的信号就较弱，两个信号相加，正好相互抵消，信号强度呈一水平线，产生样品的成分像；两者相减，信号放大就成了形貌像。如果样品成分既不均匀，表面又粗糙时，那么两者信号相加就得到成分像，两者相减就得到形貌像。

3. 吸收电子像的衬度

当电子束照射在试样上时，如果不存在试样表面的电荷积累，则进入试样的电流应等于离开试样的电流。进入试样的电流为入射电子电流 $I_0$，离开试样的电流为背散射电子电流 $I_B$、二次电子电流 $I_S$、透射电子电流 $I_T$ 以及吸收电子电流（吸收电流或称试样电流）$I_A$。对于厚试样，$I_T=0$，则有

$$I_0=I_B+I_S+I_A \tag{3.176}$$

在相同条件下，背散射电子发射系数 $\eta$ 比二次电子发射系数 $\delta$ 大得多。现假

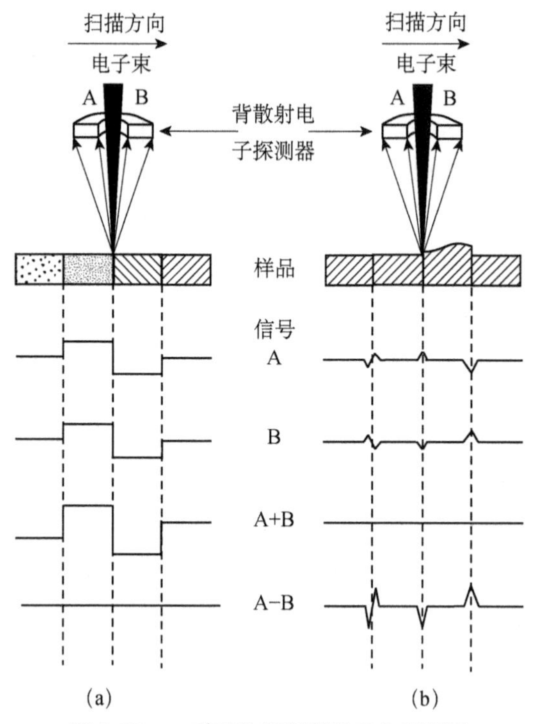


**图 3.85 一对对称探测器的工作原理图**

（a）成分不均匀、形貌相同；（b）成分均匀、形貌不同

设二次电子电流 $I_S=C$ 为一常数，则吸收电流与背散射电子电流存在互补关系，即 $I_A=(I_0-C)-I_B$。也就是说，背散射电子像为亮区时，吸收电子像则显示的是暗区。因此，可以说吸收电子和背散射电子反映试样相同的信息。吸收电子像的分辨率在 0.1～1μm 范围，分辨率比较低。但对于试样有裂缝的情况下，吸收电子像比较有利于观察。

有些物质如半导体材料，在高能电子的轰击下会发出荧光，这是由于物质中存在过剩元素或者晶体中存在空位等缺陷，可对发射的荧光进行光谱分析，现代扫描电子显微镜大多配备有阴极荧光谱仪，人们可以在扫描电子显微镜下观察不同样品部位产生的荧光，这样就可以鉴别出样品中的杂质和缺陷的分布。

## 3.4.5 扫描电子显微镜的试样制备

扫描电子显微镜的样品可采用块体样品，样品台长宽可达一百多毫米、厚度几十毫米。因此，样品可以做得很大，这比制备透射电子显微镜的样品，相对来说容易得多。扫描电子显微镜的测试样品须是导体，非导体则需要在样品表面喷涂导电物质，以避免电荷在样品中的累积，影响信号的观察和分析。近些年来，已经发展起来的可变压力扫描电子显微镜甚至可以测量非导体样品，而不需要进行喷涂处理，因此更加方便。

### 3.4.6 二次电子衬度像的应用举例

二次电子衬度像是扫描电子显微镜最为常用的分析手段。二次电子成像清晰，由于景深比较大，立体感强，无须进行复型，在这方面，扫描电子显微镜和其他设备相比，具有无法比拟的优越性。利用扫描电子显微镜还可以对样品的表面形态、断口形貌和磨面进行观察。

1. 表面形态（组织）观察

图 3.86（a）是 Al-$TiO_2$-$B_2O_3$ 反应体系产生的(α-$Al_2O_3$+$TiB_2$)/Al 复合材料的组织形貌图，白色颗粒是 α-$Al_2O_3$，灰色颗粒是 $TiB_2$，二者清晰可辨，而且分布均匀。而图 3.86（b）是 $TiB_2$ 颗粒溶入 $Al_2O_3$ 中的组织形貌图。可见，利用二次电子可以清楚地观察样品的显微组织，特别是对于复合材料，各种成分的分布、形貌，以及增强体之间的相互关系、增强体与基体之间的界面，均可清晰地呈现出来，为复合材料的研究提供了实验依据。

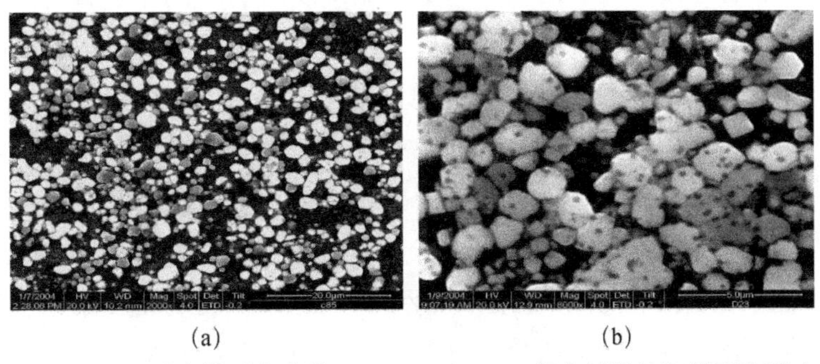

(a) (b)

图 3.86 Al-$TiO_2$-$B_2O_3$ 反应体系产生的(α-$Al_2O_3$+$TiB_2$)/Al 复合材料的组织形貌图（a）和 $TiB_2$ 颗粒溶入 $Al_2O_3$ 中的组织形貌图（b）

2. 断口形貌观察

利用小于 5kV 的电子加速电压，可以将电子与样品的相互作用限制在近表面附近，从而获得丰富的表面形貌细节，这是场发射扫描电子显微镜中用于高分辨率成像的低电压显微镜的基础。因为在低电压情况下，电子束在样品中的穿透是有限的，这样就可用于显示精细表面结构。

图 3.87 是 Al 断口的二次电子扫描电子显微镜图像，可显示出典型的微空洞

聚结结构。在图 3.87（a）中，当束流能量为 2keV 时，表面细节突出。而在图 3.87（b）中，当电子束流能量为 15keV 时，表面细节特征不甚明显，空洞凹坑较暗，且有尖锐断裂边缘由增强的边缘效应而变得更亮的现象。因此，在采用低的加速电压时，适用于样品表面细节的观察。

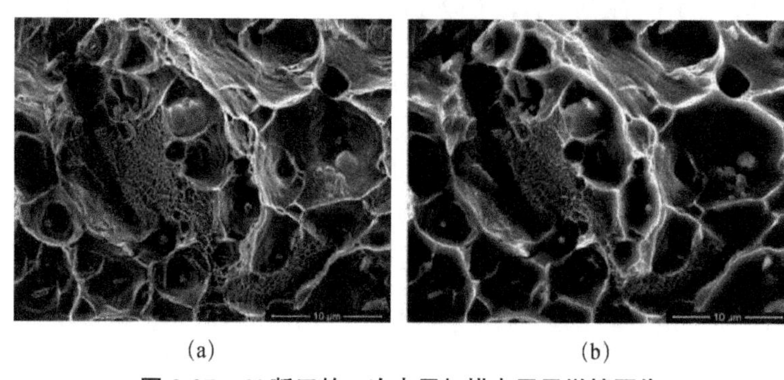

(a) (b)

**图 3.87 Al 断口的二次电子扫描电子显微镜图像**

（a）电子加速能量为 2keV；（b）电子加速能量为 15keV

SEM 成像分析时需防止试样损伤和污染。高分子材料和生物材料易被电子束损伤，此外真空中游离的碳还会污染试样。随着放大倍率的提高，电子束直径变小，作用范围减小，作用区域热量积累温度升高，试样损伤加大，污染加重。为此，可减小放大倍率，在低倍率下可放心观察，或采用低加速电压扫描电子显微镜进行观察。

## 3.4.7 自旋极化扫描电子显微镜

自旋扫描电子显微镜（spin-SEM）或自旋极化扫描电子显微镜（scanning electron microscopy with polarization analysis，SEMPA）是标准扫描电子显微镜的一种简单的方法扩展，特别适合于研究超薄膜的磁性，其独到之处就是对磁性薄膜的表面具有高灵敏性，已经成为研究磁性薄膜的强有力工具[23-25]。第一台具有自旋极化的扫描电子显微镜是由日本研究者 K. Koike 和 K. Hayakawa 在 1985 年设计搭建的[25]，利用这一装置观察到了 Fe(100)表面的磁畴分布，并称之为 spin-SEM。如图 3.88 所示[26]，在标准扫描电子显微镜上配装具有自旋分辨的检测装置就可以实现磁性样品的形貌观察，利用细聚焦的初级高能电子束在样品表面进行扫描，电子在样品近表面区域经历各种形式的散射。其主要散射过程是一种非弹性散射过程。在这一散射过程中，入射初级电子的部分能量传递给样品中的电子。在大多数情况下，电子每次散射只损失很少一部分能量。经过多次散射直到电子损失大部分能量，并激发出低能二次电子。这些二次电子中有相当多的电子返回样品表面并被发射到真空中，发射二次电子的数目取决于样品表面的形貌。因此，通过这种方法可以获取入射电子束作用区域所发射的二次电子束，并可获得形貌图像，显示出样品表面的磁畴分布。如果样品本身具有铁磁性，那么，二次电子在入射电子作用点发射的二次电子自旋方向更倾向于与该点的磁矩反方向排列。也就是说，二次电子发生了极化。因此沿着特定方向进行测定，就可以记录到在这一方向的磁化强度分量，从而得到包含样品磁性信息的形貌图。

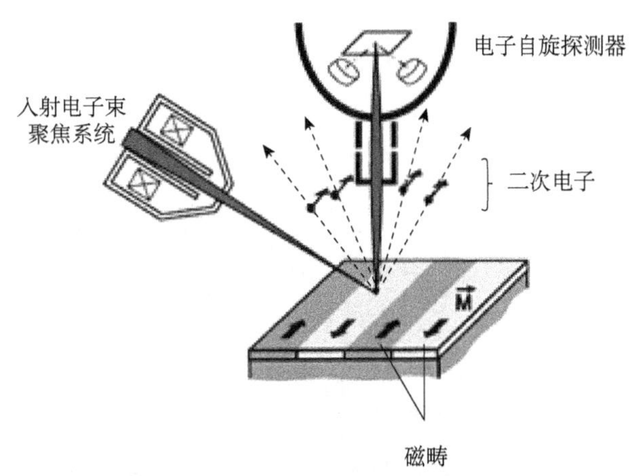


**图 3.88　自旋极化扫描电子显微镜原理图，电子自旋由自旋极化探测器进行检测[26]**

自旋极化扫描电子显微镜的关键部件是自旋探测器。最近几十年来，已经发展出了各种各样的自旋探测器，其大多是利用自旋轨道耦合相互作用的对称性转换为空间不对称性的基本原理。其中最具有代表性的探测器是莫特（Mott）探测器，电子被加速到高能量（通常为 50～100keV）撞击高原子序数的原子（如 Au 箔），由于自旋-轨道的相互作用而产生与自旋相关的散射，因此，自旋向上 $N\uparrow$ 和自旋向下 $N\downarrow$ 的电子相对于散射面在不同方向上产生择优散射，根据来自一对探测器探测不同方向上的自旋向上和自旋向下电子数，可给出自旋极化率的定义，即

$$P=\frac{N\uparrow-N\downarrow}{N\uparrow+N\downarrow} \tag{3.177}$$

通过自旋极化扫描电子显微镜测量，可以获得磁化强度矢量方向、元素分布、晶体取向、形貌等信息[27]。目前已经发展出可在高温下进行动态观察的自旋极化扫描电子显微镜装置[28]。图 3.89 是 100℃和 200℃时在无磁场（左栏）

和外加 20kA/m 磁场（右栏）的情况下 Fe(001)表面的矢量映射图像。图中白色箭头指向同一参考点位置。从图中可以看出，左栏上部图像的畴结构（无磁场，100℃）相当复杂，有弯曲的畴壁，而且磁畴较小（小于 50μm）。这表明该区域周围存在缺陷或应力，从而对磁畴结构造成影响。右栏上部是 100℃和外加磁场为 20kA/m 时的图像，与无磁场时的磁畴形状基本一致，表明在 100℃下施加 20kA/m 的磁场不会改变磁畴的结构。在 200℃和没有磁场的情况下，图像显示的磁畴结构与在 100℃无磁场的情况下几乎相同。这表明在无磁场的情况下，即使温度升高到 200℃，磁畴结构仍保持不变。然而，在 200℃下施加磁场为 20kA/m 的图像中，一个磁畴壁的一小部分明显产生了移动（由白色圆圈突出显示），这表明在高温下施加磁场可使磁畴壁发生移动。

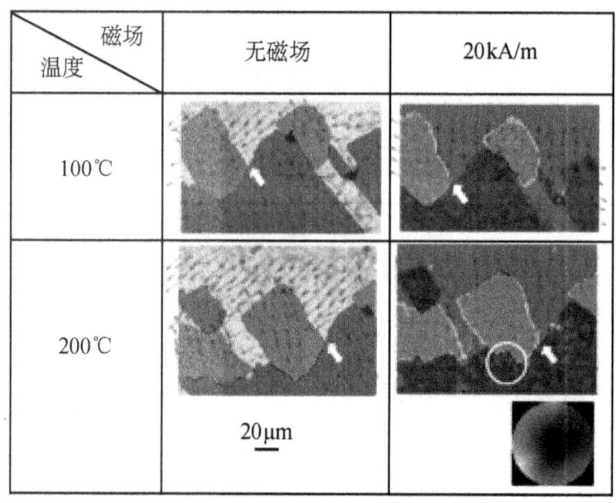


图 3.89　100℃和 200℃时有/无磁场情况下的磁畴结构图[28]（彩图见封底二维码）

## 3.4.8　背散射电子衍射分析

早在 1954 年，Alam、Blackman 和 Pashley 最早报道了在背散射条件下观察到了高角度的菊池电子衍射花样[29]，随着信息处理技术、计算机技术的发展，背散射电子衍射（electron backscattering diffraction，EBSD）在 20 世纪 80 年代迅速发展起来，在微区结构分析方面已经成为一种新的方法，是研究材料形变、回复和再结晶过程的一个非常有效的技术手段。如前所述，测量材料晶体结构的传统方法可以采用 X 射线衍射和透射电子显微镜，X 射线可以很精确地测量晶体结构参数及晶体取向的宏观统计信息，但它不能将这些信息与材料的微观组织形貌与成分结合起来观察。虽然透射电子显微镜可以将二者结合起来进行观察，但透射电子显微镜得到的信息是微区域的，无法获得宏观区域的信息。背散射电子衍射技术弥补了上述缺憾。利用背散射电子衍射技术，在观察微观结构的同时，能够快速、统计性地获得多晶体晶粒的取向信息，并计算出扫描电子显微镜观察微区的结构，既可以观察微观晶体结构和取向信息，又能够从宏观上观察样品的形貌像，从而解决了宏观统计性分析和微观区域性分析之间的矛盾。

1. 背散射电子衍射仪的基本结构

EBSD 仪作为附件安装在扫描电子显微镜中。扫描电子显微镜为其提供样品室和高能电子束，EBSD 仪包括硬件和软件两部分，硬件系统包括一台高灵敏度的 CCD 相机和用来控制 EBSD 仪数据的收集及信息处理系统。其基本结构如图 3.90 所示，EBSD 仪配有聚焦离子束（focused ion beam，FIB）仪器，利用重离子（如镓离子）代替电子对样品表面进行刻蚀以露出新鲜表面，可获取样品的微结构信息。

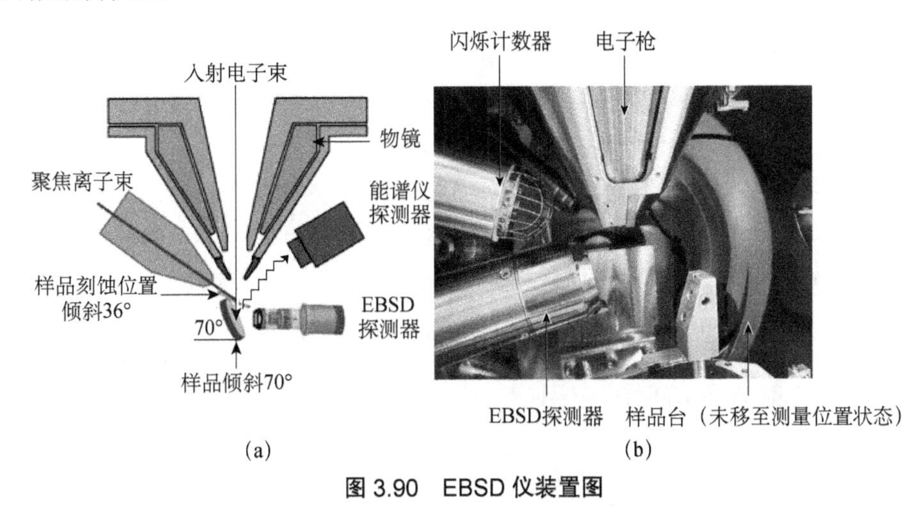


**图 3.90　EBSD 仪装置图**

（a）配有聚焦离子束仪器的装置示意图；（b）配有聚焦离子束仪器的 EBSD 仪外观图

2. 背散射电子衍射仪的测量原理

入射电子束作用于样品上，受到样品中原子的非弹性散射，在各个方向发射电子，因为在几十纳米的范围内经历非弹性散射的电子能量损失很小，可认为电子的波长近似不变。其中一部分背散射电子与晶面（$hkl$）满足布拉格衍射条件 $2d\sin\theta=\lambda$ 发生弹性相干散射，这些方向的电子构成了 $90°-\theta$ 的衍射圆锥，这里 $\theta$ 为布拉格角。同样，$(\bar{h}\,\bar{k}\,\bar{l})$ 也满足布拉格衍射条件，衍射构成另一个衍射圆锥。这两个衍射圆锥在屏幕上的交线为双曲线。由于衍射角度很小，这些双曲线接近于平行线。不同的晶面形成各自的衍射圆锥，当这些无限发散衍射圆锥到达位于 CCD 相机前端的荧光屏时被截取，也即分布在衍射圆锥上的电子轰击荧光屏，形成可见的电子背散射花样（electron backscattering pattern，EBSP）并由 CCD 相机记录下这些发光信号，自动识别进行谱线标定。由数据采集系统扣除背底并经霍夫（Hough）变换[30]，进行数字化成像后传给计算机进行谱线标定和分析。电子衍射花样是来自于背散射的菊池衍射花样，因此也被称为背散射菊池衍射（backscattered Kikuchi diffraction，BKD）。在荧光屏上形成菊池带的数量和宽度，与荧光屏的尺寸大小、荧光屏和样品之间的距离 $R$ 有关。菊池带的宽度 $w=\dfrac{\lambda R}{2d}$，$d$ 为晶面间距。不同菊池带夹角代表晶面间的夹角。当电子束在样品表面某一区域进行面扫描时，数据采集系统自动采集，标定样品每一分析点的衍射花样，从而获得各点的晶体结构以及晶体取向等晶体学信息。利用 EBSD 仪进行物相鉴定主要是根据晶面间的夹角来鉴定物相，因为一张 EBSP 上包含约 70°范围内的晶体取向信息。

用 EBSD 鉴定物相，事先需用能谱测定出待鉴定物相的元素组成，然后再采集该相的 EBSP 花样。用这些元素可能形成的所有物相对花样进行标定，只有完全与花样相符合的物相才是要鉴定的物相。

EBSD 技术是一种显微组织与晶体学分析相结合的图像分析技术，其成像依赖于晶体的取向，因此，EBSD 仪在商业上称为微取向成像图（orientation imaging microscopy，OIM）、晶体取向成像图（crystal orientation mapping，COM）和自动晶体取向图（automated orientation imaging microscopy，AOIM）。

### 3.4.9 背散射电子衍射的应用

EBSD 技术的应用主要包括取向衬度分析、物相鉴定、颗粒尺寸分析，以及利用极图（pole figure）/反极图（inverse pole figure）和定向分布函数进行晶体织构分析等[31-37]。而一般扫描电子显微镜中的背散射电子成像与产额和原子序数有关，不具有通过标定 EBSD 花样来分析晶体的方位，进而进行织构分析的功能。

下面对极图/反极图表示织构的方法给予简单介绍。

为了表示出织构的强弱及漫散程度，常利用极射赤道平面投影法，如图 3.91 所示。选择一个参考球，将一尺寸很小的晶体放在球心位置，晶面法线方向与球面相交的点称为极点，球面投影就是用极点表示相应的晶面。如选一个过球心的平面作为投影平面，那么垂直于投影平面作一直线 $AB$，如球面上有一极点 $P$，$BP$ 线与投影面的交点 $P'$即为极射投影点。如果投影点交于投影面大圆之外，可以选取 $A$ 点，连接 $AP$ 线与投影圆面相交，以此确保极射投影点在大圆之内，两者可用不同符号加以区分。它可以表示出晶粒在空间的取向分布情况，两个晶面之间的夹角可以用球面极点之间的弧长进行表示，经过极射投影后投影平面上的弧长仍然可以代表两平面之间的夹角。

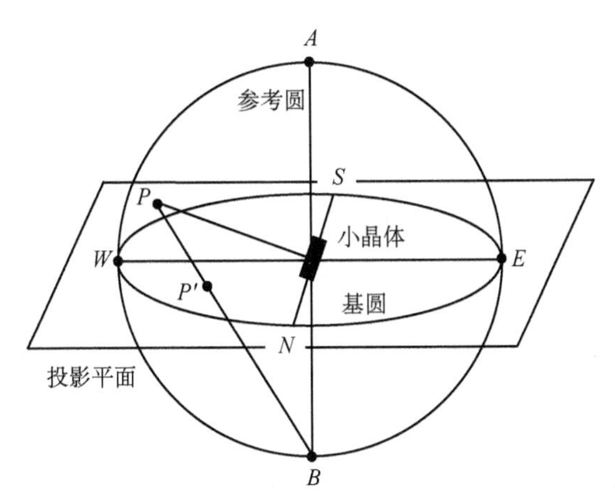


图 3.91 球面的极射投影图

利用极图和反极图可以表示晶粒取向。具体来说，极图是将样品的每个晶粒的一个选定低指数晶面（例如（100）晶面）极射投影在材料宏观外形坐标系（如棒状轴向方向、横向方向等）的一个平面上。而反极图是以试样的结晶学方向（例如[001]-[011]-[111]）作为参考坐标轴，将材料的宏观外形（如棒状轴向方向、横向方向等）极射投影到其中的一个平面上，构成一个三角区域，把多晶体中每个晶粒的位向转换到与这个投影三角形完全相同，单个晶粒原先对应的宏观选定坐标（如轴向、横向等）也随同这个晶粒做相同的方位转换，然后再将宏观选定坐标的极点按极射投影方向标注在固定的投影三角形中。在这个三角形中的极点密度，可以反映选定宏观坐标极点的在标准极图（标准极图是以晶体的某一简单晶面，如立方晶系的（100），（110），（111）为投影面，将各个晶面的球面投影再投影到此平面上所形成的投影图）上不同区域出现的概率，从而表现出多晶材料中存在的织构特征。相对极图只能定性反映多晶材料的织构，反极图可表示各种织构的相对含量，适用于定量分析。

极图能够全面地反映织构信息。在织构比较显著的情况下，根据极点的概率分布就能够判断织构的类型与散漫情况。在织构比较散漫的情况下，利用极图就难以作出判断，甚至得出错误的结论，这时就需要利用反极图或分布函数来进行表征。

对于不存在织构的完全无序多晶样品，不难理解，某一个晶面$\{hkl\}$在参考球上的极点是统计性均匀分布的，反映在投影圆上也是处于随机均匀状态点分布的，如图 3.92（a）所示。当多晶样品晶粒存在择优取向时，在极图上极点就会出现不均匀分布的情况，如仅考虑晶面$\{hkl\}$在极图上的分布状态时，在晶向$\langle uvw\rangle$确定的情况下，晶面$\{hkl\}$在极图上的分布只能是一些特定的区域，某一晶向$[uvw]$与晶面$\{hkl\}$之间的夹角为

$$\cos\alpha=\frac{uh+vk+wl}{\sqrt{u^2+v^2+w^2}\cdot\sqrt{h^2+k^2+l^2}} \tag{3.178}$$

如计算晶向[110]和晶面{100}之间的夹角，可将具体的晶向指数和面指数代入（3.178）式，经过计算可得出 $\alpha$=90°或±45°对应的带状区域，如图 3.92（b）所示。

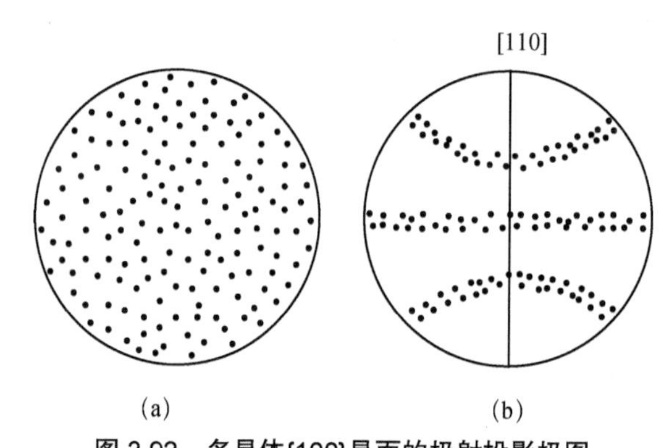


**图 3.92　多晶体{100}晶面的极射投影极图**

（a）无织构的{100}晶面极图；（b）有织构的{100}晶面极图

事实上，极图和反极图都是将多晶材料中晶粒在三维空间的取向不均匀性分布，极射投影到二维平面上进行简化处理的一种方法，这样会造成晶体三维取向信息的部分丢失。因此，可采用三维分布函数来表示晶粒的取向分布会更为准确。但三维分布函数处理较为烦琐，需要借助于计算机进行计算。

1. 织构分析

EBDS 技术对材料中是否存在织构、织构类型作出定性和定量分析，给出织构成分所对应的晶粒形态、大小及分布信息。EBSD 技术分析织构与其他方法相比具有突出的优势。

（1）可以利用分布函数对织构成分进行定量分析，测定各种晶向所占比例的同时，还能直观显示各种晶粒取向在显微组织中的分布；

（2）可用多种手段描述织构，包括极图和反极图，数据处理非常方便；

（3）可以在较大区域获得选区数据，进行微区或选区织构的测定，同时，也可选择某种晶粒取向进行成像，显示出该取向的晶粒形态和分布；

（4）此方法测定的织构结果与实际偏离比较小。

图 3.93 是作者利用定向凝固方法制备的 $Ni_{50}Mn_{36}Sn_{14}$ 哈斯勒合金的 EBSD 测量的极图和反极图。测量之前，对铸态样品进行线切割，表面用金相砂纸打磨光滑后，用电解抛光仪进行抛光，腐蚀液采用硝酸（$HNO_3$）和甲醇（$CH_3OH$）混合液，体积比为 1:4，通以 6V 电压，电解抛光时间为 15s，再用酒精进行超声清洗后，利用意大利 QUANTA 公司生产的 FEG 450 型扫描电子显微镜中所配美国 EDAX 公司生产的 Hikari XP Ⅱ型 EBSD 高速探头扫描进行成像。在取向成像过程中，电子束相对样品表面法线方向倾转 70°，以保证更多的背散射电子参与衍射而获得较强的菊池衍射花样[31]，将衍射花样投射到 EBSD 探头荧光屏上，经数据采集系统扣除预采集背底并经霍夫变换，利用已知晶体的菊池花样实现自动比对标定识别，并结合 OIM 软件分析，可得各分析点的晶体取向及所属物相等晶体学信息。图 3.93（a）为晶体纵截面的 EBSD 取向成像图，插图为用不同颜色表示晶粒的晶面方位。红色接近（001）晶面的取向，绿色接近（101）晶面的取向。图 3.93（b）是样品坐标[001]方向的反极图，从此图能更清楚地看出，样品坐标系在晶体坐标系中的投影主要集中在（001）附近，表明样品中存在明显的（001）择优取向的织构组织。图 3.93（c）是合金的极图，从此图中（001），（101）和（111）可以看出，晶体沿着（001）取向，表现出较好的[001]择优取向。

2. 晶体应变分析

晶体的缺陷密度是影响 EBSD 花样中菊池线清晰程度的主要因素，菊池线的清晰程度随缺陷密度的增加而下降。也就是说，如果采集的菊池线模糊不清，说明晶体在分析点处存在较大的应变。因此，根据菊池线的清晰程度可定性地分析应变的大小。EBSD 技术可自动地计算菊池线的质量（清晰程度），并可根据菊池线的质量成像。

图 3.94（a）和（b）分别表示完整晶体和发生弯曲后的格点排布和利用 EBSD 仪测得的金属锆（Zr）的菊池花样，图 3.94（a）是精心制备的 Zr 单晶，图 3.94（b）是有表面形变的 Zr 单晶。晶体发生“弯曲”后，图案质量会略有下降，因为产生衍射的晶面不再完全平行，相对于晶面方向造成布拉格角出现有轻微偏差，导致衍射边缘模糊。第三列图就是利用 EBSD 仪测量所得到的实验结果[32]。

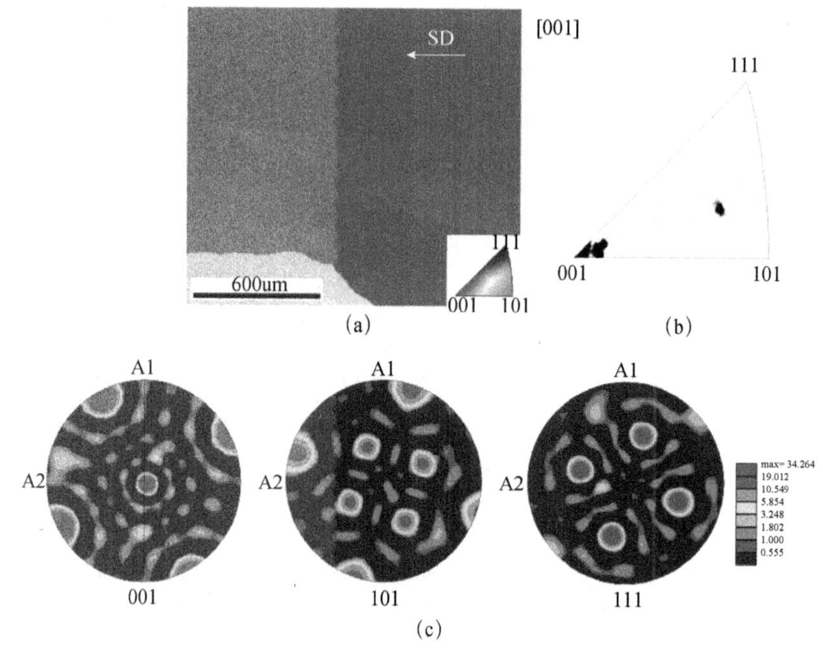


图 3.93 $Ni_{50}Mn_{36}Sn_{14}$ 哈斯勒合金的 EBSD 仪测量结果（彩图见封底二维码）

（a）晶体取向成像图；（b）反极图；（c）（001），（101）和（111）极图

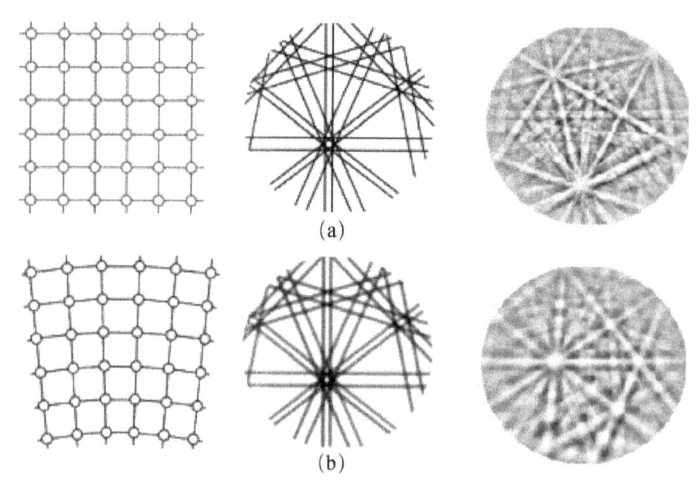


图 3.94 金属锆（Zr）的 EBSD 图

（a）无形变的 Zr 单晶；（b）有形变的 Zr 单晶

3. 物相鉴定和相含量测定

不同的物质具有不同的晶体结构，根据它们各自的 EBSP 特征及其标定结果可以确定物相。图 3.95 是由 EBSP 仪得出的 α，β 双相钛合金的相分布图，红色代表 α 钛，绿色代表 β 钛，占比分别为 73.8%和 26.2%。

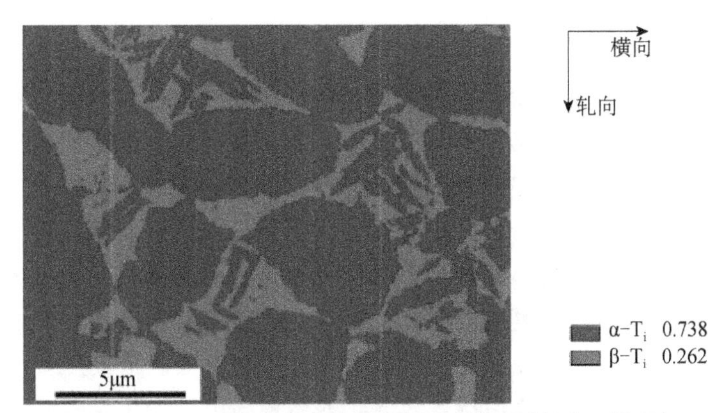


图 3.95　α，β 双相钛合金的相分布图（彩图见封底二维码）

4. 晶粒尺寸分析

传统的晶粒尺寸测量方法依赖于显微组织中界面的观察，而显微组织需要用合适的腐蚀剂来显露，如果腐蚀剂的选取不当或者侵蚀程度控制不当，一些界面就不能显露出来，这会给准确测量晶粒尺寸带来困难。EBSD 技术除了可用取向成像来显示组织相貌外，还可选择晶界、亚晶界和相界成像。除了能清晰地显示晶粒、亚晶粒和第二相形貌外，还能在图像中很容易地区分各类界面。因此，EBSD 技术是测量晶粒尺寸的理想工具[33-37]。

## 3.4.10　电子探针显微分析技术

电子探针技术是在电子光学和 X 射线光谱学基础上发展起来的。Hiller 在 20 世纪 30 年代就提出了电子探针的设想，第一台商用电子探针在 1956 年问世。电子探针显微分析技术是一种利用电子束作用样品后产生的特征 X 射线进行微区成分分析的仪器，利用聚焦到 1 μm 以下的高能电子束激发试样中原子，产生特征 X 射线，其设备结构与扫描电子显微镜基本相同，所不同的只是电子探针检测的是特征 X 射线，而不是二次电子或背散射电子。因此，电子探针可与扫描电子显微镜融为一体，仅在样品室额外配置能够检测特征 X 射线的谱仪，即可形成集多功能于一体的综合分析仪器，实现对微区进行形貌、成分的同步分析。

1. 电子探针的结构组成

电子探针主要由枪体、谱仪和信息记录系统组成。

1）枪体

枪体包括电子光学系统、光学显微镜、试样室和真空系统。

（1）电子光学系统。

电子光学系统也和扫描电子显微镜一样，由电子枪、聚光镜、物镜、扫描线圈、光阑和消散器等组成，所不同的是，电子探针为了激发 X 射线，入射电子需要更高的电压来加速，故电子枪的电压为 5～50kV 的高电压。

（2）光学显微镜。

光学显微镜的作用是选定样品表面分析区域，通过移动样品，把需要分析的区域位置置于光学显微镜的十字交叉点上。分析点也被调到 X 射线波谱仪的正确位置上。另外，光学显微镜还可以利用某些材料的阴极荧光效应来观察电子束斑的大小、亮度、聚焦情况等。光学显微镜与电子光学显微镜同轴，它的物镜是反射型的，放大倍率在 200～400 倍，焦深为 1μm 左右。

（3）试样室和真空系统。

电子探针的试样室和扫描电子显微镜类似，具有一套能使试样做 *XYZ* 方向移动、绕着 *Z* 轴转动的移动装置，移动精度在 1μm。为了操作方便，还安装有不同速度的马达带动试样移动装置，可用于计算机控制。

电子探针的电子光学系统连同波谱仪都要求在 $10^{-5}$～$10^{-4}$torr 的真空中工作。

2）谱仪和信息记录系统

谱仪是把 X 射线不同波长（或者能量）展谱进行分析的装置。实验方法包括波长色散法和能量色散法。波长色散法是利用晶体转到一定角度来产生 X 射线衍射，从而确定出 X 射线波长，进而确定试样中各元素的含量，采用此方法的仪器就是波长色散谱仪（wavelenth dispersive spectrometer，WDS），简称波谱仪。能量色散法直接将信号加以放大并进行脉冲幅度分析，通过选择不同脉冲幅度以确定 X 射线的能量，从而区分不同能量的 X 射线，采用能量色谱法的仪器称为能量色散谱仪（energy dispersive spectrometer，EDS），简称能谱仪。电子探针的信息记录系统与扫描电子显微镜的类似。

2. 电子探针波谱仪

电子探针波谱仪与扫描电子显微镜的不同之处主要在于探测器采用的是波谱仪，波谱仪是通过晶体对不同波长的特征 X 射线进行展谱、鉴别和测量的。主要由分光系统和信号检测记录系统组成。

1）分光系统

分光系统的主要器件是分光晶体。入射电子作用于样品后，从样品中激发的 X 射线具有某种特征波长，这些具有特征波长的 X 射线照射到分光晶体上，满足布拉格衍射条件的特征 X 射线在特定的方向上发生衍射。图 3.96 给出了分光晶体的分光原理图。不同波长特征X射线从晶体表面发射出来，若在面向衍射束方向上安置X射线探测器，就可以将不同特征波长的X射线记录下来。由于分光晶体的面间距固定，所以不同角度入射的X射线具有不同的波长，不同角度出射的X射线包含了不同的特征波长，这些不同波长的X射线被一一记录下来，探测器就实现把各种波长分开记录下来的展谱作用。

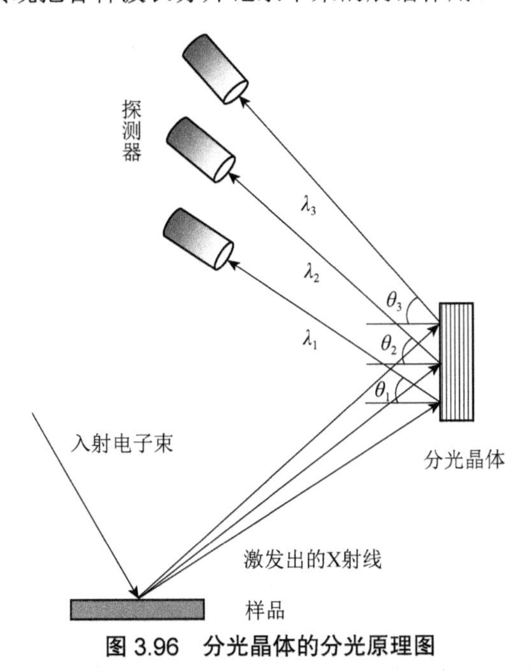


**图3.96　分光晶体的分光原理图**

同一波长以不同角度入射到晶体上的X射线，只有满足布拉格条件的X射线才能产生衍射，被探测器记录下来，这样就无法很有效地收集到X射线。如果分光晶体做成曲面，并使X射线源、晶体曲面和探测器窗口位于同一个圆上（这个圆称为罗兰圆），那么就能够实现不同入射角的同一波长满足布拉格方程，出现衍射束，相当于对同一波长的X射线实现了聚焦能力，就可以实现衍射束聚焦的目的。这样可使某一特征波长的X射线衍射强度大大增强。目前，X射线波谱仪采用的分光晶体有两种类型，即约翰（Johann）分光晶体和约翰逊（Johannson）分光晶体，如图3.97所示。

如果聚焦圆半径为$R$，把分光晶体弯曲成曲率半径为$2R$的弯曲弧面，这种晶体就称为约翰分光晶体，如图3.97（a）所示。光源$S$以不同角度入射到弯晶$A$，$B$，$C$各点上，这时可以认为入射角基本相同，都产生布拉格反射。衍射束聚焦于$D$点附近，可以近似认为光源$S$、$A$、$B$、$C$及$D$点近似分布于聚焦圆

（称为罗兰圆）上。这种分光晶体实际上不能让 X 射线衍射束实现完全聚焦，故称为不完全聚焦法。

另一种聚焦方法是约翰逊聚焦法，这时让分光晶体的曲率半径与罗兰圆半径相等，此时光源 $S$、$A$、$B$、$C$ 及 $D$ 点分布于罗兰圆上，可实现波长完全聚焦于 $D$ 点，故称为完全聚焦法，如图 3.97（b）所示。

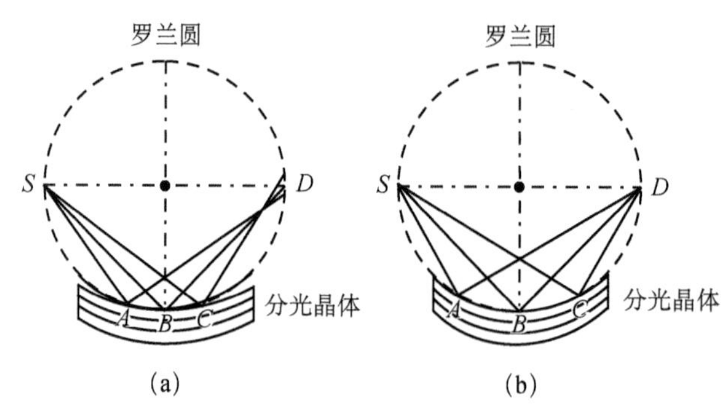


**图 3.97 （a）约翰（Johann）分光晶体和（b）约翰逊（Johansson）分光晶体**

2）波谱仪展谱形式

为了收集不同波长的 X 射线，探测器需跟随 X 射线聚焦点的位置转动，根据探测器的转动方式，波谱仪在样品室的布置形式通常可分为直进式和回转式两种形式。

A. 直进式波谱仪

在直进式波谱仪中，光源点保持不动，分光晶体沿一直线运动，分光晶体本身同时做连续转动。聚焦圆的中心在以光源为中心、罗兰圆为半径的圆周上运动。运动的轨迹可描述为 $\rho=2r\sin\theta$（$r$ 为探测器离光源的距离，$\theta$ 为布拉格角）。由图 3.98（a）可知，晶体与光源的距离始终为

$$L=2R\sin\theta \tag{3.179}$$

由布拉格公式可得

$$\lambda=2d\sin\theta=\frac{dL}{R}=KL \tag{3.180}$$

式中，$K=\dfrac{d}{R}$ 为常数。由此可见，改变分光晶体和光源的距离 $L$，并测得 $L$，就可以获得特征 X 射线波长。聚焦圆半径一般为 20cm，布拉格角在 15°～65°区间，因此 $L$ 的范围在 10～30cm。直进式波谱仪配有多个分光晶体，供实验者选择，其目的是提供不同的晶面间距，满足更大范围的元素检测。直进式波谱仪结构复杂，但可以保证样品表面方向固定不动，这种方法用得比较多。

B. 回转式波谱仪

在回转式波谱仪中，罗兰圆的中心固定不动，分光晶体和探测器在一固定的聚焦圆上以 1:2 的角速度转动。与直进式波谱仪相比，这一种形式相对比较简单，如图 3.98（b）所示，但 X 射线的运动范围很大，故需要较大的 X 射线的出射窗口。目前，这种方式的谱仪不很常用。

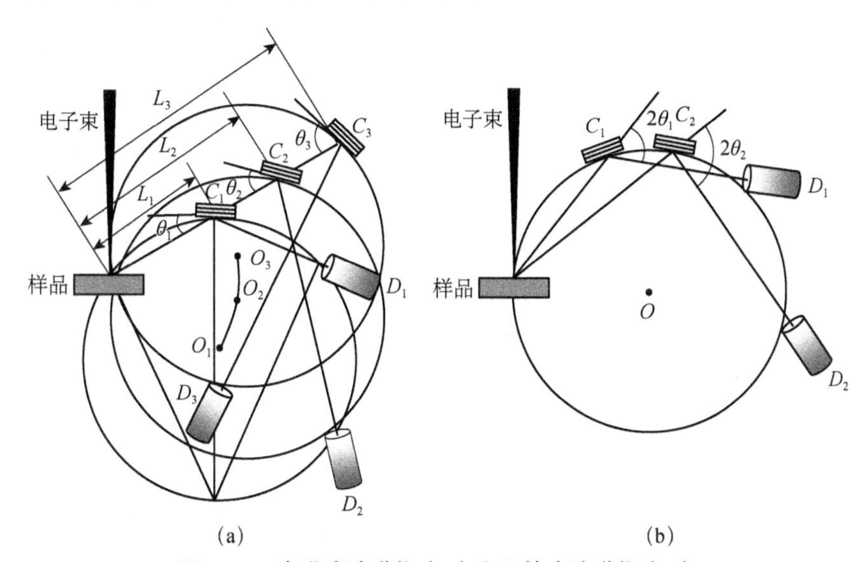


**图 3.98　直进式波谱仪（a）和回转式波谱仪（b）**

3）波谱仪检测记录系统

检测记录系统类似于 X 射线衍射仪中的检测记录系统，主要包括探测器和分析电路。该系统的作用是将分光晶体衍射而来的特征 X 射线由正比计数器接收，把 X 射线转换为电信号，输出一个放大 $10^4$ 倍、约为 1mV 的电压信号。从计数器输出的放大信号，再经过前置放大器和主放大器放大后，输出一个 1～10V 的电压脉冲信号，这个放大信号再输入脉冲高度分析器和计数率计进行计数，通过计算机处理后以图谱的形式记录或输出，实现对成分的定性和定量分析。

常见的探测器有气流式正比计数器、充气正比计数器和闪烁式计数器等。一个 X 射线光子经过探测器后将产生一次电压脉冲。

波谱仪具有很高的能量分辨率，分辨率为 2～20eV。其不足之处是分析速度比较慢，一次分析需要几十分钟。

3. 能谱仪

能谱仪（EDS）是通过检测特征 X 射线的能量来确定样品微区成分的。能谱仪可作为 SEM 的附件，与主件共同使用电子光学系统。电子能谱仪主要由半导体探测器和分析电路组成。半导体探测器由半导体探头、前置放大器和场效应管等组成；分析电路包括模拟数字转换器、存储器及计算机等。半导体探头是探测器的关键部件，图 3.99 为能谱仪工作原理方框图。

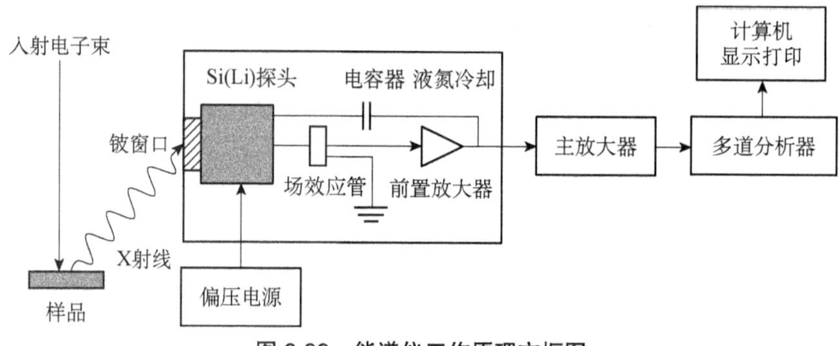


**图 3.99 能谱仪工作原理方框图**

当电子束作用到样品上时，产生特征 X 射线，通过铍窗口进入 Si(Li)探头，Si 原子吸收一个 X 射线光子后，便产生一定数量的电子–空穴对，产生一个电子–空穴对所需的最低能量是一定的，为 $\varepsilon$=3.8eV。因此，能量为 $E$ 的 X 射线光子在 Si 晶体中产生的电子–空穴对数目为 $N=E/\varepsilon$，即电子–空穴对的数目与光子能量成正比。利用施加在 Si(Li)半导体晶体两端的偏压收集电子–空穴对，也就是 X 射线光子的能量，从探头中输出的电荷脉冲，再经过主放大器处理后形成电压脉冲，电压脉冲的大小正比于 X 射线光子的能量。电压脉冲进入多道分析器，把脉冲高度分成若干挡位分别储存到不同的储存单元中，每个储存单元即为设定好的一个通道，每个通道按照 X 射线光子的能量大小依次由低到高进行编号，称为道址。每一道都有能量范围，这个能量范围称为道宽。对于一个拥有 1024 个通道的多道分析器来说，其可测的能量范围为 0～10.24keV，0～20.48keV 和 0～40.96keV，常用的 X 射线管能量范围为 0～20.48keV，这时每个道址的宽度为 20eV，进入脉冲高度分析器的电压脉冲信号，依据电压脉冲的高度进行分类、统计、存储，并将结果输出，实现展谱。图 3.100（a）和（b）分别为电子探针能谱图和波谱图。

能谱仪的能量分辨率为 115～133eV，没有波谱仪的分辨率高，但能谱仪具有分析速度快的特点，因此能谱仪已成为使用比较广泛的微区成分分析工具之一。

4. 能谱仪与波谱仪的比较

能谱仪的优点如下所述。

（1）探测效率高。由于 Si(Li)探头可放置在靠近样品的位置，直接接收

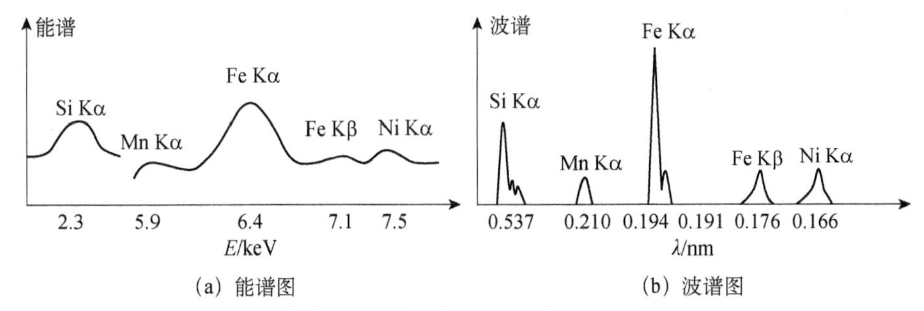


（a）能谱图　　（b）波谱图

**图 3.100　电子探针能谱及波谱图**

从样品发射的特征 X 射线，故探测效率高，甚至可达 100%。波谱仪中特征 X 射线通过分光晶体展谱，接受效率低。能谱仪的接受效率可比波谱仪高出一个数量级。

（2）分析效率高。能谱仪可在同一时间内对分析点内的所有元素所产生的特征 X 射线的特征能量进行检测，几分钟内就可获得结果，而波谱仪只能逐个测量每种元素的特征波长，测量过程耗费时间。

（3）能谱仪结构简单，没有机械传动部分，因此测量过程的稳定性和重复性都比较好。

（4）能谱仪不需要分光晶体，不需要聚焦，因此对表面粗糙度没有特殊要求，适合于粗糙表面的分析工作。

能谱仪的缺点如下所述。

（1）分辨率低。能谱仪的谱线峰宽，易于重叠，失真大，能量分辨率一般为 145～150eV，而波谱仪的能量分辨率可达 5～10eV，谱峰失真很小。

（2）能谱仪器所用的 Si(Li)半导体探测器必须在液氮冷却系统中维持在低温状态下进行工作，维护成本高。

5. 电子探针分析及应用介绍

主要包括定性分析和定量分析。只分析样品的组成元素时，定性分析又分为点、线、面三种分析形式。而求出每种元素的含量时，为定量分析。

1）样品制备

非导电样品，在电子作用的过程中，会出现电荷的积累，因此，需要对非导电样品进行喷涂金或碳的处理。样品的表面不平整也会带来测量上的困难，因此在分析之前，需要按金相方法对样品表面进行处理，尤其是在进行定量分析时，需要平整的表面。

2）定性分析方法

A. 定点分析

将电子束固定在所需要分析的点上，利用波谱仪分析时，改变分光晶体和探测器的位置，收集分析点的特征 X 射线，通过特征 X 射线判别晶体所含元素的成分。利用能谱仪进行分析时，在很短的时间（数分钟）内就可以获得分析区内所含的元素种类，非常方便。

图 3.101 是关于 Al 合金表面的 SEM 形貌图和 EDS 成分图谱[38]。Al 基体上涂层材料的化学成分来自于由图 3.101（a）中画圈处测得的光谱图，如图 3.101（b）所示，可根据 EDS 光谱分析得出每种元素的详细重量百分比（O-14.807%；Na-0.769%；Al-5.608%；Cl-0.484%；Po-0.846%；Ca-0.474%；Fe-77.013%；Cu-0%）。从图 3.101（b）可以看出，Fe 含量非常高，但 Cu 的含量为零。Cl 的出现是由于将涂层材料黏附到铝基体上的胶材料而造成的。标记圆圈中的深灰色区域表示 Fe 元素，其含量最高，而且以单个颗粒的形式存在，不含 Cu 元素，而白色部分是单个 Cu 元素颗粒。

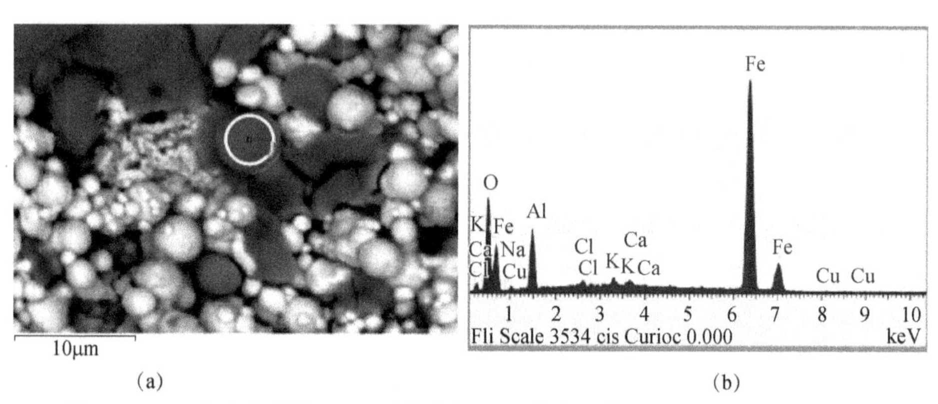


**图 3.101 Al 合金表面的 SEM 形貌图和 EDS 成分图谱[38]（彩图见封底二维码）**

（a）SEM 图；（b）EDS 图

B. 线扫描分析

线扫描分析是将谱仪设置在某一指定的波长位置，然后移动电子束，在样品表面沿着设定的直线扫描，同时记录 X 射线的强度，就得到了某种元素在指定直线上的强度分布曲线。改变谱仪位置，则可获得另一种元素的浓度分布曲线。图 3.102 为 Al-Mg-Cu-Zn 铸态组织线扫描分析的结果图，可以清楚地看出，主要合金元素 Mg、Cu、Zn 沿枝晶间呈周期性分布。

C. 面扫描分析

把 X 射线谱仪的接收置于某一特征 X 射线信号位置上，利用仪器中的扫描

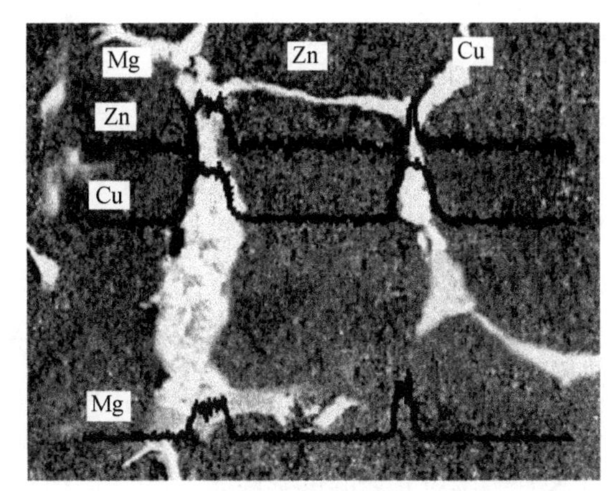


图 3.102　Al-Mg-Cu-Zn 铸态组织电子探针线扫描分析

装置使电子束在样品的某一区域进行光栅扫描，同时显像管的电子束受同一扫描电路的调制做同步扫描，显像管的亮度由试样给出的信号调制，这样就可获得该元素在扫描面内的浓度分布图像。图像中的亮暗代表了元素含量的高低。图 3.103 是铸态 Al-Zn-Mg-Cu 合金的 SEM 及其面扫描分析图，从中可以清楚地看出其中 Zn、Cu、Mg 三种元素的分布情况。

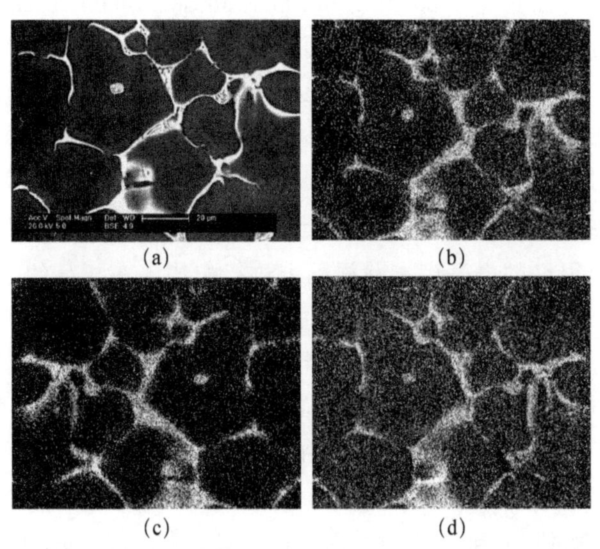

图 3.103　铸态 Al-Zn-Mg-Cu 合金的 SEM 及其面扫描分析图

（a）SEM 图；（b）Zn；（c）Cu；（d）Mg

3）定量分析方法

定量分析的物理基础是某一特征 X 射线的强度与该元素在试样中的浓度成正比。具体分析步骤是首先测量试样中某一元素 A 的特征 X 射线强度 $I'_A$，找出标准 A 元素，再在同一条件下，测出这条特征 X 射线的强度 $I'_{A0}$，扣除背底和计数器死时间（死时间即是向探测器输入 X 射线光子，但探测器没记录这些光子的时间）对所测值的影响，得相应的强度值 $I_A$ 和 $I_{A0}$。计算这两强度的比值 $K_A$

$$K_A = \frac{I_A}{I_{A0}} \tag{3.181}$$

称为元素 A 的相对强度。在理想情况下，$K_A$ 即为元素 A 的质量分数 $m_A$。由于电子进入试样，存在着电子在固体中的散射、特征 X 射线的激发与吸收、X 射线荧光激发与吸收等复杂的物理过程，这些过程都会影响 X 射线的强度测量，使测得的 X 射线强度不等于原子发射的特征 X 射线的强度。通常在定量分析时必须考虑这些因素，为此，需对相对强度进行修正，即

$$m_A = k_Z k_A k_F K_A \tag{3.182}$$

式中，$k_Z$ 为原子序数修正系数，$k_A$ 为吸收修正系数，$k_F$ 为二次荧光修正系数。修正系数可以通过实验方法获得，也可以通过第一性原理计算获得。

### 3.4.11 扫描透射电子显微镜

扫描透射电子显微镜（scanning transmission electron microscopy，STEM）是利用在透射电子显微镜加装扫描附件而制成的仪器，或者是专门设计的扫描透射电子显微镜。这两者都是透射电子显微镜和扫描电子显微镜的集成设备，只不过后者具有独特的设计和功能。STEM 可用电子束在样品表面扫描进行微观形貌分析，同时还可以通过透射电子束进行形貌和结构分析。

1. 扫描透射电子显微镜的工作原理

STEM 采用很细的电子束在薄样品上进行扫描，在样品的上、下方放置有不同的接收器，用来接收不同的信号而成像，如图 3.104 所示。在样品的上方安置接收二次电子和背散射电子的探测器来成像。在样品的下方安置环形探测器可分别收集不同散射角度 $\theta$ 的散射电子中心区（$\theta_1$<10mrad）、低角区（10mrad<$\theta_2$<50mrad）和高角区（$\theta_3$>50mrad）。由高角度环形探测器收集到的散射电子产生的暗场像，称高角环形暗场（high angle annular dark field，HAADF）像。因收集角度大于 50mrad 时，非相干电子信号占主要贡献，此时的相干散射逐渐被热扩散散射取代，晶体同一列原子间的相干影响仅限于相邻原子间的影响。在这种条件下，每一个原子可以被看作是独立的散射源，散射横截面可看作散射因子，且与原子序数平方（$Z^2$）成正比，故图像亮度正比于 $Z^2$，该种图像又称为原子序数衬度像或 $Z$ 衬度像。

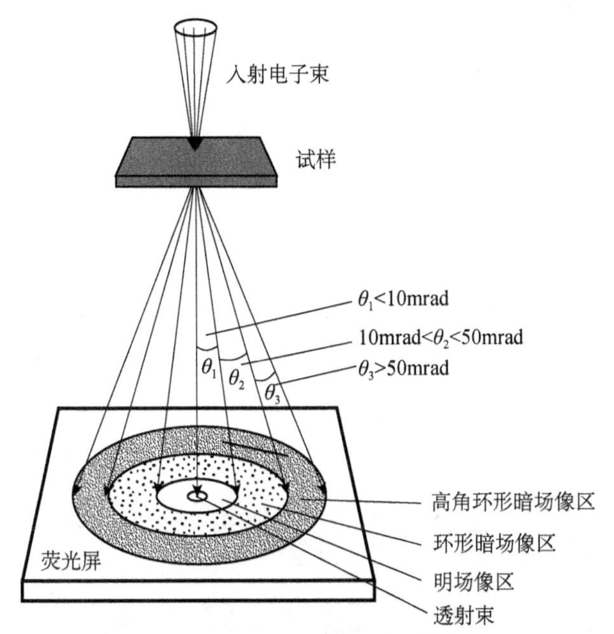


**图 3.104　扫描透射电子显微镜的工作原理**

通过散射角较低的环形探测器的散射电子所产生的暗场像称环形暗场（annular dark field，ADF）像，因相干散射电子增多，图像的衍射衬度成分增加，其像衬度中原子序数衬度减少，分辨率下降。而通过环形中心孔区的电子可利用明场探测器形成高分辨明场像。

2. 扫描透射电子显微镜的特点

（1）扫描透射电子显微镜的分辨率高。一方面，由于 *Z* 衬度像几乎完全是在非相干条件下的成像，非相干像的分辨率明显高于相干像的分辨率。另一方面，*Z* 衬度像不会随着样品厚度或物镜聚焦有较大的变化，因此不会出现衬度反转。此外，扫描透射电子显微镜的分辨率与获得信息的样品面积有关，一般接近于电子束的尺度。

（2）对化学组分敏感。成分正比于原子序数 *Z* 的平方，*Z* 衬度像具有较高的成分敏感性。

（3）图像解释简明。在相干条件下，衬度函数在零点附近随空间频率的增加快速振荡，当衬度函数为负时衬度翻转成像，衬度函数在零点时不显示衬度。但 *Z* 衬度像是在非相干条件下成像，具有正衬度传递函数，衬度像不会存在相位反转问题，因此可从图像的衬度直接反映样品的晶体结构信息。

（4）可以观察较厚或低衬度试样。*Z* 衬度像来自于非相干散射的电子信息，在一定的条件下，可满足相对较厚样品的成像观察。

但扫描透射电子显微镜存在一些不足之处，如仪器结构复杂，对样品本身和测量环境要求较高，样品需表面洁净，不能有杂质存在，需要较高真空度测量环境等。

3. 应用举例

利用高角度环形暗场扫描透射电子显微镜（HAADF-STEM）研究原子像，其优势在于像的对比度粗略地正比于原子序数的平方[39, 40]，因此，这种方法非常适合在原子尺度上直接观察层状化合物中离子排列的有序度，从而理解这种有序度与其物理性质的关系。图 3.105 就是利用 HAADF-STEM 测得的层状 Co 氧化物 $Ca_{0.33}CoO_2$ 单晶薄膜中阳离子 Ca 沿[1$\bar{1}$00]方向选区衍射的有序排列情况。

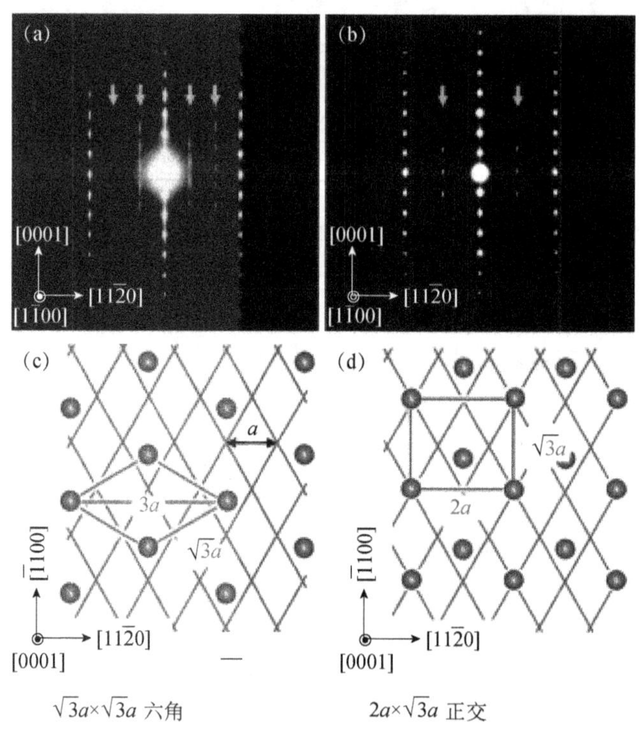


图 3.105　$Ca_{0.33}CoO_2$ [1$\bar{1}$00]方向选区衍射测得的层状 Co 氧化物 $Ca_{0.33}CoO_2$ 单晶薄膜的 HAADF-STEM 衍射图[41]

（a）$\sqrt{3}a\times\sqrt{3}a$ 超晶格结构；（b）$2a\times\sqrt{3}a$ 超晶格结构，箭头所指为来自于有序钙离子超晶格的反射；（c）$\sqrt{3}a\times\sqrt{3}a$ 六角超晶格结构示意图；（d）$2a\times\sqrt{3}a$ 正交超晶格结构

金属间化合物具有多种晶体结构类型和丰富的物理特性。从晶体结构上来说，一般都具有高度有序的原子排布，如 $L2_1(Cu_2MnAl)$型结构，其晶体结构为

面心立方复式格子，可以看作是由四组面心立方的子晶格沿体对角线依次相互平移 1/4 嵌套而成。例如，按照化学计量组成，哈斯勒合金化学式一般可以写为 $X_2YZ$ 型全哈斯勒合金（full-Heusler alloy）和 XYZ 型半哈斯勒合金（half-Heusler alloy）。X，Y，Z 三种原子的占位情况是 X 占据（000）和（1/2，1/2，1/2）位置，Y 占据（1/4，1/4，1/4）位置，Z 原子占据（3/4，3/4，3/4）位置。其中 X 和 Y 是过渡族金属元素，Y 也可以是镧系稀土元素，且 X 的正电性大于 Y，Z 是 sp 区主族元素。根据 X，Y 和 Z 元素在嵌套子晶格中的占位情况也可以形成其他类型的化学无序结构，如 B2 结构，这实际上是一种无序的 CsCl 型结构，即体心位置由 X 原子占据或存在空位，顶角位置由 Y，Z 两类原子占据。几种常见的化学无序结构如图 3.106 所示，包括 C1 型（$CaF_2$ 型）化学无序结构、B32a 型（$BiF_3$ 型）化学无序结构、$L2_1$ 型化学无序结构和 A2 型（钨型）化学无序结构等[42]。这些丰富的结构类型可以借助高角环形暗场像（HADDF）从原子尺度上进行研究。

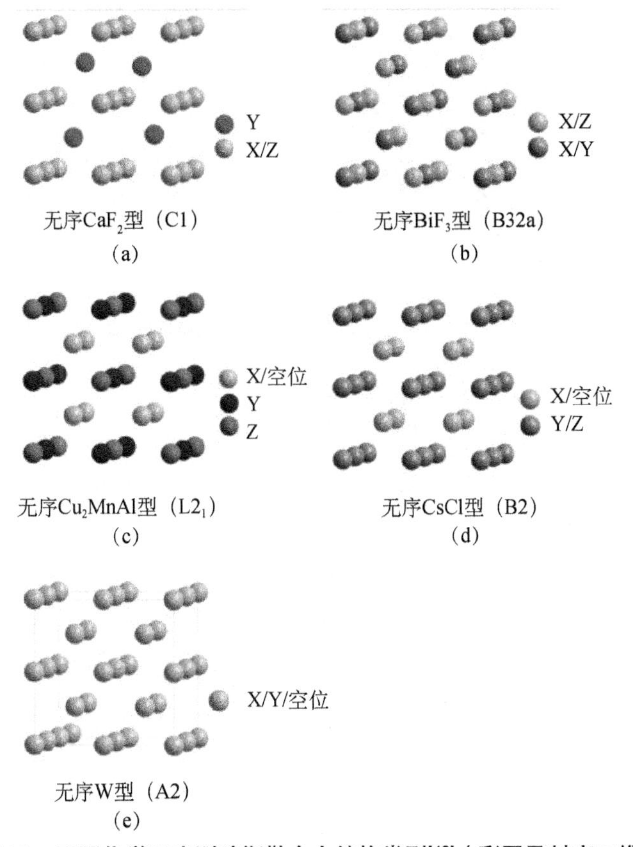


**图 3.106　不同化学无序型哈斯勒合金结构类型[42]（彩图见封底二维码）**

（a）Cl 型结构；（b）B32a 型结构；（c）$L2_1$ 型结构；（d）B2 型结构；（e）A2 型结构

金属间化合物 Al-Ni-Co-Fe 合金具有多相结构，利用 HAADF 成像技术可对其结构进行分析，如图 3.107 所示[43]。从图中可以看出，此合金存在 Fe-Co 相（$\alpha_1$ 相）和 Al-Co-Ni 相（$\alpha_2$ 相），$\alpha_1$ 相嵌入 $\alpha_2$ 基体中，如图 3.107（a）所示。图 3.107（b）是三种晶体的结构模型，分别为体心立方结构（BCC）、B2 结构以及 $L2_1$ 结构。在 $L2_1$ 型结构中，B 位有两种占位情形，这里分别标注为 $B_I$ 和 $B_{II}$。图 3.107（c）和（d）分别是 $\alpha_1$ 相和 $\alpha_2$ 相的 HAADF 图像。利用 HAADF 成像技术，在原子尺度上可分辨出原子的排布情况，为其物理性质和结构的联系提供了清晰的基础数据。

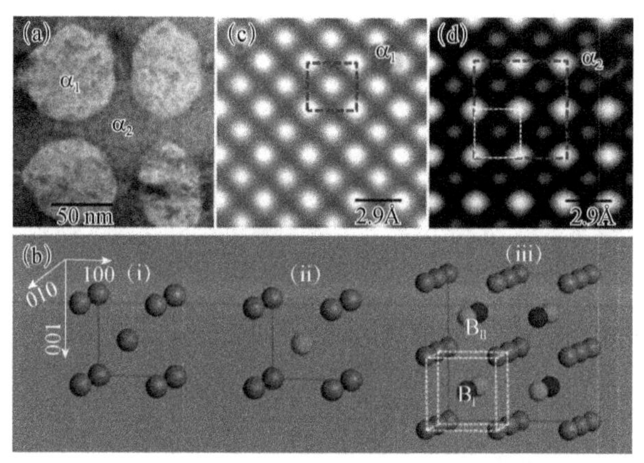


**图 3.107 Al-Ni-Co-Fe 合金的 HAADF 图像[43]（彩图见封底二维码）**

（a）$\alpha_1$ 相为 Fe-Co 相，$\alpha_2$ 相为 Al-Co-Ni 相；（b）三种晶体的结构模型（BCC，B2，$L2_1$）；（c）$\alpha_1$ 相的 HAADF 图像；（d）$\alpha_2$ 相 HAADF 图像

## 思考题与习题

3.1 电子束入射到固体样品表面会激发哪些物理信号？它们各有哪些特点和用途？

3.2 电子波有何特征？与可见光有何异同？

3.3 比较电子衍射与 X 射线衍射的异同点。

3.4 分析电磁透镜对电子波的聚焦原理，说明电磁透镜结构对聚焦能力的影响。

3.5 比较静电透镜和电磁透镜的聚焦原理。

3.6 简述光学显微镜和电子显微镜成像的异同点，电子束的折射和光的折射的异同点。

3.7 简述透射电子显微镜与光学显微镜的区别与联系。

3.8　什么是分辨率？影响透射电子显微镜分辨率的主要因素有哪些？

3.9　透射电子显微镜的有效放大倍数和放大倍数有何区别？

3.10　什么是电磁透镜的像差？像差有哪几种？各自产生的原因是什么？是否可以消除？

3.11　透射电子显微镜中聚光镜、物镜、中间镜和投影镜各自具有什么功能和特点？

3.12　什么是景深与焦长？各有何作用？

3.13　影响电磁透镜景深和焦长的主要因素是什么？景深和焦长对透射电子显微镜的成像和设计有何影响？

3.14　消像散器的工作原理及其作用是什么？

3.15　透射电子显微镜中配置有哪些主要光阑？安置在什么位置？其作用如何？

3.16　说明电磁透镜分辨率的物理意义，用什么方法可以提高电磁透镜的分辨率？

3.17　什么是电磁透镜的分辨本领？其影响的因素有哪些？

3.18　为什么电磁透镜需要采用小孔径角成像？

3.19　物镜光阑和选区光阑各具有什么功能？

3.20　点分辨率和晶格分辨率有何不同？

3.21　影响光学显微镜和电磁透镜分辨率的关键因素是什么？如何提高电磁透镜的分辨率？

3.22　透射电子显微镜主要由几大系统构成？各系统之间的关系如何？

3.23　在透射电子显微镜中，照明系统的作用是什么？它应满足什么要求？

3.24　分别说明当进行成像操作与衍射操作时，各级透镜（像平面与物平面）之间的相对位置关系，并画出光路图。

3.25　样品台的结构和功能如何？它应满足哪些要求？

3.26　如何测定透射电子显微镜的分辨率和放大倍数？哪些主要参数控制着分辨率和放大倍数？

3.27　何谓衬度？透射电子显微镜能产生哪几种衬度像？阐明其产生机制及其用途。

3.28　画图说明衍衬成像原理，并分别说明什么是明场像、暗场像和中心暗场像。

3.29　何为晶带定理和零层倒易截面？说明同一晶带中各晶面及其倒格矢与晶带轴之间的关系。

3.30 阐述倒易点阵与电子衍射图之间的对应关系。解释为何在对称入射（B//[*uvw*]）时，即只有倒易点阵原点在埃瓦尔德球面上，也可能得到除中心斑点以外的一系列衍射斑点。

3.31 简述扫描电子显微镜的主要结构原理及其各部分的作用。

3.32 扫描电子显微镜的接收信号方式有哪些？

3.33 扫描电子显微镜的分辨率受哪些因素影响？用不同的信号成像时，其分辨率有何不同？

3.34 扫描电子显微镜的成像原理与透射电子显微镜有何不同？

3.35 二次电子像和背散射电子像在显示表面形貌衬度时有何相同之处与不同之处？说明二次电子像衬度形成原理。

3.36 二次电子的特征是什么？

3.37 简述利用能谱仪分析测量样品成分的基本原理。

3.38 背散射电子衍射的工作原理是什么？

3.39 背散射电子衍射进行物相鉴定的原理是什么？

3.40 背散射电子衍射分析的信号采集与一般扫描电子显微镜中的背散电子成像有何不同？

3.41 波谱仪中的分光晶体有哪几种？各自的特点是什么？

3.42 能谱仪和波谱仪相比，在分析微区化学成分时有哪些优缺点？

3.43 图3.108为18Cr2Ni4WA经900℃油淬和400℃回火后在透射电子显微镜下测得的渗碳体选区电子衍射花样示意图，请对其指数斑点进行标定。已知$R_1$–9.8mm，$R_2$=10.0mm，$\Phi$=95°，相机常数$L\lambda$=2.05mm · nm。

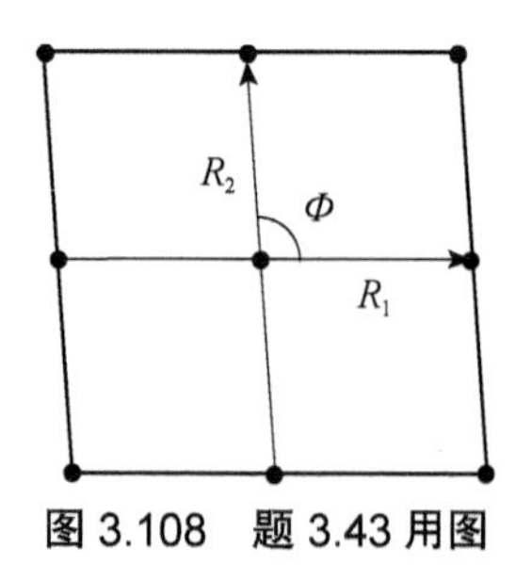


图3.108　题3.43用图

3.44 试推导在透射电子显微镜中电子衍射的基本公式，并指出相机常数$L\lambda$的物理意义。

3.45 图3.109（a）和（b）分别是透射电子显微镜电子衍射花样原理示意图和样品金（Au）的衍射环花样。已知Au是面心立方结构，晶格常数为

$a$=4.07Å，透射电子衍射实验测得各衍射圆环半径和对应的衍射面指数分别为 $R_1$=8.8mm，(111)；$R_2$=10.3mm，(200)；$R_3$=14.3mm，(220)。

（1）已知晶胞基矢 $\boldsymbol{a}=a\hat{i},\boldsymbol{b}=a\hat{j},\boldsymbol{c}=a\hat{k}$，根据面间距与倒格矢的关系式 $d=\dfrac{2\pi}{|\boldsymbol{G}|}$ 以及倒格矢表达式 $\boldsymbol{G}=h\boldsymbol{a}^*+k\boldsymbol{b}^*+l\boldsymbol{c}^*$，求出各衍射面的面间距 $d_{111},d_{200}$ 和 $d_{220}$。

（2）仪器常数定义为底板到样品的距离 $L$ 和入射电子波长 $\lambda$ 的乘积 $L\lambda$。根据已知的衍射圆环半径 $R_1$，$R_2$，$R_3$ 以及对应的衍射面的面间距 $d_{111},d_{200}$ 和 $d_{220}$，分别求出该仪器常数 $L\lambda$（单位：mm·Å），并计算其平均值。

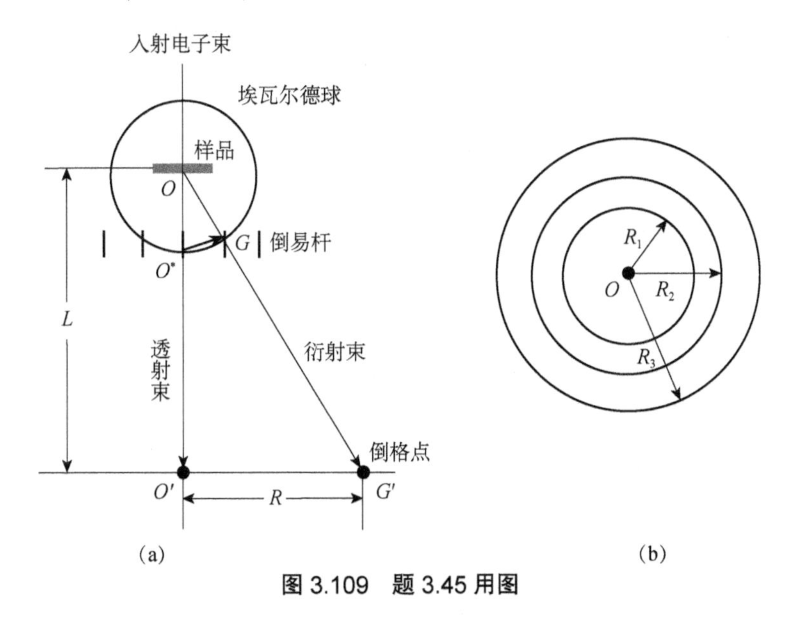


图 3.109　题 3.45 用图

# 主要参考书目和参考文献

## 主要参考书目

戎咏华. 分析电子显微学导论[M]. 北京：高等高等教育出版社，2015.

曾毅，吴伟，高建华. 扫描电镜和电子探针的基础及应用[M]. 上海：上海科学技术出版社，2009.

章晓中. 电子显微分析[M]. 北京：清华大学出版社，2006.

周玉. 材料分析方法[M]. 北京：机械工业出版社，2020.

朱和国，尤泽升，刘吉梓，等. 材料科学研究与测试方法[M]. 南京：东南大学出版社，2021.

[美]布伦特·福尔兹，詹姆斯·蒙. 材料的透射电子显微学与衍射学[M]. 吴自勤，石

磊，何维，等译. 合肥：中国科学技术大学，2017.

[新] Zhang S，Li L，Kumar A. 材料分析技术[M]. 刘东平，王丽梅，牛金海，等译. 北京：科学出版社，2010.

Hilal N，Ismail A F，Matsuura T，et al. Membrane Characterization[M]. Amsterdam：Elsevier B.V，2017：147-159.

Hübschen G，Altpeter I，Tschuncky R，et al. Materials Characterization Using Nondestructive Evaluation (NDE) Methods[M]. Amsterdam：Elsevier Ltd，2016：17-43.

Keyse R J，Garratt-Reed A J，Goodhew P J，et al. Introduction to Scanning Transmission Electron Microscopy[M]. New York：Taylor & Francis Publishers，1998.

Kirk T L. Advances in Imaging and Electron Physics[M]. Ch2: A Review of Scanning electron Microscopy in Near Field Emission Mode. USA：Elsevier Inc，2017，39-109.

Klein T，Buhr E，Frase C G. Advances in Imaging and Electron Physics[M]. Germany：Elsevier Inc，2012，171：297-356.

Pennycook S J，Nellist P D. Scanning Transmission Electron Microscopy，Imaging and Analysis[M]. New York：Springer Science+Business Media，LLC，2011.

Reimer L，Kohl H. Transmission Electron Microscopy[M]. New York：Springer Science+Business Media，LLC，2008.

Rong Y H. Characterization of Microstructures by Analytical Electron Microscopy（AEM）[M]. 北京：高等教育出版社，2012.

Sardela M. Practical Materials Characterization[M]. New York：Springer Science+Business Media New York，2014.

Ul-Hamid A. A Beginners' Guide to Scanning Electron Microscopy[M]. Switzerland：Springer Nature Switzerland AG，2018.

Williams D B，Carter C B. 透射电子显微学 Transmission Electron Microscopy（上册）[M]. 李建奇，译. 北京：高等教育出版社，2015.

Zuo J M，Spence J C H. Advanced Transmission Electron Microscopy，Imaging and Diffraction in Nanoscience[M]. New York：Springer Science+Business Media New York，2017.

## 参考文献

[1] Busch H. Berechnung der bahn von kathodenstrahlen im axialsymmetrischen elektromagnetischen felde[J]. Annalen der Physik，1926，386：974-993.

[2] Busch H. Über die wirkungsweise der konzentrierungsspule bei der braunschen röhre[J]. Electrical Engineering（Archiv fur Elektrotechnik），1927，18：583-594.

[3] Knoll M，Ruska E. Das elektronenmikroskop[J]. Zeitschrift Für Physik，1932，78：318-

339.

[4] Oatley C W，Nixon W C，Pease R F W. Scanning electron microscopy[J]. Advances in Electronics and Electron Physics，1966，21：181-247.

[5] Spivak G V，Saparin G V，Bykov M V. Scanning electron microscopy[J]. Soviet Physics Uspekhi，1970，12（6）：756-776.

[6] Alex M，John M. Cowley FAA FRS（1923-2004）[J]. Acta Crystallographica，2005，A61：122-124.

[7] Cockayne D J H，Cowley J M，Etheridge J，et al. Professor Alexander F. Moodie 75 years[J]. Acta Crystallographica，1999，A55：103-104.

[8] Kuwahara M，Takeda Y，Saitoh K，et al. Development of spin-polarized transmission electron microscope[J]. Journal of Physics：Conference Series，2011，298：012016.

[9] Binnig G，Rohrer H. Scanning tunneling microscopy[J]. Surface Science，1983，126：236-244.

[10] Binnig G，Rohrer H. Scanning tunneling microscopy[J]. IBM J. Res. Develop.，2002，44：279.

[11] Erik R. Characteristic energy losses of electrons scattered from incandescent solids[J]. Proceedings of the Royal Society London A，1930，127：111-140.

[12] Erik R. Energy losses of electrons in Nitrogen[J]. Proceedings of the Royal Society London A，1930，129：628-651.

[13] Erik R. Energy losses of electrons in Carbon monoxide and Carbon dioxide [J]. Proceedings of the Royal Society London A，1930，130：182-196.

[14] Erik R. Inelastic scattering of electrons from solids[J]. Physical Review，1936，50：138-150.

[15] Nistor L，Ralchenko V，Vlasov I，et al. Formation of amorphous Carbon and graphite in CVD diamond upon annealing：a HREM，EELS，Raman and optical study[J]. Phys. Stat. Sol.，2001，186（2）：207-214.

[16] Keast V J. Application of EELS in materials science[J]. Materials Characterization，2012，73：1-7.

[17] Knoll M. Auftadepotential und Sekundaremission elektronenbestrahlter Karper（Static potential and secondary emission of bodies under electron irradiation）[J]. Z. Tech. Phys.，1935，16，467-475.

[18] Seiler H. Secondary electron emission in the scanning electron microscope[J]. Journal of Applied Physics，1983，54（11）：R1-R18.

[19] von Manfred，von Ardenne. Das elektronen-rastermikroskop[J]. Theoretische Grundlagen.

1937，108（338）：553-572.

[20] Mcmullanc D. SEM—past，present and future[J]. Journal of Microscopy，1989，155（3）：373-392.

[21] Smith K C A，Oatley C W. The scanning electron microscope and its fields of application[J]. British Journal of Applied Physics，1955，6：391-399.

[22] Mcmullan D. Scanning electron microscopy 1928—1965[J]. Scanning，1995，17：175-185.

[23] Hembree G G，Unguris J，Celotta R J，et al. Scanning electron microscopy with polarization analysis：high resolution images of magnetic mcrostructure[J]. Scanning Microscopy，1987，1：229-240.

[24] Oepen H P，Kirschner J. Imaging of magnetic microstructures at surfaces：the scanning electron microscope with spin polarization analysis[J]. Scanning Microscopy，1991，5（1）：1-16.

[25] Allenspach R. Ultrathin films：magnetism on the microscopic scale[J]. Journal of Magnetism and Magnetic Materials，1994，129：160-185.

[26] Allenspach R. Spin-polarized scanning electron microscopy[J]. IBM J. Res. Develop.，2000，44（4）：553-570.

[27] Kazuyuki K. Spin-polarized scanning electron microscopy[J]. Microscopy，2013，62（1）：177-191.

[28] Teruo K，Hideo M. Magnetic-field-application system at high temperatures for spin-polarized scanning-electron-microscopy measurement[J]. Journal of Magnetism and Magnetic Materials，2022，541：168482.

[29] Alam M N，Blackman M，Pashley D W. High-angle Kikuchi patterns[J]. Proceedings of the Royal Society London A，1954，221：224-242.

[30] Duda R O，Hart P E. Use of the hough transformation to detect lines and curves in pictures[J]. Communications of the ACM，1972，15（1）：11-15.

[31] Humphreys F J. Characterisation of fine-scale microstructures by electron backscatter diffraction（EBSD）[J]. Scripta Materialia，2004，51：771-776.

[32] Wright S I，Nowell M M，Field D P. A review of strain analysis using electron backscatter diffraction[J]. Microscopy Microanalysis，2011，17：316-329.

[33] Wilkinson A J，Collins D M，Zayachuk Y，et al. Applications of multivariate statistical methods and simulation libraries to analysis of electron backscatter diffraction and transmission Kikuchi diffraction datasets[J]. Ultramicroscopy，2019，196：88-98.

[34] Wang Y N，Huang J C. Texture analysis in hexagonal materials[J]. Materials Chemistry and Physics，2003，81：11-26.

[35] Fu J W. A general approach to determine texture patterns using pole figure[J]. Journal of Materials Research and Technology，2021，14：1284-1291.

[36] Humphreys F J. Grain and subgrain characterisation by electron backscatter diffraction[J]. Journal of Materials Science，2001，36：3833-3854.

[37] Sato H，Shiota Y，Morooka S，et al. Inverse pole figure mapping of bulk crystalline grains in a polycrystalline steel plate by pulsed neutron Bragg-dip transmission imaging[J]. Journal of Applied Crystallography，2017，50：1601-1610.

[38] Bidin N，Abdullah M，Shaharin M S，et al. SEM-EDX analysis of laser surface alloying on Aluminum[J]. J. Math. Fund. Sci.，2013，45（1）：53-60.

[39] Buban J P，Matsunaga K，Chen J，et al. Grain boundary strengthening in Alumina by rare earth impurities[J]. Science，2006，311：212-215.

[40] Pennycook S J，Jesson D E. High-resolution Z-contrast imaging of crystals [J]. Ultramicroscopy，1991，37：14-38.

[41] Huang R，Mizoguchi T，Sugiura K，et al. Direct observations of Ca ordering in $Ca_{0.33}CoO_2$ thin films with different superstructures[J]. Applied Physics Letters，2008，93：181907.

[42] Graf T，Felser C，Parkin Stuart S P. Simple rules for the understanding of Heusler compounds [J]. Progress in Solid State Chemistry，2011，39：1-50.

[43] Lu P，Zhou L，Kramer M J，et al. Atomic-scale chemical imaging and quantification of metallic alloy structures by energy-dispersive X-ray spectroscopy[J]. Scientific Reports，2014，4：3945.

# 第 4 章　表面物理实验方法

## 4.1　表面实验方法概述

### 4.1.1　表面谱仪概述

表面物理学是 20 世纪 60 年代以后快速发展起来的一门学科，在凝聚态物理的发展中已经形成一个新的分支，表面物理学无论在基础研究学科还是技术应用领域都具有非常重要的意义。

固体表面附近几个原子层内具有许多异于体内的性质。表面与体内相比较，化学组分、晶体结构、电子结构均不相同。表面物理学是指在超高真空度条件下，研究这几个原子层内原子的排列情况、电子状态，吸附在表面上的外来原子或分子，以及在表面几个原子层内的外来杂质的电子状态和其他物理性质。实验上是通过电子束、离子束、原子束、光子、热、电场和磁场等与表面产生相互作用，而获得有关表面结构、表面电子态、吸附物的种类、结合类型和成键取向等信息。归纳起来，表面物理研究涉及表面形貌、表面成分、表面原子结构、表面电子结构和表面各种元激发。

表面物理学以表面谱仪作为研究工具，由于是来自表面几个原子层的信息，信号比较弱，所以对表面谱仪的要求比较高。谱仪应具有较高的灵敏度和分辨能力，而且测量过程中分析技术对表面应是非破坏性的，即测量时不影响表面的形态。另外，谱仪对不同导电类型的样品都可以进行分析，既能够分析表面的吸附，也可对样品进行剖面分析等。

为了满足表面分析的要求，一般而言，表面谱仪应具备以下条件。①能有效地制备清洁的样品表面。②配备有超高真空系统。为了获得和维持表面的清洁度，样品需置于超高真空环境中。譬如，当样品处于压强为 $1.3\times10^{-4}$Pa 的低真空环境时，其整个表面吸附一个单原子层的气体仅需 1s。因此，为保证样品不受污染，谱仪就必须在超高真空下工作。③采用微米、亚微米级电子束与离子束，这对微区分析很重要。④配备可靠的弱信号探测系统。

用于表面形貌研究的主要仪器包括高分辨扫描电子显微镜（high resolved scanning electron microscope，HRSEM）、扫描隧道显微镜（scanning tunneling microscope，STM）、原子力显微镜（atomic force microscope，AFM）、磁力显微镜（magnetic force microscope，MFM）等。用于表面结构分析的仪器有低能电子衍射（low energy electron diffraction，LEED）、反射高能电子衍射（reflected high energy electron diffraction，RHEED）谱仪、扫描电子显微镜（scanning electron microscope，SEM）、广延 X 射线精细结构吸收（extended X-ray absorption fine structure，EXAFS）、场离子显微镜（field ion microscope，FIM）等。用于表面组分和电子态分析的仪器有俄歇电子能谱仪（Auger electron spectroscopy，AES）、紫外光电子发射谱仪（ultraviolet photoelectron spectroscopy，UPS）、X 射线光电子能谱仪（X-ray photoelectron spectroscopy，XPS）、电子能量损失谱仪（electron energy loss spectroscopy，EELS）、角分辨光电子发射谱仪（angular resolved photoemission electron spectroscopy，ARPES）等。目前最常用的几种仪器包括 XPS，UPS，LEED，AES，ARPES 等。

在表面分析技术中，入射粒子和出射粒子都是电子的谱仪，称为电子谱仪。电子谱仪在表面分析中占有非常重要的地位，如 LEED，RHEED，AES，EELS 都属于电子谱。电子谱仪具有很多方面的优点：电子容易获得，在电场或磁场作用下很容易实现偏转和聚焦，而且电子有合适的平均自由程范围，很适合用于表面分析，比如，能量为 1500eV 的电子，其平均自由程在 2nm 以下，电子从表面出射后携带丰富的近表面信息。另外，电子还具有不影响真空度的特点，而且电子容易被检测。其不足之处是，电子不像光子那样很容易单色化和偏振化；电子容易受到磁场的干扰；能量比较高的电子束有可能损伤样品，在样品表面引起分解、脱附、化学反应等。

当入射电子与固体表面发生相互作用后，在表面可能激发各种物理信号，包括中性粒子、离子、光子、电子及晶格振动能等。在晶体表面有吸附的情况下，入射电子有可能引起脱附而发射中性粒子（分子或原子），如果这些中性粒子电离，就会产生离子。原子芯态电子受激后在退激发过程中可能会产生光子，也可能激发俄歇电子等。当电子与固体产生相互作用时，电子受到固体的散射，并交换动量和能量，不发生动量和能量交换（或者说可忽略）的散射过程称为弹性散射。入射电子与表面相互作用后损失部分能量的散射过程称为非弹性散射，非弹性散射过程中损失的能量转化成其他形式的能量，如产生等离子元激发、单电子激发（二次电子、俄歇电子、特征 X 射线）、声子激发、表面振动和韧致辐射等。

### 4.1.2 电子能量分析器及其性能参数

1. 电子能量分析器

电子能量分析器的种类很多，可分为飞行时间分析器（time-of-flight analyzer，TOFA）、阻挡栅分析器（retarding grid analyzer）和轨道偏转分析器三类。而轨道偏转分析器又可分为磁偏转分析器、静电偏转分析器和正交电磁场型分析器。在 LEED 仪器装置中使用的能量分析器是阻挡栅分析器，将在 LEED 实验装置中给予介绍。至于轨道偏转分析器，这里只介绍性能优越的两种静电偏转分析器，即圆筒镜分析器（cylindrical mirror analyzer，CMA）和球面偏转分析器（spherical deflector analyzer，SDA）。

1）圆筒镜分析器

圆筒镜分析器如图 4.1 所示，它由两个同轴圆筒组成，圆筒的内外半径分别为 $R_1$ 和 $R_2$，内圆筒留有入口和出口环缝，覆以网栅以便可以使电子通过，两圆筒之间施加可调节大小的电压，外筒电压为负。电子从同心圆筒轴上发出，通过入口进入内外圆筒之间，在外电场的作用下发生偏转，具有合适能量的电子将从出口发出，会聚于轴上一点并通过接收狭缝被接收器所接收。

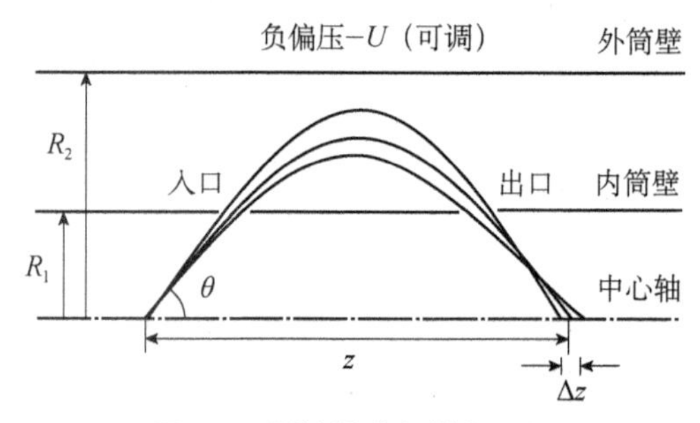


图 4.1 圆筒镜分析器剖面图

利用电场知识不难求出两圆筒之间的电势分布为

$$\phi(r) = -U\frac{\ln(r/R_1)}{\ln(R_2/R_1)} \tag{4.1}$$

两圆筒之间的电场强度为

$$E_r = -\frac{\partial\phi(r)}{\partial r} = \frac{U}{r\ln(R_2/R_1)} \tag{4.2}$$

$$E_\theta = -\frac{1}{r}\frac{\partial\phi}{\partial\theta} = 0 \tag{4.3}$$

来自轴上的电子在两圆筒间减速场中的运动方程为

$$
\begin{aligned}
m\frac{\mathrm{d}^2 r}{\mathrm{d}t^2} &= -\frac{eU}{r\ln(R_2/R_1)} = -\frac{1}{r}\frac{E}{k} \\
m\frac{\mathrm{d}^2 z}{\mathrm{d}t^2} &= 0
\end{aligned} \tag{4.4}
$$

式中，令 $k=\frac{E}{eU}\ln(R_2/R_1)$，$e$ 为电子电量，$E$ 为电子能量。经过证明，可以给出，当

$$
\begin{cases}
k = -\dfrac{E}{eU}\ln(R_2/R_1) = 1.3099 \\
\theta = 42.307^\circ
\end{cases} \tag{4.5}
$$

时，满足二级聚焦条件，即 $\frac{\mathrm{d}^2 z}{\mathrm{d}t^2}=0$（一级聚焦条件为 $\frac{\mathrm{d}z}{\mathrm{d}t}=0$），此时电子的能量为

$$
E = \frac{1.3099}{\ln(R_2/R_1)}eU \tag{4.6}
$$

显然，由（4.6）式可知，$E\propto U$，改变施加的电压 $U$，就能满足不同能量的电子通过分析器，从而实现对电子束聚焦，这就是圆筒镜分析器的基本工作原理。

2）球面偏转分析器

球面偏转分析器由两个同心球面组成，目前有两种类型，分别是 90°的扇形球面分析器和 180°半球面分析器。图 4.2 是 180°半球面分析器剖面图，内、外半球面的半径分别为 $R_1$ 和 $R_2$。

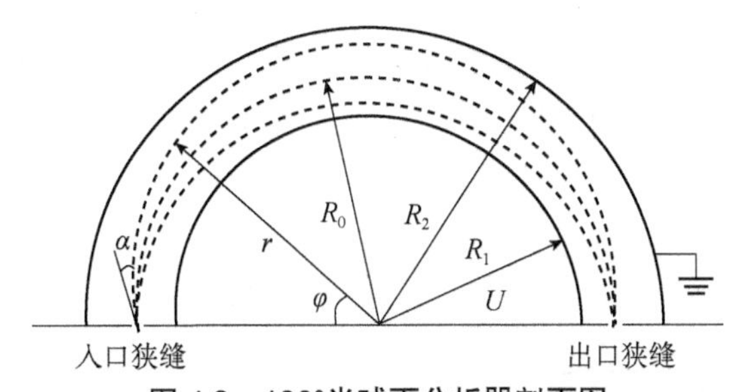


图 4.2 180°半球面分析器剖面图

两球面之间施加电压 $U$，可求得两球面之间的电势分布为

$$
\phi(r) = \frac{U}{(1/R_1 - 1/R_2)}(1/r - 1/R_1) \tag{4.7}
$$

由此可得两球面之间的电场强度为

$$E_r = \frac{U}{r^2(1/R_1 - 1/R_2)} \tag{4.8}$$

当电子沿中心轨迹通过分析器时，向心力由电场力提供，有

$$\frac{mv_0^2}{R_0} = eE_{R_0} \tag{4.9}$$

式中，$R_0 = (R_1 + R_2)/2$ 为中心轨迹半径，$e$ 为电子电量，$E_{R_0}$ 为中心轨迹处的电场强度。而电子的能量为

$$E = \frac{1}{2}mv_0^2 \tag{4.10}$$

根据（4.8）式～（4.10）式，计算可得到

$$E = \frac{eU}{(R_2/R_1 - R_1/R_2)} \tag{4.11}$$

将（4.11）式改写为

$$E = \frac{eR_2R_1}{2R_0(R_2 - R_1)}U = ekU \tag{4.12}$$

式中，$k = \frac{R_2R_1}{2R_0(R_2 - R_1)}$ 为一常数，由半球面分析器的尺寸所决定。例如，半球的内径外径分别为 75mm 和 125mm，则 $R_0$=100mm，$k$=0.9375。电子能量与外加电压具有正比关系。

另外，通过详细分析，由运动方程可得出电子束的一级聚焦条件为 $\theta$=180°。

2. 能量分析器的性能参数

电子能量分析器是电子谱仪的心脏部分，没有好的能量分析器就不可能得到有意义的电子图谱。对能量分析器的基本要求包括：不同能量的粒子通过分析器后要最大限度地分离开来，即具有较大的能量分辨率；粒子能量与分析器所加电压保持较好的线性关系；具有相同能量的粒子要尽可能地会聚于一点，即亮度要高。基于此，电子能量分析器的一些主要性能参数定义如下。

（1）能量分辨率（energy resolution），用 $\Delta E/E_0$ 表示，$E$ 为分析器所调定的能量，$\Delta E$ 为单色电子束通过分析器后能量分布曲线的半高宽（full width at half maximum，FWHM）。分辨率反映了能量分析器分辨不同能量电子的能力。

（2）底线分辨率（base resolution），是指用能量分布曲线的底宽 $\Delta E_B$ 代替半高宽所得的分辨率。

（3）传输率（transmission，亦称透射率），是指通过能量分析器而被接收利用的电子占点源全部发射电子的百分数。设 $\Omega$ 为分析器限定入射角度范围所形

成的立体角，传输率可表示为

$$T=\Omega/(4\pi) \tag{4.13}$$

（4）亮度（luminosity）定义为透射率 $T$ 与入射狭缝面积 $S$ 的乘积

$$L=TS \tag{4.14}$$

（5）色散（dispersion）是指由于电子能量 $E$ 的变化而引起的电子轨迹 $r$ 的变化，定义为

$$D = E\frac{\partial r}{\partial E} \tag{4.15}$$

### 4.1.3　电子信号的探测和处理方法

在表面分析中，入射粒子与固体产生相互作用，发射出的电子具有一定的动量和能量。电子的动量和能量携带了表面的物理信息，包括弹性散射电子和损失能量后产生的非弹性散射电子及其激发出的各种粒子。因为信号来自于近表面，所以产生的物理信号大都比较弱。例如，许多经过非弹性散射的电子，其在样品中受到级联碰撞而产生的二次电子信号会被强大的背底信号所淹没，而这些微弱信号正是我们需要探测的表面信息。但直接从测量谱上准确地扣除背底是相当困难的，这就需要利用特殊测量技术，进一步消除背底噪声和测量仪器本身的误差后方可获得。所谓背底信号，是指随着有用信号的产生而同时产生的无用信号。这里应该指出的是，背底信号和噪声有所不同，噪声的产生是随机的，与有用信号无关。目前常用的信号处理方法包括信号平均器（signal averager）、电势调制技术（potential modulation technique）和锁相放大器（lock-in amplifier）、退卷积（deconvolution）等方法。提高信噪比最常用最有效的方法是采用电势调制和锁相放大器，下面仅对此技术作一简单介绍。

电势调制技术是在电子谱仪的弱信号检测中，首先给能量分析器提供一个周期性的扰动信号，譬如 $\Delta E = k\sin(\omega t)$，叠加在扫描电压 $E$ 上，经电势调制后，能量分析器输出信号中的基频、倍频等分量的幅值分别正比于电子能量分布的一次、二次、…的微商值。这样就可使背底信号得以消除。经过电势调制后，能量分析器输出信号 $N(E+\Delta E)$可用泰勒级数展开为

$$N(E+\Delta E) = N_0(E) + N'(E)\Delta E + \frac{1}{2!}N''(E)\Delta E^2 + \frac{1}{3!}N'''(E)\Delta E^3 + \cdots \tag{4.16}$$

将 $\Delta E = k\sin(\omega t)$ 代入（4.16）式并经过运算，略去 $k^3$ 以上的高次项，可得

$$N(E+\Delta E) = N_0(E) + N'(E)k\sin(\omega t) - \frac{1}{4}N''(E)k^2\cos(2\omega t) + \cdots \tag{4.17}$$

锁相放大器在电子能谱仪器中的工作原理是，电子通过能量分析器后，电

子倍增器收集电子谱信号并输入放大器，同时把调制信号 $\Delta E(t)$的基频 $\omega$、二倍频 $2\omega$、三倍频 $3\omega$、…信号送入放大器作为参考信号，经过同步相敏检测后，放大器输出的直流电平便正比于电子信号中与参考信号同频率的基波和各谐波分量。由此可以消除相当于背底分量的 $N_0(E)$及其他分量，使信噪比得到极大的加强，并把弱信号检测出来。图 4.3 是利用 1kV 的入射电子轰击 Ag 靶时，所得到的俄歇电子分布曲线图，通过锁相放大技术后获得的微分谱可使信号显著地放大。

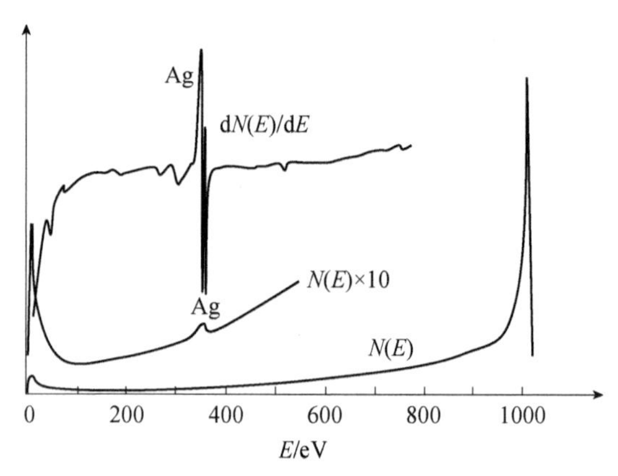


图 4.3 Ag 原子的俄歇电子能谱图

## 4.2 低能电子衍射和反射高能电子衍射

低能电子衍射（LEED）是利用低能量的电子束垂直入射到样品表面而产生的衍射，入射电子能量在 50～150eV，在这个能量范围内的弹性散射电子来自于样品近表面 5～10Å。因此，LEED 是一种表面灵敏的测量技术手段。而反射高能电子衍射（RHEED）是利用能量比较高的入射电子束掠入射到晶体表面而产生的衍射，能量在 5～100keV，掠入射角度为 1°～3°。这样一来，入射电子束的动量在表面法线方向的分量非常小，电子束在表面的穿透深度仅有 1～2 个原子层，所以 RHEED 测量的衍射也是来自于样品近表面。

LEED 技术是在 20 世纪 60 年代由 Lauder 等设计出一个带有球形栅网和荧光屏的显示装置后发展起来的。由于电子衍射现象远比 X 射线衍射复杂，尤其是在研究表面层间距离和层间原子相对位置时，需要考虑电子的多次散射以及电子和表面原子的非弹性散射、电子和声子的相互作用等，所以，结合 LEED 强度也开展了很多理论方面的研究。随着 LEED 理论的逐步完善和真空技术的快速发展，目前，LEED 和 RHEED 已经成为研究表面物理性质非常成熟的技术手段。

### 4.2.1　低能电子衍射的条件

1. 低能电子衍射的运动学理论

在三维晶体衍射中，利用衍射束位置可以确定晶体的晶胞尺寸及其对称性。在二维晶体衍射中，常利用 LEED 衍射花样中的衍射斑点位置确定二维表面晶格尺寸和对称性，并可利用其衍射强度来确定二维结构表面的原子准确位置。当改变衍射条件时，可以测定衍射斑点的强度随电子束能量或方位角的变化。由于电子和原子具有很强的相互作用，所以电子衍射与 X 射线衍射相比，会经历多次弹性碰撞，这种多次碰撞会给衍射强度分析带来困难。相比较而言，在 X 射线衍射过程中，X 射线与原子外层电子的相互作用比较弱，因此，发生多次散射效应的概率可以忽略。每个光子与原子发生一次碰撞而散射，这种散射就被看作运动学问题，这是对 X 射线衍射实验进行解释的理论基础。然而，在 LEED 实验中，电子与原子的多次散射不能忽略，要得到某种特定的衍射强度，需要对某一特定方向上多次不同散射过程的电子波进行叠加，并考虑这些电子波的相位差异，这就是所谓的衍射的动力学理论，这一理论是分析解释 LEED 衍射数据的理论基础。

下面首先考虑电子散射的运动学理论，只考虑入射电子波与晶面格点做单次散射所确定的衍射图样。设入射电子波矢和散射电子波矢分别为 $\boldsymbol{k}_0$ 和 $\boldsymbol{k}$，晶面上任意两格点的距离为 $\boldsymbol{r}=m\boldsymbol{a}+n\boldsymbol{b}$，其中 $\boldsymbol{a}$，$\boldsymbol{b}$ 为原胞基矢。电子被相距为 $\boldsymbol{r}$ 的两格点散射时，相位差为 $\boldsymbol{r}\cdot(\boldsymbol{k}-\boldsymbol{k}_0)$，$f$ 为格点散射因子，$R$ 为接收距离，散射振幅可表示为

$$A_{m,n}=\frac{f}{R}\exp(-\mathrm{i}\omega t)\cdot\exp[\mathrm{i}m\boldsymbol{a}\cdot(\boldsymbol{k}-\boldsymbol{k}_0)]\cdot\exp[\mathrm{i}n\boldsymbol{b}\cdot(\boldsymbol{k}-\boldsymbol{k}_0)] \tag{4.18}$$

对各格点相干波幅进行叠加求和得散射总振幅，即

$$A=\frac{f}{R}\exp(-\mathrm{i}\omega t)\cdot\sum_{m=0}^{N_m-1}\exp[\mathrm{i}m\boldsymbol{a}\cdot(\boldsymbol{k}-\boldsymbol{k}_0)]\cdot\sum_{n=0}^{N_n-1}\exp[\mathrm{i}n\boldsymbol{b}\cdot(\boldsymbol{k}-\boldsymbol{k}_0)] \tag{4.19}$$

相应的衍射强度为

$$I\propto|A|^2=\frac{ff^*}{R^2}\cdot\frac{\sin^2\left[\dfrac{1}{2}N_m\boldsymbol{a}\cdot(\boldsymbol{k}-\boldsymbol{k}_0)\right]}{\sin^2\left[\dfrac{1}{2}\boldsymbol{a}\cdot(\boldsymbol{k}-\boldsymbol{k}_0)\right]}\times\frac{\sin^2\left[\dfrac{1}{2}N_n\boldsymbol{b}\cdot(\boldsymbol{k}-\boldsymbol{k}_0)\right]}{\sin^2\left[\dfrac{1}{2}\boldsymbol{b}\cdot(\boldsymbol{k}-\boldsymbol{k}_0)\right]} \tag{4.20}$$

衍射极大条件为

$$\begin{aligned}\boldsymbol{a}\cdot(\boldsymbol{k}-\boldsymbol{k}_0)&=2\pi h\\ \boldsymbol{b}\cdot(\boldsymbol{k}-\boldsymbol{k}_0)&=2\pi k\end{aligned} \tag{4.21}$$

这就是低能电子衍射的劳厄方程组。这也可以理解为散射波矢和入射波矢之差

正好等于倒格矢时才能满足产生衍射极大的条件，即

$$\boldsymbol{k}-\boldsymbol{k}_0=\boldsymbol{g}_{hkl} \tag{4.22}$$

这种关系也可以从一维布拉格方程得到，如图 4.4（a）所示。当来自于不同原子对电子散射的光程差为电子波长的整数倍时，即 $AD-BC=d\sin\Psi-d\sin\varphi=n\lambda$，产生衍射极大，可写为 $\frac{2\pi}{\lambda}\sin\Psi-\frac{2\pi}{\lambda}\sin\varphi=n\frac{2\pi}{d}$，这里波矢数值 $k=k_0=2\pi/\lambda$，即有

$$\boldsymbol{k}_{//}-\boldsymbol{k}_{0//}=\boldsymbol{g}_{//} \tag{4.23}$$

通过埃瓦尔德球作图法，可以把这种矢量关系表示出来。设样品位于 $O$ 点，作矢量 $\overrightarrow{OO^*}=\boldsymbol{S}_0/\lambda$，其长度为 $2\pi/\lambda$，方向沿入射束方向，以 $O$ 为球心、$2\pi/\lambda$ 为半径作一个球面，即埃瓦尔德球，也称反射球，如图 4.4（b）所示。

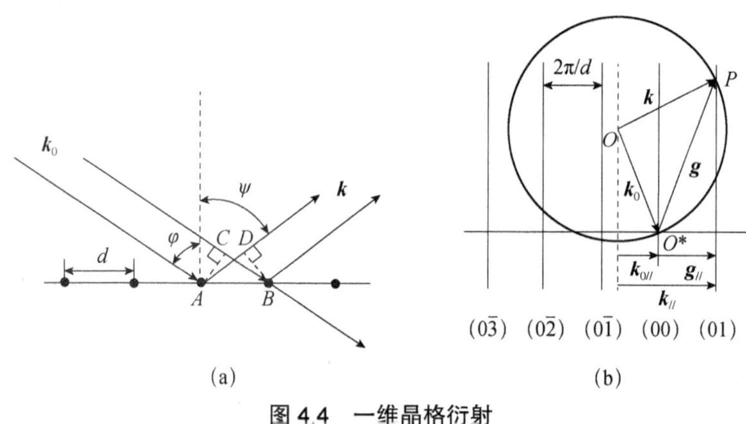


图 4.4 一维晶格衍射

（a）布拉格反射；（b）埃瓦尔德球几何图解

另外，如果是一个格点包含 $N$ 个原子的复式格子，则二维晶体的衍射强度也需要考虑消光的情况，根据几何结构因子 $F$ 的表达式

$$F=\sum_{n=0}^{N-1} f_n \exp[-2\pi\mathrm{i}(hx_n+ky_n)] \tag{4.24}$$

式中，（$hk$）为二维晶面指数；$x_n$，$y_n$ 是原子位置坐标。在某些面指数下衍射加强或可出现消光的情况。

在二维情况下，以 $O^*$ 为二维倒格子的原点，作二维倒格子平面与二维晶格平面平行，通过二维倒格子的格点作垂线，垂直于二维倒格子平面，垂线和埃瓦尔德球面出现交点，衍射方向从 $O$ 点指向交点，如图 4.5 所示。图 4.5（a）和（b）分别对应于入射电子束垂直表面入射和斜入射时产生的衍射斑点分布情况。当电子束斜入射时，与埃瓦尔德球面相交的斑点整体平移。如果入射电子

束与表面法线方向之间的夹角为 $\theta_0$，则（01）衍射斑点离（00）衍射斑点的距离应为 $d_0=r\sin(\theta+\theta_0)-r\sin\theta_0=r(2\pi\sin\theta_0/\lambda+a^*)/(2\pi/\lambda)-r\sin\theta_0=r\lambda a^*/(2\pi)$，式中，$r$ 为埃瓦尔德球的半径，$a^*$为倒格子基矢的长度。

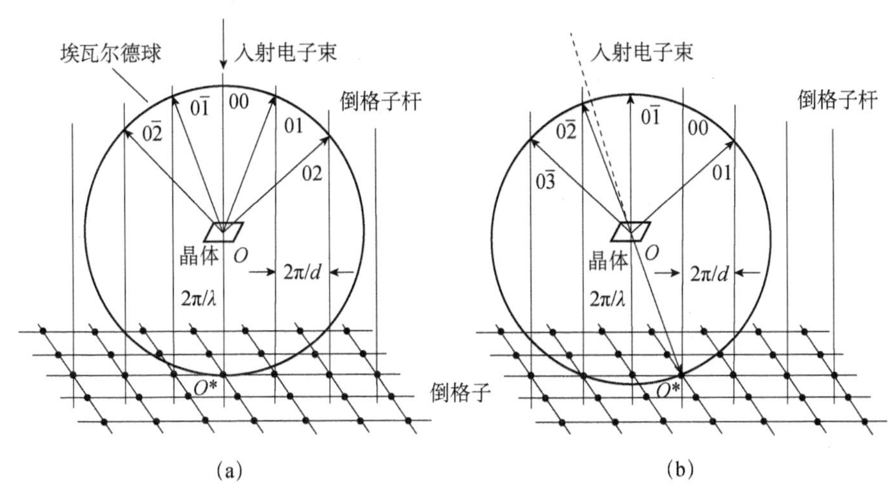


**图 4.5　低能电子衍射的几何图解**

（a）电子束垂直入射；（b）电子束斜入射

另外，当电子束能量发生变化时，衍射斑点的距离以及衍射斑点的个数也会发生变化，因为入射电子束波矢随着电子能量的增加而增加，埃瓦尔德球半径也相应增大，从而使得埃瓦尔德球与更多的倒格子杆相交。这意味着随着电子束能量的增加，低能电子衍射在荧光屏上会出现更多的衍射斑点，而且点与点之间的距离将会逐渐减小，衍射花样朝荧光屏中心移动，如图 4.6 所示。值得注意的是，当电子能量变化时，（00）位置保持不变，这个规律可以用来判断哪一个斑点是（00）点，并且可以判断电子束是否垂直入射。

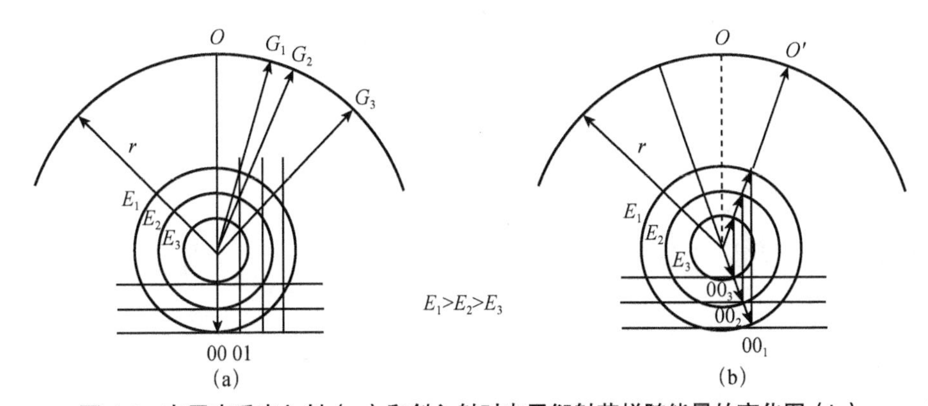


**图 4.6　电子束垂直入射（a）和斜入射时电子衍射花样随能量的变化图（b）**

根据二维格点分布，可绘出其倒格点的分布，如图 4.7 所示。

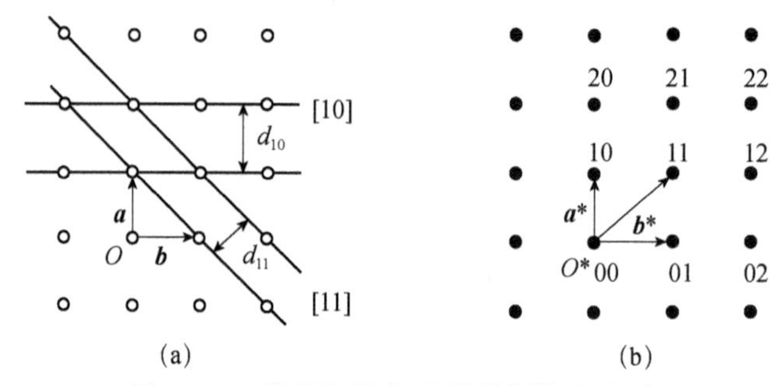


图 4.7 二维正格子（a）及其倒格子（b）

2. 二维倒格子的确定

晶格基矢和倒格子基矢在二维正交坐标系中可分别表述为

$$\begin{aligned}\boldsymbol{a} &= a_x\hat{i} + a_y\hat{j}\\ \boldsymbol{b} &= b_x\hat{i} + b_y\hat{j}\end{aligned} \tag{4.25}$$

式中，$\boldsymbol{a}$，$\boldsymbol{b}$ 为原胞基矢；$a_x$，$a_y$，$b_x$，$b_y$ 分别为原胞基矢 $\boldsymbol{a}$，$\boldsymbol{b}$ 在正交坐标系 $x$，$y$ 轴方向的分量。

$$\begin{aligned}\boldsymbol{a}^* &= a_x^*\hat{i} + a_y^*\hat{j}\\ \boldsymbol{b}^* &= b_x^*\hat{i} + b_y^*\hat{j}\end{aligned} \tag{4.26}$$

式中，$\boldsymbol{a}^*$，$\boldsymbol{b}^*$为倒格子基矢；$a_x^*$，$a_y^*$，$b_x^*$，$b_y^*$分别为倒格子基矢 $\boldsymbol{a}^*$，$\boldsymbol{b}^*$在正交坐标系 $x$，$y$ 轴的分量。

原胞基矢、倒格子基矢之间满足下面的条件，即

$$\begin{aligned}\boldsymbol{a}^* \cdot \boldsymbol{a} &= \boldsymbol{b}^* \cdot \boldsymbol{b} = 2\pi\\ \boldsymbol{a}^* \cdot \boldsymbol{b} &= \boldsymbol{b}^* \cdot \boldsymbol{a} = 0\end{aligned} \tag{4.27}$$

由此可得

$$\begin{aligned}a_x a_x^* + a_y a_y^* &= 2\pi\\ b_x b_x^* + b_y b_y^* &= 2\pi\\ b_x a_x^* + b_y a_y^* &= 0\\ a_x b_x^* + a_y b_y^* &= 0\end{aligned} \tag{4.28}$$

解四元一次方程组（4.28），得

$$\begin{aligned}a_x^* &= \frac{2\pi b_y}{A}, \quad a_y^* = \frac{-2\pi b_x}{A}\\ b_x^* &= \frac{-2\pi a_y}{A}, \quad b_y^* = \frac{2\pi a_x}{A}\end{aligned} \tag{4.29}$$

式中，$A = a_x b_y - a_y b_x$。

用矩阵表示二维晶格基矢和二维倒格子基矢尤为方便，即

$$\begin{bmatrix} \boldsymbol{a} \\ \boldsymbol{b} \end{bmatrix} = \begin{bmatrix} a_x & a_y \\ b_x & b_y \end{bmatrix} \begin{pmatrix} \hat{i} \\ \hat{j} \end{pmatrix} = \boldsymbol{M} \begin{pmatrix} \hat{i} \\ \hat{j} \end{pmatrix} \tag{4.30}$$

$$\begin{bmatrix} \boldsymbol{a}^* \\ \boldsymbol{b}^* \end{bmatrix} = \begin{bmatrix} a_x^* & a_y^* \\ b_x^* & b_y^* \end{bmatrix} \begin{pmatrix} \hat{i} \\ \hat{j} \end{pmatrix} = \boldsymbol{M}^* \begin{pmatrix} \hat{i} \\ \hat{j} \end{pmatrix} \tag{4.31}$$

由晶格基矢和倒格子基矢的正交关系，可得

$$\boldsymbol{M}^* = \begin{bmatrix} a_x^* & a_y^* \\ b_x^* & b_y^* \end{bmatrix} = \frac{2\pi}{A} \begin{bmatrix} b_y & -b_x \\ -a_y & a_x \end{bmatrix} \tag{4.32}$$

只要把矩阵 $M$ 的元素对调及适当变号并除以 $\boldsymbol{A}$ 可得到 $\boldsymbol{M}^*$矩阵；反之，如果从 LEED 实验中获得 $a_x^*, a_y^*, b_x^*, b_y^*$，就可得出 $a_x, a_y, b_x, b_y$

$$\begin{aligned} a_x &= \frac{2\pi b_y^*}{A^*}, \quad a_y = \frac{-2\pi b_x^*}{A^*} \\ b_x &= \frac{-2\pi a_y^*}{A^*}, \quad b_y = \frac{2\pi a_x^*}{A^*} \end{aligned} \tag{4.33}$$

其中，$A^* = a_x^* b_y^* - a_y^* b_x^*$，如用矩阵表示，则有

$$\boldsymbol{M} = \begin{bmatrix} a_x & a_y \\ b_x & b_y \end{bmatrix} = \frac{2\pi}{A^*} \begin{bmatrix} b_y^* & -b_x^* \\ -a_y^* & a_x^* \end{bmatrix} \tag{4.34}$$

式中，$A$ 的绝对值实际就是晶格单元网格的面积，因为

$$|\boldsymbol{A}| = |a_x b_y - a_y b_x| = |\boldsymbol{a}||\boldsymbol{b}|\sin\theta \tag{4.35}$$

式中，$\theta$ 是 $\boldsymbol{a}$，$\boldsymbol{b}$ 之间的夹角。

倒格子基矢大小为

$$\begin{aligned} |\boldsymbol{a}^*| &= \frac{2\pi|\boldsymbol{b}|}{|\boldsymbol{A}|} = \frac{2\pi|\boldsymbol{b}|}{|\boldsymbol{a}||\boldsymbol{b}|\sin\theta} = \frac{2\pi}{|\boldsymbol{a}|\sin\theta} \\ |\boldsymbol{b}^*| &= \frac{2\pi|\boldsymbol{a}|}{|\boldsymbol{A}|} = \frac{2\pi|\boldsymbol{a}|}{|\boldsymbol{a}||\boldsymbol{b}|\sin\theta} = \frac{2\pi}{|\boldsymbol{b}|\sin\theta} \end{aligned} \tag{4.36}$$

对于长方形和正方形格子，$\theta$=90°，则有 $|\boldsymbol{a}^*| = \frac{2\pi}{|\boldsymbol{a}|}, \boldsymbol{a}^* \perp \boldsymbol{b}$，$\boldsymbol{a}^*$沿 $\boldsymbol{a}$ 的方向；$|\boldsymbol{b}^*| = \frac{2\pi}{|\boldsymbol{b}|}, \boldsymbol{b}^* \perp \boldsymbol{a}$，$\boldsymbol{b}^*$沿 $\boldsymbol{b}$ 的方向。

正方格子的倒格子也是正方格子，倒格子的单元网格边长是正格子单元网格边长的倒数。倒格子的基矢方向和正格子的基矢方向一致。长方形格子的倒

格子也是长方形的，但长短边互易，倒格子基矢和正格子基矢方向一致。

3. 常见二维点阵及其倒易点阵

常见二维点阵及其倒易点阵包括六方格子、斜方格子、正方格子、长方格子和带心长方格子，如图 4.8 所示。

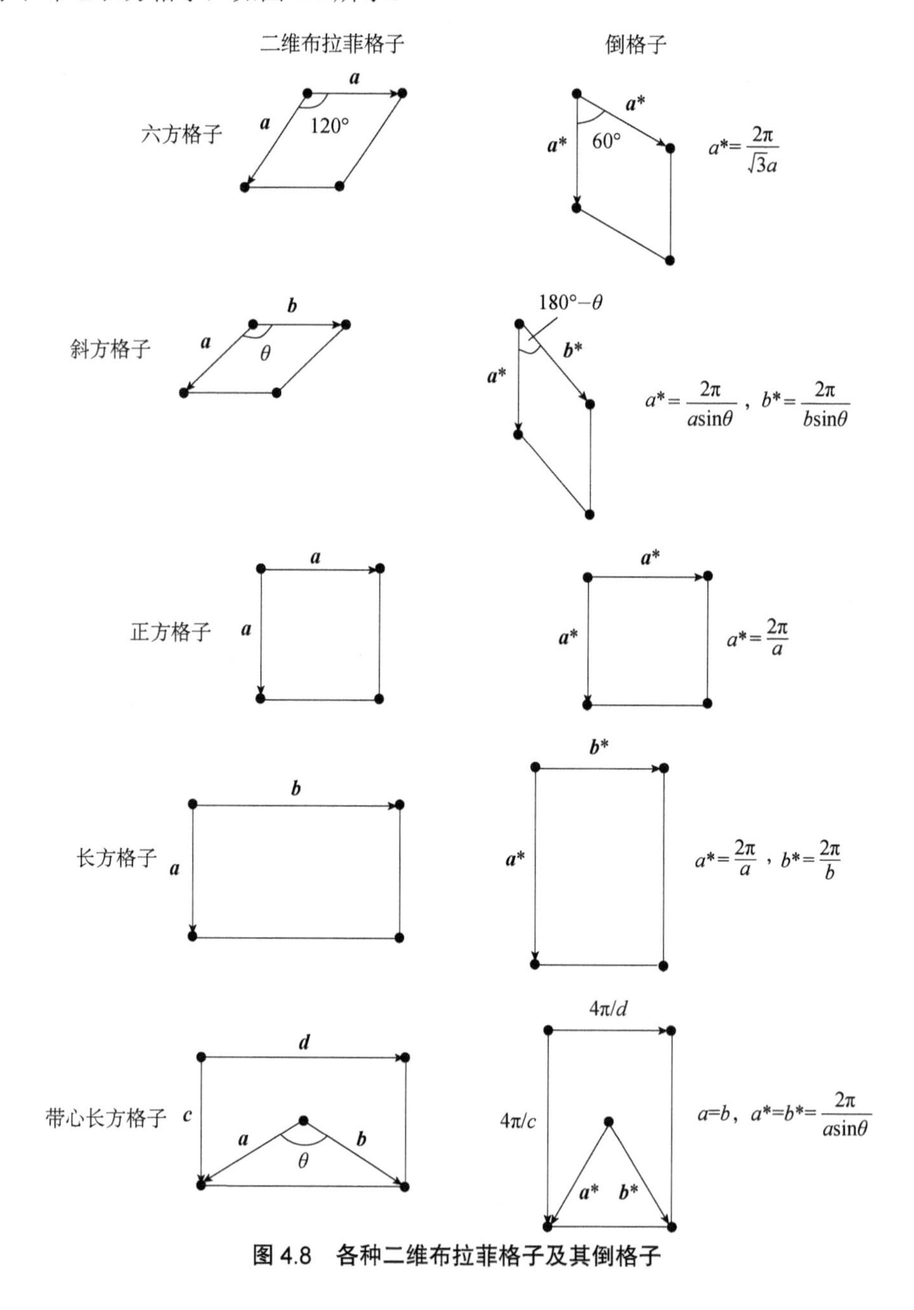


图 4.8　各种二维布拉菲格子及其倒格子

4. 表面结构的表示方法

单晶表面吸附气体时，LEED 图案将随之变化，改变后的衍射图案反映了吸附原子的排列规律，因此，单晶表面吸附可以利用 LEED 进行表征。表面吸附的衍射图案和原单晶面的衍射图案有一定的几何关系[1]。通用的表示方式为

$$\begin{array}{cccccc} M(hkl) & p & (m\times n) & R\alpha & X \\ \uparrow & \uparrow\ \uparrow & \uparrow & \uparrow\ \uparrow \\ ① & ②③ & ④ & ⑤⑥ \end{array}$$

在上述表示方式中，①表示衬底元素符号；②表示衬底晶面；③表示衬底正格子类型（$p$ 为原始格子，$c$ 为有心格子等）；④表示吸附原子的基矢长度，其等于衬底基矢长度的倍数 $m=\dfrac{b_1}{a_1}, n=\dfrac{b_2}{a_2}$；⑤表示吸附原子的基矢与衬底原子基矢之间的旋转角度；⑥表示吸附原子的元素符号。

图 4.9 是 W(100)面吸附氧原子前后的 LEED 图以及吸附原子在表面的可能排列方式。根据这一结果，可以推测氧在 W(100)面的排列可能是 W(100)(2×2)。

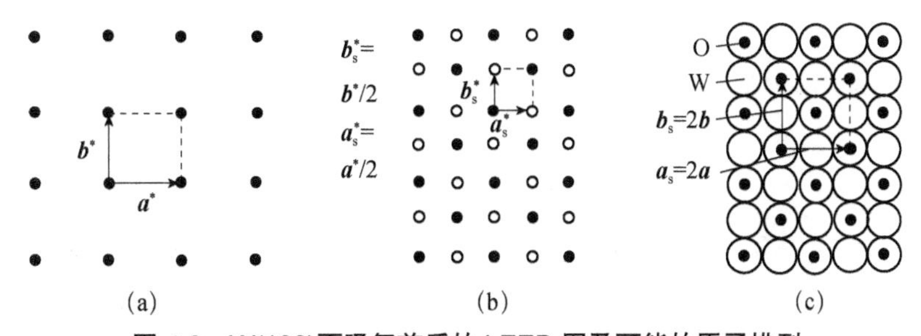


**图 4.9　W(100)面吸氧前后的 LEED 图及可能的原子排列**

（a）W(100)清洁表面；（b）吸附氧原子后的衍射图像；（c）氧原子在 W(100)表面可能的吸附位置

对于吸附比较复杂的情况，表面吸附衍射图只说明吸附原子单元网格的形状和大小，并不能给出具体的原子位置。表面吸附原子排列可能有多种形式，如 Cu(210)面吸附氧前后的 LEED 图及其可能的原子排列情况，如图 4.10 所示。

图 4.11 是 W(100)表面吸附氢原子前后的 LEED 图及可能的原子排列。W(100)为二维正方格子，在倒空间中所得衍射图案仍为正方格子，如图中黑点所示。吸附氢原子后附加了倒格点，倒格点仍为正方格子，只不过是相对于表面正方格子旋转了 45°，如图 4.11 中圆圈所示。从图中可以看出，氢原子的倒格点网格长度是 W(100)晶面倒格点网格长度的 $\sqrt{2}/2$ 倍。根据正格点与倒格点的倒数关系，那么，吸附的氢原子正格子网格晶格常数是 W(100)面的正格子网

格晶格常数的$\sqrt{2}$倍。由此可以将 W(100)面吸附氢后的表面结构表示为 W(100)($\sqrt{2}\times\sqrt{2}$)$R45^{\circ}$-H。

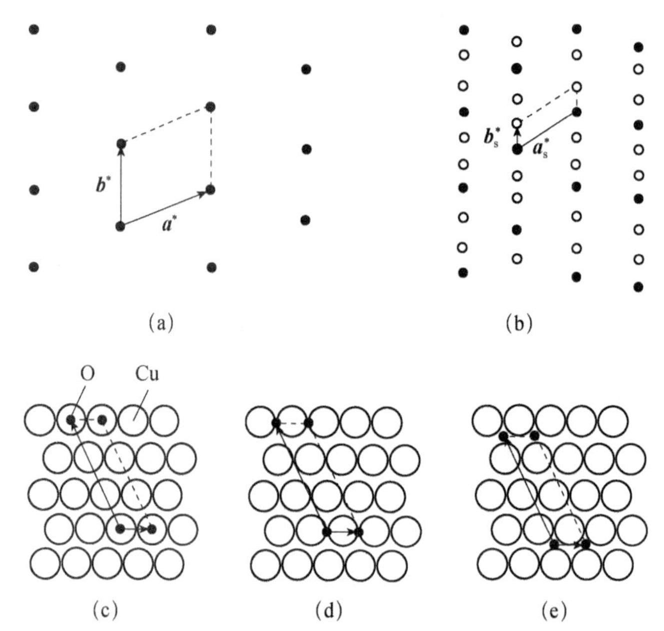


**图 4.10 Cu(210)面吸附氧前后的 LEED 图及可能的原子排列**

（a）清洁表面衍射图；（b）吸附表面衍射图；（c）氧吸附在 Cu 原子的顶点位置；（d）氧吸附在 Cu 原子桥位；（e）氧吸附在 Cu 原子的间隙位置

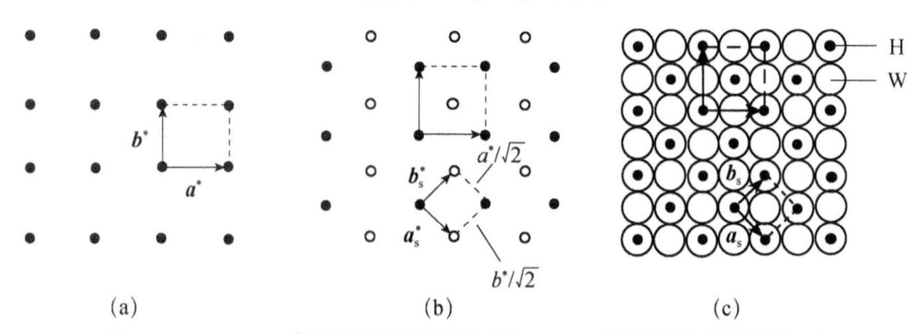


**图 4.11 W(100)表面吸附氢原子前后的 LEED 图及可能的原子排列**

（a）清洁单晶 W(100)衬底衍射图；（b）吸附氢后电子衍射图案；（c）氢原子在表面的可能吸附位置图

可以用代数矩阵方法由吸附原子排列求衍射图，也可从衍射图求吸附表面结构。吸附原子的单元网格的基矢可表示为

$$\begin{aligned}\boldsymbol{a}_{\mathrm{s}} &= m_{11}\boldsymbol{a}+m_{12}\boldsymbol{b}\\ \boldsymbol{b}_{\mathrm{s}} &= m_{21}\boldsymbol{a}+m_{22}\boldsymbol{b}\end{aligned} \tag{4.37}$$

吸附表面网格的倒格子基矢可表示为

$$
\begin{aligned}
a_s^* &= m_{11}^* a^* + m_{12}^* b^* \\
b_s^* &= m_{21}^* a^* + m_{22}^* b^*
\end{aligned} \tag{4.38}
$$

设 $\boldsymbol{M}_s$ 为描述吸附表面结构的矩阵，$\boldsymbol{M}_s^*$为描述吸附前后衍射图间的联系矩阵，则有

$$
\begin{pmatrix} \boldsymbol{a}_s \\ \boldsymbol{b}_s \end{pmatrix} = \boldsymbol{M}_s \begin{pmatrix} \boldsymbol{a} \\ \boldsymbol{b} \end{pmatrix}, \quad \begin{pmatrix} \boldsymbol{a}_s^* \\ \boldsymbol{b}_s^* \end{pmatrix} = \boldsymbol{M}_s^* \begin{pmatrix} \boldsymbol{a}^* \\ \boldsymbol{b}^* \end{pmatrix} \tag{4.39}
$$

其中，

$$
\boldsymbol{M}_s = \begin{pmatrix} m_{11} & m_{12} \\ m_{21} & m_{22} \end{pmatrix}, \quad \boldsymbol{M}_s^* = \begin{pmatrix} m_{11}^* & m_{12}^* \\ m_{21}^* & m_{22}^* \end{pmatrix} \tag{4.40}
$$

$\boldsymbol{M}_s$ 和 $\boldsymbol{M}_s^*$之间的关系为

$$
\boldsymbol{M}_s = \begin{pmatrix} m_{11} & m_{12} \\ m_{21} & m_{22} \end{pmatrix} = \frac{2\pi}{|\boldsymbol{M}_s^*|} \begin{pmatrix} m_{22}^* & -m_{21}^* \\ -m_{12}^* & m_{11}^* \end{pmatrix} \tag{4.41}
$$

5. LEED 动力学理论

LEED 的动力学理论可归功于英国学者彭德里（J. B. Pendry）的突出贡献。在 LEED 实验中，原子对电子的散射能力比 X 射线高约一万倍，因而电子在物质中的穿透深度比 X 射线小得多，弹性散射截面和非弹性散射截面都比较大，这就造成固体内处于该能量范围的电子平均自由程为几十埃。因此，在非弹性散射破坏衍射束的相干性之前，发生弹性散射的次数是有限的，这样一来，理论计算和实验可能会得到一致的结果。单纯从运动学理论来考虑，衍射强度不随样品的方位角旋转而发生改变，这是因为方位角不改变电子入射角度。但事实上，电子衍射强度在某些方位角时会明显出现衍射极小值，而在这些方位角处，除了测量的方向外，在其他某些方向上可能发生强烈的多次散射过程。类似地，根据运动学理论，$I(V)$曲线将只在入射电子束满足布拉格衍射条件时才出现衍射极大值。通常而言，在这些曲线中是可以观察到因多次散射过程而产生的二次峰。

彭德里开发了一套理论计算程序，利用 LEED 实验的衍射花样对称性，给出可能的原子排列，然后根据原子排列，利用薛定谔方程求解这个含几个原子层的电子波函数而得到计算结果，将计算结果与实验结果进行比较，再在比较的基础上，对原子的位置进行修正，直至得到的理论 $I(V)$曲线与实验结果相符合。计算衍射强度随电子束能量的变化曲线，工作量很大。例如，对于 3 个原子的简单结构，有九个空间坐标，每个空间坐标需要 10 次计算的话，整个系统程序就需要运行 $10^9$ 次。为了减小工作量，劳斯（P. J. Rous）和彭德里还发展了

一种称为 Tensor-LEED 的方法[2]。该方法事先假设一种预期结构尽可能接近表面原子结构，利用微扰论将单原子在较小的程度上移动，直至得到满意的结果。例如，上述三个原子的计算假定独立存在，每个原子需要计算 1000 次的话，总系统只需 3000 次。

在 LEED 数据分析中，实验强度和理论结构所得的强度往往不是符合得很好，所以引入可靠因子（reliability factor）$R$ 的概念来克服这个问题[3]。它提供了拟合曲线与实验是否符合的客观标准，$R$ 因子与结构细节有关，比如峰位和峰形等。LEED 拟合数据越接近实验结果，$R$ 值就越小。Zanazzi 和 Jona 给出了可靠因子的具体表达式

$$R = \frac{A}{\delta E}\int \omega(E)\left|cI'_{\mathrm{th}} - I'_{\mathrm{expt}}\right|\mathrm{d}E \tag{4.42}$$

式中，比例因子 $c$、权重函数 $\omega(E)$分别为

$$c = \int I'_{\mathrm{expt}}\mathrm{d}E \Big/ \int I'_{\mathrm{th}}\,\mathrm{d}E, \quad \omega(E) = \left|cI''_{\mathrm{th}} - I''_{\mathrm{expt}}\right| \Big/ (I'_{\mathrm{expt}} + \varepsilon), \quad \varepsilon = \left|I'_{\mathrm{expt}}\right|_{\max} \tag{4.43}$$

这里强度 $I$ 加撇和双撇分别代表 $I$ 对能量 $E$ 的一阶和二阶导数。归一化 $R$ 时，$A$ 应选取为

$$A = \delta E\Big/\left(0.027\Big/\int I_{\mathrm{expt}}\mathrm{d}E\right) \tag{4.44}$$

（4.42）式～（4.44）式的积分范围均在初态能量 $E_{\mathrm{s}}$ 到末态能量 $E_{\mathrm{f}}$ 之间；$\delta E = E_{\mathrm{f}} - E_{\mathrm{s}}$。

由（4.42）式给出的可靠因子经验值为 $R$=0.2 时，认为理论与实验符合得比较好；当 $R$=0.35 时，符合程度为中等；$R$=0.5 为符合得比较差。

### 4.2.2 低能电子衍射实验装置

电子枪产生一束能量可以调节的电子束入射到样品上，约 99%的电子被散射到电子枪周围，被散射的电子包括弹性散射电子和非弹性散射电子。弹性背散射电子不会产生衍射花样，只会形成衍射的背底，只有 1%的弹性背散射电子形成衍射花样。典型的 LEED 实验装置如图 4.12 所示，它是由 3～4 个栅网和一个荧光屏显示装置组成[4]。栅网以样品的电子入射点为中心构成同心球面，$G_1$ 栅极接地，样品也接地，这样从样品到 $G_1$ 之间，处于等电势。弹性散射电子被加速射向加有正电压的荧光屏，这样可以使衍射电子束具有足够的能量激发荧光的产生，从而可以观察到 LEED 图案。$G_2$ 和 $G_3$ 是阻挡栅，施加可调的负电压，其作用是排斥电子束流中大部分非弹性背散射电子，消除这些电子在荧光屏上造成的背底，$G_4$ 接地可起到对接收极的屏蔽作用，减少 $G_3$ 与接收极之间的

电容。

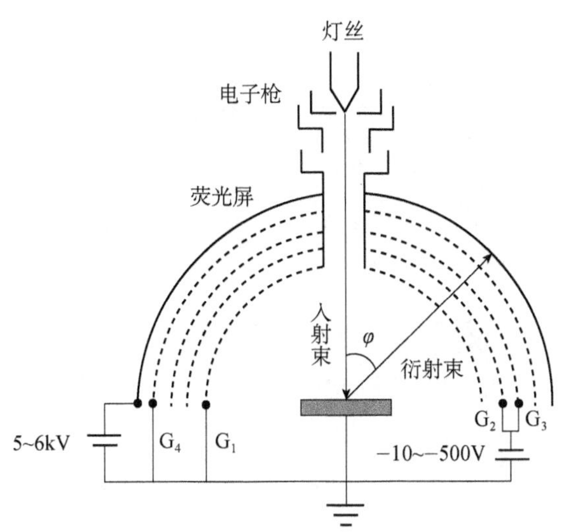


图 4.12　低能电子衍射（LEED）装置结构示意图

### 4.2.3　低能电子衍射的实验方法和分析

LEED 是应用非常广泛的表面结构分析手段之一，可以研究晶体表面的二维结构、表面吸附、表面重构等。下面针对具体的实验工作举两个研究实例。

**例 1**　Fe 薄膜在 Pd(100)面上的沉积。

图 4.13 是 Fe 在 Pd(100)不同沉积厚度时 LEED 衍射花样，实验中采用的初始入射电子束的能量为 70eV。Fe 薄膜在超高真空（本底真空度为 $5\times10^{-11}$mbar，生长时的真空度为 $2\times10^{-10}$mbar）下，采用脉冲激光沉积方法进行生长，脉冲激光为 KrF 准分子激光器（波长为 248nm，脉冲宽度为 34ns，最大脉冲能量为 600mJ，最大重复频率为 30Hz），通量为 5J/cm$^2$ 的激光束聚焦在 99.99%的 Fe 靶上，Fe 靶距离衬底 Pd(100)面为 100～130mm。激光恒定能量 300mJ，重复频率为 5Hz。这样在生长过程中可以控制在 0.05～0.1ML/min（$1\text{ML}=1\times10^{15}$atoms/cm$^2$）的生长速率范围内。在生长 Fe 薄膜之前，Pd(100)表面在室温下利用能量为 10keV 的氩离子进行循环轰击，直至利用俄歇电子能谱检测不到表面有任何杂质存在。Fe 薄膜生长过程中，生长速率通过高能电子衍射进行原位监测，以及沉积后通过俄歇电子能谱和扫描隧道显微镜进行测量计算。在 Fe 薄膜的生长过程中，当膜厚小于 2.6ML（monolayer，即单原子层）时（图 4.13（a）～（d）），LEED 衍射斑点的明锐程度和位置都没有发生明显的变化，可以认为 Fe 薄膜跟衬底具有相同的晶体结构。当 Fe 薄膜厚度大于 2.6ML

时，如图 4.13（e）和（f）所示，某些衍射斑点消失了，说明表面变得粗糙以及晶体结构发生了变化。

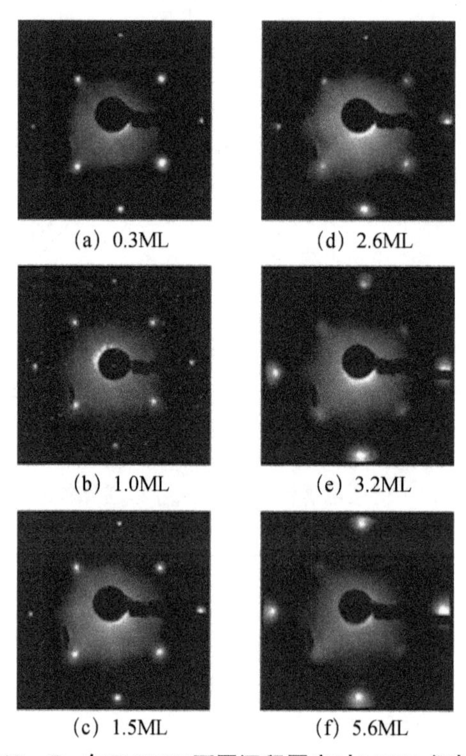


**图 4.13　Fe 在 Pd(100)不同沉积厚度时 LEED 衍射花样**

作者在德国哈勒马克斯–普朗克微结构物理研究所的实验数据，未发表

**例 2**　利用 LEED 实验技术研究表面结构、重构和结构演变过程。

图 4.14 是关于 Si 在 Ag(111)表面上生长的结构随衬底温度和沉积时间 LEED 图[5, 6]。薄膜生长是在超高真空系统中进行的，利用热蒸发方法在 Ag(111)单晶表面生长 Si 薄膜，生长腔体配备有低温扫描隧道显微镜（STM）和室温 LEED 装置。在生长 Si 薄膜前，利用 600eV 能量的氩离子枪对衬底 Ag(111)进行循环溅射，持续时间为 15min，并在 730K 温度下退火 30min 后，可获得清晰的 STM 图像和清晰的 LEED p(1×1)斑点，说明 Ag(111)衬底表面已经处理干净。Si 蒸发源供电功率恒定，以保证 Si 的生长速率也是恒定的。假设沉积是均匀的，可得 0.02～0.03ML/min 的蒸发速率。在 Si 的沉积过程中衬底温度保持恒定。沉积 40min 后，Ag(111)表面几乎被完全覆盖，LEED 呈现出单一的 4×4 重构相（图 4.14（a））。当衬底温度控制在 250～270℃时，出现额外新的 $\sqrt{13}\times\sqrt{13}R13.9°$ 相（图 4.14（b））。同样地，在 Si 的沉积速率保持恒定的情况

下，LEED 图样随着衬底温度的增加也发生了相应的变化。但是，在这种情况下，出现了 $\sqrt{3}\times\sqrt{3}R30°$，$\sqrt{19}\times\sqrt{19}R23.4°$ 相而不是图 4.14（b）中的 $\sqrt{13}\times\sqrt{13}R13.9°$ 相。由此可见，4×4 相可以单独存在，而其他相只可以彼此共存，如图 4.14（c）～（e）所示。

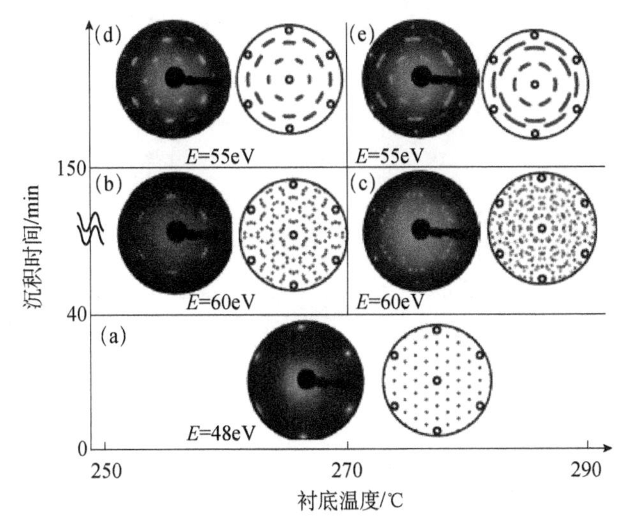


**图 4.14　Si 薄膜生长在 Ag(111)面上 LEED 图谱演化**

（a）干净的 4×4 单相衬底；（b）4×4 和 $\sqrt{13}\times\sqrt{13}R13.9°$ 重构的混合相；（c）4×4，$\sqrt{3}\times\sqrt{3}R30°$，$\sqrt{19}\times\sqrt{19}R23.4°$ 和 3.5×3.5 重构混合相；（d）$4/\sqrt{3}\times4/\sqrt{3}$ 相；（e）$4/\sqrt{3}\times4/\sqrt{3}$ 相；图（a）～（c）光晕增强是第二层 Si 与衬底晶格不匹配造成的[5]

另外，利用 LEED *I-V* 实验曲线可以分析样品表面的晶体结构随膜层厚度增加的演变。图 4.15 是在超高真空系统下，利用热蒸发技术在 Pd(001)表面生长的 Fe 薄膜的 LEED *I-V* 曲线。为了能够自动采集到衍射斑点的强度，初始电子束以与样品表面法线方向偏离 6° 的方向入射到样品表面，实线位置表示 FCC 结构的 Pd(001)衬底。竖直虚线位置对应的是 Fe 薄膜的结构位置，当 Fe 薄膜厚度在 2ML 以下时，其结构与衬底 Pd(100)的 FCC 结构接近；当 Fe 薄膜厚度大于 2ML 时，薄膜结构与衬底 FCC 结构相比，出现明显的偏离。

### 4.2.4　反射高能电子衍射介绍

反射高能电子衍射（RHEED）是利用高能入射电子产生的衍射花样来研究表面晶体结构的一种技术手段，图 4.16（a）和（b）分别是其衍射原理示意图和高能电子枪外观图。它将能量为 5～100keV 的单能电子掠入射（1°～3°）到晶体表面，在向前散射方向上收集电子束，或将衍射束显示于荧光屏。与 LEED

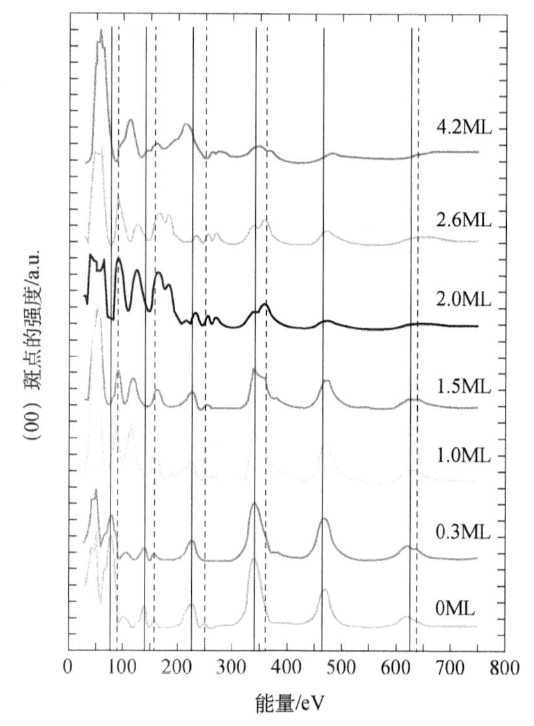


**图 4.15 在 Pd(001)表面生长的 Fe 膜的 LEED *I-V* 曲线**

作者在德国哈勒马克斯–普朗克微结构物理研究所的实验数据，未发表

相比，RHEED 没有 LEED 应用广泛，存在某些方面的不足，例如：电子能量比较高，使样品表面易受到损伤；入射电子能量的离散性、电子束聚焦的有限性等也会对测量的精度带来不利影响。但由于入射电子能量比较高，RHEED 也具有明显的特点：例如，由于 RHEED 的入射电子以掠射角入射，在样品前方有很大的空间没有被入射电子装置遮挡，不影响薄膜的生长，因此可以进行原位观察晶体的生长过程，在分子束外延、电子束蒸发、脉冲激光沉积等薄膜生长技术中都得到了广泛的应用；又如，LEED 只能作为二维表面的分析技术手段，而由于 RHEED 的入射电子束对样品表面有一定的穿透深度，因此，不仅可做二维表面的分析技术手段，也可作为三维体结构的分析技术手段，用以观察样品表面向体内进行的化学吸附、化学反应等。

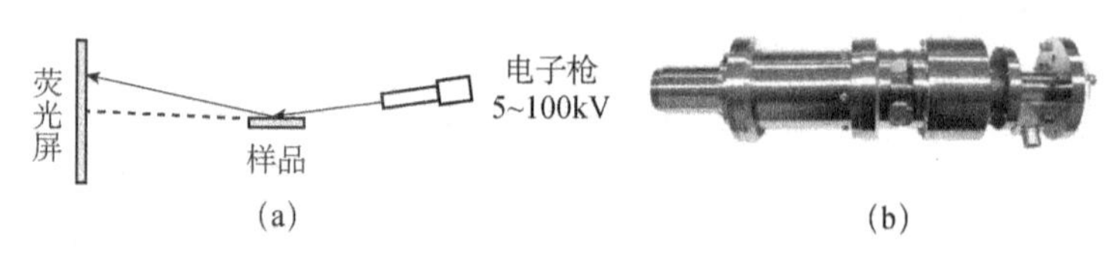


**图 4.16 反射高能电子衍射原理示意图（a）和高能电子枪外观图（b）**

图 4.17 是 RHEED 在单晶表面产生衍射的基本原理图。因为入射电子能量很高，波长很短，故反射球半径很大，比倒易晶格基矢长度大 40 倍左右。倒易杆和反射球相切一段距离，因此衍射斑点呈现出拉长的束斑[7]。

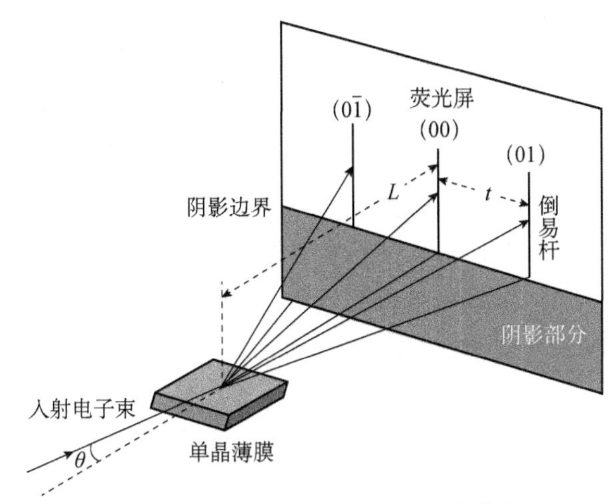


**图 4.17　RHEED 在单晶表面产生衍射的基本原理图**

如果反射球或倒易杆有点“模糊”，则荧光屏显示的衍射花样不是一个点而是一条“条纹”像。例如，由于入射电子束有一定的发射角，能量分散使反射球展宽。另外，由于声子散射和表面呈现一定程度无序，会导致倒易杆的展宽。由于反射球半径很大，和球面相交的点，除（00）倒易杆外，还有（01）倒易杆，甚至有（02）倒易杆，这些倒易杆将形成相应的衍射条纹。如果已知样品至荧光屏的距离为 $L$，衍射条纹之间的距离为 $t$，则有

$$\tan(2\theta)=\frac{t}{L} \tag{4.45}$$

而

$$\lambda=2d\sin\theta=\frac{2a}{\sqrt{h^2+k^2}}\sin\theta \tag{4.46}$$

式中，$d$ 为晶面间距，$a$ 为二维正方网格边长，$\theta$ 为掠入射角。因为入射电子的能量高，电子波长就比较短，即 $\lambda \ll a$，因此 $2\theta$ 很小，可认为 $\tan(2\theta)\approx 2\theta$，$\sin\theta\approx\theta$，上式进一步简化为

$$a=\sqrt{h^2+k^2}\,\lambda L/t \tag{4.47}$$

若已知面指数（$hk$），并测量出 $\lambda$，$L$，$t$，就可以得到晶格常数 $a$ 值。

在晶体生长过程中，可利用 RHEED 进行薄膜晶体结构的原位观察，实现对薄膜生长的质量监控和薄膜的晶体生长模式的了解，并可通过（4.47）式估算出

生长薄膜的晶格参数。图 4.18 是 $Ni_{46}Co_4Mn_{37}In_{13}$ 哈斯勒合金薄膜在生长过程中电子束沿 MgO(001)衬底[110]方向入射的 RHEED 衍射图。该合金薄膜是在超高真空环境下利用脉冲激光沉积技术在 MgO(001)单晶衬底上外延生长的，所用合金靶材是利用真空电弧炉制备 $Ni_{46}Co_4Mn_{37}In_{13}$ 的多晶样品，并对其进行退火和淬火处理后，再进行机械加工而制成。脉冲激光光源采用 KrF 准分子激光器（激光波长为 248nm，脉冲宽度为 25ns），激光束以 45°入射角入射到靶材表面，脉冲激光能量为 300mJ/pulse，频率为 9Hz。在衬底温度为 500℃时进行外延生长，生长速率为 1.2nm/min。原位 RHEED 的电子衍射图谱分析表明，当合金薄膜生长厚度小于 300nm 时，一直保持单晶立方结构形式，根据（4.47）式估算的晶格常数约为 0.38nm。由图 4.18 还可以看出，合金薄膜不同生长阶段的生长模式有所不同：在薄膜的初始生长阶段呈现较为明显的三维岛状生长模式，如图 4.18（a）和（b）所示；随着薄膜生长厚度的增加，衍射斑点向条带过渡，说明表面变得相对平整，也即薄膜变成二维生长模式，如图 4.18（c）～（e）所示，这意味着薄膜具有质量很好的单晶结构；随着薄膜生长厚度的进一步增加，衍射条带变回倒格点，说明表面变得粗糙，从二维生长模式变回岛状生长模式，而且薄膜质量变差。由此可以得出，在上述实验条件下可以外延出厚度小于 300nm 的高质量单晶薄膜。

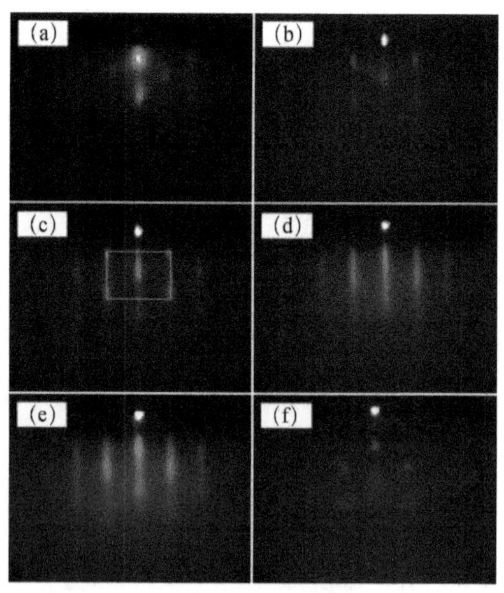


**图 4.18 电子束沿 MgO(001)衬底[110]方向入射的 RHEED 图像（彩图见封底二维码）**

（a）清洁单晶衬底 MgO(001)；（b）3nm；（c）10nm；（d）50nm；（e）100nm；（f）300nm 的 $Ni_{46}Co_4Mn_{37}In_{13}$ 薄膜[8]

由于在 RHEED 实验中入射电子束采用掠射方式，对样品制备有很严格的要求，即样品表面要求平整。如果表面粗糙，则针尖或凸起部分将挡住表面的其余部分。电子穿过凸起部分产生的衍射图案反映的是体材料的结构，荧光屏上显示的是一系列光点而不是条纹。从这个角度来说，RHEED 对表面十分敏感，并可用于研究表面的三维效应，如氧化或腐蚀、外延生长。

在利用 RHEED 对晶体结构进行分析时，空间分辨率相对于原子位置有 0.01～0.1Å 的位移，这主要取决于所用入射电子束的相干长度。在相干长度内，电子束相互干涉保持固定相位。相干长度是由电子束的能量和平行度共同决定的，定义为

$$l = \frac{\lambda}{\sqrt{2(\Delta\theta)^2 \sin^2 \alpha + (\Delta E/E)^2 \cos^2 \alpha}} \tag{4.48}$$

式中，$\lambda$ 是电子的波长，$\Delta\theta$ 是电子束发散角，$\alpha$ 是入射电子束与测量相干长度方向之间的夹角，$\Delta E$ 是能量色散。当 $\alpha=0$ 时，相干长度沿着入射电子束方向，为纵向相干长度。纵向相干长度 $l_{\mathrm{L}}$ 仅由能量色散 $\Delta E$ 所决定；横向相干长度 $l_{\mathrm{T}}$ 则是由发散角 $\Delta\theta$ 所决定的，二者分别为

$$l_{\mathrm{L}} = \lambda\frac{E}{\Delta E} = \frac{\lambda^2}{\Delta\lambda}, \quad l_{\mathrm{T}} = \frac{\lambda}{\sqrt{2}\Delta\theta} \tag{4.49}$$

在 RHEED 装置中，从钨丝发射 10keV 能量的加速电子束，纵向和横向相干长度分别为 $l_{\mathrm{L}}$=100～200nm，$l_{\mathrm{T}}$=30～80nm，是 LEED 的 5～10 倍。因此，RHEED 观察到的面积比较大，决定原子位置的分辨率比较高。应该指出的是，在相干长度范围内（约 100nm），电子束的散射波之间产生相干散射，来自于整个电子辐照区域（约 0.1mm），则认为是非相干的。

下面对不同单晶表面的形貌可能产生的衍射斑点形状定性地给出说明。图 4.19（a）～（f）依次是单晶平整表面、单畴平整表面、存在两级台阶的表面、存在多个台阶的表面、邻晶面和三维岛状结构的真实表面，以及其对应的倒格子形状和 RHEED 图谱示意图。对于单晶平整表面，倒易杆与埃瓦尔德球面相交形成衍射斑点。在单畴平整表面的情况下，由于在二维平面内各个畴的尺度有限，当其尺度小于电子束的相干长度时，倒易杆将会展宽，倒易杆的宽度与畴的平均尺寸成反比，与埃瓦尔德球面相交形成椭圆，从而形成了加宽和加长的 RHEED 衍射斑点（条带）。根据这些条纹斑点可以估算畴的平均尺寸大小。如果样品表面由台阶面高度为单原子层的两级台阶面构成，如图 4.19（c）所示，倒易杆将变得稍微复杂。当满足布拉格衍射条件时，来自于两个台阶面的反射电子束将发生干涉，电子束本身是无法区分出两级台阶面的，因此，其

倒易杆与原子级的平整单晶表面一样，依然是很明锐的。相反地，当来自两级台阶的反射电子束偏离布拉格反射条件时，衍射强度将会变弱，强度正比于两级台阶面的面积之差，并且使倒易杆劈裂为两个。其横向分辨率正比于台阶的平均宽度，这时台阶起到了类似于一个光栅的作用，其造成的结果是，RHEED 衍射斑点也劈裂成星状和条带斑点。根据这种星状条带斑点，也可以估算出台阶的宽度。当晶体表面由宽度不等的多个台阶组成时，如图 4.19（d）所示，倒易杆被调制，可以看作图 4.19（c）中偏离布拉格反射条件而造成的不同空间倒易杆的重叠，在偏离布拉格反射区域，倒易杆展宽，强度变弱，倒易杆在满足布拉格反射时变得明锐，形成强度很强的节点，这就产生在垂直于样品表面的方向加长的调制衍射条带。当样品沿着偏离某一低指数的晶面一定角度的方向切割样品时，就会形成类似于楼梯的规则台阶面阵列，如图 4.19（e）所示。当台阶面的宽度小于电子束的干涉长度时，倒易杆依然会出现很复杂的情形。倒易杆垂直于台阶面。由于台阶的宽度比较窄，所以，与图 4.19（c）类似，偏离布拉格反射条件，倒易杆也是展宽的，但其中包含了很多细小的倒易杆。倒易杆总体上垂直于样品表面，但稍微偏离台阶面垂直方向，细小倒易杆之间的宽度反比于台阶的宽度，因此，倒易斑点就成为稍微倾斜的条带。在图 4.19（f）中，如果样品表面比较粗糙，即表面是在单晶表面外延生长的三维岛状晶体组成，当电子的掠射角度比较小时，入射电子束将穿透三维岛状突出部分，形成透射电子衍射图。三维岛状类似于三维晶体的情形，倒格点成为三维点状阵列，衍射斑点也是通常的三维晶体的衍射斑点。当三维岛状侧面形成小晶面时，在衍射斑点附近会出现垂直于小晶面的条带。当晶体不是利用外延生长而获得时，意味着三维岛状晶体晶向相对于单晶衬底是随机分布的，衍射斑点将围绕入射电子束分布在德拜–谢乐圆环上。

图 4.20 给出了不同台阶宽度下实验得出的 RHEED 图。

与 LEED 相比，RHEED 的荧光屏不需要加高压电源，因为衍射电子本身具有足够大的能量。荧光屏可做成平面，一般荧光粉直接涂在观察窗的内壁，只要有半透明导电层防止电荷积累就可以了。荧光屏前可以不加能量过滤器，因为在很窄的角度内，衍射束比非弹性散射电子及次级电子强得多。RHEED 的电子枪需要用耐高压引线及高压电源，比 LEED 稍复杂一些。

理论上研究 RHEED 比较困难一些，在研究强度时也要考虑多次散射问题。此外，对 RHEED 来说，前向散射是主要的。最近发展的 RHEED 新理论认为，倒易杆“变宽”与声子散射有关，由此推出 RHEED 对表面结构，如吸附层的吸附位置等很敏感。

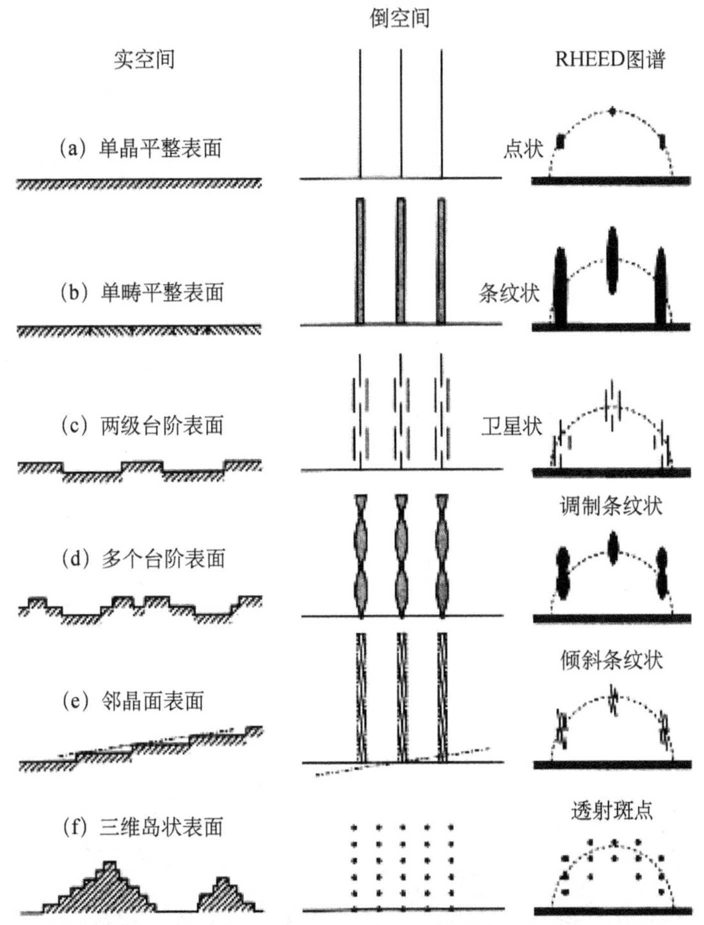


**图 4.19　在实空间中不同的真实表面形貌及其对应的倒格子形状和 RHEED 图谱示意图**

图 4.21 是在 Si(111)-7×7 重构晶面上生长单晶 Al 膜的 RHEED 图[10]。图 4.21（a）是在室温下沉积 20ML Al 薄膜的 RHEED 图，通过垂直于样品表面的轴转动样品，发现衍射斑点不发生变化，说明衍射斑点来自于三维岛状结构，正如图 4.19（f）所描述的情况一样。通过分析 Al 单晶的倒格子和晶格常数可知，Al 在 Si(111)面的岛状生长为 Al(100)面平行于 Si(111)面。衍射图还说明，Al 在 Si(111)面的生长沿两个方向，即 Al 的[101]//Si$[11\bar{2}]$和 Al[010]//Si$[1\bar{1}0]$。衍射斑点展宽意味着三维岛尺寸比较小，约为数纳米的尺度。当样品加热到 686℃的温度时，衍射斑点出现晕轮（图 4.21（b）），说明熔融 Al 具有径向分布函数；当降低至 655℃ 的温度时，Al 则出现再结晶现象，呈现德拜–谢乐衍射圆环花样，如图 4.21（c）所示。说明此时出现了 Al 微晶的衍射图，意味着 Al 微晶具有三维岛状结构，而且在 Si 表面晶体生长是随机取向的。当样品加热到接近

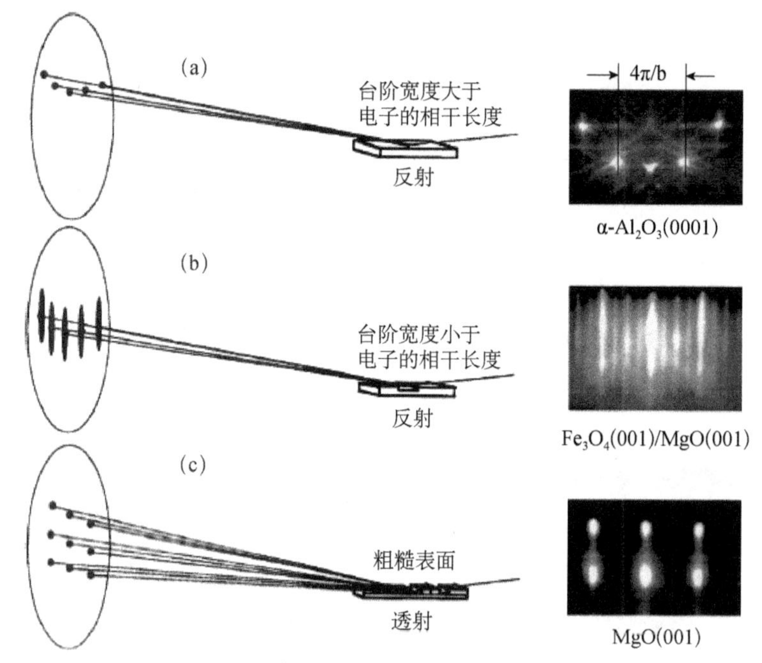


图 4.20 不同台阶宽度下实验得出的 RHEED 图[9]

（a）台阶宽度大于电子的相干长度；（b）台阶宽度小于电子的相干长度；（c）粗糙表面电子透射产生的衍射斑点图样

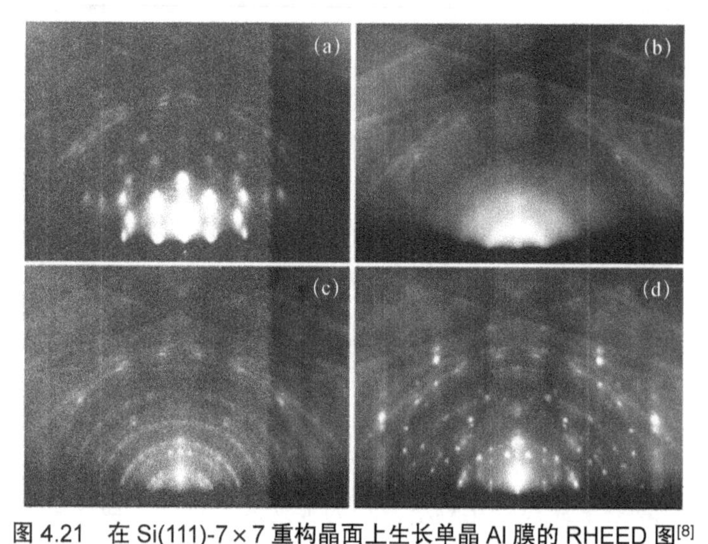


图 4.21 在 Si(111)-7×7 重构晶面上生长单晶 Al 膜的 RHEED 图[8]

（a）生长 Al 膜厚度为 20ML；（b）加热熔化后；（c）冷却再结晶；（d）加热到熔点以下温度

Al 熔点温度时，衍射图谱从图 4.21（c）变为（d），Al 的某些方向的衍射斑点强度增强，而谢乐环强度则逐渐减弱，这意味着 Al 微晶从无序向特定方向有序排列过渡。再继续升高温度，微晶又重新熔化，RHEED 回到图 4.21（b）的形式。

另外，反射高能电子衍射强度随薄膜厚度的振荡变化已经成为监控分子束外延薄膜生长厚度的标准技术[11, 12]。这是因为 RHEED 衍射花样包含与膜层厚度相关的丰富的有用信息。例如，RHEED 除了可以确定表面单胞结构尺寸外，还可以确定薄膜表面的粗糙度（roughness）[13]、台阶[14]（step）、小面（facet）[15]、再构（reconstruction）[16]和表面吸附[17]等。而 RHEED 最显著的特点是其衍射强度会随着生长厚度的变化而呈现周期性的振荡，这一振荡现象已经广泛应用于校正、控制分子束流量和生长速率。在生长过程中晶体表面原子的扩散过程、晶体的生长机制和成分掺杂也都可以通过研究 RHEED 强度振荡而获得[18]。

图 4.22 是 Fe 在 Pd(100)晶面的外延生长过程中 RHEED 强度的振荡情况，当达到一个峰值后说明，Fe 膜在表面上完成一层生长，随后表面变得粗糙。当再一次形成完整平面时，即达到另一整层时，又出现一峰值。通过这种振荡可以判断晶体薄膜的生长质量，以及实现在原子尺度量级上观察薄膜表面的平整度。

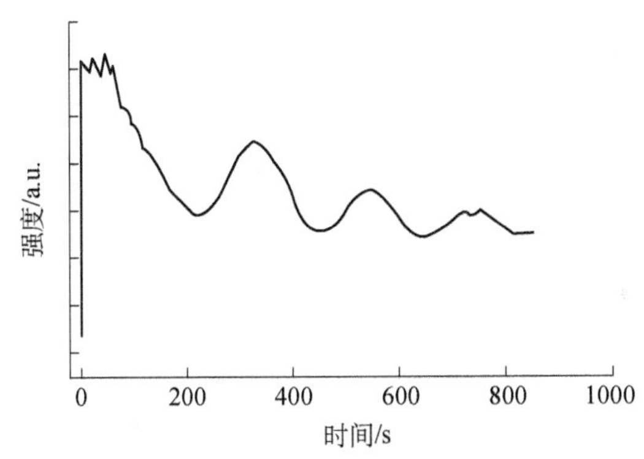


**图 4.22　Fe 在 Pd(100)晶面的外延生长过程中 RHEED 强度的振荡图，振荡周期对应于薄膜生长层数**

作者在德国哈勒马克斯–普朗克微结构物理研究所的实验数据，未发表

## 4.3　俄歇电子能谱

俄歇电子能谱（Auger electron spectroscopy，AES）是基于所谓的“俄歇电子”激发而设计的实验方法，即入射电子束使原子中处于内层能级上的电子发生电离，产生无辐射俄歇跃迁，并用电子能谱仪在真空中对发射的俄歇电子进行探测并记录。早在 1922 年，奥地利–瑞典原子物理学家莉泽·迈特纳（Lise Meltner）就观察到了基于俄歇电子的发射过程[19]，三年后的 1925 年，法国物理学家俄歇（P. Auger）在用 X 射线研究光电效应时发现了俄歇电子的存在，并对

这种电子的产生给予了正确解释[20]。但从样品发出的俄歇电子信号非常弱，一直无法得到应用，直到 1968 年哈里斯（L. A. Harris）采用微分电子线路，首创了微分形式俄歇电子能量分布曲线测定法后，解决了如何从强大的背底和噪声中把俄歇电子信号检测出来的问题，俄歇电子能谱才开始进入实用化阶段[21]。1969 年，帕尔姆堡（Palmberg）等引进了筒镜能量分析器，进一步提高了信噪比，使俄歇电子能谱达到了很高的灵敏度和分析速度[22]，而一年后出现的扫描俄歇电子显微探针系统使俄歇电子能谱从定点分析发展为二维表面分析[23]。

目前，俄歇电子能谱是表面科学领域中使用最广泛的表面化学成分分析仪器之一。其应用涉及物理、化学、材料科学等诸多专业领域，在纳米技术、微电子学、化学腐蚀、催化、电化学等各个领域都得到了实际应用，是一种非常成熟的表面分析实验技术手段。

### 4.3.1 俄歇电子能谱的基本理论

俄歇效应（Auger effect）是原子发射的一个电子导致另一个或多个电子（俄歇电子）被发射出来而非辐射 X 射线的过程，这一过程不能用光电效应加以解释，而是原子、分子电离成为高阶离子的物理现象，是一个电子能量降低的同时，另一个（或多个）电子能量增高的跃迁过程。这一现象由俄歇发现，故称为俄歇效应。俄歇电子产生过程示意图如图 4.23 所示。

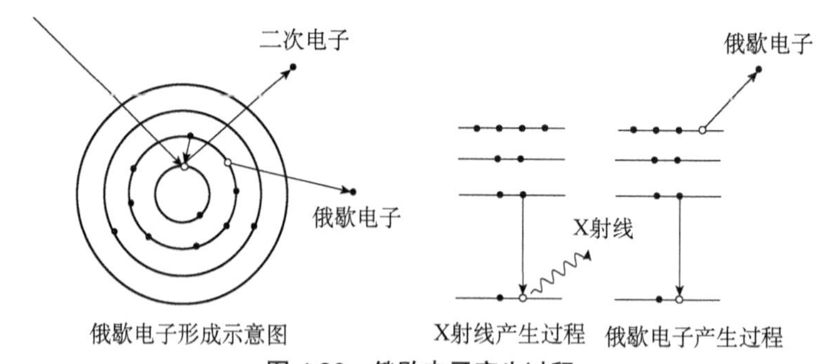


**图 4.23 俄歇电子产生过程**

1. 俄歇过程命名法

俄歇过程如图 4.24 所示，如用 W，X，Y 分别表示某个原子的三个主壳层能级，在 W 能级上受外界作用（如 X 射线照射、电子束激发等）出现空位，当 W 空位被外层电子填充后，释放的能量使 Y 层的电子发射出去而成为自由电子，即所谓的俄歇电子。通常把来自 1s 壳层的电子标记为 K，来自 2s 次壳层的电子标记为 $L_1$，来自 2p 次壳层的电子标记为 $L_2$，$L_3$ 等，把来自价壳层的电子标记为V。一般最明显的俄歇跃迁都是X，Y主量子数相等，同时X，Y主量子数比W大一的过程，如KLL，LMM，MNN和NOO俄歇跃迁。

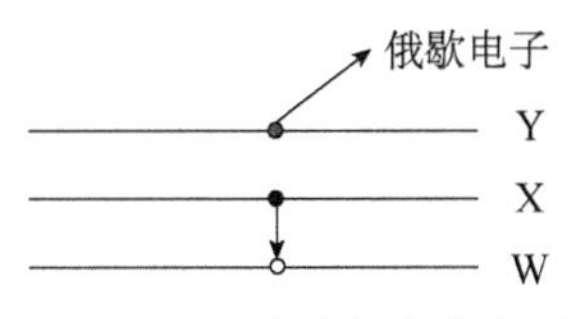


**图4.24 俄歇过程命名方法**

从上述命名方法可以看出，至少需要两个能级和三个电子参与俄歇过程。显而易见，氢原子和氦原子不能产生俄歇电子。孤立的锂（Li）原子因最外层只有一个电子，也不能产生俄歇电子，但因固体中价电子是共用的，所以金属锂可以发生KVV型的俄歇跃迁。

为了能将$E_W$的芯能级W（即K，L，M，…）上的电子电离而留下空位，初级电子的能量应足够高，大于该能级的电离能，接近费米能级的能级$E_X$上的电子将填充W能级上的空位，电子从X能级跃迁到W能级后释放的能量为W能级$E_W$和X能级$E_X$的能量之差，即$\Delta E=E_W-E_X$，随之将能量转移至同一能级上的Y亚能级的第三个电子，因此，第三个电子的动能等于所涉及的三个电子亚能级间的能量差减去样品的功函数$\Phi_s$。如果导电样品和样品托之间具有良好的接触，那么两者的费米能级相同，就可以得到Z元素在能级W，X，Y之间俄歇跃迁的动能为

$$E_{WXY}=E_W(Z)-E_X(Z+\Delta)-E_Y(Z+\Delta)-\Phi_A$$

式中，$\Phi_A$表示仪器功函数；$\Delta$（介于0～1）项表示初级入射电子将原子电离后，电子能级向更高结合能端发生的偏移量。

2. 固体的俄歇电子发射

与原子相比，固体中俄歇电子的发射要复杂得多，因为固体中原子的密度很高，原子与原子之间、电子与原子之间的相互作用都大大增强了，其结果是，原子结合成固体后，原子的内层能级位置将发生移动，外层能级则演变成能带。特别是处于最外层的价电子，由于电子波函数的严重交叠，其被固体原子所共有而在整个固体范围内运动，那些涉及价电子的过程变成与整个能带有关，因此一种原子在气态和固态时的俄歇电子能谱存在着明显的差别。另外，电子在固体中受到的散射会大大增强，这会造成初级电子产生背散射现象而使俄歇信号增强。与此相反，俄歇电子在从体内产生到向表面逸出的输运过程中会发生衰减。所以，在固体的情况下，俄歇电子信号的强度不仅与电离概率和俄歇电子产额有关，还与固体材料本身的性质有关，这就是所谓的基体效应。由逃

逸深度和产生背散射电子引起的俄歇电子信号增强就属于基体效应的体现。

1）逃逸深度 $\lambda$

俄歇电子的衰减主要由单电子激发和等离子激元激发决定。设固体对电子的吸收系数为 $\mu$，俄歇电子强度为 $I(z)$，则经过 $z$ 距离后强度的衰减满足关系式

$$I(z)=I_0\exp(-\mu z)$$

当 $z=1/\mu$ 时，电子强度衰减到 1/e，通常 $z=1/\mu$ 为电子在固体中的非弹性碰撞平均自由程。可以等效地认为，只有在非弹性碰撞平均自由程内产生的俄歇电子，才能输运到表面成为俄歇电子。因而非弹性碰撞平均自由程也就是俄歇电子在固体中的平均逃逸深度 $\lambda$。

2）背散射因子 $r_M$

初级电子除了能引起原子激发外，它自身也会因碰撞而损失一部分能量，并改变运动方向，其中一部分散射角较大的初级电子将可能重新逃逸至表面而形成背散射电子。背散射电子的能量大小不等，构成一定的分布。另外，背散射电子在逃逸样品表面时，其中能量较大的电子，像初级电子一样，可再次使表面区原子激发而发射俄歇电子，产生附加强度 $I_M$。因此，背散射电子引起附加发射将使俄歇电子信号增强。背散射电子产生的俄歇电子信号总强度 $I_{total}$ 和初级电子单独产生的俄歇电子信号强度 $I_0$ 之比定义为

$$I_{total}/I_0=(I_0+I_M)/I_0=1+I_M/I_0=1+r_M \tag{4.50}$$

式中，$r_M=I_M/I_0$ 定义为背散射因子，背散射因子随着原子序数的增大而增大。

### 4.3.2 俄歇电子能谱实验装置

俄歇电子能谱仪主要由电子枪和能量分析器、俄歇电子采集系统、真空抽气系统、样品表面清洗的氩离子枪轰击系统和快速进样系统组成。

1. 电子枪

电子枪常使用钨灯丝、六硼化镧（$LaB_6$）晶体或者场发射电子枪。其中，前两者为热发射电子枪，其发射电子的原理是当温度达到一定程度后，灯丝中的电子获得足够的能量，足以克服灯丝表面的势垒（功函数）而发射电子。钨灯丝所产生的电子束直径在 3～5μm。如果采用六硼化镧晶体电子枪，由于六硼化镧晶体的功函数比钨低，故其发射效率相对较高。若采用场发射型电子枪，则电子束能聚焦成更小的直径，这是因为场发射电子是基于电子的隧穿过程，在曲率半径为 20～50nm 的针尖阴极和阳极之间施加足够高的电场，当发射极和阳极之间距离足够小时，电子发生隧穿现象而将电子发射到真空中去。单纯的

静电电子枪可以使束斑聚焦到0.2μm，若采用电磁聚焦还可以使电子束斑直径进一步缩小至少20nm。

2. 能量分析器

俄歇电子能谱常用的分析器类型是圆筒镜分析器（CMA）或半球型分析器（hemispherical analyzer，HPA），如图4.25所示，主要由两个同心圆筒组成，内圆筒刻有两个环状的电子入口，内圆筒和样品都接地，电子枪位于两圆筒的轴线上，外圆筒施加负偏压，当入射电子作用在样品表面后，产生的俄歇电子从内圆筒入口进入内外圆筒之间，俄歇电子在负偏压的作用下改变运动轨迹，最终在内圆筒出口处进入检测器。通过调节外圆筒上施加的电压，就可以检测出不同能量的俄歇电子，再通过信号放大系统和数据记录系统得到俄歇电子数与俄歇电子能量之间的分布曲线。

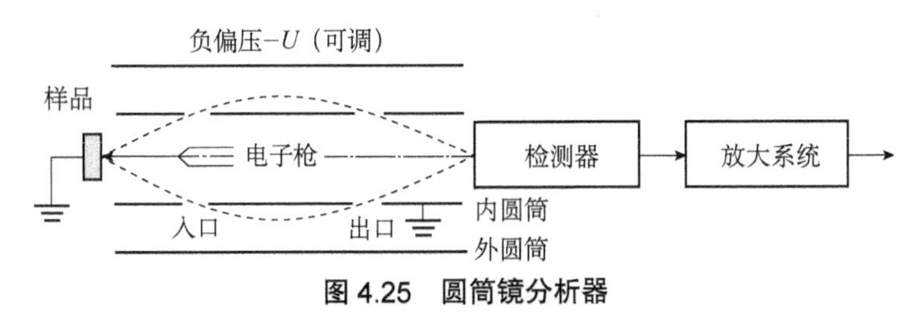


**图4.25　圆筒镜分析器**

半球型分析器比圆筒镜分析器具有更大的电子传输能力，半球型分析器中，样品和分析器之间的距离约为10mm。如图4.26所示，在分析器的入口处放置一组静电透镜用来限制分析区域，在分析器的圆筒柱部分，装有光阑，用于限定分析区域，利用通过施加在第二个透镜上的电压来降低俄歇电子的动能，使分析器在恒定的通能模式下工作。分析器的半球形部分将电子聚集在检测器平面内，检测器为多个电子倍增管或微通道板阵列，检测系统直接测量某一动能下的电子数目$N(E)$。

3. 电子采集方式

电子收集系统采用点分析、线扫描、面扫描和深度剖析四种方法。俄歇电子信号的强度大约是初级电子强度的万分之一，俄歇电子搜集采用带通型筒镜分析器，再结合锁相放大技术可得到具有很高信噪比的微分谱，信噪比可达500∶1。

## 4.3.3　俄歇电子能谱特点和主要技术参数

1. 能谱特点

俄歇电子能谱通常以两种方式获得和显示。其一是直接形式，即总的电子

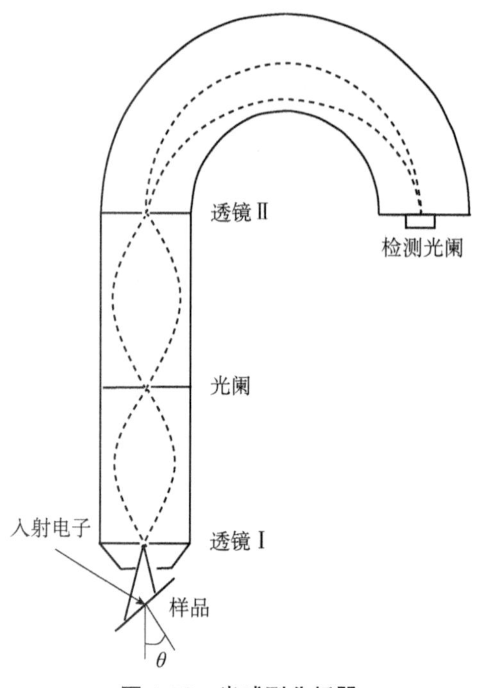


**图 4.26　半球型分析器**

信号以电子离开样品时的动能作为变量的函数进行采集和标识。其二是微分形式，即将总的电子信号对电子动能进行微分而获得。微分谱可以有效地增强俄歇信号的强度，消除二次电子和强大的背底噪声的影响。微分谱的形状一般由一个尖锐向下的负峰、负峰前面还有一个强度较小的正峰以及一些精细结构和噪声组成。正峰和负峰的幅度一般不对称，这是由于一部分俄歇电子在逸出固体表面的过程中会因非弹性碰撞而损失能量，微分谱如 4.1.3 节中的图 4.3 所示。

电子束与固体样品相互作用而发射二次电子和背散射电子，其强度随电子能量的分布情况表示在图 4.27 中。从图 4.27 中可以看出，入射电子能量处的强峰值是由初级电子弹性背散射引起的，邻近此弹性峰的低能侧显示出不同程度的能量损失峰，这是电子向表面运动时，以及电子在体内形成等离子体时损失部分能量所导致。这些能量损失峰的左侧出现的很明锐的峰就是俄歇电子峰，其能量与入射电子能量无关。在小于 50eV 能量范围内分布的宽峰是由二次电子在固体中经历多次非弹性碰撞所形成的。由于低强度俄歇电子峰叠加在缓慢变化的大背景信号上，因此利用微分谱可以使俄歇电子峰更加突出，即为图 4.3 中所示的情况。直接谱形式一般用于气相物质，因为在气相物质中没有二次电子，俄歇电子峰不会被二次电子所拟制。

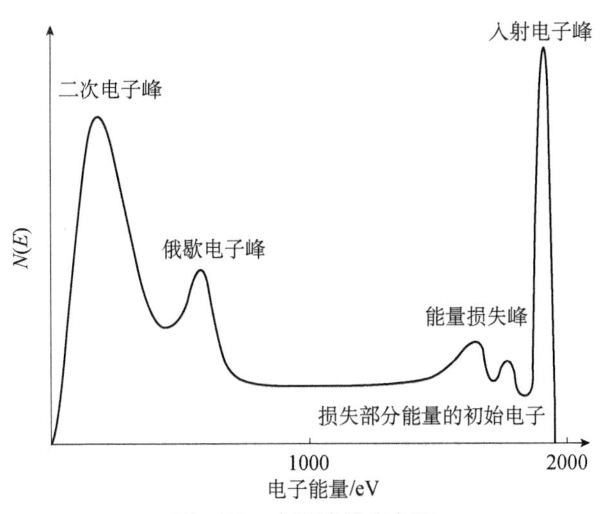


**图 4.27 电子能量分布图**

2. 峰位移动

峰位移动是由化学位移引起的，所谓化学位移是指在元素形成化合物的情况下，价电子状态发生改变，引起内层能级发生变化，因而使俄歇电子峰的位置产生移动。

3. 样品带电现象

对于导电性能差的样品，如半导体材料、绝缘体薄膜，在电子束的作用下，其表面会产生一定的负电荷积累，这就是俄歇电子能谱中的荷电效应。样品表面荷电相当于给表面自由的俄歇电子增加了一定的额外电压，使测得的俄歇电子动能比正常的要高。

在俄歇电子能谱中，由于电子束流密度很高，样品荷电是一个非常严重的问题。有些导电性差的样品，经常因为荷电严重而不能获得俄歇电子能谱。但由于高能电子的穿透能力以及样品表面二次电子的发射作用，对于一般在 100nm 厚度以下的绝缘体薄膜，如果基体材料能够导电，则其荷电效应几乎可以自身消除。因此，对于普通的薄膜样品，一般不用考虑其荷电效应。对于绝缘体样品，可以通过在分析点（面积越小越好，一般应小于 1mm）周围镀金的方法来解决荷电问题。此外，还可采用带小窗口的 Al，Sn，Cu 箔等包覆样品的方法来消除荷电现象。

4. 分辨率和灵敏度

谱仪的能量分辨率由能量分析器所决定。CMA 的能量分辨率一般小于 0.5%；空间分辨率由电子枪所决定；厚度分辨率由低能电子的非弹性碰撞平均自由程所决定。当俄歇电子能量小于1000eV时，厚度分辨率一般小于15Å。

俄歇电子能谱的灵敏度取决于信噪比、谱线重叠等因素。信噪比可由散粒噪声公式$I_N = \sqrt{2eI_cB}$计算获得，式中，$I_c$为收集极电流，$B$为测量系统的带宽，$e$为电子电荷。极限灵敏度可达0.05%。但考虑到谱线重叠、样品污染等因素，实际可达到的灵敏度为0.1%，必要时也可以采用增大束流或者增加分析时间来提高信噪比。

### 4.3.4 俄歇电子能谱的定性分析

俄歇电子的能量仅与原子本身的轨道能级有关，与入射电子的能量无关，也就是说与激发源无关。对于特定的元素及特定的俄歇跃迁过程，其俄歇电子的能量是一定的，具有特征性。由此，我们可以根据俄歇电子的动能来定性分析样品表面物质的元素种类。定性分析方法可适用于除氢、氦以外的所有元素，且由于每个元素会有多个俄歇电子峰，从而定性分析的准确度很高。因此，俄歇电子能谱技术是适用于对元素进行一次全分析的有效定性分析方法，这对于未知样品的定性鉴定是非常有效的。

激发源的能量远高于原子内层轨道的能量，电子束可以激发出原子芯能级上的多个内层轨道电子，再加上退激发过程中还涉及两个次外层轨道的电子跃迁过程，因此，多种俄歇跃迁过程可以同时出现，并在俄歇电子能谱图上产生多组俄歇电子峰。尤其是对于原子序数较高的元素，俄歇电子峰的数目更多，使俄歇电子能谱的定性分析变得非常复杂。

通常在利用俄歇电子能谱进行定性分析时，主要是利用与标准谱图对比的方法。根据Perkin-Elmer公司的《俄歇电子能谱手册》，俄歇电子能谱的定性分析过程如下所述。

（1）首先选取谱图中一个或几个最强峰，根据其对应的能量，与标准谱进行对比分析，确定元素种类。

（2）在确定主峰元素后，利用标准谱图，在俄歇电子能谱图上标注所有属于此元素的峰。

（3）重复上述过程，去标识更弱的峰。含量少的元素，有可能只有主峰才能在俄歇电子能谱上观测到。

如果还有峰未能标识，则它们有可能是一次电子所产生的能量损失峰。改变入射电子能量，观察该峰是否移动，如移动就不是俄歇电子峰。

俄歇电子能谱的定性分析是一种最常规的分析方法，也是俄歇电子能谱最早的应用之一。一般利用俄歇电子能谱仪的宽扫描程序，收集从 20～1700eV 动能区域的俄歇电子能谱。为了增加谱图的信噪比，通常采用微分谱来进行定性鉴定。对于大部分元素，其俄歇电子峰主要集中在 20～1200eV 的范围内，对于有些元素则需利用高能端的俄歇电子峰来辅助进行定性分析。

此外，为了提高高能端俄歇电子峰的信号强度，可以通过提高激发源电子能量的方法来获得。在进行定性分析时，通常采取俄歇电子能谱的微分谱的负峰能量作为俄歇电子动能，进行元素的定性标定。

在分析俄歇电子能谱图时，有时还必须考虑样品的荷电势移问题。一般来说，金属和半导体样品几乎不会荷电，因此不用校准。但对于绝缘体薄膜样品，有时必须进行校准，通常以 CKLL 峰的俄歇电子动能为 278.0eV 作为基准。在离子溅射的样品中，也可以用 Ar KLL 峰的俄歇电子动能 214.0eV 来校准。

在判断元素是否存在时，应该用其所有的次强峰进行佐证，否则应考虑是否为其他元素的干扰峰。

图 4.28 分别为金属 Cr，$Cr_2O_3$ 和 $FeCr_2O_4$ 的俄歇电子能谱的定性分析（微分谱）[24]，电子枪的加速电压为 10kV，束流为 10nA。俄歇电子能谱图的横坐标为俄歇电子动能，纵坐标为俄歇电子计数的一次微分。激发出来的俄歇电子由其俄歇过程所涉及的轨道名称标记。

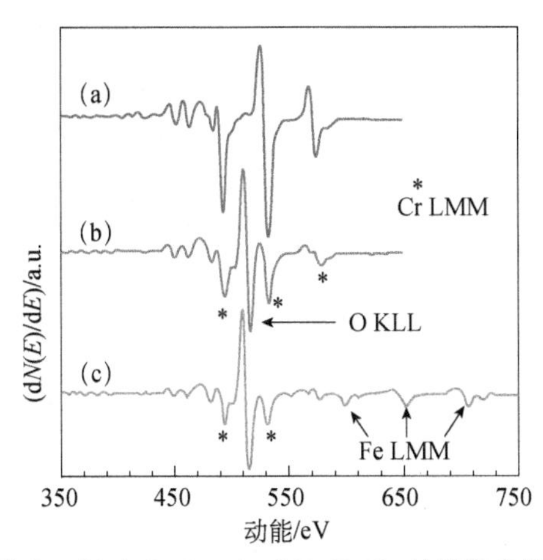


**图 4.28　（a）金属 Cr；（b）$Cr_2O_3$；（c）$FeCr_2O_4$ 的俄歇电子能谱的定性分析[24]**

图 4.29 是元素周期表中各种元素的俄歇电子的能量。从图中可以看出，当原子序数 $Z$=3～14 时，俄歇电子峰由 KLL 跃迁形成；当 $Z$=15～40 时，俄歇电子峰由 LMM 跃迁产生；当 $Z$=40～82 时，俄歇电子峰由 MNN 跃迁产生；当 $Z$>82 时，俄歇电子峰由 NOO 跃迁产生。

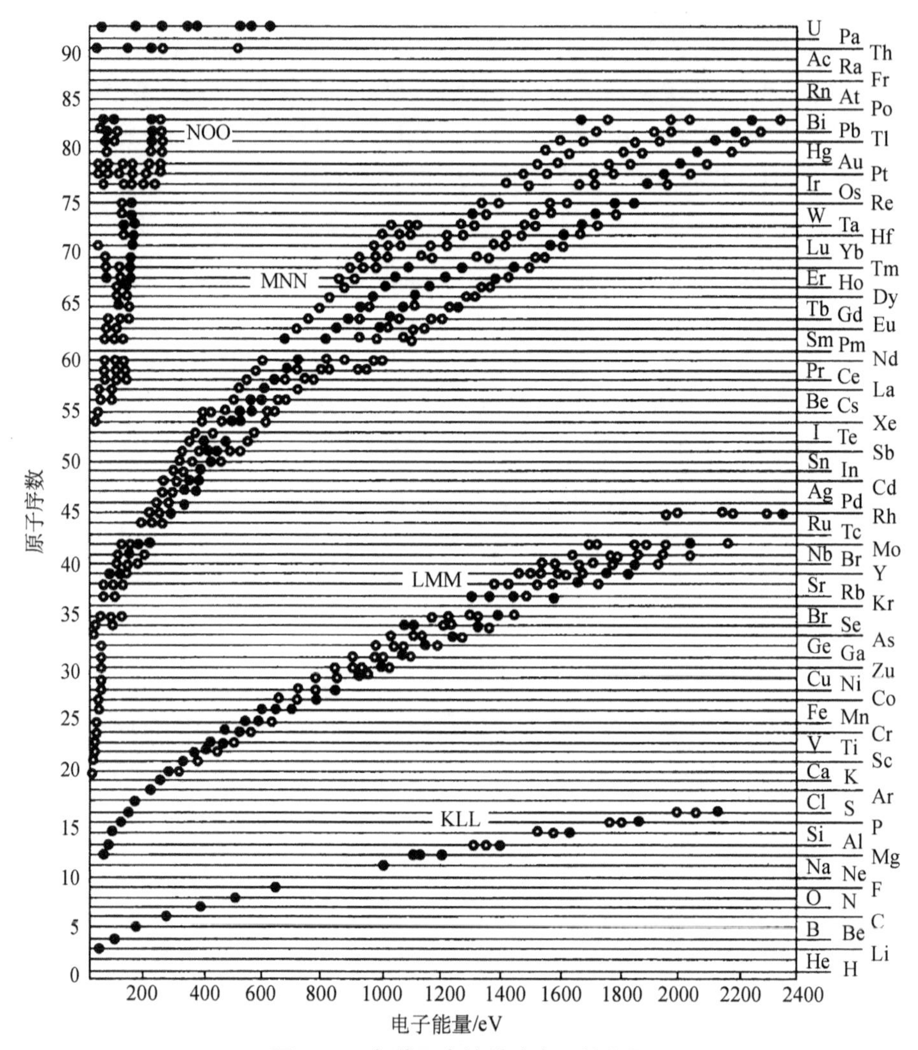


图 4.29 各种元素的俄歇电子的能量

## 4.3.5 表面元素的定量分析

俄歇电子的强度不仅与原子的多少有关，还与俄歇电子的逃逸深度、样品的表面光洁度、元素存在的化学状态以及仪器的状态有关。因此，俄歇电子能谱技术一般不能给出所分析元素的绝对含量，仅能提供元素的相对含量，而且即使相对含量经过校准，也仍会存在很大的误差，只能是一种半定量的分析手段。利用样品表面出射的俄歇电子的强度与样品中该原子的浓度具有线性关系这一特征，可对样品成分进行半定量分析。

样品中某一元素 A 的俄歇电子峰强度可表示为

$$I_{\mathrm{A}} = g\int_0^{\infty} c_{\mathrm{A}}(z)\exp\left(-\frac{z}{\lambda\cos\theta}\right)\mathrm{d}z \tag{4.51}$$

式中，$c_{\mathrm{A}}(z)$为 A 元素浓度；$z$ 为分析深度；$\lambda$ 为衰减长度；$\theta$ 为相对于样品表面法线的出射角；参数 $g$ 是与入射电子束强度 $I_0$、传输因子 $T(E)$、电子倍增器的检测效率 $D(E)$、俄歇电子发射过程的电离截面 $\sigma$、俄歇电子的跃迁效率 $\gamma$ 以及电子背散射因子 $r_{\mathrm{M}}$ 有关的量，可表示为

$$g = T(E)D(E)I_0\sigma\gamma(1+r_{\mathrm{M}}) \tag{4.52}$$

假设样品表面平整，且元素在样品中分布均匀，对（4.51）式进行积分，并代入（4.52）式，可得

$$I_{\mathrm{A}} = T(E)D(E)I_0\sigma\gamma(1+r_{\mathrm{M}})\lambda c_{\mathrm{A}} \tag{4.53}$$

由（4.53）式可知，元素 A 的浓度与俄歇电子峰的强度具有正比关系。

对于体相检测灵敏度仅为 0.1%左右。其表面采样深度为 $z$=1.0～3.0nm，提供的是表面上的元素含量。俄歇电子能谱的绝对检测灵敏度很高，可以达到 $10^{-3}$ 原子单层，是一种表面灵敏的分析方法。俄歇电子能谱的定量分析方法很多，主要包括标准样品法、相对灵敏度因子法以及相近成分的多元素标样法。最常用也是比较实用的方法是相对灵敏度因子法。

1. 标准样品法

这种方法需要一些与待测样品成分相近的标准样品。测量出某一元素 A 在标样中的俄歇电子信号强度 $I_{\mathrm{AS}}$，在相同条件下，测量试样中 A 元素的俄歇电子信号强度为 $I_{\mathrm{A}}$，则试样中 A 元素的原子浓度为

$$c_{\mathrm{A}} = C_{\mathrm{AS}}\frac{I_{\mathrm{A}}}{I_{\mathrm{AS}}} \tag{4.54}$$

式中，$C_{\mathrm{AS}}$为 A 元素在标样中的原子浓度。

这种方法需制备标准样品，尤其是多元素标准样品制备困难，一般采用纯元素标准样品进行定量分析。在相同实验条件下测出纯元素俄歇电子强度和试样中这一元素的强度，则可求出样品中的原子浓度为

$$c_{\mathrm{A}} = \frac{I_{\mathrm{A}}}{I_{\mathrm{AS}}} \tag{4.55}$$

2. 相对灵敏度因子法

相对灵敏度因子法不需要制备标准样品，相对比较便捷一些，但精度比较低。这种方法通常以纯银样品的 MNN 俄歇电子峰（351eV）的强度 $I^{\mathrm{S}}_{\mathrm{Ag}}$ 作为比较的标准，将各纯元素的俄歇电子峰强度与之相比定义为相对灵敏度因子

$S_i$($S_i$=$S_i^s/I^s_{Ag}$)。该方法的定量计算可根据下式得到

$$c_i = \frac{I_i / S_i}{\sum_{i=1}^{i=n} I_i / S_i} \tag{4.56}$$

式中，$c_i$为第 $i$ 种元素的摩尔分数；$I_i$为第 $i$ 种元素的俄歇电子能谱信号强度；$S_i$为第 $i$ 种元素的相对灵敏度因子，可以从手册上获得。

质量分数和摩尔分数之间的换算关系为

$$c_i^{\mathrm{wt}} = \frac{c_i \times A_i}{\sum_{i=1}^{i=n} c_i \times A_i} \tag{4.57}$$

式中，$c_i^{\mathrm{wt}}$是第 $i$ 种元素的质量分数，$c_i$是第 $i$ 种元素的俄歇电子能谱摩尔分数，$A_i$是第 $i$ 种元素的相对原子质量。由俄歇电子能谱提供的定量数据是以摩尔分数含量表示的。

在定量分析中必须引起注意的是，俄歇电子能谱给出的相对含量也与谱仪的状况有关，因为不仅各元素的灵敏度因子是不同的，俄歇电子能谱对不同能量的俄歇电子的传输效率也是不同的，并会随谱仪污染程度而改变。当谱仪的分析器受到严重污染时，低能端俄歇电子峰的强度会出现大幅度的下降。俄歇电子能谱仪提供表面 1～3nm 厚的表面层信息，样品表面的 C、O 污染以及吸附物的存在也会严重影响其定量分析的结果。另外，由于俄歇电子能谱的各元素的灵敏度因子与一次电子束的激发能量有关，因此，俄歇电子能谱的激发源的能量也会影响定量结果。

### 4.3.6 表面元素的化学价态分析

虽然俄歇电子的动能主要由元素的种类和跃迁轨道所决定，但由于原子内部被外层电子所屏蔽的物理效应，芯能级轨道和次外层轨道上电子的结合能在不同的化学环境中是不一样的，有一些微小的差异。这种轨道结合能上的微小差异可导致俄歇电子能量的变化，这种变化就称作元素的俄歇化学位移，它取决于元素在样品中所处的化学环境。一般来说，由于俄歇电子涉及三个原子轨道能级，其化学位移要比 X 射线光电子能谱（XPS）的化学位移大得多。利用这种俄歇化学位移可以分析元素在该物种中的化学价态和存在形式。

图 4.30 是金刚石、石墨、SiC 和 $Mo_2C$ 的俄歇电子能谱图[25]，从图中可以看出，金刚石的峰形与石墨类似，但峰的位置显著不同，这是由于金刚石 $sp^3$ 杂化形成的价键，为+4 价，而石墨是以 $sp^2$ 杂化形成的价键，为+3 价。

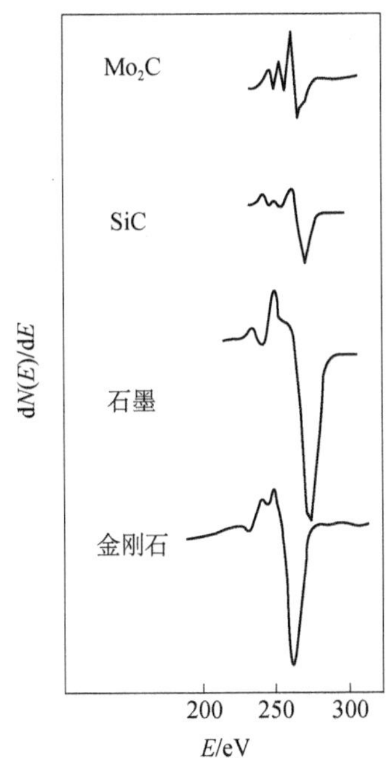


图 4.30　金刚石、石墨、SiC 和 Mo$_2$C 的俄歇电子能谱图[25]

### 4.3.7　俄歇电子能谱的深度剖面分析

俄歇电子能谱的深度剖面分析是俄歇电子能谱最有用的分析功能。一般采用氩离子束进行样品表面剥离的深度分析方法，该方法是一种破坏性分析方法，会引起表面晶格的损伤、择优溅射和表面原子混合等现象。但当其剥离速度很快和剥离时间较短时，以上破坏效应就不太明显，一般可不予考虑。其分析原理是先用氩离子把样品上一定厚度的表面层溅射掉，然后再用俄歇电子能谱分析剥离后表面的元素含量，这样就可以获得元素在样品中沿深度方向的分布。由于俄歇电子能谱的采样深度较浅，所以，其相对于 XPS 的深度分析具有更好的深度分辨率。

当离子束与样品表面的作用时间较长时，样品表面会产生各种效应。为了获得较好的深度分析结果，应当选用交替式溅射方式，并尽可能地降低每次溅射的时间间隔。此外，为了避免离子束的溅射坑效应，离子束/电子束的直径比值应大于 100 以上，这样离子束的溅射坑效应基本可以不予考虑。

离子的溅射过程非常复杂，不仅会改变样品表面的成分和形貌，有时还会引起元素化学价态的变化。此外，溅射产生的表面粗糙度也会大大降低深度剖析的深度分辨率。一般随着溅射时间的增加，表面粗糙度也随之增加，使得界面变宽。目前解决该问题的方法是采用旋转样品的方法，以增加离子束的均匀性。对于常规的俄歇电子能谱的深度剖析，一般采用能量为500eV～5keV的离子束作为溅射源。溅射产额与离子束的能量、种类、入射方向、被溅射固体材料的性质以及元素种类有关。多组分材料由于其中各元素的溅射产额不同，使得溅射产额高的元素被大量溅射掉，而溅射产额低的元素在表面富集，从而测量的成分发生变化，该现象就称为“择优溅射”。在一些情况下，择优溅射的影响很大。

图4.31是利用磁控反应溅射制备的HfAlSiN多层膜，利用俄歇电子能谱获得的随着溅射时间的增加各个元素的分布剖面图。横坐标为溅射时间，与溅射深度有一一对应关系；纵坐标为元素的原子浓度。从图上可以清晰地看到各元素在薄膜中的分布情况。

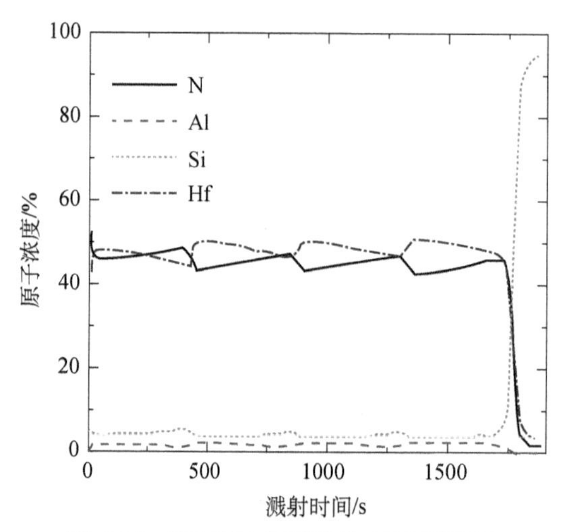


图 4.31 HfAlSiN 多层膜的 AES 剖面图

## 4.3.8 微区分析

微区分析也是俄歇电子能谱分析的一个重要功能，可以分为选点元素分析、线扫描元素分析和面扫描元素分析三个方面。这种功能是俄歇电子能谱在微电子器件研究中最常用的技术，也是纳米材料研究的主要手段。

1. 选点元素分析

俄歇电子能谱选点分析的空间分辨率可以达到束斑面积大小，因此，利用俄歇电子能谱可以在很微小的区域内进行选点分析。可以通过计算机控制电子束进行扫描，并在样品表面的吸收电流像或二次电流像图上锁定待分析点。

对于在大范围内的选点分析，一般采取移动样品的方法，使待分析区和电子束重叠。这种方法的优点是可以在很大的空间范围内对样品点进行分析，选点范围取决于样品架的可移动程度。利用计算机软件选点，可以同时对多点进行表面定性分析、表面成分分析、化学价态分析和深度分析。这是一种非常有效的微探针分析方法。

另外，可以结合扫描电子显微镜图像选择感兴趣的样品区域，将初级电子束作用于该区域进行俄歇电子能谱的分析。图4.32是Ni-Cr-C合金的选点分析，扫描电子显微镜的二次电子像出现明暗对比度，说明合金中有多相存在。图4.32（b）和（c）分别为图4.32（a）中明亮区域和灰色区域的俄歇电子能谱，根据图4.32（b）和（c）的分析可知，在明亮区域富含Ni元素，而在灰色区域富含Cr元素，说明样品中出现元素分离现象。这种分析方法类似于利用电子能量色散谱进行的元素成分分析方法。

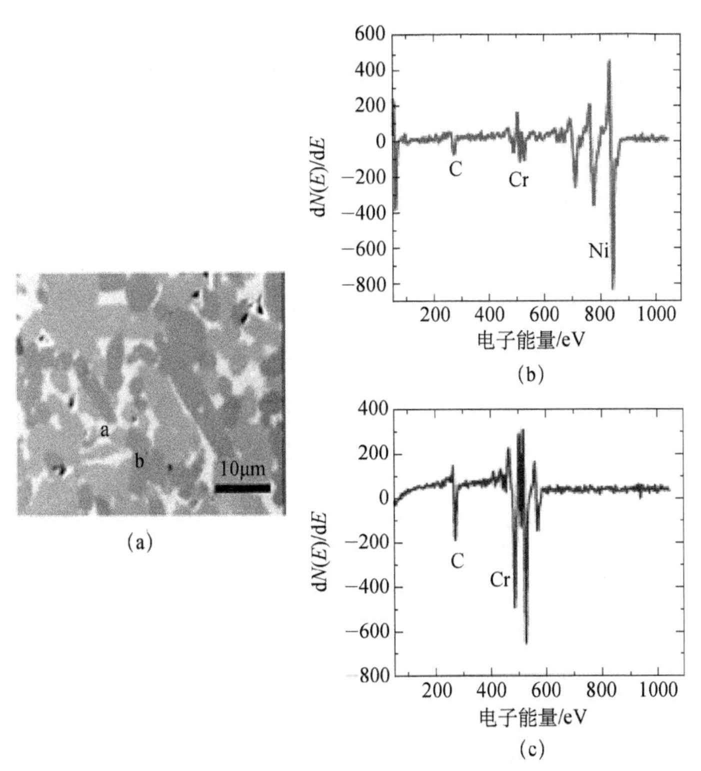


图4.32　Ni-Cr-C合金的扫描电子显微镜图像（a）和俄歇电子能谱图（（b）明亮区域；（c）灰色区域）

2. 线扫描元素分析

在研究工作中，不仅需要了解元素在不同位置的存在状况，有时还需要了解一些元素沿某一方向的分布情况，俄歇电子线扫描分析能很好地解决这一问题。线扫描分析可以在微观和宏观的范围内进行（1～6000μm）。

俄歇电子能谱的线扫描分析常应用于表面扩散研究和界面分析研究等方面。图 4.33（a）和（b）分别是纳米 Si 颗粒的扫描电子显微镜图像和沿着特定方向进行线扫描获得的俄歇电子能谱，可从图中看出元素的分布情况，即 O 在 Si 颗粒上分布较为均匀，而 C 在 Si 颗粒上及其周围分布存在振荡现象[26]。

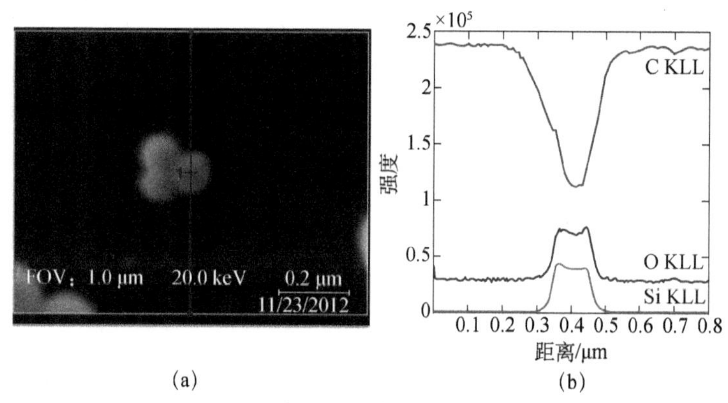


**图 4.33 Si 颗粒的扫描电子显微镜图像（a）和沿着特定方向进行线扫描获得的俄歇电子能谱（b）[26]**

3. 面扫描元素分析

俄歇电子能谱的面分布分析也可称为俄歇电子能谱的元素分布图像分析。它可以把某个元素在某一区域内的分布以图像的方式表示出来，就像扫描电子显微镜照片一样，只不过扫描电子显微镜照片提供的是样品表面的形貌像，而俄歇电子能谱提供的是元素的分布图像。

结合俄歇化学位移分析，还可以获得特定化学价态元素的化学分布图像。俄歇电子能谱的面分布分析适合于微型材料和技术的研究，也适合表面扩散等领域的研究。在常规分析中，由于该分析方法耗时非常长，一般很少使用。

通常在进行俄歇电子能谱二维成像时，首先利用扫描电子显微镜成像选择感兴趣的区域，再利用俄歇电子收集构建二维电子图像。图 4.34 是利用二次电子获得扫描电子显微镜图像和利用俄歇电子获得的二维图像。这种方法对于制备无缺陷的电子器件是非常有帮助的。

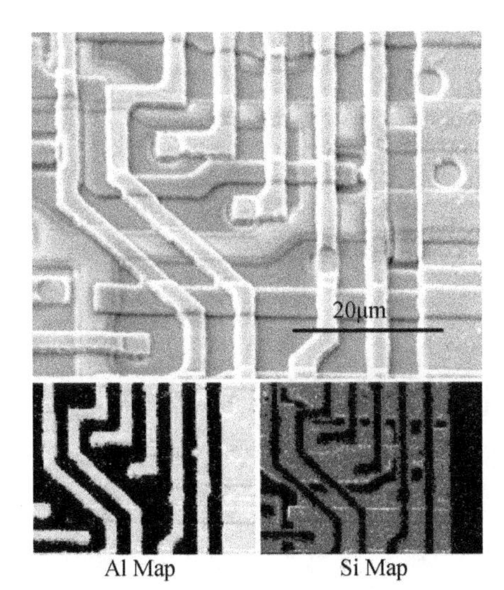


图 4.34　利用二次电子获得扫描电子显微镜图像和利用俄歇电子获得的二维图像

## 4.4　X 射线光电子能谱

### 4.4.1　引言

在当代所有表面分析方法中，使用最为广泛的是化学分析用电子能谱（electron spectroscopy for chemical analysis，ESCA），也称 X 射线光电子能谱（X-ray photoelectron spectroscopy，或 X-ray photoemission spectroscopy，简称 XPS），这种方法是基于光电效应而发展起来的一种实验技术[27]。自从 20 世纪 60 年代 X 射线光电子能谱实现商业化以来，已成为使用最广泛的表面分析工具。这一测试技术的建立与自 19 世纪 80 年代起物理学上的重要发现密不可分。早在 1887 年，赫兹（Heinrich Hertz）在研究电磁波时发现在金属圆环留有的微小间隙处产生电火花的现象，首次观察到了光电效应。1888 年哈尔瓦克（W. Hallwachs）利用紫外光照射锌板时，发现带正电的锌板会失去电荷，而带负电的锌板则不会受到紫外光照射的影响。1897 年，英国物理学家 J. J. 汤姆孙研究阴极射线时，确认阴极射线是带负电的粒子流，通过研究粒子流的比荷（specific charge，旧称荷质比（charge mass ratio））$e/m$，发现一种阴极射线粒子的质量比氢离子（质子）质量小很多，大约是氢离子比荷的 1840 倍，也即这种粒子的质量是氢离子的 1/1840，人们把这种粒子称为电子（electron）。1917 年，美国物理学家密立根（R. A. Millikan）测定了基元电荷，由电子的比荷和电量计算给出了电子的质量。1905 年，爱因斯坦利用普朗克在 1900 年所提出的能量量子化理论，对上述观察现象给出了合理的解释，即光子能量直接转移给原子中的电子，使电子出射而没有能量损失。爱因斯坦由于成功解释光电效应而获得了 1921 年诺贝尔物理学奖。

1914 年，英国曼彻斯特大学的研究者罗宾逊（H. Robinson）和罗林森（W. F. Rawlinson）利用 X 射线照射固体材料所发射的光电子进行动能研究，但受限于当时的技术条件，其分辨率和灵敏度都很低，无法得到实际应用。直到 1951 年，Steinhardt 和 Serfass 首次尝试将光电发射作为实验分析工具[28]。20 世纪五六十年代，瑞典科学家 Siegbahn 研究小组建立了高灵敏度的电子谱仪，成为研究原子轨道能量的有效方法，不久之后他们又发现光电子谱中存在所谓的化学位移（chemical shift）现象[29, 30]。因此，人们把这种分析方法称为“化学分析用电子能谱”。Siegbahn 因为对“发展高分辨电子显微镜的贡献”而荣获了 1981 年诺贝尔物理学奖。事实上，这种方法不仅限于化学分析，在物理、材料、生物医药等各个领域都具有广泛的应用。X 射线光电子能谱最适合研究内层电子结构信息。如果需要研究固体的能带结构，更合适的方法则是利用紫外光电子能谱（ultraviolet photoelectron spectroscopy，UPS），因为这种方法相对于 X 射线来说，采用的是能量比较低的紫外光进行探测，其能量一般为数十电子伏特，可通过惰性气体（He，Ne，Ar，Kr，Xe）的放电来实现，能够获得低结合能的外层电子结构信息，而且分辨率相对也比较高，可以很灵敏地反映价带（能态密度）的细微变化。

随着同步辐射技术的不断发展，使得 X 射线具有能量的可调性、单色性和偏振性，已成为最理想的光源，这极大地推动了 X 射线光电子能谱的进一步发展和应用[31]。

X 射线光电子能谱具有很多方面的优点，包括仪器使用简单、样品处理灵活方便，且信息量大。随着对材料学、生物技术和表面现象研究的深入，再加上 X 射线光电子能谱设备的日臻完善，在可预见的未来，X 射线光电子能谱依然是表面分析的重要技术手段。通过改变光子能量，配合适当的光电子能量分析模式，可直接考察表面的原子和电子结构。角分辨光电子能谱（angle-resolved photoemission spectroscopy，ARPES）可直接测定有关能带结构以及原子中电子云的方位角分布等。配以自旋分辨探测器（spin resolved detector），可用来研究光电子的自旋极化（spin polarization）现象，对样品的磁性进行分析。通过与其他表面分析技术相结合，X 射线光电子能谱在对表面化学、形貌和反应性的深入理解方面发挥着关键性的作用。X 射线光电子能谱图像技术的发展，大大促进了这种测量技术在新材料研究上的应用。在谱仪器能量检测方面，也从传统的电子倍增检测方法发展为多通道检测方法，使得检测灵敏度大幅提升。随着计算机技术的广泛采用，使得采样速度和图谱解析能力都得到了大幅度的提高。结合离子束剥离技术和 X 射线角分辨光电子能谱技术，可对样品进行剖面分析和界面分析。X 射线光电子能谱可对样品的元素种类、组成成分、价态等方面进行分析研究，是表面分析不可或缺的重要科学研究装置。

在过去的十几年间，在 X 射线光电子能谱的基础上，角分辨光电子能谱得到了快速发展，包括软 X 射线 ARPES[32]、时间分辨 ARPES[33]、自旋分辨 ARPES[34]和空间分辨 ARPES[35]等，又由于其对能量和动量分辨率的显著提高，在拓扑绝缘体（topological insulator）和狄拉克–外尔半金属（Dirac-Weyl semi-metal）的研究发现方面具有里程碑意义，ARPES 发挥了非常关键的作用，现已成为研究拓扑结构材料不可或缺的强有力工具[36]。

## 4.4.2　X 射线光电子能谱的测量原理

1. 结合能的测量

当具有能量为 $h\nu$ 的特征 X 射线照射到样品上时，使样品中原子内层电子以特定的概率电离，形成光电子（光致发光），光电子从产生处输运至样品表面，克服表面逸出功而离开表面，进入真空中被收集、分析，获得光电子的强度与能量之间的关系谱线，即 X 射线光电子能谱。根据发射光电子的特征能量就可以定性分析样品的组成元素，根据发射光电子的强度可以定量分析样品的元素含量，而根据能量的峰位移动可以分析元素在样品中的价态。

X 射线光电子能谱的测量原理是基于爱因斯坦光电效应方程。设光电子的动能为 $E_k'$，入射 X 射线光子能量为 $h\nu$，电子在内壳层某一能级上的结合能为 $E_b$，即为将这个电子移到无穷远处所需要的能量，也是这个电子在该能级上的电离能。光电子从样品表面逃逸的逸出功为 $\varphi_s$，根据光电效应方程可得

$$E_k' = h\nu - E_b - \varphi_s \tag{4.58}$$

这里的结合能 $E_k'$是相对于费米能级而言的。由于不同仪器所测得的电子动能可能不同，由其导出的电子结合能就可能不同。为了理解这个问题，我们用图 4.35 表示这些能量关系。当样品与分析器相连接时，在相同温度下，具有相同的费米能级，但样品和分析器的自由电子能级，也称真空能级（vacuum level）是不相同的。由能量守恒定律可得

$$h\nu = E_b + \varphi_s + E_k' \tag{4.59}$$

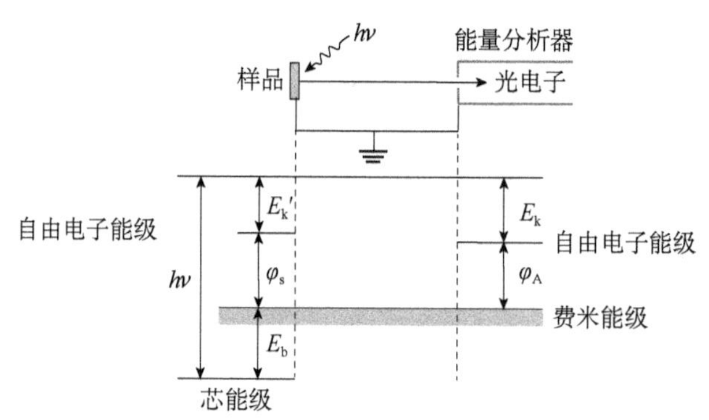


**图 4.35 XPS 测量样品和能量分析器能级示意图**

电子进入能量分析器时，会受到样品和能量分析器之间的接触电势差的加速或减速。设$\varphi_A$为能量分析器的功函数（work function），电子从能量分析器发出的光电子动能为$E_k$，由图 4.35 可以看出

$$E_k' + \varphi_s = E_k + \varphi_A \tag{4.60}$$

因此可得电子的动能

$$E_k' = E_k + \varphi_A - \varphi_s \tag{4.61}$$

将（4.61）式代入（4.59）式，可以得到电子的结合能

$$E_b = h\nu - E_k - \varphi_A \tag{4.62}$$

根据（4.62）式可知，由于入射 X 射线光子的能量$h\nu$和分析器的功函数$\varphi_A$是已知数，只要通过电子能量分析器测量出光电子动能$E_k$，电子在原子中的结合能就能完全确定下来。同时从（4.62）式还可以看出，$E_b$只与能量分析器的功函数$\varphi_A$有关，而与样品本身的功函数$\varphi_s$无关，只需对仪器本身的功函数$\varphi_A$进行一次校正即可。当更换样品时，不需要每次都对样品的功函数进行校正，这就大大方便了实验的进行，并提高了实验结果的准确性。X 射线光电子能谱线位置就是根据这一公式得到的。

2. 价带结构的测量[36-39]

在光电子的发射过程中，除了遵从能量守恒外，还应遵从动量守恒。目前应用最广的分析器具备测量光电子数与其出射角（即电子动量）和出射动能的函数关系的角分辨功能。利用动能守恒定律和动量守恒定律，可以计算出样品中电子的动能及其动量。将得到的能量与动量对应起来，就可以得到晶体中电子的色散关系。同时，利用 ARPES 也可以获得能态密度曲线和动量分布曲线，并直接给出固体的费米面结构。

对于单晶体，具有角分辨能力即等价于具有动量分辨能力。光电效应的电子发射从各个方向射入真空，通过具有一定接收角度的探测器接收不同角度的光电子，测定给定方向的光电子动能。这样一来，射入真空中的光电子动量 $\boldsymbol{K}=\boldsymbol{p}/\hbar$ 就可以完全确定下来（动量以波矢 $\boldsymbol{K}$ 表示），其数值为 $K=\sqrt{2mE_{\text{kin}}}/\hbar$，平行于样品表面和垂直于样品表面的分量分别表示为 $\boldsymbol{K}_{//}=\boldsymbol{K}_x+\boldsymbol{K}_y$ 和 $\boldsymbol{K}_{\perp}=\boldsymbol{K}_z$。图 4.36 给出了角分辨光电子能谱接收光电子的几何关系。

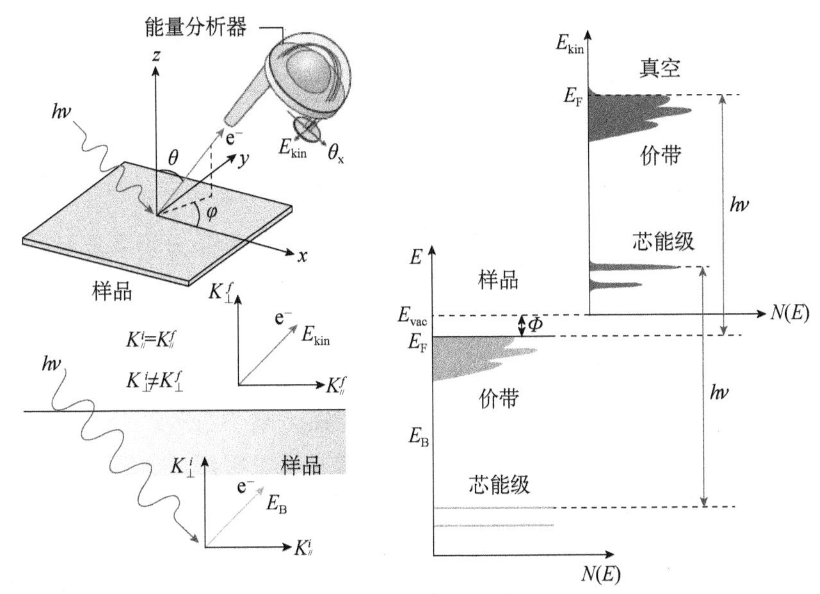


**图 4.36　角分辨光电子能谱接收光电子的几何关系**[36]**（彩图见封底二维码）**

利用球坐标系来表示 $x$，$y$，$z$ 三个坐标方向上的动量分量，则可写为

$$K_x=\frac{1}{\hbar}\sqrt{2mE_{\text{kin}}}\sin\theta\cos\varphi \tag{4.63}$$

$$K_y=\frac{1}{\hbar}\sqrt{2mE_{\text{kin}}}\sin\theta\sin\varphi \tag{4.64}$$

$$K_z=\frac{1}{\hbar}\sqrt{2mE_{\text{kin}}}\cos\theta \tag{4.65}$$

式中，$\theta$ 为极角，即电子发射方向与表面垂直方向的夹角；$\varphi$ 为方位角，由电子发射方向相对于晶体的某一个晶轴所确定，或者由实验几何关系所确定；$E_{\text{kin}}$ 为电子的动能。

由（4.63）式和（4.64）式并考虑动量守恒，可得平行于样品的动量，为

$$\boldsymbol{K}^f_{//}=\boldsymbol{K}^i_{//}=\boldsymbol{K}_x+\boldsymbol{K}_y=\frac{1}{\hbar}\sqrt{2mE_{\text{kin}}}(\sin\theta\cos\varphi\hat{i}+\sin\theta\sin\varphi\hat{j}) \tag{4.66}$$

当电子–空穴对的弛豫时间远大于光电子的逃逸时间（几十阿秒（attosecond,

as），1s=10¹⁸as）时，而且在光子的动量比光电子的动量小很多的情况下，这种动量守恒是有效的。当 $\varphi=\pi/2$ 时，有

$$\boldsymbol{k}_{//}=\boldsymbol{K}_{//}=\frac{1}{\hbar}\sqrt{2mE_{\mathrm{kin}}}\sin\theta \tag{4.67}$$

应该指出的是，这里忽略了光子的动量，因为在光子能量小于 100eV 的紫外区域，光子的动量微不足道。例如，利用 21.2eV 的 HeIα 线，其动量为 $0.08\text{Å}^{-1}$，仅为布里渊区尺寸的 0.5%。在高 $\theta$ 角度测量下，$\boldsymbol{k}_{//}$会出现在高阶布里渊区内，需要通过减去倒格矢获得简约布里渊区的 $\boldsymbol{k}$ 矢量。根据（4.67）式，平行于样品表面的动量分辨率为

$$\Delta\boldsymbol{k}_{//}=\frac{1}{\hbar}\sqrt{2mE_{\mathrm{kin}}}\cos\theta\Delta\theta \tag{4.68}$$

由（4.68）式可以看出，在较低的光电子动能下，动量分辨率较好。在较大的极角下同样可获得较好的分辨率，可以通过扩展到约化布里渊区之外，使动量分辨率得到有效的提高。

在垂直方向上，由于平移对称性的破缺，垂直于表面的动量并不守恒，但 $\boldsymbol{k}_{\perp}$也需要给出，以便绘出能带色散关系 $E(\boldsymbol{k})$。在光电子的发射过程中，常用经验假设来确定垂直于表面的终态波矢 $\boldsymbol{k}_{\perp}$，尤其是可以采用理论计算结果或者是利用近自由电子模型描述终态布洛赫态，即

$$E_{\mathrm{f}}(\boldsymbol{k})=\frac{\hbar^2\boldsymbol{k}^2}{2m}-\left|E_0\right|=\frac{\hbar^2(\boldsymbol{k}_{//}^2+\boldsymbol{k}_{\perp}^2)}{2m}-\left|E_0\right| \tag{4.69}$$

式中，$E_0$ 为对应于价带底的能量，如图 4.37 所示[37]。

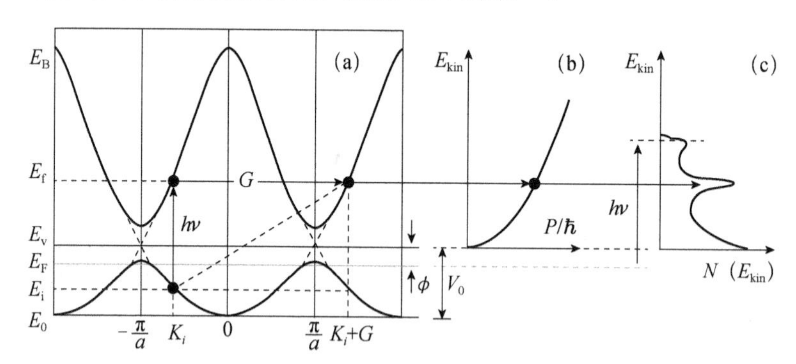


**图 4.37　三步法中光电发射过程的运动学过程中的近自由电子终态模型[37]**

（a）晶体中的直接光子跃迁（晶格提供所需的动量）；（b）自由电子末态真空状态；（c）相应的光电子能谱，在电子散射的背景下得到的相应的电子散射谱（在费米面 $E_F$ 处，$E_b=0$）

由于 $E_{\mathrm{f}}(\boldsymbol{k})=E_{\mathrm{kin}}+\phi$，由（4.67）式和（4.69）式，并根据图 4.37 电子跃迁过程图，可得

$$K_{\perp} = \frac{1}{\hbar}\sqrt{2m(E_{\mathrm{kin}}\cos^2\theta + V_0)} \tag{4.70}$$

式中，常数 $V_0$ 为内势。式中利用了图 4.37 中的关系：$V_0 = |E_0| + \phi$，$E_0$ 为相对于真空能级的价带底能量。如果 $V_0$ 已知，测量出 $E_{\mathrm{kin}}$ 和 $\theta$ 角，就可以得到光电子的垂直波矢 $\boldsymbol{k}_{\perp}$。确定 $V_0$ 的方法有三种：①优化占据态的理论与实验之间的一致性；②在能带计算中将 $V_0$ 设置为 muffin-tin 的理论势能零点；③从实验测得的能带色散关系 $E(\boldsymbol{k}_{\perp})$的周期性推断出 $V_0$ 值。其中第三种方法是最常用的方法。

通过实验测出结合能和动量值，就可以确定能量和波矢之间的色散关系，即样品的电子能带结构。

## 4.4.3　能谱的理论计算

1. 能谱强度和结合能的计算

光电子的激发可以用光电效应进行描述，但固体由大量的原子组成，是一个多体问题。这一过程涉及固体内部电子与电子、电子与声子以及各类元激发之间的相互作用，涉及激发电子和空穴的动力学问题。从量子力学观点来看，光电子的发射是一个以满足周期性边界条件的多体波函数从初态跃迁到末态的激发过程，即可以看成光子吸收、电子激发和电子探测单电子干涉过程的一步模型[40-42]。为了描述这一过程，需要计算电子从初态到末态的跃迁概率，即

$$w_{\mathrm{fi}} = \frac{2\pi}{\hbar}\left|\left\langle \psi_{\mathrm{f}}^{N}\right| H_{\mathrm{int}} \left|\psi_{\mathrm{i}}^{N}\right\rangle\right|^2 \delta(E_{\mathrm{f}}^{N} - E_{\mathrm{i}}^{N} - h\nu) \tag{4.71}$$

式中，$E_{\mathrm{i}}^{N} = E_{\mathrm{i}}^{N-1} - E_{\mathrm{b}}$ 和 $E_{\mathrm{f}}^{N} = E_{\mathrm{f}}^{N-1} + E_{\mathrm{kin}}$。电子和光子的相互作用可作为微扰来处理，哈密顿微扰项可写为

$$H_{\mathrm{int}} = \frac{e}{2m}\left(\hat{\boldsymbol{p}} + \frac{e}{c}\hat{\boldsymbol{A}}\right)^2 - e\Phi - \frac{\hat{\boldsymbol{p}}^2}{2m} \tag{4.72}$$

式中，$\hat{\boldsymbol{p}}$ 为电子的动量；$\hat{\boldsymbol{A}}$，$\Phi$ 分别为电磁场矢势和标势。可忽略双光子过程，$\hat{\boldsymbol{A}}^2=0$。在大于原子尺度以上，$\hat{\boldsymbol{A}}$ 可视为常数，因此，$\nabla\cdot\hat{\boldsymbol{A}}=0$，可得对易关系 $[\hat{\boldsymbol{A}}, \hat{\boldsymbol{p}}] = -\mathrm{i}\hbar\nabla\cdot\hat{A}=0$，即有 $\hat{\boldsymbol{A}}\cdot\hat{\boldsymbol{p}}=\hat{\boldsymbol{p}}\cdot\hat{\boldsymbol{A}}$，取 $\Phi=0$，由此可将（4.72）式简化为

$$H_{\mathrm{int}} \approx \frac{e}{2mc}(\hat{\boldsymbol{A}}\cdot\hat{\boldsymbol{p}} + \hat{\boldsymbol{p}}\cdot\hat{\boldsymbol{A}}) \approx \frac{e}{mc}\hat{\boldsymbol{A}}\cdot\hat{\boldsymbol{p}} \tag{4.73}$$

在这一步的过程中，电子的终态具有时间分辨的低能电子衍射特征，电子波函数很快衰减为与表面外的自由电子波函数相匹配的状态[43, 44]。

采用上述一步模型处理整个多体系统比较复杂，需要采用一些近似处理方法。这些简化的近似处理方法包括：在光电子发射过程中不考虑整个粒子系统

的多体效应，也不考虑整个粒子系统的弛豫过程，即假设粒子之间无相互作用和采用突然近似（sudden approximation）的处理方法。在此基础上，再做进一步的假设，即为“三步模型”：第一步是电子吸收光子能量而激发的过程；第二步是释放出的光电子在固体中输运至样品表面的过程；第三步是光电子克服表面势垒逃逸至真空能级的过程。在第一步中包含了材料本征的电子结构信息；第二步可以根据弹性和非弹性电子的平均自由程加以描述；第三步为最终占据态自由电子平面波在真空中光电子延伸至探测器的过程[36, 39, 45, 46]。

为了简化光电子的发射过程，这里再做进一步的简化，即不考虑电子之间的相互作用。$N$ 个电子体系中初态和终态电子波函数可以简单地分解为

$$\Psi_{\mathrm{i}}^{N} \approx A\phi_{\mathrm{i}}^{k}\phi_{\mathrm{i}}^{N-1} \tag{4.74}$$

$$\Psi_{\mathrm{f}}^{N} \approx A\phi_{\mathrm{f}}^{k}\phi_{\mathrm{f}}^{N-1} \tag{4.75}$$

式中，$A$ 为反对称算符，其是为满足泡利不相容原理而设定的；$\phi_{\mathrm{i}}^{N}$ 和 $\phi_{\mathrm{f}}^{N}$ 分别为电子吸收光子前后的初态和终态电子波函数，由于动量守恒，二者具有相同的波矢；$\phi_{\mathrm{i}}^{N-1}$ 和 $\phi_{\mathrm{f}}^{N-1}$ 分别表示发射一个电子后剩余 $N-1$ 个电子系统的初态和末态电子波函数。由于假设了电子之间无相互作用，所以有 $\phi_{\mathrm{i}}^{N-1}=\phi_{\mathrm{f}}^{N-1}$。

假设在波矢 $\boldsymbol{k}$ 处至少有一个电子发生跃迁，那么总的跃迁强度为

$$I_{\mathrm{i}\to\mathrm{f}}(k, E_{\mathrm{kin}}) \propto \left|M_{\mathrm{i,f}}^{k}\right|^{2} \delta(E_{\mathrm{kin}}^{N} - E_{\mathrm{i}}^{N} - h\nu) \tag{4.76}$$

式中，$\left|M_{\mathrm{f,i}}^{k}\right|^{2} \equiv \left\langle \phi_{\mathrm{f}}^{k} \middle| H_{\mathrm{int}} \middle| \phi_{\mathrm{i}}^{k} \right\rangle$ 称为单电子偶极跃迁矩阵元。

根据跃迁强度公式（4.76），无相互作用系统的 ARPES 是一个尖峰，它可以给出由偶极矩阵元调制的电子能带色散关系 $\varepsilon_k$。从这一结果出发，利用 ARPES 测量数据可绘制出能带结构图。

事实上，在三步模型和突然近似的理论框架下，光电子的强度是由上述三步模型中三个独立过程共同决定的，总的光电子发射强度应是相互独立的三部分的乘积。若再将有限温度效应考虑进去，在突然近似下，由角分辨光电子能谱测得的强度可表示为

$$I(k, E) = I_0(k, v, A) f(E) A(k, E) \tag{4.77}$$

式中，$E$ 为相对于费米能级的电子能量；$I_0(k, v, A)$正比于单电子矩阵元的平方，即 $I_0(k, v, A) \propto \sum_{\mathrm{f,i}} \left|M_{\mathrm{f,i}}^{k}\right|^{2}$；$f(E) = 1/\{\exp[E/(k_{\mathrm{B}}T)] + 1\}$ 为费米−狄拉克统计分布函数，表示光电子谱探测的状态是占据态；$A(k, E)$为单粒子谱函数。应该指出，这一理论公式忽略了所有非本征背底，以及由能量和动量的分辨率限制所引起的谱峰展宽。

利用自洽场方法，认为电子是在原子核和其他电子所形成的平均场中运动，采用哈特利–福克近似求解电子的波函数和能量。再利用库普曼定理（Koopmans' theorem）求出结合能[47, 48]，在突然近似的理论框架下，移除一个电子后剩余 $N$–1 个电子系统的终态和末态本征函数未受影响，即有 $\phi_i^{N-1}=\phi_f^{N-1}$，发射出的光电子的结合能为电子末态和初态的能量之差，即

$$E_b = E_f^{N-1} - E_i^N \tag{4.78}$$

式中，$E_f^{N-1}$ 和 $E_i^N$ 分别为电子所在能级的末态和初态能量。库普曼认为在发射电子的过程中，如此突然以至于其他电子来不及重新分布而处于冻结状态，则观察到的结合能为电子所在轨道能级的负值，即 $E_b=-\varepsilon_k$。可采用哈特利–福克近似方法计算得出能级值。通常计算所得的 $E_b$ 值和观察值不一致，计算值通常是在 $E_b$ 实际值的±(10～30)eV 范围内变动。其原因就在于，在电子发射过程中做了假设周围其他电子被冻结的近似处理。事实上，在光电子发射过程中，样品中的其他电子为了屏蔽或最小化电离原子的能量，将通过重新排布来响应芯态空位的产生，这种由电子重排而引起的能量降低称为弛豫能（relaxation energy），弛豫时间与芯态电子发射的时间相当，不可忽略，它必然会对发射光电子带来一定的影响，或者说这部分弛豫能被光电子所带走。除了弛豫能的存在，库普曼和哈特利–福克方法忽略了电子的相互作用和相对论效应，因此更为准确的结合能表达式应写为

$$E_b = -\varepsilon_k - E_\tau(k) - \delta\varepsilon_{corr} - \delta\varepsilon_{rel} \tag{4.79}$$

式中，$E_\tau(k)$为弛豫能；$\delta\varepsilon_{corr}$ 和 $\delta\varepsilon_{rel}$ 分别为交换关联能和由相对论效应而引起的能量修正。但后者一般都比较小，可以忽略不计，仅计及弛豫能就已足够。

弛豫能传递给光电子，使得光电子获得更大的动能。这时得到的结合能就称为绝热结合能，它显然比库普曼计算出的结合能要小。

2. 结合能的校准

利用 XPS 谱仪精确确定结合能需要适当的能量校准方法。当今校准过程采用 ISO（International Standardization Organization）标准，采集经过氩离子枪清洗后干净样品的 Au $4f_{7/2}$，Cu $2p_{3/2}$ 和 Au $3d_{5/2}$ 作为标准进行能量校准，再与标准数值做比较进行补偿和线性处理。采取补偿的细节由仪器本身的情况和制造商提供。在理想情况下，应在样品进行分析之前完成校准工作，并定期纠正随时间累积造成的误差。除了利用芯态能级进行校准外，也可以利用 Cu，Ag，Au 中的费米能附近较低能量的价带谱进行校准，此处具有明确的截止位置，对应于费米能，在结合能标度上定义为 0eV。当然，也可以利用其他元素费米能附近

的能态密度作为校准结合能的参考手段。

对于非导电的绝缘体样品来说，还应考虑在测量过程中样品出现正电荷而造成的表面荷电现象，因为样品表面产生正电势直接降低了光电子发射的动能。表面荷电现象会造成结合能向高能端的移动，有时严重的表面荷电现象需用电子枪进行中和补充，但不能保证表面完全处于电中性，过度补充是常发生的情况，因此需要采取一些手段，估算经过补充后光电子峰位偏移其正常能量位置的数值，以便在实验完成后能够校准结合能的准确位置，基于这个目的，常利用样品中含有的一部分已知的标准物质进行校准。人们利用不同方法进行多年的尝试后，发现结合能校准比较好用的谱峰是 C 中的 1s 峰[49]。

3. 化学位移的计算

因原子所处的化学环境不同，使内层电子的结合能发生变化，表现在 X 射线光电子能谱上，就是峰位的移动，称为化学位移（chemical shift）。化学位移主要受初态能量变化的影响，在一级近似情况下，原子所有芯态能级的结合能将发生相同的化学位移。假设终态效应（如弛豫）对于不同的氧化态具有相同的影响，那么，通常就可以利用初态效应来解释化学位移现象，即

$$\Delta E_{\mathrm{b}} = -\Delta \varepsilon_k \tag{4.80}$$

在终态效应有显著变化的情况下，不能仅用初态效应对化学位移进行解释。化学环境变化导致的原子电子分布变化对化学位移有贡献。利用电荷势模型能很好地解释终态效应对化学位移的影响。

毫无疑问，X 射线光电子能谱其成功和大受欢迎的根本原因在于对现代材料能够进行化学元素的价态分析。化学位移首先是在 Cu 及其氧化物中观察到的。与 Cu 中的 1s 峰位相比较，CuO 中的 1s 为 4eV。后来发现化学位移仅为 1eV，这是由于 CuO 荷电的影响造成的数值偏大。发生明显化学位移比较典型的例子是图 4.38 中所示的三氟乙酸乙酯的 X 射线光电子能谱图，图中显示的是在该物质中四个强度相近的光电子峰，对应于结构中的四个碳原子的 C 1s 峰。很明显，四个碳原子对周围化学环境是高度灵敏的[50]。众所周知，价电子参与形成化学键，这里的关键问题是，为什么参与成键的价电子会对 1s 芯态电子造成影响？事实上，不能认为 C 与 F 成键后 C 1s 结合能比 C 与 H 成键的 C 1s 结合能高，应根据光子发射前后原子的总能加以考虑：从 $CF_3$ 单元中电离出一个 1s 光电子比 $CH_3$ 单元中电离出一个 1s 光电子需要消耗更多的能量，其物理根源在于，在 $CF_3$ 中由于 F 的电负性比较大，C 的负电荷密度显著减小，从而在光电子发射过程中留下的空位存在较弱的静电屏蔽，导致光电子在发射过程中遭

遇较强的库仑吸引相互作用。因此，发射的光电子到达探测器时具有较低的动能，即向高结合能端发生化学位移。由图 4.38 中还可以看出，相比 $CH_3$ 单元，$CF_3$ 单元中 C 1s 发生了 8eV 的化学位移，C—O 和 O═C—O 也分别发生了 2eV 和 5eV 的化学位移。

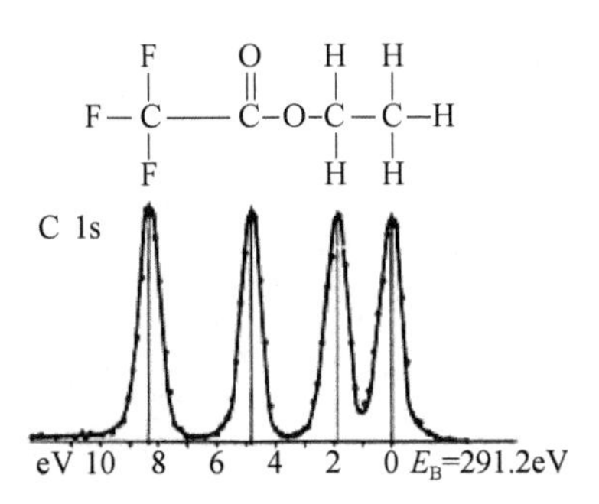


图 4.38　三氟乙酸乙酯中元素 C 1s 在不同化学环境中光电子峰位

## 4.4.4　仪器实验装置

X 射线光电子能谱外观图示于图 4.39 中，图 4.39（a）是美国赛默飞世尔（Thermo Fisher）公司生产的 X 射线光电子能谱装置，由 X 射线源、样品室、电子能量分析器、检测器、显示记录系统、真空系统及计算机控制系统等组成。仪器主体为两室结构，即分析室以及样品制备室兼进样室。超高真空分析室内具有单色化 XPS、双阳极 XPS、成像 XPS、深度剖析 XPS、电荷中和、离子散射谱（ISS）、电子能量损失谱（EELS）、自动化五轴样品台及样品加热冷却等功能。样品制备室能实现大束斑离子清洁、至少三个样品托的停放台以及超高真空监测等，并额外配备可安装样品断裂台以及样品加热冷却台的法兰口等。性能参数包括：最佳能量分辨率为 0.45eV；最佳空间分辨率为 3μm；单色光源最佳灵敏度>325kcps@0.6eV（300μm 束斑，Al Kα Ag $3d_{5/2}$ 峰）；分析室最佳真空度为 $5.0\times10^{-10}$mbar（1bar=$10^5$Pa）；离子枪束斑直径在 20～900μm。

随着科学技术的进步，X 射线光电子能谱的功能更加完善，集成化程度越来越高。例如，德国贝克斯帝尔表面纳米分析有限公司（SPECS Surface Nano Analysis GmbH）生产的 PHOIBOS 100/150 型化学用分析谱仪，图 4.39（b）是这一谱仪的外观图。分析室本底真空优于 $2.0\times10^{-10}$mbar，传样室（load lock）真空度优于 $2.0\times10^{-8}$mbar。具备氦循环冷却的五轴电动机械手，可在低温下进行传样，操作非常方便。配有不同的光源，如 HeIα（21.22eV）和 HeIIα（40.81eV）气体紫外光源，以及 Al 靶（Al Kα 1486.6eV）和 Mg 靶（Mg Kα

1253.6eV）等 X 射线光源。功率为 400W 的 Al Kα 线在清洁 Ag 表面的 Ag $3d_{5/2}$ 灵敏度为 600kcps@ 0.6eV。可分别进行 UPS、XPS 能谱测量，同时兼具角分辨功能，可进行 ARPES 测量。检测系统配有多通道光电倍增管、二维面探测器和一维、二维延迟线探测器等。可在低温至室温温度范围（8～400K）内对材料的表面、界面及块体进行电子能带结构测量表征。

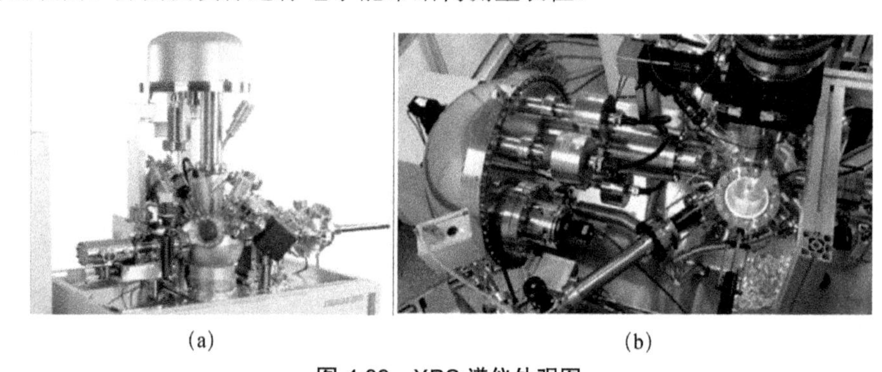

(a) (b)

图 4.39 XPS 谱仪外观图

（a）美国赛默飞世尔公司 XPS 谱仪；（b）PHOIBOS 100/150 型 ARPES 谱仪

一般来说，X 射线光电子能谱仪由 X 射线源和单色器、样品室、电子能量分析器、检测器、显示记录系统、高真空系统及计算机控制系统和数据采集等组成。X 射线源产生的 X 射线作用于样品表面，导致光子的湮没并发射出光电子，光电子由电子光学系统进行收集并进入能量分析器进行能量分辨，单位能量间隔的电子束通过探测器转化为电流，光电子电流再经过电子线路系统转变为能谱图。整个系统置于超高真空环境中。

1. 高真空系统

X 射线光电子能谱仪是在超高真空下进行测量工作的，压强通常为 $10^{-11}$～$10^{-9}$torr。超高真空的作用是最大限度地减少光电子被其他气体分子散射的概率，增大射出光电子的平均自由程，并能保证样品表面不受污染或避免其他分子在样品表面的吸附。援引分子动力学理论，假设单原子分子气体的吸附系数为 1，在 $10^{-3}$torr 的压强下，清洁样品表面吸附一层气体分子仅仅需要 1ms 的时间；在 $10^{-6}$torr 的压强下，则需要 1s 的时间；在 $10^{-9}$torr 的压强下，需要 1000s 的时间。另外，为了保证 X 射线源的正常运行，X 射线源也必须在真空下进行工作。为了能达到高真空，真空机械泵、涡轮分子泵、离子泵、钛升华泵、吸附泵、低温泵等同时并用；超高真空系统所用配件为全金属密封配件，如无氧铜垫圈、陶瓷密封口等。真空系统所用材料应尽量避免使用高聚合物或高饱和蒸气压的材质。为了保证超高真空系统，在维修或更换腔体中配件后，每次都需要利用吸附泵，并对腔体进行烘烤，移除吸附在腔体和管道壁上的水蒸气分子和其他类气体吸附物。

为了在不破坏真空度的情况下很方便地向腔体内传送样品和从腔体内取出样品，需要将传样系统（load-lock system）与真空分析室腔体通过闸板阀隔开。在进样时，关闭进样室真空抽气系统，放入氮气达到外界大气压强，这时就可以打开传样室的门，将样品放置在传样室的样品托上，随后关闭进样口，打开分子泵抽至极限真空后，打开传样室与腔体联通的闸板阀，用传样杆将样品传入腔体的样品托上，之后从腔体移出传样杆，关闭闸板阀。在取样时，打开闸板阀，移入传样杆，将样品传至进样室内，放在传样室的样品托上，然后关闭闸板阀，传样室放入氮气，达到大气压的压强后，就可以打开传样室的门，进行取样。再关闭进样室门，打开传样室的分子泵电源开关，使用真空系统维持正常工作状态。

2. X 射线源和单色器

在 X 射线光电子能谱实验中的 X 射线束，必须有足够大的能量以保证打出样品中原子芯态能级上的电子，产生光电子信号。而且为了获得很好的能谱和分析结果，X 射线源发射 X 射线的强度要高、线宽要窄。X 射线光电子能谱实验中常用的 X 射线源的阳极靶材在表 4.1 中列出，其中最常用的 X 射线源是 Mg Kα 和 Al Kα 射线。

表 4.1　常用 X 射线源的阳极靶材

| 阳极材料 | 发射线 | 能量/eV | 线宽/eV |
|---|---|---|---|
| Mg | Kα | 1253.6 | 0.7 |
| Al | Kα | 1486.6 | 0.85 |
| Si | Kα | 1739.5 | 1.0 |
| Zr | Lα | 2042.4 | 1.7 |
| Ag | Lα | 2984 | 2.6 |
| Ti | Kα | 4510 | 2.0 |
| Cr | Kα | 5415 | 2.1 |

X 射线光电子能谱也常用双极 X 射线源，尤其是对一些特定元素进行测量需要增强灵敏度时，如采用 Mg/Al 靶、Mg/Zr 靶和 Al/Zr 靶。利用双极 X 射线源还可以辨别谱峰是光电子峰还是俄歇电子峰。例如，图 4.40 为利用 Mg Kα 和 Al Kα 双极靶测量 Cu 样品的 X 射线光电子能谱，观察到，Cu 的 2p 和 3p 峰不随靶材的变换而发生峰位移动，而 Cu 的 LMN 俄歇电子峰位置随靶材不同而发

生了很大的移动。这是因为X射线光电子能谱是以光电子的结合能为横坐标的，原子中电子在某一轨道上具有固定的结合能，根据光电效应（4.62）式，$E_b = h\nu - E_k - \varphi_A$（式中，$E_b$，$h\nu$，$E_k$和 $\varphi_A$分别为光电子的结合能、X射线的能量、光电子的动能和样品的逸出功），因更换靶材后，X射线光子的能量$h\nu$发生了变化，能量增加或减小，发射的光电子动能$E_k$也相应地随之增大或减小，但X射线光子能量和发射的光电子动能之差不会发生变化，也即光电子的结合能$E_b$不发生变化。因此，反映在X射线光电子能谱上，即使更换靶材，对于同一种物质元素，以结合能$E_b$为横坐标的光电子峰位仍保持不变。而对于俄歇电子而言，峰位是以俄歇电子的动能$E_k$为标记的，X射线光电子能谱上的横坐标反映了俄歇电子的动能$E_k$。因为Mg靶的Kα线能量（$h\nu_{Mg}$=1253.6eV）比Al靶Kα线的能量（$h\nu_{Al}$=1486.6eV）低233eV，因而Mg靶测得的俄歇电子峰位在光电子结合能的横坐标上显示出向右显著偏移，即向低结合能端偏移，偏移量也是233eV。

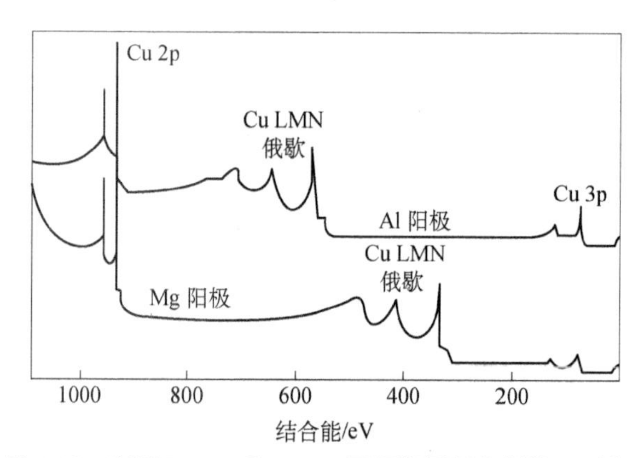


图4.40　利用Mg Kα和Al Kα双极靶测量获得的Cu样品

当X射线源直接作用于样品上时，会带来一些不利因素，如轫致辐射（bremsstrahlung）有可能损伤样品。另外，多重X射线荧光将会产生卫星峰，受光源自然线宽的限制，典型值为1～2eV。为了尽量克服X射线直接作用于样品带来的这些不利因素，需在X射线源上安装单色器，利用单色器可以消除轫致辐射和不需要的X射线波长，如图4.41所示[49]。单色器由石英、硅或锗单晶等制成，X射线源、单晶和样品均置于同一圆周上，这一圆称为罗兰圆（Rowland circle）。所选单晶的面间距应使X射线源发射的特征X射线满足布拉格反射方程，$2d\sin\theta = n\lambda$。

X射线辐照样品表面的几何形状由激发X射线发射的电子枪类型所决定。

大多数非单色化源辐照束直径为数厘米大小，相比之下，使用聚焦电子枪和以单晶体作为聚焦元件的单色器，单色化源辐照面积的直径可减小到数毫米甚至数十微米。不过，安置单色器后，虽然能够提高信噪比和分辨率，但降低了特征 X 射线的强度，影响仪器的检测灵敏度。

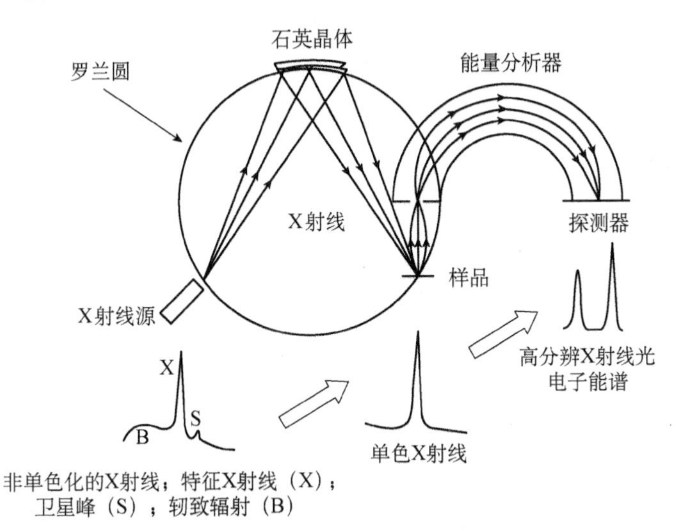


图 4.41　X 射线单色器原理示意图[49]

光电子高于或低于中心通过能量（pass energy）$E_0$ 通过能量分析器时，分别记录在靠近外球面或内球面的多通道探测器的位置，构建出强度对能量的线形图谱。图 4.42 记录了清洁表面发射的 Ag 在 5～160eV 中心通过能量范围内的 $3d_{5/2}$ 光电子峰[49]。从图中可以看出，$3d_{5/2}$ 峰的半高宽从中心通过能量 160eV 时的 1.66eV 降低为 5eV 时的 0.44eV。当然，这种分辨率的提高是以降低信号强度为代价的。

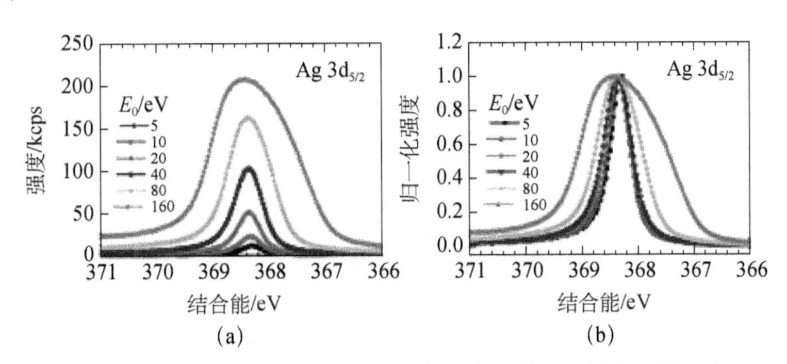


图 4.42　清洁表面 Ag 的 $3d_{5/2}$ 光电子峰（彩图见封底二维码）

（a）测量结果；（b）归一化结果

上述X射线光电子能谱装置的X射线源是常规光源。近年来同步辐射光源得到广泛应用，为X射线光电子能谱开辟了新的研究途径。同步辐射X射线源可以提供高度准直、高极化、强辐射、宽谱带的光源（从红外到硬X射线）。当选择合适的单色器后，可获得可调的高强度聚焦X射线。

另外，利用气体放电产生的紫外光源，单色性比X射线好很多。紫外线能量小，不能激发芯态能级的电子，但最适合用于研究样品的价带结构，以及分子离子的振动。所以紫外线和X射线同时作为研究光电发射的激发光源可以起到相互补充作用。

3. 电子能量分析器

电子能量分析器系统通常由收集透镜、能量分析器和检测器三部分组成。电子能量分析器是X射线光电子能谱的核心部件，常用的能量分析器是由两个同心的半球面组成的静电半球型分析器，如图4.43所示。

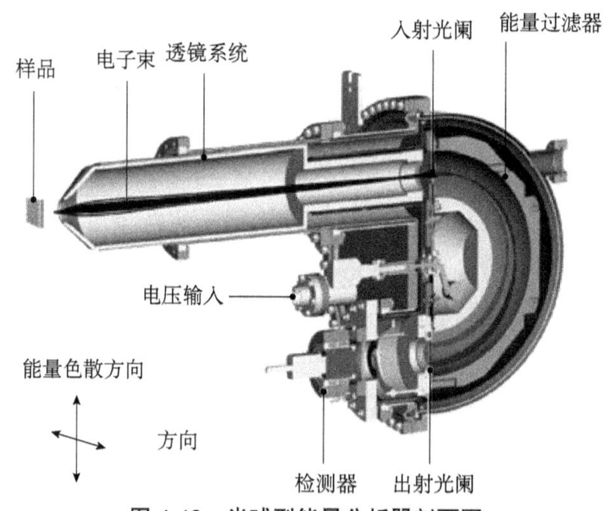


图4.43 半球型能量分析器剖面图

在大多数现代X射线光电子能谱仪中，透镜可接收大于20°的光电子。收集的立体角越大，收集的电子数越多。由于聚焦和单色化使X射线的强度有所降低，大的收集角度有利于提高X射线光电子能谱的灵敏度。但大的接收角度会使光电子能谱的分辨率有所下降，可以在分析透镜的入口处放置光阑来提高分辨率。

半球型静电电子能量分析器内外球面施加有可调的电压，相对于内半球的电势为正，外半球的电势为负（一般接地）。如内外半径分别为$R_1$和$R_2$，则半球形的中心半径为$R_0=(R_1+R_2)/2$。对于给定的能量分析器，在一定的偏压下，电子沿中心轨迹通过的能量为恒定值 $E$，分析器的分辨率为 $\Delta E/E$，$\Delta E$ 为通过能量分析器的能量色散。$\Delta E$ 的具体表达式为

$$\Delta E = E\left(\frac{W}{2R_0}+\frac{\alpha^2}{4}\right) \tag{4.81}$$

式中，$E$ 为电子进入入射狭缝时的能量，$\alpha$ 为出射狭缝的接收半角，$W=(W_1+W_2)/2$ 为入射狭缝宽度和接收狭缝宽度的平均值。

由（4.81）式可以看出，中心通过能量 $E$ 越小，$\Delta E$ 就越小。因此，对于高分辨的 X 射线光电子能谱分析，通常测量的光电子能量为 5～25eV。对于全谱分析，通常采用 100～200eV 采集全谱。

电子能量范围由光阑尺寸、入射中心轨迹的电子能量以及电子进入分析器的角度所决定。这个能量范围为光电子沿中心轨迹通过能量的 10%左右。能够通过能量分析器的光电子，以一定范围的电子能量进入探测器进行计数，最有效的计数方法是采用多道阵列进行计数。也可以在出口处安置狭缝，只计及能量较窄范围的光电子，通过光电倍增管来测量光电子数，但这与多通道的阵列计数方法相比，达到同样的计数需要花费更长的时间。

光电子在通过透镜和能量分析器的过程中，若保持出射光电子的空间位置关系，那么通过位敏检测器就可以对样品的光电子发射位置进行成像，可实现 10μm 的空间分辨率。

4. 检测器

检测器的功能是对从电子能量分析器中出射的不同能量光电子信号进行检测。一般采用脉冲计数法进行，即采用电子倍增器来检测光电子的数目。电子倍增器的工作原理类似于光电倍增管，只是起始脉冲来自于电子而不是光子。输出的脉冲信号，再经放大器放大和计算机处理后显示谱图。在多数情况下，可进行重复扫描，或在同一能量区域上进行多次扫描，以改善信噪比，提高检测质量。

5. 计算机控制系统和数据采集

X 射线光电子能谱在计算机控制下进行各种数据分析，计算机可以控制大多数附件、组件和真空系统的状态，包括阀门、电离规真空计、离子枪、电子枪、样品加热系统等。采用计算机控制能量分析器的通过能、扫描速率、结合能能量范围的供电系统。尤其是利用计算机控制样品的定位系统，进行全自动测量、采集和储存的整个实验程序，可以实现无人值守的多样品实验过程。

由计算机完成数据的采集和分析，采用制造商开发的数据处理软件包，可在数秒内完成全谱寻峰、识别和进行定量分析，还可对复杂峰形进行拟合。利

用软件包的各种选项来实现数据的缩放、平滑、绘图、传输和转换，还可生成图像、*X-Y* 分布图和深度剖面图。随着计算机系统的速度和计算能力的不断提升，X 射线光电子能谱的数据搜集和分析功能越来越强。

6. 各种附件

根据需要，可在 X 射线光电子能谱仪装置上安置多种附件。多数设备都配有离子枪、气体引入装置、质谱仪等。在许多情况下，X 射线光电子能谱只是表面分析系统的一部分而已，该系统在同一真空分析室内可能同时安装有多种测试分析手段，如俄歇电子能谱、低能电子衍射和电子能量损失谱等。离子枪和气体引入装置都是必不可少的辅助设备，利用气体引入装置通入氩气，并利用高压离子枪进行电离，用来轰击样品表面，清除表面的吸附物和剥离表面杂质原子，获得清洁的表面，保证光电子谱的真实性。但在使用离子枪进行表面清污时，应考虑到离子剥蚀的择优性，也就是说易被溅射的元素含量降低，不易被溅射的元素含量相对增加，有时甚至还会发生氧化或还原反应，导致表面化学成分发生变化。因此，须用一标准样品来选择溅射参数，以免使样品表面被氩离子还原或改变表面成分而影响测量结果。

### 4.4.5 样品选择和制备

1. 样品的准备

在进行 X 射线光电子能谱测试分析之前，在一批样品中选择适合进行分析的样品。另外，为了保证分析结果的可靠性和真实性，应避免对样品表面清洗、化学刻蚀或离子刻蚀，因为这样的处理方法会改变表面的化学成分和形貌。然而，在大多数情况下，样品暴露在大气中，其表面会受到周围环境的污染，甚至出现表面氧化现象等，从而得不到样品本身的真实能谱图。这时就需要在放入分析室之前，先进行样品清洗，在放入分析室之后，再进行离子刻蚀、加热除气等步骤，直至获得清洁的样品表面。

安装样品的最简单的办法是用电导粘贴纸粘贴在样品托上，粘贴纸可能会带来污染，因此，在实验之前，应对样品进行剖面分析。

2. 样品的荷电现象

X 射线作用于电中性的样品表面，发射光电子后表面会带正电，这样一来，表面产生的电势有可能改变进入能量分析器的光电子的速度，使得光电子能量的测量结果失真。对于导电样品来说，这种荷电效应可以通过样品与分析器的良好接触导电而得到补偿。电接触使得样品和谱仪的费米能相等，因此，相对于谱仪本身的费米能，光电子的动能可以被准确地测出。但对于绝缘体样品来说，因为样品不导电，样品和谱仪的费米能不相同，这时利用谱仪测得的光电子动能换算成结合能的数值有可能是错误的。样品荷电不同，将产生不同的表面势。由于缺乏关于表面电荷累积引起的表面势的知识，造成光电子结合能很难与已知的表列值相匹配。再一个问题就是样品在不同位置和时间呈现出表面势的不均匀性，这将导致线形畸变。由上述问题导致的分辨率下降必须加以克服。因此，绝缘体的电荷累积需要采取一些措施来进行电荷补偿，这种补偿称为"电荷中和"（charge neutralization）或直接称为"电荷补偿"（charge compensation）。电荷中和的目的就是提供稳定的表面电势，通常利用电子流量枪提供低能电子来代偿发射出去的光电子。

利用非单色的 X 射线源也可以尽量减少绝缘体样品在测量中出现的荷电问题。这是由于非单色的 X 射线是发散的，比单色光线宽大。这种非单色化的 X 射线有可能轰击到腔体中样品表面附近的其他表面而产生大量的低能电子，这些低能电子有可能补偿发射出去的光电子。另外，荷电现象也可以通过在绝缘样品附近放置低能电子源得以降低，例如在绝缘样品周围围绕金属壁，把导电样品放置在金属平台上，或者对于粉末样品，混入 50/50 比率的碳粉末等。

3. X 射线束的影响

由于 X 射线可以穿透样品一定的深度，因此在进行实验时，应考虑 X 射线对样品带来的损伤。金属和陶瓷材料相当稳定，X 射线对这些材料几乎不会造成损伤，但是会对聚合物或是软生物物质样品，尤其是薄膜样品带来损害，可能对样品带来物理或化学改变，物质结构的改变可能包括点缺陷、近表面晶体结构的变化和表面形貌的改变。需要特别注意的是，在研究样品的化学处理效应时，由 X 射线诱导的化学变化。除了 X 射线辐照引起的化学变化外，X 射线辐射产生的二次电子也可能会引起额外的化学变化，特别是在二次电子和 X 射线双重影响下发生的化学变化，诸如氧化态和化学键的劈裂，而且也可能引起表面化学成分的变化。这些影响因素可能会增强表面反应活性、表面吸附和引起表面物质的迁移等。在做实验时，样品是否适合于利用 X 射线光电子能谱进行实验，以及选用什么样的靶材、如何选择合适的光阑尺寸来避免可能给样品带来的损伤，是需要提前考虑的问题。

### 4.4.6　X 射线光电子能谱分析

对于某一确定的元素而言，光电子的结合能是定值，不会随入射 X 射线能量的变化而变化，因此，横坐标一般采用光电子的结合能。对于同一个样品，无论采用何种入射X射线，即不论采用Mg Kα线还是采用Al Kα线，光电子结合能的分布情况都是一样的。每一种元素均有与之对应的标准光电子能谱图，并已制成手册。结合能在0～15eV的光电子与价电子相关，随后就是具有高结合能的芯态光电子峰。价电子轨道通常是离域的或是杂化的，这样发射的价电子导致峰间距如此接近，以至于呈现出价带结构。价带谱可以为芯态提供额外的能谱信息，以获得鉴别相似化合物的有价值信息。

在低能量区域，能谱背底来自于韧致辐射和二次电子级联碰撞；在高结合能区域，能谱背底主要来自于非弹性散射的电子，类台阶状背底的出现则是由光电子到达探测器过程中的能量损失引起的，采用单色器后，背底随结合能的增加而逐渐减小。在进行诸如峰的拟合或者峰面积的计算之前，应该先扣除背底。扣除背底可以采用分量分析原理、多项式逼近方法或者是利用发射电子能量损失谱数据等方法。

X射线光电子能谱不仅可以分辨元素种类，还可以确定同一元素所处的周围化学环境。周围化学环境可以引起芯态能级结合能的变化，即所谓的化学位移。由周围物质引起的化学位移一般小于10eV，线宽通常为1eV。因此，在不同化学环境中峰位可能重叠，在很难消除背底的情况下，也很难作进一步的分析，可能的解决办法包括进行曲线拟合、仔细选择合适的背底矫正等。

X射线光电子能谱的线宽$\Delta E$通常为1eV的量级，用半高宽进行定义，其表达式可写为

$$\Delta E = \sqrt{\Delta E_{\mathrm{n}}^2 + \Delta E_{\mathrm{p}}^2 + \Delta E_{\mathrm{a}}^2} \tag{4.82}$$

这里，$\Delta E_{\mathrm{n}}$，$\Delta E_{\mathrm{p}}$和$\Delta E_{\mathrm{a}}$分别代表谱峰的自然线宽、X射线源线宽和分析器的能量分辨率，根据海森伯（Heisenberg）不确定关系，自然线宽可定义为

$$\Delta E_{\mathrm{n}} = \frac{h}{\tau} = \frac{4.1\times10^{-15}}{\tau}\ (\mathrm{eV}) \tag{4.83}$$

式中，$h$为普朗克常量，$\tau$为发射光电子后的空态寿命。对于C 1s轨道，$\Delta E_{\mathrm{n}}$约为0.1eV。通常内壳层轨道的自然线宽大于外层轨道的自然线宽，这是由于内壳层的空态可被外层电子所填充。因此，轨道越深，芯态空位寿命越短，自然线宽就越大。同样的道理，对于给定轨道的自然线宽，其随着原子序数的增加而增大，因为价电子浓度随着原子序数的增加而增大，即填充芯态空位的概率增大，寿命变短。

1. 光电子峰

光电子主峰是光电子谱中尖锐峰，由弹性散射光电子形成，一般来自样品

表层。每一种元素均有各自的最强峰，是定性分析的依据。常见的强光电子峰有 1s、$2p_{3/2}$、$3d_{5/2}$、$4f_{7/2}$ 等。

上述这种表征方法是根据光电子峰谱三个量子数来描述的：主量子数 $n$，$n$ 取值为 1，2，3，…，常用 K，L，M，N 等表示电子主层；角量子数 $l$，取值为 0～（$n$−1）的正整数，表示电子亚层或原子轨道形状，常用 s，p，d，f 等表示，s 对应于 $l$=0，p 对应于 $l$=1，d 对应于 $l$=2，f 对应于 $l$=3；内角量子数 $j=\left|l\pm m_s\right|=\left|l\pm\frac{1}{2}\right|$，$m_s$ 为自旋磁量子数，取值为±1/2（正自旋与反自旋）。无外磁场时，电子正旋与反旋简并。反之，将产生电子自旋能级的分裂。

在 K 层中，$n$=1，$l$=0，$j=\left|0\pm\frac{1}{2}\right|=\frac{1}{2}$，光电子能谱峰表示为 1s（$j$ 可不标）；在 L 层中，$n$=2，$l$=0，1，$j=\left|0\pm\frac{1}{2}\right|$ 和 $j=\left|1\pm\frac{1}{2}\right|$，光电子能谱峰共有三个峰，分别表示为 2s，$2p_{1/2}$ 和 $2p_{3/2}$；在 M 层中，$n$=3，$l$=0，1，2，$j=\left|0\pm\frac{1}{2}\right|$，$j=\left|1\pm\frac{1}{2}\right|$ 和 $j=\left|2\pm\frac{1}{2}\right|$，光电子能谱峰有五个，分别表示为 3s，$3p_{1/2}$，$3p_{3/2}$，$3d_{3/2}$，$3d_{5/2}$。依次类推，可得到 N，O，…层的光电子峰表示符号。

2. 俄歇电子峰

在 X 射线光电子能谱测量中，也可能观察到俄歇电子峰，常出现 KLL，LMM 和 MNN 等系列俄歇电子峰，采用不同的 X 射线源，样品元素的结合能位置是固定不变的，而俄歇电子谱峰位置在结合能坐标上会发生移动，这是因为 X 射线光电子能谱图是用结合能 $E_b=h\nu-E_k$ 作为横坐标，当 $E_k$ 固定时，谱线在图上的位置 $E_b$ 随 $h\nu$ 变化，例如，$ScL_{23}M_{23}V$ 用 Mg Kα 激发时，$E_b$ 位于 892eV 处，而用 Al Kα 激发时，$E_b$ 位于 1125eV 处，$E_b$ 位移之差（233eV）正好是 Al Kα 和 Mg Kα 的能量差。

3. 芯态能级谱线的多重分裂

如果电子轨道中存在未成对的电子，一旦某个轨道电子发生了电离，电离后留下来的不成对电子就可能与原来不成对的电子产生耦合，形成多种不同能量的终态，使光电子电离后分裂成多个谱峰，此时的分裂峰即为多重分裂峰，如图 4.44（a）是 $Mn^{2+}$ 的初态电子组态；（b）和（c）分别是 $Mn^{3+}$ 的 3s 电子被电离后形成的两种自旋相反的电子组态。

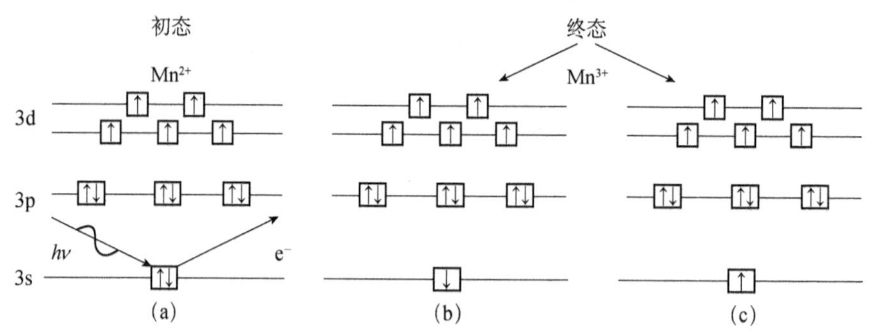


图 4.44 $Mn^{2+}$的初态（a）以及 3s 轨道电离时的两种自旋相反的终态（b）和（c）

4. 电子激发产生卫星峰

在一些聚合物样品中观察到外层电子的激发（shake up）和电离（shake off）的弛豫过程。如图 4.45 所示[51]，图中最右侧的峰是正常情况下的光电子峰，在这种情况下，一个电子被激发出去，芯态能级被冻结，还来不及发生变化，一个 1s 电子被电离出去产生光电子，对于多数有机分子就属于这种情况。但在某些情况下，在原子的电离过程中，2p 电子被激发到 3p 轨道，如图 4.45 中间部分所示，也即一个 2p 电子振激到 3p 轨道，这时在发射 1s 光电子过程中，从光电子的动能获取的部分能量，转变为振激过程中的不连续能量，与正常光电子发射形成能量差，在左侧形成卫星峰。

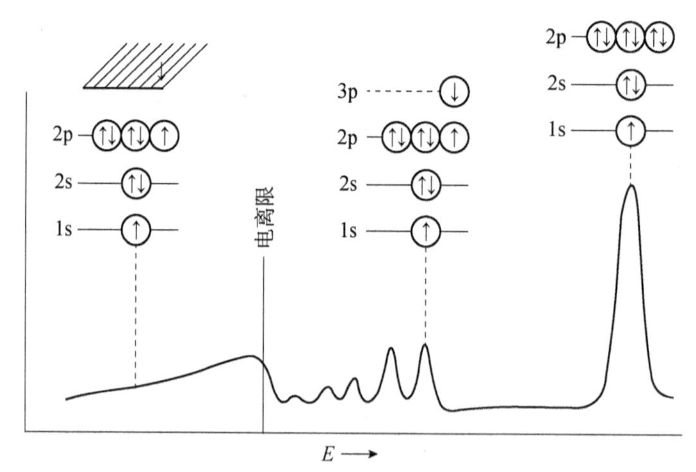


图 4.45 X 射线光电子能谱中观察到的激发和电离弛豫过程[51]

振激出现的弛豫峰总是在光电子峰的低结合能端

5. 电子能量损失峰

入射 X 射线与固体样品发生相互作用产生的光电子，在输运过程中经历非弹性散射而损失一部分能量，损失的能量引起固体中电子的集体振荡，激发等离激元，在谱图上会出现电子能量损失谱线。激发的能量是量子化的，即为$\hbar\omega$的整数倍，这里$\omega$为等离子体振荡的角频率，如图 4.46 所示。因此，在谱图上表现出一系列等间距的能量损失峰，间隔为 10～12eV[49]。

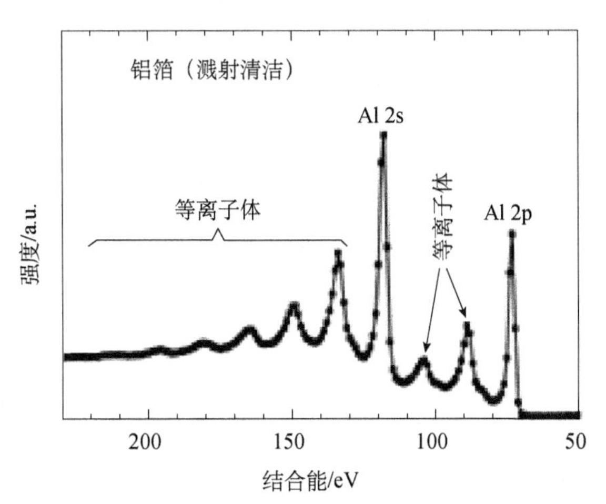


**图 4.46　Al 箔片的电子能量损失谱[49]**

在绝缘体中，由于缺少自由移动的电子，故几乎观察不到电子能量损失峰，但在金属或半导体材料中可明显观察到电子能量损失峰。

6. 激发 X 射线副峰

利用 X 射线特征峰作为激发光源，在无单色器滤波的情况下，除了 Kα 峰，可能还包含更高能量的衍射峰，诸如 Kβ，Kγ 峰，这样在用结合能表示的光电子主峰右端可能会出现一族弱峰。

7. 杂散 X 射线产生的谱峰

杂散 X 射线不是从 X 射线管阳极材料发射的 X 射线，而是其他材料发射的 X 射线。例如，阳极材料中的杂质元素，靶材基座等都有可能激发各自的 X 射线。杂散 X 射线也称为鬼峰（ghost peak）。

### 4.4.7　X 射线光电子能谱的获得方式

1. 宽程扫描（survey scan，broad scan）

当对样品进行元素鉴定时，在分析器上的偏压 0～1000V 范围内进行扫描，这样可以将几乎所有元素都包含在扫描的范围之内。根据经验，能量分析器的通过能量一般设置在 100eV，这样既能保证一定分辨率，又能节省扫描时间。

2. 窄程扫描（narrow scan，high resolution scan，detail scan，intensive scan）

当对样品进行定量分析时，需要较高的分辨率和灵敏度。因此，选择一定的能量范围，在这一能量范围内，包含所分析的元素的谱图信息，一般选取20～25eV 的能量范围比较合适。

3. 角分布扫描（angular distribution scanning）

如果研究分析样品光电子发射的各向异性效应，就需要采用角分布扫描方式，通过改变出射光电子与样品法线方向的夹角，采集来自于样品近表面 0～10nm 深度的信号。光电子的逃逸深度与其出射角度有关，如果弹性散射光电子的平均自由程为 $\lambda_e$，则光电子的逃逸深度为

$$d=\lambda_e \cos\theta \tag{4.84}$$

因此，在垂直出射的情况下，是光电子逃逸样品表面的最大深度，改变出射角度将减小光电子的逃逸深度，从 0°增大到 75°，探测深度将大致减小 4 倍。由此可见，通过改变角度能很方便地对样品表面进行成分分析，无须采用移除表面的溅射刻蚀破坏方法，即可对样品进行剖面分析。可通过两种具体方式获得谱图：即选定一种角度，按能量进行扫描来得到谱图；或者是固定能量沿着不同的方位角 $\theta$ 和 $\varphi$ 进行扫描。

### 4.4.8 X 射线光电子能谱的定性和定量分析

1. 定性分析

待定样品的光电子能谱，即实测光电子能谱，本质上是其组成元素的标准光电子能谱的组合。因此，可以由实测光电子能谱，并结合各组成元素的标准光电子能谱，找出各谱线的归属，确定组成元素，从而对样品进行定性分析。

定性分析可由计算机程序自动完成。定性分析时首先需要对仪器结合能进行校准，消除荷电效应的影响，然后进行宽程扫描，采集信号，对实验所得结果进行元素识别。

对于一些重叠峰或者强度比较弱的峰，可以通过人工手动进行识别。有些可能无法明确确定的俄歇电子峰或是光电子峰，可以通过换靶的方法进行区分。

2. 定量分析

X 射线光电子能谱最重要的功能之一是可以分析样品表面的元素组成。定量分析是根据光电子信号的强度与样品表面单位体积内所含原子数成正比的关系，由光电子的信号强度确定元素浓度的方法。常见的定量分析方法有理论模型法、灵敏度因子法、标样法等。使用较广的是灵敏度因子法。对于在样品中

元素均匀分布的情况，根据灵敏度因子法，元素的摩尔浓度可表示为

$$C_x = \frac{A_i}{S_i} \Bigg/ \sum_{i=1}^{n} (A_i / S_i) \tag{4.85}$$

式中，$A_i$是芯态光电子峰对应的峰面积；$S_i$是灵敏度因子，其值由实验确定。对于每一种元素都有特定的 $S_i$ 值，其值相对于 C 1s 或 F 1s 进行归一化。由于多种因素如电离截面、电子的非弹性散射平均自由程都会受到仪器相关参数如传输函数等的影响，所以，应在相同实验条件（通过能量、阳极靶材、光阑大小）下测量实验结果。除了需要确定相对灵敏度因子外，误差来源取决于峰的面积（或峰的强度）是否能够准确确定，这需要考虑光电子谱获取的程序以及背底的扣除方法两个方面。为了获得适合于进行定量分析的 X 射线光电子能谱，就需要长时间收集数据以消除由仪器本身或者是样品带来的不稳定因素造成的影响。当然，每种元素的灵敏度因子均可通过手册查得。

背底扣除需要选择一个合适的函数形式来进行。最简单的办法是在结合能的最高点和最低点之间画一条直线，但这种画线方法缺乏理论依据，更重要的是，为了准确量化，应使峰的面积不依赖于任意终点位置的选取，但对于宽带材料，这种线性化背底扣除方法已经足以满足定量分析要求。在这种情况下，光电子能量损失与价电子的存在有关，与无能量损失的损耗谱线有数个电子伏特的偏离，因此，在低结合能量端和高结合能量端背底强度几乎是相同的，因此，选取不同结束点的位置，对背底扣除的影响很小。相反，相对其他类型的材料样品，结束点的选取对背底扣除影响很大，如图 4.47（a）所示，其背底扣除面积相差可以达到 14%[49]。

第二种比较准确的扣除背底的方法是采用 Shirley 函数拟合，在这种情况下，在结合能附近的背底强度正比于所选终点和低结合能端点处之间区域的峰面积。最基本的假设是非弹性散射电子数对背底的贡献直接正比于总的光电子流。很显然，任意选择终点也会影响结果。

第三种扣除背底的方法是 Tougaard 函数拟合，这种方法扣除背底依赖于产生非弹性散射引起背底的定量描述。这种方法估算的背底面积不依赖于光电子峰位低能端和高能端点的选择。

利用上述三种方法拟合的曲线在图 4.47（b）和（c）中进行了比较。但对于处理结合能比较接近的双峰时，不管是利用一个 Shirley 函数或者是两个独立的 Shirley 函数进行拟合都将会出现较大的误差。目前还没有找到解决的办法，如图 4.47（d）所示。

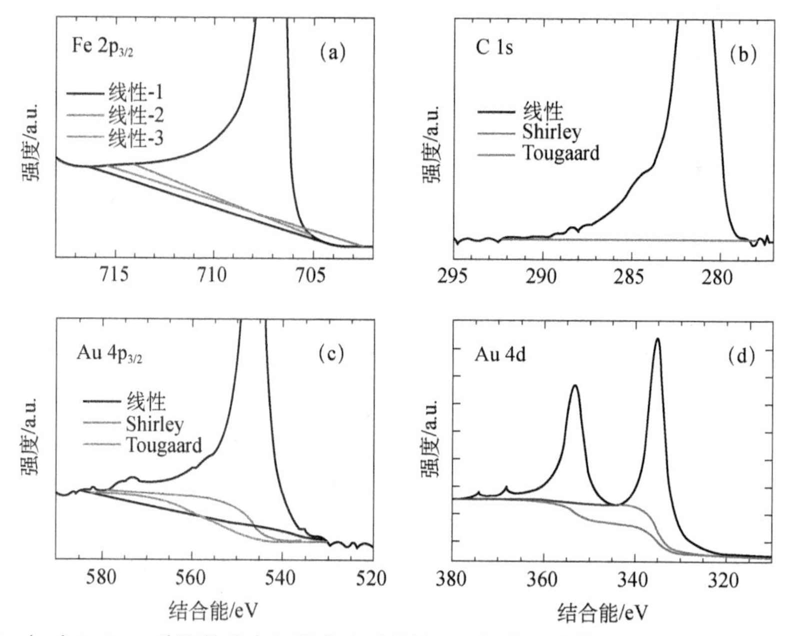


图 4.47 （a）Fe2p$_{3/2}$ 选取的终点扣除背底时的情况；（b）用线性、Shirley、Tougaard 背底函数对聚合物样品 C 1s 峰拟合的结果（三个函数拟合的结果重叠）；（c）金属薄膜的 Au 4p$_{3/2}$ 光谱用线性、Shirley、Tougaard 背底函数拟合的结果；（d）Au 4d 双峰用 Shirley 背底函数拟合两个峰和利用两个独立的 Shirley 函数分别对两个峰单独进行拟合的结果（彩图见封底二维码）

利用（4.84）式进行定量分析是以样品近表面 50～100μm 内成分均匀为前提条件的。在其他情况下，只有已知成分的分布情况才能得到有意义的实验结果。这对 X 射线光电子能谱的定量分析带来了障碍。为了克服这一困难，可采用基于峰形分析并结合高结合能端的背底进行背底扣除的方法。这样做的好处是允许在不同类型的处理过程中（例如退火、吸附等）对表面组成进行无损的原位研究。

3. 化学态分析

当元素形成不同的化合物时，若其化学环境不同，也即其结合的元素种类和个数及其化学价态不同，将导致元素内层电子的结合能发生变化，在图谱中表现为光电子的主峰位移（化学位移）和峰形变化，据此可以分析元素形成何种化合物，即可对元素的化学态进行分析。图 4.48 是过渡族金属 Sc，Ti，V，Cr 与 N 结合形成的四种氮化物 ScN，TiN，VN 和 CrN 的 X 射线光电子能谱图。从图中可以清楚地看到，从 ScN 到 CrN，其 2s 和 2p 峰位发生了明显的移动，而 3s 和 3p 峰位没有发生明显的变化。N 的 1s 峰位也没有受到不同元素环境的影响。

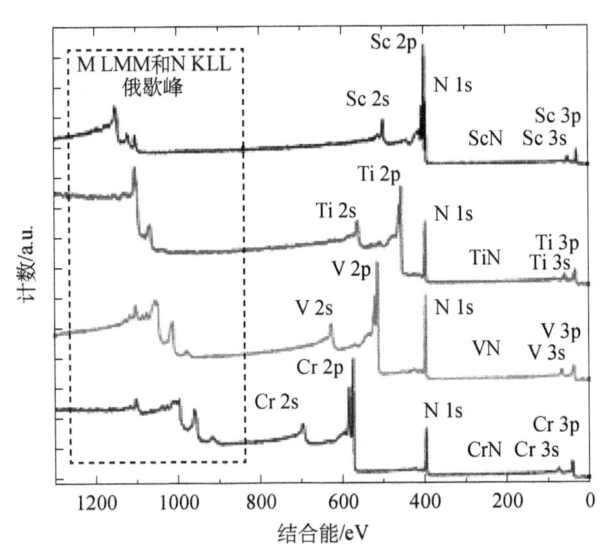


**图 4.48　过渡族金属 Sc，Ti，V，Cr 与 N 结合形成的四种氮化物 ScN，TiN，VN 和 CrN 的 X 射线光电子能谱图**

事实上，如果采用窄程扫描还是能够观察到 N 在不同的化学环境中 1s 峰的化学位移，如图 4.49 所示，在 TiN 中 N 的 1s 峰在 397.3eV 处，在 ScN 中 N 的 1s 峰在 396.1eV 处，在其他氮化物中 N 的 1s 峰介于上述两者之间。

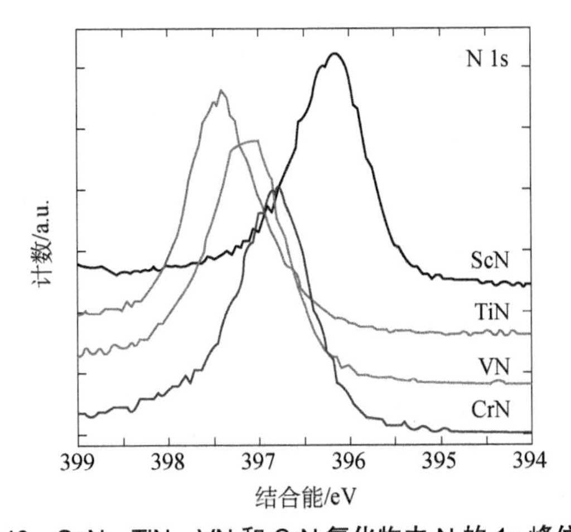


**图 4.49　ScN，TiN，VN 和 CrN 氮化物中 N 的 1s 峰位移动**

4. X 射线光电子能谱成像

成像或绘制二维表面成分是很常见的表面分析方法，如俄歇电子能谱和二次离子质谱法。然而，由于 X 射线光电子能谱实验技术不能利用光学器件对 X 射线进行聚焦，相对于其他实验技术来说，X 射线光电子能谱具有较低的横向分辨率（lateral resolution），这也是 X 射线光电子能谱成像技术曾经长期得不到应用的原因。随着科学技术的进步，逐步实现了 X 光源的聚焦，在这种情况下，可以采用两种扫描方法搜集数据进行成像：一种扫描方法是 X 射线束在样品上进行扫描，或者是固定 X 射线束，移动样品进行扫描成像；第二种采集方式是利用位敏探测器获得空间分辨的图像，空间成像技术可以提供表面物质成分和形貌的图像[51-54]。图 4.50 是 Ni-Cr-Mo 合金不同成分的 X 射线光电子能谱成像图[55]。目前，X 射线光电子能谱成像技术已经应用于氧化、腐蚀和磁性、表面结合和扩散、聚合物表面化学等多个研究领域。

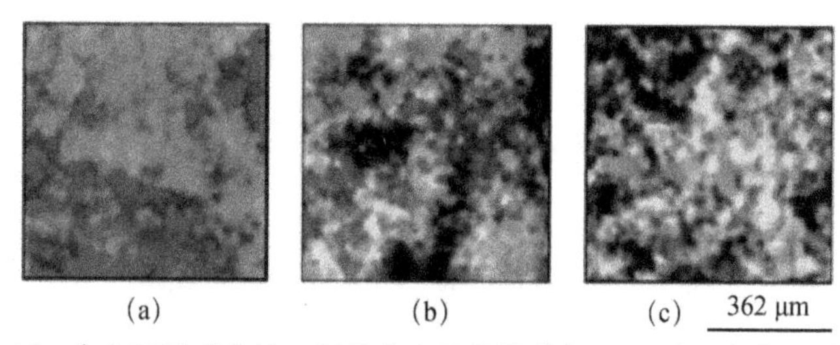


图4.50　Ni-Cr-Mo 合金不同成分的X 射线光电子能谱成像，Mo（红色）Cr（绿色）和MoCr混合成分（黄色）（彩图见封底二维码）

（a）～（c）分别代表不同成分的合金样品。合金成分（at%）为 C, O, Ni, Cr, Mo：（a）52.4, 26.6, 7, 13, 1.2；（b）47.4, 23.5, 14, 9.2, 5.9；（c）42.6, 24.7, 16.2, 4.8, 6.4

近些年来，利用角分辨光电子能谱绘图成像技术已经广泛应用于拓扑结构材料能带结构的研究中。其中，外尔半金属（Weyl semimetal）有拓扑非平庸（topological nontrivial）的能带结构，在基础物性研究方面具有重要地位，在器件应用方面也表现出巨大的潜在价值。软 X 射线与真空紫外线相比，具有较高的能量，光电子可以获得较大的动能，具有较深的逃逸深度，因此可以反映体能带结构。利用软 X 射线角分辨光电子能谱在 TaAs 中观察到了外尔半金属态（Weyl semimetal state）的外尔圆锥（Weyl cone）和费米弧（Fermi arc），表现出电子型的外尔半金属态。图 4.51（a）是在特定的入射光子能量和结合能下，TaAs 在布里渊区中 $k_x$-$k_y$ 费米面上分布的分立点，这些分立点是由外尔结点（Weyl node）引起的。图 4.51（b）和（c）分别表示通过一个外尔结点和两个外尔结点的面内能带线性色散关系 $E_B \sim k_{//}$，具有线性关系。图 4.51（d）是在 $k_x$，$k_y$ 固定情况下，结合能随面外 $k_\perp$ 变化的面外能带色散关系 $E_B \sim k_\perp$。在体布里渊区中能带色散关系的交叉点和圆锥的形成清楚地表明 TaAs 化合物属于外尔半金属材料[56-59]。

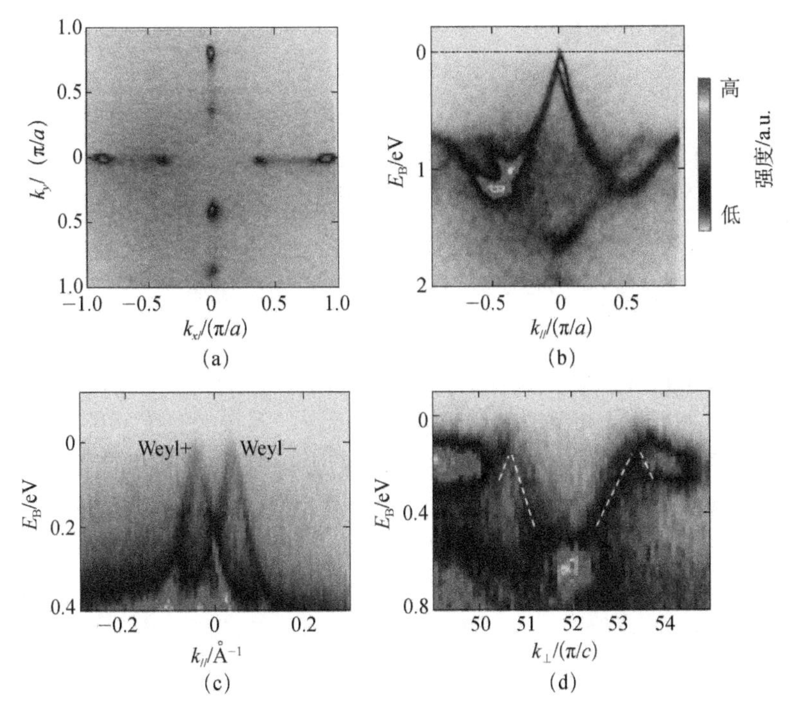


**图 4.51　利用角分辨光电子能谱测量的 TaAs 拓扑能带结构[59]（彩图见封底二维码）**

（a）费米表面态由分立的点构成，这些点代表了外尔结点；（b）面内能带线性色散关系 $E_B \sim k_{//}$，通过一个外尔结点，观察到外尔费米圆锥；（c）面内能带线性色散关系 $E_B \sim k_{//}$，通过一对外尔结点；（d）面外能带色散关系 $E_B \sim k_\perp$，通过两个外尔节点

## 4.5　扫描探针显微镜

扫描探针显微镜（scanning probe microscope，SPM）是一大类仪器的总称，它包括扫描隧道显微镜（scanning tunneling microscope，STM）、原子力显微镜（atomic force microscope，AFM）、磁力显微镜（magnetic force microscope，MFM）、摩擦力显微镜（lateral force microscope，LFM）、弹道电子发射显微镜（ballistic electron emission microscope，BEEM）、扫描离子电导显微镜（scanning ion conductance microscope，SICM）、扫描光子隧道显微镜（photon scanning tunneling microscope，PSTM）、扫描近场光学显微镜（scanning near-field optical microscope，SNOM）和扫描热显微镜（scanning thermal microscope，SThM）等。其中扫描隧道显微镜和原子力显微镜是最常用的扫描探针技术，下面对这两种仪器的结构、原理及其应用给予介绍。

## 4.5.1 扫描隧道显微镜

在第 3 章中已经提及，在 1981 年，美国 IBM 公司的科学家宾尼希（G. Binnig）和罗雷尔（H. Rohrer）根据量子隧道效应制成了第一台扫描隧道电子显微镜[60-63]，其分辨率可达 1Å，可在实空间中观察到原子像，这项发明开创了原子显微技术的新纪元，在表面科学、材料科学、生命科学等诸多研究领域都具有广泛的应用。宾尼希和罗雷尔因发明扫描隧道显微镜而获得了 1986 年诺贝尔物理学奖。

扫描隧道显微镜样品制备方便、操作简单，并且能够达到原子量级的分辨率，可以在真空、大气甚至液体环境下进行工作。其横向分辨率可达 0.1nm，在与样品垂直的方向上分辨率高达 0.01nm。区别于 TEM 在倒空间中观察样品的结构，扫描隧道显微镜是在实空间中原位观察表面原子组态，还可以直接观察样品表面物理和化学反应的动态过程以及反应中原子的迁移过程。扫描隧道显微镜在低温下可以利用探针尖端精确操纵原子，因此，它在纳米科技应用中是重要的加工和测量工具。扫描隧道显微镜测量对样品没有尺寸限制，也不会破坏样品的表面结构，从而对样品没有特别的要求，只要表面平整、样品导电即可，因此扫描隧道显微镜得到了极其广泛的应用。

图 4.52 是 OMICRON 公司生产的扫描隧道显微镜装置图，主要配置为：低温和超高真空系统及控制系统；带四个接触点的样品测试台；数字式温控器；Matrix 扫描探针控制系统；Multiprobe 低温系统，Qplus-AFM 探测器；Qplus-AFM 功能控制器；光学显微镜。主要技术指标包括：真空度优于 $3\times10^{-10}$mbar；可在液氦（约 5K）、液氮（约 78K）和室温三种温度下进行测量；液氦温度连续测量时间为 48h；具有扫描隧道显微镜和 QPlus-AFM 两种成像功能，可获得原子像分辨；可进行隧道电流谱测量。适用于对材料表面或沉积于衬底表面的纳米结构进行分析，获得表面局域电子态的信息。

1. 扫描隧道显微镜的基本原理、工作模式、特点及其应用

1）扫描隧道显微镜的基本原理

扫描隧道显微镜的物理基础是量子力学中的量子隧道效应。如果两电极之间所加电压为 $U$，即使电子的能量 $eU$ 远小于逸出功 $\phi$（真空能级和费米能级之差），但当两个电极距离很近时，其间的势垒非常窄，以至于电子克服逸出功从负极穿过势垒进入另一极，这时形成隧道电流，这个现象称为隧道效应。量子隧道效应解释了电子波函数的隧穿现象，对这一物理过程的理解可以从简单的一维隧穿效应来考虑。考虑一个简单的体系，如图 4.53（a）所示，一个电子入

图 4.52　扫描隧道显微镜装置图

射到一个高度为 $V$ 的半壁深势阱中，那么它的薛定谔方程由两部分组成，即

在势阱内（$x<0$），薛定谔方程可写为

$$-\frac{\hbar^2}{2m}\frac{\mathrm{d}^2}{\mathrm{d}x^2}\varphi = E\varphi \tag{4.86}$$

在势垒内（$x>0$），薛定谔方程可写为

$$\left(-\frac{\hbar^2}{2m}\frac{\mathrm{d}^2}{\mathrm{d}x^2}+V\right)\varphi' = E\varphi' \tag{4.87}$$

在势阱内，波函数具有的形式是

$$\varphi = A\mathrm{e}^{\mathrm{i}kx} + B\mathrm{e}^{-\mathrm{i}kx} \quad (k=\sqrt{2mE}/\hbar) \tag{4.88}$$

在势垒内，波函数具有的形式是

$$\varphi' = C\mathrm{e}^{\mathrm{i}k'x} + D\mathrm{e}^{-\mathrm{i}k'x}, \quad k'=\sqrt{2m(V-E)}/\hbar \tag{4.89}$$

在经典物理中电子穿透势垒是被禁止的（对于 $E<V$），而量子力学中波函数不等于零，这意味着电子可以穿透势垒。因此在势垒中存在一定的概率发现电子。将这种情况扩展一下，如果考虑两个半壁深势阱靠近的情况。换句话说，就是用两个有限宽度的势垒将它们隔开，如果势垒比较窄，那么电子就可能穿过这个势垒，从而从一个势阱进入另一个势阱。我们再来考虑两个功函数分别为 $\phi_1$，$\phi_2$ 的金属电极逐渐靠近的情况。当两者距离很远时，如图 4.53（b）所

示，两者费米能级波函数呈负指数形式衰减，其有效重叠部分可以忽略不计。当两者靠近到某一距离 $d$ 时，如图 4.53（c）所示，其波函数的重叠足以引起量子隧穿效应的发生，当在两极之间施加以电压时 $U$ 就可获得隧穿电流。

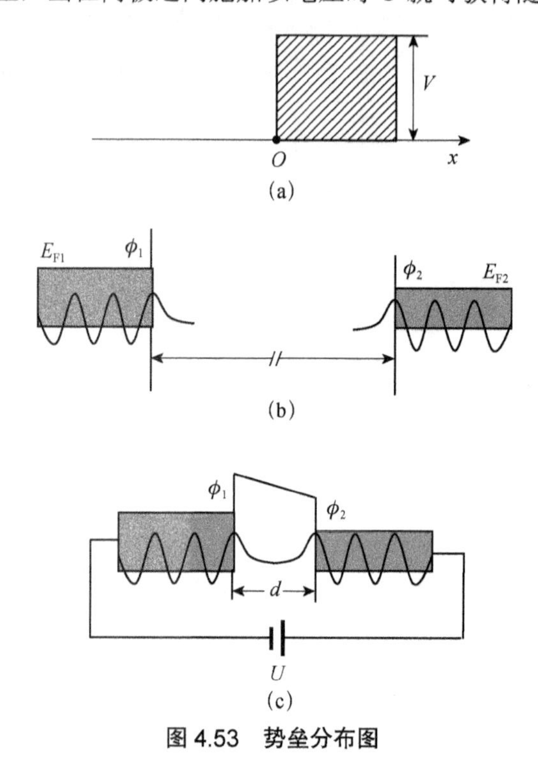


**图 4.53　势垒分布图**

（a）无限深势垒（当 $x$>0 时，势垒为 $V$；当 $x$<0 时，势垒为零）；（b）空间分离的两个势阱；（c）距离很小的两个势阱施加偏压 $U$

测得隧穿电流的大小可以反映出两个波函数交叠的情况，其关系为

$$I \propto \mathrm{e}^{-2\kappa d} \tag{4.90}$$

式中，$\kappa$ 为常数，与有效局域功函数 $\Phi$ 有关，可近似表示为

$$\kappa=\sqrt{2m\Phi}/\hbar \tag{4.91}$$

式中，$\Phi=(\phi_1+\phi_2)/2$。扫描隧道显微镜中尖端和表面之间的隧穿现象，简单的一维并不能完整描述，必须通过三维模型进行处理。Tersoff 和 Hamann 给出了更为普遍的处理方法[64, 65]，隧穿电流的普适表达形式为

$$I=(2\pi/\hbar)e^2U\sum_{\mu,\nu}\left|M_{\mu,\nu}\right|^2\delta(E_\nu-E_\mathrm{F})\delta(E_\mu-E_\mathrm{F}) \tag{4.92}$$

式中，$E_\mathrm{F}$ 为费米能级；$E_\mu$ 是电子态 $\varphi_\mu$ 没有发生隧穿时的能量；$U$ 是外加电压；$M_{\mu,\nu}$ 是探测态 $\varphi_\mu$ 和表面态 $\varphi_\nu$ 之间的隧道矩阵元，即

$$M_{\mu,\nu} = -(\hbar^2/2m)\int \mathrm{d}s \cdot (\varphi_\mu^* \nabla \varphi_\nu - \varphi_\nu \nabla \varphi_\mu^*) \tag{4.93}$$

假设扫描隧道显微镜的针尖是球形的，则推导出的隧道电流为

$$I = 32\pi^3 \hbar^{-1} e^2 U \phi_0^2 D_t(E_F) R_t^2 \kappa^{-4} e^{2\kappa R_t} \sum_\nu |\varphi_\nu(\boldsymbol{r}_0)|^2 \delta(E_\nu - E_F) \tag{4.94}$$

式中，$\phi_0$是功函数，$D_t(E_F)$是针尖在单位体积里费米能级的态密度，$R_t$为针尖球体半径。

由此可见，隧穿电流与费米能级和扫描隧道显微镜针尖中心的局域态密度呈比例关系，这就意味着扫描隧道显微镜可以直接提供表面量子力学电子态密度的图像，因此（4.95）式为扫描隧道显微镜在原子尺度上成像提供了理论基础[66]。

（4.90）式说明隧道电流与扫描隧道显微镜针尖和样品表面之间的距离呈指数关系，这一指数关系取决于针尖和样品之间的距离，或者说是隧穿的间隙。这一结果为技术上实现大的分辨率提供了理论依据。粗略估计，隧穿距离每增加 1Å，隧穿电流就降低一个数量级。对于一根足够尖锐的针尖而言，大部分电流将从针尖顶端流过，并且针尖的有效直径达到原子尺度的量级。

表面形貌的测量是利用扫描隧道显微镜半径很小的针尖探测表面，以金属针尖作为电极，被测固体表面作为另一极，当它们之间距离缩小到原子尺寸时，电子可从一个电极通过隧道效应穿过势垒到达另一极，形成隧道电流，隧道电流与电极间距离呈指数关系。当针尖在样品表面做光栅扫描时，如保持隧道电流不变，即恒流模式（constant-current mode），则针尖必须随表面上下起伏移动，根据针尖的上下移动可探测表面的形貌。

2）表面电子结构变化的测量原理

当针尖和样品的间距 $z$ 较大时，它们近乎相互独立，这个隧道电流的区间定义为常规隧道区间。当针尖继续靠近样品表面时，针尖电子波函数 $\varphi_t$ 和样品电子波函数 $\varphi_s$ 发生严重交叠，针尖和样品中电子波函数对应的能量本征值分别为

$$\varepsilon_t = \langle \varphi_t | H_t | \varphi_t \rangle, \quad \varepsilon_s = \langle \varphi_s | H_s | \varphi_s \rangle \tag{4.95}$$

因此，对于有相互作用的针尖系统，根据一级微扰理论，作用能为

$$U_{ts}(z) = \langle \varphi_t | (H_t + H_s + H_{ts}) | \varphi_s \rangle \tag{4.96}$$

式中，$U_{ts}(z)$为针尖和样品相互作用的量度。为简单起见，假定

$$\langle \varphi_t | H_s | \varphi_s \rangle = \langle \varphi_t | H_t | \varphi_s \rangle = 0 \tag{4.97}$$

则有

$$U_{ts}(z) = \langle \varphi_t | H_{ts} | \varphi_s \rangle \tag{4.98}$$

利用无微扰时样品和针尖的波函数，组合成有相互作用的成键态和反键态的电子波函数，即 $\Psi_+(z) = c_+\varphi_s - c_-\varphi_t$ ，$\Psi_-(z) = c_-\varphi_s - c_+\varphi_t$ ，并定义 $\xi = [4U_{ts}^2 +$

$(\varepsilon_t-\varepsilon_s)^2]^{1/2}$，这时组合系数可写为

$$c_+=[1/2+(\varepsilon_t-\varepsilon_s)/(2\xi)]^{1/2} \tag{4.99}$$

$$c_-=[1/2-(\varepsilon_t-\varepsilon_s)/(2\xi)]^{1/2} \tag{4.100}$$

当$\varepsilon_t \neq \varepsilon_s$时，系数$c_- \neq c_+$，此时就会出现$|\varphi_s|^2 \neq |\varphi_t|^2$，即出现针尖和样品之间的电子传输，电子传输就会形成针尖和样品之间的局部电荷积累，电荷积累又会引起库仑引力，与扫描隧道显微镜通常的隧道区间相对应。

对于实际针尖和样品体系，可认为针尖对样品表面势产生局域的微扰作用。代表相互作用体系的电子波函数$\Psi_\pm$在针尖和样品间隙处是连续的，而且在针尖附近的振幅增大。当针尖在样品表面进行扫描时，可以认为微扰被拖动。在恒流模式下扫描时，可以观察到图像反常现象，这一反常可部分反映样品表面电子结构的变化。

2. 扫描隧道显微镜的基本结构

扫描隧道显微镜的基本结构包括扫描隧道针尖、三维扫描控制器、减振系统、电子学控制系统和在线扫描控制系统等。

1）扫描隧道针尖

扫描隧道针尖是扫描隧道显微镜的关键部件。针尖的形状大小、成分均匀性和强度对扫描隧道显微镜图像的分辨率、图像的形状以及电子态的测量都具有重要影响。针尖的尖端越尖，分辨率就越高。如果尖端处只有一个稳定的原子而不是有多重针尖，那么隧道电流就会很稳定，而且能够获得原子级分辨的图像。针尖的化学纯度高，就不会涉及多个势垒。例如，针尖表面若有氧化层，则其电阻可能会高于隧道间隙的阻值，从而导致针尖和样品间产生隧道电流之前，两者就发生碰撞。另外，针尖的宏观结构应使得针尖具有高的弯曲共振频率，从而可以减少相位滞后，提高采集速度。

在理想情况下，针尖顶端只有一个原子，利用这样的针尖能获取高分辨率的图像。制作针尖的方法可以采用机械加工方法，可以用线切割机以一定角度切割一条细金属线，如铂、钨等，也可以用化学腐蚀的方法得到针尖。针尖也可以采用原位的方法进行尖锐化，在针尖和样品之间施加脉冲电压，它们之间的电场可以将针尖上的原子向针尖方向排列，所以哪怕是在实验中针尖受到损坏也可以采用这一方法进行修复，同时，采用这种方法还能够去除针尖表面吸附的杂物。

不同针尖结构会产生不同的扫描隧道显微镜图像，由（4.94）式可知，隧道电流与针尖和样品的功函数都有关，但在实际情况中，扫描隧道显微图像却是

针尖和样品表面复杂的卷积过程所得到的结果。随着扫描隧道显微镜分辨率的提高，针尖精确的原子结构能够对分辨率起决定性的作用，针尖尖端处的晶体结构、原子排列等决定了尖端处电子态，这些电子态将与样品发生作用并最终导致扫描隧道显微镜图像的变化，图 4.54 是一个例子[67]。石墨最顶层有两个非等价的碳原子 A 和 B，从上层向下数，最上层的 B 原子正下方的碳原子位于第三个平面上，而与 B 近邻的左侧 A 原子正下方的碳原子则位于第二个平面上，这样，扫描隧道显微镜图像中的高低起伏反映的就是样品在费米能级处的局域态电子密度（local density of states，LDOS），而不是原子的位置。其在 A 点的局域态密度要低于 B 点，因此，观察不到蜂窝状的晶体结构，而是六方晶体结构。

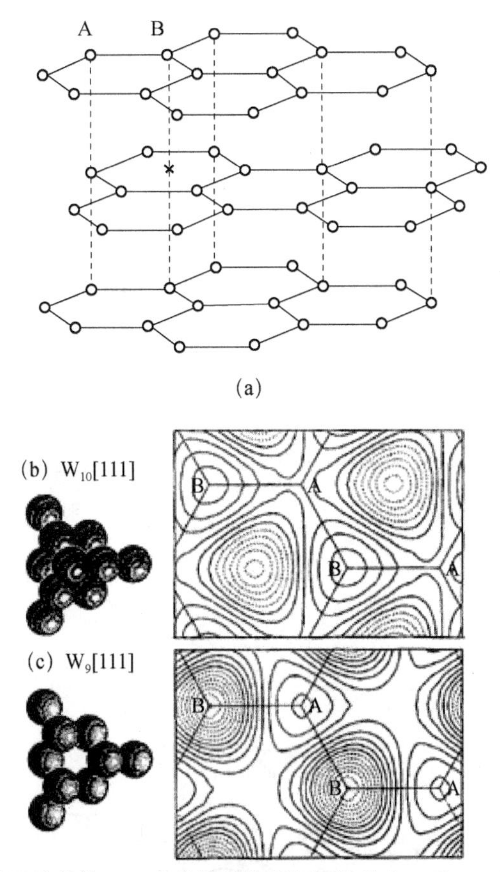


图 4.54　（a）石墨的层状结构，两个非等效的碳原子标注为 A 和 B；（b）模拟用 $W_{10}$[111] 针尖获得的石墨图像；（c）从针尖的顶点移走一个原子后模拟预测的图像[67]

在较大的尺度上，针尖的几何形状会与表面的几何结构发生互换，一根单原子级尖锐的探针在扫描具有原子级起伏的表面区域时，可以精确地获得这个区域的表面形貌。但是，当针尖变钝时，表面的特征尺度比针尖还要小的时候，就变形了，样品在扫描针尖的扫描隧道显微镜图像就是针尖的图像了，这样表面的形貌就无法确定了。也可能在针尖附近出现两个针尖，即所谓的双针尖效应。由此可见，即使在原子分辨率下，扫描隧道显微镜图像远不是原子位置的简单图像，而是由针尖电子结构和样品表面卷积所决定。当图像获得正确解释时，扫描隧道显微镜本质上能为我们提供表面处原子和分子的结构和形貌信息。

2）三维扫描控制器

在仪器中需要控制针尖在样品表面进行高精度的扫描，用普通机械控制是很难达到这一精度要求的。为了实现扫描隧道显微镜原子级的高分辨率，扫描出纳米级图像，需要对探针的位置和探针到样品的距离进行精确的控制，这就利用到了压电效应。压电效应是指当对压电材料的两端施加一个电压时，此材料会发生相应的形变，压电陶瓷材料可以将电压信号转换成位移。常用压电陶瓷轴组成三维的相互垂直的位移器。扫描隧道显微镜利用该原理，对压电陶瓷两端施加不同的电压，使陶瓷轴发生形变，从而实现对针尖位置的精确控制和改变。常采用的压电材料有钛酸锆酸铅（$Pb(Ti, Zr)O_3$，简称 PZT）和钛酸钡等多晶陶瓷材料。用压电陶瓷材料制成的三维扫描控制器主要有三脚架型、单管型和十字架配合单管型三种。

三脚架型：三脚架型由三根独立的长棱柱型压电陶瓷材料以相互正交的方向结合在一起，针尖放在三脚架的顶端，三条腿独立地伸展与收缩，使针尖沿 $x$-$y$-$z$ 三个方向运动，如图 4.55 所示[68]。

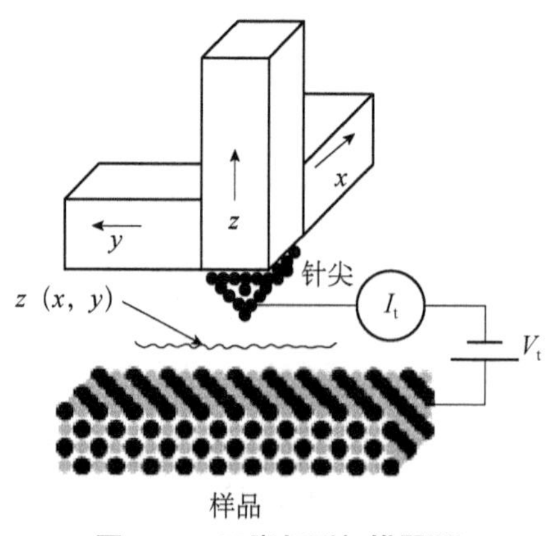


图 4.55 三脚架型扫描器[68]

单管型：单管型是单管陶瓷扫描器，顶端与针尖相连接，陶瓷管外壁镀有四个金电极，分别对应于$\pm x$和$\pm y$相互垂直方向，用于控制针尖在水平面内运动，内壁为一整体电极，在$z$方向的运动则通过对管子内壁电极施加电压，使管子整体伸缩运动。

十字架配合单管型：十字架配合单管型是根据$z$方向的运动由处在“十”字中心的一个压电陶瓷管完成，$x$和$y$扫描电压以大小相同、符号相反的方式分别加在$\pm x$和$\pm y$方向上。这种结构的$x$-$y$扫描单元是一种互补结构，可以在一定程度上补偿热漂移的影响。

除了使用压电陶瓷，还有一些三维扫描控制器使用螺杆、簧片、电机等进行机械调控。

3）减振系统

由于仪器工作时针尖与样品的间距一般小于 1nm，同时隧道电流与隧道间隙呈指数关系，因此任何微小的振动都会对仪器的稳定性产生不利影响。采用的办法是将扫描隧道显微镜装置放置在防振系统上，防振系统受到外界的冲击而发生振动，其中隔绝振动是重点考虑的因素。消除振动可根据整个系统的谐振动频率加以分析考虑，即需要把扫描隧道显微镜整机的谐振动频率做得足够低，同时提高针尖与样品构件坚固度，使其谐振动频率足够高，这样可以保证外界引起的扫描隧道显微镜整体振动传递到样品和针尖构件时很快衰减。

4）电子学控制系统

电子学控制系统是扫描隧道显微镜的重要组成部分。在扫描隧道显微镜工作过程中，通过电子学控制系统实现纳米的位移控制，通过计算机控制步进电机驱动，由计算机控制提供阶梯电压，在$z$方向，使探针逼近样品，进入隧道区，而后由计算机控制提供阶梯电压，使$x$，$y$方向做光栅扫描，不断采集隧道电流，在恒电流模式中还要将隧道电流与设定值相比较，再通过反馈系统控制探针的进与退，从而保持隧道电流的稳定。所有这些功能，都是通过电子学控制系统来实现的。

图 4.56 是扫描隧道显微镜的结构原理示意图。扫描隧道显微镜的基本构成为：顶部直径约为 50～100nm 的极细针尖，针尖尖端仅包含几个原子甚至一个原子；用于精确控制$x$，$y$，$z$扫描方向位移的三个压电陶瓷，以及用于扫描和电流反馈的控制电路，通过在压电陶瓷上施加电压来实现相应方向上的位移。

扫描隧道显微镜基本参数包括隧道电流、隧道电压和隧穿间隙所形成的电阻，间隙电阻与针尖和样品之间的距离有很大的关系。当针尖靠近表面时，间隙电阻就比较小；当针尖离表面相对比较远时，间隙电阻就比较大。隧道电流

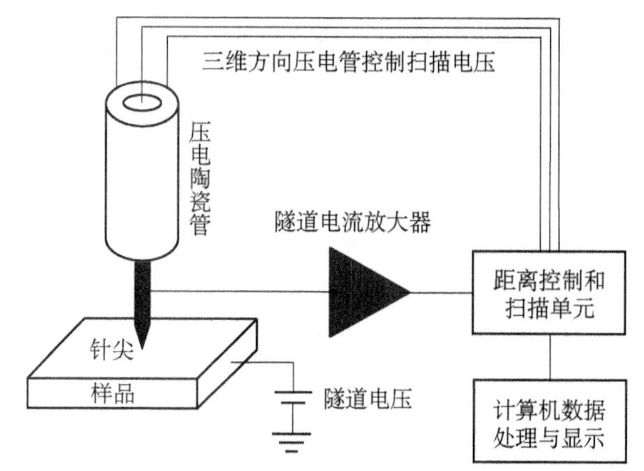


**图 4.56　扫描隧道显微镜的结构原理图**

和隧道电压是两个关键的基本参数。隧道电流在 10pA～1nA 的范围内。在较高的隧道电流下，分辨率往往会比较高，但隧道电流过大时，有可能使表面形貌发生改变，针尖引起表面的损伤会比较严重。对于不同样品，所采用的隧道电流大小是否会对样品带来损伤，有很大的差异，例如，生物样品容易受损，不能用过大的隧道电流；而对于金属样品或合金样品，几个纳安大小的隧道电流，对样品无任何影响。

偏置电压对图像的影响也很大，在比较高的偏压下，可能会引起表面结构的变化。如果在较高的偏压下，针尖在样品表面移动，就可以刻蚀出纳米量级的表面结构。

3. 扫描隧道显微镜的工作模式

扫描隧道显微镜的工作模式包括恒流模式（constant-current mode）和恒高模式（constant-height mode），如图 4.57 所示。

1）恒流模式

让针尖安置在控制针尖移动的压电管上，由反馈电路自动调节压电管中的电压，使针尖在扫描过程中随着样品表面的高低上下移动，并保持针尖与试样表面原子间的距离不变，即保持隧道电流的大小不变（恒流），通过记录压电管上的电压信号即可获得样品表面的原子结构信息。该模式测量精度高，能较好地反映样品表面的真实形貌，但比较费时。

2）恒高模式

恒高模式即针尖在扫描过程中保持高度不变，这样针尖与样品表面原子间的距离在改变，因而隧道电流随之发生变化，通过记录隧道电流的信号即可获得样品表面的原子结构信息。恒高工作模式扫描效率高，但要求试样表面相对

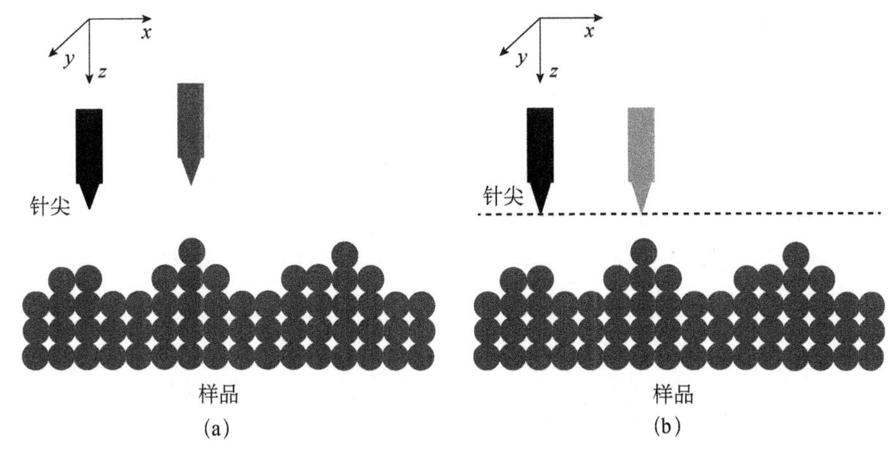


**图 4.57　扫描隧道显微镜的工作模式**

（a）恒流模式；（b）恒高模式

平滑，因为隧道效应只是在绝缘体厚度极薄的条件下才能发生，当绝缘体厚度过大时，不会发生隧道效应，也无隧道电流，因此当样品表面起伏大于 1nm 时，就不能采用该模式工作了。

通常在样品表面比较平整时采用恒高模式扫描，在样品表面较为粗糙时采用恒流模式扫描。

4. 扫描隧道谱

扫描隧道谱（scanning tunneling spectroscope，STS）技术可用于研究样品表面的电子结构。电子结构决定于原子的种类和化学环境。扫描隧道谱技术有许多方法，包括恒流模式下，改变偏压，记录隧道电流；恒高模式下改变偏压，记录隧道电流。通过在样品和针尖之间施加一恒定的直流偏压，并在其上叠加一个高频正弦调制电压来获得定量信息。测量到的隧道电流与施加的调制电压具有相同的相位。在测量时保持恒定的平均隧道电流。在采集隧道谱时，有两种方式，一种是测量微商谱 $dI/dU$ 和形貌，另一种是采集 $I$-$U$ 曲线和样品表面形貌。测量 $I$-$U$ 曲线时，常采用恒流模式，即始终保持针尖和样品表面原子间的距离不发生变化，这种方法也称为电流成像隧道谱（current imaging tunneling spectroscope，CITS）。

尽管 STS 具有非常高的分辨率来表征样品的电子结构信息，但由于对数据的分析较为复杂，测量结果不能直接反映化学结构信息，而且需要在超高真空系统中完成，因此，这种技术还没有得到非常广泛的应用。

5. 扫描隧道显微镜的特点

STM 与前述的表面分析仪相比具有以下优点。

（1）可在实空间中观察样品的形貌像，具有很高的分辨率，在平行和垂直于样品表面方向上的分辨率分别可达 0.1nm 和 0.01nm，因而能观察到单个原子像，而 SEM 和 TEM 分辨率会受到衍射效应的限制而无法达到如此高的分辨率。

（2）可对样品表面原子扩散进行动态观察，并可研究表面重构、表面吸附和表面缺陷等，构筑三维结构图像。

（3）对实验环境和样品制备要求不高：在大气环境中可在常温下进行；在真空环境中可在低温或高温下进行；样品无需特别制备，且实验对样品无损伤。

STM 也有其局限性，主要表现在以下两个方面。

（1）当样品表面微观上不够平整，有沟槽出现，利用隧道效应可能不能准确地探测这些沟槽位置，因而会造成较差的分辨率。

（2）要求样品具有导电性，对不良导体可通过在其表面涂敷导电层，改善其导电性，但涂敷导电层会掩盖样品的真实形貌，故对不良导体宜采用原子力显微镜等其他测试技术手段进行观察。

6. 扫描隧道显微镜的应用

1）STM 观察样品生长的表面形貌

图 4.58 是在超高真空下利用 STM 观察在衬底 Pd(100)晶面上外延生长的 Fe 薄膜。STM 可以从原子级别上观察到 Fe 膜的生长过程。薄膜是在超高真空下利用脉冲激光方法获得的。图 4.58（a）是 300nm×300nm 范围内观察的衬底表面图像，衬底是经过氩离子溅射刻蚀和退火处理后的清洁 Pd(001)面，从图中可以清楚地看出表面有台阶，台阶的宽度从几十纳米到上百纳米不等。图 4.58（b）～（d）分别是 Fe 膜生长厚度为 0.5ML，2.5ML 和 4.0ML 时的表面形貌，观察区域为 50nm×50nm，图中黑色部分为衬底表面（图 4.58（a））和 Fe 薄膜层（图 4.58（b）～（d）），最亮的区域说明 Fe 膜还未形成完整一层时，Fe 在表面形成团簇。因此 Fe 薄膜在 Pd(100)衬底上的生长不是严格意义上的层层生长。从 STM 图像中可清楚地看到 Fe 原子在衬底表面的聚集成核、逐渐长大并连成薄膜。

2）研究表面再构

利用 STM 可以研究表面结构的变化，如同 LEED 一样，也可以研究表面的再构（reconstruction）。图 4.59（a）是 Ag(111)面生长 Si 膜的 STM 图像[5]。在最优条件下，Si 在至少 1000nm 的线度内没有线缺陷的存在。图 4.59（b）是 $4\times4$ 和 $\sqrt{13}\times\sqrt{13}R13.9^{\circ}$ 混合相的 STM 图像。图 4.59（c）是 $4\times4$ 和 $3.5\times3.5R26^{\circ}$ 混合结构。这与根据理论结构模型拟合的再构结果完全一致。

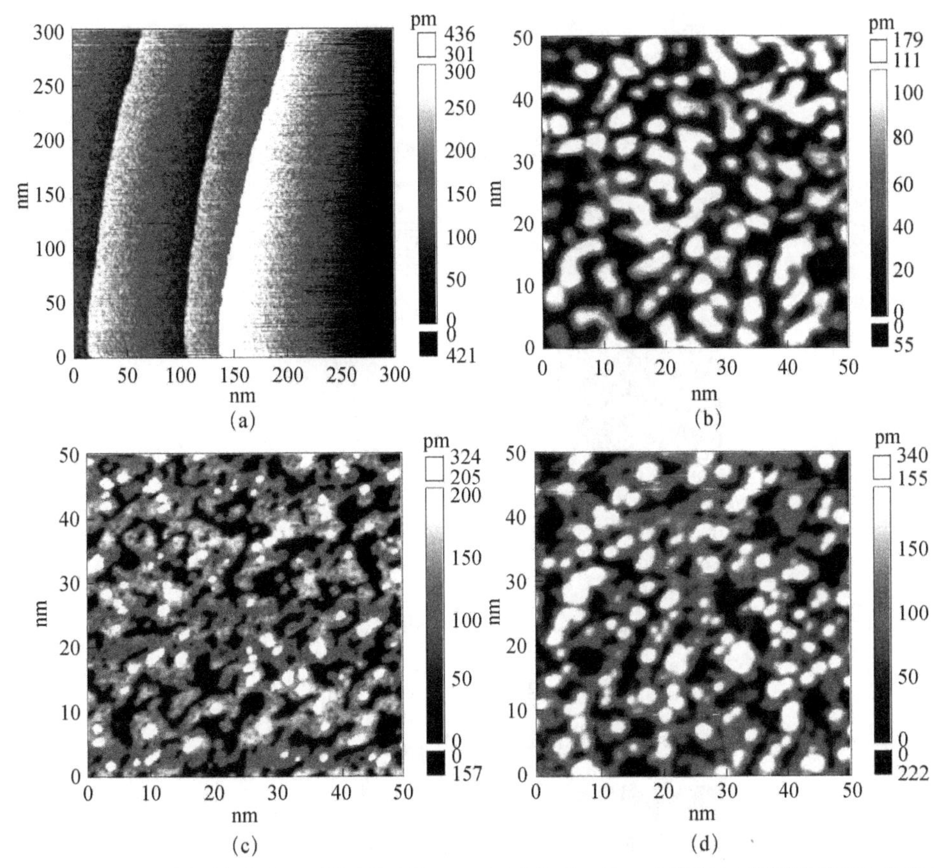


**图 4.58　Pd(100)晶面上生长 Fe 膜过程中的 STM 图（作者工作，未发表）（彩图见封底二维码）**

（a）清洁 Pd(100)面；（b）0.5ML；（c）2.5ML；（d）4.0ML

3）STS 研究薄膜的磁性

图 4.60 是 Fe 薄膜厚度在 0.6ML 和 2ML 之间选取的几点测量得到 STS 数据。我们分别在 STM 图像中选取暗色区域、灰色区域和明亮区域三个区域，分别对应于衬底、第一个 Fe 原子单层和最上面的 Fe 原子单层。在这里选取针尖和样品之间的电压为−1V 测量隧道电流。从图 4.60（a）中可知，Fe 薄膜厚度从 0.6ML 增加到 1.2ML 时，d$I$/d$U$ 出现下降；Fe 薄膜的厚度从 1.5ML 增加到 2.0ML 时，d$I$/d$U$ 也呈现增加趋势。事实上，d$I$/d$U$ 与样品的电导成正比，与电阻成反比。在 0.7ML 到 1.5ML 对应于一个高阻态。这个范围内饱和磁化强度随 Fe 薄膜厚度的下降而下降。我们知道反铁磁性耦合比铁磁耦合具有更高的电阻，这与用磁光克尔效应（magneto-optical Kerr effect，MOKE）测得这一区间的磁性相一致，测量温度范围在 50～70K，如图 4.60（b）所示。由此可推断 Fe 原子或 Fe-Pd 合金在 0.7ML 和 1.5ML 的厚度范围可能存在反铁磁性耦合。

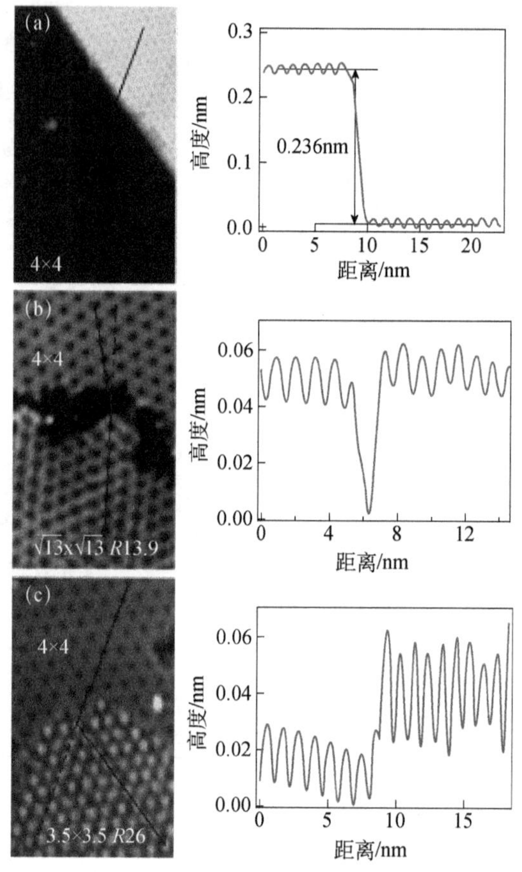


**图 4.59　Ag(111)面生长 Si 膜的 STM 图像（左）和横截面高度图（右）的演变[5]（彩图见封底二维码）**

横截面沿绿实线画出；(a) Ag(111)表面 4×4 相宽程扫描，扫描区域为 34nm×20.5nm，Si 单层生长 Ag(111)的单原子台阶面上；(b) 4×4 和 $\sqrt{13}\times\sqrt{13}R13.9°$ 混合结构，扫描区域是 17nm×10.2nm；(c) 4×4 和 $3.5\times3.5R26°$ 混合结构

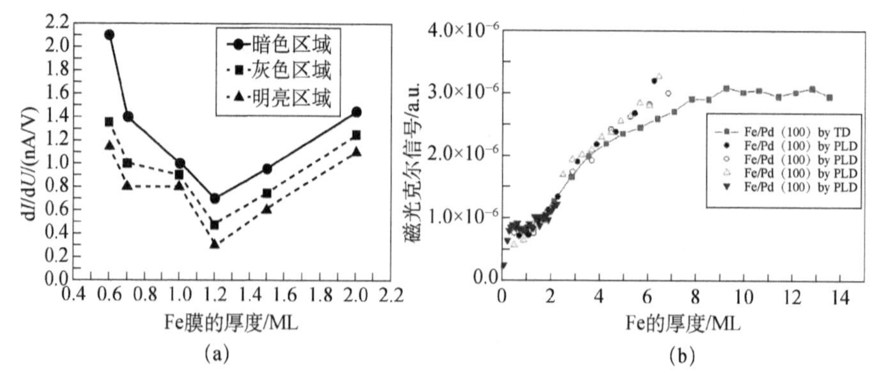


**图 4.60　Fe 膜的 STS 图谱（作者工作，未发表）(a) 及磁性随膜厚变化的情况 (b)，测量温度在 50～70K 区间范围**

4）原子操控

扫描隧道显微镜针尖和样品之间的距离很近，足以产生相互作用力，这种相互作用力包括静电力和范德瓦耳斯力（van der Waals force），调节针尖和样品之间的距离，就可以改变它们之间的相互作用力。在这种力的作用下，可以在样品表面实现原子的移动，达到操控原子的目的[69-71]。因此，扫描隧道显微镜已经成为移动原子和成像的有力工具。图 4.61 是利用扫描隧道显微镜在 Ni 衬底上操控 Xe 原子而拼写出的“IBM”字样，字的高度为 5nm。

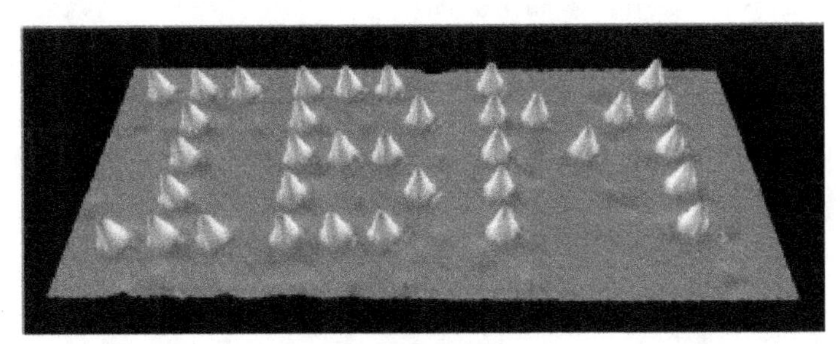

**图 4.61　利用扫描隧道显微镜在 Ni 衬底上操控 Xe 原子拼写出的“IBM”字样（彩图见封底二维码）**

利用扫描隧道显微镜可以在清洁的金属衬底上构筑量子围栏（quantum corrals），在围栏内形成电子密度的驻波图形[72, 73]。1993 年，Crommie 等在 4K 低温度下，利用电子束将 0.005ML 的 Fe 原子蒸发到清洁的 Cu(111)表面，再用扫描隧道显微镜操纵这些 Fe 原子，排成一个由 48 个原子组成的量子围栏，如图 4.62 所示。Crommie 等发现 Cu(111)表面吸附 Fe 原子对表面态电子有很强的散射作用。如果表面只存在单个 Fe 原子，则入射的表面态电子波与从 Fe 原子散射的电子波之间的干涉会形成围绕 Fe 原子的驻波，从而引起类似于二维电子气的表面局域电子态密度变化。

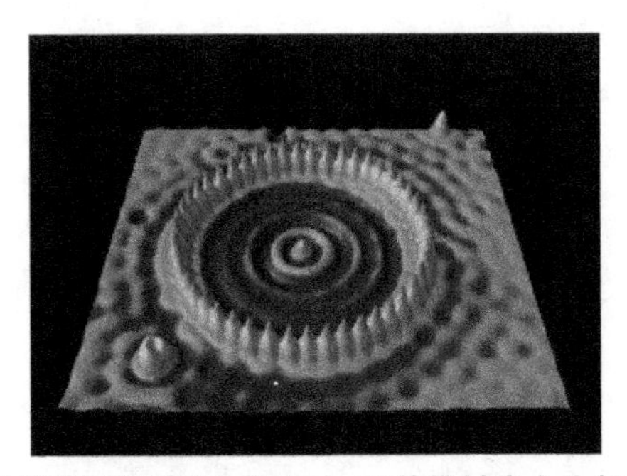

**图 4.62　利用扫描隧道显微镜测得的 Fe 在 Cu(111)单晶衬底上生长的量子围栏扫描隧道显微镜图像[72]（彩图见封底二维码）**

### 4.5.2 原子力显微镜

原子力显微镜（atomic force microscope，AFM），也称扫描力显微镜（scanning force microscopy，SFM），是一种纳米级高分辨的扫描探针显微镜。通过探针对样品表面进行扫描测量，是扫描探针实验方法之一，在 1986 年由宾尼希（G. Binnig）、奎特（C. Quate）和格勃（C. Gerber）发明问世[74]。具有最高分辨率的显微系统，其基本结构是利用针尖和微悬臂构成针尖系统，根据针尖中原子和样品表面之间的相互作用力来测量表面的形貌。原子力显微镜具有原子尺度的分辨能力，可以测出原子间的超微相互作用（ultra-fine interactions between atoms），实现原子表面的超精细测量（ultra-fine measurement）。原子力显微镜除了用测力针尖代替扫描隧道针尖外，与 STM 样品须是导体的要求不同的是，原子力显微镜测试的样品可以是导体，也可以是非导体，而且样品不需要做任何特殊处理，因而是一种非破坏性测试方法。除此之外，原子力显微镜还可以在大气和液体环境下，对各种材料和样品表面纳米区域的多种弱相互作用力和形貌进行测量。随着科学技术的进步，原子力显微镜可对材料表面形貌和表面微观结构进行研究，其已广泛应用于物理、化学、材料、生物及医学等诸多领域。

1. 原子力显微镜的基本结构组成

以美国 Park 公司生产的 AP-0190 型原子力显微镜为例，主要结构和技术参数包括：具有 ScanMaster 闭路扫描系统，能真实地进行表面形貌成像和精确三维测量，可利用光学显微镜实时监控样品和针尖，放大倍数为 1000 倍；具有先进材料研究的材料分析软件包（MAP）；样品最大尺寸为 50mm × 50mm × 20mm；允许扫描范围为 100μm，$Z$ 方向为 7.5μm；$XY$ 平面分辨率为 1Å；$Z$ 方向分辨率为 0.1Å；样品台位移为 5mm×5mm（精度 1μm）。

一般来说，原子力显微镜的结构组成由力检测部分、位置检测部分和反馈系统组成。

1）力检测部分

在原子力显微镜系统中，所要检测的力是原子与原子之间的范德瓦耳斯力，所以在本系统中是采用微悬臂（cantilever）来检测原子之间力的变化量。微悬臂有一定的规格，包括长度、宽度、弹性系数以及针尖的形状，针尖直径通常小于 100Å，长度为几微米。针尖被置于 100～200μm 长的微悬臂的自由端。当针尖在样品上方扫描时，探测器可实时检测微悬臂的状态，并对应出表面的形貌，做出记录。探针的规格是依照样品的特性，以及操作模式进行选择的。

2）位置检测部分和反馈系统

在原子力显微镜系统中，当针尖与样品之间产生相互作用之后，会使得微悬臂摆动，所以当激光照射在微悬臂的末端时，其反射光的位置也会因为微悬臂摆动而有所改变，这就造成偏移量的产生。在整个系统中是依靠激光光斑位置检测器，将偏移量记录下来并转换成电信号，以供扫描探针显微镜控制器作信号处理。

在原子力显微镜系统中，将信号经由激光检测器输入之后，在反馈系统中会将此信号当作反馈信号，作为内部的调整信号，并驱使通常由压电陶瓷管制作的扫描器做适当的移动，以保持样品与针尖之间合适的作用力。

原子力显微镜便是通过以上两个部分将样品的表面特性呈现出来的，如图 4.63 所示。在原子力显微镜系统中，使用微悬臂来感测探针与试样之间的相互作用，这一作用力会使微悬臂摆动，再利用激光照射在微悬臂末端，当摆动形成时，会使反射光的位置改变而造成偏移，此时激光检测器会记录此偏移量，也会把此时的信号传给反馈系统，以利于系统做适当的调整，最后再将样品的表面特性以影像的方式呈现出来。

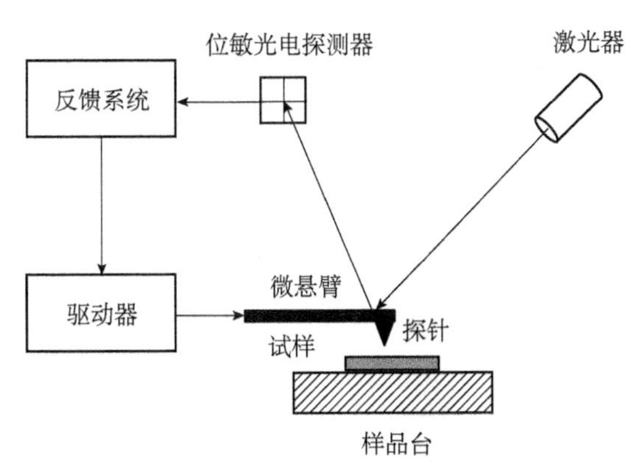


**图 4.63　原子力显微镜原理图**

另一种测量位置的方法是利用安置在紧邻探针位置的高精度位置传感器进行位置测量和定位。常用的传感器包括电容型传感器、电感型传感器和应变片传感器。电容型传感器是通过电容器极板间的距离或者相对面积的变化而改变电容的方法进行测量；电感型传感器是通过改变电感信号而实现位置的测量；应变片传感器则是，当位置改变时，应变片压力变化而引起电阻的变化，将位置传感器读出的信号输入反馈回路，并与目标位置进行比较，将反馈电压传至压电陶瓷驱动针尖至目标位置，在几十微米的范围内进行位置和空间定位。

2. 原子力显微镜的工作原理

原子力显微镜是利用原子间的微弱作用力来反映样品表面形貌的。当对样品表面进行扫描时，针尖与样品之间的作用力会使微悬臂发生弹性变形，产生微悬臂形变。根据扫描样品时探针的偏移量或改变的振动频率重建三维图像，就能间接获得样品表面的形貌。原子力显微镜利用原子之间作用力进行测量，因此不要求样品导电。

设针尖和样品之间的势能为 $V_{ts}$，则在针尖和样品的 $z$ 方向所受的力为

$$F_{ts}=-\frac{\partial U_{tz}}{\partial z} \tag{4.101}$$

样品和针尖之间的弹性常数为

$$k_{ts}=-\frac{\partial F_{ts}}{\partial z} \tag{4.102}$$

原子力显微镜可利用 $F_{ts}$ 作为成像信号。

不同于隧道电流涉及很小的距离范围，$F_{ts}$ 在长程和短程范围都有力的贡献。我们可以根据力的作用范围和大小进行分类。在真空中，存在短程化学力和范德瓦耳斯力，长程范围存在电磁力（达到 100nm）。在大气环境条件下，将会出现由针尖和样品（水或碳氢化合物）黏附层形成的毛细力（meniscus force）。

短程化学力产生的作用势可利用莫尔斯电势（Morse potential）[68]

$$V_{Morse}=-E_{bond}\left(2e^{-\kappa(z-\sigma)}-e^{-2\kappa(z-\sigma)}\right) \tag{4.103}$$

进行描述，式中，$E_{bond}$ 为化学键能，$\sigma$ 为平衡距离，$\kappa$ 为衰减长度。适当地选择这些参数，短程作用势能可用伦纳德−琼斯势（Lennard-Jones potential）进行描述，即

$$V_{LJ}(z)=4\varepsilon\left[\left(\sigma/z\right)^{12}-\left(\sigma/z\right)^{6}\right] \tag{4.104}$$

式中，$\sigma$，$\varepsilon$均为常数；$z$ 为原子间距。

当针尖和样品都是导体，它们之间的电势差 $U$ 不为零时，假设针尖和样品的间距 $z$ 远小于针尖半径，则针尖和样品之间的电磁力可表示为

$$F_{e}(z)=-\pi\varepsilon_0 RU^2/z \tag{4.105}$$

若 $U$=1V，$R$=100nm，$z$=0.5nm，可得 $F_{e}(z)\approx-5.5\,\text{nN}$ 。在这种情况下静电力不可忽略[68]。

力传感器（微悬臂）的弹性系数：针尖与样品之间的作用力在原子尺度上变化很大，若微悬臂的长、高、宽分别为 $l$，$t$，$w$，则其弹性系数为

$$k=Ywt^3/(4l^3) \tag{4.106}$$

式中，$Y$为微悬臂的弹性模量。微悬臂的本征频率为

$$f_0 = \frac{1}{2\pi}\sqrt{k/m} = \frac{1}{4\pi}\frac{t}{l^2}\sqrt{Y/\rho} = \frac{1}{4\pi}v_s t/l^2 \tag{4.107}$$

式中，$\rho$为微悬臂的质量密度

$$\rho = m/(lwt) \tag{4.108}$$

$v_S$为声速

$$v_s = \sqrt{Y/\rho} \tag{4.109}$$

本征频率与温度的依赖关系可由下式确定，即

$$\frac{1}{f_0}\frac{\partial f_0}{\partial T} = \frac{1}{v_s}\frac{\partial v_s}{\partial T} - \alpha \tag{4.110}$$

式中，$\alpha$为微悬臂的热膨胀系数。

由于原子力显微镜可达到亚原子的分辨率，所以热扰动引起的噪声也是需要考虑的因素。如果针尖在温度$T$时达到平衡状态，考虑到针尖只在一个自由度的范围振动，由温度的扰动而引起微悬臂的振动振幅为$A$，则有

$$kA^2/2 = k_B T/2 \tag{4.111}$$

式中，$k_B$为玻尔兹曼常量，可得热扰动的振幅为

$$A=\sqrt{k_B T/k} \tag{4.112}$$

对于弹性系数为0.1N/m的微悬臂，在室温（300K）下的热扰动引起的振幅为$A$=2.0Å。如果环境温度为20K，针尖达到平衡状态时，热扰动振幅仅为$A$=0.5Å。因此，为了克服热扰动引起的测量误差，获得更高的分辨率，需要在低温下进行测量。

3. 原子力显微镜的工作模式

针对不同类型的样品，原子力显微镜可采用不同的工作模式。研究者已发展出多种形式的工作模式。如采集信号时使某一参数恒定，有等高模式和恒力模式等。根据针尖的动态和静态形式，可分为静态模式和动态模式，其中动态模式又可分为振幅调制模式（amplitude-modulation）和频率调制模式（frequency-modulation）。根据针尖与样品是否接触，又可分为接触模式、非接触模式、轻敲模式等[75]。

在等高模式下，针尖与样品的高度保持不变，在样品的不同位置，由于样品表面高低不同，针尖受到的作用力大小也不一样，使得微悬臂的形变量不同，通过测量微悬臂的偏移量就可以获得样品的表面形貌。在等高模式下，不需要对针尖的高度进行调节，悬臂偏转和变化都比较小，因而原子力显微镜的扫描速度较快，而且具有较高的分辨率，可以获得原子级分辨像。等高模式的

不足之处是，当样品表面起伏较大时，针尖与样品距离很有可能脱离测量范围或者碰撞到针尖，会影响成像的质量，因此这种模式只有在表面平坦的微纳米样品上进行测量。

在恒力模式下，原子力显微镜系统通过反馈系统调节 $z$ 方向的距离，保持针尖和样品之间的距离不变，这就可以保持针尖受力恒定。利用这种方法测量样品表面的形貌，测量过程中不至于使得针尖脱离原子力的测量范围，也不至于撞到样品，但由于受到反馈电路精度和带宽的限制，在这种模式下分辨率不是很高，另一个缺点是扫描速度往往比较慢。

原子力显微镜的主要工作模式有静态模式和动态模式两种。在静态模式中，微悬臂在样品表面移动时，微悬臂受力，信号转变为偏转值 $q=F_{ts}/k$，式中，$F_{ts}$ 为微悬臂受力，$k$ 为微悬臂的弹性常数。通过微悬臂的微小偏转可以直接得出表面的形貌图。因为微悬臂的偏转应远大于针尖和样品的变形，这就限制了 $k$ 的适应范围。在静态模式下，微悬臂相比于原子和针尖之间结合力应足够柔软。在生物材料样品中，原子之间相互作用力常数的范围在 10～100N/m，因此，静态模式下典型的 $k$ 值应为 0.01～5N/m。

在动态模式中，微悬臂安装在驱动器上激发振动，有两种激发振动的基本模式，分别为振幅调制模式和频率调制模式。在振幅调制模式下，驱动器在固定的频率下利用振幅调制进行驱动，这里的固定频率接近于微悬臂的本征频率。在频率调制模式下，驱动器在固定的振幅下利用频率调制进行驱动，这里的频率在接近于微悬臂的本征频率值附近进行调制，需要考虑的操作参数包括微悬臂的弹性常数、本征频率品质因数，这些参数取决于微悬臂本身。振荡振幅的选取和微悬臂的频移，这两个参数可自由调整。为了获取高的分辨率，需要比原子尺寸大得多的振幅，因为大的振幅可以避免微悬臂振荡的不稳定性。大的振幅和弹性常数的乘积可以产生一个大的恢复力，当针尖到达样品表面时，弹性和非弹性相互作用引起振幅和相位的变化，这个变化作为反馈信号，样品在振动过程中，其振动的振幅和相位等都与针尖和样品之间的作用力有关，通过这些参数可获得样品的形貌图像。振幅调制和频率调制都是一种非接触式的测量模式，在非接触工作模式下，样品和针尖之间的距离比较远，其作用力总是吸引力。

在调频工作模式下，频率移动和微悬臂受力之间可以从理论上建立起定量的关系[68, 76-77]。设微悬臂的有效质量为 $m^*$，弹性系数为 $k$，当微悬臂偏移量为 $q'$时（图 4.64），并设针尖和样品之间的作用力为 $F_{ts}$，根据牛顿运动方程，有

$$m^* \frac{\mathrm{d}^2 q'}{\mathrm{d}t^2} = -kq' + F_{\mathrm{ts}}(q') \tag{4.113}$$

悬臂移动量 $q'$是周期性振动，因此可以进行傅里叶级数展开，微悬臂位移为

$$q'(t) = \sum_{m=0}^{\infty} a_m \cos(m2\pi ft) \tag{4.114}$$

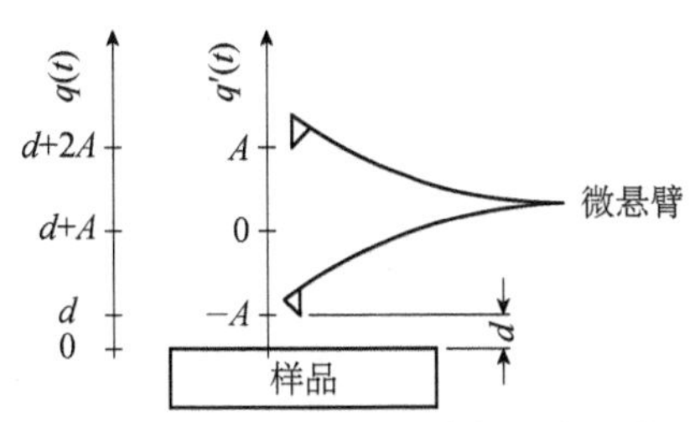


**图 4.64　悬臂的振动最低和最高转向点示意图**[68, 76]

振荡振幅为 $A$，弹性系数 $k$ 比较小的柔软悬臂需要较大的振荡幅度以确保振动的稳定性。振荡过程中针尖最靠近样品的距离为 $d$

将（4.114）式代入（4.113）式，可得

$$\sum_{m=0}^{\infty} a_m[-(m2\pi f)^2 m^* + k]\cos(m2\pi ft) = F_{\mathrm{ts}}(q') \tag{4.115}$$

将（4.115）式乘以 $\cos(l2\pi ft)$，并在 $t$=0 至 $1/f$ 区间进行积分，有

$$a_m[-(m2\pi f)^2 m^* + k]\pi(1+\delta_{m0}) = 2\pi f \int_0^{1/f} F_{\mathrm{ts}}(q')\cos(m2\pi ft)\mathrm{d}t \tag{4.116}$$

根据三角函数的正交性

$$\int_0^{2\pi} \cos(mx)\cos(lx)\mathrm{d}t = \pi\delta_{lm}(1+\delta_{m0}) \tag{4.117}$$

在弱微扰下

$$q'(t) \approx A\cos(2\pi ft) \tag{4.118}$$

其中，

$$f = f_0 + \Delta f, \quad f_0 = \frac{1}{2\pi}\sqrt{k/m^*}, \quad |\Delta f| \ll f_0 \tag{4.119}$$

在一级近似情况下，可得频率移动为

$$\Delta f = -\frac{f_0^2}{kA}\int_0^{1/f_0} F_{\mathrm{ts}}(q')\cos(2\pi f_0 t)\mathrm{d}t = -\frac{f_0}{kA^2}\overline{F_{\mathrm{ts}}(q')} \tag{4.120}$$

这一结果可以应用到振幅调制工作模式中。

原子力显微镜在三种模式下的作用力如图 4.65 所示。

1）接触模式（1986 年发明）

原子力显微镜在整个扫描成像过程中，探针针尖始终与样品表面保持紧密

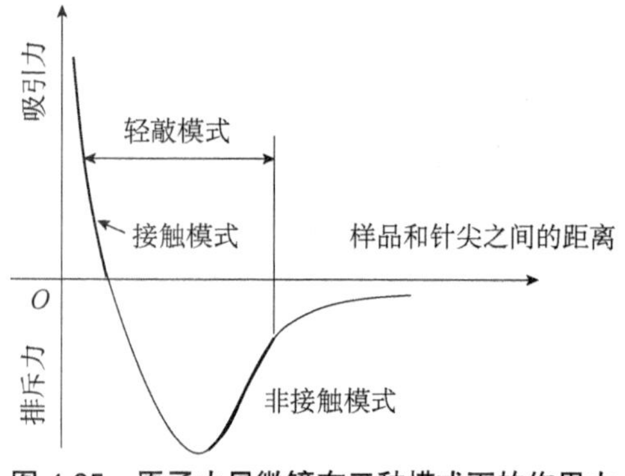


**图 4.65 原子力显微镜在三种模式下的作用力**

接触，针尖始终对样品表面施加力的作用，相互作用力为排斥力。因此，接触模式（contact mode）也称为排斥模式（repulsive mode）。针尖距样品的表面在几个埃的范围内，针尖受力大小为 $10^{-11}$～$10^{-8}$N，会使微悬臂弯曲。微悬臂的弹性常数应低于把样品表面原子约束在平衡位置的弹性常数，这样才能保证针尖在样品表面移动时，由于表面的起伏，接触力使悬臂弯曲，从而记录下样品表面真实形貌的变化。

在接触模式下，如图 4.65 所示，范德瓦耳斯曲线特别陡峭，所以范德瓦耳斯力可以平衡掉任何试图迫使针尖和样品接近的力，这意味着当针尖靠近样品时，只能引起悬臂的弯曲，而不能使针尖原子更加靠近样品表面的原子。即使利用非常刚硬的悬臂作用较大的力，也不能使针尖和样品的距离减少很多，但在这种情况下，容易引起样品表面的变形。

另外，在接触模式下，原子力显微镜还存在毛细力和微悬臂自身的重力。在大气环境下，样品表面存在一层水膜，水膜延伸并把针尖包裹在一起，就会形成毛细力，它具有很强的吸引作用，吸引力大约为 $10^{-8}$N。针尖施加于样品上的力为毛细力和悬臂力的合力，施加在样品上的合力大小为 $10^{-8}$～$10^{-7}$N，并与范德瓦耳斯力相平衡。

接触模式的优点是扫描速度快、分辨率高。其缺点是横向力影响图像质量，横向力与黏着力的合力导致图像空间分辨率降低；研究生物大分子、低弹性模量以及容易变形和移动的样品时，针尖和样品表面的排斥力会使样品原子的位置发生改变，甚至使样品损坏；扫描时可能使样品发生很大的形变，甚至产生假象。

2）非接触模式（1987 年发明）

非接触模式（non-contact mode）是一种运用振动悬臂技术的工作方式。针尖在样品上方（1～10nm）振荡（振幅一般小于 10nm），针尖和样品之间的作用力很小，一般只有$10^{-12}$N，针尖检测到的是范德瓦耳斯吸引力和静电力，样品不会被破坏，针尖也不会被污染，特别适合于柔软物体的样品表面或者具有弹性的样品表面。然而，在室温大气环境下，样品表面通常有一薄薄的水层，该水层容易导致针尖“突跳”与表面吸附在一起，造成成像困难。在大多数情况下，为了使针尖不被吸附在样品表面，常选用一些弹性系数在20～100N/m的硅探针。

非接触模式的优点是，由于探针与样品始终不发生接触，从而避免了接触模式中遇到的破坏样品和污染针尖的问题，灵敏度也比接触式高。非接触模式的缺点是，由于针尖与样品分离，从而横向分辨率低，且非接触模式不适合在液体中成像。另外，非接触式的扫描速度慢于轻敲模式和接触模式。

3）轻敲模式（1993年发明）

轻敲模式（tapping mode，intermittent contact mode）是介于接触模式和非接触模式之间新发展起来的一种成像技术。微悬臂在样品表面上方以接近于其共振频率的频率振荡（振幅大于20nm）。在成像过程中，针尖周期性地间断接触样品表面，针尖接触样品时所产生的侧向力减小，探针的振幅被阻尼，反馈控制系统确保探针振幅恒定，维持针尖和样品之间相互作用力恒定，从而获得样品表面形貌图像。

轻敲模式的优点是，在该模式下，探针与样品之间的相互作用力包含吸引力和排斥力。因此，在大气环境下，能很好地消除横向力的影响，降低由吸附液层引起的力。该模式中探针的振幅能够抵抗样品表面薄水层的吸附，图像分辨率高。轻敲模式通常用于与基底只有微弱结合力的样品或者软物质样品、易碎或胶黏性样品（高分子、脱氧核糖核酸（DNA）、蛋白质/多肽、脂双层膜等等）。由于该模式对样品的表面损伤最小，并且与该模式相关的相位成像可以检测到样品组成、摩擦力、黏弹性等差异，所以在高分子样品成像中应用广泛。缺点是相比于接触模式，扫描速度比较慢。

4. 试样制备

原子力显微镜的试样制备简单易行。为检测复合材料的界面结构，需将界面区域暴露于表面。若仅检测表面形貌，则试样表面不需做任何处理，可直接检测。若检测界面的微观结构，则必须将表面磨平抛光或用超薄切片机将试样切平。

5. 原子力显微镜与扫描隧道显微镜的比较

原子力显微镜是在扫描隧道显微镜的基础上发展起来的，但其测量原理完全不同。原子力显微镜靠针尖和样品原子之间的作用力来反映样品表面的形貌，其针尖固定在微小的叶状弹簧片上，即微悬臂上。微悬臂具有非常小的弹性系数，其弯曲度常用发射激光进行检测，通过激光移动来测量针尖与样品之间吸引力或排斥力的偏离。检测器非常灵敏，可检测皮牛顿量级的受力。而扫描隧道显微镜是根据隧道电流与针尖距离的指数关系反映样品的形貌。原子力显微镜不受样品导电性质的限制，而扫描隧道显微镜仅能对导电样品进行测量。

6. 应用举例

利用原子力显微镜可以很方便地观察晶体的生长过程、形貌特征，甚至可实现对原子的操控[78-85]。下面举一些例子来说明原子力显微镜的广泛用途。

1）表面形貌和晶体生长过程的观察

图 4.66 所示为对全同立构聚苯乙烯（isotactic polystyrene）晶体超薄膜生长过程的原子力显微镜观察[78, 79]，并研究了全同立构聚苯乙烯薄膜的生长速率 $G$ 和形貌与薄膜的厚度和结晶化温度之间的关系。实验发现，不论温度高低，只要当薄膜的厚度与层状聚合物晶体薄片的厚度相当时，超薄膜中晶体生长的形貌显示出典型的枝晶分叉结构，其生长由扩散场控制，枝晶尖端宽度随结晶温度的变化遵循预期的 Mullins-Sekerka 稳定性长度，由扩散系数 $D$ 和生长速率所确定，即 $l \propto (D/G)^{1/2}$，实验结果证实了扩散场在结构演化过程中起着至关重要的作用。

**图 4.66 在不同温度和薄膜厚度下，全同立构聚苯乙烯超薄薄膜晶体的原子力显微镜图像[78, 79]**

2）氮化铝（AlN）外延薄膜的三维图像

利用原子力显微镜可对样品表面进行三维成像[83, 84]。图 4.67 是在不同温度下外延生长的 AlN 薄膜原子力显微镜三维图像。在不同的生长温度下，表面形貌有非常显著的不同。图 4.67（a）～（c）分别是在 1000K、1300K 和 1500K 温度下 AlN 外延层的原子力显微镜图像，扫描面积为 5μm×5μm，竖直高度以 nm 为单位，利用不同颜色表示竖直高度。

**图 4.67　在不同温度下外延生长的 AlN 薄膜原子力显微镜三维图像[84]（彩图见封底二维码）**

（a）1000K；（b）1300K；（c）1500K

3）原子力显微镜刻蚀技术

当针尖和样品之间的作用力很大时，足以引起样品表面的结构变化，利用这些相互作用可以对样品表面进行改性，以及在纳米尺度上对表面结构进行操控。在扫描隧道显微镜中也可以实现这些功能，但需要在温度为数开尔文的低温下进行操作，而且需经历数日的加工处理过程，因此，利用扫描隧道显微镜实现原子操控，其达到广泛应用的可能性很小。而基于原子力显微镜的方法进行原子操控和修饰则很有希望得到广泛应用，科学工作者在纳米尺度分子结构上的研究兴趣推动了这项技术的快速发展。原子力显微镜刻蚀技术包括蘸笔纳米刻蚀技术（di-pen nanolithography，DPN）和纳米移植技术。原子力显微镜刻蚀技术指原子力显微镜探针在吸附分子的溶液中进行“蘸墨”之后，用附着了分子的探针在合适的衬底上进行扫描，在大气环境下，针尖和样品表面之间形成液体桥接（liquid bridge），便于转移针尖上的分子。采用这一技术可以制作出许多不同类型的分子图案。另一种技术为纳米移植技术，这种技术主要是对附着物进行选择性移除。在样品扫描过程中，施加的吸引力如果足够大，就可以将附着物从表面移除，留下空白的区域，表面空白区域又可以填充二次附着物。这项技术要求移除附着物的过程易于操作、修饰区域具有可选择性。原子力显微镜施加的力是可以控制的，且能够保持很小的接触面积，因此能够实现对原子的操控和修饰。

纳米刻蚀技术中性能最好的是局域氧化光刻技术。在大气环境下，在原子力显微镜针尖和样品之间施加电压，液体桥接在此形成，这就形成了一维方向的电化学池，在这种工作模式下，可获得非常好的空间分辨率，尤其是对半导体表面而言，可制备出宽度很窄的氧化纳米结构，其宽度小于 1nm。

通过原子操纵可以破坏和形成共价键[85]，如图 4.68 所示。利用从尖端施加电压脉冲，两个 Br 原子从一个前驱体分子上连续解离生成一个双自由基。这个双自由基能可逆地和重复地变成一个二炔，在分子内打破和形成共价碳-碳键。

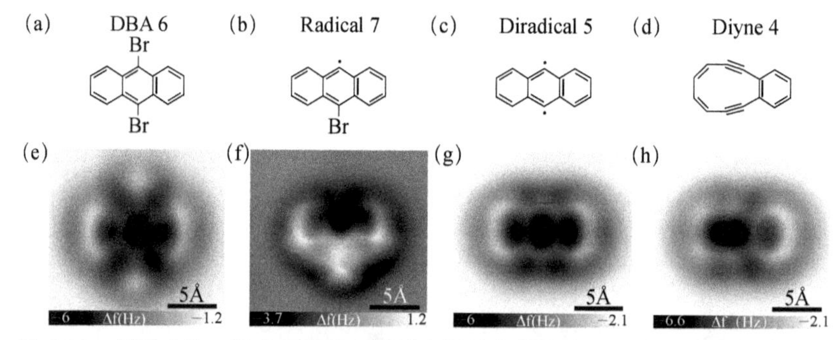


**图 4.68 原反应物、反应中间物、最后产物的化学结构和原子力显微镜图像[85]**

（a）由 STM 连续诱导二溴蒽（dibromoanthracene，DBA）脱溴的反应产物化学结构；（b）紧接着反向伯格曼环化（retro-Bergman cyclization）形成：DBA，9-脱氢-10-溴代烷（自由基 7）；（c）9，10-二氢蒽（二自由基 5）；（d）3，4-苯并环癸-3，7，9-三烯-1，5-二炔（二炔 4）；（e）～（h）对应的原子力显微镜分别在 NaCl(2ML)/Cu(111)基底上，在恒高模式下测得的图（a）～（d）中分子的原子力显微镜图像

## 思考题与习题

4.1 说明柱面偏转型电子能量分析器（CDA）的工作原理。

4.2 对弱信号进行电势调制和锁相放大的基本原理。

4.3　低能电子衍射（LEED）和反射高能电子衍射（RHEED）的区别。

4.4　什么是俄歇电子？俄歇电子如何命名？俄歇电子与入射电子能量是否有关？氢和氦元素是否会产生俄歇电子？

4.5　简述俄歇电子能谱的测量原理及其应用。

4.6　解释化学位移的概念。

4.7　说明 X 射线光电子能谱（XPS）测量的基本原理。

4.8　在 XPS 谱图中可观察到几种类型的峰？从中可得到哪些与表面有关的物理和化学信息？

4.9　简述扫描隧道显微镜（STM）的测量基本原理及其工作模式。

4.10　简述原子力显微镜（AFM）的测量基本原理及其工作模式。

4.11　球面分析器由两个同心球面组成，目前有两种类型，分别是 90°的扇形球面和 180°的半球面。图 4.2 是 180°半球面分析器剖面图，两球面之间的电势分布为

$$\phi(r)=\frac{U}{(1/R_1-1/R_2)}\left(\frac{1}{r}-\frac{1}{R_1}\right)$$

式中，$U$，$r$，$R_1$，$R_2$ 分别表示两球面间所加的电压、电子轨道半径，以及内、外半球面的半径。试求：

（1）两球面之间的电场分布；

（2）当电子沿中心轨迹运动时，电子动能和两球面施加的电压之间的关系。

4.12　根据图 4.35 说明 XPS 测量原理，并给出

$$E_{\mathrm{b}}=h\nu-E_{\mathrm{k}}-\varphi_{\mathrm{A}}$$

式中，$E_b$，$h\nu$，$E_k$，$\varphi_A$ 分别表示电子在原子中的结合能、激发光源的光子能量、由分析器测出的光电子动能、能量分析器的功函数。

4.13　图 4.69 是用 X 射线光子能量 $h\nu$ 为 1253.6eV 的 Mg Kα 激发光源测得的金属钯（Pd）的 XPS 能谱曲线，其最强主峰是结合能 $E_b$ 为 330eV 的 3d 态电子。

（1）若忽略谱仪的功函数，3d 态发射的光电子动能 $E_k$ 为多少电子伏特？如改用光子能量 $h\nu$ 为 1486.6eV 的 Al Kα 激发光源，那么 3d 主峰的光电子动能 $E_k$ 为多少电子伏特？

（2）图中谱线呈台阶型背底，这是什么原因造成的？

（3）图中所标的 MNN 峰是由什么信号引起的？

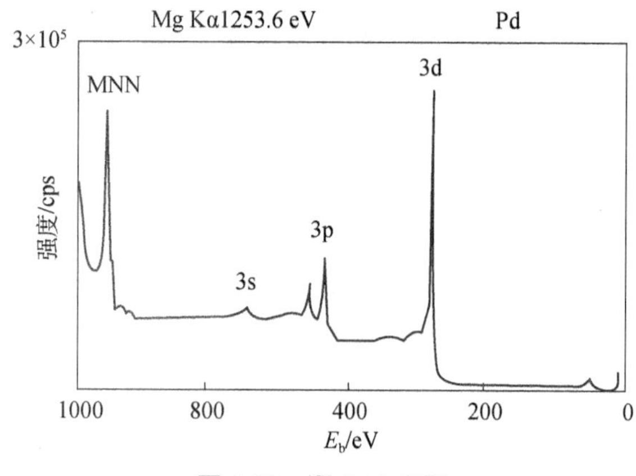


图 4.69 题 4.13 用图

4.14 扫描隧道显微镜的隧道电流 $I$ 和针尖离样品表面的距离 $s$ 满足 $I \propto \exp(-2K_0 s)$，式中 $K_0$ 是与样品表面和针尖表面电子逸出功有关的常数。若 $K_0$=10nm$^{-1}$，电流变化率 $\Delta I/I = 2\%$，则针尖和样品表面距离的控制精度 $\Delta s$ 为多少纳米？

4.15 XPS 谱图中纵、横坐标标识的含义是什么？主线如何标记？

## 主要参考书目和参考文献

### 主要参考书目


曹毅，等. 原子力显微镜单分子力谱[M]. 北京：科学出版社，2021.

华中一，罗维昂. 表面分析[M]. 上海：复旦大学出版社，1989.

陆家和，陈长乐. 现代分析技术[M]. 北京：清华大学出版社，1995.

姚琲. 扫描隧道显微镜与扫描力显微镜分析原理[M]. 天津：天津大学出版社，2009.

周玉. 材料分析方法[M]. 北京：机械工业出版社，2020.

[美]Feldman L C，Mayer J W. 表面与薄膜分析基础[M]. 严燕来，蒋平，译. 上海：复旦大学出版社，1989.

Andrade J D. Surface and Interfacial Aspects of Biomedical Polymers[M]. Berlin：Springer，1985：105-195.

Chen C J. Introduction to Scanning Tunneling Microscopy[M]. 2nd ed. New York：Oxford University Press，2008.

Eaton P，West P. Atomic Force Spectroscopy[M]. New York：Oxford University Press Inc.，2010.

Kaufmann E N. Characterization of Materials[M]. New York：John Wiley & Sons，Inc.，2012.

Konno H. Materials Science and Engineering of Carbon[M]. Chapter 8-X-ray Photoelectron Spectroscopy[M]. Beijing：Tsinghua University Press Limited. Amsterdam：Elsevier Inc，2016：153-171.

Marton L，Marton C. Advances in Electronics and Electron Physics[M]. New York：Academic Press Inc.，1980.

Sardela M. Practical Materials Characterization[M]. New York：Springer Science+Business Media，2014.

Unger W E S，Wirth T，Hodoroaba V D. Characterization of Nanoparticles. Chapter 4.3.2. Auger electron spectroscopy[M]. Amsterdam：Elsevier Inc.，2020.

Vickerman J C，Gilmore I S. 表面分析技术[M]. 陈建，谢方艳，李展平，等译. 广州：中山大学出版社，2020.

Vij D R. Handbook of Applied Solid State Spectroscopy[M]. New York：Springer Science+Business Media，LLC，2006.

**参考文献**

[1] Jona F，Strozier Jr J A，Yang W S. Low-energy electron diffraction for surface structure analysis[J]. Reports on Progress in Physics，1982，45：527-585.

[2] Rous P J，Pendry J B. The theory of tensor LEED[J]. Surface Science，1989，219：355-372.

[3] Zanazzi E，Jona F. A reliability factor for surface structure determinations by low-energy electron diffraction[J]. Surface Science，1977，62：61-80.

[4] Lagally M G，Martin J A. Instrumentation for lowenergy electron diffraction[J]. Review of Scientific Instruments，1983，54（10）：1273-1288.

[5] Arafune R，Lin C L，Kawahara K，et al. Structural transition of Silicon on Ag(111) [J]. Surface Science，2013，608：297-300.

[6] Lin C L，Arafune R，Kawahara K，et al. Structure of silicene grown on Ag(111) [J]. Applied Physics Express，2012，5（4）：045802.

[7] Cheng K.Y. Molecular beam epitaxy technology of Ⅲ-Ⅴ compound semiconductors for optoelectronic applications[J]. Proceedings of the IEEE，1997，85（11）：1694-1714.

[8] Jing C，Yang Y J，Wang X L，et al. Epitaxial growth of single-crystalline $Ni_{46}Co_4Mn_{37}In_{13}$ thin film and investigation of its magnetoresistance[J]. Progress in Natural Science：Materials International，2014，24（1）：19-23.

[9] Chambers S A. Epitaxial growth and properties of thin film oxides[J]. Surface Science Reports，2000，39：105-180.

[10] Ino S. Some new techniques in reflection high energy diffraction（RHEED）application to surface structure studies[J]. Japanese Journal of Applied Physics，1977，16：891-908.

[11] Harris J J，Joyce B A. Oscillations in the surface structure of Sn-doped GaAs during growth by MBE[J]. Surface Science，1981，103：L90-L96.

[12] Dobson P J，Joyce B A，Neave J H，et al. Current understanding and applications of the RHEED intensity oscillation technique[J]. Journal of Crystal Growth，1987，81：1-8.

[13] Majchrzak D，Grodzicki M，Moszak K，et al. Influence of pulsed Al deposition on quality of Al-rich Al（Ga）N structures grown by molecular beam epitaxy[J]. Surfaces and Interfaces，2021，27：101560.

[14] Bera A K，Singh S，Jamal M S，et al. Growth and in-situ characterization of magnetic anisotropy of epitaxial Fe thin film on ion-sculpted Ag(001) substrate[J]. Journal of Magnetism and Magnetic Materials，2022，544：168679.

[15] Auzelle T，Calabrese G，Fernández-Garrido S. Tuning the orientation of the top-facets of GaN nanowires in molecular beam epitaxy by thermal decomposition[J]. Physical Review Materials，2019，3：013402.

[16] Neave J H，Joyce B A，Dobson P J，et al. Dynamics of film growth of GaAs by MBE from RHEED observations[J]. Applied Physics A，1983，31：1-8.

[17] Kaspi R，Lu C. Monolayer oscillations of the Sb desorption rate during molecular beam epitaxy of GaSb[J]. Journal of Crystal Growth，2021，568-569：126179.

[18] Liu Q Q，Zhong Q L，Bai J W，et al. Specific cation stoichiometry control of $SrMnO_{3-\delta}$ thin films via RHEED oscillations[J]. Applied Physics Letters，2021，118：232903.

[19] Meitner L. Über die entstehung der β-strahl-spektren radioaktiver substanzen[J]. Zeitschrift für Physik，1922，9：131-144.

[20] Auger P. Sur l’effet photoélectrique composé[J]. Journal de Physique et Le Radium，1925，6（6）：205-208.

[21] Harris L A. Analysis of materials by electron excited Auger electrons[J]. Journal of Applied Physics，1968，39：1419.

[22] Palmberg P W，Bohn G K，Tracy J C. High sensitivity Auger electron spectrometer[J]. Applied Physics Letters，1969，15：254-255.

[23] MacDonald N C. Auger electron spectroscopy in scanning electron microscopy：potential measurements[J]. Applied Physics Letters，1970，16：76-80.

[24] Burrella M C. Method for correcting peak overlaps in quantitative Auger electron spectroscopy of Cr-containing oxides[J]. Journal of Vacuum Science & Technology A，2020，38：013201.

[25] Haas T W，Grant J T，Dooley G J. Chemical effects in Auger electron spectroscopy[J]. Journal of Applied Physics，1972，43：1853.

[26] Rades S，Wirth T，Unger W. Investigation of silica nanoparticles by Auger electron spectroscopy（AES）[J]. Surface and Interface Analysis，2014，46：952-956.

[27] Reinert F，Hüfner S. Photoemission spectroscopy—from early days to recent applications[J]. New Journal of Physics，2005，7：97.

[28] Steinhardt R，Serfass E. X-ray photoelectron spectrometer for chemical analysis[J]. Analytical Chemistry，1951，23（11）：1585-1590.

[29] Siegbahn K，Hammond D，Fellner-Feldegg H，et al. Electron spectroscopy with monochromatized X-rays[J]. Science，1972，176（4032）： 245-252.

[30] Siegbahn K. Electron spectroscopy for atoms，molecules，and condensed matter[J]. Reviews of Modern Physics，1982，54（3）：709-728.

[31] Lindau I，Pinanetta P，Doniach S，et al. X-ray photoemission spectroscopy[J]. Nature，1974，250：214-215.

[32] Kamakura N，Takata Y，Tokushima T，et al. Layer-dependent band dispersion and correlations using tunable soft X-ray ARPES[J]. Europhysics Letters，2004，67（2）：240-246.

[33] Boschini F，Hedayat H，Dallera C，et al. An innovative Yb-based ultrafast deep ultraviolet source for time-resolved photoemission experiments[J]. Review of Scientific Instruments，2014，85：123903.

[34] Lin C Y，Moreschini L，Lanzara A. Present and future trends in spin ARPES[J]. Europhysics Letters，2021，134：57001.

[35] Cattelan M，Fox N A. A perspective on the application of spatially resolved ARPES for 2D materials[J]. Nanomaterials，2018，8：284.

[36] Lv B Q，Qian T，Ding H. Angle-resolved photoemission spectroscopy and its application to topological materials[J]. Nature Review Physics，2019，1：609-626.

[37] Damascelli A. Probing the electronic structure of complex systems by ARPES[J]. Physica Scripta，2004，T109：61-74.

[38] Damascelli A，Hussain Z，Shen Z X. Angle-resolved photoemission studies of the cuprate superconductors[J]. Reviews of Modern Physics，2003，75：473-541.

[39] Sobota J A，He Y，Shen Z X. Angle-resolved photoemission studies of quantum materials[J]. Reviews of Modern Physics，2021，93（2）：025006.

[40] Mahan G D. Theory of photoemission in simple metals[J]. Physical Review B，1970，2（11）：4334-4350.

[41] Feibelman P J，Eastman D E. Photoemission spectroscopy—correspondence between

quantum theory and experimental phenomenology [J]. Physical Review B，1974，10（12)：4932-4947.

[42] Minár J，Braun J，Mankovsky S，et al. Calculation of angle-resolved photo emission spectra within the one-step model of photo emission—recent developments[J]. Journal of Electron Spectroscopy and Related Phenomena，2011，184：91-99.

[43] Hopkinson J F L，Pendry J B，Titterington D J. Calculation of photoemission spectra for surfaces of solids[J]. Computer Physics Communications，1980，19：69-92.

[44] Karkare S，Wan W S，Feng J，et al. One-step model of photoemission from single-crystal surfaces[J]. Physical Review B，2017，95：075439.

[45] Berglund C N，Spicer W E. Photoemission studies of Copper and Silver：theory[J]. Physical Review，136（4A)：1030-1044.

[46] Gadzuk J W，Šunjić M. Excitation energy dependence of core-level X-ray-photoemission-spectra line shapes in metals[J]. Physical Review B，1975，12（2)：524-530.

[47] von Koopmans T. Über die zuordnung von wellenfunktionen und eigenwerten zu den einzelnen elektronen eines atoms[J]. Physica，1934，1（1-6)：104-113.

[48] Bagus P S，Ilton E S，Nelin C J. The interpretation of XPS spectra：insights into materials properties[J]. Surface Science Reports，2013，68：273-304.

[49] Greczynski G，Hultman L. X-ray photoelectron spectroscopy：towards reliable binding energy referencing[J]. Progress in Materials Science，2020，107：100591.

[50] Gelius U，Basilier E，Svensson S，et al. A high resolution esca instrument with X-ray monochromator for gases and solids[J]. Journal of Electron Spectroscopy and Related Phenomena，1974，2：405-434.

[51] Andrade J D. X-ray photoelectron spectroscopy（XPS）[J]. Surface and Interfacial Aspects of Biomedical Polymers，1985：105-195.

[52] Grissa R，Abramova A，Tambio S J，et al. Thermomechanical polymer binder reactivity with positive active materials for Li metal polymer and Li-ion batteries：an XPS and XPS imaging study[J]. ACS Applied Materials & Interfaces，2019，11：18368-18376.

[53] Madec L，Ledeuil J B，Coquil G，et al. Cross-section Auger/XPS imaging of conversion type electrodes：how their morphological evolution controls the performance in Li-ion batteries[J]. ACS Applied Energy Materials，2019，2：5300-5307.

[54] Morgan D J. Imaging XPS for industrial applications[J]. Journal of Electron Spectroscopy and Related Phenomena，2019，231：109-117.

[55] Kobe B，Badley M，Henderson J D，et al. Application of quantitative X-ray photoelectron spectroscopy（XPS）imaging：investigation of Ni-Cr-Mo alloys exposed to crevice corrosion

solution[J]. Surface and Interface Analysis，2017，49：1345-1350.

[56] Xu S Y，Belopolski I，Alidoust N，et al. Discovery of a Weyl fermion semimetal and topological Fermi arcs[J]. Science，2015，349：613-617.

[57] Lv B Q，Weng H M，Fu B B，et al. Experimental discovery of Weyl semimetal TaAs[J]. Physical Review X，2015，5：031013.

[58] Lv B Q，Xu N，Weng H M，et al. Observation of Weyl nodes in TaAs[J]. Nature Physics. 2015，11：724-727.

[59] Zahid H M，Xu S Y，Belopolski I，et al. Discovery of Weyl fermion semimetals and topological Fermi arc states[J]. Annual Review of Condensed Matter Physics，2017，8（1）：289-309.

[60] Binnig G，Rohrer H. Scanning tunneling microscopy[J]. Surface Science，1983，126：236-244.

[61] Kuk Y，Silverman P J. Scanning tunneling microscope instrumentation[J]. Review of Scientific Instruments，1989，60（2）：165-180.

[62] Binnig G，Rohrer H. Scanning tunneling microscopy[J]. Surface Science，1985，152/153：17-26.

[63] Binnig G，Rohrer H. Scanning tunneling microscopy[J]. IBM Journal of Research and Development，1986，4（1）：279-293.

[64] Tersoff J，Hamann D R. Theory and application for the scanning tunneling microscope[J]. Physical Review Letters，1983，50（25）：1998-2001.

[65] Tersoff J，Hamann D R. Theory of the scanning tunneling microscope[J]. Physical Review B，1985，31（2）：805-813.

[66] Kuk Y，Silverman P J. Scanning tunneling microscope instrumentation[J]. Review of Scientific Instruments，1989，60：165-180.

[67] Tsukada M，Kobayashi K，Isshiki N，et al. First-principles theory of scanning tunneling microscopy[J]. Surface Science Reports，1991，13：265-304.

[68] Giessibl F J. Advances in atomic force microscopy[J]. Reviews of Modern Physics，2003，75（3）：949-983.

[69] Lutz C，Gross L. 30 years of moving individual atoms[J]. Europhysics News，2020，51（2）：26-28.

[70] Eigmer D M，Schweizer E K. Positioning single atoms with a scanning tunnelling microscope[J]. Nature，1990，344：524-526.

[71] Stroscio J A，Eigmer D M. Atomic and molecular manipulation with the scanning tunneling microscope[J]. Science，1991，254：1319-1326.

[72] Crommie M F，Lutz C P，Eigler D M. Confinement of electrons to quantum corrals on a metal surface[J]. Science，1993，262：218-220.

[73] Fiete G A，Heller E J. Colloquium：theory of quantum corrals and quantum mirages[J]. Reviews of Modern Physic，2003，75（3）：933-948.

[74] Binnig G，Quate C F，Gerber C. Atomic force microscope[J]. Physical Review Letters，1986，56（9）：930-933.

[75] 王英达. 高速原子力显微镜技术及系统研究[D]. 杭州：浙江大学，2020.

[76] Giessibl F J. Forces and frequency shifts in atomic-resolution dynamic-force microscopy[J]. Physical Review B，1997，56（24）：16010-16015.

[77] Giessibl F J. Probing the nature of chemical bonds by atomic force microscopy[J]. Molecules，2021，26：4068.

[78] Taguchi K，Toda A，Miyamoto Y. Crystal growth of isotactic polystyrene in ultrathin films：thickness and temperature dependence[J]. Journal of Macromolecular Science，Part B：Physics，2006，45：1141-1147.

[79] Nguyen-Tri P，Ghassemi P，Carriere P，et al. Recent applications of advanced atomic force microscopy in polymer science：a review[J]. Polymers，2020，12：1142.

[80] Last J A，Russell P，Nealey P F，et al. The applications of atomic force microscopy to vision science[J]. Investigative Ophthalmology & Visual Science，2010，51（12）：6083-6094.

[81] Tang Q，Shi S Q，Zhou L M. Nanofabrication with atomic force microscopy[J]. Journal of Nanoscience and Nanotechnology，2004，4（8）：948-963.

[82] Demir-Yilmaz I，Guiraud P，Formosa-Dague C. The contribution of atomic force microscopy（AFM）in microalgae studies：a review[J]. Algal Research，2021，60：102506.

[83] Mousa M，Dong Y. Towards sophisticated 3D interphase modelling of advanced bionanocomposites via atomic force microscopy[J]. Journal of Nanomaterials，2020，Article ID 4526108：1-22.

[84] Dallaeva D，Ţălu Ş，Stach S，et al. AFM imaging and fractal analysis of surface roughness of AlN epilayers on sapphire substrates[J]. Applied Surface Science，2014，312（1）：81-86.

[85] Schuler B，Fatayer S，Mohn F，et al. Reversible Bergman cyclization by atomic manipulation[J]. Nature Chemistry，2016，8：220-224.

# 第 5 章　核物理方法

## 5.1　引言

自 20 世纪 40 年代以来，核物理研究得到了迅猛的发展，利用核物理学知识开发的各种实用技术，在核工业技术应用等诸多领域都取得了重大成果。在利用核技术开展凝聚态物性实验研究方面，因其具有高灵敏度和高精度等突出特点，得到了非常广泛的应用。利用核技术构建的仪器设备种类很多，如正电子湮没技术、穆斯堡尔谱学、核磁共振技术、中子衍射等，都是目前得到广泛应用的现代实验技术。这些实验技术为凝聚态物理研究提供了独一无二的信息获取方法，是非常重要的技术测量手段。限于篇幅，本章仅对广泛应用的正电子湮没技术和穆斯堡尔谱学实验方法给予介绍。

## 5.2　正电子湮没技术

正电子是人类发现的第一种反物质。正电子遇到电子会立即发生湮没，因此，不会天然地存在。1928 年，狄拉克（P. A. M. Dirac）在理论上预言了正电子的存在[1]，随后美国物理学家安德森（C. D. Anderson）在宇宙射线中从实验上给予证实[2]。此后，正电子很快就得到了实际应用。正电子的产生可以通过加速器或反应堆，利用核反应生成缺少中子的放射源，即产生放射性同位素如 $^{22}$Na，$^{58}$Co，$^{64}$Cu 等，正电子很容易从这些同位素中获得。另一种方法是通过高能电子对效应产生正电子，如利用高能电子直线加速器产生的电子打在 W 靶上，当高能电子产生的韧致辐射能量大于 1.022 MeV 时，即正、负电子静止质量之和转化为能量后，就可产生一个正、负电子对。在正电子湮没过程中，正、负电子对发生湮没后转变为 $\gamma$ 光子，这个过程需要保持能量守恒和动量守恒，湮没后发射的光子携带了正电子在物质中的状态和参与湮没的电子性质。在正电子−电子湮没时会引起发射光子的能量位移和发射方向的变化，这些物理过程分别称为多普勒能移和 γ-γ 角关联。另外，正电子湮没的寿命与物质中电子的密度有关。因此，物质的物理和化学性质可以通过测量湮没正电子的能量移动、γ-γ 角关联及正电子的寿命等来分析和探究物质的物理与化学性质。

正电子湮没技术在测量材料缺陷方面应用最广，这一应用使得人们对材料的缺陷认识更加深入和便捷，其独特的优越性被人们广泛接受。正电子湮没技术是一种非破坏性的测试技术，具有多功能以及很高的灵敏度，而且仪器的响应速度极快，并且很容易应用拓展到多个研究领域。仪器经济实惠，价格低廉。

本节首先介绍正电子的发现及其物理性质，接下来介绍正电子湮没技术的基本测量原理、仪器装置组成及其在凝聚态物理研究方面的应用。

## 5.2.1 正电子的发现及其物理性质

为了研究正电子在凝聚态物质中的湮没行为，首先必须了解正电子的基本物理属性。因此，我们就从正电子的发现开始说起。

狄拉克认为，尽管电子这一微观粒子的运动服从量子力学规律，但标志近代量子力学的薛定谔方程却只适用于低速粒子的运动，而能够反映高速粒子运动性质的狭义相对论却不能直接表现出粒子的波粒二象性。为此，狄拉克于1928 年进行了将量子论和相对论结合起来的尝试，并建立了“相对论”电子运动方程。其基本思想是由薛定谔方程[1]

$$\mathrm{i}\hbar\frac{\partial\psi}{\partial t}=-\frac{\hbar^2}{2m}\nabla^2\psi+U\psi \tag{5.1}$$

给出其定态本征方程形式，即

$$H\psi=E\psi \tag{5.2}$$

将这一定态本征方程的非相对论能量和动量改写为符合相对论的能量和动量关系，其能量本征值 $E$ 可表示为

$$E=\frac{P^2}{2m}+U \tag{5.3}$$

对于自由电子而言，因势能项 $U$=0，其非相对论能量 $E$ 和动量 $P$ 之间的关系为

$$E=\frac{P^2}{2m}=\frac{1}{2m}(P_x^2+P_y^2+P_z^2)=\frac{1}{2m}(P_1^2+P_2^2+P_3^2) \tag{5.4}$$

而符合相对论的自由电子能量和动量之间的关系为

$$\frac{E^2}{c^2}=m_0^2c^2+P^2=m_0^2c^2+P_x^2+P_y^2+P_z^2=P_0^2+P_1^2+P_2^2+P_3^2 \tag{5.5}$$

式中，$P_0^2=m_0^2c^2$，$P^2=P_x^2+P_y^2+P_z^2=P_1^2+P_2^2+P_3^2$。

故有

$$E=c(P_0^2+P_1^2+P_2^2+P_3^2)^{\frac{1}{2}} \tag{5.6}$$

根据量子力学的观点，$E$ 和 $P$ 都应表示为线性算符。但是，（5.6）式开方内的微分算符就不是线性算符，其物理意义也不明确。为此，狄拉克通过消去自由电子算符平方根的方法，将（5.6）式进行线性化处理，然后再把结果推广到有场存在的场合。为了消去（5.6）式右端括弧中四项之和的平方根，使能量和动量间的相对论关系线性化，狄拉克借助于矩阵表示，将能量表示为动量分量的线性叠加，即

$$E=c(m_0^2c^2+P^2)^{\frac{1}{2}}=c\sum_{i=0}^{3}\alpha_i P_i \tag{5.7}$$

式中，$\alpha_i$ 称为狄拉克矩阵，它是一个四阶矩阵，线性算符分别为

$$P_0=m_0^2c^2,\quad P_1=-\mathrm{i}\hbar\frac{\partial}{\partial x},\quad P_2=-\mathrm{i}\hbar\frac{\partial}{\partial y},\quad P_3=-\mathrm{i}\hbar\frac{\partial}{\partial z},\quad P_4=\frac{\mathrm{i}\hbar}{c}\frac{\partial}{\partial t} \tag{5.8}$$

由此，狄拉克方程可写为

$$(P_4^2-P_1^2-P_2^2-P_3^2-m_0^2c^2)\psi=0 \tag{5.9}$$

狄拉克方程解释了类氢原子光谱线的精细结构，并根据这一方程成功建立了正常和反常塞曼效应理论，从而揭示了自旋本性之谜。但是，从自由电子总能量的相对论关系

$$E^2=m_0^2c^4+c^2P^2 \tag{5.10}$$

可求出电子能量 $E$，且具有正负两个值，即

$$E=\pm\sqrt{m_0^2c^4+c^2P^2} \tag{5.11}$$

这可以理解为电子能量存在正和负两个能量区域，即

$$\sqrt{m_0^2c^4+c^2P^2}\ \text{和}\ -\sqrt{m_0^2c^4+c^2P^2} \tag{5.12}$$

从数学表达式来看，电子能量分布区间可从$-\infty$到$-m_0c^2$，紧接着出现一个从$-m_0c^2$ 到 $m_0c^2$ 的能量禁区，其宽度为 $2m_0c^2$，然后再从 $m_0c^2$ 到$+\infty$。

毫无疑问，正能量区间是正确的，而负能量区间可以从$-m_0c^2$ 延伸到负无穷大，这从经典物理学的观点是无法理解和接受的，因为既然存在负无穷大的能量区间，那么电子总是要发生向低能量区间的跃迁，而低能量低到负无穷大，这就意味着电子跃迁到更低的能量状态总是可能的。如此一来，自然界也就没有稳定状态可言了。

为了避免在解释负能量区间所遇到的这种麻烦，狄拉克于 1930 年提出[3, 4]，之所以电子不能跃迁到负能量状态，是因为负能量状态是被电子所填满的，如

图 5.1 所示。只有当负能量状态出现空穴的时候，正能量状态的电子才能向更低的负能量区域发生跃迁。在这种情况下，当能量 $E>2m_0c^2$ 的γ光子作用在负能级上的电子上时，在负能量区域产生“空穴”，这时正能量区的电子会向负能量区跃迁。狄拉克认为这个“空穴”就是具有与电子质量相等而电荷符号相反的正粒子，即正电子。由此可见，处于负能量状态的电子在吸收一个能量大于 $2m_0c^2$ 的γ光子后跃迁到正能量状态，就会产生两个粒子，即一个电子和一个正电子。狄拉克的这一见解由于不符合常理，当时并不被人们所接受。

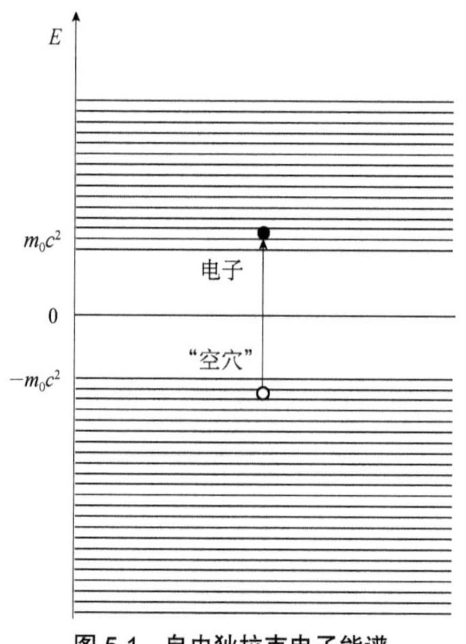


图 5.1　自由狄拉克电子能谱

1. 正电子的发现

在狄拉克的见解发表两年之后，美国物理学家安德森和密立根利用威尔逊云室（cloud chamber）（威尔逊云室于 1896 年由威尔逊发明，是最早的带电粒子轨迹探测器）共同研究宇宙射线是电磁辐射还是粒子的问题时，发现了正电子，这是人类第一次发现的反物质。威尔逊云室是利用纯净蒸气进行绝热膨胀，以降低温度，从而使蒸气达到过饱和状态。当带电粒子进入威尔逊云室时，在经过的路径上产生离子，过饱和蒸气以离子为核心凝结成小液滴，于是粒子经过的路径上就会出现一条白色的雾，在适当的照明下就能看到或用照相的方法拍摄到粒子运动的轨迹。将威尔逊云室和磁场联用，根据粒子运动轨迹的曲率半径和弯曲方向就可获得粒子的动量和电性，从而可确定粒子的性质。云室中的气体大多是空气或氩气，蒸气大多是乙醇或甲醇。

安德森将云室置入一个强磁场中，其目的是弄清楚进入威尔逊云室的宇宙射线在强磁场作用下是否会改变方向。由于宇宙射线能量很高，速度很大，造成在磁场中运动的轨迹曲率半径很大。为此，他在云室内安装了一块 6～7mm 厚的铅板，并平行于板面施加一 $1.5\times10^4$Oe 的强磁场，以便观察射线的偏离，结果发现宇宙射线穿过铅板后其运动轨迹确实发生了弯曲。他拍摄了 1300 多张宇宙微粒运动的轨迹图片，从中挑选出 15 张图片，发现其运动轨迹不同于电子的运动轨迹，即与电子的运动轨迹相反，沿这一类轨迹运动的粒子应该带正电荷，如图 5.2 所示。根据当时的物理学知识，人们只知道带负电的电子、带正电的质子，以及正在研究的中子和狄拉克理论预言的正电子等基本粒子。如果是质子的话，则根据运动轨迹，其质量应该与质子质量相符，但事实上，其质量是与电子的质量相符的。如果是电子的话，则根据洛伦兹力受力方向，它应该向右偏转。而事实上它是向左偏转的。因此，就不可能是电子的运动轨迹。经过反复研究，安德森意识到，这应该是狄拉克所预言的“正电子”，这就从实验上证实了正电子的存在[2]。由于这一重大发现，安德森于 1936 年荣获了诺贝尔物理学奖。

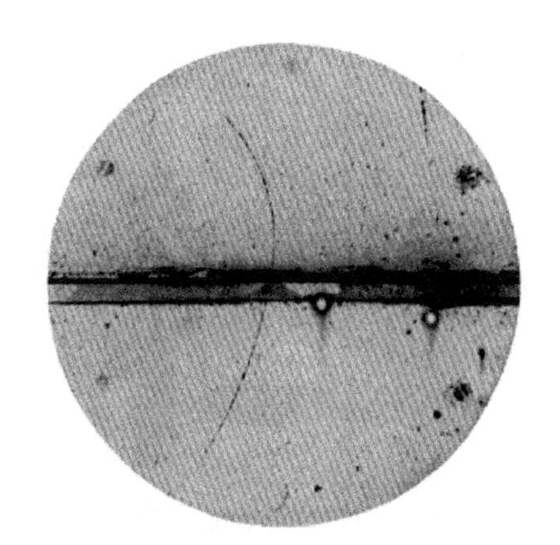

**图 5.2　安德森在云室照片中所挑选的粒子轨迹与电子相似但方向相反的粒子轨迹[4]**

正电子是人类首次发现的反粒子，其发现过程是理论与实验相结合的典范，并由此打开了反物质世界的大门。在这一重大发现的基础上，正电子湮没技术从 20 世纪 60 年代开始发展起来。目前，研究低能正电子与物质相互作用的实验技术日臻完善，应用日益广泛，逐步形成了一门独具特色的新兴交叉学科即正电子谱学，并已在原子物理、凝聚态物理、材料科学、化学、医学、生物学等诸多领域开拓出广泛的应用前景。

2. 宇宙射线经过铅板后产生正电子的解释

正电子是宇宙射线产生的次级辐射，是γ光子与铅板中铅原子核作用所产生的，即$\gamma \longrightarrow e^{+}+e^{-}$。

后来，约里奥-居里夫妇从另一方面发现了正电子。他们用 α 离子轰击铝原子，发现这时不仅产生质子，也产生了正电子。

正电子是电子的反粒子，其基本属性与电子对称，如表 5.1 所示。

**表 5.1　正电子和电子基本属性的比较**

| 物理量 | 单位 | 正电子 | 电子 |
| --- | --- | --- | --- |
| 静止质量 | g | $9.11\times10^{-28}$ | $9.11\times10^{-28}$ |
| 自旋 | — | 1/2 | 1/2 |
| 电荷 | e | +1 | −1 |
| 磁矩 | $^{*}\mu_B$ | +1 | −1 |

注：$^{*}\mu_B$（玻尔磁子）$=5.788\times10^{-11}$MeV/T，e 为元电荷$=1.6\times10^{-19}$库仑。

## 5.2.2　晶体缺陷的捕获效应与正电子寿命谱

1. 自由态正电子湮没的物理图像

正电子湮没服从量子电动力学规律，湮没前后必须保持能量守恒和动量守恒，湮没后可产生数个 γ 光子，表示为

$$e^{+}+e^{-} \longrightarrow n\gamma \quad (n=1, 2, 3,\cdots) \tag{5.13}$$

此过程是一典型的爱因斯坦质能转换量子电动力学过程。这里应该指出，只有当存在着吸收反冲动量的第三个粒子时才有可能发射 1 个 γ 光子的情况，这是由能量守恒和动量守恒所决定的。事实上，正电子湮没产生 2 个 γ 光子和 3 个 γ 光子的概率最大，其他情况下概率都非常小，可以忽略不计。1930 年，狄拉克根据量子电动力学进一步计算分析，得出了 2γ 光子湮没概率是 3γ 光子湮没概率的 378 倍。因此，2γ 湮没是正电子谱学中最重要的实验参量。

当能量大于两倍电子静止能量的 γ 射线经过原子核附近时，其能量被吸收而转换为正负电子对。反过来，当正、负电子相遇时，两粒子自身被湮灭而发出两个 γ 光子，如用方程表示，即为

$$e^{+}+e^{-} \longrightarrow 2\gamma \tag{5.14}$$

这就是双光子湮没。当正电子和电子的速度都远小于光速时，狄拉克还给出了单位时间内发生 2γ 光子湮没概率与电子密度成正比的关系，即

$$\lambda=\pi r_0^2 c n_e \tag{5.15}$$

式中，$r_0$为经典电子半径，$c$ 为光速，$n_e$为正电子湮没处的电子密度。

2. 正电子在凝聚态物质中的湮没

从量子力学的观点来看，正电子和电子的相互作用取决于两者的波函数交

叠，因此正电子在晶体中的湮没正比于电子-正电子波函数的交叠积分。而电子-正电子波函数的交叠程度则与正电子在材料中的环境有关，也就是说，正电子湮没取决于物质的微观状态。在完整晶体中，热化的正电子处于最低的布洛赫态。在离子实区域，正电子因受离子实的排斥作用，其波函数趋于零；而在间隙位置，正电子可以挤入其间，波函数的模具有极大值。

处在间隙区间的正电子遇到电子而发生的湮没称为自由态湮没。如果晶体存在缺陷，当正电子扩散到缺陷位置时，会被缺陷所捕获形成捕获态正电子。缺陷捕获效应说明了正电子被缺陷捕获的成因以及形成捕获态的条件，但进入非完整晶体中的正电子只有一部分被捕获而发生湮没，另一部分仍在晶体中各个完整部分自由湮没。因此，材料总的正电子湮没至少存在两种寿命的湮没成分。一般来说，捕获态寿命 $\tau_d$ 大于自由态寿命 $\tau_f$，而且捕获态寿命与缺陷大小有关。例如，Al 中自由态正电子寿命为 170ps，单空位的缺陷态正电子寿命为 240ps，在 5 个空位团中缺陷态正电子寿命为 350ps。材料中不同寿命成分的集合就称为正电子寿命谱。

由放射源发生 $\beta^+$ 衰变而放射出的高速正电子进入凝聚态物质后，由于离子实的散射作用，使其所携带的数百电子伏特的能量通过一系列的量子跃迁、碰撞、电离等过程，大约在几皮秒（$1ps=1\times10^{-12}s$）的极短时间内，以声子散射的方式降低到晶格热振动的能量 $k_BT$（在室温 300K 下约为 0.0248eV），并与基体物质处于热平衡，这一过程称为正电子的热化。热化后的正电子在固体中进行扩散，在扩散过程中遇到电子后会与电子发生自由湮没，也可能会被晶体中的缺陷捕获后再发生湮没。

正电子在样品中的扩散深度与正电子的初始能量有关，例如，从放射源 $^{22}Na$ 放出的正电子，能量从 0～545keV 连续分布，当正电子注入固体中后也存在一个能量分布范围，在大多数材料中，根据经验得到的正电子吸收系数为

$$\alpha_+ \approx 17\frac{\rho}{E_{max}^{1.43}} \tag{5.16}$$

式中，$\rho$ 为材料的密度，单位为 $g/cm^3$；$E_{max}$ 为正电子的最大能量，单位为 MeV。在一般情况下，根据（5.16）式，能量为几十万电子伏特的正电子在固体中进入的深度可达毫米量级。因此，正电子探测的信号是体材料的信号，只有当采用低能量的正电子束进行探测研究时，才可作为固体表面性质的研究。

正电子从射入固体开始到湮没位置处所经历的时间称为正电子的寿命。如果固体中存在空位、位错或空洞等缺陷，由于缺陷对正电子的捕获作用，正电子将局域在缺陷附近发生湮没。而缺陷附近的平均电子密度一般较低，故正电

子寿命变长。正电子-电子对的湮没是一个相对论过程，在此过程中，质量转换为电磁能量，这种转换严格满足动量守恒和能量守恒定律，如图 5.3 所示。

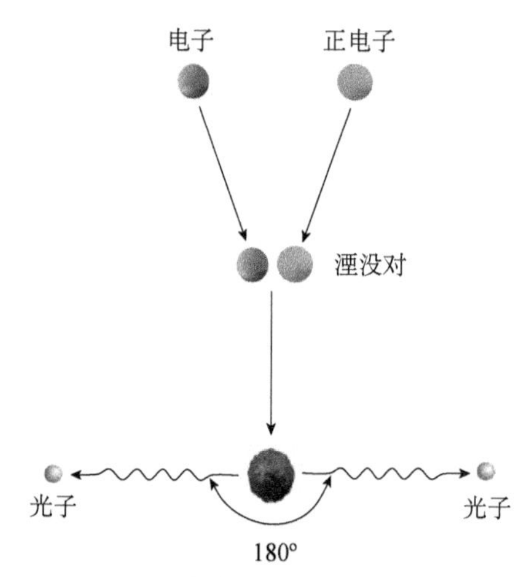


图 5.3　正负电子对双光子湮没过程

现以 2γ 湮没 $e^+ + e^- \longrightarrow 2\gamma$ 为例加以说明。选用一个惯性坐标系，并假定正电子和电子做动量相等而方向相反的运动，其波矢

$$\boldsymbol{K}_+ = -\boldsymbol{K}_- = \boldsymbol{K} \tag{5.17}$$

在质心坐标系，按照动量守恒定律，生成的两个光子的总动量也应该等于零，即

$$\hbar(\boldsymbol{K}_1+\boldsymbol{K}_2)=0 \tag{5.18}$$

而按照能量守恒定律，有

$$c\hbar(K_1+K_2)=2\sqrt{m_0^2c^4+c^2\hbar^2K^2} \tag{5.19}$$

由于 $\boldsymbol{K}_1 = -\boldsymbol{K}_2$，从而一个光子的能量应等于

$$c\hbar K_1=c\hbar K_2=\sqrt{m_0^2c^4+c^2\hbar^2K^2} \tag{5.20}$$

若电子与正电子均处于静止状态，即 $K=0$，则光子能量具有最小值，即

$$\varepsilon_{\min}=c\hbar K_1=c\hbar K_2=m_0c^2=511\ \text{keV} \tag{5.21}$$

这两个 γ 光子将以相同的能量和相反的动量传播。由此还可以看出，正电子-电子对不能转变为一个 γ 光子，因为当转变为一个 γ 光子时，就不能同时满足动量守恒和能量守恒。

3. γ-γ 角关联

由于实际湮没对相对于实验室坐标不是静止的，湮没前的正电子具有动能 $k_BT$，而相关的电子也有数个电子伏特的动能，从而它们有一定的动量。按照动量守恒定律，湮没前的湮没对动量应与湮没后 γ 光子的动量相等。由于电子−正电子对湮没前具有一定的动量，所以正、负电子对在湮没后辐射的 γ 光子动量也不应为零。在质心坐标系中，光子能量为 $mc_0^2 = 511\text{keV}$，两个 γ 光子严格沿相反方向运动，但在实验室坐标系中，两个 γ 光子不在一条直线上，而是偏离一定的角度，这种现象称作 γ-γ 角关联，如图 5.4 所示。

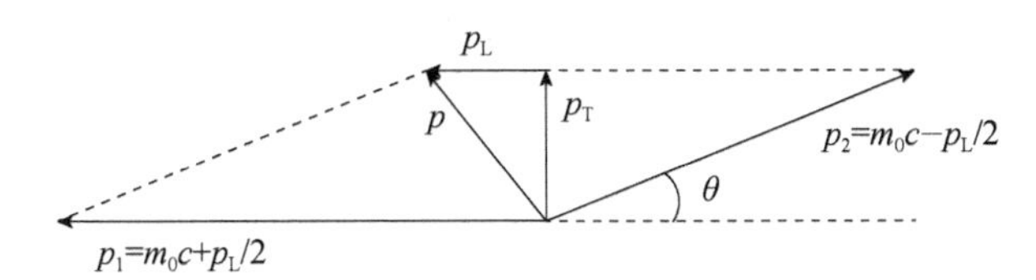


**图 5.4　2γ 湮没过程中动量守恒矢量图**

在图 5.4 中，$p$，$p_L$，$p_T$ 分别是正负电子湮没对的总动量、横向分量和纵向分量。180°−$\theta$就是实验室坐标中的两个 γ 光子的夹角，称为$\theta$关联角。由图中关联可得

$$\sin\theta = \frac{p_T}{p_2} \tag{5.22}$$

因为$\theta$关联角很小（<1°），故（5.23）式可简化为

$$\theta \approx \frac{p_T}{m_0 c} \tag{5.23}$$

由此可见，关联角$\theta$与湮没对的横向动量 $p_T$ 相关，由于湮没对的热化正电子动量与电子动量相比可视为零，所以角关联的大小反映了物质中的电子动量分布，可以用来研究固体的费米面形状。

4. 多普勒展宽

湮没对在湮没过程中不仅表现出角关联，而且必然因为多普勒效应表现出两个光子的能量不相等，这称为多普勒展宽，也称多普勒能移。这种展宽（能移）同样是由于电子−正电子在湮没前具有一定的动量，根据动量守恒，湮没后的总动量应等于湮没前的总动量。若以 $\boldsymbol{p}$ 表示湮没对因相对运动而具有的动量，并假定湮没光子之一与 $\boldsymbol{p}$ 的方向相同，γ 光子能量为 $h\nu$，而另一个 γ 光子则与 $\boldsymbol{p}$ 的方向相反，能量为 $h\nu'$。根据能量守恒和动量守恒，可得

$$2m_0c^2 = h\nu + h\nu' \tag{5.24}$$

$$p = \frac{h\nu}{c} - \frac{h\nu'}{c} \tag{5.25}$$

联立解方程解得

$$h\nu = m_0c^2 + \frac{1}{2}pc = E_0 + \Delta E \tag{5.26}$$

$$h\nu' = m_0c^2 - \frac{1}{2}pc = E_0 - \Delta E \tag{5.27}$$

多普勒能移为$\Delta E = \pm\frac{1}{2}pc$，即湮没辐射的光子能量为$E = m_0c^2 \pm \Delta E$。

正电子进入样品热化后，正电子的动能降至$k_BT$量级（在室温下约为0.025eV)，而电子的能量通常为数个电子伏特。正电子的能量可以忽略不计，这就意味着多普勒能移主要反映电子的动量分布情况。因此，利用多普勒能移可以获得固体的电子结构信息。

5. 电子偶素的形成与湮没

正电子束缚态是由一个电子和一个正电子在短时间内组成的双粒子系统，电子偶素（positronium，Ps）是由电子和正电子组成的亚稳态结构，类似氢原子，人们对其能级、精细结构和衰变率进行了研究。早在1951年，由多伊奇（M. Deutsch）在实验上从气体发出的特殊γ射线而证实了它的存在[5]。对电子偶素的研究也是研究固体物质结构的一个方面。

1）电子偶素的能级

由于电子偶素亚原子具有类似于氢原子的结构，正电子类似于氢核，而电子类似于氢核外的电子，所以，量子力学中描写氢原子的波函数和能级公式也可用于对电子偶素的描述。氢原子的能级公式为

$$E_n = -\frac{\mu e^4}{2\hbar^2(4\pi\varepsilon_0)^2}\frac{1}{n^2} \tag{5.28}$$

式中，$n$为主量子数；$e$为电荷电量；$\hbar$为约化普朗克常量；$\varepsilon_0$为真空介电常量；$\mu$是约化质量，可表示为

$$\mu = \frac{Mm}{M+m} \tag{5.29}$$

其中，$m$为电子质量，$M$为质子质量。

由于$M \approx 1836m$，故氢原子的约化质量$\mu \approx m$。当$n=1$时，氢原子的基态能为

$$E_n = -13.6\text{eV} \tag{5.30}$$

电子偶素与氢原子能级类似，只是把氢原子中的质子质量代之以正电子的质量，而电子偶素的约化质量为$\mu_{Ps} = m/2$，故可得电子偶素的能级为

$$E_n = -6.8\text{eV} \tag{5.31}$$

即Ps的束缚能为6.8eV，约为氢原子束缚能的一半。

由薛定谔方程解得氢原子的基态波函数为

$$\varphi_{100} = \left(\frac{1}{\pi a_0^3}\right)^{1/2} \mathrm{e}^{-r/a_0} \tag{5.32}$$

式中，$a_0 = \frac{4\pi\varepsilon_0\hbar^2}{me^2} = \frac{\varepsilon_0 h^2}{\pi me^2}$ 是核外电子的第一轨道半径，即玻尔半径，代入具体常数可得其值为 $a_0$=0.529Å。而对于电子偶素的第一轨道半径应为

$$a_{\mathrm{Ps}} = \frac{\varepsilon_0 h^2}{\pi\mu_{\mathrm{Ps}} e^2} = \frac{2\varepsilon_0 h^2}{\pi me^2} = 2a_0 = 1.058\,\text{Å} \tag{5.33}$$

正好是玻尔半径的 2 倍。

事实上，氢原子中电子围绕原子核运动，也即围绕质子运动，而电子偶素是两个质量相同、电量相等但符号相反的两个带电粒子围绕质心运动。

2）电子偶素的湮没特性

电子偶素的微观状态和性质与正电子和电子的自旋相对取向有关，根据二者自旋取向不同，电子偶素有两种不同的基态存在。电子和正电子的自旋角动量都为

$$S = \sqrt{s(s+1)}\hbar \tag{5.34}$$

其平方值为

$$S^2 = s(s+1)\hbar^2 \tag{5.35}$$

它们反映的是同一个状态。自旋角动量在某个方向的投影分量为

$$S_z = \pm\frac{1}{2}\hbar \tag{5.36}$$

设电子的两种自旋状态对应的电子波函数分别为 $\varphi_-(1), \varphi_-(2)$，正电子的两种自旋状态对应的波函数分别为 $\varphi_+(1), \varphi_+(2)$，这些表示本征态的正电子和电子的波函数应满足下述本征方程

$$S_i^2\varphi_\pm(i) = s_i(s_i+1)\hbar^2\varphi_\pm(i) \tag{5.37}$$

$$S_{iz}\varphi_\pm(i) = \pm\frac{1}{2}\hbar\varphi_\pm(i) \tag{5.38}$$

式中，$i$=1，2，$s_i$=1/2。

因为 $s_+$=$s_-$=1/2，故总自旋 $S = |s_+ + s_-|, |s_+ - s_-|$，$S$ 只可能有两个取值，即 $S$=1 为自旋平行态，$S$=0 为自旋反平行态。$S$=1 时，$S_z$ 的本征值 $S_z' = m_s\hbar$ 为 $\hbar, 0, -\hbar$，分别与 $m_s$=1，0，−1 相对应；而 $S$=0 时的 $S_z$=0，其本征值为零。因此，$S$=1 时存在三种状态，称为三重态；$S$=0 时只有一种状态，称为单态。即正电子和电子的组态共有四种状态。若以 $\varphi(s)$表示总自旋 $S$ 的平方 $S^2$ 及其分量 $S_z$=$S_{+z}$+$S_{-z}$ 的共同本征态，则有

$$S_z\varphi(s)=S_z{}'\varphi(s)$$

满足定态本征函数，在相互作用不很强的情况下，可用两个粒子状态波函数的乘积来表示，因此有如下四种：

$$S=1,\quad S_z'=\hbar\ (m_s=1),\qquad \varphi_1(s)=\varphi_+(1)\varphi_-(1) \tag{5.39}$$

$$S=1,\quad S_z'=-\hbar\ (m_s=-1),\quad \varphi_2(s)=\varphi_+(2)\varphi_-(2) \tag{5.40}$$

$$S=1,\quad S_z'=0\ (m_s=0),\qquad \varphi_3(s)=\varphi_+(1)\varphi_-(2) \tag{5.41}$$

$$S=0,\quad S_z'=0\ (m_s=0),\qquad \varphi_4(s)=\varphi_+(2)\varphi_-(1) \tag{5.42}$$

上述四个波函数，$\varphi_1(s)$和 $\varphi_2(s)$在交换两个自旋时不变号，因而属于偶宇称，而且 $\varphi_1(s)$和 $\varphi_2(s)$既是 $S_z$ 的本征函数，也是 $S^2$ 的本征函数，也就是说，能同时满足（5.37）式和（5.38）式中的两个本征方程的本征函数。但 $\varphi_3(s)$和 $\varphi_4(s)$既非对称波函数，也非反对称波函数，而且它们只是（5.38）式的本征函数。但若将 $\varphi_3(s)$和 $\varphi_4(s)$组合起来

$$\varphi_3(s)+\varphi_4(s)=\varphi_+(1)\varphi_-(2)+\varphi_+(2)\varphi_-(1) \tag{5.43}$$

$$\varphi_3(s)-\varphi_4(s)=\varphi_+(1)\varphi_-(2)-\varphi_+(2)\varphi_-(1) \tag{5.44}$$

（5.43）式在交换自旋变量时不变号，为偶宇称波函数；（5.44）式在交换自旋变量时变号，为奇宇称波函数。引入归一化因子，可得 Ps 两种基态的四个状态波函数

$$S=0,\quad m_s=0,\quad \varphi_{00}=\frac{1}{\sqrt{2}}[\varphi_+(1)\varphi_-(2)-\varphi_+(2)\varphi_-(1)]\text{，对称性}\uparrow\downarrow \tag{5.45}$$

$$S=1,\quad m_s=0,\quad \varphi_{1,0}=\frac{1}{\sqrt{2}}[\varphi_+(1)\varphi_-(2)+\varphi_+(2)\varphi_-(1)]\text{，对称性}\uparrow\uparrow \tag{5.46}$$

$$S=1,\quad m_s=1,\quad \varphi_{1,1}=\varphi_+(1)\varphi_-(1)\text{，对称性}\uparrow\downarrow \tag{5.47}$$

$$S=1,\quad m_s=-1,\quad \varphi_{1,-1}=\varphi_+(2)\varphi_-(2)\text{，对称性}\uparrow\downarrow \tag{5.48}$$

由此得出电子偶素的两种基态波函数和对称性表示法。若电子自旋与正电子自旋平行，则电子偶素总自旋为 1，对应磁量子数为 $m_s$=1，0，−1，状态符号为$1^3S_1$，为三重态，称为正态电子偶素（orthopositronium，o-Ps）。若电子自旋与正电子自旋方向相反，则电子偶素的总自旋为零，对应磁量子数为 $m_s$=0 的自旋单态，其状态符号为$1^1S_0$，称为仲态电子偶素（parapositronium，p-Ps）。由此可见，电子偶素基态存在单态和三重态，这不同于氢原子，氢原子基态不存在精细结构劈裂。在两种基态的四个状态中，每一状态的占有概率均为 1/4，因此，Ps 处于仲态电子偶素和正态电子偶素的概率之比为 1∶3。

在量子力学中表示粒子状态对称性的有空间宇称、内禀宇称和外部宇称。空间宇称也称为运动宇称，用 $P_l=(-1)^l$ 表示，$l$ 为轨道量子数，$l$=0，1，2，

3，…；内禀宇称只有+1 和−1，是表示粒子内禀对称性的物理量，如规定质子和中子的内禀宇称为 $P_i$=1，其反粒子的内禀宇称为 $P_i$=−1。自旋宇称被视为外部宇称，用 $P_s=-(-1)^S$ 表示，$S$ 为总自旋量子数。

一个粒子的总宇称或多个粒子组成的系统的总宇称是各宇称之积，即 $P_c=P_lP_iP_s$。

对于粒子体系来说，经过相互作用后无论发生什么变化（甚至包括粒子数的改变），总宇称的奇偶性始终保持不变，称为宇称守恒定律。

对于电子偶素运动宇称 $P_l$，因基态 $l$=0，$P_l=(-1)^l=1$。电子偶素的内禀宇称 $P_i$=−1。电子偶素的自旋宇称：对于 p-Ps，有 $S$=0，$P_s$=−1；对于 o-Ps，有 $S$=1，$P_s$=+1。因此，由其乘积可得，单态 $^1S_0$ 的总宇称为 $P_c$=+1，三重态 $^3S_1$ 的总宇称为 $P_c$=−1。

由此可见，由于一个光子的宇称为 $P=(-1)^n$，按照电磁相互作用的宇称守恒定律，单态的宇称为正，则 $n$ 必为偶数，因此湮没必须为偶数个光子；而对于三重态，宇称为负，则 $n$ 必为奇数，因而湮没必须为奇数个光子。

根据量子力学选择定则，可求出 3γ 湮没截面 $\sigma_{3\gamma}$ 和 2γ 湮没截面 $\sigma_{2\gamma}$ 之比为

$$\frac{\sigma_{3\gamma}}{\sigma_{2\gamma}}=\alpha=\frac{1}{137} \tag{5.49}$$

式中，$\alpha=\dfrac{e^2}{hc}=\dfrac{1}{137}$ 为精细结构常数，严格计算得出的结果是 $\dfrac{\sigma_{3\gamma}}{\sigma_{2\gamma}}\approx\dfrac{4}{3\pi}(\pi^2-9)\times\alpha=\dfrac{1}{371.3}$，经过小的辐射修正后，其比值为

$$\frac{\sigma_{3\gamma}}{\sigma_{2\gamma}}=\frac{1}{378.16} \tag{5.50}$$

由此可见，2γ 湮没的概率约为 3γ 湮没概率的 378 倍。

3）湮没率和寿命

根据上述宇称分析，在电子偶素的正态和仲态两种基态中，正态会发生 3γ 湮没，只有仲态才能发生 2γ 湮没，而仲态只占总状态数的 1/4，正电子发生 2γ 湮没的电子应为所处电子密度 $n_e$ 的 1/4。这个电子密度可用前述反对称电子波函数（$S$=0，$m_s$=0）得到，$|\varphi_{00}|^2=\dfrac{1}{8\pi a_B^3}=\dfrac{n_e}{4}$，即有 $n_e=\dfrac{1}{2\pi a_B^3}$，将其代入狄拉克计算（5.15）式，可得仲态电子偶素的湮没率为

$$\lambda_p=\pi r_0^2cn_e=\pi r_0^2c\times\frac{1}{2\pi a_B^3}=\frac{(2.817\times10^{-15})^2\times2.998\times10^8}{2\times(0.529\times10^{-10})^3}\approx8.035\times10^9(s^{-1}) \tag{5.51}$$

式中，电子半径 $r_0 = 2.817\times10^{-15}\mathrm{m}$，玻尔半径 $a_\mathrm{B} = 0.529\times10^{-10}\mathrm{m}$，光速 $c = 2.998\times10^{8}\mathrm{m/s}$。

根据（5.51）式的计算结果，可得仲态电子偶素的寿命 $\tau_\mathrm{p}=1/\lambda_\mathrm{p} \approx 0.124\times10^{-9}\mathrm{s} = 124\mathrm{ps}$。

根据 3γ 湮没截面和 2γ 湮没截面之比，可求得正态电子偶素 o-Ps 的湮没率

$$\lambda_\mathrm{o} = \frac{1}{3}\frac{\sigma_{3\gamma}}{\sigma_{2\gamma}}\lambda_\mathrm{p} = \frac{1}{3}\times\frac{1}{372}\times 8.033 = 7.198\times10^{-3}\ (\mathrm{ns}^{-1}) \tag{5.52}$$

其寿命为 $\tau_\mathrm{o}=1/(7.198\times10^{-3}) \approx 140$ （ns）。

在真空中，对基态电子偶素而言，仲态电子偶素 p-Ps 的本征寿命为 125ps，湮没后发射 2γ 光子，而正态电子偶素 o-Ps 的寿命为 142ns，湮没后发射 3γ 光子，其本征寿命比 p-Ps 大三个数量级。在凝聚态物质中，由于电子偶素与周围物质间的相互作用，发生 3γ 光子湮没的寿命，要比真空中发生 3γ 湮没寿命短得多。这是因为材料中的正态电子偶素容易受到周围电子的碰撞，若与其相遇的电子的自旋与正电子的自旋方向相反，正电子将捕获这个电子以降低能量，从而发生 2γ 湮没，其湮没寿命为数个皮秒，这一湮没过程称为拾取（pick off）湮没。

关于电子偶素的湮没行为，还包括正–仲态转换、化学猝灭等行为。当电子偶素与顺磁性粒子相遇时，可以交换一个自旋相反的电子，形成自旋相反的正电子–电子束缚态，这时三重态 o-Ps 转变为单态 p-Ps 而发生 2γ 湮没，其平均寿命为 125ps，故称为正–仲态湮没。正态电子偶素的形成和湮没性质强烈地依赖于介质的性质，其类氢结构和寿命使它能参与多种化学反应，其结果会造成正态电子偶素的破坏，形成一种可以与自由态正电子寿命相比拟的正电子态或者正电子–分子复合体并发生湮没，这种湮没现象称为正态正电子的化学猝灭。

### 5.2.3 二态捕获模型和理想寿命谱

如果晶体存在某种缺陷，则运动在其中的正电子可以分别处于两种不同的状态，即自由态和捕获态。由于晶体中同时存在湮没、捕获和逃逸效应，从而两种状态的正电子数都会随时间发生改变，这就称为二态捕获模型。下面对二态捕获模型和理想寿命理论进行详细推导。

设在某一时刻 $t$，处在自由态和捕获态上的正电子数分别为 $n_\mathrm{f}$ 和 $n_\mathrm{d}$，则它们随时间的变化率可表示为自由态正电子随时间的变化率等于单位时间内自由态湮没而减少的正电子数，减去被缺陷捕获减少的正电子数，再加上捕获态逃逸

重新变成自由态的正电子数；捕获态正电子随时间的变化率等于单位时间内捕获态湮没减少的正电子数，减去捕获态逃逸重新变成自由态的正电子数，再加上捕获态逃逸减少的正电子数。可用下述速率方程组来表示，即

$$\frac{\mathrm{d}n_{\mathrm{f}}(t)}{\mathrm{d}t}=-\lambda_{\mathrm{f}}n_{\mathrm{f}}(t)-\kappa n_{\mathrm{f}}(t)+\gamma n_{\mathrm{d}}(t) \tag{5.53}$$

$$\frac{\mathrm{d}n_{\mathrm{d}}(t)}{\mathrm{d}t}=-\lambda_{\mathrm{d}}n_{\mathrm{d}}(t)+\kappa n_{\mathrm{f}}(t)-\gamma n_{\mathrm{d}}(t) \tag{5.54}$$

式中，$\lambda_{\mathrm{f}}$ 和 $\lambda_{\mathrm{d}}$ 分别为自由态和捕获态的正电子湮没率；$\kappa$ 是缺陷对正电子的捕获率；$\gamma$ 是正电子从捕获态转变为自由态的逃逸率。（5.53）式代表的物理意义是自由态正电子的时间变化率等于单位时间从自由态湮没而减少的正电子数 $-\lambda_{\mathrm{f}}n_{\mathrm{f}}(t)$ 和被缺陷捕获减少的正电子数 $-\kappa n_{\mathrm{f}}(t)$ 以及从捕获态逃逸重新变成自由态的正电子数 $\gamma n_{\mathrm{d}}(t)$ 的代数和。而（5.54）式则表示捕获态正电子数的时间变化率等于单位时间内从捕获态湮没减少的正电子数 $-\lambda_{\mathrm{d}}n_{\mathrm{d}}(t)$ 和从捕获态逃逸减少的正电子数 $-\gamma n_{\mathrm{d}}(t)$ 以及从自由态捕获来的正电子数 $\kappa n_{\mathrm{f}}(t)$ 的代数和，如图 5.5 所示。

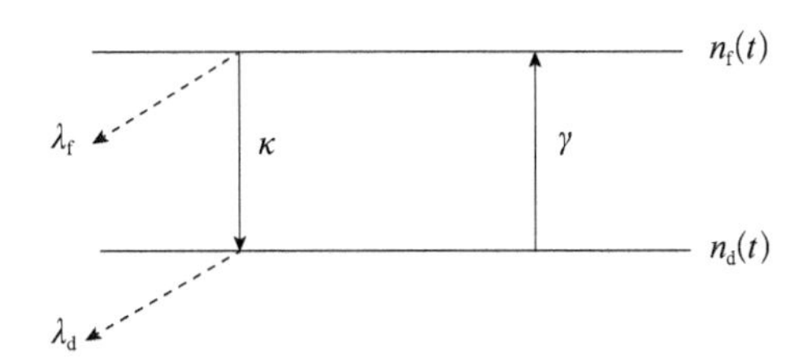


**图 5.5　二态捕获示意图**

求解上述一阶常微分方程组，就可得到材料中各种成分的寿命和相对强度及其相互关系，为此，对（5.53）式进行微商，得

$$\frac{\mathrm{d}^2 n_{\mathrm{f}}(t)}{\mathrm{d}t^2}=-(\lambda_{\mathrm{f}}+\kappa)\frac{\mathrm{d}n_{\mathrm{f}}(t)}{\mathrm{d}t}+\gamma\frac{\mathrm{d}n_{\mathrm{d}}(t)}{\mathrm{d}t} \tag{5.55}$$

以 $\lambda_{\mathrm{f}}+\gamma$ 分别乘以（5.53）式和（5.55）式，用 $\gamma$ 乘以（5.54）式后三者相加消去 $n_{\mathrm{d}}(t)$，可得 $n_{\mathrm{f}}(t)$ 的二阶微分方程

$$\frac{\mathrm{d}^2 n_{\mathrm{f}}(t)}{\mathrm{d}t^2}+(\lambda_{\mathrm{f}}+\kappa+\lambda_{\mathrm{d}}+\gamma)\frac{\mathrm{d}n_{\mathrm{f}}(t)}{\mathrm{d}t}+[(\lambda_{\mathrm{f}}+\kappa)(\lambda_{\mathrm{d}}+\gamma)-\kappa\gamma]n_{\mathrm{f}}(t)=0 \tag{5.56}$$

用同样的方法从（5.54）式出发消去 $n_{\mathrm{f}}(t)$，可得 $n_{\mathrm{d}}(t)$ 的二阶微分方程

$$\frac{\mathrm{d}^2 n_{\mathrm{d}}(t)}{\mathrm{d}t^2}+(\lambda_{\mathrm{f}}+\kappa+\lambda_{\mathrm{d}}+\gamma)\frac{\mathrm{d}n_{\mathrm{d}}(t)}{\mathrm{d}t}+[(\lambda_{\mathrm{f}}+\kappa)(\lambda_{\mathrm{d}}+\gamma)-\kappa\gamma]n_{\mathrm{d}}(t)=0 \tag{5.57}$$

可见，$n_{\mathrm{f}}(t)$ 和 $n_{\mathrm{d}}(t)$ 服从同一形式的二阶齐次常微分方程，因而有相同形式的解。若以 $n_{\mathrm{f,d}}=c\mathrm{e}^{-\lambda t}$ 作为微分方程的试解，则其特征方程为

$$\lambda^2-(\lambda_{\mathrm{f}}+\kappa+\lambda_{\mathrm{d}}+\gamma)\lambda+[(\lambda_{\mathrm{f}}+\kappa)(\lambda_{\mathrm{f}}+\gamma)-\kappa\gamma]=0 \tag{5.58}$$

其根值为

$$\lambda_{1,2}=\frac{1}{2}\left\{(\lambda_{\mathrm{f}}+\kappa+\lambda_{\mathrm{d}}+\gamma)\pm([(\lambda_{\mathrm{f}}+\kappa)-(\lambda_{\mathrm{d}}+\gamma)]^2+4\kappa\gamma)^{\frac{1}{2}}\right\} \tag{5.59}$$

$\lambda_1$，$\lambda_2$分别表示取正号和取负号的根，则微分方程（5.56）和（5.57）的通解可写为

$$\begin{aligned}n_{\mathrm{f}}(t)&=c_1\mathrm{e}^{-\lambda_1 t}+c_2\mathrm{e}^{-\lambda_2 t}\\ n_{\mathrm{d}}(t)&=c_3\mathrm{e}^{-\lambda_1 t}+c_4\mathrm{e}^{-\lambda_2 t}\end{aligned} \tag{5.60}$$

解中的积分常数$c_1$，$c_2$，$c_3$，$c_4$由初始条件确定，为此假定热化结束时的全部正电子$N_0$处于自由态，当$t$=0时的初始条件为

$$\begin{aligned}&n_{\mathrm{f}}(0)=N_0\\ &n_{\mathrm{d}}(0)=0\\ &\frac{\mathrm{d}n_{\mathrm{f}}(t)}{\mathrm{d}t}\Big|_{t=0}=-(\lambda_{\mathrm{f}}+\kappa)N_0\\ &\frac{\mathrm{d}n_{\mathrm{d}}(t)}{\mathrm{d}t}\Big|_{t=0}=\kappa N_0\end{aligned} \tag{5.61}$$

由此可定出时间常数

$$\begin{cases}c_1=N_0\dfrac{\lambda_{\mathrm{f}}+\kappa-\lambda_2}{\lambda_1-\lambda_2}\\ c_2=N_0\dfrac{\lambda_2-(\lambda_{\mathrm{f}}+\kappa)}{\lambda_1-\lambda_2}\\ c_3=-\dfrac{\kappa}{\lambda_1-\lambda_2}N_0\\ c_4=\dfrac{\kappa}{\lambda_1-\lambda_2}N_0\end{cases} \tag{5.62}$$

则方程（5.56）和（5.57）的解分别为

$$\begin{aligned}n_{\mathrm{f}}(t)&=N_0\frac{\lambda_{\mathrm{f}}+\kappa-\lambda_2}{\lambda_1-\lambda_2}\mathrm{e}^{-\lambda_1 t}+N_0\frac{\lambda_1-(\lambda_{\mathrm{f}}+\kappa)}{\lambda_1-\lambda_2}\mathrm{e}^{-\lambda_2 t}\\ n_{\mathrm{d}}(t)&=-N_0\frac{\kappa}{\lambda_1-\lambda_2}\mathrm{e}^{-\lambda_1 t}+N_0\frac{\kappa}{\lambda_1-\lambda_2}\mathrm{e}^{-\lambda_2 t}\end{aligned} \tag{5.63}$$

（5.63）式表明，湮没过程中的自由态正电子数$n_{\mathrm{f}}(t)$和捕获态的正电子数$n_{\mathrm{d}}(t)$都是两个不同指数函数成分的线性组合，并共同表征材料中的湮没特性。（5.63）式所表示的自由态正电子数和捕获态正电子数是理论值，并无实际测量的价值。

为了从理论上给出具有实际测量价值的表示式，可从正电子湮没过程服从

的规律 $N(t)=N_0\mathrm{e}^{-\lambda t}$ 出发，得出单位时间湮没掉的正电子数为

$$-\frac{N(t)}{\mathrm{d}t}=N_0\lambda\mathrm{e}^{-\lambda t}=I_0\mathrm{e}^{-\lambda t}=I \tag{5.64}$$

（5.64）式称为强度可测量，其中，$I_0=\lambda N_0$ 是起始强度。

材料中的湮没强度 $I(t)$ 在数值上可表示为两种正电子态所湮没的正电子数之和

$$I(t)=\lambda_\mathrm{f}n_\mathrm{f}+\lambda_\mathrm{d}n_\mathrm{d} \tag{5.65}$$

将（5.63）式代入（5.65）式整理得

$$I(t)=N_0\lambda_1 I_1\mathrm{e}^{-\lambda_1 t}+N_0\lambda_2 I_2\mathrm{e}^{-\lambda_2 t}=\sum_{j=1}^{2}N_0\lambda_j I_j\mathrm{e}^{-\lambda_j t}=\sum_{j=1}^{2}I_{0j}\mathrm{e}^{-\lambda_j t} \tag{5.66}$$

其中，

$$\begin{aligned}I_1&=\frac{\lambda_\mathrm{f}(\lambda_\mathrm{f}+\kappa-\lambda_2)-\lambda_\mathrm{d}\kappa}{\lambda_1(\lambda_1-\lambda_2)}\\ I_2&=\frac{\lambda_\mathrm{f}(\lambda_1-\lambda_\mathrm{f}-\kappa)+\lambda_\mathrm{d}\kappa}{\lambda_2(\lambda_1-\lambda_2)}\end{aligned} \tag{5.67}$$

（5.66）式表示正电子湮没的总强度 $I(t)$ 等于两个分立的寿命成分的强度分量 $I_{0j}\mathrm{e}^{-\lambda_j t}(j=1,2)$ 的代数和，而且 $I_{0j}=N_0\lambda_j I_j$，其中 $I_j(j=1,2)$ 为不同寿命成分强度的百分数，或者称为加权系数、相对强度系数，是一个无量纲的量。而 $\lambda_j(j=1,2)$ 则是与两种寿命成分相关的湮没率。$\lambda_1$，$\lambda_2$ 和 $I_1$，$I_2$ 都是从数学模型中引出的参数，与物理模型中的物理参数 $\lambda_\mathrm{f}$，$\lambda_\mathrm{d}$ 和 $\lambda_\mathrm{f}n_\mathrm{f}$，$\lambda_\mathrm{d}n_\mathrm{d}$ 并不直接相等，因而称前者为表观参数，但它们可通过实验进行测定，并通过（5.59）式和（5.67）式与物理参数相关联。

把（5.66）式加以推广就可以表示寿命成分大于两种时的湮没情况，即

$$I(t)=\sum_{j=1}^{K}I_{0j}\mathrm{e}^{-\lambda_j t} \tag{5.68}$$

这就是多种正电子状态的相应寿命成分的线性组合表达式。每种成分随时间呈指数规律分布，故称为寿命成分的时间分布函数，亦称理想寿命谱，此式是分析实测寿命谱的依据和基础。

从上面正电子寿命谱的整个推导过程可以看出，同时考虑了捕获率、湮没率和逃逸率，这种情况与实际情况有出入。实际情况是某些情况占主导地位，另一些情况占次要地位，甚至可以忽略。因此，在实际湮没过程中可采用一些合理的近似，常用的近似包括无逃逸近似和低缺陷浓度近似。

（1）无逃逸近似。

当缺陷捕获势较大时，逃逸效应基本上可以忽略，可令 $\gamma$=0，则由（5.59）式和（5.67）式得到无逃逸二态捕获的近似结果

$$
\begin{aligned}
&\lambda_1 = \lambda_f + \kappa \\
&\lambda_2 = \lambda_d \\
&I_1 = \frac{\lambda_f - \lambda_2}{\lambda_1 - \lambda_2} = \frac{\lambda_f - \lambda_d}{\lambda_f + \lambda_d + \kappa} \\
&I_2 = \frac{\kappa}{\lambda_1 - \lambda_2} = \frac{\kappa}{\lambda_f - \lambda_d + \kappa}
\end{aligned} \tag{5.69}
$$

（2）低缺陷浓度近似。

当缺陷浓度很低时，$\kappa$ 和 $\gamma$ 都很小，由（5.59）式和（5.67）式得近似解为

$$
\begin{aligned}
&\lambda_1 = \lambda_f + \kappa, \quad \lambda_2 = \lambda_d + \gamma \\
&I_1 = \frac{\lambda_f - \lambda_2}{\lambda_1 - \lambda_2}, \quad I_2 = \frac{\kappa}{\lambda_1 - \lambda_2}
\end{aligned} \tag{5.70}
$$

当材料中存在两种以上的正电子状态时，可采用三态捕获模型来分析。

### 5.2.4 正电子谱学实验方法

从放射源发出的正电子注入材料中，一旦遇到电子就会发生湮没而放出γ光子。从发射正电子到发生湮没之间的时间就是正电子的寿命。寿命的长短携带了与物质相互作用的物理信息，这些物理信息包括晶体中的电子密度和缺陷等情况。另外，由于材料中电子具有动量，则对于 2γ 湮没过程，为了满足动量守恒，两个光子的发射不是以严格的相反方向运动，也就是说，它们之间的夹角不是 180°，而是有一定的偏离。湮没辐射光子的能量还会表现出多普勒能移现象。这些现象为正电子湮没在技术上的应用提供了物理基础，分别发展出了正电子寿命谱测量、湮没辐射角关联测量和湮没辐射多普勒展宽测量三种基本测量技术。随着技术的日臻完善，近年来又发展了慢正电子技术用于表面物理方面的研究。

1. 正电子源

产生正电子的方法有两种：一种是利用放射性同位素的衰变，通过质子衰变成正电子；另一种方法就是利用兆电子伏特能量的电子束照射到靶材上造成韧致辐射而产生电子−正电子对。最常用的方法是利用放射性同位素产生正电子。一般选用 $^{22}$Na 放射源，如图 5.6 所示。它的半衰期为 2.6a，放出的正电子能量为 545keV，级联辐射一个 1276keV 的γ光子，与正电子滞后 3ps，可认为两

者是同时发生的事件[6]。

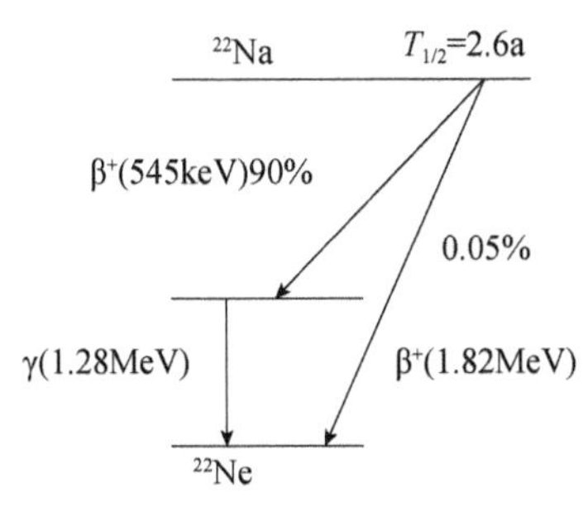


图 5.6 $^{22}$Na 放射源衰变图

同位素 $^{22}$Na 作为放射源产生正电子相比于其他同位素 γ 光子放射源具有几个明显的优点：其一是半衰期为 2.6a，使用时间比较长；其二是发射正电子的时间和产生 1.28MeV 的时间只差 3ps，可以认为是同时发生的事件，这样就有一个初始时间的参照点。正电子的产额也是比较高的，产额可达 90%。

将 NaCl 溶液滴在数微米厚的金属或塑料薄膜上，然后用红外灯烘干并覆盖上同样的金属或塑料膜，进行封装，并用金属框进行加固，以此来提高放射源的机械强度。放射源夹在同样两块样品的中间，形成三明治结构。为了保证正电子在样品中湮没，样品的厚度应大于正电子的入射深度。对于 $^{22}$Na 放射出 545keV 的正电子，入射样品的深度多在 0.3～1mm。因此，样品的厚度在数毫米即可满足要求。

放射源强度单位一般采用居里（Ci），1 居里=3.7×$10^{10}$ 次衰变每秒。放射剂量用伦琴（R）表示，标准条件下，1 伦琴等于通过 1mL 干燥空气产生 88 尔格（1erg=1×$10^{-7}$J）能量的吸收，这相当于 1 居里的能量为 1MeV 的射线在 1m 处照射 1h 的剂量。宇宙射线照射剂量是每周 2 毫伦琴，在实验室中采用严格防护措施的情况下，工作面上放射剂量为 0.02 毫伦琴，因此，不会产生辐射的生物反应。但即便如此，在工作时也应以切勿随意进入铅屏风内为好，不要随便拿放射源，更换样品一定要用肥皂洗手。

2. γ 光子与物质的相互作用

正电子湮没谱学研究的是正电子与电子发生湮没后放出 γ 光子，γ 光子与物质相互作用会产生各种效应，这些 γ 光子将携带物质的微观结构信息，包括电子密度、电子的动量分布等。因此，测量 γ 光子的能量就能够获得材料的结构和物理性质。当 γ 射线的能量小于 30MeV 时，γ 光子与物质相互作用会产生光电效应、康普顿效应和电子对效应三种效应，其示意图分别对应于图 5.7

（a）～（c）。

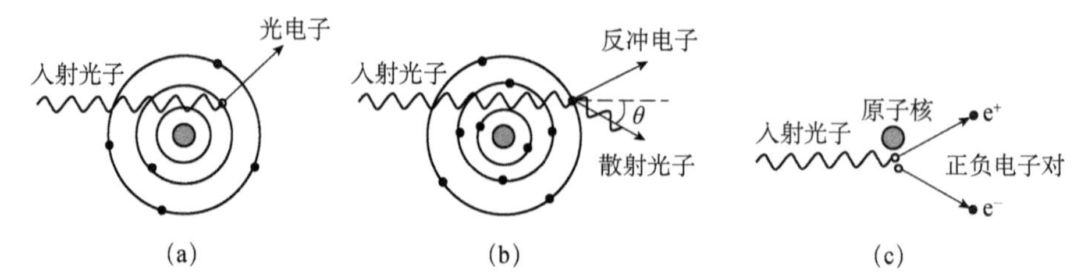


**图 5.7　γ光子与物质相互作用引起的三种效应**

（a）光电效应；（b）康普顿效应；（c）电子对效应

光电效应发生的概率与作用于原子的原子序数和γ光子的能量有关：光电效应发生的概率随着原子序数的增大而增大；γ光子的能量越低，发生光电效应的概率也就越大。对于 $^{22}$Na 正电子源来说，正电子湮没发射 511keV 的γ光子发生光电效应的概率大于 1.28MeV 的γ光子发生光电效应的概率。

入射光子与原子的核外电子发生非弹性碰撞，光子的能量会受到部分损失，损失的能量转移给电子，使电子脱离原子束缚而反冲出来，光子的运动方向和能量都发生了改变，这一散射过程称为康普顿效应。康普顿效应总是发生在原子束缚比较弱的外层电子上。从固体中发射出来的电子一般是原子的外层电子，因为外层电子结合能较小，仅有数个电子伏特的能量。因此，康普顿散射可认为是γ光子与自由电子之间的相互作用。根据能量守恒和动量守恒，可求出碰撞后反冲电子的能量。在散射角度为 $\theta$=180°的极限情况下，反冲电子的最大能量 $E_{\max}$ 和γ光子能量 $E_\gamma$ 之间的关系为 $E_{\max}=E_\gamma/[1+m_0c^2/(2E_\gamma)]$。例如，对于放射源 $^{22}$Na 发出 1.28MeV 的γ光子产生的最大反冲电子能量为 1.06MeV，反冲电子能量与γ光子的能量相当。而对于 511keV 的湮没γ光子，其反冲能量最大约为 340keV，仅为湮没γ光子能量的 2/3。

当γ光子的能量大于电子–正电子对的静止能量（1.02MeV）时，光子与靶原子的核库仑场发生作用，可转化成电子–正电子对，根据能量守恒定律，有

$$h\nu=E_-+E_++2m_0c^2 \tag{5.71}$$

式中，$E_-$和 $E_+$分别为电子和正电子的动能。

$^{22}$Na 产生的 1.28MeV 的γ光子，其产生电子对的截面非常小，一般观察不到。因此，实际上光子与物质的相互作用主要是光电效应和康普顿效应。

3. γ光子闪烁探测器

光电探测器的种类很多，根据不同的需要应采用不同的探测器。在正电子湮没谱学中探测γ光子常用的是闪烁体探测器。γ光子与某些光学特性较好的透

明物质发生相互作用，可使其电离激发而发射荧光，这就是闪烁体的基本工作原理。正电子寿命测量中使用的探测器是 $BaF_2$ 和塑料闪烁体探测器，在多普勒展宽中常使用高纯 Ge 探测器，而在湮没角关联中使用的是 NaI(Ti)闪烁体探测器。

闪烁体探测器由闪烁体和光电转换器（光电倍增管）组成。当γ射线进入闪烁体时，闪烁体中的原子或分子受激转变为低能的可见光子。它不能直接使原子电离和激发，只能通过与物质的核外电子或原子核发生电磁相互作用而产生光电效应、康普顿效应和电子对效应，这些次级电子再引起原子的电离和激发，并在退激发过程中产生可见光子。

图 5.8 是闪烁体探测器的组成示意图，它由闪烁体、光电倍增管和相应电子仪器组成。闪烁体将γ光子转换为可见光后，被光电倍增管的光阴极所收集而发射光电子。这些光电子在光阴极 K 和阳极 A 间负高压电场作用下，将由阴极飞向相邻的打拿极（dynode 的音译，又称倍增电极，二次发射极）并轰击出更多的光电子（增值率为 3～5）。

由于从阴极（cathode）到阳极（anode）装有若干个（7～13 个）打拿极，依次标记为 $D_1$，$D_2$，$D_3$，…，且由分压器给出一级比一级更高的电压，从而光电子就被逐级加速和放大，最后汇集于阳极，形成较强的电流而在负载电阻上产生负极性电脉冲，其脉冲幅度与入射光子的能量成正比。放大倍数可达 $10^9$ 的数量级。

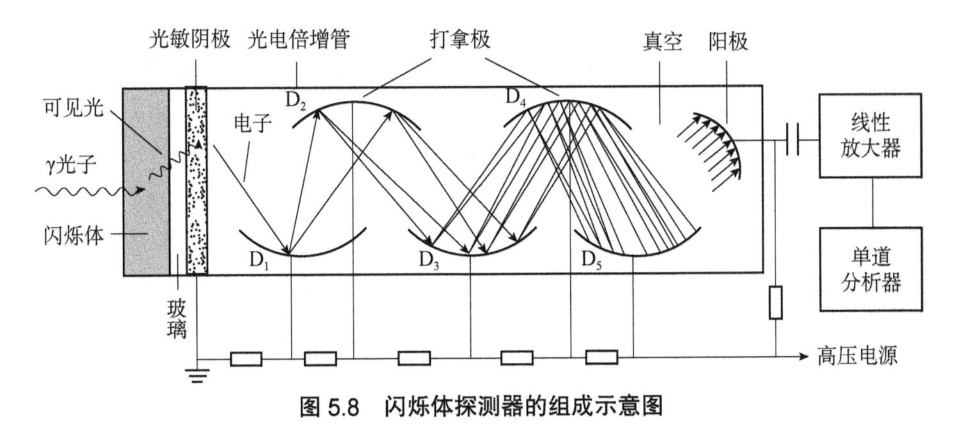


**图 5.8　闪烁体探测器的组成示意图**

除了闪烁体探测器外，在正电子湮没测量中较为常用的探测器还有高纯 Ge 半导体探测器，其原理是利用γ光子进入 Ge 半导体 pn 结后，产生电子-空穴对，在外电场作用下，电子和空穴向相反方向漂移，在回路中形成电流信号。半导体探测器相比于塑料闪烁体探测器，能量分辨率更高，比 NaI(Ti)闪烁体探测器高出几十倍，而且探测效率也比较高，很适合于对多普勒展宽的测量。

4. 脉冲高度分析器和符合电路

从光电倍增管的阳极输出的电脉冲幅度与光子的能量成正比，因而从阳极引出的电脉冲也与光子能量成正比，将此脉冲输入线性放大器，经过单道分析器和符合电路就可对脉冲进行能量选择和分析。脉冲高度分析器及选择原理是，只有当输入脉冲幅度介于仪器的选定电压范围时才有信号输出，在第 2 章中已根据图 2.46 对其原理给予了详细介绍，这里不再重复叙述。

符合电路的基本逻辑相当于一个“与门”电路，其作用是选取时间上符合条件的事件，消除无关的事件。其工作原理如图 5.9 所示，A 端和 B 端输入信号时，在 C 端就有输出信号。两个具有一定宽度的脉冲进入符合电路后，在时间上发生重叠的部分就等于脉冲宽度。由此可见，电路的分辨时间取决于脉冲宽度。

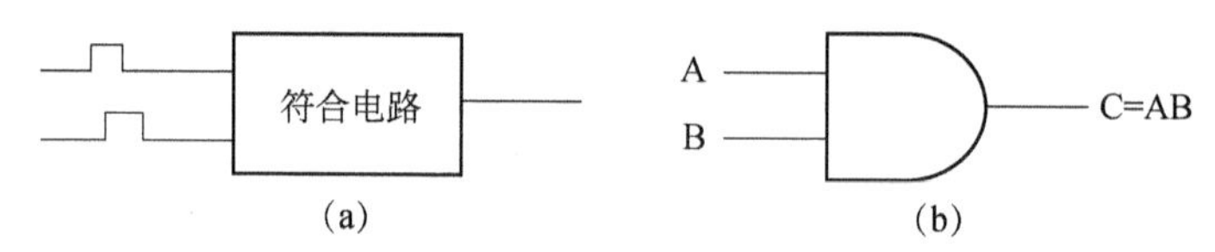


**图 5.9 符合电路原理：(a) 符合电路；(b)“与门”符号**

5. 正电子湮没寿命谱结构及其测量基本原理

正电子寿命谱仪分为快–慢符合正电子寿命谱仪和快–快符合正电子寿命谱仪两种类型。早期用得较多的是快–慢符合正电子寿命谱仪，但这种寿命谱仪结构复杂，调试困难，且计数率也比较低。而快–快符合正电子寿命谱仪具有调节方便，且计数率比较高的特点，近些年来得到了广泛的应用。下面对这两种类型的寿命谱仪给予介绍。

1）快–慢符合正电子寿命谱仪基本结构及测量原理

快–慢符合正电子寿命谱仪由放射源、探测器、定时甄别器、符合电路、延迟器、时间–幅度转换器和多道分析器等组成，其结构框图如图 5.10 所示。

这里以 $^{22}$Na 作为放射源为例来说明快–慢符合正电子寿命谱仪的测量原理。$^{22}$Na 放射源发生 $\beta^+$衰变，产生 1.28MeV 的 γ 光子和正电子，正电子作用于样品物质发生湮没，并发射 γ 光子。从光电倍增管的阳极出来的信号称为快信号，送至定时甄别器，而由打拿极输出的信号称为慢信号，送至谱放大器及单道分析器进行能量选择。不同能量的 γ 光子在探测器中会产生不同高度的脉冲信号。调整两个定时甄别器的能量阈，起始道中使定时甄别器只接受由 1.28MeV 的 γ 光子所产生的脉冲信号，终止道中使定时甄别器只接受由 0.511MeV 的 γ 光

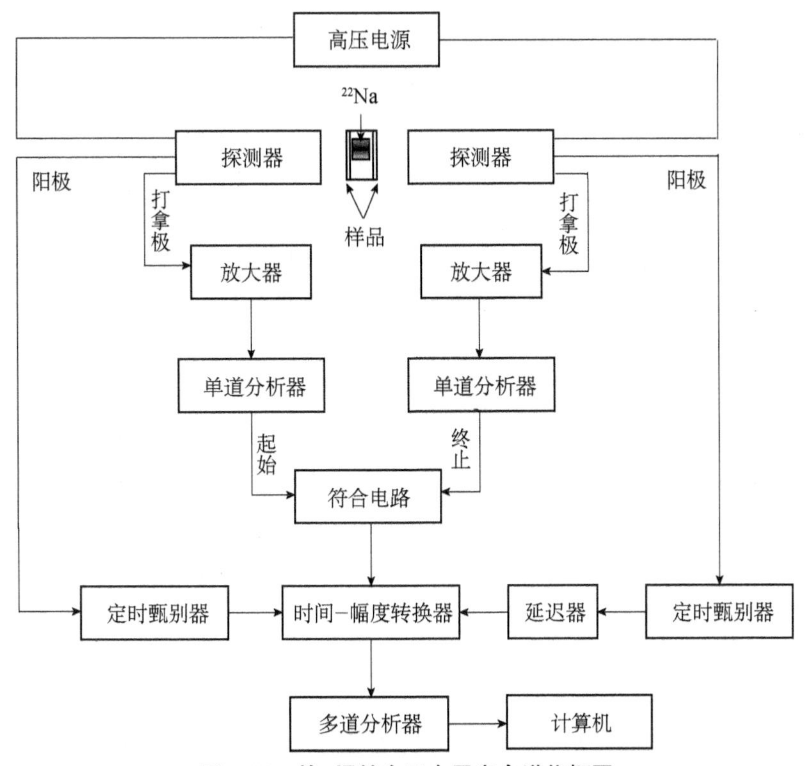


图 5.10　快–慢符合正电子寿命谱仪框图

子所产生的脉冲信号，每个定时甄别器同时输出两路信号，一路进入符合电路，符合电路的作用是尽量保证起始、终止道中两个脉冲反映同一湮没事件，另一路经适当延后进入时间–幅度转换器。在这里，起始、终止两个脉冲的时间差将正比地转换成脉冲高度，在多道分析器中再将不同高度的脉冲（即不同长短寿命的正电子）分别计入不同的道，在测量到足够多（如 $10^6$）的湮没事件后，可获得寿命谱图。延迟单元的作用是为了保证终止信号晚于起始信号到达时间–幅度转换器，并可调节多道分析器中寿命谱的时间零点。由于符合电路单元对时间–幅度转换器的选择通过，因此可以保证起始道中的快信号只对起始信号有效，而终止道中的快信号只对终止信号有效。

A. 慢道的能量选择原理

光电倍增管的阳极引出的电脉冲幅度与 γ 光子的能量成正比，因此，从打拿极引出的电脉冲也与γ光子的能量成正比。将此脉冲输入线性放大器，经过单道分析器和符合电路就可对电脉冲进行能量选择和分析。利用单道脉冲分析器对脉冲进行幅度选择，其工作原理是只有当脉冲幅度介于仪器的给定电压范围时，仪器才有输出脉冲信号。符合电路的作用是选取时间上符合条件的事件，剔除无关事件。其逻辑功能相当于一个门电路的“与门”，即只有当输入端同时有脉冲信号输入时，电路才有输出。这个同时的概念是在符合电路分辨时间范围之内的。

在正电子寿命谱测量中，以 $^{22}$Na 作为放射源为例来说明快–慢符合正电子寿命谱仪的测量原理。当 $^{22}$Na 放射源发生 $\beta^+$衰变时产生 1.28MeV 的 $\gamma$ 光子，作为起始信号，被探测器 A 接收后，光电倍增管的打拿极（D）便有一负极接收脉冲输出，脉冲幅度与光子的能量成正比，线性放大器（AMP）放大后，输入单道分析器（SCA），若单道分析器的上下甄别器调节到只允许与起始信号能量相对应的脉冲触发时，即单道分析器处在起始信号的能量窗口时，单道分析器才能输出一个宽的逻辑脉冲并送入符合电路（COINC）。与此同时，若探测器（B）接收能量为 511keV 的光子（终止信号），所产生的电脉冲经放大器进入能量窗口调到只允许终止信号触发分析器，则该单道分析器也立即输送一个逻辑信号至符合电路，若输入符合电路的两个脉冲时间都在分辨时间内，符合电路便输出一个门信号至多道分析器。

B. 快道的时间选择原理

快道的时间选择是利用恒比定时甄别器进行选择。由探测器输出的电脉冲有一定的上升时间（$10^{-9}$～$10^{-7}$s），幅度变化比较大，波形也有一定的统计涨落，如图 5.11 所示。由这种脉冲的前沿直接触发一个阈值 $V_T$ 固定的触发电路，则定时信号出现的时间就与脉冲幅度有关，在时间轴上表现出晃动，定时精度差。阈值 $V_T$ 是为抑制噪声而设置的，其阈值条件为

$$AV(t)-V_T=0 \tag{5.72}$$

式中，$V(t)$是脉冲的波形函数，$V_T$ 是固定甄别阈值。

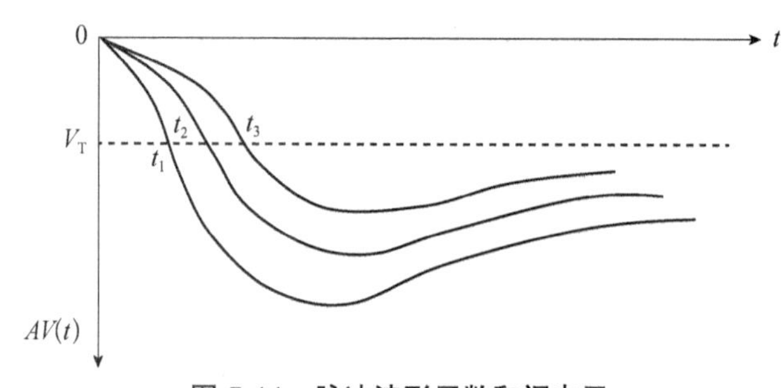


**图 5.11 脉冲波形函数和阈电平**

为了使定时信号的出现与脉冲幅度 $A$ 无关，将固定电平改为随信号幅度成比例变化的阈电平，即

$$V_T=AP \tag{5.73}$$

则有

$$AV(t)-AP=0 \tag{5.74}$$

（5.74）式的解就与信号的幅度无关，式中 $P$ 为衰减系数。若令衰减系数 $P$ 等于一个确定的触发比，定义为 $f$，即

$$f=\text{触发电平/信号幅度}=PA/A=P \tag{5.75}$$

这就是所谓的恒比定时甄别器的工作原理。

图 5.12（a）和（b）分别是这种甄别器的原理图和波形图，输入信号 $AV(t)$ 被分为三路：

第一路经衰减系数为 $P$ 的电路变为 $PAV(t)$，其波形为图 5.12（b）中（1）；

第二路经时间延迟 $t_d$ 的电路后变为 $AV(t-t_d)$，其波形为图 5.12（b）中（2）；

将（1）和（2）两脉冲输入一个相减电路使其合成为过零脉冲，即图 5.12（b）中（3），有

$$V_{(2)-(1)}(t)=AV(t-t_d)-APV(t) \tag{5.76}$$

在过零时，$V_{b-a}(t)=0$，$t=t_0$，则有

$$V_{(2)-(1)}(t_0)=AV(t_0-t_d)-APV(t_0)=0 \tag{5.77}$$

即

$$AV(t_0-t_d)=APV(t_0) \tag{5.78}$$

由此关系出发，可根据波形图求出过零时间 $t_0$ 的表达式，由图 5.12 可以看出，波形函数 $V(t)$和延迟后 $V(t-t_d)$的峰值都需要花费 $t_m$ 时间从 0 增大到最大值 1，两者斜率均可视为直线，其斜率都为 $1/t_m$，在 $t<t_m$ 的前沿时间范围内有

$$V(t)=t/t_m \tag{5.79}$$

$$V(t-t_d)=(t-t_d)/t_m \tag{5.80}$$

将（5.79）式和（5.80）式代入（5.77）式，可得

$$A(t_0-t_d)/t_m=APt_0/t_m \tag{5.81}$$

$$t_0-t_d=Pt_0 \tag{5.82}$$

得

$$t_0=t_d/(1-P) \tag{5.83}$$

结果表明，过零时间 $t_0$ 与脉冲幅度 $A$ 和波形（用 $t_m$ 表示）都无关，说明利用恒比甄别器可使不同触发脉冲所产生的定时信号的发生时间一致，可使时间差的测定不受脉冲幅度和波形的影响，从而可实现抑制噪声的目的。

时间–幅度转换器是一个把起始信号和终止信号的时间间隔线性地转变成一个脉冲幅度的电路，如图 5.13 所示。静态时 $S_1$，$S_2$ 都闭合。输入起始信号 $v_1$，产生开启 $S_1$ 的信号 $v_{S_1}$，电容开始充电，电容上的电压为

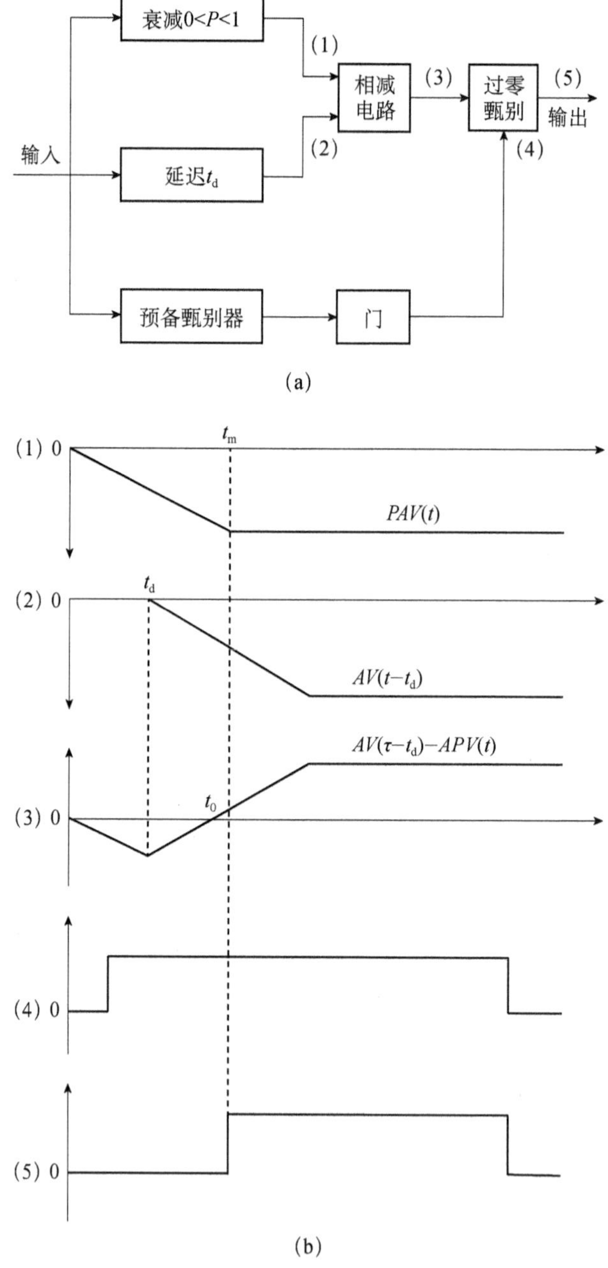


图 5.12 恒比定时甄别器原理图（a）和波形图（b）

$$V_C = \frac{1}{C}\Delta t_x \tag{5.84}$$

式中，$\Delta t_x$ 是起始和终止信号的时间间隔。

当输入终止信号 $v_2$ 时，产生一个断开 $S_2$ 的信号 $v_{S_2}$，电容充电停止，但电容器上的电压 $V_C$ 要保持到 $v_{S_1}$ 信号消失、$S_1$ 复通时才迅速降为零。这时，时间-幅度转换器输出一个幅度为 $V_C$ 的脉冲

$$V_C = \frac{1}{C}\Delta t_x \tag{5.85}$$

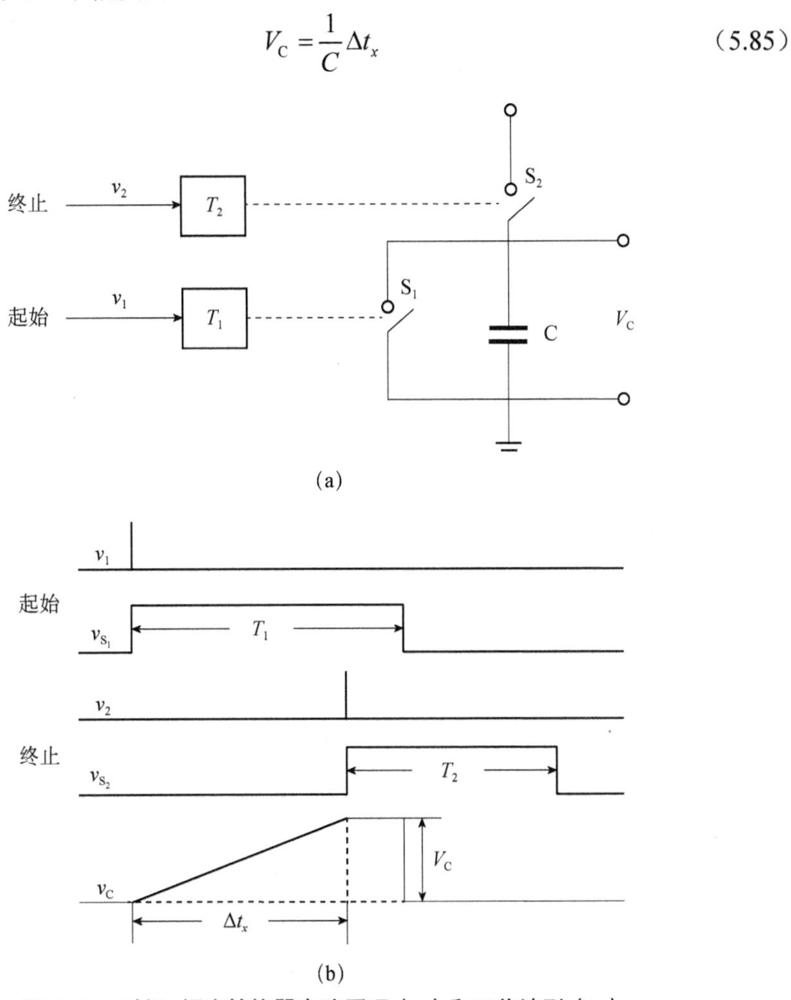


**图 5.13　时间-幅度转换器电路原理（a）和工作波形（b）**

C. 多道分析器和寿命谱

多道分析器相当于成千上万个单道分析器的总和。为了尽可能准确地确定 γ 射线射入探测器的时间谱（湮没事件的概率密度分布函数），必须建立一个时间分析系统，这个系统的主要技术参数是时间分辨率。时间分辨率应达到皮秒量级，应比探测器输出信号的时间涨落要小。用多道分析器测量正电子寿命的过程中，由于多道分析器的输入脉冲幅度与时间成正比，所以道宽应按时间分

度。就是将时间−幅度转换器输入的脉冲信号进行模数变换，并按不同幅度分类计数。所谓分类就是把幅度连续变化的模拟信号按一定幅度大小分成若干类别，并用模数变换器变换成用数字表示的量。

当测量寿命谱时，从多道分析器用于信号时间的概率分布，即得到时间谱图。若用于能量测量，则可得到信号幅度的概率分布（幅度谱）。多道分析器如图 5.14 所示，其中最重要的组成部分是能够按照输入信号的信息参数分类而分别送入各道的输入电路，并按类存储到存储器。按信号幅度分类的输入电路是一个模数变换器，以模数变换器为输入电路的多道分析器称作多道幅度分析器。

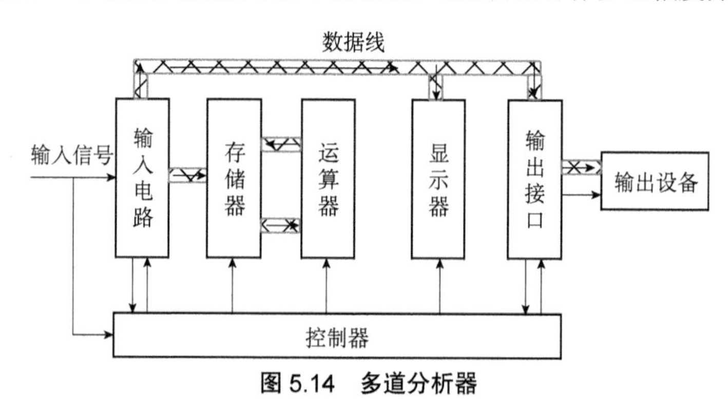


**图 5.14　多道分析器**

输入电路将模拟信号变换成数字表示的信号参数存入地址码，相当于在信号所属的道址增加一个计数。如果道宽为 $H$，信号幅度为 $V$，则经过模数变换可得到与 $V$ 成正比的地址码，$m=V/H$，地址码用二进制表示出来。所谓寻址储存，就是按信号幅度大小所对应的地址去寻找存储器中与此数码一样的地址进行存储。

显示器的作用是把各道收集到的计数显示出来，而运算器的作用则是对所测数据进行处理。

2）快−快符合正电子寿命谱仪的结构及其基本测量原理

快−快符合正电子寿命谱仪的基本结构框图如图 5.15 所示。在这种结构的寿命谱测量中，恒比定时甄别器具有两种功能，既可对所探测的 $\gamma$ 光子进行能量选择，也可在探测 $\gamma$ 光子的同时产生定时信号，调节恒比定时甄别器的能量窗口，使两个探头分别记录同一个正电子所发出的起始和终止信号，即 1.28MeV 和 511keV 的光子，时间−幅度转换器再将这两个信号之间的时间间隔转换为一个高度与之成正比的脉冲信号输入多道分析器，得到正电子寿命谱。

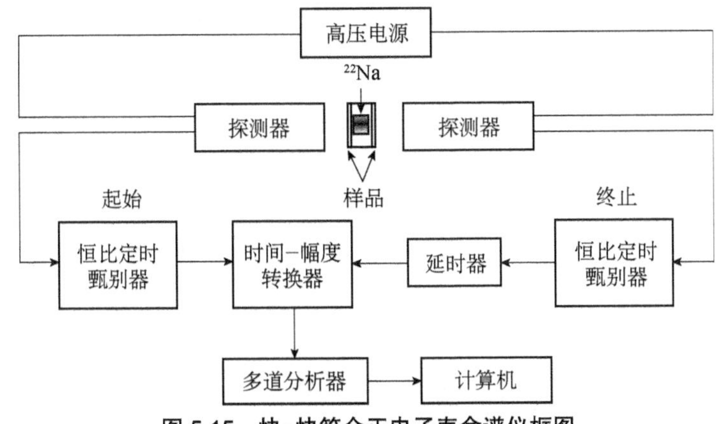


**图 5.15　快−快符合正电子寿命谱仪框图**

与快−慢符合正电子寿命谱仪基本结构的不同之处在于，快−快符合正电子寿命谱仪基本结构中没有使用符合单元，这是由于通常实验中正电子源比较弱，从而连续发射两个正电子之间的平均时间间隔为 1μs 以上，这远大于时间−幅度转换器的时间范围（50～100ns）。因此，在正电子源强度不大的情况下，时间−幅度转换器同时也充当了符合器。

6. 正电子湮没寿命谱分析

正电子寿命谱是正电子大量湮没事件的累积测量，符合统计分布规律，根据计算分析得到准确的正电子寿命。目前对正电子的寿命分析包括分立分析方法和连续分布分析方法两类。

1）正电子谱的分立分析方法

理想正电子谱是多指数的成分叠加，可表示为

$$I(t)=\sum_{j=1}^{k_0} I_{0j}\exp(-\lambda_j t) \tag{5.86}$$

式中，$k_0$ 为正电子湮没的机制种类数，$I_{0j}$ 和 $\lambda_j$ 分别为正电子处于不同湮没态的强度和湮没率，$t$ 为时间。

事实上，（5.86）式是在理想情况下的正电子寿命表达式，在实际的测量中，仪器本身存在时间分辨率，即在测量两个同时发射的γ光子时，测量得到的时间存在一个分布范围。实际测得的寿命谱 $f(t)$ 应是理想寿命谱 $I(t)$ 和仪器时间分辨函数 $R(t)$ 的卷积加上背底计数 $B$，即

$$f(t)=I(t)*R(t)+B=F(t)+B \tag{5.87}$$

假设 $R(t)$ 是由 $p$ 种高斯成分线性组合而成，即

$$R(t)=\sum_{p=1}^{P}\omega_p G_p(t) \tag{5.88}$$

式中，高斯分布函数$G_p(t)=\dfrac{1}{\sigma_p\sqrt{\pi}}\exp[-(t-T_0-\Delta t_p)/\sigma_p)^2]$，这里，$\sigma_p=\dfrac{\text{FWHM}}{2\sqrt{\ln 2}}$为第 $p$ 种高斯函数成分的标准偏差，FWHM（full width at half maximum）为高斯函数的半高宽，$\sum_{p=1}^{P}\omega_p=1$，$\omega_p$是第 $p$ 种成分的比例。$T_0$相当于时间 $t$=0 时的参考道数，它的中心位置在 $T_0+\Delta t_p$ 处，这里，$\Delta t_p$ 是第 $p$ 种成分的中心相对于 $T_0$ 的位移量。

$$
\begin{aligned}
F(t)=I(t)*R(t)&=\int_{-\infty}^{\infty}\sum_{j=1}^{k_0}I_{0j}\exp(-\lambda_j\tau)\sum_{p=1}^{P}\omega_p\frac{1}{\sigma_p\sqrt{\pi}}\exp\left(-\frac{t-\tau-T_0-\Delta t_p}{\sigma_p}\right)^2\mathrm{d}\tau\\
&=\sum_{j=1}^{k_0}\sum_{p=1}^{P}F_j^p(t)
\end{aligned}
\tag{5.89}
$$

式中，$k_0$为正电子湮没的机制种类数，而

$$
\begin{aligned}
F_j^p(t)&=\int_0^{\infty}I_{0j}\omega_p\frac{1}{\sigma_p\sqrt{\pi}}\exp\left\{-\left[\lambda_j\tau+\left(\frac{t-\tau-T_0-\Delta t_p}{\sigma_p}\right)^2\right]\right\}\mathrm{d}\tau\\
&=\frac{1}{2}\omega_pI_{0j}\exp\left[-\lambda_j\left(t-T_0-\Delta t_p-\frac{1}{2}\lambda_j\sigma_p^2\right)\right]\left[1-\operatorname{erf}\left(\frac{1}{2}\lambda_j\sigma_p-\frac{t-T_0-\Delta t_p}{\sigma_p}\right)\right]\\
&=\frac{1}{2}\omega_pI_{0j}\exp\left[-\lambda_j\left(t-T_0-\Delta t_p-\frac{1}{2}\lambda_j\sigma_p^2\right)\right]\operatorname{erfc}\left(\frac{1}{2}\lambda_j\sigma_p-\frac{t-T_0-\Delta t_p}{\sigma_p}\right)
\end{aligned}
\tag{5.90}
$$

式中，erf($x$)为误差函数；erfc($x$)称为误差余函数，它们的定义为

$$
\operatorname{erfc}(x)=1-\operatorname{erf}(x)=1-\frac{2}{\sqrt{\pi}}\int_0^x\exp(-y^2)\mathrm{d}y \tag{5.91}
$$

多道分析器中每道的计数就是每道相对应的时间间隔 $t_i$ 和 $t_{i-1}$ 之间的 $F_j^p(t)$ 积分，即

$$
F_{j,i}^p(t)=\int_{t_{i-1}}^{t_i}F_j^p(t)\mathrm{d}t \tag{5.92}
$$

将（5.90）式代入（5.92）式进行积分得到

$$
F_{j,i}^p(t)=\omega_p\frac{I_{0j}}{2\lambda_j}\left[Y_{j,i}^p-Y_{j,i+1}^p-\operatorname{erf}\left(\frac{t_i-T_0-\Delta t_p}{\sigma_p}\right)+\operatorname{erf}\left(\frac{t_{i+1}-T_0-\Delta t_p}{\sigma_p}\right)\right]
\tag{5.93}
$$

式中

$$Y_{j,i}^{p}(t)=\exp\left[-\lambda_j\left(t_i-T_0-\Delta t_p-\frac{1}{2}\lambda_j\sigma_p^2\right)\right]\left[1-\mathrm{erf}\left(\frac{1}{2}\lambda_j\sigma_p-\frac{t_i-T_0-\Delta t_p}{\sigma_p}\right)\right] \tag{5.94}$$

这样从理论上就建立了每道的计数，即

$$f_i(t)=\sum_{j=1}^{k_0}F_{j,i}+B=\sum_{j=1}^{k_0}\sum_{p=1}^{p}F_{j,i}^{p}+B \tag{5.95}$$

基于以上各式，利用高斯–牛顿非线性拟合算法，对实验测量的正电子寿命谱进行拟合，即可得到正电子在各个湮没态下的寿命及其强度。目前广泛采用的是 PATFIT 软件包，其中包含的 POSITRONFIT 可以得出各寿命和对应强度。在拟合过程中，需要首先给出谱仪分辨函数、正电子寿命个数等物理参数。

2）正电子谱的连续分布分析方法

对于自由态和缺陷态寿命，可以认为正电子具有分立的寿命，但对于实际的复杂体系，正电子有可能是从多个彼此互相接近甚至连续分布的湮没态中湮没，而 PATFIT 程序给出的是正电子寿命的平均值，对于准连续的分布情况，求和可以用积分，即

$$Y(t)=R(t)*\left[N_t\int_0^{\infty}\lambda_\alpha(\lambda)\mathrm{e}^{-\lambda t}\mathrm{d}\lambda+B\right] \tag{5.96}$$

式中，$N_t$ 为实测寿命谱的总计数，$Y(t)$是对 $\lambda_\alpha(\lambda)$进行拉普拉斯变换后与仪器分辨函数卷积后而得到的，即

$$Y(t)=R(t)*N_t[L(\lambda_\alpha(\lambda))+B] \tag{5.97}$$

因此，通过对上式进行退卷积，并进行拉普拉斯变换，即可得到正电子湮没率的连续分布 $\lambda_\alpha(\lambda)$。

利用 CONTIN 软件包，可以无须指定寿命成分的个数，但需要同时测量一个具有单一寿命的标准样品正电子寿命谱，这种分析方法可以无须确定寿命谱仪的分辨函数。

7. 多普勒展宽测量装置及原理

多普勒展宽也是一种常用的测量技术，仅次于寿命谱的测量。常规多普勒展宽是利用高能量分辨率的高纯 Ge 半导体探测器进行测量，图 5.16 是多普勒展宽实验装置示意图。探测器测得的信号经过逐步放大后输入多道分析器，可得到 1.28MeV 的 γ 光子能量谱以及正电子湮没辐射的能量谱。

多普勒展宽的能量很小，最大展宽仅为 2keV。因此，为了观察到多普勒展宽，需要选择较小的道宽，一般来说在多道分析器中总道数为 8192 道的话，则调节放大器的放大倍数，可以使道宽设置在 70～80eV 每道[7,8]。

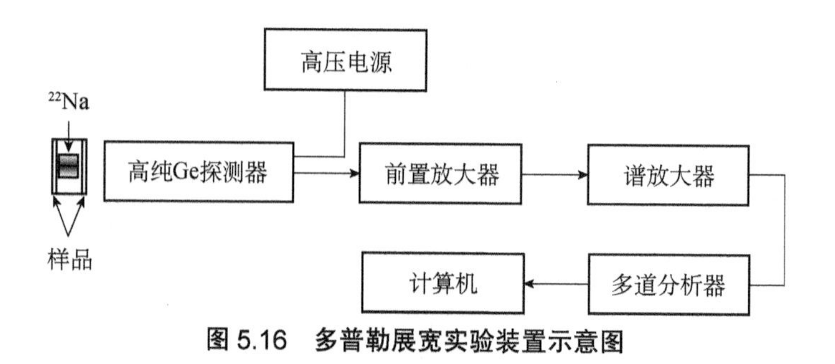


**图 5.16 多普勒展宽实验装置示意图**

常规多普勒展宽实验所得到的谱通常具有很高的背底，其背底来源由多种因素引起，如 1.28MeV 的 γ 光子的康普顿效应平台，周围环境的辐射、探测器的电荷收集不完全以及堆积效应等。多普勒展宽的细微变化通常被过高的背底所掩盖，因此多普勒效应测得的分辨率低。尤其是与高动量芯态电子有关部分，本身相对计数就比较低，这就造成测量上的难度。常规的多普勒展宽测量比较困难，而芯态电子通常带有原子核的内禀属性，测量其动量分布可以对元素种类进行鉴别，有助于研究缺陷周围的化学环境。

为了改善常规多普勒展宽测量中分辨率低的缺陷，1996 年以后，双探头符合多普勒展宽技术得以广泛采用。与常规多普勒展宽实验相比，现增加一个探头探测第二个 γ 光子，并且与第一个 γ 光子信号做符合处理，以确保测量的第一个 γ 光子信号是来自 2γ 湮没而不是其他背底信号，这样就能够很大程度地降低背底，可以用来研究芯电子动量分布[9]。

8. 角关联测量技术

角关联测量装置有一维角关联和二维角关联，早期的角关联测量系统就是一维长缝角关联装置，它只能测量 $x$ 或 $y$ 方向的 γ 光子角度分布。二维角关联测量系统是利用多个 NaI(Ti)探测器阵列、位敏探测器以及光子照相机等，可以在 $x$ 和 $y$ 两个方向上对各个偏移角的 γ 光子同时进行测量，因此可大大提高测量效率。角关联测量技术可对固体的费米面进行研究。但由于设备过于庞大，现在用得越来越少。

下面介绍一种能对正电子的寿命和湮没辐射 γ 光子的动量或能量分布同时进行测量的装置，称为寿命-动量关联（age momentum correlation，AMOC）[10]，这种实验方法可以给出不同正电子湮没态对应的电子动量分布信息，或不同动量分布状态下的正电子湮没寿命。它能够反映正电子与不同动量电子发生湮没的寿命关系，是研究正电子素在材料中形成、热化以及不同湮没态相互转化等问题的重要方法。

图 5.17 是 γ-γ 符合方式的正电子寿命–动量关联的测量原理框图。两个 $BaF_2$ 闪烁体探测器及其电子学器件构成了正电子湮没寿命谱测量系统，高纯 Ge 探测器以及左半部分光学器件构成多普勒展宽能谱仪测量系统。高纯 Ge 探测器和与之相对的 $BaF_2$ 探测器分别测量 511keV 的两个湮没 γ 光子的能量，另一个 $BaF_2$ 探测器探测 $^{22}Na$ 的 $β^+$衰变所释放的 1.28MeV γ 光子，作为寿命谱的起始信号。为了提高符合测量计数，需要首先对两路时间信号进行快符合，再将符合信号和能量道时间信号经线性门进行符合。ADC 是多道数据采集系统。

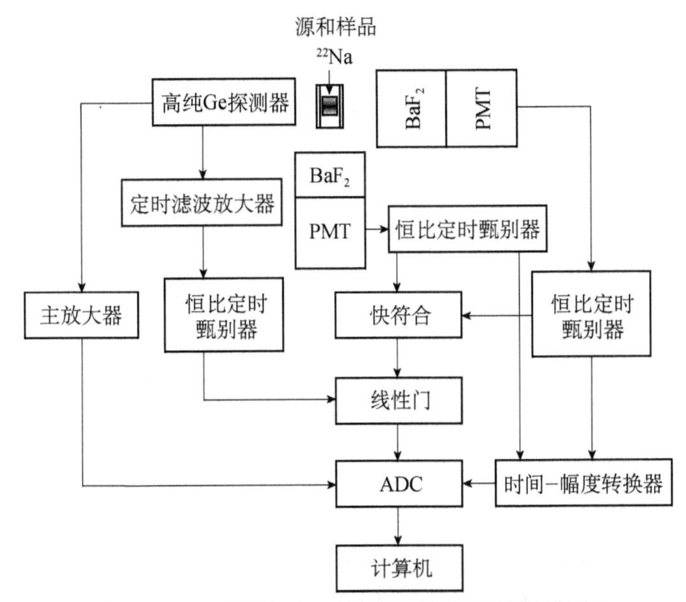


图 5.17　正电子寿命–动量关联的测量原理示意图

## 5.2.5　慢正电子束及其在表面物理研究中的作用

常规正电子的能量高而且不可变，其主要用于探测材料体内的缺陷。如果能够采用一些手段将正电子的能量降低下来，获得慢正电子作用于固体上，就可以对样品表面进行研究。事实上，早在 1950 年，美国约翰霍普金斯大学的马丹斯基（Leom Madansky）和拉塞蒂（Franco Rasetti）就首先提出了慢正电子的概念设想[11]。把从放射源放出的正电子在固体中热化，若该固体对正电子具有负功函数，正电子就有可能从固体表面逸出。由于正电子与固体物质中的相互作用，逸出的正电子能量就比较低。把这些低能正电子收集起来，再用电场将正电子加速到所需的能量，就能够获得能量分布在一定范围的正电子。不同能量的正电子注入样品的深度不同，这样就可以获得样品随深度变化的正电子湮没信息。后来，随着人们开展这方面研究工作的进一步深入，在实验上确实可以获得慢正电子。近四十余年来，国内外都相继建立了慢正电子实验装置。随着慢正电子技术的发展，相继实现了慢正电子微束、脉冲束和强束等各种正电子源，这些新技术应用于凝聚态物理、原子物理、表面物理、化学、生物学、医学和材料科学等领域的研究中，目前已成为重要的研究工具之一[12, 13]。

利用慢正电子湮没技术，可以探究晶体表面的缺陷深度分布，开展半导体薄膜缺陷、异质结特性、离子注入缺陷等[14]诸多方面的研究。

### 5.2.6 寿命谱仪在固体材料中的应用

正电子湮没技术在凝聚态物理研究领域得到了广泛应用，例如，利用正电子湮没技术已经完成了对所有纯金属空位形成能的测量。利用正电子湮没技术可以得到很多有关晶体中缺陷种类、尺寸及分布信息，是研究晶体缺陷的强有力工具。随着科学技术的进步，关于正电子谱学的新理论和新实验不断涌现，使得这一技术的研究和应用不断地得到拓展。利用正电子湮没技术可以研究材料的表面和界面；在医学中可以利用正电子发射断层显像技术研究生物体的新陈代谢过程；在天体物理上正电子湮没辐射也是研究宇宙现象的有力工具。

材料科学是正电子研究最广泛的领域。研究对象包括金属、合金、半导体、聚合物、纳米材料和多孔材料等。例如，在金属材料中，由形变、疲劳及辐照等因素造成金属中产生大量的空位、空位团、位错等缺陷，正电子湮没技术能够用来追踪这些缺陷的产生及退火回复过程，促进对缺陷浓度、种类、运动激活能、杂质-缺陷相互作用等问题的了解，从而成为金属物理及金属学研究中的重要工具。在合金材料中由于合金相变过程都能对正电子湮没参数产生明显的影响，因此，可以利用正电子湮没技术来确定合金相变的温度。又由于正电子湮没的寿命和湮没光子对的动量与湮没处的电子密度和电子动量有关，通过相变前后湮没参数的比较，可得到材料在不同物相中微观结构特征的相关信息。可利用正电子湮没技术研究多种合金相变，例如有序-无序转变、共析相变、马氏体相变、沉淀与时效现象等。在半导体材料中，各种空位型缺陷可能成为正电子捕获中心，因而可以用正电子湮没技术研究半导体中空位型缺陷的产生、迁移、合并和消失等过程。在有机分子材料研究领域，可利用正电子湮没技术研究聚合物的玻璃态转变、相变、结晶度、化学成分的变化、聚合过程和聚合度、缺陷等。

### 5.2.7　正电子谱学新进展

正电子是电子的反粒子，除了电荷符号相反以外，其他性质都一样。因此，不难想象，由电子发展起来的各种技术，都应该有与之相对应的正电子技术应用。例如，低能电子衍射、俄歇电子能谱、透射电子显微镜、扫描电子显微镜等。但是，由于正电子束是依靠放射性同位素或者是通过各种能量的电子-正电子对产生的，其电子束强度比较弱，从而需要大力发展强束才能使这些方法达到实用的要求。为此，人们开始各种尝试来发展正电子束，包括正电子微束和脉冲正电子强束，并不断开发出新的科学应用。

利用正电子进行低能电子衍射实验时，由于正电子受离子实的排斥作用，正好跟电子的吸引作用相反，从而减小了相对论效应的影响。另外，正电子的自旋轨道相互作用较小，因此正电子的散射作用对原子序数不太敏感，这有利于更精确地测量样品表面的晶体结构。低能正电子的平均自由程比较短，因此对表面更加敏感。由此可见，低能正电子衍射是一种更有效的表面分析技术。

利用正电子产生的俄歇电子能谱，即正电子湮没诱导俄歇电子能谱（positron-annihilation induced Auger electron spectroscopy，PAES）是由正电子湮没芯态电子而激发的俄歇电子[15, 16]。图 5.18 是 AES 和 PAES 的比较，相比传统的 AES，PAES 具有如下优点：①表面灵敏度增强，这是因为正电子在湮没之前限制在样品表面，其灵敏度可高出 5 个数量级之多；②由于正电子的能量比较低（～15eV），

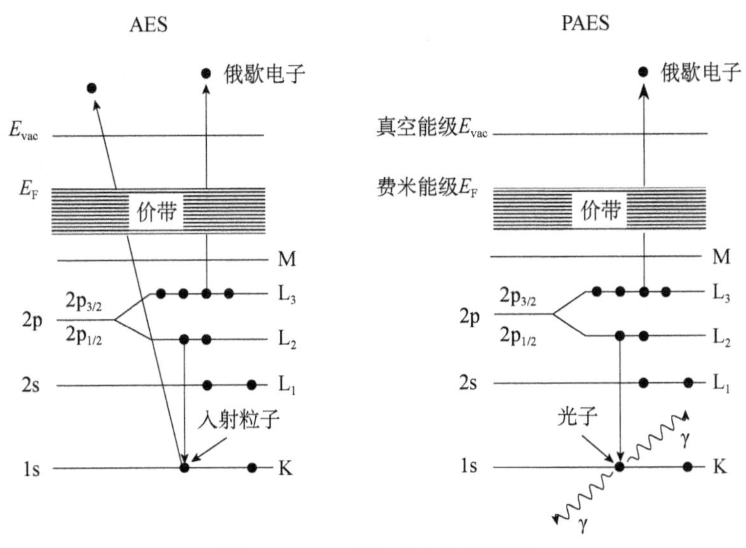


图 5.18　AES 和 PAES 的比较

因此正电子对样品表面的损伤是最小的，而且激发的二次电子背底显著减小，几乎不表现出二次电子背底；③由于俄歇电子峰周围峰形不受非弹性能量损失峰的影响，从而可以获得用常规 AES 无法获得的衍射峰。

采用正电子多次慢化，可以获得正电子微束，例如，利用 $^{22}$Na 作正电子源，经过三次聚焦后，可获得正电子的能量范围和时间分辨率分别为 0.5～10keV 和 350ps，可用于扫描电子显微镜研究。

## 5.3　穆斯堡尔谱学

穆斯堡尔谱学（Mössbauer spectroscopy）的基础是，放射性核发出的 γ 光子被吸收体（样品）中同种原子共振吸收，如图 5.19 所示。由于吸收体的化学组成或者晶体结构不同，会造成发射或吸收的能量出现细微变化，利用穆斯堡尔效应可测出这些细微变化，从而得到有关晶体的物理信息。固体中的某些放射性原子核有一定的概率能够无反冲地发射 γ 射线，γ 射线携带了全部的核跃迁能量，而固体中处于基态的同种核对前者发射的 γ 射线具有一定的概率能够无反冲地共振吸收。这种原子核无反冲地发射或共振吸收射线的现象就称为穆斯堡尔效应[17, 18]，这一效应是由穆斯堡尔（R. L. Mössbauer）在 1957 年发现的。由于原子核与周围物质发生作用引起核能级的变化，而核能级的宽度很窄，从而通过测量原子核与周围电子之间相互作用的超精细能量变化，所得的结果精度非常高，穆斯堡尔谱在物理、化学、生物[19]等方面的应用获得了巨大的成功，尤其令人瞩目的成就是对重力红移的测量[20]，另一显著贡献是对火星土的测量[21, 22]。穆斯堡尔因此获得了 1961 年的诺贝尔物理学奖。

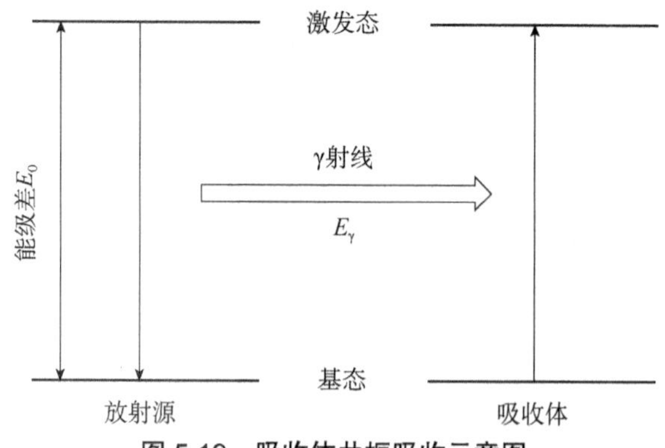


图 5.19　吸收体共振吸收示意图

在本节中，我们将主要介绍穆斯堡尔谱的基本概念、穆斯堡尔谱的实验方法及其应用。

### 5.3.1　穆斯堡尔谱学的基本概念

1. 无反冲过程（recoilless processes）

理论上，当一个原子核由激发态跃迁到基态时，发出一个γ光子，当这个γ光子遇到同样的原子核时，就能够被共振吸收。自由态的原子核要实现上述过程是比较困难的，因为原子核在放出一个γ光子后，自身也具有一个反冲动量，这个反冲动量会使γ光子的能量减小。而对于吸收γ光子，由于核反冲，吸收的光子能量会有所增加，这样就会出现吸收光子和发射光子的能量差异。迄今为止，人们还没有在气体中或者不太黏稠的液体中观察到穆斯堡尔效应，就是由于这种能谱差异，从而很难实现共振吸收（resonant absorption）。

为了产生一系列的共振吸收，需要发射一系列具有不同能量的γ光子，然而放射源一般只能发射一两种γ射线。可以通过源和吸收体之间的相对运动产生多普勒效应，从而获得一系列不同能量的γ射线，这种进入吸收体的射线与多普勒速度之间的关系就是穆斯堡尔谱。

为了产生共振吸收，可把发射和吸收光子的原子核置于固体中，那么出现反冲效应就不再是单一的原子核，而是整个晶体。由于晶体质量比单个原子核的质量大得多，所以，由原子核的反冲而损失的能量可忽略不计，跃迁发射γ射线过程可以认为是零声子过程（zero-phonon process）。当然，并不是所有物质中的γ射线跃迁都是无反冲的，且无反冲分数$f$随同位素、材料基质和温度的变化显著变化。作为一种简化，认为所有母相都具有相同的$f$因子，$f$因子与晶体德拜温度的依赖关系对定量分析会有一定的影响。无反冲分数$f$与原子核平衡位置的均方值有关，考虑一维情况，无反冲分数$f$可以表示为

$$f = \exp\left(-k_{\gamma}\left\langle x^2\right\rangle\right) \tag{5.98}$$

式中，$k_{\gamma}$为光子波矢。在温度比较高的情况下，均方位移为

$$\left\langle x^2\right\rangle = \frac{3\hbar^2}{Mk_{\mathrm{B}}\Theta_{\mathrm{D}}}\left(\frac{T}{\Theta_{\mathrm{D}}}\right) \tag{5.99}$$

而在低温下，均方位移为

$$\left\langle x^2\right\rangle = \frac{3\hbar^2}{Mk_{\mathrm{B}}\Theta_{\mathrm{D}}}\left[\frac{1}{4}+\frac{\pi^2}{6}\left(\frac{T}{\Theta_{\mathrm{D}}}\right)^2\right] \tag{5.100}$$

式中，$M$为被测原子的质量。由此可见，均方位移是温度的二次函数。在德拜模型下，可利用德拜温度将$f$因子表示为

$$\ln f=\left(-\frac{\hbar^2 k_\gamma^2}{2M}\frac{3}{2k_\mathrm{B}\Theta_\mathrm{D}}\right)\left[1+\frac{2\pi^2}{3}\left(\frac{T}{\Theta_\mathrm{D}}\right)^2\right] \tag{5.101}$$

这一关于德拜-沃勒因子的表达式包含了穆斯堡尔效应重要的观察结果。首先，随着反冲能量的增加，穆斯堡尔 γ 射线跃迁能量被限制在 100keV 以下。其次，由于 $\ln f$ 与温度的平方的依赖关系，在温度比较低的情况下，均方位移比较小，无反冲分数 $f$ 就比较大，从而就有利于实现穆斯堡尔效应。另外，由于被探测原子存在均方位移，那么，就会造成二阶多普勒位移（second-order Doppler shift）现象。二阶多普勒位移是由 Pound 和 Rebka 首先提出的[23, 24]，并在实验中得以证实。众所周知，在一定温度下，原子在格点上绕其平衡位置不停地振动，振动的频率在约 $10^{13}\mathrm{s}^{-1}$ 的数量级，其振动频率比放射源发出的 γ 光子频率高很多数量级。例如，$^{57}$Fe 的 14.41keV 能级的平均寿命是 $\tau\sim10^{-7}$s，对应的振动频率在 $10^7\mathrm{s}^{-1}$ 数量级。也就是说，在 $^{57}$Fe 的 14.41keV 能级的寿命时间内，原子已经振动了很多次，其平均速度和平均位移都为零，但方均速率不等于零。这一位移就产生了二阶多普勒位移，这是一个由相对论运动效应产生的能量移动。

现在我们给出二阶多普勒位移的具体表达形式。考虑两个参考系，一个是以实验室为坐标的参考系，另一个是以运动原子核为坐标的参考系，它们之间的相对运动速度为 $v$。假设在实验室坐标参考系中和原子核坐标参考系中，γ 光子的振动频率分别为 $\nu'$ 和 $\nu$，则根据相对论理论可得多普勒能移的表达式为

$$\nu'=\nu\left(1-\frac{v}{c}\cos\alpha\right)\left(1-\frac{v^2}{c^2}\right)^{-1/2} \tag{5.102}$$

式中，$\alpha$ 是发射体运动方向和 γ 放射线方向之间的夹角，$c$ 为光速。由于原子热运动，原子朝着观察者或者背离观察者的运动速度是相等的，所以，速度的一次项在激发态寿命范围内的平均值 $\langle v\rangle$ 为零。而二次项 $\langle v^2\rangle$ 并不为零。当速度远小于光速时，将（5.102）式进行泰勒级数展开，可得

$$\nu'\approx\nu\left(1+\frac{\langle v^2\rangle}{2c^2}\right) \tag{5.103}$$

由此可得穆斯堡尔谱的相对能量位移为

$$\frac{\delta E_\mathrm{SOD}}{E_\gamma}=-\frac{\langle v^2\rangle}{2c^2} \tag{5.104}$$

由于均方速度随着发射体的温度升高而增大，其发射的射线频率将向低频方向移动。与可见光相比，相当于向红光方向移动，即所谓的红移现象。

如果二阶多普勒位移用速度表示的话，可得到如下式子

$$\delta_{\mathrm{SOD}}=-\frac{1}{2c}\left(\left\langle v_{\mathrm{A}}^{2}\right\rangle-\left\langle v_{\mathrm{B}}^{2}\right\rangle\right) \tag{5.105}$$

式中，$\left\langle v_{\mathrm{A}}^{2}\right\rangle$和$\left\langle v_{\mathrm{B}}^{2}\right\rangle$分别代表吸收体和放射源的均方速度。

用德拜近似可得到

$$\delta_{\mathrm{SOD}}=-\frac{3k_{\mathrm{B}}T}{2Mc}\left[\frac{3}{8}\frac{\Theta_{\mathrm{D}}}{T}+3\left(\frac{T}{\Theta_{\mathrm{D}}}\right)^{3}\int_{0}^{\Theta_{\mathrm{D}}/T}\frac{x^{3}\mathrm{d}x}{\mathrm{e}^{x}-1}\right] \tag{5.106}$$

式中，$k_{\mathrm{B}}$为玻尔兹曼常数量，$\Theta_{\mathrm{D}}$为吸收体的德拜温度，$M$为原子核质量，$c$为光速，$T$为吸收体的温度。

当温度$T$远高于德拜温度$\Theta_{\mathrm{D}}$时，有

$$\delta_{\mathrm{SOD}}=-\frac{3k_{\mathrm{B}}T}{2Mc}\left(1+\frac{3}{8}\frac{\Theta_{\mathrm{D}}}{T}\right) \tag{5.107}$$

当温度$T$远低于德拜温度$\Theta_{\mathrm{D}}$时，有

$$\delta_{\mathrm{SOD}}=-\frac{9k_{\mathrm{B}}\Theta_{\mathrm{D}}}{16Mc}\left[1+\frac{8\pi^{4}}{15}\left(\frac{T}{\Theta_{\mathrm{D}}}\right)^{4}\right] \tag{5.108}$$

由德拜温度的变化$\Delta\Theta_{\mathrm{D}}$引起的速度位移为

$$\Delta\delta_{\mathrm{SOD}}=\begin{cases}-\dfrac{9k_{\mathrm{B}}\Delta\Theta_{\mathrm{D}}}{16Mc}, & T\gg\Theta_{\mathrm{D}}\\[2ex] -\dfrac{9k_{\mathrm{B}}\Delta\Theta_{\mathrm{D}}}{16Mc}+\dfrac{3\pi^{4}k_{\mathrm{B}}\Delta\Theta_{\mathrm{D}}}{5Mc}\left(\dfrac{T}{\Theta_{\mathrm{D}}}\right)^{3}, & T\ll\Theta_{\mathrm{D}}\end{cases} \tag{5.109}$$

2. 多普勒速度（Doppler velocity）

由于超精细结构相互作用，发射和吸收的γ射线能量分布可能不重合，但可通过γ射线源的多普勒能移使两者达到一致。这种能量上的变化，在一级近似的情况下可表示为$\Delta E=E_{\gamma}\dfrac{v}{c}$，式中 $E_{\gamma}$ 为无相对运动时 γ 射线的能量，$v$ 为试样（吸收体）相对于标样（发射源）的运动速度，称为多普勒速度，$c$ 为光速。图 5.20 是透射式穆斯堡尔谱实验原理图，多普勒速度在一定范围内可连续变化，当发射的γ射线能量与试样中穆斯堡尔核共振吸收的能量相等时，就会产生共振吸收，从而在探测器中观察到一个吸收峰。

对于同位素 $^{57}$Fe 放射源，其分辨率的典型值为 1mm/s。这时 $E_{\gamma}$=14.4eV，换算得到 $\Delta E_{\gamma}$=48neV，$\Delta E/E_{\gamma}=3.3\times10^{-12}$。

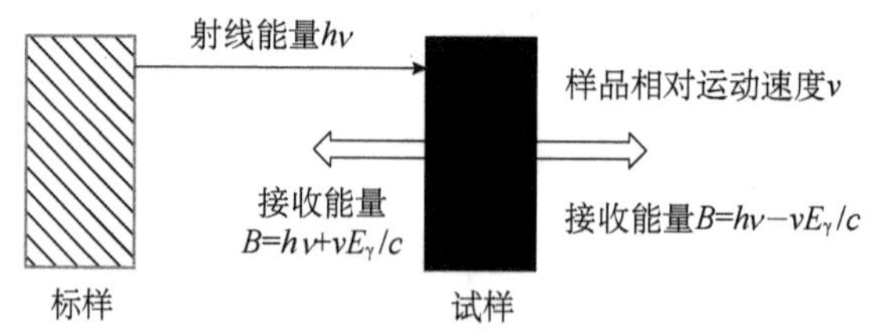


**图 5.20　透射式穆斯堡尔谱实验原理图**

3. 线形（line shape）

原子核激发态寿命的能量不确定性由海森伯关系（Heisenberg's relationship）给出，即

$$\Gamma(\nu) = \frac{\hbar}{\tau} \tag{5.110}$$

式中，$\Gamma$ 为自然线宽，γ 射线发射的能量分布具有洛伦兹线型，γ 射线的强度为

$$I(\nu) = \left[1 + \left(\frac{\nu - \nu_0}{\Gamma}\right)\right]^{-1} \tag{5.111}$$

式中，$\Gamma$ 为射线的半高宽。

4. 超精细相互作用

原子核处于原子的壳层电子与邻近配位体的电荷所产生的电磁场中，原子本身则带正电荷和各种核磁矩，因此原子核与其周围的电场和磁场之间存在着相互作用，这种相互作用十分微弱，称为超精细相互作用（hyperfine interaction）。原子核受此作用，核能级位置会发生微小移动，能级简并情况会发生部分消除或全部消除，形成核能级的超精细结构。一般来说超精细相互作用引起的能级分裂，比精细结构小三个数量级。这种原子核能级的简并解除将导致γ射线的多重跃迁。主要包括三种超精细相互作用：①电子单极（electric monopole）相互作用；②电四极矩相互作用（electric quadrupole interaction）；③磁偶极相互作用（magnetic dipole interaction）。下面分别给予介绍。

1）电子单极

电子单极是静电项，起源于 s 态电子与原子核电荷的相互交叠，这将导致核能级不同程度地发生位移，由于它们的空间分布不同程度交叠并不影响简并度，则单个跃迁穆斯堡尔谱称为单谱线。偏离原子核位置点的原子核均方半径为$\langle r^2 \rangle$，原子核能量为

$$E_0 = \frac{Ze^2}{6\varepsilon_0}|\Psi(0)|^2 \langle r^2 \rangle \tag{5.112}$$

式中，$Z$ 为原子序数，$|\Psi(0)|^2$ 为在核处原子的电子密度。

同分异构体位移通常是相对于一个标准源，例如 α-Fe 校准箔。吸收体（A）和源（S）之间出现共振吸收时，多普勒相对速度为

$$v_{\text{res}} = \frac{Ze^2c}{6\varepsilon_0 E_\gamma}\left[\Psi_A(0)^2 - \Psi_S(0)^2\right]\left[\left\langle r_e^2\right\rangle - \left\langle r_g^2\right\rangle\right] \tag{5.113}$$

式中，$r_e$，$r_g$ 分别代表原子核在激发态和基态时的半径。

多普勒相对速度称为同质异能位移（isomer shift）或化学位移（chemical shift）。所谓同质异能核是指核电荷数和质量数相同，但能级不同的核，例如，Fe，$Fe^{2+}$，$Fe^{3+}$就是同质异能核。通过测量这一速度可以确定母体离子的电子价态。图 5.21 是电单极相互作用对 $^{57}Fe$ 核能级的影响和 Fe 箔在室温下测得的穆斯堡尔谱。

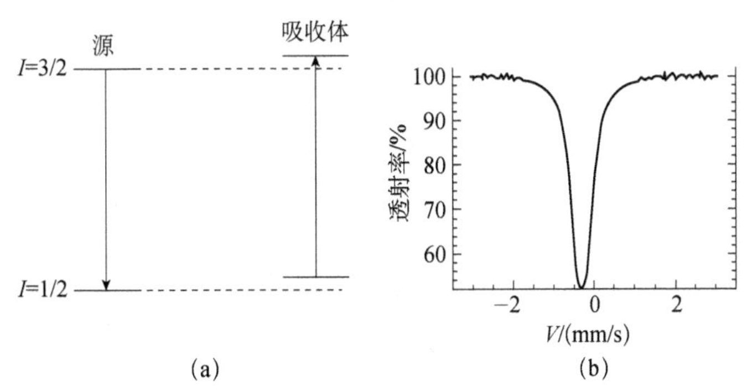


**图 5.21　（a）电单极相互作用对 $^{57}Fe$ 核能级的影响；（b）Fe 箔在室温下测得的穆斯堡尔谱**

源和吸收体中的穆斯堡尔原子核的环境不同，所以吸收体相对源出现了一个能量差值，即

$$\delta = E_e - E_g = \Delta E_e - \Delta E_g \tag{5.114}$$

式中，$E_e$，$E_g$ 分别代表激发态能量和基态能量。

同质异能位移主要取决于核位置处电子电荷密度，这与穆斯堡尔原子核周围的电子配位数有关。由于原子核周围电子配置不同，因此根据同质异能位移可以获得化学键的性质、价态、电负性等有关信息。通过同质异能位移正负值可判断吸收体在核处的电荷密度变化情况：当同质异能位移为正时，说明从放射源到吸收体在核处的电子电荷密度增加，原子核的体积减小；当同质异能位移为负时，说明从放射源到吸收体在核处的电子电荷密度减小，原子核的体积增加。

应该指出的是，化学位移与基态的穆斯堡尔谱源有关。当用不同源去测量同一吸收体时，化学位移可能会有所不同。另外，化学位移不是决定谱线中心

位置移动的唯一因素，温度效应对中心位置也有影响。

2）电四极矩相互作用

原子核的内禀电四极矩来自于原子核的非对称球形分布。一般可用并矢或（3×3）二秩不可约张量表示。事实上，原子核的形状接近球形，但多数核是轴对称的椭球形，这种核电荷非球形对称分布将导致电四极矩不为零。如果选择核自旋轴为电四极矩的主轴，电四极矩就只有一个独立分量，称为标量电四极矩，用 $Q$ 表示。现在以椭球旋转轴为 $z$ 轴，建立直角坐标系，设 $\rho(r, \theta)$为核内某点 $P'(x', y', z')$处体积元 $\mathrm{d}\tau$ 核电荷的电荷密度，如图 5.22 所示。

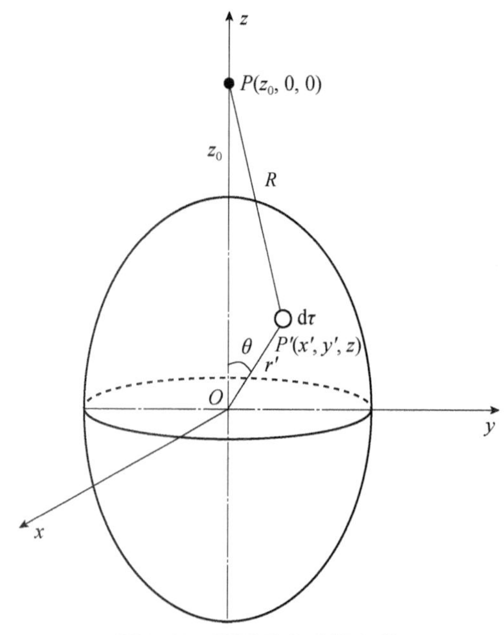


图 5.22 原子核产生的电势

在原子核对称轴 $z$ 上距离核原点为 $z_0$ 的 $P(z_0, 0, 0)$点的电势可表示为

$$\varphi = \frac{1}{4\pi\varepsilon_0}\int_V \frac{\rho(r',\theta)}{R}\mathrm{d}\tau \tag{5.115}$$

式中，$r'$为坐标原点 $O$ 到原子核内任一点 $P'(x', y', z')$的距离；$\theta$ 为 $r'$与 $z$ 轴之间的夹角；$R$ 为 $P'(x', y', z')$点到 $P(z_0, 0, 0)$点之间的距离，有

$$\frac{1}{R} = \frac{1}{z_0}\frac{1}{\sqrt{1 + r'^2/z_0^2 - 2(r'/z_0)\cos\theta}} \tag{5.116}$$

由于原子核的尺寸比核的原点到场点的距离小很多，即 $r'/z_0 \ll 1$，令 $t = r'/z_0$，根据复变函数理论，由$|t| \ll 1$的条件可将（5.116）式的解析形式表

示为

$$\frac{1}{R}=\frac{1}{z_0}\frac{1}{\sqrt{1+t^2-2t\cos\theta}}=\frac{1}{z_0}\sum_{l=0}^{\infty}C_l(\cos\theta)t^l \tag{5.117}$$

其中，

$$C_l(\cos\theta)=\frac{1}{2\pi\mathrm{i}}\oint_m\frac{\frac{1}{\sqrt{1+t^2-2t\cos\theta}}}{t^{l+1}}\mathrm{d}t \tag{5.118}$$

积分为包括原点在内的封闭曲线 $m$ 的积分。设区域 $D$ 边界线为 $c$，函数在区域 $D$ 上解析，因此存在任意阶导数，即

$$f^{(l)}(\cos\theta)=\frac{l!}{2\pi\mathrm{i}}\oint_c\frac{f(\xi)}{(\xi-\cos\theta)^{l+1}}\mathrm{d}\xi \tag{5.119}$$

做变量替换，即 $\sqrt{1+t^2-2t\cos\theta}=1-tu$，可得 $t=2(u-\cos\theta)/(u^2-1)$，将其代入（5.118）式，可得

$$C_l(\cos\theta)=\frac{1}{2\pi\mathrm{i}}\oint_{m'}\frac{(u^2-1)^l}{2^l(u-\cos\theta)^{l+1}}\mathrm{d}u=\frac{1}{2^l l!}\frac{l!}{2\pi\mathrm{i}}\oint_{c'}\frac{(u^2-1)^l}{(u-\cos\theta)^{l+1}}\mathrm{d}u \tag{5.120}$$

根据（5.119）式，可得

$$C_l(\cos\theta)=\frac{1}{2^l l!}\frac{\mathrm{d}^l}{\mathrm{d}(\cos\theta)^l}(u^2-1)^l\Big|_{u=\cos\theta}=\frac{1}{2^l l!}\frac{\mathrm{d}^l}{\mathrm{d}(\cos\theta)^l}(\cos^2\theta-1)^l=\mathrm{P}_l(\cos\theta) \tag{5.121}$$

根据（5.117）式，有

$$\frac{1}{R}=\frac{1}{z_0}\frac{1}{\sqrt{1+t^2-2t\cos\theta}}=\frac{1}{z_0}\sum_{l=0}^{\infty}C_l(\cos\theta)t^l=\frac{1}{z_0}\sum_{l=0}^{\infty}\mathrm{P}_l(\cos\theta)t^l=\sum_{l=0}^{\infty}\mathrm{P}_l(\cos\theta)\frac{r'^l}{z_0^{l+1}} \tag{5.122}$$

式中 $\mathrm{P}_l(\cos\theta)$为勒让德多项式，其表达式为

$$\mathrm{P}_l(\cos\theta)=\frac{1}{2^l l!}\left(\frac{\mathrm{d}}{\mathrm{d}(\cos\theta)}\right)^l\left(\cos^2\theta-1\right)^l \tag{5.123}$$

当 $l$=0 时，$\mathrm{P}_0(\cos\theta)=0$；当 $l$=1 时，$\mathrm{P}_1(\cos\theta)=\cos\theta$；当 $l$=2 时，$\mathrm{P}_2(\cos\theta)=\frac{1}{2}(3\cos^2\theta-1)$。利用多项式对电势表达式（5.115）进行展开，并忽略高次项，则有

$$
\begin{aligned}
\varphi &= \frac{1}{4\pi\varepsilon_0}\sum_{l=0}^{\infty}\frac{1}{z_0^{l+1}}\int_V \rho(r',\theta)r'^l \mathrm{P}_l(\cos\theta)\mathrm{d}\tau \\
&= \frac{1}{4\pi\varepsilon_0}\left[\frac{1}{z_0}\int_V \rho(r',\theta)\mathrm{d}\tau + \frac{1}{z_0^2}\int_V \rho(r',\theta)r'\cos\theta \mathrm{d}\tau + \frac{1}{2z_0^3}\int_V \rho(r',\theta)r'^2(3\cos^2\theta-1)\mathrm{d}\tau + \cdots\right] \\
&\approx \frac{1}{4\pi\varepsilon_0}\left[\frac{Ze}{z_0} + \frac{1}{z_0^2}\int_V \rho(r',\theta)z'\mathrm{d}\tau + \frac{1}{2z_0^3}\int_V \rho(r',\theta)(3z'^2-r'^2)\mathrm{d}\tau\right]
\end{aligned}
\tag{5.124}
$$

式中，第一项相当于核电荷集中于中心点的电势；第二项是偶极子的电势；第三项即电四极矩产生的电势。

由此可给出电四极矩的定义式，即

$$
Q = \frac{1}{e}\int_V \rho(r',\theta)(3z'^2 - r'^2)\mathrm{d}\tau \tag{5.125}
$$

电四极矩具有面积的量纲。设椭球的两个相等半轴的长度为 $a$，旋转轴为 $c$，并认为电荷在核内均匀分布，即 $\rho(r',\theta)=\rho$，$Z$ 为核电荷数，再利用 $r'^2 = x'^2 + y'^2 + z'^2$，则（5.125）式可改写为

$$
Q = \frac{\rho}{e}\int_V (3z'^2 - r'^2)\mathrm{d}\tau = \frac{Z}{V}\int_V (2z'^2 - x'^2 - y'^2)\mathrm{d}\tau \tag{5.126}
$$

采用轴坐标，设圆柱体的半径为 $r$，$r^2 = x'^2 + y'^2$，则有

$$
\frac{x'^2 + y'^2}{a^2} + \frac{z'^2}{c^2} = \frac{r^2}{a^2} + \frac{z'^2}{c^2} = 1 \tag{5.127}
$$

可得

$$
r = a\sqrt{1 - z'^2/c^2} \tag{5.128}
$$

轴坐标体积元 $\mathrm{d}\tau = \mathrm{d}z' r\mathrm{d}\varphi\mathrm{d}r$，$\varphi$ 为垂直于旋转轴从 $0\to 2\pi$ 转动的角度，因此积分可写为

$$
\begin{aligned}
Q &= \frac{Z}{V}\int_0^{2\pi}\mathrm{d}\varphi\int_{-c}^{c}\mathrm{d}z'\int_0^{a\sqrt{1-z'^2/c^2}}(2z'^2 - r^2)r\mathrm{d}r \\
&= \frac{2\pi Z}{V}\int_{-c}^{c}\left[z'^2a^2(1-z'^2/c^2) - \frac{1}{4}a^4(1-z'^2/c^2)^2\right]\mathrm{d}z' \\
&= \frac{2\pi Z}{V}\int_{-c}^{c}[a^2z'^2 - a^2z'^4/c^2 - a^4/4 + a^4z'^2/(2c^2) - a^4z'^4/(4c^4)]\mathrm{d}z' \\
&= \frac{2\pi Z}{V}(2a^2c^3/3 - 2a^2c^3/5 - a^4c/2 + a^4c/3 - a^4c/10) = \frac{8\pi Z}{15V}a^2c(c^2 - a^2)
\end{aligned}
\tag{5.129a}
$$

椭球的体积为 $V = \frac{4}{3}\pi a^2 c$，将其代入（5.129a）式，可得

$$Q = \frac{2}{5} Z(c^2 - a^2) \tag{5.129b}$$

由此可见，当 $a=c$ 时，球形核的电四极矩等于零；当 $a<c$ 时，即长椭球形核的电四极矩大于零；当 $a>c$ 时，扁椭球形核的电四极矩小于零，如图 5.23 所示。

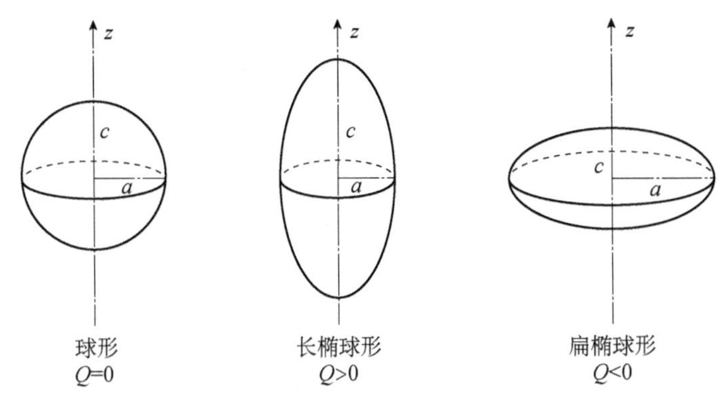


**图 5.23　核电四极矩与核形状的关系**

从量子力学来考虑，自旋大于 1/2 的原子核通常是一个带电椭球体，不同的原子核或同种原子核在不同的激发状态会具有特定的形状。因此，在非球形分布的空间电场中，若核的取向不同，则它与电场的作用能也不相同。通过研究物质中的电场梯度，就可以了解物质中的电子组态和结构对称性信息。

由于原子核核力对时间反演不变性，原子核仅有偶次项的电多极矩（$2^l$），这里 $l$ 为角量子数。当 $l$ 为奇数时，就没有电偶极矩，如果核具有不为零的极矩，那么核的自旋 $I$ 应服从 $I \geqslant l/2$ 的条件。因此，只有 $l>1$ 时，才具有电四极矩（$l$=2）$e\boldsymbol{Q}$，这里 $e$ 为质子电荷，$e\boldsymbol{Q}$ 为张量。电四极矩 $e\boldsymbol{Q}$ 反映了核电荷分布偏离球形的对称程度。如设核电荷的波函数为 $\Psi_I^M$，则电四极矩可定义为

$$Q(I,M) = \frac{1}{e}\int_V \Psi_I^{*M}(\boldsymbol{r})(3z'^2 - r'^2)\Psi_I^M(\boldsymbol{r})\mathrm{d}\tau \tag{5.130}$$

式中，$I$ 为核自旋量子数。

自旋为 $I(I>1/2)$ 的原子核态具有非球对称电荷密度，当存在电场梯度时，核与环境间的电四极矩相互作用将导致核能级的劈裂，电场梯度（electric field gradient，EFG）为

$$\nabla \boldsymbol{E} = -\nabla_i \nabla_j V = -\begin{bmatrix} V_{xx} & V_{xy} & V_{xz} \\ V_{yx} & V_{yy} & V_{yz} \\ V_{zx} & V_{zy} & V_{zz} \end{bmatrix} \tag{5.131}$$

式中，梯度张量的分量为电势的二阶导数$V_{ij}=\dfrac{\partial^2 V}{\partial x_i \partial y_j}, i,j=x,y,z$。

原子核处的电场梯度主要来源于两个方面：其一是来自于非立方对称分布的原子或离子电荷的贡献，称为配位基-点阵的贡献；其二是来自于核外部分填满的轨道中非对称分布的价电子的贡献。在 EFG 张量的主轴系中，非对角的 $V_{ij}$ 项等于零，由于此处电场梯度是无迹张量，而根据拉普拉斯方程（Laplace's equation），有

$$\nabla^2 V = V_{xx} + V_{yy} + V_{zz} = 0 \tag{5.132}$$

因此，相对于三个主轴，此时 EFG 张量中只有两个是独立的，一般规定三个主轴张量$|V_{xx}| \geqslant |V_{yy}| \geqslant |V_{zz}|$，电四极哈密顿量（quadrupole Hamiltonian）可以写为

$$H_Q = \frac{eQV_{zz}}{4I(2I-1)}\left[3\hat{I}_z^2 - \hat{I}^2 + \eta(\hat{I}_x^2 - \hat{I}_y^2)\right] \tag{5.133}$$

式中，不对称参量 $\eta$（the asymmetry parameter）定义为$\eta = \dfrac{V_{xx}-V_{yy}}{V_{zz}}$，是对梯度单轴对称的量度。显而易见，$\eta$ 的取值范围为$0 \leqslant \eta \leqslant 1$。当 $\eta=0$ 时，代表梯度场是轴对称的。

电四极哈密顿量与自旋算符平方的关系意味着原子亚能级状态$\left|I=\dfrac{3}{2}, m_I=+\dfrac{3}{2}\right\rangle$和$\left|I=\dfrac{3}{2}, m_I=-\dfrac{3}{2}\right\rangle$存在简并，在 $^{57}Fe$ 放射源中，由于基态$I_g=\dfrac{1}{2}$，所以，$Q=0$，意味着基态不受电场梯度的影响。

在激发态，由于核自旋态$I_e=\dfrac{3}{2}$，能级状态劈裂为$\left|I=\dfrac{3}{2}, m_I=\pm\dfrac{3}{2}\right\rangle$和$\left|I=\dfrac{3}{2}, m_I=\pm\dfrac{1}{2}\right\rangle$两个状态，对应的能量分别为

$$E\left(\pm\frac{3}{2}\right) = \frac{eQV_{zz}}{4}\sqrt{1+\frac{\eta^2}{3}}, \quad E\left(\pm\frac{1}{2}\right) = -\frac{eQV_{zz}}{4}\sqrt{1+\frac{\eta^2}{3}} \tag{5.134}$$

核自旋从 $I$=3/2 到 $I$=1/2，双线劈裂的能量差为

$$\varDelta = \frac{eQV_{zz}}{2}\sqrt{1+\frac{\eta^2}{3}} \tag{5.135}$$

$\varDelta$ 通常称为四极裂距（quadrupole splitting，QS）。图 5.24 是 $^{57}Fe$ 放射源的电四极矩相互作用对原子核能级的影响，以及室温下测得的 $FeSO_4$ 中 $Fe^{2+}$的四极矩劈裂双线图。

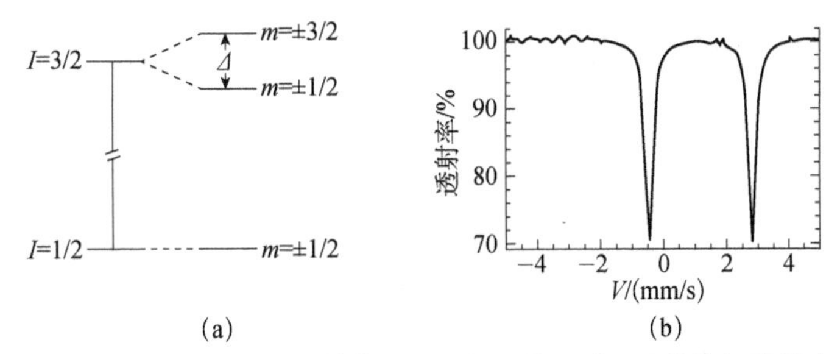


**图 5.24　（a）$^{57}Fe$ 放射源的电四极矩相互作用对原子核能级的影响；（b）室温下测得的 $FeSO_4$ 中 $Fe^{2+}$的四极矩劈裂双线图**

3）磁偶极相互作用

具有非零自旋的核态，磁偶极相互作用的哈密顿量可写为

$$\boldsymbol{H}_M = -\boldsymbol{\mu}\cdot\boldsymbol{B}_{\mathrm{hf}} = g\mu_{\mathrm{N}}\hat{I}\cdot\boldsymbol{B}_{\mathrm{hf}} \tag{5.136}$$

式中，$\mu_N$是原子核磁子，$g$ 为核的朗德因子，$\boldsymbol{B}_{hf}$是超精细结构场。超精细结构场由三部分贡献，即已经填满的内壳层在核处由自旋向上和自旋向下的能态密度差引起的费米接触场 $\boldsymbol{H}_e$，电子轨道磁矩在核处产生的轨道磁场 $\boldsymbol{H}_L$，以及电子自旋和核自旋耦合产生的偶极场 $\boldsymbol{H}_D$。因此，在无外磁场时，超精细场可表示为

$$\boldsymbol{H}_{\mathrm{hf}} = \boldsymbol{H}_{\mathrm{e}} + \boldsymbol{H}_{\mathrm{L}} + \boldsymbol{H}_{\mathrm{D}} \tag{5.137}$$

A. 费米接触场

核磁矩与重叠电子磁化强度的直接相互作用称为费米接触相互作用。只有 s 态电子在核处具有非零密度，因此具有费米场接触相互作用。对于所有自旋向上和自旋向下的 s 态电子，在该处所产生的费米接触场可表示为

$$H_{\mathrm{e}}(0) = -\frac{8}{3\pi}g\mu_{\mathrm{B}}s\sum_n\left\{\left|\phi_{ns\uparrow}(0)\right|^2 - \left|\phi_{ns\downarrow}(0)\right|^2\right\} \tag{5.138}$$

式中，$\mu_{\mathrm{B}}, \phi_{ns\uparrow}(0), \phi_{ns\downarrow}(0)$ 分别为玻尔磁子、自旋向上和自旋向下的 s 态电子波函数。由此可见，费米接触场的大小与核处的净自旋极化成正比。

B. 价电子的轨道矩

价壳层的非猝灭轨道角动量在核处产生了超精细场 $\boldsymbol{H}_L$。以速度为 $v$ 沿着一半径为 $r$ 的回路运动的带电粒子产生的磁场为

$$\boldsymbol{H}_{\mathrm{L}} = -\frac{1}{c}\int\frac{\boldsymbol{r}\times\boldsymbol{v}}{r^3}\mathrm{d}q \tag{5.139}$$

由原子的轨道角动量 $\boldsymbol{r}\times m\boldsymbol{v}=l\hbar$（$m$ 为电子质量，$l$ 为角量子数），并利用关系式

$$e\left\langle r^{-3}\right\rangle = -\int r^{-3}\mathrm{d}\tau \tag{5.140}$$

可得

$$\boldsymbol{H}_{\mathrm{L}}=-2\mu_{\mathrm{B}}\sum_{i}l_{i}\cdot\left\langle r^{-3}\right\rangle_{i}\tag{5.141}$$

当原子壳层是闭合壳层时，因为量子数（$n$，$l$）相同的所有电子$\left\langle r^{-3}\right\rangle$相等，所以，$H_{\mathrm{L}}$接近于零；只有当壳层为部分填满时$H_{\mathrm{L}}$才不为零。

C. 自旋偶极相互作用

母体原子价壳层的自旋磁矩在核处产生偶极场$H_{\mathrm{D}}$。核磁矩$\boldsymbol{\mu}$和壳层自旋磁化强度$\boldsymbol{M}$之间的偶极相互作用哈密顿量是

$$H_{\mathrm{D}}=\int\left[\frac{\boldsymbol{\mu}\cdot\boldsymbol{M}}{r^{3}}-\frac{3(\boldsymbol{\mu}\cdot\boldsymbol{r})}{r^{5}}(\boldsymbol{M}\cdot\boldsymbol{r})\right]\mathrm{d}\tau\tag{5.142}$$

选核为参考系的原点，则$H_{\mathrm{D}}$可写为

$$H_{\mathrm{D}}=\int\left[\frac{3\boldsymbol{r}(\boldsymbol{M}\cdot\boldsymbol{r})}{r^{3}}-\frac{\boldsymbol{M}}{r^{5}}\right]\mathrm{d}\tau\tag{5.143}$$

假定$\boldsymbol{S}$和$\boldsymbol{I}$都平行于$z$轴，并与半径$r$成$\theta$角度，则偶极相互作用哈密顿量可写为

$$H_{\mathrm{D}}=-g_{\mathrm{N}}g\mu_{\mathrm{B}}\mu_{\mathrm{N}}\left\langle r^{-3}\right\rangle\left\langle 3\cos^{2}\theta-1\right\rangle\boldsymbol{I}\cdot\boldsymbol{S}\tag{5.144}$$

当样品中不存在自旋耦合或属于立方晶体结构时，$H_{\mathrm{D}}=0$，对于过渡族金属磁性离子，由于轨道磁矩的猝灭，其值都很小，可不予考虑。但对于稀土元素$H_{\mathrm{D}}$值比较大，不可忽略。

磁偶极子哈密顿量的本征值为

$$E_{\mathrm{M}}=-m_{I}g_{\mathrm{N}}\mu_{\mathrm{N}}B_{\mathrm{hf}}\tag{5.145}$$

式中，$m_{I}$为核自旋磁量子数。对于核自旋为$I$的原子核，磁场的作用将使核能级分裂为$2I+1$个分立的能级，简并度被移除。根据磁偶极跃迁选择定则，从基态到激发态磁偶极跃迁为$\Delta I=1\ \Delta m_{I}=0,\pm1$。对于$^{57}Fe$可能的八种跃迁中，只有六种符合跃迁定则，而$-\frac{3}{2}\rightleftharpoons\frac{1}{2},\frac{3}{2}\rightleftharpoons-\frac{1}{2}$是被禁戒的。这样，使用一单线源时，在穆斯堡尔谱中能够预期出现六条谱线，对于$I=3/2$，有六种可能的跃迁。六种跃迁的相对强度由著名的CG耦合系数（Clebsch-Gordan coefficient）给出，强度取决于入射γ射线和核磁矩之间的夹角$\theta$，从最低能量到最高能量观察到的跃迁强度之比为3∶$R$∶1∶1∶$R$∶3，这里$R=4\sin^{2}\theta/(1+\cos^{2}\theta)$。这种角度依赖关系，可用来研究样品的织构。例如，当入射γ射线完全平行磁场时，则$R=0$。在六重线中，第2条和第5条线强度为零而完全消失。人们可以利用这一方法研究原子的自旋重取向（spin-reorientation）问题。

很显然，超精细场的方向在简单的实验中是无法确定的。通过施加一个不

太大的外磁场（通常几特斯拉（T））用来改变原子的磁化强度就可以确定超精细场。

在通常情况下，磁偶极子和电四极矩出现并导致六重线的不对称。当磁偶极矩和电四极矩的量子化 $z$ 轴不一致时，这种情况尤为复杂。因此，为了获得原子核哈密顿量的本征值和本征矢，就必须将一个轴向变换在另一个轴向上，但本征值是不依赖于所选坐标的。在与梯度场主轴重合的坐标系中，超精细哈密顿量可写为

$$\begin{aligned} H = H_M + H_Q = & -g_{\rm n}\mu_{\rm N}B_{\rm hf}\left[\hat{I}_z\cos\theta + \left(\hat{I}_x\cos\phi + \hat{I}_y\sin\phi\right)\sin\theta\right] \\ & + \frac{eQV_{zz}}{4I(2I-1)}\left[3\hat{I}_z^2 - \hat{I}^2 + \eta\left(\hat{I}_x^2 - \hat{I}_y^2\right)\right] \end{aligned} \tag{5.146}$$

这里 $\theta,\phi$ 是以梯度场为主轴的极角。可以旋转梯度场坐标到磁场坐标上，在简单的情况下，核超精细场（hyperfine field）哈密顿量可以对角化，这时 $\eta=\theta=0$，可得出核能级为[25]

$$E_{\rm m} = -m_I g_{\rm n}\mu_{\rm N}B_{\rm hf} + \frac{eQV_{zz}}{4I(2I-1)}\left[3m_I^2 - I\left(I+1\right)\right] \tag{5.147}$$

在最简单的情况下，梯度场可作为对磁场的微扰，核能级的能量本征值为

$$E_{\rm m} = -m_I g_{\rm n}\mu_{\rm N}B_{\rm hf} + \frac{eQV_{zz}}{4I(2I-1)}\left[3m_I^2 - I\left(I+1\right)\right]\times\frac{1}{2}\left(3\cos^2\theta - 1\right) \tag{5.148}$$

这种方法的有用之处在于，电四极矩贡献的角度项可以用来研究自旋重取向。例如，研究温度改变而引起原子磁化强度方向的改变。举一个简单例子，如果梯度场主轴沿着晶体 $c$ 轴方向，当易磁化轴从 $c$ 轴变到 $ab$ 面上时，将会导致有效−1/2 的四极劈裂相对变化，这可以非常直接地在谱中观察到。在不对称参数存在的情况下，以上的特征值表达式变为

$$\begin{aligned} E_{\rm m} = & -m_I g_{\rm n}\mu_{\rm N}B_{\rm hf} + \frac{eQV_{zz}}{4I(2I-1)}\left[3m_I^2 - I\left(I+1\right)\right] \\ & \times\frac{1}{2}\left[3\cos^2\theta - 1 + \eta\sin^2\theta\cos(2\phi)\right] \end{aligned} \tag{5.149}$$

在室温下，在 α-Fe 中 $^{57}$Fe 的超精细场是 33T，α-Fe 是校准多普勒能量−速度尺度的标准方法。图 5.25 给出了当磁偶极矩和电四极矩相互作用都存在时 3/2→1/2 跃迁穆斯堡尔谱的核能级劈裂。在原子核处存在电子形成的磁场，使能级进一步分裂，所以又称为核塞曼效应。

图 5.26 是 25μm 厚度的 α-Fe 箔在室温下测得的穆斯堡尔谱[26]。单晶体心立方 α-Fe 具有高对称性，零梯度场，六重线为对称线，靠外侧的速度劈裂线是 10.6246mm/s，对应于 33T 的超磁精细场。

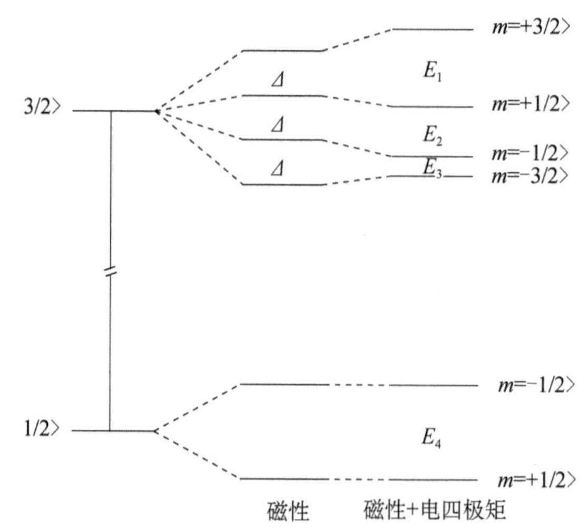


**图 5.25 当磁偶极矩和电四极矩相互作用都存在时 3/2→1/2 跃迁穆斯堡尔谱的核能级劈裂**

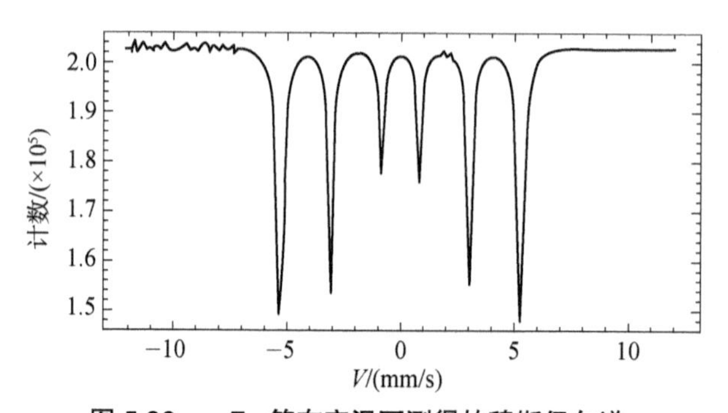


**图 5.26 α-Fe 箔在室温下测得的穆斯堡尔谱**

此外，电子弛豫（electron relaxation）对穆斯堡尔谱也有影响。超精细场主要是由母体原子的电子配位所决定的，也即金属或稀土元素未满的 3d 和 4f 壳层。由于弛豫的存在，超精细结构相互作用将随着时间的变化而发生变化，因此，在谱线中可时刻观察到有关的特征。通常与时间有关的情形包括在同质异能位移中由磁场和梯度场引起的各种效应。最常观察到的时间效应可通过磁场的方法获得。当然，还有其他与时间有关的效应，可以通过穆斯堡尔谱进行研究。例如，可利用晶格动力穆斯堡尔谱来研究原子的扩散等。

## 5.3.2 穆斯堡尔谱的实验方法

为了获得穆斯堡尔谱，需要合适的γ射线光源，以及能够区分从其他放射源发出的γ射线的探测器，并且能够调制穆斯堡尔谱光子。图 5.27 是穆斯堡尔谱实验原理框图，其主要组成简单介绍如下。

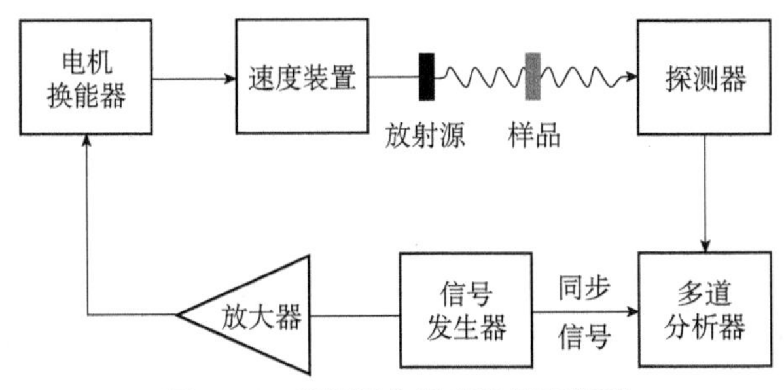


图 5.27　穆斯堡尔谱实验原理框图

1. 放射源和环境因素

放射源是一个具有较大的无反冲分数的γ光子源。最常用的商业化放射源有三种，分别是 $^{57}$Fe，$^{119}$Sn，$^{151}$Eu。其中 $^{57}$Fe 是通过将放射性母核 $^{57}$Co 扩散到结构对称性高的立方结构、非磁性且德拜温度高、化学稳定性好的金属（如钯、铂、铑）母相中，通常可以得到无反冲因数的单一线型，半衰期为 271d，初始活度为 1～50Ci 的放射源，可提供 1～2a 的稳定计数。表 5.2 是几种放射性同位素的基本参数，包括丰度（isotopic abundance），γ 光子能量，基态和激发态自旋，激发态半衰期、半高宽，激发态和基态的磁矩、旋磁比（gyromagnetic ratio）、电四极矩（electric quadrupole moment），多普勒速度的等效能量以及放射源半衰期等参数。

表 5.2　几种放射性同位素的基本参数

| | $^{57}$Fe | $^{119}$Sn | $^{151}$Eu | $^{155}$Gd | $^{166}$Er | $^{169}$Tm | $^{170}$Yb | $^{197}$Au |
|---|---|---|---|---|---|---|---|---|
| 同位素丰度/% | 2.14 | 8.58 | 47.82 | 14.73 | 33.41 | 100 | 3.03 | 100 |
| $E_\gamma$/keV | 14.41 | 23.87 | 21.53 | 86.55 | 80.56 | 8.40 | 84.25 | 77.345 |
| $I_e$ | 3/2 | 3/2 | 7/2 | 5/2 | 2 | 3/2 | 2 | 1/2 |
| $I_g$ | 1/2 | 1/2 | 5/2 | 3/2 | 0 | 1/2 | 0 | 3/2 |
| 激发态半衰期/ns | 97.8 | 17.75 | 9.7 | 6.33 | 1.87 | 4.00 | 1.608 | 1.88 |
| $\Gamma$/（mm/s）FWHM | 0.194 | 0.647 | 1.31 | 0.499 | 1.82 | 8.1 | 2.02 | 1.882 |
| 激发态磁矩（$\mu_N$） | –0.1553 | + 0.633 | +2.587 | –0.529 | +0.629 | +0.534 | +0.669 | +0.416 |
| 激发态旋磁比/(mm/(s·T)) | –0.067897 | +0.167 | +0.3244 | –0.0231 | +0.0369 | +0.400 | +0.0375 | +0.1017 |
| 基态磁矩 | +0.090604 | –1.0461 | +3.465 | –0.2584 | 0 | –0.2310 | 0 | +0.1448 |
| 基态旋磁比/(mm/(s·T)) | –0.118821 | –0.8283 | +0.6083 | –0.02713 | 0 | –0.520 | 0 | +0.0118 |
| 激发态电四极矩/(bar·ns) | 0.21 | –0.06 | 1.50 | 0.32 | –1.59 | –1.20 | –2.11 | 0 |
| 基态电四极矩/(bar·ns) | 0 | 0 | 1.14 | 1.59 | 0 | 0 | 0 | 0.594 |
| 1 mm/s 等效能量/(×$10^{-27}$J) | 7.70278 | 12.757 | 11.507 | 46.253 | 43.052 | 4.490 | 45.0275 | 41.336 |
| 1 mm/s 等效能量/MHz | 11.62477 | 19.253 | 17.367 | 69.803 | 64.973 | 6.776 | 67.954 | 62.382 |
| 放射源半衰期 | 271d | 293d | 87a | 4.8a | 26h | 9.4d | 130d | 19h |

穆斯堡尔谱学是一种很成熟的固态核技术，穆斯堡尔谱的核心工作并不是技术本身，而是样品及其所接触的环境。穆斯堡尔效应强烈地依赖于周围环境，环境的细微变化会对穆斯堡尔效应产生显著的影响。在实验中需要解决的关键问题是如何减少环境因素带来的影响。解决的办法是利用多普勒效应，改变源和样品之间的相对运动速度，通过这种方法细致地调节γ射线光子的能量。当相对运动速度满足样品共振吸收时，此时样品对γ射线的吸收强度最大，而γ射线的透射率达到最小。事实上，透射率与相对速度之间的变化曲线即为穆斯堡尔谱。应用穆斯堡尔谱可以测得原子核能级的移动和分裂，进而获得原子核的超精细场、原子的价态和对称性等方面的信息。

标准穆斯堡尔谱 $^{57}$Fe 源是 $^{57}$Co 扩散植入基质金属材料中，常用的基质材料是铑（Rh）。当 $^{57}$Co 从核外捕获一个 K 层电子时，形成处于激发态的 $^{57}$Fe，并发射约 6.9keV 的 Co-Kα X 射线，$^{57}$Co 衰变填充 136keV 的 $^{57}$Fe 能级，并直接衰变为基态，其中 10%的原子核产生 136keV 的γ光子，剩余的 90%原子核产生一个 122keV 的γ光子和填充 14.4keV 的穆斯堡尔能级。在 90%的时间内，14.4keV 能级通过内部转换衰变发射约 7keV 的低能量电子，并继而发射 6.4keV 的 Fe-Kα X 射线。因此，仅有约 9%的概率发生 $^{57}$Co 到 $^{57}$Fe 的衰变，并导致发射 14.4keV 的穆斯堡尔γ射线。其余将产生其他能量的γ射线和 X 射线，也会产生能量约为 20keV 的 Rh-Kα X 射线。如若利用 Pb 进行密封，则还会产生约 75keV 的 Pb-Kα X 射线。

2. 驱动系统

穆斯堡尔谱仪中的驱动系统主要有函数发生器、负反馈放大器和由电磁驱动器组成的速度控制部分。驱动系统采用的是自动跟踪原理，在负反馈回路中，由驱动线圈将电能转换为机械运动，而由拾波线圈将机械能转换为电能。这就可以实现驱动器运动速度跟随参考信号的波形发生变化。

电磁驱动器有两种类型，即磁体移动型和线圈移动型。采用比较多的是线圈移动型电磁驱动器。穆斯堡尔谱实验的驱动速度要求范围通常应低于±50mm/s，通过机械装置进行速度控制，大多数现代穆斯堡尔谱采用现成的商业电机械装置。其最基本结构组成是一对喇叭严格耦合在一起，旨在提供长期稳定和严格的线性运动。电源部分用于驱动，而传感器部分用于测量瞬时速度。用数字函数发生器提供所需的速度波形。传感器线圈的反馈系统，用于伺服驱动运动速度波形控制，以便控制放射源的运动速度。精度和长期稳定性通常都高于 0.1%。

通过函数发生器产生所需要的波形，此信号作为速度的参考信号输入穆斯堡尔谱仪控制回路的输入端。为了最大限度地减小误差，必须用速度反馈回路进行校正，典型的驱动系统运行在或接近其固有频率（通常在30～40Hz）附近。常用的三个速度波形分别为三角波、锯齿波和正弦波。正弦波变换缓慢，驱动容易响应，因此适合速度范围比较大的振动，其缺点是速度和多道分析器地址之间不是线性关系，需经过换算得到线性关系；小速度范围则用正弦波或锯齿波，其缺点是速度换向时，驱动难于跟随响应，从而产生较大的信号误差。

3. 探测器

穆斯堡尔γ射线起源于原子核处于激发态，这一激发状态被原子母核之前的衰变所填充。在产生γ射线的路径中总是包含一个或两个中间步骤，每一步骤将发射γ射线。因为多数穆斯堡尔跃迁包含有相当低的γ光子，这一过程总是相当于一个内部转化（s态电子发射取代γ光子产生），这样将在内壳层产生一个电子空位，原子在退激发过程中将会产生K系或L系X射线、具有一定能量的γ射线，以及其他物质和密封材料等发射出来的X射线荧光等，都会叠加在发射谱图中。这样一来，为了获得较高分辨率的穆斯堡尔谱图，就需要去除γ射线以外的其他杂散射线。γ射线的能量范围在5～160keV，为了能够从多种γ射线和X射线中有效地检测和分离出穆斯堡尔γ射线，就需要选择合适的探测器。常用的探测器包括正比计数器、NaI(Ti)闪烁体计数器和高纯锗探测器，其中最常用的探测器是正比计数器。对于$^{57}$Fe放射源来说，利用正比计数器探测能量为14.4keV的γ光子时分辨率比较高，而且正比计数器的计数率也比较高，可以进行快速测量。这些计数器的结构、工作原理及其优缺点等在X射线衍射、表面物理实验方法等章节中都有介绍，这里不再重复。

在穆斯堡尔谱中，为了获得较高的接收γ射线效率，放射源和探测器的距离也需要保持在一定的范围内，其依据就是根据所谓的余弦效应加以考虑。余弦效应是指多普勒轴心速度$v_0$和余弦分量速度$v_0\cos\theta$同时进入探测器后会造成谱线的展宽和位移。为了减小位移，应尽量选择较小的入射窗口半径，但半径过小，会使计数率显著降低。放射源与探测器的距离为$l$，探测器窗口半径为$R_D$，那么γ射线和相对运动多普勒速度方向之间的夹角为$\theta$，一般$\theta$很小，若$\theta<0.05$rad，则$\tan\theta \approx \theta = \dfrac{R_D}{L}$，$L \geqslant 20R_D$，即探测器与放射源的距离应大于探测器窗口半径的20倍以上。

4. 数据采集

多道分析器是穆斯堡尔谱实验中最常用的数据采集系统。由探测器所检测到的γ光子信号，经线性放大器放大后通过具有特定能量的单道能量分析器，进入数据采集系统的多道分析器或计算机化的多道扫描器。对γ射线进行分类并加以记录，这样就得到了穆斯堡尔谱图。多道分析器采集数据的方式有两种：一种是脉冲幅度分析方式；另一种是多定标方式或时间分析方式。前者是利用参考信号调制由单道分析器输出幅度相同的脉冲，以使调制后的脉冲幅度正比于放射源和吸收体之间的相对运动速度，通过多道分析器对脉冲幅度进行分类，从而获得穆斯堡尔谱。脉冲幅度分析器具有两方面的优点：其一是使用磁换能器易于产生与谱仪多普勒速度成正比的电压；其二是可以测量瞬间速度。其缺点是记录“死时间”比较长，不利于提高计数器的计数，因此限制了在低共振吸收情况下的测量应用。

目前使用最多的数据采集方式是多定标方式或时间分析方式。这种工作方式的原理是利用晶体振荡器按等时间间隔顺序打开多道分析器各道，同时关闭前一道。这意味着地址是时间的线性函数。由于驱动器也是时间的函数，这样就可以实现驱动器的速度扫描与多道分析器的扫描同步，得到一个透过吸收体的γ光子数与速度之间的曲线，这个曲线也称为速度谱。这种采集方式的优点在于，利用晶体振荡器可以精确地控制时间。这样一来，道址是时间的精确函数，此函数与道址保持严格的对应关系，因此可得到质量较好的穆斯堡尔谱。另一优点是没有“死时间”限制，计数率比较高，因而不会引起较大的误差。随着计算机技术的发展，利用计算机化的多道扫描器作为数据采集系统进行数据采集，并在计算机上显示，从而方便快捷。而且，存储在计算机上的数据可随时进行拟合和分析使用。

5. 仪器校准

穆斯堡尔谱的精确校准至关重要，校准应提供三方面的重要信息：①速度零点；②速度标度，最大值和每道的速度步长；③确认驱动器线性化和机器性能。在理想情况下，校准是通过测量一个标准样品来实现的，但更受青睐的校准方法是利用激光干涉仪。

在较小的速度范围内，常用标准样品进行速度定标。金属铁箔（厚度<25μm）为 $^{57}$Fe 穆斯堡尔谱线位置确定提供了极好的校准。因为金属铁箔极为稳定，而且其穆斯堡尔谱线位置已明确确定，有六条吸收峰，最外两条吸收峰的速度差为 10.627mm/s，这六条吸收峰也为驱动器线性化的测量提供了方便。所有 $^{57}$Fe 同质异能位移都是在室温下相对于 Fe 谱的中心位置。另外，定标也可以选用具有 13 个吸收峰的α-Fe 样品和衬底为α-Fe 的 $^{57}$Co 源。

除了上述采用标准样品的穆斯堡尔谱进行相对速度标定外，激光干涉仪也是一种流行和通用的选择。图 5.28 是激光干涉仪测定速度的方框图。图中从半透镜反射到光敏二极管的初级光线与从移动反射镜反射出来的次级光线到达光敏二极管的频率有所不同，它们之间发生干涉而出现光拍，其频率正比于反光镜的运动速度，即

$$f = 2vn / \lambda \tag{5.150}$$

式中，$v$ 为反射镜运动速度，$n$ 为空气的折射率，$\lambda$ 为激光波长。

移动反射镜相对于第 $i$ 道的速度为

$$v_i = \lambda N_i / (2\Delta tnc) \tag{5.151}$$

式中，$n$ 为第 $i$ 道的计数，$\Delta t$ 为利用晶体振荡器测得的第 $i$ 道停留时间，$c$ 为振荡器的振动周期数。

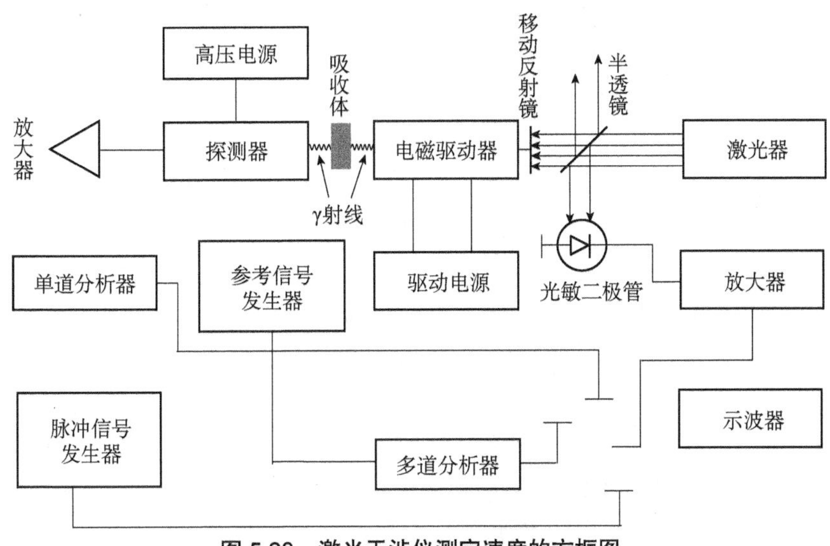


**图 5.28　激光干涉仪测定速度的方框图**

6. 穆斯堡尔谱的辅助装置

在特殊条件下获得穆斯堡尔谱，例如，在低温和高温下，在外加不同磁场或者外加不同压力下测量穆斯堡尔谱，这样就可得到与外界条件有关的精细结构信息。

利用低温装置，可以获得较大的无反冲分数。在研究自旋弛豫、四极分裂、磁超精细结构等方面时，都需要在低温环境下进行。

在穆斯堡尔谱实验中，常常需要外加磁场来研究原子磁矩和磁的超精细结构。开展这方面的研究工作一般需要强磁场，利用水冷可以通以大电流获得 10～25T 的强磁场，但由于存在较大的杂散场和由水冷引起的机械振动，为穆

斯堡尔谱的测量带来了不利影响。比较理想的产生磁场的办法是利用 Ni-Zr 和 Nb-Ti 合金制成的超导线圈，可以在低温液氦中产生 7T 的强磁场。

在研究样品的穆斯堡尔谱参数与温度的关系时，就需要将样品放入高温装置中进行测量。加热装置采用高温炉。根据穆斯堡尔谱的实验要求，可以设计出不同的高温炉。

使用等静压装置，可以在 3～10kbar（1bar=$10^5$Pa）的压力下开展穆斯堡尔谱研究工作。在更高的压力下，就需要采用碳化钨硬质合金钻的高压技术产生超高压，又称布里奇曼（Bridgman）钻。放射源被嵌在 85%B-15%LiH 和叶蜡石之间，然后把这个包有放射源的圆环放入由两个 Bridgman 钻组成的平面之间，使用无支撑的 Bridgman 钻，其压力可达 100kbar；使用带有支撑的 Bridgman 钻，其压力可达 300kbar。如果在高压下同时进行冷却，可以得到复合条件下的穆斯堡尔谱，可获得更多的物理信息。

7. 内转换电子穆斯堡尔谱

20 世纪 60 年代末，Bonchev 等[27]，以及 Swanson 和 Spijkerman[28]发现，在穆斯堡尔吸收体中伴随着原子核的共振吸收过程中发射电子，可用来表征样品的表面层。自此之后，不同的实验方法[29-32]和理论[33-36]发展起来用于解释内转换穆斯堡尔效应。

在许多穆斯堡尔同位素中，穆斯堡尔能级发生非常严重的内部转换衰变过程，导致低能 K 壳或 L 壳层转换电子发射而非穆斯堡尔 $\gamma$ 射线。从源制剂的角度来看这往往是一个缺点。在常规透射穆斯堡尔谱实验中，信号表现为共振吸收下降：当调制后的源能量与系统中允许的穆斯堡尔跃迁相匹配时，$\gamma$ 射线被样品吸收，探测器的计数率降低。然而，在这些共振吸收事件中，每一个都会产生一定激发态的原子核。在同位素中，内部转换非常重要（例如 $^{57}$Fe），这些激发核中的大多数将通过一个或多个转换电子的发射而回到基态，并伴随着特征 X 射线的产生。如果检测到这些电子或 X 射线，则可以得到发射穆斯堡尔谱。

转换电子的能量通常为 10keV，并且穿透深度只有约 100nm，如果检测到电子，它则是来自样品表层 100nm 范围内。因此，内转换电子穆斯堡尔光谱（conversion electron Mössbauer spectroscopy，CEMS）是一种表面灵敏测量技术。

8. 穆斯堡尔谱的优点和不足

穆斯堡尔谱方法有以下几个方面的优点。①分辨率很高，可达 $10^{-8}$ 以上，可以探测原子核及其周围环境之间的超精细相互作用信息；灵敏度高、抗干扰能力强。②对样品无破坏性。③对样品无特殊要求，样品可以是导体、半导体和绝缘体；样品可以是晶体、非晶体；样品可以是薄膜或固体表面，也可以是粉末、超细小颗粒、冷冻溶液等。

穆斯堡尔谱技术也有其不足之处：只有有限一些元素核具有穆斯堡尔效应，目前只有 $^{57}Fe$ 和 $^{119}Sn$ 放射源得到了非常广泛的应用，且许多实验必须在低温和具备放射源的条件下才能进行。

### 5.3.3　穆斯堡尔谱的应用

穆斯堡尔谱在物理、化学、考古等诸多方面都得到了广泛应用。例如，在金属材料研究领域，利用这一技术可研究金属与合金的淬火、回火、有序–无序转变、失效、固溶体分解等动力学过程；磁性材料研究方面，可获得在原子尺度上的磁结构信息，是磁学、磁重取向、晶体场、非晶、电子弛豫、电子价态的重要测量技术手段；在生物物理、生物化学等方面，研究各种含 Fe 的蛋白质和酶的结构及反应机理的研究；在地质考古等领域，穆斯堡尔谱技术也是一种常用的“指纹”鉴定工具[26, 37-39]。

## 思考题与习题

5.1　比较正电子和电子的性质，解释正电子在固体中的热化。

5.2　正电子寿命谱测量的基本原理。

5.3　什么是 γ-γ 角关联？

5.4　由于多普勒效应，在固体中热化的正电子与电子相遇湮没后产生的两个 γ 光子能量不相等，称为多普勒能移。若以 $p$ 表示正电子–电子湮没对因相对运动而具有的动量，由于多普勒能移，两个 γ 光子的能量不等。假设其中一个 γ 光子的动量方向与电子动量的方向相同，另一个 γ 光子的动量方向与电子动量的方向相反。试证明这两个光子的能量分别为

$$h\nu = m_0c^2 + \frac{1}{2}pc$$

$$h\nu' = m_0c^2 - \frac{1}{2}pc$$

式中，$m_0$ 和 $c$ 分别为电子的静止质量和光速。

5.5　图 5.29 是一种新型的快–快符合正电子寿命谱仪方框图，以 $^{22}Na$ 作为放射源说明寿命谱测量的基本原理。

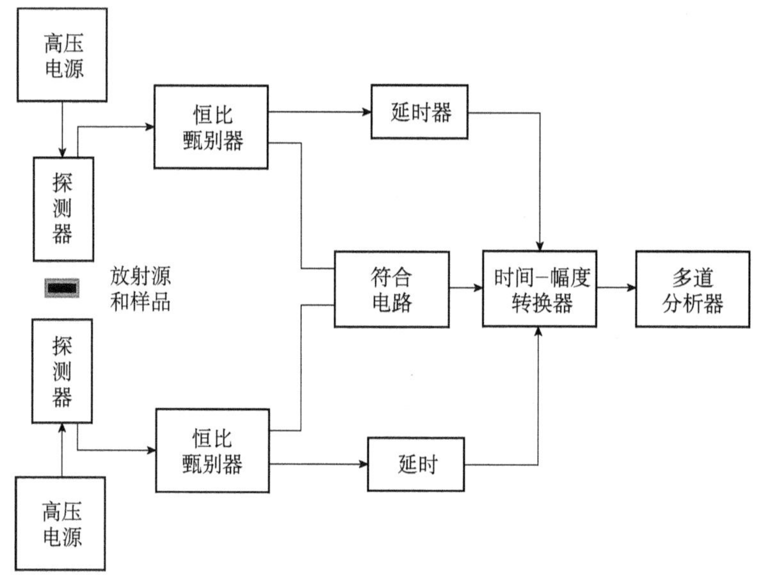


**图 5.29　快–快符合正电子寿命谱仪方框图**

5.6　原子核处电场和磁场之间存在着相互作用，这种作用比较弱，称为超精细相互作用。这种超精细相互作用有哪几种类型？

5.7　什么是穆斯堡尔效应？什么是穆斯堡尔核？穆斯堡尔谱的应用主要有哪些方面？

5.8　简述穆斯堡尔谱装置的主要组成结构和作用。

## 主要参考书目和参考文献

### 主要参考书目


[芬兰]托贾维 P. 正电子湮没技术[M]. 何元金，郁伟中，译，熊家炯，校. 北京：科学出版社，1983.

李培森. 正电子寿命谱与应用[M]. 兰州：兰州大学物理系近代物理教研室，1987.

马茹璋，徐英庭. 穆斯堡尔谱学[M]. 北京：科学出版社，1996.

王少阶，陈志权，王波，等. 应用正电子谱学[M]. 武汉：湖北科学技术出版社，2008.

吴奕初，蒋中英，郁伟中. 正电子散射物理[M]. 北京：科学出版社，2017.

郁伟中. 正电子物理及其应用[M]. 北京：科学出版社，2003.

郁伟中. 正电子湮没寿命谱仪[M]. 北京：清华大学现代应用物理系，1989.

Kono Y，Sanloup C. Magmas Under Pressure，Advances in High-Pressure Experiments on Structure and Properties of Melts[M]. Amsterdam：Elsevier Inc，2018：180-204.

Mark H F. Encyclopedia of Polymer Science and Technology[M]. New York：John Wiley & Sons，Inc.，2008.

Vij D R. Handbook of Applied Solid State Spectroscopy[M]. New York：Springer Science+ Business Media，LLC，2006.

Virender K S，G€ostar K，Tetsuaki N. Mössbauer Spectroscopy：Applications in Chemistry，Biology，and Nanotechnology[M]. New York：John Wiley & Sons，Inc.，2013.

**参考文献**

[1] Dirac P A M. The quantum theory of the electron[J]. Proceedings of the Royal Society of London A，1928，117（778）：610-624.

[2] Anderson C D. The positive electron[J]. Physical Review，1933，43：491-494.

[3] Dirac P A M. A theory of electrons and protons[J]. Proceedings of the Royal Society of London A，1930，126：360-365.

[4] Siddiqui K A，Kamal S A. Physics makes the deaf and the dumb equations of mathematics to speak[J]. Proceedings of the Second Workshop on Teaching of Physics，1986，28：40-49.

[5] Deutsch M. Evidence for the formation of positronium in gases[J]. Physical Review，1951，182：455-456.

[6] Procházka I. Positron annihilation spectroscopy[J]. Materials Structure，2001，8（2）：55-60.

[7] Eldrup M. Application of the positron annihilation technique in studies of defects in solids[J]. Defects in Solids，1986：145-178.

[8] Brusa R S，Deng W，Karwasz G P，et al. Doppler-broadening measurements of positron annihilation with high-momentum electrons in pure elements[J]. Nuclear Instruments and Methods in Physics Research B，2002，194：519-531.

[9] Selim F A，Wells D P，Harmon J F，et al. Development of accelerator-based γ-ray-induced positron annihilation spectroscopy technique[J]. Journal of Applied Physics，2005，97：113539.

[10] Ackermann U，Löwe B，Dickmann M，et al. Four-dimensional positron age-momentum correlation[J]. New Journal of Physics，2016，18：113030.

[11] Madansky L，Rasetti F. An attempt to detect thermal energy positrons[J]. Physical Review，1950，79（2）：397.

[12] Karwasz G P，Zecca A，Brusa R S，et al. Application of positron annihilation techniques for semiconductor studies[J]. Journal of Alloys and Compounds，2004，382（1-2）：244-251.

[13] Slotte J，Kilpeläinen S，Segercrantz N，et al. In situ positron annihilation spectroscopy analysis on low-temperature irradiated semiconductors，challenges and possibilities[J]. Physica

Status Solidi A，2021，218：2000232.

[14] Singh A N. Positron annihilation spectroscopy in tomorrow's material defect studies[J]. Applied Spectroscopy Reviews，2016，51（5）：359-378.

[15] Weiss A，Mayer R，Jibaly M，et al. Auger-electron emission resulting from the annihilation of core electrons with low-energy positrons[J]. Physical Review Letters，1988，61（19）：2245-2248.

[16] Jensen K O，Weiss A. Theoretical study of the application of positron-induced Auger-electron spectroscopy[J]. Physical Review B，1990，41（7）：3928-3936.

[17] Mössbauer R L. Kernresonanzfluoreszenz von gammastrahlung in $Ir^{191}$[J]. Zeitschrift für Physik，1958，151：124-143.

[18] Mössbauer R L. The discovery of the Mössbauer effect[J]. Hyperfine Interactions，2000，126：1-12.

[19] Oshtrakh M I. Applications of Mössbauer spectroscopy in biomedical research[J]. Cell Biochemistry and Biophysics，2019，77：15-32.

[20] Pound R V，Rebka G A. Apparent weight of photons[J]. Physical Review Letters，1960，4（7）：337-341.

[21] Knudsen J M，Madsen M B，Olsen M，et al. Mössbauer spectroscopy on the surface of Mars. Why?[J]. Hyperfine Interactions，1991，68：83-94.

[22] Knudsen J M，Mørup S，Galazka-friedman J. Mössbauer spectroscopy and the iron on Mars[J]. Hyperfine Interactions，1990，57：2231-2236.

[23] Pound R V，Rebka G A. Resonant absorption of the 14.4-keV γ ray from 0.10-μsec $Fe^{57}$[J]. Physical Review Letters，1959，3（12）：554-556.

[24] Pound R V，Rebka G A. Variation with temperature of the energy of recoil-free gamma rays from solids[J]. Physical Review Letters，1960，4（6）：274-275.

[25] Szymański K. Explicit expression for the intensity tensor for 3/2-1/2 transitions and solution of the ambiguity problem in Mössbauer spectroscopy[J]. Journal of Physics：Condensed Matter，2000，12：7495-7507.

[26] Grandjean F，Long G J. Best practices and protocols in Mössbauer spectroscopy[J]. Chemistry of Materials，2021，33：3878-3904.

[27] Bonchev Z W，Jordanov A，Minkova A. Method of analysis of thin surface layers by the Mössbauer effect[J]. Nuclear Instruments and Methods，1969，70：36-40.

[28] Swanson K R，Spijkerman J J. Analysis of thin surface layers by $Fe^{57}$ Mössbauer backscattering spectrometry[J]. Journal of Applied Physics，1970，41：3155.

[29] Andrianov V A，Bedelbekova K A，Ozernoy A N，et al. Mössbauer studies of $^{57}Fe$

implantation in metal Ta and Mo[J]. Nuclear Instruments and Methods in Physics Research B，2020，475：71-76.

[30] Vereshchak M F，Manakova I A，Shokanov A K，et al. Scanning conversion electronic Mössbauer spectroscopy of local surface layers of materials[J]. Nuclear Instruments and Methods in Physics Research B，2021，502：102-105.

[31] Sawicki J A，Sawicka B D. Experimental techniques for conversion electron Mössbauer spectroscopy[J]. Hyperfine Interactions，1983，13：199-219.

[32] Augustyns V，Trekels M，Gunnlaugsson H P，et al. Multipurpose setup for low-temperature conversion electron Mössbauer spectroscopy[J]. Review of Scientific Instruments，2017，88：053901.

[33] Krakowski R A，Miller R B. An analysis of backscatter Mössbauer spectra obtained with internal conversion electrons[J]. Nuclear Instruments and Methods，1972，100：93-105.

[34] Bainbridge J. Quantitative analysis of Mössbauer backscatter spectra from multi-layer films[J]. Nuclear Instruments and Methods，1975，128：531-535.

[35] Huffman G P. Theory of electron re-emission Mössbauer spectroscopy[J]. Nuclear Instruments and Methods，1976，137：267-290.

[36] Salvat F，Parellada J. Theory of conversion electron Mössbauer spectroscopy（CEMS）[J]. Nuclear Instruments and Methods in Physics Research B，1984，1（1）：70-84.

[37] Kołodziej T，Biało I，Tabiś W，et al. Magnetic field induced structural changes in magnetite observed by resonant x-ray diffraction and Mössbauer spectroscopy[J]. Physical Review B，2020，102：075126.

[38] Bianchi C L，Djellabi R，Ponti A，et al. Experimental methods in chemical engineering：Mössbauer spectroscopy[J]. The Canadian Journal of Chemical Engineering，2021，99（10）：2054.

[39] Maksimova A A，Goryunov M V，Oshtrakh M I. Applications of Mössbauer spectroscopy in meteoritical and planetary science，part Ⅱ：differentiated meteorites，moon，and Mars[J]. Minerals，2021，11（6）：614.

# 第 6 章　光谱分析技术

## 6.1　引言

光与物质的相互作用将引起光的吸收、反射和散射等，这些现象和规律与物质的电子结构、原子结构及其运动规律有关。光谱方法就是用来测量光的吸收、反射和散射等与波长的关系，以探明物质中的电子和原子的状态及运动。固体光谱是研究固体（半导体、绝缘体和金属）的能带结构、杂质状态和各种元激发的有力工具。光谱分析技术无论从方法上或是从研究内容上都是一个非常广泛的领域。

紫外光谱、可见光谱和红外光谱都是测量光的吸收、反射与波长的关系。紫外光谱和可见光谱都可以研究固体中电子的元激发，紫外光谱适用于禁带宽度较大的情况，可见光谱适用于窄禁带半导体、带内跃迁和杂质态的研究等。而红外光谱是研究晶格振动的主要方法之一。利用拉曼效应的拉曼光谱和布里渊光谱则是用来测量散射光的波长。拉曼光谱主要用于研究固体中的光学声子谱及相应能量的元激发，而布里渊光谱则主要用于研究声学声子谱及能量甚低的元激发（如磁振子等）。

本章内容我们仅对红外光谱和拉曼光谱加以介绍。

## 6.2　傅里叶变换红外光谱

### 6.2.1　红外光谱的基本概念

1. 红外光谱的波段范围

图 6.1 是电磁波长分布图，人们通常把电磁波谱中波长在 0.78～1000μm 的波段称为红外光谱区，其短波方向与可见光谱相衔接，长波方向与微波相衔接。

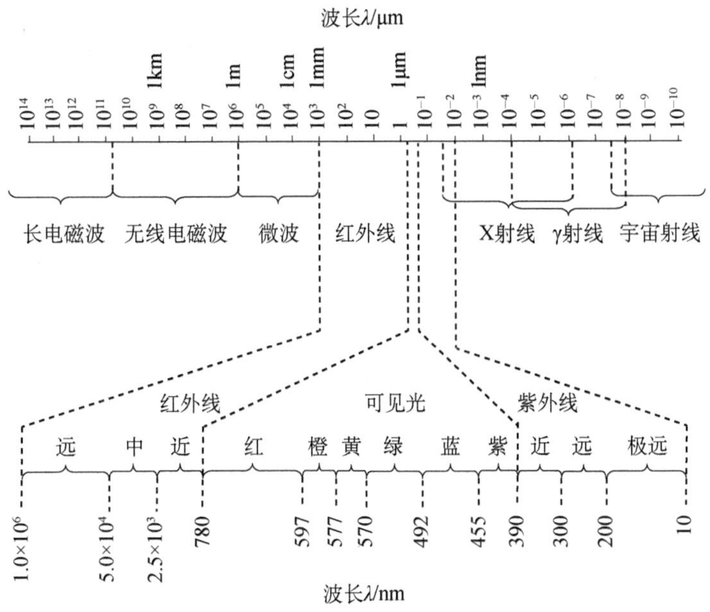


**图6.1　电磁波长分布图**

红外光谱又细分为近红外光区（0.78～2.5μm）、中红外光区（2.5～50μm）和远红外光区（50～1000μm）等三个波段，各波段对应的波数和频率参数如表6.1所示。

**表6.1　红外区域的波段划分**

| 波段 | 波长/μm | 波数/$cm^{-1}$ | 频率/Hz |
|---|---|---|---|
| 近红外 | 0.78～2.5 | 12800～4000 | $3.8×10^{14}$～$1.2×10^{14}$ |
| 中红外 | 2.5～50 | 4000～200 | $1.2×10^{14}$～$6.0×10^{12}$ |
| 远红外 | 50～1000 | 200～10 | $6.0×10^{12}$～$3.0×10^{11}$ |
| 常用区域 | 2.5～25 | 4000～400 | $1.2×10^{14}$～$1.2×10^{13}$ |

中红外光区是研究和应用最多的区域。红外光谱区域主要涉及晶格振动光谱、自由载流子吸收和杂质吸收谱等。因此，红外光谱方法也是凝聚态物理的一个重要实验方法。晶格振动红外光谱与拉曼光谱具有相互补充的作用。

2. 光谱的表示方法

当样品受到频率连续变化的红外光照射时，分子吸收了某些频率的辐射，并由其振动或转动运动引起偶极矩的净变化，产生分子振动和转动能级从基态到激发态的跃迁，使相应于这些吸收区域的透射光强度减弱，记录红外光的百分透射率与波数（或波长）的关系曲线，就可得到红外光谱。

红外光谱的纵坐标有两种表示方法，即百分透射率 *T*%（transmittance）和

吸光度 $A$（absorbance）。纵坐标采用百分透射率 $T\%$表示的光谱称为透射率光谱，纵坐标采用吸光度表示的光谱称为吸光度光谱，如图 6.2 所示[1]。

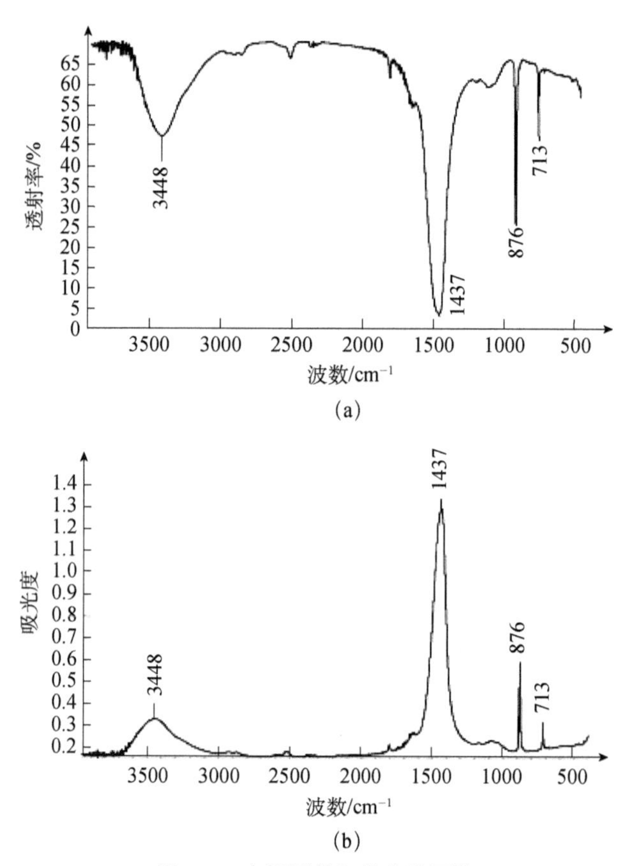


**图 6.2 方解石的红外光谱图**[1]

百分透射率 $T\%$定义为辐射光透过样品物质的百分率，即

$$T\%=I/I_0\times 100\% \tag{6.1}$$

式中，$I$ 是透过强度，$I_0$ 为入射强度。

吸光度是透射率倒数的对数（以 10 为底数），即

$$A=\lg(1/T) \tag{6.2}$$

透射率可以很直观地反映样品对不同波长红外光的吸收情况，但透射率不能用于样品的定量分析，这是由于透射率与样品的含量不是呈正比关系。而吸光度在一定范围内与样品的成分呈正比关系，因此可以用来对样品的成分进行定量分析。目前大多红外光谱是利用吸光度来表示的。

光谱图的横坐标通常用波数表示，也可以用波长表示。一般谱图的上方横

坐标用波长 $\lambda$ 表示，单位是 μm 或 nm；谱图的下方横坐标用波数 $\tilde{\nu}$ 表示，单位是 $cm^{-1}$，波数与波长的关系为

$$\tilde{\nu}(cm^{-1})=\frac{10^4}{\lambda(\mu m)} \tag{6.3}$$

波长（μm）和波数（$cm^{-1}$）的关系为：波长（μm）×波数（$cm^{-1}$）=10000，例如，波长为 2.5μm 时，对应的波数值为 $\tilde{\nu}(cm^{-1})=\frac{10^4}{2.5(\mu m)}=4000(cm^{-1})$

3. 分子的量子化能级

物质中分子运动的能量由平动能、转动能、振动能和电子能等四部分组成，可表示为

$$E=E_{平动}+E_{转动}+E_{振动}+E_{电子} \tag{6.4}$$

设分子的两个能级的能级差为 $\Delta E=E_2-E_1$，如果符合跃迁条件，那么分子从低能级 $E_1$ 跃迁到高能级 $E_2$ 需要吸收一个光子，即有

$$\Delta E=E_2-E_1=h\nu=\frac{hc}{\lambda} \tag{6.5}$$

式中，$h$ 为普朗克常量，$c$ 为光速，$\nu$ 为光子频率，$\lambda$ 为光子波长。

光子频率和波长的关系为

$$\nu=\frac{c}{\lambda} \tag{6.6}$$

相反地，当分子由高能级 $E_2$ 跃迁到低能级 $E_1$ 时，将会发射一个光子。其能级差越大，则分子吸收或发射光子的频率越高，波长越短。

分子的转动能级之间能级差比较小，分子吸收能量低，因此，位于红外波段的远红外区域低频率光产生转动跃迁。而振动能级的间隔比转动能级大得多，因此，振动能级的频率比转动能级高很多，其频率处于中红外区域。电子能级之间的能级间隔又比振动能级高很多，已经属于紫外、可见光区域。

4. 产生红外吸收的条件

量子力学指出，能级之间的跃迁必须遵循一定的规律，即所谓的选律，而选律是由分子的对称性所决定的。振动光谱分为红外光谱和拉曼光谱，如果分子振动引起分子偶极矩的变化，则该振动具有红外活性。归纳起来，分子能够产生红外吸收的条件有如下两点。

（1）辐射光子具有的能量与发生振动跃迁所需的能量相等。分子振动能级是量子化的，即

$$E=(n+1/2)h\nu \tag{6.7}$$

式中，$h$ 为普朗克常量；$\nu$ 为振动频率；$n$ 为振动量子数（$n$=0，1，2，…），振动能级不止一种激发态。

（2）辐射与物质之间有耦合作用。为满足这个条件，分子振动必须伴随着偶极矩的变化。

5. 分子的转动光谱

由于气体分子的间距比较大，分子可以自由地转动，所以分子的转动光谱主要是指气体分子发生转动能级跃迁时在红外光区段产生的光谱信号。根据量子力学知识，分子的转动能级是量子化的。

对于双原子分子，如果将双原子看成是刚性的，转动惯量为 $I$，转动角速度为 $\omega$，那么，转动角动量 $P$ 和转动能量 $E$ 可分别表示为

$$P = I\omega \tag{6.8}$$

$$E = \frac{1}{2}I\omega^2 \tag{6.9}$$

由（6.8）式和（6.9）式联立消去 $\omega$ 后可得

$$E = \frac{P^2}{2I} \tag{6.10}$$

由量子力学可知

$$P = \sqrt{J(J+1)}\hbar \tag{6.11}$$

式中，$J$ 为转动量子数（$J$=0，1，2，3，…）。

将（6.11）式代入（6.10）式，并利用约化普朗克常量 $\hbar = h/(2\pi)$，可得转动能级

$$E_{转动} = \frac{h^2}{8\pi^2 I}J(J+1) = BhcJ(J+1) \tag{6.12}$$

式中，$h$ 为普朗克常量；$c$ 为光速；$B$ 为转动常数，$B = \frac{h}{8\pi^2 Ic}$，单位为 $cm^{-1}$；$I$ 为转动惯量。对于质量分别为 $m_1$ 和 $m_2$ 的双原子分子来说，转动惯量为

$$I = \frac{m_1 m_2}{m_1 + m_2}r^2 = \mu r^2 \tag{6.13}$$

式中，$r$ 为两原子的间距，$\mu$ 称为折合质量

$$\mu = \frac{m_1 m_2}{m_1 + m_2} \tag{6.14}$$

因此，转动常数可写为

$$B = \frac{h}{8\pi^2 \mu r^2 c} \tag{6.15}$$

由（6.15）式可以看出，双原子分子的核间距越小，转动光谱两条谱线的间隔就

越大；体系的折合质量越小，两谱线的间隔就越大。

相邻转动能级量子数从 $J-1$ 到 $J$ 的能量间隔为

$$\Delta E_{转动}=E_J-E_{J-1}=2BhcJ \tag{6.16}$$

由此可见，转动能级的能量间隔数值随着转动量子数的增加而增加。将（6.16）式代入（6.5）式可得

$$\Delta E_{转动}=h\nu=2BhcJ \tag{6.17}$$

进而可得转动频率

$$\nu=2BcJ \tag{6.18}$$

转换成波数，即为

$$\tilde{\nu}=\frac{1}{\lambda}=\frac{1}{cT}=\frac{\nu}{c}=2BJ \tag{6.19}$$

6. *双原子分子的振动光谱*

双原子分子中化学键的振动可按谐振子处理，如图 6.3 所示。

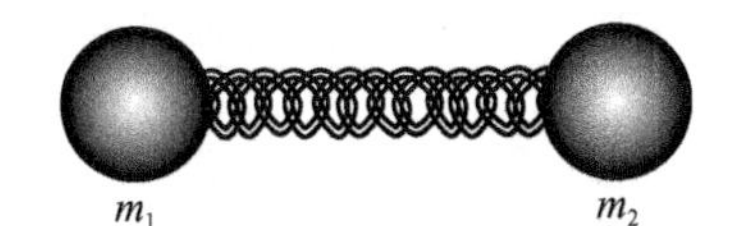


**图 6.3　双原子简谐振动**

量子力学已经给出证明，谐振子的总能量是量子化的，其能量为

$$E_{振动}=h\nu\left(n+\frac{1}{2}\right) \tag{6.20}$$

式中，$n$ 为振动量子数，$n$=1，2，3，…；$\nu$ 为振动频率，其值为

$$\nu=\frac{1}{2\pi}\sqrt{\frac{k}{\mu}} \tag{6.21}$$

式中，$k$ 为双原子分子振动的力常数，单位为 N/cm；$\mu$ 为折合质量，单位为 g。（6.20）式可写为

$$E_{振动}=\frac{h}{2\pi}\sqrt{\frac{k}{\mu}}\left(n+\frac{1}{2}\right) \tag{6.22}$$

若用波数取代振动频率，则给出如下表达式

$$\tilde{\nu}=\frac{1}{\lambda}=\frac{\nu}{c}=\frac{1}{2\pi c}\sqrt{\frac{k}{\mu}} \tag{6.23}$$

如果分子的折合质量采用摩尔质量来计算，力常数采用 N/cm 为单位，并由力常数单位换算关系 1dyn/cm=1×10$^{-5}$N/cm，则有

$$\tilde{\nu}=\frac{1}{2\pi c}\sqrt{\frac{k[\mathrm{dyn/cm}]}{\mu[\mathrm{g/mol}]}}=\frac{\sqrt{6.022\times10^{23}}\times\sqrt{10^5}}{2\pi c}\sqrt{\frac{k[\mathrm{N/cm}]}{\mu[\mathrm{g}]}}\approx1304\sqrt{\frac{k}{\mu}}\quad(\mathrm{cm^{-1}})\tag{6.24}$$

这里应该特别强调，当采用（6.24）式的形式时，力常数单位为N/cm，折合质量的单位采用摩尔质量（g）表示。如已知力常数，就可以求得振动频率；反之，测出振动频率，也可以计算出力常数。例如，HCl分子的力常数为$k$=5.1×$10^5$dyn/cm=5.1N/cm，而HCl分子折合质量为$\mu=\frac{35.5\times1.0}{35.5+1.0}\approx0.97$（g），将这些具体数据代入（6.24）式后即得$\tilde{\nu}=1304\sqrt{\frac{5.1}{0.97}}\approx2990$（$\mathrm{cm^{-1}}$），而实测值为2886$\mathrm{cm^{-1}}$。显然，理论值和实验值非常接近。表6.2中给出了几种基团伸缩振动频率的理论值与实际测量值的比较，由此表可见，多数基团的理论计算值落在测量值的区间范围内，二者较为一致。

**表6.2　几种基团伸缩振动频率的理论值与实际测量值的比较**

| 基团 | $k$/(N/cm) | 折合质量$\mu$/g | 计算值$\nu$/$\mathrm{cm^{-1}}$ | 实际吸收带$\nu$/$\mathrm{cm^{-1}}$ |
|---|---|---|---|---|
| O—H | 7.5 | 1 | 3571 | 3650～3550 |
| N—H | 6.5 | 1 | 3325 | 3500～3300 |
| C—H | 5.5 | 1 | 3058 | 3330～2700 |
| S—H | 4 | 1 | 2608 | 2600～2550 |
| P—H | 3.5 | 1 | 2440 | 2450～2270 |
| Si—H | 3 | 1 | 2259 | 2250～2100 |
| C≡C | 16 | 6 | 2129 | 2260～2100 |
| C═O | 12 | 6.85 | 1726 | ～1751 |
| C═C | 10 | 6 | 1683 | 1667～1640 |
| C—O | 5 | 6.85 | 1114 | 1260～1000 |

按照麦克斯韦–玻尔兹曼统计分布规律，绝大多数的振动能级跃迁都是从基态到第一激发态之间的跃迁。当振动能级从基态$n$=0向$n$=1跃迁时，其能量变化为

$$\Delta E_{振动}=h\nu=h\tilde{\nu}c=\frac{h}{2\pi}\sqrt{\frac{k}{\mu}}\tag{6.25}$$

$$\tilde{\nu}=\frac{1}{2\pi c}\sqrt{\frac{k}{\mu}}\tag{6.26}$$

（6.26）式就是双原子分子振动的经典方程。

已知双原子分子力常数，可以利用（6.26）式计算双原子分子的振动频率；

反之，测得吸收波数，也可以计算出力常数。力常数与核电荷和电子云密度有关，而与原子质量无关。因此，（6.26）式也可应用于双原子分子同位素中的伸长振动和弯曲振动的频率计算。如果两种同位素的振动频率分别为$\nu_1$，$\nu_2$，根据（6.26）式可得

$$\frac{\nu_1}{\nu_2}=\sqrt{\frac{\mu_2}{\mu_1}} \tag{6.27}$$

式中，$\mu_1$和$\mu_2$分别代表两种同位素在各自的分子中的折合质量。

如果测得一种同位素元素的频率，那么就可以根据（6.27）式算出另一种同位素的频率值。例如，$H_2O$和$D_2O$分子，O—H和O—D的折合质量分别为$\mu_1$和$\mu_2$，$\sqrt{\mu_2/\mu_1}=1.374$，$H_2O$的伸缩振动$\nu_{O-H}=3400cm^{-1}$，计算得到$D_2O$的伸缩振动$\nu_{O-D}=3400/1.374\approx2475cm^{-1}$，与实验测得的$D_2O$的伸缩振动$\nu_{O-D}=2507cm^{-1}$比较接近。

7. 多原子分子的振动

在多原子分子振动的情况下，除了两个原子之间的伸缩振动外，还有三个或三个以上原子之间的伸缩振动，所有原子都围绕其平衡位置进行各自的简谐振动。此外，还存在弯曲振动。因此，多原子振动情况比较复杂。多原子分子振动可以分解成许多简单的基本振动，即简正振动。所谓的简正振动，即分子质心保持不变，整体不转动，每个原子都在其平衡位置附近作简谐振动。

在多原子分子中，简正振动的数目与原子和分子构型有关。$N$个原子组成的分子，每个原子在空间的位置由三个坐标进行描述，由$N$个原子组成的分子就需要$3N$个坐标进行描述，也就是有$3N$个运动自由度，包括沿$x$，$y$，$z$三个方向的平动和沿$x$，$y$，$z$三个轴的转动运动，这六种运动都不是分子的振动，故分子振动的自由度数目应等于$3N-6$个。对于线型分子，若贯穿所有原子的轴在$y$方向，则整个分子只能绕$x$，$z$转动，线型分子的振动自由度为$3N-5$个。例如，$CO_2$分子是$N$=3的直线型分子，有$3N-5$个基本振动，即$3\times3-5=4$个振动。每一个振动都对应着一个能级的变化，但只有那些可以产生瞬间偶极矩变化的振动才能产生红外吸收。没有偶极矩变化而有分子极化率变化的振动可以产生拉曼光谱。

在多原子分子红外光谱中，基频振动谱带的数目等于或少于简正振动的数目。随着分子数目的增多，基频振动的数目会远远少于简正振动的数目。这是由于只有红外活性的简正振动才有红外吸收，以及对称性相同的简正振动频率发生简并，即振动频率发生重叠，表现为同一个吸收带。

8. 分子的振动–转动光谱

当分子吸收红外光，从低能级向高能级跃迁时，得到的纯振动光谱应该是线状光谱，但实际上引起分子振动的同时，会伴随着转动跃迁。为此，可用振动能级和转动能级的能量之和来解析光谱。由（6.12）式和（6.22）式可得

$$E_{振-转}=\frac{h}{2\pi}\sqrt{\frac{k}{\mu}}\left(n+\frac{1}{2}\right)+BhcJ(J+1) \tag{6.28}$$

若从振动基态（$n$=0）、转动量子数为 $J$ 的能级，向振动量子数为 $n$=1、转动量子数为 $J'$的能级跃迁，则吸收红外光的波数应为

$$\tilde{\nu}_{振-转}=\tilde{\nu}_{振}+B[J'(J'+1)-J(J+1)] \tag{6.29}$$

在振动–转动能级跃迁中，转动能级跃迁的选律为，当基团振动时，若偶极矩变化平行于基团对称轴，则 $\Delta J=\pm 1$；若偶极矩变化垂直于基团对称轴，则 $\Delta J=0,\pm 1$。

当 $\Delta J=-1$ 时，$J'=J-1$，$\tilde{\nu}_{振-转}=\tilde{\nu}_{振}-2BJ$，这时得到的一系列谱线间隔为 $2B$，这组振动–转动光谱线称为 P 支。

当 $\Delta J$=0 时，$J'=J$，$\tilde{\nu}_{振-转}=\tilde{\nu}_{振}$，这时得到的一系列谱线间隔为 $2B$，为纯转动光谱线，称为 Q 支。

当 $\Delta J$=1 时，$J'=J+1$，$\tilde{\nu}_{振-转}=\tilde{\nu}_{振}+2B(J+1)$，这组振动–转动光谱线称为 R 支。

图 6.4 是线形气体分子振动时，偶极矩变化垂直于基团对称轴的振动–转动能级及其光谱示意图，这时在振动–转动吸收光谱中同时出现 P、Q 和 R 支。当偶极矩变化平行于基团对称轴时，图 6.4 中将不出现虚线所表示的振动–转动能级跃迁，这时在振动–转动吸收光谱中只出现 P 和 R 支，而不出现 Q 支。

9. 分子振动的基本模式

分子中不同的基团具有不同的振动模式，基团的振动模式分为两大类，即伸缩振动（stretching vibration）和弯曲振动（bending vibration）。伸缩振动是指基团中的原子在振动时沿着价键方向往复振动，振动时键角不发生变化，用字母 $\upsilon$ 来表示。对于三个和三个以上原子的伸缩振动，还包括对称伸缩振动（symmetric stretching vibration）和反对称伸缩振动（asymmetric stretching vibration），分别用 $\upsilon^{s}$ 和 $\upsilon^{as}$ 表示。弯曲振动是指基团中的原子在振动时运动方向与价键方向垂直，用字母 $\delta$ 表示。

因为偶极矩是一个矢量，所以中心对称的振动其偶极矩变化为零。中心对称的振动在红外光谱中不产生吸收，但在拉曼光谱中是有活性的。在红外光谱

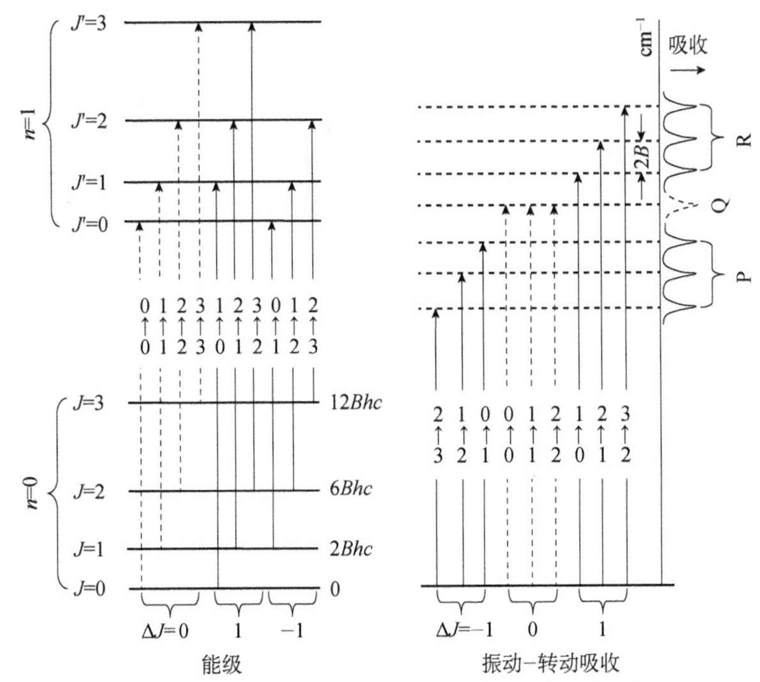


**图 6.4　线形气体分子的振动–转动能级及其光谱示意图**

图上能量相同的峰因发生简并，而使谱带重合。

由于仪器分辨率的限制，使能量接近的振动峰难以区分，能量太小的振动仪器可能检测不出来，而有些吸收是非红外活性的，这些原因都可能使红外的基峰少于振动自由度。

1）伸缩振动

线形三角基团 X-Y-X（如 $CO_2$）的对称振动、平面形四原子基团 $XY_3$（如 $CO_3^-$，$NO_3^-$）的对称振动和四面体五元原子基团 $XY_4$（如 $SO_4^{2-}$，$PO_4^{3-}$等）的对称振动，都不是红外活性的，只有弯曲形的三角基团 $XY_2$（如 $H_2O$，$CH_2$ 等）和三角锥形四原子基团 $XY_3$（如 $CH_3$，$NH_3$ 等）的对称伸缩振动才是红外活性的。环状化合物中，如苯环是一种对称的伸缩振动，称为呼吸振动（breathing vibration），它是具有红外活性的，这是完全对称伸缩振动的一个特例。

各种基团的反对称振动都是具有红外活性的，如线形 $CO_2$，弯曲形的 $H_2O$ 等。

2）弯曲振动

弯曲振动（bending vibration）可分为如下几种形式：面内弯曲振动（in-plane bending vibration）、面外弯曲振动（out-of-plane bending vibration）、面内摇

摆振动（rocking vibration）、面外摇摆振动（wagging vibration）和卷曲振动（twisting vibration）等。

上述各种形式的弯曲振动除摇摆振动之外，其余振动的键角都会发生变化，因此又可称为变角（变形）振动（deformation vibration），线形三原子基团的弯曲振动也被称为剪式变角振动（scissor vibration），如直线形 $CO_2$ 分子的振动。

面内弯曲振动也称面内变形振动或面内变角振动。由四个原子组成的平面形基团有面内弯曲振动，如 $NO_3^-$，$XO_3^{2-}$ 等基团的面内弯曲振动。

面外弯曲振动也称面外变形振动或面外变角振动。面外弯曲振动是指中心原子在平面上下振动。

面内摇摆振动是指基团作为一个整体在分子的对称面内摇摆。在基团面内摇摆振动时，键角不发生变化。

面外摇摆振动是指基团作为一个整体在分子的对称平面内上下摇摆。面外摇摆振动时，基团的键角也不发生变化。

卷曲振动是指三个原子基团的两个化学键在三个原子组成的平面内上下扭动，所以卷曲振动也称为扭曲振动。

图 6.5 是 $CO_2$ 分子的各种振动模式。

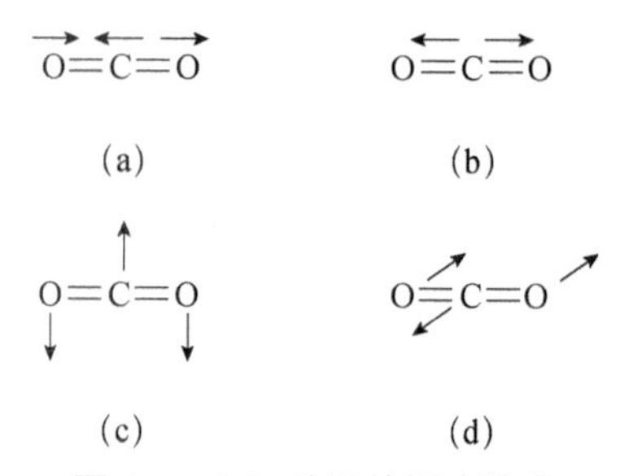


**图 6.5 $CO_2$ 分子的振动模式**

（a）不对称伸缩振动（2349cm$^{-1}$）；（b）对称伸缩振动（无红外吸收）；（c）在一个平面内的弯曲振动（667cm$^{-1}$）；（d）在另一个平面内的弯曲振动（667cm$^{-1}$）

以亚甲基（—$CH_2$）振动为例，各种振动模式如图 6.6 所示。

10. 基团的振动频率

在红外光谱中出现吸收谱带，表现出红外活性，对应着一个振动频率，不同振动模式对应不同的振动频率。在一个分子中如果存在多个相同的基团，它们的振动模式虽然相同，但振动频率不一定相同，不同分子中相同基团的振动频率也会有所差别。

1）基团频率

在中红外区，不同分子中相同基团的某种振动模式，如果振动的频率基本

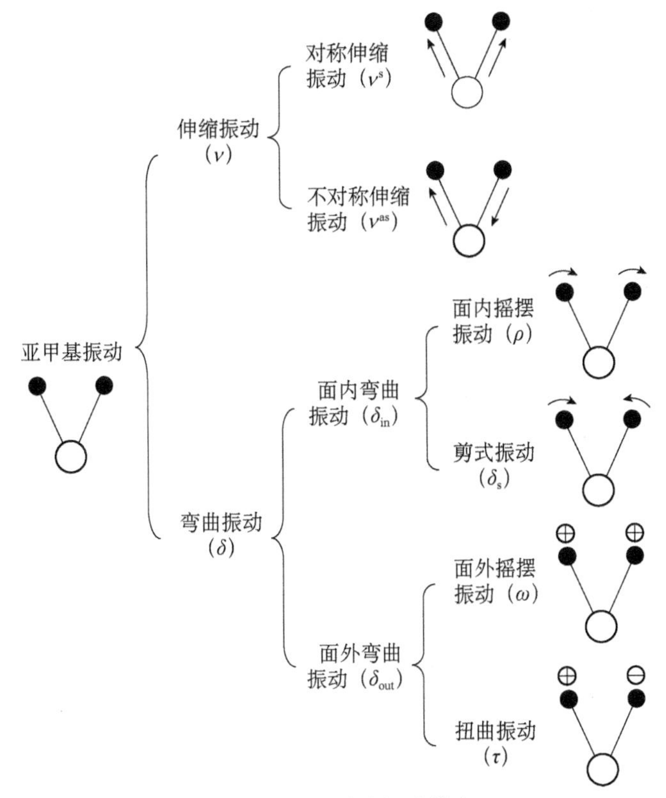


**图 6.6　亚甲基的振动模式**

相同，总是出现在某一范围较窄的频率区间，有很强的吸收强度，能与其他振动频率区分得开，这种振动频率称为基团频率。基团频率具有明显的特征，可用于样品的结构分析。大多数基团频率分布于 4000～1330cm$^{-1}$。

2）指纹频率

指纹频率是指一个分子或一个分子的一部分所产生的频谱，分子结构的微小变化会引起指纹频率的变化，其对特定的分子具有特征性，因此可用于整个分子的表征。指纹频率范围在 1330～400cm$^{-1}$。

3）倍频峰

在简谐振动的情况下，根据谐振子的选择定则 $\Delta n = \pm 1$，谐振子只能在相邻的两个能级之间跃迁，而且各个振动能级之间的间隔是相等的，即 $\Delta E = h\nu$。而在非简谐振动的情况下，选择定则不再局限于 $\Delta n = \pm 1$，而是 $\Delta n = \pm 1, \pm 2, \pm 3, \cdots$。也就是说，在非简谐振动情况下，可以从基态向更高的振动能级跃迁，倍频振动频率称为倍频峰（overtone）。非简谐振动情况下的能量公式是对简谐振动能量公式进行修正后给出的，即

$$E_{振动} = h\nu\left(n+\frac{1}{2}\right) - h\nu\chi\left(n+\frac{1}{2}\right)^2 + \cdots \tag{6.30}$$

式中，$\chi$ 为非简谐常数，忽略高次项，当非简谐振子振动量子数从基态 $n$=0 向 $n$=1 和 $n$=2 跃迁时，其基频振动频率和一级倍频振动频率分别为

$$\nu_{非} = \frac{\Delta E}{h} = \nu - 2\nu\chi \tag{6.31}$$

$$\nu_{非倍频} = \frac{\Delta E}{h} = 2\nu - 6\nu\chi \tag{6.32}$$

式中，$\nu$ 为简谐振动的基频频率。

由此可见，非简谐振动的基频比简谐近似的基频小 $2\nu\chi$；而非简谐振动的一级倍频频率比简谐振动的基频的二倍也是小 $2\nu\chi$。

4）合频峰

合频峰（combination tone）也称为组频峰，分为和频峰与差频峰。和频峰由两个基频之和组成，差频峰由两个基频之差组成。和频峰主要出现在中红外和近红外区域，而差频峰则主要出现在远红外区域。当一个光子同时激发两种基频跃迁，而且两个基频的强度比较大时，就有可能产生和频。和频在简谐振动中是禁止的，只在非简谐振动中才会出现和频振动。和频的频率一定比两个基频的频率小。

11. 影响基团频率的因素

1）外部因素

试样状态、测定条件的不同及溶剂极性的影响等外部因素都会引起频率位移。

2）内部因素

（1）诱导效应。当两个原子之间的电子云密度分布发生移动时，引起力常数的变化，从而引起频率的改变，这种效应称为诱导效应。如图 6.7 所示，由于取代基具有不同的电负性，通过静电诱导作用，引起分子中电子分布的变化，从而改变了键力常数，使基团的特征频率发生位移（R 代表烷基 $C_nH_{2n+1}$）。

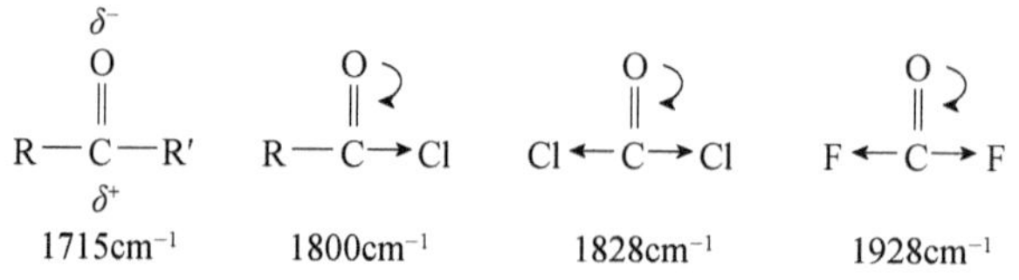

$\delta^-$ O=C R—C—R′ $\delta^+$ 1715cm$^{-1}$ | O=C R—C→Cl 1800cm$^{-1}$ | O=C Cl←C→Cl 1828cm$^{-1}$ | O=C F←C→F 1928cm$^{-1}$

**图 6.7 基团的诱导效应**

诱导效应引起的振动频率位移方向取决于电子云密度移动的方向。当两个原子之间的电子云密度向两个原子中间移动时，振动力常数增加，振动频率向

高频方向移动；当两个原子之间的电子云密度偏离中心位置移向一个原子方向时，振动力常数减小，振动频率向低频方向移动。两个原子的电负性对诱导效应起关键性的作用，电负性越大，产生的诱导效应越显著。

（2）共轭效应。许多有机化合物分子中存在着共轭体系，电子云可以在整个共轭体系中运动。共轭体系导致红外谱带发生位移的现象称为共轭效应。共轭效应分为π-π共轭效应、p-π共轭效应和超共轭效应。

在π-π共轭体系中，参与共轭的所有原子共享所有的π电子，π电子云在整个共轭体系中运动。共轭效应使共轭体系中的电子云密度平均化，结果使原来的双键略有伸长（即电子云密度降低），力常数减小，使其吸收频率往往向低波数方向移动；单键力常数增大，伸缩振动频率向高波数方向移动，而且吸收谱强度增加。

如果与π键相连原子的p轨道上有未成键的电子，而且π轨道与p轨道平行，则表现为p-π共轭效应。p-π共轭效应会使原来的双键略有伸长（即电子云密度降低），力常数减小，使其吸收频率往往向低波数方向移动。相反，p-π共轭效应使原来单键上的电子云密度有所增加，伸缩振动的频率向高波数方向移动。

超共轭效应又称σ-π共轭效应或σ-p共轭效应。当C—H σ键和π键或C—H σ键和p轨道处于平行位置时，会出现电子离域现象，这种现象称为超共轭效应。例如，如图6.8所示，烷基—$CH_3$可以绕C—C单键自由旋转，当C—H键与π轨道或与p轨道处于平衡位置时，C—H σ键与π轨道或与p轨道会部分重叠，产生电子离域现象。电子离域使得C—H键上电子云密度有所增加，C—H键力常数增大，造成振动频率向高频移动。

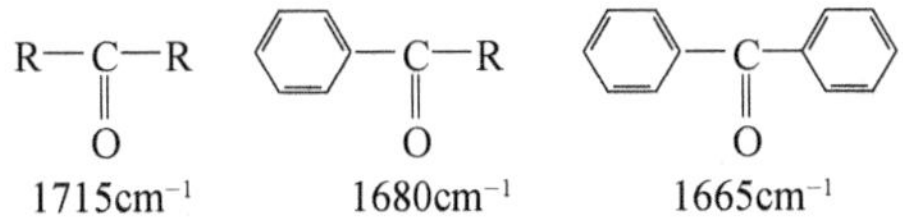

$1715cm^{-1}$　　$1680cm^{-1}$　　$1665cm^{-1}$

图6.8　π键效应

（3）费米共振（Fermi resonance）。当一振动的倍频或者组合频与另一振动的基频接近时，能级间相互作用或耦合产生很强的吸收峰或发生能级分裂。倍频振动在基频的整数倍处产生，其强度随着倍数的增加而迅速降低。费米共振使得两个谱带的距离增大，还会使基频振动强度降低，而使原来很弱的倍频或合频振动强度明显增大，这种现象称为费米共振。

倍频应该是组合频的特例，是相等频率之间的组合频。二元组合频率为

$\nu_1+\nu_2$，三元组合频率为$\nu_1+\nu_2+\nu_3$，也可以是其他类型的二组合频，如$2\nu_1+\nu_2$等。能够发生费米共振应具备的条件是：①基频非常接近，通常在30cm$^{-1}$以内；②基频与倍频或者组合频必须具有相同的对称性；③必须存在使振动发生相互作用的机制。

红外活性的振动也可以与拉曼活性的振动发生费米共振，例如，$CO_2$的伸缩振动是具有拉曼活性的，其振动频率为1340cm$^{-1}$，与$CO_2$在669cm$^{-1}$处弯曲振动频率的倍频1338cm$^{-1}$相近，因而会发生费米共振，使得两个谱带的距离增大，分别为1388cm$^{-1}$和1286cm$^{-1}$，这两种振动都是拉曼活性的，如图6.9所示。

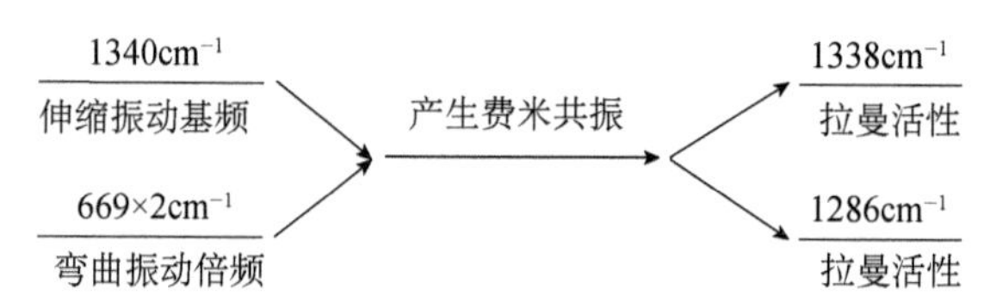


**图6.9　$CO_2$分子的对称伸缩振动与弯曲振动的倍频发生费米共振示意图**

此外，影响基团频率的因素还有振动耦合、氢键效应等。当分子中两个基团共用一个原子时，如果两个基团的基频振动频率相同或相近，就会发生耦合相互作用，振动耦合（vibration coupling）主要包括伸缩振动之间的耦合和弯曲振动之间的耦合。这种耦合会使原来的两个基团频率距离加大，形成两个孤立的吸收峰。例如，$CO_2$分子中，两个具有相同振动频率的C═O双键共享一个C原子，因此产生强烈的耦合，出现2349cm$^{-1}$和1340cm$^{-1}$两个振动频率。前者属于O═C═O的对称伸缩振动，具有拉曼活性；后者属于O═C═O的反对称伸缩振动，具有红外活性。在许多有机物中存在分子间的氢键或分子内的氢键，由于氢键的存在使红外光谱发生变化的现象称为氢键效应。

## 6.2.2　傅里叶红外光谱学

1. 傅里叶变换红外光谱（Fourier transform infrared，FT-IR）概述

傅里叶变换干涉分析方法起源于19世纪80年代，距今已有将近140年的历史。迈克尔孙（Albert A. Michelson）发明了干涉仪，称为迈克尔孙干涉仪（Michelson interferometer）。迈克尔孙和莫雷（Morley）一起做了一个著名的光速测量实验，并且，他们因发明了精确的光学仪器和精确地测量了光速而获得了1907年的诺贝尔物理学奖。时至今日，迈克尔孙干涉法被科学工作者广泛地接受并应用于各个领域中。尽管迈克尔孙意识到干涉方法在光谱分析中具有巨大的应用潜力，但在当时缺乏灵敏的探测器以及还没有傅里叶变换算法，因

此，这种方法根本无法得到实际应用。也就是说，无法对干涉图谱进行傅里叶变换计算而直接转换为光谱。直到 1949 年，科学家利用干涉仪器测量天体发光并第一次获得了傅里叶变换光谱图。然而，在当时进行傅里叶变换光谱仪分析，仍然是一个费时费力的工作。为此人们发明了各种各样的干涉仪器，如层状光栅（lamellar grating）干涉仪、法布里–珀罗（Fabry-Perot interferometer）干涉仪等。

从 20 世纪 60 年代开始，人们对干涉光谱的兴趣日益增长，逐渐看到了干涉光谱在理论上的发展曙光和实际应用的科学价值，这为后来发展的快速傅里叶变换算法（fast Fourier transform algorithm）奠定了基础，这种方法使得傅里叶变换更有效，并能够借助电子计算机得以实现，这样就大大节省了时间，使得由干涉图计算转换到频谱图变得切实可行。人们利用这种方法获得了行星的光分辨光谱。利用光栅光谱获得行星高质量的光谱需要几千年，但借助计算机获得快速傅里叶变换光谱仪需要很短的时间。

自 20 世纪 70 年代开始，商用傅里叶变换光谱仪已经被广泛地使用，光谱技术得到了繁荣发展。随着技术的进步，光谱设备功能更加强大，成本也逐渐降低。随着当今计算机技术的发展，借助计算机只需要几分之一秒的时间，就可对可见光、红外和微波波段进行傅里叶变换光谱分析。目前，傅里叶红外光谱仪在不同的科学领域得到了广泛的应用，是实验室常见的一种仪器设备。

傅里叶变换在各种谱图分析中是一种强有力的分析工具，在傅里叶红外光谱、核磁共振、电子自旋共振等谱图分析中都得到了广泛应用。傅里叶红外光谱包括吸收、反射、发射、光声子谱等都可以通过光的干涉傅里叶变换获得。傅里叶红外光谱可以用于较大频率变化范围，包括紫外线、可见光、近红外、中红外，甚至远红外区域，可以通过选择不同的分光器和探测器进行测量，没有哪种其他色散技术可以覆盖如此广泛的频率范围。傅里叶红外光谱仪越来越受人们的欢迎，这是因为其具有较快的分析速度、较高的分析精度和灵敏度，没有哪种波长色散光谱分析技术能与其相媲美。在样品用量上，可精确到纳克水平的微量样品。另外，傅里叶红外光谱仪所具有的独特优势还在于，在光谱中几乎所有化合物都能表现出特征吸收现象，因此，可以对样品成分进行定量分析和定性分析。

### 2. 傅里叶变换光谱的基本原理

傅里叶变换光谱的基本原理介绍如下[2, 3]。首先，由两束不同路径的光进行干涉获得干涉图，并由红外探测器记录其强度。根据傅里叶变换获得光谱图，

在这种情况下，光的强度是两束光线的光程差的函数，并得出只与频率有关的转换光谱项

$$S(\nu)=\int_{-\infty}^{+\infty}I(x)\mathrm{e}^{\mathrm{i}2\pi\nu x}\mathrm{d}x=F^{-1}[I(x)] \tag{6.33}$$

称为傅里叶逆变换，用 $F^{-1}[I(x)]$ 表示，式中

$$I(x)=\int_{-\infty}^{+\infty}S(\nu)\mathrm{e}^{-\mathrm{i}2\pi\nu x}\mathrm{d}\nu=F[S(\nu)] \tag{6.34}$$

称为傅里叶变换，用 $F[S(\nu)]$ 表示。

通过傅里叶逆变换可以将干涉图转变为光谱图，它是光程差的函数，光谱 $S(\nu)$是频率的函数。

接下来，推导傅里叶变换光谱基本积分公式。在傅里叶变换光谱学中使用基本的积分公式可从傅里叶积分定理的定义和波的叠加原理中得到。

在迈克尔孙干涉仪的情况下，利用基本方程，可以对傅里叶逆变换进行数学推导。沿着 $z$ 轴入射到分光器上的波幅可表示为

$$E(z,\nu)\mathrm{d}\nu=E_0(\nu)\mathrm{e}^{\mathrm{i}(\omega t-2\pi\nu z)}\mathrm{d}\nu \tag{6.35}$$

式中，$E_0(\nu)$是 $z=0$ 处的最大波幅，波束被分光器分为两束，当两束光会聚在一起时，所走过的路程分别为 $z_1$ 和 $z_2$，每束光都经历了分光器的一次反射和一次透射。设 $r$ 和 $t$ 分别为反射系数和透射系数，那么会聚波幅可以表示为

$$E_R(z_1,z_2,\nu)\mathrm{d}\nu=rtE_0(\nu)[\mathrm{e}^{\mathrm{i}(\omega t-2\pi\nu z_1)}-\mathrm{e}^{\mathrm{i}(\omega t-2\pi\nu z_2)}]\mathrm{d}\nu \tag{6.36}$$

根据定义，在给定频率区间内合成的光束强度应为

$$I_R(z_1,z_2,\nu)\mathrm{d}\nu=E_R(z_1,z_2,\nu)E_R^{*}(z_1,z_2,\nu)\mathrm{d}\nu=2E_0^2(\nu)|rt|^2\{1+\cos[2\pi(z_1-z_2)\nu]\}\mathrm{d}\nu \tag{6.37}$$

对于整个光谱范围内任一光程差 $x=z_1-z_2$，总的强度可对（6.37）式进行积分获得，即

$$I_R(x)=2|rt|^2\int_0^{\infty}E_0^2(\nu)\mathrm{d}\nu+2|rt|^2\int_0^{\infty}E_0^2(\nu)\cos(2\pi\nu x)\mathrm{d}\nu \tag{6.38}$$

（6.38）式中的余弦傅里叶变换强度项可转化为光谱项

$$E_0^2(\nu)=\frac{1}{\pi|rt|^2}\int_0^{\infty}\left[I_R(x)-\frac{1}{2}I_R(0)\right]\cos(2\pi\nu x)\mathrm{d}x \tag{6.39}$$

式中，$I_R(x)$ 是与光程差有关的强度；$I_R(0)$ 是与相干干涉有关的强度；$I_R(x)-\frac{1}{2}I_R(0)$ 为与光程差有关的光谱图，即在 $\frac{1}{2}I_R(0)$ 处的信号振荡。光谱 $S(\nu)$ 与 $E_0^2(\nu)$ 成正比，即

$$S(\nu)\propto E_0^2(\nu)=\frac{1}{\pi|rt|^2}\int_0^{\infty}\left[I_R(x)-\frac{1}{2}I_R(0)\right]\cos(2\pi\nu x)\mathrm{d}x \tag{6.40}$$

傅里叶变换将干涉图转换为光谱图，需要一些数学上的中间处理过程，中间过程包括切趾、相位矫正、傅里叶自反卷积（Fourier self deconvolution，FSD）。人们需要花费较长的时间去学习了解快速傅里叶变换红外光谱理论，否则光谱仪就变成了黑匣子。应用这些数学运算知识有助于克服在红外光谱实验中所遇到的涉及原理方面的困难。

光谱图的衍射控像法（切趾法（apodization）或称为截取法（truncation））。

1）切趾

基本傅里叶变换积分方程是对光程差无限范围的积分，但实验的极限是有限的。在进行傅里叶变换之前通常乘以一个函数，用来移除由光程的位移而引起的无限范围限制而产生的变换光谱旁瓣（sidelobe）。旁瓣在光谱中类似于脚足，切趾就是移除脚趾，典型的切趾函数包括三角型、指数型、高斯型切趾函数。卷积的概念需要利用干涉图的切趾加以理解。两个函数的傅里叶变换的乘积就相当于傅里叶变换的卷积。

通过观察单色光源光谱切趾，可以理解切趾函数的应用。（6.40）式给出的光谱为

$$S(\nu)=\int_{-\infty}^{\infty}\left[I_R(x)-\frac{1}{2}I_R(0)\right]\mathrm{e}^{-\mathrm{i}2\pi\nu x}\mathrm{d}x \tag{6.41}$$

根据傅里叶变换，有

$$I_R(x)-\frac{1}{2}I_R(0)=\int_{-\infty}^{\infty}S(\nu)\mathrm{e}^{\mathrm{i}2\pi\nu x}\mathrm{d}\nu \tag{6.42}$$

对于单色光源发射频率为$\nu_1$，给出的光谱为

$$S(\nu_1)=\frac{1}{2}[\delta'(\nu-\nu_1)+\delta'(\nu+\nu_1)] \tag{6.43}$$

式中，$\delta'(\nu-\nu_1)$和$\delta'(\nu+\nu_1)$是狄拉克 δ 函数。利用两个 δ 函数是为了确保从干涉图到光谱图的能量转化是守恒的。用（6.43）式代替（6.41）式中的$S(\nu)$，可得

$$I_R(x)-\frac{1}{2}I_R(0)=\frac{1}{2}\int_{-\infty}^{\infty}[\delta'(\nu-\nu_1)+\delta'(\nu+\nu_1)]\mathrm{e}^{\mathrm{i}2\pi\nu x}\mathrm{d}\nu \tag{6.44}$$

利用狄拉克 δ 函数的性质$\int_{-\infty}^{\infty}[\delta'(x-a)f(x)]\mathrm{d}x=f(a)$，可得

$$I_R(x)-\frac{1}{2}I_R(0)=2\cos(2\pi\nu_1 x) \tag{6.45}$$

（6.45）式清楚地表明，单色光源的干涉函数是余弦波，如图 6.10 所示。扫描范围从负无穷大到正无穷大。

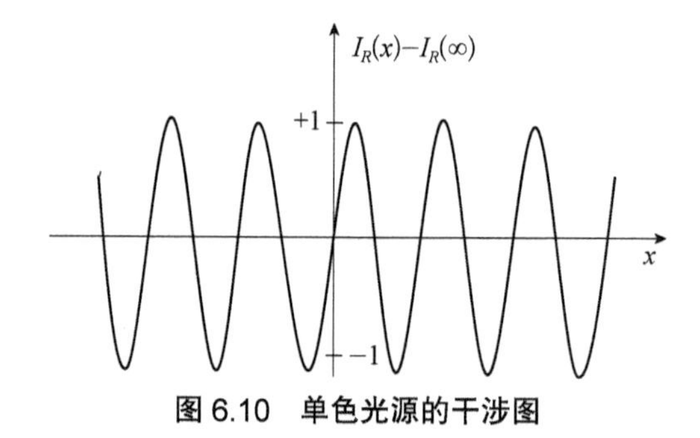

图 6.10 单色光源的干涉图

通过傅里叶变换的方程得到的光谱

$$S(\nu)=\int_{-\infty}^{+\infty}2\cos(2\pi\nu_1 x)\,\mathrm{e}^{-\mathrm{i}2\pi\nu x}\mathrm{d}x \tag{6.46}$$

（6.46）式给出了一个线光谱，如图 6.11 所示。

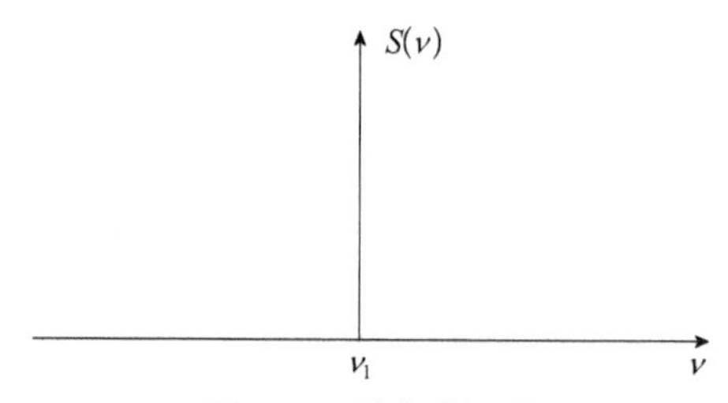

图 6.11 单色光源谱

在实际应用中，光谱图总是在有限的区域内扫描，将 $x$ 限制在$-L$ 到$+L$ 之间，则（6.46）式可写为

$$\begin{aligned}S(\nu)&=\int_{-L}^{+L}2\cos(2\pi\nu_1 x)[\cos(2\pi\nu x)-\mathrm{i}\sin(2\pi\nu x)]\mathrm{d}x\\&=\int_{-L}^{+L}\{\cos[2\pi(\nu_1+\nu)x]+\cos[2\pi(\nu_1-\nu)x]\}\mathrm{d}x\end{aligned} \tag{6.47}$$

经过运算，积分结果为

$$S(\nu)=2L\left(\frac{\sin[2\pi(\nu_1+\nu)L]}{2\pi(\nu_1+\nu)L}+\frac{\sin[2\pi(\nu_1-\nu)L]}{2\pi(\nu_1-\nu)L}\right) \tag{6.48}$$

（6.48）式的第一项很小（小于 0.01），可以忽略；第二项在频率为$\nu_1$处出现一峰值。因此，单色光源的光谱在最大光程位移 $L$ 范围内由干涉图的切趾给出

$$S(\nu)=2L\left(\frac{\sin[2\pi(\nu_1-\nu)L]}{2\pi(\nu_1-\nu)L}\right)=2L\sin(z)/z=2L\mathrm{sinc}(z) \tag{6.49}$$

这里$z=2\pi(\nu_1-\nu)L$，$2L\sin\mathrm{c}(z)$称为仪器线形函数（instrument lineshape function，ILS）。由（6.49）式给出的光谱图在图 6.12 中以实线绘出。

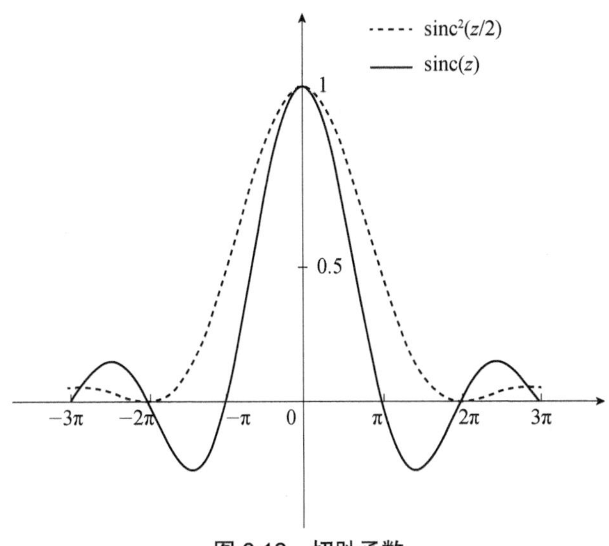


图 6.12　切趾函数

因此，当干涉图在有限的区域扫描时，sinc(z)代表了单色光源的谱图。旁瓣或脚趾出现在基线以下，中心峰也具有有限宽度。切趾可以减小脚趾的尺寸，这可以通过不同的函数乘以一个三角函数 $\varLambda = 1 - |x| / L$ 得以实现，那么光谱可写为

$$S(\nu) = 2\int_{-L}^{L}\left(1-\frac{|x|}{L}\right)\cos(2\pi\nu_1 x)\mathrm{e}^{\mathrm{i}2\pi\nu x}\mathrm{d}x = 2\int_{-L}^{L}\left(1-\frac{|x|}{L}\right)\cos[2\pi(\nu_1-\nu)x]\mathrm{d}x$$
$$=2L\left\{\frac{1-\cos[2\pi(\nu_1-\nu)L]}{[2\pi(\nu_1-\nu)L]^2}\right\} = L\frac{\sin^2[\pi(\nu_1-\nu)L]}{[\pi(\nu_1-\nu)L]^2} \tag{6.50}$$

令 $\pi(\nu_1-\nu) = z/2$，则有 $S(\nu) = L\,\mathrm{sinc}^2(z/2)$，在图 6.12 中以点划线绘出，图中清楚地表明，在干涉图中三角切趾函数可以减小脚趾或旁瓣峰，旁瓣峰未出现负峰，但峰的中心位置宽度有一定程度的增加。尽管由于谱带变宽而使分辨率有所降低，但由于未截趾前谱带两侧呈现的旁瓣会干扰红外微弱信号的测定，所以，这种分辨率的降低还是可以接受的。除了三角函数可作为切趾函数外，其他函数形式如余弦、梯形和高斯函数同样可以用作切趾函数。

在一定的光程差下，借助方波函数（boxcar function），也即矩形函数（rectangular function）可分析得出，对于一定光程差的谱图计算是由仪器线形函数产生的理想谱的卷积而获取。设 $I_R(\infty)$ 是与无限臂位移有关的非相干干涉，对于双光束干涉，相干干涉和非相干干涉之比为 1/2，即

$$\frac{I_R(\infty)}{I_R(0)}=\frac{1}{2} \tag{6.51}$$

利用（6.51）式，并由（6.41）式可得无限光程差的理想谱和一定光程差的仪器谱

$$S(\nu)=\int_{-\infty}^{\infty}[I_R(x)-I_R(\infty)]\mathrm{e}^{-\mathrm{i}2\pi\nu x}\mathrm{d}x \tag{6.52}$$

$$S_{\mathrm{in}}(\nu)=\int_{-L}^{L}[I_R(x)-I_R(\infty)]\mathrm{e}^{-\mathrm{i}2\pi\nu x}\mathrm{d}x \tag{6.53}$$

将方波函数，也即矩形函数定义为

$$\mathrm{rect}(x)=\begin{cases}1, & |x|\leqslant L\\ 0, & |x|>L\end{cases} \tag{6.54}$$

利用矩形函数（6.54）式，仪器谱函数（6.53）式变为

$$S_{\mathrm{in}}(\nu)=\int_{-\infty}^{\infty}[I_R(x)-I_R(\infty)]\mathrm{rect}(x)\mathrm{e}^{-\mathrm{i}2\pi\nu x}\mathrm{d}x \tag{6.55}$$

由（6.55）式和（6.52）式给出傅里叶变换关系为

$$F[S_{\mathrm{in}}(\nu)]=[I_R(x)-I_R(\infty)]\mathrm{rect}(x) \tag{6.56}$$

$$F[S(\nu)]=[I_R(x)-I_R(\infty)] \tag{6.57}$$

为了保证傅里叶变换具有矩形函数的形式，定义另一函数 $G(\nu)$

$$F[G(\nu)]\equiv\mathrm{rect}(x) \tag{6.58}$$

利用（6.58）式，（6.56）式可改写为

$$F[S_{\mathrm{in}}(\nu)]=F[S(\nu)]F[G(\nu)] \tag{6.59}$$

根据卷积定理，两个函数的乘积等于两个函数卷积的傅里叶变换。因此，（6.59）式可写为

$$\boldsymbol{F}[S_{\mathrm{in}}(\nu)]=\boldsymbol{F}[S(\nu)*G(\nu)] \tag{6.60}$$

或者

$$S_{\mathrm{in}}(\nu)=S(\nu)*G(\nu) \tag{6.61}$$

利用（6.54）式和（6.58）式，矩形函数的傅里叶变换 $G(\nu)$ 可写为

$$G(\nu)=\int_{-L}^{L}\mathrm{e}^{-\mathrm{i}2\pi\nu x}\mathrm{d}x=2L\sin(2\pi\nu L)/(2\pi\nu L)=2L\sin\mathrm{c}(2\pi\nu L) \tag{6.62}$$

这就是仪器线形函数。

因此，由仪器线形函数的理想谱卷积给出仪器谱，可应用于正弦切趾傅里叶变换，表示为无限区域的正弦波和宽度为 $2x_{\max}$ 的方形波的乘积，如图 6.13 所示。

在距离空间上的无穷正弦波傅里叶变换正是在频率空间上的正弦波频率数值的 $\delta$ 函数。宽度为 $x_{\max}$ 的矩形函数的傅里叶变换是一个函数 $\sin(2\pi x_{\max}\nu)/(2\pi x_{\max}\nu)$，定义为 $\sin\mathrm{c}(2\pi x_{\max}\nu)$，其与 $\delta$ 函数的卷积在数学上具有等价性，使得 sinc 函数扫过这条线生成一个新函数。这就给出了另一个 sinc 函数，它是傅里叶变换截断

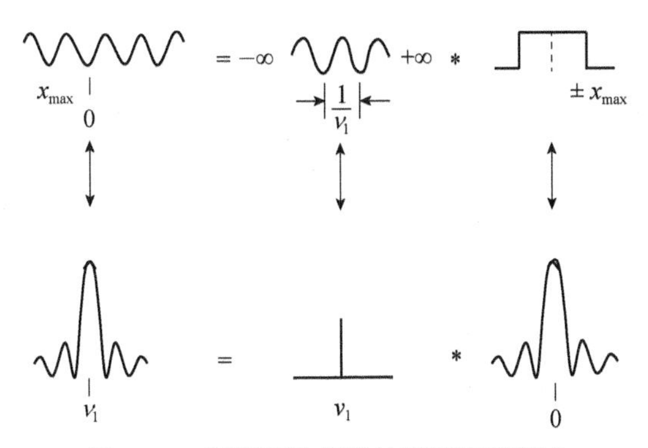


图 6.13　切趾干涉函数的卷积定理表述

的正弦波，如图 6.14 所示，此图表示了根据卷积定理利用三角切趾函数获得的仪器线形函数。

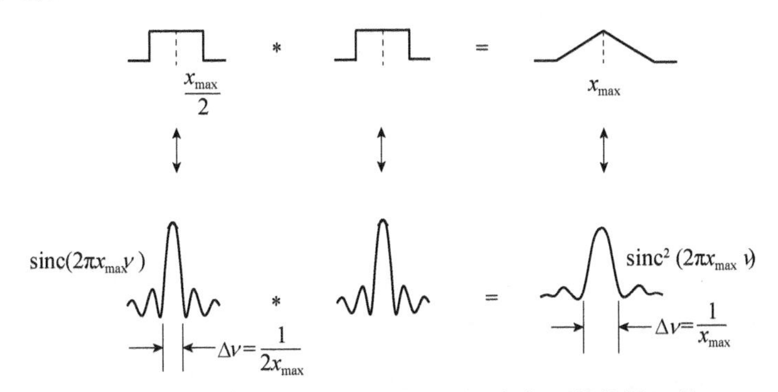


图 6.14　利用卷积定理由三角切趾函数得到的仪器函数

2）相位信息和相位校正

干涉图转换为光谱图的另一个重要方面是关于相位信息和相位校正。术语“相”指的是构成干涉图的各个频率的相位。相位可在干涉图上的任何点位计算得到，如果相位是在干涉图上中心点最大值处出现的，相位信息最容易解释。当用这种方法计算相位时，相位被认为是相对于中心位置具有最大值。在此处相位是静止的，即所有频率干涉图的各分量具有近似相同的相位及其中心条纹最大值。傅里叶的相位分量干涉图变换可给出样品的信息。

理想干涉图相对于零光程差应该是对称的，并在干涉图中含有一个峰值数据点。然而，一般来说，干涉图在零光程差时，在强峰附近并不是完全对称的，这是因为各频率峰分量不会在完全相同的时间达到它们的最大值。这可能是分光器的构造不当造成的，这就会引起波长较短的相位提前，而波长较长的相位滞后。因此，在相位角这一项中增加一个校正因子，可对相位误差进行校正。干涉图相位误差是由各方面因素引起的，包括干涉图数据采集引起的误差、光学和电子元件设计引起的误差等。对这种不对称的校正可通过一个线性函数进行处理，这个线性函数可给出相移与频率之间的关系，即

$$S(\nu)=\int_{-L}^{L} I(x)D(x)\cos(2\pi\nu x)\mathrm{d}x \tag{6.63}$$

式中，$D(x)$是截趾函数。

在采集数据时，不可能正好在光程差为零的位置上采集到数据点，这样就会造成干涉图整体发生漂移，设漂移的光程差为 $\delta$，这时傅里叶变换的基本方程将变为

$$I(x)=\int_{-\infty}^{+\infty} S(\nu)\mathrm{e}^{-\mathrm{i}2\pi\nu(x+\delta)}\mathrm{d}\nu \tag{6.64}$$

为了消除干涉图中的高频噪声，电路中有电子滤波器，这就造成干涉图的每个分量相位之后加一个角度 $\theta$。一般情况下，光程差 $x$ 会随着频率的变化而变化，即 $x\rightarrow x-\theta_{\nu}$，因此

$$I(x)=\int_{-\infty}^{+\infty} S(\nu)\mathrm{e}^{-\mathrm{i}2\pi\nu(x-\theta_{\nu})}\mathrm{d}\nu \tag{6.65}$$

由三角函数公式 $\cos(x\pm\theta)=\cos x\cos\theta\mp\sin x\sin\theta$ 可知，在测量的干涉图中，除了包括余弦分量外，还存在正弦分量，正弦成分会叠加在余弦波干涉图上。而被截取的正弦干涉图经过余弦傅里叶变换得到的谱线与被截取的余弦波干涉图经余弦傅里叶变换得到的谱线相比，有较大差别。因此有必要从测量的干涉图中去除正弦部分。从光谱中去除正弦成分影响的过程称为相位校正（phase correction），由于

$$S(\nu)=\mathrm{Re}(\nu)\cos\theta_{\nu}+\mathrm{Im}(\nu)\sin\theta_{\nu} \tag{6.66}$$

式中，$\mathrm{Re}(\nu)$和 $\mathrm{Im}(\nu)$分别代表傅里叶变换的实部和虚部，由实部和虚部可计算出相位误差 $\theta_{\nu}$，可得

$$\theta_{\nu}=\arctan\frac{\mathrm{Im}(\nu)}{\mathrm{Re}(\nu)} \tag{6.67}$$

为了获得一张干涉图，需要对测量的干涉图进行两次傅里叶变换：第一次是获取相位误差，通过从零光程差两侧选取很短的双边干涉图进行复数傅里叶变换；第二次是对相位校正后的干涉图进行傅里叶变换，最后得到光谱图。

3）傅里叶自反卷积

谱数据的解释经常受到重叠带的影响。早期的数学处理方法是曲线拟合，用于重叠带的分离。Maddams[4]对该技术进行了详细的讨论。如今，傅里叶自反卷积（FSD）作为一种频带计算方法正在得到越来越多的应用，在红外重叠部分中用于红外谱带宽度明显大于仪器分辨率波段的锐化和寻峰方法。这种情况

常常在溶液相光谱中表现出来，这是由于，分子间的相互作用使光谱变宽，并表现出洛伦兹效应轮廓[5]。这个方法是由 Kauppinen 及其同事[6]提出的。

傅里叶自反卷积常应用于光谱测量，将感兴趣的区域采用傅里叶变换，变换到干涉图。如果原始光谱具有洛伦兹等轮廓谱带，则相应的干涉图将是指数衰减的余弦波。指数衰减通过将总和乘以一个递增的指数函数加以消除，从而产生更多的干涉图的余弦分量。在这一点再次进行傅里叶变换，它可恢复原来的频谱，但带宽非常窄。这能有效地解决一些谱峰重叠问题。尽管该过程会降低信噪比[7]，但傅里叶自反卷积方法与一些其他分辨率增强技术相比具有明显的优势。

3. 分辨率的定义

分辨率是指分辨两条相邻谱线的能力，用波数来表示，单位为 $cm^{-1}$。红外光谱的分辨率由干涉仪动镜移动的距离决定。动镜移动的距离越大，则分辨率越高。从零光程差到采集最高分辨率所需要的最后一个数据点动镜移动的距离，最长距离两倍的倒数就是这台仪器的最高分辨率。这种关系可以分析如下：已知一台傅里叶变换光谱仪的最大光程差为 $L$，假设在这个最大光程差中有两条谱线 $\tilde{\nu}_1$ 和 $\tilde{\nu}_2$，$\tilde{\nu}_1$ 包括波长为 $\lambda_1$ 的 $m$ 个余弦波，$\tilde{\nu}_2$ 包括波长为 $\lambda_2$ 的 $m+1$ 个余弦波，对于谱线 $\tilde{\nu}_1$，有

$$L=m\lambda_1 = m / \tilde{\nu}_1 \tag{6.68}$$

对于谱线 $\tilde{\nu}_2$，有

$$L=(m+1)\lambda_2 = (m+1) / \tilde{\nu}_2 = (m+1) / (\tilde{\nu}_1 + \Delta\tilde{\nu}) \tag{6.69}$$

（6.68）式减去（6.69）式并消去 $m$ 后，可得

$$\Delta\tilde{\nu}=1 / L \tag{6.70}$$

即分辨率等于光程差的倒数。

如果两个谱带的波数差为 $\Delta\tilde{\nu}=2cm^{-1}$，要使此谱带分开，仪器的最大光程差应为

$$L=1 / \Delta\tilde{\nu}_1=1 / 2=0.5\ (cm)$$

红外光谱测量一般选取的分辨率为 $4cm^{-1}$。红外光谱的分辨率有如下几个档次，即 64，32，16，8，6，4，2，1，0.1，0.25，0.125，0.0625，…。分辨率在 0.125 以上，就属于高分辨率红外光谱仪。

4. 红外光谱仪的信噪比

仪器噪声是仪器本身所固有的，噪声越小，仪器性能越好。仪器噪声有两种表示方法，分别是透射率表示法和吸光度表示法。

透射率表示法是指在样品室中放置样品和不放样品的情况下，用相同的扫描次数、扫描背景和样品，分别得到透射率光谱和吸光光谱。通常在 100%基线上截取 2600～2500cm$^{-1}$ 区间或者 2200～2100cm$^{-1}$ 区间，测量峰–峰值 $N$。$N$ 值越小，仪器噪声越小。噪声是随机产生的，需测量多次求其平均值。

吸光度表示法是指在样品室中不放样品和放置样品时，分别用相同的扫描次数、扫描背景和样品，获得吸光光谱。通常在 100%基线上截取 2600～2500cm$^{-1}$ 区间或者 2200～2100cm$^{-1}$ 区间，测量峰–峰值 $N$，需测量多次求其平均值作为噪声指标。

目前，人们更经常使用信噪比（signal-to-noise ratio，SNR）来衡量仪器的性能。仪器的信噪比定义为 100 除以透射率测得的峰–峰值 $N$，即 $\mathrm{SNR}=100/N$。仪器的信噪比越高，则仪器的性能越好。

1）红外光谱的噪声和信噪比

用傅里叶变换红外光谱仪测量光谱时，检测器在接受样品光谱信息的同时也接收到了噪声。噪声是随机产生的，接收到的噪声来源于检测器本身的噪声、光源光强的变化引起的噪声、动镜移动引起的噪声以及电子线路引起的噪声等。

红外光谱信噪比是指实测红外光谱吸收峰强度与基线噪声的比值。对于吸光度光谱，信噪比可表示为 $\mathrm{SNR}=A/N$，式中，$A$ 为光谱中最强吸收峰的吸光度值，$N$ 是基线噪声。

2）影响红外光谱信噪比的因素

影响红外光谱信噪比的因素包括测量时间、分辨率、红外光通量、干涉仪动镜扫描速度、检测器以及所使用的切趾函数等。信噪比与时间 $t$ 的平方根、分辨率 $\Delta\nu$ 和光通量 $E$ 成正比，即 $\mathrm{SNR}\propto t^{\frac{1}{2}}\Delta\nu E$。

由于信噪比正比于测量时间的平方根，而测量时间又正比于扫描次数，所以，信噪比也正比于扫描次数的平方根，即 $\mathrm{SNR}\propto\sqrt{n}$。这意味着扫描次数越多，光谱的信噪比越高，在其他条件不变的情况下，增加扫描次数，就可以提高信噪比。

红外光在进入干涉仪之前先经过一个光阑，光阑大小可以控制光线进入干涉仪的光通量大小，光阑有固定孔径光阑和可变孔径光阑。应该指出的是，通过光阑的红外光通常不是均匀分布的，光阑中心能量高，偏离中心越远，能量越低。因此，光阑的光通量不是随着光阑孔径的增大而线性增加的。测量高分辨率光谱时，光阑的孔径要选择较小的值，但这样会增加光谱的噪声。因此，为了得到较高的信噪比，就需要增加扫描次数。

至于动镜扫描速度的影响，可以归结在扫描时间内。因为扫描速度越慢，在相同的扫描次数下，扫描的时间就越长，光谱信噪比就越高。

检测器产生的噪声也是不可避免的，检测器的噪声与其自身的构造和种类有关。红外光谱仪常用两种类型的检测器：一种是液氮冷却的汞镉碲（MCT）检测器，另一种是代氘硫酸三苷肽（DTGS）检测器。前者的灵敏度比后者高很多，因此，其信噪比比后者高很多。由于前者的灵敏度高，因此获得同样的信噪比，使用前者时扫描速度比后者快。

切趾函数不仅影响光谱的分辨率，也影响信噪比。对于低分辨率光谱，干涉图乘以不同的切趾函数所得的光谱噪声会有差别。一般来说，使用矩形波截趾函数比使用其他截趾函数的噪声大得多。

### 6.2.3　红外光谱仪的结构组成

傅里叶变换红外光谱仪器示意图如图 6.15 所示，由红外光学平台（光学系统）、计算机等组成。而红外光学平台是红外光谱仪的关键组成部分，它由红外光源、光阑、干涉仪、样品室、检测器，以及各种红外反射镜、激光器、控制电路板和电源组成。红外光谱仪的上述组成系统都是由光谱仪配套的低电压系统供电。当红外光谱样品室配有真空系统时，就称为真空型红外光谱仪。目前主要有两类红外光谱仪，即色散型红外光谱仪和傅里叶变换红外光谱仪[8, 9]。

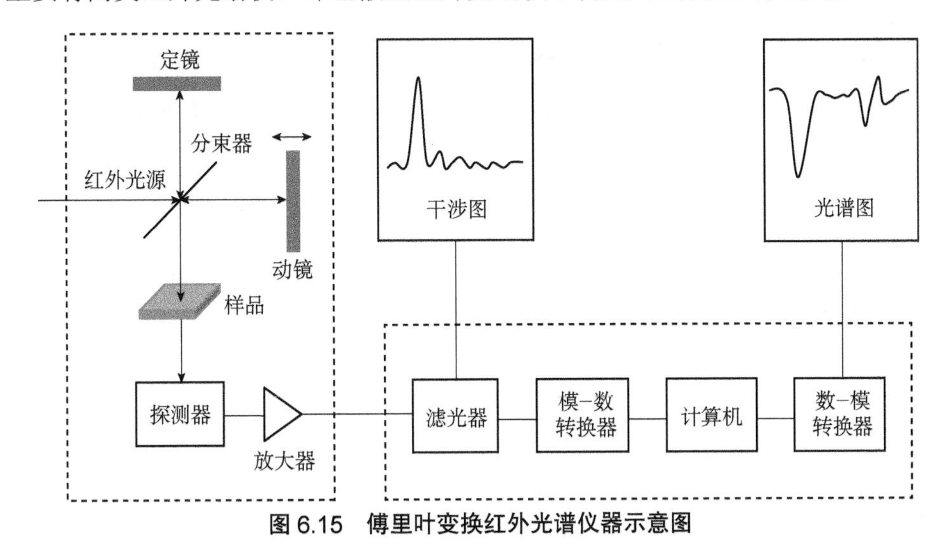


**图 6.15　傅里叶变换红外光谱仪器示意图**

红外光谱仪采用的红外光从远红外、中红外到近红外连续光源，由无数个无限窄的单色光组成。当红外光通过迈克尔孙干涉仪时，每一种单色光都发生干涉，产生干涉光。红外光源的干涉图就是由多色光的干涉光组成的。

由光源发出的一束光，经过双光束干涉后，分为两束具有一定光程差的相干光束，把它们的干涉图用计算机进行傅里叶变换后，就得到入射光的光谱分布。这两束相干光之间的光程差与干涉仪中动镜的运动速度有关，因而探测器所测得的光强是由动镜运动速度调制的。入射光频率不同，对应的调制频率也不同，所以傅里叶变换红外光谱仪是一种光频调制型的仪器。从干涉光谱计算得到光谱需要以下几个步骤：①测量记录随干涉仪臂位移变化的信号，应该强调的是，光程为$x$=2×臂位移；②由实验决定零光程差处的两束光会合后的强度$I_R(0)$；③借助计算机计算在选定频率的$S(\nu)\propto\dfrac{1}{\pi|rt|^2}\int_0^{\infty}\left[I_R(x)\mathrm{d}\nu-\dfrac{1}{2}I_R(0)\right]\cos(2\pi\nu x)\mathrm{d}x$；④在每一个选定频率下进行积分；⑤给出光谱与频率的关系，最终得到光谱图。

傅里叶红外光谱不用狭缝，消除了狭缝对光谱能量的限制，使光能的利用率得到很大的提高。傅里叶变换红外光谱仪中分光光度计具有以下特点：①分辨率高，可达 0.1cm$^{-1}$，波数准确度高达 0.01cm$^{-1}$；②扫描时间短，在几十分之一秒内可扫描一次。可用于快速化学反应的追踪、研究瞬间的变化、解决气相色谱和红外的联用问题；③极高的灵敏度，可在短时间内进行多次扫描，使样品信号累加、贮存。噪声可以平滑掉，进一步提高了灵敏度。可以用于痕量分析，样品量可以少到 $10^{-11}$～$10^{-9}$g。

图 6.16 是中红外光谱仪的光学系统示意图。红外光源发出的红外光经过椭圆反射镜 $M_1$ 收集和反射，反射光通过光阑后到达准直镜 $M_2$。从准直镜反射出来的平行光射向分光器，从分光器射出的干涉光经准直镜 $M_3$ 反射后进入样品室，透过样品的红外光经过聚光镜 $M_4$ 聚焦后到达检测器。

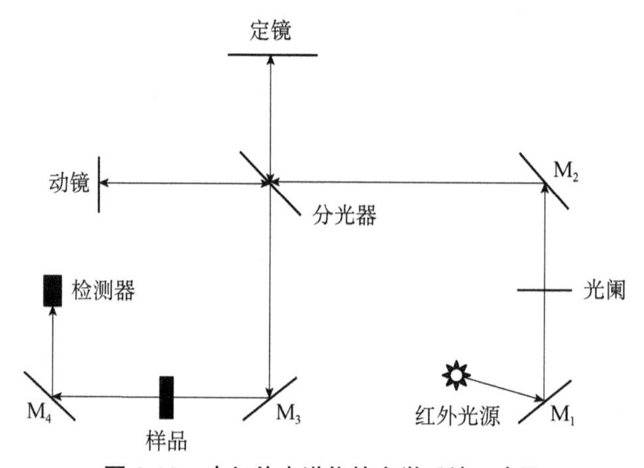


**图 6.16 中红外光谱仪的光学系统示意图**

下面介绍光学系统各部分组成的结构和作用。

1. 红外光源

红外光源是红外光谱仪的关键部件。理想的红外光源应覆盖整个红外光波段区域，但没有一种光源可以覆盖整个红外光区域，测试整个红外光区域需要三个红外光源，即远红外、中红外和近红外光源。使用最广泛的红外光源是中红外光源，中红外可分为硅碳棒光源和陶瓷光源，光源采用水冷却或空气冷却。

2. 光阑

红外光源发出红外光，经反射镜反射通过光阑。光阑有两种类型：一种是如照相机相圈一样，孔径连续可调，属于连续可变光阑；另一种是固定孔径光阑，将不同直径的圆孔分布在一个圆板上，通过转动圆板来选择不同的孔径。根据测定光谱所需的分辨率，选择孔径的大小。在低分辨率下测定光谱时，选择较大的孔径；在高分辨率下测定光谱时，应选择较小的孔径。孔径的大小通过计算机进行控制和操作。

3. 干涉仪

红外光谱的性能质量主要由干涉仪决定。目前傅里叶红外光谱仪所使用的干涉仪种类很多，如空气轴承干涉仪、机械轴承干涉仪、磁浮干涉仪、双动镜机械转动式干涉仪、角镜迈克尔孙干涉仪等。不管是哪种干涉仪类型，其组成都包括动镜、定镜和分光器三部分。其中空气轴承干涉仪是经典的迈克尔孙干涉仪，下面给予介绍。

迈克尔孙干涉仪的动镜和定镜都是镀金或镀铝的平面镜。定镜的背面有三个可微调位置的螺丝，用来调整定镜的位置，使动镜和定镜保持垂直状态。空气轴承的作用是平移固定在上面的动镜。当具有一定压力的纯净气体通入空气轴承后，轴承处于悬浮状态，在电磁驱动下，动镜在轴承上做无摩擦的平移运动，在平移过程中能始终与定镜保持垂直。

分光器的作用是将光束分为两束，分光器与入射光保持45°的夹角。一束光束透过分光器到达动镜而被动镜反射，另一束在分光器表面发生反射，射向定镜，而后再被定镜反射。从定镜和动镜反射回来的两束光在分光器界面上发生透射和反射，组成一束干涉光。

在实际操作中，干涉仪的动镜和定镜垂直关系会受到动镜移动过程的振动、周围环境振动、环境温度变化等扰动，从而造成微小的倾斜。因此，在测量过程中，干涉仪的动镜背后安装的压电器件或电磁线圈可对动镜和定镜的垂直关系进行修正，这种动态微调是利用反馈电路来实现的。如图6.17所示，从定镜反射回来的光透过分光器和分光器反射回来的光束由光电二极管检测器接收，将接收到的信号经过数字信号处理器处理后，转换成光的干涉图。当光的干涉图相位不相同时，数字信号处理器将信息反馈给固定镜背后的压电元件或电磁线圈，对固定镜进行实时动态调整，这种动态调整的位置精度可小于 0.5nm。

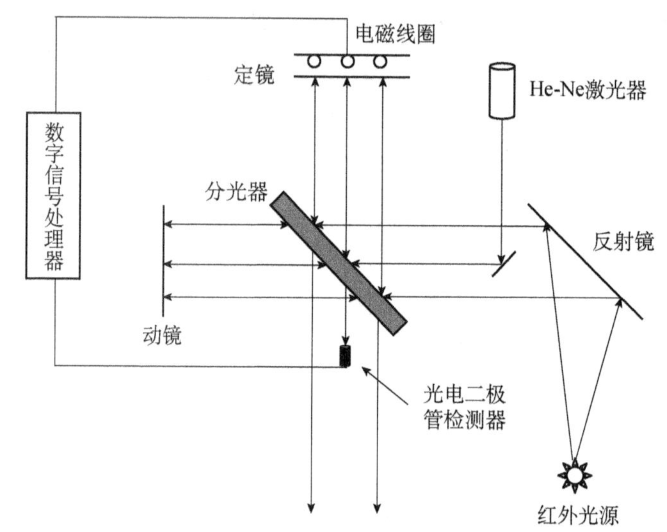


图 6.17 傅里叶红外光谱仪中使用的空气轴承干涉仪光路示意图

4. 分光器的种类

分光器也是光学系统的重要组件，它的作用是将光分为两束，一束为透射束，另一束为反射束，理想的分光器是能将光分为强度各占 50%的两束光。

中红外光谱仪使用的分光器是基质镀膜分光器。基质材料采用 KBr，CeI，而镀膜采用单质材料 Ge 等，膜的厚度为微米量级。中红外光谱仪的分光器有四种类型，即常规的 KBr/Ge 分光器（使用范围：7000～375cm$^{-1}$）、CeI/Ge 分光器（使用范围：2500～240cm$^{-1}$）、宽带 KBr 分光器（使用范围：11000～370cm$^{-1}$）和 Si 分光器（使用范围：6000～200cm$^{-1}$）。KBr/Ge 分光器和 CeI/Ge 分光器易受潮，因此需要保持环境干燥。

5. 检测器

检测器的作用是用来检测红外干涉光通过样品后的能量。目前还没有一种检测器能够检测整个红外波段，因此，测定不同波段的红外光应采用不同的检测器。对检测器的基本要求是具有高灵敏度、低噪声、快速响应速度和宽的光谱测量范围。目前中红外光谱仪使用的检测器有两类，即 DTGS 检测器和汞镉碲（mercury cadmium tellurium，MCT）检测器。

DTGS检测器是由氘代硫酸三苷肽（$(NH_2CH_2COOH)_3H_2SO_4$中的H被D取代）晶体加工成薄片制成的。DTGS晶体容易受潮，因此需用窗片将DTGS进行密封处理。根据密封材料的种类不同，DTGS检测器又可分为：DTGS/KBr检测器，可用于中红外区域；DTGS/CeI检测器，可用于远红外区域；DTGS/金刚石检测器，可用于中红外和远红外区域；DTGS/聚乙烯（polyethylene）检测器，可用于远红外区域。

MCT检测器是由宽频带半导体材料碲化镉和半金属化合物碲化汞混合制成的。通过改变混合物的成分比例，可制成不同类型的MCT检测器。目前常用的检测器是MCT/A、MCT/B和MCT/C三种类型。MCT/A为窄带检测器，测量范围为10000～650$cm^{-1}$；MCT/B为宽带检测器，检测范围为10000～400$cm^{-1}$；MCT/C为中带检测器，检测范围为10000～580$cm^{-1}$。

在中高挡的红外光谱仪检测系统中，都采用双检测系统。其中一个检测器采用DTGS检测器，另一个检测器采用MCT检测器，由计算机实现对两个检测器的相互切换。

### 6.2.4 试样的处理和制备

能否获得一张满意的红外光谱图，除了仪器性能因素外，试样的处理和制备也十分重要。根据样品的具体形态，试样制备主要有以下几种方法。

1. 固体试样的制备

固体试样有粉末试样、粒状试样、块状试样和薄膜试样等。有比较坚硬和脆性大的样品，也有韧性比较好的样品。在制备试样时，需根据固体试样的形态和测试目的选择一种较为适合的制样方法。常用的制备试样的方法如下所述。

（1）压片法：压片法是一种传统的红外光谱制样方法，也是一种简便易行的制样方法。需要的工具和设备包括稀释剂、玛瑙研钵、压片模具和压片机等。将1～2mg试样与200mg纯溴化钾（KBr）研细后混合均匀。样品和溴化钾混合物要求研磨到颗粒尺寸小于2.5μm以下。颗粒尺寸如果在2.5～25μm，就会引起中红外光的散射，造成吸收峰的降低。光的散射与光的波长有关。混合物研磨得不够细时，在中红外光谱的高频端容易出现光散射现象，使光谱的高频端基线抬高。通过检测高频端基线是否倾斜，可以判断样品研磨颗粒粗细程度。

将研磨粒度达到要求的粉末置于压片模具中，通常情况下，施加8t左右的压力并保持十几秒即可压成透明薄片。压片模具从压片机上取下来后，利用压片模具附带的开口圆筒在压片机上将压好的锭片冲出来，这样冲出来的锭片不容易碎裂。压制好的样品应及时测试，因为锭片置于空气中容易受潮，一旦受潮，就变得不透明。一般能够干燥研磨的样品均可采用此方法，因为溴化钾在整个红外区域都是透明的。因溴化钾容易受潮，故溴化钾粉末在使用前应经过120℃烘干。

（2）石蜡糊法：将干燥处理后的试样研细，与液体石蜡（paraffin）或全氟代烃（perfluoro-hydrocarbon）混合，调成糊状，夹在盐片中测定。

（3）薄膜法：主要用于高分子化合物的测定。可将高分子化合物直接加热熔融后涂制或压制成薄膜，也可将试样溶解在低沸点的易挥发溶剂中，涂在溴化钾或氯化钠盐片上，溶液会在样品池表面蒸发而形成一层薄膜，可以直接进行测定。对于具有热塑性的样品，则可通过在该物质的熔点以及软化点温度之上进行热压成膜来制备薄膜样品。制备的薄膜不能太厚，否则光线无法穿透薄膜。

2. 液体和溶液试样的制备

常用的方法有：①液体池法，对于沸点较低，挥发性较大的试样，可注入封闭液体池中，液层厚度一般为0.01～1mm；②液膜法，对于沸点较高的试样，直接滴在两块盐片之间，形成液膜。

3. 气体试样的制备

由于气体表现相对较弱的红外吸收，因此通常需要具有一定长度的样品池，长度为5～10cm，气体样品密封于吸收池中。

### 6.2.5 红外光谱的应用

红外光谱在物理、化学、生物、医药、工业方面都具有广泛的应用[10-12]，其主要用于有机化合物的结构鉴定。

1. 定性分析

有机化合物的红外光谱具有鲜明的特征性，每一种化合物都具有特异的红外吸收光谱，其谱带的数目、位置、形状和强度均随化合物及其集聚态的不同而不同，因此根据化合物的光谱，可以确定该化合物或其官能团是否存在。

在依据化合物不饱和度初步推测化合物碳架类型的基础上，再分析图谱上是否有诸如C═O，O—H，N—H，C—O，C—C，C═C，C≡C，C≡N和$NO_2$吸收峰，并根据官能团的特征吸收峰来确定化合物的具体结构。对于复杂化合物的光谱，由于官能团的相互影响，解析困难，可粗略解析后，查对标准光谱或进行综合光谱解析。谱图库主要有萨特勒标准图库（Sadtler reference spectra collections）、西格玛（sigma）傅里叶光谱图库和奥尔德里奇（Aldrich）红外光谱图库。

图谱分析一般首先观察在1820～1660cm$^{-1}$区域是否有吸收，如有吸收，则可能有C═O伸缩键的振动吸收，接下来再进一步确认C═O属于哪类化合物。若化合物中不存在C═O，则需要结合化合物中是否存在诸如O—H，N—H，C—O吸收峰来确定是否属于醇、酚、胺、醚等。

如果分析的化合物由碳和氢组成，一般先分析在3300～2800cm$^{-1}$区域是否存在C—H伸缩振动吸收。以3000cm$^{-1}$为临界值，如在高于3000cm$^{-1}$区域出现不饱和C—H键的伸缩振动吸收，则化合物可能为烯、炔、芳香化合物。烯类化合物在1650cm$^{-1}$附近出现弱吸收峰，而芳香化合物通常在1600～1450cm$^{-1}$区域出现吸收峰。炔类化合物会在2150cm$^{-1}$附近出现C≡C伸缩振动吸收峰，同时在3300cm$^{-1}$附近出现炔基C—H伸缩振动吸收峰。对于饱和碳氢化合物，在低于3300cm$^{-1}$区域出现对应于C—H弯曲振动的吸收峰。含有硝基的化合物，通常在1600～1530cm$^{-1}$和1390～1300cm$^{-1}$区域出现吸收峰。

作为例子，图6.18为聚苯乙烯的红外谱图，在3100～3000cm$^{-1}$吸收峰为芳环的C—H伸缩振动，2000～1668cm$^{-1}$区域的一系列的峰和757cm$^{-1}$及699cm$^{-1}$出现的峰为单取代苯特征吸收峰；1601cm$^{-1}$、1583cm$^{-1}$、1493cm$^{-1}$和1452cm$^{-1}$的谱带为苯环特征吸收峰；3000～2800cm$^{-1}$的谱带是饱和碳的C—H吸收峰（图中透光度定义为透射光强度与入射光强度之比）。

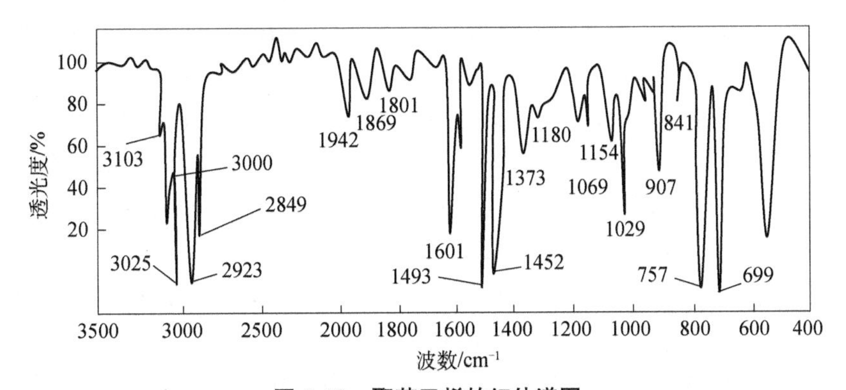


**图6.18　聚苯乙烯的红外谱图**

另外，红外光谱法在研究材料表面的分子结构、分子排列方式以及官能团取向等方面是很有效的手段。特别是近年来各种适合研究表面和界面的红外附件技术的发展，如衰减全反射、漫反射、镜面反射与掠角反射、光声光谱技术等，更加促进了红外光谱在材料表面和界面的研究工作。

衰减全反射（attenuated total reflection，ATR）方法是指通过红外辐射照射到样品表面，当光线的入射角大于临界角时，光线完全被表面反射，产生全反射现象。漫反射主要用于研究颗粒和粉末状样品，当一束光聚焦于粉末样品表面时，一部分光在样品表面发生反射，这部分光没有进入颗粒样品，因此不携带样品中颗粒物质的任何信息。另一部分光进入颗粒内部，在颗粒内部发生折射、颗粒表面发生反射或者透射，光束在不同颗粒内部经过多次透射、折射和反射后，从样品表面的不同方向发射出来，组成漫反射光。这部分漫反射光与物质发生了相互作用，因此携带了物质的结构与成分信息。利用漫反射附件收集这些红外光就可以用于光谱分析。

镜面反射是指红外光束以某一入射角照射在样品表面而发生的反射，这时反射角等于入射角。反射角的选择取决于样品的厚度。当样品比较厚时，一部分光穿过样品，被样品吸收，另一部分光从光滑的表面反射出来，这样测得的光谱称为镜面反射光谱。如果薄膜样品生长在金属表面上，当薄膜非常薄时，入射光会从金属表面反射后再次穿过样品到达检测器，这种镜面反射光谱称为反射–吸收（reflection-absorption，R-A）光谱。

镜面反射涉及入射光束和反射光束电矢量与光束传播方向的空间分布情况。入射光和反射光的偏振电矢量 $\boldsymbol{E}$ 可以分解为垂直于入射平面的分量 $E_{\mathrm{s}}$ 和平行于入射平面的分量 $E_{\mathrm{p}}$，分别称为 s 偏振光和 p 偏振光。若入射光是 s 偏振光，反射光也是 s 偏振光；若入射光是 p 偏振光，反射光也是 p 偏振光。很显然，对于 s 偏振光，入射光和反射光电矢量的相位差接近 $\pi$。对于 p 偏振光，入射光和反射光电矢量的相位差将随入射角的变化而发生变化。在掠角入射的情况下，相位的变化会使入射光和反射光电矢量在反射界面发生相长干涉，电场振幅可增加一倍，即电场强度增加 4 倍。这就意味着，在掠角入射的情况下，反射光谱主要由 p 偏振光贡献，电场矢量几乎垂直于样品表面，只有振动引起的偶极矩变化垂直于反射表面的振动模式被激发而产生红外吸收带。而振动引起的偶极矩变化平行于反射表面的振动模式不被激发。因此，在掠入射反射光谱中吸收谱带强度比透射光谱强度弱得多。

光声光谱技术是将样品密封于样品池内，并通以氦气，光声光谱附件将光信号转变为声信号。当红外光照射样品池中的样品时，吸收红外光产生热能，热能以热波的形式在气体中扩散而引起气体膨胀，这样就产生了声信号，再利用检测器检测到声信号。这种方法非常适合于红外透光性极差或者对红外光有强烈吸收的样品。

在上述几种方法中，衰减全反射方法是一种应用十分广泛的实验技术，因此这里仅对衰减全反射方法的基本原理给予描述。

当一束光从一种介质照射到另一种介质时，会发生反射和折射现象。设一束光的入射角为 $\alpha$，反射角为 $\beta$，折射角为 $\gamma$，则 $\alpha$，$\beta$ 和 $\gamma$ 由反射定律和折射定律所确定。当光束发生反射时，根据反射定律，反射角 $\beta$ 等于入射角 $\alpha$；当光束发生折射时，由折射定律可得 $\sin\alpha/\sin\gamma = n_2/n_1$。式中，$n_1$ 和 $n_2$ 为两种介质的折射率。若 $n_2 > n_1$，则有 $\alpha > \gamma$，说明当光束从光疏介质进入光密介质时，折射角小于入射角。当光束从空气中进入样品时，一部分光束发生反射，另一部分光束发生折射，如图 6.19（a）所示。因为空气的折射率比晶体样品的折射率小，空气为光疏介质，晶体样品为光密介质，所以 $\alpha > \gamma$。如果一束光从晶体内射向晶体表面时，一部分光束在晶体内发生反射，另一部分光束发生折射射向空气介质，这时，$\alpha < \gamma$，如图 6.19（b）所示。随着入射角 $\alpha$ 的增大，折射角 $\gamma$ 也随之增大。当入射角 $\alpha$ 增大到某一临界角度时，折射角 $\gamma$=90°，这时光束将沿着晶体界面传播，如图 6.19（c）所示。进一步增大入射角 $\alpha$，晶体样品发生如图 6.19（d）所示的全反射现象。衰减全反射附件一般常采用 ZnSe，Si，Ge，金刚石等晶体。

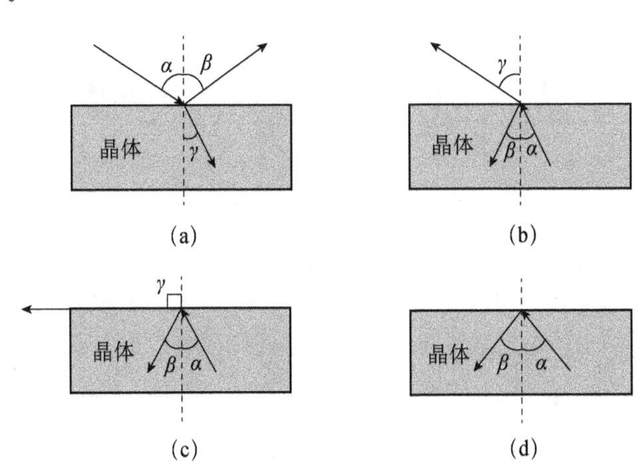


**图 6.19 单色光在晶体表面的反射折射和全反射示意图**

（a）从晶体外照射晶体界面的反射和折射；（b）从晶体内照射表面的反射和折射；（c）产生全反射的临界角；（d）晶体表面的全反射

之所以称为衰减全反射，是因为光线并不是在样品表面被直接反射回来的，而是贯穿到样品表面内一定深度后，再返回表面。如果样品在入射光的频率范围内有吸收，则反射光的强度在被吸收的频率位置减弱，因而就产生和普通透射吸收相似的现象，所得光谱就称为衰减全反射光谱。图 6.20 是利用衰减全反射方法测量在 Si 衬底上涂覆不同厚度全氟磺酸（Nafion）离子交换聚合物薄膜的傅里叶变换实验光谱图（实线）和理论拟合光谱图（虚线），测量光分别采用 p 极化和 s 极化红外光谱辐射，如图 6.20（a）和（b）所示[13]。通过全反射光谱的测量，可获得全氟酸（Nafion）离子交换聚合物薄膜厚度对其性质具有多方面的影响，包括质子电导率（proton conductivity）、水吸收（water uptake）、溶胀性（swelling）、湿润性（wettability）和水扩散系数（water diffusion coefficient）等。

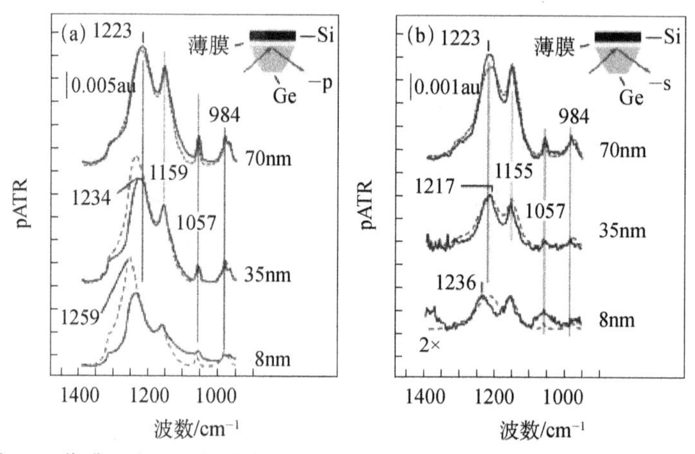


**图 6.20 在不同薄膜厚度下测得的全氟酸（Nafion）离子交换聚合物薄膜 ATR-FTIR 光谱**

插图是实验利用 Ge 棱镜采样配置；（a）和（b）分别为 p 极化和 s 极化红外光谱辐射。纵坐标 pATR=log（$I_{样品}/I_{参考}$），$I_{样品}$和 $I_{参考}$分别代表来自于样品的信号光谱强度和来自于参考信号的光谱强度

2. 定量分析

红外光谱法可对混合物中各组分进行定量分析。定量分析借助于对比吸收峰强度进行，只要混合物中的各组分能有一个特征的、不受其他组分干扰的吸收峰存在即可。原则上气体、液体和固体样品都可应用红外光谱法进行定量分析。

红外光谱定量分析原理是基于比尔-朗伯（Beer-Lambert）定律，简称比尔定律。比尔定律表述为：当一束光通过样品时，任一波长的吸光度与样品各组分的浓度成正比，与光程长（样品的厚度）成正比。对于非吸光性溶剂中单一溶质的红外吸收光谱，在任一波数处的吸光度为

$$A(\tilde{\nu}) = \lg\frac{1}{T(\tilde{\nu})} = a(\tilde{\nu})bc \tag{6.71}$$

式中，$A(\tilde{\nu})$ 和 $T(\tilde{\nu})$ 分别为在波数 $\tilde{\nu}$ 时的吸光度和透射率，$A(\tilde{\nu})$ 也可称为光密度（optical density），吸光度没有单位；$a(\tilde{\nu})$ 为在波数 $\tilde{\nu}$ 时的吸收系数（absorptivity），也称作消光系数（extinction coefficient），是物质在单位浓度和单位厚度下的吸光度。不同物质有不同的吸收系数 $a(\tilde{\nu})$ 值，且同一物质的不同谱

带其 $a(\tilde{\nu})$ 值也各不相同，即 $a(\tilde{\nu})$ 值是与被测物质及所选波数相关的一个系数。$b$ 为试样的厚度，以 cm 为单位；$c$ 为待测物质浓度，以 mol/L 为单位；吸光度以 L/(cm・mol)为单位。

由于红外光谱的吸光度具有加和性，对于 $N$ 个组分的混合样品，在波数为 $\tilde{\nu}$ 时总的强度为

$$A(\tilde{\nu}) = \sum_{i=1}^{N} a_i(\tilde{\nu})bc \tag{6.72}$$

定量分析方法可分为标准法、吸光度法和补偿法三种。

1）标准法

首先测定试样中所有元素标准物质的红外光谱，由各种物质的标准红外光谱，选择每一个成分与其他成分吸收带不重叠的特征吸收带作为定量分析谱带，比较标准试样和未知试样的吸光度，从而测量未知试样的浓度。

根据试样的吸收和测定情况，标准法又可分为直接计算法和工作曲线法两种。

（1）直接计算法。

因为 $A$，$a$，$b$ 均可测，故利用比尔公式直接计算出试样的浓度 $c=A/ab$。

（2）工作曲线法。

这种方法适用于组分简单，特征吸收谱带重叠较少，而浓度与吸收度不完全呈线性关系的样品。

将一系列浓度的标准样品，在同一吸收池内测出需要的谱带，计算出吸光度值作为纵坐标，再以浓度为横坐标，作出对应的工作曲线。由于是在同一吸收池内测量，故可获得 $A$-$c$ 的实际变化曲线。

由于工作曲线是从实际测定中获得的，它真实地反映了被测组分的浓度与吸光度的关系。因此，即使被测组分在样品中不服从比尔-朗伯定律，只要浓度在所测的工作曲线范围内，就可得到比较准确的结果。同时，这种方法可以排除许多系统误差。在这种定量分析方法中，波数的选择同样是重要的，波数只能选在被测组分的特征吸收峰处。溶剂和其他组分在这里不应有吸收峰出现，否则将引起较大的误差。

2）吸光度法

假定试样有两种组分，各组分有互不干扰的定量分析谱带，因一次测定时试样的厚度相同，故在测定两个波长的吸光度时，根据比尔-朗伯定律，其吸光度之比为

$$\begin{cases} R = \dfrac{A_1}{A_2} = \dfrac{a_1 b c_1}{a_2 b c_2} = Q\dfrac{c_1}{c_2} \\ c_1 + c_2 = 1 \end{cases} \tag{6.73}$$

式中，$Q$ 为两物质光吸收系数 $a_1$ 和 $a_2$ 之比，即 $Q = a_1/a_2$。解上述方程组得到

$$c_1 = \frac{R}{Q+R} \tag{6.74}$$

$$c_2 = \frac{Q}{Q+R} \tag{6.75}$$

与上述标准法相比，该方法的测试结果重复性好，且无须测定试样厚度，故得到了广泛应用。

3）补偿法

补偿法是指在参比光路中加入混合物试样的某些成分，与试样光路的强度比较，以抵消混合物试样中某些组分的吸收，使混合物试样中的被测组分有相对独立的定量分析谱带。显然，补偿法可以补偿多元混合物试样中含量较少的成分，以便消除或减少吸收带的重叠干扰，使各个组分的定量分析能独立进行，因而可取得满意的分析结果。

## 6.3　拉曼光谱

### 6.3.1　拉曼效应发展历史回顾

光的非弹性散射-拉曼散射（Raman scattering）可从材料最基本的激发出发，在分子的尺度上获得材料的结构信息和动态信息。根据拉曼光谱进行分析，可获得分子的组成或者官能团，从而得到分子的“指纹”信息。拉曼效应是在 1928 年由拉曼（C. V. Raman）和克里希南（K. S. Krishnan）首先发现的[14]，他们由此荣获了 1930 年的诺贝尔物理学奖。

拉曼散射的发现证实了 Adolf Smekal 在 1923 年的预言，即当频率为 $\nu_0$ 的单色光与物质中的分子相互作用时，会产生散射现象，散射光的频率为 $\nu_0 \pm \Delta\nu$[15]。但在随后的 20 世纪 40～60 年代，人们对拉曼效应的研究兴趣曾一度降低，其主要原因是拉曼效应信号实在太弱，散射光仅约为入射光强的 $10^{-6}$，而且对测试样品的要求条件苛刻。为了能观察到拉曼效应的强度信号，样品的体积应足够大，样品无色、无尘埃，而且不会激发荧光等。加之在当时红外光谱技术快速兴起，拉曼光谱被搁置而不被重视。直到 1960 年红宝石激光器问世。激光技

术发展之后，由于激光束具有高亮度、方向性和偏振性等优点，成为拉曼光谱的理想光源。另外，近代的弱信号检测技术以及高质量的全息光栅技术、计算机技术在拉曼光谱中被广泛采用，从而使拉曼光谱技术得到快速发展，呈现出复苏景象。测量技术的进步也促进了理论的发展，新现象不断涌现，继而开发出拉曼光谱新技术，目前已经发展出超过25种不同类型的拉曼光谱技术[16]，如共振拉曼散射光谱（resonance Raman spectroscopy，RRS）[17]、相干拉曼散射光谱（coherent Raman spectroscopy，CRS）[18]、受激拉曼光谱（stimulated Raman spectroscopy，SRS）[19]、表面增强拉曼光谱（surface enhanced Raman scattering，SERS）[20]、时间分辨拉曼光谱（time-resolved Raman spectroscopy）[21]、显微共聚焦拉曼光谱（microscopic confocal Raman spectroscopy）[22]、针尖增强拉曼光谱（tip-enhanced Raman microscopy）[23]等。随着拉曼光谱探测技术的不断改进和对被测样品要求的进一步降低，目前拉曼光谱在物理、材料、化学、生物医药、环境、工业分析等各个领域，都得到了非常广泛的应用。

共振拉曼效应是由激发光频率落在分子的某一电子吸收带之内而产生的，因此与电子吸收带有关，共振拉曼效应使得某些拉曼线的强度显著增强，有时甚至有$10^2$～$10^6$的增强，其特别适用于研究低浓度的拉曼光谱。半导体材料在接近可见光的红外光波段，常有一些吸收带，利用共振拉曼散射可对本征半导体的能带结构以及基态和激发态的杂质能级结构进行研究。

如将两个激光束的频率差调节在介质的拉曼频率处，即可产生拉曼频率的相干激发，1965年，Maker和Terhune首先发现这一现象[24]。这种涉及介质的分子振动相干激发的一些非线性光学效应就发展为相干拉曼光谱，包括相干反斯托克斯-拉曼散射（coherent anti-Stokes Raman scattering，CARS）技术[25, 26]、拉曼感应克尔效应（Raman induction Kerr effect，RIKE）[27]和拉曼光双共振（Raman double resonance）[28]等。相干拉曼光谱是通过泵浦光和斯托克斯（Stokes）光作用于介质，激发相应的拉曼能级间的谐振，再通过探测光将其激发出来，进而产生第四束光。该第四束光即为相干反斯托克斯-拉曼散射光。CARS记录了激发介质中分子振-转能级的很多特征。自20世纪70年代以来，随着调谐染料激光器的发展，极大地推动了CARS效应的应用，CARS在分子振动弛豫、生物大分子研究方面都取得了重要进展。

针尖增强拉曼散射技术是一种相对比较新的光学纳米成像技术，结合了拉曼无孔径扫描近场光学显微镜成像技术，获得的空间分辨率远高于光探测的衍射极限。

传统的拉曼散射光谱仪都是利用光栅分光器进行光谱分析的，而傅里叶变换拉曼光谱是在 1964 年由 G. W. Chatry，H. A. Gebble 和 C. Hilsun 提出[29]，在 20 世纪 80 年代后得到了快速发展，进入 90 年代就有了商用的傅里叶变换拉曼散射光谱仪。目前已经在各个研究领域得到了广泛的应用。

拉曼散射效应非常弱，其散射光强度约为入射光强度的 $10^{-9}$～$10^{-6}$，这曾经极大地限制了拉曼光谱的应用。1974 年，Fleischmann 等获得了吸附在粗糙金银表面的吡啶分子的高质量拉曼光谱，同时信号强度随着电极所加电势变化而变化[30]。1977 年，Jeanmaire 与 van Duyne、Albrecht 与 Creighton 等研究者经过系统的实验研究和理论计算[31-33]，将这种与银、金和铜等粗糙表面相关的增强效应称为表面增强拉曼散射（SERS）效应，对应的光谱称为表面增强拉曼光谱。随后，人们在其他粗糙表面也观察到 SERS 现象。此后 SERS 技术发展迅速，在分析科学、表面科学以及生物科学等领域都得到了广泛应用，成为一种非常强大的分析工具。

时间分辨拉曼光谱是由光脉冲技术与微弱、瞬变光信号检测方法相结合而形成的一种光谱技术，利用这一方法可以获得很窄的光谱图，由其“指纹峰”可探测不稳定的分子结构，也可以实时跟踪分子结构和状态随时间变化的微观图像，是研究分子动力学的重要手段。

随着激光器、全息光栅、光电倍增管电耦合探测器、计算机和数字技术的快速发展，在 20 世纪 90 年代就出现了激光共聚焦显微拉曼光谱（laser confocal Raman microspectroscopy，LCRM）仪器。共聚焦拉曼光谱仪是将共聚焦显微镜与拉曼光谱仪相结合，既能获得高分辨的微观形貌，又可根据样品放大图像选定试样微区，进行拉曼光谱分析的技术，从而获得目标区域的拉曼信息。早在 1957 年，Minsky 就已经提出共聚焦成像原理专利技术[34]，1987 年，White 和 Amos 在 *Nature* 上发表题目为 *confocal microscopy comes of age* 的论文[35]，标志着激光扫描共聚焦技术的诞生。共聚焦的基本原理是激光通过照明针孔形成点光源，经过透镜、分光镜形成平行光，再经过物镜聚焦于样品上，反射光经过物镜再次聚焦，到达探测针孔处，非聚焦的光被探测针孔管遮挡不能进入针孔，照明针孔和探测针孔与样品被测点位置共轭，样品被测点称为共焦点，被测平面称为共聚焦面。共聚焦拉曼光谱可以抑制杂散光，有效减少荧光干扰，提高信噪比和空间分辨率，获得高质量图像。通过对样品精准微区扫描，可以得到样品的二维和三维图像。

### 6.3.2 拉曼光谱基本原理

当光与物质产生相互作用时，若介质中电场、相位、粒子数密度、声速等表现出不均匀性，将会使光在传播过程中发生变化，这就是光的散射。按照经典理论的观点，介质中的电子在光波电磁场的作用下激发电子振动而产生次波，次波再沿着各个方向进行传播。因此，光散射就是一种电磁辐射。利用量子力学的概念来理解光的散射，即当电子感应偶极矩遵从一定的选择定则时，初态和末态能级之间发生跃迁而表现出散射。光与物质发生相互作用可分为三种情况：①若介质是均匀的，且不考虑热起伏，光通过介质后不发生任何变化，沿着原来光的传播方向行进，光与介质不发生任何相互作用；②若介质不很均匀，光波与其作用后被散射而改变方向，只要起伏与时间无关，散射光的频率就不会发生变化，只是波矢方向发生偏折，这就是弹性散射；③若介质的不均匀性随时间而发生变化，光波与介质中的这种起伏作用时将交换能量，即频率会发生变化，这就产生了非弹性散射。

由此可见，分子散射光的过程就是光子被吸收再被散射的过程，当分子吸收可见光时，其能量足以将电子激发到较高的能量状态上去，随即电子又回到原来的基态，这就是入射光与辐射光没有能量变化的过程，这时原子的运动不受任何影响。但有时电子的运动与原子核发生相互作用，从而在它们之间会发生能量交换，这就造成了发射光波的能量发生变化，能量变大或者能量变小的可能性都有，这时电子和核的相互作用通过散射光表现出来。与入射光对比，通过获得散射光的变化就可以了解许多有关电子和核的相互作用信息，这样就能从分子水平上了解样品的组成结构和组分等信息。

1. 拉曼散射的经典解释

1）拉曼散射的强度

当用可见光照射物质时，电子会受到光的激发而产生共振，从而会产生和光的频率一样的振荡，这种振荡就会引起光的辐射，或者称之为散射（这就是后面提到的瑞利散射）。按照经典理论，光受到分子中的电子散射，可视为感应偶极子 $P = P_0\cos(2\pi\nu t)$（$P_0$ 为振幅，$\nu$ 为偶极子的振荡频率）的辐射，在垂直于偶极矩的方向上，它总辐射强度由下式给出

$$I = \frac{4\pi^3\nu^4}{3\varepsilon_0 c^3}P_0^2 \tag{6.76}$$

式中，$c$ 为光速，$\varepsilon_0$ 为真空介电常量。

然而，由于分子不一定具有球对称形状，在光电场 $\boldsymbol{E}$ 的作用下，所产生的诱导偶极矩 $P_{\text{ind}}$ 不一定都和光电场的方向一致，因此，这一关系可以用矩阵方式来表示

$$P_{\text{ind}}=\begin{bmatrix}P_x\\P_y\\P_z\end{bmatrix}=\begin{bmatrix}\alpha_{xx}&\alpha_{xy}&\alpha_{xz}\\\alpha_{yx}&\alpha_{yy}&\alpha_{yz}\\\alpha_{zx}&\alpha_{zy}&\alpha_{zz}\end{bmatrix}\begin{bmatrix}E_x\\E_y\\E_z\end{bmatrix} \tag{6.77}$$

式中，$\alpha_{ij}$为$j$方向的电场分量在$i$方向上诱导偶极矩的比例常数，称为极化率。

分子中电子受到两种力的作用，一种作用力是受核力的吸引，另一种作用力则是受到光电场力的作用。极化率的大小反映着这两种力的大小关系。如果电子受核的吸引力比较大，极化率就比较小。反之，如果电子受到电场的作用力比较大，则极化率就比较大。

在$X$方向，单位立体角内发射的总辐射强度为

$$I=\frac{\pi^2\nu^4}{2\varepsilon_0c^3}(P_{0y}^2+P_{0z}^2) \tag{6.78}$$

若入射光为线偏振光，光沿$Y$方向入射，如图6.21所示。

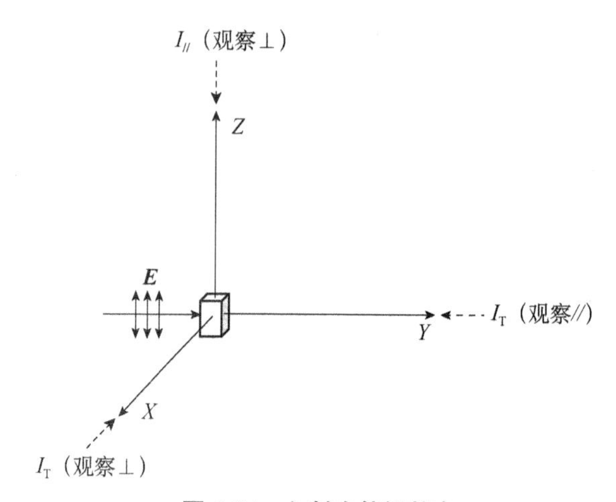


**图6.21 入射光偏振状态**

由（6.78）式可得

$$I_T(观测//)=\frac{\pi^2\nu^4}{2\varepsilon_0c^3}(\alpha_{YX}^2+\alpha_{ZX}^2)E_0^2 \tag{6.79}$$

$$I_T(观测\perp)=\frac{\pi^2\nu^4}{2\varepsilon_0c^3}(\alpha_{YZ}^2+\alpha_{ZZ}^2)E_0^2 \tag{6.80}$$

$$I_{//}(观测\perp)=\frac{\pi^2\nu^4}{2\varepsilon_0c^3}\alpha_{ZZ}^2E_0^2 \tag{6.81}$$

因为入射光强为

$$I_0 = \frac{1}{2}c\varepsilon_0 E_0^2 \tag{6.82}$$

可得

$$I_{\mathrm{T}}(\text{观测}//) = \frac{\pi^2 \nu^4}{\varepsilon_0^2 c^4} I_0(\alpha_{YX}^2 + \alpha_{ZX}^2) \tag{6.83}$$

$$I_{\mathrm{T}}(\text{观测}\perp) = \frac{\pi^2 \nu^4}{\varepsilon_0^2 c^4} I_0(\alpha_{YZ}^2 + \alpha_{ZZ}^2) \tag{6.84}$$

$$I_{//}(\text{观测}\perp) = \frac{\pi^2 \nu^4}{\varepsilon_0^2 c^4} I_0 \alpha_{ZZ}^2 \tag{6.85}$$

（6.83）式～（6.85）式是针对单个分子的结果。然而，实际测到的是大量分子体系的平均值，极化率张量与偶极子分子在空间的取向有关，而单个分子的取向是任意的。因此，求解大量分子的总散射光强度，必须对个别分子的所有可能取向求平均，再乘上分子总数 $N$。为此，在分子上取转动坐标系$\{xyz\}$，以$\{XYZ\}$代表实验室坐标系。附着于分子的主轴坐标$\{xyz\}$上，使得极化率的非对角均为零，即

$$\alpha_{ij} = \alpha\delta_{ij} = \begin{cases} \alpha, & i = j \\ 0, & i \neq j \end{cases} \quad (i, j = x, y, z) \tag{6.86}$$

在坐标$\{XYZ\}$上的极化率 $\alpha_{FF'}$和在坐标$\{xyz\}$上的极化率 $\alpha_i$ 有以下关系

$$\alpha_{FF'} = \sum \Phi_{Fi}\Phi_{F'i}\alpha_i \tag{6.87}$$

式中，$\Phi_{Fi}$，$\Phi_{F'i}$ 均是两个坐标间的方向余弦。

对于空间没有固定取向的分子来说，实验室坐标系$\{XYZ\}$与在分子上的转动坐标系$\{xyz\}$没有固定的方位关系，可得

$$\overline{\alpha_{FF'}^2} = \sum_i \overline{\Phi_{Fi}^2 \Phi_{F'i}^2 \alpha_i^2} + 2\sum_{i<j} \overline{\Phi_{Fi}\Phi_{F'i}\Phi_{Fj}\Phi_{F'j}\alpha_i\alpha_j} \tag{6.88}$$

可以证明（6.88）式等于下面的（6.89）式：

$$\begin{cases} \dfrac{1}{5}\sum\limits_i \alpha_i^2 + \dfrac{2}{15}\sum\limits_{i<j}\alpha_i\alpha_j, & F = F' \\ \dfrac{1}{15}\sum\limits_i \alpha_i^2 - \dfrac{1}{15}\sum\limits_{i<j}\alpha_i\alpha_j, & F \neq F' \end{cases} \tag{6.89}$$

利用（6.89）式，可将（6.83）式～（6.85）式分别重写为

$$
\begin{cases}
I_{\mathrm{T}}(\text{观测}//)=\dfrac{2}{15}\dfrac{\pi^2\nu^4}{\varepsilon_0^2c^4}NI_0\left(\sum_i\alpha_i^2-\sum_{i<j}\alpha_i\alpha_j\right)\\
I_{\mathrm{T}}(\text{观测}\perp)=\dfrac{1}{15}\dfrac{\pi^2\nu^4}{\varepsilon_0^2c^4}NI_0\left(4\sum_i\alpha_i^2+\sum_{i<j}\alpha_i\alpha_j\right)\\
I_{//}(\text{观测}\perp)=\dfrac{1}{15}\dfrac{\pi^2\nu^4}{\varepsilon_0^2c^4}NI_0\left(3\sum_i\alpha_i^2+2\sum_{i<j}\alpha_i\alpha_j\right)
\end{cases}
\tag{6.90}
$$

（6.90）式括号部分的两种求和利用极化率球面部分 $\alpha$ 的函数得出分子的平均极化率为 $\overline{\alpha}=\dfrac{1}{3}(\alpha_1+\alpha_2+\alpha_3)$，而

$$
\beta^2=\frac{1}{2}[(\alpha_1-\alpha_2)^2+(\alpha_2-\alpha_3)^2+(\alpha_3-\alpha_1)^2]
\tag{6.91}
$$

式中，$\beta$ 是极化率的各向异性度，则（6.90）式可写为

$$
\begin{cases}
I_{\mathrm{T}}(\text{观测}//)=\dfrac{\pi^2\nu^4}{\varepsilon_0^2c^4}NI_0\dfrac{2\beta^2}{15}\\
I_{\mathrm{T}}(\text{观测}\perp)=\dfrac{\pi^2\nu^4}{\varepsilon_0^2c^4}NI_0\dfrac{45\overline{\alpha}^2+7\beta^2}{45}\\
I_{//}(\text{观测}\perp)=\dfrac{\pi^2\nu^4}{\varepsilon_0^2c^4}NI_0\dfrac{45\overline{\alpha}^2+4\beta^2}{45}
\end{cases}
\tag{6.92}
$$

当入射光沿 $Y$ 方向、电场 $\boldsymbol{E}$ 沿 $Z$ 方向时，偏振沿 $X$ 和 $Z$ 方向的散射光强度之比称为退偏振比（depolarization ration），用$\rho_1$表示，它表示经过散射后，光的偏振从 $Z$ 方向被扭转到 $X$ 方向的程度。如果入射光是圆偏振光，即电场在 $X$ 和 $Z$ 方向的大小相等，退偏振比用$\rho_{\mathrm{n}}$来表示，它表示原来的圆偏振光经过散射后，电场不再均匀分布，这是由于极化率不是球对称分布或者分子不是球对称分布，这样，光经过分子的散射后，散射光就携带了分子结构的信息。经过计算可得

$$
\begin{cases}
\rho_1=\dfrac{3\beta^2}{45\overline{\alpha}^2+4\beta^2}\\
\rho_{\mathrm{n}}=\dfrac{6\beta^2}{45\overline{\alpha}^2+7\beta^2}
\end{cases}
\tag{6.93}
$$

由（6.93）式可知，$\rho_1$和$\rho_{\mathrm{n}}$的取值范围为

$$
\begin{cases}
0\leqslant\rho_1\leqslant\dfrac{3}{4}\\
0\leqslant\rho_{\mathrm{n}}\leqslant\dfrac{6}{7}
\end{cases}
\tag{6.94}
$$

通过测量退偏振比可以了解分子的大致形状。

2）拉曼散射的光电分子模型

下面从经典理论来理解光散射机制。考虑入射光波场强 $\boldsymbol{E}$ 使介质中的第 $j$ 个分子发生极化，感应出偶极矩

$$\boldsymbol{M}_j=\alpha_j\boldsymbol{E} \tag{6.95}$$

体积为 $V$ 的 $N$ 个分子的极化强度 $\boldsymbol{P}$ 为

$$\boldsymbol{P}=\sum_{j=1}^{N}\boldsymbol{M}_j=\sum_{j=1}^{N}\alpha_j\boldsymbol{E}=\langle N\alpha\rangle\boldsymbol{E} \tag{6.96}$$

式中，$\sum_{j=1}^{N}\alpha_j=\langle N\alpha\rangle$，$\boldsymbol{\alpha}$ 为分子极化张量。假设介质中分子数密度为 $n$，可得总的平均分子数为 $\langle N\rangle=V\langle n\rangle$，$V$ 为介质的体积。光与物质的相互作用从根本上来说是一种统计现象，考虑到 $\langle\alpha\rangle$ 和 $\langle n\rangle$ 的统计平均，在热力学近似的情况下，密度引起的涨落可表示为

$$\delta n=\left(\frac{\partial n}{\partial p}\right)_S\delta p+\left(\frac{\partial n}{\partial S}\right)_p\delta S \tag{6.97}$$

式中，$\delta S$ 和 $\delta p$ 分别表示介质中熵的变化量和压力的变化量。（6.97）式中右边第一项代表由压力涨落引起的密度起伏，由此产生的散射称为布里渊散射；第二项代表由熵变引起的密度起伏，由此产生的散射称为瑞利散射。而由分子极化张量 $\boldsymbol{\alpha}$ 的涨落引起的非弹性散射是拉曼散射。

在某一特定条件下，由于光与物质相互作用引起的电偶极矩发生振动，将向外辐射电磁波，形成散射光。如只考虑可见光的散射，对于原子核与电子质量相差很远的情况，只有电子才能够对可见光的振动有所响应，因此，物质对可见光的散射仅仅是电子的散射。

介质中感生偶极矩 $\boldsymbol{M}$ 随着电场发生振动，考虑电场平行于双原子分子轴的情况，在交变电场作用下，两个原子产生的位移为 $u_1$ 和 $u_2$，如图 6.22 所示。极化率随简正坐标 $Q=\sqrt{\mu}(u_2-u_1)$ 做线性变化，$\mu$ 代表双原子分子中两个原子质量分别为 $m_1$ 和 $m_2$ 的折合质量，即 $\mu=m_1m_2/(m_1+m_1)$。

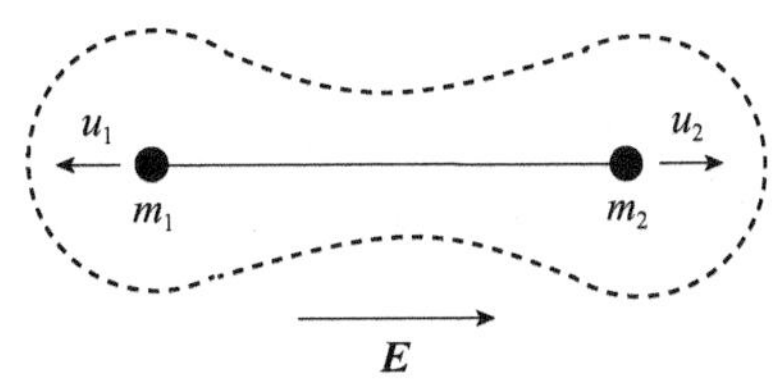


图 6.22　双原子在交变电场 $E$ 作用下极化率随简正坐标 $Q$ 在平衡位置处作微小振动示意图

将 $\alpha$ 在平衡点附近（$Q$=0）进行泰勒级数展开，有

$$\alpha=\alpha_0+\left(\frac{\partial\alpha}{\partial Q}\right)_0 Q+\frac{1}{2!}\left(\frac{\partial^2\alpha}{\partial Q^2}\right)_0 Q^2+\frac{1}{3!}\left(\frac{\partial^3\alpha}{\partial Q^3}\right)_0 Q^3+\cdots \tag{6.98}$$

$Q$ 的一次项确定了一级拉曼散射效应；$Q$ 的二次项确定了二级拉曼散射效应。

若分子的固有振动频率为 $\omega_q$，则有

$$Q=Q_0\cos(\omega_q t) \tag{6.99}$$

将（6.99）式代入（6.98）式，可得一级拉曼效应的电极化率随时间的变化率

$$\alpha=\alpha_0+\left(\frac{\partial\alpha}{\partial Q}\right)_0 Q_0\cos(\omega_q t) \tag{6.100}$$

若光波电磁场中的电场分量有如下形式

$$E=E_0\cos(\omega_L t) \tag{6.101}$$

将（6.100）式和（6.101）式代入（6.95）式，可得

$$\begin{aligned}M(t)&=\alpha_0 E_0\cos(\omega_L t)+\left(\frac{\partial\alpha}{\partial Q}\right)_0 Q_0 E_0\cos(\omega_L t)\cos(\omega_q t)\\&=\alpha_0 E_0\cos(\omega_L t)+\frac{1}{2}\left(\frac{\partial\alpha}{\partial Q}\right)_0 Q_0 E_0\left[\cos(\omega_L-\omega_q)t+\cos(\omega_L+\omega_q)t\right]\end{aligned} \tag{6.102}$$

由此可见，感生偶极矩 $\boldsymbol{M}$ 的振动不仅有入射光频率 $\omega_L$，而且还有 $\omega_L\pm\omega_q$ 两种对称分布在 $\omega_L$ 两侧的新的频率，它们起源于原子振动对电极化率 $\alpha$ 的调制。前者对应于频率不发生变化的弹性散射，如瑞利散射；后者对应于频率发生变化的非弹性散射，即拉曼散射。而对应于频率减小（$\omega_L-\omega_q$）的散射称为斯托克斯-拉曼散射（Stokes-Raman scattering）；对应于频率增加（$\omega_L+\omega_q$）的散射称为反斯托克斯-拉曼散射（anti-Stokes Raman scattering）。

若介质中分子振动处于平衡位置时的电子极化率为 $\alpha_0$，离开平衡位置时电子极化率的改变量为 $\Delta\alpha_0$，则有

$$\alpha=\alpha_0+\Delta\alpha_0 \tag{6.103}$$

对于双原子分子振动，设其振动频率为 $\omega_q$、波矢为 $\boldsymbol{q}$，电子极化率的改变量可表示为

$$\Delta\alpha=\Delta\alpha_0\cos(\omega_q t-\boldsymbol{q}\cdot\boldsymbol{r}) \tag{6.104}$$

而入射光的频率为 $\omega_L$、波矢为 $\boldsymbol{k}_L$ 的平面波电场矢量为 $\boldsymbol{E}=\boldsymbol{E}_0\cos(\omega_L t-\boldsymbol{k}_L\cdot\boldsymbol{r})$，则感生偶极矩大小为

$$
\begin{aligned}
M &= (\alpha_0 + \Delta\alpha)E = [\alpha_0 + \Delta\alpha_0 \cos(\omega_{\rm q} t - \boldsymbol{q}\cdot\boldsymbol{r})]E_0 \cos(\omega_{\rm L} t - \boldsymbol{k}_{\rm L}\cdot\boldsymbol{r}) \\
&= \alpha_0 E_0 \cos(\omega_{\rm L} t - \boldsymbol{k}_{\rm L}\cdot\boldsymbol{r}) \\
&\quad + \frac{1}{2}\Delta\alpha_0 E_0 \{\cos[(\omega_{\rm L} + \omega_{\rm q})t - (\boldsymbol{k}_{\rm L} + \boldsymbol{q})\cdot\boldsymbol{r}] + \cos[(\omega_{\rm L} - \omega_{\rm q})t - (\boldsymbol{k}_{\rm L} - \boldsymbol{q})\cdot\boldsymbol{r}]\}
\end{aligned}
\tag{6.105}
$$

式中，除了与瑞利散射有关的特征量 $\omega_{\rm L} t - \boldsymbol{k}_{\rm L}\cdot\boldsymbol{r}$ 外，还出现了与拉曼散射相应的特征量 $\omega_{\rm L} \mp \omega_{\rm q}$ 和 $\boldsymbol{k}_{\rm L} \mp \boldsymbol{q}$，这就是拉曼散射光的频率和波矢，即

$$\omega_{\rm s} = \omega_{\rm L} \mp \omega_{\rm q} \tag{6.106}$$

$$\boldsymbol{k}_{\rm s} = \boldsymbol{k}_{\rm L} \mp \boldsymbol{q} \tag{6.107}$$

（6.106）式和（6.107）式分别是非弹性散射遵从的能量守恒和动量守恒定律，这也是产生拉曼散射的选择定则。

2. 拉曼散射的量子力学解释

1）利用能级跃迁解释拉曼散射

以上是在经典模型下对拉曼散射的解释。对于拉曼散射效应物理机理的确切描述，必须借助于光与物质相互作用的量子理论知识。将光的散射过程看作是光量子化场和分子体系量子化之间的相互作用。拉曼效应的产生机制和荧光现象不同，并不吸收激发光，因此不能用实际的上能级来解释，玻恩和黄昆用虚的上能级概念说明了拉曼效应。量子力学解释可利用三能级图给予清楚的描述，如图6.23所示。

设散射物质分子原来处于基态，振动能级如图6.23所示。当受到入射光照射时，激发光与此分子的作用引起的极化可以看作虚的吸收，表述为电子跃迁到虚态（virtual state）（虚的能级在无光场入射时并不存在，而只是在有光场入射并且把光场与分子体系作为一个整体进行量子理论考虑时才有意义），当分子由虚能级跃迁回能量较低的本征能级时，释放的能量以光的形式发出，也即发射光子。在这个跃迁过程中，有三种情况出现：如果散射分子仍然回到散射前所处的本征能级上，则散射光的频率与入射光频率相同，这对应着瑞利散射（Rayleigh scattering）；如果散射后分子不是回到初始本征态能级，而是回到比初始能级较高或者较低的本征能级，则散射光的频率与入射光的频率不同，这种散射称为拉曼散射。由此可以看出，拉曼位移取决于相应跃迁的两个本征能级之差，这种跃迁可来自分子的转动能级之间（$\tilde{\nu} \leqslant 100\ {\rm cm}^{-1}$）或振动能级之间（$\tilde{\nu} \leqslant 4000\ {\rm cm}^{-1}$）。实际上这种模型也适用于固体的各种元激发谱，如声子（phonon）、等离子（plasmon）、极化子（polaron）和磁子（magneton）等，因

此在物理、化学、生物和材料等研究领域都具有广泛的应用。

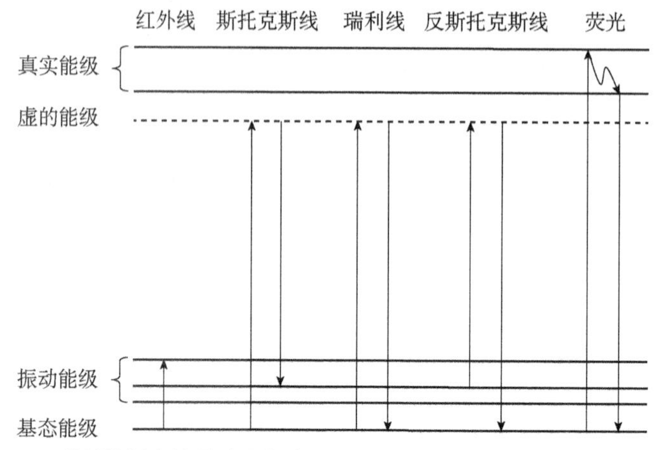


图 6.23 瑞利散射和拉曼（斯托克斯和反斯托克斯）散射的量子跃迁过程

当光子作用于分子时，光子仅改变其运动方向，而不改变其频率，这种弹性散射过程对应于瑞利散射。由分子振动、固体中的光学声子元激发与激发光相互作用而产生的非弹性散射称为拉曼散射。光子与分子之间发生能量交换，光子得到能量的过程对应于频率增加的反斯托克斯–拉曼散射，光子失去能量的过程对应于频率减小的斯托克斯–拉曼散射。斯托克斯线、反斯托克斯线与瑞利线之间的频率差数值相等，符号相反，通常只测量斯托克斯线。斯托克斯线或反斯托克斯线与入射光频率之差称为拉曼位移（Raman shift），用$\Delta\nu$表示。对于同一种物质分子，随着入射光频率的改变，拉曼线的频率也发生改变，但拉曼位移始终保持不变，因此拉曼位移与入射光频率无关，它与物质分子的振动和转动能级有关。不同物质分子有不同的振动和转动能级，因而有不同的拉曼位移。如以拉曼位移（波数）为横坐标，散射光强度为纵坐标，而把激发光的波数作为零（频率位移的标准，即 $\nu_0$）写在光谱的最右端，并略去反斯托克斯谱带，便可得到类似于红外光谱的拉曼光谱图，如图 6.24 所示。

在红外光谱中，某种振动类型是否具有红外活性，取决于分子振动时偶极矩是否发生变化，而拉曼活性则取决于分子振动时极化度是否发生变化。所谓极化度，就是分子在电场的作用下，分子中电子云变形的难易程度。拉曼散射与入射光电场所引起的分子极化的诱导偶极矩有关，拉曼谱线的强度正比于诱导跃迁偶极矩的变化。一般光谱只有两个基本参数，即频率（或波长、波数）和强度，但拉曼光谱还具有一个去偏振度，以它来衡量分子振动的对称性，增加了有关分子结构的信息。

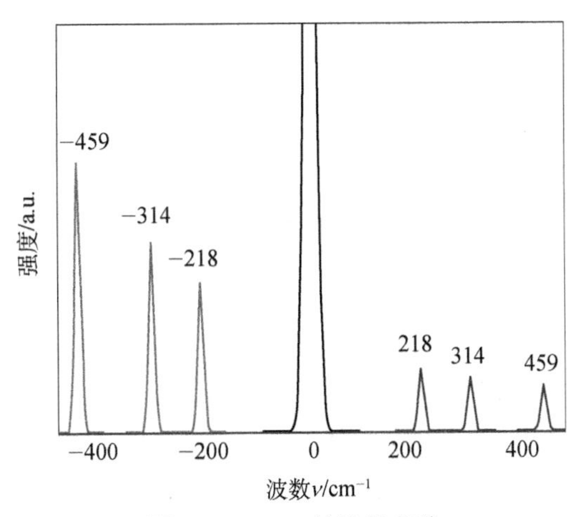


图 6.24 $CCl_4$的拉曼光谱

2）拉曼散射强度和跃迁定则

拉曼散射强度可用半经典方法进行处理。将辐射场作为分子体系的扰动源，可看成经典场，分子体系能级之间的跃迁即散射则用量子力学来研究。

设分子系统未受到光电场扰动的初态电子波函数为

$$\varphi_i(0)=\varphi_i \mathrm{e}^{-\mathrm{i}\omega_i t} \tag{6.108}$$

受到扰动后

$$\varphi_i'(0)=\varphi_i^{(0)}+\varphi_i^{(1)}+\varphi_i^{(2)}+\cdots \tag{6.109}$$

式中，$\varphi_i^{(1)}$和$\varphi_i^{(2)}$分别代表一级和二级微扰项。

由电偶极矩诱发从初态 i 到末态 f 之间的跃迁矩为

$$[\boldsymbol{P}]_{\mathrm{fi}}=\left\langle \varphi_{\mathrm{f}}' \widehat{\boldsymbol{P}} \varphi_{\mathrm{i}}' \right\rangle \tag{6.110}$$

式中，电偶极算符

$$\widehat{\boldsymbol{P}}=\sum_i e_i \boldsymbol{r}_i \tag{6.111}$$

将（6.109）式代入（6.110）式得

$$[\boldsymbol{P}]_{\mathrm{fi}}=[\boldsymbol{P}^{(0)}]_{\mathrm{fi}}+[\boldsymbol{P}^{(1)}]_{\mathrm{fi}}+[\boldsymbol{P}^{(2)}]_{\mathrm{fi}}+\cdots \tag{6.112}$$

式中，$[\boldsymbol{P}^{(0)}]_{\mathrm{fi}}=\left\langle \varphi_{\mathrm{f}}^{(0)} \widehat{\boldsymbol{P}} \varphi_{\mathrm{i}}^{(0)} \right\rangle$为未受扰动时的跃迁，$[\boldsymbol{P}^{(1)}]_{\mathrm{fi}}=\left\langle \varphi_{\mathrm{f}}^{(1)} \widehat{\boldsymbol{P}} \varphi_{\mathrm{i}}^{(0)} \right\rangle+\left\langle \varphi_{\mathrm{f}}^{(0)} \widehat{\boldsymbol{P}} \varphi_{\mathrm{i}}^{(1)} \right\rangle$为受扰动后的一级扰动项。$\varphi_{\mathrm{i}}^{(0)}$态和$\varphi_{\mathrm{f}}^{(1)}$态分别为未受扰动的波函数和受扰动后的一级波函数。$\varphi_{\mathrm{i}}^{(1)}=\sum_i a_{\mathrm{ir}} \varphi_{\mathrm{r}}^{(0)}$，式中$\varphi_{\mathrm{r}}^{(0)}$为中间态。若$\varphi_{\mathrm{r}}^{(0)}$态与$\varphi_{\mathrm{i}}^{(0)}$态相同，则计算得到的是瑞利项；若$\varphi_{\mathrm{r}}^{(0)}$态与$\varphi_{\mathrm{i}}^{(0)}$态不同，则计算得到的是拉曼项。

$[\boldsymbol{P}^{(2)}]_{\mathrm{fi}}$则包含了超瑞利项和超拉曼项。现只考虑一级微扰项。由$\boldsymbol{P}=\alpha\boldsymbol{E}$可知

$$[\alpha]_{\mathrm{fi}}=\left\langle\varphi_{\mathrm{f}}^{(0)}\middle|\alpha\middle|\varphi_{\mathrm{i}}^{(1)}\right\rangle+\left\langle\varphi_{\mathrm{f}}^{(1)}\middle|\alpha\middle|\varphi_{\mathrm{i}}^{(0)}\right\rangle \tag{6.113}$$

从量子力学来考虑，只要 $\alpha$ 张量的某一个分量的跃迁矩阵元不等于零，如 $[\alpha_{xy}]_{\mathrm{fi}}\neq 0$，这个跃迁便是允许的，否则就是禁戒的。这样，当 f=i 时，我们可得到瑞利散射的选律；当 f≠i 时，就得到拉曼散射的选律。

利用含时微扰论可得到复数极化率

$$[\alpha_{xy}]_{\mathrm{fi}}=\frac{1}{\hbar}\sum_r\left\{\frac{[P_y]_{\mathrm{fr}}[P_x]_{\mathrm{ri}}}{\omega_{\mathrm{rf}}+\omega_0}+\frac{[P_x]_{\mathrm{fr}}[P_y]_{\mathrm{ri}}}{\omega_{\mathrm{ri}}-\omega_0}\right\} \tag{6.114}$$

$$[\alpha_{xy}^*]_{\mathrm{fi}}=\frac{1}{\hbar}\sum_r\left\{\frac{[P_x]_{\mathrm{ir}}[P_y]_{\mathrm{rf}}}{\omega_{\mathrm{rf}}+\omega_0}+\frac{[P_y]_{\mathrm{ir}}[P_y]_{\mathrm{rf}}}{\omega_{\mathrm{ri}}-\omega_0}\right\} \tag{6.115}$$

这里 r 为中间态。(6.114）式和（6.115）式将跃迁极化率同分子体系的所有能级和波函数联系起来了，原则上是可解的，但很多知识是未知的，为此 Placzek 在一定条件下进行近似。为了计算散射光的强度，首先考虑具有固定核系统的辐射散射（绝热近似），然后再处理该辐射如何被核运动所修正。且假定电子的基态是非简并的，而且原子核被固定在仅产生瑞利散射的位置。Placzek 进行近似的简化条件归纳起来为：

（1）电子的基态是非简并的；

（2）绝热近似是有效的；

（3）激发光源频率必须远小于任何一个电子的跃迁频率，但远大于振动的频率，即 $\omega_{振}\ll\omega_{激光}\ll\omega_{电子跃迁}$，这样（6.114）式和（6.115）式可化为对称矩阵

$$[\alpha_{xy}]_{\mathrm{fi}}=\left\langle \nu^{\mathrm{f}}R^{\mathrm{f}}\middle|\left[\alpha_{xy}\right]_{\mathrm{e}^0\mathrm{e}^0}\middle|\nu^{\mathrm{i}}R^{\mathrm{i}}\right\rangle \tag{6.116}$$

其中，

$$\left[\alpha_{xy}\right]_{\mathrm{e}^0\mathrm{e}^0}=\frac{1}{\hbar}\sum_r\left\{\frac{[P_y]_{\mathrm{e}^0\mathrm{e}^\mathrm{r}}[P_x]_{\mathrm{e}^\mathrm{r}\mathrm{e}^0}}{\bar{\omega}_{\mathrm{e}^\mathrm{r}\mathrm{e}^0}+\omega_0}+\frac{[P_x]_{\mathrm{e}^0\mathrm{e}^\mathrm{r}}[P_y]_{\mathrm{e}^\mathrm{r}\mathrm{e}^0}}{\bar{\omega}_{\mathrm{e}^\mathrm{r}\mathrm{e}^0}-\omega_0}\right\} \tag{6.117}$$

式中，$\nu^{\mathrm{i}}$，$\nu^{\mathrm{f}}$，$R^{\mathrm{i}}$ 和 $R^{\mathrm{f}}$ 分别表示分子振动（$\nu$）和转动（$R$）的初态和末态；$\mathrm{e}^0$ 和 $\mathrm{e}^\mathrm{r}$ 分别表示电子的基态和中间态的量子数；$\bar{\omega}_{\mathrm{e}^\mathrm{r}\mathrm{e}^0}$ 是电子基态 $\mathrm{e}^0$ 和中间态 $\mathrm{e}^\mathrm{r}$ 之间的平均频率间隔，$[\alpha_{xy}]_{\mathrm{e}^0\mathrm{e}^0}$ 则仅仅是该坐标的函数，而与电子坐标无关，即有 $[P_y]_{\mathrm{e}^\mathrm{r}\mathrm{e}^0}=\left\langle\mathrm{e}^\mathrm{r}\middle|\hat{P}_y\middle|\mathrm{e}^0\right\rangle$。利用极化率矩阵元

$$\left[\alpha_{ij}\right]_{\mathrm{n}''\mathrm{n}'}=\int\varphi_{\mathrm{n}''}^*\alpha_{ij}\varphi_{\mathrm{n}'}^*\mathrm{d}\tau\quad(i,j=x,y,z) \tag{6.118}$$

便可计算（6.83）式～（6.85）式。在计算散射强度时，应考虑到并不是所有分子都能进行 n″到 n′的跃迁，只有那些最初处在 n″的 $N_{\mathrm{n}''}$ 个分子才能实现跃迁。

另一考虑因素是应计入由于磁量子数 $M$ 所处的取向简并度。总的散射强度依赖于对终态所有磁量子数 $M'$ 的求和，以及对简并初始态 $M''$ 取平均，即强度正比于

$$\frac{N_{n''}}{g_{n''}}\sum_{M'',M'}\left|(\alpha_{ij})_{M'',M'}\right|^2 \tag{6.119}$$

式中，$g_{n''}$ 是磁量子数标志的简并初始态的简并度。因此可根据经典方程进行代换得出斯托克斯线和反斯托克斯线强度之比，即为

$$\frac{I_s}{I_a}=\left(\frac{\nu_0-\nu_{n''}\nu_{n'}}{\nu_0+\nu_{n''}\nu_{n'}}\right)^4\frac{N_{n''}}{N_{n'}}\frac{g_{n'}}{g_{n''}} \tag{6.120}$$

在热平衡条件下，布居数之比由玻尔兹曼因数给出，即

$$\frac{N_{n''}}{N_{n'}}\frac{g_{n'}}{g_{n''}}=e^{(E_{n'}-E_{n''})/(k_BT)} \tag{6.121}$$

式中，$E_{n'}>E_{n''}$，$k_B$ 为玻尔兹曼常量，$T$ 为热力学温度。

3. 转动和振动拉曼散射谱

1）双原子的转动能级

在 6.2 节中，我们已经给出双原子的转动能级能量为

$$E_{转动}=BhcJ(J+1) \tag{6.122}$$

式中，$B=\dfrac{h}{8\pi^2Ic}$。

由（6.122）式可得出相邻转动能级量子数从 $J$–1 到 $J$ 之间的能量间隔为 $\Delta E_{转动}=2BhcJ$。

上述的处理方法仅考虑刚性转子的情况。由于实际的键并不是刚性的，从而会出现离心伸缩，使较高能级相应减小，经过严格的复杂计算，并忽略高次项，对于非刚性的转动能级由下式给出

$$E_{转动}=B_0hcJ(J+1)-D_0hcJ^2(J+1)^2 \tag{6.123}$$

式中，$B_0=\dfrac{h}{8\pi^2I_0c}$ 为转动常数，$D_0=\dfrac{4B_0^3}{\omega_0^2}$ 为离心伸缩常数。事实上，$D_0/B_0\sim10^{-4}$，也即离心伸缩效应非常小，完全可以忽略不计。

下面讨论与转动能级相关的拉曼频率。

当 $\Delta J=0$ 时，这时得到的一系列谱线波数间隔为 $2B$，得到的谱线是纯转动光谱线，称其为 Q 支。

当 $\Delta J=+1$ 时，$\Delta\tilde{\nu}_{转}=2B(J+1)$，这组振动–转动光谱线称为 R 支。即

| $J$ | 0 | 1 | 2 | 3 | 4 | 5 |
|---|---|---|---|---|---|---|
| $\Delta\tilde{\nu}_{转}$ | $2B$ | $4B$ | $6B$ | $8B$ | $10B$ | $12B$ |

当$\Delta J=-1$时，拉曼波数为$\Delta\tilde{\nu}_{转}=-2BJ$，不可能有比基态更低的能态。因此，跃迁不存在。

当$\Delta J=+2$时，$\Delta\tilde{\nu}_{转}=4B(J+3/2)$，这组振动–转动光谱线称为S支，即

| $J$ | 0 | 1 | 2 | 3 | 4 | 5 |
|---|---|---|---|---|---|---|
| $\Delta\tilde{\nu}_{转}$ | $6B$ | $10B$ | $14B$ | $18B$ | $22B$ | $26B$ |

$\Delta J=+2,1,0,-1,-2$的拉曼谱分别称为S，R，Q，P和O支谱。

2）双原子的振动能级

双原子振动能级的能量，采用非简谐近似的莫尔斯势模型，根据双原子分子在平衡位置附近的薛定谔方程

$$-\frac{\hbar^2\mathrm{d}^2\psi}{2\mu\mathrm{d}x^2}+D\left\{1-\mathrm{e}^{-\alpha x}\right\}^2\psi=E\psi \tag{6.124}$$

并设试探解为$f=\mathrm{e}^{-\alpha x}$，通过计算，最终可得（6.124）式的能量本征值为

$$E_{振}=\sqrt{\frac{2\alpha^2\hbar^2D}{\mu}}\left(n+\frac{1}{2}\right)-\frac{\alpha^2\hbar^2}{2\mu}\left(n+\frac{1}{2}\right)^2 \tag{6.125}$$

式中，$n$为整数，将（6.125）式除以$hc$可得波数

$$\tilde{\nu}_{振}=\frac{E_{振}}{hc}=\tilde{\nu}_0\left(n+\frac{1}{2}\right)-\tilde{\nu}_0x_{\mathrm{e}}\left(n+\frac{1}{2}\right)^2 \tag{6.126}$$

式中，

$$\tilde{\nu}_0=\frac{1}{hc}\left(\frac{2\alpha^2\hbar^2D}{\mu}\right)^{1/2}=\frac{\alpha}{2\pi c}\left(\frac{2D}{\mu}\right)^{1/2},\quad \tilde{\nu}_0x_{\mathrm{e}}=\frac{\alpha^2\hbar^2}{2\mu hc}=\frac{\alpha^2h}{8\pi^2\mu c} \tag{6.127}$$

而参数$\alpha$和$D$分别为$\alpha=2\pi\left(\frac{2c\mu\nu_0x_{\mathrm{e}}}{h}\right)^{1/2}$，$D=hc\frac{\nu_0}{4x_{\mathrm{e}}}$，其中$x_{\mathrm{e}}=r_{\mathrm{e}}-r_0$，$x_{\mathrm{e}}$是非简谐常数，$r_{\mathrm{e}}$是非简谐振动的位移。

3）双原子分子的振动–转动能级特征

双原子既有振动又有转动的拉曼位移可写成

$$\left|\Delta\tilde{\nu}_{\mathrm{s}}\right|_{\mathrm{r},\nu}=\left|\Delta\tilde{\nu}_{\mathrm{s}}\right|_{\nu}+\left|\Delta\tilde{\nu}_{\mathrm{s}}\right|_{\mathrm{r}} \tag{6.128}$$

对于$\Delta J=+2$的S支斯托克斯–拉曼频移为

$$\begin{aligned}\left|\Delta\tilde{\nu}_{\mathrm{s}}\right|_{\mathrm{r},\nu}&=\left|\Delta\tilde{\nu}_{\mathrm{s}}\right|_{\nu_2}+B_{\nu_2}(J+2)(J+2+1)-\left\{\left|\Delta\tilde{\nu}_{\mathrm{s}}\right|_{\nu_1}+B_{\nu_1}(J+1)J\right\}\\&=\left|\Delta\tilde{\nu}_{\mathrm{s}}\right|_{\nu_2}-\left|\Delta\tilde{\nu}_{\mathrm{s}}\right|_{\nu_1}+6B_{\nu_2}+(5B_{\nu_2}-B_{\nu_1})J+(B_{\nu_2}-B_{\nu_1})J^2,\quad J=0,1,2,\cdots\end{aligned} \tag{6.129}$$

式中，$\left|\Delta\tilde{\nu}_{\mathrm{s}}\right|_{\nu_1}$是非简谐振动能级的频移；$\nu_1$，$\nu_2$分别是低能级和高能级非简谐振动量子数；$B_{\nu1}$，$B_{\nu2}$分别是非简谐振动能级的转动常数。

对于 ΔJ= −2 的 O 支斯托克斯–拉曼频移为

$$\left|\Delta\tilde{\nu}_{\mathrm{s}}\right|_{\nu\to r}=\left|\Delta\tilde{\nu}_{\mathrm{s}}\right|_{\nu_2}-\left|\Delta\tilde{\nu}_{\mathrm{s}}\right|_{\nu_1}+2B_{\nu_2}-(3B_{\nu_2}+B_{\nu_1})J+(B_{\nu_2}-B_{\nu_1})J^2,\quad J=2,3,4,\cdots \tag{6.130}$$

不难看出，O 支是由一组波数移动低于纯转动能级的谱线组成。

对于 ΔJ=0 的 Q 支斯托克斯–拉曼频移为

$$\left|\Delta\tilde{\nu}_{\mathrm{s}}\right|_{\nu\to r}=\left|\Delta\tilde{\nu}_{\mathrm{s}}\right|_{\nu_2}-\left|\Delta\tilde{\nu}_{\mathrm{s}}\right|_{\nu_1}+(B_{\nu_2}-B_{\nu_1})J+(B_{\nu_2}-B_{\nu_1})J^2,\quad J=0,1,2,\cdots \tag{6.131}$$

显然，Q 支是由一组非常接近的波数移动，且低于纯转动的谱线组成。$B_{\nu_2}$ 和 $B_{\nu_1}$ 相差比较小，使得 Q 支的谱线发生重叠，因此 Q 支的强度比较强。

4）多原子分子的拉曼谱

实际材料大多由多原子分子体系构成。$N$ 个原子就有 $3N-6$ 个自由度，对应 $3N-6$ 个振动模式。就线性多原子分子来说，有 $3N-5$ 个振动模式。多原子拉曼谱从理论上分析非常复杂，就线性多原子分子来说，分子总的波函数可以近似地写为电子波函数 $\Psi_{\mathrm{e}}$、振动波函数 $\Psi_{\mathrm{v}}$ 和转动波函数 $\Psi_{\mathrm{r}}$ 的乘积 $\Psi_{\mathrm{e}}\Psi_{\mathrm{v}}\Psi_{\mathrm{r}}$。根据对称性分析，可给出动能项和势能项，并写出本征方程，求得其能量本征值。

为了分析方便，这里仅以三个原子 $XY_2$ 组成的线性分子为例加以分析，如图 6.25 所示。从经典力学出发来分析振动模式和频率特征。

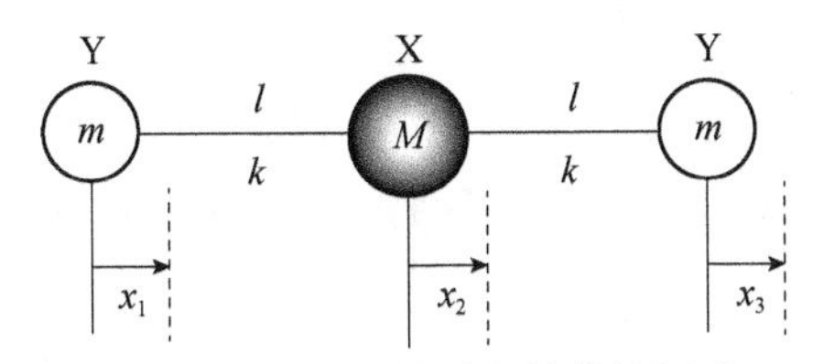


图 6.25　$XY_2$ 线性分子的伸缩振动

在简谐近似情况下，设三个原子 Y，X，Y 离开平衡位置的位移分别为 $x_1=A_1\cos(\omega t)$，$x_2=A_2\cos(\omega t)$，$x_3=A_3\cos(\omega t)$，X 原子和 Y 原子的质量分别为 $M$ 和 $m$。各个原子运动方程可写为

$$\begin{cases} m\ddot{x}_1=k(x_2-x_1) \\ M\ddot{x}_2=k(x_3-x_2)-k(x_2-x_1)=k(x_1-2x_2+x_3) \\ m\ddot{x}_3=-k(x_3-x_2) \end{cases} \tag{6.132}$$

式中，$k$ 为键力常数。将位移的具体函数形式代入方程组，有

$$\begin{cases}(k-m\omega^2)A_1-kA_2=0\\-kA_1+(2k-M\omega^2)A_2-kA_3=0\\-kA_2+(k-M\omega^2)A_3=0\end{cases} \tag{6.133}$$

方程组有解的条件是系数行列式等于零，即

$$\begin{vmatrix}k-m\omega^2 & -k & 0\\ -k & 2k-M\omega^2 & -k\\ 0 & -k & k-m\omega^2\end{vmatrix}=0 \tag{6.134}$$

由此解得

$\omega_1=\sqrt{k/m}$，$XY_2$分子线内对称振动：

$\omega_2=\sqrt{(2m+M)k/(mM)}$，$XY_2$分子线内反对称振动：

$\omega_3=0$，$XY_2$分子整体平动：

其中，$\omega_1$的振动情况是极化率在平衡位置附近单调地变化，因此是拉曼激活的；$\omega_2$的振动情况是原子运动都互为反向，极化率不发生变化，原子正反向位移时有相同的键长，因此三原子电荷分布相同，电极化率随简正坐标的变化率为零，是非拉曼激活；$\omega_3$的振动情况是相当于周期无限大，分子整体做平移运动，极化率在平衡位置附近有单调的变化，没有极化率的变化，因此也是非拉曼激活的。

三原子分子的线外振动如图6.26所示。设三个原子沿$y$方向离开平衡位置的位移分别为$y_1$，$y_2$和$y_3$，原子间距为$l$，力常数为$k_1$，线外振动引起分子弯曲角度的变化量为$\delta\theta$，

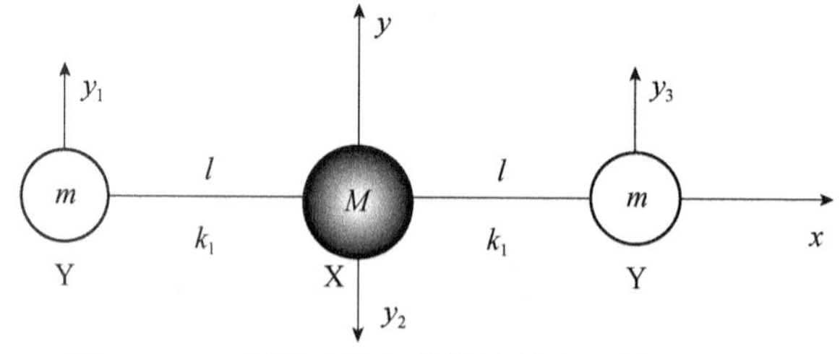


图6.26　三原子分子组成的线性分子的线外振动

有

$$\delta\theta=\frac{1}{l}[(y_1-y_2)+(y_3-y_2)]=\frac{1}{l}(y_1-2y_2+y_3) \tag{6.135}$$

引起的势能增加为

$$2U = k_1 l^2 (\delta\theta)^2 = k_1 (y_1 - 2y_2 + y_3)^2 \tag{6.136}$$

进行坐标变换，令

$$p_1 = \sqrt{m} y_1, \quad p_2 = \sqrt{M} y_2, \quad p_3 = \sqrt{m} y_3 \tag{6.137}$$

可得三原子分子的动能和势能分别为

$$\begin{cases} 2U = k_1 \left( \dfrac{p_1^2}{m} + \dfrac{4p_2^2}{M} + \dfrac{p_3^2}{m} - \dfrac{4p_1p_2}{\sqrt{mM}} + \dfrac{2p_1p_2}{m} - \dfrac{4p_2p_3}{\sqrt{mM}} \right) \\ 2T = \dot{p}_1^2 + \dot{p}_2^2 + \dot{p}_3^2 \end{cases} \tag{6.138}$$

对应的久期方程为

$$\begin{vmatrix} \dfrac{k_1}{m} - \eta & \dfrac{-2k_1}{\sqrt{mM}} & \dfrac{k_1}{m} \\ \dfrac{-2k_1}{\sqrt{mM}} & \dfrac{4k_1}{M} - \eta & \dfrac{-2k_1}{\sqrt{mM}} \\ \dfrac{k_1}{m} & \dfrac{-2k_1}{\sqrt{mM}} & \dfrac{k_1}{m} - \eta \end{vmatrix} = 0 \tag{6.139}$$

解得

$$\eta_1 = \frac{2k_1(M + 2m)}{mM}, \quad \eta_2 = \eta_3 = 0 \tag{6.140}$$

即有

$$\omega_1 = \sqrt{\frac{2k_1(M + 2m)}{mM}}, \quad \omega_2 = \omega_3 = 0 \tag{6.141}$$

因为线外振动在原子运动都反向时，极化率不发生变化，所以是非拉曼活性的。$\eta_2 = \eta_3 = 0$ 代表分子沿 $y$ 轴平动，也无拉曼活性。

图 6.27 是分子的弯曲振动示意图，其振动情况通过内坐标（internal coordinate），即分子内部运动坐标进行描述，这里内坐标指的是键长和键角变化，设 Y-X-Y 三个原子弯曲角度为 $\theta$，$k$ 为伸缩弹性常数，$k_\theta$ 为弯曲弹性常数，相邻原子间距为 $l$。

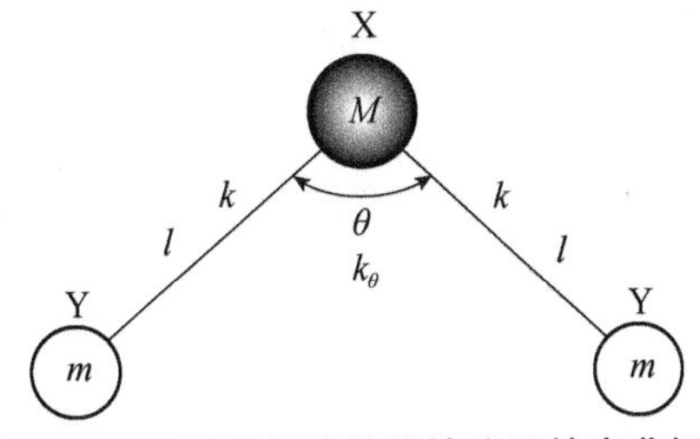


图 6.27　三原子组成的线性分子的弯曲振动

弯曲分子的内坐标分别为 $p_1=\Delta l$，$p_2=\Delta l$ 和 $p_3=\Delta\theta$，因此，与分子动能相关的内坐标矩阵为

$$G=\begin{vmatrix} \frac{1}{m}+\frac{1}{M} & \frac{\cos\theta}{M} & -\frac{\sin\theta}{Ml} \\ \frac{\cos\theta}{M} & \frac{1}{m}+\frac{1}{M} & -\frac{\sin\theta}{Ml} \\ -\frac{\sin\theta}{Ml} & -\frac{\sin\theta}{Ml} & \frac{2}{ml^2}\left(1+\frac{2m}{M}\sin^2\frac{\theta}{2}\right) \end{vmatrix} \tag{6.142}$$

弯曲分子的势能为

$$2U=k(p_1^2+p_2^2)+k_\theta p_3^2 \tag{6.143}$$

式中，$k_\theta$ 为角度变化的力常数。力矩阵常数为

$$F=\begin{vmatrix} k & 0 & 0 \\ 0 & k & 0 \\ 0 & 0 & k_\theta \end{vmatrix} \tag{6.144}$$

（6.142）式和（6.143）式联立后得如下久期方程

$$|GF-E\eta|=0 \tag{6.145}$$

解得，并与之相应的内坐标振动为

$$\begin{cases} p_1=p_{1i}\cos(\sqrt{\eta_i}+\varphi_i) \\ p_2=p_{2i}\cos(\sqrt{\eta_i}+\varphi_i) \quad (i=1,2,3) \\ p_3=p_{3i}\cos(\sqrt{\eta_i}+\varphi_i) \end{cases} \tag{6.146}$$

将（6.146）式代回久期方程（6.145）式，得

$$\begin{cases} \left[\left(\frac{1}{m}+\frac{1}{M}\right)k-\eta_i\right]p_1+\frac{\cos\theta}{M}kp_2-\frac{\sin\theta}{Ml}k_\theta p_3=0 \\ \frac{\cos\theta}{M}kp_1+\left[\left(\frac{1}{m}+\frac{1}{M}\right)k-\eta_i\right]p_2-\frac{\sin\theta}{Ml}k_\theta p_3=0 \qquad (i=1,2,3) \\ -\frac{\sin\theta}{Ml}kp_1+\frac{\sin\theta}{Ml}k_\theta p_2+\left[\frac{2}{ml^2}\left(1+\frac{2m}{M}\sin^2\frac{\theta}{2}\right)k_\theta-\eta_i\right]p_3=0 \end{cases} \tag{6.147}$$

（6.147）式难于求解，为此做代换，对称坐标为 $p_s=p_1+p_2$，反对称坐标为 $p_a=p_1-p_2$，则有

$$\begin{cases}\left[\dfrac{k}{m}\left(1+\dfrac{2m}{M}\sin^2\dfrac{\theta}{2}\right)-\eta_i\right]p_a=0\\\dfrac{k}{m}\left[\left(1+\dfrac{2m}{M}\cos^2\dfrac{\theta}{2}\right)-\eta_i\right]p_s-\dfrac{2\sin\theta}{Ml}k_\theta p_3=0\\-\dfrac{\sin\theta}{Ml}kp_s+\left[\dfrac{2}{ml^2}\left(1+\dfrac{2m}{M}\sin^2\dfrac{\theta}{2}\right)k_\theta-\eta_i\right]p_3=0\end{cases}\tag{6.148}$$

该方程有解的条件是系数行列式等于零，即

$$\begin{vmatrix}\dfrac{k}{m}\left(1+\dfrac{2m}{M}\sin^2\dfrac{\theta}{2}\right)-\eta & 0 & 0\\0 & \dfrac{k}{m}\left(1+\dfrac{2m}{M}\cos^2\dfrac{\theta}{2}\right)-\eta & -\dfrac{2\sin\theta}{Ml}k_\theta\\0 & -\dfrac{\sin\theta}{Ml}k & \dfrac{2k_\theta}{ml^2}\left(1+\dfrac{2m}{M}\sin^2\dfrac{\theta}{2}\right)-\eta\end{vmatrix}=0\tag{6.149}$$

方程的解为

$$\begin{cases}\eta_1+\eta_2=\dfrac{k}{m}\left(1+\dfrac{2m}{M}\cos^2\dfrac{\theta}{2}\right)+\dfrac{2k_\theta}{ml^2}\left(1+\dfrac{2m}{M}\sin^2\dfrac{\theta}{2}\right)\\\eta_1\eta_2=\dfrac{2kk_\theta}{m^2l^2}\left(1+\dfrac{2m}{M}\right)\\\eta_3=\dfrac{k}{m}\left(1+\dfrac{2m}{M}\sin^2\dfrac{\theta}{2}\right)\end{cases}\tag{6.150}$$

可得

$$\begin{cases}\omega_1+\omega_2=\sqrt{\eta_1}+\sqrt{\eta_2}\\\omega_1\omega_2=\sqrt{\eta_1\eta_2}\\\omega_3=\sqrt{\eta_3}\end{cases}\tag{6.151}$$

当 $p_a=0$ 时对应图 6.28（a）的振动情况；$p_a\neq0$ 时对应图 6.28（b）的振动情况；$p_a\neq0$，$p_s=0$ 时对应图 6.28（c）的振动情况。三者偶极矩的电极化率发生了变化，都是具有拉曼激活的。在 $XY_2$ 弯曲分子振动中，$H_2O$，$CO_2$，$SO_2$ 等都具有这种振动方式的拉曼激活。

4. 拉曼谱的线宽和线形

1）谱线的自然宽度

拉曼光谱线的宽度完全取决于原子或分子在激发态上的平均寿命或者能级

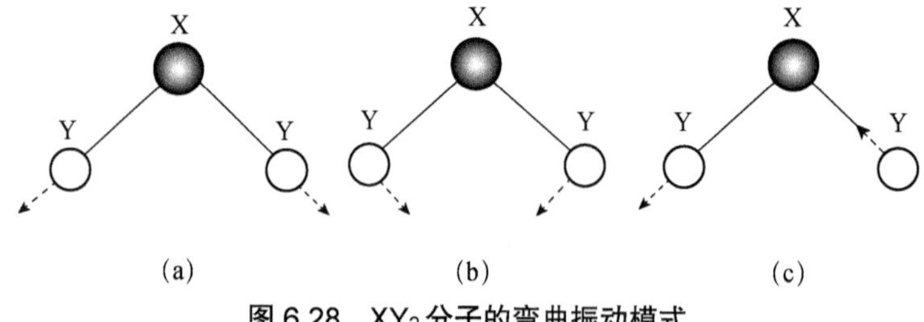


图 6.28　$XY_2$ 分子的弯曲振动模式

（a）$p_a=0$；（b）$p_a\neq0$；（c）$p_a\neq0$，$p_s=0$

的自然宽度。激发态的寿命越短自然宽度就越宽，如将分子看作是一个小的阻尼振子，设阻尼系数为 $\gamma$，振动的频率为 $\nu_0$，则其运动方程为

$$\ddot{x}+\gamma\dot{x}+(2\pi\nu_0)^2x=0 \tag{6.152}$$

通解为

$$x=a_0\mathrm{e}^{-\frac{\gamma}{2}t}\cos(2\pi\nu_0t)$$

式中，$a_0$ 为常数，振幅随指数 $a_0\mathrm{e}^{-\frac{\gamma}{2}t}$ 衰减，如图 6.29（a）所示。其频谱的振幅可通过傅里叶变换求出

$$\begin{aligned}A(\nu)&=\int_{-\infty}^{\infty}a_0\mathrm{e}^{-\frac{\gamma}{2}t}\cos(2\pi\nu_0t)\mathrm{e}^{-\mathrm{i}2\pi\nu t}\mathrm{d}t=\frac{a_0}{2}\int_{-\infty}^{\infty}\mathrm{e}^{-\frac{\gamma}{2}t}(\mathrm{e}^{\mathrm{i}2\pi\nu_0t}+\mathrm{e}^{-\mathrm{i}2\pi\nu_0t})\mathrm{e}^{-\mathrm{i}2\pi\nu t}\mathrm{d}t\\&=a_0\int_0^{\infty}\left[\mathrm{e}^{-[\frac{\gamma}{2}-\mathrm{i}2\pi(\nu_0-\nu)]t}+\mathrm{e}^{-[\frac{\gamma}{2}+\mathrm{i}2\pi(\nu_0+\nu)]t}\right]\mathrm{d}t=a_0\left[\frac{1}{\gamma/2-\mathrm{i}2\pi(\nu_0-\nu)}+\frac{1}{\gamma/2+\mathrm{i}2\pi(\nu_0+\nu)}\right]\end{aligned} \tag{6.153}$$

式中用到了 $\cos(2\pi\nu_0t)=(\mathrm{e}^{\mathrm{i}2\pi\nu_0t}+\mathrm{e}^{-\mathrm{i}2\pi\nu_0t})/2$。

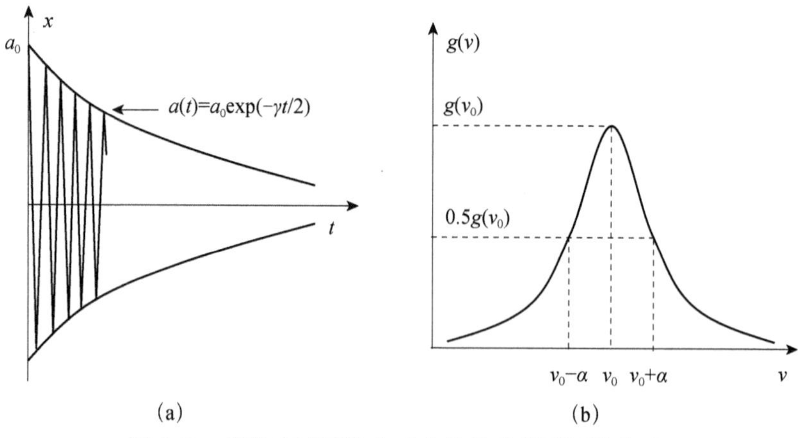


图 6.29　指数衰减函数（a）和洛伦兹线型函数（b）

由于粒子散射的功率与散射场振幅的平方成正比，故散射光的强度随频率

的分布为

$$I(\nu)=\left|A(\nu)\right|^2=A(\nu)A^*(\nu)\approx\frac{a_0^2}{(\gamma/2)^2+[2\pi(\nu_0-\nu)]^2} \tag{6.154}$$

将 $I(\nu)$ 对整个频率区间进行积分就可得总强度 $I_0$，即

$$\begin{aligned}I_0&=\int_{-\infty}^{\infty}I(\nu)\mathrm{d}\nu=\int_{-\infty}^{\infty}\frac{a_0^2}{(\gamma/2)^2+[2\pi(\nu_0-\nu)]^2}\mathrm{d}\nu\\&=\frac{a_0^2}{4\pi^2}\int_{-\infty}^{\infty}\frac{1}{(\gamma/(4\pi))^2+(\nu-\nu_0)^2}\mathrm{d}(\nu-\nu_0)=\frac{a_0^2}{4\pi^2}\frac{\pi}{\gamma/(4\pi)}=\frac{a_0^2}{\gamma}\end{aligned} \tag{6.155}$$

此处用到积分式 $\int_{-\infty}^{\infty}\frac{1}{a^2+x^2}\mathrm{d}x=\frac{1}{a}\arctan\left(\frac{x}{a}\right)$，即有

$$\int_{-\infty}^{\infty}\frac{1}{a^2+x^2}\mathrm{d}x=\frac{1}{a}[\arctan(\infty)-\arctan(-\infty)]=\frac{1}{a}\left[\frac{\pi}{2}-\left(-\frac{\pi}{2}\right)\right]=\frac{\pi}{a}$$

如令 $\alpha=\gamma/(4\pi)$，并考虑（6.155）式，由（6.154）式可得强度分布为

$$I(\nu)=\frac{I_0\alpha}{\pi}\frac{1}{(\nu-\nu_0)^2+\alpha^2} \tag{6.156}$$

（6.156）式给出了光谱线强度随频率分布的关系，称为光谱线的线形函数。令 $g(\nu)=I(\nu)/I_0$ 得到的归一化的线形函数为

$$g(\nu)=\frac{\alpha}{\pi}\frac{1}{(\nu-\nu_0)^2+\alpha^2} \tag{6.157}$$

这个函数数学上是洛伦兹函数的形式，即自然宽度的廓型为洛伦兹型。如图 6.29（b）所示。

阻尼系数 $\gamma$ 与量子振子激发态寿命 $\tau$ 之间的关系为 $\gamma=1/\tau$，因此，自然线宽的半高宽为

$$\Delta\nu=2\alpha=\frac{\gamma}{2\pi}=\frac{1}{2\pi\tau} \tag{6.158}$$

2）压力展宽

压力展宽（pressure broadening）包括不同的展宽机理，包括以下三个方面。

（1）碰撞展宽（collision broadening）：对于气态样品，气体分子间的相互碰撞会加速激发态的衰减，从而缩短寿命，其线形函数的形式同为（6.156）式。

（2）斯塔克展宽（Stark broadening）：当样品处在电场中时，其谱线会发生分裂，这种现象称为斯塔克效应（Stark effect），由此引起的光谱线展宽称为斯塔克展宽。其线型也是洛伦兹型，它的展宽为 $\Delta\nu=2\alpha=AE_D$，这里 $A$ 为每单位场强的分裂宽度，$E_D$ 为处于辐射分子周围的大量偶极子产生的平均场。

（3）晶格场展宽（lattice field broadening）：固体的光发射与吸收通常属于连续谱，如果在晶体中作为杂质引入外来原子，则其辐射将类似于孤立振子产生线状谱，外来原子受晶体场的作用，谱线将有相当大的展宽。

3）多普勒展宽

当辐射分子的集合相对于接收装置运动时，观测到的谱线将展宽，这就是多普勒展宽（Doppler broadening）。由于气体分子有热运动，服从麦克斯韦速度分布律，由多普勒展宽引起的线型函数为

$$I(\nu)=A\exp\left[-\frac{m}{2k_{\mathrm{B}}T}\frac{c^2}{\nu_0^2}(\nu-\nu_0)^2\right] \tag{6.159}$$

式中，$A=hcN_0\dfrac{m}{2\pi k_{\mathrm{B}}T}$，这里 $N_0$ 为单位体积中的分子数，$c$ 为光速，$\nu_0$ 为辐射分子静止时的频率。

多普勒谱线展宽的半高宽为

$$\alpha_{\mathrm{D}}=\frac{2\nu_0}{c}\left(\frac{2k_{\mathrm{B}}T\ln 2}{m}\right)^{\frac{1}{2}} \tag{6.160}$$

令 $g_{\mathrm{D}}(\nu)=I(\nu)/A$，得到的归一化多普勒展宽线型函数为

$$g_{\mathrm{D}}(\nu)=\frac{1}{\alpha_{\mathrm{D}}}\left(\frac{\ln 2}{\pi}\right)^{\frac{1}{2}}\exp\left[-\frac{\ln\alpha}{\alpha_{\mathrm{D}}^2}(\nu-\nu_0)^2\right] \tag{6.161}$$

这种廓型称为高斯型。由（6.160）式可知，当温度升高时，半高宽增大，这是因为，温度升高，分子的运动速度加快，导致光谱线的频移增大。另外，质量越小的分子，半高宽也越大。

事实上，在通常条件下，自然展宽一般都比较小，可不予考虑，主要对压力展宽和多普勒展宽给予考虑。

5. 拉曼晶格振动谱的分析

众所周知，晶体结构可分为七大晶系 14 种布拉菲格子。晶体有五种宏观对称操作，分子的对称操作是指能够使分子处于等价构型时的某种运动，完成这个对称操作所涉及的几何元素就称为对称元素。在分子的对称性定义中，对称元素和对称操作是两个基本的要素。对称元素和对称操作包括以下五个类型：①转动 $C_n$（$n$ 为转动的阶，转动角度 $\theta=2\pi/n$）；②晶面反映 σ；③中心反演 i；④转动加垂直于转轴平面的反映 S；⑤全等操作 E。$C_n$ 和 E 称为固有转动或真转动，因为在物理上可在真实球形或棒形分子上进行的操作，可视为绕质心的完全转动，所涉及的轴称为真轴，其余的操作，为非真转动。上述五种宏观对

称操作的集合构成一个有限群，即构成 32 种点群（point group）。所谓点群，是指分子中全部对称元素都相交于一点，任何对称操作都不能使这个交点变换位置，这就是点群的意思。群的概念很宽泛，由于这里的群是涉及分子的对称性操作构成的群，因此简称为对称群。

点群元素满足以下运算规律：①任何两元素 $P$，$Q$ 的乘积仍属于这个群的元素（如 $PQ=QP$，则称为阿贝尔群（Abelian group））；②群中必含有恒等元素 $E$，对任何一元素 $R$ 交换位置仍能保持不变，即 $ER=RE=R$；③群元素满足结合律，$T(QP)=(TQ)P$；④群中任何元素 $R$，都有其逆元素，而且逆元素也是这个群中的一个元素，并使之满足 $R^{-1}R=RR^{-1}=E$。

群可由矩阵表示构成集合，同样满足上述的四个条件，我们把这些矩阵构成的群称为群的一种矩阵表示，简称为群表示。如果选用不同的基，则可以表示为另一组矩阵，它们与原来的群同构，故对一个群可以有许多群表示。所有元素构成的群，用符号$\{G\}$来表示，而用 $R$ 代表群$\{G\}$中的任一元素，即 $R\in\{G\}$。

取一组函数（$f_1$，$f_2$，$f_3$，…，$f_n$），若让群中的任一元素 $R$ 作用于这组函数上，产生新的函数（$f_1'$，$f_2'$，$f_3'$，…，$f_n'$），并且这组新函数的每一个函数都可以表示为原来一组函数的线性组合，即

$$\begin{aligned}
f_1'&=\Gamma_{11}(R)f_1+\Gamma_{21}(R)f_2+\cdots+\Gamma_{n1}(R)f_n\\
f_2'&=\Gamma_{12}(R)f_1+\Gamma_{22}(R)f_2+\cdots+\Gamma_{n2}(R)f_n\\
&\cdots\\
f_n'&=\Gamma_{1n}(R)f_1+\Gamma_{2n}(R)f_2+\cdots+\Gamma_{nn}(R)f_n
\end{aligned}\tag{6.162}$$

写成矩阵形式，即为

$$\begin{bmatrix}f_1' & f_2' & \cdots & f_n'\end{bmatrix}=\begin{bmatrix}f_1 & f_2 & \cdots & f_n\end{bmatrix}\begin{bmatrix}\Gamma_{11}(R) & \Gamma_{12}(R) & \cdots & \Gamma_{1n}(R)\\ \Gamma_{21}(R) & \Gamma_{22}(R) & \cdots & \Gamma_{2n}(R)\\ \vdots & \vdots & & \vdots\\ \Gamma_{n1}(R) & \Gamma_{n2}(R) & \cdots & \Gamma_{nn}(R)\end{bmatrix}\tag{6.163}$$

群$\{G\}$中的每一个元素 $R$ 均可用相应的一个矩阵表示，即

$$\boldsymbol{R}=\begin{bmatrix}\Gamma_{11}(R) & \Gamma_{12}(R) & \cdots & \Gamma_{1n}(R)\\ \Gamma_{21}(R) & \Gamma_{22}(R) & \cdots & \Gamma_{2n}(R)\\ \vdots & \vdots & & \vdots\\ \Gamma_{n1}(R) & \Gamma_{n2}(R) & \cdots & \Gamma_{nn}(R)\end{bmatrix}\tag{6.164}$$

这样就明确了一些关于群的基本概念，由矩阵构成的群，称为矩阵的一种表示，用来生成群表示的一组函数（$f_1$，$f_2$，$f_3$，…，$f_n$）称为群表示的基。用来表

示元素 $R$ 的矩阵的阶数，称为群表示的维数。如对于 $H_2O$ 分子，以（$x_1$，$y_1$，$z_1$），（$x_2$，$y_2$，$z_2$），（$x_3$，$y_3$，$z_3$）为基时，构成 9 阶矩阵。

数学上已经证明，选取一组基（$f_1$，$f_2$，$f_3$，…，$f_n$）可得到群$\{G\}$的一种矩阵表示；如果再选取另一组基（$f_1'$，$f_2'$，$f_3'$，…，$f_n'$），可得到群$\{G\}$的另一种矩阵表示。已知基的变换为 $F'=PF$，在线性代数中已经证明，以（$f_1$，$f_2$，$f_3$，…，$f_n$）为基和以（$f_1'$，$f_2'$，$f_3'$，…，$f_n'$）为基得到的矩阵之间满足关系 $R'=P^{-1}RP$，如果适当地选取变换矩阵 $P$，可使（$f_1'$，$f_2'$，$f_3'$，…，$f_n'$）为基的所有矩阵化为可约表示。

可约表示是指群中所有元素 $R_1$，$R_2$，…的表示矩阵 $\Gamma(R_1)$，$\Gamma(R_2)$，…都可以通过数学变换（相似变换）变成对角方块形式，即找到一个变换矩阵 $P$，方块以外所有元素皆为零，即

$$
\begin{aligned}
\Gamma(R_1)&=\begin{bmatrix}\Gamma_1(R_1) & & \\ & \Gamma_2(R_1) & \\ & & \cdots\end{bmatrix}\\
\Gamma(R_2)&=\begin{bmatrix}\Gamma_1(R_2) & & \\ & \Gamma_2(R_2) & \\ & & \cdots\end{bmatrix}\\
\Gamma(R_3)&=\begin{bmatrix}\Gamma_1(R_3) & & \\ & \Gamma_2(R_3) & \\ & & \cdots\end{bmatrix}
\end{aligned}
\tag{6.165}
$$

则 $\Gamma$ 是可约的，可约化为 $\Gamma_1$，$\Gamma_2$，$\Gamma_3$，…的直和，即

$$
\Gamma=\alpha_1\Gamma_1\oplus\alpha_2\Gamma_2\oplus\cdots=\sum\alpha_i\Gamma_i \tag{6.166}
$$

式中，$\alpha_i$ 表示组成第 $i$ 个不可约表示的方块矩阵 $\Gamma_i(R)$ 在对角线上重复出现的次数。即一个维数较高的矩阵表示，可以分解为维数较低的矩阵表示直和，则称为可约表示；如果一个表示不能约化为较低维数的表示直和，该表示就称为不可约表示。

根据不可约表示的正交化定理，可以导出分子的对称性问题。事实上，点群的许多性质，都可以单独从不可约表示的特征标导出，而不必从矩阵本身推导。

若群$\{G\}$具有 1，2，3，…，$f$ 个不可约表示，在对 $\Gamma$ 操作 $R$ 的第 $i$ 个不可约表示矩阵中，设第 $m$ 行、第 $n$ 列的矩阵为 $\Gamma_i(R)_{mn}$，则群$\{G\}$不可约表示的矩阵元之间满足如下关系

$$
\sum_R \Gamma_i(R)_{mn}\Gamma_j{}^*(R)_{m'n'}=\frac{h}{\sqrt{L_i}\sqrt{L_j}}\delta_{ij}\delta_{mm'}\delta_{nn'} \tag{6.167}
$$

式中，*表示复共轭，$h$ 为$\{G\}$群的阶数，$L_i$ 和 $L_j$ 分别是第 $i$ 个和第 $j$ 个不可约表示的维数。求和是对群$\{G\}$的所有对称操作进行的，此式就是不可约的正交定理。

根据正交定理，可导出不可约表示所具有的一些基本性质。

（1）群的全部不可约表示维数的平方和等于群的阶数，即

$$\sum_{i=1}^{f} l_i^2 = h \tag{6.168}$$

式中，$f$ 为不可约表示的数目，$h$ 为群的维数。也就是说，相互正交的 $h$ 维矢量的最大数目是 $h$ 个。

（2）特征标（迹）为群表示矩阵中的对称元素之和，常用 $\chi$ 表示

$$\chi(R)=\sum_{i=1}^{f} \Gamma_{ii}(R) \tag{6.169}$$

式中，$\Gamma_{ii}(R)$ 代表群表示中对称操作 $R$ 矩阵内的对角元素。

特征标有以下几个方面的重要性质：相似变换不会改变群表示矩阵的特征值；所有同类对称操作矩阵的特征标都相同；特征标 $\chi_i(R)$和 $\chi_j(R)$之间满足下式关系，即

$$\sum_R \chi_i(R)\chi_j(R)^* = h\delta_{ij} \tag{6.170}$$

（3）群的不可约表示数目等于群中类（class）的数目，即类的数目确定了不可约表示数目的上限。

常利用马利肯（Mulliken）符号表示群的特征标，即每一个不可约用一个字母来表示：①A，B 为一维表示，E 为二维表示，T（或 F）为三维表示；②当绕分子的主对称轴 $C_n$ 转动时，若是对称的一维表示 $\chi(C_n)=1$，用 A 标记；若是反对称的一维表示 $\chi(C_n)=-1$，用 B 标记；A，B 的下标 1，2 分别表示垂直于 $C_2$ 主轴是对称的或反对称的；对于没有旋转 $C_2$ 轴的点群，一维都标记为 A；③加在字母上的一撇“′”和两撇“″”分别代表对于水平对称面 $\sigma_n$ 是对称和反对称的；④在有反演中心的群中，u（来自德文 ubgerade，代表“偶”的意思）表示对称的不可约表示，g（来自德文 gerade，代表“奇”的意思）表示反对称的不可约表示。

这里涉及的群的类的概念是这样定义的：若 $A$ 和 $Z$ 是群的两个元素，那么 $Z^{-1}AZ$ 也是群的某一元素，例如 $B = Z^{-1}AZ$ 。我们把满足这种交换关系的元素 $A$ 和 $B$，称作相共轭的元素。在一个群中，全部相共轭元素组成的集合称为群的类，简称为类。所谓同类就是指这种相共轭元素组成的群。

作为实例，表 6.3 给出了 $C_{3v}$ 群的特征标，通过此表来说明点群特征标表中有关符号所代表的物理意义。

**表 6.3　$C_{3v}$ 群的特征标**

| $C_{3v}$ | E | $2C_3$ | $3\sigma_v$ | | |
|---|---|---|---|---|---|
| $A_1$ | 1 | 1 | 1 | $z$ | $x^2+y^2$，$z^2$ |
| $A_2$ | 1 | 1 | −1 | $R_z$ | |
| E | 2 | −1 | 0 | $(x, y)$，$(R_x, R_y)$ | $(x^2-y^2, xy)$，$(xz, yz)$ |

表中第 1 列最上方格内符号为群的申夫利斯符号，下面列出了利用马利肯符号作为不可约表示符号 $A_1$，$A_2$ 和 E，对应三种简正振动模式。

表 6.3 中第 2～4 列给出了点群种类及其所含各种不可约特征标值，点群的种类包括 E，$C_3$，$\sigma_v$。E 为恒元，$C_3$ 为三次对称轴，$\sigma_v$ 为垂直对称面，对称元素前面的数字表示该对称元素的对称操作个数。对称元素代表的每一列表示该点群对称元素的分类。下面几行数字代表属于每一种不可约表示的特征标。可以看出，一个点群的不可约表示数目等于该群的分类数目。对于 $C_{3v}$ 点群有三类对称元素 E，$C_3$，$\sigma_v$，就有三种不可约表示 $A_1$，$A_2$ 和 E，分别对应三种简正振动模式。

表中第 5 列给出了极矢量 $\boldsymbol{T}(T_x, T_y, T_z)$和轴矢量 $\boldsymbol{R}(R_x, R_y, R_z)$的各个分量的归属表示。$x$，$y$，$z$ 表示坐标，$R_x$，$R_y$，$R_z$ 表示分别绕 $x$，$y$，$z$ 坐标轴的转动，它们所处的位置表明它们所属的不可约表示。

表中第 6 列指明二次函数的归属表。坐标的二次函数所属不可约表示是拉曼活性的；坐标的一次函数所属不可约表示是红外活性的。

如果 $\Gamma$ 和 $\chi(R)$分别为可约表示及其特征标。若把 $\boldsymbol{P}$ 矩阵变换为完全对角方块的矩阵形式以后，不可约表示为 $\boldsymbol{P}_i$（特征标 $\chi_i$（$\boldsymbol{R}$）），因此有（6.166）式 $\Gamma=\sum\alpha_i\Gamma_i$，式中 $\alpha_i$ 为在对角线上重复出现的次数。

因为相似变换不改变矩阵的特征标值，故有

$$\chi(R)=\sum_{i=1}^{f}\alpha_i\chi_i(R) \tag{6.171}$$

用 $\chi_j(R)$乘以（6.171）式，并对 $R$ 求和，得

$$\sum_R\chi(R)\chi_j(R)=\sum_R\chi_j(R)\sum_{i=1}^{f}\alpha_i\chi_i(R)=\sum_{i=1}^{f}\alpha_i\left(\sum_R\chi_i(R)\chi_j(R)\right) \tag{6.172}$$

再利用不可约表示特征标的正交关系（6.170）式，可得

$$\alpha_j = \frac{1}{h}\sum_R \chi(R)\chi_j(R) \tag{6.173}$$

式中，$h$ 为群的阶，即群中包含的元素种类数目，此式就是计算 $\alpha_j$ 的基本方法。$\chi_j(R)$为第 $j$ 种不可约表示在操作 $R$ 下对应的特征标，它可以从点群的对称特征标表中查出。$\chi(R)$为在操作 $R$ 下所对应的某种可约表示的特征标，求和是对对称元素分类数目进行的。如已知可约表示的特征标 $\chi(R)$，利用群的特征标表就可以查到每种不可约表示的特征标值 $\chi_i(R)$，从而就可算出 $\alpha_j$。

设法找到任意一个对称元素的特征标 $\chi(R)$。只有在对称操作中不动的原子，才对特征标有贡献。下面计算各种操作下特征标的公式。

对于分子的简正振动模式及其频率，从分子的对称性出发，利用群论方法，就可以确定一个分子简正振动的对称类型和频率数目，这些结果对于确定分子可能具有哪些振动是非常重要的。例如，对于 $C_n(z)$转动 $\theta$ 角，笛卡儿坐标从 $x$，$y$，$z$ 变为 $x'$，$y'$，$z'$，有

$$\begin{bmatrix} x' \\ y' \\ z' \end{bmatrix} = \begin{bmatrix} \cos\theta & \sin\theta & 0 \\ -\sin\theta & \cos\theta & 0 \\ 0 & 0 & 1 \end{bmatrix} \begin{bmatrix} x \\ y \\ z \end{bmatrix} \tag{6.174}$$

由此可得 $C_n(z)$的特征标为

$$\chi_{xyz}(C_n) = 2\cos\theta + 1 \tag{6.175}$$

对于对称操作 $R$，更一般地，有 $\chi_{xyz}(R) = 2\cos\theta \pm 1$，由此不难求出，当 $R$ 为 E 时，$\chi_{xyz}(E) = 3$（$\theta=0$，真转动+1）；当 $R$ 为 $C_n$ 时，$\chi_{xyz}(C_n) = 2\cos\theta + 1$（$\theta$，真转动+1）；当 $R$ 为 σ 时，$\chi_{xyz}(\sigma) = 1$（$\theta=0$，非真转动−1）；当 $R$ 为 i 时，$\chi_{xyz}(i) = -3$（$\theta=\pi$，非真转动−1）；当 $R$ 为 $S$ 时，$\chi_{xyz}(S) = 2\cos\theta - 1$（$\theta$，非真转动−1）。

实验获得的拉曼谱线归属问题，可以根据晶格振动模式进行识别。

1）一级拉曼散射的群论对称性分类

在拉曼散射实验中，通常采用波长为 $\lambda$=500nm 左右的激光束照射样品，换算为三维波矢大小为 $k\sim10^5\text{cm}^{-1}$ 量级，而晶格振动声学支第一布里渊区边界的波矢 $q_{\max}\sim10^8\text{cm}^{-1}$ 量级，激光的波矢比声子的波矢小 3 个数量级，因此参与一级拉曼散射的晶格振动模式可看成是布里渊区中心 $\Gamma$ 点附近的振动，即长声学波振动模式。判断拉曼线属于哪一类声子，可以按照波矢对群进行对称性分类。对布里渊区中心 $\Gamma$ 点来说，也就是按照晶体的不可约表示进行分类。具体根据三维位移来建立点群的 $3n$ 维表示，然后化为不可约直和，这些不可约表示

的数目和维数能够给出不同振动模式和振动模的简并度。在实际操作中，不需要建立 $3n$ 维可约表示，只需计算可约表示的特征标即可实现矩阵的约化，特征标的计算公式为

$$\chi_{\Gamma}(R) = U_R(2\cos\theta_R \pm 1) \tag{6.176}$$

式中，$U_R$ 为在对称操作保持位置不变的原子数目，只有这些位置不变的原子才对特征标有贡献。（6.176）式中正负号的取法如前所述。$2\cos\theta_R \pm 1$ 可由特征标表得到，根据此数，利用类似于（6.173）式的关系实现对可约表示的约化处理，即为

$$\alpha_j = \frac{1}{h}\sum_R \chi_{\Gamma}(R)\chi_j(R) \tag{6.177}$$

式中，$\chi_j(R)$为点群中第 $j$ 个不可约表示的特征标；$\alpha_j$ 为第 $j$ 个不可约表示对称性的晶格振动的模式数目。

2）与晶体对称性相关的选择定则

根据晶体对称性分类，可以得出晶体振动模类型的数目，但不是任何晶体振动模类型都是拉曼活性的。用群论的语言描述，就是一个晶体的振动模，当其不可约表示与极化率张量 $\alpha_{\rho\sigma,\mu}$ 所具有的不可约表示之一相同时，就是拉曼活性的，否则是拉曼非活性的。

拉曼散射算符是关于入射的辐射电场在分子中感应电偶极矩与时间无关的那一部分，即为 $\boldsymbol{P}=\alpha\boldsymbol{E}$，这里 $\alpha$ 为极化率张量。如果点群的不可约表示基具有二次函数的形式，则只有 $\alpha_{xx}$，$\alpha_{xy}$，$\alpha_{xz}$，$\alpha_{yy}$，$\alpha_{yz}$ 和 $\alpha_{zz}$ 六个独立分量。可以证明，这六个分量可与 $x^2, xy, xz, y^2, yz, z^2$ 进行交换。因此，通常采用一种简便的方法来判断振动模是否具有拉曼活性，即通过查询特征标表，看此振动模所属的不可约表示中是否含有二次函数，如有，这种振动模式就是拉曼活性的；如无，则为非拉曼活性。

在拉曼活性振动模中，有些拉曼活性不可约表示符号后面给出了 $x$，$y$ 或 $z$，表明这些振动模式也是红外活性的，$x$，$y$ 或 $z$ 为其偏振方向。既有红外活性又兼具拉曼活性的模式只有在没有对称中心的压电晶体中才会出现，这就是所谓的红外活性和拉曼活性相互允许规则。在具有对称中心的晶体中，若其振动模式是拉曼活性的，则一定是红外非活性的，反之亦然，这就是所谓的红外活性和拉曼活性的互斥规则。具有拉曼活性的振动模属于偶态（u）振动模，而具有红外活性的振动模属于奇态（g）振动模。另外，对于少数分子的振动模式，其同时不具有红外活性和拉曼活性，称为红外活性和拉曼活性相互禁阻规则，如乙烯的扭曲振动，就是同时不具有红外活性和拉曼活性的振动模式。

6. 拉曼光谱的参数指标

1）拉曼位移

拉曼位移定义为斯托克斯线或反斯托克斯线与入射光频率之差。其特点是拉曼位移的大小与分子的跃迁能级差相等。对于不同物质，$\Delta\nu$不同。对于同一物质，$\Delta\nu$相同。$\Delta\nu$与入射光频率无关，只与分子的能级结构有关，其范围在40～4000cm$^{-1}$，因此入射光的能量应大于分子振动跃迁所需的能量，小于电子能级跃迁的能量。

2）拉曼位移线的强度

拉曼线的强度与样品分子的浓度成正比。对于同一分子能级，斯托克斯线和反斯托克斯线的拉曼位移应该相等，而且跃迁的概率也相等。斯托克斯线的频率比入射光的频率低，而反斯托克斯线的频率比入射光的频率高，二者分布在瑞利线的两侧。常温下分子大多处于振动基态，而处于激发态的分子很少，因此，斯托克斯线强于反斯托克斯线。在一般拉曼光谱分析中，都采用斯托克斯线研究拉曼位移。

3）退偏振比$\rho$

退偏振比（或称去偏振度）$\rho$可用来表征分子对称性振动模式的高低。在多数的吸收光谱中，只有两个基本参数，即频率和强度。但在激光拉曼光谱中还有一个重要的参数，即退偏振比。

由于激光是线偏振光，而大多数的有机分子是各向异性的，在不同方向上的分子，被入射光电场极化的程度是不同的。在红外光谱中，只有具有各向异性的单晶和具有一定取向的高分子聚合物才能测量出偏振，而在激光拉曼光谱中，完全自由取向的分子所散射的光也可能是偏振的，因此一般在拉曼光谱中用退偏振比表征分子对称性振动模式的高低，即

$$\rho = \frac{I_{\perp}}{I_{//}} \tag{6.178}$$

式中，$I_{\perp}$和$I_{//}$分别代表与激光电矢量相垂直和相平行的谱线强度。$\rho<3/4$的谱带称为偏振谱带，表示分子有较高的对称振动模式；$\rho=3/4$的谱带称为退偏振谱带，表示分子的对称振动模式较低，即分子是不对称的。

在光的传播方向上，光矢量只沿一个固定的方向振动，这种光称为平面偏振光。由于光矢量端点的轨迹为一直线，又称为线偏振光。光矢量的方向和光的传播方向所构成的平面称为振动面。线偏振光的振动面固定不动，不会发生旋转。

7. 红外活性和拉曼活性比较

1）红外活性

具有红外活性的条件是：其一，辐射具有能够满足产生跃迁所需的能量；其二，分子具有永久偶极矩（极性基团和非对称分子结构具有永久偶极矩），由其振动或转动引起偶极矩的变化。图 6.30 为永久偶极矩在电场作用下发生转动情况示意图，此时光子的能量通过分子偶极矩的变化传递给分子，这样就吸收一定频率的光子能量，产生分子或转动能级从基态向激发态跃迁。

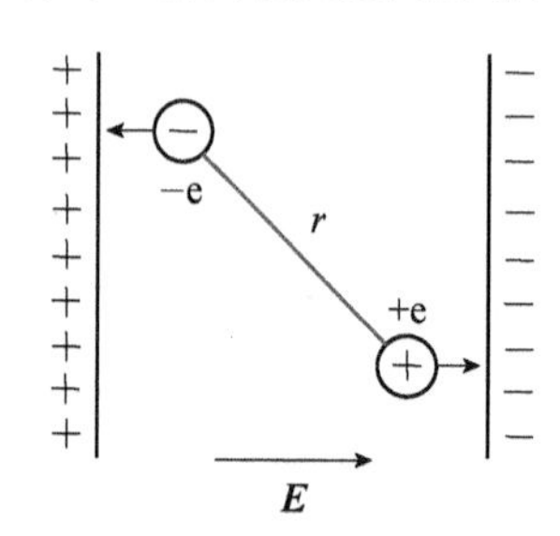


图 6.30 永久偶极矩在电场中的转动

2）拉曼活性

拉曼光谱主要是研究非极性基团或对称分子，这些基团和分子本身没有永久偶极矩的变化，但可以通过诱导偶极矩的变化而产生拉曼活性。如图 6.31（a）所示，非极性分子在外电场作用下会产生偶极矩。极性分子在外电场作用下本身固有的偶极矩将会增大，分子极性进一步增强。这种在外电场作用下，正、负电荷中心不重合程度增大的现象，称为变形极化，如图 6.31（b）所示。变形极化所导致的偶极矩称为诱导偶极矩。

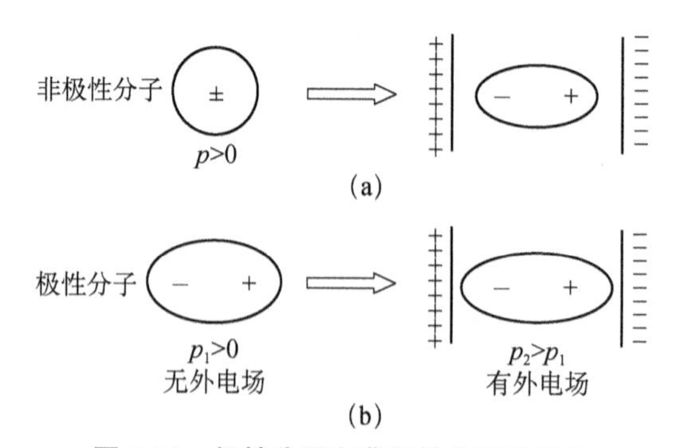


图 6.31 极性分子和非极性分子的极化

拉曼散射的产生条件即是分子在光电场 $\boldsymbol{E}$ 中产生诱导偶极距。若分子极化率与分子的振动无关，则入射光与物质发生相互作用后频率不变，称为瑞利散射；若分子极化率随着分子的振动而发生变化，则入射光与物质发生相互作用后频率发生变化，从而产生非弹性散射，称为拉曼散射。

### 6.3.3　拉曼光谱仪的组成结构

1. 仪器装置

一个拉曼谱仪系统可由激光光源、拉曼单色仪、外光路系统和试样装置、分光系统，以及探测、放大和记录系统组成。激光进入样品室由收集透镜送入双单色仪分光后，再由光电检测系统接收并加以记录。下面对各部分进行简要介绍。

1）激光光源

激光器为拉曼谱仪提供理想光源。常用的气体激光器包括氩离子激光器（514.5nm 和 488.0nm，0.2～1W）、氪离子激光器（647.1nm，约 0.5W）、氦氖激光器（632.8nm，约 50mW）以及固体半导体激光器（532.8nm，785nm）等，输出功率从数十到上千毫瓦，完全能满足大多数物质对拉曼谱线的观察要求。激光是原子或分子受激辐射产生的，激光和普通光源相比，具有高强度、极好的单色性、方向性和偏振性，目前在拉曼光谱仪器中，激光光源已全部替代汞弧灯常规光源。

2）拉曼单色仪

拉曼光谱研究的对象是分子转动与振动能级间的跃迁，信号较弱，因此，作为拉曼光谱核心器件的单色仪需具有较高的分辨率和低的杂散光，分辨率一般要求达到 0.2～2$cm^{-1}$，杂散光水平要求在 $10^{-13}$～$10^{-8}$。通常选用优质的全息光栅和双单色仪或者三单色仪来实现。典型的双单色仪如图 6.32 所示[36]。它是由两个单色仪组合起来形成的，色散是叠加的，可以得到较高的分辨率，可达 1$cm^{-1}$，在 50$cm^{-1}$ 处杂散光可低至 $10^{-11}$。

拉曼光谱单色仪的性能参数由光谱范围、焦距和孔径、色散率、分辨率、杂散光以及波数扫描精度和重复性决定。

（1）光谱范围：一个闪耀光栅（blaze grating）对某一波长闪耀是指在此波长的一段光谱处，衍射强度最大，其他波长在此最大处两侧也有一定分布。所谓闪耀光栅，是当光栅刻划成锯齿形的线槽断面时，光栅的光能量便集中在预定的方向上，即某一光谱级上。从这个方向探测时，光谱的强度最大，这种现象称为闪耀（blaze），这种光栅称为闪耀光栅。在这样刻成的闪耀光栅中，起衍射作用的槽面是一光滑的平面，这一平面与光栅表面之间的夹角，称为闪耀角（blaze angle）。最大光强所对应的波长，称为闪耀波长（blaze wavelength）。通过

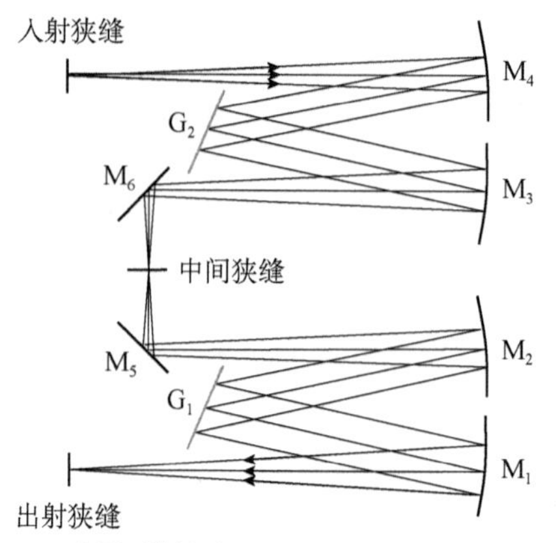


**图 6.32　采尼-特纳（Czerny-Turner）型双单色仪**

$M_1$，$M_2$，$M_3$，$M_4$为凹面镜；$M_5$，$M_6$为平面反射镜；$G_1$，$G_2$为平面光栅[36]

闪耀角的设计，可以使光栅适用于某一特定波段的某一级光谱。可以定义一个闪耀光栅的宽度，为闪耀光栅最大强度的 70%处两侧波长位置相减而得。

（2）焦距和孔径：焦距和孔径是拉曼光谱聚光本领的标志。设入射光狭缝的宽度和高度分别为 $b$ 和 $h$，与出射光狭缝尺寸完全相同时，出射光通量 $\phi$ 为

$$\phi=\frac{\pi T\beta}{4}\left(\frac{d}{f}\right)^2 bh \tag{6.179}$$

式中，$\beta$ 为入射光狭缝处的光强，$T$ 为单色仪内光学元件的透过系数，$d$ 是准直镜的有效孔径。

（3）色散率：是指光谱在空间按波长分离的尺寸，用焦平面上单位波长间隔的两条谱线分开的距离表示，即

$$\frac{\mathrm{d}l}{\mathrm{d}\lambda}=f\frac{\mathrm{d}\theta}{\mathrm{d}\lambda} \tag{6.180}$$

（4）光学仪器的分辨率：表示其能够分开两条相邻谱线的能力，如果能分开两条强度相等谱线的波长差为 $\Delta\lambda$，则分辨率定义为

$$R=\lambda/\Delta\lambda=kN \tag{6.181}$$

式中，$k$=0，1，2，3，…为光谱级序列，$N$ 为光栅总数。

光栅方程为

$$d(\sin\varphi+\sin\theta)=k\lambda \tag{6.182}$$

式中，$d$ 为光栅间隔宽度，$\varphi$ 和 $\theta$ 分别代表入射光和衍射光与光栅平面法线方向的夹角。

由（6.181）式得 $k$=$R/N$，将其代入光栅方程（6.182）式，可把分辨本领 $R$ 写为

$$R = \frac{W}{\lambda}(\sin\varphi + \sin\theta) \tag{6.183}$$

式中，光栅总宽度 $W=Nd$，可见分辨本领与波长以及光栅总宽度有关。

（5）杂散光：杂散光定义为 $I_\Delta/I_0$，这里 $I_0$ 为某一单色入射光的光强度；$I_\Delta$ 为距离瑞利线为 $\Delta$ 处测得的出射光强度。杂散光除与光学元件表面缺陷、灰尘等有关外，主要是来自于单色器光栅，因此，选择优质的单色器光栅非常重要。双单色器在 $20\text{cm}^{-1}$ 处的散射光水平在距离瑞利线 $20\text{cm}^{-1}$ 处可达 $10^{-13}$～$10^{-12}$。

（6）波数扫描的精度和重复性：波数扫描的精度和重复性是保证拉曼测量精度的重要条件。根据衍射光栅转动的余割机构示意图，如图 6.33 所示，有 $\varphi=\alpha-\phi, \theta=\alpha+\phi$，将其代入光栅方程（6.182），可得

$$\frac{k\lambda}{d} = 2\sin\alpha\cos\phi \tag{6.184}$$

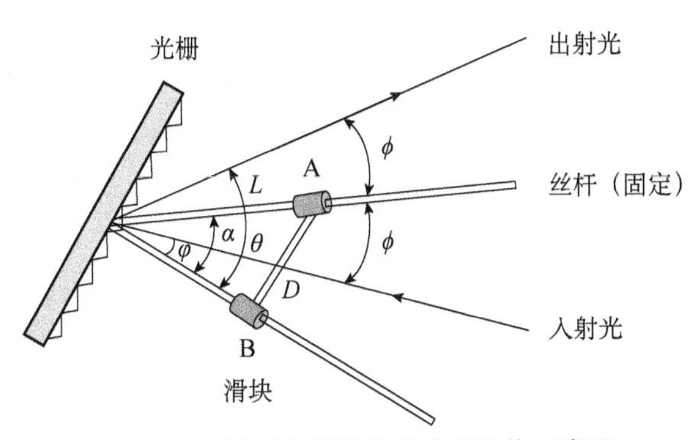


图 6.33　衍射光栅转动的余割机构示意图

则波数为

$$\tilde{\nu} = \frac{1}{\lambda} = \frac{k}{2d\cos\phi}\csc\alpha \tag{6.185}$$

由此可见，如果使波数随时间均匀改变，就需要保证余割函数 $\csc\alpha$（正弦函数的倒数）随时间均匀改变。

根据图中的几何关系，有

$$\csc\alpha = \frac{L}{D} \tag{6.186}$$

微分得

$$\Delta(\csc\alpha) = \frac{1}{D}\Delta L \tag{6.187}$$

可见，如果利用步进马达驱动丝杆滑块在丝杆上匀速移动，那么就能够保证 $\csc\alpha$ 随时间匀速变化，而 $\csc\alpha$ 匀速变化，就能使波数随时间均匀改变。

3）外光路系统和试样装置

激光器之后到单色仪之前为外光路系统和试样装置部分。由于拉曼散射的效率很低，试样装置要能够以最有效的方式照射样品和聚积散射光，因此，它的光学设计是非常重要的。通常采用聚焦激光束照射到试样上，以提高试样上的辐照度，产生拉曼散射。外光路系统除了能使激光在试样上得到最有效的照射，最大限度地收集散射光外，还应适合于不同状态试样在各种不同条件（如高、低温等）下的测试。

样品室是散射光源与单色仪之间的连接部分。对样品室的要求是，能够保证样品得到很好的照明，对拉曼散射光的收集效率及向单色仪输出的最佳效率都很高，并能够测量在各种状态下的样品和满足在各种条件下的测试要求。样品室的基本配置如图 6.34 所示。图 6.34（a）～（c）分别为样品室针对透明样品、不透明样品和背散射样品的基本配置。

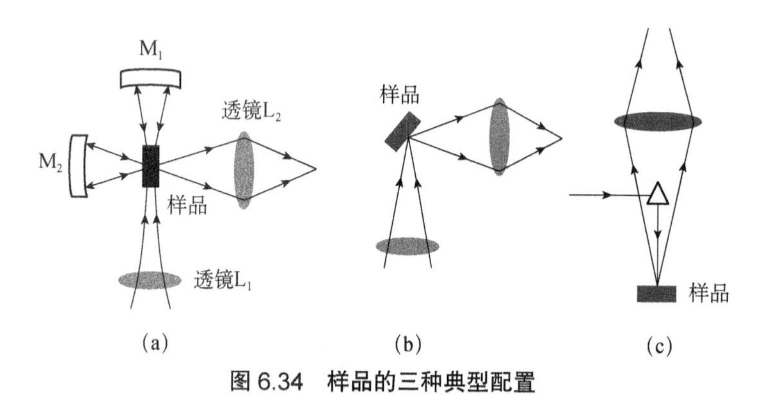


**图 6.34　样品的三种典型配置**

（a）透明样品；（b）不透明样品；（c）背散射样品

一般用透镜 $L_1$ 聚焦激光束，使其最集中的区域（束腰处直径可达 10μm）照射到试样上，试样上的辐照度大约可增大 1000 倍。如图 6.35 所示，会聚光束的能量绝大部分集中于直径为 $d$ 的中心圆柱体中。设未经过透镜会聚前的光束直径为 $D$，透镜焦距为 $f$，则有

$$d=\frac{4}{\pi}\lambda\frac{f}{D} \tag{6.188}$$

会聚圆柱长度为

$$L=\frac{16}{\pi}\lambda\left(\frac{f}{D}\right)^2 \tag{6.189}$$

如激光光源波长 $\lambda$=500nm，激光束会聚直径 $D$=3mm，透镜焦距 $f$=50mm，则由（6.188）式算得的会聚光束直径为

$$d=\frac{4}{\pi}\times 500\times\frac{50}{3}\approx 10610\text{nm}=10.61\mu\text{m} \tag{6.190}$$

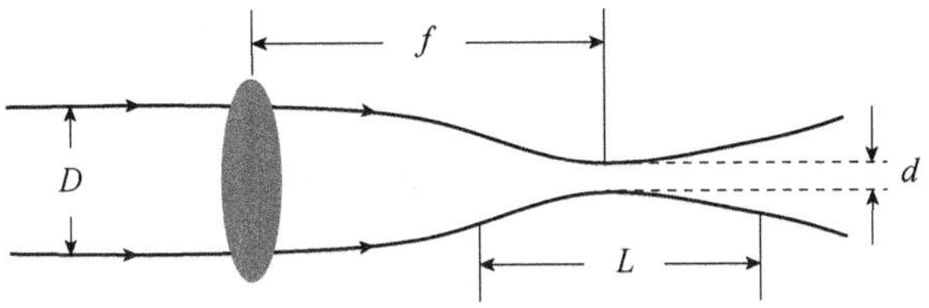

图 6.35　聚焦圆柱

由（6.189）式可得聚焦圆柱的长度为

$$L=\frac{16}{\pi}\times 500\times\left(\frac{50}{3}\right)^2\approx 0.707\times 10^6\text{nm}=0.707\text{mm} \tag{6.191}$$

$d/D=3\times 10^{-3}$，可见，直径缩小了 3 个数量级，这样就可使单位面积上的辐照功率提高 2～3 个数量级。

透镜 $L_2$ 的作用是将激光束焦轴准确地成像在单色器的入射狭缝上，以最佳的立体角聚焦散射光，并使之与单色器的集光立体角相匹配。

试样室内的两个凹面镜的作用是为了提高辐照功率，增大收集效率。如功率密度太高，会损伤样品时，则不用透镜 $L_1$。试样室内的凹面镜 $M_1$ 和 $M_2$ 是用以提高散射强度的。$M_1$ 把透过试样的激光束反射回来，多次通过试样，以增强激光对试样的激发效率。此方法对于透明试样其照射光的强度可增大 5 倍以上。$M_2$ 则是把反方向的散射光收集起来反射回去，可将进入单色仪的散射光的立体角增加 1 倍。但在进行单晶样品的拉曼散射实验时，由于 $M_1$ 和 $M_2$ 改变了散射的几何配置，所以不用这两个反射镜。图 6.36 是拉曼光谱仪方框图。

4）分光系统

分光系统是拉曼光谱仪的核心部分，它的主要作用是把散射光分光并减弱杂散光。对分光系统的要求是具有较高的分辨率和较低的杂散光，一般采用两个单色仪耦合为双联单色仪。为了进一步降低杂散光，有时再加一个联动的第三单色仪，此时分辨率提高了，但谱线强度也相应会有所减弱。

5）探测、放大和记录系统

拉曼光谱仪使用的探测器为光电倍增管。用不同波长的激发光，其散射光在不同的光谱区，需选用适合于光谱响应的光电倍增管。为了减少其暗电流，降低噪声，以提高信噪比，需用制冷器冷却光电倍增管。处理光电倍增管输出电子脉冲的方法有直流放大法、交流放大法和光子计数法。当输出电流大于 $10^{-9}$A 时，采用直流放大器；当输出电流小于 $10^{-10}$A 时，采用光子计数器。交

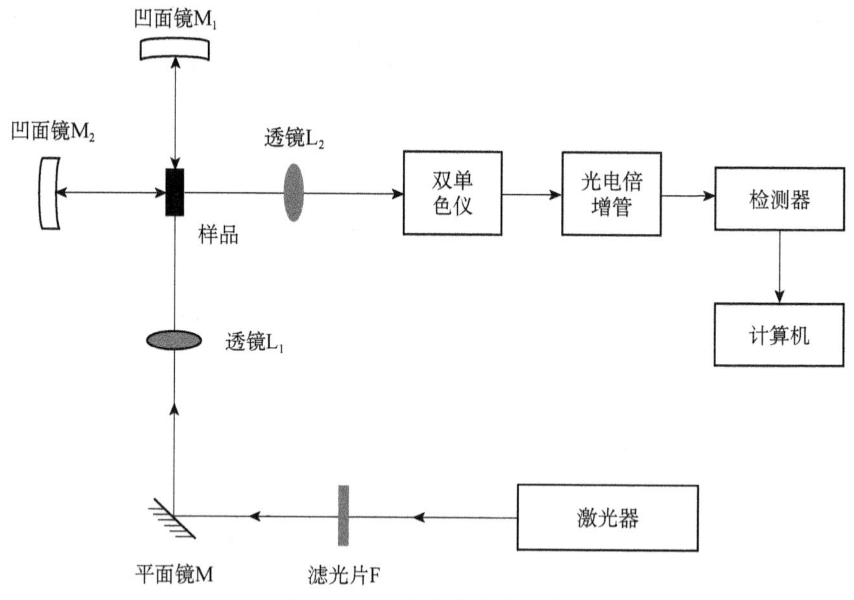


图 6.36 拉曼光谱仪方框图

流放大法目前已较少采用。

在直流测量法中，增大光电倍增管的响应时间，流向光电倍增管负载电阻的电流是连续的，电流的大小与入射到光电阴极的光强成正比，经过直流放大后进行记录。

光子计数器适合于探测微弱信号，其计数范围为 $10\sim10^5$ 个脉冲每秒，相邻两个脉冲时间间隔为 0.1～10μs，而光电倍增管内光电子脉冲形成的时间也为 0.1～10μs，光电倍增管产生的脉冲是分立的，光子计数器就是要算出这些脉冲数目。光子计数器不适合于强脉冲信号。

2. 几种常用拉曼散射机制和相应的新型光路装置[16]

1）几种拉曼散射机制比较

利用图 6.37 可分别说明自发拉曼散射、相干反斯托克斯散射、表面增强拉曼散射和尖端增强拉曼散射的物理过程和散射机制。

图 6.37（a）表示的是斯托克斯（左）和反斯托克斯（右）拉曼散射中的能量转移过程。在这两种散射过程中，激发态的寿命状态具有统计概率性和自发性。在斯托克斯-拉曼散射中，散射物质的初始转动-振动能量$|i\rangle$小于末态$|f\rangle$的转动-振动能量，散射光的能量小于泵浦光。在反斯托克斯散射中，散射物质的初态转动-振动能量$|i\rangle$大于终态$|f\rangle$的转动-振动能量，散射光比泵浦光具有更大的能量。

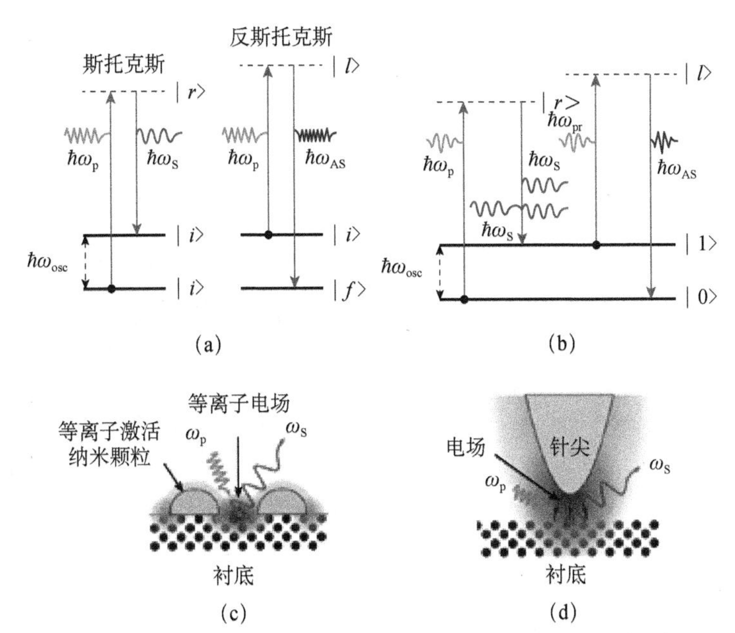


**图 6.37　几种拉曼散射机制的比较[16]（彩图见封底二维码）**

（a）自发拉曼散射；（b）相干反斯托克斯–拉曼散射；（c）表面增强拉曼散射；（d）尖端增强拉曼散射

图 6.37（b）表示的是相干反斯托克斯–拉曼散射（CARS）。CARS 是泵浦光、斯托克斯光、探测光和反斯托克斯光的四波混频过程，其中反斯托克斯发射光是通过中间转动–振动能态布居数反转相干诱导的。

图 6.37（c）表示的是表面增强拉曼散射（SERS）。入射的泵浦光引起表面等离子体激元共振，导致振荡电磁场的表面强度增强（以蓝色显示），从而诱导光与物质的相互作用增强，这样就使得拉曼散射的光强度增大。

图 6.37（d）表示的是尖端增强拉曼散射（TERS）。入射的泵浦光诱导了与尖端等离子体活性相关的尖端表面等离子体激元共振，由此产生位于尖端顶点附近的振荡电磁场强度增强（以蓝色显示）。光棒杆效应（用弯曲的黑色箭头表示）增强了尖端区域的光与物质的相互作用，从而可提供高分辨率（超过光的衍射极限）拉曼成像。

2）新型光路装置

图 6.38 是利用上述几种散射机制设计的典型的拉曼光谱实验装置光路图。

图 6.38（a）是共聚焦光路图，这种方法通常利用一个比较大的数值孔径聚焦泵浦光。共聚焦模式在分光计的前端通过使用针孔模块对光线进行空间过滤，这个针孔仅通过来自焦点的光。为了检测拉曼信号，采用附加在传感器上的全息成像光谱仪 CCD 摄像机。用高光通量全息透射光栅作为色散元件，这样

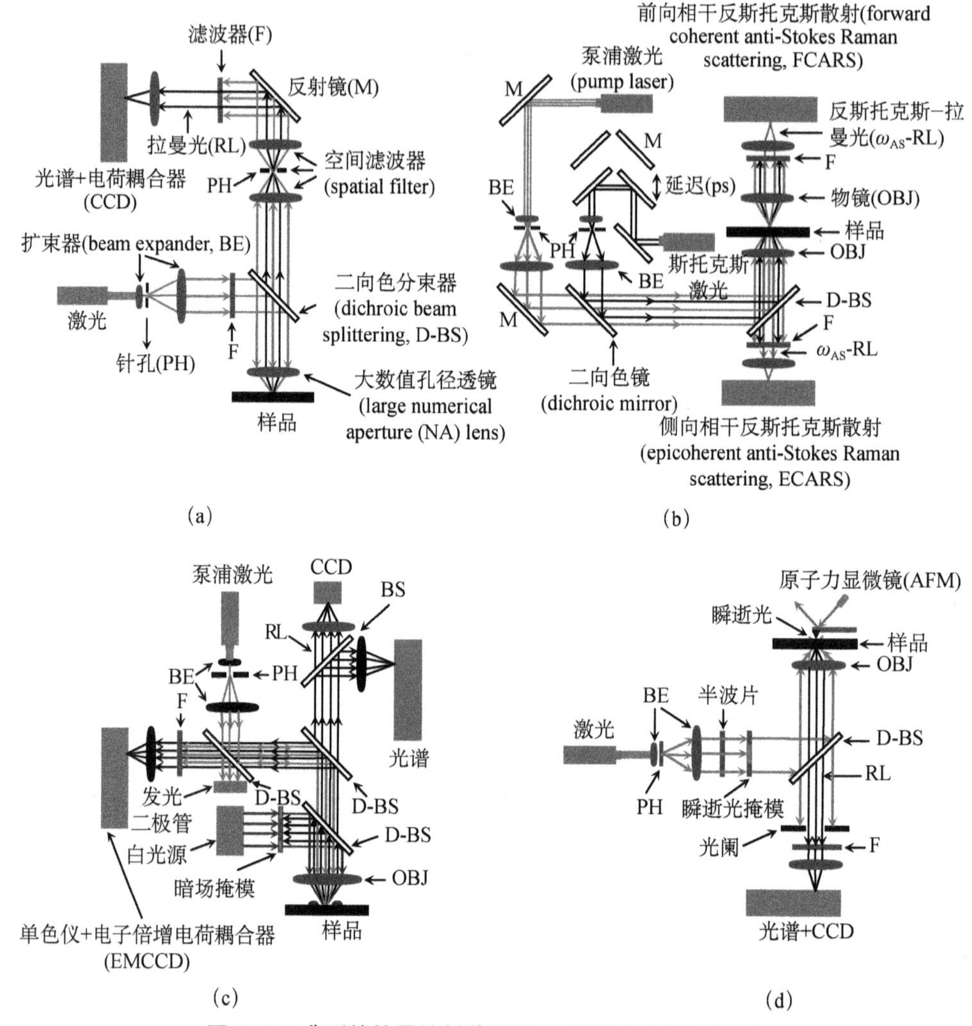


**图 6.38　典型的拉曼散射装置[16]（彩图见封底二维码）**

（a）共聚焦拉曼散射（CRM）装置；（b）相干反斯托克斯−拉曼散射（CARS）装置；（c）表面增强拉曼散射（SERS）装置；（d）针尖增强拉曼散射（TERS）装置

就可以在相对较短的时间内获得较大范围的光谱。光栅扫描在共焦设置中，样品的测量需要精确。因此，需采用压电驱动纳米定位器定位样品的位置。

由于反斯托克斯散射具有相对较低的热激发概率，弱于斯托克斯散射，因此反斯托克斯−拉曼散射经常用于激发拉曼散射和相干拉曼散射。相干反斯托克斯散射的转换效率可增加 $10^5$ 数量级。光谱和空间分辨率抗荧光，更重要的是不需要单色器。但由于需要相干过程，采用的光源应为高功率的脉冲可调激光源。利用皮秒和飞秒激光器很容易获得这样高功率的脉冲光源。可以根据光谱空间分辨率的需要以及感兴趣的时间尺度选取光源。

图 6.38（b）分别是典型的前散射、背散射和侧面散射相干反斯托克斯-拉曼散射光路图。系统包括两个同步的脉冲序列。泵浦光束和斯托克斯光束由 Ti 蓝宝石激光器产生，工作频率在 80MHz，波长从 700～1000nm 连续可调，可以覆盖整个分子振动光谱范围。Ti 蓝宝石激光由双频率连续光（CW）钒酸铷（Nd-vanadate）激光器泵浦来提供 532nm 的单色光。两束脉冲序列光极化为脉冲宽度为 3ps 对应 $1.76cm^{-1}$ 光。泵浦光和斯托克斯光同步地通过布拉格小盒（Bragg cell）拾取以减小脉冲序列的频率至数百千赫兹，这样在保证高峰值功率的同时，光对样品无损伤。泵浦光和斯托克斯光束通过同步锁定系统进行时间同步，它以电子方式调整两个脉冲序列。激光器输出的一小部分通过与光电二极管耦合的光纤发射连接到同步锁控制器，可测量主激光和伺服系统之间的频率差或相位差。

图 6.38（c）是典型的 SERS 装置图。泵浦激光被耦合到暗场显微镜中，在暗场显微镜中，拉曼光被边缘过滤，并通过单色仪和电子倍增电荷耦合器（electron-multiplying charge-coupled device，EMCCD）进行检测。用白光源和暗场掩模（dark field mask），这为暗场光谱提供了一种方法。每个等离子体激元的暗场光谱通过二次分光计（图 6.38（c）中右上角）记录活性纳米颗粒。一个成像 CCD 摄像机用于自动查找和定位，使每个纳米颗粒居中。

图 6.38（d）是典型的 TERS 装置。泵浦激光经过空间滤波，并通过半波片。瞬逝掩模（evanescent mask）确保只有高数值孔径（numerical aperture，NA）泵浦光入射到样品上，从而在样品上的基板和样品界面间发生全内反射。这可确保尖端顶点仅由瞬逝光（evanescent light）照亮，以实现尖端中的纳米光束集中于尖端附近。反射的拉曼光通过光阑遮罩（去除任何残留的大数值孔径的泵浦光）和陷波滤波器进行过滤。这个拉曼光由光谱仪和 CCD 进行分析，通过光栅扫描样品获得高质量光谱图像。

### 6.3.4 拉曼光谱的定性和定量分析

1. 定性分析

在拉曼光谱分析和红外光谱分析中，常常根据分子或基团的特征频率定性地分析混合物样品中分子单体的存在或者分子中某个官能团的存在。拉曼散射与分子的极化有关，而红外与电偶极矩的变化有关。因此，拉曼光谱可测出诸如—C—S—，—S—S—，—C—C—，—N═N—和—C═S—的拉曼效应信息，而红外光谱可标识—OH，C═O，P═O，S═O 等基团的信息。拉曼光谱和红外光谱在测量分子结构上是可以互补的。

C═C 伸缩振动频率在 1640cm$^{-1}$ 附近，在红外吸收谱中是很弱的，而在拉曼光谱中却能显示很强的散射峰。

基团频率的改变与这个分子中相邻的基团有关，所以研究这种改变便可了解相邻基团的情况，这种改变在环戊烷衍生物（cyclopentane derivative）中尤为明显，其原因在于相邻键的耦合振动引起这种大的改变，而不是因为键力常数的巨大改变。当两个不同频率的振子耦合在一起时，高频振动将向更高的频率方向移动，而低频振动将向更低频率方向移动，两个振子的频率越接近，移动就越大。

拉曼效应比红外效应更适用的另一个领域是关于硫键性质的研究。拉曼光谱已广泛地研究了 S—H，C—S，S—S 振动。S—H 振动波数在 2580cm$^{-1}$ 附近（这一振动在红外吸收谱中很弱），而 C—S 振动发生在波数为 570～785cm$^{-1}$，S—S 振动发生在 500～550cm$^{-1}$，有机硫化物的 C—S—C 对称和反对称伸缩振动发生在 570～800cm$^{-1}$。

2. 定量分析

拉曼散射的光强与参与散射的分子数呈正比关系，这是进行拉曼光谱定量分析的物理基础。但是，直接对不同样品进行比较分析是困难的，因为拉曼线的强度还受到光源强度、仪器和样品所处的状态等多种因素的影响。光源的功率大小及稳定性、单色仪狭缝宽度、系统的光谱响应等都会影响定量分析的结果。对样品本身而言，样品成分和浓度不同会引起折射率的变化，样品的自吸收溶剂中的背底噪声也会影响定量分析。

为了提高定量分析的精度，常采用内标法，即在被测样品中加入少量已知浓度的物质，选出已知物质的一条拉曼线作为标准，将样品的拉曼线与内标拉曼线的强度进行比较，以确定被测样品的含量。由于内标样品和测量样品完全处在同一测试条件下，因此，可以最大限度地减小上述因素对定量分析的影响。选择内标物质应考虑的因素包括：内标物质不与被测样品物质发生任何化学反应；内标拉曼线与被分析物质的拉曼线互不干扰；内标物质纯度比较高，而且不含所分析物质的成分。对于非水溶液物质，常采用的内标物质是四氯化碳（459cm$^{-1}$）；对于水溶液物质，常采用的内标物质是硝酸根离子（$NO^{3-}$，1050cm$^{-1}$）和高氯酸根离子（$ClO_4^-$，930cm$^{-1}$）。在某些情况下，还可以选用本身的溶剂作为内标线，对于固体样品，可选某一成分的拉曼线作为内标线。定量分析也可以采用转动样品池的方法，以分离试剂作为内标物质。

拉曼光谱的定量分析，可用于有机化合物和无机化合物阴离子的分析，也可用于水溶液的分析。可同时测定多种组分，分析速度快。但缺点是灵敏度较低，特别是激光功率的波动和溶剂背底噪声强度限制了信噪比的进一步提高。为了提高定量分析的精度，常采用共振拉曼光谱方法进行定量分析。

### 6.3.5 拉曼光谱与红外光谱比较

拉曼光谱与红外光谱一样，都能提供分子振动频率的信息，都是研究分析结构的强有力手段。拉曼效应为散射过程，当单色激光照射到样品上时，样品物质的分子极化率发生变化，检测器检测到的光谱是散射光谱。而红外光谱测定的是样品的透射光谱，当红外光穿透样品时，样品中物质的分子基团吸收红外光发生振动，使偶极矩发生了变化，对应的是光子被分子吸收，得到红外吸收光谱。拉曼散射过程来源于分子的诱导偶极矩，与分子极化率变化相关，非极性分子及基团的振动导致分子变形，引起极化率变化，是拉曼活性的。红外吸收过程与分子永久偶极矩的变化相关，极性分子及基团的振动引起永久偶极矩的变化，通常是红外活性的。

当激光与分子产生相互作用时，分子吸收激光光子，电子从基态中的某一振动能级到达某一虚能级，随后分子又回到原来的初态能级，同时发出与激光光子能量相同的光子，这就是瑞利散射。少部分分子回到比原来的振动能级高的振动能级上，这就是斯托克斯散射，只有极少数分子回到比原来的振动能级更低的振动能级上，形成反斯托克斯散射。拉曼散射光强只有瑞利散射光强的百万分之一，而瑞利散射不携带分子结构的信息，因此应采用滤波器滤掉，探测器只接收拉曼散射。而斯托克斯线的强度又比反斯托克斯线的强度高很多，因此，在拉曼散射的测量中，只记录斯托克斯线来进行样品的分子结构分析。

在拉曼散射光谱和红外吸收光谱谱图表示上，两者的横坐标多采用波数来表示。在拉曼光谱中，横坐标表示的是拉曼位移，拉曼位移等于激光的波数和拉曼散射光的波数之差，斯托克斯线的拉曼位移为正值，而反斯托克斯线的拉曼位移为负值，但二者的数值大小是完全相等的，而且与激发光源的频率没有关系，只与样品物质的结构性质有关。拉曼光谱的纵坐标表示拉曼散射光强，红外吸收光谱的纵坐标表示分子的吸收强度。

同一种物质分子中同一个基团的拉曼光谱和红外光谱的位置是相同的，但有些基团拉曼散射比较强，红外吸收比较弱。与此相反，有些基团拉曼散射比较弱，而红外吸收比较强。当一个分子基团存在几种振动模式时，偶极矩变化大的振动模式，在红外吸收光谱中出现较强的吸收峰；偶极矩变化小的振动模式，红外吸收峰较弱。但对于拉曼光谱，恰恰与之相反，偶极矩变化大的振动模式，拉曼效应比较弱；偶极矩变化小的振动模式，拉曼效应比较强。如果偶极矩没有变化，拉曼效应最强。因此，对样品分别进行拉曼散射光谱和红外吸收光谱的测量可以起到互补的作用。

## 思考题与习题

6.1 分子的振动形式有哪些？

6.2 直线型分子 $CO_2$ 有哪几种振动类型？

6.3 影响基团频率的因素有哪些？

6.4 给出红外活性和拉曼活性振动条件。

6.5 说明傅里叶变换红外光谱仪的基本结构及原理。

6.6 是否所有的分子振动都会产生红外吸收光谱？为什么？

6.7 什么是瑞利散射、拉曼散射和拉曼位移？拉曼位移与入射光的频率是否有关？

6.8 简述拉曼光谱仪的基本构成。

6.9 为什么要用虚能级的概念来解释拉曼效应？

6.10 已知 C—H 键（看作双原子分子）的力常数是 5N/cm，求 C—H 键的振动频率。

6.11 在烷烃中 C—C，C═C，C≡C 的键力常数之比 $k_1 : k_2 : k_3=1.0 : 1.91 : 3.6$，如已知 C═C 伸缩振动吸收峰波长为 6.00μm，则 C—C，C≡C 的吸收峰波数为多少？

6.12 C—O 与 C═O 伸缩振动吸收，两者键力常数之比 $k(\text{C—O}) : k(\text{C═O})=1 : 2.42$，C—O 在 8.966μm 处有吸收峰，则 C═O 吸收峰的波数是多少？

6.13 如果 C═O 键的力常数是 10N/cm，C 和 O 原子的约化质量 $\mu_{\text{C–O}}=1.2\times10^{-23}\text{g}$，试计算 C═O 振动基频吸收带的波长和波数。

6.14 用 435.8nm 的汞线作拉曼光源，观察到 444.7nm 的一条拉曼线。试计算：

（1）拉曼位移 $\Delta\nu$（$\text{cm}^{-1}$）；

（2）反斯托克斯线的波长（nm）。

# 主要参考书目和参考文献

## 主要参考书目

程光煦. 拉曼 布里渊散射[M]. 北京：科学出版社，2007.

多树旺，谢冬柏. 材料分析原理与应用[M]. 北京：冶金工业出版社，2021.

范康年. 谱学导论[M]. 北京：高等教育出版社，2011.

付敏，程弘夏，许腊英. 现代仪器分析[M]. 北京：化学工业出版社，2018.

雷振坤，仇巍，亢一澜. 微尺度拉曼光谱实验力学[M]. 北京：科学出版社，2015.

刘密新，罗国安，张新荣，等. 仪器分析[M]. 北京：清华大学出版社，2002.

刘云圻，等. 石墨烯从基础到应用[M]. 北京：化学工业出版社，2020.

毛叔其. 拉曼光谱与分子和晶格的振动[M]. 兰州：兰州大学物理系讲义，1987.

王华馥，吴自勤. 固体物理实验方法[M]. 北京：高等教育出版社，1990.

翁诗甫，徐怡庄. 傅里叶变换红外光谱分析[M]. 3 版. 北京：化学工业出版社，2016.

吴国祯. 拉曼谱学——峰强中的信息[M]. 北京：科学出版社，2013.

谢希德，蒋平，陆奋. 群论在物理学中的应用[M]. 北京：科学出版社，2010.

徐婉棠，喀兴林. 群论及其在固体物理中的应用[M]. 北京：高等教育出版社，1999.

严衍禄，陈斌，朱大洲，等. 近红外光谱分析的原理、技术与应用[M]. 北京：中国轻工业出版社，2013.

张树霖. 拉曼光谱学及其在纳米结构中的应用（上册）——拉曼光谱学基础[M]. 许应瑛，译. 北京：北京大学出版社，2017.

周玉. 材料分析方法[M]. 北京：机械工业出版社，2020.

Aastha D. Spectroscopic Method for Nanomaterials Characterization. Fourier Transform Infrared Spectroscopy[M]. Amsterdam：Elsevier Inc.，2017：73-79.

Kaufmann E N，Characterization of Materials[M]. New York：John Wiley & Sons，Inc.，2012.

Lin S Y，Dence C W. Methods in Lignin Chemistry[M]. Berlin Heidelberg：Springer-Verlag，1992：83-109.

Sparks D L，Page A L，Helmke P A，et al. Methods of Soil Analysis[M]. Soil Science Society of America and American Society of Agronomy，677 s. Segoe Rd.，Madison，WI 53711，USA. 1996：269-322.

Thomas S，Thomas R，Zachariah A K，et al. Spectroscopic Methods Nanomaterials Characterization[M]. 2017：73-93.

Vij D R. Handbook of Applied Solid State Spectroscopy[M]. New York：Springer Science+Business Media，LLC，2006.

Workman J Jr，Weyer L. 近红外光谱解析实用指南[M]. 褚小立，许有鹏，田高友，译. 北京：化学工业出版社，2009.

**参考文献**

[1] Monnier G F. A review of infrared spectroscopy in microarchaeology：methods，applications，and recent trends[J]. Journal of Archaeological Science：Reports，2018，18：806-823.

[2] Bates J B. Fourier transform spectroscopy[J]. Computers & Mathematics with Applications，1978，4：73-84.

[3] Bates J B. Fourier transform infrared spectroscopy[J]. Science，1976，191（4222）：31-37.

[4] Maddams W F. The scope and limitations of curve fitting[J]. Applied Spectroscopy，1980，34（3）：245-267.

[5] Bowley H J，Collin S M H，Gerrard D L，et al. The Fourier self-deconvolution of Raman spectra[J]. Applied Spectroscopy，1985，39（6）：1004-1009.

[6] Kauppinen J K，Moffatt D J，Mantsch H H，et al. Fourier transforms in the computation of self-deconvoluted and first-order derivative spectra of overlapped band contours[J]. American Chemical Society，1981，53：1454-1457.

[7] Rahmelow K，Hübner W. Fourier self-deconvolution：parameter determination and analytical band shapes[J]. Applied Spectroscopy，1996，50（6）：795-804.

[8] Berthomieu C，Hienerwadel R. Fourier transform infrared（FTIR）spectroscopy[J]. Photosynth Research，2009，101：157-170.

[9] Perkins W D. Fourier transform-infrared spectroscopy[J]. Journal of Chemical Education，1986，63（1）：A5-A10.

[10] Burgula Y，Khali D，Kim S，et al. Review of mid-infrared Fourier transform-infrared spectroscopy applications for bacterial detection[J]. Journal of Rapid Methods & Automation in Microbiology，2007，15：146-175.

[11] Dole M N，Patel P A，Sawant S D，et al. Advance applications of Fourier transform infrared spectroscopy[J]. International Journal of Pharmaceutical Sciences Review and Research，2011，7（2）：159-166.

[12] Roggo Y，Chalus P，Maurer L，et al. A review of near infrared spectroscopy and chemometrics in pharmaceutical technologies[J]. Journal of Pharmaceutical and Biomedical Analysis，2007，44：683-700.

[13] Kollath V O，Liang Y，Mayer F D，et al. Model-based analyses of confined polymer electrolyte nanothin films experimentally probed by polarized ATR-FTIR spectroscopy[J]. The Journal of Physical Chemistry C，2018，122（17）：9578-9586.

[14] Raman C V，Krishnan K S. A new type of secondary radiation[J]. Nature，1928，121：501-502.

[15] Smekal A. Zur quantentheorie der dispersion[J]. Naturwissenschaften，1923，11：873-875.

[16] Jones R R，Hooper D C，Zhang L W，et al. Raman techniques：fundamentals and frontiers[J]. Nanoscale Research Letters，2019，14：231.

[17] Robert B. Resonance Raman spectroscopy[J]. Photosynth Research，2009，101：147-155.

[18] Eesley G L. Coherent Raman spectroscopy[J]. Journal of Quantitative Spectroscopy and Radiative Transfer，1979，22：507-576.

[19] Dietze D R，Mathies R A. Femtosecond stimulated Raman spectroscopy[J]. Chem. Phys. Chem.，2016，17：1224-1251.

[20] Mcnay G，Eustace D，Smith W E. Surface-enhanced Raman scattering（SERS）and surface-enhanced resonance Raman scattering（SERRS）：a review of applications[J]. Applied Spectroscopy，2011，65（8）：825-837.

[21] Yoshizawa M，Kurosawa M. Femtosecond time-resolved Raman spectroscopy using stimulated Raman scattering[J]. Physical Review A，1999，61：013808.

[22] Everall N J. Confocal Raman microscopy：performance，pitfalls，and best practice[J]. Applied Spectroscopy，2009，63（9）：245A-262A.

[23] Verma P. Tip-enhanced Raman spectroscopy：technique and recent advances[J]. Chemical Reviews，2017，117（9）：6447-6466.

[24] Maker P D，Terhune R W. Study of optical effects due to an induced polarization third order in the electric field strength[J]. Physical Review，1965，137（3A）：A801-A818.

[25] Lucht R P. Three-laser coherent anti-Stokes Raman scattering measurements of two species[J]. Optics Letters，1987，12（2）：78-80.

[26] El-Diasty F. Coherent anti-stokes Raman scattering：spectroscopy and microscopy[J]. Vibrational Spectroscopy，2011，55：1-37.

[27] Heiman D，Hellwarth R W，Levenson M D，et al. Raman-induced Kerr effect[J]. Physical Review Letters，1976，36（4）：189-192.

[28] Saito R，Grüneis A，Samsonidze G G，et al. Double resonance Raman spectroscopy of single-wall carbon nanotubes[J]. New Journal of Physics，2003，5：157-1-157-15.

[29] Chantry G W，Gebble H A，Hilsum C. Interferometric Raman spectroscopy using infra-red excitation[J]. Nature，1964，203：1052-1053.

[30] Fleischmann M，Hendra P J，Mcquillan A J. Raman spectra of pyridine adsorbed at a Silver electrode[J]. Chemical Physics Letters，1974，26（2）：163-166.

[31] Jeanmaire D L，van Duyne R P. Surface Raman spectroelectrochemistry part I. heterocyclic，aromatic，and aliphatic amines adsorbed on the anodized Silver electrode[J]. Journal of Electroanalytical Chemistry，1977，84：1-20.

[32] Albrecht M G，Creighton J A. Anomalously intense Raman spectra of pyridine at a silver electrode[J]. Journal of the American Chemical Society，1977，99（15）：5215-5217.

[33] McQuillan A J. The discovery of surface-enhanced Raman scattering[J]. Notes & Records of the Royal Society，2009，63：105-109.

[34] Minsky M. Confocal patent focal scanning microscope：US patent，No.3013467[P]. 1957.

[35] White J G，Amos W B. Confocal microscopy comes of age[J]. Nature，1987，328：183-184.

[36] Ouyang H Q，Dai C H，Huang B，et al. Bandwidth determination of a Czerny-Turner double monochromator with varied slit widths through experiment and data computation[J]. Proc. of SPIE，2011，8197：1-9.

# 常用物理常量*

| 物理量 | 符号 | 数值 | 单位 | 相对标准不确定度 |
|---|---|---|---|---|
| 真空中的光速 | $c$ | 299792458 | m/s | 精确 |
| 普朗克常量 | $h$ | $6.626070040(81)\times10^{-34}$ | J·s | $1.2\times10^{-8}$ |
| 约化普朗克常量 $h/(2\pi)$ | $\hbar$ | $1.054571800(13)\times10^{-34}$ | J·s | $1.2\times10^{-8}$ |
| 玻尔兹曼常量 | $k_B$ | $1.38064852(79)\times10^{-23}$ | J/K | $5.7\times10^{-7}$ |
| 普适气体常量 | $R$ | 8.3144598(48) | J/(mol·K) | $5.7\times10^{-7}$ |
| 阿伏伽德罗常量 | $N_A$ | $6.022140857(74)\times10^{23}$ | $mol^{-1}$ | $1.2\times10^{-8}$ |
| 真空磁导率 | $\mu_0$ | $4\pi\times10^{-7}$<br>$12.566370614\cdots\times10^{-7}$ | $N/A^2$<br>$N/A^2$ | 精确 |
| 真空介电常量 $1/(\mu_0c^2)$ | $\varepsilon_0$ | $8.854187817\cdots\times10^{-12}$ | F/m | 精确 |
| 冯·克利青常数 $h/e^2$ | $R_K$ | 25812.8074555(59) | Ω | $2.3\times10^{-10}$ |
| 玻尔磁子 $e\hbar/(2m_e)$ | $\mu_B$ | $927.4009994(57)\times10^{-26}$ | J/T | $6.2\times10^{-9}$ |
| 精细结构常数：$e^2/(4\pi\varepsilon_0\hbar c)$ | $\alpha$ | $7.2973525664(17)\times10^{-3}$ | | $2.3\times10^{-10}$ |
| 精细结构常数的倒数 | $\alpha^{-1}$ | 137.035999139(31) | | $2.3\times10^{-10}$ |
| 玻尔半径：$4\pi\varepsilon_0\hbar^2/(m_e e^2)$ | $a_B$ | $0.52917721067(12)\times10^{-10}$ | m | $2.3\times10^{-10}$ |
| 电子的经典半径：$\alpha^2a_B=e^2/(4\pi\varepsilon_0m_ec^2)$ | $r_e$ | $2.8179403227(19)\times10^{-15}$ | m | $6.8\times10^{-10}$ |
| 电子电荷 | $e$ | $1.6021766208(98)\times10^{-19}$ | C | $6.1\times10^{-9}$ |
| 原子质量单位：$m(^{12}C)/12=1u$ | $m_u$ | $1.660539040(20)\times10^{-27}$ | kg | $1.2\times10^{-8}$ |
| 电子静止质量 | $m_e$ | $9.10938356(11)\times10^{-31}$ | kg | $1.2\times10^{-8}$ |
| 质子静止质量 | $m_p$ | $1.672621898(21)\times10^{-27}$ | kg | $1.2\times10^{-8}$ |
| 中子静止质量 | $m_n$ | $1.674927471(21)\times10^{-27}$ | kg | $1.2\times10^{-8}$ |
| 1 电子伏特 | 1eV | $1.6021766208(98)\times10^{-19}$ | J | $6.1\times10^{-9}$ |
| 里德伯常量 $\alpha^2m_ec/(2h)$<br>$=\alpha^2m_ec^2/2$<br>$=\hbar^2/(2m_e a_B^2)$ | $R_\infty$<br>$1Ry=R_\infty hc$<br>$1Ry=R_\infty hc$ | 10973731.568508（65）<br>$2.179872325(27)\times10^{-18}$<br>13.605693009(84) | $m^{-1}$<br>J<br>eV | $5.9\times10^{-12}$<br>$1.2\times10^{-8}$<br>$6.1\times10^{-9}$ |

* Mohr P J，Newell D B，Taylor B N. CODATA recommended values of the fundamental physical constants：2014[J]. J. Phys. Chem. Ref. Data，2016，45（4）：043102.

# 元素周期表

示 例

| | | |
|---|---|---|
| 原子序数→ | 25 54.93804 | ←原子量 |
| 元素符号→ | Mn 7.3 | ←密度/(g/cm$^3$) |
| 中文名称→ | 锰 1519 | ←熔点/K |
| | [Ar]4s$^2$3d$^5$ | ←电子排布 |
| | manganese | ←英文名称 |

| ⅠA | ⅡA | ⅢB | ⅣB | ⅤB | ⅥB | ⅦB | Ⅷ | | | ⅠB | ⅡB | ⅢA | ⅣA | ⅤA | ⅥA | ⅦB | 0 |
|---|---|---|---|---|---|---|---|---|---|---|---|---|---|---|---|---|---|
| 1 1.0080<br>H 8.988×10$^{-5}$<br>氢 13.81<br>1s$^1$<br>hydrogen | | | | | | | | | | | | | | | | | 2 4.00260<br>He 1.785×10$^{-4}$<br>氦 0.95<br>1s$^2$<br>helium |
| 3 7.0<br>Li 0.534<br>锂 453.65<br>[He]2s$^1$<br>lithium | 4 9.012183<br>Be 1.85<br>铍 1560<br>[He]2s$^2$<br>beryllium | | | | | | | | | | | 5 10.81<br>B 2.37<br>硼 2348<br>[He]2s$^2$2p$^1$<br>boron | 6 12.011<br>C 2.2670<br>碳 3823<br>[He]2s$^2$2p$^2$<br>carbon | 7 14.007<br>N 1.2506×10$^{-3}$<br>氮 63.15<br>[He]2s$^2$2p$^3$<br>nitrogen | 8 15.999<br>O 1.429×10$^{-3}$<br>氧 54.36<br>[He]2s$^2$2p$^4$<br>oxygen | 9 18.998403163<br>F 1.696×10$^{-3}$<br>氟 53.53<br>[He]2s$^2$2p$^5$<br>fluorine | 10 20.180<br>Ne 8.999×10$^{-4}$<br>氖 24.56<br>[He]2s$^2$2p$^6$<br>neon |
| 11 22.9897693<br>Na 0.97<br>钠 370.95<br>[Ne]3s$^1$<br>sodium | 12 24.305<br>Mg 1.74<br>镁 923<br>[Ne]3s$^2$<br>magnesium | | | | | | | | | | | 13 26.981538<br>Al 2.70<br>铝 933.437<br>[Ne]3s$^2$3p$^1$<br>aluminum | 14 28.085<br>Si 2.3296<br>硅 1687<br>[Ne]3s$^2$3p$^2$<br>silicon | 15 30.97376200<br>P 1.82<br>磷 317.3<br>[Ne]3s$^2$3p$^3$<br>phosphorus | 16 32.07<br>S 2.067<br>硫 388.36<br>[Ne]3s$^2$3p$^4$<br>sulfur | 17 35.45<br>Cl 3.214×10$^{-3}$<br>氯 171.65<br>[Ne]3s$^2$3p$^5$<br>chlorine | 18 39.9<br>Ar 1.7837×10$^{-3}$<br>氩 83.8<br>[Ne]3s$^2$3p$^6$<br>argon |
| 19 39.098<br>K 0.89<br>钾 336.53<br>[Ar]4s$^1$<br>potassium | 20 40.08<br>Ca 1.54<br>钙 1115<br>[Ar]4s$^2$<br>calcium | 21 44.95591<br>Sc 2.99<br>钪 1814<br>[Ar]4s$^2$3d$^1$<br>scandium | 22 47.87<br>Ti 4.5<br>钛 1941<br>[Ar]4s$^2$3d$^2$<br>titanium | 23 50.941<br>V 6.0<br>钒 2183<br>[Ar]4s$^2$3d$^3$<br>vanadium | 24 51.996<br>Cr 7.15<br>铬 2180<br>[Ar]3d$^5$4s$^1$<br>chromium | 25 54.93804<br>Mn 7.3<br>锰 1519<br>[Ar]4s$^2$3d$^5$<br>manganese | 26 55.84<br>Fe 7.874<br>铁 1811<br>[Ar]4s$^2$3d$^6$<br>iron | 27 58.93319<br>Co 8.86<br>钴 1768<br>[Ar]4s$^2$3d$^7$<br>cobalt | 28 58.693<br>Ni 8.912<br>镍 1728<br>[Ar]4s$^2$3d$^8$<br>nickel | 29 63.55<br>Cu 8.933<br>铜 1357.77<br>[Ar]4s$^1$3d$^{10}$<br>copper | 30 65.4<br>Zn 7.134<br>锌 692.68<br>[Ar]4s$^2$3d$^{10}$<br>zinc | 31 69.72<br>Ga 5.91<br>镓 302.91<br>[Ar]4s$^2$3d$^{10}$4p$^1$<br>gallium | 32 72.63<br>Ge 5.323<br>锗 1211.4<br>[Ar]4s$^2$3d$^{10}$4p$^2$<br>germanium | 33 74.92159<br>As 5.776<br>砷 1090<br>[Ar]4s$^2$3d$^{10}$4p$^3$<br>arsenic | 34 78.97<br>Se 4.809<br>硒 493.65<br>[Ar]4s$^2$3d$^{10}$4p$^4$<br>selenium | 35 79.90<br>Br 3.11<br>溴 265.95<br>[Ar]4s$^2$3d$^{10}$4p$^5$<br>bromine | 36 83.80<br>Kr 3.733×10$^{-3}$<br>氪 115.79<br>[Ar]4s$^2$3d$^{10}$4p$^6$<br>krypton |
| 37 85.468<br>Rb 1.53<br>铷 312.46<br>[Kr]5s$^1$<br>rubidium | 38 87.6<br>Sr 2.64<br>锶 1050<br>[Kr]5s$^2$<br>strontium | 39 88.9058<br>Y 4.47<br>钇 1795<br>[Kr]5s$^2$4d$^1$<br>yttrium | 40 91.22<br>Zr 6.52<br>锆 2128<br>[Kr]5s$^2$4d$^2$<br>zirconium | 41 92.9064<br>Nb 8.57<br>铌 2750<br>[Kr]5s$^1$4d$^4$<br>niobium | 42 96.0<br>Mo 10.2<br>钼 2896<br>[Kr]5s$^1$4d$^5$<br>molybdenum | 43 97.90721<br>Tc 11<br>锝 2430<br>[Kr]5s$^2$4d$^5$<br>technetium | 44 101.1<br>Ru 12.1<br>钌 2607<br>[Kr]5s$^1$4d$^7$<br>ruthenium | 45 102.9055<br>Rh 12.4<br>铑 2237<br>[Kr]5s$^1$4d$^8$<br>rhodium | 46 106.4<br>Pd 12.0<br>钯 1828.05<br>[Kr]4d$^{10}$<br>palladium | 47 107.868<br>Ag 10.501<br>银 1234.93<br>[Kr]5s$^1$4d$^{10}$<br>silver | 48 112.41<br>Cd 8.69<br>镉 594.22<br>[Kr]5s$^2$4d$^{10}$<br>cadmium | 49 114.82<br>In 7.31<br>铟 429.75<br>[Kr]5s$^2$4d$^{10}$5p$^1$<br>indium | 50 118.71<br>Sn 7.287<br>锡 505.08<br>[Kr]5s$^2$4d$^{10}$5p$^2$<br>tin | 51 121.76<br>Sb 6.685<br>锑 903.78<br>[Kr]5s$^2$4d$^{10}$5p$^3$<br>antimony | 52 127.6<br>Te 6.232<br>碲 722.66<br>[Kr]5s$^2$4d$^{10}$5p$^4$<br>tellurium | 53 126.9045<br>I 4.93<br>碘 386.85<br>[Kr]5s$^2$4d$^{10}$5p$^5$<br>iodine | 54 131.29<br>Xe 5.887×10$^{-3}$<br>氙 161.36<br>[Kr]5s$^2$4d$^{10}$5p$^6$<br>xenon |
| 55 132.9054520<br>Cs 1.93<br>铯 301.59<br>[Xe]6s$^1$<br>cesium | 56 137.33<br>Ba 3.62<br>钡 1000<br>[Xe]6s$^2$<br>barium | 57~71<br>La~Lu<br>镧系 | 72 178.5<br>Hf 13.3<br>铪 2506<br>[Xe]6s$^2$4f$^{14}$5d$^2$<br>hafnium | 73 180.9479<br>Ta 16.4<br>钽 3290<br>[Xe]6s$^2$4f$^{14}$5d$^3$<br>tantalum | 74 183.8<br>W 19.3<br>钨 3695<br>[Xe]6s$^2$4f$^{14}$5d$^4$<br>tungsten | 75 186.21<br>Re 20.8<br>铼 3459<br>[Xe]6s$^2$4f$^{14}$5d$^5$<br>rhenium | 76 190.2<br>Os 22.57<br>锇 3306<br>[Xe]6s$^2$4f$^{14}$5d$^6$<br>osmium | 77 192.22<br>Ir 22.42<br>铱 2719<br>[Xe]6s$^2$4f$^{14}$5d$^7$<br>iridium | 78 195.08<br>Pt 21.46<br>铂 2041.55<br>[Xe]6s$^1$4f$^{14}$5d$^9$<br>platinum | 79 196.96657<br>Au 19.282<br>金 1337.33<br>[Xe]6s$^1$4f$^{14}$5d$^{10}$<br>gold | 80 200.59<br>Hg 13.5336<br>汞 234.32<br>[Xe]6s$^2$4f$^{14}$5d$^{10}$<br>mercury | 81 204.383<br>Tl 11.8<br>铊 577<br>[Xe]6s$^2$4f$^{14}$5d$^{10}$6p$^1$<br>thallium | 82 207<br>Pb 11.342<br>铅 600.61<br>[Xe]6s$^2$4f$^{14}$5d$^{10}$6p$^2$<br>lead | 83 208.9804<br>Bi 9.807<br>铋 544.55<br>[Xe]6s$^2$4f$^{14}$5d$^{10}$6p$^3$<br>bismuth | 84 208.98243<br>Po 9.32<br>钋 527<br>[Xe]6s$^2$4f$^{14}$5d$^{10}$6p$^4$<br>polonium | 85 209.98715<br>At 7<br>砹 575<br>[Xe]6s$^2$4f$^{14}$5d$^{10}$6p$^5$<br>astatine | 86 222.01758<br>Rn 9.73×10$^{-3}$<br>氡 202<br>[Xe]6s$^2$4f$^{14}$5d$^{10}$6p$^6$<br>radon |
| 87 223.01973<br>Fr —<br>钫 300<br>[Rn]7s$^1$<br>francium | 88 226.02541<br>Ra 5<br>镭 973<br>[Rn]7s$^2$<br>radium | 89~103<br>Ac~Lr<br>锕系 | 104 267.122<br>Rf —<br>𬬻 —<br>[Rn]7s$^2$5f$^{14}$6d$^2$<br>rutherfordium | 105 268.126<br>Db —<br>𬭊 —<br>[Rn]7s$^2$5f$^{14}$6d$^3$<br>dubnium | 106 271.134<br>Sg —<br>𬭳 —<br>[Rn]7s$^2$5f$^{14}$6d$^4$<br>seaborgium | 107 274.144<br>Bh —<br>𬭛 —<br>[Rn]7s$^2$5f$^{14}$6d$^5$<br>bohrium | 108 277.152<br>Hs —<br>𬭶 —<br>[Rn]7s$^2$5f$^{14}$6d$^6$<br>hassium | 109 278.156<br>Mt —<br>鿏 —<br>[Rn]7s$^2$5f$^{14}$6d$^7$<br>meitnerium | 110 281.165<br>Ds —<br>𫟼 —<br>[Rn]7s$^2$5f$^{14}$6d$^8$<br>darmstadium | 111 282.169<br>Rg —<br>𬬭 —<br>[Rn]7s$^2$5f$^{14}$6d$^9$<br>roentgenium | 112 285.177<br>Cn —<br>鿔 —<br>[Rn]7s$^2$5f$^{14}$6d$^{10}$<br>copernicium | 113 286.183<br>Nh —<br>鿭 —<br>[Rn]5f$^{14}$6d$^{10}$7s$^2$7p$^1$<br>nihonium | 114 289.191<br>Fl —<br>𫓧 —<br>[Rn]7s$^2$7p$^2$5f$^{14}$6d$^{10}$<br>flerovium | 115 290.196<br>Mc —<br>镆 —<br>[Rn]7s$^2$7p$^3$5f$^{14}$6d$^{10}$<br>moscovium | 116 293.205<br>Lv —<br>𫟷 —<br>[Rn]7s$^2$7p$^4$5f$^{14}$6d$^{10}$<br>livermorium | 117 294.211<br>Ts —<br>鿬 —<br>[Rn]7s$^2$7p$^5$5f$^{14}$6d$^{10}$<br>tennessine | 118 294.214<br>Og —<br>鿫 —<br>[Rn]7s$^2$7p$^6$5f$^{14}$6d$^{10}$<br>oganesson |

| | | | | | | | | | | | | | | | |
|---|---|---|---|---|---|---|---|---|---|---|---|---|---|---|---|
| 镧系 | 57 138.9055<br>La 6.15<br>镧 1191<br>[Xe]6s$^2$5d$^1$<br>lanthanum | 58 140.12<br>Ce 6.770<br>铈 1071<br>[Xe]6s$^2$4f$^1$5d$^1$<br>cerium | 59 140.9077<br>Pr 6.77<br>镨 1204<br>[Xe]6s$^2$4f$^3$<br>praseodymium | 60 144.24<br>Nd 7.01<br>钕 1294<br>[Xe]6s$^2$4f$^4$<br>neodymium | 61 144.91276<br>Pm 7.26<br>钷 1315<br>[Xe]6s$^2$4f$^5$<br>promethium | 62 150.4<br>Sm 7.52<br>钐 1347<br>[Xe]6s$^2$4f$^6$<br>samarium | 63 151.96<br>Eu 5.24<br>铕 1095<br>[Xe]6s$^2$4f$^7$<br>europium | 64 157.2<br>Gd 7.90<br>钆 1586<br>[Xe]6s$^2$4f$^7$5d$^1$<br>gadolinium | 65 158.92535<br>Tb 8.23<br>铽 1629<br>[Xe]6s$^2$4f$^9$<br>terbium | 66 162.50<br>Dy 8.55<br>镝 1685<br>[Xe]6s$^2$4f$^{10}$<br>dysprosium | 67 164.93033<br>Ho 8.80<br>钬 1747<br>[Xe]6s$^2$4f$^{11}$<br>holmium | 68 167.26<br>Er 9.07<br>铒 1802<br>[Xe]6s$^2$4f$^{12}$<br>erbium | 69 168.93422<br>Tm 9.32<br>铥 1818<br>[Xe]6s$^2$4f$^{13}$<br>thulium | 70 173.04<br>Yb 6.90<br>镱 1092<br>[Xe]6s$^2$4f$^{14}$<br>ytterbium | 71 174.967<br>Lu 9.84<br>镥 1936<br>[Xe]6s$^2$4f$^{14}$5d$^1$<br>lutetium |
| 锕系 | 89 227.0278<br>Ac 10.07<br>锕 1324<br>[Rn]7s$^2$6d$^1$<br>actinium | 90 232.038<br>Th 11.72<br>钍 2023<br>[Rn]7s$^2$6d$^2$<br>thorium | 91 231.0359<br>Pa 15.37<br>镤 1845<br>[Rn]7s$^2$5f$^2$6d$^1$<br>protactinium | 92 238.0289<br>U 18.95<br>铀 1408<br>[Rn]7s$^2$5f$^3$6d$^1$<br>uranium | 93 237.04817<br>Np 20.25<br>镎 917<br>[Rn]7s$^2$5f$^4$6d$^1$<br>neptunium | 94 244.06420<br>Pu 19.84<br>钚 913<br>[Rn]7s$^2$5f$^6$<br>plutonium | 95 243.06138<br>Am 13.69<br>镅 1449<br>[Rn]7s$^2$5f$^7$<br>americium | 96 247.07035<br>Cm 13.51<br>锔 1618<br>[Rn]7s$^2$5f$^7$6d$^1$<br>curium | 97 247.07031<br>Bk 14<br>锫 1323<br>[Rn]7s$^2$5f$^9$<br>berkelium | 98 251.07959<br>Cf —<br>锎 1173<br>[Rn]7s$^2$5f$^{10}$<br>californium | 99 252.0830<br>Es —<br>锿 1133<br>[Rn]7s$^2$5f$^{11}$<br>einsteinium | 100 257.09511<br>Fm —<br>镄 1800<br>[Rn]5f$^{12}$7s$^2$<br>fermium | 101 258.09843<br>Md —<br>钔 1100<br>[Rn]7s$^2$5f$^{13}$<br>mendelevium | 102 259.10100<br>No —<br>锘 1100<br>[Rn]7s$^2$5f$^{14}$<br>nobelium | 103 262.110<br>Lr —<br>铹 1900<br>[Rn]7s$^2$5f$^{14}$6d$^1$<br>lawrencium |